乳制品及特殊食品食品安全国家标准汇编

国家食品药品监督管理总局科技和标准司
组织编写

中国医药科技出版社

内 容 提 要

　　本书是国家食品药品监督管理总局科技和标准司组织对截至 2016 年 12 月底发布的乳及乳制品、特殊食品安全国家标准进行的汇总梳理。按照食品产品标准、检验方法标准、生产经营规范标准等三个类别进行了分类编排，以方便食品生产经营者、食品药品监督管理部门、食品检验机构、食品行业协会以及广大消费者等相关各方使用。

图书在版编目（CIP）数据

乳制品及特殊食品食品安全国家标准汇编 / 国家食品药品监督管理总局科技和标准司组织编写.
— 北京：中国医药科技出版社，2017.2
　ISBN 978-7-5067-9036-9

Ⅰ.①乳… 　Ⅱ.①国… 　Ⅲ.①乳制品 – 食品安全 – 国家标准 – 汇编 – 中国 　Ⅳ.① TS252.7

中国版本图书馆 CIP 数据核字（2017）第 007178 号

美术编辑　陈君杞
版式设计　也　在

出版　中国医药科技出版社
地址　北京市海淀区文慧园北路甲 22 号
邮编　100082
电话　发行：010—62227427　　邮购：010—62236938
网址　www.cmstp.com
规格　889×1194mm $\frac{1}{16}$
印张　66$\frac{3}{4}$
字数　1466 千字
版次　2017 年 2 月第 1 版
印次　2017 年 2 月第 1 次印刷
印刷　三河市百盛印装有限公司
经销　全国各地新华书店
书号　ISBN 978-7-5067-9036-9
定价　280.00 元

编委会

主　编　于　军

副主编　任玫玫

编　委　李晓瑜　张　敏　关彦明　王晓峰

　　　　　姜志奇　元晓梅　裴新荣　金绍明

前　言

食品安全国家标准是具有法律属性的技术性规范，是公众健康的重要保障，是食品生产经营者的基本遵循，是食品药品监督管理部门的执法依据。习近平总书记强调，要用最严谨的标准、最严格的监管、最严厉的处罚、最严肃的问责，确保广大人民群众"舌尖上的安全"，首要提出的就是"最严谨的标准"，进一步明确了食品安全标准工作是保障食品安全的重要基础性工作。

乳及乳制品相关食品安全国家标准是我国食品安全国家标准体系中的重要组成部分，是2009年食品安全法实施后发布的首批食品安全国家标准。新修订的食品安全法进一步加强对特殊食品的管理，明确提出国家对保健食品、特殊医学用途食品和婴幼儿配方食品等特殊食品实行严格监督管理。为方便食品生产经营者、食品药品监督管理部门、食品检验机构、食品行业协会以及广大消费者等相关各方使用，国家食品药品监督管理总局科技和标准司组织对截至2016年12月底发布的乳及乳制品、特殊食品安全国家标准进行汇总梳理，按照食品产品标准、检验方法标准、生产经营规范标准等三个类别进行分类编排。

鉴于《食品安全国家标准　食品中水分的测定》（GB 5009.3—2010）等9项相关检验方法标准将于2017年3月1日被代替，《食品安全国家标准　食品微生物学检验　总则》（GB 4789.1—2010）等25项相关检验方法标准将于2017年6月23日被代替，《食品安全国家标准　预包装食品标签通则》（GB 7718—2011）等基础通用性标准已收入出版发行的《食品安全标准应用实务》，故本书不再收录。

由于编写时间有限，疏漏、不妥之处敬请各位读者批评指正。

编者

2017年1月

目录
contents

第一篇
食品产品标准

乳及乳制品

特殊食品

第二篇
检验方法标准

第三篇
生产经营规范标准

第一篇
食品产品标准

乳及乳制品

GB 5420—2010

中华人民共和国国家标准

食品安全国家标准

干 酪

National food safety standard

Cheese

2010-03-26 发布 2010-12-01 实施

中华人民共和国卫生部　发布

前　言

本标准对应于国际食品法典委员会(CAC)的标准 Codex Stan 283-1978（Revision 1999, Amendment 2006, 2008）Codex General Standard for Cheese，本标准与 Codex Stan 283-1978（Revision 1999, Amendment 2006，2008)的一致性程度为非等效。

本标准代替 GB 5420-2003《干酪卫生标准》以及 GB/T 21375-2008《干酪(奶酪)》中的部分指标，GB/T 21375-2008《干酪(奶酪)》中涉及到本标准的指标以本标准为准。

本标准与 GB 5420-2003 相比，主要变化如下：

——标准名称改为《干酪》；

——修改了"范围"的描述；

——增加了"术语和定义"；

——删除了"理化指标"；

——"污染物限量"直接引用 GB 2762 的规定；

——"真菌毒素限量"直接引用 GB 2761 的规定；

——修改了"微生物指标"的表示方法；

——"微生物限量"中增加了单核细胞增生李斯特氏菌指标；

——增加了对营养强化剂的要求。

本标准所代替标准的历次版本发布情况为：

——GB 5420-1985、GB 5420-2003。

食品安全国家标准

干 酪

1 范围

本标准适用于成熟干酪、霉菌成熟干酪和未成熟干酪。

2 规范性引用文件

本标准中引用的文件对于本标准的应用是必不可少的。凡是注日期的引用文件，仅所注日期的版本适用于本标准。凡是不注日期的引用文件，其最新版本（包括所有的修改单）适用于本标准。

3 术语和定义

3.1 干酪 cheese

成熟或未成熟的软质、半硬质、硬质或特硬质、可有涂层的乳制品，其中乳清蛋白/酪蛋白的比例不超过牛奶中的相应比例。干酪由下述方法获得：

a）在凝乳酶或其它适当的凝乳剂的作用下，使乳、脱脂乳、部分脱脂乳、稀奶油、乳清稀奶油、酪乳中一种或几种原料的蛋白质凝固或部分凝固，排出凝块中的部分乳清而得到。这个过程是乳蛋白质（特别是酪蛋白部分）的浓缩过程，即干酪中蛋白质的含量显著高于所用原料中蛋白质的含量；

b）加工工艺中包含乳和（或）乳制品中蛋白质的凝固过程，并赋予成品与（a）所描述产品类似的物理、化学和感官特性。

3.1.1 成熟干酪 ripened cheese

生产后不能马上使（食）用，应在一定温度下储存一定时间，以通过生化和物理变化产生该类干酪特性的干酪。

3.1.2 霉菌成熟干酪 mould ripened cheese

主要通过干酪内部和（或）表面的特征霉菌生长而促进其成熟的干酪。

3.1.3 未成熟干酪 unripened cheese

未成熟干酪（包括新鲜干酪）是指生产后不久即可使（食）用的干酪。

4 技术要求

4.1 原料要求

4.1.1 生乳：应符合 GB 19301 的要求。

4.1.2 其它原料：应符合相应的安全标准和/或有关规定。

4.2 感官要求：应符合表1的规定。

表1 感官要求

项 目	要 求	检验方法
色泽	具有该类产品正常的色泽。	取适量试样置于50mL烧杯中，在自然光下观察色泽和组织状态。闻其气味，用温开水漱口，品尝滋味。
滋味、气味	具有该类产品特有的滋味和气味。	
组织状态	组织细腻，质地均匀，具有该类产品应有的硬度。	

4.3 污染物限量：应符合 GB 2762 的规定。

4.4 真菌毒素限量：应符合 GB 2761 的规定。

4.5 微生物限量：应符合表2的规定。

表2 微生物限量

项 目	采样方案[a]及限量(若非指定，均以 CFU/g 表示)				检验方法
	n	c	m	M	
大肠菌群	5	2	100	1000	GB 4789.3 平板计数法
金黄色葡萄球菌	5	2	100	1000	GB 4789.10 平板计数法
沙门氏菌	5	0	0 /25g	—	GB 4789.4
单核细胞增生李斯特氏菌	5	0	0 /25g	—	GB 4789.30
酵母[b] ≤	50				GB 4789.15
霉菌[b] ≤	50				

[a] 样品的分析及处理按 GB 4789.1 和 GB 4789.18 执行。

[b] 不适用于霉菌成熟干酪。

4.6 食品添加剂和营养强化剂

4.6.1 食品添加剂和营养强化剂质量应符合相应的安全标准和有关规定。

4.6.2 食品添加剂和营养强化剂的使用应符合GB 2760 和GB 14880的规定。

中华人民共和国国家标准

GB 11674—2010

食品安全国家标准
乳清粉和乳清蛋白粉

National food safety standard

Whey powder and whey protein powder

2010-03-26 发布　　　　　　　　　　　　　2010-12-01 实施

中华人民共和国卫生部　　发布

前　言

本标准对应于国际食品法典委员会(CAC)的标准 Codex Stan 289-1995（Revision 2003, Amendment 2006）Standard for Whey Powders，本标准与 Codex Stan 289-1995（Revision 2003, Amendment 2006）的一致性程度为非等效。

本标准代替 GB 11674-2005《乳清粉卫生标准》。

本标准与 GB 11674-2005 相比，主要变化如下：

——标准名称改为《乳清粉和乳清蛋白粉》；

——修改了"范围"的描述；

——明确了"术语和定义"；

——"理化指标"中的产品类别改为脱盐乳清粉、非脱盐乳清粉、乳清蛋白粉；

——增加了乳糖指标；

——删除了脂肪指标；

——删除了酸度（以乳酸计）指标；

——删除了铁（Fe）指标；

——"污染物限量"直接引用 GB 2762 的规定；

——"真菌毒素限量"直接引用 GB 2761 的规定；

——删除"兽药残留"指标；

——修改了"微生物指标"的表示方法；

——增加了对营养强化剂的要求。

本标准所代替标准的历次版本发布情况为：

——GB 11674-1989、GB 11674-2005。

食品安全国家标准

乳清粉和乳清蛋白粉

1　范围

本标准适用于脱盐乳清粉、非脱盐乳清粉、浓缩乳清蛋白粉、分离乳清蛋白粉等产品。

2　规范性引用文件

本标准中引用的文件对于本标准的应用是必不可少的。凡是注日期的引用文件，仅所注日期的版本适用于本标准。凡是不注日期的引用文件，其最新版本（包括所有的修改单）适用于本标准。

3　术语和定义

3.1　乳清　whey

以生乳为原料，采用凝乳酶、酸化或膜过滤等方式生产奶酪、酪蛋白及其它类似制品时，将凝乳块分离后而得到的液体。

3.2　乳清粉　whey powder

以乳清为原料，经干燥制成的粉末状产品。

3.2.1　脱盐乳清粉　demineralized whey powder
以乳清为原料，经脱盐、干燥制成的粉末状产品。

3.2.2　非脱盐乳清粉　non-demineralized whey powder
以乳清为原料，不经脱盐，经干燥制成的粉末状产品。

3.3　乳清蛋白粉　whey protein powder

以乳清为原料，经分离、浓缩、干燥等工艺制成的蛋白含量不低于25%的粉末状产品。

4　技术要求

4.1　原料要求

4.1.1　乳清：由符合 GB 19301 要求的生乳为原料生产乳制品而得到的乳清。

4.1.2　其它原料：应符合相应的安全标准和/或有关规定。

4.2　感官要求：应符合表 1 的规定。

表1　感官要求

项　目	要　求	检验方法
色泽	具有均匀一致的色泽。	取适量试样置于 50mL 烧杯中，在自然光下观察色泽和组织状态。闻其气味，用温开水漱口，品尝滋味。
滋味、气味	具有产品特有的滋味、气味，无异味。	
组织状态	干燥均匀的粉末状产品、无结块、无正常视力可见杂质。	

4.3 理化指标：应符合表2的规定。

表2　理化指标

项　目	指　标			检验方法
	脱盐乳清粉	非脱盐乳清粉	乳清蛋白粉	
蛋白质/（g/100g）　≥	10.0	7.0	25.0	GB 5009.5
灰分/（g/100g）　≤	3.0	15.0	9.0	GB 5009.4
乳糖/（g/100g）　≥	61.0		—	GB 5413.5
水分/（g/100g）　≤	5.0		6.0	GB 5009.3

4.4　污染物限量：应符合 GB 2762 的规定。

4.5　真菌毒素限量：应符合 GB 2761 的规定。

4.6　微生物限量：应符合表3的规定。

表3　微生物限量

项　目	采样方案 [a] 及限量（若非指定，均以 CFU/g 表示）				检验方法
	n	c	m	M	
金黄色葡萄球菌	5	2	10	100	GB 4789.10 平板计数法
沙门氏菌	5	0	0/25g	—	GB 4789.4

　[a] 样品的分析及处理按 GB 4789.1 和 GB 4789.18 执行。

4.7　食品添加剂和营养强化剂

4.7.1 食品添加剂和营养强化剂质量应符合相应的安全标准和有关规定。

4.7.2 食品添加剂和营养强化剂的使用应符合GB 2760和GB 14880的规定。

中华人民共和国国家标准

GB 13102—2010

食品安全国家标准

炼 乳

National food safety standard

Evaporated milk, sweetened condensed milk and formulated condensed milk

2010-03-26 发布 2010-12-01 实施

中华人民共和国卫生部 发布

前　言

本标准对应于国际食品法典委员会(CAC)的标准 Codex Stan 281-1971(Revision 1999) Codex Standard for Evaporated Milks 和 Codex Stan 282-1971(Revision 1999) Codex Standard for Sweetened Condensed Milks，本标准与 Codex Stan 281-1971(Revision 1999)和 Codex Stan 282-1971(Revision 1999)的一致性程度为非等效。

本标准代替GB 13102-2005《炼乳卫生标准》以及GB/T 5417-2008《炼乳》中的部分指标，GB/T 5417-2008《炼乳》中涉及到本标准的指标以本标准为准。

本标准与GB 13102-2005相比，主要变化如下：

——标准名称改为《炼乳》；

——修改了"范围"的描述；

——明确了"术语和定义"；

——修改了"感官要求"；

——删除了杂质度指标；

——增加了水分指标；

——"污染物限量"直接引用GB 2762的规定；

——"真菌毒素限量"直接引用GB 2761的规定；

——修改了"微生物指标"的表示方法；

——删除了志贺氏菌指标；

——增加了对营养强化剂的要求。

本标准所代替标准的历次版本发布情况为：

——GB/T 13102-1991、GB 13102-2005。

食品安全国家标准

炼 乳

1 范围

本标准适用于淡炼乳、加糖炼乳和调制炼乳。

2 规范性引用文件

本标准中引用的文件对于本标准的应用是必不可少的。凡是注日期的引用文件，仅所注日期的版本适用于本标准。凡是不注日期的引用文件，其最新版本（包括所有的修改单）适用于本标准。

3 术语和定义

3.1 淡炼乳 evaporated milk

以生乳和(或)乳制品为原料，添加或不添加食品添加剂和营养强化剂，经加工制成的粘稠状产品。

3.2 加糖炼乳 sweetened condensed milk

以生乳和(或)乳制品、食糖为原料，添加或不添加食品添加剂和营养强化剂，经加工制成的粘稠状产品。

3.3 调制炼乳 formulated condensed milk

以生乳和(或)乳制品为主料，添加或不添加食糖、食品添加剂和营养强化剂，添加辅料，经加工制成的粘稠状产品。

4 技术要求

4.1 原料要求

4.1.1 生乳：应符合GB 19301的要求。

4.1.2 其它原料：应符合相应的安全标准和/或有关规定。

4.2 感官要求：应符合表1的规定。

表1 感官要求

项 目	要 求			检验方法
	淡炼乳	加糖炼乳	调制炼乳	取适量试样置于50mL烧杯中，在自然光下观察色泽和组织状态。闻其气味，用温开水漱口，品尝滋味。
色泽	呈均匀一致的乳白色或乳黄色，有光泽。		具有辅料应有的色泽。	
滋味、气味	具有乳的滋味和气味。	具有乳的香味，甜味纯正。	具有乳和辅料应有的滋味和气味。	
组织状态	组织细腻，质地均匀，粘度适中。			

4.3 理化指标：应符合表2的规定。

表2 理化指标

项 目	指 标				检验方法
	淡炼乳	加糖炼乳	调制炼乳		
			调制淡炼乳	调制加糖炼乳	
蛋白质/(g/100g) ≥	非脂乳固体[a]的34%		4.1	4.6	GB 5009.5
脂肪(X)/(g/100g)	7.5≤X＜15.0		X≥7.5	X≥8.0	GB 5413.3
乳固体[b]/(g/100g) ≥	25.0	28.0	—	—	—
蔗糖/(g/100g) ≤	—	45.0	—	48.0	GB 5413.5
水分/(%) ≤		27.0		28.0	GB 5009.3
酸度/(°T) ≤	48.0				GB 5413.34

  [a] 非脂乳固体(%)=100%－脂肪(%)－水分(%)－蔗糖(%)。
  [b] 乳固体(%)=100%－水分(%)－蔗糖(%)。

4.4 污染物限量：应符合 GB 2762 的规定。

4.5 真菌毒素限量：应符合 GB 2761 的规定。

4.6 微生物要求

4.6.1 淡炼乳、调制淡炼乳应符合商业无菌的要求，按GB/T 4789.26规定的方法检验。

4.6.2 加糖炼乳、调制加糖炼乳应符合表3的规定。

表3 微生物限量

项 目	采样方案[a]及限量（若非指定，均以 CFU/g 或 CFU/mL 表示）				检验方法
	n	c	m	M	
菌落总数	5	2	30000	100000	GB 4789.2
大肠菌群	5	1	10	100	GB 4789.3 平板计数法
金黄色葡萄球菌	5	0	0 /25g(mL)	—	GB 4789.10 定性检验
沙门氏菌	5	0	0/25g(mL)	—	GB 4789.4

  [a] 样品的分析及处理按 GB 4789.1 和 GB 4789.18 执行。

4.7 食品添加剂和营养强化剂

4.7.1 食品添加剂和营养强化剂质量应符合相应的安全标准和有关规定。

4.7.2 食品添加剂和营养强化剂的使用应符合 GB 2760 和 GB 14880 的规定。

5 其他

5.1　产品应标示"本产品不能作为婴幼儿的母乳代用品"或类似警语。

中华人民共和国国家标准

GB 19301—2010

食品安全国家标准

生 乳

National food safety standard

Raw milk

2010-03-26 发布   2010-06-01 实施

中华人民共和国卫生部   发布

前　言

本标准代替GB 19301-2003《鲜乳卫生标准》及第1号修改单。

本标准与GB 19301-2003相比，主要变化如下：

——标准名称改为《生乳》；

——增加了"术语和定义"；

——"污染物限量"直接引用GB 2762的规定；

——"真菌毒素限量"直接引用GB 2761的规定；

——"农药残留限量"直接引用GB 2763及国家有关规定和公告；

——修改了"微生物指标"。

本标准所代替标准的历次版本发布情况为：

——GBn 33-1977、GB 19301-2003。

食品安全国家标准

生 乳

1 范围

本标准适用于生乳，不适用于即食生乳。

2 规范性引用文件

本标准中引用的文件对于本标准的应用是必不可少的。凡是注日期的引用文件，仅所注日期的版本适用于本标准。凡是不注日期的引用文件，其最新版本（包括所有的修改单）适用于本标准。

3 术语和定义

3.1 生乳 raw milk

从符合国家有关要求的健康奶畜乳房中挤出的无任何成分改变的常乳。产犊后七天的初乳、应用抗生素期间和休药期间的乳汁、变质乳不应用作生乳。

4 技术要求

4.1 感官要求：应符合表 1 的规定。

表 1 感官要求

项　　目	要　　求	检验方法
色泽	呈乳白色或微黄色。	取适量试样置于50mL烧杯中，在自然光下观察色泽和组织状态。闻其气味，用温开水漱口，品尝滋味。
滋味、气味	具有乳固有的香味，无异味。	
组织状态	呈均匀一致液体，无凝块、无沉淀、无正常视力可见异物。	

4.2 理化指标：应符合表 2 的规定。

表 2　理化指标

项　　　目		指　　　标	检验方法
冰点 a,b/（℃）		－0.500～－0.560	GB 5413.38
相对密度/（20℃/4℃）	≥	1.027	GB 5413.33
蛋白质/（g/100g）	≥	2.8	GB 5009.5
脂肪/（g/100g）	≥	3.1	GB 5413.3
杂质度/（mg/kg）	≤	4.0	GB 5413.30
非脂乳固体/（g/100g）	≥	8.1	GB 5413.39
酸度/（°T） 　牛乳 b 　羊乳		12～18 6～13	GB 5413.34
a 挤出 3h 后检测。 b 仅适用于荷斯坦奶牛。			

4.3 污染物限量：应符合 GB 2762 的规定。

4.4 真菌毒素限量：应符合 GB 2761 的规定。

4.5 微生物限量：应符合表 3 的规定。

表 3　微生物限量

项　　　目		限量[CFU/g(mL)]	检验方法
菌落总数	≤	$2×10^6$	GB 4789.2

4.6 农药残留限量和兽药残留限量

4.6.1 农药残留量应符合 GB 2763 及国家有关规定和公告。

4.6.2 兽药残留量应符合国家有关规定和公告。

中华人民共和国国家标准

GB 19302—2010

食品安全国家标准

发酵乳

National food safety standard

Fermented milk

2010-03-26 发布   2010-12-01 实施

中华人民共和国卫生部   发布

前　言

　　本标准对应于国际食品法典委员会(CAC)的标准 Codex Stan 243-2003（Revision 2008）Codex Standard for Fermented Milks，本标准与 Codex Stan 243-2003（Revision 2008）的一致性程度为非等效。

　　本标准代替 GB 19302-2003《酸乳卫生标准》和第 1 号修改单以及 GB 2746-1999《酸牛乳》中的部分指标，GB 2746-1999《酸牛乳》中涉及到本标准的指标以本标准为准。

　　本标准与 GB 19302-2003 相比，主要变化如下：

——标准名称改为《发酵乳》；

——修改了"范围"的描述；

——明确了"术语和定义"；

——修改了"感官指标"；

——取消了脱脂、部分脱脂产品的脂肪要求；

——取消了风味发酵乳产品中非脂乳固体指标；

——取消了总固形物要求；

——"污染物限量"直接引用GB 2762的规定；

——"真菌毒素限量"直接引用 GB 2761 的规定；

——修改了"微生物指标"的表示方法；

——取消了致病菌中志贺氏菌的要求；

——修改了产品中乳酸菌数的要求；

——增加了对营养强化剂的要求。

　　本标准所代替标准的历次版本发布情况为：

——GB 19302-2003。

食品安全国家标准

发酵乳

1 范围

本标准适用于全脂、脱脂和部分脱脂发酵乳。

2 规范性引用文件

本标准中引用的文件对于本标准的应用是必不可少的。凡是注日期的引用文件，仅所注日期的版本适用于本标准。凡是不注日期的引用文件，其最新版本（包括所有的修改单）适用于本标准。

3 术语和定义

3.1 发酵乳 fermented milk

以生牛（羊）乳或乳粉为原料，经杀菌、发酵后制成的 pH 值降低的产品。

3.1.1 酸乳 yoghurt

以生牛（羊）乳或乳粉为原料，经杀菌、接种嗜热链球菌和保加利亚乳杆菌（德氏乳杆菌保加利亚亚种）发酵制成的产品。

3.2 风味发酵乳 flavored fermented milk

以 80%以上生牛（羊）乳或乳粉为原料，添加其它原料，经杀菌、发酵后 pH 值降低，发酵前或后添加或不添加食品添加剂、营养强化剂、果蔬、谷物等制成的产品。

3.2.1 风味酸乳 flavored yoghurt

以 80%以上生牛（羊）乳或乳粉为原料，添加其它原料，经杀菌、接种嗜热链球菌和保加利亚乳杆菌（德氏乳杆菌保加利亚亚种）发酵前或后添加或不添加食品添加剂、营养强化剂、果蔬、谷物等制成的产品。

4 指标要求

4.1 原料要求

4.1.1 生乳：应符合 GB 19301 规定。

4.1.2 其它原料：应符合相应安全标准和/或有关规定。

4.1.3 发酵菌种：保加利亚乳杆菌（德氏乳杆菌保加利亚亚种）、嗜热链球菌或其它由国务院卫生行政部门批准使用的菌种。

4.2 感官要求：应符合表 1 的规定。

表 1　感官要求

项　目	要　求		检验方法
	发酵乳	风味发酵乳	取适量试样置于 50mL 烧杯中，在自然光下观察色泽和组织状态。闻其气味，用温开水漱口，品尝滋味。
色泽	色泽均匀一致，呈乳白色或微黄色。	具有与添加成分相符的色泽。	
滋味、气味	具有发酵乳特有的滋味、气味。	具有与添加成分相符的滋味和气味。	
组织状态	组织细腻、均匀，允许有少量乳清析出；风味发酵乳具有添加成分特有的组织状态。		

4.3　理化指标：应符合表 2 的规定。

表 2　理化指标

项　目	指　标		检验方法
	发酵乳	风味发酵乳	
脂肪 [a]/(g/100g)　≥	3.1	2.5	GB 5413.3
非脂乳固体/(g/100g)　≥	8.1	—	GB 5413.39
蛋白质/(g/100g)　≥	2.9	2.3	GB 5009.5
酸度/(°T)　≥	70.0		GB 5413.34
[a] 仅适用于全脂产品。			

4.4　污染物限量：应符合 GB 2762 的规定。

4.5　真菌毒素限量：应符合 GB 2761 的规定。

4.6　微生物限量：应符合表 3 的规定。

表 3　微生物限量

项　目	采样方案 [a] 及限量(若非指定，均以 CFU/g 或 CFU/mL 表示)				检验方法
	n	c	m	M	
大肠菌群	5	2	1	5	GB 4789.3 平板计数法
金黄色葡萄球菌	5	0	0/25 g(mL)	—	GB 4789.10 定性检验
沙门氏菌	5	0	0/25 g(mL)	—	GB 4789.4
酵母　≤	100				GB 4789.15
霉菌　≤	30				
[a] 样品的分析及处理按 GB 4789.1 和 GB 4789.18 执行。					

4.7　乳酸菌数：应符合表 4 的规定。

表 4　乳酸菌数

项　　目		限量[CFU/g(mL)]	检验方法
乳酸菌数^a	≥	1×10^6	GB 4789.35

^a 发酵后经热处理的产品对乳酸菌数不作要求。

4.8　食品添加剂和营养强化剂

4.8.1　食品添加剂和营养强化剂质量应符合相应的安全标准和有关规定。

4.8.2　食品添加剂和营养强化剂的使用应符合 GB 2760 和 GB 14880 的规定。

5　其他

5.1　发酵后经热处理的产品应标识"××热处理发酵乳"、"××热处理风味发酵乳"、"××热处理酸乳/奶"或"××热处理风味酸乳/奶"。

5.2　全部用乳粉生产的产品应在产品名称紧邻部位标明"复原乳"或"复原奶"；在生牛（羊）乳中添加部分乳粉生产的产品应在产品名称紧邻部位标明"含××%复原乳"或"含××%复原奶"。

　　注："××%"是指所添加乳粉占产品中全乳固体的质量分数。

5.3　"复原乳"或"复原奶"与产品名称应标识在包装容器的同一主要展示版面；标识的"复原乳"或"复原奶"字样应醒目，其字号不小于产品名称的字号，字体高度不小于主要展示版面高度的五分之一。

中华人民共和国国家标准

GB 19644—2010

食品安全国家标准

乳 粉

National food safety standard

Milk powder

2010-03-26 发布 　　　　　　　　　　　　　2010-12-01 实施

中华人民共和国卫生部　　发布

前　言

本标准对应于国际食品法典委员会（CAC）的标准 Codex Stan 207-1999 Codex Standard for Milk Powders and Cream Powder，本标准与 Codex Stan 207-1999 的一致性程度为非等效。

本标准代替 GB 19644-2005《乳粉卫生标准》以及 GB/T 5410-2008《乳粉（奶粉）》中的部分指标，GB/T 5410-2008《乳粉（奶粉）》中涉及到本标准的指标以本标准为准。

本标准与 GB 19644-2005 相比，主要变化如下：

——标准名称改为《乳粉》；

——修改了"范围"的描述；

——明确了"术语和定义"；

——修改了"感官要求"；

——取消了对全脂加糖乳粉指标的要求；

——取消了对脱脂乳粉及部分脱脂乳粉的脂肪要求；

——增加了以羊乳为原料的乳粉产品的复原乳酸度指标；

——增加了杂质度指标；

——"污染物限量"直接引用 GB 2762 的规定；

——"真菌毒素限量"直接引用 GB 2761 的规定；

——修改了"微生物指标"的表示方法；

——增加了对营养强化剂的要求。

本标准所代替标准的历次版本发布情况为：

——GB19644-2005。

食品安全国家标准

乳 粉

1 范围

本标准适用于全脂、脱脂、部分脱脂乳粉和调制乳粉。

2 规范性引用文件

本标准中引用的文件对于本标准的应用是必不可少的。凡是注日期的引用文件，仅所注日期的版本适用于本标准。凡是不注日期的引用文件，其最新版本（包括所有的修改单）适用于本标准。

3 术语和定义

3.1 乳粉 milk powder

以生牛（羊）乳为原料，经加工制成的粉状产品。

3.2 调制乳粉 formulated milk powder

以生牛（羊）乳或及其加工制品为主要原料，添加其它原料，添加或不添加食品添加剂和营养强化剂，经加工制成的乳固体含量不低于70%的粉状产品。

4 技术要求

4.1 原料要求

4.1.1 生乳：应符合 GB 19301 的规定。

4.1.2 其它原料：应符合相应的安全标准和/或有关规定。

4.2 感官要求：应符合表1规定。

表1 感官要求

项　目	要　求		检验方法
	乳粉	调制乳粉	
色泽	呈均匀一致的乳黄色。	具有应有的色泽。	取适量试样置于50mL烧杯中，在自然光下观察色泽和组织状态。闻其气味，用温开水漱口，品尝滋味。
滋味、气味	具有纯正的乳香味。	具有应有的滋味、气味。	
组织状态	干燥均匀的粉末。		

4.3 理化指标：应符合表2规定。

表 2　理化指标

项　目		指　标		检验方法
		乳粉	调制乳粉	
蛋白质/(%)	≥	非脂乳固体[a]的34%	16.5	GB 5009.5
脂肪[b]/(%)	≥	26.0	—	GB 5413.3
复原乳酸度/(°T) 　牛乳 　羊乳	≤	18 7～14	— 	GB 5413.34
杂质度/(mg/kg)	≤	16	—	GB 5413.30
水分/(%)	≤	5.0		GB 5009.3
[a] 非脂乳固体(%)＝100%－脂肪(%)－水分(%)。				
[b] 仅适用于全脂乳粉。				

4.4　污染物限量：应符合 GB 2762 的规定。

4.5　真菌毒素限量：应符合 GB 2761 的规定。

4.6　微生物限量：应符合表3规定。

表 3　微生物限量

项　目	采样方案[a]及限量（若非指定，均以 CFU/g 表示）				检验方法
	n	c	m	M	
菌落总数[b]	5	2	50000	200000	GB 4789.2
大肠菌群	5	1	10	100	GB 4789.3 平板计数法
金黄色葡萄球菌	5	2	10	100	GB 4789.10 平板计数法
沙门氏菌	5	0	0 /25g	—	GB 4789.4
[a] 样品的分析及处理按 GB 4789.1 和 GB 4789.18 执行。					
[b] 不适用于添加活性菌种（好氧和兼性厌氧益生菌）的产品。					

4.7　食品添加剂和营养强化剂

4.7.1　食品添加剂和营养强化剂质量应符合相应的安全标准和有关规定。

4.7.2　食品添加剂和营养强化剂的使用应符合 GB 2760 和 GB 14880 的规定。

中华人民共和国国家标准

GB 19645—2010

食品安全国家标准

巴氏杀菌乳

National food safety standard

Pasteurized milk

2010-03-26 发布　　　　　　　　　　2010-12-01 实施

中华人民共和国卫生部　发布

前　言

本标准代替GB 19645-2005《巴氏杀菌、灭菌乳卫生标准》以及GB 5408.1-1999《巴氏杀菌乳》中的部分指标，GB 5408.1-1999《巴氏杀菌乳》中涉及到本标准的指标以本标准为准。

本标准与GB 19645-2005相比，主要变化如下：

——将《巴氏杀菌、灭菌乳卫生标准》分为《巴氏杀菌乳》、《灭菌乳》、《调制乳》三个标准，本标准为《巴氏杀菌乳》；

——修改了 "范围"的描述；

——明确了"术语和定义"；

——修改了"感官指标"；

——取消了脱脂、部分脱脂产品的脂肪要求；

——增加了羊乳的蛋白质要求；

——将"理化指标"中酸度值的限量要求修改为范围值；

——取消了"兽药残留指标 "；

——取消了"农药残留指标 "；

——"污染物限量"直接引用GB 2762的规定；

——"真菌毒素限量"直接引用GB 2761的规定；

——修改了"微生物指标"的表示方法；

——取消了"食品添加剂"的要求；

——修改了"标识"的规定。

本标准所代替标准的历次版本发布情况为：

——GB 19645-2005。

食品安全国家标准

巴氏杀菌乳

1 范围

本标准适用于全脂、脱脂和部分脱脂巴氏杀菌乳。

2 规范性引用文件

本标准中引用的文件对于本标准的应用是必不可少的。凡是注日期的引用文件，仅所注日期的版本适用于本标准。凡是不注日期的引用文件，其最新版本（包括所有的修改单）适用于本标准。

3 术语和定义

3.1 巴氏杀菌乳 pasteurized milk

仅以生牛（羊）乳为原料，经巴氏杀菌等工序制得的液体产品。

4 技术要求

4.1 原料要求：生乳应符合GB 19301的要求。

4.2 感官要求：应符合表1的规定。

表 1 感官要求

项　　目	要　　求	检验方法
色泽	呈乳白色或微黄色。	取适量试样置于 50mL 烧杯中，在自然光下观察色泽和组织状态。闻其气味，用温开水漱口，品尝滋味。
滋味、气味	具有乳固有的香味，无异味。	
组织状态	呈均匀一致液体，无凝块、无沉淀、无正常视力可见异物。	

4.3 理化指标：应符合表2的规定。

表 2 理化指标

项　　目		指　　标	检验方法
脂肪 [a]/（g/100g）	≥	3.1	GB 5413.3
蛋白质/（g/100g）			
牛乳	≥	2.9	GB 5009.5
羊乳	≥	2.8	

表2（续）

项　　目	指　　标	检验方法
非脂乳固体/（g/100g）　　≥	8.1	GB 5413.39
酸度/（°T） 　牛乳 　羊乳	12～18 6～13	GB 5413.34

^a 仅适用于全脂巴氏杀菌乳。

a 仅适用于全脂巴氏杀菌乳。

4.4　污染物限量：应符合GB 2762的规定。

4.5　真菌毒素限量：应符合 GB 2761 的规定。

4.6　微生物限量：应符合表3的规定。

表3　微生物限量

项　　目	采样方案 ^a 及限量（若非指定，均以 CFU/g 或 CFU/mL 表示）				检验方法
	n	c	m	M	
菌落总数	5	2	50000	100000	GB 4789.2
大肠菌群	5	2	1	5	GB 4789.3 平板计数法
金黄色葡萄球菌	5	0	0 /25g（mL）	–	GB 4789.10 定性检验
沙门氏菌	5	0	0 /25 g（mL）	–	GB 4789.4

^a 样品的分析及处理按 GB 4789.1 和 GB 4789.18 执行。

5　其他

5.1　应在产品包装主要展示面上紧邻产品名称的位置，使用不小于产品名称字号且字体高度不小于主要展示面高度五分之一的汉字标注"鲜牛（羊）奶"或"鲜牛（羊）乳"。

中华人民共和国国家标准

GB 19646—2010

食品安全国家标准

稀奶油、奶油和无水奶油

National food safety standard

Cream，butter and anhydrous milkfat

2010-03-26 发布　　　　　　　　　　　　　2010-12-01 实施

中华人民共和国卫生部　　发布

前　言

本标准对应于国际食品法典委员会（CAC）的标准 Codex Stan 279-1971（Revision 1999，Amendment 2003, 2006）Codex Standard for Butter, Codex Stan 280-1973（Revision 1999，Amendment 2006）Codex Standard for Milkfat Products，Codex Stan 288-1976（Revision 2003, Amendment 2008）Codex Standard for Cream and Prepared Creams，本标准与 Codex Stan 279-1971（Revision 1999，Amendment 2003，2006）、Codex Stan 280-1973（Revision 1999, Amendment 2006）、Codex Stan 288-1976（Revision 2003, Amendment 2008）的一致性程度为非等效。

本标准代替 GB 19646-2005《奶油、稀奶油卫生标准》以及 GB/T 5415-2008《奶油》中的部分指标，GB/T 5415-2008《奶油》中涉及到本标准的指标以本标准为准。

本标准与 GB 19646-2005 相比，主要变化如下：

——标准名称改为《稀奶油、奶油和无水奶油》；

——修改了"范围"的描述；

——增加了"术语和定义"；

——修改了"感官指标"；

——增加了稀奶油的酸度指标；

——增加了非脂乳固体指标；

——"污染物限量"直接引用GB 2762的规定；

——"真菌毒素限量"直接引用GB 2761的规定；

——修改了"微生物指标"的表示方法；

——增加了对营养强化剂的要求。

本标准所代替标准的历次版本发布情况为：

——GB 19646-2005。

食品安全国家标准

稀奶油、奶油和无水奶油

1 范围

本标准适用于稀奶油、奶油和无水奶油。

2 规范性引用文件

本标准中引用的文件对于本标准的应用是必不可少的。凡是注日期的引用文件，仅所注日期的版本适用于本标准。凡是不注日期的引用文件，其最新版本（包括所有的修改单）适用于本标准。

3 术语和定义

3.1 稀奶油 cream

以乳为原料，分离出的含脂肪的部分，添加或不添加其它原料、食品添加剂和营养强化剂，经加工制成的脂肪含量 10.0%～80.0%的产品。

3.2 奶油 （黄油） butter

以乳和(或)稀奶油（经发酵或不发酵）为原料，添加或不添加其它原料、食品添加剂和营养强化剂，经加工制成的脂肪含量不小于 80.0%产品。

3.3 无水奶油（无水黄油） anhydrous milkfat

以乳和(或)奶油或稀奶油（经发酵或不发酵）为原料，添加或不添加食品添加剂和营养强化剂，经加工制成的脂肪含量不小于 99.8%的产品。

4 技术要求

4.1 原料要求

4.1.1 生乳：应符合 GB 19301 的要求。

4.1.2 其它原料：应符合相应的安全标准和/或有关规定。

4.2 感官要求：应符合表 1 的规定。

表1 感官要求

项 目	要 求	检验方法
色泽	呈均匀一致的乳白色、乳黄色或相应辅料应有的色泽。	取适量试样置于50mL烧杯中,在自然光下观察色泽和组织状态。闻其气味,用温开水漱口,品尝滋味。
滋味、气味	具有稀奶油、奶油、无水奶油或相应辅料应有的滋味和气味,无异味。	
组织状态	均匀一致,允许有相应辅料的沉淀物,无正常视力可见异物。	

4.3 理化指标:应符合表2的规定。

表2 理化指标

项 目	指 标 稀奶油	指 标 奶油	指 标 无水奶油	检验方法
水分/(%) ≤	—	16.0	0.1	奶油按 GB 5009.3 的方法测定;无水奶油按 GB 5009.3 中的卡尔·费休法测定
脂肪/(%) ≥	10.0	80.0	99.8	GB 5413.3[a]
酸度[b]/(°T) ≤	30.0	20.0	—	GB 5413.34
非脂乳固体[c]/(%) ≤	—	2.0	—	—
[a] 无水奶油的脂肪(%)=100%−水分(%)。				
[b] 不适用于以发酵稀奶油为原料的产品。				
[c] 非脂乳固体(%)=100%−脂肪(%)−水分(%)(含盐奶油还应减去食盐含量)。				

4.4 污染物限量:应符合 GB 2762 规定。

4.5 真菌毒素限量:应符合 GB 2761 的规定。

4.6 微生物限量

4.6.1 以罐头工艺或超高温瞬时灭菌工艺加工的稀奶油产品应符合商业无菌的要求,按 GB/T 4789.26 规定的方法检验。

4.6.2 其它产品应符合表3的规定。

表3 微生物限量

项 目	采样方案[a] 及限量(若非指定,均以 CFU/g 或 CFU/mL 表示) n	c	m	M	检验方法
菌落总数[b]	5	2	10000	100000	GB 4789.2
大肠菌群	5	2	10	100	GB 4789.3 平板计数法
金黄色葡萄球菌	5	1	10	100	GB 4789.10 平板计数法
沙门氏菌	5	0	0/25g(mL)	—	GB 4789.4

表3（续）

项　目	采样方案 a 及限量（若非指定，均以 CFU/g 或 CFU/mL 表示）				检验方法
	n	c	m	M	
霉菌　　　　≤	90				GB 4789.15

> a 样品的分析及处理按 GB 4789.1 和 GB 4789.18 执行。
> b 不适用于以发酵稀奶油为原料的产品。

4.7　食品添加剂和营养强化剂

4.7.1　食品添加剂和营养强化剂质量应符合相应的安全标准和有关规定。

4.7.2　食品添加剂和营养强化剂的使用应符合 GB 2760 和 GB 14880 的规定。

中华人民共和国国家标准

GB 25190—2010

食品安全国家标准
灭菌乳

National food safety standard

Sterilized milk

2010-03-26 发布　　　　　　　　　　　　2010-12-01 实施

中华人民共和国卫生部　发布

前　言

　　本标准代替GB 19645-2005《巴氏杀菌、灭菌乳卫生标准》及GB 5408.2-1999《灭菌乳》中的部分指标，GB 5408.2-1999《灭菌乳》中涉及到本标准的指标以本标准为准。

　　本标准与GB 19645-2005相比，主要变化如下：

　　——将《巴氏杀菌、灭菌乳卫生标准》分为《巴氏杀菌乳》、《灭菌乳》、《调制乳》三个标准，本标准为《灭菌乳》；

　　——修改了"范围"的描述；

　　——明确了"术语和定义"；

　　——修改了"感官指标"；

　　——取消了脱脂、部分脱脂产品的脂肪要求；

　　——增加了羊乳的蛋白质要求；

　　——将"理化指标"中酸度值的限量要求修改为范围值；

　　——取消了"兽药残留指标"；

　　——取消了"农药残留指标"；

　　——"污染物限量"直接引用GB 2762的规定；

　　——"真菌毒素限量"直接引用GB 2761的规定；

　　——取消了"食品添加剂"的要求；

　　——修改了"标识"的规定。

　　本标准所代替标准的历次版本发布情况为：

　　——GB 19645-2005。

食品安全国家标准

灭菌乳

1　范围

本标准适用于全脂、脱脂和部分脱脂灭菌乳。

2　规范性引用文件

本标准中引用的文件对于本标准的应用是必不可少的。凡是注日期的引用文件，仅所注日期的版本适用于本标准。凡是不注日期的引用文件，其最新版本（包括所有的修改单）适用于本标准。

3　术语和定义

3.1　超高温灭菌乳 ultra high-temperature milk

以生牛（羊）乳为原料，添加或不添加复原乳，在连续流动的状态下，加热到至少132℃并保持很短时间的灭菌，再经无菌灌装等工序制成的液体产品。

3.2　保持灭菌乳 retort sterilized milk

以生牛（羊）乳为原料，添加或不添加复原乳，无论是否经过预热处理，在灌装并密封之后经灭菌等工序制成的液体产品。

4　技术要求

4.1　原料要求

4.1.1　生乳：应符合GB 19301的规定。

4.1.2　乳粉：应符合GB 19644的规定。

4.2　感官要求：应符合表1的规定。

表1　感官要求

项　　目	要　　求	检验方法
色泽	呈乳白色或微黄色。	取适量试样置于50mL烧杯中，在自然光下观察色泽和组织状态。闻其气味，用温开水漱口，品尝滋味。
滋味、气味	具有乳固有的香味，无异味。	
组织状态	呈均匀一致液体，无凝块、无沉淀、无正常视力可见异物。	

4.3　理化指标：应符合表2的规定。

表2　理化指标

项　目		指　标	检验方法
脂肪 a/(g/100g) ≥		3.1	GB 5413.3
蛋白质/(g/100g)			GB 5009.5
牛乳 ≥		2.9	
羊乳 ≥		2.8	
非脂乳固体/(g/100g) ≥		8.1	GB 5413.39
酸度/(° T)			GB 5413.34
牛乳		12～18	
羊乳		6～13	
a 仅适用于全脂灭菌乳。			

4.4　污染物限量：应符合 GB 2762 的规定。

4.5　真菌毒素限量：应符合 GB 2761 的规定。

4.6　微生物要求：应符合商业无菌的要求，按 GB/T 4789.26 规定的方法检验。

5　其他

5.1　仅以生牛（羊）乳为原料的超高温灭菌乳应在产品包装主要展示面上紧邻产品名称的位置，使用不小于产品名称字号且字体高度不小于主要展示面高度五分之一的汉字标注"纯牛（羊）奶"或"纯牛（羊）乳"。

5.2　全部用乳粉生产的灭菌乳应在产品名称紧邻部位标明"复原乳"或"复原奶"；在生牛（羊）乳中添加部分乳粉生产的灭菌乳应在产品名称紧邻部位标明"含××%复原乳"或"含××%复原奶"。

　　注："××%"是指所添加乳粉占灭菌乳中全乳固体的质量分数。

5.3　"复原乳"或"复原奶"与产品名称应标识在包装容器的同一主要展示版面；标识的"复原乳"或"复原奶"字样应醒目，其字号不小于产品名称的字号，字体高度不小于主要展示版面高度的五分之一。

中华人民共和国国家标准

GB 25191—2010

食品安全国家标准

调制乳

National food safety standard

Modified milk

2010-03-26 发布　　　　　　　　　　　　　　　　2010-12-01 实施

中华人民共和国卫生部　　发布

前　言

本标准代替GB 19645-2005《巴氏杀菌、灭菌乳卫生标准》以及GB 5408.1-1999《巴氏杀菌乳》、GB 5408.2-1999《灭菌乳》中的部分指标，GB 5408.1-1999《巴氏杀菌乳》、GB 5408.2-1999《灭菌乳》中涉及到本标准的指标以本标准为准。

本标准与GB 19645-2005相比，主要变化如下：

——将《巴氏杀菌、灭菌乳卫生标准》分为《巴氏杀菌乳》、《灭菌乳》、《调制乳》三个标准，本标准为《调制乳》。

本标准所代替标准的历次版本发布情况为：

——GB 19645-2005。

食品安全国家标准

调制乳

1　范围

本标准适用于全脂、脱脂和部分脱脂调制乳。

2　规范性引用文件

本标准中引用的文件对于本标准的应用是必不可少的。凡是注日期的引用文件，仅所注日期的版本适用于本标准。凡是不注日期的引用文件，其最新版本（包括所有的修改单）适用于本标准。

3　术语和定义

3.1　调制乳　modified milk

以不低于 80%的生牛（羊）乳或复原乳为主要原料，添加其他原料或食品添加剂或营养强化剂，采用适当的杀菌或灭菌等工艺制成的液体产品。

4　技术要求

4.1　原料要求

4.1.1　生乳：应符合GB 19301的规定。

4.1.2　其他原料：应符合相应的安全标准和/或有关规定。

4.2　感官要求：应符合表1的规定。

表 1　感官要求

项　目	要　求	检验方法
色泽	呈调制乳应有的色泽。	取适量试样置于 50mL 烧杯中，在自然光下观察色泽和组织状态。闻其气味，用温开水漱口，品尝滋味。
滋味、气味	具有调制乳应有的香味，无异味。	
组织状态	呈均匀一致液体，无凝块、可有与配方相符的辅料的沉淀物、无正常视力可见异物。	

4.3　理化指标：应符合表2的规定。

表2 理化指标

项　　目		指　　标	检验方法
脂肪 a/（g/100g）	≥	2.5	GB 5413.3
蛋白质/（g/100g）	≥	2.3	GB 5009.5
a 仅适用于全脂产品。			

4.4 污染物限量：应符合GB 2762的规定。

4.5 真菌毒素限量：应符合GB 2761的规定。

4.6 微生物要求

4.6.1 采用灭菌工艺生产的调制乳应符合商业无菌的要求，按GB/T 4789.26规定的方法检验。

4.6.2 其它调制乳应符合表3的规定。

表3 微生物限量

项　　目	采样方案 a 及限量（若非指定，均以 CFU/g 或 CFU/mL 表示）				检验方法
	n	c	m	M	
菌落总数	5	2	50000	100000	GB 4789.2
大肠菌群	5	2	1	5	GB 4789.3 平板计数法
金黄色葡萄球菌	5	0	0 /25 g（mL）	–	GB 4789.10 定性检验
沙门氏菌	5	0	0 /25 g（mL）	–	GB 4789.4
a 样品的分析及处理按 GB 4789.1 和 GB 4789.18 执行。					

4.7 食品添加剂和营养强化剂

4.7.1 食品添加剂和营养强化剂质量应符合相应的安全标准和有关规定。

4.7.2 食品添加剂和营养强化剂的使用应符合 GB 2760 和 GB 14880 的规定。

5 其他

5.1 全部用乳粉生产的调制乳应在产品名称紧邻部位标明"复原乳"或"复原奶"；在生牛（羊）乳中添加部分乳粉生产的调制乳应在产品名称紧邻部位标明"含××%复原乳"或"含××%复原奶"。

注："××%"是指所添加乳粉占调制乳中全乳固体的质量分数。

5.2 "复原乳"或"复原奶"与产品名称应标识在包装容器的同一主要展示版面；标识的"复原乳"或"复原奶"字样应醒目，其字号不小于产品名称的字号，字体高度不小于主要展示版面高度的五分之一。

中华人民共和国国家标准

GB 25192—2010

食品安全国家标准

再制干酪

National food safety standard

Process(ed) cheese

2010-03-26 发布 2010-12-01 实施

中华人民共和国卫生部 发布

前 言

本标准对应于国际食品法典委员会（CAC）的标准Codex Stan 285-1978（Amendment 2008） Codex General Standard for Named Variety Process(ed) Cheese and Spreadable Process(ed) Cheese, Codex Stan 286-1978（Amendment 2008）Codex General Standard for Process(ed) Cheese and Spreadable Process(ed) Cheese，Codex Stan 287-1978（Amendment 2008）Codex General Standard for Process(ed) Cheese Preparations (Process(ed) Cheese Food and Process(ed) Cheese Spread)。本标准与Codex Stan 285-1978（Amendment 2008）、Codex Stan 286-1978（Amendment 2008）、Codex Stan 287-1978（Amendment 2008）的一致性程度为非等效。微生物指标对应于欧盟Commission Regulation（EC）No 1441/2007 of 5 December 2007相关规定，本标准与其一致性程度为非等效。

本标准系首次发布。

食品安全国家标准

再制干酪

1 范围

本标准适用于再制干酪。

2 规范性引用文件

本标准中引用的文件对于本标准的应用是必不可少的。凡是注日期的引用文件，仅所注日期的版本适用于本标准。凡是不注日期的引用文件，其最新版本（包括所有的修改单）适用于本标准。

3 术语和定义

3.1 再制干酪 process(ed) cheese

以干酪（比例大于15%）为主要原料，加入乳化盐，添加或不添加其它原料，经加热、搅拌、乳化等工艺制成的产品。

4 技术要求

4.1 原料要求

4.1.1 干酪：应符合 GB 5420 的规定。

4.1.2 其它原料：应符合相应的安全标准和/或有关规定。

4.2 感官要求：应符合表1的规定。

表 1 感官要求

项 目	要 求	检验方法
色泽	色泽均匀。	取适量试样置于50mL烧杯中，在自然光下观察色泽和组织状态。闻其气味，用温开水漱口，品尝滋味。
滋味、气味	易溶于口，有奶油润滑感，并有产品特有的滋味、气味。	
组织状态	外表光滑；结构细腻、均匀、润滑，应有与产品口味相关原料的可见颗粒。无正常视力可见的外来杂质。	

4.3 理化指标：应符合表2的规定。

表2 理化指标

项 目	指 标					检验方法
脂肪(干物中) ᵃ (X₁)/(%)	60.0≤ X₁ ≤75.0	45.0≤ X₁ <60.0	25.0≤ X₁ <45.0	10.0≤ X₁ <25.0	X₁ <10.0	GB 5413.3
最小干物质含量 ᵇ(X₂)/(%)	44	41	31	29	25	GB 5009.3

ᵃ 干物质中脂肪含量(%)：X_1=[再制干酪脂肪质量/(再制干酪总质量－再制干酪水分质量)]×100%。

ᵇ 干物质含量(%)：X_2=[(再制干酪总质量－再制干酪水分质量)/再制干酪总质量]×100%。

4.4 污染物限量：应符合GB 2762的规定。

4.5 真菌毒素限量：应符合 GB 2761 的规定。

4.6 微生物限量：应符合表3 的规定。

表3 微生物限量

项 目	采样方案 ᵃ 及限量(若非指定，均以 CFU/g 表示)				检验方法
	n	c	m	M	
菌落总数	5	2	100	1000	GB 4789.2
大肠菌群	5	2	100	1000	GB 4789.3 平板计数法
金黄色葡萄球菌	5	2	100	1000	GB 4789.10 平板计数法
沙门氏菌	5	0	0 /25g	—	GB 4789.4
单核细胞增生李斯特氏菌	5	0	0 /25g	—	GB 4789.30
酵母 ≤	50				GB 4789.15
霉菌 ≤	50				

ᵃ 样品的分析及处理按 GB 4789.1 和 GB 4789.18 执行。

4.7 食品添加剂和营养强化剂

4.7.1 食品添加剂和营养强化剂的质量应符合相应的安全标准和有关规定。

4.7.2 食品添加剂和营养强化剂的使用应符合 GB 2760 和 GB 14880 的规定。

中华人民共和国国家标准

GB 25595-2010

食品安全国家标准

乳　糖

2010-12-21 发布　　　　　　　　　　　　2011-02-21 实施

中华人民共和国卫生部　发布

食品安全国家标准

乳 糖

1 范围

本标准适用于从乳清中结晶出来的，经干燥、研磨等工艺制成的供食用的乳糖。

2 规范性引用文件

本标准中引用的文件对于本标准的应用是必不可少的。凡是注日期的引用文件，仅所注日期的版本适用于本标准。凡是不注日期的引用文件，其最新版本（包括所有的修改单）适用于本标准。

3 术语和定义

乳糖

从乳清中提取出来的碳水化合物，以无水或含一分子结晶水的形式存在，或以这两种混合物的形式存在。

4 技术要求

4.1 原料要求：可使用干酪乳清或干酪素乳清。

4.2 感官要求：应符合表 1 的规定。

表 1 感官要求

项 目	要 求	检验方法
色泽	白色到浅黄色	取适量试样于白色浅盘中，在自然光线下，观察期色泽和组织状态，并嗅其气味。
滋味、气味	微甜无异味	
组织状态	晶体或粉状晶体	

4.3 理化指标：应符合表 2 的规定。

表 2　理化指标

项　　目		指　　标	检验方法
乳糖 [a]（干基中）/（g/100g）	≥	99.0	——
水分/（g/100g）	≤	6.0	GB 5009.3-2010 卡尔·费休法
灰分/（g/100g）	≤	0.3	GB 5009.4
pH/（10%水溶液）		4.5~7.0	称取 10g 乳糖于 100mL 烧杯中，加蒸馏水制成 10%的水溶液，用 pH 计测其 pH 值。
[a] 乳糖含量按（100-水分-灰分）/（100-水分）计算。			

中华人民共和国国家标准

GB 31638—2016

食品安全国家标准

酪 蛋 白

2016-12-23 发布

2017-06-23 实施

中华人民共和国国家卫生和计划生育委员会
国家食品药品监督管理总局 发布

食品安全国家标准

酪 蛋 白

1 范围

本标准适用于酸法酪蛋白、酶法酪蛋白和膜分离酪蛋白。

2 术语和定义

2.1 酪蛋白

以乳和/或乳制品为原料,经酸法或酶法或膜分离工艺制得的产品,它是由 α、β、κ 和 γ 及其亚型组成的混合物。

2.2 酸法酪蛋白

以乳和/或乳制品为原料,经脱脂、酸化使酪蛋白沉淀,再经过滤、洗涤、干燥等工艺制得的产品。

2.3 酶法酪蛋白

以乳和/或乳制品为原料,经脱脂、凝乳酶沉淀酪蛋白,再经过滤、洗涤、干燥等工艺制得的产品。

2.4 膜分离酪蛋白

以乳和/或乳制品为原料,经脱脂、膜分离酪蛋白,再经浓缩、杀菌、干燥等工艺制得的产品。

3 技术要求

3.1 原料要求

原料应符合相应的食品标准和有关规定。

3.2 感官要求

感官要求应符合表1的规定。

表 1 感官要求

项目	要求	检验方法
色泽	乳白色至乳黄色	取适量试样于洁净的白色盘(瓷盘或同类容器)中,在自然光线下观察色泽和状态。闻其气味,用温开水漱口,品尝滋味
滋味、气味	具有本产品特有的滋味和气味,无异味	
状态	干燥均匀粉末,允许存有少量的深黄色颗粒,无正常视力可见外来异物	

3.3 理化指标

理化指标应符合表 2 的规定。

表 2 理化指标

项 目		指 标			检验方法
		酸法	酶法	膜分离	
蛋白质（以干基计）/(g/100 g)	≥	90.0	84.0	84.0	GB 5009.5 凯氏定氮法或分光光度法
酪蛋白（占蛋白质）/(g/100 g)	≥	95.0	95.0	82.0	附录 A
脂肪/(g/100 g)	≤	2.0	2.0	5.0	GB 5009.6 碱水解法
水分/(g/100 g)	≤	12.0	12.0	12.0	GB 5009.3
游离酸/[0.1 mol/L NaOH/(mL/g)]	≤	0.27	—	—	同 GB 5009.239 中干酪素的分析步骤

3.4 污染物限量和真菌毒素限量

3.4.1 污染物限量应符合 GB 2762 的规定。

3.4.2 真菌毒素限量应符合 GB 2761 的规定。

3.5 微生物限量

微生物限量应符合表 3 的规定。

表 3 微生物限量

项 目	采样方案[a] 及限量（若非指定，均以 CFU/g 表示）				检验方法
	n	c	m	M	
菌落总数	5	2	5×10^4	2×10^5	GB 4789.2
大肠菌群	5	1	10	10^2	GB 4789.3
金黄色葡萄球菌	5	2	10	10^2	GB 4789.10
沙门氏菌	5	0	0/25 g	—	GB 4789.4
[a] 样品的分析及处理按 GB 4789.1 和 GB 4789.18 执行。					

3.6 食品添加剂

食品添加剂的使用应符合 GB 2760 的规定。

附　录　A

酪蛋白的测定

A.1　原理

将试样充分溶解后,用乙酸和乙酸钠溶液调 pH 至 4.6 使酪蛋白沉淀,过滤收集酪蛋白,以下同
GB 5009.5中第一法或第二法测定原理。

A.2　试剂和材料

除非另有说明,本方法所用试剂均为分析纯,水为 GB/T 6682 规定的三级水。

A.2.1　碳酸氢钠($NaHCO_3$)。

A.2.2　三聚磷酸钠($Na_5P_3O_{10}$)。

A.2.3　冰乙酸(CH_3COOH):优级纯。

A.2.4　乙酸钠($CH_3COONa \cdot 3H_2O$)。

A.2.5　无水乙酸钠(CH_3COONa)。

A.2.6　10%乙酸溶液:吸取 10 mL 冰乙酸(A.2.3)于 100 mL 的容量瓶中,加水定容。

A.2.7　乙酸钠溶液(1 mol/L):称取 41 g 无水乙酸钠(A.2.5)或 68 g 乙酸钠(A.2.4),加水溶解后稀释
至 500 mL。

A.2.8　乙酸钠-乙酸缓冲溶液:分别吸取 1.0 mL 乙酸钠溶液(A.2.7)与 1.0 mL 乙酸溶液(A.2.6)于
100 mL的容量瓶中,加水定容。

A.2.9　其余同 GB 5009.5 中试剂和材料。

A.3　仪器和设备

同 GB 5009.5 中仪器和设备。

A.4　分析步骤

A.4.1　样品处理

称取 0.2 g 试样(精确至 0.001 g)移入干燥的 150 mL 具塞锥形瓶中,若试样是酸法酪蛋白,先加入
0.02 g±0.001 g 碳酸氢钠,再加入 8 mL 水;若试样是酶法酪蛋白,先加入 0.02 g±0.001 g 三聚磷酸钠,
再加入 8 mL 水;若试样是膜法酪蛋白,直接加入 8 mL 水。上述操作混匀后置于 65 ℃～67 ℃的水浴
上,使其完全溶解(每隔 5 min 轻轻振摇一次,一般为 10 min～15 min)。冷却后再加入乙酸溶液
(A.2.6)1 mL,混匀,静置 5 min,再添加乙酸钠溶液(A.2.7)1 mL,混匀,静置,使酪蛋白沉淀,用干滤纸
过滤。用缓冲溶液(A.2.8)少量多次反复洗涤锥形瓶及沉淀,将滤纸连同沉淀物折叠,置入消化管内进
行消化,以下同 GB 5009.5 中试样处理。

A.4.2　蛋白质的测定

按 GB 5009.5 中第一法或第二法进行测定。

A.5 分析结果的表述

A.5.1 酪蛋白含量分析结果的表述按 GB 5009.5 中相应的方法进行。

A.5.2 试样中酪蛋白占总蛋白质的量按式（A.1）计算：

$$X_1 = \frac{m_1}{m_2} \times 100 \quad\quad\quad\quad\quad\quad\quad\quad\quad\quad\quad\quad（A.1）$$

式中：

X_1——试样中酪蛋白占总蛋白质的量，单位为克每百克(g/100 g)；

m_1——试样中酪蛋白含量，单位为克每百克(g/100 g)；

m_2——试样中蛋白质含量，单位为克每百克(g/100 g)。

结果保留到小数点后一位。

A.6 精密度

在重复性条件下获得的两次独立测定结果的绝对差值不得超过算术平均值的 10%。

特殊食品

中华人民共和国国家标准

GB 10765—2010

食品安全国家标准

婴儿配方食品

National food safety standard

Infant formula

2010-03-26 发布　　　　　　　　　　　　　2011-04-01 实施

中华人民共和国卫生部　　发布

前　言

　　本标准对应于国际食品法典委员会(CAC)的标准Codex Stan 72-1981（Revision 2007）Stanard for Infant Formula and Formulas for Special Medical Purposes Intended for Infants中A部分，本标准与Codex Stan 72-1981的一致性程度为非等效。本标准还参照了中国营养学会2000年编著的《中国居民膳食营养素参考摄入量》。

　　本标准代替GB 10765-1997《婴儿配方乳粉I》、GB 10766-1997《婴儿配方乳粉II、III》、GB 10767-1997《婴幼儿配方粉及婴幼儿补充谷粉通用技术条件》、及其修改单。

　　本标准与GB 10765-1997、GB 10766-1997 和GB 10767-1997相比，主要变化如下：

　　——将三项标准整合为一项标准，标准名称改为《婴儿配方食品》；

　　——修改了标准中的各项条款。

　　本标准的附录A、附录B为资料性附录。

　　本标准所代替标准的历次版本发布情况为：

　　——GB 10765-1997；

　　——GB 10766-1997；

　　——GB 10767-1997。

食品安全国家标准

婴儿配方食品

1 范围

本标准适用于婴儿配方食品。

2 规范性引用文件

本标准中引用的文件对于本标准的应用是必不可少的。凡是注日期的引用文件，仅所注日期的版本适用于本标准。凡是不注日期的引用文件，其最新版本（包括所有的修改单）适用于本标准。

3 术语和定义

3.1 婴儿 infant

指0～12月龄的人。

3.2 婴儿配方食品 infant formula

3.2.1 乳基婴儿配方食品：指以乳类及乳蛋白制品为主要原料，加入适量的维生素、矿物质和/或其他成分，仅用物理方法生产加工制成的液态或粉状产品。适于正常婴儿食用，其能量和营养成分能够满足0～6月龄婴儿的正常营养需要。

3.2.2 豆基婴儿配方食品：指以大豆及大豆蛋白制品为主要原料，加入适量的维生素、矿物质和/或其他成分，仅用物理方法生产加工制成的液态或粉状产品。适于正常婴儿食用，其能量和营养成分能够满足0～6月龄婴儿的正常营养需要。

4 技术要求

4.1 原料要求

产品中所使用的原料应符合相应的安全标准和/或相关规定，应保证婴儿的安全、满足营养需要，不应使用危害婴儿营养与健康的物质。

所使用的原料和食品添加剂不应含有谷蛋白。

不应使用氢化油脂。

不应使用经辐照处理过的原料。

4.2 感官要求：应符合表1的规定。

表1 感官要求

项 目	要 求
色泽	符合相应产品的特性。
滋味、气味	符合相应产品的特性。

表1（续）

项　目	要　求
组织状态	符合相应产品的特性，产品不应有正常视力可见的外来异物。
冲调性	符合相应产品的特性。

4.3 必需成分

4.3.1 产品中所有必需成分对婴儿的生长和发育是必需的。

4.3.2 产品在即食状态下每100mL所含的能量应在250 kJ（60 kcal）～295 kJ（70 kcal）范围。能量的计算按每100mL产品中蛋白质、脂肪、碳水化合物的含量，分别乘以能量系数17 kJ/g、37 kJ/g、17 kJ/g（膳食纤维的能量系数，按照碳水化合物能量系数的50%计算），所得之和为千焦/100毫升（kJ/100mL）值，再除以4.184为千卡/100毫升（kcal/100mL）值。

4.3.3 婴儿配方食品每100kJ（100 kcal）所含蛋白质、脂肪、碳水化合物的量应符合表2的规定。

4.3.4 对于乳基婴儿配方食品，首选碳水化合物应为乳糖、乳糖和葡萄糖聚合物。只有经过预糊化后的淀粉才可以加入到婴儿配方食品中，不得使用果糖。

表 2 蛋白质、脂肪和碳水化合物指标

营养素	指　标				检验方法
	每 100 kJ		每 100 kcal		
	最小值	最大值	最小值	最大值	
蛋白质 [a]					
乳基婴儿配方食品/（g）	0.45	0.70	1.88	2.93	GB 5009.5
豆基婴儿配方食品/（g）	0.50	0.70	2.09	2.93	
脂肪 [b]/（g）	1.05	1.40	4.39	5.86	GB 5413.3
其中：亚油酸/（g）	0.07	0.33	0.29	1.38	GB 5413.27
α-亚麻酸/（mg）	12	N.S. [c]	50	N.S. [c]	
亚油酸与α-亚麻酸比值	5:1	15:1	5:1	15:1	—
碳水化合物 [d, e]/（g）	2.2	3.3	9.2	13.8	—

[a] 乳基婴儿配方食品中乳清蛋白含量应≥60%；婴儿配方食品中蛋白质含量的计算，应以氮（N）×6.25。

[b] 终产品脂肪中月桂酸和肉豆蔻酸（十四烷酸）总量＜总脂肪酸的20%；反式脂肪酸最高含量＜总脂肪酸的3%；芥酸含量＜总脂肪酸的1%；总脂肪酸指C4～C24脂肪酸的总和。

[c] N.S.为没有特别说明。

[d] 乳糖占碳水化合物总量应≥90%；对于乳基产品，计算乳糖占碳水化合物总量时，不包括添加的低聚糖和多聚糖类物质；乳糖百分比含量的要求不适用于豆基配方食品。

表2（续）

e 碳水化合物的含量A₁，按式（1）计算：

$$A_1 = 100 - (A_2 + A_3 + A_4 + A_5 + A_6) \quad\cdots\cdots\cdots\cdots\cdots\cdots\cdots\cdots\cdots\cdots\cdots (1)$$

式中：

A_1——碳水化合物的含量，g/100g；

A_2——蛋白质的含量，g/100g；

A_3——脂肪的含量，g/100g；

A_4——水分的含量，g/100g；

A_5——灰分的含量，g/100g；

A_6——膳食纤维的含量，g/100g。

4.3.5 维生素：应符合表3的规定。

表3 维生素指标

营养素	指标				检验方法
	每100 kJ		每100 kcal		
	最小值	最大值	最小值	最大值	
维生素 A/（μg RE）[a]	14	43	59	180	GB 5413.9
维生素 D（μg）[b]	0.25	0.60	1.05	2.51	
维生素 E /（mg α-TE）[c]	0.12	1.20	0.50	5.02	
维生素 K₁/（μg）	1.0	6.5	4.2	27.2	GB 5413.10
维生素 B₁/（μg）	14	72	59	301	GB 5413.11
维生素 B₂/（μg）	19	119	80	498	GB 5413.12
维生素 B₆/（μg）	8.5	45.0	35.6	188.3	GB 5413.13
维生素 B₁₂/（μg）	0.025	0.360	0.105	1.506	GB 5413.14
烟酸（烟酰胺）/（μg）[d]	70	360	293	1506	GB 5413.15
叶酸/（μg）	2.5	12.0	10.5	50.2	GB 5413.16
泛酸/（μg）	96	478	402	2000	GB 5413.17
维生素 C/（mg）	2.5	17.0	10.5	71.1	GB 5413.18
生物素/（μg）	0.4	2.4	1.5	10.0	GB 5413.19

[a] RE为视黄醇当量。1 μg RE =1μg全反式视黄醇（维生素A）=3.33 IU 维生素A。维生素A只包括预先形成的视黄醇，在计算和声称维生素A活性时不包括任何的类胡萝卜素组分。

[b] 钙化醇，1μg维生素D=40 IU维生素D。

[c] 1 mg α-TE (α-生育酚当量)=1 mg d-α‐生育酚。每克多不饱和脂肪酸中至少应含有0.5mg α-TE，维生素E含量的最小值应根据配方食品中多不饱和脂肪酸的双键数量进行调整：0.5mg α-TE/g亚油酸(18:2 n-6)；0.75mg α-TE/g α-亚麻酸 (18:3 n-3)；1.0mg α-TE/g花生四烯酸(20:4 n-6)；1.25mg α-TE/g二十碳五烯酸(20:5 n-3)；1.5mg α-TE/g二十二碳六烯酸(22:6 n-3)。

[d] 烟酸不包括前体形式。

4.3.6 矿物质：应符合表4的规定。

表4 矿物质指标

营养素	指标				检验方法
	每100 kJ		每100 kcal		
	最小值	最大值	最小值	最大值	
钠/（mg）	5	14	21	59	GB 5413.21
钾/（mg）	14	43	59	180	
铜/（μg）	8.5	29.0	35.6	121.3	
镁/（mg）	1.2	3.6[a]	5.0	15.1[a]	
铁/（mg）	0.10	0.36	0.42	1.51	
锌/（mg）	0.12	0.36	0.50	1.51	
锰/（μg）	1.2	24.0	5.0	100.4	
钙/（mg）	12	35	50	146	
磷/（mg）	6	24[a]	25	100[a]	GB 5413.22
钙磷比值	1:1	2:1	1:1	2:1	—
碘/（μg）	2.5	14.0	10.5	58.6	GB 5413.23
氯/（mg）	12	38	50	159	GB 5413.24
硒/（μg）	0.48	1.90	2.01	7.95	GB 5009.93
[a] 仅适用于乳基婴儿配方食品。					

4.4 可选择性成分

4.4.1 除了4.3中必需成分外，如果在产品中选择添加或标签中标示含有表5中一种或多种成分，其含量应符合表5的规定。

4.4.2 为改善婴儿配方食品的蛋白质质量或提高其营养价值，可参考附录A中推荐的婴儿配方食品中氨基酸含量值添加单体L型氨基酸。所使用的单体L型氨基酸来源应符合GB14880或附录B的规定。

4.4.3 如果在产品中添加除表5和附录B之外的其他物质，应符合国家相关规定。

表5 可选择性成分指标

可选择性成分	指标				检验方法
	每100 kJ		每100 kcal		
	最小值	最大值	最小值	最大值	
胆碱/（mg）	1.7	12.0	7.1	50.2	GB/T 5413.20
肌醇/（mg）	1.0	9.5	4.2	39.7	GB 5413.25
牛磺酸/（mg）	N.S.[a]	3	N.S.[a]	13	GB 5413.26
左旋肉碱/（mg）	0.3	N.S.[a]	1.3	N.S.[a]	—

表 5（续）

可选择性成分	指　标				检验方法
	每 100 kJ		每 100 kcal		
	最小值	最大值	最小值	最大值	
二十二碳六烯酸/（%总脂肪酸 b,c）	N.S.a	0.5	N.S.a	0.5	GB 5413.27
二十碳四烯酸/（%总脂肪酸 b,c）	N.S.a	1	N.S.a	1	GB 5413.27

a N.S.为没有特别说明。

b 如果婴儿配方食品中添加了二十二碳六烯酸(22:6 n-3)，至少要添加相同量的二十碳四烯酸(20:4 n-6)。长链不饱和脂肪酸中二十碳五烯酸(20:5 n-3)的量不应超过二十二碳六烯酸的量。

c 总脂肪酸指 C4～C24 脂肪酸的总和。

4.5　其他指标：应符合表 6 的规定。

表 6　其他指标

项　目	指　标	检验方法
水分/（%）a	≤ 5.0	GB 5009.3
灰分		
乳基粉状产品/（%）	≤ 4.0	GB 5009.4
乳基液态产品（按总干物质计）/（%）	≤ 4.2	
豆基粉状产品/（%）	≤ 5.0	
豆基液态产品（按总干物质计）/（%）	≤ 5.3	
杂质度（限乳基婴儿配方食品）		
粉状产品/（mg/kg）	≤ 12	GB 5413.30
液态产品/（mg/kg）	≤ 2	

a 仅限于粉状婴儿配方食品。

4.6　污染物限量：应符合表 7 的规定。

表 7　污染物限量（以粉状产品计）

项　目	指　标	检验方法
铅/（mg/kg）	≤ 0.15	GB 5009.12
硝酸盐（以NaNO₃计）/（mg/kg）	≤ 100	GB 5009.33
亚硝酸盐（以NaNO₂计）a/（mg/kg）	≤ 2	

a 仅适用于乳基婴儿配方食品。

4.7　真菌毒素限量：应符合表 8 的规定。

表8 真菌毒素限量（以粉状产品计）

项　　目		指　　标	检验方法
黄曲霉毒素M₁或黄曲霉毒素B₁ᵃ/（μg/kg）	≤	0.5	GB 5009.24

ᵃ 黄曲霉毒素M₁限量适用于乳基婴儿配方食品；黄曲霉毒素B₁限量适用于豆基婴儿配方食品。

4.8 微生物限量：粉状婴儿配方食品的微生物指标应符合表9的规定，液态婴儿配方食品的微生物指标应符合商业无菌的要求，按GB/T 4789.26规定的方法检验。

表9 微生物限量

项　　目	采样方案ᵃ及限量（若非指定，均以CFU/g或CFU/mL表示）				检验方法
	n	c	m	M	
菌落总数ᵇ	5	2	1000	10000	GB 4789.2
大肠菌群	5	2	10	100	GB 4789.3平板计数法
金黄色葡萄球菌	5	2	10	100	GB 4789.10平板计数法
阪崎肠杆菌ᶜ	3	0	0/100g	—	GB 4789.40计数法
沙门氏菌	5	0	0/25g	—	GB 4789.4

ᵃ 样品的分析及处理按GB 4789.1和GB 4789.18执行。

ᵇ 不适用于添加活性菌种（好氧和兼性厌氧益生菌）的产品 [产品中活性益生菌的活菌数应≥10⁶CFU/ g (mL)]。

ᶜ 仅适用于供0～6月龄婴儿食用的配方食品。

4.9 食品添加剂和营养强化剂

4.9.1 食品添加剂和营养强化剂质量应符合相应的安全标准和有关规定。

4.9.2 食品添加剂和营养强化剂的使用应符合GB 2760和GB 14880的规定。

4.10 脲酶活性：含有大豆成分的产品中脲酶活性应符合表10的规定。

表10 脲酶活性指标

项　　目	指　　标	检验方法
脲酶活性定性测定	阴　性	GB/T 5413.31ᵃ

ᵃ 液态婴儿配方食品的取样量应根据干物质含量进行折算。

5 其他

5.1 标签

5.1.1 产品标签应符合GB 13432的规定，营养素和可选择成分含量标识应增加"100千焦（100kJ）"含量的标示。

5.1.2 标签中应注明产品的类别、婴儿配方食品属性（如乳基或豆基产品以及产品状态）和适用年龄。可供6月龄以上婴儿食用的配方食品，应标明"6个月龄以上婴儿食用本产品时，应配合添加辅助食品"。

5.1.3　婴儿配方食品应标明："对于0～6月的婴儿最理想的食品是母乳，在母乳不足或无母乳时可食用本产品"。

5.1.4　标签上不能有婴儿和妇女的形象，不能使用"人乳化"、"母乳化"或近似术语表述。

5.2　使用说明

5.2.1　有关产品使用、配制指导说明及图解、贮存条件应在标签上明确说明。当包装最大表面积小于100cm^{2}或产品质量小于100g时，可以不标示图解。

5.2.2　指导说明应该对不当配制和使用不当可能引起的健康危害给予警示说明。

5.3　包装

可以使用食品级或纯度≥99.9%的二氧化碳和（或）氮气作为包装介质。

附　录　A

（资料性附录）

推荐的婴儿配方食品中必需与半必需氨基酸含量值

A.1 参照已发表的有代表性的中国人乳中必需与半必需氨基酸含量数据及有关氮含量和/或蛋白质含量的数据，并考虑一定的变异范围，计算出推荐的婴儿配方食品中必需与半必需氨基酸含量低限值（mg/g N）。

A.2 根据我国人乳中每种氨基酸的低限值（mg/g N），计算蛋白质含量最低时（1.88g/100 kcal）婴儿配方食品每 100 kcal 相对应的氨基酸含量，计算方法为人乳中每克氮的氨基酸毫克数除以氮转换系数 6.25 再乘以 1.88，结果参见表 A.1。建议婴儿配方食品中所含的必需和半必需氨基酸含量值不低于表 A.1 中的推荐值。

A.3 在计算时，可以将酪氨酸和苯丙氨酸的浓度相加；如果蛋氨酸和半胱氨酸的比例不足 2:1 时，也可以将两者相加。

表 A.1 推荐的婴儿配方食品中必需与半必需氨基酸含量值

氨基酸	指　　标	
	mg/g N	mg/100 kcal
胱氨酸	80	24.1
组氨酸	120	36.1
异亮氨酸	300	90.2
亮氨酸	540	162.4
赖氨酸	350	105.3
蛋氨酸	65	19.6
苯丙氨酸	180	54.1
苏氨酸	250	75.2
色氨酸	110	33.1
酪氨酸	200	60.2
缬氨酸	310	93.2

附 录 B

（资料性附录）

可用于婴儿配方食品中的单体氨基酸

B.1 L-苯丙氨酸

B.1.1 名称及来源

名称：L-苯丙氨酸　　　　L-2-氨基-3-苯丙酸

来源：非动物源性原料

食品级

B.1.2 化学结构、分子式、分子量

化学结构：

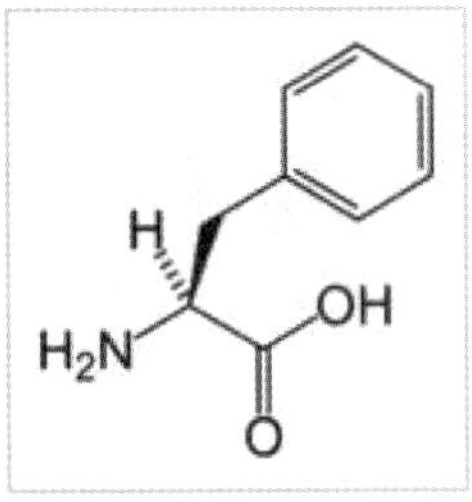

分子式：$C_9H_{11}NO_2$

分子量：165.19

B.1.3 理化性质：自由流动的白色结晶或结晶性粉末。

B.1.4 理化指标：应符合表 B.1 的规定。

表 B.1 L-苯丙氨酸理化指标

项　　目		指　　标
比旋光度 a_m（20℃，D）		−33.2～−35.2
含量（以干物质计）/（%）	≥	98.5
水分/（%）	≤	0.2
pH 值		5.4～6.0
灰分/（%）	≤	0.1
铅（以 Pb 计）/（mg/kg）	≤	0.3
砷（以 As 计）/（mg/kg）	≤	0.2

B.2 L-胱氨酸

B.2.1 名称及来源

名称：L-胱氨酸　　L-3,3'-二硫双（2-氨基丙酸）

来源：非动物源性原料

食品级

B.2.2 化学结构、分子式、分子量

化学结构：

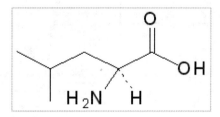

分子式：$C_6H_{12}N_2O_4S_2$
分子量：240.3

B.2.3 理化性质：无色到白色结晶或结晶性粉末，无臭。

B.2.4 理化指标：应符合表 B.2 的规定。

表 B.2　L-胱氨酸理化指标

项　　目		指　　标
比旋光度 a_m（20℃，D）		−215～−225
含量（以干物质计）/（%）	≥	98.5
水分/（%）	≤	0.2
pH 值		5.0～6.5
灰分/（%）	≤	0.1
铅（以 Pb 计）/（mg/kg）	≤	0.3
砷（以 As 计）/（mg/kg）	≤	0.2

B.3 L-亮氨酸

B.3.1 名称及来源

名称：L-亮氨酸　　　L-2-氨基-4-甲基戊酸
来源：非动物源性原料
食品级

B.3.2 化学结构、分子式、分子量

化学结构：

分子式：$C_6H_{13}NO_2$
分子量：131.17

B.3.3 理化性质：白色结晶或结晶性粉末；无臭，味微苦。

B.3.4 理化指标：应符合表 B.3 的规定。

表 B.3　L-亮氨酸理化指标

项　目		指　标
比旋光度 a_m（20℃，D）		14.5～16.5
含量（以干物质计）/（%）	≥	98.5
水分/（%）	≤	0.2
pH 值		5.5～6.5
灰分/（%）	≤	0.1
铅（以 Pb 计）/（mg/kg）	≤	0.3
砷（以 As 计）/（mg/kg）	≤	0.2

B.4 L-酪氨酸

B.4.1 名称及来源

名称：L-酪氨酸　　S-氨基-3（4-羟基苯基）-丙酸

来源：从甜菜酒中分离

B.4.2 化学结构、分子式、分子量

化学结构：

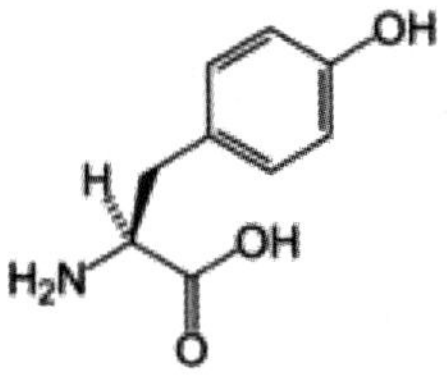

分子式：$C_9H_{11}NO_3$

分子量：181.19

B.4.3 理化性质：本品为白色丝光状结晶或结晶性粉末。

B.4.4 理化指标：应符合表 B.4 的规定。

表 B.4　L-酪氨酸理化指标

项　目		指　标
比旋光度 a_m（20℃，D）		－11.0～－12.3
含量（以干物质计）/（%）	≥	99.0
水分/（%）	≤	0.3
pH 值 [a]		－
灰分/（%）	≤	0.1
铅（以 Pb 计）/（mg/kg）	≤	0.3
砷（以 As 计）/（mg/kg）	≤	0.2
[a] 酪氨酸不要求 pH 值。		

B.5 L-色氨酸

B.5.1 名称及来源
名称：L-色氨酸　　L-2-氨基-3-吲哚基-1-丙酸
来源：大肠杆菌发酵丝氨酸和吲哚分解而得

B.5.2 化学结构、分子式、分子量
化学结构：

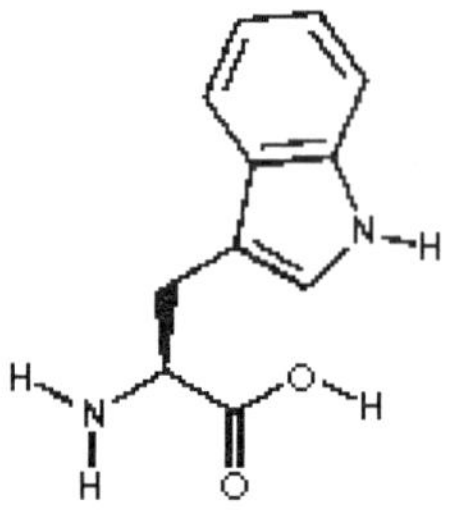

分子式：$C_{11}H_{12}N_2O_2$
分子量：204.23

B.5.3 理化性质：白色至黄白色结晶体或结晶性粉末。

B.5.4 理化指标：应符合表 B.5 的规定。

表 B.5 L-色氨酸理化指标

项　　目		指　　标
比旋光度 a_m（20℃，D）		$-30.0 \sim -33.0$
含量（以干物质计）/（%）	≥	98.5
水分/（%）	≤	0.3
pH 值		$5.5 \sim 7.0$
灰分/（%）	≤	0.1
铅（以 Pb 计）/（mg/kg）	≤	0.3
砷（以 As 计）/（mg/kg）	≤	0.2

B.6 L-组氨酸

B.6.1 名称及来源
名称：L-组氨酸　　α-氨基 β-咪唑基丙酸
来源：非动物源性原料
食品级

B.6.2 化学结构、分子式、分子量
化学结构：

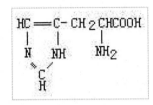

分子式：$C_6H_9N_3O_2$

分子量：155.15

B.6.3 理化性质：自由流动的白色结晶或结晶性粉末。

B.6.4 理化指标：应符合表 B.6 的规定。

表 B.6 L-组氨酸理化指标

项　目		指　标
比旋光度 a_m（20℃，D）		11.5～13.5
含量（以干物质计）/（%）	≥	98.5
水分/（%）	≤	0.2
pH 值		7.0～8.5
灰分/（%）	≤	0.2
铅（以 Pb 计）/（mg/kg）	≤	0.3
砷（以 As 计）/（mg/kg）	≤	0.2

中华人民共和国国家标准

GB 10767—2010

食品安全国家标准

较大婴儿和幼儿配方食品

National food safety standard

Older infants and young children formula

2010-03-26 发布

2011-04-01 实施

中华人民共和国卫生部　发布

前　言

本标准对应于国际食品法典委员会(CAC)的 Codex Stan 156-1987(Amendment 1989)Codex Standard for Follow-up Infant Formulas 标准，本标准与 Codex Stan 156-1987 的一致性程度为非等效。本标准参照了中国营养学会 2000 年编著的《中国居民膳食营养素参考摄入量》。

本标准代替GB 10767-1997《婴幼儿配方粉及婴幼儿补充谷粉通用技术条件》、GB 10769-1997《婴幼儿断奶期辅助食品》、GB 10770-1997《婴幼儿断奶期补充食品》、及其修改单。

本标准与GB 10767-1997、GB 10769-1997、GB 10770-1997相比，主要变化如下：

——将上述三项标准整合为一项标准，标准名称改为《较大婴儿和幼儿配方食品》；

——修改了标准中的各项条款。

本标准所代替标准的历次版本发布情况为：

——GB 10767-1997；

——GB 10769-1989、GB 10769-1997；

——GB 10770-1989、GB 10770-1997。

食品安全国家标准

较大婴儿和幼儿配方食品

1 范围

本标准适用于较大婴儿和幼儿配方食品。

2 规范性引用文件

本标准中引用的文件对于本标准的应用是必不可少的。凡是注日期的引用文件，仅所注日期的版本适用于本标准。凡是不注日期的引用文件，其最新版本（包括所有的修改单）适用于本标准。

3 术语和定义

3.1 较大婴儿 older infants

指6～12月龄的人。

3.2 幼儿 young children

指12～36月龄的人。

3.3 较大婴儿和幼儿配方食品 older infants and young children formula

以乳类及乳蛋白制品和/或大豆及大豆蛋白制品为主要原料，加入适量的维生素、矿物质和/或其他辅料，仅用物理方法生产加工制成的液态或粉状产品，适用于较大婴儿和幼儿食用，其营养成分能满足正常较大婴儿和幼儿的部分营养需要。

4 技术要求

4.1 原料要求

产品中所使用的原料应符合相应的安全标准和/或相关规定，应保证较大婴儿和幼儿的安全、满足营养需要，不应使用危害较大婴儿和幼儿营养与健康的物质。

不应使用氢化油脂。

不应使用经辐照处理过的原辅材料。

4.2 感官要求：应符合表1的规定。

表1 感官要求

项 目	要 求
色泽	符合相应产品的特性。
滋味、气味	符合相应产品的特性。
组织状态	符合相应产品的特性，产品不应有正常视力可见的外来异物。
冲调性	符合相应产品的特性。

4.3 必需成分

4.3.1 产品中所有必需成分对较大婴儿和幼儿的生长和发育是必需的。

4.3.2 即食状态下较大婴儿和幼儿配方食品每100mL所含的能量应在250 kJ（60 kcal）～355 kJ（85 kcal）范围。能量的计算按每100mL产品中蛋白质、脂肪、碳水化合物的含量，分别乘以能量系数17 kJ/g、37 kJ/g、17 kJ/g（膳食纤维的能量系数，按照碳水化合物能量系数的50%计算），所得之和为千焦/100毫升（kJ/100mL）值，再除以4.184为千卡/100毫升（kcal/100mL）值。

4.3.3 产品在即食状态下每100kJ（100 kcal）所含蛋白质、脂肪应符合表2的规定。反式脂肪酸含量不得超过总脂肪酸的3%。

表 2 蛋白质、脂肪指标

营养素	指 标				检验方法
	每 100 kJ		每 100 kcal		
	最小值	最大值	最小值	最大值	
蛋白质 [a] /（g）	0.7	1.2	2.9	5.0	GB 5009.5
脂肪/（g）	0.7	1.4	2.9	5.9	GB 5413.3
其中：亚油酸/（g）	0.07	N.S. [b]	0.29	N.S. [b]	GB 5413.27
[a] 蛋白质含量的计算，应以氮（N）×6.25。					
[b] N.S.为没有特别说明。					

4.3.4 维生素：应符合表3的规定。

表 3 维生素指标

营养素	指 标				检验方法
	每 100 kJ		每 100 kcal		
	最小值	最大值	最小值	最大值	
维生素 A/（μg RE） [a]	18	54	75	225	GB 5413.9
维生素 D [b] /（μg）	0.25	0.75	1.05	3.14	
维生素 E /（mg α-TE [c]）	0.15	N.S. [e]	0.63	N.S. [e]	
维生素 K$_1$/（μg）	1	N.S. [e]	4	N.S. [e]	GB 5413.10
维生素 B$_1$/（μg）	11	N.S. [e]	46	N.S. [e]	GB 5413.11
维生素 B$_2$/（μg）	11	N.S. [e]	46	N.S. [e]	GB 5413.12
维生素 B$_6$/（μg）	11	N.S. [e]	46	N.S. [e]	GB 5413.13
维生素 B$_{12}$/（μg）	0.04	N.S. [e]	0.17	N.S. [e]	GB 5413.14
烟酸（烟酰胺） [d] /（μg）	110	N.S. [e]	460	N.S. [e]	GB 5413.15
叶酸/（μg）	1	N.S. [e]	4	N.S. [e]	GB 5413.16

表 3（续）

营养素	指 标				检验方法
	每 100 kJ		每 100 kcal		
	最小值	最大值	最小值	最大值	
泛酸/（μg）	70	N.S.^{e}	293	N.S.^{e}	GB 5413.17
维生素 C/（mg）	1.8	N.S.^{e}	7.5	N.S.^{e}	GB 5413.18
生物素/（μg）	0.4	N.S.^{e}	1.7	N.S.^{e}	GB 5413.19

[a] RE为视黄醇当量。1 μg RE =1μg全反式视黄醇（维生素A）=3.33 IU 维生素A。维生素A只包括预先形成的视黄醇，在计算和声称维生素A活性时不包括任何类胡萝卜素组分。

[b] 钙化醇，1μg维生素D=40 IU维生素D。

[c] 1 mg α-TE (α-生育酚当量)=1 mg d-α-生育酚。每克多不饱和脂肪酸中至少应含有 0.5mg α-TE，维生素 E 含量的最小值应根据配方食品中多不饱和脂肪酸的双键数量进行调整：0.5mg α-TE/g 亚油酸(18:2n-6)；0.75mg α-TE/g α-亚麻酸 (18:3n-3)；1.0mg α-TE/g 花生四烯酸(20:4n-6)；1.25mg α-TE/g 二十碳五烯酸(20:5n-3)；1.5mg α-TE/g 二十二碳六烯酸（22:6n-3)。

[d] 烟酸不包括前体形式。

[e] N.S.为没有特别说明。

4.3.5 矿物质：应符合表4的规定。

表 4 矿物质指标

营养素	指 标				检验方法
	每 100 kJ		每 100 kcal		
	最小值	最大值	最小值	最大值	
钠/（mg）	N.S.^{a}	20	N.S.^{a}	84	
钾/（mg）	18	69	75	289	
铜/（μg）	7	35	29	146	
镁/（mg）	1.4	N.S.^{a}	5.9	N.S.^{a}	GB 5413.21
铁/（mg）	0.25	0.50	1.05	2.09	
锌/（mg）	0.1	0.3	0.4	1.3	
钙/（mg）	17	N.S.^{a}	71	N.S.^{a}	
磷/（mg）	8.3	N.S.^{a}	34.7	N.S.^{a}	GB 5413.22
钙磷比值	1.2:1	2:1	1.2:1	2:1	—
碘/（μg）	1.4	N.S.^{a}	5.9	N.S.^{a}	GB 5413.23
氯/（mg）	N.S.^{a}	52	N.S.^{a}	218	GB 5413.24

[a] N.S.为没有特别说明。

4.4 可选择性成分

4.4.1 除了4.3必需成分外，如果在产品中选择性添加或标签中标示含有表5中的一种或多种成分，其含量应符合表5的规定。

4.4.2 如果在产品中添加除4.3和4.4.1之外的其它物质，应符合国家相关规定。

表5 可选择性成分

可选择性成分	指 标				检验方法
	每 100 kJ		每 100 kcal		
	最小值	最大值	最小值	最大值	
硒/（μg）	0.48	1.90	2.01	7.95	GB 5009.93
胆碱/（mg）	1.7	12.0	7.1	50.2	GB/T 5413.20
锰/（μg）	0.25	24.0	1.05	100.4	GB 5413.21
肌醇/（mg）	1.0	9.5	4.2	39.7	GB 5413.25
牛磺酸/（mg）	N.S.[a]	3	N.S.[a]	13	GB 5413.26
左旋肉碱/（mg）	0.3	N.S.[a]	1.3	N.S.[a]	—
二十二碳六烯酸/（%总脂肪酸[b]）	N.S.[a]	0.5	N.S.[a]	0.5	GB 5413.27
二十碳四烯酸/（%总脂肪酸[b]）	N.S.[a]	1	N.S.[a]	1	

[a] N.S.为没有特别说明。

[b] 总脂肪酸指 C4～C24 脂肪酸的总和。

4.5 其他指标：应符合表6的规定。

表6 其他指标

项 目		指 标	检验方法
水分/（%）[a]	≤	5.0	GB 5009.3
灰分			GB 5009.4
粉状产品/（%）	≤	5.0	
液态产品（按总干物质计）/（%）	≤	5.3	
杂质度[b]			GB 5413.30
粉状产品/（mg/kg）	≤	12	
液态产品/（mg/kg）	≤	2	

[a] 仅限于粉状产品。

[b] 不适用于添加蔬菜和水果的产品。

4.6 污染物限量：应符合表7的规定。

表7 污染物限量（以粉状产品计）

项 目		指 标	检验方法
铅/（mg/kg）	≤	0.15	GB 5009.12
硝酸盐(以NaNO$_3$计)[a]/（mg/kg）	≤	100	GB 5009.33
亚硝酸盐(以NaNO$_2$计)[b]/（mg/kg）	≤	2	

[a] 不适用于添加蔬菜和水果的产品。

[b] 仅适用于乳基产品。

4.7 真菌毒素限量：应符合表8的规定。

表8 真菌毒素限量（以粉状产品计）

项 目		指 标	检验方法
黄曲霉毒素M$_1$或黄曲霉毒素B$_1$[a]/（μg/kg）	≤	0.5	GB 5009.24

[a] 黄曲霉毒素M$_1$限量适用于以乳类及乳蛋白制品为主要原料的产品；黄曲霉毒素B$_1$限量适用于以豆类及大豆蛋白制品为主要原料的产品。

4.8 微生物限量：粉状产品中微生物指标应符合表9的规定；液态产品中微生物指标应符合商业无菌的要求，按GB/T 4789.26规定的方法检验。

表9 微生物限量

项目	采样方案[a]及限量（若非指定，均以CFU/g或CFU/mL表示）				检验方法
	n	c	m	M	
菌落总数[b]	5	2	1000	10000	GB 4789.2
大肠菌群	5	2	10	100	GB 4789.3平板计数法
沙门氏菌	5	0	0/25g	—	GB 4789.4

[a] 样品的分析及处理按GB 4789.1和GB 4789.18执行。

[b] 不适用于添加活性菌种（好氧和兼性厌氧益生菌）的产品［产品中活性益生菌的活菌数应≥10^6 CFU/ g (mL)］。

4.9 食品添加剂和营养强化剂

4.9.1 食品添加剂和营养强化剂质量应符合相应的安全标准和有关规定。

4.9.2 食品添加剂和营养强化剂的使用应符合GB 2760和GB 14880的规定。

4.10 脲酶活性：含有大豆成分的产品中脲酶活性应符合表10的规定。

表10 脲酶活性指标

项 目	指 标	检验方法
脲酶活性定性测定	阴 性	GB/T 5413.31[a]

[a] 液态产品的取样量应根据干物质含量进行折算。

5 其他

5.1 标签

5.1.1 产品标签应符合 GB 13432 的规定标示，营养素和可选择成分含量标识应增加"100 千焦（100kJ）"含量的标示。

5.1.2 标签中应注明产品的类别、较大婴儿配方食品或较大婴儿和幼儿配方食品的属性（如乳基和/或豆基产品以及产品状态）和适用年龄。较大婴儿配方食品应标明"须配合添加辅助食品"。

5.2 使用说明

5.2.1 有关产品使用、配制指导说明及图解、贮存条件应在标签上明确说明。当包装最大表面积小于 100cm^2 或产品质量小于 100g 时，可以不标示图解。

5.2.2 指导说明应对不当配制和使用不当可能引起的健康危害给予警示说明。

5.3 包装

可以使用食品级或纯度≥99.9%的二氧化碳和（或）氮气作为包装介质。

_____

中华人民共和国国家标准

GB 16740—2014

食品安全国家标准

保健食品

2014-12-24 发布

2015-05-24 实施

中华人民共和国
国家卫生和计划生育委员会 发布

前　言

本标准代替 GB 16740—1997《保健（功能）食品通用标准》。

本标准与 GB 16740—1997 相比，主要变化如下：

——标准名称修改为"食品安全国家标准　保健食品"；

——修改了范围；

——修改了术语和定义；

——删除了产品分类；

——删除了基本原则；

——修改了技术要求；

——删除了试验方法；

——修改了标签标识的要求。

食品安全国家标准

保健食品

1 范围

本标准适用于各类保健食品。

2 术语和定义

2.1 保健食品

声称并具有特定保健功能或者以补充维生素、矿物质为目的的食品。即适用于特定人群食用,具有调节机体功能,不以治疗疾病为目的,并且对人体不产生任何急性、亚急性或慢性危害的食品。

3 技术要求

3.1 原料和辅料

原料和辅料应符合相应食品标准和有关规定。

3.2 感官要求

感官要求应符合表1的规定。

表 1 感官要求

项 目	要 求	检验方法
色泽	内容物、包衣或囊皮具有该产品应有的色泽	取适量试样置于 50 mL 烧杯或白色瓷盘中,在自然光下观察色泽和状态。嗅其气味,用温开水漱口,品其滋味
滋味、气味	具有产品应有的滋味和气味,无异味	
状态	内容物具有产品应有的状态,无正常视力可见外来异物	

3.3 理化指标

理化指标应符合相应类属食品的食品安全国家标准的规定。

3.4 污染物限量

污染物限量应符合 GB 2762 中相应类属食品的规定,无相应类属食品的应符合表 2 的规定。

表 2 污染物限量

项　　目	指　标	检　验　方　法
铅[a]（Pb）/（mg/kg）	2.0	GB 5009.12
总砷[b]（As）/（mg/kg）	1.0	GB/T 5009.11
总汞[c]（Hg）/（mg/kg）	0.3	GB/T 5009.17

[a] 袋泡茶剂的铅≤5.0 mg/kg；液态产品的铅≤0.5 mg/kg；婴幼儿固态或半固态保健食品的铅≤0.3 mg/kg；婴幼儿液态保健食品的铅≤0.02 mg/kg。

[b] 液态产品的总砷≤0.3 mg/kg；婴幼儿保健食品的总砷≤0.3 mg/kg。

[c] 液态产品（婴幼儿保健食品除外）不测总汞；婴幼儿保健食品的总汞≤0.02 mg/kg。

3.5 真菌毒素限量

真菌毒素限量应符合 GB 2761 中相应类属食品的规定和（或）有关规定。

3.6 微生物限量

微生物限量应符合 GB 29921 中相应类属食品和相应类属食品的食品安全国家标准的规定，无相应类属食品规定的应符合表 3 的规定。

表 3 微生物限量

项　　目		采样方案[a]及限量		检　验　方　法
		液态产品	固态或半固态产品	
菌落总数[b]/（CFU/g 或 mL）	≤	10³	3×10⁴	GB 4789.2
大肠菌群（MPN/g 或 mL）	≤	0.43	0.92	GB 4789.3　MPN 计数法
霉菌和酵母（CFU/g 或 mL）	≤	50		GB 4789.15
金黄色葡萄球菌	≤	0/25 g		GB 4789.10
沙门氏菌	≤	0/25 g		GB 4789.4

[a] 样品的采样及处理按 GB 4789.1 执行。

[b] 不适用于终产品含有活性菌种（好氧和兼性厌氧益生菌）的产品。

3.7 食品添加剂和营养强化剂

3.7.1 食品添加剂的使用应符合 GB 2760 的规定。

3.7.2 营养强化剂的使用应符合 GB 14880 和（或）有关规定。

4 其他

标签标识应符合有关规定。

中华人民共和国国家标准

GB 25596-2010

食品安全国家标准

特殊医学用途婴儿配方食品通则

2010 -12-21发布

2012-01-01实施

中华人民共和国卫生部 发布

前　言

本标准的附录A、附录B为规范性附录。

食品安全国家标准

特殊医学用途婴儿配方食品通则

1　范围

本标准适用于特殊医学用途婴儿配方食品。

2　规范性引用文件

本标准中引用的文件对于本标准的应用是必不可少的。凡是注日期的引用文件，仅所注日期的版本适用于本标准。凡是不注日期的引用文件，其最新版本（包括所有的修改单）适用于本标准。

3　术语和定义

3.1　婴儿

指0月龄～12月龄的人。

3.2　特殊医学用途婴儿配方食品

指针对患有特殊紊乱、疾病或医疗状况等特殊医学状况婴儿的营养需求而设计制成的粉状或液态配方食品。在医生或临床营养师的指导下，单独食用或与其它食物配合食用时，其能量和营养成分能够满足0月龄～6月龄特殊医学状况婴儿的生长发育需求。

4　技术要求

4.1　一般要求

特殊医学用途婴儿配方食品的配方应以医学和营养学的研究结果为依据，其安全性、营养充足性以及临床效果均需要经过科学证实，单独或与其它食物配合使用时可满足0月龄～6月龄特殊医学状况婴儿的生长发育需求。

常见特殊医学用途婴儿配方食品的类别及主要技术要求应符合本标准附录A的规定。

特殊医学用途婴儿配方食品的加工工艺应符合国家有关规定。

4.2　原料要求

特殊医学用途婴儿配方食品中所使用的原料应符合相应的食品安全国家标准和(或)相关规定，禁止使用危害婴儿营养与健康的物质。

所使用的原料和食品添加剂不应含有谷蛋白。

不应使用氢化油脂。

不应使用经辐照处理过的原料。

4.3　感官要求：应符合表1的规定。

表1 感官要求

项　目	要　求
色泽	符合相应产品的特性。
滋味、气味	符合相应产品的特性。
组织状态	符合相应产品的特性，产品不应有正常视力可见的外来异物。
冲调性	符合相应产品的特性。

4.4 必需成分

4.4.1　特殊医学用途婴儿配方食品的能量、营养成分及含量应以本标准规定的必需成分为基础，但可以根据患有特殊紊乱、疾病或医疗状况婴儿的特殊营养需求，按照附录A列出的产品类别及主要技术要求进行适当调整，以满足上述特殊医学状况婴儿的营养需求。

4.4.2　产品在即食状态下每100mL所含有的能量应在250 kJ（60 kcal）～295 kJ（70 kcal），但针对某些婴儿的特殊医学状况和营养需求，其能量可进行相应调整。能量的计算按每100mL产品中蛋白质、脂肪、碳水化合物的含量，分别乘以能量系数17 kJ/g、37 kJ/g、17 kJ/g（膳食纤维的能量系数，按照碳水化合物能量系数的50%计算），所得之和为千焦/100毫升（kJ/100mL）值，再除以4.184为千卡/100毫升（kcal/100mL）值。

4.4.3　通常情况下，特殊医学用途婴儿配方食品每100kJ（100 kcal）所含蛋白质、脂肪、碳水化合物的量应符合表2的规定。

4.4.4　对于特殊医学用途婴儿配方食品，除特殊需求（如乳糖不耐受）外，首选碳水化合物应为乳糖和（或）葡萄糖聚合物。只有经过预糊化后的淀粉才可以加入到特殊医学用途婴儿配方食品中。不得使用果糖。

表2 蛋白质、脂肪和碳水化合物指标

营养素	每100 kJ		每100 kcal		检验方法
	最小值	最大值	最小值	最大值	
蛋白质 [a]	0.45	0.70	1.88	2.93	GB 5009.5
脂肪 [b]/（g）	1.05	1.40	4.39	5.86	GB 5413.3
其中：亚油酸/（g）	0.07	0.33	0.29	1.38	GB 5413.27
α-亚麻酸/（mg）	12	N.S. [c]	50	N.S. [c]	
亚油酸与α-亚麻酸比值	5:1	15:1	5:1	15:1	—
碳水化合物 [d]/（g）	2.2	3.3	9.2	13.8	—

　[a] 蛋白质含量的计算，应以氮（N）×6.25。

　[b] 终产品脂肪中月桂酸和肉豆蔻酸（十四烷酸）总量＜总脂肪酸的20%；反式脂肪酸最高含量＜总脂肪酸的3%；芥酸含量＜总脂肪酸的1%；总脂肪酸指C4～C24脂肪酸的总和。

　[c] N.S.为没有特别说明。

表 2（续）

^d 碳水化合物的含量A₁，按式（1）计算：

$$A_1 = 100 - (A_2 + A_3 + A_4 + A_5 + A_6) \quad\cdots\cdots\cdots\cdots\cdots\cdots\cdots\cdots\cdots (1)$$

式中：

A_1——碳水化合物的含量，g/100g；

A_2——蛋白质的含量，g/100g；

A_3——脂肪的含量，g/100g；

A_4——水分的含量，g/100g；

A_5——灰分的含量，g/100g；

A_6——膳食纤维的含量，g/100g。

4.4.5 维生素：应符合表 3 的规定。

表 3 维生素指标

营养素	每 100 kJ		每 100 kcal		检验方法
	最小值	最大值	最小值	最大值	
维生素 A/（μg RE）^a	14	43	59	180	GB 5413.9
维生素 D（μg）^b	0.25	0.60	1.05	2.51	
维生素 E /（mg α-TE）^c	0.12	1.20	0.50	5.02	
维生素 K₁/（μg）	1.0	6.5	4.2	27.2	GB 5413.10
维生素 B₁/（μg）	14	72	59	301	GB 5413.11
维生素 B₂/（μg）	19	119	80	498	GB 5413.12
维生素 B₆/（μg）	8.5	45.0	35.6	188.3	GB 5413.13
维生素 B₁₂/（μg）	0.025	0.360	0.105	1.506	GB 5413.14
烟酸（烟酰胺）/（μg）^d	70	360	293	1506	GB 5413.15
叶酸/（μg）	2.5	12.0	10.5	50.2	GB 5413.16
泛酸/（μg）	96	478	402	2000	GB 5413.17
维生素 C/（mg）	2.5	17.0	10.5	71.1	GB 5413.18
生物素/（μg）	0.4	2.4	1.5	10.0	GB 5413.19

^a RE为视黄醇当量。1 μg RE =1μg全反式视黄醇（维生素A）=3.33 IU 维生素A。维生素A只包括预先形成的视黄醇，在计算和声称维生素A活性时不包括任何的类胡萝卜素组分。

^b 钙化醇，1μg维生素D=40 IU维生素D。

^c 1 mg α-TE (α-生育酚当量)=1 mg d-α - 生育酚。每克多不饱和脂肪酸中至少应含有0.5mg α-TE，维生素E含量的最小值应根据配方食品中多不饱和脂肪酸的双键数量进行调整：0.5mg α-TE/g亚油酸(18:2 n-6)；0.75mg α-TE/g α-亚麻酸 (18:3 n-3)；1.0mg α-TE/g花生四烯酸(20:4 n-6)；1.25mg α-TE/g二十碳五烯酸(20:5 n-3)；1.5mg α-TE/g二十二碳六烯酸 (22:6 n-3)。

^d 烟酸不包括前体形式。

4.4.6 矿物质：应符合表4的规定。

表4 矿物质指标

营养素	每100 kJ		每100 kcal		检验方法
	最小值	最大值	最小值	最大值	
钠/（mg）	5	14	21	59	GB 5413.21
钾/（mg）	14	43	59	180	
铜/（μg）	8.5	29.0	35.6	121.3	
镁/（mg）	1.2	3.6	5.0	15.1	
铁/（mg）	0.10	0.36	0.42	1.51	
锌/（mg）	0.12	0.36	0.50	1.51	
锰/（μg）	1.2	24.0	5.0	100.4	
钙/（mg）	12	35	50	146	
磷/（mg）	6	24	25	100	GB 5413.22
钙磷比值	1:1	2:1	1:1	2:1	—
碘/（μg）	2.5	14.0	10.5	58.6	GB 5413.23
氯/（mg）	12	38	50	159	GB 5413.24
硒/（μg）	0.48	1.90	2.01	7.95	GB 5009.93

4.5 可选择性成分

4.5.1 除了4.4中的必需成分外，如果在产品中选择添加或标签中标示含有表5中一种或多种成分，其含量应符合表5的规定。

4.5.2 根据患有特殊紊乱、疾病或医疗状况婴儿的特殊营养需求，可选择性地添加GB14880或本标准附录B中列出的L型单体氨基酸及其盐类，所使用的L型单体氨基酸质量规格应符合附录B的规定。

4.5.3 如果在产品中添加表5和附录B之外的其他物质，应符合国家相关规定。

表5 可选择性成分指标

可选择性成分	每100 kJ		每100 kcal		检验方法
	最小值	最大值	最小值	最大值	
铬/（μg）	0.4	2.4	1.5	10	—
钼/（μg）	0.4	2.4	1.5	10	—
胆碱/（mg）	1.7	12.0	7.1	50.2	GB/T 5413.20
肌醇/（mg）	1.0	9.5	4.2	39.7	GB 5413.25
牛磺酸/（mg）	N.S.[a]	3	N.S.[a]	13	GB 5413.26
左旋肉碱/（mg）	0.3	N.S.[a]	1.3	N.S.[a]	—

表5（续）

可选择性成分	每 100 kJ		每 100 kcal		检验方法
	最小值	最大值	最小值	最大值	
二十二碳六烯酸/（%总脂肪酸 b,c）	N.S.[a]	0.5	N.S.[a]	0.5	GB 5413.27
二十碳四烯酸/（%总脂肪酸 b,c）	N.S.[a]	1	N.S.[a]	1	GB 5413.27

[a] N.S.为没有特别说明。

[b] 如果特殊医学用途婴儿配方食品中添加了二十二碳六烯酸(22:6 n-3)，至少要添加相同量的二十碳四烯酸(20:4 n-6)。长链不饱和脂肪酸中二十碳五烯酸(20:5 n-3)的量不应超过二十二碳六烯酸的量。

[c] 总脂肪酸指 C4～C24 脂肪酸的总和。

4.6 其他指标：应符合表 6 的规定。

表 6　其他指标

项　目		指　标	检验方法
水分/（%）[a]	≤	5.0	GB 5009.3
灰分			GB 5009.4
粉状产品/（%）	≤	5.0	
液态产品（按总干物质计）/（%）	≤	5.3	
杂质度			GB 5413.30
粉状产品/（mg/kg）	≤	12	
液态产品/（mg/kg）	≤	2	

[a] 仅限于粉状特殊医学用途婴儿配方食品。

4.7 污染物限量：应符合表 7 的规定。

表 7　污染物限量（以粉状产品计）

项　目		指　标	检验方法
铅/（mg/kg）	≤	0.15	GB 5009.12
硝酸盐(以$NaNO_3$计)/（mg/kg）	≤	100	GB 5009.33
亚硝酸盐(以$NaNO_2$计)/（mg/kg）	≤	2	

4.8 真菌毒素限量：应符合表 8 的规定。

表8 真菌毒素限量（以粉状产品计）

项　　　目		指　　　标	检验方法
黄曲霉毒素M_1（μg/kg）	≤	0.5	GB 5009.24
黄曲霉毒素B_1（μg/kg）	≤	0.5	

4.9 微生物限量：粉状特殊医学用途婴儿配方食品的微生物指标应符合表 9 的规定，液态特殊医学用途婴儿配方食品的微生物指标应符合商业无菌的要求，按 GB/T 4789.26 规定的方法检验。

表9 微生物限量

项　　　目	采样方案[a]及限量（若非指定，均以CFU/g或CFU/mL表示）				检验方法
	n	c	m	M	
菌落总数[b]	5	2	1000	10000	GB 4789.2
大肠菌群	5	2	10	100	GB 4789.3平板计数法
金黄色葡萄球菌	5	2	10	100	GB 4789.10平板计数法
阪崎肠杆菌	3	0	0/100g	—	GB 4789.40
沙门氏菌	5	0	0/25g	—	GB 4789.4

　　[a] 样品的分析及处理按GB 4789.1和GB 4789.18执行。

　　[b] 不适用于添加活性菌种（好氧和兼性厌氧益生菌）的产品[产品中活性益生菌的活菌数应≥10^6CFU/ g (mL)]。

4.10 食品添加剂和营养强化剂

4.10.1 食品添加剂和营养强化剂质量应符合相应的安全标准和有关规定。

4.10.2 食品添加剂和营养强化剂的使用应符合GB 2760和GB 14880的规定。

4.11 脲酶活性：含有大豆成分的产品中脲酶活性应符合表 10 的规定。

表10 脲酶活性指标

项　　　目	指　　　标	检验方法
脲酶活性定性测定	阴　性	GB/T 5413.31[a]

　　[a] 液态特殊医学用途婴儿配方食品的取样量应根据干物质含量进行折算。

5 其他

5.1 标签

5.1.1 产品标签应符合GB 13432的规定，营养素和可选择成分应增加"每100千焦(100kJ)"含量的标示。

5.1.2 标签中应明确注明特殊医学用途婴儿配方食品的类别（如：无乳糖配方）和适用的特殊医学状况。早产/低出生体重儿配方食品，还应标示产品的渗透压。可供6月龄以上婴儿食用的特殊医学用途配方食品，应标明"6月龄以上特殊医学状况婴儿食用本品时，应配合添加辅助食品"。

5.1.3 标签上应明确标识"请在医生或临床营养师指导下使用"。

5.1.4 标签上不能有婴儿和妇女的形象，不能使用"人乳化"、"母乳化"或近似术语表述。

5.2 使用说明

5.2.1 有关产品使用、配制指导说明及图解、贮存条件应在标签上明确说明。当包装最大表面积小于100cm^{2}或产品质量小于100g时，可以不标示图解。

5.2.2 指导说明应该对不当配制和使用不当可能引起的健康危害给予警示说明。

5.3 包装

可以使用食品级或纯度≥99.9%的二氧化碳和(或)氮气作为包装介质。

附 录 A
（规范性附录）
常见特殊医学用途婴儿配方食品

表 A.1 常见特殊医学用途婴儿配方食品

产品类别	适用的特殊医学状况	配方主要技术要求
无乳糖配方或低乳糖配方	乳糖不耐受婴儿	1. 配方中以其他碳水化合物完全或部分代替乳糖； 2. 配方中蛋白质由乳蛋白提供。
乳蛋白部分水解配方	乳蛋白过敏高风险婴儿	1. 乳蛋白经加工分解成小分子乳蛋白、肽段和氨基酸； 2. 配方中可用其他碳水化合物完全或部分代替乳糖。
乳蛋白深度水解配方或氨基酸配方	食物蛋白过敏婴儿	1. 配方中不含食物蛋白； 2. 所使用的氨基酸来源应符合GB14880或本标准附录B的规定； 3. 可适当调整某些矿物质和维生素的含量。
早产/低出生体重婴儿配方	早产/低出生体重儿	1. 能量、蛋白质及某些矿物质和维生素的含量应高于4.4的规定； 2. 早产/低体重婴儿配方应采用容易消化吸收的中链脂肪作为脂肪的部分来源，但中链脂肪不应超过总脂肪的40%。
母乳营养补充剂	早产/低出生体重儿	可选择性地添加4.4及4.5中的必需成分和可选择性成分，其含量可依据早产/低出生体重儿的营养需求及公认的母乳数据进行适当调整，与母乳配合使用可满足早产/低出生体重儿的生长发育需求。
氨基酸代谢障碍配方	氨基酸代谢障碍婴儿	1. 不含或仅含有少量与代谢障碍有关的氨基酸，其他的氨基酸组成和含量可根据氨基酸代谢障碍做适当调整； 2. 所使用的氨基酸来源应符合GB14880或本标准附录B的规定； 3. 可适当调整某些矿物质和维生素的含量。

附　录　B
（规范性附录）
可用于特殊医学用途婴儿配方食品的单体氨基酸

表B.1　可用于特殊医学用途婴儿配方食品的单体氨基酸[a]

序号	氨基酸	化合物来源	化学名称	分子式	分子量	比旋光度 [α]D,20℃	pH	纯度 (%) ≥	水分 (%) ≤	灰分 (%) ≤	铅 (mg/kg) ≤	砷 (mg/kg) ≤
1	天冬氨酸	L-天冬氨酸	L-氨基丁二酸	$C_4H_7NO_4$	133.1	+24.5~+26.0	2.5~3.5	98.5	0.2	0.1	0.3	0.2
	天冬氨酸镁	L-天冬氨酸镁	L-氨基丁二酸镁	$2(C_4H_6NO_4)Mg$	288.49	+20.5~+23.0	—	98.5	0.2	0.1	0.3	0.2
2	苏氨酸	L-苏氨酸	L-2-氨基-3-羟基丁酸	$C_4H_9NO_3$	119.12	-26.5~-29.0	5.0~6.5	98.5	0.2	0.1	0.3	0.2
3	丝氨酸	L-丝氨酸	L-2-氨基-3-羟基丙酸	$C_3H_7NO_3$	105.09	+13.6~+16.0	5.5~6.5	98.5	0.2	0.1	0.3	0.2
4	谷氨酸	L-谷氨酸	α-氨基戊二酸	$C_5H_9NO_4$	147.13	+31.5~+32.5	3.2	98.5	0.2	0.1	0.3	0.2
	谷氨酸钾	L-谷氨酸钾	α-氨基戊二酸钾	$C_5H_8KNO_4·H_2O$	203.24	+22.5~+24.0	—	98.5	0.2	0.1	0.3	0.2
5	谷氨酰胺	L-谷氨酰胺	2-氨基-4-酰胺基丁酸	$C_5H_{10}N_2O_3$	146.15	+6.3~+7.3	5.9~6.9	98.5	0.2	0.1	0.3	0.2
6	脯氨酸	L-脯氨酸	吡咯烷基-2-羧酸	$C_5H_9NO_2$	115.13	-84.0~-86.3		98.5	0.2	0.1	0.3	0.2
7	甘氨酸	甘氨酸	氨基乙酸	$C_2H_5NO_2$	75.07	—	5.6~6.6	98.5	0.2	0.1	0.3	0.2
8	丙氨酸	L-丙氨酸	L-2-氨基丙酸	$C_3H_7NO_2$	89.09	+13.5~+15.5	5.5~7.0	98.5	0.2	0.1	0.3	0.2
9	胱氨酸	L-胱氨酸	L-3,3'-二硫双(2-氨基丙酸)	$C_6H_{12}N_2O_4S_2$	240.3	-215~-225	5.0~6.5	98.5	0.2	0.1	0.3	0.2
	半胱氨酸	L-半胱氨酸	L-α-氨基-β-巯基丙酸	$C_3H_7NO_2S$	121.16	+8.3~+9.5	4.5~5.5	98.5	0.2	0.1	0.3	0.2
	盐酸半胱氨酸	盐酸半胱氨酸	L-2-氨基-3-巯基丙酸盐酸酸盐	$C_3H_7NO_2S·HCl·H_2O$	175.63	+5.0~+8.0	—	98.5	0.2	0.1	0.3	0.2
10	缬氨酸	L-缬氨酸	L-2-氨基-3-甲基丁酸	$C_5H_{11}NO_2$	117.15	+26.7~+29.0	5.5~7.0	98.5	0.2	0.1	0.3	0.2
11	蛋氨酸	L-蛋氨酸	2-氨基-4-甲巯基丁酸	$C_5H_{11}NO_2S$	149.21	+21.0~+25.0	5.6~6.1	98.5	0.2	0.1	0.3	0.2
		N-乙酰基-L-甲硫氨酸	N-乙酰基-2-氨基-4-甲硫基丁酸	$C_7H_{13}NO_3S$	191.25	-18.0~-22.0	—	98.5	0.2	0.1	0.3	0.2
12	亮氨酸	L-亮氨酸	L-2-氨基-4-甲基戊酸	$C_6H_{13}NO_2$	131.17	+14.5~+16.5	5.5~6.5	98.5	0.2	0.1	0.3	0.2
13	异亮氨酸	L-异亮氨酸	L-2-氨基-3-甲基戊酸	$C_6H_{13}NO_2$	131.17	+38.6~+41.5	5.5~7.0	98.5	0.2	0.1	0.3	0.2

序号	氨基酸	化合物来源	化学名称	分子式	分子量	比旋光度[α]D,20℃	pH	纯度(%)≥	水分(%)≤	灰分(%)≤	铅(mg/kg)≤	砷(mg/kg)≤
14	酪氨酸	L-酪氨酸	S-氨基-3(4-羟基苯基)-丙酸	$C_9H_{11}NO_3$	181.19	-11.0~-12.3	—	98.5	0.2	0.1	0.3	0.2
15	苯丙氨酸	L-苯丙氨酸	L-2-氨基-3-苯丙酸	$C_9H_{11}NO_2$	165.19	-33.2~-35.2	5.4~6.0	98.5	0.2	0.1	0.3	0.2
16	赖氨酸	L-盐酸赖氨酸	L-2,6-二氨基己酸盐酸盐	$C_6H_{14}N_2O_2·HCl$	182.65	+20.3~+21.5	5.0~6.0	98.5	0.2	0.1	0.3	0.2
		L-赖氨酸醋酸盐	L-2,6-二氨基己酸醋酸盐	$C_6H_{14}N_2O_2·C_2H_4O_2$	206.24	+8.5~+10.0	6.5~7.5	98.5	0.2	0.1	0.3	0.2
17	精氨酸	L-精氨酸	L-2-氨基-5-胍基戊酸	$C_6H_{14}N_4O_2$	174.2	+26.0~+27.9	10.5~12.0	98.5	0.2	0.1	0.3	0.2
		L-盐酸精氨酸	L-2-氨基-5-胍基戊酸盐酸盐	$C_6H_{14}N_4O_2·HCl$	210.66	+21.3~+23.5	—	98.5	0.2	0.1	0.3	0.2
18	组氨酸	L-组氨酸	α-氨基 β-咪唑基丙酸	$C_6H_9N_3O_2$	155.15	+11.5~+13.5	7.0~8.5	98.5	0.2	0.1	0.3	0.2
		L-盐酸组氨酸	L-2-氨基-3-咪唑基丙酸盐酸盐	$C_6H_9N_3O_2·HCl·H_2O$	209.63	+8.5~+10.5	—	98.5	0.2	0.1	0.3	0.2
19	色氨酸	L-色氨酸	L-2-氨基-3-吲哚基-1-丙酸	$C_{11}H_{12}N_2O_2$	204.23	-30.0~-33.0	5.5~7.0	98.5	0.2	0.1	0.3	0.2

a. 不得使用非食用的动植物原料作为单体氨基酸的来源。

中华人民共和国国家标准

GB 29922—2013

食品安全国家标准

特殊医学用途配方食品通则

2013-12-26 发布

2014-07-01 实施

中华人民共和国
国家卫生和计划生育委员会 发布

食品安全国家标准

特殊医学用途配方食品通则

1 范围

本标准适用于 1 岁以上人群的特殊医学用途配方食品。

2 术语和定义

2.1 特殊医学用途配方食品

为了满足进食受限、消化吸收障碍、代谢紊乱或特定疾病状态人群对营养素或膳食的特殊需要，专门加工配制而成的配方食品。该类产品必须在医生或临床营养师指导下，单独食用或与其他食品配合食用。

2.1.1 全营养配方食品

可作为单一营养来源满足目标人群营养需求的特殊医学用途配方食品。

2.1.2 特定全营养配方食品

可作为单一营养来源能够满足目标人群在特定疾病或医学状况下营养需求的特殊医学用途配方食品。

2.1.3 非全营养配方食品

可满足目标人群部分营养需求的特殊医学用途配方食品，不适用于作为单一营养来源。

3 技术要求

3.1 基本要求

特殊医学用途配方食品的配方应以医学和（或）营养学的研究结果为依据，其安全性及临床应用（效果）均需要经过科学证实。

特殊医学用途配方食品的生产条件应符合国家有关规定。

3.2 原料要求

特殊医学用途配方食品中所使用的原料应符合相应的标准和（或）相关规定，禁止使用危害食用者健康的物质。

3.3 感官要求

特殊医学用途配方食品的色泽、滋味、气味、组织状态、冲调性应符合相应产品的特性，不应有正常视力可见的外来异物。

3.4 营养成分

3.4.1 适用于 1～10 岁人群的全营养配方食品

3.4.1.1 适用于 1～10 岁人群的全营养配方食品每 100 mL（液态产品或可冲调为液体的产品在即食状态下）或每 100 g（直接食用的非液态产品）所含有的能量应不低于 250 kJ (60 kcal)。能量的计算按每 100 mL 或每 100 g 产品中蛋白质、脂肪、碳水化合物的含量乘以各自相应的能量系数 17 kJ/g、37 kJ/g、17 kJ/g（膳食纤维的能量系数，按照碳水化合物能量系数的 50% 计算），所得之和为 kJ/100mL 或 kJ/100g 值，再除以 4.184 为 kcal/100mL 或 kcal/100g 值。

3.4.1.2 适用于 1～10 岁人群的全营养配方食品中蛋白质的含量应不低于 0.5g/100kJ（2g/100kcal），其中优质蛋白质所占比例不少于 50%。蛋白质的检验方法参照 GB 5009.5。

3.4.1.3 适用于 1～10 岁人群的全营养配方食品中亚油酸供能比应不低于 2.5%；α-亚麻酸供能比应不低于 0.4%。脂肪酸的检验方法参照 GB 5413.27。

3.4.1.4 适用于 1～10 岁人群的全营养配方食品中维生素和矿物质的含量应符合表 1 的规定。

3.4.1.5 除表 1 中规定的成分外，如果在产品中选择添加或标签标示含有表 2 中一种或多种成分，其含量应符合表 2 的规定。

表 1 维生素和矿物质指标 （1～10 岁人群）

营养素	每 100 kJ		每 100 kcal		检验方法
	最小值	最大值	最小值	最大值	
维生素 A/(μg RE) [a]	17.9	53.8	75.0	225.0	GB 5413.9 或 GB/T 5009.82
维生素 D/(μg) [b]	0.25	0.75	1.05	3.14	GB 5413.9
维生素 E/(mg α-TE) [c]	0.15	N.S. [e]	0.63	N.S.	GB 5413.9 或 GB/T 5009.82
维生素 K_1 /(μg)	1	N.S.	4	N.S.	GB 5413.10 或 GB/T 5009.158
维生素 B_1/(mg)	0.01	N.S.	0.05	N.S.	GB 5413.11 或 GB/T 5009.84
维生素 B_2/(mg)	0.01	N.S.	0.05	N.S.	GB 5413.12
维生素 B_6 /(mg)	0.01	N.S.	0.05	N.S.	GB 5413.13 或 GB/T 5009.154
维生素 B_{12} /(μg)	0.04	N.S.	0.17	N.S.	GB 5413.14
烟酸（烟酰胺）/(mg) [d]	0.11	N.S.	0.46	N.S.	GB 5413.15 或 GB/T 5009.89
叶酸/(μg)	1.0	N.S.	4.0	N.S.	GB 5413.16 或 GB/T 5009.211
泛酸/(mg)	0.07	N.S.	0.29	N.S.	GB 5413.17 或 GB/T 5009.210
维生素 C/(mg)	1.8	N.S.	7.5	N.S.	GB 5413.18
生物素/(μg)	0.4	N.S.	1.7	N.S.	GB 5413.19
钠/(mg)	5	20	21	84	GB 5413.21 或 GB/T 5009.91
钾/(mg)	18	69	75	289	GB 5413.21 或 GB/T 5009.91
铜/(μg)	7	35	29	146	GB 5413.21 或 GB/T 5009.13
镁/(mg)	1.4	N.S.	5.9	N.S.	GB 5413.21 或 GB/T 5009.90
铁/(mg)	0.25	0.50	1.05	2.09	GB 5413.21 或 GB/T 5009.90
锌/(mg)	0.1	0.4	0.4	1.5	GB 5413.21 或 GB/T 5009.14
锰/(μg)	0.3	24.0	1.1	100.4	GB 5413.21 或 GB/T 5009.90
钙/(mg)	17	N.S.	71	N.S.	GB 5413.21 或 GB/T 5009.92

表1 （续）

营养素	每 100 kJ		每 100 kcal		检验方法
	最小值	最大值	最小值	最大值	
磷/(mg)	8.3	46.2	34.7	193.5	GB 5413.22 或 GB/T 5009.87
碘/(μg)	1.4	N.S.	5.9	N.S.	GB 5413.23
氯/(mg)	N.S.	52	N.S.	218	GB 5413.24
硒/(μg)	0.5	2.9	2.0	12.0	GB 5009.93

a RE为视黄醇当量。1 μg RE =3.33 IU 维生素A=1μg全反式视黄醇（维生素A）。维生素A只包括预先形成的视黄醇，在计算和声称维生素A活性时不包括任何的类胡萝卜素组分。

b 钙化醇，1μg维生素D=40 IU维生素D。

c 1 mg α-TE (α-生育酚当量)=1 mg d-α-生育酚。

d 烟酸不包括前体形式。

e N.S.为没有特别说明。

表2 可选择性成分指标 （1～10 岁人群）

可选择性成分 a	每 100 kJ		每 100 kcal		检验方法
	最小值	最大值	最小值	最大值	
铬/(μg)	0.4	5.7	1.8	24.0	GB/T 5009.123
钼/(μg)	1.2	5.7	5.0	24.0	—
氟/(mg)	N.S.b	0.05	N.S.	0.20	GB/T 5009.18
胆碱/(mg)	1.7	19.1	7.1	80.0	GB/T 5413.20
肌醇/(mg)	1.0	9.5	4.2	39.7	GB 5413.25
牛磺酸/(mg)	N.S.	3.1	N.S.	13.0	GB 5413.26 或 GB/T 5009.169
左旋肉碱/(mg)	0.3	N.S	1.3	N.S.	—
二十二碳六稀酸 （%总脂肪酸c）	N.S	0.5	N.S.	0.5	GB 5413.27 或 GB/T 5009.168
二十碳四烯酸 （%总脂肪酸c）	N.S.	1	N.S.	1	GB 5413.27
核苷酸/(mg)	0.5	N.S	2.0	N.S.	—
膳食纤维/(g)	N.S.	0.7	N.S.	2.7	GB 5413.6 或 GB/T 5009.88

a 氟的化合物来源为氟化钠和氟化钾，核苷酸和膳食纤维来源参考GB 14880表C.2中允许使用的来源，其他成分的化合物来源参考GB 14880。

b N.S.为没有特别说明。

c 总脂肪酸指C4-C24脂肪酸的总和。

3.4.2 适用于10岁以上人群的全营养配方食品

3.4.2.1 适用于 10 岁以上人群的全营养配方食品每 100 mL（液态产品或可冲调为液体的产品在即食状态下）或每 100 g（直接食用的非液态产品）所含有的能量应不低于 295 kJ (70 kcal)。能量的计算按每 100 mL 或每 100 g 产品中蛋白质、脂肪、碳水化合物的含量乘以各自相应的能量系数 17 kJ/g、37 kJ/g、17 kJ/g（膳食纤维的能量系数，按照碳水化合物能量系数的50%计算），所得之和为 kJ/100mL 或 kJ/100g 值，再除以 4.184 为 kcal/100mL 或 kcal/100g 值。

3.4.2.2 适用于 10 岁以上人群的全营养配方食品所含蛋白质的含量应不低于 0.7g/100kJ（3g/100kcal），其中优质蛋白质所占比例不少于50%。蛋白质的检验方法参照 GB 5009.5。

3.4.2.3 适用于 10 岁以上人群的全营养配方食品中亚油酸供能比应不低于 2.0%；α-亚麻酸供能比应不低于 0.5%。脂肪酸的检验方法参照 GB 5413.27。

3.4.2.4 适用于 10 岁以上人群的全营养配方食品所含的维生素和矿物质的含量应符合表 3 的规定。

3.4.2.5 除表 3 中规定的成分外，如果在产品中选择添加或标签标示含有表 4 的一种或多种成分，其含量应符合表 4 的规定。

表 3 维生素和矿物质指标（10 岁以上人群）

营养素	每 100kJ		每 100kcal		检验方法
	最小值	最大值	最小值	最大值	
维生素 A/(μg RE) [a]	9.3	53.8	39.0	225.0	GB 5413.9 或 GB/T 5009.82
维生素 D/(μg) [b]	0.19	0.75	0.80	3.14	GB 5413.9
维生素 E/(mg α-TE) [c]	0.19	N.S. [e]	0.80	N.S.	GB 5413.9 或 GB/T 5009.82
维生素 K_1 /(μg)	1.05	N.S.	4.40	N.S.	GB 5413.10 或 GB/T 5009.158
维生素 B_1/(mg)	0.02	N.S.	0.07	N.S.	GB 5413.11 或 GB/T 5009.84
维生素 B_2/(mg)	0.02	N.S.	0.07	N.S.	GB 5413.12
维生素 B_6/(mg)	0.02	N.S.	0.07	N.S.	GB 5413.13 或 GB/T 5009.154
维生素 B_{12}/(μg)	0.03	N.S.	0.13	N.S.	GB 5413.14
烟酸（烟酰胺）/(mg) [d]	0.05	N.S.	0.20	N.S.	GB 5413.15 或 GB/T 5009.89
叶酸/(μg)	5.3	N.S.	22.2	N.S.	GB 5413.16 或 GB/T 5009.211
泛酸/(mg)	0.07	N.S.	0.29	N.S.	GB 5413.17 或 GB/T 5009.210
维生素 C/(mg)	1.3	N.S.	5.6	N.S.	GB 5413.18
生物素/(μg)	0.5	N.S.	2.2	N.S.	GB 5413.19
钠/(mg)	20	N.S.	83	N.S.	GB 5413.21 或 GB/T 5009.91
钾/(mg)	27	N.S.	111	N.S.	GB 5413.21 或 GB/T 5009.91
铜/(μg)	11	120	44	500	GB 5413.21 或 GB/T 5009.13
镁/(mg)	4.4	N.S.	18.3	N.S.	GB 5413.21 或 GB/T 5009.90
铁/(mg)	0.20	0.55	0.83	2.30	GB 5413.21 或 GB/T 5009.90
锌/(mg)	0.1	0.5	0.4	2.2	GB 5413.21 或 GB/T 5009.14
锰/(μg)	6.0	146.0	25.0	611.0	GB 5413.21 或 GB/T 5009.90
钙/(mg)	13	N.S.	56	N.S.	GB 5413.21 或 GB/T 5009.92
磷/(mg)	9.6	N.S.	40.0	N.S.	GB 5413.22 或 GB/T 5009.87
碘/(μg)	1.6	N.S.	6.7	N.S.	GB 5413.23
氯/(mg)	N.S.	52	N.S.	218	GB 5413.24
硒/(μg)	0.8	5.3	3.3	22.2	GB 5009.93

[a] RE 为视黄醇当量。1 μg RE =3.33 IU 维生素 A=1μg 全反式视黄醇（维生素 A）。维生素 A 只包括预先形成的视黄醇，在计算和声称维生素 A 活性时不包括任何的类胡萝卜素组分。

[b] 钙化醇，1μg 维生素 D=40 IU 维生素 D。

[c] 1 mg α-TE (α-生育酚当量)=1 mg d-α-生育酚。

[d] 烟酸不包括前体形式。

[e] N.S. 为没有特别说明。

表4 可选择性成分指标 （10岁以上人群）

可选择性成分 [a]	每100 kJ		每100 kcal		检验方法
	最小值	最大值	最小值	最大值	
铬/(μg)	0.4	13.3	1.8	55.6	GB/T 5009.123
钼/(μg)	1.3	12.0	5.6	50.0	—
氟/(mg)	N.S.[b]	0.05	N.S	0.20	GB/T 5009.18
胆碱/(mg)	5.3	39.8	22.2	166.7	GB/T5413.20
肌醇/(mg)	1.0	33.5	4.2	140.0	GB 5413.25
牛磺酸/(mg)	N.S.	4.8	N.S.	20.0	GB 5413.26 或 GB/T 5009.169
左旋肉碱/(mg)	0.3	N.S.	1.3	N.S.	—
核苷酸/(mg)	0.5	N.S.	2.0.	N.S.	—
膳食纤维/(g)	N.S.	0.7	N.S.	2.7	GB 5413.6 或 GB/T 5009.88

[a] 氟的化合物来源为氟化钠和氟化钾，核苷酸和膳食纤维来源参考 GB 14880 表 C.2 中允许使用的来源，其他成分的化合物来源参考 GB 14880。

[b] N.S.为没有特别说明。

3.4.3 特定全营养配方食品

特定全营养配方食品的能量和营养成分含量应以 3.4.1 或 3.4.2 全营养配方食品为基础，但可依据疾病或医学状况对营养素的特殊要求适当调整，以满足目标人群的营养需求。常见的特定全营养配方食品见附录 A。

3.4.4 非全营养配方食品

常见的非全营养配方食品主要包括营养素组件、电解质配方、增稠组件、流质配方和氨基酸代谢障碍配方等。各类产品的技术指标应符合表5的要求。由于该类产品不能作为单一营养来源满足目标人群的营养需求，需要与其他食品配合使用，故对营养素含量不作要求。非全营养特殊医学用途配方食品应在医生或临床营养师的指导下，按照患者个体的特殊状况或需求而使用。

表5　常见非全营养配方食品的主要技术要求

产品类别		配方主要技术要求
营养素组件	蛋白质（氨基酸）组件	1. 由蛋白质和（或）氨基酸构成； 2. 蛋白质来源可选择一种或多种氨基酸、蛋白质水解物、肽类或优质的整蛋白。
	脂肪（脂肪酸）组件	1. 由脂肪和（或）脂肪酸构成； 2. 可以选用长链甘油三酯（LCT）、中链甘油三酯（MCT）或其他法律法规批准的脂肪（酸）来源。
	碳水化合物组件	1. 由碳水化合物构成； 2. 碳水化合物来源可选用单糖、双糖、低聚糖或多糖、麦芽糊精、葡萄糖聚合物或其他法律法规批准的原料。
电解质配方		1. 以碳水化合物为基础； 2. 添加适量电解质。
增稠组件		1. 以碳水化合物为基础； 2. 添加一种或多种增稠剂； 3. 可添加膳食纤维。
流质配方		1. 以碳水化合物和蛋白质为基础； 2. 可添加多种维生素和矿物质； 3. 可添加膳食纤维。
氨基酸代谢障碍配方		1. 以氨基酸为主要原料，但不含或仅含少量与代谢障碍有关的氨基酸。常见的氨基酸代谢障碍配方食品中应限制的氨基酸种类及含量要求见表6； 2. 添加适量的脂肪、碳水化合物、维生素、矿物质和（或）其他成分； 3. 满足患者部分蛋白质（氨基酸）需求的同时，应满足患者对部分维生素及矿物质的需求。

表6　常见的氨基酸代谢障碍配方食品中应限制的氨基酸种类及含量

常见的氨基酸代谢障碍	配方食品中应限制的氨基酸种类	配方食品中应限制的氨基酸含量 mg/g 蛋白质等同物
苯丙酮尿症	苯丙氨酸	≤1.5
枫糖尿症	亮氨酸、异亮氨酸、缬氨酸	≤1.5 [a]
丙酸血症/ 甲基丙二酸血症	蛋氨酸、苏氨酸、缬氨酸	≤1.5 [a]
	异亮氨酸	≤5
酪氨酸血症	苯丙氨酸、酪氨酸	≤1.5 [a]
高胱氨酸尿症	蛋氨酸	≤1.5
戊二酸血症 I 型	赖氨酸	≤1.5
	色氨酸	≤8
异戊酸血症	亮氨酸	≤1.5
尿素循环障碍	非必需氨基酸（丙氨酸、精氨酸、天冬氨酸、天冬酰胺、谷氨酸、谷氨酰胺、甘氨酸、脯氨酸、丝氨酸）	≤1.5 [a]
[a] 指单一氨基酸含量。		

3.5 污染物限量

污染物限量应符合表 7 的规定。

表 7 污染物限量（以固态产品计）

项　　目		指　　标		检验方法
铅/（mg/kg）	≤	0.15	0.5[a]	GB 5009.12
硝酸盐(以 NaNO₃ 计) /（mg/kg）[b]	≤	100		GB 5009.33
亚硝酸盐(以 NaNO₂ 计)/（mg/kg）[c]	≤	2		

[a] 仅适用于 10 岁以上人群的产品。

[b] 不适用于添加蔬菜和水果的产品。

[c] 仅适用于乳基产品（不含豆类成分）。

3.6 真菌毒素限量

真菌毒素限量应符合表 8 的规定。

表 8 真菌毒素限量（以固态产品计）

项　　目		指　　标	检验方法
黄曲霉毒素 M₁（μg/kg）[a]	≤	0.5	GB 5009.24
黄曲霉毒素 B₁（μg/kg）[b]	≤	0.5	

[a] 仅适用于以乳类及乳蛋白制品为主要原料的产品。

[b] 仅适用于以豆类及大豆蛋白制品为主要原料的产品。

3.7 微生物限量

固态特殊医学用途配方食品的微生物限量应符合表 9 的规定，液态特殊医学用途配方食品的微生物指标应符合商业无菌的要求，按 GB/T 4789.26 规定的方法检验。

表 9 微生物限量

项　　目	采样方案[a] 及限量（若非指定，均以CFU/g 表示）				检验方法
	n	c	m	M	
菌落总数[b,c]	5	2	1000	10000	GB 4789.2
大肠菌群	5	2	10	100	GB 4789.3 平板计数法
沙门氏菌	5	0	0/25g	—	GB 4789.4
金黄色葡萄球菌	5	2	10	100	GB 4789.10 平板计数法

[a] 样品的分析及处理按 GB 4789.1执行。

[b] 不适用于添加活性菌种（好氧和兼性厌氧益生菌）的产品[产品中活性益生菌的活菌数应≥10⁶ CFU/g (mL)]。

[c] 仅适用于1～10岁人群的产品。

3.8 食品添加剂和营养强化剂

3.8.1 适用于1～10岁人群的产品中食品添加剂的使用可参照GB 2760婴幼儿配方食品中允许的添加剂种类和使用量，适用于10岁以上人群的产品中食品添加剂的使用可参照GB 2760中相同或相近产品中允许使用的添加剂种类和使用量。

3.8.2 营养强化剂的使用应符合GB 14880的规定。

3.8.3 食品添加剂和营养强化剂的质量规格应符合相应的标准和有关规定。

3.8.4 根据所使用人群的特殊营养需求，可在特殊医学用途食品中选择添加一种或几种氨基酸，所使用的氨基酸来源应符合附录B和（或）GB 14880的规定。

3.8.5 如果在特殊医学用途配方食品中添加其他物质，应符合国家相关规定。

4 其他

4.1 标签

4.1.1 产品标签应符合GB 13432的规定。营养素和可选择成分含量标识应增加"每100千焦（/100kJ）"含量的标示。

4.1.2 标签中应对产品的配方特点或营养学特征进行描述，并应标示产品的类别和适用人群，同时还应标示"不适用于非目标人群使用"。

4.1.3 标签中应在醒目位置标示"请在医生或临床营养师指导下使用"。

4.1.4 标签中应标示"本品禁止用于肠外营养支持和静脉注射"。

4.2 使用说明

4.2.1 有关产品使用、配制指导说明及图解、贮存条件应在标签上明确说明。当包装最大表面积小于100 cm^{2}或产品质量小于100 g时，可不标示图解。

4.2.2 指导说明应对配制不当和使用不当可能引起的健康危害给予警示说明。

4.3 包装

可以使用食品级和（或）纯度≥99.9%的二氧化碳和（或）氮气作为包装介质。

附录A

常见特定全营养配方食品

A.1 糖尿病全营养配方食品。

A.2 呼吸系统疾病全营养配方食品。

A.3 肾病全营养配方食品。

A.4 肿瘤全营养配方食品。

A.5 肝病全营养配方食品。

A.6 肌肉衰减综合症全营养配方食品。

A.7 创伤、感染、手术及其他应激状态全营养配方食品。

A.8 炎性肠病全营养配方食品。

A.9 食物蛋白过敏全营养配方食品。

A.10 难治性癫痫全营养配方食品。

A.11 胃肠道吸收障碍、胰腺炎全营养配方食品。

A.12 脂肪酸代谢异常全营养配方食品。

A.13 肥胖、减脂手术全营养配方食品。

附录 B

可用于特殊医学用途配方食品的氨基酸

可用于特殊医学用途配方食品的氨基酸见表B.1。

表 B.1 可用于特殊医学用途食品的氨基酸

序号	氨基酸[a,b]	化合物来源	化学名称	分子式	分子量	比旋光度 [α]D,20℃	pH	纯度 % ≥	水分 % ≤	灰分 % ≤	铅 mg/kg ≤	砷 mg/kg ≤
1	天冬氨酸	L-天冬氨酸	L-氨基丁二酸	C₄H₇NO₄	133.1	+24.5~+26.0	2.5~3.5	98.5	0.2	0.1	0.3	0.2
		L-天冬氨酸镁	L-氨基丁二酸镁	2(C₄H₆NO₄)Mg	288.49	+20.5~+23.0	—	98.5	0.2	0.1	0.3	0.2
2	苏氨酸	L-苏氨酸	L-2-氨基-3-羟基丁酸	C₄H₉NO₃	119.12	-26.5~-29.0	5.0~6.5	98.5	0.2	0.1	0.3	0.2
3	丝氨酸	L-丝氨酸	L-2-氨基-3-羟基丙酸	C₃H₇NO₃	105.09	+13.6~+16.0	5.5~6.5	98.5	0.2	0.1	0.3	0.2
4	谷氨酸	L-谷氨酸	α-氨基戊二酸	C₅H₉NO₄	147.13	+31.5~+32.5	3.2	98.5	0.2	0.1	0.3	0.2
		L-谷氨酸钾	α-氨基戊二酸钾	C₅H₈KNO₄·H₂O	203.24	+22.5~+24.0	—	98.5	0.2	0.1	0.3	0.2
		L-谷氨酸钙	α-氨基戊二酸钙	C₁₀H₁₆CaN₂O₈·4H₂O	404.39	+27.4~+29.2	6.6~7.3	98.5	0.2	0.1	0.3	0.2
5	谷氨酰胺	L-谷氨酰胺	2-氨基-4-酰胺基丁酸	C₅H₁₀N₂O₃	146.15	+6.3~+7.3	—	98.5	0.2	0.1	0.3	0.2
6	脯氨酸	L-脯氨酸	吡咯烷-2-羧酸	C₅H₉NO₂	115.13	-84.0~-86.3	5.9~6.9	98.5	0.2	0.1	0.3	0.2
7	甘氨酸	甘氨酸	氨基乙酸	C₂H₅NO₂	75.07	—	5.6~6.6	98.5	0.2	0.1	0.3	0.2
8	丙氨酸	L-丙氨酸	L-2-氨基丙酸	C₃H₇NO₂	89.09	+13.5~+15.5	5.5~7.0	98.5	0.2	0.1	0.3	0.2
9	胱氨酸	L-胱氨酸	L-3,3'-二硫双（2-氨基丙酸）	C₆H₁₂N₂O₄S₂	240.3	-215~-225	5.0~6.5	98.5	0.2	0.1	0.3	0.2
		L-半胱氨酸	L-α-氨基-β-巯基丙酸	C₃H₇NO₂S	121.16	+8.3~+9.5	4.5~5.5	98.5	0.2	0.1	0.3	0.2
		L-盐酸半胱氨酸	L-2-氨基-3-巯基丙酸盐酸盐	C₃H₇NO₂S·HCl·H₂O	175.63	+5.0~+8.0	—	98.5	0.2[b]	0.1	0.3	0.2
		N-乙酰基-L-半胱氨酸	N-乙酰基-L-α-氨基-β-巯基丙酸	C₅H₉NO₃S	163.20	+21~+27	2.0~2.8	98.0	0.2	0.1	—	—
10	缬氨酸	L-缬氨酸	L-2-氨基-3-甲基丁酸	C₅H₁₁NO₂	117.15	+26.7~+29.0	5.5~7.0	98.5	0.2	0.1	0.3	0.2

GB 29922-2013

第一篇 食品产品标准

117

表 B.1　（续）

序号	氨基酸 [a,b]	化合物来源	化学名称	分子式	分子量	比旋光度 $[\alpha]D,20\,℃$	pH	纯度 %≥	水分 %≤	灰分 %≤	铅 mg/kg ≤	砷 mg/kg ≤
11	蛋氨酸	L-蛋氨酸	2-氨基-4-甲基巯基丁酸	$C_6H_{11}NO_2S$	149.21	+21.0~+25.0	5.6~6.1	98.5	0.2	0.1	0.3	0.2
		N-乙酰基-L-甲硫氨酸	N-乙酰基-2-氨基-2-甲基巯基丁酸	$C_7H_{13}NO_3S$	191.25	-18.0~-22.0	—	98.5	0.2	0.1	0.3	0.2
12	亮氨酸	L-亮氨酸	L-2-氨基-4-甲基戊酸	$C_6H_{13}NO_2$	131.17	+14.5~+16.5	5.5~6.5	98.5	0.2	0.1	0.3	0.2
13	异亮氨酸	L-异亮氨酸	L-2-氨基-3-甲基戊酸	$C_6H_{13}NO_2$	131.17	+38.6~+41.5	5.5~7.0	98.5	0.2	0.1	0.3	0.2
14	酪氨酸	L-酪氨酸	S-氨基3（4-羟基苯基）-丙酸	$C_9H_{11}NO_3$	181.19	-11.0~-12.3	—	98.5	0.2	0.1	0.3	0.2
15	苯丙氨酸	L-苯丙氨酸	L-2-氨基-3-苯丙酸	$C_9H_{11}NO_2$	165.19	-33.2~-35.2	5.4~6.0	98.5	0.2	0.1	0.3	0.2
16	赖氨酸	L-盐酸赖氨酸	L-2,6-二氨基己酸盐酸盐	$C_6H_{14}N_2O_2\cdot HCl$	182.65	+20.3~+21.5	5.0~6.0	98.5	0.2	0.1	0.3	0.2
		L-赖氨酸醋酸盐	L-2,6-二氨基己酸醋酸盐	$C_6H_{14}N_2O_2\cdot C_2H_4O_2$	206.24	+8.5~+10.0	6.5~7.5	98.5	0.2	0.1	0.3	0.2
		L-赖氨酸	L-2,6-二氨基己酸	$C_6H_{14}N_2O_2\cdot H_2O$	164.2	+25.5~+27.0	9.0~10.5	98.5	0.2	0.1	0.3	0.2
		L-赖氨酸 L-谷氨酸	L-2,6-二氨基己酸α-氨基戊戊二酸盐	$C_{11}H_{23}N_3O_6\cdot 2H_2O$	329.35	+27.5~+29.5	6.0~7.5	98.0	0.2	0.1	0.3	0.2
		L-赖氨酸天冬氨酸	L-2,6-二氨基己酸 L-氨基丁二酸盐	$C_{10}H_{21}N_3O_6$	279.30	+24.0~+26.5	5.0~7.0	98.0	0.2	0.1	0.3	0.2
17	精氨酸	L-精氨酸	L-2-氨基-5-胍基戊酸	$C_6H_{14}N_4O_2$	174.2	+26.0~+27.9	10.5~12.0	98.5	0.2	0.1	0.3	0.2
		L-盐酸精氨酸	L-2-氨基-5-胍基戊酸盐酸盐	$C_6H_{14}N_4O_2\cdot HCl$	210.66	+21.3~+23.5	—	98.5	0.2	0.1	0.3	0.2
		L-精氨酸-天冬氨酸	L-2-氨基-5-胍基戊酸-L-氨基丁二酸	$C_{10}H_{21}N_5O_6$	307.31	+25.0~+27.0	6.0~7.0	98.5	0.2	0.1	0.3	0.2

表 B.1（续）

序号	氨基酸 a,b	化合物来源	化学名称	分子式	分子量	比旋光度 [α]D,20℃	pH	纯度 % ≥	水分 % ≤	灰分 % ≤	铅 mg/kg ≤	砷 mg/kg ≤
18	组氨酸	L-组氨酸	α-氨基 β-咪唑基丙酸	$C_6H_9N_3O_2$	155.15	+11.5~+13.5	7.0~8.5	98.5	0.2	0.1	0.3	0.2
	组氨酸	L-盐酸组氨酸	L-2-氨基-3-咪唑基丙酸盐酸盐	$C_6H_9N_3O_2 \cdot HCl \cdot H_2O$	209.63	+8.5~+10.5	—	98.5	0.2	0.1	0.3	0.2
19	色氨酸	L-色氨酸	L-2-氨基-3-吲哚基-1-丙酸	$C_{11}H_{12}N_2O_2$	204.23	-30.0~-33.0	5.5~7.0	98.5	0.2	0.1	0.3	0.2
20	瓜氨酸	L-瓜氨酸	L-2-氨基-5-脲戊酸	$C_6H_{13}N_3O_3$	175.19	+24.5~+26.5	5.7~6.7	98.5	0.2	0.1	0.3	0.2
21	鸟氨酸	L-盐酸鸟氨酸	2,5-二氨基戊酸 单盐酸盐	$C_5H_{12}N_2O_2 \cdot HCl$	168.62	+23.0~+25.0	5.0~6.0	98.5	0.2	0.1	0.3	0.2

a 不得使用非食用的动植物水解原料作为单体氨基酸的来源。
b 只要适用，无论是氨基酸的游离状态、含水或不含水状态，以及氨基酸的盐酸化合物、钠盐和钾盐均可使用。

第二篇

检验方法标准

中华人民共和国国家标准

GB 4789.1—2016

食品安全国家标准

食品微生物学检验　总则

2016-12-23 发布

2017-06-23 实施

中华人民共和国国家卫生和计划生育委员会
国家食品药品监督管理总局　发布

前　言

本标准代替 GB 4789.1—2010《食品安全国家标准　食品微生物学检验　总则》。

本标准与 GB 4789.1—2010 相比，主要变化如下：

——增加了附录 A，微生物实验室常规检验用品和设备；

——修改了实验室基本要求；

——修改了样品的采集；

——修改了检验；

——修改了检验后样品的处理；

——删除了规范性引用文件。

食品安全国家标准

食品微生物学检验 总则

1 范围

本标准规定了食品微生物学检验基本原则和要求。

本标准适用于食品微生物学检验。

2 实验室基本要求

2.1 检验人员

2.1.1 应具有相应的微生物专业教育或培训经历,具备相应的资质,能够理解并正确实施检验。

2.1.2 应掌握实验室生物安全操作和消毒知识。

2.1.3 应在检验过程中保持个人整洁与卫生,防止人为污染样品。

2.1.4 应在检验过程中遵守相关安全措施的规定,确保自身安全。

2.1.5 有颜色视觉障碍的人员不能从事涉及辨色的实验。

2.2 环境与设施

2.2.1 实验室环境不应影响检验结果的准确性。

2.2.2 实验区域应与办公区域明显分开。

2.2.3 实验室工作面积和总体布局应能满足从事检验工作的需要,实验室布局宜采用单方向工作流程,避免交叉污染。

2.2.4 实验室内环境的温度、湿度、洁净度及照度、噪声等应符合工作要求。

2.2.5 食品样品检验应在洁净区域进行,洁净区域应有明显标示。

2.2.6 病原微生物分离鉴定工作应在二级或以上生物安全实验室进行。

2.3 实验设备

2.3.1 实验设备应满足检验工作的需要,常用设备见 A.1。

2.3.2 实验设备应放置于适宜的环境条件下,便于维护、清洁、消毒与校准,并保持整洁与良好的工作状态。

2.3.3 实验设备应定期进行检查和/或检定(加贴标识)、维护和保养,以确保工作性能和操作安全。

2.3.4 实验设备应有日常监控记录或使用记录。

2.4 检验用品

2.4.1 检验用品应满足微生物检验工作的需求,常用检验用品见 A.2。

2.4.2 检验用品在使用前应保持清洁和/或无菌。

2.4.3 需要灭菌的检验用品应放置在特定容器内或用合适的材料(如专用包装纸、铝箔纸等)包裹或加塞,应保证灭菌效果。

2.4.4 检验用品的储存环境应保持干燥和清洁,已灭菌与未灭菌的用品应分开存放并明确标识。

2.4.5 灭菌检验用品应记录灭菌的温度与持续时间及有效使用期限。

2.5 培养基和试剂

培养基和试剂的制备和质量要求按照 GB 4789.28 的规定执行。

2.6 质控菌株

2.6.1 实验室应保存能满足实验需要的标准菌株。

2.6.2 应使用微生物菌种保藏专门机构或专业权威机构保存的、可溯源的标准菌株。

2.6.3 标准菌株的保存、传代按照 GB 4789.28 的规定执行。

2.6.4 对实验室分离菌株(野生菌株),经过鉴定后,可作为实验室内部质量控制的菌株。

3 样品的采集

3.1 采样原则

3.1.1 样品的采集应遵循随机性、代表性的原则。

3.1.2 采样过程遵循无菌操作程序,防止一切可能的外来污染。

3.2 采样方案

3.2.1 根据检验目的、食品特点、批量、检验方法、微生物的危害程度等确定采样方案。

3.2.2 采样方案分为二级和三级采样方案。二级采样方案设有 n、c 和 m 值,三级采样方案设有 n、c、m 和 M 值。

   n:同一批次产品应采集的样品件数;

   c:最大可允许超出 m 值的样品数;

   m:微生物指标可接受水平限量值(三级采样方案)或最高安全限量值(二级采样方案);

   M:微生物指标的最高安全限量值。

注 1:按照二级采样方案设定的指标,在 n 个样品中,允许有≤c 个样品其相应微生物指标检验值大于 m 值。

注 2:按照三级采样方案设定的指标,在 n 个样品中,允许全部样品中相应微生物指标检验值小于或等于 m 值;允许有≤c 个样品其相应微生物指标检验值在 m 值和 M 值之间;不允许有样品相应微生物指标检验值大于 M 值。

   例如:n＝5,c＝2,m＝100 CFU/g,M＝1 000 CFU/g。含义是从一批产品中采集 5 个样品,若 5 个样品的检验结果均小于或等于 m 值(≤100 CFU/g),则这种情况是允许的;若≤2 个样品的结果 (X)位于 m 值和 M 值之间(100 CFU/g＜X≤1 000 CFU/g),则这种情况也是允许的;若有 3 个及以上样品的检验结果位于 m 值和 M 值之间,则这种情况是不允许的;若有任一样品的检验结果大于 M 值 (＞1 000 CFU/g),则这种情况也是不允许的。

3.2.3 各类食品的采样方案按食品安全相关标准的规定执行。

3.2.4 食品安全事故中食品样品的采集:

   a) 由批量生产加工的食品污染导致的食品安全事故,食品样品的采集和判定原则按 3.2.2 和 3.2.3 执行。重点采集同批次食品样品。

   b) 由餐饮单位或家庭烹调加工的食品导致的食品安全事故,重点采集现场剩余食品样品,以满足食品安全事故病因判定和病原确证的要求。

3.3 各类食品的采样方法

3.3.1 预包装食品

3.3.1.1 应采集相同批次、独立包装、适量件数的食品样品,每件样品的采样量应满足微生物指标检验的要求。

3.3.1.2 独立包装小于、等于 1 000 g 的固态食品或小于、等于 1 000 mL 的液态食品,取相同批次的包装。

3.3.1.3 独立包装大于 1 000 mL 的液态食品,应在采样前摇动或用无菌棒搅拌液体,使其达到均质后采集适量样品,放入同一个无菌采样容器内作为一件食品样品;大于 1 000 g 的固态食品,应用无菌采样器从同一包装的不同部位分别采取适量样品,放入同一个无菌采样容器内作为一件食品样品。

3.3.2 散装食品或现场制作食品

用无菌采样工具从 n 个不同部位现场采集样品,放入 n 个无菌采样容器内作为 n 件食品样品。每件样品的采样量应满足微生物指标检验单位的要求。

3.4 采集样品的标记

应对采集的样品进行及时、准确的记录和标记,内容包括采样人、采样地点、时间、样品名称、来源、批号、数量、保存条件等信息。

3.5 采集样品的贮存和运输

3.5.1 应尽快将样品送往实验室检验。

3.5.2 应在运输过程中保持样品完整。

3.5.3 应在接近原有贮存温度条件下贮存样品,或采取必要措施防止样品中微生物数量的变化。

4 检验

4.1 样品处理

4.1.1 实验室接到送检样品后应认真核对登记,确保样品的相关信息完整并符合检验要求。

4.1.2 实验室应按要求尽快检验。若不能及时检验,应采取必要的措施,防止样品中原有微生物因客观条件的干扰而发生变化。

4.1.3 各类食品样品处理应按相关食品安全标准检验方法的规定执行。

4.2 样品检验

按食品安全相关标准的规定进行检验。

5 生物安全与质量控制

5.1 实验室生物安全要求

应符合 GB 19489 的规定。

5.2 质量控制

5.2.1 实验室应根据需要设置阳性对照、阴性对照和空白对照，定期对检验过程进行质量控制。

5.2.2 实验室应定期对实验人员进行技术考核。

6 记录与报告

6.1 记录

检验过程中应即时、客观地记录观察到的现象、结果和数据等信息。

6.2 报告

实验室应按照检验方法中规定的要求，准确、客观地报告检验结果。

7 检验后样品的处理

7.1 检验结果报告后，被检样品方能处理。

7.2 检出致病菌的样品要经过无害化处理。

7.3 检验结果报告后，剩余样品和同批产品不进行微生物项目的复检。

附 录 A

微生物实验室常规检验用品和设备

A.1 设备

A.1.1 称量设备:天平等。

A.1.2 消毒灭菌设备:干烤/干燥设备,高压灭菌、过滤除菌、紫外线等装置。

A.1.3 培养基制备设备:pH 计等。

A.1.4 样品处理设备:均质器(剪切式或拍打式均质器)、离心机等。

A.1.5 稀释设备:移液器等。

A.1.6 培养设备:恒温培养箱、恒温水浴等装置。

A.1.7 镜检计数设备:显微镜、放大镜、游标卡尺等。

A.1.8 冷藏冷冻设备:冰箱、冷冻柜等。

A.1.9 生物安全设备:生物安全柜。

A.1.10 其他设备。

A.2 检验用品

A.2.1 常规检验用品:接种环(针)、酒精灯、镊子、剪刀、药匙、消毒棉球、硅胶(棉)塞、吸管、吸球、试管、平皿、锥形瓶、微孔板、广口瓶、量筒、玻棒及 L 形玻棒、pH 试纸、记号笔、均质袋等。

A.2.2 现场采样检验用品:无菌采样容器、棉签、涂抹棒、采样规格板、转运管等。

中华人民共和国国家标准

GB 4789.2—2016

食品安全国家标准

食品微生物学检验　菌落总数测定

2016-12-23 发布
2017-06-23 实施

中华人民共和国国家卫生和计划生育委员会
国家食品药品监督管理总局　发布

前　言

本标准代替 GB 4789.2—2010《食品安全国家标准　食品微生物学检验　菌落总数测定》。

食品安全国家标准

食品微生物学检验　菌落总数测定

1　范围

本标准规定了食品中菌落总数(Aerobic plate count)的测定方法。

本标准适用于食品中菌落总数的测定。

2　术语和定义

菌落总数　aerobic plate count

食品检样经过处理,在一定条件下(如培养基、培养温度和培养时间等)培养后,所得每 g(mL)检样中形成的微生物菌落总数。

3　设备和材料

除微生物实验室常规灭菌及培养设备外,其他设备和材料如下:

3.1　恒温培养箱:36 ℃±1 ℃,30 ℃±1 ℃。

3.2　冰箱:2 ℃～5 ℃。

3.3　恒温水浴箱:46 ℃±1 ℃。

3.4　天平:感量为 0.1 g。

3.5　均质器。

3.6　振荡器。

3.7　无菌吸管:1 mL(具 0.01 mL 刻度)、10 mL(具 0.1 mL 刻度)或微量移液器及吸头。

3.8　无菌锥形瓶:容量 250 mL、500 mL。

3.9　无菌培养皿:直径 90 mm。

3.10　pH 计或 pH 比色管或精密 pH 试纸。

3.11　放大镜或/和菌落计数器。

4　培养基和试剂

4.1　平板计数琼脂培养基:见 A.1。

4.2　磷酸盐缓冲液:见 A.2。

4.3　无菌生理盐水:见 A.3。

5　检验程序

菌落总数的检验程序见图 1。

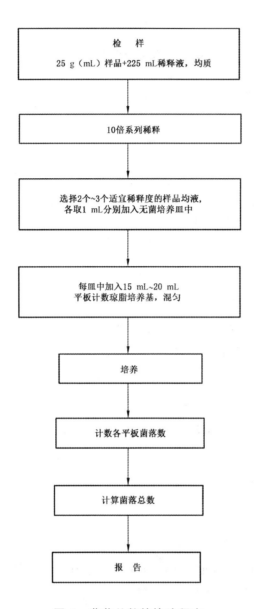

图 1 菌落总数的检验程序

6 操作步骤

6.1 样品的稀释

6.1.1 固体和半固体样品:称取 25 g 样品置盛有 225 mL 磷酸盐缓冲液或生理盐水的无菌均质杯内,8 000 r/min~10 000 r/min 均质 1 min~2 min,或放入盛有 225 mL 稀释液的无菌均质袋中,用拍击式均质器拍打 1 min~2 min,制成 1:10 的样品匀液。

6.1.2 液体样品:以无菌吸管吸取 25 mL 样品置盛有 225 mL 磷酸盐缓冲液或生理盐水的无菌锥形瓶(瓶内预置适当数量的无菌玻璃珠)中,充分混匀,制成 1:10 的样品匀液。

6.1.3 用 1 mL 无菌吸管或微量移液器吸取 1:10 样品匀液 1 mL,沿管壁缓慢注于盛有 9 mL 稀释液的无菌试管中(注意吸管或吸头尖端不要触及稀释液面),振摇试管或换用 1 支无菌吸管反复吹打使其混合均匀,制成 1∶100 的样品匀液。

6.1.4　按 6.1.3 操作,制备 10 倍系列稀释样品匀液。每递增稀释一次,换用 1 次 1 mL 无菌吸管或吸头。

6.1.5　根据对样品污染状况的估计,选择 2 个～3 个适宜稀释度的样品匀液(液体样品可包括原液),在进行 10 倍递增稀释时,吸取 1 mL 样品匀液于无菌平皿内,每个稀释度做两个平皿。同时,分别吸取 1 mL 空白稀释液加入两个无菌平皿内作空白对照。

6.1.6　及时将 15 mL～20 mL 冷却至 46 ℃的平板计数琼脂培养基(可放置于 46 ℃±1 ℃恒温水浴箱中保温)倾注平皿,并转动平皿使其混合均匀。

6.2　培养

6.2.1　待琼脂凝固后,将平板翻转,36 ℃±1 培养 48 h±2 h。水产品 30 ℃±1 ℃培养 72 h±3 h。

6.2.2　如果样品中可能含有在琼脂培养基表面弥漫生长的菌落时,可在凝固后的琼脂表面覆盖一薄层琼脂培养基(约 4 mL),凝固后翻转平板,按 6.2.1 条件进行培养。

6.3　菌落计数

6.3.1　可用肉眼观察,必要时用放大镜或菌落计数器,记录稀释倍数和相应的菌落数量。菌落计数以菌落形成单位(colony-forming units,CFU)表示。

6.3.2　选取菌落数在 30 CFU～300 CFU 之间、无蔓延菌落生长的平板计数菌落总数。低于 30 CFU 的平板记录具体菌落数,大于 300 CFU 的可记录为多不可计。每个稀释度的菌落数应采用两个平板的平均数。

6.3.3　其中一个平板有较大片状菌落生长时,则不宜采用,而应以无片状菌落生长的平板作为该稀释度的菌落数;若片状菌落不到平板的一半,而其余一半中菌落分布又很均匀,即可计算半个平板后乘以 2,代表一个平板菌落数。

6.3.4　当平板上出现菌落间无明显界线的链状生长时,则将每条单链作为一个菌落计数。

7　结果与报告

7.1　菌落总数的计算方法

7.1.1　若只有一个稀释度平板上的菌落数在适宜计数范围内,计算两个平板菌落数的平均值,再将平均值乘以相应稀释倍数,作为每 g(mL)样品中菌落总数结果。

7.1.2　若有两个连续稀释度的平板菌落数在适宜计数范围内时,按式(1)计算:

$$N = \frac{\sum C}{(n_1 + 0.1n_2)d} \qquad\qquad \cdots\cdots\cdots\cdots\cdots\cdots（1）$$

式中:

N　——样品中菌落数;

$\sum C$——平板(含适宜范围菌落数的平板)菌落数之和;

n_1　——第一稀释度(低稀释倍数)平板个数;

n_2　——第二稀释度(高稀释倍数)平板个数;

d　——稀释因子(第一稀释度)。

示例:

稀释度	1∶100(第一稀释度)	1∶1 000(第二稀释度)
菌落数(CFU)	232,244	33,35

$$N = \frac{\sum C}{(n_1 + 0.1n_2)d} = \frac{232 + 244 + 33 + 35}{[2 + (0.1 \times 2)] \times 10^{-2}} = \frac{544}{0.022} = 24\ 727$$

上述数据按7.2.2数字修约后,表示为25 000或2.5×10^4。

7.1.3 若所有稀释度的平板上菌落数均大于300 CFU,则对稀释度最高的平板进行计数,其他平板可记录为多不可计,结果按平均菌落数乘以最高稀释倍数计算。

7.1.4 若所有稀释度的平板菌落数均小于30 CFU,则应按稀释度最低的平均菌落数乘以稀释倍数计算。

7.1.5 若所有稀释度(包括液体样品原液)平板均无菌落生长,则以小于1乘以最低稀释倍数计算。

7.1.6 若所有稀释度的平板菌落数均不在30 CFU～300 CFU之间,其中一部分小于30 CFU或大于300 CFU时,则以最接近30 CFU或300 CFU的平均菌落数乘以稀释倍数计算。

7.2 菌落总数的报告

7.2.1 菌落数小于100 CFU时,按"四舍五入"原则修约,以整数报告。

7.2.2 菌落数大于或等于100 CFU时,第3位数字采用"四舍五入"原则修约后,取前2位数字,后面用0代替位数;也可用10的指数形式来表示,按"四舍五入"原则修约后,采用两位有效数字。

7.2.3 若所有平板上为蔓延菌落而无法计数,则报告菌落蔓延。

7.2.4 若空白对照上有菌落生长,则此次检测结果无效。

7.2.5 称重取样以CFU/g为单位报告,体积取样以CFU/mL为单位报告。

附 录 A

培养基和试剂

A.1 平板计数琼脂(plate count agar,PCA)培养基

A.1.1 成分

胰蛋白胨	5.0 g
酵母浸膏	2.5 g
葡萄糖	1.0 g
琼脂	15.0 g
蒸馏水	1 000 mL

A.1.2 制法

将上述成分加于蒸馏水中,煮沸溶解,调节 pH 至 7.0±0.2。分装试管或锥形瓶,121 ℃高压灭菌 15 min。

A.2 磷酸盐缓冲液

A.2.1 成分

磷酸二氢钾(KH$_2$PO$_4$)	34.0 g
蒸馏水	500 mL

A.2.2 制法

贮存液:称取 34.0 g 的磷酸二氢钾溶于 500 mL 蒸馏水中,用大约 175 mL 的 1 mol/L 氢氧化钠溶液调节 pH 至 7.2,用蒸馏水稀释至 1 000 mL 后贮存于冰箱。

稀释液:取贮存液 1.25 mL,用蒸馏水稀释至 1 000 mL,分装于适宜容器中,121 ℃高压灭菌 15 min。

A.3 无菌生理盐水

A.3.1 成分

氯化钠	8.5 g
蒸馏水	1 000 mL

A.3.2 制法

称取 8.5 g 氯化钠溶于 1 000 mL 蒸馏水中,121 ℃高压灭菌 15 min。

中华人民共和国国家标准

GB 4789.3—2016

食品安全国家标准

食品微生物学检验　大肠菌群计数

2016-12-23 发布　　　　　　　　　　　　　2017-06-23 实施

中华人民共和国国家卫生和计划生育委员会
国家食品药品监督管理总局　发布

前　言

　　本标准代替 GB 4789.3—2010《食品安全国家标准　食品微生物学检验　大肠菌群计数》、GB/T 4789.32—2002《食品卫生微生物学检验　大肠菌群的快速检测》和 SN/T 0169—2010《进出口食品中大肠菌群、粪大肠菌群和大肠杆菌检测方法》大肠菌群计数部分。

　　本标准与 GB 4789.3—2010 相比，主要变化如下：

　　——增加了检验原理；

　　——修改了适用范围；

　　——修改了典型菌落的形态描述；

　　——修改了第二法平板菌落数的选择；

　　——修改了第二法证实试验；

　　——修改了第二法平板计数的报告。

食品安全国家标准

食品微生物学检验　大肠菌群计数

1　范围

本标准规定了食品中大肠菌群(Coliforms)计数的方法。

本标准第一法适用于大肠菌群含量较低的食品中大肠菌群的计数;第二法适用于大肠菌群含量较高的食品中大肠菌群的计数。

2　术语和定义

2.1

大肠菌群　Coliforms

在一定培养条件下能发酵乳糖、产酸产气的需氧和兼性厌氧革兰氏阴性无芽胞杆菌。

2.2

最可能数　Most probable number;MPN

基于泊松分布的一种间接计数方法。

3　检验原理

3.1　MPN 法

MPN 法是统计学和微生物学结合的一种定量检测法。待测样品经系列稀释并培养后,根据其未生长的最低稀释度与生长的最高稀释度,应用统计学概率论推算出待测样品中大肠菌群的最大可能数。

3.2　平板计数法

大肠菌群在固体培养基中发酵乳糖产酸,在指示剂的作用下形成可计数的红色或紫色,带有或不带有沉淀环的菌落。

4　设备和材料

除微生物实验室常规灭菌及培养设备外,其他设备和材料如下:

4.1　恒温培养箱:36 ℃ ±1 ℃。

4.2　冰箱:2 ℃~5 ℃。

4.3　恒温水浴箱:46℃±1℃。

4.4　天平:感量 0.1 g。

4.5　均质器。

4.6　振荡器。

4.7　无菌吸管:1 mL(具 0.01 mL 刻度)、10 mL(具 0.1 mL 刻度)或微量移液器及吸头。

4.8　无菌锥形瓶:容量 500 mL。

4.9　无菌培养皿:直径 90 mm。

4.10 pH 计或 pH 比色管或精密 pH 试纸。

4.11 菌落计数器。

5 培养基和试剂

5.1 月桂基硫酸盐胰蛋白胨(lauryl sulfate tryptose, LST)肉汤：见 A.1。

5.2 煌绿乳糖胆盐(brilliant green lactose bile，BGLB)肉汤：见 A.2。

5.3 结晶紫中性红胆盐琼脂(violet red bile agar，VRBA)：见 A.3。

5.4 无菌磷酸盐缓冲液：见 A.4。

5.5 无菌生理盐水：见 A.5。

5.6 1 mol/L NaOH 溶液：见 A.6。

5.7 1 mol/L HCl 溶液：见 A.7。

第一法　大肠菌群 MPN 计数法

6 检验程序

大肠菌群 MPN 计数的检验程序见图 1。

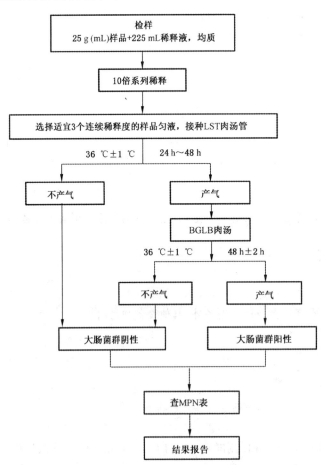

图 1　大肠菌群 MPN 计数法检验程序

7 操作步骤

7.1 样品的稀释

7.1.1 固体和半固体样品:称取 25 g 样品,放入盛有 225 mL 磷酸盐缓冲液或生理盐水的无菌均质杯内,8 000 r/min～10 000 r/min 均质 1 min～2 min,或放入盛有 225 mL 磷酸盐缓冲液或生理盐水的无菌均质袋中,用拍击式均质器拍打 1 min～2 min,制成 1：10 的样品匀液。

7.1.2 液体样品:以无菌吸管吸取 25 mL 样品置盛有 225 mL 磷酸盐缓冲液或生理盐水的无菌锥形瓶(瓶内预置适当数量的无菌玻璃珠)或其他无菌容器中充分振摇或置于机械振荡器中振摇,充分混匀,制成 1：10 的样品匀液。

7.1.3 样品匀液的 pH 应在 6.5～7.5 之间,必要时分别用 1 mol/L NaOH 或 1 mol/L HCl 调节。

7.1.4 用 1 mL 无菌吸管或微量移液器吸取 1：10 样品匀液 1 mL,沿管壁缓缓注入 9 mL 磷酸盐缓冲液或生理盐水的无菌试管中(注意吸管或吸头尖端不要触及稀释液面),振摇试管或换用 1 支 1 mL 无菌吸管反复吹打,使其混合均匀,制成 1：100 的样品匀液。

7.1.5 根据对样品污染状况的估计,按上述操作,依次制成十倍递增系列稀释样品匀液。每递增稀释 1 次,换用 1 支 1 mL 无菌吸管或吸头。从制备样品匀液至样品接种完毕,全过程不得超过 15 min。

7.2 初发酵试验

每个样品,选择 3 个适宜的连续稀释度的样品匀液(液体样品可以选择原液),每个稀释度接种 3 管月桂基硫酸盐胰蛋白胨(LST)肉汤,每管接种 1 mL(如接种量超过 1 mL,则用双料 LST 肉汤),36 ℃±1 ℃ 培养 24 h±2 h,观察倒管内是否有气泡产生,24 h±2 h 产气者进行复发酵试验(证实试验),如未产气则继续培养至 48 h±2 h,产气者进行复发酵试验。未产气者为大肠菌群阴性。

7.3 复发酵试验(证实试验)

用接种环从产气的 LST 肉汤管中分别取培养物 1 环,移种于煌绿乳糖胆盐肉汤(BGLB)管中,36 ℃±1 ℃ 培养 48 h±2 h,观察产气情况。产气者,计为大肠菌群阳性管。

7.4 大肠菌群最可能数(MPN)的报告

按 7.3 确证的大肠菌群 BGLB 阳性管数,检索 MPN 表(见附录 B),报告每 g(mL)样品中大肠菌群的 MPN 值。

第二法 大肠菌群平板计数法

8 检验程序

大肠菌群平板计数法的检验程序见图 2。

乳制品及特殊食品食品安全国家标准汇编

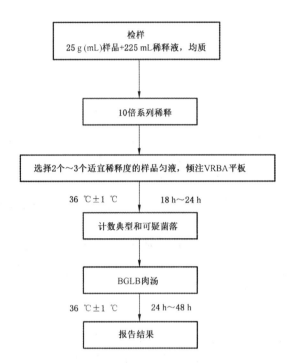

图2　大肠菌群平板计数法检验程序

9　操作步骤

9.1　样品的稀释

按7.1进行。

9.2　平板计数

9.2.1　选取2个～3个适宜的连续稀释度，每个稀释度接种2个无菌平皿，每皿1 mL。同时取1 mL生理盐水加入无菌平皿作空白对照。

9.2.2　及时将15 mL～20 mL融化并恒温至46 ℃的结晶紫中性红胆盐琼脂（VRBA)约倾注于每个平皿中。小心旋转平皿,将培养基与样液充分混匀,待琼脂凝固后,再加3 mL～4 mLVRBA覆盖平板表层。翻转平板,置于36 ℃±1 ℃培养18 h～24 h。

9.3　平板菌落数的选择

选取菌落数在15 CFU～150 CFU之间的平板,分别计数平板上出现的典型和可疑大肠菌群菌落(如菌落直径较典型菌落小)。典型菌落为紫红色,菌落周围有红色的胆盐沉淀环,菌落直径为0.5 mm或更大,最低稀释度平板低于15 CFU的记录具体菌落数。

9.4　证实试验

从VRBA平板上挑取10个不同类型的典型和可疑菌落,少于10个菌落的挑取全部典型和可疑菌落。分别移种于BGLB肉汤管内,36 ℃±1 ℃培养24 h～48 h,观察产气情况。凡BGLB肉汤管产气,即可报告为大肠菌群阳性。

9.5 大肠菌群平板计数的报告

经最后证实为大肠菌群阳性的试管比例乘以 9.3 中计数的平板菌落数,再乘以稀释倍数,即为每 g(mL) 样品中大肠菌群数。例:10^{-4} 样品稀释液 1 mL,在 VRBA 平板上有 100 个典型和可疑菌落,挑取其中 10 个接种 BGLB 肉汤管,证实有 6 个阳性管,则该样品的大肠菌群数为:$100 \times 6/10 \times 10^4$/g(mL)= 6.0×10^5 CFU/g(mL)。若所有稀释度(包括液体样品原液)平板均无菌落生长,则以小于 1 乘以最低稀释倍数计算。

附 录 A

培养基和试剂

A.1 月桂基硫酸盐胰蛋白胨(LST)肉汤

A.1.1 成分

胰蛋白胨或胰酪胨	20.0 g
氯化钠	5.0 g
乳糖	5.0 g
磷酸氢二钾(K$_2$HPO$_4$)	2.75 g
磷酸二氢钾(KH$_2$PO$_4$)	2.75 g
月桂基硫酸钠	0.1 g
蒸馏水	1 000 mL

A.1.2 制法

将上述成分溶解于蒸馏水中,调节 pH 至 6.8±0.2。分装到有玻璃小倒管的试管中,每管 10 mL。121 ℃高压灭菌 15 min。

A.2 煌绿乳糖胆盐(BGLB)肉汤

A.2.1 成分

蛋白胨	10.0 g
乳糖	10.0 g
牛胆粉(oxgall 或 oxbile)溶液	200 mL
0.1%煌绿水溶液	13.3 mL
蒸馏水	800 mL

A.2.2 制法

将蛋白胨、乳糖溶于约 500 mL 蒸馏水中,加入牛胆粉溶液 200 mL(将 20.0 g 脱水牛胆粉溶于 200 mL 蒸馏水中,调节 pH 至 7.0~7.5),用蒸馏水稀释到 975 mL,调节 pH 至 7.2±0.1,再加入 0.1% 煌绿水溶液 13.3 mL,用蒸馏水补足到 1 000 mL,用棉花过滤后,分装到有玻璃小倒管的试管中,每管 10 mL。121 ℃高压灭菌 15 min。

A.3 结晶紫中性红胆盐琼脂(VRBA)

A.3.1 成分

蛋白胨	7.0 g
酵母膏	3.0 g
乳糖	10.0 g

氯化钠	5.0 g
胆盐或 3 号胆盐	1.5 g
中性红	0.03 g
结晶紫	0.002 g
琼脂	15 g～18 g
蒸馏水	1 000 mL

A.3.2 制法

将上述成分溶于蒸馏水中,静置几分钟,充分搅拌,调节 pH 至 7.4±0.1。煮沸 2 min,将培养基融化并恒温至 45 ℃～50 ℃倾注平板。使用前临时制备,不得超过 3 h。

A.4 磷酸盐缓冲液

A.4.1 成分

| 磷酸二氢钾（KH_2PO_4） | 34.0 g |
| 蒸馏水 | 500 mL |

A.4.2 制法

贮存液:称取 34.0 g 的磷酸二氢钾溶于 500 mL 蒸馏水中,用大约 175 mL 的 1 mol/L 氢氧化钠溶液调节 pH 至 7.2±0.2,用蒸馏水稀释至 1 000 mL 后贮存于冰箱。稀释液:取贮存液 1.25 mL,用蒸馏水稀释至 1 000 mL,分装于适宜容器中,121 ℃高压灭菌 15 min。

A.5 无菌生理盐水

A.5.1 成分

| 氯化钠 | 8.5 g |
| 蒸馏水 | 1 000 mL |

A.5.2 制法

称取 8.5 g 氯化钠溶于 1 000 mL 蒸馏水中,121 ℃高压灭菌 15 min。

A.6 1 mol/L NaOH 溶液

A.6.1 成分

| NaOH | 40.0 g |
| 蒸馏水 | 1 000 mL |

A.6.2 制法

称取 40 g 氢氧化钠溶于 1 000 mL 无菌蒸馏水中。

A.7 1 mol/L HCl 溶液

A.7.1 成分

HCl	90 mL
蒸馏水	1 000 mL

A.7.2 制法

移取浓盐酸 90 mL,用无菌蒸馏水稀释至 1 000 mL。

附 录 B
大肠菌群最可能数（MPN）检索表

B.1 大肠菌群最可能数（MPN）检索表

每 g(mL)检样中大肠菌群最可能数（MPN）的检索见表 B.1。

表 B.1 大肠菌群最可能数（MPN）检索表

阳性管数			MPN	95%可信限		阳性管数			MPN	95%可信限	
0.10	0.01	0.001		下限	上限	0.10	0.01	0.001		下限	上限
0	0	0	<3.0	—	9.5	2	2	0	21	4.5	42
0	0	1	3.0	0.15	9.6	2	2	1	28	8.7	94
0	1	0	3.0	0.15	11	2	2	2	35	8.7	94
0	1	1	6.1	1.2	18	2	3	0	29	8.7	94
0	2	0	6.2	1.2	18	2	3	1	36	8.7	94
0	3	0	9.4	3.6	38	3	0	0	23	4.6	94
1	0	0	3.6	0.17	18	3	0	1	38	8.7	110
1	0	1	7.2	1.3	18	3	0	2	64	17	180
1	0	2	11	3.6	38	3	1	0	43	9	180
1	1	0	7.4	1.3	20	3	1	1	75	17	200
1	1	1	11	3.6	38	3	1	2	120	37	420
1	2	0	11	3.6	42	3	1	3	160	40	420
1	2	1	15	4.5	42	3	2	0	93	18	420
1	3	0	16	4.5	42	3	2	1	150	37	420
2	0	0	9.2	1.4	38	3	2	2	210	40	430
2	0	1	14	3.6	42	3	2	3	290	90	1 000
2	0	2	20	4.5	42	3	3	0	240	42	1 000
2	1	0	15	3.7	42	3	3	1	460	90	2 000
2	1	1	20	4.5	42	3	3	2	1 100	180	4 100
2	1	2	27	8.7	94	3	3	3	>1 100	420	—

注1：本表采用 3 个稀释度[0.1 g(mL)、0.01 g(mL)、0.001 g(mL)]，每个稀释度接种 3 管。

注2：表内所列检样量如改用 1 g(mL)、0.1 g(mL)和 0.01 g(mL)时，表内数字应相应降低 10 倍；如改用 0.01 g(mL)、0.001 g(mL)和 0.000 1 g(mL)时，则表内数字应相应增高 10 倍，其余类推。

中华人民共和国国家标准

GB 4789.4—2016

食品安全国家标准

食品微生物学检验　沙门氏菌检验

2016-12-23 发布

2017-06-23 实施

中华人民共和国国家卫生和计划生育委员会
国家食品药品监督管理总局　发布

前　言

　　本标准代替 GB 4789.4—2010《食品安全国家标准　食品微生物学检验　沙门氏菌检验》、SN 0170—1992《出口食品沙门氏菌属(包括亚利桑那菌)检验方法》、SN/T 2552.5—2010《乳及乳制品卫生微生物学检验方法　第 5 部分:沙门氏菌检验》。

　　整合后的标准与 GB 4789.4—2010 相比,主要变化如下:

　　——修改了检测流程和血清学检测操作程序;

　　——修改了附录 A 和附录 B。

食品安全国家标准

食品微生物学检验 沙门氏菌检验

1 范围

本标准规定了食品中沙门氏菌(*Salmonella*)的检验方法。

本标准适用于食品中沙门氏菌的检验。

2 设备和材料

除微生物实验室常规灭菌及培养设备外,其他设备和材料如下:

2.1 冰箱:2 ℃～5 ℃。

2.2 恒温培养箱:36 ℃±1 ℃,42 ℃±1 ℃。

2.3 均质器。

2.4 振荡器。

2.5 电子天平:感量 0.1 g。

2.6 无菌锥形瓶:容量 500 mL,250 mL。

2.7 无菌吸管:1 mL(具 0.01 mL 刻度)、10 mL(具 0.1 mL 刻度)或微量移液器及吸头。

2.8 无菌培养皿:直径 60 mm,90 mm。

2.9 无菌试管:3 mm×50 mm、10 mm×75 mm。

2.10 pH 计或 pH 比色管或精密 pH 试纸。

2.11 全自动微生物生化鉴定系统。

2.12 无菌毛细管。

3 培养基和试剂

3.1 缓冲蛋白胨水(BPW):见 A.1。

3.2 四硫磺酸钠煌绿(TTB)增菌液:见 A.2。

3.3 亚硒酸盐胱氨酸(SC)增菌液:见 A.3。

3.4 亚硫酸铋(BS)琼脂:见 A.4。

3.5 HE 琼脂:见 A.5。

3.6 木糖赖氨酸脱氧胆盐(XLD)琼脂:见 A.6。

3.7 沙门氏菌属显色培养基。

3.8 三糖铁(TSI)琼脂:见 A.7。

3.9 蛋白胨水、靛基质试剂:见 A.8。

3.10 尿素琼脂(pH 7.2):见 A.9。

3.11 氰化钾 (KCN) 培养基:见 A.10。

3.12 赖氨酸脱羧酶试验培养基:见 A.11。

3.13 糖发酵管:见 A.12。

3.14 邻硝基酚 β-D 半乳糖苷(ONPG)培养基:见 A.13。

3.15 半固体琼脂:见 A.14。

3.16 丙二酸钠培养基:见 A.15。

3.17 沙门氏菌 O、H 和 Vi 诊断血清。

3.18 生化鉴定试剂盒。

4 检验程序

沙门氏菌检验程序见图1。

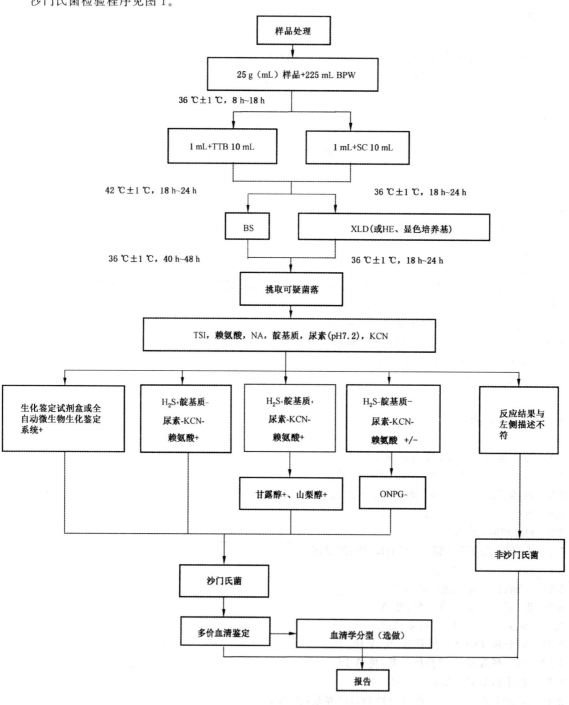

图 1 沙门氏菌检验程序

5 操作步骤

5.1 预增菌

无菌操作称取 25 g(mL)样品,置于盛有 225 mL BPW 的无菌均质杯或合适容器内,以 8 000 r/min~10 000 r/min均质 1 min~2 min,或置于盛有 225 mL BPW 的无菌均质袋中,用拍击式均质器拍打 1 min~2 min。若样品为液态,不需要均质,振荡混匀。如需调整 pH,用 1 mol/mL 无菌 NaOH 或 HCl 调 pH 至 6.8±0.2。无菌操作将样品转至 500 mL 锥形瓶或其他合适容器内(如均质杯本身具有无孔盖,可不转移样品),如使用均质袋,可直接进行培养,于 36 ℃±1 ℃培养 8 h~18 h。

如为冷冻产品,应在 45 ℃以下不超过 15 min,或 2 ℃~5 ℃不超过 18 h 解冻。

5.2 增菌

轻轻摇动培养过的样品混合物,移取 1 mL,转种于 10 mL TTB 内,于 42 ℃±1 ℃培养 18 h~24 h。同时,另取 1 mL,转种于 10 mL SC 内,于 36 ℃±1 ℃培养 18 h~24 h。

5.3 分离

分别用直径 3 mm 的接种环取增菌液 1 环,划线接种于一个 BS 琼脂平板和一个 XLD 琼脂平板(或 HE 琼脂平板或沙门氏菌属显色培养基平板),于 36 ℃±1 ℃分别培养 40 h~48 h(BS 琼脂平板)或 18 h~24 h(XLD 琼脂平板、HE 琼脂平板、沙门氏菌属显色培养基平板),观察各个平板上生长的菌落,各个平板上的菌落特征见表 1。

表 1 沙门氏菌属在不同选择性琼脂平板上的菌落特征

选择性琼脂平板	沙门氏菌
BS 琼脂	菌落为黑色有金属光泽、棕褐色或灰色,菌落周围培养基可呈黑色或棕色;有些菌株形成灰绿色的菌落,周围培养基不变
HE 琼脂	蓝绿色或蓝色,多数菌落中心黑色或几乎全黑色;有些菌株为黄色,中心黑色或几乎全黑色
XLD 琼脂	菌落呈粉红色,带或不带黑色中心,有些菌株可呈现大的带光泽的黑色中心,或呈现全部黑色的菌落;有些菌株为黄色菌落,带或不带黑色中心
沙门氏菌属显色培养基	按照显色培养基的说明进行判定

5.4 生化试验

5.4.1 自选择性琼脂平板上分别挑取 2 个以上典型或可疑菌落,接种三糖铁琼脂,先在斜面划线,再于底层穿刺;接种针不要灭菌,直接接种赖氨酸脱羧酶试验培养基和营养琼脂平板,于 36 ℃±1 ℃培养 18 h~24 h,必要时可延长至 48 h。在三糖铁琼脂和赖氨酸脱羧酶试验培养基内,沙门氏菌属的反应结果见表 2。

表 2 沙门氏菌属在三糖铁琼脂和赖氨酸脱羧酶试验培养基内的反应结果

三糖铁琼脂				赖氨酸脱羧酶试验培养基	初步判断
斜面	底层	产气	硫化氢		
K	A	+（−）	+（−）	+	可疑沙门氏菌属
K	A	+（−）	+（−）	−	可疑沙门氏菌属
A	A	+（−）	+（−）	+	可疑沙门氏菌属
A	A	+/−	+/−		非沙门氏菌
K	K	+/−	+/−	+/−	非沙门氏菌
注：K：产碱，A：产酸；+：阳性，−：阴性；+（−）：多数阳性，少数阴性；+/−：阳性或阴性。					

5.4.2 接种三糖铁琼脂和赖氨酸脱羧酶试验培养基的同时，可直接接种蛋白胨水（供做靛基质试验）、尿素琼脂（pH 7.2）、氰化钾（KCN）培养基，也可在初步判断结果后从营养琼脂平板上挑取可疑菌落接种。于 36 ℃±1 ℃培养 18 h～24 h，必要时可延长至 48 h，按表 3 判定结果。将已挑菌落的平板储存于 2 ℃～5 ℃或室温至少保留 24 h，以备必要时复查。

表 3 沙门氏菌属生化反应初步鉴别表

反应序号	硫化氢（H_2S）	靛基质	pH 7.2 尿素	氰化钾（KCN）	赖氨酸脱羧酶
A1	+	−	−	−	+
A2	+	+	−	−	+
A3	−	−	−	−	+/−
注：+阳性；−阴性；+/−阳性或阴性。					

5.4.2.1 反应序号 A1：典型反应判定为沙门氏菌属。如尿素、KCN 和赖氨酸脱羧酶 3 项中有 1 项异常，按表 4 可判定为沙门氏菌。如有 2 项异常为非沙门氏菌。

表 4 沙门氏菌属生化反应初步鉴别表

pH 7.2 尿素	氰化钾（KCN）	赖氨酸脱羧酶	判定结果
−	−	−	甲型副伤寒沙门氏菌（要求血清学鉴定结果）
−	+	+	沙门氏菌Ⅳ或Ⅴ（要求符合本群生化特性）
+	−	+	沙门氏菌个别变体（要求血清学鉴定结果）
注：+表示阳性；−表示阴性。			

5.4.2.2 反应序号 A2：补做甘露醇和山梨醇试验，沙门氏菌靛基质阳性变体两项试验结果均为阳性，但需要结合血清学鉴定结果进行判定。

5.4.2.3 反应序号 A3：补做 ONPG。ONPG 阴性为沙门氏菌，同时赖氨酸脱羧酶阳性，甲型副伤寒沙门氏菌为赖氨酸脱羧酶阴性。

5.4.2.4 必要时按表 5 进行沙门氏菌生化群的鉴别。

表 5 沙门氏菌属各生化群的鉴别

项目	Ⅰ	Ⅱ	Ⅲ	Ⅳ	Ⅴ	Ⅵ
卫矛醇	＋	＋	－	－	＋	－
山梨醇	＋	＋	＋	＋	＋	－
水杨苷	－	－	－	＋	－	－
ONPG	－	－	＋	－	＋	－
丙二酸盐	－	＋	＋	－	－	－
KCN	－	－	－	＋	＋	－
注：＋表示阳性；－表示阴性。						

5.4.3 如选择生化鉴定试剂盒或全自动微生物生化鉴定系统，可根据 5.4.1 的初步判断结果，从营养琼脂平板上挑取可疑菌落，用生理盐水制备成浊度适当的菌悬液，使用生化鉴定试剂盒或全自动微生物生化鉴定系统进行鉴定。

5.5 血清学鉴定

5.5.1 检查培养物有无自凝性

一般采用 1.2％～1.5％琼脂培养物作为玻片凝集试验用的抗原。首先排除自凝集反应，在洁净的玻片上滴加一滴生理盐水，将待试培养物混合于生理盐水滴内，使成为均一性的混浊悬液，将玻片轻轻摇动 30 s～60 s，在黑色背景下观察反应（必要时用放大镜观察），若出现可见的菌体凝集，即认为有自凝性，反之无自凝性。对无自凝的培养物参照下面方法进行血清学鉴定。

5.5.2 多价菌体抗原（O）鉴定

在玻片上划出 2 个约 1 cm×2 cm 的区域，挑取 1 环待测菌，各放 1/2 环于玻片上的每一区域上部，在其中一个区域下部加 1 滴多价菌体（O）抗血清，在另一区域下部加入 1 滴生理盐水，作为对照。再用无菌的接种环或针分别将两个区域内的菌苔研成乳状液。将玻片倾斜摇动混合 1 min，并对着黑暗背景进行观察，任何程度的凝集现象皆为阳性反应。O 血清不凝集时，将菌株接种在琼脂量较高的（如 2％～3％）培养基上再检查；如果是由于 Vi 抗原的存在而阻止了 O 凝集反应时，可挑取菌苔于 1 mL 生理盐水中做成浓菌液，于酒精灯火焰上煮沸后再检查。

5.5.3 多价鞭毛抗原（H）鉴定

操作同 5.5.2。H 抗原发育不良时，将菌株接种在 0.55％～0.65％半固体琼脂平板的中央，待菌落蔓延生长时，在其边缘部分取菌检查；或将菌株通过接种装有 0.3％～0.4％半固体琼脂的小玻管 1 次～2 次，自远端取菌培养后再检查。

5.6 血清学分型（选做项目）

5.6.1 O 抗原的鉴定

用 A～F 多价 O 血清做玻片凝集试验，同时用生理盐水做对照。在生理盐水中自凝者为粗糙型菌株，不能分型。

被 A～F 多价 O 血清凝集者，依次用 O4；O3；O10；O7；O8；O9；O2 和 O11 因子血清做凝集试验。根据试验结果，判定 O 群。被 O3、O10 血清凝集的菌株，再用 O10、O15、O34、O19 单因子血清做凝集试验,判定 E1、E4 各亚群,每一个 O 抗原成分的最后确定均应根据 O 单因子血清的检查结果,没有 O 单因子血清的要用两个 O 复合因子血清进行核对。

不被 A~F 多价 O 血清凝集者,先用 9 种多价 O 血清检查,如有其中一种血清凝集,则用这种血清 所包括的 O 群血清逐一检查,以确定 O 群。每种多价 O 血清所包括的 O 因子如下:

O 多价 1 A,B,C,D,E,F 群(并包括 6,14 群)

O 多价 2 13,16,17,18,21 群

O 多价 3 28,30,35,38,39 群

O 多价 4 40,41,42,43 群

O 多价 5 44,45,47,48 群

O 多价 6 50,51,52,53 群

O 多价 7 55,56,57,58 群

O 多价 8 59,60,61,62 群

O 多价 9 63,65,66,67 群

5.6.2 H 抗原的鉴定

属于 A~F 各 O 群的常见菌型,依次用表 6 所述 H 因子血清检查第 1 相和第 2 相的 H 抗原。

表 6 A~F 群常见菌型 H 抗原表

O 群	第 1 相	第 2 相
A	a	无
B	g,f,s	无
B	i,b,d	2
C1	k,v,r,c	5,z15
C2	b,d,r	2,5
D(不产气的)	d	无
D(产气的)	g,m,p,q	无
E1	h,v	6,w,x
E4	g,s,t	无
E4	i	

不常见的菌型,先用 8 种多价 H 血清检查,如有其中一种或两种血清凝集,则再用这一种或两种血清所包括的各种 H 因子血清逐一检查,以第 1 相和第 2 项的 H 抗原。8 种多价 H 血清所包括的 H 因子如下:

H 多价 1 a,b,c,d,i

H 多价 2 eh,enx,enz$_{15}$,fg,gms,gpu,gp,gq,mt,gz$_{51}$

H 多价 3 k,r,y,z,z$_{10}$,lv,lw,lz$_{13}$,lz$_{28}$,lz$_{40}$

H 多价 4 1,2;1,5;1,6;1,7;z$_6$

H 多价 5 z$_4$z$_{23}$,z$_4$z$_{24}$,z$_4$z$_{32}$,z$_{29}$,z$_{35}$,z$_{36}$,z$_{38}$

H 多价 6 z$_{39}$,z$_{41}$,z$_{42}$,z$_{44}$

H 多价 7 z$_{52}$,z$_{53}$,z$_{54}$,z$_{55}$

H 多价 8 z$_{56}$,z$_{57}$,z$_{60}$,z$_{61}$,z$_{62}$

每一个 H 抗原成分的最后确定均应根据 H 单因子血清的检查结果,没有 H 单因子血清的要用两个 H 复合因子血清进行核对。

检出第 1 相 H 抗原而未检出第 2 相 H 抗原的或检出第 2 相 H 抗原而未检出第 1 相 H 抗原的,可

在琼脂斜面上移种1代～2代后再检查。如仍只检出一个相的H抗原,要用位相变异的方法检查其另一个相。单相菌不必做位相变异检查。

位相变异试验方法如下:

简易平板法:将0.35％～0.4％半固体琼脂平板烘干表面水分,挑取因子血清1环,滴在半固体平板表面,放置片刻,待血清吸收到琼脂内,在血清部位的中央点种待检菌株,培养后,在形成蔓延生长的菌苔边缘取菌检查。

小玻管法:将半固体管(每管约1 mL～2 mL)在酒精灯上溶化并冷至50 ℃,取已知相的H因子血清0.05 mL～0.1 mL,加入于溶化的半固体内,混匀后,用毛细吸管吸取分装于供位相变异试验的小玻管内,待凝固后,用接种针挑取待检菌,接种于一端。将小玻管平放在平皿内,并在其旁放一团湿棉花,以防琼脂中水分蒸发而干缩,每天检查结果,待另一相细菌解离后,可以从另一端挑取细菌进行检查。培养基内血清的浓度应有适当的比例,过高时细菌不能生长,过低时同一相细菌的动力不能抑制。一般按原血清1∶200～1∶800的量加入。

小倒管法:将两端开口的小玻管(下端开口要留一个缺口,不要平齐)放在半固体管内,小玻管的上端应高出于培养基的表面,灭菌后备用。临用时在酒精灯上加热溶化,冷至50 ℃,挑取因子血清1环,加入小套管中的半固体内,略加搅动,使其混匀,待凝固后,将待检菌株接种于小套管中的半固体表层内,每天检查结果,待另一相细菌解离后,可从套管外的半固体表面取菌检查,或转种1％软琼脂斜面,于36 ℃培养后再做凝集试验。

5.6.3　Vi抗原的鉴定

用Vi因子血清检查。已知具有Vi抗原的菌型有:伤寒沙门氏菌,丙型副伤寒沙门氏菌,都柏林沙门氏菌。

5.6.4　菌型的判定

根据血清学分型鉴定的结果,按照附录B或有关沙门氏菌属抗原表判定菌型。

6　结果与报告

综合以上生化试验和血清学鉴定的结果,报告25 g(mL)样品中检出或未检出沙门氏菌。

附 录 A

培养基和试剂

A.1 缓冲蛋白胨水（BPW）

A.1.1 成分

蛋白胨	10.0 g
氯化钠	5.0 g
磷酸氢二钠（含 12 个结晶水）	9.0 g
磷酸二氢钾	1.5 g
蒸馏水	1 000 mL

A.1.2 制法

将各成分加入蒸馏水中,搅混均匀,静置约 10 min,煮沸溶解,调节 pH 至 7.2±0.2,高压灭菌 121 ℃, 15 min。

A.2 四硫磺酸钠煌绿（TTB）增菌液

A.2.1 基础液

蛋白胨	10.0 g
牛肉膏	5.0 g
氯化钠	3.0 g
碳酸钙	45.0 g
蒸馏水	1 000 mL

除碳酸钙外,将各成分加入蒸馏水中,煮沸溶解,再加入碳酸钙,调节 pH 至 7.0±0.2,高压灭菌 121 ℃, 20 min。

A.2.2 硫代硫酸钠溶液

硫代硫酸钠（含 5 个结晶水）	50.0 g
蒸馏水	加至 100 mL

高压灭菌 121 ℃,20 min。

A.2.3 碘溶液

碘 片	20.0 g
碘化钾	25.0 g
蒸馏水	加至 100 mL

将碘化钾充分溶解于少量的蒸馏水中,再投入碘片,振摇玻瓶至碘片全部溶解为止,然后加蒸馏水 至规定的总量,贮存于棕色瓶内,塞紧瓶盖备用。

A.2.4 0.5%煌绿水溶液

煌绿	0.5 g

蒸馏水	100 mL

溶解后,存放暗处,不少于 1 d,使其自然灭菌。

A.2.5　牛胆盐溶液

牛胆盐	10.0 g
蒸馏水	100 mL

加热煮沸至完全溶解,高压灭菌 121 ℃,20 min。

A.2.6　制法

基础液	900 mL
硫代硫酸钠溶液	100 mL
碘溶液	20.0 mL
煌绿水溶液	2.0 mL
牛胆盐溶液	50.0 mL

临用前,按上列顺序,以无菌操作依次加入基础液中,每加入一种成分,均应摇匀后再加入另一种成分。

A.3　亚硒酸盐胱氨酸(SC)增菌液

A.3.1　成分

蛋白胨	5.0 g
乳糖	4.0 g
磷酸氢二钠	10.0 g
亚硒酸氢钠	4.0 g
L-胱氨酸	0.01 g
蒸馏水	1 000 mL

A.3.2　制法

除亚硒酸氢钠和 L-胱氨酸外,将各成分加入蒸馏水中,煮沸溶解,冷至 55 ℃以下,以无菌操作加入亚硒酸氢钠和 1 g/L L-胱氨酸溶液 10 mL(称取 0.1 g L-胱氨酸,加 1 mol/L 氢氧化钠溶液 15 mL,使溶解,再加无菌蒸馏水至 100 mL 即成,如为 DL-胱氨酸,用量应加倍)。摇匀,调节 pH 至 7.0±0.2。

A.4　亚硫酸铋(BS)琼脂

A.4.1　成分

蛋白胨	10.0 g
牛肉膏	5.0 g
葡萄糖	5.0 g
硫酸亚铁	0.3 g
磷酸氢二钠	4.0 g
煌绿	0.025 g 或 5.0 g/L 水溶液 5.0 mL
柠檬酸铋铵	2.0 g

亚硫酸钠	6.0 g
琼脂	18.0 g～20.0 g
蒸馏水	1 000 mL

A.4.2 制法

将前三种成分加入 300 mL 蒸馏水(制作基础液),硫酸亚铁和磷酸氢二钠分别加入 20 mL 和 30 mL 蒸馏水中,柠檬酸铋铵和亚硫酸钠分别加入另一 20 mL 和 30 mL 蒸馏水中,琼脂加入 600 mL 蒸馏水中。然后分别搅拌均匀,煮沸溶解。冷至 80 ℃左右时,先将硫酸亚铁和磷酸氢二钠混匀,倒入基础液中,混匀。将柠檬酸铋铵和亚硫酸钠混匀,倒入基础液中,再混匀。调节 pH 至 7.5±0.2,随即倾入琼脂液中,混合均匀,冷至 50 ℃～55 ℃。加入煌绿溶液,充分混匀后立即倾注平皿。

注：本培养基不需要高压灭菌,在制备过程中不宜过分加热,避免降低其选择性,贮于室温暗处,超过 48 h 会降低其选择性,本培养基宜于当天制备,第二天使用。

A.5 HE 琼脂(Hektoen Enteric Agar)

A.5.1 成分

蛋白胨	12.0 g
牛肉膏	3.0 g
乳糖	12.0 g
蔗糖	12.0 g
水杨素	2.0 g
胆盐	20.0 g
氯化钠	5.0 g
琼脂	18.0 g～20.0 g
蒸馏水	1 000 mL
0.4%溴麝香草酚蓝溶液	16.0 mL
Andrade 指示剂	20.0 mL
甲液	20.0 mL
乙液	20.0 mL

A.5.2 制法

将前面七种成分溶解于 400 mL 蒸馏水内作为基础液;将琼脂加入于 600 mL 蒸馏水内。然后分别搅拌均匀,煮沸溶解。加入甲液和乙液于基础液内,调节 pH 至 7.5±0.2。再加入指示剂,并与琼脂液合并,待冷至 50 ℃～55 ℃倾注平皿。

注：①本培养基不需要高压灭菌,在制备过程中不宜过分加热,避免降低其选择性。
　　②甲液的配制
　　　　硫代硫酸钠　　　　　　　　　　　34.0 g
　　　　柠檬酸铁铵　　　　　　　　　　　4.0 g
　　　　蒸馏水　　　　　　　　　　　　　100 mL
　　③乙液的配制
　　　　去氧胆酸钠　　　　　　　　　　　10.0 g
　　　　蒸馏水　　　　　　　　　　　　　100 mL
　　④Andrade 指示剂
　　　　酸性复红　　　　　　　　　　　　0.5 g

| 1 mol/L 氢氧化钠溶液 | 16.0 mL |
| 蒸馏水 | 100 mL |

将复红溶解于蒸馏水中,加入氢氧化钠溶液。数小时后如复红褪色不全,再加氢氧化钠溶液 1 mL～2 mL。

A.6　木糖赖氨酸脱氧胆盐(XLD)琼脂

A.6.1　成分

酵母膏	3.0 g
L-赖氨酸	5.0 g
木糖	3.75 g
乳糖	7.5 g
蔗糖	7.5 g
去氧胆酸钠	2.5 g
柠檬酸铁铵	0.8 g
硫代硫酸钠	6.8 g
氯化钠	5.0 g
琼脂	15.0 g
酚红	0.08 g
蒸馏水	1 000 mL

A.6.2　制法

除酚红和琼脂外,将其他成分加入 400 mL 蒸馏水中,煮沸溶解,调节 pH 至 7.4±0.2。另将琼脂加入 600 mL 蒸馏水中,煮沸溶解。

将上述两溶液混合均匀后,再加入指示剂,待冷至 50 ℃～55 ℃倾注平皿。

注：本培养基不需要高压灭菌,在制备过程中不宜过分加热,避免降低其选择性,贮于室温暗处。本培养基宜于当
　　天制备,第二天使用。

A.7　三糖铁(TSI)琼脂

A.7.1　成分

蛋白胨	20.0 g
牛肉膏	5.0 g
乳　糖	10.0 g
蔗　糖	10.0 g
葡萄糖	1.0 g
硫酸亚铁铵(含 6 个结晶水)	0.2 g
酚红	0.025 g 或 5.0 g/L溶液 5.0 mL
氯化钠	5.0 g
硫代硫酸钠	0.2 g
琼脂	12.0 g
蒸馏水	1 000 mL

A.7.2 制法

除酚红和琼脂外,将其他成分加入 400 mL 蒸馏水中,煮沸溶解,调节 pH 至 7.4±0.2。另将琼脂加入 600 mL 蒸馏水中,煮沸溶解。

将上述两溶液混合均匀后,再加入指示剂,混匀,分装试管,每管约 2 mL～4 mL,高压灭菌 121 ℃ 10 min 或 115 ℃ 15 min,灭菌后制成高层斜面,呈桔红色。

A.8 蛋白胨水、靛基质试剂

A.8.1 蛋白胨水

蛋白胨(或胰蛋白胨)	20.0 g
氯化钠	5.0 g
蒸馏水	1 000 mL

将上述成分加入蒸馏水中,煮沸溶解,调节 pH 至 7.4±0.2,分装小试管,121 ℃高压灭菌 15 min。

A.8.2 靛基质试剂

A.8.2.1 柯凡克试剂:将 5 g 对二甲氨基甲醛溶解于 75 mL 戊醇中,然后缓慢加入浓盐酸 25 mL。

A.8.2.2 欧-波试剂:将 1 g 对二甲氨基苯甲醛溶解于 95 mL 95％乙醇内。然后缓慢加入浓盐酸 20 mL。

A.8.3 试验方法

挑取小量培养物接种,在 36 ℃±1 ℃培养 1 d～2 d,必要时可培养 4 d～5 d。加入柯凡克试剂约 0.5 mL,轻摇试管,阳性者于试剂层呈深红色;或加入欧-波试剂约 0.5 mL,沿管壁流下,覆盖于培养液表面,阳性者于液面接触处呈玫瑰红色。

注:蛋白胨中应含有丰富的色氨酸。每批蛋白胨买来后,应先用已知菌种鉴定后方可使用。

A.9 尿素琼脂(pH 7.2)

A.9.1 成分

蛋白胨	1.0 g
氯化钠	5.0 g
葡萄糖	1.0 g
磷酸二氢钾	2.0 g
0.4％酚红	3.0 mL
琼脂	20.0 g
蒸馏水	1 000 mL
20％尿素溶液	100 mL

A.9.2 制法

除尿素、琼脂和酚红外,将其他成分加入 400 mL 蒸馏水中,煮沸溶解,调节 pH 至 7.2±0.2。另将琼脂加入 600 mL 蒸馏水中,煮沸溶解。

将上述两溶液混合均匀后,再加入指示剂后分装,121 ℃高压灭菌 15 min。冷至 50 ℃～55 ℃,加入经除菌过滤的尿素溶液。尿素的最终浓度为 2%。分装于无菌试管内,放成斜面备用。

A.9.3 试验方法

挑取琼脂培养物接种,在 36 ℃±1 ℃培养 24 h,观察结果。尿素酶阳性者由于产碱而使培养基变为红色。

A.10 氰化钾(KCN)培养基

A.10.1 成分

蛋白胨	10.0 g
氯化钠	5.0 g
磷酸二氢钾	0.225 g
磷酸氢二钠	5.64 g
蒸馏水	1 000 mL
0.5%氰化钾	20.0 mL

A.10.2 制法

将除氰化钾以外的成分加入蒸馏水中,煮沸溶解,分装后 121 ℃高压灭菌 15 min。放在冰箱内使其充分冷却。每 100 mL 培养基加入 0.5%氰化钾溶液 2.0 mL(最后浓度为 1∶10 000),分装于无菌试管内,每管约 4 mL,立刻用无菌橡皮塞塞紧,放在 4 ℃冰箱内,至少可保存两个月。同时,将不加氰化钾的培养基作为对照培养基,分装试管备用。

A.10.3 试验方法

将琼脂培养物接种于蛋白胨水内成为稀释菌液,挑取 1 环接种于氰化钾(KCN)培养基。并另挑取 1 环接种于对照培养基。在 36 ℃±1 ℃培养 1 d～2 d,观察结果。如有细菌生长即为阳性(不抑制),经 2 d 细菌不生长为阴性(抑制)。

> 注:氰化钾是剧毒药,使用时应小心,切勿沾染,以免中毒。夏天分装培养基应在冰箱内进行。试验失败的主要原因是封口不严,氰化钾逐渐分解,产生氢氰酸气体逸出,以致药物浓度降低,细菌生长,因而造成假阳性反应。试验时对每一环节都要特别注意。

A.11 赖氨酸脱羧酶试验培养基

A.11.1 成分

蛋白胨	5.0 g
酵母浸膏	3.0 g
葡萄糖	1.0 g
蒸馏水	1 000 mL
1.6%溴甲酚紫-乙醇溶液	1.0 mL
L-赖氨酸或 DL-赖氨酸	0.5 g/100 mL 或 1.0 g/100 mL

A.11.2 制法

除赖氨酸以外的成分加热溶解后,分装每瓶 100 mL,分别加入赖氨酸。L-赖氨酸按 0.5%加入,

DL-赖氨酸按 1%加入。调节 pH 至 6.8±0.2。对照培养基不加赖氨酸。分装于无菌的小试管内,每管 0.5 mL,上面滴加一层液体石蜡,115 ℃高压灭菌 10 min。

A.11.3 试验方法

从琼脂斜面上挑取培养物接种,于 36 ℃±1 ℃培养 18 h～24 h,观察结果。氨基酸脱羧酶阳性者由于产碱,培养基应呈紫色。阴性者无碱性产物,但因葡萄糖产酸而使培养基变为黄色。对照管应为黄色。

A.12 糖发酵管

A.12.1 成分

牛肉膏	5.0 g
蛋白胨	10.0 g
氯化钠	3.0 g
磷酸氢二钠(含 12 个结晶水)	2.0 g
0.2%溴麝香草酚蓝溶液	12.0 mL
蒸馏水	1 000 mL

A.12.2 制法

A.12.2.1 葡萄糖发酵管按上述成分配好后,调节 pH 至 7.4±0.2。按 0.5%加入葡萄糖,分装于有一个倒置小管的小试管内,121 ℃高压灭菌 15 min。

A.12.2.2 其他各种糖发酵管可按上述成分配好后,分装每瓶 100 mL,121 ℃高压灭菌 15 min。另将各种糖类分别配好 10%溶液,同时高压灭菌。将 5 mL 糖溶液加入于 100 mL 培养基内,以无菌操作分装小试管。

注:蔗糖不纯,加热后会自行水解者,应采用过滤法除菌。

A.12.3 试验方法

从琼脂斜面上挑取小量培养物接种,于 36 ℃±1 ℃培养,一般 2 d～3 d。迟缓反应需观察 14 d～30 d。

A.13 邻硝基酚 β-D 半乳糖苷(ONPG)培养基

A.13.1 成分

邻硝基酚 β-D 半乳糖苷(ONPG) (O-Nitrophenyl-β-D-galactopyranoside)	60.0 mg
0.01mol/L 磷酸钠缓冲液(pH 7.5)	10.0 mL
1%蛋白胨水(pH 7.5)	30.0 mL

A.13.2 制法

将 ONPG 溶于缓冲液内,加入蛋白胨水,以过滤法除菌,分装于无菌的小试管内,每管 0.5 mL,用橡皮塞塞紧。

A.13.3　试验方法

自琼脂斜面上挑取培养物 1 满环接种于 36 ℃±1 ℃培养 1 h～3 h 和 24 h 观察结果。如果 β-半乳糖苷酶产生,则于 1 h～3 h 变黄色,如无此酶则 24 h 不变色。

A.14　半固体琼脂

A.14.1　成分

牛肉膏	0.3 g
蛋白胨	1.0 g
氯化钠	0.5 g
琼脂	0.35 g～0.4 g
蒸馏水	100 mL

A.14.2　制法

按以上成分配好,煮沸溶解,调节 pH 至 7.4±0.2。分装小试管。121 ℃高压灭菌 15 min。直立凝固备用。

注:供动力观察、菌种保存、H 抗原位相变异试验等用。

A.15　丙二酸钠培养基

A.15.1　成分

酵母浸膏	1.0 g
硫酸铵	2.0 g
磷酸氢二钾	0.6 g
磷酸二氢钾	0.4 g
氯化钠	2.0 g
丙二酸钠	3.0 g
0.2％溴麝香草酚蓝溶液	12.0 mL
蒸馏水	1 000 mL

A.15.2　制法

除指示剂以外的成分溶解于水,调节 pH 至 6.8±0.2,再加入指示剂,分装试管,121 ℃高压灭菌 15 min。

A.15.3　试验方法

用新鲜的琼脂培养物接种,于 36 ℃±1 ℃培养 48 h,观察结果。阳性者由绿色变为蓝色。

附 录 B
常见沙门氏菌抗原

常见沙门氏菌抗原见表 B.1。

表 B.1 常见沙门氏菌抗原表

菌名	拉丁菌名	O 抗原	H 抗原	
			第 1 相	第 2 相
A 群				
甲型副伤寒沙门氏菌	S .ParatyphiA	1,2,12	a	[1,5]
B 群				
基桑加尼沙门氏菌	S.Kisangani	1,4,[5],12	a	1,2
阿雷查瓦莱塔沙门氏菌	S.Arechavaleta	4,[5],12	a	1,7
马流产沙门氏菌	S.Abortusequi	4,12	—	e,n,x
乙型副伤寒沙门氏菌	S.Paratyphi B	1,4,[5],12	b	1,2
利密特沙门氏菌	S.Limete	1,4,12,[27]	b	1,5
阿邦尼沙门氏菌	S.Abony	1,4,[5],12,27	b	e,n,x
维也纳沙门氏菌	S.Wien	1,4,12,[27]	b	l,w
伯里沙门氏菌	S.Bury	4,12,[27]	c	z6
斯坦利沙门氏菌	S.Stanley	1,4,[5],12,[27]	d	1,2
圣保罗沙门氏菌	S.Saintpaul	1,4,[5],12	e,h	1,2
里定沙门氏菌	S.Reading	1,4,[5],12	e,h	1,5
彻斯特沙门氏菌	S.Chester	1,4,[5],12	e,h	e,n,x
德尔卑沙门氏菌	S.Derby	1,4,[5],12	f,g	[1,2]
阿贡纳沙门氏菌	S.Agona	1,4,[5],12	f,g,s	[1,2]
埃森沙门氏菌	S.Essen	4,12	g,m	—
加利福尼亚沙门氏菌	S.California	4,12	g,m,t	[z_{67}]
金斯敦沙门氏菌	S.Kingston	1,4,[5],12,[27]	g,s,t	[1,2]
布达佩斯沙门氏菌	S.Budapest	1,4,12,[27]	g,t	—
鼠伤寒沙门氏菌	S.Typhimurium	1,4,[5],12	i	1,2
拉古什沙门氏菌	S.Lagos	1,4,[5],12	i	1,5
布雷登尼沙门氏菌	S.Bredeney	1,4,12,[27]	l,v	1,7
基尔瓦沙门氏菌 II	S.Kilwa II	4,12	l,w	e,n,x
海德尔堡沙门氏菌	S.Heidelberg	1,4,[15],12	r	1,2
印地安纳沙门氏菌	S.Indiana	1,4,12	z	1,7

表 B.1（续）

菌名	拉丁菌名	O 抗原	H 抗原	
			第 1 相	第 2 相
斯坦利维尔沙门氏菌	S.Stanleyville	$\underline{1}$,4,[5],12,[27]	z_4,z_{23}	[1,2]
伊图里沙门氏菌	S.Ituri	$\underline{1}$,4,12	z_{10}	1,5
C1 群				
奥斯陆沙门氏菌	S.Oslo	6,7,$\underline{14}$	a	e,n,x
爱丁保沙门氏菌	S.Edinburg	6,7,$\underline{14}$	b	1,5
布隆方丹沙门氏菌 II	S.Bloemfontein II	6,7	b	[e,n,x]:z_{42}
丙型副伤寒沙门氏菌	S.Paratyphi C	6,7,[Vi]	c	1,5
猪霍乱沙门氏菌	S.Choleraesuis	6,7	c	1,5
猪伤寒沙门氏菌	S.Typhisuis	6,7	c	1,5
罗米他沙门氏菌	S.Lomita	6,7	e,h	1,5
布伦登卢普沙门氏菌	S.Braenderup	6,7,$\underline{14}$	e,h	e,n,z_{15}
里森沙门氏菌	S.Rissen	6,7,$\underline{14}$	f,g	—
蒙得维的亚沙门氏菌	S.Montevideo	6,7,$\underline{14}$	g,m,[p],s	[1,2,7]
里吉尔沙门氏菌	S.Riggil	6,7	g,[t]	—
奥雷宁堡沙门氏菌	S.Oranieburg	6,7,$\underline{14}$	m,t	[2,5,7]
奥里塔蔓林沙门氏菌	S.Oritamerin	6,7	i	1,5
汤卜逊沙门氏菌	S.Thompson	6,7,$\underline{14}$	k	1,5
康科德沙门氏菌	S.Concord	6,7	l,v	1,2
伊鲁木沙门氏菌	S.Irumu	6,7	l,v	1,5
姆卡巴沙门氏菌	S.Mkamba	6,7	l,v	1,6
波恩沙门氏菌	S.Bonn	6,7	l,v	e,n,x
波茨坦沙门氏菌	S.Potsdam	6,7,$\underline{14}$	l,v	e,n,z_{15}
格但斯克沙门氏菌	S.Gdansk	6,7,$\underline{14}$	l,v	z_6
维尔肖沙门氏菌	S.Virchow	6,7,$\underline{14}$	r	1,2
婴儿沙门氏菌	S.Infantis	6,7,$\underline{14}$	r	1,5
巴布亚沙门氏菌	S.Papuana	6,7	r	e,n,z_{15}
巴累利沙门氏菌	S.Bareilly	6,7,$\underline{14}$	y	1,5
哈特福德沙门氏菌	S.Hartford	6,7	y	e,n,x
三河岛沙门氏菌	S.Mikawasima	6,7,$\underline{14}$	y	e,n,z_{15}
姆班达卡沙门氏菌	S.Mbandaka	6,7,$\underline{14}$	z_{10}	e,n,z_{15}
田纳西沙门氏菌	S.Tennessee	6,7,$\underline{14}$	z_{29}	[1,2,7]
布伦登卢普沙门氏菌	S.Braenderup	6,7,$\underline{14}$	e,h	e,n,z_{15}
耶路撒冷沙门氏菌	S.Jerusalem	6,7,$\underline{14}$	z_{10}	l,w

表 **B.1**（续）

菌名	拉丁菌名	O 抗原	H 抗原	
			第 1 相	第 2 相
C2 群				
习志野沙门氏菌	S.Narashino	6,8	a	e,n,x
名古屋沙门氏菌	S.Nagoya	6,8	b	1,5
加瓦尼沙门氏菌	S.Gatuni	6,8	b	e,n,x
慕尼黑沙门氏菌	S.Muenchen	6,8	d	1,2
曼哈顿沙门氏菌	S.Manhattan	6,8	d	1,5
纽波特沙门氏菌	S.Newport	6,8,$\underline{20}$	e,h	1,2
科特布斯沙门氏菌	S.Kottbus	6,8	e,h	1,5
茨昂威沙门氏菌	S.Tshiongwe	6,8	e,h	e,n,z_{15}
林登堡沙门氏菌	S.Lindenburg	6,8	i	1,2
塔科拉迪沙门氏菌	S.Takoradi	6,8	i	1,5
波那雷恩沙门氏菌	S.Bonariensis	6,8	i	e,n,x
利齐菲尔德沙门氏菌	S.Litchfield	6,8	l,v	1,2
病牛沙门氏菌	S.Bovismorbificans	6,8,$\underline{20}$	r,[i]	1,5
查理沙门氏菌	S.Chailey	6,8	z_4,z_{23}	e,n,z_{15}
C3 群				
巴尔多沙门氏菌	S.Bardo	8	e,h	1,2
依麦克沙门氏菌	S.Emek	8,$\underline{20}$	g,m,s	—
肯塔基沙门氏菌	S.Kentucky	8,$\underline{20}$	i	z_6
D 群				
仙台沙门氏菌	S.Sendai	$\underline{1}$,9,12	a	1,5
伤寒沙门氏菌	S.Typhi	9,12,[Vi]	d	—
塔西沙门氏菌	S.Tarshyne	9,12	d	1,6
伊斯特本沙门氏菌	S.Eastbourne	$\underline{1}$,9,12	e,h	1,5
以色列沙门氏菌	S.Israel	9,12	e,h	e,n,z_{15}
肠炎沙门氏菌	S.Enteritidis	$\underline{1}$,9,12	g,m	[1,7]
布利丹沙门氏菌	S.Blegdam	9,12	g,m,q	—
沙门氏菌 II	Salmonella II	$\underline{1}$,9,12	g,m,[s],t	[1,5,7]
都柏林沙门氏菌	S.Dublin	$\underline{1}$,9,12,[Vi]	g,p	—
芙蓉沙门氏菌	S.Seremban	9,12	i	1,5
巴拿马沙门氏菌	S.Panama	$\underline{1}$,9,12	l,v	1,5
戈丁根沙门氏菌	S.Goettingen	9,12	l,v	e,n,z_{15}
爪哇安纳沙门氏菌	S.Javiana	$\underline{1}$,9,12	L,z_{28}	1,5

表 B.1（续）

菌名	拉丁菌名	O 抗原	H 抗原	
			第 1 相	第 2 相
鸡-雏沙门氏菌	S.Gallinarum-Pullorum	1,9,12	—	—
E1 群				
奥凯福科沙门氏菌	S.Okefoko	3,10	c	z_6
瓦伊勒沙门氏菌	S.Vejle	3,{10},{15}	e,h	1,2
明斯特沙门氏菌	S.Muenster	3,{10}{15}{15,34}	e,h	1,5
鸭沙门氏菌	S.Anatum	3,{10}{15}{15,34}	e,h	1,6
纽兰沙门氏菌	S.Newlands	3,{10},{15,34}	e,h	e,n,x
火鸡沙门氏菌	S.Meleagridis	3,{10}{15}{15,34}	e,h	l,w
雷根特沙门氏菌	S.Regent	3,10	f,g,[s]	[1,6]
西翰普顿沙门氏菌	S.Westhampton	3,{10}{15}{15,34}	g,s,t	—
阿姆德尔尼斯沙门氏菌	S.Amounderness	3,10	i	1,5
新罗歇尔沙门氏菌	S.New-Rochelle	3,10	k	l,w
恩昌加沙门氏菌	S.Nchanga	3,{10}{15}	l,v	1,2
新斯托夫沙门氏菌	S.Sinstorf	3,10	l,v	1,5
伦敦沙门氏菌	S.London	3,{10}{15}	l,v	1,6
吉韦沙门氏菌	S.Give	3,{10}{15}{15,34}	l,v	1,7
鲁齐齐沙门氏菌	S.Ruzizi	3,10	l,v	e,n,z_{15}
乌干达沙门氏菌	S.Uganda	3,{10}{15}	l,z_{13}	1,5
乌盖利沙门氏菌	S.Ughelli	3,10	r	1,5
韦太夫雷登沙门氏菌	S.Weltevreden	3,{10}{15}	r	z_6
克勒肯威尔沙门氏菌	S.Clerkenwell	3,10	z	l,w
列克星敦沙门氏菌	S.Lexington	3,{10}{15}{15,34}	z_{10}	1,5
E4 群				
萨奥沙门氏菌	S.Sao	1,3,19	e,h	e,n,z_{15}
卡拉巴尔沙门氏菌	S.Calabar	1,3,19	e,h	l,w
山夫登堡沙门氏菌	S.Senftenberg	1,3,19	g,[s],t	—
斯特拉特福沙门氏菌	S.Stratford	1,3,19	i	1,2
塔克松尼沙门氏菌	S.Taksony	1,3,19	i	z_6
索恩保沙门氏菌	S.Schoeneberg	1,3,19	z	e,n,z_{15}
F 群				
昌丹斯沙门氏菌	S.Chandans	11	d	[e,n,x]
阿柏丁沙门氏菌	S.Aberdeen	11	i	1,2
布里赫姆沙门氏菌	S.Brijbhumi	11	i	1,5

表 B.1（续）

菌名	拉丁菌名	O 抗原	H 抗原	
			第 1 相	第 2 相
威尼斯沙门氏菌	S.Veneziana	11	i	e,n,x
阿巴特图巴沙门氏菌	S.Abaetetuba	11	k	1,5
鲁比斯劳沙门氏菌	S.Rubislaw	11	r	e,n,x
其他群				
浦那沙门氏菌	S.Poona	1,13,22	z	1,6
里特沙门氏菌	S.Ried	1,13,22	z₄,z₂₃	[e,n,z₁₅]
密西西比沙门氏菌	S.Mississippi	1,13,23	b	1,5
古巴沙门氏菌	S.Cubana	1,13,23	z₂₉	—
苏拉特沙门氏菌	S.Surat	[1],6,14,[25]	r,[i]	e,n,z₁₅
松兹瓦尔沙门氏菌	S.Sundsvall	[1],6,14,[25]	z	e,n,x
非丁伏斯沙门氏菌	S.Hvittingfoss	16	b	e,n,x
威斯敦沙门氏菌	S.Weston	16	e,h	z₆
上海沙门氏菌	S.Shanghai	16	l,v	1,6
自贡沙门氏菌	S.Zigong	16	l,w	1,5
巴圭达沙门氏菌	S.Baguida	21	z₄,z₂₃	—
迪尤波尔沙门氏菌	S.Dieuoppeul	28	i	1,7
卢肯瓦尔德沙门氏菌	S.Luckenwalde	28	z₁₀	e,n,z₁₅
拉马特根沙门氏菌	S.Ramatgan	30	k	1,5
阿德莱沙门氏菌	S.Adelaide	35	f,g	—
旺兹沃思沙门氏菌	S.Wandsworth	39	b	1,2
雷俄格伦德沙门氏菌	S.Riogrande	40	b	1,5
莱瑟沙门氏菌	S.Lethe Ⅱ	41	g,t	—
达莱姆沙门氏菌	S.Dahlem	48	k	e,n,z₁₅
沙门氏菌Ⅲb	Salmonella Ⅲb	61	l,v	1,5,7

注：关于表内符号的说明：

{}={}内 O 因子具有排他性。在血清型中{}内的因子不能与其他{}内的因子同时存在，例如在 O:3,10 群中当菌株产生 O:15 或 O:15,34 因子时它替代了 O:10 因子。

[]= O(无下划线)或 H 因子的存在或不存在与噬菌体转化无关，例如 O:4 群中的[5]因子。H 因子在[]内时表示在野生菌株中罕见，例如极大多数 S.Paratyphi A 具有一个位相(a)，罕有第 2 相(1,5)菌株。因此，用 1,2,12:a:[1,5]表示。

_=下划线时表示该 O 因子是由噬菌体溶原化产生的。

中华人民共和国国家标准

GB 4789.10—2016

食品安全国家标准

食品微生物学检验　金黄色葡萄球菌检验

2016-12-23 发布

2017-06-23 实施

中华人民共和国国家卫生和计划生育委员会
国家食品药品监督管理总局　发布

前　言

　　本标准代替 GB 4789.10—2010《食品安全国家标准　食品微生物学检验　金黄色葡萄球菌检验》、SN/T 0172—2010《进出口食品中金黄色葡萄球菌检验方法》、SN/T 2154—2008《进出口食品中凝固酶阳性葡萄球菌检测方法　兔血浆纤维蛋白原琼脂培养基技术》。

　　本标准与 GB 4789.10—2010 相比，主要变化如下：

　　——试验用增菌液统一为 7.5% 氯化钠肉汤。

食品安全国家标准

食品微生物学检验　金黄色葡萄球菌检验

1　范围

本标准规定了食品中金黄色葡萄球菌（*Staphylococcus aureus*）的检验方法。

本标准第一法适用于食品中金黄色葡萄球菌的定性检验；第二法适用于金黄色葡萄球菌含量较高的食品中金黄色葡萄球菌的计数；第三法适用于金黄色葡萄球菌含量较低的食品中金黄色葡萄球菌的计数。

2　设备和材料

除微生物实验室常规灭菌及培养设备外，其他设备和材料如下：

2.1　恒温培养箱：36 ℃±1 ℃。

2.2　冰箱：2 ℃～5 ℃。

2.3　恒温水浴箱：36 ℃～56 ℃。

2.4　天平：感量 0.1 g。

2.5　均质器。

2.6　振荡器。

2.7　无菌吸管：1 mL（具 0.01 mL 刻度）、10 mL（具 0.1 mL 刻度）或微量移液器及吸头。

2.8　无菌锥形瓶：容量 100 mL、500 mL。

2.9　无菌培养皿：直径 90 mm。

2.10　涂布棒。

2.11　pH 计或 pH 比色管或精密 pH 试纸。

3　培养基和试剂

3.1　7.5%氯化钠肉汤：见 A.1。

3.2　血琼脂平板：见 A.2。

3.3　Baird-Parker 琼脂平板：见 A.3。

3.4　脑心浸出液肉汤（BHI）：见 A.4。

3.5　兔血浆：见 A.5。

3.6　稀释液：磷酸盐缓冲液：见 A.6。

3.7　营养琼脂小斜面：见 A.7。

3.8　革兰氏染色液：见 A.8。

3.9　无菌生理盐水：见 A.9。

第一法　金黄色葡萄球菌定性检验

4　检验程序

金黄色葡萄球菌定性检验程序见图 1。

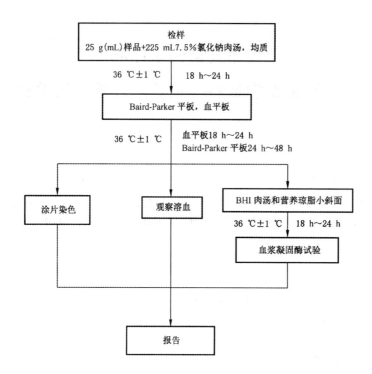

图 1　金黄色葡萄球菌检验程序

5　操作步骤

5.1　样品的处理

称取 25 g 样品至盛有 225 mL 7.5％氯化钠肉汤的无菌均质杯内，8 000 r/min～10 000 r/min 均质 1 min～2 min，或放入盛有 225 mL 7.5％氯化钠肉汤无菌均质袋中，用拍击式均质器拍打 1 min～ 2 min。若样品为液态，吸取 25 mL 样品至盛有 225 mL 7.5％氯化钠肉汤的无菌锥形瓶(瓶内可预置适当数量的无菌玻璃珠)中，振荡混匀。

5.2　增菌

将上述样品匀液于 36 ℃±1 ℃培养 18 h～24 h。金黄色葡萄球菌在 7.5％氯化钠肉汤中呈混浊生长。

5.3　分离

将增菌后的培养物，分别划线接种到 Baird-Parker 平板和血平板，血平板 36 ℃±1 ℃培养 18 h～ 24 h。Baird-Parker 平板 36 ℃±1 ℃培养 24 h～48 h。

5.4　初步鉴定

金黄色葡萄球菌在 Baird-Parker 平板上呈圆形，表面光滑、凸起、湿润、菌落直径为 2 mm～3 mm，颜色呈灰黑色至黑色，有光泽，常有浅色(非白色)的边缘，周围绕以不透明圈(沉淀)，其外常有一清晰带。当用接种针触及菌落时具有黄油样黏稠感。有时可见到不分解脂肪的菌株，除没有不透明圈和清晰带外，其他外观基本相同。从长期贮存的冷冻或脱水食品中分离的菌落，其黑色常较典型菌落浅些，且外观可能较粗糙，质地较干燥。在血平板上，形成菌落较大，圆形、光滑凸起、湿润、金黄色(有时为白色),菌落周围可见完全透明溶血圈。挑取上述可疑菌落进行革兰氏染色镜检及血浆凝固酶试验。

5.5 确证鉴定

5.5.1 染色镜检:金黄色葡萄球菌为革兰氏阳性球菌,排列呈葡萄球状,无芽胞,无荚膜,直径约为 $0.5~\mu m \sim 1~\mu m$。

5.5.2 血浆凝固酶试验:挑取 Baird-Parker 平板或血平板上至少 5 个可疑菌落(小于 5 个全选),分别接种到 5 mL BHI 和营养琼脂小斜面,36 ℃±1 ℃培养 18 h~24 h。

取新鲜配制兔血浆 0.5 mL,放入小试管中,再加入 BHI 培养物 0.2 mL~0.3 mL,振荡摇匀,置 36 ℃±1 ℃温箱或水浴箱内,每半小时观察一次,观察 6 h,如呈现凝固(即将试管倾斜或倒置时,呈现凝块)或凝固体积大于原体积的一半,被判定为阳性结果。同时以血浆凝固酶试验阳性和阴性葡萄球菌菌株的肉汤培养物作为对照。也可用商品化的试剂,按说明书操作,进行血浆凝固酶试验。

结果如可疑,挑取营养琼脂小斜面的菌落到 5 mL BHI,36 ℃±1 ℃培养 18 h~48 h,重复试验。

5.6 葡萄球菌肠毒素的检验(选做)

可疑食物中毒样品或产生葡萄球菌肠毒素的金黄色葡萄球菌菌株的鉴定,应按附录 B 检测葡萄球菌肠毒素。

6 结果与报告

6.1 结果判定:符合 5.4、5.5,可判定为金黄色葡萄球菌。

6.2 结果报告:在 25 g(mL)样品中检出或未检出金黄色葡萄球菌。

第二法 金黄色葡萄球菌平板计数法

7 检验程序

金黄色葡萄球菌平板计数法检验程序见图 2。

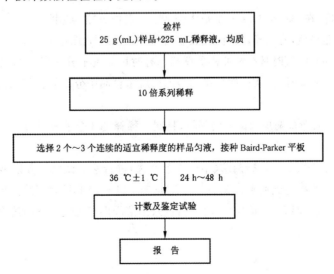

图 2 金黄色葡萄球菌平板计数法检验程序

8 操作步骤

8.1 样品的稀释

8.1.1 固体和半固体样品:称取 25 g 样品置于盛有 225 mL 磷酸盐缓冲液或生理盐水的无菌均质杯内,8 000 r/min～10 000 r/min 均质 1 min～2 min,或置于盛有 225 mL 稀释液的无菌均质袋中,用拍击式均质器拍打 1 min～2 min,制成 1:10 的样品匀液。

8.1.2 液体样品:以无菌吸管吸取 25 mL 样品置于盛有 225 mL 磷酸盐缓冲液或生理盐水的无菌锥形瓶(瓶内预置适当数量的无菌玻璃珠)中,充分混匀,制成 1:10 的样品匀液。

8.1.3 用 1 mL 无菌吸管或微量移液器吸取 1:10 样品匀液 1 mL,沿管壁缓慢注于盛有 9 mL 磷酸盐缓冲液或生理盐水的无菌试管中(注意吸管或吸头尖端不要触及稀释液面),振摇试管或换用 1 支 1 mL 无菌吸管反复吹打使其混合均匀,制成 1:100 的样品匀液。

8.1.4 按 8.1.3 操作程序,制备 10 倍系列稀释样品匀液。每递增稀释一次,换用 1 次 1 mL 无菌吸管或吸头。

8.2 样品的接种

根据对样品污染状况的估计,选择 2 个～3 个适宜稀释度的样品匀液(液体样品可包括原液),在进行 10 倍递增稀释的同时,每个稀释度分别吸取 1 mL 样品匀液以 0.3 mL、0.3 mL、0.4 mL 接种量分别加入三块 Baird-Parker 平板,然后用无菌涂布棒涂布整个平板,注意不要触及平板边缘。使用前,如 Baird-Parker 平板表面有水珠,可放在 25 ℃～50 ℃ 的培养箱里干燥,直到平板表面的水珠消失。

8.3 培养

在通常情况下,涂布后,将平板静置 10 min,如样液不易吸收,可将平板放在培养箱 36 ℃±1 ℃ 培养 1 h;等样品匀液吸收后翻转平板,倒置后于 36 ℃±1 ℃ 培养 24 h～48 h。

8.4 典型菌落计数和确认

8.4.1 金黄色葡萄球菌在 Baird-Parker 平板上呈圆形,表面光滑、凸起、湿润、菌落直径为 2 mm～3 mm,颜色呈灰黑色至黑色,有光泽,常有浅色(非白色)的边缘,周围绕以不透明圈(沉淀),其外常有一清晰带。当用接种针触及菌落时具有黄油样黏稠感。有时可见到不分解脂肪的菌株,除没有不透明圈和清晰带外,其他外观基本相同。从长期贮存的冷冻或脱水食品中分离的菌落,其黑色常较典型菌落浅些,且外观可能较粗糙,质地较干燥。

8.4.2 选择有典型的金黄色葡萄球菌菌落的平板,且同一稀释度 3 个平板所有菌落数合计在 20 CFU～200 CFU 之间的平板,计数典型菌落数。

8.4.3 从典型菌落中至少选 5 个可疑菌落(小于 5 个全选)进行鉴定试验。分别做染色镜检,血浆凝固酶试验(见 5.5);同时划线接种到血平板 36 ℃±1 ℃ 培养 18 h～24 h 后观察菌落形态,金黄色葡萄球菌菌落较大,圆形、光滑凸起、湿润、金黄色(有时为白色),菌落周围可见完全透明溶血圈。

9 结果计算

9.1 若只有一个稀释度平板的典型菌落数在 20 CFU～200 CFU 之间,计数该稀释度平板上的典型菌落,按式(1)计算。

9.2 若最低稀释度平板的典型菌落数小于 20 CFU,计数该稀释度平板上的典型菌落,按式(1)计算。

9.3 若某一稀释度平板的典型菌落数大于 200 CFU,但下一稀释度平板上没有典型菌落,计数该稀释度平板上的典型菌落,按式(1)计算。

9.4 若某一稀释度平板的典型菌落数大于 200 CFU,而下一稀释度平板上虽有典型菌落但不在 20 CFU～200 CFU 范围内,应计数该稀释度平板上的典型菌落,按式(1)计算。

9.5 若 2 个连续稀释度的平板典型菌落数均在 20 CFU～200 CFU 之间,按式(2)计算。

9.6 计算公式

式(1):

$$T = \frac{AB}{Cd} \quad\quad\quad\quad\cdots\cdots\cdots\cdots\cdots\cdots\cdots (1)$$

式中:

T ——样品中金黄色葡萄球菌菌落数;

A ——某一稀释度典型菌落的总数;

B ——某一稀释度鉴定为阳性的菌落数;

C ——某一稀释度用于鉴定试验的菌落数;

d ——稀释因子。

式(2):

$$T = \frac{A_1 B_1 / C_1 + A_2 B_2 / C_2}{1.1d} \quad\quad\quad\quad\cdots\cdots\cdots\cdots\cdots\cdots\cdots (2)$$

式中:

T ——样品中金黄色葡萄球菌菌落数;

A_1 ——第一稀释度(低稀释倍数)典型菌落的总数;

B_1 ——第一稀释度(低稀释倍数)鉴定为阳性的菌落数;

C_1 ——第一稀释度(低稀释倍数)用于鉴定试验的菌落数;

A_2 ——第二稀释度(高稀释倍数)典型菌落的总数;

B_2 ——第二稀释度(高稀释倍数)鉴定为阳性的菌落数;

C_2 ——第二稀释度(高稀释倍数)用于鉴定试验的菌落数;

1.1 ——计算系数;

d ——稀释因子(第一稀释度)。

10 报告

根据 9 中公式计算结果,报告每 g(mL)样品中金黄色葡萄球菌数,以 CFU/g(mL)表示;如 T 值为 0,则以小于 1 乘以最低稀释倍数报告。

第三法 金黄色葡萄球菌 MPN 计数

11 检验程序

金黄色葡萄球菌 MPN 计数检验程序见图 3。

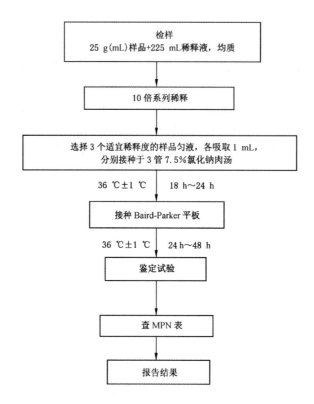

图 3　金黄色葡萄球菌 MPN 法检验程序

12　操作步骤

12.1　样品的稀释

按 8.1 进行。

12.2　接种和培养

12.2.1　根据对样品污染状况的估计,选择 3 个适宜稀释度的样品匀液(液体样品可包括原液),在进行 10 倍递增稀释的同时,每个稀释度分别接种 1 mL 样品匀液至 7.5％氯化钠肉汤管(如接种量超过 1 mL,则用双料 7.5％氯化钠肉汤),每个稀释度接种 3 管,将上述接种物 36 ℃±1 ℃培养,18 h～24 h。

12.2.2　用接种环从培养后的 7.5％氯化钠肉汤管中分别取培养物 1 环,移种于 Baird-Parker 平板 36 ℃ ±1 ℃培养,24 h～48 h。

12.3　典型菌落确认

按 8.4.1、8.4.3 进行。

13　结果与报告

根据证实为金黄色葡萄球菌阳性的试管管数,查 MPN 检索表(见附录 C),报告每 g(mL)样品中金黄色葡萄球菌的最可能数,以 MPN/g(mL)表示。

附 录 A

培养基和试剂

A.1 7.5%氯化钠肉汤

A.1.1 成分

蛋白胨	10.0 g
牛肉膏	5.0 g
氯化钠	75 g
蒸馏水	1 000 mL

A.1.2 制法

将上述成分加热溶解,调节 pH 至 7.4±0.2,分装,每瓶 225 mL,121 ℃高压灭菌 15 min。

A.2 血琼脂平板

A.2.1 成分

豆粉琼脂(pH 7.5±0.2)	100 mL
脱纤维羊血(或兔血)	5 mL～10 mL

A.2.2 制法

加热溶化琼脂,冷却至 50 ℃,以无菌操作加入脱纤维羊血,摇匀,倾注平板。

A.3 Baird-Parker 琼脂平板

A.3.1 成分

胰蛋白胨	10.0 g
牛肉膏	5.0 g
酵母膏	1.0 g
丙酮酸钠	10.0 g
甘氨酸	12.0 g
氯化锂($LiCl \cdot 6H_2O$)	5.0 g
琼脂	20.0 g
蒸馏水	950 mL

A.3.2 增菌剂的配法

30%卵黄盐水 50 mL 与通过 0.22 μm 孔径滤膜进行过滤除菌的 1%亚碲酸钾溶液 10 mL 混合,保存于冰箱内。

A.3.3 制法

将各成分加到蒸馏水中,加热煮沸至完全溶解,调节 pH 至 7.0±0.2。分装每瓶 95 mL,121 ℃ 高压灭菌 15 min。临用时加热溶化琼脂,冷至 50 ℃,每 95 mL 加入预热至 50 ℃ 的卵黄亚碲酸钾增菌剂 5 mL 摇匀后倾注平板。培养基应是致密不透明的。使用前在冰箱储存不得超过 48 h。

A.4 脑心浸出液肉汤(BHI)

A.4.1 成分

胰蛋白质胨	10.0 g
氯化钠	5.0 g
磷酸氢二钠(12H$_2$O)	2.5 g
葡萄糖	2.0 g
牛心浸出液	500 mL

A.4.2 制法

加热溶解,调节 pH 至 7.4±0.2,分装 16 mm×160 mm 试管,每管 5 mL 置 121 ℃,15 min 灭菌。

A.5 兔血浆

取柠檬酸钠 3.8 g,加蒸馏水 100 mL,溶解后过滤,装瓶,121 ℃ 高压灭菌 15 min。兔血浆制备:取 3.8% 柠檬酸钠溶液一份,加兔全血 4 份,混好静置(或以 3 000 r/min 离心 30 min),使血液细胞下降,即可得血浆。

A.6 磷酸盐缓冲液

A.6.1 成分

磷酸二氢钾(KH$_2$PO$_4$)	34.0 g
蒸馏水	500 mL

A.6.2 制法

贮存液:称取 34.0 g 的磷酸二氢钾溶于 500 mL 蒸馏水中,用大约 175 mL 的 1 mol/L 氢氧化钠溶液调节 pH 至 7.2,用蒸馏水稀释至 1 000 mL 后贮存于冰箱。

稀释液:取贮存液 1.25 mL,用蒸馏水稀释至 1 000 mL,分装于适宜容器中,121 ℃ 高压灭菌 15 min。

A.7 营养琼脂小斜面

A.7.1 成分

蛋白胨	10.0 g

牛肉膏	3.0 g
氯化钠	5.0 g
琼脂	15.0 g～20.0 g
蒸馏水	1 000 mL

A.7.2　制法

将除琼脂以外的各成分溶解于蒸馏水内,加入15％氢氧化钠溶液约2 mL调节pH至7.3±0.2。加入琼脂,加热煮沸,使琼脂溶化,分装13 mm×130 mm试管,121 ℃高压灭菌15 min。

A.8　革兰氏染色液

A.8.1　结晶紫染色液

A.8.1.1　成分

结晶紫	1.0 g
95％乙醇	20.0 mL
1％草酸铵水溶液	80.0 mL

A.8.1.2　制法

将结晶紫完全溶解于乙醇中,然后与草酸铵溶液混合。

A.8.2　革兰氏碘液

A.8.2.1　成分

碘	1.0 g
碘化钾	2.0 g
蒸馏水	300 mL

A.8.2.2　制法

将碘与碘化钾先行混合,加入蒸馏水少许充分振摇,待完全溶解后,再加蒸馏水至300 mL。

A.8.3　沙黄复染液

A.8.3.1　成分

沙黄	0.25 g
95％乙醇	10.0 mL
蒸馏水	90.0 mL

A.8.3.2　制法

将沙黄溶解于乙醇中,然后用蒸馏水稀释。

A.8.4　染色法

a)　涂片在火焰上固定,滴加结晶紫染液,染1 min,水洗。

b) 滴加革兰氏碘液,作用 1 min,水洗。

c) 滴加 95%乙醇脱色约 15 s～30 s,直至染色液被洗掉,不要过分脱色,水洗。

d) 滴加复染液,复染 1 min,水洗、待干、镜检。

A.9 无菌生理盐水

A.9.1 成分

氯化钠	8.5 g
蒸馏水	1 000 mL

A.9.2 制法

称取 8.5 g 氯化钠溶于 1 000 mL 蒸馏水中,121 ℃高压灭菌 15 min。

乳制品及特殊食品食品安全国家标准汇编

附 录 B
葡萄球菌肠毒素检验

B.1 试剂和材料

除另有规定外,所用试剂均为分析纯,试验用水应符合 GB/T 6682 对一级水的规定。

B.1.1 A、B、C、D、E 型金黄色葡萄球菌肠毒素分型 ELISA 检测试剂盒。

B.1.2 pH 试纸,范围在 3.5~8.0,精度 0.1。

B.1.3 0.25 mol/L、pH 8.0 的 Tris 缓冲液:将 121.1 g 的 Tris 溶解到 800 mL 的去离子水中,待温度冷至室温后,加 42 mL 浓 HCL,调 pH 至 8.0。

B.1.4 pH 7.4 的磷酸盐缓冲液:称取 $NaH_2PO_4 \cdot H_2O$ 0.55 g(或 $NaH_2PO_4 \cdot 2H_2O$ 0.62 g)、$Na_2HPO_4 \cdot 2H_2O$ 2.85 g(或 $Na_2HPO_4 \cdot 12H_2O$ 5.73 g)、NaCl 8.7 g 溶于 1 000 mL 蒸馏水中,充分混匀即可。

B.1.5 庚烷。

B.1.6 10%次氯酸钠溶液。

B.1.7 肠毒素产毒培养基

B.1.7.1 成分

蛋白胨	20.0 g
胰消化酪蛋白	200 mg(氨基酸)
氯化钠	5.0 g
磷酸氢二钾	1.0 g
磷酸二氢钾	1.0 g
氯化钙	0.1 g
硫酸镁	0.2 g
菸酸	0.01 g
蒸馏水	1 000 mL
pH 7.3±0.2	

B.1.7.2 制法

将所有成分混于水中,溶解后调节 pH,121 ℃高压灭菌 30 min。

B.1.8 营养琼脂

B.1.8.1 成分

蛋白胨	10.0 g
牛肉膏	3.0 g
氯化钠	5.0 g
琼脂	15.0 g~20.0 g
蒸馏水	1 000 mL

B.1.8.2 制法

将除琼脂以外的各成分溶解于蒸馏水内,加入 15%氢氧化钠溶液约 2 mL 校正 pH 至 7.3±0.2。

加入琼脂,加热煮沸,使琼脂溶化。分装烧瓶,121 ℃高压灭菌 15 min。

B.2 仪器和设备

B.2.1 电子天平:感量 0.01 g。

B.2.2 均质器。

B.2.3 离心机:转速 3 000g～5 000g。

B.2.4 离心管:50 mL。

B.2.5 滤器:滤膜孔径 0.2 μm。

B.2.6 微量加样器:20 μL～200 μL、200 μL～1 000 μL。

B.2.7 微量多通道加样器:50 μL～300 μL。

B.2.8 自动洗板机(可选择使用)。

B.2.9 酶标仪:波长 450 nm。

B.3 原理

本方法可用 A、B、C、D、E 型金黄色葡萄球菌肠毒素分型酶联免疫吸附试剂盒完成。本方法测定的基础是酶联免疫吸附反应(ELISA)。96 孔酶标板的每一个微孔条的 A～E 孔分别包被了 A、B、C、D、E 型葡萄球菌肠毒素抗体,H 孔为阳性质控,已包被混合型葡萄球菌肠毒素抗体,F 和 G 孔为阴性质控,包被了非免疫动物的抗体。样品中如果有葡萄球菌肠毒素,游离的葡萄球菌肠毒素则与各微孔中包被的特定抗体结合,形成抗原抗体复合物,其余未结合的成分在洗板过程中被洗掉;抗原抗体复合物再与过氧化物酶标记物(二抗)结合,未结合上的酶标记物在洗板过程中被洗掉;加入酶底物和显色剂并孵育,酶标记物上的酶催化底物分解,使无色的显色剂变为蓝色;加入反应终止液可使颜色由蓝变黄,并终止了酶反应;以 450 nm 波长的酶标仪测量微孔溶液的吸光度值,样品中的葡萄球菌肠毒素与吸光度值成正比。

B.4 检测步骤

B.4.1 从分离菌株培养物中检测葡萄球菌肠毒素方法

待测菌株接种营养琼脂斜面(试管 18 mm×180 mm)36 ℃培养 24 h,用 5 mL 生理盐水洗下菌落,倾入 60 mL 产毒培养基中,36 ℃振荡培养 48 h,振速为 100 次/min,吸出菌液离心,8 000 r/min 20 min,加热 100 ℃,10 min,取上清液,取 100 μL 稀释后的样液进行试验。

B.4.2 从食品中提取和检测葡萄球菌毒素方法

B.4.2.1 牛奶和奶粉

将 25 g 奶粉溶解到 125 mL、0.25 M、pH8.0 的 Tris 缓冲液中,混匀后同液体牛奶一样按以下步骤制备。将牛奶于 15 ℃、3 500g 离心 10 min。将表面形成的一层脂肪层移走,变成脱脂牛奶。用蒸馏水对其进行稀释(1∶20)。取 100 μL 稀释后的样液进行试验。

B.4.2.2 脂肪含量不超过 40% 的食品

称取 10 g 样品绞碎,加入 pH 7.4 的 PBS 液 15 mL 进行均质。振摇 15 min。于 15 ℃,3 500g 离心

10 min。必要时，移去上面脂肪层。取上清液进行过滤除菌。取 100 μL 的滤出液进行试验。

B.4.2.3　脂肪含量超过 40% 的食品

称取 10 g 样品绞碎，加入 pH 7.4 的 PBS 液 15 mL 进行均质。振摇 15 min。于 15 ℃，3 500g 离心 10 min。吸取 5 mL 上层悬浮液，转移到另外一个离心管中，再加入 5 mL 的庚烷，充分混匀 5 min。于 15 ℃，3 500g 离心 5 min。将上部有机相（庚烷层）全部弃去，注意该过程中不要残留庚烷。将下部水相层进行过滤除菌。取 100 μL 的滤出液进行试验。

B.4.2.4　其他食品可酌情参考上述食品处理方法。

B.4.3　**检测**

B.4.3.1　所有操作均应在室温（20 ℃～25 ℃）下进行，A、B、C、D、E 型金黄色葡萄球菌肠毒素分型 ELISA 检测试剂盒中所有试剂的温度均应回升至室温方可使用。测定中吸取不同的试剂和样品溶液时应更换吸头，用过的吸头以及废液处理前要浸泡到 10% 次氯酸钠溶液中过夜。

B.4.3.2　将所需数量的微孔条插入框架中（一个样品需要一个微孔条）。将样品液加入微孔条的 A～G 孔，每孔 100 μL。H 孔加 100 μL 的阳性对照，用手轻拍微孔板充分混匀，用黏胶纸封住微孔以防溶液挥发，置室温下孵育 1 h。

B.4.3.3　将孔中液体倾倒至含 10% 次氯酸钠溶液的容器中，并在吸水纸上拍打几次以确保孔内不残留液体。每孔用多通道加样器注入 250 μL 的洗液，再倾倒掉并在吸水纸上拍干。重复以上洗板操作 4 次。本步骤也可由自动洗板机完成。

B.4.3.4　每孔加入 100 μL 的酶标抗体，用手轻拍微孔板充分混匀，置室温下孵育 1 h。

B.4.3.5　重复 B.4.3.3 的洗板程序。

B.4.3.6　加 50 μL 的 TMB 底物和 50 μL 的发色剂至每个微孔中，轻拍混匀，室温黑暗避光处孵育 30 min。

B.4.3.7　加入 100 μL 的 2 mol/L 硫酸终止液，轻拍混匀，30 min 内用酶标仪在 450 nm 波长条件下测量每个微孔溶液的 OD 值。

B.4.4　**结果的计算和表述**

B.4.4.1　**质量控制**

测试结果阳性质控的 OD 值要大于 0.5，阴性质控的 OD 值要小于 0.3，如果不能同时满足以上要求，测试的结果不被认可。对阳性结果要排除内源性过氧化物酶的干扰。

B.4.4.2　**临界值的计算**

每一个微孔条的 F 孔和 G 孔为阴性质控，两个阴性质控 OD 值的平均值加上 0.15 为临界值。

示例：阴性质控 1＝0.08

　　　阴性质控 2＝0.10

　　　平均值＝0.09

　　　临界值＝0.09＋0.15＝0.24

B.4.4.3　**结果表述**

OD 值小于临界值的样品孔判为阴性，表述为样品中未检出某型金黄色葡萄球菌肠毒素；OD 值大于或等于临界值的样品孔判为阳性，表述为样品中检出某型金黄色葡萄球菌肠毒素。

B.5 生物安全

因样品中不排除有其他潜在的传染性物质存在,所以要严格按照 GB 19489《实验室 生物安全通用要求》对废弃物进行处理。

附　录　C

金黄色葡萄球菌最可能数(MPN)检索表

每 g(mL)检样中金黄色葡萄球菌最可能数(MPN)的检索见表 C.1。

表 C.1　金黄色葡萄球菌最可能数(MPN)检索表

阳性管数			MPN	95%置信区间		阳性管数			MPN	95%置信区间	
0.10	0.01	0.001		下限	上限	0.10	0.01	0.001		下限	上限
0	0	0	<3.0	—	9.5	2	2	0	21	4.5	42
0	0	1	3.0	0.15	9.6	2	2	1	28	8.7	94
0	1	0	3.0	0.15	11	2	2	2	35	8.7	94
0	1	1	6.1	1.2	18	2	3	0	29	8.7	94
0	2	0	6.2	1.2	18	2	3	1	36	8.7	94
0	3	0	9.4	3.6	38	3	0	0	23	4.6	94
1	0	0	3.6	0.17	18	3	0	1	38	8.7	110
1	0	1	7.2	1.3	18	3	0	2	64	17	180
1	0	2	11	3.6	38	3	1	0	43	9	180
1	1	0	7.4	1.3	20	3	1	1	75	17	200
1	1	1	11	3.6	38	3	1	2	120	37	420
1	2	0	11	3.6	42	3	1	3	160	40	420
1	2	1	15	4.5	42	3	2	0	93	18	420
1	3	0	16	4.5	42	3	2	1	150	37	420
2	0	0	9.2	1.4	38	3	2	2	210	40	430
2	0	1	14	3.6	42	3	2	3	290	90	1 000
2	0	2	20	4.5	42	3	3	0	240	42	1 000
2	1	0	15	3.7	42	3	3	1	460	90	2 000
2	1	1	20	4.5	42	3	3	2	1 100	180	4 100
2	1	2	27	8.7	94	3	3	3	>1 100	420	—

注 1：本表采用 3 个稀释度[0.1 g(mL)、0.01 g(mL)和 0.001 g(mL)]、每个稀释度接种 3 管。

注 2：表内所列检样量如改用 1 g(mL)、0.1 g(mL)和 0.01 g(mL)时,表内数字应相应降低 10 倍;如改用 0.01 g (mL)、0.001 g(mL)、0.000 1 g(mL)时,则表内数字应相应增高 10 倍,其余类推。

中华人民共和国国家标准

GB 4789. 15—2010

食品安全国家标准

食品微生物学检验 霉菌和酵母计数

National food safety standard

Food microbiological examination: Enumeration of moulds and yeasts

2010-03-26 发布

2010-06-01 实施

中华人民共和国卫生部 发布

前　言

本标准自实施之日起代替 GB/T 4789.15-2003《食品卫生微生物学检验 霉菌和酵母计数》。

本标准与 GB/T 4789.15-2003 相比，主要修改如下：

——修改了范围；

——修改了检验程序和操作步骤；

——修改了培养基和试剂；

——修改了设备和材料；

——修改了附录。

本标准的附录 A 为规范性附录，附录 B 为资料性附录。

本标准所代替标准的历次版本发布情况为：

　——GB 4789.15-1984、GB 4789.15-1994、GB/T 4789.15-2003。

食品安全国家标准

食品微生物学检验 霉菌和酵母计数

1 范围

本标准规定了食品中霉菌和酵母菌（moulds and yeasts）的计数方法。

本标准适用于各类食品中霉菌和酵母菌的计数。

2 设备和材料

除微生物实验室常规灭菌及培养设备外，其他设备和材料如下：

2.1 冰箱：2 ℃～5 ℃。

2.2 恒温培养箱：28 ℃±1 ℃。

2.3 均质器。

2.4 恒温振荡器。

2.5 显微镜：10×～100×。

2.6 电子天平：感量 0.1 g。

2.7 无菌锥形瓶：容量 500 mL、250 mL。

2.8 无菌广口瓶：500 mL。

2.9 无菌吸管：1 mL(具 0.01 mL 刻度)、10 mL(具 0.1 mL 刻度)。

2.10 无菌平皿：直径 90 mm。

2.11 无菌试管：10 mm×75 mm。

2.12 无菌牛皮纸袋、塑料袋。

3 培养基和试剂

3.1 马铃薯-葡萄糖-琼脂培养基：见附录 A 中 A.1。

3.2 孟加拉红培养基：见附录 A 中 A.2。

4 检验程序

霉菌和酵母计数的检验程序见图1。

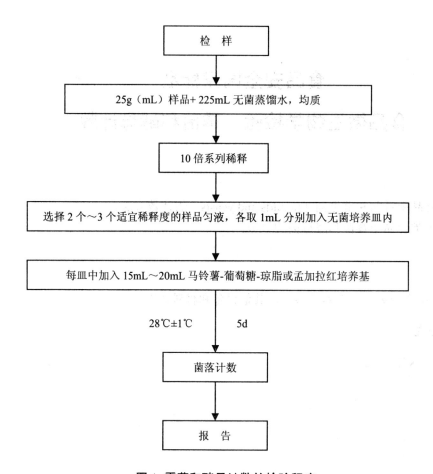

图1 霉菌和酵母计数的检验程序

5 操作步骤

5.1 样品的稀释

5.1.1 固体和半固体样品：称取25 g样品至盛有225 mL灭菌蒸馏水的锥形瓶中，充分振摇，即为1:10稀释液。或放入盛有225 mL无菌蒸馏水的均质袋中，用拍击式均质器拍打2min，制成1:10的样品匀液。

5.1.2 液体样品：以无菌吸管吸取25 mL样品至盛有225 mL无菌蒸馏水的锥形瓶（可在瓶内预置适当数量的无菌玻璃珠）中，充分混匀，制成1:10的样品匀液。

5.1.3 取1 mL 1:10稀释液注入含有9 mL无菌水的试管中，另换一支1 mL无菌吸管反复吹吸，此液为1:100稀释液。

5.1.4 按5.1.3操作程序，制备10倍系列稀释样品匀液。每递增稀释一次，换用1次1 mL无菌吸管。

5.1.5 根据对样品污染状况的估计，选择2个～3个适宜稀释度的样品匀液（液体样品可包括原液），在进行10倍递增稀释的同时，每个稀释度分别吸取1 mL样品匀液于2个无菌平皿内。同时分别取1 mL样品稀释液加入2个无菌平皿作空白对照。

5.1.6 及时将15 mL～20 mL冷却至46 ℃的马铃薯-葡萄糖-琼脂或孟加拉红培养基(可放置于46℃±1℃恒温水浴箱中保温)倾注平皿，并转动平皿使其混合均匀。

5.2 培养

待琼脂凝固后，将平板倒置，28℃±1℃培养5d，观察并记录。

5.3 菌落计数

肉眼观察，必要时可用放大镜，记录各稀释倍数和相应的霉菌和酵母数。以菌落形成单位（colony forming units，CFU）表示。

选取菌落数在 10 CFU～150 CFU 的平板，根据菌落形态分别计数霉菌和酵母数。霉菌蔓延生长覆盖整个平板的可记录为多不可计。菌落数应采用两个平板的平均数。

6 结果与报告

6.1 计算两个平板菌落数的平均值，再将平均值乘以相应稀释倍数计算。

6.1.2 若所有平板上菌落数均大于 150 CFU，则对稀释度最高的平板进行计数，其他平板可记录为多不可计，结果按平均菌落数乘以最高稀释倍数计算。

6.1.3 若所有平板上菌落数均小于 10 CFU，则应按稀释度最低的平均菌落数乘以稀释倍数计算。

6.1.4 若所有稀释度平板均无菌落生长，则以小于 1 乘以最低稀释倍数计算；如为原液，则以小于 1 计数。

6.2 报告

6.2.1 菌落数在 100 以内时，按"四舍五入"原则修约，采用两位有效数字报告。

6.2.2 菌落数大于或等于 100 时，前 3 位数字采用"四舍五入"原则修约后，取前 2 位数字，后面用 0 代替位数来表示结果；也可用 10 的指数形式来表示，此时也按"四舍五入"原则修约，采用两位有效数字。

6.2.3 称重取样以 CFU/g 为单位报告，体积取样以 CFU/mL 为单位报告，报告或分别报告霉菌和/或酵母数。

附录A
（规范性附录）
培养基和试剂

A.1 马铃薯-葡萄糖-琼脂

A.1.1 成分

马铃薯(去皮切块)	300 g
葡萄糖	20.0 g
琼脂	20.0 g
氯霉素	0.1 g
蒸馏水	1000 mL

A.1.2 制法

将马铃薯去皮切块，加1000mL蒸馏水，煮沸10 min～20 min。用纱布过滤，补加蒸馏水至1000 mL。加入葡萄糖和琼脂，加热溶化，分装后，121 ℃灭菌20 min。倾注平板前，用少量乙醇溶解氯霉素加入培养基中

A.2 孟加拉红培养基

A.2.1 成分

蛋白胨	5.0 g
葡萄糖	10.0 g
磷酸二氢钾	1.0 g
硫酸镁（无水）	0.5 g
琼脂	20.0 g
孟加拉红	0.033 g
氯霉素	0.1 g
蒸馏水	1000 mL

A.2.2 制法

上述各成分加入蒸馏水中，加热溶化，补足蒸馏水至1000 mL，分装后，121℃灭菌20 min。倾注平板前，用少量乙醇溶解氯霉素加入培养基中。

附录B
（资料性附录）
霉菌直接镜检计数法

常用的为郝氏霉菌计测法，本方法适用于番茄酱罐头。

B.1 设备和材料

B.1.1 折光仪。

B.1.2 显微镜。

B.1.3 郝氏计测玻片：具有标准计测室的特制玻片。

B.1.4 盖玻片。

B.1.5 测微器：具标准刻度的玻片。

B.2 操作步骤

B.2.1 检样的制备：取定量检样，加蒸馏水稀释至折光指数为 1.3447～1.3460（即浓度为 7.9%～8.8%），备用。

B.2.2 显微镜标准视野的校正：将显微镜按放大率 90～125 倍调节标准视野，使其直径为 1.382 mm。

B.2.3 涂片：洗净郝氏计测玻片，将制好的标准液，用玻璃棒均匀的摊布于计测室，以备观察。

B.2.4 观测：将制好之载玻片放于显微镜标准视野下进行霉菌观测，一般每一检样观察 50 个视野，同一检样应由两人进行观察。

B.2.5 结果与计算：在标准视野下，发现有霉菌菌丝其长度超过标准视野（1.382mm）的1/6或三根菌丝总长度超过标准视野的1/6（即测微器的一格）时即为阳性（+），否则为阴性（-），按100个视野计，其中发现有霉菌菌丝体存在的视野数，即为霉菌的视野百分数。

中华人民共和国国家标准

GB 4789. 18—2010

食品安全国家标准

食品微生物学检验 乳与乳制品检验

National food safety standard

Food microbiological examination: Milk and milk products

2010-03-26 发布

2010-06-01 实施

中华人民共和国卫生部 发布

前 言

本标准代替 GB/T 4789.18-2003《食品卫生微生物学检验 乳与乳制品检验》。

本标准与 GB/T 4789.18-2003 相比，主要变化如下：

——修改了标准的中英文名称；

——修改了"范围"和"规范性引用文件"；

——修改了采样方案和各类乳制品的处理方法。

本标准所代替的历次版本发布情况为：

——GB 4789.18-1984、GB 4789.18-1994、GB/T 4789.18-2003。

食品安全国家标准

食品微生物学检验 乳与乳制品检验

1 范围

本标准适用于乳与乳制品的微生物学检验。

2 规范性引用文件

本标准中引用的文件对于本标准的应用是必不可少的。凡是注日期的引用文件，仅所注日期的版本适用于本标准。凡是不注日期的引用文件，其最新版本（包括所有的修改单）适用于本标准。

3 设备和材料

3.1 采样工具

采样工具应使用不锈钢或其他强度适当的材料，表面光滑，无缝隙，边角圆润。采样工具应清洗和灭菌，使用前保持干燥。采样工具包括搅拌器具、采样勺、匙、切割丝、刀具（小刀或抹刀）、采样钻等。

3.2 样品容器

样品容器的材料（如玻璃、不锈钢、塑料等）和结构应能充分保证样品的原有状态。容器和盖子应清洁、无菌、干燥。样品容器应有足够的体积，使样品可在测试前充分混匀。样品容器包括采样袋、采样管、采样瓶等。

3.3 其他用品

包括温度计、铝箔、封口膜、记号笔、采样登记表等。

3.4 实验室检验用品

3.4.1 常规检验用品按 GB 4789.1 执行。

3.4.2 微生物指标菌检验分别按 GB 4789.2、GB 4789.3、GB 4789.15 执行。

3.4.3 致病菌检验分别按 GB 4789.4、GB 4789.10、GB 4789.30 和 GB 4789.40 执行。

3.4.4 双歧杆菌和乳酸菌检验分别按 GB/T 4789.34、GB 4789.35 执行。

4 采样方案

样品应当具有代表性。采样过程采用无菌操作，采样方法和采样数量应根据具体产品的特点和产品标准要求执行。样品在保存和运输的过程中，应采取必要的措施防止样品中原有微生物的数量变化，保持样品的原有状态。

4.1 生乳的采样

4.1.1 样品应充分搅拌混匀，混匀后应立即取样，用无菌采样工具分别从相同批次（此处特指单体的贮奶罐或贮奶车）中采集 n 个样品，采样量应满足微生物指标检验的要求。

4.1.2 具有分隔区域的贮奶装置，应根据每个分隔区域内贮奶量的不同，按比例从中采集一定量经混合均匀的代表性样品，将上述奶样混合均匀采样。

4.2 液态乳制品的采样

适用于巴氏杀菌乳、发酵乳、灭菌乳、调制乳等。取相同批次最小零售原包装，每批至少取 n 件。

4.3 半固态乳制品的采样

4.3.1 炼乳的采样

适用于淡炼乳、加糖炼乳、调制炼乳等。

4.3.1.1 原包装小于或等于 500 g（mL）的制品：取相同批次的最小零售原包装，每批至少取 n 件。采样量不小于 5 倍或以上检验单位的样品。

4.3.1.2 原包装大于 500 g（mL）的制品（再加工产品，进出口）：采样前应摇动或使用搅拌器搅拌，使其达到均匀后采样。如果样品无法进行均匀混合，就从样品容器中的各个部位取代表性样。采样量不小于 5 倍或以上检验单位的样品。

4.3.2 奶油及其制品的采样

适用于稀奶油、奶油、无水奶油等。

4.3.2.1 原包装小于或等于 1000 g（mL）的制品：取相同批次的最小零售原包装，采样量不小于 5 倍或以上检验单位的样品。

4.3.2.2 原包装大于 1000 g（mL）的制品：采样前应摇动或使用搅拌器搅拌，使其达到均匀后采样。对于固态制品，用无菌抹刀除去表层产品，厚度不少于 5 mm。将洁净、干燥的采样钻沿包装容器切口方向往下，匀速穿入底部。当采样钻到达容器底部时，将采样钻旋转 180°，抽出采样钻并将采集的样品转入样品容器。采样量不小于 5 倍或以上检验单位的样品。

4.4 固态乳制品采样

适用于干酪、再制干酪、乳粉、乳清粉、乳糖和酪乳粉等。

4.4.1 干酪与再制干酪的采样

4.4.1.1 原包装小于或等于 500 g 的制品：取相同批次的最小零售原包装，采样量不小于 5 倍或以上检验单位的样品。

4.4.1.2 原包装大于 500 g 的制品：根据干酪的形状和类型，可分别使用下列方法：（1）在距边缘不小于 10 cm 处，把取样器向干酪中心斜插到一个平表面，进行一次或几次。（2）把取样器垂直插入一个面，并穿过干酪中心到对面。（3）从两个平面之间，将取样器水平插入干酪的竖直面，插向干酪中心。（4）若干酪是装在桶、箱或其它大容器中，或是将干酪制成压紧的大块时，将取样器从容器顶斜穿到底进行采样。采样量不小于 5 倍或以上检验单位的样品。

4.4.2 乳粉、乳清粉、乳糖、酪乳粉的采样

适用于乳粉、乳清粉、乳糖、酪乳粉等。

4.4.2.1 原包装小于或等于 500 g 的制品：取相同批次的最小零售原包装，采样量不小于 5 倍或以上检验单位的样品。

4.4.2.2 原包装大于 500 g 的制品：将洁净、干燥的采样钻沿包装容器切口方向往下，匀速穿入底部。当采样钻到达容器底部时，将采样钻旋转 180°，抽出采样钻并将采集的样品转入样品容器。采样量不小于 5 倍或以上检验单位的样品。

5 检样的处理

5.1 乳及液态乳制品的处理

将检样摇匀，以无菌操作开启包装。塑料或纸盒（袋）装，用75 %酒精棉球消毒盒盖或袋口，用灭菌剪刀切开；玻璃瓶装，以无菌操作去掉瓶口的纸罩或瓶盖，瓶口经火焰消毒。用灭菌吸管吸取25 mL（液态乳中添加固体颗粒状物的，应均质后取样）检样，放入装有225 mL灭菌生理盐水的锥形瓶内，振摇均匀。

5.2 半固态乳制品的处理

5.2.1 炼乳

清洁瓶或罐的表面，再用点燃的酒精棉球消毒瓶或罐口周围，然后用灭菌的开罐器打开瓶或罐，以无菌手续称取25 g检样，放入预热至45 ℃的装有225 mL灭菌生理盐水（或其他增菌液）的锥形瓶中，振摇均匀。

5.2.2 稀奶油、奶油、无水奶油等

无菌操作打开包装，称取25 g检样，放入预热至45 ℃的装有225 mL灭菌生理盐水（或其他增菌液）的锥形瓶中，振摇均匀。从检样融化到接种完毕的时间不应超过30 min。

5.3 固态乳制品的处理

5.3.1 干酪及其制品

以无菌操作打开外包装，对有涂层的样品削去部分表面封蜡，对无涂层的样品直接经无菌程序用灭菌刀切开干酪，用灭菌刀（勺）从表层和深层分别取出有代表性的适量样品，磨碎混匀，称取25 g检样，放入预热到45 ℃的装有225 mL灭菌生理盐水（或其他稀释液）的锥形瓶中，振摇均匀。充分混合使样品均匀散开（1 min～3 min），分散过程时温度不超过40 ℃。尽可能避免泡沫产生。

5.3.2 乳粉、乳清粉、乳糖、酪乳粉

取样前将样品充分混匀。罐装乳粉的开罐取样法同炼乳处理，袋装奶粉应用 75%酒精的棉球涂擦消毒袋口，以无菌手续开封取样。称取检样 25 g，加入预热到 45 ℃盛有 225 mL 灭菌生理盐水等稀释液或增菌液的锥形瓶内（可使用玻璃珠助溶），振摇使充分溶解和混匀。

对于经酸化工艺生产的乳清粉，应使用pH 8.4±0.2的磷酸氢二钾缓冲液稀释。对于含较高淀粉的特殊配方乳粉，可使用α-淀粉酶降低溶液粘度，或将稀释液加倍以降低溶液粘度。

5.3.3 酪蛋白和酪蛋白酸盐

以无菌操作，称取25 g检样，按照产品不同，分别加入225 mL灭菌生理盐水等稀释液或增菌液。在对粘稠的样品溶液进行梯度稀释时，应在无菌条件下反复多次吹打吸管，尽量将粘附在吸管内壁的样品转移到溶液中。

5.3.3.1 酸法工艺生产的酪蛋白：使用磷酸氢二钾缓冲液并加入消泡剂，在pH 8.4±0.2的条件下溶解样品。

5.3.3.2 凝乳酶法工艺生产的酪蛋白：使用磷酸氢二钾缓冲液并加入消泡剂，在pH 7.5±0.2的条件下溶解样品，室温静置15 min。必要时在灭菌的匀浆袋中均质2 min，再静置5 min后检测。

5.3.3.3 酪蛋白酸盐：使用磷酸氢二钾缓冲液在pH 7.5±0.2的条件下溶解样品。

6 检验方法

6.1 菌落总数：按 GB 4789.2 检验。

6.2 大肠菌群：按 GB 4789.3 中的直接计数法计数。

6.3 沙门氏菌：按 GB 4789.4 检验。

6.4 金黄色葡萄球菌：按 GB 4789.10 检验。

6.5 霉菌和酵母：按 GB 4789.15 计数。

6.6 单核细胞增生李斯特氏菌：按 GB 4789.30 检验。

6.7 双歧杆菌：按 GB/T 4789.34 检验。

6.8 乳酸菌：按 GB 4789.35 检验。

6.9 阪崎肠杆菌：按 GB 4789.40 检验。

中华人民共和国国家标准

GB 4789.26—2013

食品安全国家标准

食品微生物学检验 商业无菌检验

2013-11-29 发布　　　　　　　　　　　　　　　2014-06-01 实施

中华人民共和国
国家卫生和计划生育委员会 发布

前　言

本标准代替 GB/T 4789.26－2003《食品卫生微生物学检验　罐头食品商业无菌的检验》。

本标准与 GB/T 4789.26－2003 相比主要变化如下：

——修改了标准的名称；

——修改了范围；

——删除了规范性引用文件；

——删除了术语和定义；

——修改了设备和材料；

——修改了培养基和试剂；

——增加了检验程序图；

——修改了检验步骤；

——修改了结果判定；

——修改了附录 A 和附录 B。

食品安全国家标准

食品微生物学检验　商业无菌检验

1　范围

本标准规定了食品商业无菌检验的基本要求、操作程序和结果判定。

本标准适用于食品商业无菌的检验。

2　术语和定义

下列术语和定义适用于本文件。

2.1　低酸性罐藏食品　low acid canned food

除酒精饮料以外，凡杀菌后平衡 pH 大于 4.6，水分活度大于 0.85 的罐藏食品，原来是低酸性的水果、蔬菜或蔬菜制品，为加热杀菌的需要而加酸降低 pH 的，属于酸化的低酸性罐藏食品。

2.2　酸性罐藏食品　acid canned food

杀菌后平衡 pH 等于或小于 4.6 的罐藏食品。pH 小于 4.7 的番茄、梨和菠萝以及由其制成的汁，以及 pH 小于 4.9 的无花果均属于酸性罐藏食品。

3　设备和材料

除微生物实验室常规灭菌及培养设备外，其他设备和材料如下：

a)　冰箱：2 ℃～5 ℃；

b)　恒温培养箱：30 ℃±1 ℃；36 ℃±1 ℃；55 ℃±1 ℃；

c)　恒温水浴箱：55 ℃±1 ℃；

d)　均质器及无菌均质袋、均质杯或乳钵；

e)　电位 pH 计（精确度 pH0.05 单位）；

f)　显微镜：10 倍～100 倍；

g)　开罐器和罐头打孔器；

h)　电子秤或台式天平；

i)　超净工作台或百级洁净实验室。

4　培养基和试剂

4.1　无菌生理盐水：见附录 A 中 A.1。

4.2　结晶紫染色液：见附录 A 中 A.2。

4.3　二甲苯。

4.4　含 4% 碘的乙醇溶液：4 g 碘溶于 100 mL 的 70% 乙醇溶液。

5 检验程序

商业无菌检验程序见图1。

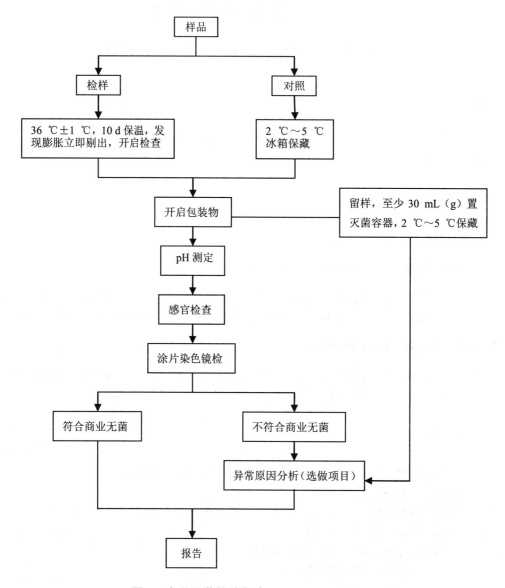

图1 商业无菌检验程序

6 操作步骤

6.1 样品准备

去除表面标签，在包装容器表面用防水的油性记号笔做好标记，并记录容器、编号、产品性状、泄漏情况、是否有小孔或锈蚀、压痕、膨胀及其他异常情况。

6.2 称重

1 kg 及以下的包装物精确到 1 g，1 kg 以上的包装物精确到 2 g，10 kg 以上的包装物精确到 10 g，并记录。

6.3 保温

6.3.1 每个批次取 1 个样品置 2 ℃～5 ℃冰箱保存作为对照,将其余样品在 36 ℃±1 ℃下保温 10 d。保温过程中应每天检查,如有膨胀或泄漏现象,应立即剔出,开启检查。

6.3.2 保温结束时,再次称重并记录,比较保温前后样品重量有无变化。如有变轻,表明样品发生泄漏。将所有包装物置于室温直至开启检查。

6.4 开启

6.4.1 如有膨胀的样品,则将样品先置于 2 ℃～5 ℃冰箱内冷藏数小时后开启。

6.4.2 如有膨用冷水和洗涤剂清洗待检样品的光滑面。水冲洗后用无菌毛巾擦干。以含 4%碘的乙醇溶液浸泡消毒光滑面 15 min 后用无菌毛巾擦干,在密闭罩内点燃至表面残余的碘乙醇溶液全部燃烧完。膨胀样品以及采用易燃包装材料包装的样品不能灼烧,以含 4%碘的乙醇溶液浸泡消毒光滑面 30 min 后用无菌毛巾擦干。

6.4.3 在超净工作台或百级洁净实验室中开启。带汤汁的样品开启前应适当振摇。使用无菌开罐器在消毒后的罐头光滑面开启一个适当大小的口,开罐时不得伤及卷边结构,每一个罐头单独使用一个开罐器,不得交叉使用。如样品为软包装,可以使用灭菌剪刀开启,不得损坏接口处。立即在开口上方嗅闻气味,并记录。

注:严重膨胀样品可能会发生爆炸,喷出有毒物。可以采取在膨胀样品上盖一条灭菌毛巾或者用一个无菌漏斗倒扣在样品上等预防措施来防止这类危险的发生。

6.5 留样

开启后,用灭菌吸管或其他适当工具以无菌操作取出内容物至少 30 mL(g)至灭菌容器内,保存 2 ℃～5 ℃冰箱中,在需要时可用于进一步试验,待该批样品得出检验结论后可弃去。开启后的样品可进行适当的保存,以备日后容器检查时使用。

6.6 感官检查

在光线充足、空气清洁无异味的检验室中,将样品内容物倾入白色搪瓷盘内,对产品的组织、形态、色泽和气味等进行观察和嗅闻,按压食品检查产品性状,鉴别食品有无腐败变质的迹象,同时观察包装容器内部和外部的情况,并记录。

6.7 pH 测定

6.7.1 样品处理

6.7.1.1 液态制品混匀备用,有固相和液相的制品则取混匀的液相部分备用。

6.7.1.2 对于稠厚或半稠厚制品以及难以从中分出汁液的制品(如:糖浆、果酱、果冻、油脂等),取一部分样品在均质器或研钵中研磨,如果研磨后的样品仍太稠厚,加入等量的无菌蒸馏水,混匀备用。

6.7.2 测定

6.7.2.1 将电极插入被测试样液中,并将 pH 计的温度校正器调节到被测液的温度。如果仪器没有温度校正系统,被测试样液的温度应调到 20 ℃±2 ℃的范围之内,采用适合于所用 pH 计的步骤进行测定。当读数稳定后,从仪器的标度上直接读出 pH,精确到 pH 0.05 单位。

6.7.2.2 同一个制备试样至少进行两次测定。两次测定结果之差应不超过 0.1 pH 单位。取两次测定的算术平均值作为结果，报告精确到 0.05 pH 单位。

6.7.3 分析结果

与同批中冷藏保存对照样品相比，比较是否有显著差异。pH 相差 0.5 及以上判为显著差异。

6.8 涂片染色镜检

6.8.1 涂片

取样品内容物进行涂片。带汤汁的样品可用接种环挑取汤汁涂于载玻片上，固态食品可直接涂片或用少量灭菌生理盐水稀释后涂片，待干后用火焰固定。油脂性食品涂片自然干燥并火焰固定后，用二甲苯流洗，自然干燥。

6.8.2 染色镜检

对 6.8.1 中涂片用结晶紫染色液进行单染色，干燥后镜检，至少观察 5 个视野，记录菌体的形态特征以及每个视野的菌数。与同批冷藏保存对照样品相比，判断是否有明显的微生物增殖现象。菌数有百倍或百倍以上的增长则判为明显增殖。

7 结果判定

样品经保温试验未出现泄漏；保温后开启，经感官检验、pH 测定、涂片镜检，确证无微生物增殖现象，则可报告该样品为商业无菌。

样品经保温试验出现泄漏；保温后开启，经感官检验、pH 测定、涂片镜检，确证有微生物增殖现象，则可报告该样品为非商业无菌。

若需核查样品出现膨胀、pH 或感官异常、微生物增殖等原因，可取样品内容物的留样按照附录 B 进行接种培养并报告。若需判定样品包装容器是否出现泄漏，可取开启后的样品按照附录 B 进行密封性检查并报告。

附录A

培养基和试剂

A.1　无菌生理盐水

A.1.1　成分

氯化钠	8.5 g
蒸馏水	1 000.0 mL

A.1.2　制法

称取8.5 g氯化钠溶于1000 mL蒸馏水中，121 ℃高压灭菌15 min。

A.2　结晶紫染色液

A.2.1　成分

结晶紫	1.0 g
95%乙醇	20.0 mL
1%草酸铵溶液	80.0 mL

A.2.2　制法

将1.0 g结晶紫完全溶解于95%乙醇中，再与1%草酸铵溶液混合。

A.2.3　染色法

将涂片在酒精灯火焰上固定，滴加结晶紫染液，染 1 min，水洗。

附录 B

异常原因分析（选做项目）

B.1 培养基和试剂

B.1.1 溴甲酚紫葡萄糖肉汤

B.1.1.1 成分

蛋白胨	10.0 g
牛肉浸膏	3.0 g
葡萄糖	10.0 g
氯化钠	5.0 g
溴甲酚紫	0.04 g（或 1.6%乙醇溶液 2.0 mL）
蒸馏水	1 000.0 mL

B.1.1.2 制法

将除溴甲酚紫外的各成分加热搅拌溶解，校正 pH 至 7.0±0.2，加入溴甲酚紫，分装于带有小倒管的试管中，每管 10 mL，121 ℃高压灭菌 10 min。

B.1.2 庖肉培养基

B.1.2.1 成分

牛肉浸液	1000.0 mL
蛋白胨	30.0 g
酵母膏	5.0 g
葡萄糖	3.0 g
磷酸二氢钠	5.0 g
可溶性淀粉	2.0 g
碎肉渣	适量

B.1.2.2 制法

B.1.2.2.1 称取新鲜除脂肪和筋膜的碎牛肉 500 g，加蒸馏水 1000 mL 和 1 mol/L 氢氧化钠溶液 25.0 mL，搅拌煮沸 15 min，充分冷却，除去表层脂肪，澄清，过滤，加水补足至 1000 mL，即为牛肉浸液。加入 B.1.2.1 除碎肉渣外的各种成分，校正 pH 至 7.8±0.2。

B.1.2.2.2 碎肉渣经水洗后晾至半干，分装 15 mm×150 mm 试管约 2 cm～3 cm 高，每管加入还原铁粉 0.1 g～0.2 g 或铁屑少许。将 B.1.2.2.1 配制的液体培养基分装至每管内超过肉渣表面约 1 cm。上面覆盖溶化的凡士林或液体石蜡 0.3 cm～0.4 cm。121 ℃灭菌 15 min。

B.1.3 营养琼脂

B.1.3.1 成分

蛋白胨	10.0 g
牛肉膏	3.0 g

氯化钠	5.0 g
琼脂	15.0 g～20.0 g
蒸馏水	1 000.0 mL

B.1.3.2 制法

将除琼脂以外的各成分溶解于蒸馏水内，加入15%氢氧化钠溶液约2 mL，校正pH至7.2～7.4。加入琼脂，加热煮沸，使琼脂溶化。分装烧瓶或13 mm×130 mm试管，121 ℃高压灭菌15 min。

B.1.4 酸性肉汤

B.1.4.1 成分

多价蛋白胨	5.0 g
酵母浸膏	5.0 g
葡萄糖	5.0 g
磷酸二氢钾	5.0 g
蒸馏水	1 000.0 mL

B.1.4.2 制法

将B.1.4.1中各成分加热搅拌溶解，校正pH至5.0±0.2，121 ℃高压灭菌15 min。

B.1.5 麦芽浸膏汤

B.1.5.1 成分

| 麦芽浸膏 | 15.0 g |
| 蒸馏水 | 1 000.0 mL |

B.1.5.2 制法

将麦芽浸膏在蒸馏水中充分溶解，滤纸过滤，校正pH至4.7±0.2，分装，121 ℃灭菌15 min。

B.1.6 沙氏葡萄糖琼脂

B.1.6.1 成分

蛋白胨	10.0 g
琼脂	15.0 g
葡萄糖	40.0 g
蒸馏水	1 000.0 mL

B.1.6.2 制法

将各成分在蒸馏水中溶解，加热煮沸，分装在烧瓶中，校正pH至5.6±0.2，121 ℃高压灭菌15 min。

B.1.7 肝小牛肉琼脂

B.1.7.1 成分

| 肝浸膏 | 50.0 g |
| 小牛肉浸膏 | 500.0 g |

胨蛋白胨	20.0 g
新蛋白胨	1.3 g
胰蛋白胨	1.3 g
葡萄糖	5.0 g
可溶性淀粉	10.0 g
等离子酪蛋白	2.0 g
氯化钠	5.0 g
硝酸钠	2.0 g
明胶	20.0 g
琼脂	15.0 g
蒸馏水	1 000.0 mL

B.1.7.2 制法

在蒸馏水中将各成分混合。校正 pH 至 7.3±0.2，121 ℃灭菌 15 min。

B.1.8 革兰氏染色液

B.1.8.1 结晶紫染色液

B.1.8.1.1 成分

结晶紫	1.0 g
95%乙醇	20.0 mL
1%草酸铵水溶液	80.0 mL

B.1.8.1.2 制法

将1.0 g结晶紫完全溶解于95%乙醇中，再与1%草酸铵溶液混合。

B.1.8.2 革兰氏碘液

B.1.8.2.1 成分

碘	1.0 g
碘化钾	2.0 g
蒸馏水	300.0 mL

B.1.8.2.2 制法

将1.0 g碘与2.0 g碘化钾先行混合，加入蒸馏水少许充分振摇，待完全溶解后，再加蒸馏水至300 mL。

B.1.8.3 沙黄复染液

B.1.8.3.1 成分

沙黄	0.25 g
95%乙醇	10.0 mL
蒸馏水	90.0 mL

B.1.8.3.2 制法

将0.25 g沙黄溶解于乙醇中，然后用蒸馏水稀释。

B.1.8.4 染色法

B.1.8.4.1 涂片在火焰上固定，滴加结晶紫染液，染 1 min，水洗。

B.1.8.4.2 滴加革兰氏碘液，作用 1 min，水洗。

B.1.8.4.3 滴加 95%乙醇脱色约15 s～30 s，直至染色液被洗掉，不要过分脱色，水洗。

B.1.8.4.4 滴加复染液，复染 1 min，水洗、待干、镜检。

B.2 低酸性罐藏食品的接种培养（pH 大于 4.6）

B.2.1 对低酸性罐藏食品，每份样品接种 4 管预先加热到 100 ℃并迅速冷却到室温的庖肉培养基内；同时接种 4 管溴甲酚紫葡萄糖肉汤。每管接种 1 mL（g）～2 mL（g）样品(液体样品为 1 mL～2 mL，固体为 1 g～2 g，两者皆有时，应各取一半)。培养条件见表 B.1。

表 B.1 低酸性罐藏食品（pH＞4.6）接种的庖肉培养基和溴甲酚紫葡萄糖肉汤

培养基	管数	培养温度 ℃	培养时间 h
庖肉培养基	2	36±1	96～120
庖肉培养基	2	55±1	24～72
溴甲酚紫葡萄糖肉汤	2	55±1	24～48
溴甲酚紫葡萄糖肉汤	2	36±1	96～120

B.2.2 经过表 B.1 规定的培养条件培养后，记录每管有无微生物生长。如果没有微生物生长，则记录后弃去。

B.2.3 如果有微生物生长，以接种环沾取液体涂片，革兰氏染色镜检。如在溴甲酚紫葡萄糖肉汤管中观察到不同的微生物形态或单一的球菌、真菌形态，则记录并弃去。在庖肉培养基中未发现杆菌，培养物内含有球菌、酵母、霉菌或其混合物，则记录并弃去。将溴甲酚紫葡萄糖肉汤和庖肉培养基中出现生长的其他各阳性管分别划线接种 2 块肝小牛肉琼脂或营养琼脂平板，一块平板作需氧培养，另一平板作厌氧培养。培养程序见图 B.1。

B.2.4 挑取需氧培养中单个菌落，接种于营养琼脂小斜面，用于后续的革兰氏染色镜检；挑取厌氧培养中的单个菌落涂片，革兰氏染色镜检。挑取需氧和厌氧培养中的单个菌落，接种于庖肉培养基，进行纯培养。

B.2.5 挑取营养琼脂小斜面和厌氧培养的庖肉培养基中的培养物涂片镜检。

B.2.6 挑取纯培养中的需氧培养物接种肝小牛肉琼脂或营养琼脂平板，进行厌氧培养；挑取纯培养中的厌氧培养物接种肝小牛肉琼脂或营养琼脂平板，进行需氧培养。以鉴别是否为兼性厌氧菌。

B.2.7 如果需检测梭状芽胞杆菌的肉毒毒素，挑取典型菌落接种庖肉培养基作纯培养。36 ℃培养 5 d，按照 GB/T 4789.12 进行肉毒毒素检验。

B.3 酸性罐藏食品的接种培养（pH 小于或等于 4.6）

B.3.1 每份样品接种 4 管酸性肉汤和 2 管麦芽浸膏汤。每管接种 1 mL（g）～2 mL（g）样品(液体样品为 1 mL～2 mL，固体为 1 g～2 g，两者皆有时，应各取一半)。培养条件见表 B.2。

表 B.2　酸性罐藏食品（pH≤4.6）接种的酸性肉汤和麦芽浸膏汤

培养基	管数	培养温度 ℃	培养时间 h
酸性肉汤	2	55±1	48
酸性肉汤	2	30±1	96
麦芽浸膏汤	2	30±1	96

B.3.2　经过表 B.2 中规定的培养条件培养后，记录每管有无微生物生长。如果没有微生物生长，则记录后弃去。

B.3.3　对有微生物生长的培养管，取培养后的内容物的直接涂片，革兰氏染色镜检，记录观察到的微生物。

B.3.4　如果在 30 ℃培养条件下在酸性肉汤或麦芽浸膏汤中有微生物生长，将各阳性管分别接种 2 块营养琼脂或沙氏葡萄糖琼脂平板，一块作需氧培养，另一块作厌氧培养。

B.3.5　如果在 55 ℃培养条件下，酸性肉汤中有微生物生长，将各阳性管分别接种 2 块营养琼脂平板，一块作需氧培养，另一块作厌氧培养。对有微生物生长的平板进行染色涂片镜检，并报告镜检所见微生物型别。培养程序见图 B.2。

B.3.6　挑取 30 ℃需氧培养的营养琼脂或沙氏葡萄糖琼脂平板中的单个菌落，接种营养琼脂小斜面，用于后续的革兰氏染色镜检。同时接种酸性肉汤或麦芽浸膏汤进行纯培养。

　　挑取 30 ℃厌氧培养的营养琼脂或沙氏葡萄糖琼脂平板中的单个菌落，接种酸性肉汤或麦芽浸膏汤进行纯培养。

　　挑取 55 ℃需氧培养的营养琼脂平板中的单个菌落，接种营养琼脂小斜面，用于后续的革兰氏染色镜检。同时接种酸性肉汤进行纯培养。

　　挑取 55 ℃厌氧培养的营养琼脂平板中的单个菌落，接种酸性肉汤进行纯培养。

B.3.7　挑取营养琼脂小斜面中的培养物涂片镜检。挑取 30 ℃厌氧培养的酸性肉汤或麦芽浸膏汤培养物和 55 ℃厌氧培养的酸性肉汤培养物涂片镜检。

B.3.8　将 30 ℃需氧培养的纯培养物接种于营养琼脂或沙氏葡萄糖琼脂平板中进行厌氧培养，将 30 ℃厌氧培养的纯培养物接种于营养琼脂或沙氏葡萄糖琼脂平板中进行需氧培养，将 55 ℃需氧培养的纯培养物接种于营养琼脂中进行厌氧培养，将 55 ℃厌氧培养的纯培养物接种于营养琼脂中进行需氧培养，以鉴别是否为兼性厌氧菌。

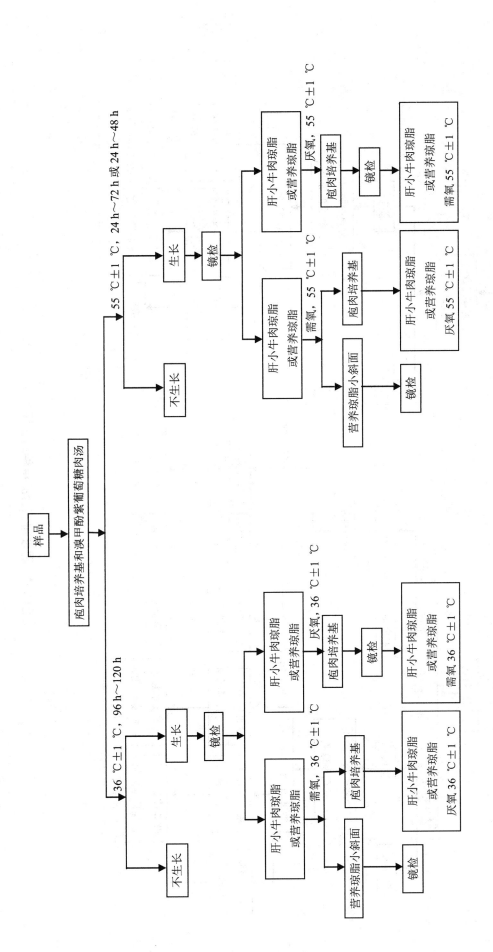

图 B. 1 低酸性罐藏食品接种培养程序

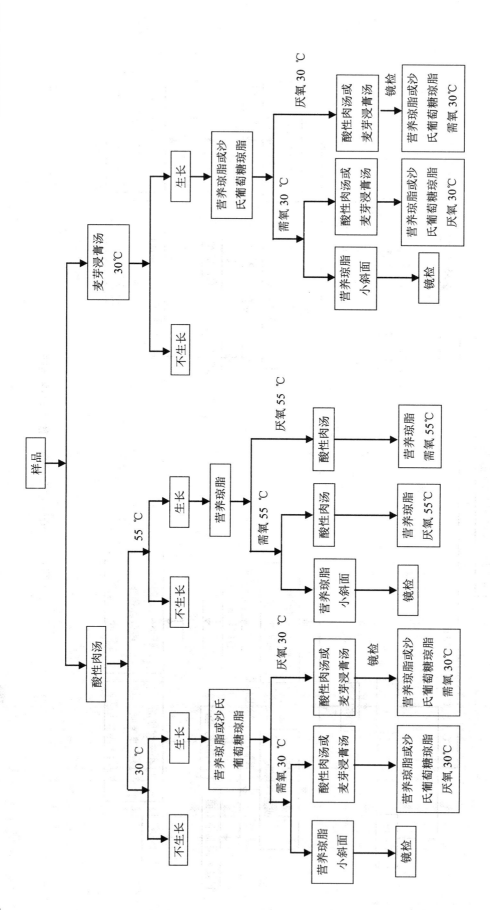

图 B.2 酸性罐藏食品接种培养程序

B.3.9　结果分析

B.3.9.1　如果在膨胀的样品里没有发现微生物的生长，膨胀可能是由于内容物和包装发生反应产生氢气造成的。产生氢气的量随储存的时间长短和存储条件而变化。填装过满也可能导致轻微的膨胀，可以通过称重来确定是否由于填装过满所致。

在直接涂片中看到有大量细菌的混合菌相，但是经培养后不生长，表明杀菌前发生的腐败。由于密闭包装前细菌生长的结果，导致产品的 pH、气味和组织形态呈现异常。

B.3.9.2　包装容器密封性良好时，在 36 ℃培养条件下若只有芽胞杆菌生长，且它们的耐热性不高于肉毒梭菌（*Clostridium botulinum*），则表明生产过程中杀菌不足。

B.3.9.3　培养出现杆菌和球菌、真菌的混合菌落，表明包装容器发生泄漏。也有可能是杀菌不足所致，但在这种情况下同批产品的膨胀率将很高。

B.3.9.4　在 36 ℃或 55 ℃溴甲酚紫葡萄糖肉汤培养观察产酸产气情况，如有产酸，表明是有嗜中温的微生物，如嗜温耐酸芽胞杆菌，或者嗜热微生物，如嗜热脂肪芽胞杆菌（*Bacillus stearothermophilus*）生长。

在 55 ℃的庖肉培养基上有细菌生长并产气，发出腐烂气味，表明样品腐败是由嗜热的厌氧梭菌所致。

在 36 ℃庖肉培养基上生长并产生带腐烂气味的气体，镜检可见芽胞，表明腐败可能是由肉毒梭菌、生孢梭菌（*C. sporogenes*）或产气荚膜梭菌（*C. perfringens*）引起的。有需要可以进一步进行肉毒毒素检测。

B.3.9.5　酸性罐藏食品的变质通常是由于无芽胞的乳杆菌和酵母所致。

一般 pH 低于 4.6 的情况下不会发生由芽胞杆菌引起的变质，但变质的番茄酱或番茄汁罐头并不出现膨胀，但有腐臭味，伴有或不伴有 pH 降低，一般是由于需氧的芽胞杆菌所致。

B.3.9.6　许多罐藏食品中含有嗜热菌，在正常的储存条件下不生长，但当产品暴露于较高的温度 (50 ℃～55 ℃)时，嗜热菌就会生长并引起腐败。嗜热耐酸的芽胞杆菌和嗜热脂肪芽胞杆菌分别在酸性和低酸性的食品中引起腐败但是并不出现包装容器膨胀。在 55 ℃培养不会引起包装容器外观的改变，但会产生臭味，伴有或不伴有 pH 的降低。番茄、梨、无花果和菠萝等类罐头的腐败变质有时是由于巴斯德梭菌（*C. pasteurianum*）引起。嗜热解糖梭状芽胞杆菌（*C. thermosaccharolyticum*）就是一种嗜热厌氧菌，能够引起膨胀和产品的腐烂气味。

嗜热厌氧菌也能产气，由于在细菌开始生长之后迅速增殖，可能混淆膨胀是由于氢气引起的还是嗜热厌氧菌产气引起的。化学物质分解将产生二氧化碳，尤其是集中发生在含糖和一些酸的食品如番茄酱、糖蜜、甜馅和高糖的水果的罐头中。这种分解速度随着温度上升而加快。

B.3.9.7　灭菌的真空包装和正常的产品直接涂片，分离出任何微生物应该怀疑是实验室污染。为了证实是否实验室污染，在无菌的条件下接种该分离出的活的微生物到另一个正常的对照样品，密封，在 36 ℃培养 14 d。如果发生膨胀或产品变质，这些微生物就可能不是来自原始样品。如果样品仍然是平坦的，无菌操作打开样品包装并按上述步骤做再次培养；如果同一种微生物被再次发现并且产品是正常的，认为该产品商业无菌，因为这种微生物在正常的保存和运送过程中不生长。

B.3.9.8　如果食品本身发生混浊，肉汤培养可能得不出确定性结论，这种情况需进一步培养以确定是否有微生物生长。

B.4　镀锡薄钢板食品空罐密封性检验方法

B.4.1　减压试漏

将样品包装罐洗净，36 ℃烘干。在烘干的空罐内注入清水至容积的 80%～90%，将一带橡胶圈的有机玻璃板放置罐头开启端的卷边上，使其保持密封。启动真空泵，关闭放气阀，用手按住盖板，控制抽气，使真空表从 0 Pa 升到 $6.8×10^4$ Pa（510 mmHg）的时间在 1 min 以上，并保持此真空度 1 min 以上。倾斜并仔细观察罐体，尤其是卷边及焊缝处，有无气泡产生。凡同一部位连续产生气泡，应判断为泄漏，记录漏气的时间和真空度，并标注漏气部位。

B. 4.2 加压试漏

将样品包装罐洗净，36 ℃烘干。用橡皮塞将空罐的开孔塞紧，将空罐浸没在盛水玻璃缸中，开动空气压缩机，慢慢开启阀门，使罐内压力逐渐加大，直至压力升至 $6.8×10^4$ Pa 并保持 2 min。仔细观察罐体，尤其是卷边及焊缝处，有无气泡产生。凡同一部位连续产生气泡，应判断为泄漏，记录漏气开始的时间和压力，并标注漏气部位。

_____

中华人民共和国国家标准

GB 4789.30—2016

食品安全国家标准

食品微生物学检验
单核细胞增生李斯特氏菌检验

2016-12-23 发布   2017-06-23 实施

中华人民共和国国家卫生和计划生育委员会
国家食品药品监督管理总局　发布

前　言

本标准代替 GB 4789.30—2010《食品安全国家标准　食品微生物学检验　单核细胞增生李斯特氏菌检验》。

本标准与 GB 4789.30—2010 相比，主要变化如下：

——增加了"第二法　单核细胞增生李斯特氏菌平板计数法"；

——增加了"第三法　单核细胞增生李斯特氏菌 MPN 计数法"；

——修改了范围。

食品安全国家标准

食品微生物学检验
单核细胞增生李斯特氏菌检验

1 范围

本标准规定了食品中单核细胞增生李斯特氏菌(*Listeria monocytogenes*)的检验方法。

本标准第一法适用于食品中单核细胞增生李斯特氏菌的定性检验;第二法适用于单核细胞增生李斯特氏菌含量较高的食品中单核细胞增生李斯特氏菌的计数;第三法适用于单核细胞增生李斯特氏菌含量较低(<100 CFU/g)而杂菌含量较高的食品中单核细胞增生李斯特氏菌的计数,特别是牛奶、水以及含干扰菌落计数的颗粒物质的食品。

2 设备和材料

除微生物实验室常规灭菌及培养设备外,其他设备和材料如下:

2.1 冰箱:2 ℃~5 ℃。

2.2 恒温培养箱:30 ℃±1 ℃、36 ℃±1 ℃。

2.3 均质器。

2.4 显微镜:10 x~100 x。

2.5 电子天平:感量 0.1 g。

2.6 锥形瓶:100 mL、500 mL。

2.7 无菌吸管:1 mL(具 0.01 mL 刻度)、10 mL(具 0.1 mL 刻度)或微量移液器及吸头。

2.8 无菌平皿:直径 90 mm。

2.9 无菌试管:16 mm×160 mm。

2.10 离心管:30 mm×100 mm。

2.11 无菌注射器:1 mL。

2.12 单核细胞增生李斯特氏菌(*Listeria monocytogenes*)ATCC 19111 或 CMCC 54004,或其他等效标准菌株。

2.13 英诺克李斯特氏菌(*Listeria innocua*)ATCC 33090,或其他等效标准菌株。

2.14 伊氏李斯特氏菌(*Listeria ivanovii*)ATCC 19119,或其他等效标准菌株。

2.15 斯氏李斯特氏菌(*Listeria seeligeri*)ATCC 35967,或其他等效标准菌株。

2.16 金黄色葡萄球菌(*Staphylococcus aureus*)ATCC 25923 或其他产 β-溶血环金葡菌,或其他等效标准菌株。

2.17 马红球菌(*Rhodococcus equi*)ATCC 6939 或 NCTC 1621,或其他等效标准菌株。

2.18 小白鼠:ICR 体重 18 g~22 g。

2.19 全自动微生物生化鉴定系统。

3 培养基和试剂

3.1 含 0.6%酵母浸膏的胰酪胨大豆肉汤(TSB-YE):见 A.1。

3.2 含 0.6% 酵母浸膏的胰酪胨大豆琼脂(TSA-YE)：见 A.2。

3.3 李氏增菌肉汤 LB(LB₁,LB₂)：见 A.3。

3.4 1% 盐酸吖啶黄(acriflavine HCl)溶液：见 A.3.2.1、A.3.2.2。

3.5 1% 萘啶酮酸钠盐(naladixic acid)溶液：见 A.3.2.1、A.3.2.2。

3.6 PALCAM 琼脂：见 A.4。

3.7 革兰氏染液：见 A.5。

3.8 SIM 动力培养基：见 A.6。

3.9 缓冲葡萄糖蛋白胨水[甲基红(MR)和 V-P 试验用]：见 A.7。

3.10 5%～8% 羊血琼脂：见 A.8。

3.11 糖发酵管：见 A.9。

3.12 过氧化氢试剂：见 A.10。

3.13 李斯特氏菌显色培养基。

3.14 生化鉴定试剂盒或全自动微生物鉴定系统。

3.15 缓冲蛋白胨水：见 A.11。

第一法　单核细胞增生李斯特氏菌定性检验

4　检验程序

单核细胞增生李斯特氏菌定性检验程序见图 1。

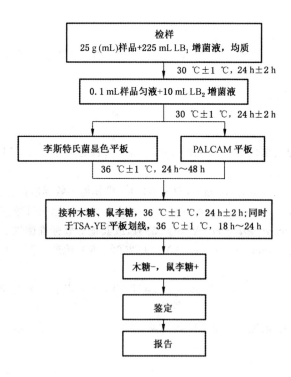

图 1　单核细胞增生李斯特氏菌定性检验程序

5 操作步骤

5.1 增菌

以无菌操作取样品 25 g(mL)加入到含有 225 mL LB$_1$ 增菌液的均质袋中,在拍击式均质器上连续均质 1 min~2 min;或放入盛有 225 mL LB$_1$ 增菌液的均质杯中,以 8 000 r/min~10 000 r/min 均质 1 min~2 min。于 30 ℃±1 ℃培养 24 h±2 h,移取 0.1 mL,转种于 10 mL LB$_2$ 增菌液内,于 30 ℃±1 ℃培养 24 h±2 h。

5.2 分离

取 LB$_2$ 二次增菌液划线接种于李斯特氏菌显色平板和 PALCAM 琼脂平板,于 36 ℃±1 ℃培养 24 h~48 h,观察各个平板上生长的菌落。典型菌落在 PALCAM 琼脂平板上为小的圆形灰绿色菌落,周围有棕黑色水解圈,有些菌落有黑色凹陷;在李斯特氏菌显色平板上的菌落特征,参照产品说明进行判定。

5.3 初筛

自选择性琼脂平板上分别挑取 3 个~5 个典型或可疑菌落,分别接种木糖、鼠李糖发酵管,于 36 ℃±1 ℃培养 24 h±2 h,同时在 TSA-YE 平板上划线,于 36 ℃±1 ℃培养 18 h~24 h,然后选择木糖阴性、鼠李糖阳性的纯培养物继续进行鉴定。

5.4 鉴定(或选择生化鉴定试剂盒或全自动微生物鉴定系统等)

5.4.1 染色镜检:李斯特氏菌为革兰氏阳性短杆菌,大小为(0.4 μm~0.5 μm)×(0.5 μm~2.0 μm);用生理盐水制成菌悬液,在油镜或相差显微镜下观察,该菌出现轻微旋转或翻滚样的运动。

5.4.2 动力试验:挑取纯培养的单个可疑菌落穿刺半固体或 SIM 动力培养基,于 25 ℃~30 ℃培养 48 h,李斯特氏菌有动力,在半固体或 SIM 培养基上方呈伞状生长,如伞状生长不明显,可继续培养 5 d,再观察结果。

5.4.3 生化鉴定:挑取纯培养的单个可疑菌落,进行过氧化氢酶试验,过氧化氢酶阳性反应的菌落继续进行糖发酵试验和 MR-VP 试验。单核细胞增生李斯特氏菌的主要生化特征见表1。

5.4.4 溶血试验:将新鲜的羊血琼脂平板底面划分为 20 个~25 个小格,挑取纯培养的单个可疑菌落刺种到血平板上,每格刺种一个菌落,并刺种阳性对照菌(单增李斯特氏菌、伊氏李斯特氏菌和斯氏李斯特氏菌)和阴性对照菌(英诺克李斯特氏菌),穿刺时尽量接近底部,但不要触到底面,同时避免琼脂破裂,36 ℃±1 ℃培养 24 h~48 h,于明亮处观察,单增李斯特氏菌呈现狭窄、清晰、明亮的溶血圈,斯氏李斯特氏菌在刺种点周围产生弱的透明溶血圈,英诺克李斯特氏菌无溶血圈,伊氏李斯特氏菌产生宽的、轮廓清晰的 β-溶血区域,若结果不明显,可置 4 ℃冰箱 24 h~48 h 再观察。

注:也可用划线接种法。

5.4.5 协同溶血试验 cAMP(可选项目):在羊血琼脂平板上平行划线接种金黄色葡萄球菌和马红球菌,挑取纯培养的单个可疑菌落垂直划线接种于平行线之间,垂直线两端不要触及平行线,距离 1 mm~2 mm,同时接种单核细胞增生李斯特氏菌、英诺克李斯特氏菌、伊氏李斯特氏菌和斯氏李斯特氏菌,于 36 ℃±1 ℃培养 24 h~48 h。单核细胞增生李斯特氏菌在靠近金黄色葡萄球菌处出现约 2 mm 的 β-溶血增强区域,斯氏李斯特氏菌也出现微弱的溶血增强区域,伊氏李斯特氏菌在靠近马红球菌处出现约 5 mm~10 mm 的"箭头状"β-溶血增强区域,英诺克李斯特氏菌不产生溶血现象。若结果不明显,可置 4 ℃冰箱 24 h~48 h 再观察。

注:5%~8%的单核细胞增生李斯特氏菌在马红球菌一端有溶血增强现象。

表 1　单核细胞增生李斯特氏菌生化特征与其他李斯特氏菌的区别

菌种	溶血反应	葡萄糖	麦芽糖	MR-VP	甘露醇	鼠李糖	木糖	七叶苷
单核细胞增生李斯特氏菌 （*L. monocytogenes*）	+	+	+	+/+	−	+	−	+
格氏李斯特氏菌 （*L. grayi*）	−	+	+	+/+	+	−	−	+
斯氏李斯特氏菌 （*L. seeligeri*）	+	+	+	+/+	−	−	+	+
威氏李斯特氏菌 （*L. welshimeri*）	−	+	+	+/+	−	V	+	+
伊氏李斯特氏菌 （*L. ivanovii*）	+	+	+	+/+	−	−	+	+
英诺克李斯特氏菌 （*L. innocua*）	−	+	+	+/+	−	V	−	+
注：＋阳性；—阴性；V 反应不定。								

5.5　小鼠毒力试验（可选项目）

将符合上述特性的纯培养物接种于 TSB-YE 中，于 36 ℃±1 ℃培养 24 h，4 000 r/min 离心 5 min，弃上清液，用无菌生理盐水制备成浓度为 10^{10} CFU/mL 的菌悬液，取此菌悬液对 3 只～5 只小鼠进行腹腔注射，每只 0.5 mL，同时观察小鼠死亡情况。接种致病株的小鼠于 2 d～5 d 内死亡。试验设单增李斯特氏菌致病株和灭菌生理盐水对照组。单核细胞增生李斯特氏菌、伊氏李斯特氏菌对小鼠有致病性。

5.6　结果与报告

综合以上生化试验和溶血试验的结果，报告 25 g(mL)样品中检出或未检出单核细胞增生李斯特氏菌。

第二法　单核细胞增生李斯特氏菌平板计数法

6　检验程序

单核细胞增生李斯特氏菌平板计数程序见图 2。

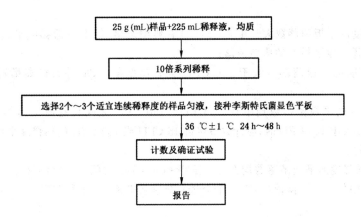

图 2　单核细胞增生李斯特氏菌平板计数程序

7　操作步骤

7.1　样品的稀释

7.1.1　以无菌操作称取样品 25 g(mL),放入盛有 225 mL 缓冲蛋白胨水或无添加剂的 LB 肉汤的无菌均质袋内(或均质杯)内,在拍击式均质器上连续均质 1 min~2 min 或以 8 000 r/min~10 000 r/min 均质 1 min~2 min。液体样品,振荡混匀,制成 1:10 的样品匀液。

7.1.2　用 1 mL 无菌吸管或微量移液器吸取 1:10 样品匀液 1 mL,沿管壁缓慢注于盛有 9 mL 缓冲蛋白胨水或无添加剂的 LB 肉汤的无菌试管中(注意吸管或吸头尖端不要触及稀释液面),振摇试管或换用 1 支 1 mL 无菌吸管反复吹打使其混合均匀,制成 1:100 的样品匀液。

7.1.3　按 7.1.2 操作程序,制备 10 倍系列稀释样品匀液。每递增稀释 1 次,换用 1 支 1 mL 无菌吸管或吸头。

7.2　样品的接种

根据对样品污染状况的估计,选择 2 个~3 个适宜连续稀释度的样品匀液(液体样品可包括原液),每个稀释度的样品匀液分别吸取 1 mL 以 0.3 mL、0.3 mL、0.4 mL 的接种量分别加入 3 块李斯特氏菌显色平板,用无菌 L 棒涂布整个平板,注意不要触及平板边缘。使用前,如琼脂平板表面有水珠,可放在 25 ℃~50 ℃ 的培养箱里干燥,直到平板表面的水珠消失。

7.3　培养

7.3.1　在通常情况下,涂布后,将平板静置 10 min,如样液不易吸收,可将平板放在培养箱 36 ℃±1 ℃ 培养 1 h;等样品匀液吸收后翻转平皿,倒置于培养箱,36 ℃±1 ℃ 培养 24 h~48 h。

7.4　典型菌落计数和确认

7.4.1　单核细胞增生李斯特氏菌在李斯特氏菌显色平板上的菌落特征以产品说明为准。

7.4.2　选择有典型单核细胞增生李斯特氏菌菌落的平板,且同一稀释度 3 个平板所有菌落数合计在 15 CFU~150 CFU 之间的平板,计数典型菌落数。如果:

  a)　只有一个稀释度的平板菌落数在 15 CFU~150 CFU 之间且有典型菌落,计数该稀释度平板上的典型菌落;

  b)　所有稀释度的平板菌落数均小于 15 CFU 且有典型菌落,应计数最低稀释度平板上的典型

菌落;

  c) 某一稀释度的平板菌落数大于 150 CFU 且有典型菌落,但下一稀释度平板上没有典型菌落,应计数该稀释度平板上的典型菌落;

  d) 所有稀释度的平板菌落数大于 150 CFU 且有典型菌落,应计数最高稀释度平板上的典型菌落;

  e) 所有稀释度的平板菌落数均不在 15 CFU～150 CFU 之间且有典型菌落,其中一部分小于 15 CFU 或大于 150 CFU 时,应计数最接近 15 CFU 或 150 CFU 的稀释度平板上的典型菌落。

以上按式(1)计算。

  f) 2 个连续稀释度的平板菌落数均在 15 CFU～150 CFU 之间,按式(2)计算。

7.4.3 从典型菌落中任选 5 个菌落(小于 5 个全选),分别按 5.3、5.4 进行鉴定。

8 结果计数

$$T = \frac{AB}{Cd} \qquad \cdots\cdots\cdots\cdots\cdots\cdots\cdots (1)$$

式中:

T ——样品中单核细胞增生李斯特氏菌菌落数;

A ——某一稀释度典型菌落的总数;

B ——某一稀释度确证为单核细胞增生李斯特氏菌的菌落数;

C ——某一稀释度用于单核细胞增生李斯特氏菌确证试验的菌落数;

d ——稀释因子。

$$T = \frac{A_1 B_1/C_1 + A_2 B_2/C_2}{1.1d} \qquad \cdots\cdots\cdots\cdots\cdots\cdots\cdots (2)$$

式中:

T ——样品中单核细胞增生李斯特氏菌菌落数;

A_1 ——第一稀释度(低稀释倍数)典型菌落的总数;

B_1 ——第一稀释度(低稀释倍数)确证为单核细胞增生李斯特氏菌的菌落数;

C_1 ——第一稀释度(低稀释倍数)用于单核细胞增生李斯特氏菌确证试验的菌落数;

A_2 ——第二稀释度(高稀释倍数)典型菌落的总数;

B_2 ——第二稀释度(高稀释倍数)确证为单核细胞增生李斯特氏菌的菌落数;

C_2 ——第二稀释度(高稀释倍数)用于单核细胞增生李斯特氏菌确证试验的菌落数;

1.1 ——计算系数;

d ——稀释因子(第一稀释度)。

9 结果报告

报告每 g(mL)样品中单核细胞增生李斯特氏菌菌数,以 CFU/g(mL)表示;如 T 值为 0,则以小于 1 乘以最低稀释倍数报告。

第三法 单核细胞增生李斯特氏菌 MPN 计数法

10 检验程序

单核细胞增生李斯特氏菌 MPN 计数法检验程序见图 3。

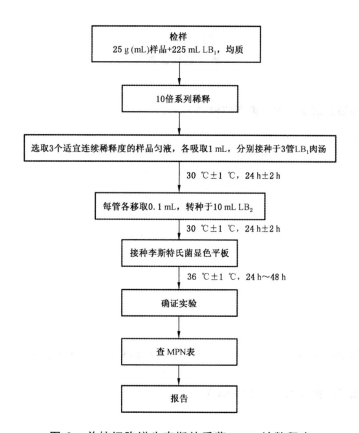

图 3　单核细胞增生李斯特氏菌 MPN 计数程序

11　操作步骤

11.1　样品的稀释

按 7.1 进行。

11.2　接种和培养

11.2.1　根据对样品污染状况的估计,选取 3 个适宜连续稀释度的样品匀液(液体样品可包括原液),接种于 10 mL LB$_1$ 肉汤,每一稀释度接种 3 管,每管接种 1 mL(如果接种量需要超过 1 mL,则用双料 LB$_1$ 增菌液)于 30 ℃±1 ℃培养 24 h±2 h。每管各移取 0.1 mL,转种于 10 mL LB$_2$ 增菌液内,于 30 ℃±1 ℃ 培养 24 h±2 h。

11.2.2　用接种环从各管中移取 1 环,接种李斯特氏菌显色平板,36 ℃±1 ℃培养 24 h～48 h。

11.3　确证试验

自每块平板上挑取 5 个典型菌落(5 个以下全选),按照 5.3、5.4 进行鉴定。

12　结果与报告

根据证实为单核细胞增生李斯特氏菌阳性的试管管数,查 MPN 检索表(见附录 B),报告每 g(mL)样品中单核细胞增生李斯特氏菌的最可能数,以 MPN/g(mL)表示。

附 录 A

培养基和试剂

A.1 含 0.6%酵母浸膏的胰酪胨大豆肉汤(TSB-YE)

A.1.1 成分

胰胨	17.0 g
多价胨	3.0 g
酵母膏	6.0 g
氯化钠	5.0 g
磷酸氢二钾	2.5 g
葡萄糖	2.5 g
蒸馏水	1 000 mL

A.1.2 制法

将上述各成分加热搅拌溶解,调节 pH 至 7.2±0.2,分装,121 ℃高压灭菌 15 min,备用。

A.2 含 0.6%酵母膏的胰酪胨大豆琼脂(TSA-YE)

A.2.1 成分

胰胨	17.0 g
多价胨	3.0 g
酵母膏	6.0 g
氯化钠	5.0 g
磷酸氢二钾	2.5 g
葡萄糖	2.5 g
琼脂	15.0 g
蒸馏水	1 000 mL

A.2.2 制法

将上述各成分加热搅拌溶解,调节 pH 至 7.2±0.2,分装,121 ℃高压灭菌 15 min,备用。

A.3 李氏增菌肉汤(LB₁,LB₂)

A.3.1 成分

胰胨	5.0 g
多价胨	5.0 g
酵母膏	5.0 g
氯化钠	20.0 g
磷酸二氢钾	1.4 g

磷酸氢二钠	12.0 g
七叶苷	1.0 g
蒸馏水	1 000 mL

A.3.2 制法

将上述成分加热溶解,调节 pH 至 7.2±0.2,分装,121 ℃高压灭菌 15 min,备用。

A.3.2.1 李氏Ⅰ液(LB₁)225 mL 中加入:

| 1%萘啶酮酸(用 0.05 mol/L 氢氧化钠溶液配制) | 0.5 mL |
| 1% 吖啶黄(用无菌蒸馏水配制) | 0.3 mL |

A.3.2.2 李氏Ⅱ液(LB₂)200 mL 中加入:

| 1%萘啶酮酸 | 0.4 mL |
| 1%吖啶黄 | 0.5 mL |

A.4 PALCAM 琼脂

A.4.1 成分

酵母膏	8.0 g
葡萄糖	0.5 g
七叶甙	0.8 g
柠檬酸铁铵	0.5 g
甘露醇	10.0 g
酚红	0.1 g
氯化锂	15.0 g
酪蛋白胰酶消化物	10.0 g
心胰酶消化物	3.0 g
玉米淀粉	1.0 g
肉胃酶消化物	5.0 g
氯化钠	5.0 g
琼脂	15.0 g
蒸馏水	1 000 mL

A.4.2 制法

将上述成分加热溶解,调节 pH 至 7.2±0.2,分装,121 ℃高压灭菌 15 min,备用。

A.4.2.1 PALCAM 选择性添加剂

多粘菌素 B	5.0 mg
盐酸吖啶黄	2.5 mg
头孢他啶	10.0 mg
无菌蒸馏水	500 mL

A.4.2.2 制法

将 PALCAM 基础培养基溶化后冷却到 50 ℃,加入 2 mL PALCAM 选择性添加剂,混匀后倾倒在无菌的平皿中,备用。

A.5 革兰氏染色液

A.5.1 结晶紫染色液

A.5.1.1 成分

结晶紫	1.0 g
95%乙醇	20.0 mL
1%草酸铵水溶液	80.0 mL

A.5.1.2 制法

将结晶紫完全溶解于乙醇中,然后与草酸铵溶液混合。

A.5.2 革兰氏碘液

A.5.2.1 成分

碘	1.0 g
碘化钾	2.0 g
蒸馏水	300 mL

A.5.2.2 制法

将碘与碘化钾先进行混合,加入蒸馏水少许,充分振摇,待完全溶解后,再加蒸馏水至 300 mL。

A.5.3 沙黄复染液

A.5.3.1 成分

沙黄	0.25 g
95%乙醇	10.0 mL
蒸馏水	90.0 mL

A.5.3.2 制法

将沙黄溶解于乙醇中,然后用蒸馏水稀释。

A.5.4 染色法

A.5.4.1 涂片用火焰固定后滴加结晶紫染液,作用 1 min,水洗。

A.5.4.2 滴加革兰氏碘液,作用 1 min,水洗。

A.5.4.3 滴加 95%乙醇脱色,约 15 s～30 s,直至染色液被洗掉,不要过分脱色,水洗。

A.5.4.4 滴加复染液,复染 1 min,水洗、待干、镜检。

A.6 SIM 动力培养基

A.6.1 成分

胰胨	20.0 g
多价胨	6.0 g

硫酸铁铵	0.2 g
硫代硫酸钠	0.2 g
琼脂	3.5 g
蒸馏水	1 000 mL

A.6.2　制法

将上述各成分加热混匀,调节 pH 至 7.2±0.2,分装小试管,121 ℃高压灭菌 15 min,备用。

A.6.3　试验方法

挑取纯培养的单个可疑菌落穿刺接种到 SIM 培养基中,于 25 ℃~30 ℃培养 48 h,观察结果。

A.7　缓冲葡萄糖蛋白胨水(MR 和 VP 试验用)

A.7.1　成分

多价胨	7.0 g
葡萄糖	5.0 g
磷酸氢二钾	5.0 g
蒸馏水	1 000 mL

A.7.2　制法

溶化后调节 pH 至 7.0±0.2,分装试管,每管 1 mL,121 ℃高压灭菌 15 min,备用。

A.7.3　甲基红(MR)试验

A.7.3.1　甲基红试剂

A.7.3.1.1　成分

甲基红	10 mg
95％乙醇	30 mL
蒸馏水	20 mL

A.7.3.1.2　制法

10 mg 甲基红溶于 30 mL 95％乙醇中,然后加入 20 mL 蒸馏水。

A.7.3.1.3　试验方法

取适量琼脂培养物接种于缓冲葡萄糖蛋白胨水中,36 ℃±1 ℃培养 2 d~5 d。滴加甲基红试剂一滴,立即观察结果。鲜红色为阳性,黄色为阴性。

A.7.4　V-P 试验

A.7.4.1　6％ α-萘酚-乙醇溶液

成分及制法:取 α-萘酚 6.0 g,加无水乙醇溶解,定容至 100 mL。

A.7.4.2　40%氢氧化钾溶液

成分及制法:取氢氧化钾 40 g,加蒸馏水溶解,定容至 100 mL。

A.7.4.3　试验方法

取适量琼脂培养物接种于缓冲葡萄糖蛋白胨水中,36 ℃±1 ℃培养 2 d～4 d。加入 6% α-萘酚-乙醇溶液 0.5 mL 和 40%氢氧化钾溶液 0.2 mL,充分振摇试管,观察结果。阳性反应立刻或于数分钟内出现红色,如为阴性,应放在 36 ℃±1 ℃继续培养 1 h 再进行观察。

A.8　血琼脂

A.8.1　成分

蛋白胨	1.0 g
牛肉膏	0.3 g
氯化钠	0.5 g
琼脂	1.5 g
蒸馏水	100 mL
脱纤维羊血	5 mL～8 mL

A.8.2　制法

除新鲜脱纤维羊血外,加热溶化上述各组分,121 ℃高压灭菌 15 min,冷到 50 ℃,以无菌操作加入新鲜脱纤维羊血,摇匀,倾注平板。

A.9　糖发酵管

A.9.1　成分

牛肉膏	5.0 g
蛋白胨	10.0 g
氯化钠	3.0 g
磷酸氢二钠($Na_2HPO_4 \cdot 12H_2O$)	2.0 g
0.2%溴麝香草酚蓝溶液	12.0 mL
蒸馏水	1 000 mL

A.9.2　制法

A.9.2.1　葡萄糖发酵管按上述成分配好后,按 0.5%比例加入葡萄糖,分装于有一个倒置小管的小试管内,调节 pH 至 7.4,115 ℃高压灭菌 15 min,备用。

A.9.2.2　其他各种糖发酵管可按上述成分配好后,分装每瓶 100 mL,115 ℃高压灭菌 15 min。另将各种糖类分别配好 10%溶液,同时高压灭菌。将 5 mL 糖溶液加入于 100 mL 培养基内,以无菌操作分装于含倒置小管的小试管中。或按照 A.9.2.1 葡萄糖发酵管的配制方法制备其他糖类发酵管。

A.9.3　试验方法

取适量纯培养物接种于糖发酵管,36 ℃±1 ℃培养 24 h～48 h,观察结果,蓝色为阴性,黄色为阳性。

A.10 过氧化氢酶试验

A.10.1 试剂

3%过氧化氢溶液:临用时配制。

A.10.2 试验方法

用细玻璃棒或一次性接种针挑取单个菌落,置于洁净玻璃平皿内,滴加3%过氧化氢溶液2滴,观察结果。

A.10.3 结果

于半分钟内发生气泡者为阳性,不发生气泡者为阴性。

A.11 缓冲蛋白胨水(BPW)

A.11.1 成分

蛋白胨	10.0 g
氯化钠	5.0 g
磷酸氢二钠($Na_2HPO_4 \cdot 12H_2O$)	9.0 g
磷酸二氢钾	1.5 g
蒸馏水	1 000 mL

A.11.2 制法

加热搅拌至溶解,调节 pH 至 7.2 ± 0.2,121 ℃高压灭菌 15 min。

附　录　B
单核细胞增生李斯特氏菌最可能数（MPN）检索表

每 g(mL)检样中单核细胞增生李斯特氏菌最可能数（MPN）检索表见表 B.1。

表 B.1　单核细胞增生李斯特氏菌最可能数（MPN）检索表

阳性管数			MPN	95%置信区间		阳性管数			MPN	95%置信区间	
0.10	0.01	0.001		下限	上限	0.10	0.01	0.001		下限	上限
0	0	0	<3.0	—	9.5	2	2	0	21	4.5	42
0	0	1	3.0	0.15	9.6	2	2	1	28	8.7	94
0	1	0	3.0	0.15	11	2	2	2	35	8.7	94
0	1	1	6.1	1.2	18	2	3	0	29	8.7	94
0	2	0	6.2	1.2	18	2	3	1	36	8.7	94
0	3	0	9.4	3.6	38	3	0	0	23	4.6	94
1	0	0	3.6	0.17	18	3	0	1	38	8.7	110
1	0	1	7.2	1.3	18	3	0	2	64	17	180
1	0	2	11	3.6	38	3	1	0	43	9	180
1	1	0	7.4	1.3	20	3	1	1	75	17	200
1	1	1	11	3.6	38	3	1	2	120	37	420
1	2	0	11	3.6	42	3	1	3	160	40	420
1	2	1	15	4.5	42	3	2	0	93	18	420
1	3	0	16	4.5	42	3	2	1	150	37	420
2	0	0	9.2	1.4	38	3	2	2	210	40	430
2	0	1	14	3.6	42	3	2	3	290	90	1 000
2	0	2	20	4.5	42	3	3	0	240	42	1 000
2	1	0	15	3.7	42	3	3	1	460	90	2 000
2	1	1	20	4.5	42	3	3	2	1 100	180	4 100
2	1	2	27	8.7	94	3	3	3	>1 100	420	—

注1：本表采用3个稀释度[0.1 g(mL)、0.01 g(mL)和0.001 g(mL)]，每个稀释度接种3管。

注2：表内所列检样量如改用1 g(mL)、0.1 g(mL)和0.01 g(mL)时，表内数字应相应降低10倍；如改用0.01 g(mL)、0.001 g(mL)、0.000 1 g(mL)时，则表内数字应相应增高10倍，其余类推。

中华人民共和国国家标准

GB 4789.34—2016

食品安全国家标准

食品微生物学检验　双歧杆菌检验

2016-12-23 发布

2017-06-23 实施

中华人民共和国国家卫生和计划生育委员会
国家食品药品监督管理总局　发 布

前　言

本标准代替 GB 4789.34—2012《食品安全国家标准　食品微生物学检验　双歧杆菌的鉴定》。

本标准与 GB 4789.34—2012 相比，主要变化如下：

——增加了双歧杆菌的计数方法；

——增加了 MRS 培养基；

——修改了标准的适用范围；

——修改了附录 B 为可选项。

食品安全国家标准

食品微生物学检验 双歧杆菌检验

1 范围

本标准规定了双歧杆菌(*Bifidobacterium*)的鉴定及计数方法。

本标准适用于双歧杆菌纯菌菌种的鉴定及计数。本标准适用于食品中仅含有单一双歧杆菌的菌种鉴定。本标准适用于食品中仅含有双歧杆菌属的计数,即食品中可包含一个或多个不同的双歧杆菌菌种。

2 设备和材料

除微生物实验室常规灭菌及培养设备外,其他设备和材料如下:

2.1 恒温培养箱:36 ℃±1 ℃。

2.2 冰箱:2 ℃~5 ℃。

2.3 天平:感量 0.01 g。

2.4 无菌试管:18 mm×180 mm、15 mm×100 mm。

2.5 无菌吸管:1 mL(具 0.01 mL 刻度)、10 mL(具 0.1 mL 刻度)或微量移液器(200 μL~1 000 μL)及配套吸头。

2.6 无菌培养皿:直径 90 mm。

3 培养基和试剂

3.1 双歧杆菌培养基:见 A.1。

3.2 PYG 培养基:见 A.2。

3.3 MRS 培养基:见 A.3。

3.4 甲醇:分析纯。

3.5 三氯甲烷:分析纯。

3.6 硫酸:分析纯。

3.7 冰乙酸:分析纯。

3.8 乳酸:分析纯。

4 检验程序

双歧杆菌的检验程序见图 1。

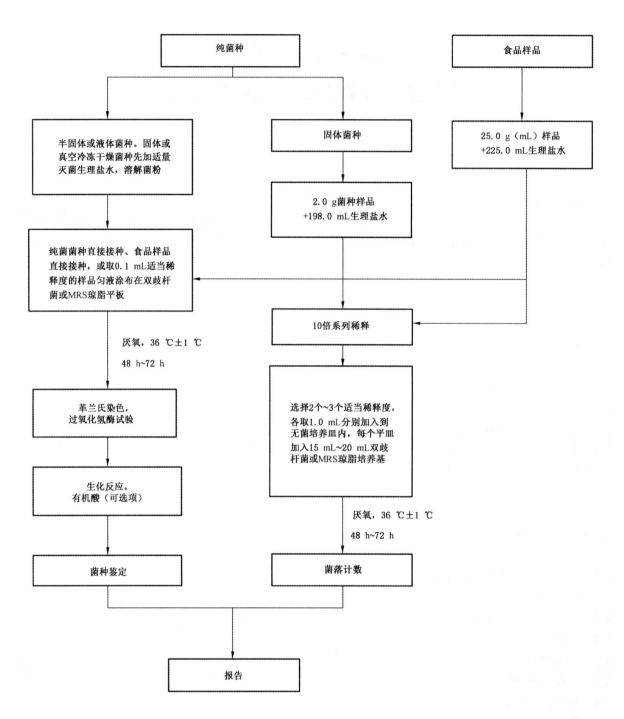

图 1 双歧杆菌的检验程序

5 操作步骤

5.1 无菌要求

全部操作过程均应遵循无菌操作程序。

5.2 双歧杆菌的鉴定

5.2.1 纯菌菌种

5.2.1.1 样品处理:半固体或液体菌种直接接种在双歧杆菌琼脂平板或 MRS 琼脂平板。固体菌种或真空冷冻干燥菌种,可先加适量灭菌生理盐水或其他适宜稀释液,溶解菌粉。

5.2.1.2 接种:接种于双歧杆菌琼脂平板或 MRS 琼脂平板。36 ℃±1 ℃厌氧培养 48 h±2 h,可延长至72 h±2 h。

5.2.2 食品样品

5.2.2.1 样品处理:取样 25.0 g(mL),置于装有 225.0 mL 生理盐水的灭菌锥形瓶或均质袋内,于8 000 r/min～10 000 r/min 均质 1 min～2 min,或用拍击式均质器拍打 1 min～2 min,制成 1:10 的样品匀液。冷冻样品可先使其在 2 ℃～5 ℃条件下解冻,时间不超过 18 h;也可在温度不超过 45 ℃的条件解冻,时间不超过 15 min。

5.2.2.2 接种或涂布:将上述样品匀液接种在双歧杆菌琼脂平板或 MRS 琼脂平板,或取 0.1 mL 适当稀释度的样品匀液均匀涂布在双歧杆菌琼脂平板或 MRS 琼脂平板。36 ℃±1 ℃厌氧培养 48 h±2 h,可延长至 72 h±2 h。

5.2.2.3 纯培养:挑取 3 个或以上的单个菌落接种于双歧杆菌琼脂平板或 MRS 琼脂平板。36 ℃±1 ℃厌氧培养 48 h±2 h,可延长至 72 h±2 h。

5.2.3 菌种鉴定

5.2.3.1 涂片镜检:挑取双歧杆菌平板或 MRS 平板上生长的双歧杆菌单个菌落进行染色。双歧杆菌为革兰氏染色阳性,呈短杆状、纤细杆状或球形,可形成各种分支或分叉等多形态,不抗酸,无芽孢,无动力。

5.2.3.2 生化鉴定:挑取双歧杆菌平板或 MRS 平板上生长的双歧杆菌单个菌落,进行生化反应检测。过氧化氢酶试验为阴性。双歧杆菌的主要生化反应见表1。可选择生化鉴定试剂盒或全自动微生物生化鉴定系统。

表 1 双歧杆菌菌种主要生化反应

编号	项目	两歧双歧杆菌 (B. bifidum)	婴儿双歧杆菌 (B.infantis)	长双歧杆菌 (B.longum)	青春双歧杆菌 (B.adolescentis)	动物双歧杆菌 (B.animalis)	短双歧杆菌 (B.breve)
1	L－阿拉伯糖	−	−	+	+	+	−
2	D-核糖	−	+	+	+	+	+
3	D-木糖	−	+	+	d	+	+
4	L-木糖	−	−	−	−	−	−
5	阿东醇	−	−	−	−	−	−
6	D-半乳糖	d	+	+	+	d	+
7	D-葡萄糖	+	+	+	+	+	+
8	D-果糖	d	+	+	d	d	+
9	D-甘露糖	−	+	+	−	−	+
10	L-山梨糖	−	−	−	−	−	−

表 1（续）

编号	项目	两歧双歧杆菌（B. bifidum）	婴儿双歧杆菌（B.infantis）	长双歧杆菌（B.longum）	青春双歧杆菌（B.adolescentis）	动物双歧杆菌（B.animalis）	短双歧杆菌（B.breve）
11	L-鼠李糖	－	－	－	－	－	－
12	卫矛醇	－	－	－	－	－	－
13	肌醇	－	－	－	－	－	＋
14	甘露醇	－	－	－	－ª	－	－ª
15	山梨醇	－	－	－	－ª	－	－ª
16	α-甲基-D-葡萄糖甙	－	－	＋	－	－	－
17	N-乙酰-葡萄糖胺	－	－	－	－	－	＋
18	苦杏仁甙（扁桃甙）	－	－	－	＋	＋	－
19	七叶灵	－	－	＋	＋	＋	－
20	水杨甙（柳醇）	－	＋	－	＋	＋	－
21	D-纤维二糖	－	＋	－	d	－	－
22	D-麦芽糖	－	＋	＋	＋	＋	＋
23	D-乳糖	＋	＋	＋	＋	＋	＋
24	D-蜜二糖	－	＋	＋	＋	＋	＋
25	D-蔗糖	－	＋	－	－	＋	＋
26	D-海藻糖（蕈糖）	－	－	－	－	－	－
27	菊糖（菊根粉）	－	－ª	－	－ª	－	－ª
28	D-松三糖	－	－	＋	＋	－	－
29	D-棉籽糖	－	＋	＋	＋	＋	＋
30	淀粉	－	－	－	＋	－	－
31	肝糖（糖原）	－	－	－	－	－	－
32	龙胆二糖	－	＋	－	＋	＋	＋
33	葡萄糖酸钠	－	－	－	＋	－	－

注：＋表示90％以上菌株阳性；－表示90％以上菌株阴性；d表示11％～89％以上菌株阳性；

ª 表示某些菌株阳性。

5.2.3.3 有机酸测定：测定双歧杆菌的有机酸代谢产物（可选项），见附录 B。

5.3 双歧杆菌的计数

5.3.1 纯菌菌种

5.3.1.1 固体和半固体样品的制备：以无菌操作称取 2.0 g 样品，置于盛有 198.0 mL 稀释液的无菌均质杯内，8 000 r/min～10 000 r/min 均质 1 min～2 min，或置于盛有 198.0 mL 稀释液的无菌均质袋中，用拍击式均质器拍打 1 min～2 min，制成 1：100 的样品匀液。

5.3.1.2 液体样品的制备:以无菌操作量取 1.0 mL 样品,置于 9.0 mL 稀释液中,混匀,制成 1:10 的样品匀液。

5.3.2 食品样品

5.3.2.1 样品处理:取样 25.0 g(mL),置于装有 225.0 mL 生理盐水的灭菌锥形瓶或均质袋内,于 8 000 r/min～10 000 r/min 均质 1 min～2 min,或用拍击式均质器拍打 1 min～2 min,制成 1:10 的样品匀液。冷冻样品可先使其在 2 ℃～5 ℃ 条件下解冻,时间不超过 18 h;也可在温度不超过 45 ℃ 的条件解冻,时间不超过 15 min。

5.3.3 系列稀释及培养

用 1 mL 无菌吸管或微量移液器,制备 10 倍系列稀释样品匀液,于 8 000 r/min～10 000 r/min 均质 1 min～2 min,或用拍击式均质器拍打 1 min～2 min。每递增稀释一次,即换用 1 次 1 mL 灭菌吸管或吸头。根据对样品浓度的估计,选择 2 个～3 个适宜稀释度的样品匀液,在进行 10 倍递增稀释时,吸取 1.0 mL 样品匀液于无菌平皿内,每个稀释度做两个平皿。同时,分别吸取 1.0 mL 空白稀释液加入两个无菌平皿内作空白对照。及时将 15 mL～20 mL 冷却至 46 ℃ 的双歧杆菌琼脂培养基或 MRS 琼脂培养基(可放置于 46 ℃±1 ℃ 恒温水浴箱中保温)倾注平皿,并转动平皿使其混合均匀。从样品稀释到平板倾注要求在 15 min 内完成。待琼脂凝固后,将平板翻转,36 ℃±1 ℃ 厌氧培养 48 h±2 h,可延长至 72 h±2 h。培养后计数平板上的所有菌落数。

5.3.4 菌落计数

5.3.4.1 可用肉眼观察,必要时用放大镜或菌落计数器,记录稀释倍数和相应的菌落数量。菌落计数以菌落形成单位(colony-forming units,CFU)表示。

5.3.4.2 选取菌落数在 30 CFU～300 CFU 之间、无蔓延菌落生长的平板计数菌落总数。低于 30 CFU 的平板记录具体菌落数,大于 300 CFU 的可记录为多不可计。每个稀释度的菌落数应采用两个平板的平均数。

5.3.4.3 其中一个平板有较大片状菌落生长时,则不宜采用,而应以无片状菌落生长的平板作为该稀释度的菌落数;若片状菌落不到平板的一半,而其余一半中菌落分布又很均匀,即可计算半个平板后乘以 2,代表一个平板菌落数。

5.3.4.4 当平板上出现菌落间无明显界线的链状生长时,则将每条单链作为一个菌落计数。

5.3.5 结果的表述

5.3.5.1 若只有一个稀释度平板上的菌落数在适宜计数范围内,计算两个平板菌落数的平均值,再将平均值乘以相应稀释倍数,作为每克或每毫升中菌落总数结果。

5.3.5.2 若有两个连续稀释度的平板菌落数在适宜计数范围内时,按式(1)计算:

$$N = \frac{\sum C}{(n_1 + 0.1n_2)d} \qquad \cdots\cdots\cdots\cdots\cdots\cdots\cdots\cdots\cdots(1)$$

式中:

N ——样品中菌落数;

$\sum C$——平板(含适宜范围菌落数的平板)菌落数之和;

n_1 ——第一稀释度(低稀释倍数)平板个数;

n_2 ——第二稀释度(高稀释倍数)平板个数;

d ——稀释因子(第一稀释度)。

5.3.5.3 若所有稀释度的平板上菌落数均大于 300 CFU,则对稀释度最高的平板进行计数,其他平板可记录为多不可计,结果按平均菌落数乘以最高稀释倍数计算。

5.3.5.4 若所有稀释度的平板菌落数均小于 30 CFU,则应按稀释度最低的平均菌落数乘以稀释倍数计算。

5.3.5.5 若所有稀释度(包括液体样品原液)平板均无菌落生长,则以小于 1 乘以最低稀释倍数计算。

5.3.5.6 若所有稀释度的平板菌落数均不在 30 CFU～300 CFU 之间,其中一部分小于 30 CFU 或大于 300 CFU 时,则以最接近 30 CFU 或 300 CFU 的平均菌落数乘以稀释倍数计算。

5.3.6 菌落数的报告

5.3.6.1 菌落数小于 100 CFU 时,按"四舍五入"原则修约,以整数报告。

5.3.6.2 菌落数大于或等于 100 CFU 时,第 3 位数字采用"四舍五入"原则修约后,取前 2 位数字,后面用 0 代替位数;也可用 10 的指数形式来表示,按"四舍五入"原则修约后,采用两位有效数字。

5.3.6.3 称重取样以 CFU/g 为单位报告,体积取样以 CFU/mL 为单位报告。

5.4 结果与报告

根据 5.2.3.1、5.2.3.2、5.2.3.3 结果,报告双歧杆菌属的种名。根据 5.3.6 菌落计数结果出具报告,报告单位以 CFU/g(mL)表示。

附 录 A
培养基和试剂

A.1 双歧杆菌琼脂培养基

A.1.1 成分

蛋白胨	15.0 g
酵母浸膏	2.0 g
葡萄糖	20.0 g
可溶性淀粉	0.5 g
氯化钠	5.0 g
西红柿浸出液	400.0 mL
吐温 80	1.0 mL
肝粉	0.3 g
琼脂粉	20.0 g
加蒸馏水至	1 000.0 mL

A.1.2 制法

A.1.2.1 半胱氨酸盐溶液的配制:称取半胱氨酸 0.5 g,加入 1.0 mL 盐酸,使半胱氨酸全部溶解,配制成半胱氨酸盐溶液。

A.1.2.2 西红柿浸出液的制备:将新鲜的西红柿洗净后称重切碎,加等量的蒸馏水在 100 ℃水浴中加热,搅拌 90 min,然后用纱布过滤,校正 pH 7.0±0.1,将浸出液分装后,121 ℃高压灭菌 15 min～20 min。

A.1.2.3 制法:将 A.1.1 所有成分加入蒸馏水中,加热溶解,然后加入半胱氨酸盐溶液,校正 pH 至 6.8±0.1。分装后 121 ℃高压灭菌 15 min～20 min。

A.2 PYG 液体培养基

A.2.1 成分

蛋白胨	10.0 g
葡萄糖	2.5 g
酵母粉	5.0 g
半胱氨酸-HCl	0.25 g
盐溶液	20.0 mL
维生素 K_1 溶液	0.5 mL
氯化血红素溶液 5 mg/mL	2.5 mL
加蒸馏水至	500.0 mL

A.2.2 制法

A.2.2.1 盐溶液的配制:称取无水氯化钙 0.2 g,硫酸镁 0.2 g,磷酸氢二钾 1.0 g,磷酸二氢钾 1.0 g,碳酸氢钠 10.0 g,氯化钠 2.0 g,加蒸馏水至 1 000 mL。

A.2.2.2 氯化血红素溶液(5 mg/mL)的配制:称取氯化血红素 0.5 g 溶于 1 mol/L 氢氧化钠 1.0 mL 中,加蒸馏水至 100 mL,121 ℃高压灭菌 15 min~20 min。

A.2.2.3 维生素 K_1 溶液的配制:称取维生素 K_1 1.0 g,加无水乙醇 99.0 mL,过滤除菌,避光冷藏保存。

A.2.2.4 制法:除氯化血红素溶液和维生素 K_1 溶液外,A.2.1 其余成分加入蒸馏水中,加热溶解,校正 pH 至 6.0±0.1,加入中性红溶液。分装后 121 ℃高压灭菌 15 min~20 min。临用时加热熔化琼脂,加入氯化血红素溶液和维生素 K_1 溶液,冷至 50 ℃使用。

A.3　MRS 培养基

A.3.1　成分

蛋白胨	10.0 g
牛肉粉	5.0 g
酵母粉	4.0 g
葡萄糖	20.0 g
吐温 80	1.0 mL
$K_2HPO_4 \cdot 7H_2O$	2.0 g
醋酸钠·$3H_2O$	5.0 g
柠檬酸三铵	2.0 g
$MgSO_4 \cdot 7H_2O$	0.2 g
$MnSO_4 \cdot 4H_2O$	0.05 g
琼脂粉	15.0 g
加蒸馏水至	1 000.0 mL

A.3.2　制法

将 A.3.1 所有成分加入蒸馏水中,加热溶解,调节 pH 至 6.2±0.1,分装后 121 ℃高压灭菌 15 min~20 min。

附 录 B
双歧杆菌的有机酸代谢产物检测方法

B.1 双歧杆菌培养液制备

挑取双歧杆菌琼脂平板或 MRS 琼脂平板上纯培养的双歧杆菌接种于 PYG 液体培养基,同时用未接种菌的 PYG 液体培养基做空白对照,厌氧,36 ℃±1 ℃培养 48 h。

B.2 标准液的配制

B.2.1 乙酸标准溶液:准确吸取分析纯冰乙酸 5.7 mL,加水稀释至 100.0 mL,摇匀,进行标定,配成约 1.0 mol/L 的乙酸标准溶液。标定方法为:准确称取乙酸 3.0 g,加水 15.0 mL,酚酞指示液 2 滴,用 1.0 mol/mL 氢氧化钠溶液滴定,并将滴定结果用空白试验校正。1.0 mL 1 mol/mL 氢氧化钠溶液相当于 60.05 mg 的乙酸。

B.2.2 乙酸使用液:将经标定的乙酸标准溶液用水稀释至 20.0 mmol/L。

B.2.3 乳酸标准溶液:吸取分析纯乳酸 8.4 mL,加水稀释至 100.0 mL,摇匀,进行标定,配成约 1.0 mol/L 的乳酸标准溶液。标定方法为:准确称取乳酸 1.0 g,加水 50.0 mL,加入 1 mol/mL 氢氧化钠滴定液 25.0 mL,煮沸 5 min,加入酚酞指示液 2 滴,同时用 0.5 mol/mL 硫酸滴定液滴定,并将滴定结果用空白试验校正。1.0 mL 1 mol/mL 氢氧化钠溶液相当于 90.08 mg 的乳酸。

B.2.4 乳酸使用液:将乳酸标准溶液用水稀释至 20.0 mmol/L。

B.3 方法

B.3.1 乙酸的处理

取双歧杆菌培养液 2.0 mL~3.0 mL 放入 10 mL 离心管中,加入 0.2 mL 50%硫酸溶液(体积分数),混匀,加入 2.0 mL 丙酮,混匀后加过量氯化钠,剧烈振摇 1 min,再加入 2.0 mL 乙醚,振摇 1 min 后,于 3 000 r/min 离心 5 min,将上清液转入另一试管中,下层溶液用 2.0 mL 丙酮和 2.0 mL 乙醚重复提取 2 次,合并有机相,于 40 ℃水浴中用氮气吹至尽干,用 20 mmol/L 的磷酸二氢钠溶液(pH 2.0)-乙腈(99+1)溶解并定容至 1.0 mL,混匀后备用。同样操作步骤处理乙酸标准和空白培养液。

B.3.2 乳酸的处理

取双歧杆菌培养液 2.0 mL~3.0 mL 放入 10 mL 比色管中,100 ℃水浴 10 min,加入 0.2 mL 50% (体积分数)硫酸溶液,混匀,加入 1.0 mL 甲醇,于 58 ℃水浴 30 min 后加水 1.0 mL,加三氯甲烷 1.0 mL,振摇 3 min,3 000 r/min 离心 5 min,取三氯甲烷层分析。同样操作步骤处理乳酸标准和空白培养液。

B.3.3 液相色谱条件

色谱柱:ZorbaxSb-Aq 液相色谱柱(4.6×150 mm,5 μm)或其他等效色谱柱;流动相:20 mmol/L 的磷酸二氢钠溶液(pH 2.0)-乙腈(99+1),等度洗脱,流速 1 mL/min;柱温箱:35 ℃;紫外检测波长:210 nm;外标定量。

B.4 结果计算

$$X = \frac{A_{样} - A_{空}}{A_{标} \times c} \qquad \cdots\cdots\cdots\cdots\cdots\cdots\cdots\cdots\cdots\cdots (\,B.1\,)$$

式中：

X ——样品培养液中乙酸或乳酸的含量，单位为微摩尔每毫升（$\mu mol/mL$）；

$A_{样}$——样品培养液中乙酸或乳酸的峰面积；

$A_{空}$——空白培养液中乙酸或乳酸的峰面积；

$A_{标}$——乙酸标准或乳酸标准的峰面积；

c ——乙酸标准或乳酸标准的浓度，单位为微摩尔每毫升（$\mu mol/mL$）。

B.5 允许差

相对相差≤15％。

B.6 结果判定

如果乙酸（$\mu mol/mL$）与乳酸（$\mu mol/mL$）比值大于1，可判定为是双歧杆菌的有机酸代谢产物。

———————————————

中华人民共和国国家标准

GB 4789.35—2016

食品安全国家标准

食品微生物学检验　乳酸菌检验

2016-12-23 发布

2017-06-23 实施

中华人民共和国国家卫生和计划生育委员会
国家食品药品监督管理总局　发 布

前　言

　　本标准代替 GB 4789.35—2010《食品安全国家标准　食品微生物学检验　乳酸菌检验》、SN/T 1941.1—2007《进出口食品中乳酸菌检验方法　第 1 部分:分离与计数方法》。

　　本标准与 GB 4789.35—2010 相比,主要变化如下:

　　——增加了乳酸菌总数计数培养条件的选择及结果说明;

　　——修改了改良 MRS 培养基成分;

　　——修改了平板计数的接种方法和接种量。

食品安全国家标准

食品微生物学检验　乳酸菌检验

1　范围

本标准规定了含乳酸菌食品中乳酸菌(lactic acid bacteria)的检验方法。

本标准适用于含活性乳酸菌的食品中乳酸菌的检验。

2　术语和定义

2.1

乳酸菌　lactic acid bacteria

一类可发酵糖主要产生大量乳酸的细菌的通称。本标准中乳酸菌主要为乳杆菌属(*Lactobacillus*)、双歧杆菌属(*Bifidobacterium*)和嗜热链球菌属(*Streptococcus*)。

3　设备和材料

除微生物实验室常规灭菌及培养设备外,其他设备和材料如下:

3.1　恒温培养箱:36 ℃±1 ℃。

3.2　冰箱:2 ℃~5 ℃。

3.3　均质器及无菌均质袋、均质杯或灭菌乳钵。

3.4　天平:感量 0.01 g。

3.5　无菌试管:18 mm×180 mm、15 mm×100 mm。

3.6　无菌吸管:1 mL(具 0.01 mL 刻度)、10 mL(具 0.1 mL 刻度)或微量移液器及吸头。

3.7　无菌锥形瓶:500 mL、250 mL。

4　培养基和试剂

4.1　生理盐水:见 A.1。

4.2　MRS(Man Rogosa Sharpe)培养基及莫匹罗星锂盐(Li-Mupirocin)和半胱氨酸盐酸盐(Cysteine Hydrochloride)改良 MRS 培养基:见 A.2 和 A.3。

4.3　MC 培养基(Modified Chalmers 培养基):见 A.4。

4.4　0.5%蔗糖发酵管:见 A.5。

4.4　0.5%纤维二糖发酵管:见 A.5。

4.6　0.5%麦芽糖发酵管:见 A.5。

4.7　0.5%甘露醇发酵管:见 A.5。

4.8　0.5%水杨苷发酵管:见 A.5。

4.9　0.5%山梨醇发酵管:见 A.5。

4.10　0.5%乳糖发酵管:见 A.5。

4.11 七叶苷发酵管:见 A.6。

4.12 革兰氏染色液:见 A.7。

4.13 莫匹罗星锂盐(Li-Mupirocin):化学纯。

4.14 半胱氨酸盐酸盐(Cysteine Hydrochloride):纯度>99%。

5 检验程序

乳酸菌检验程序见图1。

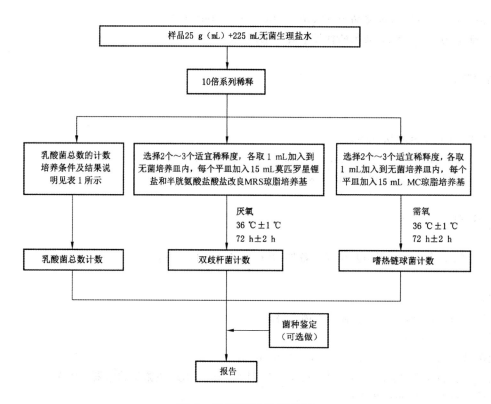

图 1 乳酸菌检验程序图

6 操作步骤

6.1 样品制备

6.1.1 样品的全部制备过程均应遵循无菌操作程序。

6.1.2 冷冻样品可先使其在 2 ℃~5 ℃条件下解冻,时间不超过 18 h,也可在温度不超过 45 ℃的条件解冻,时间不超过 15 min。

6.1.3 固体和半固体食品:以无菌操作称取 25 g 样品,置于装有 225 mL 生理盐水的无菌均质杯内,于 8 000 r/min~10 000 r/min 均质 1 min~2 min,制成1:10 样品匀液;或置于 225 mL 生理盐水的无菌均质袋中,用拍击式均质器拍打 1 min~2 min 制成 1:10 的样品匀液。

6.1.4 液体样品:液体样品应先将其充分摇匀后以无菌吸管吸取样品 25 mL 放入装有 225 mL 生理盐水的无菌锥形瓶(瓶内预置适当数量的无菌玻璃珠)中,充分振摇,制成 1:10 的样品匀液。

6.2 步骤

6.2.1 用 1 mL 无菌吸管或微量移液器吸取 1：10 样品匀液 1 mL，沿管壁缓慢注于装有 9 mL 生理盐水的无菌试管中（注意吸管尖端不要触及稀释液），振摇试管或换用 1 支无菌吸管反复吹打使其混合均匀，制成 1：100 的样品匀液。

6.2.2 另取 1 mL 无菌吸管或微量移液器吸头，按上述操作顺序，做 10 倍递增样品匀液，每递增稀释一次，即换用 1 次 1 mL 灭菌吸管或吸头。

6.2.3 乳酸菌计数

6.2.3.1 乳酸菌总数

乳酸菌总数计数培养条件的选择及结果说明见表 1。

表 1　乳酸菌总数计数培养条件的选择及结果说明

样品中所包括乳酸菌菌属	培养条件的选择及结果说明
仅包括双歧杆菌属	按 GB 4789.34 的规定执行
仅包括乳杆菌属	按照 6.2.3.4 操作。结果即为乳杆菌属总数
仅包括嗜热链球菌	按照 6.2.3.3 操作。结果即为嗜热链球菌总数
同时包括双歧杆菌属和乳杆菌属	1）按照 6.2.3.4 操作。结果即为乳酸菌总数； 2）如需单独计数双歧杆菌属数目，按照 6.2.3.2 操作
同时包括双歧杆菌属和嗜热链球菌	1）按照 6.2.3.2 和 6.2.3.3 操作，二者结果之和即为乳酸菌总数； 2）如需单独计数双歧杆菌属数目，按照 6.2.3.2 操作
同时包括乳杆菌属和嗜热链球菌	1）按照 6.2.3.3 和 6.2.3.4 操作，二者结果之和即为乳酸菌总数； 2）6.2.3.3 结果为嗜热链球菌总数； 3）6.2.3.4 结果为乳杆菌属总数
同时包括双歧杆菌属，乳杆菌属和嗜热链球菌	1）按照 6.2.3.3 和 6.2.3.4 操作，二者结果之和即为乳酸菌总数； 2）如需单独计数双歧杆菌属数目，按照 6.2.3.2 操作

6.2.3.2 双歧杆菌计数

根据对待检样品双歧杆菌含量的估计，选择 2 个～3 个连续的适宜稀释度，每个稀释度吸取 1 mL 样品匀液于灭菌平皿内，每个稀释度做两个平皿。稀释液移入平皿后，将冷却至 48 ℃ 的莫匹罗星锂盐和半胱氨酸盐酸盐改良的 MRS 培养基倾注入平皿约 15 mL，转动平皿使混合均匀。36 ℃±1 ℃厌氧培养 72 h±2 h，培养后计数平板上的所有菌落数。从样品稀释到平板倾注要求在 15 min 内完成。

6.2.3.3 嗜热链球菌计数

根据待检样品嗜热链球菌活菌数的估计，选择 2 个～3 个连续的适宜稀释度，每个稀释度吸取 1 mL 样品匀液于灭菌平皿内，每个稀释度做两个平皿。稀释液移入平皿后，将冷却至 48 ℃ 的 MC 培养基倾注入平皿约 15 mL，转动平皿使混合均匀。36 ℃±1 ℃需氧培养 72 h±2 h，培养后计数。嗜热链球菌在 MC 琼脂平板上的菌落特征为：菌落中等偏小，边缘整齐光滑的红色菌落，直径 2 mm±1 mm，菌落背面为粉红色。从样品稀释到平板倾注要求在 15 min 内完成。

6.2.3.4 乳杆菌计数

根据待检样品活菌总数的估计，选择 2 个～3 个连续的适宜稀释度，每个稀释度吸取 1 mL 样品匀液于灭菌平皿内，每个稀释度做两个平皿。稀释液移入平皿后，将冷却至 48 ℃ 的 MRS 琼脂培养基倾注入平皿约 15 mL，转动平皿使混合均匀。36 ℃±1 ℃厌氧培养 72 h±2 h。从样品稀释到平板倾注要求在 15 min 内完成。

6.3 菌落计数

注：可用肉眼观察，必要时用放大镜或菌落计数器，记录稀释倍数和相应的菌落数量。菌落计数以菌落形成单位（colony-forming units，CFU）表示。

6.3.1 选取菌落数在 30 CFU～300 CFU 之间、无蔓延菌落生长的平板计数菌落总数。低于 30 CFU 的平板记录具体菌落数，大于 300 CFU 的可记录为多不可计。每个稀释度的菌落数应采用两个平板的平均数。

6.3.2 其中一个平板有较大片状菌落生长时，则不宜采用，而应以无片状菌落生长的平板作为该稀释度的菌落数；若片状菌落不到平板的一半，而其余一半中菌落分布又很均匀，即可计算半个平板后乘以2，代表一个平板菌落数。

6.3.3 当平板上出现菌落间无明显界线的链状生长时，则将每条单链作为一个菌落计数。

6.4 结果的表述

6.4.1 若只有一个稀释度平板上的菌落数在适宜计数范围内，计算两个平板菌落数的平均值，再将平均值乘以相应稀释倍数，作为每克或每毫升中菌落总数结果。

6.4.2 若有两个连续稀释度的平板菌落数在适宜计数范围内时，按式（1）计算：

$$N = \frac{\sum C}{(n_1 + 0.1n_2)d} \quad\cdots\cdots\cdots\cdots\cdots\cdots\cdots(1)$$

式中：

N ——样品中菌落数；

$\sum C$ ——平板（含适宜范围菌落数的平板）菌落数之和；

n_1 ——第一稀释度（低稀释倍数）平板个数；

n_2 ——第二稀释度（高稀释倍数）平板个数；

d ——稀释因子（第一稀释度）。

6.4.3 若所有稀释度的平板上菌落数均大于 300 CFU，则对稀释度最高的平板进行计数，其他平板可记录为多不可计，结果按平均菌落数乘以最高稀释倍数计算。

6.4.4 若所有稀释度的平板菌落数均小于 30 CFU，则应按稀释度最低的平均菌落数乘以稀释倍数计算。

6.4.5 若所有稀释度（包括液体样品原液）平板均无菌落生长，则以小于 1 乘以最低稀释倍数计算。

6.4.6 若所有稀释度的平板菌落数均不在 30 CFU～300 CFU 之间，其中一部分小于 30 CFU 或大于 300 CFU 时，则以最接近 30 CFU 或 300 CFU 的平均菌落数乘以稀释倍数计算。

6.5 菌落数的报告

6.5.1 菌落数小于 100 CFU 时，按"四舍五入"原则修约，以整数报告。

6.5.2 菌落数大于或等于 100 CFU 时，第 3 位数字采用"四舍五入"原则修约后，取前 2 位数字，后面用0 代替位数；也可用 10 的指数形式来表示，按"四舍五入"原则修约后，采用两位有效数字。

6.5.3 称重取样以 CFU/g 为单位报告，体积取样以 CFU/mL 为单位报告。

7 结果与报告

根据菌落计数结果出具报告，报告单位以 CFU/g（mL）表示。

8 乳酸菌的鉴定（可选做）

8.1 纯培养

挑取 3 个或以上单个菌落，嗜热链球菌接种于 MC 琼脂平板，乳杆菌属接种于 MRS 琼脂平板，置 36 ℃±1 ℃厌氧培养 48 h。

8.2 鉴定

8.2.1 双歧杆菌的鉴定按 GB 4789.34 的规定操作。

8.2.2 涂片镜检：乳杆菌属菌体形态多样，呈长杆状、弯曲杆状或短杆状。无芽胞，革兰氏染色阳性。嗜热链球菌菌体呈球形或球杆状，直径为 0.5 μm～2.0 μm，成对或成链排列，无芽胞，革兰氏染色阳性。

8.2.3 乳酸菌菌种主要生化反应见表 2 和表 3。

表 2 常见乳杆菌属内种的碳水化合物反应

菌种	七叶苷	纤维二糖	麦芽糖	甘露醇	水杨苷	山梨醇	蔗糖	棉子糖
干酪乳杆菌干酪亚种（*L.casei* subsp. *casei*）	＋	＋	＋	＋	＋	＋	＋	－
德氏乳杆菌保加利亚种（*L.delbrueckii* subsp.*bulgaricus*）	－	－	－	－	－	－	－	－
嗜酸乳杆菌（*L.acidophilus*）	＋	＋	＋	－	＋	－	＋	d
罗伊氏乳杆菌（*L.reuteri*）	ND	－	＋	－	－	－	＋	＋
鼠李糖乳杆菌（*L.rhamnosus*）	＋	＋	＋	＋	＋	＋	＋	－
植物乳杆菌（*L.plantarum*）	＋	＋	＋	＋	＋	＋	＋	＋
注：＋表示 90％以上菌株阳性；－表示 90％以上菌株阴性；d 表示 11％～89％菌株阳性；ND 表示未测定。								

表 3 嗜热链球菌的主要生化反应

菌种	菊糖	乳糖	甘露醇	水杨苷	山梨醇	马尿酸	七叶苷
嗜热链球菌（*S.thermophilus*）	－	＋	－	－	－	－	－
注：＋表示 90％以上菌株阳性；－表示 90％以上菌株阴性。							

附　录　A

培养基及试剂

A.1　生理盐水

A.1.1　成分

NaCl　　　　　　　　　　　　8.5 g

A.1.2　制法

将上述成分加入到 1 000 mL 蒸馏水中,加热溶解,分装后 121 ℃ 高压灭菌 15 min~20 min。

A.2　MRS 培养基

A.2.1　成分

蛋白胨	10.0 g
牛肉粉	5.0 g
酵母粉	4.0 g
葡萄糖	20.0 g
吐温 80	1.0 mL
$K_2HPO_4 \cdot 7H_2O$	2.0 g
醋酸钠·$3H_2O$	5.0 g
柠檬酸三铵	2.0 g
$MgSO_4 \cdot 7H_2O$	0.2 g
$MnSO_4 \cdot 4H_2O$	0.05 g
琼脂粉	15.0 g

A.2.2　制法

将上述成分加入到 1 000 mL 蒸馏水中,加热溶解,调节 pH 至 6.2±0.2,分装后 121 ℃ 高压灭菌 15 min~20 min。

A.3　莫匹罗星锂盐和半胱氨酸盐酸盐改良 MRS 培养基

A.3.1　莫匹罗星锂盐储备液制备:称取 50 mg 莫匹罗星锂盐加入到 50 mL 蒸馏水中,用 0.22 μm 微孔滤膜过滤除菌。

A.3.2　半胱氨酸盐酸盐储备液制备:称取 250 mg 半胱氨酸盐酸盐加入到 50 mL 蒸馏水中,用 0.22 μm 微孔滤膜过滤除菌。

A.3.3　制法

将 A.2.1 成分加入到 950 mL 蒸馏水中,加热溶解,调节 pH,分装后 121 ℃ 高压灭菌 15 min~20 min。临用时加热熔化琼脂,在水浴中冷至 48 ℃,用带有 0.22 μm 微孔滤膜的注射器将莫匹罗星锂盐储备液及半胱氨酸盐酸盐储备液制备加入到熔化琼脂中,使培养基中莫匹罗星锂盐的浓度为 50 μg/mL,半胱氨酸盐酸盐的浓度为 500 μg/mL。

A.4　MC培养基

A.4.1　成分

大豆蛋白胨	5.0 g
牛肉粉	3.0 g
酵母粉	3.0 g
葡萄糖	20.0 g
乳糖	20.0 g
碳酸钙	10.0 g
琼脂	15.0 g
蒸馏水	1 000 mL
1%中性红溶液	5.0 mL

A.4.2　制法

将前面7种成分加入蒸馏水中,加热溶解,调节 pH 至 6.0±0.2,加入中性红溶液。分装后 121 ℃ 高压灭菌 15 min～20 min。

A.5　乳酸杆菌糖发酵管

A.5.1　基础成分

牛肉膏	5.0 g
蛋白胨	5.0 g
酵母浸膏	5.0 g
吐温 80	0.5 mL
琼脂	1.5 g
1.6%溴甲酚紫酒精溶液	1.4 mL
蒸馏水	1 000 mL

A.5.2　制法

按 0.5%加入所需糖类,并分装小试管,121 ℃高压灭菌 15 min～20 min。

A.6　七叶苷培养基

A.6.1　成分

蛋白胨	5.0 g
磷酸氢二钾	1.0 g
七叶苷	3.0 g
枸橼酸铁	0.5 g
1.6%溴甲酚紫酒精溶液	1.4 mL
蒸馏水	100 mL

A.6.2　制法

将上述成分加入蒸馏水中,加热溶解,121 ℃高压灭菌 15 min～20 min。

A.7　革兰氏染色液

A.7.1　结晶紫染色液

A.7.1.1　成分

结晶紫	1.0 g
95％乙醇	20 mL
1％草酸铵水溶液	80 mL

A.7.1.2　制法

将结晶紫完全溶解于乙醇中,然后与草酸铵溶液混合。

A.7.2　革兰氏碘液

A.7.2.1　成分

碘	1.0 g
碘化钾	2.0 g
蒸馏水	300 mL

A.7.2.2　制法

将碘与碘化钾先进行混合,加入蒸馏水少许充分振摇,待完全溶解后,再加蒸馏水至 300 mL。

A.7.3　沙黄复染液

A.7.3.1　成分

沙黄	0.25 g
95％乙醇	10 mL
蒸馏水	90 mL

A.7.3.2　制法

将沙黄溶解于乙醇中,然后用蒸馏水稀释。

A.7.4　染色法

A.7.4.1　将涂片在酒精灯火焰上固定,滴加结晶紫染色液,染 1 min,水洗。

A.7.4.2　滴加革兰氏碘液,作用 1 min,水洗。

A.7.4.3　滴加 95％乙醇脱色,约 15 s～30 s,直至染色液被洗掉,不要过分脱色,水洗。

A.7.4.4　滴加复染液,复染 1 min。水洗、待干、镜检。

中华人民共和国国家标准

GB 4789.40—2016

食品安全国家标准

食品微生物学检验

克罗诺杆菌属（阪崎肠杆菌）检验

2016-12-23 发布

2017-06-23 实施

中华人民共和国国家卫生和计划生育委员会
国家食品药品监督管理总局 发布

前　言

本标准代替 GB 4789.40—2010《食品安全国家标准　食品微生物学检验　阪崎肠杆菌检验》、SN/T 1632.1—2013《出口奶粉中阪崎肠杆菌(克罗诺杆菌属)检验方法　第 1 部分:分离与计数》。

本标准与 GB 4789.40—2010 相比,主要变化如下:

——标准名称修改为"食品安全国家标准　食品微生物学检验　克罗诺杆菌属(阪崎肠杆菌)检验";

——修改了可疑菌落的挑取数量。

食品安全国家标准

食品微生物学检验
克罗诺杆菌属（阪崎肠杆菌）检验

1 范围

本标准规定了食品中克罗诺杆菌属（*Cronobacter*）的检验方法。
本标准适用于婴幼儿配方食品、乳和乳制品及其原料中克罗诺杆菌属的检验。

2 设备和材料

除微生物实验室常规灭菌及培养设备外，其他设备和材料如下：

2.1 恒温培养箱：25 ℃±1 ℃，36 ℃±1 ℃，44 ℃±0.5 ℃。

2.2 冰箱：2 ℃～5 ℃。

2.3 恒温水浴箱：44 ℃±0.5 ℃。

2.4 天平：感量 0.1 g。

2.5 均质器。

2.6 振荡器。

2.7 无菌吸管：1 mL（具 0.01 mL 刻度）、10 mL（具 0.1 mL 刻度）或微量移液器及吸头。

2.8 无菌锥形瓶：容量 100 mL、200 mL、2 000 mL。

2.9 无菌培养皿：直径 90 mm。

2.10 pH 计或 pH 比色管或精密 pH 试纸。

2.11 全自动微生物生化鉴定系统。

3 培养基和试剂

3.1 缓冲蛋白胨水（buffer peptone water，BPW）：见 A.1。

3.2 改良月桂基硫酸盐胰蛋白胨肉汤-万古霉素（modified lauryl sulfate tryptose broth-vancomycin medium，mLST-Vm）：见 A.2。

3.3 阪崎肠杆菌显色培养基。

3.4 胰蛋白胨大豆琼脂（trypticase soy agar，TSA）：见 A.3。

3.5 生化鉴定试剂盒。

3.6 氧化酶试剂：见 A.4。

3.7 L-赖氨酸脱羧酶培养基：见 A.5。

3.8 L-鸟氨酸脱羧酶培养基：见 A.6。

3.9 L-精氨酸双水解酶培养基：见 A.7。

3.10 糖类发酵培养基：见 A.8。

3.11 西蒙氏柠檬酸盐培养基：见 A.9。

第一法　克罗诺杆菌属定性检验

4　检验程序

克罗诺杆菌属检验程序见图1。

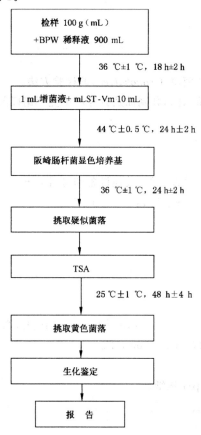

图 1　克罗诺杆菌属检验程序

5　操作步骤

5.1　前增菌和增菌

取检样 100 g(mL)置灭菌锥形瓶中,加入 900 mL 已预热至 44 ℃的缓冲蛋白胨水,用手缓缓地摇动至充分溶解,36 ℃±1 ℃培养 18 h±2 h。移取 1 mL 转种于 10 mL mLST-Vm 肉汤,44 ℃±0.5 ℃培养 24 h±2 h。

5.2　分离

5.2.1　轻轻混匀 mLST-Vm 肉汤培养物,各取增菌培养物 1 环,分别划线接种于两个阪崎肠杆菌显色培养基平板,显色培养基须符合 GB 4789.28 的要求,36 ℃±1 ℃培养 24 h±2 h,或按培养基要求条件培养。

5.2.2 挑取至少 5 个可疑菌落,不足 5 个时挑取全部可疑菌落,划线接种于 TSA 平板。25 ℃±1 ℃培养 48 h±4 h。

5.3 鉴定

自 TSA 平板上直接挑取黄色可疑菌落,进行生化鉴定。克罗诺杆菌属的主要生化特征见表 1。可选择生化鉴定试剂盒或全自动微生物生化鉴定系统。

表 1 克罗诺杆菌属的主要生化特征

生化试验		特 征
黄色素产生		+
氧化酶		−
L-赖氨酸脱羧酶		−
L-鸟氨酸脱羧酶		(+)
L-精氨酸双水解酶		+
柠檬酸水解		(+)
发酵	D-山梨醇	(−)
	L-鼠李糖	+
	D-蔗糖	+
	D-蜜二糖	+
	苦杏仁甙	+

注:+>99% 阳性;−>99% 阴性;(+)90%～99% 阳性;(−)90%～99% 阴性。

6 结果与报告

综合菌落形态和生化特征,报告每 100 g(mL)样品中检出或未检出克罗诺杆菌属。

第二法 克罗诺杆菌属的计数

7 操作步骤

7.1 样品的稀释

7.1.1 固体和半固体样品:无菌称取样品 100 g、10 g、1 g 各三份,分别加入 900 mL、90 mL、9 mL 已预热至 44 ℃的 BPW,轻轻振摇使充分溶解,制成 1∶10 样品匀液,置 36 ℃±1 ℃培养 18 h±2 h。分别移取 1 mL 转种于 10 mL mLST-Vm 肉汤,44 ℃±0.5 ℃培养 24 h±2 h。

7.1.2 液体样品:以无菌吸管分别取样品 100 mL、10 mL、1 mL 各三份,分别加入 900 mL、90 mL、9 mL 已预热至 44 ℃的 BPW,轻轻振摇使充分混匀,制成 1∶10 样品匀液,置 36 ℃±1 ℃培养 18 h±2 h。分别移取 1 mL 转种于 10 mL mLST-Vm 肉汤,44 ℃±0.5 ℃培养 24 h±2 h。

7.2 分离、鉴定

同 5.2 和 5.3。

8 结果与报告

综合菌落形态、生化特征,根据证实为克罗诺杆菌属的阳性管数,查 MPN 检索表,报告每 100 g (mL)样品中克罗诺杆菌属的 MPN 值(见表 B.1)。

附 录 A
培养基和试剂

A.1 缓冲蛋白胨水(BPW)

A.1.1 成分

蛋白胨	10.0 g
氯化钠	5.0 g
磷酸氢二钠(Na$_2$HPO$_4$·12H$_2$O)	9.0 g
磷酸二氢钾	1.5 g
蒸馏水	1 000 mL

A.1.2 制法

加热搅拌至溶解,调节 pH 至 7.2±0.2,121 ℃高压灭菌 15 min。

A.2 改良月桂基硫酸盐胰蛋白胨肉汤-万古霉素(Modified lauryl sulfate tryptose broth-vancomycin medium,mLST-Vm)

A.2.1 改良月桂基硫酸盐胰蛋白胨(mLST)肉汤

A.2.1.1 成分

氯化钠	34.0 g
胰蛋白胨	20.0 g
乳糖	5.0 g
磷酸二氢钾	2.75 g
磷酸氢二钾	2.75 g
十二烷基硫酸钠	0.1 g
蒸馏水	1 000 mL

A.2.1.2 制法

加热搅拌至溶解,调节 pH 至 6.8±0.2。分装每管 10 mL,121 ℃高压灭菌 15 min。

A.2.2 万古霉素溶液

A.2.2.1 成分

万古霉素	10.0 mg
蒸馏水	10.0 mL

A.2.2.2 制法

10.0 mg 万古霉素溶解于 10.0 mL 蒸馏水,过滤除菌。万古霉素溶液可以在 0 ℃~5 ℃保存 15 d。

A.2.3 改良月桂基硫酸盐胰蛋白胨肉汤-万古霉素（Modified lauryl sulfate tryptose broth-vancomycin medium，mLST-Vm）

每 10 mL mLST 加入万古霉素溶液 0.1 mL，混合液中万古霉素的终浓度为 10 μg/mL。

注：mLST-Vm 必须在 24 h 之内使用。

A.3 胰蛋白胨大豆琼脂（TSA）

A.3.1 成分

胰蛋白胨	15.0 g
植物蛋白胨	5.0 g
氯化钠	5.0 g
琼脂	15.0 g
蒸馏水	1 000 mL

A.3.2 制法

加热搅拌至溶解，煮沸 1 min，调节 pH 至 7.3±0.2，121 ℃高压 15 min。

A.4 氧化酶试剂

A.4.1 成分

N，N，N'，N'-四甲基对苯二胺盐酸盐	1.0 g
蒸馏水	100 mL

A.4.2 制法

少量新鲜配制，于冰箱内避光保存，在 7 d 之内使用。

A.4.3 试验方法

用玻璃棒或一次性接种针挑取单个特征性菌落，涂布在氧化酶试剂湿润的滤纸平板上。如果滤纸在 10 s 中之内未变为紫红色、紫色或深蓝色，则为氧化酶试验阴性，否则即为氧化酶实验阳性。

注：实验中切勿使用镍/铬材料。

A.5 L-赖氨酸脱羧酶培养基

A.5.1 成分

L-赖氨酸盐酸盐（L-lysine monohydrochloride）	5.0 g
酵母浸膏	3.0 g
葡萄糖	1.0 g
溴甲酚紫	0.015 g
蒸馏水	1 000 mL

A.5.2 制法

将各成分加热溶解，必要时调节 pH 至 6.8±0.2。每管分装 5 mL，121 ℃高压 15 min。

A.5.3 实验方法

挑取培养物接种于L-赖氨酸脱羧酶培养基,刚好在液体培养基的液面下。30 ℃±1 ℃培养24 h±2 h,观察结果。L-赖氨酸脱羧酶试验阳性者,培养基呈紫色,阴性者为黄色,空白对照管为紫色。

A.6 L-鸟氨酸脱羧酶培养基

A.6.1 成分

L-鸟氨酸盐酸盐(L-ornithine monohydrochloride)	5.0 g
酵母浸膏	3.0 g
葡萄糖	1.0 g
溴甲酚紫	0.015 g
蒸馏水	1 000 mL

A.6.2 制法

将各成分加热溶解,必要时调节pH至6.8±0.2。每管分装5 mL。121 ℃高压15 min。

A.6.3 实验方法

挑取培养物接种于L-鸟氨酸脱羧酶培养基,刚好在液体培养基的液面下。30 ℃±1 ℃培养24 h±2 h,观察结果。L-鸟氨酸脱羧酶试验阳性者,培养基呈紫色,阴性者为黄色。

A.7 L-精氨酸双水解酶培养基

A.7.1 成分

L-精氨酸盐酸盐(L-arginine monohydrochloride)	5.0 g
酵母浸膏	3.0 g
葡萄糖	1.0 g
溴甲酚紫	0.015 g
蒸馏水	1 000 mL

A.7.2 制法

将各成分加热溶解,必要时调节pH至6.8±0.2。每管分装5 mL。121 ℃高压15 min。

A.7.3 实验方法

挑取培养物接种于L-精氨酸脱羧酶培养基,刚好在液体培养基的液面下。30 ℃±1 ℃培养24 h±2 h,观察结果。L-精氨酸脱羧酶试验阳性者,培养基呈紫色,阴性者为黄色。

A.8 糖类发酵培养基

A.8.1 基础培养基

A.8.1.1 成分

酪蛋白(酶消化)	10.0 g

氯化钠	5.0 g
酚红	0.02 g
蒸馏水	1 000 mL

A.8.1.2 制法

将各成分加热溶解,必要时调节 pH 至 6.8±0.2。每管分装 5 mL。121 ℃高压 15 min。

A.8.2 糖类溶液(D-山梨醇、L-鼠李糖、D-蔗糖、D-蜜二糖、苦杏仁甙)

A.8.2.1 成分

| 糖 | 8.0 g |
| 蒸馏水 | 100 mL |

A.8.2.2 制法

分别称取 D-山梨醇、L-鼠李糖、D-蔗糖、D-蜜二糖、苦杏仁甙等糖类成分各 8 g,溶于 100 mL 蒸馏水中,过滤除菌,制成 80 mg/mL 的糖类溶液。

A.8.3 完全培养基

A.8.3.1 成分

| 基础培养基 | 875 mL |
| 糖类溶液 | 125 mL |

A.8.3.2 制法

无菌操作,将每种糖类溶液加入基础培养基,混匀;分装到无菌试管中,每管 10 mL。

A.8.4 实验方法

挑取培养物接种于各种糖类发酵培养基,刚好在液体培养基的液面下。30 ℃±1 ℃培养 24 h±2 h,观察结果。糖类发酵试验阳性者,培养基呈黄色,阴性者为红色。

A.9 西蒙氏柠檬酸盐培养基

A.9.1 成分

柠檬酸钠	2.0 g
氯化钠	5.0 g
磷酸氢二钾	1.0 g
磷酸二氢铵	1.0 g
硫酸镁	0.2 g
溴麝香草酚蓝	0.08 g
琼脂	8.0 g~18.0 g
蒸馏水	1 000 mL

A.9.2 制法

将各成分加热溶解,必要时调节 pH 至 6.8±0.2。每管分装 10 mL,121 ℃高压 15 min,制成斜面。

A.9.3　实验方法

挑取培养物接种于整个培养基斜面,36 ℃±1 ℃培养 24 h±2 h,观察结果。阳性者培养基变为蓝色。

附　录　B

克罗诺杆菌属最可能数(MPN)检索表

每100 g(mL)检样中克罗诺杆菌属最可能数(MPN)的检索见表 B.1。

表 B.1　克罗诺杆菌属最可能数(MPN)检索表

阳性管数			MPN	95%可信限		阳性管数			MPN	95%可信限	
100	10	1		下限	上限	100	10	1		下限	上限
0	0	0	<0.3	—	0.95	2	2	0	2.1	0.45	4.2
0	0	1	0.3	0.015	0.96	2	2	1	2.8	0.87	9.4
0	1	0	0.3	0.015	1.1	2	2	2	3.5	0.87	9.4
0	1	1	0.61	0.12	1.8	2	3	0	2.9	0.87	9.4
0	2	0	0.62	0.12	1.8	2	3	1	3.6	0.87	9.4
0	3	0	0.94	0.36	3.8	3	0	0	2.3	0.46	9.4
1	0	0	0.36	0.017	1.8	3	0	1	3.8	0.87	11
1	0	1	0.72	0.13	1.8	3	0	2	6.4	1.7	18
1	0	2	1.1	0.36	3.8	3	1	0	4.3	0.9	18
1	1	0	0.74	0.13	2	3	1	1	7.5	1.7	20
1	1	1	1.1	0.36	3.8	3	1	2	12	3.7	42
1	2	0	1.1	0.36	4.2	3	1	3	16	4	42
1	2	1	1.5	0.45	4.2	3	2	0	9.3	1.8	42
1	3	0	1.6	0.45	4.2	3	2	1	15	3.7	42
2	0	0	0.92	0.14	3.8	3	2	2	21	4	43
2	0	1	1.4	0.36	4.2	3	2	3	29	9	100
2	0	2	2	0.45	4.2	3	3	0	24	4.2	100
2	1	0	1.5	0.37	4.2	3	3	1	46	9	200
2	1	1	2	0.45	4.2	3	3	2	110	18	410
2	1	2	2.7	0.87	9.4	3	3	3	>110	42	—

注1：本表采用3个检样量[100 g(mL)、10 g(mL)和1 g(mL)]，每个检样量接种3管。

注2：表内所列检样量如改用1 000 g(mL)、100 g(mL)和10 g(mL)时，表内数字应相应降低10倍；如改用10 g (mL)、1 g(mL)和0.1 g(mL)时，则表内数字应相应增高10倍，其余类推。

中华人民共和国国家标准

GB 5009.2—2016

食品安全国家标准

食品相对密度的测定

2016-08-31 发布

2017-03-01 实施

中华人民共和国
国家卫生和计划生育委员会 发布

前　言

本标准代替 GB/T 5009.2—2003《食品的相对密度的测定》、GB 5413.33—2010《食品安全国家标准 生乳相对密度的测定》和 NY 82.5—1988《果汁测定方法　相对密度的测定》。

本标准与 GB/T 5009.2—2003、GB 5413.33—2010 相比，主要变化如下：

——标准名称修改为"食品安全国家标准　食品相对密度的测定"；

——将食品、生乳和果汁中相对密度检测方法整合为统一标准，共三种方法，并且整合了 NY 82.5—1988 方法。

食品安全国家标准

食品相对密度的测定

1　范围

本标准规定了液体试样相对密度的测定方法。

本标准适用于液体试样相对密度的测定。

第一法　密度瓶法

2　原理

在 20 ℃时分别测定充满同一密度瓶的水及试样的质量,由水的质量可确定密度瓶的容积即试样的体积,根据试样的质量及体积可计算试样的密度,试样密度与水密度比值为试样相对密度。

3　仪器和设备

3.1　密度瓶:精密密度瓶,如图 1 所示。

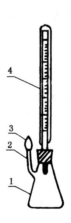

说明:

1——密度瓶;

2——支管标线;

3——支管上小帽;

4——附温度计的瓶盖。

图 1　密度瓶

3.2　恒温水浴锅。

3.3　分析天平。

4 分析步骤

取洁净、干燥、恒重、准确称量的密度瓶,装满试样后,置 20 ℃水浴中浸 0.5 h,使内容物的温度达到 20 ℃,盖上瓶盖,并用细滤纸条吸去支管标线上的试样,盖好小帽后取出,用滤纸将密度瓶外擦干,置天平室内 0.5 h,称量。再将试样倾出,洗净密度瓶,装满水,以下按上述自"置 20 ℃水浴中浸 0.5 h,使内容物的温度达到 20 ℃,盖上瓶盖,并用细滤纸条吸去支管标线上的试样,盖好小帽后取出,用滤纸将密度瓶外擦干,置天平室内 0.5 h,称量。"密度瓶内不应有气泡,天平室内温度保持 20 ℃恒温条件,否则不应使用此方法。

5 分析结果的表述

试样在 20 ℃时的相对密度按式(1)进行计算:

$$d = \frac{m_2 - m_0}{m_1 - m_0} \quad\quad\quad\quad\quad\quad\quad\quad\quad\quad (1)$$

式中:

d ——试样在 20 ℃时的相对密度;

m_0 ——密度瓶的质量,单位为克（g）;

m_1 ——密度瓶加水的质量,单位为克（g）;

m_2 ——密度瓶加液体试样的质量,单位为克（g）。

计算结果表示到称量天平的精度的有效数位(精确到 0.001)。

6 精密度

在重复性条件下获得的两次独立测定结果的绝对差值不得超过算术平均值的 5%。

第二法 天平法

7 原理

20 ℃时,分别测定玻锤在水及试样中的浮力,由于玻锤所排开的水的体积与排开的试样的体积相同,玻锤在水中与试样中的浮力可计算试样的密度,试样密度与水密度比值为试样的相对密度。

8 仪器和设备

8.1 韦氏相对密度天平:如图 2 所示。

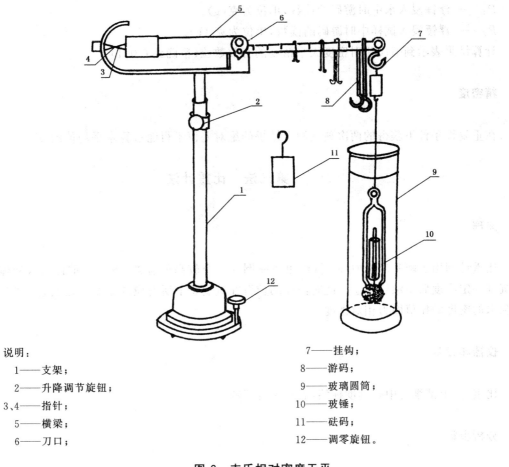

说明：
　1——支架；
　2——升降调节旋钮；
3、4——指针；
　5——横梁；
　6——刀口；

　7——挂钩；
　8——游码；
　9——玻璃圆筒；
　10——玻锤；
　11——砝码；
　12——调零旋钮。

图 2　韦氏相对密度天平

8.2　分析天平：感量 1 mg。

8.3　恒温水浴锅。

9　分析步骤

　　测定时将支架置于平面桌上，横梁架于刀口处，挂钩处挂上砝码，调节升降旋钮至适宜高度，旋转调零旋钮，使两指针吻合。然后取下砝码，挂上玻锤，将玻璃圆筒内加水至 4/5 处，使玻锤沉于玻璃圆筒内，调节水温至 20 ℃（即玻锤内温度计指示温度），试放四种游码，主横梁上两指针吻合，读数为 P_1，然后将玻锤取出擦干，加欲测试样于干净圆筒中，使玻锤浸入至以前相同的深度，保持试样温度在 20 ℃，试放四种游码，至横梁上两指针吻合，记录读数为 P_2。玻锤放入圆筒内时，勿使碰及圆筒四周及底部。

10　分析结果的表述

　　试样的相对密度按式（2）计算：

$$d = \frac{P_2}{P_1} \qquad\qquad\cdots\cdots\cdots\cdots\cdots\cdots\cdots\cdots\cdots（2）$$

式中：

d ——试样的相对密度；

P_1——浮锤浸入水中时游码的读数,单位为克(g);

P_2——浮锤浸入试样中时游码的读数,单位为克(g)。

计算结果表示到韦氏相对密度天平精度的有效数位(精确到0.001)。

11 精密度

在重复性条件下获得的两次独立测定结果的绝对差值不得超过算术平均值的5%。

第三法 比重计法

12 原理

比重计利用了阿基米德原理,将待测液体倒入一个较高的容器,再将比重计放入液体中。比重计下沉到一定高度后呈漂浮状态。此时液面的位置在玻璃管上所对应的刻度就是该液体的密度。测得试样和水的密度的比值即为相对密度。

13 仪器和设备

比重计:上部细管中有刻度标签,表示密度读数。

14 分析步骤

将比重计洗净擦干,缓缓放入盛有待测液体试样的适当量筒中,勿使其碰及容器四周及底部,保持试样温度在20 ℃,待其静置后,再轻轻按下少许,然后待其自然上升,静置至无气泡冒出后,从水平位置观察与液面相交处的刻度,即为试样的密度。分别测试试样和水的密度,两者比值即为试样相对密度。

15 精密度

在重复性条件下获得的两次独立测定结果的绝对差值不得超过算术平均值的5%。

中华人民共和国国家标准

GB 5009.3—2016

食品安全国家标准

食品中水分的测定

2016-08-31 发布
2017-03-01 实施

中华人民共和国
国家卫生和计划生育委员会 发布

前　言

本标准代替 GB 5009.3—2010《食品安全国家标准　食品中水分的测定》、GB/T 12087—2008《淀粉水分测定　烘箱法》、GB/T 18798.3—2008《固态速溶茶　第 3 部分：水分测定》、GB/T 21305—2007《谷物及谷物制品水分的测定　常规法》、GB/T 5497—1985《粮食、油料检验　水分测定法》、GB/T 8304—2013《茶　水分测定》、GB/T 12729.6—2008《香辛料和调味品　水分含量的测定（蒸馏法）》、GB/T 9695.15—2008《肉与肉制品　水分含量测定》、GB/T 8858—1988《水果、蔬菜产品中干物质和水分含量的测定方法》、SN/T 0919—2000《进出口茶叶水分测定方法》。

本标准与 GB 5009.3—2010 相比，主要修改如下：

——修改了第一法　直接干燥法、第二法　减压干燥法、第三法　蒸馏法和第四法 卡尔·费休容量法的适用范围；

——修改了第一法　直接干燥法中的试剂、精密度、注释和分析步骤；

——修改了第三法　蒸馏法的分析步骤；

——删除了第四法　卡尔·费休法有关卡尔·费休库仑法的文字描述。

食品安全国家标准

食品中水分的测定

1 范围

本标准规定了食品中水分的测定方法。

本标准第一法(直接干燥法)适用于在 101 ℃～105 ℃下,蔬菜、谷物及其制品、水产品、豆制品、乳制品、肉制品、卤菜制品、粮食(水分含量低于 18%)、油料(水分含量低于 13%)、淀粉及茶叶类等食品中水分的测定,不适用于水分含量小于 0.5 g/100 g 的样品。第二法(减压干燥法)适用于高温易分解的样品及水分较多的样品(如糖、味精等食品)中水分的测定,不适用于添加了其他原料的糖果(如奶糖、软糖等食品)中水分的测定,不适用于水分含量小于 0.5 g/100 g 的样品(糖和味精除外)。第三法(蒸馏法)适用于含水较多又有较多挥发性成分的水果、香辛料及调味品、肉与肉制品等食品中水分的测定,不适用于水分含量小于 1 g/100 g 的样品。第四法(卡尔·费休法)适用于食品中含微量水分的测定,不适用于含有氧化剂、还原剂、碱性氧化物、氢氧化物、碳酸盐、硼酸等食品中水分的测定。卡尔·费休容量法适用于水分含量大于 1.0×10^{-3} g/100 g 的样品。

第一法 直接干燥法

2 原理

利用食品中水分的物理性质,在 101.3 kPa(一个大气压),温度 101 ℃～105 ℃下采用挥发方法测定样品中干燥减失的重量,包括吸湿水、部分结晶水和该条件下能挥发的物质,再通过干燥前后的称量数值计算出水分的含量。

3 试剂和材料

除非另有说明,本方法所用试剂均为分析纯,水为 GB/T 6682 规定的三级水。

3.1 试剂

3.1.1 氢氧化钠(NaOH)。

3.1.2 盐酸(HCl)。

3.1.3 海砂。

3.2 试剂配制

3.2.1 盐酸溶液(6 mol/L):量取 50 mL 盐酸,加水稀释至 100 mL。

3.2.2 氢氧化钠溶液(6 mol/L):称取 24 g 氢氧化钠,加水溶解并稀释至 100 mL。

3.2.3 海砂:取用水洗去泥土的海砂、河砂、石英砂或类似物,先用盐酸溶液(6 mol/L)煮沸 0.5 h,用水洗至中性,再用氢氧化钠溶液(6 mol/L)煮沸 0.5 h,用水洗至中性,经 105 ℃干燥备用。

4 仪器和设备

4.1 扁形铝制或玻璃制称量瓶。

4.2 电热恒温干燥箱。

4.3 干燥器:内附有效干燥剂。

4.4 天平:感量为 0.1 mg。

5 分析步骤

5.1 固体试样:取洁净铝制或玻璃制的扁形称量瓶,置于 101 ℃~105 ℃干燥箱中,瓶盖斜支于瓶边,加热 1.0 h,取出盖好,置干燥器内冷却 0.5 h,称量,并重复干燥至前后两次质量差不超过 2 mg,即为恒重。将混合均匀的试样迅速磨细至颗粒小于 2 mm,不易研磨的样品应尽可能切碎,称取 2 g~10 g 试样(精确至 0.000 1 g),放入此称量瓶中,试样厚度不超过 5 mm,如为疏松试样,厚度不超过 10 mm,加盖,精密称量后,置于 101 ℃~105 ℃干燥箱中,瓶盖斜支于瓶边,干燥 2 h~4 h 后,盖好取出,放入干燥器内冷却 0.5 h 后称量。然后再放入 101 ℃~105 ℃干燥箱中干燥 1 h 左右,取出,放入干燥器内冷却 0.5 h 后再称量。并重复以上操作至前后两次质量差不超过 2 mg,即为恒重。

  注:两次恒重值在最后计算中,取质量较小的一次称量值。

5.2 半固体或液体试样:取洁净的称量瓶,内加 10 g 海砂(实验过程中可根据需要适当增加海砂的质量)及一根小玻棒,置于 101 ℃~105 ℃干燥箱中,干燥 1.0 h 后取出,放入干燥器内冷却 0.5 h 后称量,并重复干燥至恒重。然后称取 5 g~10 g 试样(精确至 0.000 1 g),置于称量瓶中,用小玻棒搅匀放在沸水浴上蒸干,并随时搅拌,擦去瓶底的水滴,置于 101 ℃~105 ℃干燥箱中干燥 4 h 后盖好取出,放入干燥器内冷却 0.5 h 后称量。然后再放入 101 ℃~105 ℃干燥箱中干燥 1 h 左右,取出,放入干燥器内冷却 0.5 h 后再称量。并重复以上操作至前后两次质量差不超过 2 mg,即为恒重。

6 分析结果的表述

  试样中的水分含量,按式(1)进行计算:

$$X = \frac{m_1 - m_2}{m_1 - m_3} \times 100 \qquad\qquad \cdots\cdots\cdots\cdots\cdots\cdots\cdots(1)$$

式中:

X ——试样中水分的含量,单位为克每百克(g/100 g);

m_1 ——称量瓶(加海砂、玻棒)和试样的质量,单位为克(g);

m_2 ——称量瓶(加海砂、玻棒)和试样干燥后的质量,单位为克(g);

m_3 ——称量瓶(加海砂、玻棒)的质量,单位为克(g);

100——单位换算系数。

  水分含量≥1 g/100 g 时,计算结果保留三位有效数字;水分含量<1 g/100 g 时,计算结果保留两位有效数字。

7 精密度

  在重复性条件下获得的两次独立测定结果的绝对差值不得超过算术平均值的 10%。

第二法　减压干燥法

8　原理

利用食品中水分的物理性质,在达到 40 kPa~53 kPa 压力后加热至 60 ℃±5 ℃,采用减压烘干方法去除试样中的水分,再通过烘干前后的称量数值计算出水分的含量。

9　仪器和设备

9.1　扁形铝制或玻璃制称量瓶。
9.2　真空干燥箱。
9.3　干燥器:内附有效干燥剂。
9.4　天平:感量为 0.1 mg。

10　分析步骤

10.1　试样制备:粉末和结晶试样直接称取;较大块硬糖经研钵粉碎,混匀备用。
10.2　测定:取已恒重的称量瓶称取 2 g~10 g(精确至 0.000 1 g)试样,放入真空干燥箱内,将真空干燥箱连接真空泵,抽出真空干燥箱内空气(所需压力一般为 40 kPa~53 kPa),并同时加热至所需温度 60 ℃±5 ℃。关闭真空泵上的活塞,停止抽气,使真空干燥箱内保持一定的温度和压力,经 4 h 后,打开活塞,使空气经干燥装置缓缓通入至真空干燥箱内,待压力恢复正常后再打开。取出称量瓶,放入干燥器中 0.5 h 后称量,并重复以上操作至前后两次质量差不超过 2 mg,即为恒重。

11　分析结果的表述

同第 6 章。

12　精密度

在重复性条件下获得的两次独立测定结果的绝对差值不得超过算术平均值的 10%。

第三法　蒸馏法

13　原理

利用食品中水分的物理化学性质,使用水分测定器将食品中的水分与甲苯或二甲苯共同蒸出,根据接收的水的体积计算出试样中水分的含量。本方法适用于含较多其他挥发性物质的食品,如香辛料等。

14　试剂和材料

除非另有说明,本方法所用试剂均为分析纯,水为 GB/T 6682 规定的三级水。

14.1 试剂

甲苯(C$_7$H$_8$)或二甲苯(C$_8$H$_{10}$)。

14.2 试剂配制

甲苯或二甲苯制备:取甲苯或二甲苯,先以水饱和后,分去水层,进行蒸馏,收集馏出液备用。

15 仪器和设备

15.1 水分测定器:如图1所示(带可调电热套)。水分接收管容量5 mL,最小刻度值0.1 mL,容量误差小于0.1 mL。

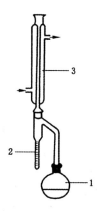

说明:
1——250 mL 蒸馏瓶;
2——水分接收管,有刻度;
3——冷凝管。

图 1　水分测定器

15.2 天平:感量为0.1 mg。

16 分析步骤

　　准确称取适量试样(应使最终蒸出的水在2 mL～5 mL,但最多取样量不得超过蒸馏瓶的2/3),放入250 mL蒸馏瓶中,加入新蒸馏的甲苯(或二甲苯)75 mL,连接冷凝管与水分接收管,从冷凝管顶端注入甲苯,装满水分接收管。同时做甲苯(或二甲苯)的试剂空白。

　　加热慢慢蒸馏,使每秒钟的馏出液为2滴,待大部分水分蒸出后,加速蒸馏约每秒钟4滴,当水分全部蒸出后,接收管内的水分体积不再增加时,从冷凝管顶端加入甲苯冲洗。如冷凝管壁附有水滴,可用附有小橡皮头的铜丝擦下,再蒸馏片刻至接收管上部及冷凝管壁无水滴附着,接收管水平面保持10 min不变为蒸馏终点,读取接收管水层的容积。

17 分析结果的表述

　　试样中水分的含量,按式(2)进行计算:

$$X = \frac{V - V_0}{m} \times 100 \qquad\qquad\cdots\cdots\cdots\cdots\cdots\cdots(2)$$

式中：

X ——试样中水分的含量,单位为毫升每百克(mL/100 g)(或按水在 20 ℃ 的相对密度 0.998,20 g/mL 计算质量);

V ——接收管内水的体积,单位为毫升(mL);

V_0 ——做试剂空白时,接收管内水的体积,单位为毫升(mL);

m ——试样的质量,单位为克(g);

100——单位换算系数。

以重复性条件下获得的两次独立测定结果的算术平均值表示,结果保留三位有效数字。

18 精密度

在重复性条件下获得的两次独立测定结果的绝对差值不得超过算术平均值的10%。

第四法 卡尔·费休法

19 原理

根据碘能与水和二氧化硫发生化学反应,在有吡啶和甲醇共存时,1 mol 碘只与 1 mol 水作用,反应式如下:

$$C_5H_5N \cdot I_2 + C_5H_5N \cdot SO_2 + C_5H_5N + H_2O + CH_3OH \rightarrow 2C_5H_5N \cdot HI + C_5H_6N[SO_4CH_3]$$

卡尔·费休水分测定法又分为库仑法和容量法。其中容量法测定的碘是作为滴定剂加入的,滴定剂中碘的浓度是已知的,根据消耗滴定剂的体积,计算消耗碘的量,从而计量出被测物质水的含量。

20 试剂和材料

20.1 卡尔·费休试剂。

20.2 无水甲醇(CH_4O):优级纯。

21 仪器和设备

21.1 卡尔·费休水分测定仪。

21.2 天平:感量为 0.1 mg。

22 分析步骤

22.1 卡尔·费休试剂的标定(容量法)

在反应瓶中加一定体积(浸没铂电极)的甲醇,在搅拌下用卡尔·费休试剂滴定至终点。加入 10 mg 水(精确至 0.000 1 g),滴定至终点并记录卡尔·费休试剂的用量(V)。卡尔·费休试剂的滴定度按式(3)计算:

$$T = \frac{m}{V} \quad \cdots\cdots\cdots\cdots\cdots (3)$$

式中:

T ——卡尔·费休试剂的滴定度,单位为毫克每毫升(mg/mL);

m ——水的质量,单位为毫克(mg);

V ——滴定水消耗的卡尔·费休试剂的用量,单位为毫升(mL)。

22.2 试样前处理

可粉碎的固体试样要尽量粉碎,使之均匀。不易粉碎的试样可切碎。

22.3 试样中水分的测定

于反应瓶中加一定体积的甲醇或卡尔·费休测定仪中规定的溶剂浸没铂电极,在搅拌下用卡尔·费休试剂滴定至终点。迅速将易溶于甲醇或卡尔·费休测定仪中规定的溶剂的试样直接加入滴定杯中;对于不易溶解的试样,应采用对滴定杯进行加热或加入已测定水分的其他溶剂辅助溶解后用卡尔·费休试剂滴定至终点。建议采用容量法测定试样中的含水量应大于 $100~\mu g$。对于滴定时,平衡时间较长且引起漂移的试样,需要扣除其漂移量。

22.4 漂移量的测定

在滴定杯中加入与测定样品一致的溶剂,并滴定至终点,放置不少于 $10~min$ 后再滴定至终点,两次滴定之间的单位时间内的体积变化即为漂移量(D)。

23 分析结果的表述

固体试样中水分的含量按式(4),液体试样中水分的含量按式(5)进行计算:

$$X = \frac{(V_1 - D \times t) \times T}{m} \times 100 \quad\cdots\cdots\cdots\cdots\cdots\cdots\cdots (4)$$

$$X = \frac{(V_1 - D \times t) \times T}{V_2 \rho} \times 100 \quad\cdots\cdots\cdots\cdots\cdots\cdots\cdots (5)$$

式中:

X ——试样中水分的含量,单位为克每百克(g /100 g);

V_1 ——滴定样品时卡尔·费休试剂体积,单位为毫升(mL);

D ——漂移量,单位为毫升每分钟(mL/min);

t ——滴定时所消耗的时间,单位为分钟(min);

T ——卡尔·费休试剂的滴定度,单位为克每毫升(g/ mL);

m ——样品质量,单位为克(g);

100——单位换算系数;

V_2 ——液体样品体积,单位为毫升(mL);

ρ ——液体样品的密度,单位为克每毫升(g/ mL)。

水分含量≥1 g/100 g 时,计算结果保留三位有效数字;水分含量<1 g/100 g 时,计算结果保留两位有效数字。

24 精密度

在重复性条件下获得的两次独立测定结果的绝对差值不得超过算术平均值的 10%。

中华人民共和国国家标准

GB 5009.4—2016

食品安全国家标准

食品中灰分的测定

2016-08-31 发布

2017-03-01 实施

中 华 人 民 共 和 国
国家卫生和计划生育委员会 发布

前 言

　　本标准代替 GB 5009.4—2010《食品安全国家标准　食品中灰分的测定》、GB/T 5505—2008《粮油检验　灰分测定法》、GB/T 22427.1—2008《淀粉灰分测定》、GB/T 9695.18—2008《肉与肉制品　总灰分测定》、GB/T 12532—2008《食用菌灰分测定》、GB/T 9824—2008《油料饼粕中总灰分的测定》、GB/T 9825—2008《油料饼粕盐酸不溶性灰分测定》、GB/T 12729.7—2008《香辛料和调味品　总灰分的测定》、GB/T 12729.8—2008《香辛料和调味品　水不溶性灰分测定》、GB/T 12729.9—2008《香辛料和调味品　酸不溶性灰分测定》、GB/T 17375—2008《动植物油脂　灰分测定》、GB/T 22510—2008《谷物、豆类及副产品　灰分含量测定》、GB/T 8306—2013《茶　总灰分测定》、GB/T 8307—2013《茶　水溶性灰分和水不溶性灰分测定》、GB/T 8308—2013《茶　酸不溶性灰分测定》、SN/T 0925—2000《进出口茶叶总灰分测定方法》、SN/T 0921—2000《进出口茶叶水溶性灰分和水不溶性灰分测定方法》、SN/T 0923—2000《进出口茶叶酸不溶灰分测定方法》、NY 82.8—1988《果汁测定方法　总灰分的测定》。

　　本标准与 GB 5009.4—2010 相比，主要修改如下：

　　——本标准按照 GB/T 22427.1—2008 增加了淀粉及其衍生物中灰分的测定；

　　——按照 GB/T 12729.8—2008、GB/T 12729.9—2008、GB/T 8307—2013、GB/T 8308—2013 增加了部分食品中水溶性灰分与水不溶性灰分的测定、酸溶性灰分与酸不溶性灰分的测定。

食品安全国家标准

食品中灰分的测定

1 范围

本标准第一法规定了食品中灰分的测定方法,第二法规定了食品中水溶性灰分和水不溶性灰分的测定方法,第三法规定了食品中酸不溶性灰分的测定方法。

本标准第一法适用于食品中灰分的测定(淀粉类灰分的方法适用于灰分质量分数不大于2%的淀粉和变性淀粉),第二法适用于食品中水溶性灰分和水不溶性灰分的测定,第三法适用于食品中酸不溶性灰分的测定。

第一法 食品中总灰分的测定

2 原理

食品经灼烧后所残留的无机物质称为灰分。灰分数值系用灼烧、称重后计算得出。

3 试剂和材料

除非另有说明,本方法所用试剂均为分析纯,水为GB/T 6682规定的三级水。

3.1 试剂

3.1.1 乙酸镁$[(CH_3COO)_2Mg \cdot 4H_2O]$。

3.1.2 浓盐酸(HCl)。

3.2 试剂配制

3.2.1 乙酸镁溶液(80 g/L):称取8.0 g乙酸镁加水溶解并定容至100 mL,混匀。

3.2.2 乙酸镁溶液(240 g/L):称取24.0 g乙酸镁加水溶解并定容至100 mL,混匀。

3.2.3 10%盐酸溶液:量取24 mL分析纯浓盐酸用蒸馏水稀释至100 mL。

4 仪器和设备

4.1 高温炉:最高使用温度≥950 ℃。

4.2 分析天平:感量分别为0.1 mg、1 mg、0.1 g。

4.3 石英坩埚或瓷坩埚。

4.4 干燥器(内有干燥剂)。

4.5 电热板。

4.6 恒温水浴锅:控温精度±2 ℃。

5 分析步骤

5.1 坩埚预处理

5.1.1 含磷量较高的食品和其他食品

取大小适宜的石英坩埚或瓷坩埚置高温炉中，在 550 ℃±25 ℃下灼烧 30 min，冷却至 200 ℃左右，取出，放入干燥器中冷却 30 min，准确称量。重复灼烧至前后两次称量相差不超过 0.5 mg 为恒重。

5.1.2 淀粉类食品

先用沸腾的稀盐酸洗涤，再用大量自来水洗涤，最后用蒸馏水冲洗。将洗净的坩埚置于高温炉内，在 900 ℃±25 ℃下灼烧 30 min，并在干燥器内冷却至室温，称重，精确至 0.000 1 g。

5.2 称样

含磷量较高的食品和其他食品：灰分大于或等于 10 g/100 g 的试样称取 2 g～3 g(精确至 0.000 1 g)；灰分小于或等于 10 g/100 g 的试样称取 3 g～10 g(精确至 0.000 1 g，对于灰分含量更低的样品可适当增加称样量)。淀粉类食品：迅速称取样品 2 g～10 g(马铃薯淀粉、小麦淀粉以及大米淀粉至少称 5 g，玉米淀粉和木薯淀粉称 10 g)，精确至 0.000 1 g。将样品均匀分布在坩埚内，不要压紧。

5.3 测定

5.3.1 含磷量较高的豆类及其制品、肉禽及其制品、蛋及其制品、水产及其制品、乳及乳制品

5.3.1.1 称取试样后，加入 1.00 mL 乙酸镁溶液(240 g/L)或 3.00 mL 乙酸镁溶液(80 g/L)，使试样完全润湿。放置 10 min 后，在水浴上将水分蒸干，在电热板上以小火加热使试样充分炭化至无烟，然后置于高温炉中，在 550 ℃±25 ℃灼烧 4 h。冷却至 200 ℃左右，取出，放入干燥器中冷却 30 min，称量前如发现灼烧残渣有炭粒时，应向试样中滴入少许水湿润，使结块松散，蒸干水分再次灼烧至无炭粒即表示灰化完全，方可称量。重复灼烧至前后两次称量相差不超过 0.5 mg 为恒重。

5.3.1.2 吸取 3 份与 5.3.1.1 相同浓度和体积的乙酸镁溶液，做 3 次试剂空白试验。当 3 次试验结果的标准偏差小于 0.003 g 时，取算术平均值作为空白值。若标准偏差大于或等于 0.003 g 时，应重新做空白值试验。

5.3.2 淀粉类食品

将坩埚置于高温炉口或电热板上，半盖坩埚盖，小心加热使样品在通气情况下完全炭化至无烟，即刻将坩埚放入高温炉内，将温度升高至 900 ℃±25 ℃，保持此温度直至剩余的碳全部消失为止，一般 1 h 可灰化完毕，冷却至 200 ℃左右，取出，放入干燥器中冷却 30 min，称量前如发现灼烧残渣有炭粒时，应向试样中滴入少许水湿润，使结块松散，蒸干水分再次灼烧至无炭粒即表示灰化完全，方可称量。重复灼烧至前后两次称量相差不超过 0.5 mg 为恒重。

5.3.3 其他食品

液体和半固体试样应先在沸水浴上蒸干。固体或蒸干后的试样，先在电热板上以小火加热使试样充分炭化至无烟，然后置于高温炉中，在 550 ℃±25 ℃灼烧 4 h。冷却至 200 ℃左右，取出，放入干燥器中冷却 30 min，称量前如发现灼烧残渣有炭粒时，应向试样中滴入少许水湿润，使结块松散，蒸干水分再次灼烧至无炭粒即表示灰化完全，方可称量。重复灼烧至前后两次称量相差不超过 0.5 mg 为恒重。

6 分析结果的表述

6.1 以试样质量计

6.1.1 试样中灰分的含量,加了乙酸镁溶液的试样,按式(1)计算:

$$X_1 = \frac{m_1 - m_2 - m_0}{m_3 - m_2} \times 100 \quad\quad\quad\cdots\cdots\cdots\cdots\cdots\cdots\cdots\cdots(1)$$

式中:

X_1——加了乙酸镁溶液试样中灰分的含量,单位为克每百克(g/100 g);

m_1——坩埚和灰分的质量,单位为克(g);

m_2——坩埚的质量,单位为克(g);

m_0——氧化镁(乙酸镁灼烧后生成物)的质量,单位为克(g);

m_3——坩埚和试样的质量,单位为克(g);

100——单位换算系数。

6.1.2 试样中灰分的含量,未加乙酸镁溶液的试样,按式(2)计算:

$$X_2 = \frac{m_1 - m_2}{m_3 - m_2} \times 100 \quad\quad\quad\cdots\cdots\cdots\cdots\cdots\cdots\cdots\cdots(2)$$

式中:

X_2——未加乙酸镁溶液试样中灰分的含量,单位为克每百克(g/100 g);

m_1——坩埚和灰分的质量,单位为克(g);

m_2——坩埚的质量,单位为克(g);

m_3——坩埚和试样的质量,单位为克(g);

100——单位换算系数。

6.2 以干物质计

6.2.1 加了乙酸镁溶液的试样中灰分的含量,按式(3)计算:

$$X_1 = \frac{m_1 - m_2 - m_0}{(m_3 - m_2) \times \omega} \times 100 \quad\quad\quad\cdots\cdots\cdots\cdots\cdots\cdots\cdots(3)$$

式中:

X_1——加了乙酸镁溶液试样中灰分的含量,单位为克每百克(g/100 g);

m_1——坩埚和灰分的质量,单位为克(g);

m_2——坩埚的质量,单位为克(g);

m_0——氧化镁(乙酸镁灼烧后生成物)的质量,单位为克(g);

m_3——坩埚和试样的质量,单位为克(g);

ω——试样干物质含量(质量分数),%;

100——单位换算系数。

6.2.2 未加乙酸镁溶液的试样中灰分的含量,按式(4)计算:

$$X_2 = \frac{m_1 - m_2}{(m_3 - m_2) \times \omega} \times 100 \quad\quad\quad\cdots\cdots\cdots\cdots\cdots\cdots\cdots(4)$$

式中:

X_2——未加乙酸镁溶液的试样中灰分的含量,单位为克每百克(g/100 g);

m_1——坩埚和灰分的质量,单位为克(g);

m_2——坩埚的质量,单位为克(g);

m_3——坩埚和试样的质量,单位为克(g);

ω——试样干物质含量(质量分数),%;

100——单位换算系数。

试样中灰分含量≥10 g/100 g 时,保留三位有效数字;试样中灰分含量<10 g/100 g 时,保留两位有效数字。

7 精密度

在重复性条件下获得的两次独立测定结果的绝对差值不得超过算术平均值的 5%。

第二法 食品中水溶性灰分和水不溶性灰分的测定

8 原理

用热水提取总灰分,经无灰滤纸过滤、灼烧、称量残留物,测得水不溶性灰分,由总灰分和水不溶性灰分的质量之差计算水溶性灰分。

9 试剂和材料

除非另有说明,本方法所用水为 GB/T 6682 规定的三级水。

10 仪器和设备

10.1 高温炉:最高温度≥950 ℃。

10.2 分析天平:感量分别为 0.1 mg、1 mg、0.1 g。

10.3 石英坩埚或瓷坩埚。

10.4 干燥器(内有干燥剂)。

10.5 无灰滤纸。

10.6 漏斗。

10.7 表面皿:直径 6 cm。

10.8 烧杯(高型):容量 100 mL。

10.9 恒温水浴锅:控温精度±2 ℃。

11 分析步骤

11.1 坩埚预处理

方法见"5.1 坩埚预处理"。

11.2 称样

方法见"5.2 称样"。

11.3 总灰分的制备

见"5.3 测定"。

11.4 测定

用约 25 mL 热蒸馏水分次将总灰分从坩埚中洗入 100 mL 烧杯中,盖上表面皿,用小火加热至微沸,防止溶液溅出。趁热用无灰滤纸过滤,并用热蒸馏水分次洗涤杯中残渣,直至滤液和洗涤体积约达 150 mL 为止,将滤纸连同残渣移入原坩埚内,放在沸水浴锅上小心地蒸去水分,然后将坩埚烘干并移入高温炉内,以 550 ℃±25 ℃灼烧至无炭粒(一般需 1 h)。待炉温降至 200 ℃时,放入干燥器内,冷却至室温,称重(准确至 0.000 1 g)。再放入高温炉内,以 550 ℃±25 ℃灼烧 30 min,如前冷却并称重。如此重复操作,直至连续两次称重之差不超过 0.5 mg 为止,记下最低质量。

12　分析结果的表述

12.1　以试样质量计

12.1.1　水不溶性灰分的含量,按式(5)计算:

$$X_1 = \frac{m_1 - m_2}{m_3 - m_2} \times 100 \qquad \cdots\cdots\cdots\cdots\cdots (5)$$

式中:

X_1——水不溶性灰分的含量,单位为克每百克(g/100 g);

m_1——坩埚和水不溶性灰分的质量,单位为克(g);

m_2——坩埚的质量,单位为克(g);

m_3——坩埚和试样的质量,单位为克(g);

100——单位换算系数。

12.1.2　水溶性灰分的含量,按式(6)计算:

$$X_2 = \frac{m_4 - m_5}{m_0} \times 100 \qquad \cdots\cdots\cdots\cdots\cdots (6)$$

式中:

X_2——水溶性灰分的质量,单位为克(g/100 g);

m_0——试样的质量,单位为克(g);

m_4——总灰分的质量,单位为克(g);

m_5——水不溶性灰分的质量,单位为克(g);

100——单位换算系数。

12.2　以干物质计

12.2.1　水不溶性灰分的含量,按式(7)计算:

$$X_1 = \frac{m_1 - m_2}{(m_3 - m_2) \times \omega} \times 100 \qquad \cdots\cdots\cdots\cdots\cdots (7)$$

式中:

X_1——水不溶性灰分的含量,单位为克每百克(g/100 g);

m_1——坩埚和水不溶性灰分的质量,单位为克(g);

m_2——坩埚的质量,单位为克(g);

m_3——坩埚和试样的质量,单位为克(g);

ω　——试样干物质含量(质量分数),%;

100——单位换算系数。

12.2.2　水溶性灰分的含量,按式(8)计算:

$$X_2 = \frac{m_4 - m_5}{m_0 \times \omega} \times 100 \qquad \cdots\cdots\cdots\cdots\cdots (8)$$

式中:

X_2——水溶性灰分的质量,单位为克(g/100 g);

m_0 ——试样的质量,单位为克(g);

m_4 ——总灰分的质量,单位为克(g);

m_5 ——水不溶性灰分的质量,单位为克(g);

ω ——试样干物质含量(质量分数),%;

100——单位换算系数。

试样中灰分含量≥10 g/100 g 时,保留三位有效数字;试样中灰分含量<10 g/100 g 时,保留两位有效数字。

13 精密度

在重复性条件下获得的两次独立测定结果的绝对差值不得超过算术平均值的 5%。

第三法 食品中酸不溶性灰分的测定

14 原理

用盐酸溶液处理总灰分,过滤、灼烧、称量残留物。

15 试剂和材料

除非另有说明,本方法所用试剂均为分析纯,水为 GB/T 6682 规定的三级水。

15.1 试剂

浓盐酸(HCl)。

15.2 试剂配制

10%盐酸溶液,24 mL 分析纯浓盐酸用蒸馏水稀释至 100 mL。

16 仪器和设备

16.1 高温炉:最高温度≥950 ℃。

16.2 分析天平:感量分别为 0.1 mg、1 mg、0.1 g。

16.3 石英坩埚或瓷坩埚。

16.4 干燥器(内有干燥剂)。

16.5 无灰滤纸。

16.6 漏斗。

16.7 表面皿:直径 6 cm。

16.8 烧杯(高型):容量 100 mL。

16.9 恒温水浴锅:控温精度±2 ℃。

17 分析步骤

17.1 坩埚预处理

方法见"5.1 坩埚预处理"。

17.2 称样

方法见"5.2 称样"。

17.3 总灰分的制备

见"5.3 测定"。

17.4 测定

用 25 mL 10%盐酸溶液将总灰分分次洗入 100 mL 烧杯中,盖上表面皿,在沸水浴上小心加热,至溶液由浑浊变为透明时,继续加热 5 min,趁热用无灰滤纸过滤,用沸蒸馏水少量反复洗涤烧杯和滤纸上的残留物,直至中性(约 150 mL)。将滤纸连同残渣移入原坩埚内,在沸水浴上小心蒸去水分,移入高温炉内,以 550 ℃±25 ℃灼烧至无炭粒(一般需 1 h)。待炉温降至 200 ℃时,取出坩埚,放入干燥器内,冷却至室温,称重(准确至 0.000 1 g)。再放入高温炉内,以 550 ℃±25 ℃灼烧 30 min,如前冷却并称重。如此重复操作,直至连续两次称重之差不超过 0.5 mg 为止,记下最低质量。

18 分析结果的表述

18.1 以试样质量计,酸不溶性灰分的含量,按式(9)计算:

$$X_1 = \frac{m_1 - m_2}{m_3 - m_2} \times 100 \qquad \cdots\cdots\cdots\cdots\cdots\cdots\cdots\cdots(9)$$

式中:

X_1——酸不溶性灰分的含量,单位为克每百克(g/100 g);

m_1——坩埚和酸不溶性灰分的质量,单位为克(g);

m_2——坩埚的质量,单位为克(g);

m_3——坩埚和试样的质量,单位为克(g);

100——单位换算系数。

18.2 以干物质计,酸不溶性灰分的含量,按式(10)计算:

$$X_1 = \frac{m_1 - m_2}{(m_3 - m_2) \times \omega} \times 100 \qquad \cdots\cdots\cdots\cdots\cdots\cdots\cdots\cdots(10)$$

式中:

X_1——酸不溶性灰分的含量,单位为克每百克(g/100 g);

m_1——坩埚和酸不溶性灰分的质量,单位为克(g);

m_2——坩埚的质量,单位为克(g);

m_3——坩埚和试样的质量,单位为克(g);

ω ——试样干物质含量(质量分数),%;

100——单位换算系数。

试样中灰分含量≥10 g/100 g 时,保留三位有效数字;试样中灰分含量<10 g/100 g 时,保留两位有效数字。

19 精密度

在重复性条件下同一样品获得的测定结果的绝对差值不得超过算术平均值的 5%。

中华人民共和国国家标准

GB 5009.5—2016

食品安全国家标准

食品中蛋白质的测定

2016-12-23 发布

2017-06-23 实施

中华人民共和国国家卫生和计划生育委员会
国家食品药品监督管理总局 发布

前　言

本标准代替 GB 5009.5—2010《食品安全国家标准　食品中蛋白质的测定》、GB/T 14489.2—2008《粮油检验　植物油料粗蛋白质的测定》、GB/T 15673—2009《食用菌中粗蛋白含量的测定》、GB/T 5511—2008《谷物和豆类　氮含量测定和粗蛋白质含量计算　凯氏法》、GB/T 9695.11—2008《肉与肉制品　氮含量测定》和 GB/T 9823—2008《粮油检验　植物油料饼粕总含氮量的测定》。

本标准与 GB 5009.5—2010 相比,主要变化如下:

——增加附录 A 蛋白质折算系数。

食品安全国家标准

食品中蛋白质的测定

1 范围

本标准规定了食品中蛋白质的测定方法。

本标准第一法和第二法适用于各种食品中蛋白质的测定,第三法适用于蛋白质含量在 10 g/100 g 以上的粮食、豆类奶粉、米粉、蛋白质粉等固体试样的测定。

本标准不适用于添加无机含氮物质、有机非蛋白质含氮物质的食品的测定。

第一法 凯氏定氮法

2 原理

食品中的蛋白质在催化加热条件下被分解,产生的氨与硫酸结合生成硫酸铵。碱化蒸馏使氨游离,用硼酸吸收后以硫酸或盐酸标准滴定溶液滴定,根据酸的消耗量计算氮含量,再乘以换算系数,即为蛋白质的含量。

3 试剂和材料

3.1 试剂

除非另有说明,本方法所用试剂均为分析纯,水为 GB/T 6682 规定的三级水。

3.1.1 硫酸铜($CuSO_4 \cdot 5H_2O$)。

3.1.2 硫酸钾(K_2SO_4)。

3.1.3 硫酸(H_2SO_4)。

3.1.4 硼酸(H_3BO_3)。

3.1.5 甲基红指示剂($C_{15}H_{15}N_3O_2$)。

3.1.6 溴甲酚绿指示剂($C_{21}H_{14}Br_4O_5S$)。

3.1.7 亚甲基蓝指示剂($C_{16}H_{18}ClN_3S \cdot {}_3H_2O$)。

3.1.8 氢氧化钠(NaOH)。

3.1.9 95%乙醇(C_2H_5OH)。

3.2 试剂配制

3.2.1 硼酸溶液(20 g/L):称取 20 g 硼酸,加水溶解后并稀释至 1 000 mL。

3.2.2 氢氧化钠溶液(400 g/L):称取 40 g 氢氧化钠加水溶解后,放冷,并稀释至 100 mL。

3.2.3 硫酸标准滴定溶液$[c(\frac{1}{2}H_2SO_4)]$ 0.050 0 mol/L 或盐酸标准滴定溶液$[c(HCl)]$ 0.050 0 mol/L。

3.2.4 甲基红乙醇溶液(1 g/L):称取 0.1 g 甲基红,溶于 95%乙醇,用 95%乙醇稀释至 100 mL。

3.2.5 亚甲基蓝乙醇溶液(1 g/L):称取 0.1 g 亚甲基蓝,溶于 95%乙醇,用 95%乙醇稀释至 100 mL。

3.2.6　溴甲酚绿乙醇溶液(1 g/L):称取 0.1 g 溴甲酚绿,溶于 95％乙醇,用 95％乙醇稀释至 100 mL。

3.2.7　A 混合指示液:2 份甲基红乙醇溶液与 1 份亚甲基蓝乙醇溶液临用时混合。

3.2.8　B 混合指示液:1 份甲基红乙醇溶液与 5 份溴甲酚绿乙醇溶液临用时混合。

4　仪器和设备

4.1　天平:感量为 1 mg。

4.2　定氮蒸馏装置:如图 1 所示。

4.3　自动凯氏定氮仪。

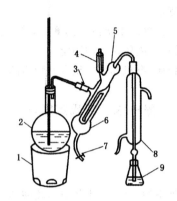

说明:

1——电炉;

2——水蒸气发生器(2 L 烧瓶);

3——螺旋夹;

4——小玻杯及棒状玻塞;

5——反应室;

6——反应室外层;

7——橡皮管及螺旋夹;

8——冷凝管;

9——蒸馏液接收瓶。

图 1　定氮蒸馏装置图

5　分析步骤

5.1　凯氏定氮法

5.1.1　试样处理:称取充分混匀的固体试样 0.2 g～2 g、半固体试样 2 g～5 g 或液体试样 10 g～25 g (约当于 30 mg～40 mg 氮),精确至 0.001 g,移入干燥的 100 mL、250 mL 或 500 mL 定氮瓶中,加入 0.4 g 硫酸铜、6 g 硫酸钾及 20 mL 硫酸,轻摇后于瓶口放一小漏斗,将瓶以 45 ℃角斜支于有小孔的石棉网上。小心加热,待内容物全部碳化,泡沫完全停止后,加强火力,并保持瓶内液体微沸,至液体呈蓝绿色并澄清透明后,再继续加热 0.5 h～1 h。取下放冷,小心加入 20 mL 水,放冷后,移入 100 mL 容量瓶中,并用少量水洗定氮瓶,洗液并入容量瓶中,再加水至刻度,混匀备用。同时做试剂空白试验。

5.1.2　测定:按图 1 装好定氮蒸馏装置,向水蒸气发生器内装水至 2/3 处,加入数粒玻璃珠,加甲基红乙醇溶液数滴及数毫升硫酸,以保持水呈酸性,加热煮沸水蒸气发生器内的水并保持沸腾。

5.1.3　向接受瓶内加入 10.0 mL 硼酸溶液及 1 滴～2 滴 A 混合指示剂或 B 混合指示剂,并使冷凝管的下端插入液面下,根据试样中氮含量,准确吸取 2.0 mL～10.0 mL 试样处理液由小玻杯注入反应室,以 10 mL 水洗涤小玻杯并使之流入反应室内,随后塞紧棒状玻塞。将 10.0 mL 氢氧化钠溶液倒入小玻杯,提起玻塞使其缓缓流入反应室,立即将玻塞盖紧,并水封。夹紧螺旋夹,开始蒸馏。蒸馏 10 min 后移动蒸馏液接收瓶,液面离开冷凝管下端,再蒸馏 1 min。然后用少量水冲洗冷凝管下端外部,取下蒸馏液接收瓶。尽快以硫酸或盐酸标准滴定溶液滴定至终点,如用 A 混合指示液,终点颜色为灰蓝色;如用 B 混合指示液,终点颜色为浅灰红色。同时做试剂空白。

5.2 自动凯氏定氮仪法

称取充分混匀的固体试样 0.2 g～2 g、半固体试样 2 g～5 g 或液体试样 10 g～25 g(约当于 30 mg～40 mg 氮),精确至 0.001 g,至消化管中,再加入 0.4 g 硫酸铜、6 g 硫酸钾及 20 mL 硫酸于消化炉进行消化。当消化炉温度达到 420 ℃之后,继续消化 1 h,此时消化管中的液体呈绿色透明状,取出冷却后加入 50 mL 水,于自动凯氏定氮仪(使用前加入氢氧化钠溶液,盐酸或硫酸标准溶液以及含有混合指示剂 A 或 B 的硼酸溶液)上实现自动加液、蒸馏、滴定和记录滴定数据的过程。

6 分析结果的表述

试样中蛋白质的含量按式(1)计算:

$$X = \frac{(V_1 - V_2) \times c \times 0.014\ 0}{m \times V_3/100} \times F \times 100 \quad\cdots\cdots\cdots\cdots\cdots\cdots\cdots(1)$$

式中:

X ——试样中蛋白质的含量,单位为克每百克(g/100 g);

V_1 ——试液消耗硫酸或盐酸标准滴定液的体积,单位为毫升(mL);

V_2 ——试剂空白消耗硫酸或盐酸标准滴定液的体积,单位为毫升(mL);

c ——硫酸或盐酸标准滴定溶液浓度,单位为摩尔每升(mol/L);

0.014 0——1.0 mL 硫酸$[c(\frac{1}{2}H_2SO_4) = 1.000\ mol/L]$或盐酸$[c(HCl) = 1.000\ mol/L]$标准滴定

溶液相当的氮的质量,单位为克(g);

m ——试样的质量,单位为克(g);

V_3 ——吸取消化液的体积,单位为毫升(mL);

F ——氮换算为蛋白质的系数,各种食品中氮转换系数见附录 A;

100 ——换算系数。

蛋白质含量≥1 g/100 g 时,结果保留三位有效数字;蛋白质含量<1 g/100 g 时,结果保留两位有效数字。

注:当只检测氮含量时,不需要乘蛋白质换算系数 F。

7 精密度

在重复条件下获得的两次独立测定结果的绝对差值不得超过算术平均值的 10%。

第二法 分光光度法

8 原理

食品中的蛋白质在催化加热条件下被分解,分解产生的氨与硫酸结合生成硫酸铵,在 pH 4.8 的乙酸钠-乙酸缓冲溶液中与乙酰丙酮和甲醛反应生成黄色的3,5-二乙酰-2,6-二甲基-1,4-二氢化吡啶化合物。在波长400 nm下测定吸光度值,与标准系列比较定量,结果乘以换算系数,即为蛋白质含量。

9 试剂和材料

9.1 试剂

除非另有说明,本方法所用试剂均为分析纯,水为GB/T 6682规定的三级水。

9.1.1 硫酸铜($CuSO_4 \cdot 5H_2O$)。

9.1.2 硫酸钾(K_2SO_4)。

9.1.3 硫酸(H_2SO_4):优级纯。

9.1.4 氢氧化钠(NaOH)。

9.1.5 对硝基苯酚($C_6H_5NO_3$)。

9.1.6 乙酸钠($CH_3COONa \cdot 3H_2O$)。

9.1.7 无水乙酸钠(CH_3COONa)。

9.1.8 乙酸(CH_3COOH):优级纯。

9.1.9 37%甲醛(HCHO)。

9.1.10 乙酰丙酮($C_5H_8O_2$)。

9.2 试剂配制

9.2.1 氢氧化钠溶液(300 g/L):称取30 g氢氧化钠加水溶解后,放冷,并稀释至100 mL。

9.2.2 对硝基苯酚指示剂溶液(1 g/L):称取0.1 g对硝基苯酚指示剂溶于20 mL 95%乙醇中,加水稀释至100 mL。

9.2.3 乙酸溶液(1 mol/L):量取5.8 mL乙酸,加水稀释至100 mL。

9.2.4 乙酸钠溶液(1 mol/L):称取41 g无水乙酸钠或68 g乙酸钠,加水溶解稀释至500 mL。

9.2.5 乙酸钠-乙酸缓冲溶液:量取60 mL乙酸钠溶液与40 mL乙酸溶液混合,该溶液pH 4.8。

9.2.6 显色剂:15 mL甲醛与7.8 mL乙酰丙酮混合,加水稀释至100 mL,剧烈振摇混匀(室温下放置稳定3d)。

9.2.7 氨氮标准储备溶液(以氮计)(1.0 g/L):称取105 ℃干燥2 h的硫酸铵0.472 0 g加水溶解后移于100 mL容量瓶中,并稀释至刻度,混匀,此溶液每毫升相当于1.0 mg氮。

9.2.8 氨氮标准使用溶液(0.1 g/L):用移液管吸取10.00 mL氨氮标准储备液于100 mL容量瓶内,加水定容至刻度,混匀,此溶液每毫升相当于0.1 mg氮。

10 仪器和设备

10.1 分光光度计。

10.2 电热恒温水浴锅:100 ℃±0.5 ℃。

10.3 10 mL具塞玻璃比色管。

10.4 天平:感量为1 mg。

11 分析步骤

11.1 试样消解

称取充分混匀的固体试样0.1 g~0.5 g(精确至0.001 g)、半固体试样0.2 g~1 g(精确至0.001 g)

或液体试样 1 g～5 g(精确至 0.001 g),移入干燥的 100 mL 或 250 mL 定氮瓶中,加入 0.1 g 硫酸铜、1 g
硫酸钾及 5 mL 硫酸,摇匀后于瓶口放一小漏斗,将定氮瓶以 45°角斜支于有小孔的石棉网上。缓慢加
热,待内容物全部炭化,泡沫完全停止后,加强火力,并保持瓶内液体微沸,至液体呈蓝绿色澄清透明后,
再继续加热 0.5 h。取下放冷,慢慢加入 20 mL 水,放冷后移入 50 mL 或 100 mL 容量瓶中,并用少量水
洗定氮瓶,洗液并入容量瓶中,再加水至刻度,混匀备用。按同一方法做试剂空白试验。

11.2 试样溶液的制备

吸取 2.00 mL～5.00 mL 试样或试剂空白消化液于 50 mL 或 100 mL 容量瓶内,加 1 滴～2 滴对硝
基苯酚指示剂溶液,摇匀后滴加氢氧化钠溶液中和至黄色,再滴加乙酸溶液至溶液无色,用水稀释至刻
度,混匀。

11.3 标准曲线的绘制

吸取 0.00 mL、0.05 mL、0.10 mL、0.20 mL、0.40 mL、0.60 mL、0.80 mL 和 1.00 mL 氨氮标准使用
溶液(相当于 0.00 μg、5.00 μg、10.0 μg、20.0 μg、40.0 μg、60.0 μg、80.0 μg 和 100.0 μg 氮),分别置于
10 mL 比色管中。加 4.0 mL 乙酸钠-乙酸缓冲溶液及 4.0 mL 显色剂,加水稀释至刻度,混匀。置于
100 ℃ 水浴中加热 15 min。取出用水冷却至室温后,移入 1 cm 比色杯内,以零管为参比,于波长 400 nm
处测量吸光度值,根据标准各点吸光度值绘制标准曲线或计算线性回归方程。

11.4 试样测定

吸取 0.50 mL～2.00 mL(约相当于氮<100 μg)试样溶液和同量的试剂空白溶液,分别于 10 mL 比
色管中。加 4.0 mL 乙酸钠-乙酸缓冲溶液及 4.0 mL 显色剂,加水稀释至刻度,混匀。置于 100 ℃ 水浴
中加热 15 min。取出用水冷却至室温后,移入 1 cm 比色杯内,以零管为参比,于波长 400 nm 处测量吸
光度值,试样吸光度值与标准曲线比较定量或代入线性回归方程求出含量。

12 分析结果的表述

试样中蛋白质的含量按式(2)计算:

$$X = \frac{(C - C_0) \times V_1 \times V_3}{m \times V_2 \times V_4 \times 1\,000 \times 1\,000} \times 100 \times F \quad\cdots\cdots\cdots\cdots\cdots\cdots\cdots\quad (2)$$

式中:

X ——试样中蛋白质的含量,单位为克每百克(g/100 g);

C ——试样测定液中氮的含量,单位为微克(μg);

C_0 ——试剂空白测定液中氮的含量,单位为微克(μg);

V_1 ——试样消化液定容体积,单位为毫升(mL);

V_3 ——试样溶液总体积,单位为毫升(mL);

m ——试样质量,单位为克(g);

V_2 ——制备试样溶液的消化液体积,单位为毫升(mL);

V_4 ——测定用试样溶液体积,单位为毫升(mL);

1 000——换算系数;

100 ——换算系数;

F ——氮换算为蛋白质的系数。

蛋白质含量≥1 g/100 g 时,结果保留三位有效数字;蛋白质含量<1 g/100 g 时,结果保留两位有
效数字。

13 精密度

在重复性条件下获得的两次独立测定结果的绝对差值不得超过算术平均值的10%。

第三法 燃烧法

14 原理

试样在900 ℃～1 200 ℃高温下燃烧,燃烧过程中产生混合气体,其中的碳、硫等干扰气体和盐类被吸收管吸收,氮氧化物被全部还原成氮气,形成的氮气气流通过热导检测器(TCD)进行检测。

15 仪器和设备

15.1 氮/蛋白质分析仪。
15.2 天平:感量为0.1 mg。

16 分析步骤

按照仪器说明书要求称取0.1 g～1.0 g充分混匀的试样(精确至0.000 1 g),用锡箔包裹后置于样品盘上。试样进入燃烧反应炉(900 ℃～1 200 ℃)后,在高纯氧(≥99.99%)中充分燃烧。燃烧炉中的产物(NO_x)被载气二氧化碳或氦气运送至还原炉(800 ℃)中,经还原生成氮气后检测其含量。

17 分析结果的表述

试样中蛋白质的含量按式(3)计算:

$$X = C \times F \qquad\qquad \cdots\cdots\cdots\cdots\cdots\cdots (3)$$

式中:
X ——试样中蛋白质的含量,单位为克每百克(g/100 g);
C ——试样中氮的含量,单位为克每百克(g/100 g);
F ——氮换算为蛋白质的系数。
结果保留三位有效数字。

18 精密度

在重复性条件下获得的两次独立测定结果的绝对差值不得超过算术平均值的10%。

19 其他

本方法第一法当称样量为5.0 g时,检出限为8 mg/100 g。
本方法第二法当称样量为5.0 g时,检出限为0.1 mg/100 g。

附 录 A
常见食物中的氮折算成蛋白质的折算系数

常见食物中的氮折算成蛋白质的折算系数见表 A.1。

表 A.1 蛋白质折算系数表

食品类别		折算系数	食品类别		折算系数
小麦	全小麦粉	5.83	大米及米粉		5.95
	麦糠麸皮	6.31	鸡蛋	鸡蛋(全)	6.25
	麦胚芽	5.80		蛋黄	6.12
	麦胚粉、黑麦、普通小麦、面粉	5.70		蛋白	6.32
燕麦、大麦、黑麦粉		5.83	肉与肉制品		6.25
小米、裸麦		5.83	动物明胶		5.55
玉米、黑小麦、饲料小麦、高粱		6.25	纯乳与纯乳制品		6.38
油料	芝麻、棉籽、葵花籽、蓖麻、红花籽	5.30	复合配方食品		6.25
	其他油料	6.25	酪蛋白		6.40
	菜籽	5.53			
坚果、种子类	巴西果	5.46	胶原蛋白		5.79
	花生	5.46	豆类	大豆及其粗加工制品	5.71
	杏仁	5.18		大豆蛋白制品	6.25
	核桃、榛子、椰果等	5.30	其他食品		6.25

中华人民共和国国家标准

GB 5009.6—2016

食品安全国家标准

食品中脂肪的测定

2016-12-23 发布

2017-06-23 实施

中华人民共和国国家卫生和计划生育委员会
国家食品药品监督管理总局 发布

前　言

本标准代替 GB/T 5009.6—2003《食品中脂肪的测定》、GB/T 9695.1—2008《肉与肉制品　游离脂肪含量测定》、GB 5413.3—2010《食品安全国家标准　婴幼儿食品和乳品中脂肪的测定》、GB/T 9695.7—2008《肉与肉制品　总脂肪含量测定》、GB/T 14772—2008《食品中粗脂肪的测定》、GB/T 5512—2008《粮油检验　粮食中粗脂肪含量测定》、GB/T 15674—2009《食用菌中粗脂肪含量的测定》、GB/T 22427.3—2008《淀粉总脂肪测定》、GB/T 10359—2008《油料饼粕　含油量的测定　第 1 部分：己烷(或石油醚)提取法》。

本标准与 GB/T 5009.6—2003 相比，主要变化如下：

——标准名称修改为"食品安全国家标准　食品中脂肪的测定"；

——修改了肉制品、淀粉的酸水解及抽提步骤；

——增加了碱水解法、盖勃法。

食品安全国家标准

食品中脂肪的测定

1 范围

本标准规定了食品中脂肪含量的测定方法。

本标准第一法适用于水果、蔬菜及其制品、粮食及粮食制品、肉及肉制品、蛋及蛋制品、水产及其制品、焙烤食品、糖果等食品中游离态脂肪含量的测定。

本标准第二法适用于水果、蔬菜及其制品、粮食及粮食制品、肉及肉制品、蛋及蛋制品、水产及其制品、焙烤食品、糖果等食品中游离态脂肪及结合态脂肪总量的测定。

本标准第三法适用于乳及乳制品、婴幼儿配方食品中脂肪的测定。

本标准第四法适用于乳及乳制品、婴幼儿配方食品中脂肪的测定。

第一法 索氏抽提法

2 原理

脂肪易溶于有机溶剂。试样直接用无水乙醚或石油醚等溶剂抽提后,蒸发除去溶剂,干燥,得到游离态脂肪的含量。

3 试剂和材料

除非另有说明,本方法所用试剂均为分析纯,水为 GB/T 6682 规定的三级水。

3.1 试剂

3.1.1 无水乙醚($C_4H_{10}O$)。

3.1.2 石油醚(C_nH_{2n+2}):石油醚沸程为 30 ℃～60 ℃。

3.2 材料

3.2.1 石英砂。

3.2.2 脱脂棉。

4 仪器和设备

4.1 索氏抽提器。

4.2 恒温水浴锅。

4.3 分析天平:感量 0.001 g 和 0.000 1 g。

4.4　电热鼓风干燥箱。

4.5　干燥器:内装有效干燥剂,如硅胶。

4.6　滤纸筒。

4.7　蒸发皿。

5　分析步骤

5.1　试样处理

5.1.1　固体试样:称取充分混匀后的试样 2 g～5 g,准确至 0.001 g,全部移入滤纸筒内。

5.1.2　液体或半固体试样:称取混匀后的试样 5 g～10 g,准确至 0.001 g,置于蒸发皿中,加入约 20 g 石英砂,于沸水浴上蒸干后,在电热鼓风干燥箱中于 100 ℃ ± 5 ℃ 干燥 30 min 后,取出,研细,全部移入滤纸筒内。蒸发皿及粘有试样的玻璃棒,均用沾有乙醚的脱脂棉擦净,并将棉花放入滤纸筒内。

5.2　抽提

将滤纸筒放入索氏抽提器的抽提筒内,连接已干燥至恒重的接收瓶,由抽提器冷凝管上端加入无水乙醚或石油醚至瓶内容积的三分之二处,于水浴上加热,使无水乙醚或石油醚不断回流抽提(6 次/h～8 次/h),一般抽提 6 h～10 h。提取结束时,用磨砂玻璃棒接取 1 滴提取液,磨砂玻璃棒上无油斑表明提取完毕。

5.3　称量

取下接收瓶,回收无水乙醚或石油醚,待接收瓶内溶剂剩余 1 mL～2 mL 时在水浴上蒸干,再于 100 ℃±5 ℃干燥 1 h,放干燥器内冷却 0.5 h 后称量。重复以上操作直至恒重(直至两次称量的差不超过 2 mg)。

6　分析结果的表述

试样中脂肪的含量按式(1)计算:

$$X = \frac{m_1 - m_0}{m_2} \times 100 \qquad\qquad\qquad (1)$$

式中:

X　——试样中脂肪的含量,单位为克每百克(g/100 g);

m_1——恒重后接收瓶和脂肪的含量,单位为克(g);

m_0——接收瓶的质量,单位为克(g);

m_2——试样的质量,单位为克(g);

100——换算系数。

计算结果表示到小数点后一位。

7　精密度

在重复性条件下获得的两次独立测定结果的绝对差值不得超过算术平均值的 10%。

第二法　酸水解法

8　原理

食品中的结合态脂肪必须用强酸使其游离出来,游离出的脂肪易溶于有机溶剂。试样经盐酸水解后用无水乙醚或石油醚提取,除去溶剂即得游离态和结合态脂肪的总含量。

9　试剂和材料

除非另有说明,本方法所用试剂均为分析纯,水为 GB/T 6682 规定的三级水。

9.1　试剂

9.1.1　盐酸(HCl)。

9.1.2　乙醇(C_2H_5OH)。

9.1.3　无水乙醚($C_4H_{10}O$)。

9.1.4　石油醚(C_nH_{2n+2}):沸程为 30 ℃～60 ℃。

9.1.5　碘(I_2)。

9.1.6　碘化钾(KI)。

9.2　试剂的配制

9.2.1　盐酸溶液(2 mol/L):量取 50 mL 盐酸,加入到 250 mL 水中,混匀。

9.2.2　碘液(0.05 mol/L):称取 6.5 g 碘和 25 g 碘化钾于少量水中溶解,稀释至 1 L。

9.3　材料

9.3.1　蓝色石蕊试纸。

9.3.2　脱脂棉。

9.3.3　滤纸:中速。

10　仪器和设备

10.1　恒温水浴锅。

10.2　电热板:满足 200 ℃高温。

10.3　锥形瓶。

10.4　分析天平:感量为 0.1 g 和 0.001 g。

10.5　电热鼓风干燥箱。

11　分析步骤

11.1　试样酸水解

11.1.1　肉制品

称取混匀后的试样 3 g～5 g,准确至 0.001 g,置于锥形瓶(250 mL)中,加入 50 mL 2 mol/L 盐酸溶液和数粒玻璃细珠,盖上表面皿,于电热板上加热至微沸,保持 1 h,每 10 min 旋转摇动 1 次。取下锥形瓶,加入 150 mL 热水,混匀,过滤。锥形瓶和表面皿用热水洗净,热水一并过滤。沉淀用热水洗至中性(用蓝色石蕊试纸检验,中性时试纸不变色)。将沉淀和滤纸置于大表面皿上,于 100 ℃±5 ℃ 干燥箱内干燥 1 h,冷却。

11.1.2 淀粉

根据总脂肪含量的估计值,称取混匀后的试样 25 g～50 g,准确至 0.1 g,倒入烧杯并加入 100 mL 水。将 100 mL 盐酸缓慢加到 200 mL 水中,并将该溶液在电热板上煮沸后加入样品液中,加热此混合液至沸腾并维持 5 min,停止加热后,取几滴混合液于试管中,待冷却后加入 1 滴碘液,若无蓝色出现,可进行下一步操作。若出现蓝色,应继续煮沸混合液,并用上述方法不断地进行检查,直至确定混合液中不含淀粉为止,再进行下一步操作。

将盛有混合液的烧杯置于水浴锅(70 ℃～80 ℃)中 30 min,不停地搅拌,以确保温度均匀,使脂肪析出。用滤纸过滤冷却后的混合液,并用干滤纸片取出粘附于烧杯内壁的脂肪。为确保定量的准确性,应将冲洗烧杯的水进行过滤。在室温下用水冲洗沉淀和干滤纸片,直至滤液用蓝色石蕊试纸检验不变色。将含有沉淀的滤纸和干滤纸片折叠后,放置于大表面皿上,在 100 ℃±5 ℃ 的电热恒温干燥箱内干燥 1 h。

11.1.3 其他食品

11.1.3.1 固体试样:称取约 2 g～5 g,准确至 0.001 g,置于 50 mL 试管内,加入 8 mL 水,混匀后再加 10 mL 盐酸。将试管放入 70 ℃～80 ℃ 水浴中,每隔 5 min～10 min 以玻璃棒搅拌 1 次,至试样消化完全为止,约 40 min～50 min。

11.1.3.2 液体试样:称取约 10 g,准确至 0.001 g,置于 50 mL 试管内,加 10 mL 盐酸。其余操作同11.1.3.1。

11.2 抽提

11.2.1 肉制品、淀粉

将干燥后的试样装入滤纸筒内,其余抽提步骤同5.2。

11.2.2 其他食品

取出试管,加入 10 mL 乙醇,混合。冷却后将混合物移入 100 mL 具塞量筒中,以 25 mL 无水乙醚分数次洗试管,一并倒入量筒中。待无水乙醚全部倒入量筒后,加塞振摇 1 min,小心开塞,放出气体,再塞好,静置 12 min,小心开塞,并用乙醚冲洗塞及量筒口附着的脂肪。静置 10 min～20 min,待上部液体清晰,吸出上清液于已恒重的锥形瓶中,再加 5 mL 无水乙醚于具塞量筒内,振摇,静置后,仍将上层乙醚吸出,放入原锥形瓶内。

11.3 称量

同5.3。

12 分析结果的表述

同6。

13 精密度

在重复性条件下获得的两次独立测定结果的绝对差值不得超过算术平均值的 10％。

第三法 碱水解法

14 原理

用无水乙醚和石油醚抽提样品的碱（氨水）水解液，通过蒸馏或蒸发去除溶剂，测定溶于溶剂中的抽提物的质量。

15 试剂和材料

除非另有说明，本方法所用试剂均为分析纯，水为 GB/T 6682 规定的三级水。

15.1 试剂

15.1.1 淀粉酶：酶活力≥1.5 U/mg。

15.1.2 氨水（$NH_3 \cdot H_2O$）：质量分数约 25％。

  注：可使用比此浓度更高的氨水。

15.1.3 乙醇（C_2H_5OH）：体积分数至少为 95％。

15.1.4 无水乙醚（$C_4H_{10}O$）。

15.1.5 石油醚（C_nH_{2n+2}）：沸程为 30 ℃～60 ℃。

15.1.6 刚果红（$C_{32}H_{22}N_6Na_2O_6S_2$）。

15.1.7 盐酸（HCl）。

15.1.8 碘（I_2）。

15.2 试剂配制

15.2.1 混合溶剂：等体积混合乙醚和石油醚，现用现配。

15.2.2 碘溶液（0.1 mol/L）：称取碘 12.7 g 和碘化钾 25 g，于水中溶解并定容至 1 L。

15.2.3 刚果红溶液：将 1 g 刚果红溶于水中，稀释至 100 mL。

  注：可选择性地使用。刚果红溶液可使溶剂和水相界面清晰，也可使用其他能使水相染色而不影响测定结果的溶液。

15.2.4 盐酸溶液（6 mol/L）：量取 50 mL 盐酸缓慢倒入 40 mL 水中，定容至 100 mL，混匀。

16 仪器和设备

16.1 分析天平：感量为 0.000 1 g。

16.2 离心机：可用于放置抽脂瓶或管，转速为 500 r/min～600 r/min，可在抽脂瓶外端产生 80 g～90 g 的重力场。

16.3 电热鼓风干燥箱。

16.4 恒温水浴锅。

16.5 干燥器：内装有效干燥剂，如硅胶。

16.6 抽脂瓶：抽脂瓶应带有软木塞或其他不影响溶剂使用的瓶塞（如硅胶或聚四氟乙烯）。软木塞应先浸泡于乙醚中,后放入 60 ℃或 60 ℃以上的水中保持至少 15 min,冷却后使用。不用时需浸泡在水中,浸泡用水每天更换 1 次。

> 注:也可使用带虹吸管或洗瓶的抽脂管(或烧瓶),但操作步骤有所不同,见附录 A 中规定。接头的内部长支管下端可成勺状。

17 分析步骤

17.1 试样碱水解

17.1.1 巴氏杀菌乳、灭菌乳、生乳、发酵乳、调制乳

称取充分混匀试样 10 g(精确至 0.000 1 g)于抽脂瓶中。加入 2.0 mL 氨水,充分混合后立即将抽脂瓶放入 65 ℃±5 ℃的水浴中,加热 15 min~20 min,不时取出振荡。取出后,冷却至室温。静置 30 s。

17.1.2 乳粉和婴幼儿食品

称取混匀后的试样,高脂乳粉、全脂乳粉、全脂加糖乳粉和婴幼儿食品约 1 g(精确至 0.000 1 g),脱脂乳粉、乳清粉、酪乳粉约 1.5 g(精确至 0.000 1 g),其余操作同 17.1.1。

17.1.2.1 不含淀粉样品

加入 10 mL 65 ℃±5 ℃的水,将试样洗入抽脂瓶的小球,充分混合,直到试样完全分散,放入流动水中冷却。

17.1.2.2 含淀粉样品

将试样放入抽脂瓶中,加入约 0.1 g 的淀粉酶,混合均匀后,加入 8 mL~10 mL 45 ℃的水,注意液面不要太高。盖上瓶塞于搅拌状态下,置 65 ℃±5 ℃水浴中 2 h,每隔 10 min 摇混 1 次。为检验淀粉是否水解完全可加入 2 滴约 0.1 mol/L 的碘溶液,如无蓝色出现说明水解完全,否则将抽脂瓶重新置于水浴中,直至无蓝色产生。抽脂瓶冷却至室温。

其余操作同 17.1.1。

17.1.3 炼乳

脱脂炼乳、全脂炼乳和部分脱脂炼乳称取约 3 g~5 g,高脂炼乳称取约 1.5 g(精确至 0.000 1 g),用 10 mL 水,分次洗入抽脂瓶小球中,充分混合均匀。其余操作同 17.1.1。

17.1.4 奶油、稀奶油

先将奶油试样放入温水浴中溶解并混合均匀后,称取试样约 0.5 g(精确至 0.000 1 g),稀奶油称取约 1 g 于抽脂瓶中,加入 8 mL~10 mL 约 45 ℃的水。再加 2 mL 氨水充分混匀。其余操作同 17.1.1。

17.1.5 干酪

称取约 2 g 研碎的试样(精确至 0.000 1 g)于抽脂瓶中,加 10 mL 6mol/L 盐酸,混匀,盖上瓶塞,于沸水中加热 20 min~30 min,取出冷却至室温,静置 30 s。

17.2 抽提

17.2.1 加入 10 mL 乙醇,缓和但彻底地进行混合,避免液体太接近瓶颈。如果需要,可加入 2 滴刚果红溶液。

17.2.2 加入 25 mL 乙醚,塞上瓶塞,将抽脂瓶保持在水平位置,小球的延伸部分朝上夹到摇混器上,按

约 100 次/min 振荡 1 min,也可采用手动振摇方式。但均应注意避免形成持久乳化液。抽脂瓶冷却后小心地打开塞子,用少量的混合溶剂冲洗塞子和瓶颈,使冲洗液流入抽脂瓶。

17.2.3 加入 25 mL 石油醚,塞上重新润湿的塞子,按 17.2.2 所述,轻轻振荡 30 s。

17.2.4 将加塞的抽脂瓶放入离心机中,在 500 r/min～600 r/min 下离心 5 min,否则将抽脂瓶静置至少 30 min,直到上层液澄清,并明显与水相分离。

17.2.5 小心地打开瓶塞,用少量的混合溶剂冲洗塞子和瓶颈内壁,使冲洗液流入抽脂瓶。

如果两相界面低于小球与瓶身相接处,则沿瓶壁边缘慢慢地加入水,使液面高于小球和瓶身相接处[见图 1a)],以便于倾倒。

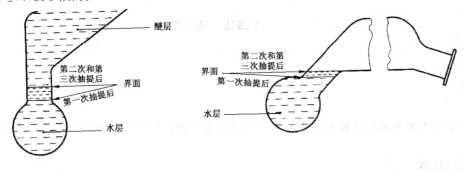

a) 倾倒醚层前   b) 倾倒醚层后

图 1 操作示意图

17.2.6 将上层液尽可能地倒入已准备好的加入沸石的脂肪收集瓶中,避免倒出水层[见图 1b)]。

17.2.7 用少量混合溶剂冲洗瓶颈外部,冲洗液收集在脂肪收集瓶中。应防止溶剂溅到抽脂瓶的外面。

17.2.8 向抽脂瓶中加入 5 mL 乙醇,用乙醇冲洗瓶颈内壁,按 17.2.1 所述进行混合。重复 17.2.2～17.2.7 操作,用 15 mL 无水乙醚和 15 mL 石油醚,进行第 2 次抽提。

17.2.9 重复 17.2.2～17.2.7 操作,用 15 mL 无水乙醚和 15 mL 石油醚,进行第 3 次抽提。

17.2.10 空白试验与样品检验同时进行,采用 10 mL 水代替试样,使用相同步骤和相同试剂。

17.3 称量

合并所有提取液,既可采用蒸馏的方法除去脂肪收集瓶中的溶剂,也可于沸水浴上蒸发至干来除掉溶剂。蒸馏前用少量混合溶剂冲洗瓶颈内部。将脂肪收集瓶放入 100 ℃±5 ℃ 的烘箱中干燥 1 h,取出后置于干燥器内冷却 0.5 h 后称量。重复以上操作直至恒重(直至两次称量的差不超过 2 mg)。

18 分析结果的表述

试样中脂肪的含量按式(2)计算:

$$X = \frac{(m_1 - m_2) - (m_3 - m_4)}{m} \times 100 \qquad\qquad (2)$$

式中:

X ——试样中脂肪的含量,单位为克每百克(g/100 g);

m_1 ——恒重后脂肪收集瓶和脂肪的质量,单位为克(g);

m_2 ——脂肪收集瓶的质量,单位为克(g);

m_3 ——空白试验中,恒重后脂肪收集瓶和抽提物的质量,单位为克(g);

m_4 ——空白试验中脂肪收集瓶的质量,单位为克(g);

m ——样品的质量,单位为克(g);

100 ——换算系数。

结果保留 3 位有效数字。

19　精密度

当样品中脂肪含量≥15%时,两次独立测定结果之差≤0.3 g/100 g;

当样品中脂肪含量在 5%~15%时,两次独立测定结果之差≤0.2 g/100 g;

当样品中脂肪含量≤5%时,两次独立测定结果之差≤0.1 g/100 g。

第四法　盖勃法

20　原理

在乳中加入硫酸破坏乳胶质性和覆盖在脂肪球上的蛋白质外膜,离心分离脂肪后测量其体积。

21　试剂和材料

除非另有说明,本方法所用试剂均为分析纯,水为 GB/T 6682 规定的三级水。21.1　硫酸(H_2SO_4)。

21.2　异戊醇($C_5H_{12}O$)。

22　仪器和设备

22.1　乳脂离心机。

22.2　盖勃氏乳脂计:最小刻度值为 0.1%,见图 2。

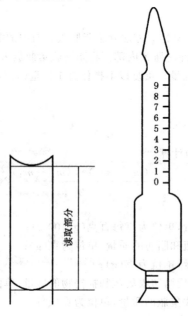

图 2　盖勃氏乳脂计

22.3 10.75 mL 单标乳吸管。

23　分析步骤

于盖勃氏乳脂计中先加入 10 mL 硫酸,再沿着管壁小心准确加入 10.75 mL 试样,使试样与硫酸不要混合,然后加 1 mL 异戊醇,塞上橡皮塞,使瓶口向下,同时用布包裹以防冲出,用力振摇使呈均匀棕色液体,静置数分钟(瓶口向下),置 65 ℃～70 ℃水浴中 5 min,取出后置于乳脂离心机中以 1 100 r/min的转速离心 5 min,再置于 65 ℃～70 ℃水浴水中保温 5 min(注意水浴水面应高于乳脂计脂肪层)。取出,立即读数,即为脂肪的百分数。

24　精密度

在重复性条件下获得的两次独立测定结果的绝对差值不得超过算术平均值的 5%。

附 录 A

使用带虹吸管或洗瓶的抽脂管的操作步骤

A.1 试样碱水解

A.1.1 巴氏杀菌、灭菌乳、生乳、发酵乳、调制乳

称取充分混匀样品 10 g(精确至 0.001 g)于抽脂管底部。加入 2 mL 氨水,与管底部已稀释的样品彻底混合。将抽脂管放入 65 ℃±5 ℃的水浴中,加热 15 min～20 min,偶尔振荡样品管,然后冷却至室温。

A.1.2 乳粉及乳基婴幼儿食品

称取混匀后的样品高脂乳粉、全脂乳粉、全脂加糖乳粉和乳基婴幼儿配方食品:约 1 g,脱脂乳粉、乳清粉、酪乳粉:约 1.5 g(精确至 0.001 g),于抽脂管底部,加入 10 mL 65 ℃±5 ℃的水,充分混合,直到样品完全分散,放入流动水中冷却。其余操作同 A.1.1。

A.1.3 炼乳

脱脂炼乳称取约 10 g、全脂炼乳和部分脱脂炼乳称取约 3 g～5 g;高脂炼乳称取约 1.5 g(精确至 0.001 g),于抽脂管底部。加入 10 mL 水,充分混合均匀。其余操作同 A.1.1。

A.1.4 奶油、稀奶油

先将奶油样品放入温水浴中溶解并混合均匀后,奶油称取约 0.5 g 样品,稀奶油称取约 1 g 于抽脂管底部(精确至 0.001 g)。其余操作同 A.1.1。

A.1.5 干酪

称取约 2 g 研碎的样品(精确至 0.001 g)。加水 9 mL、氨水 2 mL,用玻璃棒搅拌均匀后微微加热使酪蛋白溶解,用盐酸中和后再加盐酸 10 mL,加海砂 0.5 g,盖好玻璃盖,以文火煮沸 5 min,冷却后将烧杯内容物移入抽脂管底部,用 25 mL 无水乙醚冲洗烧杯,洗液并入抽脂管中。

A.2 抽提

A.2.1 加入 10 mL 无水乙醇,在管底部轻轻彻底地混合,必要时加入两滴刚果红溶液。

A.2.2 加入 25 mL 无水乙醚,加软木塞(已被水饱和),或用水浸湿的其他瓶塞,上下反转 1 min,不要过度(避免形成持久性乳化液)。必要时,将管子放入流动的水中冷却,然后小心地打开软木塞,用少量的混合溶剂(使用洗瓶)冲洗塞子和管颈,使冲洗液流入管中。

A.2.3 加入 25 mL 石油醚,加塞(塞子重新用水润湿),按 A.2.2 所述轻轻振荡 30 s。

A.2.4 将加塞的管子放入离心机中,在 500 r/min～600 r/min 下离心 1 min～5 min。或静置至少 30 min,直到上层液澄清,并明显地与水相分离,冷却。

A.2.5 小心地打开软木塞,用少量混合溶剂洗塞子和管颈,使冲洗液流入管中。

A.2.6 将虹吸管或洗瓶接头插入管中,向下压长支管,直到距两相界面的上方 4 mm 处,内部长支管应与管轴平行。

小心地将上层液移入含有沸石的脂肪收集瓶中,也可用金属皿。避免移入任何水相。用少量混合

溶剂冲洗长支管的出口,收集冲洗液于脂肪收集瓶中。

A.2.7 松开管颈处的接头,用少量的混合溶剂冲洗接头和内部长支管的较低部分,重新插好接头,将冲洗液移入脂肪收集瓶中。

用少量的混合溶剂冲洗出口,冲洗液收集于瓶中,必要时,按 17.3 所述,通过蒸馏或蒸发去除部分溶剂。

A.2.8 再松开管颈处的接头,微微抬高接头,加入 5 mL 乙醇,用乙醇冲洗长支管,如 A.2.1 所述混合。

A.2.9 重复 A.2.2～A.2.7 步骤进行第 2 次抽提,但仅用 15 mL 乙醚和 15 mL 石油醚,抽提之后,在移开管接头时,用乙醚冲洗内部长支管。

A.2.10 重复 A.2.2～A.2.7 步骤,不加乙醇,进行第 3 次抽提,仅用 15 mL 无水乙醚和 15 mL 石油醚。

注:如果产品中脂肪的质量分数低于 5%,可省略第 3 次抽提。

A.2.11 以下按 17.3 所述进行。

中华人民共和国国家标准

GB 5009.8—2016

食品安全国家标准

食品中果糖、葡萄糖、蔗糖、麦芽糖、乳糖的测定

2016-12-23 发布

2017-06-23 实施

中华人民共和国国家卫生和计划生育委员会
国家食品药品监督管理总局 发布

前　言

本标准代替 GB/T 5009.8—2008《食品中蔗糖的测定》、GB/T 18932.22—2003《蜂蜜中果糖、葡萄糖、蔗糖、麦芽糖含量的测定方法　液相色谱示差折光检测法》、GB/T 22221—2008《食品中果糖、葡萄糖、蔗糖、麦芽糖、乳糖的测定　高效液相色谱法》。

本标准与 GB/T 5009.8—2008 相比，主要变化如下：

——标准名称修改为"食品安全国家标准　食品中果糖、葡萄糖、蔗糖、麦芽糖、乳糖的测定"；

——增加了部分样品前处理。

食品安全国家标准
食品中果糖、葡萄糖、蔗糖、麦芽糖、乳糖的测定

1　范围

本标准规定了食品中果糖、葡萄糖、蔗糖、麦芽糖、乳糖的测定方法。

本标准第一法适用于食品中果糖、葡萄糖、蔗糖、麦芽糖、乳糖的测定,第二法适用于食品中蔗糖的测定。

"第一法"高效液相色谱法,本法适用于谷物类、乳制品、果蔬制品、蜂蜜、糖浆、饮料等食品中果糖、葡萄糖、蔗糖、麦芽糖和乳糖的测定。

"第二法"酸水解-莱因-埃农氏法,本法适用于食品中蔗糖的测定。

第一法　高效液相色谱法

2　原理

试样中的果糖、葡萄糖、蔗糖、麦芽糖和乳糖经提取后,利用高效液相色谱柱分离,用示差折光检测器或蒸发光散射检测器检测,外标法进行定量。

3　试剂和材料

除非另有说明,本方法所用试剂均为分析纯,水为 GB/T 6682 规定的一级水。

3.1　试剂

3.1.1　乙腈:色谱纯。

3.1.2　乙酸锌[$Zn(CH_3COO)_2 \cdot 2H_2O$]。

3.1.3　亚铁氰化钾{$K_4[Fe(CN)_6] \cdot 3H_2O$}。

3.1.4　石油醚:沸程 30 ℃~60 ℃。

3.2　试剂配制

3.2.1　乙酸锌溶液:称取乙酸锌 21.9 g,加冰乙酸 3 mL,加水溶解并稀释至 100 mL。

3.2.2　亚铁氰化钾溶液:称取亚铁氰化钾 10.6 g,加水溶解并稀释至 100 mL。

3.3　标准品

3.3.1　果糖($C_6H_{12}O_6$,CAS 号:57-48-7)纯度为 99%,或经国家认证并授予标准物质证书的标准物质。

3.3.2　葡萄糖($C_6H_{12}O_6$,CAS 号:50-99-7)纯度为 99%,或经国家认证并授予标准物质证书的标准物质。

3.3.3　蔗糖($C_{12}H_{22}O_{11}$,CAS 号:57-50-1)纯度为 99%,或经国家认证并授予标准物质证书的标准

物质。

3.3.4 麦芽糖($C_{12}H_{22}O_{11}$,CAS 号:69-79-4)纯度为 99%,或经国家认证并授予标准物质证书的标准物质。

3.3.5 乳糖($C_6H_{12}O_6$,CAS 号:63-42-3)纯度为 99%,或经国家认证并授予标准物质证书的标准物质。

3.4 标准溶液配制

3.4.1 糖标准贮备液(20 mg/mL):分别称取上述经过 96 ℃±2 ℃干燥 2 h 的果糖、葡萄糖、蔗糖、麦芽糖和乳糖各 1 g,加水定容于 50 mL,置于 4 ℃密封可贮藏一个月。

3.4.2 糖标准使用液:分别吸取糖标准贮备液 1.00 mL、2.00 mL、3.00 mL、5.00 mL 于 10 mL 容量瓶、加水定容,分别相当于 2.0 mg/mL、4.0 mg/mL、6.0 mg/mL、10.0 mg/mL 浓度标准溶液。

4 仪器和设备

4.1 天平:感量为 0.1 mg。

4.2 超声波振荡器。

4.3 磁力搅拌器。

4.4 离心机:转速≥4 000 r/min。

4.5 高效液相色谱仪,带示差折光检测器或蒸发光散射检测器。

4.6 液相色谱柱:氨基色谱柱,柱长 250 mm,内径 4.6 mm,膜厚 5 μm,或具有同等性能的色谱柱。

5 试样的制备和保存

5.1 试样的制备

5.1.1 固体样品

取有代表性样品至少 200 g,用粉碎机粉碎,并通过 2.0 mm 圆孔筛,混匀,装入洁净容器,密封,标明标记。

5.1.2 半固体和液体样品(除蜂蜜样品外)

取有代表性样品至少 200 g(mL),充分混匀,装入洁净容器,密封,标明标记。

5.1.3 蜂蜜样品

未结晶的样品将其用力搅拌均匀;有结晶析出的样品,可将样品瓶盖塞紧后置于不超过 60 ℃的水浴中温热,待样品全部溶化后,搅匀,迅速冷却至室温以备检验用。在融化时应注意防止水分侵入。

5.2 保存

蜂蜜等易变质试样置于 0 ℃～4 ℃保存。

6 分析步骤

6.1 样品处理

6.1.1 脂肪小于10%的食品

称取粉碎或混匀后的试样 0.5 g～10 g(含糖量≤5%时称取 10 g;含糖量 5%～10%时称取 5 g;含

糖量 10%～40% 时称取 2 g；含糖量≥40% 时称取 0.5 g)(精确到 0.001 g)于 100 mL 容量瓶中，加水约 50 mL 溶解，缓慢加入乙酸锌溶液和亚铁氰化钾溶液各 5 mL，加水定容至刻度，磁力搅拌或超声 30 min，用干燥滤纸过滤，弃去初滤液，后续滤液用 0.45 μm 微孔滤膜过滤或离心获取上清液过 0.45 μm 微孔滤膜至样品瓶，供液相色谱分析。

6.1.2　糖浆、蜂蜜类

称取混匀后的试样 1 g～2 g(精确到 0.001 g)于 50 mL 容量瓶，加水定容至 50 mL，充分摇匀，用干燥滤纸过滤，弃去初滤液，后续滤液用 0.45 μm 微孔滤膜过滤或离心获取上清液过 0.45 μm 微孔滤膜至样品瓶，供液相色谱分析。

6.1.3　含二氧化碳的饮料

吸取混匀后的试样于蒸发皿中，在水浴上微热搅拌去除二氧化碳，吸取 50.0 mL 移入 100 mL 容量瓶中，缓慢加入乙酸锌溶液和亚铁氰化钾溶液各 5 mL，用水定容至刻度，摇匀，静置 30 min，用干燥滤纸过滤，弃去初滤液，后续滤液用 0.45 μm 微孔滤膜过滤或离心获取上清液过 0.45 μm 微孔滤膜至样品瓶，供液相色谱分析。

6.1.4　脂肪大于 10% 的食品

称取粉碎或混匀后的试样 5 g～10 g(精确到 0.001 g)置于 100 mL 具塞离心管中，加入 50 mL 石油醚，混匀，放气，振摇 2 min，1 800 r/min 离心 15 min，去除石油醚后重复以上步骤至去除大部分脂肪。蒸发残留的石油醚，用玻璃棒将样品捣碎并转移至 100 mL 容量瓶中，用 50 mL 水分两次冲洗离心管，洗液并入 100 mL 容量瓶中，缓慢加入乙酸锌溶液和亚铁氰化钾溶液各 5 mL，加水定容至刻度，磁力搅拌或超声 30 min，用干燥滤纸过滤，弃去初滤液，后续滤液用 0.45 μm 微孔滤膜过滤或离心获取上清液过 0.45 μm 微孔滤膜至样品瓶，供液相色谱分析。

6.2　色谱参考条件

色谱条件应当满足果糖、葡萄糖、蔗糖、麦芽糖和乳糖之间的分离度大于 1.5。色谱图参见附录 A 中图 A.1 和图 A.2。

　　a)　流动相：乙腈＋水＝ 70＋30(体积比)；
　　b)　流动相流速：1.0 mL/min；
　　c)　柱温：40 ℃；
　　d)　进样量：20 μL；
　　e)　示差折光检测器条件：温度 40 ℃；
　　f)　蒸发光散射检测器条件：飘移管温度：80 ℃～90 ℃；氮气压力：350 kPa；撞击器：关。

6.3　标准曲线的制作

将糖标准使用液标准依次按上述推荐色谱条件上机测定，记录色谱图峰面积或峰高，以峰面积或峰高为纵坐标，以标准工作液的浓度为横坐标，示差折光检测器采用线性方程；蒸发光散射检测器采用幂函数方程绘制标准曲线。

6.4　试样溶液的测定

将试样溶液注入高效液相色谱仪中，记录峰面积或峰高，从标准曲线中查得试样溶液中糖的浓度。可根据具体试样进行稀释(n)。

6.5 空白试验

除不加试样外，均按上述步骤进行。

7 分析结果的表述

试样中目标物的含量按式（1）计算，计算结果需扣除空白值：

$$X = \frac{(\rho - \rho_0) \times V \times n}{m \times 1\,000} \times 100 \qquad\qquad\cdots\cdots\cdots\cdots\cdots\cdots（1）$$

式中：

X ——试样中糖（果糖、葡萄糖、蔗糖、麦芽糖和乳糖）的含量，单位为克每百克（g/100 g）；

ρ ——样液中糖的浓度，单位为毫克每毫升（mg/mL）；

ρ_0 ——空白中糖的浓度，单位为毫克每毫升（mg/mL）；

V ——样液定容体积，单位为毫升（mL）；

n ——稀释倍数；

m ——试样的质量，单位为克（g）或毫升（mL）；

1 000——换算系数；

100 ——换算系数。

糖的含量≥10 g/100 g 时，结果保留三位有效数字，糖的含量＜10 g/100 g 时，结果保留两位有效数字。

8 精密度

在重复条件下获得的两次独立测定结果的绝对差值不得超过算术平均值的 10%。

9 其他

当称样量为 10 g 时，果糖、葡萄糖、蔗糖、麦芽糖和乳糖检出限为 0.2 g/100 g。

第二法 酸水解-莱因-埃农氏法

10 原理

本法适用于各类食品中蔗糖的测定：试样经除去蛋白质后，其中蔗糖经盐酸水解转化为还原糖，按还原糖测定。水解前后的差值乘以相应的系数即为蔗糖含量。

11 试剂和溶液

除非另有说明，本方法所用试剂均为分析纯，水为 GB/T 6682 规定的三级水。

11.1 试剂

11.1.1 乙酸锌[Zn(CH₃COO)₂·2H₂O]。

11.1.2 亚铁氰化钾{K₄[Fe(CN)₆]·3H₂O}。

11.1.3 盐酸(HCl)。

11.1.4 氢氧化钠(NaOH)。

11.1.5 甲基红($C_{15}H_{15}N_3O_2$):指示剂。

11.1.6 亚甲蓝($C_{16}H_{18}ClN_3S \cdot 3H_2O$):指示剂。

11.1.7 硫酸铜($CuSO_4 \cdot 5H_2O$)。

11.1.8 酒石酸钾钠($C_4H_4O_6KNa \cdot 4H_2O$)。

11.2 试剂配制

11.2.1 乙酸锌溶液:称取乙酸锌 21.9 g,加冰乙酸 3 mL,加水溶解并定容于 100 mL。

11.2.2 亚铁氰化钾溶液:称取亚铁氰化钾 10.6 g,加水溶解并定容至 100 mL。

11.2.3 盐酸溶液(1+1):量取盐酸 50 mL,缓慢加入 50 mL 水中,冷却后混匀。

11.2.4 氢氧化钠(40 g/L):称取氢氧化钠 4 g,加水溶解后,放冷,加水定容至 100 mL。

11.2.5 甲基红指示液(1 g/L):称取甲基红盐酸盐 0.1 g,用 95% 乙醇溶解并定容至 100 mL。

11.2.6 氢氧化钠溶液(200 g/L):称取氢氧化钠 20 g,加水溶解后,放冷,加水并定容至 100 mL。

11.2.7 碱性酒石酸铜甲液:称取硫酸铜 15 g 和亚甲蓝 0.05 g,溶于水中,加水定容至 1 000 mL。

11.2.8 碱性酒石酸铜乙液:称取酒石酸钾钠 50 g 和氢氧化钠 75 g,溶解于水中,再加入亚铁氰化钾 4 g,完全溶解后,用水定容至 1 000 mL,贮存于橡胶塞玻璃瓶中。

11.3 标准品

葡萄糖($C_6H_{12}O_6$,CAS 号:50-99-7)标准品:纯度≥99%,或经国家认证并授予标准物质证书的标准物质。

11.4 标准溶液配制

葡萄糖标准溶液(1.0 mg/mL):称取经过 98 ℃～100 ℃烘箱中干燥 2 h 后的葡萄糖 1 g(精确到 0.001 g),加水溶解后加入盐酸 5 mL,并用水定容至 1 000 mL。此溶液每毫升相当于 1.0 mg 葡萄糖。

12 仪器和设备

12.1 天平:感量为 0.1 mg。

12.2 水浴锅。

12.3 可调温电炉。

12.4 酸式滴定管:25 mL。

13 试样的制备和保存

13.1 试样的制备

13.1.1 固体样品

取有代表性样品至少 200 g,用粉碎机粉碎,混匀,装入洁净容器,密封,标明标记。

13.1.2 半固体和液体样品

取有代表性样品至少 200 g(mL),充分混匀,装入洁净容器,密封,标明标记。

13.2 保存

蜂蜜等易变质试样于 0 ℃～4 ℃保存。

14 分析步骤

14.1 试样处理

14.1.1 含蛋白质食品

称取粉碎或混匀后的固体试样 2.5 g～5 g(精确到 0.001 g)或液体试样 5 g～25 g(精确到 0.001 g),置 250 mL 容量瓶中,加水 50 mL,缓慢加入乙酸锌溶液 5 mL 和亚铁氰化钾溶液 5 mL,加水至刻度,混匀,静置 30 min,用干燥滤纸过滤,弃去初滤液,取后续滤液备用。

14.1.2 含大量淀粉的食品

称取粉碎或混匀后的试样 10 g～20 g(精确到 0.001 g),置 250 mL 容量瓶中,加水 200 mL,在 45 ℃ 水浴中加热 1 h,并时时振摇,冷却后加水至刻度,混匀,静置,沉淀。吸取 200 mL 上清液于另一 250 mL 容量瓶中,缓慢加入乙酸锌溶液 5 mL 和亚铁氰化钾溶液 5 mL,加水至刻度,混匀,静置 30 min,用干燥滤纸过滤,弃去初滤液,取后续滤液备用。

14.1.3 酒精饮料

称取混匀后的试样 100 g(精确到 0.01 g),置于蒸发皿中,用(40 g/L)氢氧化钠溶液中和至中性,在 水浴上蒸发至原体积的 $\frac{1}{4}$ 后,移入 250 mL 容量瓶中,缓慢加入乙酸锌溶液 5 mL 和亚铁氰化钾溶液 5 mL,加水至刻度,混匀,静置 30 min,用干燥滤纸过滤,弃去初滤液,取后续滤液备用。

14.1.4 碳酸饮料

称取混匀后的试样 100 g(精确到 0.01 g)于蒸发皿中,在水浴上微热搅拌除去二氧化碳后,移入 250 mL 容量瓶中,用水洗蒸发皿,洗液并入容量瓶,加水至刻度,混匀后备用。

14.2 酸水解

14.2.1 吸取 2 份试样各 50.0 mL,分别置于 100 mL 容量瓶中。

14.2.1.1 转化前:一份用水稀释至 100 mL。

14.2.1.2 转化后:另一份加(1+1)盐酸 5 mL,在 68 ℃～70 ℃水浴中加热 15 min,冷却后加甲基红指示液 2 滴,用 200 g/L 氢氧化钠溶液中和至中性,加水至刻度。

14.3 标定碱性酒石酸铜溶液

吸取碱性酒石酸铜甲液 5.0 mL 和碱性酒石酸铜乙液 5.0 mL 于 150 mL 锥形瓶中,加水 10 mL,加入 2 粒～4 粒玻璃珠,从滴定管中加葡萄糖标准溶液约 9 mL,控制在 2 min 中内加热至沸,趁热以每两秒一滴的速度滴加葡萄糖,直至溶液颜色刚好褪去,记录消耗葡萄糖总体积,同时平行操作三份,取其平均值,计算每 10 mL(碱性酒石酸甲、乙液各 5 mL)碱性酒石酸铜溶液相当于葡萄糖的质量(mg)。

注:也可以按上述方法标定 4 mL～20 mL 碱性酒石酸铜溶液(甲、乙液各半)来适应试样中还原糖的浓度变化。

14.4 试样溶液的测定

14.4.1 预测滴定:吸取碱性酒石酸铜甲液 5.0 mL 和碱性酒石酸铜乙液 5.0 mL 于同一 150 mL 锥形瓶中,加入蒸馏水 10 mL,放入 2 粒～4 粒玻璃珠,置于电炉上加热,使其在 2 min 内沸腾,保持沸腾状态15 s,滴入样液至溶液蓝色完全褪尽为止,读取所用样液的体积。

14.4.2 精确滴定:吸取碱性酒石酸铜甲液 5.0 mL 和碱性酒石酸铜乙液 5.0 mL 于同一 150 mL 锥形瓶中,加入蒸馏水 10 mL,放入几粒玻璃珠,从滴定管中放出的(转化前样液 14.2.1.1 或转化后样液 14.2.1.2)样液(比预测滴定 14.4.1 预测的体积少 1 mL),置于电炉上,使其在 2 min 内沸腾,维持沸腾状态 2 min,以每两秒一滴的速度徐徐滴入样液,溶液蓝色完全褪尽即为终点,分别记录转化前样液(14.2.1.1)和转化后样液(14.2.1.2)消耗的体积(V)。

注:对于蔗糖含量在 0.x% 水平的样品,可以采用反滴定的方式进行测定。

15 分析结果的表述

15.1 转化糖的含量

试样中转化糖的含量(以葡萄糖计)按式(2)进行计算:

$$R = \frac{A}{m \times \frac{50}{250} \times \frac{V}{100} \times 1\,000} \times 100 \quad\cdots\cdots\cdots\cdots\cdots\cdots (2)$$

式中:

R ——试样中转化糖的质量分数,单位为克每百克(g/100 g);

A ——碱性酒石酸铜溶液(甲、乙液各半)相当于葡萄糖的质量,单位为毫克(mg);

m ——样品的质量,单位为克(g);

50 ——酸水解(14.2)中吸取样液体积,单位为毫升(mL);

250 ——试样处理(14.1)中样品定容体积,单位为毫升(mL);

V ——滴定时平均消耗试样溶液体积,单位为毫升(mL);

100 ——酸水解(14.2)中定容体积,单位为毫升(mL);

1 000——换算系数;

100 ——换算系数。

注:样液(14.2.1.1)的计算值为转化前转化糖的质量分数 R_1,样液(14.2.1.2)的计算值为转化后转化糖的质量分数 R_2。

15.2 蔗糖的含量

试样中蔗糖的含量 X 按式(3)计算:

$$X = (R_2 - R_1) \times 0.95 \quad\cdots\cdots\cdots\cdots\cdots\cdots (3)$$

式中:

X ——试样中蔗糖的质量分数,单位为克每百克(g/100 g);

R_2 ——转化后转化糖的质量分数,单位为克每百克(g/100 g);

R_1 ——转化前转化糖的质量分数,单位为克每百克(g/100 g);

0.95——转化糖(以葡萄糖计)换算为蔗糖的系数。

蔗糖含量≥10 g/100 g 时,结果保留三位有效数字,蔗糖含量＜10 g/100 g 时,结果保留两位有效数字。

16 精密度

在重复性条件下获得的两次独立测定结果的绝对差值不得超过算术平均值的10%。

17 其他

当称样量为 5 g 时,定量限为 0.24 g/100 g。

<h2 style="text-align:center">附　录　A</h2>
<h2 style="text-align:center">色　谱　图</h2>

果糖、葡萄糖、蔗糖、麦芽糖和乳糖标准物质的蒸发光散射检测色谱图见图 A.1。

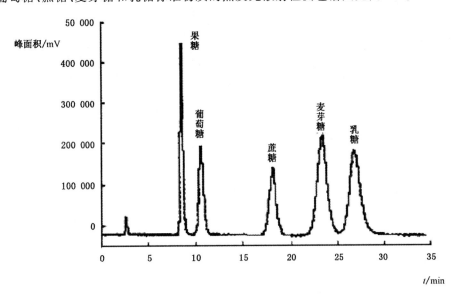

图 A.1　果糖、葡萄糖、蔗糖、麦芽糖和乳糖标准物质的蒸发光散射检测色谱图

果糖、葡萄糖、蔗糖、麦芽糖和乳糖标准物质的示差折光检测色谱图见图 A.2。

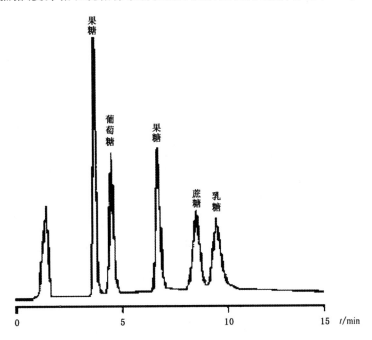

图 A.2　果糖、葡萄糖、蔗糖、麦芽糖和乳糖标准物质的示差折光检测色谱图

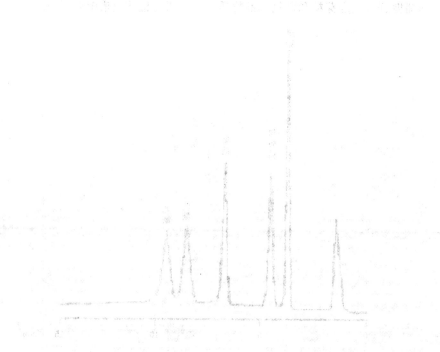

中华人民共和国国家标准

GB 5009.11—2014

食品安全国家标准

食品中总砷及无机砷的测定

2015-09-21 发布

2016-03-21 实施

中华人民共和国
国家卫生和计划生育委员会 发布

前　言

本标准代替 GB/T 5009.11—2003《食品中总砷及无机砷的测定》。

本标准与 GB/T 5009.11—2003 相比,主要变化如下:

——标准名称修改为"食品安全国家标准　食品中总砷及无机砷的测定"。

——取消了食品中总砷测定的砷斑法及硼氢化物还原比色法,取消了食品中无机砷测定的原子荧光法和银盐法。

——增加了食品中总砷测定的电感耦合等离子体质谱法(ICP-MS);

——增加了食品中无机砷测定的液相色谱-原子荧光光谱法(LC-AFS)和液相色谱-电感耦合等离子体质谱法(LC-ICP-MS)。

食品安全国家标准

食品中总砷及无机砷的测定

1 范围

本标准第一篇规定了食品中总砷的测定方法。本标准第二篇规定了食品中无机砷含量测定的液相色谱-原子荧光光谱法、液相色谱-电感耦合等离子体质谱法。

本标准第一篇第一法、第二法和第三法适用于各类食品中总砷的测定。第二篇适用于稻米、水产动物、婴幼儿谷类辅助食品、婴幼儿罐装辅助食品中无机砷(包括砷酸盐和亚砷酸盐)含量的测定。

第一篇 总砷的测定

第一法 电感耦合等离子体质谱法

2 原理

样品经酸消解处理为样品溶液,样品溶液经雾化由载气送入 ICP 炬管中,经过蒸发、解离、原子化和离子化等过程,转化为带电荷的离子,经离子采集系统进入质谱仪,质谱仪根据质荷比进行分离。对于一定的质荷比,质谱的信号强度与进入质谱仪的离子数成正比,即样品浓度与质谱信号强度成正比。通过测量质谱的信号强度对试样溶液中的砷元素进行测定。

3 试剂和材料

注:除非另有说明,本方法所用试剂均为优级纯,水为 GB/T 6682 规定的一级水。

3.1 试剂

3.1.1 硝酸(HNO_3):MOS 级(电子工业专用高纯化学品)、BV(Ⅲ)级。

3.1.2 过氧化氢(H_2O_2)。

3.1.3 质谱调谐液:Li、Y、Ce、Ti、Co,推荐使用浓度为 10 ng/mL。

3.1.4 内标储备液:Ge,浓度为 100 μg/mL。

3.1.5 氢氧化钠(NaOH)。

3.2 试剂配制

3.2.1 硝酸溶液(2+98):量取 20 mL 硝酸,缓缓倒入 980 mL 水中,混匀。

3.2.2 内标溶液 Ge 或 Y(1.0 μg/mL):取 1.0 mL 内标溶液,用硝酸溶液(2+98)稀释并定容至 100 mL。

3.2.3 氢氧化钠溶液(100 g/L):称取 10.0 g 氢氧化钠,用水溶解和定容至 100 mL。

3.3 标准品

三氧化二砷(As_2O_3)标准品:纯度≥99.5%。

3.4 标准溶液配制

3.4.1 砷标准储备液(100 mg/L,按 As 计):准确称取于 100 ℃干燥 2 h 的三氧化二砷 0.013 2 g,加 1 mL氢氧化钠溶液(100 g/L)和少量水溶解,转入 100 mL 容量瓶中,加入适量盐酸调整其酸度近中性,用水稀释至刻度。4 ℃避光保存,保存期一年。或购买经国家认证并授予标准物质证书的标准溶液物质。

3.4.2 砷标准使用液(1.00 mg/L,按 As 计):准确吸取 1.00 mL 砷标准储备液(100 mg/L)于 100 mL容量瓶中,用硝酸溶液(2+98)稀释定容至刻度。现用现配。

4 仪器和设备

注:玻璃器皿及聚四氟乙烯消解内罐均需以硝酸溶液(1+4)浸泡 24 h,用水反复冲洗,最后用去离子水冲洗干净。

4.1 电感耦合等离子体质谱仪(ICP-MS)。

4.2 微波消解系统。

4.3 压力消解器。

4.4 恒温干燥箱(50 ℃~300 ℃)。

4.5 控温电热板(50 ℃~200 ℃)。

4.6 超声水浴箱。

4.7 天平:感量为 0.1 mg 和 1 mg。

5 分析步骤

5.1 试样预处理

5.1.1 在采样和制备过程中,应注意不使试样污染。

5.1.2 粮食、豆类等样品去杂物后粉碎均匀,装入洁净聚乙烯瓶中,密封保存备用。

5.1.3 蔬菜、水果、鱼类、肉类及蛋类等新鲜样品,洗净晾干,取可食部分匀浆,装入洁净聚乙烯瓶中,密封,于 4 ℃冰箱冷藏备用。

5.2 试样消解

5.2.1 微波消解法

蔬菜、水果等含水分高的样品,称取 2.0 g~4.0 g(精确至 0.001 g)样品于消解罐中,加入 5 mL 硝酸,放置 30 min;粮食、肉类、鱼类等样品,称取 0.2 g~0.5 g(精确至 0.001 g)样品于消解罐中,加入 5 mL硝酸,放置 30 min,盖好安全阀,将消解罐放入微波消解系统中,根据不同类型的样品,设置适宜的微波消解程序(见表 A.1~表 A.3),按相关步骤进行消解,消解完全后赶酸,将消化液转移至 25 mL 容量瓶或比色管中,用少量水洗涤内罐 3 次,合并洗涤液并定容至刻度,混匀。同时作空白试验。

5.2.2 高压密闭消解法

称取固体试样 0.20 g~1.0 g(精确至 0.001 g),湿样 1.0 g~5.0 g(精确至 0.001 g)或取液体试样 2.00 mL~5.00 mL 于消解内罐中,加入 5 mL 硝酸浸泡过夜。盖好内盖,旋紧不锈钢外套,放入恒温干燥箱,140 ℃~160 ℃保持 3 h~4 h,自然冷却至室温,然后缓慢旋松不锈钢外套,将消解内罐取出,用少量水冲洗内盖,放在控温电热板上于 120 ℃赶去棕色气体。取出消解内罐,将消化液转移至 25 mL 容量瓶或比色管中,用少量水洗涤内罐 3 次,合并洗涤液并定容至刻度,混匀。同时作空白试验。

5.3 仪器参考条件

RF 功率 1 550 W；载气流速 1.14 L/min；采样深度 7 mm；雾化室温度 2 ℃；Ni 采样锥，Ni 截取锥。

质谱干扰主要来源于同量异位素、多原子、双电荷离子等，可采用最优化仪器条件、干扰校正方程校正或采用碰撞池、动态反应池技术方法消除干扰。砷的干扰校正方程为：$^{75}As=^{75}As-^{77}M(3.127)+^{82}M(2.733)-^{83}M(2.757)$；采用内标校正、稀释样品等方法校正非质谱干扰。砷的 m/z 为 75，选 ^{72}Ge 为内标元素。

推荐使用碰撞/反应池技术，在没有碰撞/反应池技术的情况下使用干扰方程消除干扰的影响。

5.4 标准曲线的制作

吸取适量砷标准使用液（1.00 mg/L），用硝酸溶液（2+98）配制砷浓度分别为 0.00 ng/mL、1.0 ng/mL、5.0 ng/mL、10 ng/mL、50 ng/mL 和 100 ng/mL 的标准系列溶液。

当仪器真空度达到要求时，用调谐液调整仪器灵敏度、氧化物、双电荷、分辨率等各项指标，当仪器各项指标达到测定要求，编辑测定方法、选择相关消除干扰方法，引入内标，观测内标灵敏度、脉冲与模拟模式的线性拟合，符合要求后，将标准系列引入仪器。进行相关数据处理，绘制标准曲线、计算回归方程。

5.5 试样溶液的测定

相同条件下，将试剂空白、样品溶液分别引入仪器进行测定。根据回归方程计算出样品中砷元素的浓度。

6 分析结果的表述

试样中砷含量按式(1)计算：

$$X=\frac{(c-c_0)\times V\times 1\,000}{m\times 1\,000\times 1\,000} \quad\cdots\cdots\cdots\cdots\cdots(1)$$

式中：

X ——试样中砷的含量，单位为毫克每千克(mg/kg)或毫克每升(mg/L)；

c ——试样消化液中砷的测定浓度，单位为纳克每毫升(ng/mL)；

c_0 ——试样空白消化液中砷的测定浓度，单位为纳克每毫升(ng/mL)；

V ——试样消化液总体积，单位为毫升(mL)；

m ——试样质量，单位为克或毫升(g 或 mL)；

1 000 ——换算系数。

计算结果保留两位有效数字。

7 精密度

在重复性条件下获得的两次独立测定结果的绝对差值不得超过算术平均值的 20%。

8 其他

称样量为 1 g，定容体积为 25 mL 时，方法检出限为 0.003 mg/kg，方法定量限为 0.010 mg/kg。

第二法　氢化物发生原子荧光光谱法

9　原理

食品试样经湿法消解或干灰化法处理后,加入硫脲使五价砷预还原为三价砷,再加入硼氢化钠或硼氢化钾使还原生成砷化氢,由氩气载入石英原子化器中分解为原子态砷,在高强度砷空心阴极灯的发射光激发下产生原子荧光,其荧光强度在固定条件下与被测液中的砷浓度成正比,与标准系列比较定量。

10　试剂和材料

注:除非另有说明,本方法所用试剂均为优级纯,水为 GB/T 6682 规定的一级水。

10.1　试剂

10.1.1　氢氧化钠(NaOH)。

10.1.2　氢氧化钾(KOH)。

10.1.3　硼氢化钾(KBH$_4$):分析纯。

10.1.4　硫脲(CH$_4$N$_2$O$_2$S):分析纯。

10.1.5　盐酸(HCl)。

10.1.6　硝酸(HNO$_3$)。

10.1.7　硫酸(H$_2$SO$_4$)。

10.1.8　高氯酸(HClO$_4$)。

10.1.9　硝酸镁[Mg(NO$_3$)$_2$·6H$_2$O]:分析纯。

10.1.10　氧化镁(MgO):分析纯。

10.1.11　抗坏血酸(C$_6$H$_8$O$_6$)。

10.2　试剂配制

10.2.1　氢氧化钾溶液(5 g/L):称取 5.0 g 氢氧化钾,溶于水并稀释至 1 000 mL。

10.2.2　硼氢化钾溶液(20 g/L):称取硼氢化钾 20.0 g,溶于 1 000 mL 5 g/L 氢氧化钾溶液中,混匀。

10.2.3　硫脲+抗坏血酸溶液:称取 10.0 g 硫脲,加约 80 mL 水,加热溶解,待冷却后加入 10.0 g 抗坏血酸,稀释至 100 mL。现用现配。

10.2.4　氢氧化钠溶液(100 g/L):称取 10.0 g 氢氧化钠,溶于水并稀释至 100 mL。

10.2.5　硝酸镁溶液(150 g/L):称取 15.0 g 硝酸镁,溶于水并稀释至 100 mL。

10.2.6　盐酸溶液(1+1):量取 100 mL 盐酸,缓缓倒入 100 mL 水中,混匀。

10.2.7　硫酸溶液(1+9):量取硫酸 100 mL,缓缓倒入 900 mL 水中,混匀。

10.2.8　硝酸溶液(2+98):量取硝酸 20 mL,缓缓倒入 980 mL 水中,混匀。

10.3　标准品

三氧化二砷(As$_2$O$_3$)标准品:纯度≥99.5%。

10.4　标准溶液配制

10.4.1　砷标准储备液(100 mg/L,按 As 计):准确称取于 100 ℃干燥 2 h 的三氧化二砷 0.013 2 g,加 100 g/L 氢氧化钠溶液 1 mL 和少量水溶解,转入 100 mL 容量瓶中,加入适量盐酸调整其酸度近中性,加水稀释至刻度。4 ℃避光保存,保存期一年。或购买经国家认证并授予标准物质证书的标准溶液物质。

10.4.2 砷标准使用液(1.00 mg/L,按 As 计):准确吸取 1.00 mL 砷标准储备液(100 mg/L)于100 mL容量瓶中,用硝酸溶液(2+98)稀释至刻度。现用现配。

11 仪器和设备

注: 玻璃器皿及聚四氟乙烯消解内罐均需以硝酸溶液(1+4)浸泡 24 h,用水反复冲洗,最后用去离子水冲洗干净。

11.1 原子荧光光谱仪。

11.2 天平:感量为 0.1 mg 和 1 mg。

11.3 组织匀浆器。

11.4 高速粉碎机。

11.5 控温电热板:50 ℃～200 ℃。

11.6 马弗炉。

12 分析步骤

12.1 试样预处理

见 5.1。

12.2 试样消解

12.2.1 湿法消解

固体试样称取 1.0 g～2.5 g,液体试样称取 5.0 g～10.0 g(或 mL)(精确至 0.001 g),置于 50 mL～100 mL 锥形瓶中,同时做两份试剂空白。加硝酸 20 mL,高氯酸 4 mL,硫酸 1.25 mL,放置过夜。次日置于电热板上加热消解。若消解液处理至 1 mL 左右时仍有未分解物质或色泽变深,取下放冷,补加硝酸 5 mL～10 mL,再消解至 2 mL 左右,如此反复两三次,注意避免炭化。继续加热至消解完全后,再持续蒸发至高氯酸的白烟散尽,硫酸的白烟开始冒出。冷却,加水 25 mL,再蒸发至冒硫酸白烟。冷却,用水将内溶物转入 25 mL 容量瓶或比色管中,加入硫脲+抗坏血酸溶液 2 mL,补加水至刻度,混匀,放置 30 min,待测。按同一操作方法作空白试验。

12.2.2 干灰化法

固体试样称取 1.0 g～2.5 g,液体试样取 4.00 mL(g)(精确至 0.001 g),置于 50 mL～100 mL 坩埚中,同时做两份试剂空白。加 150 g/L 硝酸镁 10 mL 混匀,低热蒸干,将 1 g 氧化镁覆盖在干渣上,于电炉上炭化至无黑烟,移入 550 ℃ 马弗炉灰化 4 h。取出放冷,小心加入盐酸溶液(1+1)10 mL 以中和氧化镁并溶解灰分,转入 25 mL 容量瓶或比色管,向容量瓶或比色管中加入硫脲+抗坏血酸溶液 2 mL,另用硫酸溶液(1+9)分次洗涤坩埚后合并洗涤液至 25 mL 刻度,混匀,放置 30 min,待测。按同一操作方法作空白试验。

12.3 仪器参考条件

负高压:260 V;砷空心阴极灯电流:50 mA～80 mA;载气:氩气;载气流速:500 mL/min;屏蔽气流速:800 mL/min;测量方式:荧光强度;读数方式:峰面积。

12.4 标准曲线制作

取 25 mL 容量瓶或比色管 6 支,依次准确加入 1.00 μg/mL 砷标准使用液 0.00 mL、0.10 mL、

0.25 mL、0.50 mL、1.5 mL 和 3.0 mL(分别相当于砷浓度 0.0 ng/mL、4.0 ng/mL、10 ng/mL、20 ng/mL、60 ng/mL、120 ng/mL),各加硫酸溶液(1+9)12.5 mL,硫脲+抗坏血酸溶液 2 mL,补加水至刻度,混匀后放置 30 min 后测定。

仪器预热稳定后,将试剂空白、标准系列溶液依次引入仪器进行原子荧光强度的测定。以原子荧光强度为纵坐标,砷浓度为横坐标绘制标准曲线,得到回归方程。

12.5 试样溶液的测定

相同条件下,将样品溶液分别引入仪器进行测定。根据回归方程计算出样品中砷元素的浓度。

13 分析结果的表述

试样中总砷含量按式(2)计算:

$$X = \frac{(c - c_0) \times V \times 1\ 000}{m \times 1\ 000 \times 1\ 000} \qquad \cdots\cdots\cdots\cdots\cdots (2)$$

式中:

X ——试样中砷的含量,单位为毫克每千克(mg/kg)或毫克每升(mg/L);

c ——试样被测液中砷的测定浓度,单位为纳克每毫升(ng/mL);

c_0 ——试样空白消化液中砷的测定浓度,单位为纳克每毫升(ng/mL);

V ——试样消化液总体积,单位为毫克(mL);

m ——试样质量,单位为克(g)或毫升(mL);

1 000 ——换算系数。

计算结果保留两位有效数字。

14 精密度

在重复性条件下获得的两次独立测定结果的绝对差值不得超过算术平均值的 20%。

15 检出限

称样量为 1 g,定容体积为 25 mL 时,方法检出限为 0.010 mg/kg,方法定量限为 0.040 mg/kg。

第三法 银盐法

16 原理

试样经消化后,以碘化钾、氯化亚锡将高价砷还原为三价砷,然后与锌粒和酸产生的新生态氢生成砷化氢,经银盐溶液吸收后,形成红色胶态物,与标准系列比较定量。

17 试剂和材料

注:除非另有说明,本方法所用试剂均为优级纯,水为 GB/T 6682 规定的一级水。

17.1 试剂

17.1.1 硝酸(HNO₃)。

17.1.2 硫酸（H_2SO_4）。

17.1.3 盐酸（HCl）。

17.1.4 高氯酸（$HClO_4$）。

17.1.5 三氯甲烷（$CHCl_3$）：分析纯。

17.1.6 二乙基二硫代氨基甲酸银[$(C_2H_5)_2NCS_2Ag$]：分析纯。

17.1.7 氯化亚锡（$SnCl_2$）：分析纯。

17.1.8 硝酸镁[$Mg(NO_3)_2 \cdot 6H_2O$]：分析纯。

17.1.9 碘化钾（KI）：分析纯。

17.1.10 氧化镁（MgO）：分析纯。

17.1.11 乙酸铅（$C_4H_6O_4Pb \cdot 3H_2O$）：分析纯。

17.1.12 三乙醇胺（$C_6H_{15}NO_3$）：分析纯。

17.1.13 无砷锌粒：分析纯。

17.1.14 氢氧化钠（NaOH）。

17.1.15 乙酸。

17.2 试剂配制

17.2.1 硝酸-高氯酸混合溶液（4+1）：量取 80 mL 硝酸，加入 20 mL 高氯酸，混匀。

17.2.2 硝酸镁溶液（150 g/L）：称取 15 g 硝酸镁，加水溶解并稀释定容至 100 mL。

17.2.3 碘化钾溶液（150 g/L）：称取 15 g 碘化钾，加水溶解并稀释定容至 100 mL，贮存于棕色瓶中。

17.2.4 酸性氯化亚锡溶液：称取 40 g 氯化亚锡，加盐酸溶解并稀释至 100 mL，加入数颗金属锡粒。

17.2.5 盐酸溶液（1+1）：量取 100 mL 盐酸，缓缓倒入 100 mL 水中，混匀。

17.2.6 乙酸铅溶液（100 g/L）：称取 11.8 g 乙酸铅，用水溶解，加入 1 滴～2 滴乙酸，用水稀释定容至 100 mL。

17.2.7 乙酸铅棉花：用乙酸铅溶液（100 g/L）浸透脱脂棉后，压除多余溶液，并使之疏松，在 100℃ 以下干燥后，贮存于玻璃瓶中。

17.2.8 氢氧化钠溶液（200 g/L）：称取 20 g 氢氧化钠，溶于水并稀释至 100 mL。

17.2.9 硫酸溶液（6+94）：量取 6.0 mL 硫酸，慢慢加入 80 mL 水中，冷却后再加水稀释至 100 mL。

17.2.10 二乙基二硫代氨基甲酸银-三乙醇胺-三氯甲烷溶液：称取 0.25 g 二乙基二硫代氨基甲酸银置于乳钵中，加少量三氯甲烷研磨，移入 100 mL 量筒中，加入 1.8 mL 三乙醇胺，再用三氯甲烷分次洗涤乳钵，洗涤液一并移入量筒中，用三氯甲烷稀释至 100 mL，放置过夜。滤入棕色瓶中贮存。

17.3 标准品

三氧化二砷（As_2O_3）标准品：纯度≥99.5%。

17.4 标准溶液配制

17.4.1 砷标准储备液（100 mg/L，按 As 计）：准确称取于 100℃ 干燥 2 h 的三氧化二砷 0.132 0 g，加 5 mL 氢氧化钠溶液（200 g/L），溶解后加 25 mL 硫酸溶液（6+94），移入 1 000 mL 容量瓶中，加新煮沸冷却的水稀释至刻度，贮存于棕色玻塞瓶中。4℃ 避光保存。保存期一年。或购买经国家认证并授予标准物质证书的标准物质。

17.4.2 砷标准使用液（1.00 mg/L，按 As 计）：吸取 1.00 mL 砷标准储备液（100 mg/L）于 100 mL 容量瓶中，加 1 mL 硫酸溶液（6+94），加水稀释至刻度。现用现配。

18 仪器和设备

注:所用玻璃器皿均需以硝酸溶液(1+4)浸泡 24 h,用水反复冲洗,最后用去离子水冲洗干净。

18.1 分光光度计。

18.2 测砷装置:见图1。

单位为毫米

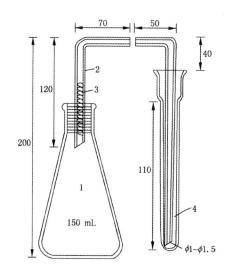

1——150 mL 锥形瓶;

2——导气管;

3——乙酸铅棉花;

4——10 mL 刻度离心管。

图 1 测砷装置图

18.2.1 100 mL～150 mL 锥形瓶:19 号标准口。

18.2.2 导气管:管口 19 号标准口或经碱处理后洗净的橡皮塞与锥形瓶密合时不应漏气。管的另一端管径为 1.0 mm。

18.2.3 吸收管:10 mL 刻度离心管作吸收管用。

19 试样制备

19.1 试样预处理

见 5.1。

19.2 试样溶液制备

19.2.1 硝酸-高氯酸-硫酸法

19.2.1.1 粮食、粉丝、粉条、豆干制品、糕点、茶叶等及其他含水分少的固体食品

称取 5.0 g～10.0 g 试样(精确至 0.001 g),置于 250 mL～500 mL 定氮瓶中,先加少许水湿润,加数粒玻璃珠、10 mL～15 mL 硝酸-高氯酸混合液,放置片刻,小火缓缓加热,待作用缓和,放冷。沿瓶壁加入 5 mL 或 10 mL 硫酸,再加热,至瓶中液体开始变成棕色时,不断沿瓶壁滴加硝酸-高氯酸混合液至有机

质分解完全。加大火力,至产生白烟,待瓶口白烟冒净后,瓶内液体再产生白烟为消化完全,该溶液应澄清透明无色或微带黄色,放冷。(在操作过程中应注意防止爆沸或爆炸)加 20 mL 水煮沸,除去残余的硝酸至产生白烟为止,如此处理两次,放冷。将冷后的溶液移入 50 mL 或 100 mL 容量瓶中,用水洗涤定氮瓶,洗涤液并入容量瓶中,放冷,加水至刻度,混匀。定容后的溶液每 10 mL 相当于 1 g 试样,相当加入硫酸量 1 mL。取与消化试样相同量的硝酸-高氯酸混合液和硫酸,按同一方法作空白试验。

19.2.1.2　蔬菜、水果

称取 25.0 g~50.0 g(精确至 0.001 g)试样,置于 250 mL~500 mL 定氮瓶中,加数粒玻璃珠、10 mL~15 mL 硝酸-高氯酸混合液,以下按 19.2.1.1 自"放置片刻"起依法操作,但定容后的溶液每 10 mL 相当于 5 g 试样,相当于加入硫酸 1 mL。按同一操作方法作空白试验。

19.2.1.3　酱、酱油、醋、冷饮、豆腐、腐乳、酱腌菜等

称取 10.0 g~20.0 g 试样(精确至 0.001 g),或吸取 10.0 mL~20.0 mL 液体试样,置于 250 mL~500 mL 定氮瓶中,加数粒玻璃珠、5 mL~15 mL 硝酸-高氯酸混合液。以下按 19.2.1.1 自"放置片刻"起依法操作,但定容后的溶液每 10 mL 相当于 2 g 或 2 mL 试样。按同一操作方法作空白试验。

19.2.1.4　含酒精性饮料或含二氧化碳饮料

吸取 10.00 mL~20.00 mL 试样,置于 250 mL~500 mL 定氮瓶中,加数粒玻璃珠,先用小火加热除去乙醇或二氧化碳,再加 5 mL~10 mL 硝酸-高氯酸混合液,混匀后,以下按 19.2.1.1 自"放置片刻"起依法操作,但定容后的溶液每 10 mL 相当于 2 mL 试样。按同一操作方法作空白试验。

19.2.1.5　含糖量高的食品

称取 5.0 g~10.0 g 试样(精确至 0.001 g),置于 250 mL~500 mL 定氮瓶中,先加少许水使湿润,加数粒玻璃珠、5 mL~10 mL 硝酸-高氯酸混合后,摇匀。缓缓加入 5 mL 或 10 mL 硫酸,待作用缓和停止起泡沫后,先用小火缓缓加热(糖分易炭化),不断沿瓶壁补加硝酸-高氯酸混合液,待泡沫全部消失后,再加大火力,至有机质分解完全,发生白烟,溶液应澄明无色或微带黄色,放冷。以下按 19.2.1.1 自"加 20 mL 水煮沸"起依法操作。按同一操作方法作空白试验。

19.2.1.6　水产品

称取试样 5.0 g~10.0 g(精确至 0.001 g)(海产藻类、贝类可适当减少取样量),置于 250 mL~500 mL 定氮瓶中,加数粒玻璃珠,5 mL~10 mL 硝酸-高氯酸混合液,混匀后,以下按 19.2.1.1 自"沿瓶壁加入 5 mL 或 10 mL 硫酸"起依法操作。按同一操作方法作空白试验。

19.2.2　硝酸-硫酸法

以硝酸代替硝酸-高氯酸混合液进行操作。

19.2.3　灰化法

19.2.3.1　粮食、茶叶及其他含水分少的食品

称取试样 5.0 g(精确至 0.001 g),置于坩埚中,加 1 g 氧化镁及 10 mL 硝酸镁溶液,混匀,浸泡 4 h。于低温或置水浴锅上蒸干,用小火炭化至无烟后移入马弗炉中加热至 550 ℃,灼烧 3 h~4 h,冷却后取出。加 5 mL 水湿润后,用细玻棒搅拌,再用少量水洗下玻棒上附着的灰分至坩埚内。放水浴上蒸干后移入马弗炉 550 ℃ 灰化 2 h,冷却后取出。加 5 mL 水湿润灰分,再慢慢加入 10 mL 盐酸溶液(1+

1),然后将溶液移入 50 mL 容量瓶中,坩埚用盐酸溶液(1+1)洗涤 3 次,每次 5 mL,再用水洗涤 3 次,每次 5 mL,洗涤液均并入容量瓶中,再加水至刻度,混匀。定容后的溶液每 10 mL 相当于 1 g 试样,其加入盐酸量不少于(中和需要量除外)1.5 mL。全量供银盐法测定时,不必再加盐酸。按同一操作方法作空白试验。

19.2.3.2 植物油

称取 5.0 g 试样(精确至 0.001 g),置于 50 mL 瓷坩埚中,加 10 g 硝酸镁,再在上面覆盖 2 g 氧化镁,将坩埚置小火上加热,至刚冒烟,立即将坩埚取下,以防内容物溢出,待烟小后,再加热至炭化完全。将坩埚移至马弗炉中,550 ℃以下灼烧至灰化完全,冷后取出。加 5 mL 水湿润灰分,再缓缓加入 15 mL 盐酸溶液(1+1),然后将溶液移入 50 mL 容量瓶中,坩埚用盐酸溶液(1+1)洗涤 5 次,每次 5 mL,洗涤液均并入容量瓶中,加盐酸溶液(1+1)至刻度,混匀。定容后的溶液每 10 mL 相当于 1 g 试样,相当于加入盐酸量(中和需要量除外)1.5 mL。按同一操作方法作空白试验。

19.2.3.3 水产品

称取试样 5.0 g 置于坩埚中(精确至 0.001 g),加 1 g 氧化镁及 10 mL 硝酸镁溶液,混匀,浸泡 4 h。以下按 19.2.3.1 自"于低温或置水浴锅上蒸干"起依法操作。

20 分析步骤

吸取一定量的消化后的定容溶液(相当于 5 g 试样)及同量的试剂空白液,分别置于 150 mL 锥形瓶中,补加硫酸至总量为 5 mL,加水至 50 mL～55 mL。

20.1 标准曲线的绘制

分别吸取 0.0 mL、2.0 mL、4.0 mL、6.0 mL、8.0 mL、10 mL 砷标准使用液(相当 0.0 μg、2.0 μg、4.0 μg、6.0 μg、8.0 μg、10 μg)置于 6 个 150 mL 锥形瓶中,加水至 40 mL,再加 10 mL 盐酸溶液(1+1)。

20.2 用湿法消化液

于试样消化液、试剂空白液及砷标准溶液中各加 3 mL 碘化钾溶液(150 g/L)、0.5 mL 酸性氯化亚锡溶液,混匀,静置 15 min。各加入 3 g 锌粒,立即分别塞上装有乙酸铅棉花的导气管,并使管尖端插入盛有 4 mL 银盐溶液的离心管中的液面下,在常温下反应 45 min 后,取下离心管,加三氯甲烷补足 4 mL。用 1 cm 比色杯,以零管调节零点,于波长 520 nm 处测吸光度,绘制标准曲线。

20.3 用灰化法消化液

取灰化法消化液及试剂空白液分别置于 150 mL 锥形瓶中。吸取 0.0 mL、2.0 mL、4.0 mL、6.0 mL、8.0 mL、10 mL 砷标准使用液(相当 0.0 μg、2.0 μg、4.0 μg、6.0 μg、8.0 μg、10 μg 砷),分别置于 150 mL 锥形瓶中,加水至 43.5 mL,再加 6.5 mL 盐酸。以下按 20.2 自"于试样消化液"起依法操作。

21 分析结果的表述

试样中的砷含量按式(3)进行计算:

$$X = \frac{(A_1 - A_2) \times V_1 \times 1\,000}{m \times V_2 \times 1\,000 \times 1\,000} \quad\cdots\cdots\cdots\cdots\cdots\cdots (3)$$

式中：

X ——试样中砷的含量，单位为毫克每千克（mg/kg）或毫克每升（mg/L）；

A_1 ——测定用试样消化液中砷的质量，单位为纳克（ng）；

A_2 ——试剂空白液中砷的质量，单位为纳克（ng）；

V_1 ——试样消化液的总体积，单位为毫升（mL）；

m ——试样质量（体积），单位为克（g）或毫升（mL）；

V_2 ——测定用试样消化液的体积，单位为毫升（mL）。

计算结果保留两位有效数字。

22 精密度

在重复性条件下获得的两次独立测定结果的绝对差值不得超过算术平均值的20%。

23 检出限

称样量为1 g，定容体积为25 mL时，方法检出限为0.2 mg/kg，方法定量限为0.7 mg/kg。

第二篇 食品中无机砷的测定

第一法 液相色谱-原子荧光光谱法（LC-AFS）法

24 原理

食品中无机砷经稀硝酸提取后，以液相色谱进行分离，分离后的目标化合物在酸性环境下与KBH_4反应，生成气态砷化合物，以原子荧光光谱仪进行测定。按保留时间定性，外标法定量。

25 试剂和材料

注：除非另有说明，本方法所用试剂均为优级纯，水为GB/T 6682规定的一级水。

25.1 试剂

25.1.1 磷酸二氢铵（$NH_4H_2PO_4$）：分析纯。

25.1.2 硼氢化钾（KBH_4）：分析纯。

25.1.3 氢氧化钾（KOH）。

25.1.4 硝酸（HNO_3）。

25.1.5 盐酸（HCl）。

25.1.6 氨水（$NH_3 \cdot H_2O$）。

25.1.7 正己烷[$CH_3(CH_2)_4CH_3$]。

25.2 试剂配制

25.2.1 盐酸溶液[20%（体积分数）]：量取200 mL盐酸，溶于水并稀释至1 000 mL。

25.2.2 硝酸溶液（0.15 mol/L）：量取10 mL硝酸，溶于水并稀释至1 000 mL。

25.2.3 氢氧化钾溶液（100 g/L）：称取10 g氢氧化钾，溶于水并稀释至100 mL。

25.2.4 氢氧化钾溶液(5 g/L):称取 5 g 氢氧化钾,溶于水并稀释至 1 000 mL。

25.2.5 硼氢化钾溶液(30 g/L):称取 30 g 硼氢化钾,用 5 g/L 氢氧化钾溶液溶解并定容至 1 000 mL。现用现配。

25.2.6 磷酸二氢铵溶液(20 mmol/L):称取 2.3 g 磷酸二氢铵,溶于 1 000 mL 水中,以氨水调节 pH 至 8.0,经 0.45 μm 水系滤膜过滤后,于超声水浴中超声脱气 30 min,备用。

25.2.7 磷酸二氢铵溶液(1 mmol/L):量取 20 mmol/L 磷酸二氢铵溶液 50 mL,水稀释至 1 000 mL,以氨水调 pH 至 9.0,经 0.45 μm 水系滤膜过滤后,于超声水浴中超声脱气 30 min,备用。

25.2.8 磷酸二氢铵溶液(15 mmol/L):称取 1.7 g 磷酸二氢铵,溶于 1 000 mL 水中,以氨水调节 pH 至 6.0,经 0.45 μm 水系滤膜过滤后,于超声水浴中超声脱气 30 min,备用。

25.3 标准品

25.3.1 三氧化二砷(As_2O_3)标准品:纯度≥99.5%。

25.3.2 砷酸二氢钾(KH_2AsO_4)标准品:纯度≥99.5%。

25.4 标准溶液配制

25.4.1 亚砷酸盐[As(Ⅲ)]标准储备液(100 mg/L,按 As 计):准确称取三氧化二砷 0.013 2 g,加 100 g/L 氢氧化钾溶液 1 mL 和少量水溶解,转入 100 mL 容量瓶中,加入适量盐酸调整其酸度近中性,加水稀释至刻度。4 ℃保存,保存期一年。或购买经国家认证并授予标准物质证书的标准溶液物质。

25.4.2 砷酸盐[As(Ⅴ)]标准储备液(100 mg/L,按 As 计):准确称取砷酸二氢钾 0.024 0 g,水溶解,转入 100 mL 容量瓶中并用水稀释至刻度。4 ℃保存,保存期一年。或购买经国家认证并授予标准物质证书的标准溶液物质。

25.4.3 As(Ⅲ)、As(Ⅴ)混合标准使用液(1.00 mg/L,按 As 计):分别准确吸取 1.0 mL As(Ⅲ)标准储备液(100 mg/L)、1.0 mL As(Ⅴ)标准储备液(100 mg/L)于 100 mL 容量瓶中,加水稀释并定容至刻度。现用现配。

26 仪器和设备

注:所用玻璃器皿均需以硝酸溶液(1+4)浸泡 24 h,用水反复冲洗,最后用去离子水冲洗干净。

26.1 液相色谱-原子荧光光谱联用仪(LC-AFS):由液相色谱仪(包括液相色谱泵和手动进样阀)与原子荧光光谱仪组成。

26.2 组织匀浆器。

26.3 高速粉碎机。

26.4 冷冻干燥机。

26.5 离心机:转速≥8 000 r/min。

26.6 pH 计:精度为 0.01。

26.7 天平:感量为 0.1 mg 和 1 mg。

26.8 恒温干燥箱(50 ℃～300 ℃)。

26.9 C_{18}净化小柱或等效柱。

27 分析步骤

27.1 试样预处理

见 5.1。

27.2 试样提取

27.2.1 稻米样品

称取约 1.0 g 稻米试样(准确至 0.001 g)于 50 mL 塑料离心管中,加入 20 mL 0.15 mol/L 硝酸溶液,放置过夜。于 90 ℃ 恒温箱中热浸提 2.5 h,每 0.5 h 振摇 1 min。提取完毕,取出冷却至室温,8 000 r/min 离心 15 min,取上层清液,经 0.45 μm 有机滤膜过滤后进样测定。按同一操作方法作空白试验。

27.2.2 水产动物样品

称取约 1.0 g 水产动物湿样(准确至 0.001 g),置于 50 mL 塑料离心管中,加入 20 mL 0.15 mol/L 硝酸溶液,放置过夜。于 90 ℃ 恒温箱中热浸提 2.5 h,每 0.5 h 振摇 1 min。提取完毕,取出冷却至室温,8 000 r/min 离心 15 min。取 5 mL 上清液置于离心管中,加入 5 mL 正己烷,振摇 1 min 后,8 000 r/min 离心 15 min,弃去上层正己烷。按此过程重复一次。吸取下层清液,经 0.45 μm 有机滤膜过滤及 C₁₈ 小柱净化后进样。按同一操作方法作空白试验。

27.2.3 婴幼儿辅助食品样品

称取婴幼儿辅助食品约 1.0 g(准确至 0.001 g)于 15 mL 塑料离心管中,加入 10 mL 0.15 mol/L 硝酸溶液,放置过夜。于 90 ℃ 恒温箱中热浸提 2.5 h,每 0.5 h 振摇 1 min,提取完毕,取出冷却至室温。8 000 r/min 离心 15 min。取 5 mL 上清液置于离心管中,加入 5 mL 正己烷,振摇 1 min,8 000 r/min 离心 15 min,弃去上层正己烷。按此过程重复一次。吸取下层清液,经 0.45 μm 有机滤膜过滤及 C₁₈ 小柱净化后进行分析。按同一操作方法作空白试验。

27.3 仪器参考条件

27.3.1 液相色谱参考条件

色谱柱:阴离子交换色谱柱(柱长 250 mm,内径 4 mm),或等效柱。阴离子交换色谱保护柱(柱长 10 mm,内径 4 mm),或等效柱。

流动相组成:
a) 等度洗脱流动相:15 mmol/L 磷酸二氢铵溶液(pH 6.0),流动相洗脱方式:等度洗脱。流动相流速:1.0 mL/min;进样体积:100 μL。等度洗脱适用于稻米及稻米加工食品。
b) 梯度洗脱:流动相 A:1 mmol/L 磷酸二氢铵溶液(pH 9.0);流动相 B:20 mmol/L 磷酸二氢铵溶液(pH 8.0)。(梯度洗脱程序见附录 A 中的表 A.4。)流动相流速:1.0 mL/min;进样体积:100 μL。梯度洗脱适用于水产动物样品、含水产动物组成的样品、含藻类等海产植物的样品以及婴。

27.3.2 原子荧光检测参考条件

负高压:320 V;砷灯总电流:90 mA;主电流/辅助电流:55/35;原子化方式:火焰原子化;原子化器温度:中温。

载液:20% 盐酸溶液,流速 4 mL/min;还原剂:30 g/L 硼氢化钾溶液,流速 4 mL/min;载气流速:400 mL/min;辅助气流速:400 mL/min。

27.4 标准曲线制作

取 7 支 10 mL 容量瓶,分别准确加入 1.00 mg/L 混合标准使用液 0.00 mL、0.050 mL、0.10 mL、

0.20 mL、0.30 mL、0.50 mL 和 1.0 mL，加水稀释至刻度，此标准系列溶液的浓度分别为 0.0 ng/mL、5.0 ng/mL、10 ng/mL、20 ng/mL、30ng/mL、50 ng/mL 和 100 ng/mL。

吸取标准系列溶液 100 μL 注入液相色谱-原子荧光光谱联用仪进行分析，得到色谱图，以保留时间定性。以标准系列溶液中目标化合物的浓度为横坐标，色谱峰面积为纵坐标，绘制标准曲线。标准溶液色谱图见附录 B 中的图 B.1、图 B.2。

27.5 试样溶液的测定

吸取试样溶液 100 μL 注入液相色谱-原子荧光光谱联用仪中，得到色谱图，以保留时间定性。根据标准曲线得到试样溶液中 As(Ⅲ)与 As(Ⅴ)含量，As(Ⅲ)与 As(Ⅴ)含量的加和为总无机砷含量，平行测定次数不少于两次。

28 分析结果的表述

试样中无机砷的含量按式(4)计算：

$$X = \frac{(c - c_0) \times V \times 1\,000}{m \times 1\,000 \times 1\,000} \qquad \cdots\cdots\cdots\cdots\cdots (4)$$

式中：

X ——样品中无机砷的含量(以 As 计)，单位为毫克每千克(mg/kg)；

c_0 ——空白溶液中无机砷化合物浓度，单位为纳克每毫升(ng/mL)；

c ——测定溶液中无机砷化合物浓度，单位为纳克每毫升(ng/mL)；

V ——试样消化液体积，单位为毫升(mL)；

m ——试样质量，单位为克(g)；

$1\,000$ ——换算系数。

总无机砷含量等于 As(Ⅲ)含量与 As(Ⅴ)含量的加和。

计算结果保留两位有效数字。

29 精密度

在重复性条件下获得的两次独立测定结果的绝对差值不得超过算术平均值的 20%。

30 其他

本方法检出限：取样量为 1 g，定容体积为 20 mL 时，检出限为：稻米 0.02 mg/kg、水产动物 0.03 mg/kg、婴幼儿辅助食品 0.02 mg/kg；定量限为：稻米 0.05 mg/kg、水产动物 0.08 mg/kg、婴幼儿辅助食品 0.05 mg/kg。

第二法 液相色谱-电感耦合等离子质谱法(LC-ICP/MS)

31 原理

食品中无机砷经稀硝酸提取后，以液相色谱进行分离，分离后的目标化合物经过雾化由载气送入 ICP 炬焰中，经过蒸发、解离、原子化、电离等过程，大部分转化为带正电荷的正离子，经离子采集系统进入质谱仪，质谱仪根据质荷比进行分离测定。以保留时间定性和质荷比定性，外标法定量。

32 试剂和材料

注：除非另有说明，本方法所用试剂均为优级纯，水为 GB/T 6682 规定的一级水。

32.1 试剂

32.1.1 无水乙酸钠（NaCH$_3$COO）：分析纯。

32.1.2 硝酸钾（KNO$_3$）：分析纯。

32.1.3 磷酸二氢钠（NaH$_2$PO$_4$）：分析纯。

32.1.4 乙二胺四乙酸二钠（C$_{10}$H$_{14}$N$_2$Na$_2$O$_8$）：分析纯。

32.1.5 硝酸（HNO$_3$）。

32.1.6 正己烷[CH$_3$(CH$_2$)$_4$CH$_3$]。

32.1.7 无水乙醇（CH$_3$CH$_2$OH）。

32.1.8 氨水（NH$_3$·H$_2$O）。

32.2 试剂配制

32.2.1 硝酸溶液（0.15 mol/L）：量取 10 mL 硝酸，加水稀释至 1 000 mL。

32.2.2 流动相 A 相：含 10 mmol/L 无水乙酸钠、3 mmol/L 硝酸钾、10 mmol/L 磷酸二氢钠、0.2 mmol/L乙二胺四乙酸二钠的缓冲液（pH 10）。分别准确称取 0.820 g 无水乙酸钠、0.303 g 硝酸钾、1.56 g 磷酸二氢钠、0.075 g 乙二胺四乙酸二钠，用水定容值 1 000 mL，氨水调节 pH 为 10，混匀。经 0.45 μm 水系滤膜过滤后，于超声水浴中超声脱气 30 min，备用。

32.2.3 氢氧化钾溶液（100 g/L）：称取 10 g 氢氧化钾，加水溶解并稀释至 100 mL。

32.3 标准品

32.3.1 三氧化二砷（As$_2$O$_3$）标准品：纯度≥99.5%。

32.3.2 砷酸二氢钾（KH$_2$AsO$_4$）标准品：纯度≥99.5%。

32.4 标准溶液配制

32.4.1 亚砷酸盐[As(Ⅲ)]标准储备液（100 mg/L，按 As 计）：准确称取三氧化二砷 0.013 2 g，加 1 mL 氢氧化钾溶液（100 g/L）和少量水溶解，转入 100 mL 容量瓶中，加入适量盐酸调整其酸度近中性，加水稀释至刻度。4 ℃保存，保存期一年。或购买经国家认证并授予标准物质证书的标准溶液物质。

32.4.2 砷酸盐[As(Ⅴ)]标准储备液（100 mg/L，按 As 计）：准确称取砷酸二氢钾 0.024 0 g，水溶解，转入 100 mL 容量瓶中并用水稀释至刻度。4 ℃保存，保存期一年。或购买经国家认证并授予标准物质证书的标准物质。

32.4.3 As(Ⅲ)、As(Ⅴ)混合标准使用液（1.00 mg/L，按 As 计）：分别准确吸取 1.0 mL As(Ⅲ)标准储备液（100 mg/L）、1.0 mL As(Ⅴ)标准储备液（100 mg/L）于 100 mL 容量瓶中，加水稀释并定容至刻度。现用现配。

33 仪器和设备

注：所用玻璃器皿均需以硝酸溶液（1+4）浸泡 24 h，用水反复冲洗，最后用去离子水冲洗干净。

33.1 液相色谱-电感耦合等离子质谱联用仪（LC-ICP/MS）：由液相色谱仪与电感耦合等离子质谱仪组成。

33.2 组织匀浆器。

33.3 高速粉碎机。

33.4 冷冻干燥机。

33.5 离心机:转速≥8 000 r/min。

33.6 pH 计:精度为 0.01。

33.7 天平:感量为 0.1 mg 和 1 mg。

33.8 恒温干燥箱(50 ℃~300 ℃)。

34 分析步骤

34.1 试样预处理

见 5.1。

34.2 试样提取

34.2.1 稻米样品

见 27.2.1。

34.2.2 水产动物样品

见 27.2.2。

34.2.3 婴幼儿辅助食品样品

见 27.2.3。

34.3 仪器参考条件

34.3.1 液相色谱参考条件

色谱柱:阴离子交换色谱分析柱(柱长 250 mm,内径 4 mm),或等效柱。阴离子交换色谱保护柱(柱长 10 mm,内径 4 mm)或等效柱。

流动相:(含 10 mmol/L 无水乙酸钠、3 mmol/L 硝酸钾、10 mmol/L 磷酸二氢钠、0.2 mmol/L 乙二胺四乙酸二钠的缓冲液,氨水调节 pH 为 10):无水乙醇＝99∶1(体积比)。

洗脱方式:等度洗脱。

进样体积:50 μL。

34.3.2 电感耦合等离子体质谱仪参考条件

RF 入射功率 1 550 W;载气为高纯氩气;载气流速 0.85 L/min;补偿气 0.15 L/min。泵速0.3 rps;检测质量数 m/z＝75(As),m/z＝35(Cl)。

34.4 标准曲线制作

分别准确吸取 1.00 mg/L 混合标准使用液 0.00 mL、0.025 mL、0.050 mL、0.10 mL、0.50 mL 和 1.0 mL 于 6 个 10 mL 容量瓶,用水稀释至刻度,此标准系列溶液的浓度分别为 0.0 ng/mL、2.5 ng/mL、5 ng/mL、10 ng/mL、50 ng/mL 和 100 ng/mL。

用调谐液调整仪器各项指标,使仪器灵敏度、氧化物、双电荷、分辨率等各项指标达到测定要求。

吸取标准系列溶液 50 μL 注入液相色谱-电感耦合等离子质谱联用仪,得到色谱图,以保留时间定性。以标准系列溶液中目标化合物的浓度为横坐标,色谱峰面积为纵坐标,绘制标准曲线。标准溶液色谱图见附录 B 中的图 B.3。

34.5 试样溶液的测定

吸取试样溶液 50 μL 注入液相色谱-电感耦合等离子质谱联用仪,得到色谱图,以保留时间定性。根据标准曲线得到试样溶液中 As(Ⅲ)与 As(Ⅴ)含量,As(Ⅲ)与 As(Ⅴ)含量的加和为总无机砷含量,平行测定次数不少于两次。

35 分析结果的表述

试样中无机砷的含量按式(5)计算:

$$X = \frac{(c - c_0) \times V \times 1\,000}{m \times 1\,000 \times 1\,000} \quad\cdots\cdots\cdots\cdots\cdots\cdots (5)$$

式中:

X ——样品中无机砷的含量(以 As 计),单位为毫克每千克(mg/kg);

c_0 ——空白溶液中无机砷化合物浓度,单位为纳克每毫升(ng/mL);

c ——测定溶液中无机砷化合物浓度,单位为纳克每毫升(ng/mL);

V ——试样消化液体积,单位为毫升(mL);

m ——试样质量,单位为克(g);

1 000 ——换算系数。

总无机砷含量等于 As(Ⅲ)含量与 As(Ⅴ)含量的加和。

计算结果保留两位有效数字。

36 精密度

在重复性条件获得的两次独立测定结果的绝对差值不得超过算术平均值的 20%。

37 其他

本方法检出限:取样量为 1 g,定容体积为 20 mL 时,方法检出限为:稻米 0.01 mg/kg、水产动物 0.02 mg/kg、婴幼儿辅助食品 0.01 mg/kg;方法定量限为:稻米 0.03 mg/kg、水产动物 0.06 mg/kg、婴幼儿辅助食品 0.03 mg/kg。

附 录 A

微波消解参考条件

A.1 粮食、蔬菜类试样微波消解参考条件见表 A.1。

表 A.1 粮食、蔬菜类试样微波消解参考条件

步骤	功率		升温时间/min	控制温度/℃	保持时间/min
1	1 200 W	100%	5	120	6
2	1 200 W	100%	5	160	6
3	1 200 W	100%	5	190	20

A.2 乳制品、肉类、鱼肉类试样微波消解参考条件见表 A.2。

表 A.2 乳制品、肉类、鱼肉类试样微波消解参考条件

步骤	功率		升温时间/min	控制温度/℃	保持时间/min
1	1 200 W	100%	5	120	6
2	1 200 W	100%	5	180	10
3	1 200 W	100%	5	190	15

A.3 油脂、糖类试样微波消解参考条件见表 A.3。

表 A.3 油脂、糖类试样微波消解参考条件

步骤	功率/%	温度/℃	升温时间/min	保温时间/min
1	50	50	30	5
2	70	75	30	5
3	80	100	30	5
4	100	140	30	7
5	100	180	30	5

A.4 流动相梯度洗脱程序见表 A.4。

表 A.4 流动相梯度洗脱程序

组成	时间/min					
	0	8	10	20	22	32
流动相 A/%	100	100	0	0	100	100
流动相 B/%	0	0	100	100	0	0

附　录　B

色　谱　图

B.1 标准溶液色谱图（LC-AFS法，等度洗脱）见图B.1。

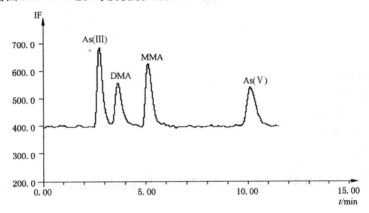

说明：

As(Ⅲ)——亚砷酸；

DMA　——二甲基砷；

MMA　——一甲基砷；

As(Ⅴ)——砷酸。

图 B.1　标准溶液色谱图（LC-AFS法，等度洗脱）

B.2 标准溶液色谱图（LC-AFS法，梯度洗脱）见图B.2。

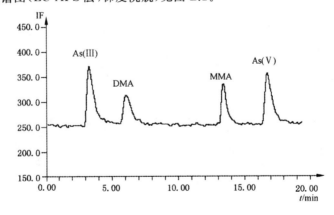

说明：

As(Ⅲ)——亚砷酸；

DMA　——二甲基砷；

MMA　——一甲基砷；

As(Ⅴ)——砷酸。

图 B.2　砷混合标准溶液色谱图（LC-AFS法，梯度洗脱）

B.3 标准溶液色谱图（LC-ICP-MS法）见图B.3。

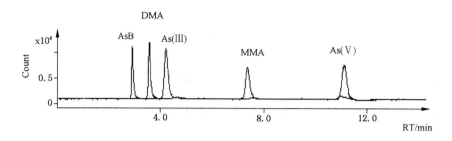

说明：

AsB ——砷甜菜碱；

As(Ⅲ) ——亚砷酸；

DMA ——二甲基砷；

MMA ——一甲基砷；

As(Ⅴ) ——砷酸。

图 B.3 砷混合标准溶液色谱图（LC-ICP-MS 法，等度洗脱）

中华人民共和国国家标准

GB 5009.12—2010

食品安全国家标准

食品中铅的测定

National food safety standard

Determination of lead in foods

2010-03-26 发布

2010-06-01 实施

中华人民共和国卫生部 发布

前　言

本标准代替 GB/T 5009.12-2003 《食品中铅的测定》。

本标准附录 A 为资料性附录。

本标准所代替标准的历次版本发布情况为：

——GB 5009.12-1985、GB/T 5009.12-1996、GB/T 5009.12-2003。

食品安全国家标准

食品中铅的测定

1　范围

本标准规定了食品中铅的测定方法。

本标准适用于食品中铅的测定。

2　规范性引用文件

本标准中引用的文件对于本标准的应用是必不可少的。凡是注日期的引用文件，仅所注日期的版本适用于本标准。凡是不注日期的引用文件，其最新版本（包括所有的修改单）适用于本标准。

第一法　石墨炉原子吸收光谱法

3　原理

试样经灰化或酸消解后，注入原子吸收分光光度计石墨炉中，电热原子化后吸收 283.3 nm 共振线，在一定浓度范围，其吸收值与铅含量成正比，与标准系列比较定量。

4　试剂和材料

除非另有规定，本方法所使用试剂均为分析纯，水为 GB/T 6682 规定的一级水。

4.1　硝酸：优级纯。

4.2　过硫酸铵。

4.3　过氧化氢（30%）。

4.4　高氯酸：优级纯。

4.5　硝酸（1＋1）：取 50 mL 硝酸慢慢加入 50 mL 水中。

4.6　硝酸（0.5 mol/L）：取 3.2 mL 硝酸加入 50 mL 水中，稀释至 100 mL。

4.7　硝酸（1 mol/L）：取 6.4 mL 硝酸加入 50 mL 水中，稀释至 100 mL。

4.8　磷酸二氢铵溶液（20 g/L）：称取 2.0 g 磷酸二氢铵，以水溶解稀释至 100 mL。

4.9　混合酸：硝酸十高氯酸（9＋1）。取 9 份硝酸与 1 份高氯酸混合。

4.10　铅标准储备液：准确称取 1.000 g 金属铅（99.99%），分次加少量硝酸（4.5），加热溶解，总量不超过 37 mL，移入 1000 mL 容量瓶，加水至刻度。混匀。此溶液每毫升含 1.0 mg 铅。

4.11　铅标准使用液：每次吸取铅标准储备液 1.0 mL 于 100 mL 容量瓶中，加硝酸（4.6）至刻度。如此经多次稀释成每毫升含 10.0 ng，20.0 ng，40.0 ng，60.0 ng，80.0 ng 铅的标准使用液。

5 仪器和设备

5.1 原子吸收光谱仪，附石墨炉及铅空心阴极灯。

5.2 马弗炉。

5.3 天平：感量为 1 mg。

5.4 干燥恒温箱。

5.5 瓷坩埚。

5.6 压力消解器、压力消解罐或压力溶弹。

5.7 可调式电热板、可调式电炉。

6 分析步骤

6.1 试样预处理

6.1.1 在采样和制备过程中，应注意不使试样污染。

6.1.2 粮食、豆类去杂物后，磨碎，过 20 目筛，储于塑料瓶中，保存备用。

6.1.3 蔬菜、水果、鱼类、肉类及蛋类等水分含量高的鲜样，用食品加工机或匀浆机打成匀浆，储于塑料瓶中，保存备用。

6.2 试样消解（可根据实验室条件选用以下任何一种方法消解）

6.2.1 压力消解罐消解法：称取 1 g～2 g 试样（精确到 0.001 g，干样、含脂肪高的试样＜1 g，鲜样＜2 g 或按压力消解罐使用说明书称取试样）于聚四氟乙烯内罐，加硝酸（4.1）2 mL～4 mL 浸泡过夜。再加过氧化氢（4.3）2 mL～3 mL（总量不能超过罐容积的 1/3）。盖好内盖，旋紧不锈钢外套，放入恒温干燥箱，120 ℃～140 ℃保持 3 h～4 h，在箱内自然冷却至室温，用滴管将消化液洗入或过滤入（视消化后试样的盐分而定）10 mL～25 mL 容量瓶中，用水少量多次洗涤罐，洗液合并于容量瓶中并定容至刻度，混匀备用；同时作试剂空白。

6.2.2 干法灰化：称取 1 g～5 g 试样（精确到 0.001 g，根据铅含量而定）于瓷坩埚中，先小火在可调式电热板上炭化至无烟，移入马弗炉 500 ℃±25 ℃灰化 6 h～8 h，冷却。若个别试样灰化不彻底，则加 1 mL 混合酸（4.9）在可调式电炉上小火加热，反复多次直到消化完全，放冷，用硝酸（4.6）将灰分溶解，用滴管将试样消化液洗入或过滤入（视消化后试样的盐分而定）10 mL～25 mL 容量瓶中，用水少量多次洗涤瓷坩埚，洗液合并于容量瓶中并定容至刻度，混匀备用；同时作试剂空白。

6.2.3 过硫酸铵灰化法：称取 1 g～5 g 试样（精确到 0.001 g）于瓷坩埚中，加 2 mL～4 mL 硝酸（4.1）浸泡 1 h 以上，先小火炭化，冷却后加 2.00 g～3.00 g 过硫酸铵（4.2）盖于上面，继续炭化至不冒烟，转入马弗炉，500 ℃±25 ℃恒温 2 h，再升至 800 ℃，保持 20 min，冷却，加 2 mL～3 mL 硝酸（4.7），用滴管将试样消化液洗入或过滤入（视消化后试样的盐分而定）10 mL～25 mL 容量瓶中，用水少量多次洗涤瓷坩埚，洗液合并于容量瓶中并定容至刻度，混匀备用；同时作试剂空白。

6.2.4 湿式消解法：称取试样 1 g～5 g（精确到 0.001 g）于锥形瓶或高脚烧杯中，放数粒玻璃珠，加 10 mL 混合酸（4.9），加盖浸泡过夜，加一小漏斗于电炉上消解，若变棕黑色，再加混合酸，直至冒白烟，消化液呈无色透明或略带黄色，放冷，用滴管将试样消化液洗入或过滤入（视消化后试样的盐分而定）10 mL～25 mL 容量瓶中，用水少量多次洗涤锥形瓶或高脚烧杯，洗液合并于容量瓶中并定容至刻度，混匀备用；同时作试剂空白。

6.3　测定

6.3.1　仪器条件：根据各自仪器性能调至最佳状态。参考条件为波长283.3 nm，狭缝0.2 nm～1.0 nm，灯电流5 mA～7 mA，干燥温度120 ℃，20 s；灰化温度450 ℃，持续15 s～20 s，原子化温度：1700 ℃～2300 ℃，持续4 s～5 s，背景校正为氘灯或塞曼效应。

6.3.2　标准曲线绘制：吸取上面配制的铅标准使用液10.0 ng/mL（或 μg/L），20.0 ng/mL（或 μg/L），40.0 ng/mL（或 μg/L），60.0 ng/mL（或 μg/L），80.0 ng/mL（或 μg/L）各10 μL，注入石墨炉，测得其吸光值并求得吸光值与浓度关系的一元线性回归方程。

6.3.3　试样测定：分别吸取样液和试剂空白液各10 μL，注入石墨炉，测得其吸光值，代入标准系列的一元线性回归方程中求得样液中铅含量。

6.3.4　基体改进剂的使用：对有干扰试样，则注入适量的基体改进剂磷酸二氢铵溶液（4.8）（一般为5 μL或与试样同量）消除干扰。绘制铅标准曲线时也要加入与试样测定时等量的基体改进剂磷酸二氢铵溶液。

7　分析结果的表述

试样中铅含量按式（1）进行计算。

$$X = \frac{(c_1 - c_0) \times V \times 1000}{m \times 1000 \times 1000} \quad\cdots\cdots\cdots\cdots\cdots\cdots\cdots\cdots\cdots\cdots\cdots\cdots\cdots（1）$$

式中：

X——试样中铅含量，单位为毫克每千克或毫克每升（mg/kg 或 mg/L）；

c_1——测定样液中铅含量，单位为纳克每毫升（ng/mL）；

c_0——空白液中铅含量，单位为纳克每毫升（ng/mL）；

V——试样消化液定量总体积，单位为毫升（mL）；

m——试样质量或体积，单位为克或毫升（g 或 mL）。

以重复性条件下获得的两次独立测定结果的算术平均值表示，结果保留两位有效数字。

8　精密度

在重复性条件下获得的两次独立测定结果的绝对差值不得超过算术平均值的20 %。

第二法　　氢化物原子荧光光谱法

9　原理

试样经酸热消化后，在酸性介质中，试样中的铅与硼氢化钠(NaBH$_4$)或硼氢化钾(KBH$_4$)反应生成挥发性铅的氢化物(PbH$_4$)。以氩气为载气，将氢化物导入电热石英原子化器中原子化，在特制铅空心阴极灯照射下，基态铅原子被激发至高能态；在去活化回到基态时，发射出特征波长的荧光，其荧光强度与铅含量成正比，根据标准系列进行定量。

10　试剂和材料

10.1　硝酸+高氯酸混合酸(9+1)：分别量取硝酸900 mL，高氯酸100 mL，混匀。

10.2 盐酸(1+1)：量取 250 mL 盐酸倒入 250 mL 水中，混匀。

10.3 草酸溶液(10 g/L)：称取 1.0 g 草酸，加入溶解至 100 mL，混匀。

10.4 铁氰化钾[$K_3Fe(CN)_6$]溶液(100 g/L)：称取 10.0 g 铁氰化钾，加水溶解并稀释至 100 mL，混匀。

10.5 氢氧化钠溶液(2 g/L)：称取 2.0 g 氢氧化钠，溶于 1 L 水中，混匀。

10.6 硼氢化钠($NaBH_4$)溶液(10 g/L)：称取 5.0 g 硼氢化钠溶于 500 mL 氢氧化钠溶液(2 g/L)中，混匀，临用前配制。

10.7 铅标准储备液(1.0 mg/mL)。

10.8 铅标准使用液(1.0 μg/mL)：精确吸取铅标准储备液(10.7)，逐级稀释至 1.0 μg/mL。

11 仪器和设备

11.1 原子荧光光度计。

11.2 铅空心阴极灯。

11.3 电热板。

11.4 天平：感量为 1 mg。

12 分析步骤

12.1 试样消化

湿消解：称取固体试样0.2 g～2 g或液体试样2.00 g（或mL）～10.00 g（或mL）（均精确到0.001 g），置于50 mL～100 mL消化容器中（锥形瓶），然后加入硝酸+高氯酸混合酸(10.1) 5 mL～10 mL摇匀浸泡，放置过夜。次日置于电热板上加热消解，至消化液呈淡黄色或无色(如消解过程色泽较深，稍冷补加少量硝酸，继续消解)，稍冷加入20 mL水再继续加热赶酸，至消解液0.5 mL～1.0 mL止，冷却后用少量水转入25 mL容量瓶中，并加入盐酸（10.2）0.5mL，草酸溶液（10.3）0.5 mL，摇匀，再加入铁氰化钾溶液（10.4）1.00 mL，用水准确稀释定容至25 mL，摇匀，放置30 min 后测定。同时做试剂空白。

12.2 标准系列制备

在25 mL容量瓶中，依次准确加入铅标准使用液（10.8）0.00 mL、0.125 mL、0.25 mL、0.50 mL、0.75 mL、1.00 mL、1.25 mL(各相当于铅浓度 0.0 ng/mL、5.0 ng/mL、10.0 ng/mL、20.0 ng/mL、30.0 ng/mL、40.0 ng/mL、50.0 ng/mL)，用少量水稀释后，加入0.5 mL盐酸（10.2）和0.5 mL草酸溶液（10.3）摇匀，再加入铁氰化钾溶液（10.4）1.0 mL，用水稀释至该度，摇匀。放置30 min 后待测。

12.3 测定

12.3.1 仪器参考条件

负高压：323 V；铅空心阴极灯灯电流：75 mA；原子化器：炉温 750 ℃～800 ℃，炉高 8 mm；氩气流速：载气 800 mL/min；屏蔽气：1000 mL/min；加还原剂时间：7.0 s；读数时间：15.0 s；延迟时间：0.0 s；测量方式：标准曲线法；读数方式：峰面积；进样体积：2.0 mL。

12.3.2 测量方式

设定好仪器的最佳条件，逐步将炉温升至所需温度，稳定10 min～20 min后开始测量：连续用标准系列的零管进样，待读数稳定之后，转入标准系列的测量，绘制标准曲线，转入试样测量，分别测定试样空白和试样消化液，试样测定结果按式（2）计算。

13 分析结果的表述

试样中铅含量按式（2）进行计算。

$$X = \frac{(c_1 - c_0) \times V \times 1000}{m \times 1000 \times 1000} \quad \cdots\cdots\cdots\cdots\cdots\cdots\cdots\cdots\cdots (2)$$

试中：

X——试样中铅含量，单位为毫克每千克或毫克每升（mg/kg 或 mg/L）；

c_1——试样消化液测定浓度，单位为纳克每毫升（ng/mL）；

c_0——试剂空白液测定浓度，单位为纳克每毫升（ng/mL）；

V——试样消化液定量总体积，单位为毫升（mL）；

m——试样质量或体积，单位为克或毫升（g 或 mL）。

以重复性条件下获得的两次独立测定结果的算术平均值表示，结果保留两位有效数字。

14 精密度

在重复性条件下获得的两次独立测定结果的绝对差值不得超过算术平均值的 10 %。

第三法 火焰原子吸收光谱法

15 原理

试样经处理后，铅离子在一定 pH 条件下与二乙基二硫代氨基甲酸钠（DDTC）形成络合物，经 4-甲基-2-戊酮萃取分离，导入原子吸收光谱仪中，火焰原子化后，吸收 283.3 nm 共振线，其吸收量与铅含量成正比，与标准系列比较定量。

16 试剂和材料

16.1 混合酸：硝酸-高氯酸（9+1）。

16.2 硫酸铵溶液（300 g/L）：称取 30 g 硫酸铵[（NH$_4$）$_2$SO$_4$]，用水溶解并稀释至 100 mL。

16.3 柠檬酸铵溶液（250 g/L）：称取 25 g 柠檬酸铵，用水溶解并稀释至 100 mL。

16.4 溴百里酚蓝水溶液（1 g/L）。

16.5 二乙基二硫代氨基甲酸钠（DDTC）溶液（50 g/L）：称取 5 g 二乙基二硫代氨基甲酸钠，用水溶解并加水至 100 mL。

16.6 氨水（1+1）。

16.7 4-甲基-2-戊酮（MIBK）。

16.8 铅标准溶液：操作同 10.7 和 10.8。配制铅标准使用液为 10 μg/mL。

16.9 盐酸（1+11）：取 10 mL 盐酸加入 110 mL 水中，混匀。

16.10 磷酸溶液（1+10）：取 10 mL 磷酸加入 100 mL 水中，混匀。

17 仪器和设备

17.1 原子吸收光谱仪火焰原子化器，其余同 5.2，5.3，5.4，5.5，5.6 和 5.7。

17.2 天平：感量为 1 mg。

18 分析步骤

18.1 试样处理

18.1.1 饮品及酒类：取均匀试样 10 g～20 g（精确到 0.01 g）于烧杯中（酒类应先在水浴上蒸去酒精），于电热板上先蒸发至一定体积后，加入混合酸（16.1）消化完全后，转移、定容于 50 mL 容量瓶中。

18.1.2 包装材料浸泡液可直接吸取测定。

18.1.3 谷类：去除其中杂物及尘土，必要时除去外壳，碾碎，过 30 目筛，混匀。称取 5 g～10 g 试样（精确到 0.01 g），置于 50 mL 瓷坩埚中，小火炭化，然后移入马弗炉中，500 ℃ 以下灰化 16 h 后，取出坩埚，放冷后再加少量混合酸（16.1），小火加热，不使干涸，必要时再加少许混合酸，如此反复处理，直至残渣中无炭粒，待坩埚稍冷，加 10 mL 盐酸（16.9），溶解残渣并移入 50 mL 容量瓶中，再用水反复洗涤坩埚，洗液并入容量瓶中，并稀释至刻度，混匀备用。

取与试样相同量的混合酸和盐酸（16.9），按同一操作方法作试剂空白试验。

18.1.4 蔬菜、瓜果及豆类：取可食部分洗净晾干，充分切碎混匀。称取 10 g～20 g（精确到 0.01 g）于瓷坩埚中，加 1 mL 磷酸溶液（16.10），小火炭化，以下按 18.1.3 自"然后移入马弗炉中……"起依法操作。

18.1.5 禽、蛋、水产及乳制品：取可食部分充分混匀。称取 5 g～10 g（精确到 0.01 g）于瓷坩埚中，小火炭化，以下按 18.1.3 自"然后移入马弗炉中……"起依法操作。

乳类经混匀后，量取 50.0 mL，置于瓷坩埚中，加磷酸（16.10），在水浴上蒸干，再加小火炭化，以下按 18.1.3 自"然后移入马弗炉中……"起依法操作。

18.2 萃取分离

视试样情况，吸取 25.0 mL～50.0 mL 上述制备的样液及试剂空白液，分别置于 125 mL 分液漏斗中，补加水至 60 mL。加 2 mL 柠檬酸铵溶液（16.3），溴百里酚蓝水溶液（16.4）3 滴～5 滴，用氨水（16.6）调 pH 至溶液由黄变蓝，加硫酸铵溶液（16.2）10.0 mL，DDTC 溶液（16.5）10 mL，摇匀。放置 5 min 左右，加入 10.0 mL（16.7）MIBK，剧烈振摇提取 1 min，静置分层后，弃去水层，将 MIBK 层放入 10 mL 带塞刻度管中，备用。分别吸取铅标准使用液 0.00 mL，0.25 mL，0.50 mL，1.00 mL，1.50 mL，2.00 mL（相当 0.0 μg，2.5 μg，5.0 μg，10.0 μg，15.0 μg，20.0 μg 铅）于 125 mL 分液漏斗中。与试样相同方法萃取。

18.3 测定

18.3.1 饮品、酒类及包装材料浸泡液可经萃取直接进样测定。

18.3.2 萃取液进样，可适当减小乙炔气的流量。

18.3.3 仪器参考条件：空心阴极灯电流 8 mA；共振线 283.3 nm；狭缝 0.4 nm；空气流量 8 L/min；燃烧器高度 6 mm。

19 分析结果的表述

试样中铅含量按式（3）进行计算。

$$X = \frac{(c_1 - c_0) \times V_1 \times 1000}{m \times V_3 / V_2 \times 1000} \quad\cdots\cdots\cdots\cdots\cdots\cdots\cdots\cdots\cdots\cdots\cdots\cdots\cdots\cdots\cdots（3）$$

式中：

X——试样中铅的含量，单位为毫克每千克或毫克每升（mg/kg 或 mg/L）；

c_1——测定用试样中铅的含量，单位为微克每毫升（μg/mL）；

c_0——试剂空白液中铅的含量，单位为微克每毫升（μg/mL）；

m——试样质量或体积，单位为克或毫升（g 或 mL）；

V_1——试样萃取液体积，单位为毫升（mL）；

V_2——试样处理液的总体积，单位为毫升（mL）；

V_3——测定用试样处理液的总体积，单位为毫升（mL）。

以重复性条件下获得的两次独立测定结果的算术平均值表示，结果保留两位有效数字。

20 精密度

在重复性条件下获得的两次独立测定结果的绝对差值不得超过算术平均值的 20 %。

第四法　二硫腙比色法

21 原理

试样经消化后，在 pH 8.5～9.0 时，铅离子与二硫腙生成红色络合物，溶于三氯甲烷。加入柠檬酸铵、氰化钾和盐酸羟胺等，防止铁、铜、锌等离子干扰，与标准系列比较定量。

22 试剂和材料

22.1 氨水（1+1）。

22.2 盐酸（1＋1）：量取 100 mL 盐酸，加入 100 mL 水中。

22.3 酚红指示液（1 g/L）：称取 0.10 g 酚红，用少量多次乙醇溶解后移入 100 mL 容量瓶中并定容至刻度。

22.4 盐酸羟胺溶液（200 g/L）：称取 20.0 g 盐酸羟胺，加水溶解至 50 mL，加 2 滴酚红指示液，加氨水（1+1），调 pH 至 8.5～9.0（由黄变红，再多加 2 滴），用二硫腙-三氯甲烷溶液（22.10）提取至三氯甲烷层绿色不变为止，再用三氯甲烷洗二次，弃去三氯甲烷层，水层加盐酸（1+1）至呈酸性，加水至100 mL。

22.5 柠檬酸铵溶液（200 g/L）：称取 50 g 柠檬酸铵，溶于 100 mL 水中，加 2 滴酚红指示液（22.3），加氨水（22.1），调 pH 至 8.5～9.0，用二硫腙-三氯甲烷溶液（22.10）提取数次，每次 10 mL～20 mL，至三氯甲烷层绿色不变为止，弃去三氯甲烷层，再用三氯甲烷洗二次，每次 5 mL，弃去三氯甲烷层，加水稀释至 250 mL。

22.6 氰化钾溶液（100 g/L）：称取 10.0 g 氰化钾，用水溶解后稀释至 100 mL。

22.7 三氯甲烷：不应含氧化物。

22.7.1　检查方法：量取 10 mL 三氯甲烷，加 25 mL 新煮沸过的水，振摇 3 min，静置分层后，取 10 mL 水溶液，加数滴碘化钾溶液（150 g/L）及淀粉指示液，振摇后应不显蓝色。

22.7.2　处理方法：于三氯甲烷中加入 1/10～1/20 体积的硫代硫酸钠溶液（200 g/L）洗涤，再用水洗后加入少量无水氯化钙脱水后进行蒸馏，弃去最初及最后的十分之一馏出液，收集中间馏出液备用。

22.8　淀粉指示液：称取 0.5 g 可溶性淀粉，加 5 mL 水搅匀后，慢慢倒入 100 mL 沸水中，边倒边搅拌，煮沸，放冷备用，临用时配制。

22.9　硝酸（1+99）：量取 1 mL 硝酸，加入 99 mL 水中。

22.10　二硫腙-三氯甲烷溶液（0.5 g/L）：保存冰箱中，必要时用下述方法纯化。

　　称取 0.5 g 研细的二硫腙，溶于 50 mL 三氯甲烷中，如不全溶,可用滤纸过滤于 250 mL 分液漏斗中，用氨水（1+99）提取三次，每次 100 mL，将提取液用棉花过滤至 500 mL 分液漏斗中，用盐酸（1+1）调至酸性，将沉淀出的二硫腙用三氯甲烷提取 2 次～3 次，每次 20 mL，合并三氯甲烷层，用等量水洗涤两次，弃去洗涤液，在 50 ℃水浴上蒸去三氯甲烷。精制的二硫腙置硫酸干燥器中，干燥备用。或将沉淀出的二硫腙用 200 mL，200 mL，100 mL 三氯甲烷提取三次，合并三氯甲烷层为二硫腙溶液。

22.11　二硫腙使用液：吸取 1.0 mL 二硫腙溶液，加三氯甲烷至 10 mL，混匀。用 1 cm 比色杯，以三氯甲烷调节零点，于波长 510 nm 处测吸光度（A），用式（4）算出配制 100 mL 二硫腙使用液（70%透光率）所需二硫腙溶液的毫升数（V）。

$$ V = \frac{10 \times (2 - \lg 70)}{A} = \frac{1.55}{A} \quad\cdots\cdots\cdots\cdots\cdots\cdots\cdots\cdots\cdots\cdots\cdots\cdots\cdots\cdots\cdots\cdots\cdots\cdots（4） $$

22.12　硝酸-硫酸混合液（4+1）。

22.13　铅标准溶液（1.0 mg/mL）：准确称取 0.1598 g 硝酸铅，加 10 mL 硝酸（1+99），全部溶解后，移入 100 mL 容量瓶中，加水稀释至刻度。

22.14　铅标准使用液（10.0 μg/mL）：吸取 1.0 mL 铅标准溶液，置于 100 mL 容量瓶中，加水稀释至刻度。

23　仪器和设备

23.1　分光光度计。

23.2　天平：感量为 1 mg。

24　分析步骤

24.1　试样预处理

　　同 6.1 的操作。

24.2　试样消化

24.2.1　硝酸-硫酸法

24.2.1.1　粮食、粉丝、粉条、豆干制品、糕点、茶叶等及其他含水分少的固体食品：称取 5 g 或 10 g 的粉碎样品（精确到 0.01 g），置于 250 mL～500 mL 定氮瓶中，先加水少许使湿润，加数粒玻璃珠、10 mL～15 mL 硝酸，放置片刻，小火缓缓加热，待作用缓和，放冷。沿瓶壁加入 5 mL 或 10 mL 硫酸，再加热，至瓶中液体开始变成棕色时，不断沿瓶壁滴加硝酸至有机质分解完全。加大火力，至产生白烟，待瓶口白烟冒净后，瓶内液体再产生白烟为消化完全，该溶液应澄清无色或微带黄色，放冷（在操作过程中应注意防止爆沸或爆炸）。加 20 mL 水煮沸，除去残余的硝酸至产生白烟为止，如此处理两次，放冷。将冷后的溶液移入 50 mL 或 100 mL 容量瓶中，用水洗涤定氮瓶，洗液并入容量瓶中，放冷，加水至刻度，混匀。定容后的溶液每 10 mL 相当于 1 g 样品，相当加入硫酸量 1 mL。取与消化试样相同量的硝酸和硫酸，按同一方法做试剂空白试验。

24.2.1.2 蔬菜、水果：称取 25.00 g 或 50.00 g 洗净打成匀浆的试样（精确到 0.01 g），置于 250 mL～500 mL 定氮瓶中，加数粒玻璃珠、10 mL～15 mL 硝酸，以下按 24.2.1.1 自"放置片刻……"起依法操作，但定容后的溶液每 10 mL 相当于 5 g 样品，相当加入硫酸 1 mL。

24.2.1.3 酱、酱油、醋、冷饮、豆腐、腐乳、酱腌菜等：称取 10 g 或 20 g 试样（精确到 0.01 g）或吸取 10.0 mL 或 20.0 mL 液体样品，置于 250 mL～500 mL 定氮瓶中，加数粒玻璃珠、5 mL～15 mL 硝酸。以下按 24.2.1.1 自"放置片刻……"起依法操作，但定容后的溶液每 10 mL 相当于 2 g 或 2 mL 试样。

24.2.1.4 含酒精性饮料或含二氧化碳饮料：吸取 10.00 mL 或 20.00 mL 试样，置于 250 mL～500 mL 定氮瓶中．加数粒玻璃珠，先用小火加热除去乙醇或二氧化碳，再加 5 mL～10 mL 硝酸，混匀后，以下按 24.2.1.1 自"放置片刻……"起依法操作，但定容后的溶液每 10 mL 相当于 2 mL 试样。

24.2.1.5 含糖量高的食品：称取 5 g 或 10 g 试样（精确至 0.01 g），置于 250 mL～500 mL 定氮瓶中，先加少许水使湿润，加数粒玻璃珠、5 mL～10 mL 硝酸，摇匀。缓缓加入 5 mL 或 10 mL 硫酸，待作用缓和停止起泡沫后，先用小火缓缓加热（糖分易炭化），不断沿瓶壁补加硝酸，待泡沫全部消失后，再加大火力，至有机质分解完全，发生白烟，溶液应澄清无色或微带黄色，放冷。以下按 24.2.1.1 自"加 20 mL 水煮沸……"起依法操作。

24.2.1.6 水产品：取可食部分样品捣成匀浆，称取 5 g 或 10 g 试样（精确至 0.01 g，海产藻类、贝类可适当减少取样量），置于 250 mL～500 mL 定氮瓶中，加数粒玻璃珠，5 mL～10 mL 硝酸，混匀后，以下按 24.2.1.1 自"沿瓶壁加入 5 mL 或 10 mL 硫酸……"起依法操作。

24.2.2　灰化法

24.2.2.1 粮食及其他含水分少的食品：称取 5 g 试样（精确至 0.01 g），置于石英或瓷坩埚中，加热至炭化，然后移入马弗炉中，500 ℃灰化 3 h，放冷，取出坩埚，加硝酸（1+1），润湿灰分，用小火蒸干，在 500 ℃烧 1 h，放冷。取出坩埚。加 1 mL 硝酸（1+1），加热，使灰分溶解，移入 50 mL 容量瓶中，用水洗涤坩埚，洗液并入容量瓶中，加水至刻度，混匀备用。

24.2.2.2 含水分多的食品或液体试样：称取 5.0 g 或吸取 5.00 mL 试样，置于蒸发皿中，先在水浴上蒸干，再按 24.2.2.1 自"加热至炭化……"起依法操作。

24.3　测定

24.3.1 吸取 10.0 mL 消化后的定容溶液和同量的试剂空白液，分别置于 125 mL 分液漏斗中，各加水至 20 mL。

24.3.2 吸取 0 mL，0.10 mL，0.20 mL，0.30 mL，0.40 mL，0.50 mL 铅标准使用液（相当 0.0 μg，1.0 μg，2.0 μg，3.0 μg，4.0 μg，5.0 μg 铅），分别置于 125 mL 分液漏斗中，各加硝酸（1+99）至 20 mL。于试样消化液、试剂空白液和铅标准液中各加 2.0 mL 柠檬酸铵溶液（200 g/L），1.0 mL 盐酸羟胺溶液（200 g/L）和 2 滴酚红指示液，用氨水（1+1）调至红色，再各加 2.0 mL 氰化钾溶液（100 g/L），混匀。各加 5.0 mL 二硫腙使用液，剧烈振摇 1 min，静置分层后，三氯甲烷层经脱脂棉滤入 1 cm 比色杯中，以三氯甲烷调节零点于波长 510 nm 处测吸光度，各点减去零管吸收值后，绘制标准曲线或计算一元回归方程，试样与曲线比较。

25　分析结果的表述

试样中铅含量按式（5）进行计算。

$$X = \frac{(m_1 - m_2) \times 1000}{m_3 \times V_2 / V_1 \times 1000} \quad \cdots\cdots\cdots\cdots\cdots\cdots\cdots\cdots\cdots\cdots\cdots\cdots\cdots\cdots\cdots\cdots\cdots\cdots \quad (5)$$

式中：

X ——试样中铅的含量，单位为毫克每千克或毫克每升（mg/kg 或 mg/L）；

m_1 ——测定用试样液中铅的质量，单位为微克（μg）；

m_2 ——试剂空白液中铅的质量，单位为微克（μg）；

m_3 ——试样质量或体积，单位为克或毫升（g 或 mL）；

V_1 ——试样处理液的总体积，单位为毫升（mL）；

V_2 ——测定用试样处理液的总体积，单位为毫升（mL）。

以重复性条件下获得的两次独立测定结果的算术平均值表示，结果保留两位有效数字。

26 精密度

在重复性条件下获得的两次独立测定结果的绝对差值不得超过算术平均值的 10 %。

第五法　单扫描极谱法

27 原理

试样经消解后，铅以离子形式存在。在酸性介质中，Pb^{2+} 与 I^- 形成的 PbI_4^{2-} 络离子具有电活性，在滴汞电极上产生还原电流。峰电流与铅含量呈线性关系，以标准系列比较定量。

28 试剂和材料

28.1 底液：称取 5.0 g 碘化钾，8.0 g 酒石酸钾钠，0.5 g 抗坏血酸于 500 mL 烧杯中，加入 300 mL 水溶解后，再加入 10 mL 盐酸，移入 500 mL 容量瓶中，加水至刻度。（在冰箱中可保存 2 个月）

28.2 铅标准贮备溶液（1.0 mg/mL）：准确称取 0.1000 g 金属铅（含量 99.99 %）于烧杯中加 2 mL（1+1）硝酸溶液，加热溶解，冷却后定量移入 100 mL 容量瓶并加水至刻度，混匀。

28.3 铅标准使用溶液（10.0 μg/mL）：临用时，吸取铅标准贮备溶液 1.00 mL 于 100 mL 容量瓶中，加水至刻度，混匀。

28.4 混合酸：硝酸-高氯酸（4+1），量取 80 mL 硝酸，加入 20 mL 高氯酸，混匀。

29 仪器和设备

29.1 极谱分析仪。

29.2 带电子调节器万用电炉。

29.3 天平：感量为 1 mg。

30 分析步骤

30.1 极谱分析参考条件

单扫描极谱法(SSP 法)。选择起始电位为-350 mV，终止电位-850 mV，扫描速度 300 m V/s，三电极，二次导数，静止时间 5 s 及适当量程。于峰电位（Ep）-470 mV 处，记录铅的峰电流。

30.2 标准曲线绘制

准确吸取铅标准使用溶液 0 mL，0.05 mL，0.10 mL，0.20 mL，0.30 mL，0.40 mL(相当于含 0 μg，0.5 μg，1.0 μg，2.0 μg，3.0 μg，4.0 μg 铅)于 10 mL 比色管中，加底液至 10.0 mL，混匀。将各管溶液依次移入电解池，置于三电极系统。按上述极谱分析参考条件测定，分别记录铅的峰电流。以含量为横坐标，其对应的峰电流为纵坐标，绘制标准曲线。

30.3 试样处理

粮食、豆类等水分含量低的试样，去杂物后磨碎过 20 目筛；蔬菜、水果、鱼类、肉类等水分含量高的新鲜试样，用均浆机均浆，储于塑料瓶。

30.3.1 试样处理（除食盐、白糖外，如粮食、豆类、糕点、茶叶、肉类等）：称取 1 g～2 g 试样（精确至 0.1 g）于 50 mL 三角瓶中,加入 10 mL～20 mL 混合酸，加盖浸泡过夜。置带电子调节器万用电炉上的低档位加热。若消解液颜色逐渐加深，呈现棕黑色时，移开万用电炉，冷却，补加适量硝酸，继续加热消解。待溶液颜色不再加深，呈无色透明或略带黄色，并冒白烟，可高档位驱赶剩余酸液，至近干，在低档位加热得白色残渣，待测。同时作一试剂空白。

30.3.2 食盐、白糖：称取试样 2.0 g 于烧杯中，待测。

30.3.3 液体试样

称取 2 g 试样（精确至 0.1 g）于 50 mL 三角瓶中（含乙醇、二氧化碳的试样应置于 80℃水浴上驱赶）。加入 1 mL～10 mL 混合酸，于带电子调节器万用电炉上的低档位加热，以下步骤按 30.3.1 "试样处理"项下操作，待测。

30.4 试样测定

于上述待测试样及试剂空白瓶中加入 10.0 mL 底液,溶解残渣并移入电解池。以下按 30.2 "标准曲线绘制"项下操作，极谱图参见附录 A。分别记录试样及试剂空白的峰电流，用标准曲线法计算试样中铅含量。

31 分析结果的表述

试样中铅含量按式（6）进行计算。

$$X = \frac{(A - A_0) \times 1000}{m \times 1000} \quad\cdots\cdots\cdots\cdots\cdots\cdots\cdots\cdots\cdots\cdots (6)$$

式中：

X——试样中铅的含量，单位为毫克每千克或毫克每升（mg/kg 或 mg/L）；

A——由标准曲线上查得测定样液中铅的质量，单位为微克（μg）；

A_0——由标准曲线上查得试剂空白液中铅质量，单位为微克（μg）；

m——试样质量或体积，单位为克或毫升（g 或 mL）。

以重复性条件下获得的两次独立测定结果的算术平均值表示，结果保留两位有效数字。

32 精密度

在重复性条件下获得的两次独立测定结果的绝对差值不得超过算术平均值的 5.0 %。

33 其他

本标准检出限：石墨炉原子吸收光谱法为 0.005 mg/kg；氢化物原子荧光光谱法固体试样为 0.005 mg/kg，液体试样为 0.001 mg/kg；火焰原子吸收光谱法为 0.1 mg/kg；比色法为 0.25 mg/kg。单扫描极谱法为 0.085 mg/kg。

附录 A

（资料性附录）

试剂空白、铅标准极谱图

A.1　试剂空白、铅标准极谱图

试剂空白、铅标准极谱图见图 A.1。

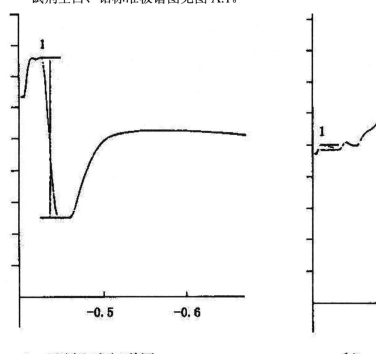
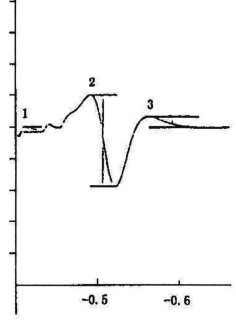

a)　试剂空白极谱图　　　　　b)　铅标准极谱图

图A.1　试剂空白、铅标准极谱图

中华人民共和国国家标准

GB 5009.17—2014

食品安全国家标准

食品中总汞及有机汞的测定

2015-09-21 发布

2016-03-21 实施

中 华 人 民 共 和 国
国家卫生和计划生育委员会 发布

前　言

本标准代替 GB/T 5009.17—2003《食品中总汞及有机汞的测定》。

本标准与 GB/T 5009.17—2003 相比,主要变化如下:

——标准名称修改为"食品安全国家标准　食品中总汞及有机汞的测定";

——取消了总汞测定的二硫腙比色法,有机汞测定的气相色谱法和冷原子吸收法;

——增加了甲基汞测定的液相色谱-原子荧光光谱法(LC-AFS)。

食品安全国家标准

食品中总汞及有机汞的测定

1 范围

本标准第一篇规定了食品中总汞的测定方法。

本标准第一篇适用于食品中总汞的测定。

本标准第二篇规定了食品中甲基汞含量测定的液相色谱-原子荧光光谱联用方法(LC-AFS)。

本标准第二篇适用于食品中甲基汞含量的测定。

第一篇　食品中总汞的测定

第一法　原子荧光光谱分析法

2 原理

试样经酸加热消解后,在酸性介质中,试样中汞被硼氢化钾或硼氢化钠还原成原子态汞,由载气(氩气)带入原子化器中,在汞空心阴极灯照射下,基态汞原子被激发至高能态,在由高能态回到基态时,发射出特征波长的荧光,其荧光强度与汞含量成正比,与标准系列溶液比较定量。

3 试剂和材料

注：除非另有说明,本方法所用试剂均为优级纯,水为 GB/T 6682 规定的一级水。

3.1 试剂

3.1.1 硝酸(HNO_3)。

3.1.2 过氧化氢(H_2O_2)。

3.1.3 硫酸(H_2SO_4)。

3.1.4 氢氧化钾(KOH)。

3.1.5 硼氢化钾(KBH_4)：分析纯。

3.2 试剂配制

3.2.1 硝酸溶液(1+9)：量取 50 mL 硝酸,缓缓加入 450 mL 水中。

3.2.2 硝酸溶液(5+95)：量取 5 mL 硝酸,缓缓加入 95 mL 水中。

3.2.3 氢氧化钾溶液(5 g/L)：称取 5.0 g 氢氧化钾,纯水溶解并定容至 1 000 mL,混匀。

3.2.4 硼氢化钾溶液(5 g/L)：称取 5.0 g 硼氢化钾,用 5 g/L 的氢氧化钾溶液溶解并定容至 1 000 mL,混匀。现用现配。

3.2.5 重铬酸钾的硝酸溶液(0.5 g/L)：称取 0.05 g 重铬酸钾溶于 100 mL 硝酸溶液(5+95)中。

3.2.6 硝酸-高氯酸混合溶液(5+1)：量取 500 mL 硝酸,100 mL 高氯酸,混匀。

3.3 标准品

氯化汞(HgCl$_2$):纯度≥99%。

3.4 标准溶液配制

3.4.1 汞标准储备液(1.00 mg/mL):准确称取 0.135 4 g 经干燥过的氯化汞,用重铬酸钾的硝酸溶液(0.5 g/L)溶解并转移至 100 mL 容量瓶中,稀释至刻度,混匀。此溶液浓度为 1.00 mg/mL。于 4 ℃冰箱中避光保存,可保存 2 年。或购买经国家认证并授予标准物质证书的标准溶液物质。

3.4.2 汞标准中间液(10 μg/mL):吸取 1.00 mL 汞标准储备液(1.00 mg/mL)于 100 mL 容量瓶中,用重铬酸钾的硝酸溶液(0.5 g/L)稀释至刻度,混匀,此溶液浓度为 10 μg/mL。于 4 ℃冰箱中避光保存,可保存 2 年。

3.4.3 汞标准使用液(50 ng/mL):吸取 0.50 mL 汞标准中间液(10 μg/mL)于 100 mL 容量瓶中,用 0.5 g/L重铬酸钾的硝酸溶液稀释至刻度,混匀,此溶液浓度为 50 ng/mL,现用现配。

4 仪器和设备

注:玻璃器皿及聚四氟乙烯消解内罐均需以硝酸溶液(1+4)浸泡 24 h,用水反复冲洗,最后用去离子水冲洗干净。

4.1 原子荧光光谱仪。

4.2 天平:感量为 0.1 mg 和 1 mg。

4.3 微波消解系统。

4.4 压力消解器。

4.5 恒温干燥箱(50 ℃~300 ℃)。

4.6 控温电热板(50 ℃~200 ℃)。

4.7 超声水浴箱。

5 分析步骤

5.1 试样预处理

5.1.1 在采样和制备过程中,应注意不使试样污染。

5.1.2 粮食、豆类等样品去杂物后粉碎均匀,装入洁净聚乙烯瓶中,密封保存备用。

5.1.3 蔬菜、水果、鱼类、肉类及蛋类等新鲜样品,洗净晾干,取可食部分匀浆,装入洁净聚乙烯瓶中,密封,于 4 ℃冰箱冷藏备用。

5.2 试样消解

5.2.1 压力罐消解法

称取固体试样 0.2 g~1.0 g(精确到 0.001 g),新鲜样品 0.5 g~2.0 g 或液体试样吸取 1 mL~5 mL称量(精确到 0.001 g),置于消解内罐中,加入 5 mL 硝酸浸泡过夜。盖好内盖,旋紧不锈钢外套,放入恒温干燥箱,140 ℃~160 ℃保持 4 h~5 h,在箱内自然冷却至室温,然后缓慢旋松不锈钢外套,将消解内罐取出,用少量水冲洗内盖,放在控温电热板上或超声水浴箱中,于 80 ℃或超声脱气 2 min~5 min赶去棕色气体。取出消解内罐,将消化液转移至 25 mL 容量瓶中,用少量水分 3 次洗涤内罐,洗涤液合并于容量瓶中并定容至刻度,混匀备用;同时作空白试验。

5.2.2 微波消解法

称取固体试样 0.2 g～0.5 g(精确到 0.001 g)、新鲜样品 0.2 g～0.8 g 或液体试样 1 mL～3 mL 于消解罐中,加入 5 mL～8 mL 硝酸,加盖放置过夜,旋紧罐盖,按照微波消解仪的标准操作步骤进行消解(消解参考条件见附录 A 表 A.1)。冷却后取出,缓慢打开罐盖排气,用少量水冲洗内盖,将消解罐放在控温电热板上或超声水浴箱中,于 80 ℃加热或超声脱气 2 min～5 min,赶去棕色气体,取出消解内罐,将消化液转移至 25 mL 塑料容量瓶中,用少量水分 3 次洗涤内罐,洗涤液合并于容量瓶中并定容至刻度,混匀备用;同时作空白试验。

5.2.3 回流消解法

5.2.3.1 粮食

称取 1.0 g～4.0 g(精确到 0.001 g)试样,置于消化装置锥形瓶中,加玻璃珠数粒,加 45 mL 硝酸、10 mL 硫酸,转动锥形瓶防止局部炭化。装上冷凝管后,小火加热,待开始发泡即停止加热,发泡停止后,加热回流 2 h。如加热过程中溶液变棕色,再加 5 mL 硝酸,继续回流 2 h,消解到样品完全溶解,一般呈淡黄色或无色,放冷后从冷凝管上端小心加 20 mL 水,继续加热回流 10 min 放冷,用适量水冲洗冷凝管,冲洗液并入消化液中,将消化液经玻璃棉过滤于 100 mL 容量瓶内,用少量水洗涤锥形瓶、滤器,洗涤液并入容量瓶内,加水至刻度,混匀。同时做空白试验。

5.2.3.2 植物油及动物油脂

称取 1.0 g～3.0 g(精确到 0.001 g)试样,置于消化装置锥形瓶中,加玻璃珠数粒,加入 7 mL 硫酸,小心混匀至溶液颜色变为棕色,然后加 40 mL 硝酸。以下按 5.2.3.1“装上冷凝管后,小火加热……同时做空白试验”步骤操作。

5.2.3.3 薯类、豆制品

称取 1.0 g～4.0 g(精确到 0.001 g),置于消化装置锥形瓶中,加玻璃珠数粒及 30 mL 硝酸、5 mL 硫酸,转动锥形瓶防止局部炭化。以下按 5.2.3.1“装上冷凝管后,小火加热……同时做空白试验”步骤操作。

5.2.3.4 肉、蛋类

称取 0.5 g～2.0 g(精确到 0.001 g),置于消化装置锥形瓶中,加玻璃珠数粒及 30 mL 硝酸、5 mL 硫酸、转动锥形瓶防止局部炭化。以下按 5.2.3.1“装上冷凝管后,小火加热……同时做空白试验”步骤操作。

5.2.3.5 乳及乳制品

称取 1.0 g～4.0 g(精确到 0.001 g)乳或乳制品,置于消化装置锥形瓶中,加玻璃珠数粒及 30 mL 硝酸,乳加 10 mL 硫酸,乳制品加 5 mL 硫酸,转动锥形瓶防止局部炭化。以下按 5.2.3.1“装上冷凝管后,小火加热……同时做空白试验”步骤操作。

5.3 测定

5.3.1 标准曲线制作

分别吸取 50 ng/mL 汞标准使用液 0.00 mL、0.20 mL、0.50 mL、1.00 mL、1.50 mL、2.00 mL、2.50 mL 于 50 mL 容量瓶中,用硝酸溶液(1+9)稀释至刻度,混匀。各自相当于汞浓度为 0.00 ng/mL、

0.20 ng/mL、0.50 ng/mL、1.00 ng/mL、1.50 ng/mL、2.00 ng/mL、2.50 ng/mL。

5.3.2 试样溶液的测定

设定好仪器最佳条件,连续用硝酸溶液(1+9)进样,待读数稳定之后,转入标准系列测量,绘制标准曲线。转入试样测量,先用硝酸溶液(1+9)进样,使读数基本回零,再分别测定试样空白和试样消化液,每测不同的试样前都应清洗进样器。试样测定结果按式(1)计算。

5.4 仪器参考条件

光电倍增管负高压:240 V;汞空心阴极灯电流:30 mA;原子化器温度:300 ℃;载气流速:500 mL/min;屏蔽气流速:1 000 mL/min。

6 分析结果的表述

试样中汞含量按式(1)计算:

$$X = \frac{(c - c_0) \times V \times 1\ 000}{m \times 1\ 000 \times 1\ 000} \quad\cdots\cdots\cdots\cdots\cdots\cdots (1)$$

式中:

X ——试样中汞的含量,单位为毫克每千克或毫克每升(mg/kg 或 mg/L);

c ——测定样液中汞含量,单位为纳克每毫升(ng/mL);

c_0 ——空白液中汞含量,单位为纳克每毫升(ng/mL);

V ——试样消化液定容总体积,单位为毫升(mL);

1 000 ——换算系数;

m ——试样质量,单位为克或毫升(g 或 mL)。

计算结果保留两位有效数字。

7 精密度

在重复性条件下获得的两次独立测定结果的绝对差值不得超过算术平均值的20%。

8 其他

当样品称样量为 0.5 g,定容体积为 25 mL 时,方法检出限 0.003 mg/kg,方法定量限0.010 mg/kg。

第二法 冷原子吸收光谱法

9 原理

汞蒸气对波长 253.7 nm 的共振线具有强烈的吸收作用。试样经过酸消解或催化酸消解使汞转为离子状态,在强酸性介质中以氯化亚锡还原成元素汞,载气将元素汞吹入汞测定仪,进行冷原子吸收测定,在一定浓度范围其吸收值与汞含量成正比,外标法定量。

10 试剂和材料

注:除非另有说明,所用试剂均为优级纯,水为 GB/T 6682 规定的一级水。

10.1　试剂

10.1.1　硝酸(HNO_3)。

10.1.2　盐酸(HCl)。

10.1.3　过氧化氢(H_2O_2)(30%)。

10.1.4　无水氯化钙($CaCl_2$):分析纯。

10.1.5　高锰酸钾($KMnO_4$):分析纯。

10.1.6　重铬酸钾($K_2Cr_2O_7$):分析纯。

10.1.7　氯化亚锡($SnCl_2 \cdot 2H_2O$):分析纯。

10.2　试剂配制

10.2.1　高锰酸钾溶液(50 g/L):称取 5.0 g 高锰酸钾置于 100 mL 棕色瓶中,用水溶解并稀释至 100 mL。

10.2.2　硝酸溶液(5+95):量取 5 mL 硝酸,缓缓倒入 95 mL 水中,混匀。

10.2.3　重铬酸钾的硝酸溶液(0.5 g/L):称取 0.05 g 重铬酸钾溶于 100 mL 硝酸溶液(5+95)中。

10.2.4　氯化亚锡溶液(100 g/L):称取 10 g 氯化亚锡溶于 20 mL 盐酸中,90 ℃ 水浴中加热,轻微振荡,待氯化亚锡溶解成透明状后,冷却,纯水稀释定容至 100 mL,加入几粒金属锡,置阴凉、避光处保存。一经发现浑浊应重新配制。

10.2.5　硝酸溶液(1+9):量取 50 mL 硝酸,缓缓加入 450 mL 水中。

10.3　标准品

氯化汞($HgCl_2$):纯度≥99%。

10.4　标准溶液配制

10.4.1　汞标准储备液(1.00 mg/mL):准确称取 0.135 4 g 干燥过的氯化汞,用重铬酸钾的硝酸溶液(0.5 g/L)溶解并转移至 100 mL 容量瓶中,定容。此溶液浓度为 1.00 mg/mL。于 4 ℃ 冰箱中避光保存,可保存两年。或购买经国家认证并授予标准物质证书的标准溶液物质。

10.4.2　汞标准中间液(10 μg/mL):吸取 1.00 mL 汞标准储备液(1.00 mg/mL)于 100 mL 容量瓶中,用重铬酸钾的硝酸溶液(0.5 g/L)稀释和定容。溶液浓度为 10 μg/mL。于 4 ℃ 冰箱中避光保存,可保存两年。

10.4.3　汞标准使用液(50 ng/mL):吸取 0.50 mL 汞标准中间液(10 μg/mL)于 100 mL 容量瓶中,用重铬酸钾的硝酸溶液(0.5 g/L)稀释和定容。此溶液浓度为 50 ng/mL,现用现配。

11　仪器和设备

注:玻璃器皿及聚四氟乙烯消解内罐均需以硝酸溶液(1+4)浸泡 24 h,用水反复冲洗,最后用去离子水冲洗干净。

11.1　测汞仪(附气体循环泵、气体干燥装置、汞蒸气发生装置及汞蒸气吸收瓶),或全自动测汞仪。

11.2　天平:感量为 0.1 mg 和 1 mg。

11.3　微波消解系统。

11.4　压力消解器。

11.5　恒温干燥箱(200 ℃～300 ℃)。

11.6　控温电热板(50 ℃～200 ℃)。

11.7　超声水浴箱。

12 分析步骤

12.1 试样预处理

见 5.1。

12.2 试样消解

12.2.1 压力罐消解法

见 5.2.1。

12.2.2 微波消解法

见 5.2.2。

12.2.3 回流消解法

见 5.2.3。

12.3 仪器参考条件

打开测汞仪,预热 1 h,并将仪器性能调至最佳状态。

12.4 标准曲线的制作

分别吸取汞标准使用液(50 ng/mL)0.00 mL、0.20 mL、0.50 mL、1.00 mL、1.50 mL、2.00 mL、2.50 mL 于 50 mL 容量瓶中,用硝酸溶液(1+9)稀释至刻度,混匀。各自相当于汞浓度为 0.00 ng/mL、0.20 ng/mL、0.50 ng/mL、1.00 ng/mL、1.50 ng/mL、2.00 ng/mL 和 2.50 ng/mL。将标准系列溶液分别置于测汞仪的汞蒸气发生器中,连接抽气装置,沿壁迅速加入 3.0 mL 还原剂氯化亚锡(100 g/L),迅速盖紧瓶塞,随后有气泡产生,立即通过流速为 1.0 L/min 的氮气或经活性炭处理的空气,使汞蒸气经过氯化钙干燥管进入测汞仪中,从仪器读数显示的最高点测得其吸收值。然后,打开吸收瓶上的三通阀将产生的剩余汞蒸气吸收于高锰酸钾溶液(50 g/L)中,待测汞仪上的读数达到零点时进行下一次测定。同时做空白试验。求得吸光度值与汞质量关系的一元线性回归方程。

12.5 试样溶液的测定

分别吸取样液和试剂空白液各 5.0 mL 置于测汞仪的汞蒸气发生器的还原瓶中,以下按照 12.4"连接抽气装置……同时做空白试验"进行操作。将所测得吸光度值,代入标准系列溶液的一元线性回归方程中求得试样溶液中汞含量。

13 分析结果的表述

试样中汞含量按式(2)计算:

$$X = \frac{(m_1 - m_2) \times V_1 \times 1\,000}{m_1 \times V_2 \times 1\,000 \times 1\,000} \qquad\cdots\cdots\cdots\cdots\cdots(2)$$

式中:

X ——试样中汞含量,单位为毫克每千克或毫克每升(mg/kg 或 mg/L);

m_1 ——测定样液中汞质量,单位为纳克(ng);

m_2 ——空白液中汞质量,单位为纳克(ng);

V_1 ——试样消化液定容总体积,单位为毫升(mL);

1 000 ——换算系数;

m ——试样质量,单位为克或毫升(g 或 mL);

V_2 ——测定样液体积,单位为毫升(mL)。

计算结果保留两位有效数字。

14 精密度

在重复性条件下获得的两次独立测定结果的绝对差值不得超过算术平均值的20%。

15 其他

当样品称样量为 0.5 g,定容体积为 25 mL 时,方法检出限为 0.002 mg/kg,方法定量限为 0.007 mg/kg。

第二篇 食品中甲基汞的测定
液相色谱-原子荧光光谱联用方法

16 原理

食品中甲基汞经超声波辅助 5 mol/L 盐酸溶液提取后,使用 C_{18} 反相色谱柱分离,色谱流出液进入在线紫外消解系统,在紫外光照射下与强氧化剂过硫酸钾反应,甲基汞转变为无机汞。酸性环境下,无机汞与硼氢化钾在线反应生成汞蒸气,由原子荧光光谱仪测定。由保留时间定性,外标法峰面积定量。

17 试剂和材料

注:除非另有说明,本方法所用试剂均为优级纯,水为 GB/T 6682 规定的一级水。

17.1 试剂

17.1.1 甲醇(CH_3OH):色谱纯。

17.1.2 氢氧化钠(NaOH)。

17.1.3 氢氧化钾(KOH)。

17.1.4 硼氢化钾(KBH_4):分析纯。

17.1.5 过硫酸钾($K_2S_2O_8$):分析纯。

17.1.6 乙酸铵(CH_3COONH_4):分析纯。

17.1.7 盐酸(HCl)。

17.1.8 氨水($NH_3 \cdot H_2O$)。

17.1.9 L-半胱氨酸($L-HSCH_2CH(NH_2)COOH$):分析纯。

17.2 试剂配制

17.2.1 流动相(5%甲醇+0.06 mol/L 乙酸铵+0.1%L-半胱氨酸):称取 0.5 g L-半胱氨酸,2.2 g 乙酸铵,置于 500 mL 容量瓶中,用水溶解,再加入 25 mL 甲醇,最后用水定容至 500 mL。经 0.45 μm 有机系滤膜过滤后,于超声水浴中超声脱气 30 min。现用现配。

17.2.2 盐酸溶液(5 mol/L):量取 208 mL 盐酸,溶于水并稀释至 500 mL。

17.2.3 盐酸溶液 10%(体积比):量取 100 mL 盐酸,溶于水并稀释至 1 000 mL。

17.2.4 氢氧化钾溶液(5 g/L):称取 5.0 g 氢氧化钾,溶于水并稀释至 1 000 mL。

17.2.5 氢氧化钠溶液(6 mol/L):称取 24 g 氢氧化钠,溶于水并稀释至 100 mL。

17.2.6 硼氢化钾溶液(2 g/L):称取 2.0 g 硼氢化钾,用氢氧化钾溶液(5 g/L)溶解并稀释至 1 000 mL。现用现配。

17.2.7 过硫酸钾溶液(2 g/L):称取 1.0 g 过硫酸钾,用氢氧化钾溶液(5 g/L)溶解并稀释至 500 mL。现用现配。

17.2.8 L-半胱氨酸溶液(10 g/L):称取 0.1 g L-半胱氨酸,溶于 10 mL 水中。现用现配。

17.2.9 甲醇溶液(1+1):量取甲醇 100 mL,加入 100 mL 水中,混匀。

17.3 标准品

17.3.1 氯化汞($HgCl_2$),纯度≥99%。

17.3.2 氯化甲基汞($HgCH_3Cl$),纯度≥99%。

17.4 标准溶液配制

17.4.1 氯化汞标准储备液(200 μg/mL,以 Hg 计):准确称取 0.027 0 g 氯化汞,用 0.5 g/L 重铬酸钾的硝酸溶液溶解,并稀释、定容至 100 mL。于 4 ℃冰箱中避光保存,可保存两年。或购买经国家认证并授予标准物质证书的标准溶液物质。

17.4.2 甲基汞标准储备液(200 μg/mL,以 Hg 计):准确称取 0.025 0 g 氯化甲基汞,加少量甲醇溶解,用甲醇溶液(1+1)稀释和定容至 100 mL。于 4 ℃冰箱中避光保存,可保存两年。或购买经国家认证并授予标准物质证书的标准溶液物质。

17.4.3 混合标准使用液(1.00 μg/mL,以 Hg 计):准确移取 0.50 mL 甲基汞标准储备液和 0.50 mL 氯化汞标准储备液,置于 100 mL 容量瓶中,以流动相稀释至刻度,摇匀。此混合标准使用液中,两种汞化合物的浓度均为 1.00 μg/mL。现用现配。

18 仪器和设备

注:玻璃器皿均需以硝酸溶液(1+4)浸泡 24 h,用水反复冲洗,最后用去离子水冲洗干净。

18.1 液相色谱-原子荧光光谱联用仪(LC-AFS):由液相色谱仪(包括液相色谱泵和手动进样阀)、在线紫外消解系统及原子荧光光谱仪组成。

18.2 天平:感量为 0.1 mg 和 1.0 mg。

18.3 组织匀浆器。

18.4 高速粉碎机。

18.5 冷冻干燥机。

18.6 离心机:最大转速 10 000 r/min。

18.7 超声清洗器。

19 分析步骤

19.1 试样预处理

见 5.1。

19.2　试样提取

称取样品 0.50 g～2.0 g（精确至 0.001 g），置于 15 mL 塑料离心管中，加入 10 mL 的盐酸溶液（5 mol/L），放置过夜。室温下超声水浴提取 60 min，期间振摇数次。4 ℃下以 8 000 r/min 转速离心15 min。准确吸取 2.0 mL 上清液至 5 mL 容量瓶或刻度试管中，逐滴加入氢氧化钠溶液（6 mol/L），使样液 pH 为 2～7。加入 0.1 mL 的 L-半胱氨酸溶液（10 g/L），最后用水定容至刻度。0.45 μm 有机系滤膜过滤，待测。同时做空白试验。

> 注：滴加氢氧化钠溶液（6 mol/L）时应缓慢逐滴加入，避免酸碱中和产生的热量来不及扩散，使温度很快升高，导致汞化合物挥发，造成测定值偏低。

19.3　仪器参考条件

19.3.1　液相色谱参考条件

液相色谱参考条件如下：
- ——色谱柱：C_{18} 分析柱（柱长 150 mm，内径 4.6 mm，粒径 5 μm），C_{18} 预柱（柱长 10 mm，内径 4.6 mm，粒径 5 μm）。
- ——流速：1.0 mL/min。
- ——进样体积：100 μL。

19.3.2　原子荧光检测参考条件

原子荧光检测参考条件如下：
- ——负高压：300 V；
- ——汞灯电流：30 mA；
- ——原子化方式：冷原子；
- ——载液：10％盐酸溶液；
- ——载液流速：4.0 mL/min；
- ——还原剂：2 g/L 硼氢化钾溶液；
- ——还原剂流速 4.0 mL/min；
- ——氧化剂：2 g/L 过硫酸钾溶液，氧化剂流速 1.6 mL/min；
- ——载气流速：500 mL/min；
- ——辅助气流速：600 mL/min。

19.4　标准曲线制作

取 5 支 10 mL 容量瓶，分别准确加入混合标准使用液（1.00 μg/mL）0.00 mL、0.010 mL、0.020 mL、0.040 mL、0.060 mL 和 0.10 mL，用流动相稀释至刻度。此标准系列溶液的浓度分别为0.0 ng/mL、1.0 ng/mL、2.0 ng/mL、4.0 ng/mL、6.0 ng/mL 和 10.0 ng/mL。吸取标准系列溶液100 μL进样，以标准系列溶液中目标化合物的浓度为横坐标，以色谱峰面积为纵坐标，绘制标准曲线。

试样溶液的测定：将试样溶液 100 μL 注入液相色谱-原子荧光光谱联用仪中，得到色谱图，以保留时间定性。以外标法峰面积定量。平行测定次数不少于两次。标准溶液及试样溶液的色谱图参见附录 B。

20　分析结果的表述

试样中甲基汞含量按式（3）计算：

$$X = \frac{f \times (c - c_0) \times V \times 1\,000}{m \times 1\,000 \times 1\,000} \qquad\cdots\cdots\cdots\cdots\cdots\cdots(3)$$

式中：

X ——试样中甲基汞的含量，单位为毫克每千克(mg/kg)；

f ——稀释因子；

c ——经标准曲线得到的测定液中甲基汞的浓度，单位为纳克每毫升(ng/mL)；

c_0 ——经标准曲线得到的空白溶液中甲基汞的浓度，单位为纳克每毫升(ng/mL)；

V ——加入提取试剂的体积，单位为毫升(mL)；

1 000 ——换算系数；

m ——试样称样量，单位为克(g)。

计算结果保留两位有效数字。

21 精密度

在重复性条件下获得的两次独立测定结果的绝对差值不得超过算术平均值的 20%。

22 其他

当样品称样量为 1 g，定容体积为 10 mL 时，方法检出限为 0.008 mg/kg，方法定量限为 0.025 mg/kg。

乳制品及特殊食品食品安全国家标准汇编

附　录　A

微波消解参考条件

A.1 粮食、蔬菜、鱼肉类试样微波消解参考条件见表 A.1。

表 A.1　粮食、蔬菜、鱼肉类试样微波消解参考条件

步骤	功率(1 600 W)变化/%	温度/℃	升温时间/min	保温时间/min
1	50	80	30	5
2	80	120	30	7
3	100	160	30	5

A.2 油脂、糖类试样微波消解参考条件见表 A.2。

表 A.2　油脂、糖类试样微波消解参考条件

步骤	功率(1 600 W)变化/%	温度/℃	升温时间/min	保温时间/min
1	50	50	30	5
2	70	75	30	5
3	80	100	30	5
4	100	140	30	7
5	100	180	30	5

附　录　B

色　谱　图

B.1 标准溶液色谱图见图 B.1。

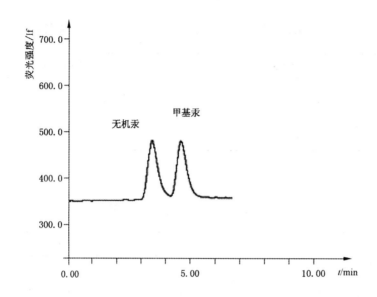

图 B.1　标准溶液色谱图

B.2 试样(鲤鱼肉)色谱图见图 B.2。

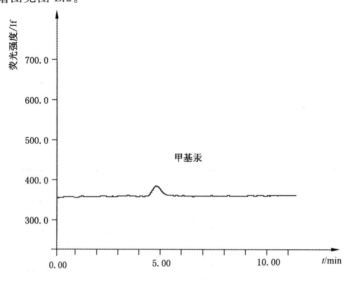

图 B.2　试样(鲤鱼肉)色谱图

中华人民共和国国家标准

GB 5009.22—2016

食品安全国家标准

食品中黄曲霉毒素 B 族和 G 族的测定

2016-12-23 发布

2017-06-23 实施

中华人民共和国国家卫生和计划生育委员会
国家食品药品监督管理总局　发布

前　言

本标准代替 GB/T 5009.22—2003《食品中黄曲霉毒素 B_1 的测定》、GB/T 5009.23—2006《食品中黄曲霉毒素 B_1、B_2、G_1、G_2 的测定》、GB 5009.24—2010《食品安全国家标准食品中黄曲霉毒素 M_1 和 B_1 的测定》、GB/T 23212—2008《牛奶和奶粉中黄曲霉毒素 B_1、B_2、G_1、G_2、M_1、M_2 的测定　液相色谱-荧光检测法》、GB/T 18979—2003《食品中黄曲霉毒素的测定　免疫亲和层析净化高效液相色谱法和荧光光度法》、SN 0339—1995《出口茶叶中黄曲霉毒素 B_1 检验方法》、SN/T 1664—2005《牛奶和奶粉中黄曲霉毒素 M_1、B_1、B_2、G_1、G_2 含量的测定》、SN/T 1101—2002《进出口油籽及粮谷中黄曲霉毒素的检验方法》、SN 0637—1997《出口油籽、坚果及坚果制品中黄曲霉毒素的检验方法　液相色谱法》、SN/T 1736—2006《进出口蜂蜜中黄曲霉毒素的检验方法　高效液相色谱法》、NY/T 1286—2007《花生黄曲霉毒素 B_1 的测定　高效液相色谱法》。

本标准与 GB/T 5009.22—2003 相比,主要变化如下:

——标准名称修改为"食品安全国家标准　食品中黄曲霉毒素 B 族和 G 族的测定";

——根据 GB 2761—2011 的要求,增加了方法的适用范围;

——增加了同位素稀释液相色谱-串联质谱法为第一法;

——增加了高效液相色谱-柱前衍生法为第二法;

——增加了高效液相色谱-柱后衍生法为第三法;

——修改了酶联免疫法,并将方法名称更改为酶联免疫吸附筛查法;

——增加了免疫亲和柱以及酶联免疫试剂盒质量判定要求与方法;

——修改了测定组分为黄曲霉毒素 B 族和 G 族化合物。

食品安全国家标准

食品中黄曲霉毒素 B 族和 G 族的测定

1　范围

本标准规定了食品中黄曲霉毒素 B_1、黄曲霉毒素 B_2、黄曲霉毒素 G_1、黄曲霉毒素 G_2（以下简称 AFT B_1、AFT B_2、AFT G_1 和 AFT G_2）的测定方法。

本标准第一法为同位素稀释液相色谱-串联质谱法，适用于谷物及其制品、豆类及其制品、坚果及籽类、油脂及其制品、调味品、婴幼儿配方食品和婴幼儿辅助食品中 AFT B_1、AFT B_2、AFT G_1 和 AFT G_2 的测定。

本标准第二法为高效液相色谱-柱前衍生法，适用于谷物及其制品、豆类及其制品、坚果及籽类、油脂及其制品、调味品、婴幼儿配方食品和婴幼儿辅助食品中 AFT B_1、AFT B_2、AFT G_1 和 AFT G_2 的测定。

本标准第三法为高效液相色谱-柱后衍生法，适用于谷物及其制品、豆类及其制品、坚果及籽类、油脂及其制品、调味品、婴幼儿配方食品和婴幼儿辅助食品中 AFT B_1、AFT B_2、AFT G_1 和 AFT G_2 的测定。

本标准第四法为酶联免疫吸附筛查法，适用于谷物及其制品、豆类及其制品、坚果及籽类、油脂及其制品、调味品、婴幼儿配方食品和婴幼儿辅助食品中 AFT B_1 的测定。

本标准第五法为薄层色谱法，适用于谷物及其制品、豆类及其制品、坚果及籽类、油脂及其制品、调味品中 AFT B_1 的测定。

第一法　同位素稀释液相色谱-串联质谱法

2　原理

试样中的黄曲霉毒素 B_1、黄曲霉毒素 B_2、黄曲霉毒素 G_1、黄曲霉毒素 G_2，用乙腈-水溶液或甲醇-水溶液提取，提取液用含 1% Triton X-100（或吐温-20）的磷酸盐缓冲溶液稀释后（必要时经黄曲霉毒素固相净化柱初步净化），通过免疫亲和柱净化和富集，净化液浓缩、定容和过滤后经液相色谱分离，串联质谱检测，同位素内标法定量。

3　试剂和材料

除非另有说明，本方法所用试剂均为分析纯，水为 GB/T 6682 规定的一级水。

3.1　试剂

3.1.1　乙腈（CH_3CN）：色谱纯。

3.1.2　甲醇（CH_3OH）：色谱纯。

3.1.3　乙酸铵（CH_3COONH_4）：色谱纯。

3.1.4　氯化钠（NaCl）。

3.1.5 磷酸氢二钠(Na_2HPO_4)。

3.1.6 磷酸二氢钾(KH_2PO_4)。

3.1.7 氯化钾(KCl)。

3.1.8 盐酸(HCl)。

3.1.9 Triton X-100$[C_{14}H_{22}O(C_2H_4O)_n]$(或吐温-20,$C_{58}H_{114}O_{26}$)。

3.2 试剂配制

3.2.1 乙酸铵溶液(5 mmol/L):称取 0.39 g 乙酸铵,用水溶解后稀释至 1 000 mL,混匀。

3.2.2 乙腈-水溶液(84+16):取 840 mL 乙腈加入 160 mL 水,混匀。

3.2.3 甲醇-水溶液(70+30):取 700 mL 甲醇加入 300 mL 水,混匀。

3.2.4 乙腈-水溶液(50+50):取 50 mL 乙腈加入 50 mL 水,混匀。

3.2.5 乙腈-甲醇溶液(50+50):取 50 mL 乙腈加入 50 mL 甲醇,混匀。

3.2.6 10%盐酸溶液:取 1 mL 盐酸,用纯水稀释至 10 mL,混匀。

3.2.7 磷酸盐缓冲溶液(以下简称PBS):称取 8.00 g 氯化钠、1.20 g 磷酸氢二钠(或 2.92 g 十二水磷酸氢二钠)、0.20 g 磷酸二氢钾、0.20 g 氯化钾,用 900 mL 水溶解,用盐酸调节 pH 至 7.4±0.1,加水稀释至 1 000 mL。

3.2.8 1% Triton X-100(或吐温-20)的PBS:取 10 mL Triton X-100(或吐温-20),用 PBS 稀释至 1 000 mL。

3.3 标准品

3.3.1 AFT B_1 标准品($C_{17}H_{12}O_6$,CAS:1162-65-8):纯度≥98%,或经国家认证并授予标准物质证书的标准物质。

3.3.2 AFT B_2 标准品($C_{17}H_{14}O_6$,CAS:7220-81-7):纯度≥98%,或经国家认证并授予标准物质证书的标准物质。

3.3.3 AFT G_1 标准品($C_{17}H_{12}O_7$,CAS:1165-39-5):纯度≥98%,或经国家认证并授予标准物质证书的标准物质。

3.3.4 AFT G_2 标准品($C_{17}H_{14}O_7$,CAS:7241-98-7):纯度≥98%,或经国家认证并授予标准物质证书的标准物质。

3.3.5 同位素内标$^{13}C_{17}$-AFT B_1($C_{17}H_{12}O_6$,CAS:157449-45-0):纯度≥98%,浓度为 0.5 μg/mL。

3.3.6 同位素内标$^{13}C_{17}$-AFT B_2($C_{17}H_{14}O_6$,CAS:157470-98-8):纯度≥98%,浓度为 0.5 μg/mL。

3.3.7 同位素内标$^{13}C_{17}$-AFT G_1($C_{17}H_{12}O_7$,CAS:157444-07-9):纯度≥98%,浓度为 0.5 μg/mL。

3.3.8 同位素内标$^{13}C_{17}$-AFT G_2($C_{17}H_{14}O_7$,CAS:157462-49-7):纯度≥98%,浓度为 0.5 μg/mL。

注:标准物质可以使用满足溯源要求的商品化标准溶液。

3.4 标准溶液配制

3.4.1 标准储备溶液(10 μg/mL):分别称取 AFT B_1、AFT B_2、AFT G_1 和 AFT G_2 1 mg(精确至 0.01 mg),用乙腈溶解并定容至 100 mL。此溶液浓度约为 10 μg/mL。溶液转移至试剂瓶中后,在−20 ℃下避光保存,备用。临用前进行浓度校准(校准方法参见附录 A)。

3.4.2 混合标准工作液(100 ng/mL):准确移取混合标准储备溶液(1.0 μg/mL)1.00 mL 至 100 mL 容量瓶中,乙腈定容。此溶液密封后避光−20 ℃下保存,三个月有效。

3.4.3 混合同位素内标工作液(100 ng/mL):准确移取 0.5 μg/mL$^{13}C_{17}$-AFT B_1、$^{13}C_{17}$-AFT B_2、$^{13}C_{17}$-AFT G_1 和$^{13}C_{17}$-AFT G_2 各 2.00 mL,用乙腈定容至 10 mL。在−20 ℃下避光保存,备用。

3.4.4 标准系列工作溶液:准确移取混合标准工作液(100 ng/mL)10 μL、50 μL、100 μL、200 μL、500 μL、800 μL、1 000 μL 至 10 mL 容量瓶中,加入 200 μL 100 ng/mL 的同位素内标工作液,用初始流动相定容至刻度,配制浓度点为 0.1 ng/mL、0.5 ng/mL、1.0 ng/mL、2.0 ng/mL、5.0 ng/mL、8.0 ng/mL、

10.0 ng/mL 的系列标准溶液。

4 仪器和设备

4.1 匀浆机。

4.2 高速粉碎机。

4.3 组织捣碎机。

4.4 超声波/涡旋振荡器或摇床。

4.5 天平:感量 0.01 g 和 0.000 01 g。

4.6 涡旋混合器。

4.7 高速均质器:转速 6 500 r/min～24 000 r/min。

4.8 离心机:转速≥6 000 r/min。

4.9 玻璃纤维滤纸:快速、高载量、液体中颗粒保留 1.6 μm。

4.10 固相萃取装置(带真空泵)。

4.11 氮吹仪。

4.12 液相色谱-串联质谱仪:带电喷雾离子源。

4.13 液相色谱柱。

4.14 免疫亲和柱:AFT B_1 柱容量≥200 ng,AFT B_1 柱回收率≥80%,AFT G_2 的交叉反应率≥80%(验证方法参见附录 B)。

　　注:对于不同批次的亲和柱在使用前需进行质量验证。

4.15 黄曲霉毒素专用型固相萃取净化柱或功能相当的固相萃取柱(以下简称净化柱):对复杂基质样品测定时使用。

4.16 微孔滤头:带 0.22 μm 微孔滤膜(所选用滤膜应采用标准溶液检验确认无吸附现象,方可使用)。

4.17 筛网:1 mm～2 mm 试验筛孔径。

4.18 pH 计。

5 分析步骤

　　使用不同厂商的免疫亲和柱,在样品上样、淋洗和洗脱的操作方面可能会略有不同,应该按照供应商所提供的操作说明书要求进行操作。

　　警示:整个分析操作过程应在指定区域内进行。该区域应避光(直射阳光)、具备相对独立的操作台和废弃物存放装置。在整个实验过程中,操作者应按照接触剧毒物的要求采取相应的保护措施。

5.1 样品制备

5.1.1 液体样品(植物油、酱油、醋等)

　　采样量需大于 1 L,对于袋装、瓶装等包装样品需至少采集 3 个包装(同一批次或号),将所有液体样品在一个容器中用匀浆机混匀后,其中任意的 100 g(mL)样品进行检测。

5.1.2 固体样品(谷物及其制品、坚果及籽类、婴幼儿谷类辅助食品等)

　　采样量需大于 1 kg,用高速粉碎机将其粉碎,过筛,使其粒径小于 2 mm 孔径试验筛,混合均匀后缩分至 100 g,储存于样品瓶中,密封保存,供检测用。

5.1.3 半流体(腐乳、豆豉等)

　　采样量需大于 1 kg(L),对于袋装、瓶装等包装样品需至少采集 3 个包装(同一批次或号),用组织捣碎机捣碎混匀后,储存于样品瓶中,密封保存,供检测用。

5.2 样品提取

5.2.1 液体样品

5.2.1.1 植物油脂

称取 5 g 试样(精确至 0.01 g)于 50 mL 离心管中,加入 100 μL 同位素内标工作液(3.4.3)振荡混合后静置 30 min。加入 20 mL 乙腈-水溶液(84+16)或甲醇-水溶液(70+30),涡旋混匀,置于超声波/涡旋振荡器或摇床中振荡 20 min(或用均质器均质 3 min),在 6 000 r/min 下离心 10 min,取上清液备用。

5.2.1.2 酱油、醋

称取 5 g 试样(精确至 0.01 g)于 50 mL 离心管中,加入 125 μL 同位素内标工作液振荡混合后静置 30 min。用乙腈或甲醇定容至 25 mL(精确至 0.1 mL),涡旋混匀,置于超声波/涡旋振荡器或摇床中振荡 20 min(或用均质器均质 3 min),在 6 000 r/min 下离心 10 min(或均质后玻璃纤维滤纸过滤),取上清液备用。

5.2.2 固体样品

5.2.2.1 一般固体样品

称取 5 g 试样(精确至 0.01 g)于 50 mL 离心管中,加入 100 μL 同位素内标工作液振荡混合后静置 30 min。加入 20.0 mL 乙腈-水溶液(84+16)或甲醇-水溶液(70+30),涡旋混匀,置于超声波/涡旋振荡器或摇床中振荡 20 min(或用均质器均质 3 min),在 6 000 r/min 下离心 10 min(或均质后玻璃纤维滤纸过滤),取上清液备用。

5.2.2.2 婴幼儿配方食品和婴幼儿辅助食品

称取 5 g 试样(精确至 0.01 g)于 50 mL 离心管中,加入 100 μL 同位素内标工作液振荡混合后静置 30 min。加入 20.0 mL 乙腈-水溶液(50+50)或甲醇-水溶液(70+30),涡旋混匀,置于超声波/涡旋振荡器或摇床中振荡 20 min(或用均质器均质 3 min),在 6 000 r/min 下离心 10 min(或均质后玻璃纤维滤纸过滤),取上清液备用。

5.2.3 半流体样品

称取 5 g 试样(精确至 0.01g)于 50 mL 离心管中,加入 100 μL 同位素内标工作液振荡混合后静置 30 min。加入 20.0 mL 乙腈-水溶液(84+16)或甲醇-水溶液(70+30),置于超声波/涡旋振荡器或摇床中振荡 20 min(或用均质器均质 3 min),在 6 000 r/min 下离心 10 min(或均质后玻璃纤维滤纸过滤),取上清液备用。

5.3 样品净化

5.3.1 免疫亲和柱净化

5.3.1.1 上样液的准备

准确移取 4 mL 上清液,加入 46 mL 1‰ Trition X-100(或吐温-20)的 PBS(使用甲醇-水溶液提取时可减半加入),混匀。

5.3.1.2 免疫亲和柱的准备

将低温下保存的免疫亲和柱恢复至室温。

5.3.1.3 试样的净化

待免疫亲和柱内原有液体流尽后,将上述样液移至 50 mL 注射器筒中,调节下滴速度,控制样液以 1 mL/min～3 mL/min 的速度稳定下滴。待样液滴完后,往注射器筒内加入 2×10 mL 水,以稳定流速淋洗免疫亲和柱。待水滴完后,用真空泵抽干亲和柱。脱离真空系统,在亲和柱下部放置 10 mL 刻度试管,取下 50 mL 的注射器筒,加入 2×1 mL 甲醇洗脱亲和柱,控制 1 mL/min～3 mL/min 的速度下滴,再用真空泵抽干亲和柱,收集全部洗脱液至试管中。在 50 ℃下用氮气缓缓地将洗脱液吹至近干,加入 1.0 mL 初始流动相,涡旋 30 s 溶解残留物,0.22 μm 滤膜过滤,收集滤液于进样瓶中以备进样。

5.3.2 黄曲霉毒素固相净化柱和免疫亲和柱同时使用(对花椒、胡椒和辣椒等复杂基质)

5.3.2.1 净化柱净化

移取适量上清液,按净化柱操作说明进行净化,收集全部净化液。

5.3.2.2 免疫亲和柱净化

用刻度移液管准确吸取上述净化液 4 mL,加入 46 mL 1‰ Trition X-100(或吐温-20)的 PBS[使用甲醇-水溶液提取时,加入 23 mL 1‰ Trition X-100(或吐温-20)的 PBS],混匀。按 5.3.1.2 和 5.3.1.3 处理。

注:全自动(在线)或半自动(离线)的固相萃取仪器可优化操作参数后使用。

5.4 液相色谱参考条件

液相色谱参考条件列出如下:
a) 流动相:A 相:5 mmol/L 乙酸铵溶液;B 相:乙腈-甲醇溶液(50＋50);
b) 梯度洗脱:32％ B(0 min～0.5 min),45％ B(3 min～4 min),100％ B(4.2 min～4.8 min),32％ B(5.0 min～7.0 min);
c) 色谱柱:C_{18}柱(柱长 100 mm,柱内径 2.1 mm;填料粒径 1.7 μm),或相当者;
d) 流速:0.3 mL/min;
e) 柱温:40 ℃;
f) 进样体积:10 μL。

5.5 质谱参考条件

质谱参考条件列出如下:
a) 检测方式:多离子反应监测(MRM);
b) 离子源控制条件:参见表 1;
c) 离子选择参数:参见表 2;
d) 子离子扫描图:参见图 C.1～图 C.8;
e) 液相色谱-质谱图:见图 C.9。

表 1 离子源控制条件

电离方式	ESI^+
毛细管电压/kV	3.5
锥孔电压/V	30
射频透镜 1 电压/V	14.9
射频透镜 2 电压/V	15.1

表 1（续）

离子源温度/℃	150
锥孔反吹气流量/(L/h)	50
脱溶剂气温度/℃	500
脱溶剂气流量/(L/h)	800
电子倍增电压/V	650

表 2　离子选择参数表

化合物名称	母离子（m/z）	定量离子（m/z）	碰撞能量eV	定性离子（m/z）	碰撞能量eV	离子化方式
AFT B$_1$	313	285	22	241	38	ESI$^+$
^{13}C$_{17}$-AFT B$_1$	330	255	23	301	35	ESI$^+$
AFT B$_2$	315	287	25	259	28	ESI$^+$
^{13}C$_{17}$-AFT B$_2$	332	303	25	273	28	ESI$^+$
AFT G$_1$	329	243	25	283	25	ESI$^+$
^{13}C$_{17}$-AFT G$_1$	346	257	25	299	25	ESI$^+$
AFT G$_2$	331	245	30	285	27	ESI$^+$
^{13}C$_{17}$-AFT G$_2$	348	259	30	301	27	ESI$^+$

5.6　定性测定

试样中目标化合物色谱峰的保留时间与相应标准色谱峰的保留时间相比较,变化范围应在±2.5%之内。

每种化合物的质谱定性离子必须出现,至少应包括一个母离子和两个子离子,而且同一检测批次,对同一化合物,样品中目标化合物的两个子离子的相对丰度比与浓度相当的标准溶液相比,其允许偏差不超过表3规定的范围。

表 3　定性时相对离子丰度的最大允许偏差

相对离子丰度/%	>50	20～50	10～20	≤10
允许相对偏差/%	±20	±25	±30	±50

5.7　标准曲线的制作

在5.4、5.5的液相色谱串联质谱仪分析条件下,将标准系列溶液由低到高浓度进样检测,以 AFT B$_1$、AFT B$_2$、AFT G$_1$ 和 AFT G$_2$ 色谱峰与各对应内标色谱峰的峰面积比值-浓度作图,得到标准曲线回归方程,其线性相关系数应大于0.99。

5.8　试样溶液的测定

取5.3处理得到的待测溶液进样,内标法计算待测液中目标物质的质量浓度,按第6章计算样品中待测物的含量。待测样液中的响应值应在标准曲线线性范围内,超过线性范围则应适当减少取样量重新测定。

5.9 空白试验

不称取试样,按 5.2 和 5.3 的步骤做空白实验。应确认不含有干扰待测组分的物质。

6 分析结果的表述

试样中 AFT B_1、AFT B_2、AFT G_1 和 AFT G_2 的残留量按式(1)计算:

$$X = \frac{\rho \times V_1 \times V_3 \times 1\,000}{V_2 \times m \times 1\,000} \qquad \cdots\cdots\cdots\cdots\cdots\cdots\cdots\cdots\cdots\cdots (1)$$

式中:

X ——试样中 AFT B_1、AFT B_2、AFT G_1 或 AFT G_2 的含量,单位为微克每千克($\mu g/kg$);

ρ ——进样溶液中 AFT B_1、AFT B_2、AFT G_1 或 AFT G_2 按照内标法在标准曲线中对应的浓度,单位为纳克每毫升(ng/mL);

V_1 ——试样提取液体积(植物油脂、固体、半固体按加入的提取液体积;酱油、醋按定容总体积),单位为毫升(mL);

V_3 ——样品经净化洗脱后的最终定容体积,单位为毫升(mL);

$1\,000$——换算系数;

V_2 ——用于净化分取的样品体积,单位为毫升(mL);

m ——试样的称样量,单位为克(g)。

计算结果保留三位有效数字。

7 精密度

在重复性条件下获得的两次独立测定结果的绝对差值不得超过算术平均值的 20%。

8 其他

当称取样品 5 g 时,AFT B_1 的检出限为:0.03 $\mu g/kg$,AFT B_2 的检出限为 0.03 $\mu g/kg$,AFT G_1 的检出限为 0.03 $\mu g/kg$,AFT G_2 的检出限为 0.03 $\mu g/kg$;AFT B_1 的定量限为 0.1 $\mu g/kg$,AFT B_2 的定量限为 0.1 $\mu g/kg$,AFT G_1 的定量限为 0.1 $\mu g/kg$,AFT G_2 的定量限为 0.1 $\mu g/kg$。

第二法 高效液相色谱-柱前衍生法

9 原理

试样中的黄曲霉毒素 B_1、黄曲霉毒素 B_2、黄曲霉毒素 G_1、黄曲霉毒素 G_2,用乙腈-水溶液或甲醇-水溶液的混合溶液提取,提取液经黄曲霉毒素固相净化柱净化去除脂肪、蛋白质、色素及碳水化合物等干扰物质,净化液用三氟乙酸柱前衍生,液相色谱分离,荧光检测器检测,外标法定量。

10 试剂和材料

除非另有说明,本方法所用试剂均为分析纯,水为 GB/T 6682 规定的一级水。

10.1 试剂

10.1.1 甲醇(CH_3OH):色谱纯。

10.1.2 乙腈(CH_3CN):色谱纯。

10.1.3 正己烷(C_6H_{14}):色谱纯。

10.1.4 三氟乙酸(CF_3COOH)。

10.2 试剂配制

10.2.1 乙腈-水溶液(84+16):取 840 mL 乙腈加入 160 mL 水。

10.2.2 甲醇-水溶液(70+30):取 700 mL 甲醇加入 300 mL 水。

10.2.3 乙腈-水溶液(50+50):取 500 mL 乙腈加入 500 mL 水。

10.2.4 乙腈-甲醇溶液(50+50):取 500 mL 乙腈加入 500 mL 甲醇。

10.3 标准品

10.3.1 AFT B_1 标准品($C_{17}H_{12}O_6$,CAS 号:1162-65-8):纯度≥98%,或经国家认证并授予标准物质证书的标准物质。

10.3.2 AFT B_2 标准品($C_{17}H_{14}O_6$,CAS 号:7220-81-7):纯度≥98%,或经国家认证并授予标准物质证书的标准物质。

10.3.3 AFT G_1 标准品($C_{17}H_{12}O_7$,CAS 号:1165-39-5):纯度≥98%,或经国家认证并授予标准物质证书的标准物质。

10.3.4 AFT G_2 标准品($C_{17}H_{14}O_7$,CAS 号:7241-98-7):纯度≥98%,或经国家认证并授予标准物质证书的标准物质。

注:标准物质可以使用满足溯源要求的商品化标准溶液。

10.4 标准溶液配制

10.4.1 标准储备溶液(10 µg/mL):分别称取 AFT B_1、AFT B_2、AFT G_1 和 AFT G_2 1 mg(精确至 0.01 mg),用乙腈溶解并定容至 100 mL。此溶液浓度约为 10 µg/mL。溶液转移至试剂瓶中后,在 −20 ℃ 下避光保存,备用。临用前进行浓度校准(校准方法参见附录 A)。

10.4.2 混合标准工作液(AFT B_1 和 AFT G_1:100 ng/mL,AFT B_2 和 AFT G_2:30 ng/mL):准确移取 AFT B_1 和 AFT G_1 标准储备溶液各 1 mL,AFT B_2 和 AFT G_2 标准储备溶液各 300 µL 至 100 mL 容量瓶中,乙腈定容。密封后避光 −20 ℃ 下保存,三个月内有效。

10.4.3 标准系列工作溶液:分别准确移取混合标准工作液 10 µL、50 µL、200 µL、500 µL、1 000 µL、2 000 µL、4 000 µL 至 10 mL 容量瓶中,用初始流动相定容至刻度(含 AFT B_1 和 AFT G_1 浓度为 0.1 ng/mL、0.5 ng/mL、2.0 ng/mL、5.0 ng/mL、10.0 ng/mL、20.0 ng/mL、40.0 ng/mL,AFT B_2 和 AFT G_2 浓度为 0.03 ng/mL、0.15 ng/mL、0.6 ng/mL、1.5 ng/mL、3.0 ng/mL、6.0 ng/mL、12 ng/mL 的系列标准溶液)。

11 仪器和设备

11.1 匀浆机。

11.2 高速粉碎机。

11.3 组织捣碎机。

11.4 超声波/涡旋振荡器或摇床。

11.5　天平:感量 0.01 g 和 0.000 01 g。

11.6　涡旋混合器。

11.7　高速均质器:转速 6 500 r/min~24 000 r/min。

11.8　离心机:转速≥6 000 r/min。

11.9　玻璃纤维滤纸:快速、高载量、液体中颗粒保留 1.6 μm。

11.10　氮吹仪。

11.11　液相色谱仪:配荧光检测器。

11.12　色谱分离柱。

11.13　黄曲霉毒素专用型固相萃取净化柱(以下简称净化柱),或相当者。

11.14　一次性微孔滤头:带 0.22 μm 微孔滤膜(所选用滤膜应采用标准溶液检验确认无吸附现象,方可使用)。

11.15　筛网:1 mm~2 mm 试验筛孔径。

11.16　恒温箱。

11.17　pH 计。

12　分析步骤

12.1　样品制备

12.1.1　液体样品(植物油、酱油、醋等)

采样量需大于 1 L,对于袋装、瓶装等包装样品需至少采集 3 个包装(同一批次或号),将所有液体样品在一个容器中用匀浆机混匀后,其中任意的 100 g(mL)样品进行检测。

12.1.2　固体样品(谷物及其制品、坚果及籽类、婴幼儿谷类辅助食品等)

采样量需大于 1 kg,用高速粉碎机将其粉碎,过筛,使其粒径小于 2 mm 孔径试验筛,混合均匀后缩分至 100 g,储存于样品瓶中,密封保存,供检测用。

12.1.3　半流体(腐乳、豆豉等)

采样量需大于 1 kg(L),对于袋装、瓶装等包装样品需至少采集 3 个包装(同一批次或号),用组织捣碎机捣碎混匀后,储存于样品瓶中,密封保存,供检测用。

12.2　样品提取

12.2.1　液体样品

12.2.1.1　植物油脂

称取 5 g 试样(精确至 0.01 g)于 50 mL 离心管中,加入 20 mL 乙腈-水溶液(84+16)或甲醇-水溶液(70+30),涡旋混匀,置于超声波/涡旋振荡器或摇床中振荡 20 min(或用均质器均质 3 min),在 6 000 r/min 下离心 10 min,取上清液备用。

12.2.1.2　酱油、醋

称取 5 g 试样(精确至 0.01 g)于 50 mL 离心管中,用乙腈或甲醇定容至 25 mL(精确至 0.1 mL),涡旋混匀,置于超声波/涡旋振荡器或摇床中振荡 20 min(或用均质器均质 3 min),在 6 000 r/min 下离心 10 min(或均质后玻璃纤维滤纸过滤),取上清液备用。

12.2.2 固体样品

12.2.2.1 一般固体样品

称取 5 g 试样(精确至 0.01 g)于 50 mL 离心管中,加入 20.0 mL 乙腈-水溶液(84＋16)或甲醇-水溶液(70＋30),涡旋混匀,置于超声波/涡旋振荡器或摇床中振荡 20 min(或用均质器均质 3 min),在 6 000 r/min 下离心 10 min(或均质后玻璃纤维滤纸过滤),取上清液备用。

12.2.2.2 婴幼儿配方食品和婴幼儿辅助食品

称取 5 g 试样(精确至 0.01 g)于 50 mL 离心管中,加入 20.0 mL 乙腈-水溶液(50＋50)或甲醇-水溶液(70＋30),涡旋混匀,置于超声波/涡旋振荡器或摇床中振荡 20 min(或用均质器均质 3 min),在 6 000 r/min 下离心 10 min(或均质后玻璃纤维滤纸过滤),取上清液备用。

12.2.3 半流体样品

称取 5 g 试样(精确至 0.01 g)于 50 mL 离心管中,加入 20.0 mL 乙腈-水溶液(84＋16)或甲醇-水溶液(70＋30),置于超声波/涡旋振荡器或摇床中振荡 20 min(或用均质器均质 3 min),在 6 000 r/min 下离心 10 min(或均质后玻璃纤维滤纸过滤),取上清液备用。

12.3 样品黄曲霉毒素固相净化柱净化

移取适量上清液,按净化柱操作说明进行净化,收集全部净化液。

12.4 衍生

用移液管准确吸取 4.0 mL 净化液于 10 mL 离心管后在 50 ℃下用氮气缓缓地吹至近干,分别加入 200 μL 正己烷和 100 μL 三氟乙酸,涡旋 30 s,在 40 ℃±1 ℃的恒温箱中衍生 15 min,衍生结束后,在 50 ℃下用氮气缓缓地将衍生液吹至近干,用初始流动相定容至 1.0 mL,涡旋 30 s 溶解残留物,过 0.22 μm 滤膜,收集滤液于进样瓶中以备进样。

12.5 色谱参考条件

色谱参考条件列出如下:
a) 流动相:A 相:水,B 相:乙腈-甲醇溶液(50＋50);
b) 梯度洗脱:24% B(0 min～6 min),35% B(8.0 min～10.0 min),100% B(10.2 min～11.2 min),24% B(11.5 min～13.0 min);
c) 色谱柱:C$_{18}$柱(柱长 150 mm 或 250 mm,柱内径 4.6 mm,填料粒径 5.0 μm),或相当者;
d) 流速:1.0 mL/min;
e) 柱温:40 ℃;
f) 进样体积:50 μL;
g) 检测波长:激发波长 360 nm;发射波长 440 nm;
h) 液相色谱图:参见图 D.1。

12.6 样品测定

12.6.1 标准曲线的制作

系列标准工作溶液由低到高浓度依次进样检测,以峰面积为纵坐标-浓度为横坐标作图,得到标准曲线回归方程。

12.6.2 试样溶液的测定

待测样液中待测化合物的响应值应在标准曲线线性范围内,浓度超过线性范围的样品则应稀释后重新进样分析。

12.6.3 空白试验

不称取试样,按12.2、12.3和12.4的步骤做空白实验。应确认不含有干扰待测组分的物质。

13 分析结果的表述

试样中 AFT B_1、AFT B_2、AFT G_1 和 AFT G_2 的残留量按式(2)计算:

$$X = \frac{\rho \times V_1 \times V_3 \times 1\,000}{V_2 \times m \times 1\,000} \quad\cdots\cdots\cdots\cdots\cdots\cdots\cdots\cdots\cdots\cdots (2)$$

式中:

X ——试样中 AFT B_1、AFT B_2、AFT G_1 或 AFT G_2 的含量,单位为微克每千克($\mu g/kg$);

ρ ——进样溶液中 AFT B_1、AFT B_2、AFT G_1 或 AFT G_2 按照外标法在标准曲线中对应的浓度,单位为纳克每毫升(ng/mL);

V_1 ——试样提取液体积(植物油脂、固体、半固体按加入的提取液体积;酱油、醋按定容总体积),单位为毫升(mL);

V_3 ——净化液的最终定容体积,单位为毫升(mL);

$1\,000$——换算系数;

V_2 ——净化柱净化后的取样液体积,单位为毫升(mL);

m ——试样的称样量,单位为克(g)。

计算结果保留三位有效数字。

14 精密度

在重复性条件下获得的两次独立测定结果的绝对差值不得超过算术平均值的20%。

15 其他

当称取样品 5 g 时,柱前衍生法的 AFT B_1 的检出限为 0.03 $\mu g/kg$,AFT B_2 的检出限为 0.03 $\mu g/kg$,AFT G_1 的检出限为 0.03 $\mu g/kg$,AFT G_2 的检出限为 0.03 $\mu g/kg$;柱前衍生法的 AFT B_1 的定量限为 0.1 $\mu g/kg$,AFT B_2 的定量限为 0.1 $\mu g/kg$,AFT G_1 的定量限为 0.1 $\mu g/kg$,AFT G_2 的定量限为 0.1 $\mu g/kg$。

第三法 高效液相色谱-柱后衍生法

导语:下述方法的仪器检测部分,包括碘或溴试剂衍生、光化学衍生、电化学衍生等柱后衍生方法,可根据实际情况,选择其中一种方法即可。

16 原理

试样中的黄曲霉毒素 B_1、黄曲霉毒素 B_2、黄曲霉毒素 G_1、黄曲霉毒素 G_2,用乙腈-水溶液或甲醇-水溶液的混合溶液提取,提取液经免疫亲和柱净化和富集,净化液浓缩、定容和过滤后经液相色谱分离,柱后衍生(碘或溴试剂衍生、光化学衍生、电化学衍生等),经荧光检测器检测,外标法定量。

17 试剂和材料

除非另有说明,本方法所用试剂均为分析纯,水为 GB/T 6682 规定的一级水。

17.1 试剂

17.1.1 甲醇(CH_3OH):色谱纯。

17.1.2 乙腈(CH_3CN):色谱纯。

17.1.3 氯化钠(NaCl)。

17.1.4 磷酸氢二钠(Na_2HPO_4)。

17.1.5 磷酸二氢钾(KH_2PO_4)。

17.1.6 氯化钾(KCl)。

17.1.7 盐酸(HCl)。

17.1.8 Triton X-100[$C_{14}H_{22}O(C_2H_4O)_n$](或吐温-20,$C_{58}H_{114}O_{26}$)。

17.1.9 碘衍生使用试剂:碘(I_2)。

17.1.10 溴衍生使用试剂:三溴化吡啶($C_5H_6Br_3N_2$)。

17.1.11 电化学衍生使用试剂:溴化钾(KBr)、浓硝酸(HNO_3)。

17.2 试剂配制

17.2.1 乙腈-水溶液(84+16):取 840 mL 乙腈加入 160 mL 水。

17.2.2 甲醇-水溶液(70+30):取 700 mL 甲醇加入 300 mL 水。

17.2.3 乙腈-水溶液(50+50):取 500 mL 乙腈加入 500 mL 水。

17.2.4 乙腈-水溶液(10+90):取 100 mL 乙腈加入 900 mL 水。

17.2.5 乙腈-甲醇溶液(50+50):取 500 mL 乙腈加入 500 mL 甲醇。

17.2.6 磷酸盐缓冲溶液(以下简称 PBS):称取 8.00 g 氯化钠、1.20 g 磷酸氢二钠(或 2.92 g 十二水磷酸氢二钠)、0.20 g 磷酸二氢钾、0.20 g 氯化钾,用 900 mL 水溶解,用盐酸调节 pH 至 7.4,用水定容至 1 000 mL。

17.2.7 1% Triton X-100(或吐温-20)的 PBS:取 10 mL Triton X-100,用 PBS 定容至 1 000 mL。

17.2.8 0.05% 碘溶液:称取 0.1 g 碘,用 20 mL 甲醇溶解,加水定容至 200 mL,用 0.45 μm 的滤膜过滤,现配现用(仅碘柱后衍生法使用)。

17.2.9 5 mg/L 三溴化吡啶水溶液:称取 5 mg 三溴化吡啶溶于 1 L 水中,用 0.45 μm 的滤膜过滤,现配现用(仅溴柱后衍生法使用)。

17.3 标准品

17.3.1 AFT B_1 标准品($C_{17}H_{12}O_6$,CAS 号:1162-65-8):纯度≥98%,或经国家认证并授予标准物质证书的标准物质。

17.3.2 AFT B_2 标准品($C_{17}H_{14}O_6$,CAS 号:7220-81-7):纯度≥98%,或经国家认证并授予标准物质证书的标准物质。

17.3.3 AFT G_1 标准品($C_{17}H_{12}O_7$,CAS 号:1165-39-5):纯度≥98%,或经国家认证并授予标准物质证书的标准物质。

17.3.4 AFT G_2 标准品 $C_{17}H_{14}O_7$,CAS 号:7241-98-7):纯度≥98%,或经国家认证并授予标准物质证书的标准物质。

注:标准物质可以使用满足溯源要求的商品化标准溶液。

17.4 标准溶液配制

17.4.1 标准储备溶液(10 μg/mL):分别称取 AFT B$_1$、AFT B$_2$、AFT G$_1$ 和 AFT G$_2$ 1 mg(精确至 0.01 mg),用乙腈溶解并定容至 100 mL。此溶液浓度约为 10 μg/mL。溶液转移至试剂瓶中后,在 −20 ℃ 下避光保存,备用。临用前进行浓度校准(校准方法参见附录 A)。

17.4.2 混合标准工作液(AFT B$_1$ 和 AFT G$_1$:100 ng/mL,AFT B$_2$ 和 AFT G$_2$:30 ng/mL):准确移取 AFT B$_1$ 和 AFT G$_1$ 标准储备溶液各 1 mL,AFT B$_2$ 和 AFT G$_2$ 标准储备溶液各 300 μL 至 100 mL 容量瓶中,乙腈定容。密封后避光 −20 ℃ 下保存,三个月内有效。

17.4.3 标准系列工作溶液:分别准确移取混合标准工作液 10 μL、50 μL、200 μL、500 μL、1 000 μL、2 000 μL、4 000 μL 至 10 mL 容量瓶中,用初始流动相定容至刻度(含 AFT B$_1$ 和 AFT G$_1$ 浓度为 0.1 ng/mL、0.5 ng/mL、2.0 ng/mL、5.0 ng/mL、10.0 ng/mL、20.0 ng/mL、40.0 ng/mL,AFT B$_2$ 和 AFT G$_2$ 浓度为 0.03 ng/mL、0.15 ng/mL、0.6 ng/mL、1.5 ng/mL、3.0 ng/mL、6.0 ng/mL、12 ng/mL 的系列标准溶液)。

18 仪器和设备

18.1 匀浆机。

18.2 高速粉碎机。

18.3 组织捣碎机。

18.4 超声波/涡旋振荡器或摇床。

18.5 天平:感量 0.01 g 和 0.000 01 g。

18.6 涡旋混合器。

18.7 高速均质器:转速 6 500 r/min~24 000 r/min。

18.8 离心机:转速≥6 000 r/min。

18.9 玻璃纤维滤纸:快速、高载量、液体中颗粒保留 1.6 μm。

18.10 固相萃取装置(带真空泵)。

18.11 氮吹仪。

18.12 液相色谱仪:配荧光检测器(带一般体积流动池或者大体积流通池)。

> 注:当带大体积流通池时不需要再使用任何型号或任何方式的柱后衍生器。

18.13 液相色谱柱。

18.14 光化学柱后衍生器(适用于光化学柱后衍生法)。

18.15 溶剂柱后衍生装置(适用于碘或溴试剂衍生法)。

18.16 电化学柱后衍生器(适用于电化学柱后衍生法)。

18.17 免疫亲和柱:AFT B$_1$ 柱容量≥200 ng,AFT B$_1$ 柱回收率≥80%,AFT G$_2$ 的交叉反应率≥80%(验证方法参见附录 B)。

> 注:对于每个批次的亲和柱使用前需质量验证。

18.18 黄曲霉毒素固相净化柱或功能相当的固相萃取柱(以下简称净化柱):对复杂基质样品测定时使用。

18.19 一次性微孔滤头:带 0.22 μm 微孔滤膜(所选用滤膜应采用标准溶液检验确认无吸附现象,方可使用)。

18.20 筛网:1 mm~2 mm 试验筛孔径。

19 分析步骤

使用不同厂商的免疫亲和柱,在样品的上样、淋洗和洗脱的操作方面可能略有不同,应该按照供应商所提供的操作说明书要求进行操作。

警示：整个分析操作过程应在指定区域内进行。该区域应避光（直射阳光）、具备相对独立的操作台和废弃物存放装置。在整个实验过程中，操作者应按照接触剧毒物的要求采取相应的保护措施。

19.1　样品制备

同 12.1。

19.2　样品提取

同 12.2。

19.3　样品净化

19.3.1　免疫亲和柱净化

19.3.1.1　上样液的准备

准确移取 4 mL 上述上清液，加入 46 mL 1% Triton X-100（或吐温-20）的 PBS（使用甲醇-水溶液提取时可减半加入），混匀。

19.3.1.2　免疫亲和柱的准备

将低温下保存的免疫亲和柱恢复至室温。

19.3.1.3　试样的净化

免疫亲和柱内的液体放弃后，将上述样液移至 50 mL 注射器筒中，调节下滴速度，控制样液以 1 mL/min～3 mL/min 的速度稳定下滴。待样液滴完后，往注射器筒内加入 2×10 mL 水，以稳定流速淋洗免疫亲和柱。待水滴完后，用真空泵抽干亲和柱。脱离真空系统，在亲和柱下部放置 10 mL 刻度试管，取下 50 mL 的注射器筒，2×1 mL 甲醇洗脱亲和柱，控制 1 mL/min～3 mL/min 的速度下滴，再用真空泵抽干亲和柱，收集全部洗脱液至试管中。在 50 ℃ 下用氮气缓缓地将洗脱液吹至近干，用初始流动相定容至 1.0 mL，涡旋 30 s 溶解残留物，0.22 μm 滤膜过滤，收集滤液于进样瓶中以备进样。

19.3.2　黄曲霉毒素固相净化柱和免疫亲和柱同时使用（对花椒、胡椒和辣椒等复杂基质）

19.3.2.1　净化柱净化

移取适量上清液，按净化柱操作说明进行净化，收集全部净化液。

19.3.2.2　免疫亲和柱净化

用刻度移液管准确吸取上部净化液 4 mL，加入 46 mL 1% Triton X-100（或吐温-20）的 PBS（使用甲醇-水溶液提取时可减半加入），混匀。按 19.4.1.3 处理。

注：全自动（在线）或半自动（离线）的固相萃取仪器可优化操作参数后使用。

19.4　液相色谱参考条件

19.4.1　无衍生器法（大流通池直接检测）

液相色谱参考条件列出如下：

a)　流动相：A 相，水；B 相，乙腈-甲醇（50＋50）；

b)　等梯度洗脱条件：A，65％；B，35％；

c) 色谱柱：C₁₈柱（柱长 100 mm，柱内径 2.1 mm，填料粒径 1.7 μm），或相当者；

d) 流速：0.3 mL/min；

e) 柱温：40 ℃；

f) 进样量：10 μL；

g) 激发波长：365 nm；发射波长：436 nm（AFT B₁、AFT B₂），463 nm（AFT G₁、AFT G₂）；

h) 液相色谱图见图 D.2。

19.4.2 柱后光化学衍生法

液相色谱参考条件列出如下：

a) 流动相：A 相，水；B 相，乙腈-甲醇（50＋50）；

b) 等梯度洗脱条件：A,68%;B,32%;

c) 色谱柱：C₁₈柱（柱长 150 mm 或 250 mm，柱内径 4.6 mm，填料粒径 5 μm），或相当者；

d) 流速：1.0 mL/min；

e) 柱温：40 ℃；

f) 进样量：50 μL；

g) 光化学柱后衍生器；

h) 激发波长：360 nm；发射波长：440 nm；

i) 液相色谱图见图 D.3。

19.4.3 柱后碘或溴试剂衍生法

19.4.3.1 柱后碘衍生法

液相色谱参考条件列出如下：

a) 流动相：A 相，水；B 相，乙腈-甲醇（50＋50）；

b) 等梯度洗脱条件：A,68%;B,32%;

c) 色谱柱：C₁₈柱（柱长 150 mm 或 250 mm，柱内径 4.6 mm，填料粒径 5 μm），或相当者；

d) 流速：1.0 mL/min；

e) 柱温：40 ℃；

f) 进样量：50 μL；

g) 柱后衍生化系统；

h) 衍生溶液：0.05%碘溶液；

i) 衍生溶液流速：0.2 mL/min；

j) 衍生反应管温度：70 ℃；

k) 激发波长：360 nm；发射波长：440 nm；

l) 液相色谱图见图 D.4。

19.4.3.2 柱后溴衍生法

液相色谱参考条件列出如下：

a) 流动相：A 相，水；B 相，乙腈-甲醇（50＋50）；

b) 等梯度洗脱条件：A,68%;B,32%;

c) 色谱柱：C₁₈柱（柱长 150 mm 或 250 mm，柱内径 4.6 mm，填料粒径 5 μm），或相当者；

d) 流速：1.0 mL/min；

e) 色谱柱柱温：40 ℃；

f) 进样量：50 μL；

g) 柱后衍生系统;

h) 衍生溶液:5 mg/L 三溴化吡啶水溶液;

i) 衍生溶液流速:0.2 mL/min;

j) 衍生反应管温度:70 ℃;

k) 激发波长:360 nm;发射波长:440 nm;

l) 液相色谱图见图 D.5。

19.4.4 柱后电化学衍生法

液相色谱参考条件列出如下:

a) 流动相:A 相,水(1 L 水中含 119 mg 溴化钾,350 μL 4 mol/L 硝酸);B 相,甲醇;

b) 等梯度洗脱条件:A,60%;B,40%;

c) 色谱柱:C_{18}柱(柱长 150 mm 或 250 mm,柱内径 4.6 mm,填料粒径 5 μm),或相当者;

d) 柱温:40 ℃;

e) 流速:1.0 mL/min;

f) 进样量:50 μL;

g) 电化学柱后衍生器:反应池工作电流 100 μA;1 根 PEEK 反应管路(长度 50 cm,内径 0.5 mm);

h) 激发波长:360 nm;发射波长:440 nm;

i) 液相色谱图见图 D.6。

19.5 样品测定

19.5.1 标准曲线的制作

系列标准工作溶液由低到高浓度依次进样检测,以峰面积为纵坐标、浓度为横坐标作图,得到标准曲线回归方程。

19.5.2 试样溶液的测定

待测样液中待测化合物的响应值应在标准曲线线性范围内,浓度超过线性范围的样品则应稀释后重新进样分析。

19.5.3 空白试验

不称取试样,按 19.3、19.4 和 19.5 的步骤做空白实验。应确认不含有干扰待测组分的物质。

20 分析结果的表述

试样中 AFT B_1、AFT B_2、AFT G_1 和 AFT G_2 的残留量按式(3)计算:

$$X = \frac{\rho \times V_1 \times V_3 \times 1\ 000}{V_2 \times m \times 1\ 000} \quad \cdots\cdots\cdots\cdots\cdots\cdots\cdots\cdots\cdots\cdots\cdots (3)$$

式中:

X ——试样中 AFT B_1、AFT B_2、AFT G_1 或 AFT G_2 的含量,单位为微克每千克(μg/kg);

ρ ——进样溶液中 AFT B_1、AFT B_2、AFT G_1 或 AFT G_2 按照外标法在标准曲线中对应的浓度,单位为纳克每毫升(ng/mL);

V_1 ——试样提取液体积(植物油脂、固体、半固体按加入的提取液体积;酱油、醋按定容总体积),单位为毫升(mL);

V_3 ——样品经免疫亲和柱净化洗脱后的最终定容体积,单位为毫升(mL);

V_2 ——用于免疫亲和柱的分取样品体积,单位为毫升(mL);

1 000——换算系数;

m ——试样的称样量,单位为克(g)。

计算结果保留三位有效数字。

21 精密度

在重复性条件下获得的两次独立测定结果的绝对差值不得超过算术平均值的20%。

22 其他

当称取样品5 g时,柱后光化学衍生法、柱后溴衍生法、柱后碘衍生法、柱后电化学衍生法的AFT B_1的检出限为 0.03 $\mu g/kg$,AFT B_2 的检出限为 0.01 $\mu g/kg$,AFT G_1 的检出限为 0.03 $\mu g/kg$,AFT G_2 的检出限为 0.01 $\mu g/kg$;无衍生器法的 AFT B_1 的检出限为 0.02 $\mu g/kg$,AFT B_2 的检出限为 0.003 $\mu g/kg$,AFT G_1 的检出限为 0.02 $\mu g/kg$,AFT G_2 的检出限为 0.003 $\mu g/kg$;

柱后光化学衍生法、柱后溴衍生法、柱后碘衍生法、柱后电化学衍生法:AFT B_1 的定量限为 0.1 $\mu g/kg$,AFT B_2 的定量限为 0.03 $\mu g/kg$,AFT G_1 的定量限为 0.1 $\mu g/kg$,AFT G_2 的定量限为 0.03 $\mu g/kg$;无衍生器法:AFT B_1 的定量限为 0.05 $\mu g/kg$,AFT B_2 的定量限为 0.01 $\mu g/kg$,AFT G_1 的定量限为 0.05 $\mu g/kg$,AFT G_2 的定量限为 0.01 $\mu g/kg$。

第四法 酶联免疫吸附筛查法

23 原理

试样中的黄曲霉毒素 B_1 用甲醇水溶液提取,经均质、涡旋、离心(过滤)等处理获取上清液。被辣根过氧化物酶标记或固定在反应孔中的黄曲霉毒素 B_1,与试样上清液或标准品中的黄曲霉毒素 B_1 竞争性结合特异性抗体。在洗涤后加入相应显色剂显色,经无机酸终止反应,于 450 nm 或 630 nm 波长下检测。样品中的黄曲霉毒素 B_1 与吸光度在一定浓度范围内呈反比。

24 试剂和材料

配制溶液所需试剂均为分析纯,水为 GB/T 6682 规定二级水。

按照试剂盒说明书所述,配制所需溶液。

所用商品化的试剂盒需按照 E 中所述方法验证合格后方可使用。

25 仪器和设备

25.1 微孔板酶标仪:带 450 nm 与 630 nm(可选)滤光片。

25.2 研磨机。

25.3 振荡器。

25.4 电子天平:感量 0.01 g。

25.5 离心机:转速≥6 000 r/min。

25.6 快速定量滤纸:孔径 11 μm。

25.7 筛网:1 mm~2 mm 孔径。

25.8 试剂盒所要求的仪器。

26 分析步骤

26.1 样品前处理

26.1.1 液态样品(油脂和调味品)

取 100 g 待测样品摇匀,称取 5.0 g 样品于 50 mL 离心管中,加入试剂盒所要求提取液,按照试纸盒说明书所述方法进行检测。

26.1.2 固态样品(谷物、坚果和特殊膳食用食品)

称取至少 100 g 样品,用研磨机进行粉碎,粉碎后的样品过 1 mm~2 mm 孔径试验筛。取 5.0 g 样品于 50 mL 离心管中,加入试剂盒所要求提取液,按照试纸盒说明书所述方法进行检测。

26.2 样品检测

按照酶联免疫试剂盒所述操作步骤对待测试样(液)进行定量检测。

27 分析结果的表述

27.1 酶联免疫试剂盒定量检测的标准工作曲线绘制

按照试剂盒说明书提供的计算方法或者计算机软件,根据标准品浓度与吸光度变化关系绘制标准工作曲线。

27.2 待测液浓度计算

按照试剂盒说明书提供的计算方法以及计算机软件,将待测液吸光度代入 27.1 所获得公式,计算得待测液浓度(ρ)。

27.3 结果计算

食品中黄曲霉毒素 B_1 的含量按式(4)计算:

$$X = \frac{\rho \times V \times f}{m} \quad \cdots\cdots\cdots\cdots\cdots\cdots\cdots\cdots\cdots(4)$$

式中:

X ——试样中 AFT B_1 的含量,单位为微克每千克(μg/kg);

ρ ——待测液中黄曲霉毒素 B_1 的浓度,单位为纳克每毫升(μg/L);

V ——提取液体积(固态样品为加入提取液体积,液态样品为样品和提取液总体积),单位为升(L);

f ——在前处理过程中的稀释倍数;

m ——试样的称样量,单位为千克(kg)。

计算结果保留小数点后两位。

阳性样品需用第一法、第二法或第三法进一步确认。

28 精密度

每个试样称取两份进行平行测定,以其算术平均值为分析结果。

其分析结果的相对相差应不大于 20%。

29 其他

当称取谷物、坚果、油脂、调味品等样品 5 g 时,方法检出限为 1 μg/kg,定量限为 3 μg/kg。

当称取特殊膳食用食品样品 5 g 时,方法检出限为 0.1 μg/kg,定量限为 0.3 μg/kg。

第五法 薄层色谱法

30 原理

样品经提取、浓缩、薄层分离后,黄曲霉毒素 B_1 在紫外光(波长 365 nm)下产生蓝紫色荧光,根据其在薄层上显示荧光的最低检出量来测定含量。

31 试剂和材料

除非另有说明,本方法所用试剂均为分析纯,水为 GB/T 6682 规定的一级水。

31.1 试剂

31.1.1 甲醇(CH_3OH)。

31.1.2 正己烷(C_6H_{14})。

31.1.3 石油醚(沸程 30 ℃~60 ℃或 60 ℃~90 ℃)。

31.1.4 三氯甲烷($CHCl_3$)。

31.1.5 苯(C_6H_6)。

31.1.6 乙腈(CH_3CN)。

31.1.7 无水乙醚(C_2H_6O)。

31.1.8 丙酮(C_3H_6O)。

注:以上试剂在试验时先进行一次试剂空白试验,如不干扰测定即可使用,否则需逐一进行重蒸。

31.1.9 硅胶 G:薄层层析用。

31.1.10 三氟乙酸(CF_3COOH)。

31.1.11 无水硫酸钠(Na_2SO_4)。

31.1.12 氯化钠($NaCl$)。

31.2 试剂配制

31.2.1 苯-乙腈溶液(98+2):取 2 mL 乙腈加入 98 mL 苯中混匀。

31.2.2 甲醇-水溶液(55+45):取 550 mL 甲醇加入 450 mL 水中混匀。

31.2.3 甲醇-三氯甲烷(4+96):取 4 mL 甲醇加入 96 mL 三氯甲烷中混匀。

31.2.4 丙酮-三氯甲烷(8+92):取 8 mL 丙酮加入 92 mL 三氯甲烷中混匀。

31.2.5 次氯酸钠溶液(消毒用):取 100 g 漂白粉,加入 500 mL 水,搅拌均匀。另将 80 g 工业用碳酸钠

(Na$_2$CO$_3$·10H$_2$O)溶于 500 mL 温水中,再将两液混合、搅拌,澄清后过滤。此滤液含次氯酸浓度约为 25 g/L。若用漂粉精制备,则碳酸钠的量可以加倍。所得溶液的浓度约为 50 g/L。污染的玻璃仪器用 10 g/L 氯酸钠溶液浸泡半天或用 50 g/L 次氯酸钠溶液浸泡片刻后,即可达到去毒效果。

31.3 标准品

AFT B$_1$标准品(C$_{17}$H$_{12}$O$_6$,CAS 号:1162-65-8):纯度≥98%,或经国家认证并授予标准物质证书的标准物质。

31.4 标准溶液配制

31.4.1 AFT B$_1$标准储备溶液(10 μg/mL):准确称取 1 mg～1.2 mg AFT B$_1$标准品,先加入 2 mL 乙腈溶解后,再用苯稀释至 100 mL,避光,置于 4 ℃冰箱保存,此溶液浓度约 10 μg/mL。

纯度的测定:取 5 μL 10 μg/mL AFT B$_1$标准溶液,滴加于涂层厚度 0.25 mm 的硅胶 G 薄层板上,用甲醇-三氯甲烷与丙酮-三氯甲烷展开剂展开,在紫外光灯下观察荧光的产生,应符合以下条件:

a) 在展开后,只有单一的荧光点,无其他杂质荧光点;

b) 原点上没有任何残留的荧光物质。

31.4.2 AFT B$_1$标准工作液:准确吸取 1 mL 标准溶液储备液于 10 mL 容量瓶中,加苯-乙腈混合液至刻度,混匀。此溶液每毫升相当于 1.0 μg AFT B$_1$。吸取 1.0 mL 此稀释液,置于 5 mL 容量瓶中,加苯-乙腈混合液稀释至刻度,此溶液每毫升相当于 0.2 μg AFT B$_1$。再吸取 AFT B$_1$标准榕液(0.2 μg/mL) 1.0 mL 置于 5 mL 容量瓶中,加苯-乙腈混合液稀释至刻度。此溶液每毫升相当于 0.04 μg AFT B$_1$。

32 仪器和设备

32.1 圆孔筛:2.0 mm 筛孔孔径。

32.2 小型粉碎机。

32.3 电动振荡器。

32.4 全玻璃浓缩器。

32.5 玻璃板:5 cm×20 cm。

32.6 薄层板涂布器。

注:可选购适用黄曲霉毒素检测的商品化薄层板。

32.7 展开槽:长 25 cm,宽 6 cm,高 4 cm。

32.8 紫外光灯:100 W～125 W,带 365 nm 滤光片。

32.9 微量注射器或血色素吸管。

33 分析步骤

警示:整个操作需在暗室条件下进行。

33.1 样品提取

33.1.1 玉米、大米、小麦、面粉、薯干、豆类、花生、花生酱等

33.1.1.1 甲法:称取 20.00 g 粉碎过筛试样(面粉、花生酱不需粉碎),置于 250 mL 具塞锥形瓶中,加 30 mL 正己烷或石油醚和 100 mL 甲醇水溶液,在瓶塞上涂上一层水,盖严防漏。振荡 30 min,静置片刻,以叠成折叠式的快速定性滤纸过滤于分液漏斗中,待下层甲醇水带被分清后,放出甲醇水溶液于另

一具塞锥形瓶内。取 20.00 mL 甲醇水溶液(相当于 4g 试样)置于另一 125 mL 分液漏斗中,加 20 mL 三氯甲烷,振摇 2 min,静置分层,如出现乳化现象可滴加甲醇促使分层。放出三氯甲烷层,经盛有约 10 g 预先用三氯甲烷湿润的无水硫酸钠的定量慢速滤纸过滤于 50 mL 蒸发皿中,再加 5 mL 三氯甲烷 于分液漏斗中,重复振摇提取,三氯甲烷层一并滤于蒸发皿中,最后用少量三氯甲烷洗过滤器,洗液并于 蒸发皿中。将蒸发皿放在通风柜干 65 ℃ 水浴上通风挥干,然后放在冰盒上冷却 2 min～3 min 后,准确 加入 1 mL 苯-乙腈混合液(或将三氯甲烷用浓缩蒸馏器减压吹气蒸干后,准确加入 1 mL 苯-乙腈混合 液)。用带橡皮头的滴管的管尖将残渣充分混合,若有苯的结晶析出,将蒸发皿从冰盒上取出,继续溶 解、混合,晶体即消失,再用此滴管吸取上清液转移于 2 mL 具塞试管中。

33.1.1.2 乙法(限于玉米、大米、小麦及其制品):称取 20.00 g 粉碎过筛试样于 250 mL 具塞锥形瓶中, 用滴管滴加约 6 mL 水,使试样湿润,准确加入 60 mL 三氯甲烷,振荡 30 min,加 12 g 无水硫酸钠,振摇 后,静置 30 min,用叠成折叠式的快速定性滤纸过滤于 100 mL 具塞锥形瓶中。取 12 mL 滤液(相当 4 g 试样)于蒸发皿中,在 65 ℃ 水浴锅上通风挥干,准确加入 1 mL 苯-乙腈混合液,以下按 33.1.1.1 自 "用带橡皮头的滴管的管尖将残渣充分混合……"起依法操作。

33.1.2 花生油、香油、菜油等

称取 4.00 g 试样置于小烧杯中,用 20 mL 正己烷或石油醚将试样移于 125 mL 分液漏斗中。用 20 mL 甲醇水溶液分次洗烧杯,洗液一并移入分液漏斗中,振摇 2 min,静置分层后,将下层甲醇水溶液 移入第二个分液漏斗中,再用 5 mL 甲醇水溶液重复振摇提取一次,提取液一并移入第二个分液漏斗 中,在第二个分液漏斗中加入 20 mL 三氯甲烷,以下按 33.1.1.1 自"振摇 2 min,静置分层……"起依法 操作。

33.1.3 酱油、醋

称取 10.00 g 试样于小烧杯中,为防止提取时乳化,加 0.4 g 氯化钠,移入分液漏斗中,用 15 mL 三 氯甲烷分次洗涤烧杯,洗液一并移入分液漏斗中。以下按 33.1.1.1 自"振摇 2 min,静置分层……"起依 法操作,最后加入 2.5 mL 苯-乙腈混合液,此溶液每毫升相当于 4 g 试样。

或称取 10.00 g 试样,置于分液漏斗中,再加 12 mL 甲醇(以酱油体积代替水,故甲醇与水的体积比 仍约为 55:45),用 20 mL 三氯甲烷提取,以下按 33.1.1.1 自"振摇 2 min,静置分层……"起依法操作。 最后加入 2.5 mL 苯-乙腈混合液。此溶液每毫升相当于 4 g 试样。

33.1.4 干酱类(包括豆豉、腐乳制品)

称取 20.00 g 研磨均匀的试样,置于 250 mL 具塞锥形瓶中,加入 20 mL 正己烷或石油醚与 50 mL 甲醇水溶液。振荡 30 min,静置片刻,以叠成折叠式快速定性滤纸过滤,滤液静置分层后,取 24 mL 甲 醇水层(相当 8 g 试样,其中包括 8 g 干酱类本身约含有 4 mL 水的体积在内)置于分液漏斗中,加入 20 mL 三氯甲烷,以下按 33.1.1.1 自"振摇 2 min,静置分层……"起依法操作。最后加入 2 mL 苯-乙腈 混合液。此溶液每毫升相当于 4 g 试样。

33.2 测定

33.2.1 单向展开法

33.2.1.1 薄层板的制备

称取约 3 g 硅胶 G,加相当于硅胶量 2 倍～3 倍的水,用力研磨 1 min～2 min 至成糊状后立即倒于 涂布器内,推成 5 cm×20 cm,厚度约 0.25 mm 的薄层板三块。在空气中干燥约 15 min 后,在 100 ℃ 活 化 2 h,取出,放干燥器中保存。一般可保存 2 d～3 d,若放置时间较长,可再活化后使用。

33.2.1.2　点样

将薄层板边缘附着的吸附剂刮净,在距薄层板下端 3 cm 的基线上用微量注射器或血色素吸管滴加样液。一块板可滴加 4 个点,点距边缘和点间距约为 1 cm,点直径约 3 mm。在同一块板上滴加点的大小应一致,滴加时可用吹风机用冷风边吹边加。滴加样式如下:

第一点:0 μL AFT B_1 标准工作液(0.04 μg/mL)。

第二点:20 μL 样液。

第三点:20 μL 样液＋10 μL 0.04 μg/mL AFT B_1 标准工作液。

第四点:20 μL 样液＋10 μL 0.2 μg/mL AFT B_1 标准工作液。

33.2.1.3　展开与观察

在展开槽内加 10 mL 无水乙醚,预展 12 cm,取出挥干。再于另一展开槽内加 10 mL 丙酮-三氯甲烷(8＋92),展开 10 cm～12 cm,取出。在紫外光下观察结果,方法如下。

由于样液点上加滴 AFT B_1 标准工作液,可使 AFT B_1 标准点与样液中的 AFT B_1 荧光点重叠。如样液为阴性,薄层板上的第三点中 AFT B_1 为 0.000 4 μg,可用作检查在样液内 AFT B_1 最低检出量是否正常出现;如为阳性,则起定性作用。薄层板上的第四点中 AFT B_1 为 0.002 μg,主要起定位作用。

若第二点在与 AFT B_1 标准点的相应位置上无蓝紫色荧光点,表示试样中 AFT B_1 含量在 5 μg/kg以下,如在相应位置上有蓝紫色荧光点,则需进行确证试验。

33.2.1.4　确证试验

为了证实薄层板上样液荧光系由 AFT B_1 产生的,加滴三氟乙酸,产生 AFT B_1 的衍生物,展开后此衍生物的比移值在 0.1 左右。于薄层板左边依次滴加两个点。

第一点:0.04 μg/mL AFT B_1 标准工作液 10 μL。

第二点:20 μL 样液。于以上两点各加一小滴三氟乙酸盖于其上,反应 5 min 后,用吹风机吹热风2 min 后,使热风吹到薄层板上的温度不高于 40 ℃,再于薄层板上滴加以下两个点。

第三点:0.04 μg/mL AFT B_1 标准工作液 10 μL。

第四点:20 μL 样液。

再展开(同 16.2.1.3),在紫外光灯下观察样液是否产生与 AFT B_1 标准点相同的衍生物。未加三氟乙酸的三、四两点,可依次作为样液与标准的衍生物空白对照。

33.2.1.5　稀释定量

样液中的 AFT B_1 荧光点的荧光强度如与 AFT B_1 标准点的最低检出量(0.000 4 μg)的荧光强度一致,则试样中 AFT B_1 含量即为 5 μg/kg。如样液中荧光强度比最低检出量强,则根据其强度估计减少滴加微升数或将样液稀释后再滴加不同微升数,直至样液点的荧光强度与最低检出量的荧光强度一致为止。滴加式样如下:

第一点:10 μL AFT B_1 标准工作液(0.04 μg/mL)

第二点:根据情况滴加 10 μL 样液。

第三点:根据情况滴加 15 μL 样液。

第四点:根据情况滴加 20 μL 样液。

33.2.1.6　结果计算

试样中 AFT B_1 的含量按式(5)计算:

$$X = 0.000\,4 \times \frac{V_1 \times f}{V_2 \times m} \times 1\,000 \qquad \cdots\cdots\cdots\cdots\cdots\cdots\cdots(5)$$

式中：

X ——试样中 AFT B$_1$ 的含量，单位为微克每千克（μg/kg）；

$0.000\,4$ ——AFT B$_1$ 的最低检出量，单位为微克（μg）；

V_1 ——加入苯-乙腈混合液的体积，单位为毫升（mL）；

f ——样液的总稀释倍数；

V_2 ——出现最低荧光时滴加样液的体积，单位为毫升（mL）；

m ——加入苯-乙腈混合液溶解时相当试样的质量，单位为克（g）；

$1\,000$ ——换算系数。

结果表示到测定值的整数位。

33.2.2 双向展开法

如用单向展开法展开后，薄层色谱由于杂质干扰掩盖了 AFT B$_1$ 的荧光强度，需采用双向展开法。薄层板先用无水乙醚作横向展开，将干扰的杂质展至样液点的一边而 AFT B$_1$ 不动，然后再用丙酮-三氯甲烷(8+92)作纵向展开，试样在 AFT B$_1$ 相应处的杂质底色大量减少，因而提高了方法灵敏度。如用双向展开中滴加两点法展开仍有杂质干扰时，则可改用滴加一点法。

33.2.2.1 滴如两点法

33.2.2.1.1 点样

取薄层板三块，在距下端 3 cm 基线上滴加 AFT B$_1$ 标准使用液与样液。即在三块板的距左边缘 0.8 cm～1 cm 处各滴加 10 μL AFT B$_1$ 标准使用液(0.04 μg/mL)，在距左边缘 2.8 cm～3 cm 处各滴加 20 μL 样液，然后在第二块板的样液点上加滴 10 μL AFT B$_1$ 标准使用液(0.04 μg/mL)，在第三块板的样液点上加滴 10 μL 0.2 μg/mL AFT B$_1$ 标准使用液。

33.2.2.1.2 展开

33.2.2.1.2.1 横向展开：在展开槽内的长边置一玻璃支架，加 10 mL 无水乙醚，将上述点好的薄层板靠标准点的长边置于展开槽内展开，展至板端后，取出挥干，或根据情况需要时可再重复展开 1 次～2 次。

33.2.2.1.2.2 纵向展开：挥干的薄层板以丙酮-三氯甲烷(8+92)展开至 10 cm～12 cm 为止。丙酮与三氯甲烷的比例根据不同条件自行调节。

33.2.2.1.3 观察及评定结果

在紫外光灯下观察第一、二板，若第二板的第二点在 AFT B$_1$ 标准点的相应处出现最低检出量，而第一板在与第二板的相同位置上未出现荧光点，则试样中 AFT B$_1$ 含量在 5 μg/kg 以下。

若第一板在与第二板的相同位置上出现荧光点，则将第一板与第三板比较，看第三板上第二点与第一板上第二点的相同位置上的荧光点是否与 AFT B$_1$ 标准点重叠，如果重叠，再进行确证试验。在具体测定中，第一、二、三板可以同时做，也可按照顺序做。如按顺序做，当在第一板出现阴性时，第三板可以省略，如第一板为阳性，则第二板可以省略，直接作第三板。

33.2.2.1.4 确证试验

另取薄层板两块，于第四、第五两板距左边缘 0.8 cm～1 cm 处各滴加 10 μL AFT B$_1$ 标准使用液(0.04 μg/mL)及 1 小滴三氟乙酸；在距左边缘 2.8 cm～3 cm 处，于第四板滴加 20 μL 样液及 1 小滴三氟乙酸，于第五板滴加 20 μL 样液、10 μL AFT B$_1$ 标准使用液(0.04 μg/mL)及 1 小滴三氟乙酸。反应 5 min 后，用吹风机吹热风 2 min，使热风吹到薄层极上的温度不高于 40 ℃。再用双向展开法展开后，观察样液是否产生与 AFT B_1 标准点重叠的衍生物。观察时,可将第一板作为样液的衍生物空白板。如样液 AFT B_1 含量高时,则将样液稀释后,按 33.2.1.4 做确证试验。

33.2.2.1.5 稀释定量

如样液 AFT B_1 含量高时,按 16.3.1.5 稀释定量操作。如 AFT B_1 含量低,稀释倍数小,在定量的纵向展开板上仍有杂质干扰,影响结果的判断,可将样液再做双向展开法测定,以确定含量。

33.2.2.1.6 结果计算

同 33.2.1.6。

33.2.2.2 滴加一点法

33.2.2.2.1 点样

取薄层板三块,在距下端 3 cm 基线上滴加 AFT B_1 标准使用液与样液。即在三块板臣左边缘 0.8 cm～1 cm 处各滴加 20 μL 样液,在第二板的点上加 10 μL AFT B_1 标准使用液(0.04 $\mu g/mL$)。在第三板的点上加滴 10 μL AFT B_1 标准榕液(0.2 $\mu g/mL$)。

33.2.2.2.2 展开

同 33.2.2.1.2 的横向展开与纵向展开。

33.2.2.2.3 观察及评定结果

在紫外光灯下观察第一、二板,如第二板出现最低检出量的黄曲霉霉素 B_1 标准点,而第一板与其相同位置上来出现荧光点,试样中 AFT B_1 含量在 5 $\mu g/kg$ 以下。如第一板在与第二板 AFT B_1 相同位置上出现荧光点,则将第一板与第三板比较,看第三板上与第一板相同位置的荧光点是否与 AFT B_1 标准点重叠,如果重叠再进行以下确证试验。

33.2.2.2.4 确证试验

另取两板,于距左边缘 0.8 cm～1 cm 处,第四板滴加 20 μL 样液、1 滴三氟乙酸;第五板滴加 20 μL 样液、10 μL 0.04 $\mu g/mL$ AFT B_1 标准使用液及 1 滴三氟乙酸。产生衍生物及展开方法同 33.2.2.1。再将以上二板在紫外光灯下观察,以确定样液点是否产生与 AFT B_1 标准点重叠的衍生物,观察时可将第一板作为样液的衍生物空白板。经过以上确证试验定为阳性后,再进行稀释定量,如含 AFT B_1 低,不需稀释或稀释倍数小,杂质荧光仍有严重干扰,可根据样液中黄曲霉毒素 B_1 荧光的强弱,直接用双向展开法定量。

33.2.2.2.5 结果计算

同 33.2.1.6。

34 精密度

每个试样称取两份进行平行测定,以其算术平均值为分析结果。
其分析结果的相对相差应不大于 60%。

35 其他

薄层板上黄曲霉毒素 B_1 的最低检出量为 0.000 4 μg,检出限为 5 $\mu g/kg$。

附 录 A

AFT B₁、AFT B₂、AFT G₁ 和 AFT G₂ 的标准浓度校准方法

用苯-乙腈(98+2)或甲苯-乙腈(9+1)或甲醇或乙腈溶液分别配制 8 μg/mL～10 μg/mL 的 AFT B₁、AFT B₂、AFT G₁ 和 AFT G₂ 的标准溶液。根据下面的方法,在最大吸收波段处测定溶液的吸光度,分别确定 AFT B₁、AFT B₂、AFT G₁ 和 AFT G₂ 的实际浓度。

用分光光度计在 340 nm～370 nm 处测定,经扣除溶剂的空白试剂本底,校正比色皿系统误差后,读取标准溶液的最大吸收波长(λ_{max})处吸光度值 A。校准溶液实际浓度 ρ 按式(A.1)计算:

$$\rho = A \times M \times \frac{1\,000}{\varepsilon} \quad\cdots\cdots\cdots\cdots\cdots\cdots\cdots\quad (\text{A.1})$$

式中:

ρ——校准测定的 AFT B₁、AFT B₂、AFT G₁ 和 AFT G₂ 的实际浓度,单位为微克每毫升(μg/mL);

A——在 λ_{max} 处测得的吸光度值;

M——AFT B₁、AFT B₂、AFT G₁ 和 AFT G₂ 摩尔质量,单位为克每摩尔(g/mol);

ε——溶液中的 AFT B₁、AFT B₂、AFT G₁ 和 AFT G₂ 的吸光系数,单位为平方米每摩尔(m²/mol)。

AFT B₁、AFT B₂、AFT G₁ 和 AFT G₂ 的摩尔质量及摩尔吸光系数见表 A.1。

表 A.1　AFT B₁、AFT B₂、AFT G₁ 和 AFT G₂ 的摩尔质量及摩尔吸光系数

黄曲霉毒素名称	摩尔质量/(g/mol)	溶剂	摩尔吸光系数
AFT B₁	312	苯-乙腈(98+2)	19 800
		甲苯-乙腈(9+1)	19 300
		甲醇	21 500
		乙腈	20 700
AFT B₂	314	苯-乙腈(98+2)	20 900
		甲苯-乙腈(9+1)	21 000
		甲醇	21 400
		乙腈	22 100
AFT G₁	328	苯-乙腈(98+2)	17 100
		甲苯-乙腈(9+1)	16 400
		甲醇	17 700
		乙腈	17 600
AFT G₂	330	苯-乙腈(98+2)	18 200
		甲苯-乙腈(9+1)	18 300
		甲醇	19 200
		乙腈	18 900

附 录 B
免疫亲和柱验证方法

B.1 柱容量验证

在 30 mL 的 1% Triton X-100(或吐温-20)-PBS 中加入 600 ng AFT B_1 标准储备溶液,充分混匀。分别取同一批次 3 根免疫亲和柱,每根柱的上样量为 10 mL。经上样、淋洗、洗脱,收集洗脱液,用氮气吹干至 1 mL,用初始流动相定容至 10 mL,用液相色谱仪分离测定 AFT B_1 的含量。

结果判定:结果 AFT $B_1 \geqslant 160$ ng,为可使用商品。

B.2 柱回收率验证

在 30 mL 的 1% Triton X-100(或吐温-20)-PBS 中加入 600 ng AFT B_1 标准储备溶液,充分混匀。分别取同一批次 3 根免疫亲和柱,每根柱的上样量为 10 mL。经上样、淋洗、洗脱,收集洗脱液,用氮气吹干至 1 mL,用初始流动相定容至 10 mL,用液相色谱仪分离测定 AFT B_1 的含量。

结果判定:结果 AFT $B_1 \geqslant 160$ ng,即回收率 $\geqslant 80\%$,为可使用商品。

B.3 交叉反应率验证

在 30 mL 的 1% Triton X-100(或吐温-20)-PBS 中加入 300 ng AFT G_2 标准储备溶液,充分混匀。分别取同一批次 3 根免疫亲和柱,每根柱的上样量为 10 mL。经上样、淋洗、洗脱,收集洗脱液,用氮气吹干至 1 mL,用初始流动相定容至 10 mL,用液相色谱仪分离测定 AFT G_2 的含量。

结果判定:结果 AFT $G_2 \geqslant 80$ ng,为可同时测定 AFT B_1、AFT B_2、AFT G_1、AFT G_2 时使用的商品。

附　录　C
串联质谱法图谱

C.1　黄曲霉毒素 B₁ 离子扫描图见图 C.1。

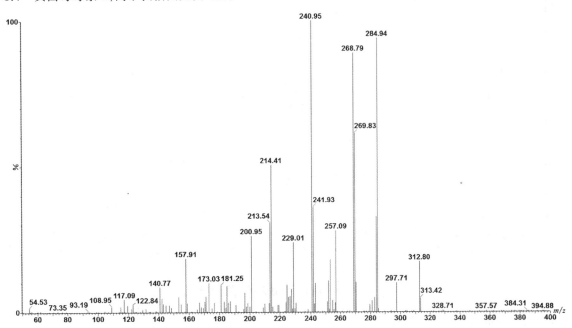

图 C.1　黄曲霉毒素 B₁ 离子扫描图

C.2　黄曲霉毒素 B₂ 离子扫描图见图 C.2。

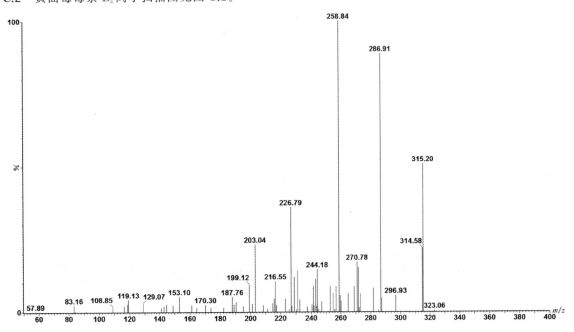

图 C.2　黄曲霉毒素 B₂ 离子扫描图

C.3 黄曲霉毒素 G_1 离子扫描图见图 C.3。

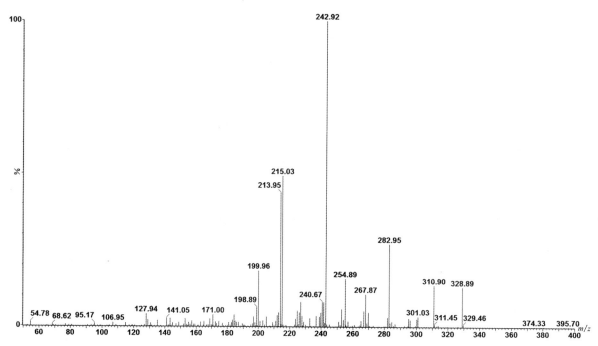

图 C.3　黄曲霉毒素 G_1 离子扫描图

C.4 黄曲霉毒素 G_2 离子扫描图见图 C.4。

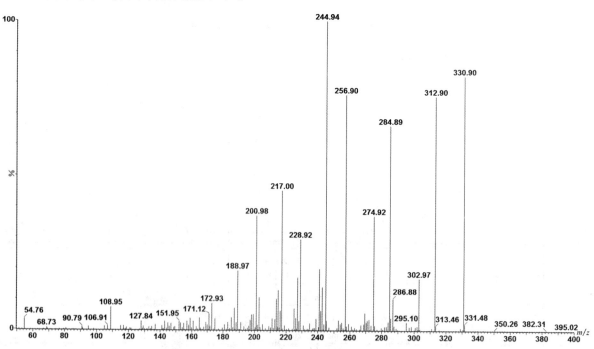

图 C.4　黄曲霉毒素 G_2 离子扫描图

C.5 ^{13}C-黄曲霉毒素 B$_1$ 离子扫描图见图 C.5。

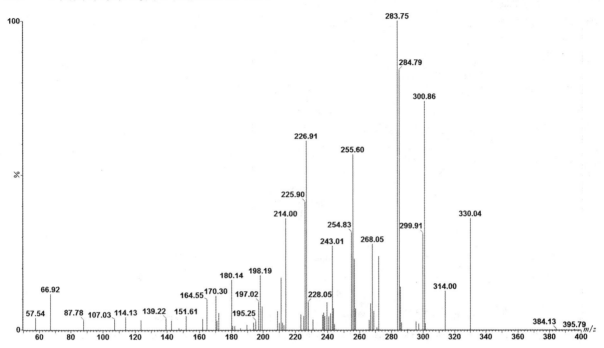

图 C.5 ^{13}C-黄曲霉毒素 B$_1$ 离子扫描图

C.6 ^{13}C-黄曲霉毒素 B$_2$ 离子扫描图见图 C.6。

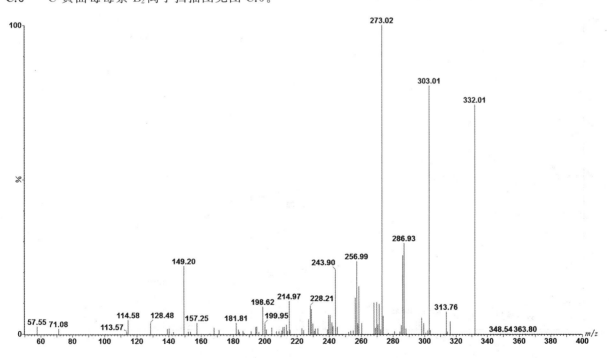

图 C.6 ^{13}C-黄曲霉毒素 B$_2$ 离子扫描图

C.7　^{13}C-黄曲霉毒素 G₁离子扫描图见图 C.7。

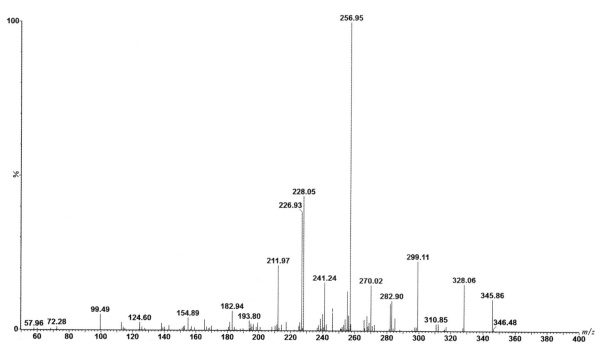

图 C.7　^{13}C-黄曲霉毒素 G₁离子扫描图

C.8　^{13}C-黄曲霉毒素 G₂离子扫描图见图 C.8。

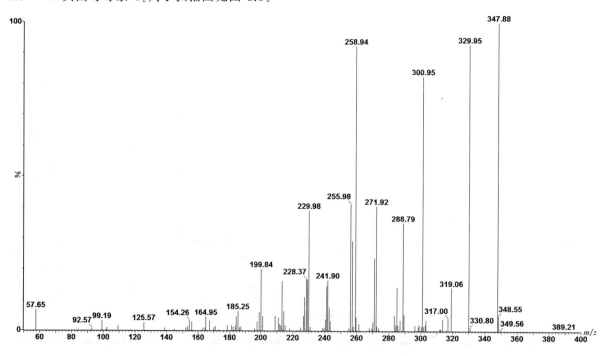

图 C.8　^{13}C-黄曲霉毒素 G₂离子扫描图

C.9　四种黄曲霉毒素和同位素的串联质谱图见图 C.9。

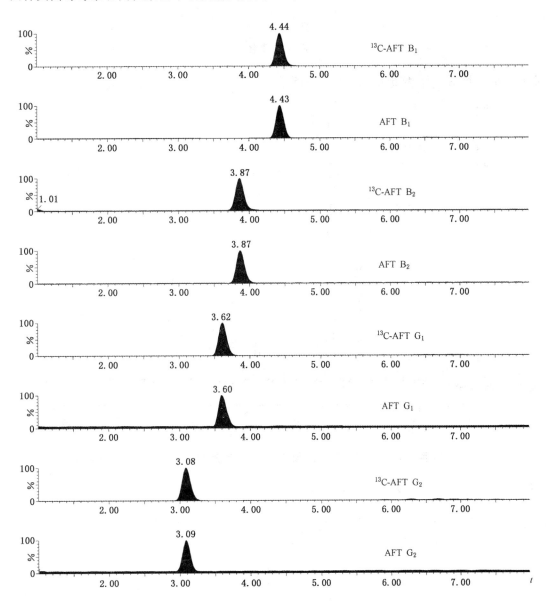

图 C.9　四种黄曲霉毒素及其同位素内标化合物的串联质谱图

附　录　D

液相色谱图

D.1　四种黄曲霉毒素 TFA 柱前衍生液相色谱图见图 D.1。

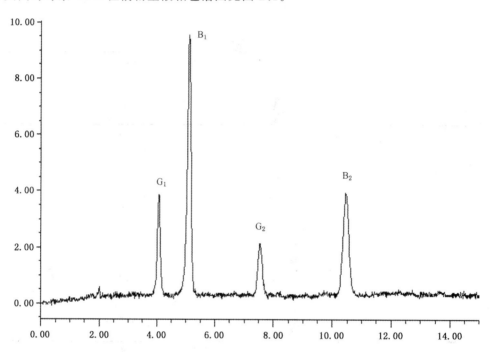

图 D.1　四种黄曲霉毒素 TFA 柱前衍生液相色谱图（0.5 ng/mL 标准溶液）

D.2　四种黄曲霉毒素大流通池检测色谱图见图 D.2。

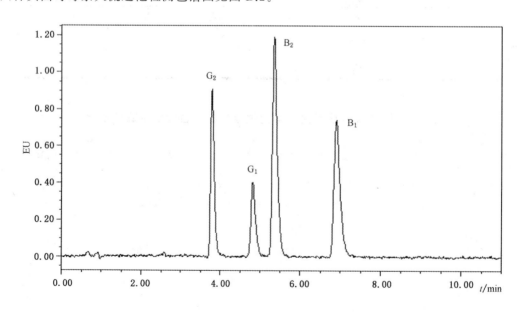

图 D.2　四种黄曲霉毒素大流通池检测色谱图（双波长检测）（2 ng/mL 标准溶液）

D.3 四种黄曲霉毒素柱后光化学衍生法检测色谱图见图 D.3。

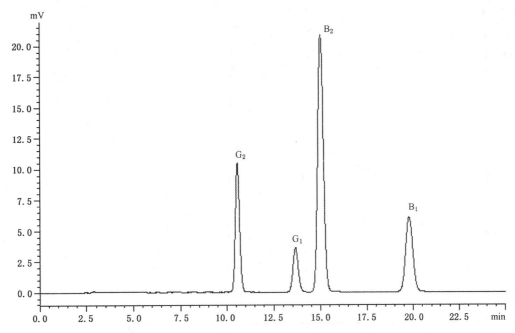

图 D.3 四种黄曲霉毒素柱后光化学衍生法色谱图（5 ng/mL 标准溶液）

D.4 四种黄曲霉毒素柱后碘衍生法检测色谱图见图 D.4。

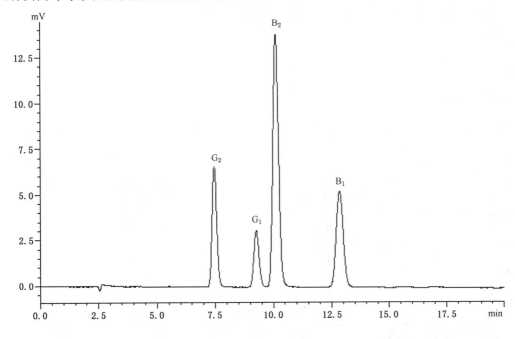

图 D.4 四种黄曲霉毒素柱后碘衍生色谱图（5 ng/mL 标准溶液）

D.5 四种黄曲霉毒素柱后溴衍生法检测色谱图见图 D.5。

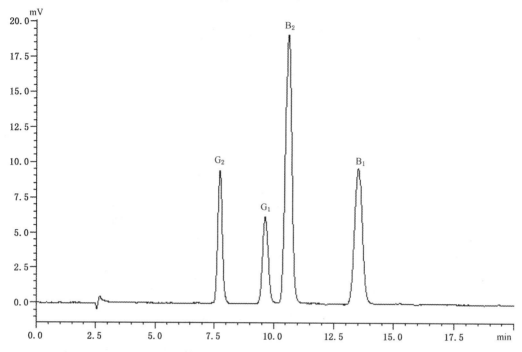

图 D.5 四种黄曲霉毒素柱后溴衍生色谱图(5 ng/mL 标准溶液)

D.6 四种黄曲霉毒素柱后电化学衍生法检测色谱图见图 D.6。

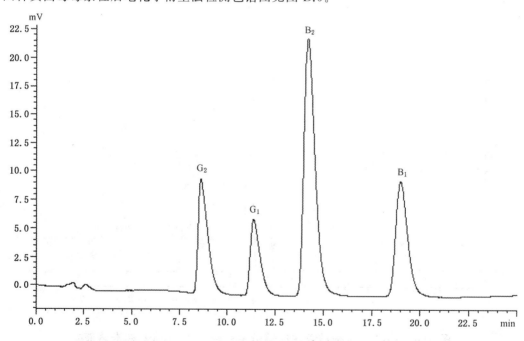

图 D.6 四种黄曲霉毒素柱后电化学衍生色谱图(5 ng/mL 标准溶液)

附 录 E
酶联免疫试剂盒的质量判定方法

选取小麦粉或其他阴性样品,根据所购酶联免疫试剂盒的检出限,在阴性基质中添加 3 个浓度水平的 AFT B_1 标准溶液(2 μg/kg、5 μg/kg、10 μg/kg)。按照说明书操作方法,用读数仪读数,做三次平行实验。针对每个加标浓度,回收率在 50%～120%容许范围内的该批次产品方可使用。

注:当试剂盒用于特殊膳食用食品基质检测时,需根据其限量,考察添加浓度水平为 0.2 μg/kg AFT B_1 标准溶液的回收率。

中华人民共和国国家标准

GB 5009.24—2016

食品安全国家标准
食品中黄曲霉毒素 M 族的测定

2016-12-23 发布

2017-06-23 实施

中华人民共和国国家卫生和计划生育委员会
国家食品药品监督管理总局 发布

前　言

本标准代替 GB 5413.37—2010《食品安全国家标准　乳和乳制品中黄曲霉毒素 M$_1$ 的测定》、GB 5009.24—2010《食品安全国家标准　食品中黄曲霉毒素 M$_1$ 和 B$_1$ 的测定》、GB/T 23212—2008《牛奶和奶粉中黄曲霉毒素 B$_1$、B$_2$、G$_1$、G$_2$、M$_1$、M$_2$ 的测定　高效液相色谱法-荧光检测法》和 SN/T 1664—2005《牛奶和奶粉中黄曲霉毒素 M$_1$、B$_1$、B$_2$、G$_1$、G$_2$ 含量的测定》。

本标准与 GB 5413.37—2010 相比,主要变化如下:

——标准名称修改为"食品安全国家标准　食品中黄曲霉毒素 M 族的测定";

——增加了方法适用范围;

——增加了对黄曲霉毒素 M$_2$ 的检测;

——修改了酶联免疫法,并修改第三法名称为酶联免疫吸附筛查法;

——修改了液相色谱-质谱联用法;

——修改了液相色谱法的前处理方法;

——删除了免疫层析净化荧光分光度法。

食品安全国家标准

食品中黄曲霉毒素 M 族的测定

1　范围

本标准规定了食品中黄曲霉毒素 M_1 和黄曲霉毒素 M_2（以下简称 AFT M_1 和 AFT M_2）的测定方法。

第一法为同位素稀释液相色谱-串联质谱法，适用于乳、乳制品和含乳特殊膳食用食品中 AFT M_1 和 AFT M_2 的测定。

第二法为高效液相色谱法，适用范围同第一法。

第三法为酶联免疫吸附筛查法，适用于乳、乳制品和含乳特殊膳食用食品中 AFT M_1 的筛查测定。

第一法　同位素稀释液相色谱-串联质谱法

2　原理

试样中的黄曲霉毒素 M_1 和黄曲霉毒素 M_2 用甲醇-水溶液提取，上清液用水或磷酸盐缓冲液稀释后，经免疫亲和柱净化和富集，净化液浓缩、定容和过滤后经液相色谱分离，串联质谱检测，同位素内标法定量。

3　试剂和材料

除非另有说明，本方法所用试剂均为分析纯，水为 GB/T 6682 规定的一级水。

3.1　试剂

3.1.1　乙腈（CH_3CN）：色谱纯。

3.1.2　甲醇（CH_3OH）：色谱纯。

3.1.3　乙酸铵（CH_3COONH_4）。

3.1.4　氯化钠（NaCl）。

3.1.5　磷酸氢二钠（Na_2HPO_4）。

3.1.6　磷酸二氢钾（KH_2PO_4）。

3.1.7　氯化钾（KCl）。

3.1.8　盐酸（HCl）。

3.1.9　石油醚（C_nH_{2n+2}）：沸程为 30 ℃～60 ℃。

3.2　试剂配制

3.2.1　乙酸铵溶液（5 mmol/L）：称取 0.39 g 乙酸铵，溶于 1 000 mL 水中，混匀。

3.2.2　乙腈-水溶液（25＋75）：量取 250 mL 乙腈加入 750 mL 水中，混匀。

3.2.3　乙腈-甲醇溶液（50＋50）：量取 500 mL 乙腈加入 500 mL 甲醇中，混匀。

3.2.4 磷酸盐缓冲溶液(以下简称 PBS):称取 8.00 g 氯化钠、1.20 g 磷酸氢二钠(或 2.92 g 十二水磷酸氢二钠)、0.20 g 磷酸二氢钾、0.20 g 氯化钾,用 900 mL 水溶解后,用盐酸调节 pH 至 7.4,再加水至 1 000 mL。

3.3 标准品

3.3.1 AFT M$_1$ 标准品(C$_{17}$H$_{12}$O$_7$,CAS:6795-23-9):纯度≥98%,或经国家认证并授予标准物质证书的标准物质。

3.3.2 AFT M$_2$ 标准品(C$_{17}$H$_{14}$O$_7$,CAS:6885-57-0):纯度≥98%,或经国家认证并授予标准物质证书的标准物质。

3.3.3 ^{13}C$_{17}$-AFT M$_1$ 同位素溶液(C$_{17}$H$_{14}$O$_7$):0.5 μg/mL。

3.4 标准溶液配制

3.4.1 标准储备溶液(10 μg/mL):分别称取 AFT M$_1$ 和 AFT M$_2$ 1 mg(精确至 0.01 mg),分别用乙腈溶解并定容至 100 mL。将溶液转移至棕色试剂瓶中,在－20 ℃下避光密封保存。临用前进行浓度校准(校准方法参见附录 A)。

3.4.2 混合标准储备溶液(1.0 μg/mL):分别准确吸取 10 μg/mL AFT M$_1$ 和 AFT M$_2$ 标准储备液 1.00 mL 于同一 10 mL 容量瓶中,加乙腈稀释至刻度,得到 1.0 μg/mL 的混合标准液。此溶液密封后避光 4 ℃保存,有效期 3 个月。

3.4.3 混合标准工作液(100 ng/mL):准确吸取混合标准储备溶液(1.0 μg/mL)1.00 mL 至 10 mL 容量瓶中,乙腈定容。此溶液密封后避光 4 ℃下保存,有效期 3 个月。

3.4.4 50 ng/mL 同位素内标工作液 1(^{13}C$_{17}$-AFT M$_1$):取 AFT M$_1$ 同位素内标(0.5 μg/mL)1 mL,用乙腈稀释至 10 mL。在－20 ℃下保存,供测定液体样品时使用。有效期 3 个月。

3.4.5 5 ng/mL 同位素内标工作液 2(^{13}C$_{17}$-AFT M$_1$):取 AFT M$_1$ 同位素内标(0.5 μg/mL)100 μL,用乙腈稀释至 10 mL。在－20 ℃下保存,供测定固体样品时使用。有效期 3 个月。

3.4.6 标准系列工作溶液:分别准确吸取标准工作液 5 μL、10 μL、50 μL、100 μL、200 μL、500 μL 至 10 mL 容量瓶中,加入 100 μL 50 ng/mL 的同位素内标工作液,用初始流动相定容至刻度,配制 AFT M$_1$ 和 AFT M$_2$ 的浓度均为 0.05 ng/mL、0.1 ng/mL、0.5 ng/mL、1.0 ng/mL、2.0 ng/mL、5.0 ng/mL 的系列标准溶液。

4 仪器和设备

4.1 天平:感量 0.01 g、0.001 g 和 0.000 01 g。

4.2 水浴锅:温控 50 ℃±2 ℃。

4.3 涡旋混合器。

4.4 超声波清洗器。

4.5 离心机:≥6 000 r/min。

4.6 旋转蒸发仪。

4.7 固相萃取装置(带真空泵)。

4.8 氮吹仪。

4.9 液相色谱-串联质谱仪:带电喷雾离子源。

4.10 圆孔筛:1 mm～2 mm 孔径。

4.11 玻璃纤维滤纸:快速,高载量,液体中颗粒保留 1.6 μm。

4.12 一次性微孔滤头:带 0.22 μm 微孔滤膜(所选用滤膜应采用标准溶液检验确认无吸附现象,方可使用)。

4.13 免疫亲和柱:柱容量≥100 ng(柱容量、回收率、柱回收率验证方法参见附录B)。

注:对于每个批次的亲和柱在使用前需进行质量验证。

5 分析步骤

使用不同厂商的免疫亲和柱,在样品的上样、淋洗和洗脱的操作方面可能略有不同,应该按照供应商所提供的操作说明书要求进行操作。

警示:整个分析操作过程应在指定区域内进行。该区域应避光(直射阳光),具备相对独立的操作台和废弃物存放装置。在整个实验过程中,操作者应按照接触剧毒物的要求采取相应的保护措施。

5.1 样品提取

5.1.1 液态乳、酸奶

称取 4 g 混合均匀的试样(精确到 0.001 g)于 50 mL 离心管中,加入 100 μL $^{13}C_{17}$-AFT M_1 内标溶液(5 ng/mL)振荡混匀后静置 30 min,加入 10 mL 甲醇,涡旋 3 min。置于 4 ℃、6 000 r/min 下离心 10 min 或经玻璃纤维滤纸过滤,将适量上清液或滤液转移至烧杯中,加 40 mL 水或 PBS 稀释,备用。

5.1.2 乳粉、特殊膳食用食品

称取 1 g 样品(精确到 0.001 g)于 50 mL 离心管中,加入 100 μL $^{13}C_{17}$-AFT M_1 内标溶液(5 ng/mL)振荡混匀后静置 30 min,加入 4 mL 50 ℃热水,涡旋混匀。如果乳粉不能完全溶解,将离心管置于 50 ℃的水浴中,将乳粉完全溶解后取出。待样液冷却至 20 ℃后,加入 10 mL 甲醇,涡旋 3 min。置于 4 ℃、6 000 r/min 下离心 10 min 或经玻璃纤维滤纸过滤,将适量上清液或滤液转移至烧杯中,加 40 mL 水或 PBS 稀释,备用。

5.1.3 奶油

称取 1 g 样品(精确到 0.001 g)于 50 mL 离心管中,加入 100 μL $^{13}C_{17}$-AFT M_1 内标溶液(5 ng/mL)振荡混匀后静置 30 min,加入 8 mL 石油醚,待奶油溶解,再加 9 mL 水和 11 mL 甲醇,振荡 30 min,将全部液体移至分液漏斗中。加入 0.3 g 氯化钠充分摇动溶解,静置分层后,将下层移到圆底烧瓶中,旋转蒸发至 10 mL 以下,用 PBS 稀释至 30 mL。

5.1.4 奶酪

称取 1 g 已切细、过孔径 1 mm~2 mm 圆孔筛混匀样品(精确到 0.001 g)于 50 mL 离心管中,加 100 μL $^{13}C_{17}$-AFT M_1 内标溶液(5 ng/mL)振荡混匀后静置 30 min,加入 1 mL 水和 18 mL 甲醇,振荡 30 min,置于 4 ℃、6 000 r/min 下离心 10 min 或经玻璃纤维滤纸过滤,将适量上清液或滤液转移至圆底烧瓶中,旋转蒸发至 2 mL 以下,用 PBS 稀释至 30 mL。

5.2 净化

5.2.1 免疫亲和柱的准备

将低温下保存的免疫亲和柱恢复至室温。

5.2.2 净化

免疫亲和柱内的液体放弃后,将上述样液移至 50 mL 注射器筒中,调节下滴流速为 1 mL/min~

3 mL/min。待样液滴完后,往注射器筒内加入 10 mL 水,以稳定流速淋洗免疫亲和柱。待水滴完后,用真空泵抽干亲和柱。脱离真空系统,在亲和柱下放置 10 mL 刻度试管,取下 50 mL 的注射器筒,加入 2×2 mL 乙腈(或甲醇)洗脱亲和柱,控制 1 mL/min~3 mL/min 下滴速度,用真空泵抽干亲和柱,收集全部洗脱液至刻度试管中。在 50 ℃ 下氮气缓缓地将洗脱液吹至近干,用初始流动相定容至 1.0 mL,涡旋 30 s 溶解残留物,0.22 μm 滤膜过滤,收集滤液于进样瓶中以备进样。

> 注:全自动(在线)或半自动(离线)的固相萃取仪器可优化操作参数后使用。为防止黄曲霉毒素 M 破坏,相关操作在避光(直射阳光)条件下进行。

5.3 液相色谱参考条件

液相色谱参考条件列出如下:

a) 液相色谱柱:C_{18}柱(柱长 100 mm,柱内径 2.1 mm,填料粒径 1.7 μm),或相当者。

b) 色谱柱柱温:40 ℃。

c) 流动相:A 相,5 mmol/L 乙酸铵水溶液;B 相,乙腈-甲醇(50+50)。梯度洗脱:参见表1。

d) 流速:0.3 mL/min。

e) 进样体积:10 μL。

5.4 质谱参考条件

质谱参考条件列出如下:

a) 检测方式:多离子反应监测(MRM);

b) 离子源控制条件:参见表2;

c) 离子选择参数:见表3;

d) 液相色谱-质谱图和子离子扫描图:见附录 C。

表 1 液相色谱梯度洗脱条件

时间/min	流动相 A/%	流动相 B/%	梯度变化曲线
0.0	68.0	32.0	—
0.5	68.0	32.0	1
4.2	55.0	45.0	6
5.0	0.0	100.0	6
5.7	0.0	100.0	1
6.0	68.0	32.0	6

表 2 离子源控制条件

电离方式	ESI$^+$
毛细管电压/kV	17.5
锥孔电压/V	45
射频透镜 1 电压/V	12.5
射频透镜 2 电压/V	12.5

表 2（续）

离子源温度/℃	120
锥孔反吹气流量/(L/h)	50
脱溶剂气温度/℃	350
脱溶剂气流量/(L/h)	500
电子倍增电压/V	650

表 3　质谱条件参数

化合物名称	母离子 （m/z）	定量子离子 （m/z）	碰撞能量 eV	定性子离子 （m/z）	碰撞能量 eV	离子化方式
AFT M$_1$	329	273	23	259	23	ESI$^+$
^{13}C-AFT M$_1$	346	317	23	288	24	ESI$^+$
AFT M$_2$	331	275	23	261	22	ESI$^+$

5.5　定性测定

试样中目标化合物色谱峰的保留时间与相应标准色谱峰的保留时间相比较,变化范围应在±2.5%之内。

每种化合物的质谱定性离子必须出现,至少应包括一个母离子和两个子离子,而且同一检测批次,对同一化合物,样品中目标化合物的两个子离子的相对丰度比与浓度相当的标准溶液相比,其允许偏差不超过表 4 规定的范围。

表 4　定性时相对离子丰度的最大允许偏差

相对离子丰度/%	＞50	20～50	10～20	≤10
允许相对偏差/%	±20	±25	±30	±50

5.6　标准曲线的制作

在 5.3、5.4 液相色谱-串联质谱仪分析条件下,将标准系列溶液由低到高浓度进样检测,以 AFT M$_1$ 和 AFT M$_2$ 色谱峰与内标色谱峰^{13}C$_{17}$-AFT M$_1$的峰面积比值-浓度作图,得到标准曲线回归方程,其线性相关系数应大于 0.99。

5.7　试样溶液的测定

取 5.2 下处理得到的待测溶液进样,内标法计算待测液中目标物质的质量浓度,按第 6 章计算样品中待测物的含量。

5.8　空白试验

不称取试样,按 5.1 和 5.2 的步骤做空白实验。应确认不含有干扰待测组分的物质。

6 分析结果的表述

试样中 AFT M$_1$ 或 AFT M$_2$ 的残留量按式(1)计算：

$$X = \frac{\rho \times V \times f \times 1\,000}{m \times 1\,000} \quad\quad\quad\quad\quad\quad\quad\quad (1)$$

式中：

X ——试样中 AFT M$_1$ 或 AFT M$_2$ 的含量，单位为微克每千克(μg/kg)；

ρ ——进样溶液中 AFT M$_1$ 或 AFT M$_2$ 按照内标法在标准曲线中对应的浓度，单位为纳克每毫升(ng/mL)；

V ——样品经免疫亲和柱净化洗脱后的最终定容体积，单位为毫升(mL)；

f ——样液稀释因子；

1 000——换算系数；

m ——试样的称样量，单位为克(g)。

计算结果保留三位有效数字。

7 精密度

在重复性条件下获得的两次独立测定结果的绝对差值不得超过算术平均值的 20%。

8 其他

称取液态乳、酸奶 4 g 时，本方法 AFT M$_1$ 检出限为 0.005 μg/kg，AFT M$_2$ 检出限为 0.005 μg/kg，AFT M$_1$ 定量限为 0.015 μg/kg，AFT M$_2$ 定量限为 0.015 μg/kg。

称取乳粉、特殊膳食用食品、奶油和奶酪 1 g 时，本方法 AFT M$_1$ 检出限为 0.02 μg/kg，AFT M$_2$ 检出限为 0.02 μg/kg，AFT M$_1$ 定量限为 0.05 μg/kg，AFT M$_2$ 定量限为 0.05 μg/kg。

第二法 高效液相色谱法

9 原理

试样中的黄曲霉毒素 M$_1$ 和黄曲霉毒素 M$_2$ 用甲醇-水溶液提取，上清液稀释后，经免疫亲和柱净化和富集，净化液浓缩、定容和过滤后经液相色谱分离，荧光检测器检测。外标法定量。

10 试剂和材料

除非另有说明，本方法所用试剂均为分析纯，水为 GB/T 6682 规定的一级水。

10.1 试剂

10.1.1 乙腈(CH_3CN)：色谱纯。

10.1.2 甲醇(CH_3OH)：色谱纯。

10.1.3 氯化钠($NaCl$)。

10.1.4 磷酸氢二钠(Na_2HPO_4)。

10.1.5　磷酸二氢钾（KH_2PO_4）。

10.1.6　氯化钾（KCl）。

10.1.7　盐酸（HCl）。

10.1.8　石油醚（C_nH_{2n+2}）：沸程为 30 ℃～60 ℃。

10.2　试剂配制

10.2.1　乙腈-水溶液（25＋75）：量取 250 mL 乙腈加入 750 mL 水中，混匀。

10.2.2　乙腈-甲醇溶液（50＋50）：量取 500 mL 乙腈加入 500 mL 甲醇中，混匀。

10.2.3　磷酸盐缓冲溶液（以下简称 PBS）：称取 8.00 g 氯化钠、1.20 g 磷酸氢二钠（或 2.92 g 十二水磷酸氢二钠）、0.20 g 磷酸二氢钾、0.20 g 氯化钾，用 900 mL 水溶解后，用盐酸调节 pH 至 7.4，再加水至 1 000 mL。

10.3　标准品

10.3.1　AFT M_1 标准品（$C_{17}H_{12}O_7$，CAS：6795-23-9）：纯度≥98%，或经国家认证并授予标准物质证书的标准物质。

10.3.2　AFT M_2 标准品（$C_{17}H_{14}O_7$，CAS：6885-57-0）：纯度≥98%，或经国家认证并授予标准物质证书的标准物质。

10.4　标准溶液配制

10.4.1　标准储备溶液（10 μg/mL）：分别称取 AFT M_1 和 AFT M_2 1 mg（精确至 0.01 mg），分别用乙腈溶解并定容至 100 mL。将溶液转移至棕色试剂瓶中，在－20 ℃下避光密封保存。临用前进行浓度校准（校准方法参见附录 A）。

10.4.2　混合标准储备溶液（1.0 μg/mL）：分别准确吸取 10 μg/mL AFT M_1 和 AFT M_2 标准储备液 1.00 mL 于同一 10 mL 容量瓶中，加乙腈稀释至刻度，得到 1.0 μg/mL 的混合标准液。此溶液密封后避光 4 ℃保存，有效期 3 个月。

10.4.3　100 ng/mL 混合标准工作液（AFT M_1 和 AFT M_2）：准确移取混合标准储备溶液（1.0 μg/mL）1.0 mL 至 10 mL 容量瓶中，加乙腈稀释至刻度。此溶液密封后避光 4 ℃下保存，有效期 3 个月。

10.4.4　标准系列工作溶液：分别准确移取标准工作液 5 μL、10 μL、50 μL、100 μL、200 μL、500 μL 至 10 mL 容量瓶中，用初始流动相定容至刻度，AFT M_1 和 AFT M_2 的浓度均为 0.05 ng/mL、0.1 ng/mL、0.5 ng/mL、1.0 ng/mL、2.0 ng/mL、5.0 ng/mL 的系列标准溶液。

11　仪器和设备

11.1　天平：感量 0.01 g、0.001 g 和 0.000 01 g。

11.2　水浴锅：温控 50 ℃±2 ℃。

11.3　涡旋混合器。

11.4　超声波清洗器。

11.5　离心机：转速≥6 000 r/min。

11.6　旋转蒸发仪。

11.7　固相萃取装置（带真空泵）。

11.8　氮吹仪。

11.9　圆孔筛：1 mm～2 mm 孔径。

11.10　液相色谱仪（带荧光检测器）。

11.11 玻璃纤维滤纸:快速、高载量、液体中颗粒保留 1.6 μm。

11.12 一次性微孔滤头:带 0.22 μm 微孔滤膜。

11.13 免疫亲和柱:柱容量≥100 ng。(柱容量、回收率、柱回收率验证方法参见附录 B)。

注:对于不同批次的亲和柱在使用前需进行质量验证。

12 分析步骤

使用不同厂商的免疫亲和柱,在样品的上样、淋洗和洗脱的操作方面可能略有不同,应该按照供应商所提供的操作说明书要求进行操作。

警示:整个分析操作过程应在指定区域内进行。该区域应避光(直射阳光),具备相对独立的操作台和废弃物存放装置。在整个实验过程中,操作者应按照接触剧毒物的要求采取相应的保护措施。

12.1 试液提取

除不加同位素内标溶液,方法同 5.1。

12.2 净化

方法同 5.2。

12.3 液相色谱参考条件

液相色谱参考条件列出如下:
a) 液相色谱柱:C₁₈柱(柱长 150 mm,柱内径 4.6 mm;填料粒径 5 μm),或相当者。
b) 柱温:40 ℃。
c) 流动相:A 相,水;B 相,乙腈-甲醇(50+50)。等梯度洗脱条件:A,70%;B,30%。
d) 流速:1.0 mL/min。
e) 荧光检测波长:发射波长 360 nm;激发波长 430 nm。
f) 进样量:50 μL。

液相色谱图见附录 D。

12.4 测定

12.4.1 标准曲线的制作

将系列标准溶液由低到高浓度依次进样检测,以峰面积-浓度作图,得到标准曲线回归方程。

12.4.2 试样溶液的测定

待测样液中的响应值应在标准曲线线性范围内,超过线性范围的则应稀释后重新进样分析。

12.4.3 空白试验

不称取试样,按12.1 和12.2 的步骤做空白实验。确认不含有干扰待测组分的物质。

13 分析结果的表述

试样中 AFT M₁或 AFT M₂的残留量按式(2)计算:

$$X = \frac{\rho \times V \times f \times 1\,000}{m \times 1\,000} \quad \cdots\cdots\cdots\cdots\cdots\cdots (2)$$

式中：

X ——试样中 AFT M$_1$ 或 AFT M$_2$ 的含量，单位为微克每千克（µg/kg）；

ρ ——进样溶液中 AFT M$_1$ 或 AFT M$_2$ 的色谱峰由标准曲线所获得 AFT M$_1$ 或 AFT M$_2$ 的浓度，单位为纳克每毫升（ng/mL）；

V ——样品经免疫亲和柱净化洗脱后的最终定容体积，单位为毫升（mL）；

f ——样液稀释因子；

$1\ 000$——换算系数；

m ——试样的称样量，单位为克（g）。

计算结果保留三位有效数字。

14 精密度

在重复性条件下获得的两次独立测定结果的绝对差值不得超过算术平均值的 20%。

15 其他

称取液态乳、酸奶 4 g 时，本方法 AFT M$_1$ 检出限为 0.005 µg/kg，AFT M$_2$ 检出限为 0.002 5 µg/kg，AFT M$_1$ 定量限为 0.015 µg/kg，AFT M$_2$ 定量限为 0.007 5 µg/kg。

称取乳粉、特殊膳食用食品、奶油和奶酪 1 g 时，本方法 AFT M$_1$ 检出限为 0.02 µg/kg，AFT M$_2$ 检出限为 0.01 µg/kg，AFT M$_1$ 定量限为 0.05 µg/kg，AFT M$_2$ 定量限为 0.025 µg/kg。

第三法　酶联免疫吸附筛查法

16 原理

试样中的黄曲霉毒素 M$_1$ 经均质、冷冻离心、脱脂或有机溶剂萃取等处理获得上清液。利用被辣根过氧化物酶标记或固定在反应孔中的黄曲霉毒素 M$_1$ 与样品或标准品中的黄曲霉毒素 M$_1$ 竞争性结合特异性抗体。在洗涤后加入相应显色剂显色，经无机酸终止反应，于 450 nm 或 630 nm 波长下检测。样品中的黄曲霉毒素 M$_1$ 与吸光度在一定浓度范围内呈反比。

17 试剂和溶剂

配制溶液所需试剂均为分析纯，水为 GB/T 6682 规定的二级水。

按照试剂盒说明书所述，配制所需溶液。

所用商品化的试剂盒需按照附录 E 所述方法验证合格后方可使用。

18 仪器和设备

18.1 微孔板酶标仪：带 450 nm 与 630 nm（可选）滤光片。

18.2 天平：最小感量 0.01 g。

18.3 离心机：转速≥6 000 r/min。

18.4 旋涡混合器。

19 分析步骤

19.1 样品前处理

19.1.1 液态样品

取约 100 g 待测样品摇匀,将其中 10 g 样品用离心机在 6 000 r/min 或更高转速下离心 10 min。取下层液体约 1 g 于另一试管内,该溶液可直接测定,或者利用试剂盒提供的方法稀释后测定(待测液)。

19.1.2 乳粉、特殊膳食用食品

称取 10 g 待测样品(精确到 0.1 g)到小烧杯中,加水溶解,转移到 100 mL 容量瓶中,用水定容至刻度。以下步骤同 19.1.1。

19.1.3 奶酪

称取 50 g 待测样品(精确到 0.1 g),去除表面非食用部分,硬质奶酪可用粉碎机直接粉碎;软质奶酪需先在 −20 ℃ 冷冻过夜,然后立即用粉碎机进行粉碎。称取 5 g 混合均匀的待测样品(精确到 0.1 g),加入试剂盒所提供的提取液,按照试剂盒说明书进行提取,提取液即为待测液。

19.2 定量检测

按照酶联免疫试剂盒所述操作步骤对待测试样(液)进行定量检测。

20 分析结果的表述

20.1 酶联免疫试剂盒定量检测的标准工作曲线绘制

根据标准品浓度与吸光度变化关系绘制标准工作曲线。

20.2 待测液浓度计算

将待测液吸光度代入 20.1 所获得公式,计算得待测液浓度 ρ。

20.3 结果计算

食品中黄曲霉毒素 M_1 的含量按式(3)计算:

$$X = \frac{\rho \times V \times f}{m} \quad\cdots\cdots\cdots\cdots\cdots\cdots\cdots(3)$$

式中:

X ——食品中黄曲霉毒素 M_1 的含量,单位为微克每千克($\mu g/kg$);

ρ ——待测液中黄曲霉毒素 M_1 的浓度,单位为微克每升($\mu g/L$);

V ——定容体积(针对乳粉、特殊膳食用食品、液态样品)或者提取液体积(针对奶酪),单位为升(L);

f ——稀释倍数;

m ——样品取样量,单位为千克(kg)。

计算结果保留小数点后两位。

注:阳性样品需用第一法或第二法进一步确认。

21　精密度

在重复性条件下获得的两次独立测定结果的绝对差值不得超过算数平均值的 20%。

22　其他

称取液态乳 10 g 时,方法检出限为 0.01 μg/kg,定量限为 0.03 μg/kg。

称取乳粉和含乳特殊膳食用食品 10 g 时,方法检出限为 0.1 μg/kg,定量限为 0.3 μg/kg。

称取奶酪 5 g 时,方法检出限为 0.02 μg/kg,定量限为 0.06 μg/kg。

附 录 A

AFT M$_1$、AFT M$_2$ 的标准浓度校准方法

用乙腈溶液配制 8 μg/mL～10 μg/mL 的 AFT M$_1$、AFT M$_2$ 的标准溶液。根据下面的方法,在最大吸收波段处测定溶液的吸光度,确定 AFT M$_1$、AFT M$_2$ 的实际浓度。

用分光光度计在 340 nm～370 nm 处测定,经扣除溶剂的空白试剂本底,校正比色皿系统误差后,读取标准溶液的最大吸收波长($λ_{max}$)处吸光度值 A。校准溶液实际浓度 $ρ$ 按式(A.1)计算:

$$ρ = A × M × \frac{1\ 000}{ε} \quad\cdots\cdots\cdots\cdots\cdots\cdots\cdots\cdots\cdots\cdots\cdots(A.1)$$

式中:

$ρ$ ——校准测定的 AFT M$_1$、AFT M$_2$ 的实际浓度,单位为微克每毫升(μg/mL);

A ——在 $λ_{max}$ 处测得的吸光度值;

M ——AFT M$_1$、AFT M$_2$ 摩尔质量,单位为克每摩尔(g/mol);

$ε$ ——AFT M$_1$、AFT M$_2$ 的吸光系数,单位为平方米每摩尔(m^2/mol)。

表 A.1 AFT M$_1$ 的摩尔质量及摩尔吸光系数

黄曲霉毒素名称	摩尔质量/(g/mol)	溶剂	摩尔吸光系数/(m^2/mol)
AFT M$_1$	328	乙腈	19 000
AFT M$_2$	330	乙腈	21 400

附 录 B
免疫亲和柱的柱容量验证方法

B.1 柱容量验证

在 30 mL 的 PBS 中加入 300 ng AFT M_1 标准储备溶液,充分混匀。分别取同一批次 3 根免疫亲和柱,每根柱的上样量为 10 mL。经上样、淋洗、洗脱,收集洗脱液,用氮气吹干至 1 mL,用初始流动相定容至 10 mL,用液相色谱仪分离测定 AFT M_1 的含量。

结果判定:结果 AFT $M_1 \geqslant 80$ ng,为可使用商品。

B.2 柱回收率验证方法

在 30 mL 的 PBS 中加入 300 ng AFT M_1 标准储备溶液,充分混匀。分别取同一批次 3 根免疫亲和柱,每根柱的上样量为 10 mL。经上样、淋洗、洗脱,收集洗脱液,用氮气吹干至 1 mL,用初始流动相定容至 10 mL,用液相色谱仪分离测定 AFT M_1 的含量。

结果判定:结果 AFT $M_1 \geqslant 80$ ng,为可使用商品。

B.3 交叉反应率验证

在 30 mL 的 PBS 中加入 300 ng AFT M_2 标准储备溶液,充分混匀。分别取同一批次 3 根免疫亲和柱,每根柱的上样量为 10 mL。经上样、淋洗、洗脱,收集洗脱液,用氮气吹干至 1 mL,用初始流动相定容至 10 mL,用液相色谱仪分离测定 AFT M_2 的含量。

结果判定:结果 AFT $M_2 \geqslant 80$ ng,当需要同时测定 AFT M_1、AFT M_2 时使用的商品。

附 录 C

液相色谱-质谱图和子离子扫描图

C.1 AFT M₁子离子扫描图见图 C.1。

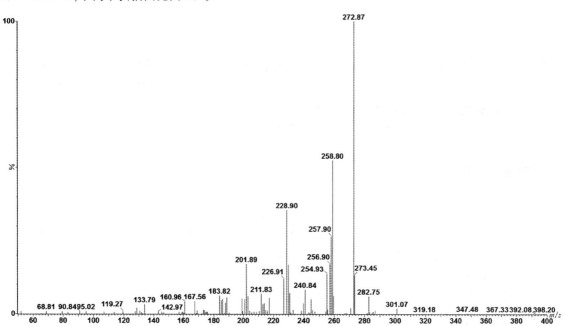

图 C.1 AFT M₁子离子扫描图

C.2 AFT M₂子离子扫描图见图 C.2。

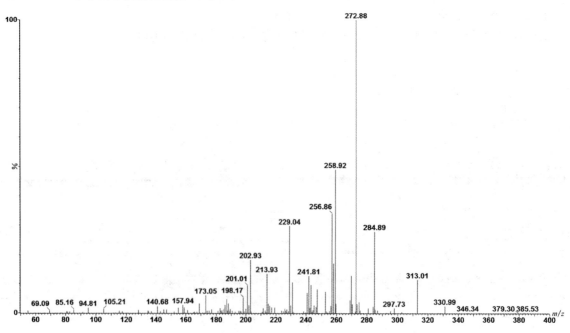

图 C.2 AFT M₂子离子扫描图

C.3 $^{13}C_{17}$-AFT M_1 子离子扫描图见图 C.3。

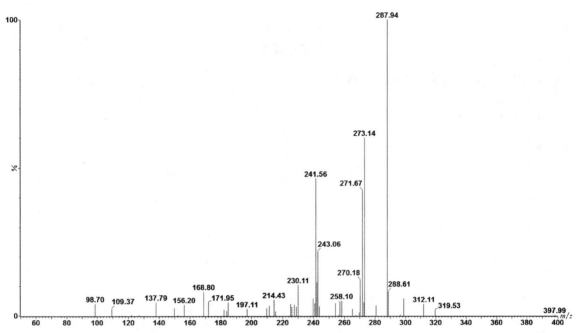

图 C.3 $^{13}C_{17}$-**AFT M_1 子离子扫描图**

C.4 AFT M_1、AFT M_2 和$^{13}C_{17}$-AFT M_1 液相色谱质谱图见图 C.4。

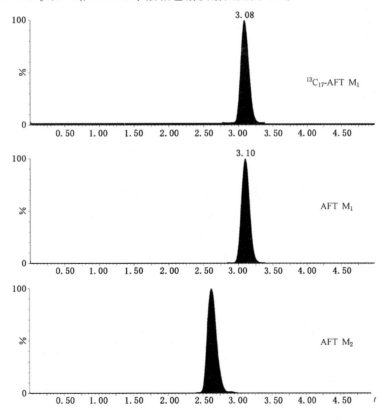

图 C.4 **AFT M_1、AFT M_2 和$^{13}C_{17}$-AFT M_1 液相色谱质谱图**

附　录　D

液相色谱图

AFT M₁ 和 AFT M₂ 液相色谱图见图 D.1。

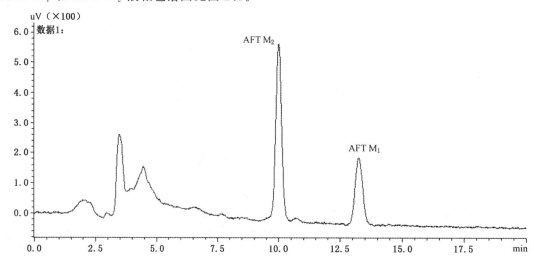

图 D.1　AFT M₁ 和 AFT M₂ 液相色谱图

附　录　E
酶联免疫试剂盒的质量判定方法

选取牛奶或其他阴性样品,根据所购酶联免疫试剂盒的检出限,在阴性基质中添加 3 个浓度水平的 AFT M_1 标准溶液(0.1 μg/kg、0.3 μg/kg、0.5 μg/kg)。按照说明书操作方法,用读数仪度数,做三次平行实验。针对每个加标浓度,回收率在 50%～120% 容许范围内的该批次产品方可使用。

中华人民共和国国家标准

GB 5009.33—2016

食品安全国家标准

食品中亚硝酸盐与硝酸盐的测定

2016-12-23 发布　　　　　　　　　　　　　　2017-06-23 实施

中华人民共和国国家卫生和计划生育委员会
国家食品药品监督管理总局　发布

前　言

　　本标准代替 GB 5009.33—2010《食品安全国家标准　食品中亚硝酸盐与硝酸盐的测定》、NY/T 1375—2007《植物产品中亚硝酸盐与硝酸盐的测定　离子色谱法》、NY/T 1279—2007《蔬菜、水果中硝酸盐的测定　紫外分光光度法》、SN/T 3151—2012《出口食品中亚硝酸盐和硝酸盐的测定　离子色谱法》。

　　本标准与 GB 5009.33—2010 相比,主要变化如下：

　　——合并原第二法、第三法为第二法；

　　——增加了蔬菜、水果中硝酸盐的测定的紫外分光光度法。

食品安全国家标准

食品中亚硝酸盐与硝酸盐的测定

1　范围

本标准规定了食品中亚硝酸盐和硝酸盐的测定方法。

本标准适用于食品中亚硝酸盐和硝酸盐的测定。

第一法　离子色谱法

2　原理

试样经沉淀蛋白质、除去脂肪后,采用相应的方法提取和净化,以氢氧化钾溶液为淋洗液,阴离子交换柱分离,电导检测器或紫外检测器检测。以保留时间定性,外标法定量。

3　试剂和材料

除非另有说明,本方法所用试剂均为分析纯,水为 GB/T 6682 规定的一级水。

3.1　试剂

3.1.1　乙酸(CH_3COOH)。

3.1.2　氢氧化钾(KOH)。

3.2　试剂配制

3.2.1　乙酸溶液(3%):量取乙酸 3 mL 于 100 mL 容量瓶中,以水稀释至刻度,混匀。

3.2.2　氢氧化钾溶液(1 mol/L):称取 6 g 氢氧化钾,加入新煮沸过的冷水溶解,并稀释至 100 mL,混匀。

3.3　标准品

3.3.1　亚硝酸钠($NaNO_2$,CAS 号:7632-00-0):基准试剂,或采用具有标准物质证书的亚硝酸盐标准溶液。

3.3.2　硝酸钠($NaNO_3$,CAS 号:7631-99-4):基准试剂,或采用具有标准物质证书的硝酸盐标准溶液。

3.4　标准溶液的制备

3.4.1　亚硝酸盐标准储备液(100 mg/L,以 NO_2^- 计,下同):准确称取 0.150 0 g 于 110 ℃~120 ℃ 干燥至恒重的亚硝酸钠,用水溶解并转移至 1 000 mL 容量瓶中,加水稀释至刻度,混匀。

3.4.2　硝酸盐标准储备液(1 000 mg/L,以 NO_3^- 计,下同):准确称取 1.371 0 g 于 110 ℃~120 ℃ 干燥至恒重的硝酸钠,用水溶解并转移至 1 000 mL 容量瓶中,加水稀释至刻度,混匀。

3.4.3　亚硝酸盐和硝酸盐混合标准中间液:准确移取亚硝酸根离子(NO_2^-)和硝酸根离子(NO_3^-)的标准储备液各 1.0 mL 于 100 mL 容量瓶中,用水稀释至刻度,此溶液每升含亚硝酸根离子 1.0 mg 和硝酸根离子 10.0 mg。

3.4.4 亚硝酸盐和硝酸盐混合标准使用液:移取亚硝酸盐和硝酸盐混合标准中间液,加水逐级稀释,制成系列混合标准使用液,亚硝酸根离子浓度分别为 0.02 mg/L、0.04 mg/L、0.06 mg/L、0.08 mg/L、0.10 mg/L、0.15 mg/L、0.20 mg/L;硝酸根离子浓度分别为 0.2 mg/L、0.4 mg/L、0.6 mg/L、0.8 mg/L、1.0 mg/L、1.5 mg/L、2.0 mg/L。

4 仪器和设备

4.1 离子色谱仪:配电导检测器及抑制器或紫外检测器,高容量阴离子交换柱,50 μL 定量环。

4.2 食物粉碎机。

4.3 超声波清洗器。

4.4 分析天平:感量为 0.1 mg 和 1 mg。

4.5 离心机:转速≥10 000 r/min,配 50 mL 离心管。

4.6 0.22 μm 水性滤膜针头滤器。

4.7 净化柱:包括 C₁₈柱、Ag 柱和 Na 柱或等效柱。

4.8 注射器:1.0 mL 和 2.5 mL。

注:所有玻璃器皿使用前均需依次用 2 mol/L 氢氧化钾和水分别浸泡 4 h,然后用水冲洗 3 次~5 次,晾干备用。

5 分析步骤

5.1 试样预处理

5.1.1 蔬菜、水果:将新鲜蔬菜、水果试样用自来水洗净后,用水冲洗,晾干后,取可食部切碎混匀。将切碎的样品用四分法取适量,用食物粉碎机制成匀浆,备用。如需加水应记录加水量。

5.1.2 粮食及其他植物样品:除去可见杂质后,取有代表性试样 50 g~100 g,粉碎后,过 0.30 mm 孔筛,混匀,备用。

5.1.3 肉类、蛋、水产及其制品:用四分法取适量或取全部,用食物粉碎机制成匀浆,备用。

5.1.4 乳粉、豆奶粉、婴儿配方粉等固态乳制品(不包括干酪):将试样装入能够容纳 2 倍试样体积的带盖容器中,通过反复摇晃和颠倒容器使样品充分混匀直到使试样均一化。

5.1.5 发酵乳、乳、炼乳及其他液体乳制品:通过搅拌或反复摇晃和颠倒容器使试样充分混匀。

5.1.6 干酪:取适量的样品研磨成均匀的泥浆状。为避免水分损失,研磨过程中应避免产生过多的热量。

5.2 提取

5.2.1 蔬菜、水果等植物性试样:称取试样 5 g(精确至 0.001 g,可适当调整试样的取样量,以下相同),置于 150 mL 具塞锥形瓶中,加入 80 mL 水,1 mL 1 mol/L 氢氧化钾溶液,超声提取 30 min,每隔 5 min 振摇 1 次,保持固相完全分散。于 75 ℃ 水浴中放置 5 min,取出放置至室温,定量转移至 100 mL 容量瓶中,加水稀释至刻度,混匀。溶液经滤纸过滤后,取部分溶液于 10 000 r/min 离心 15 min,上清液备用。

5.2.2 肉类、蛋类、鱼类、及其制品等:称取试样匀浆 5 g(精确至 0.001 g),置于 150 mL 具塞锥形瓶中,加入 80 mL 水,超声提取 30 min,每隔 5 min 振摇 1 次,保持固相完全分散。于 75 ℃ 水浴中放置 5 min,取出放置至室温,定量转移至 100 mL 容量瓶中,加水稀释至刻度,混匀。溶液经滤纸过滤后,取部分溶液于 10 000 r/min 离心 15 min,上清液备用。

5.2.3 腌鱼类、腌肉类及其他腌制品:称取试样匀浆 2 g(精确至 0.001 g),置于 150 mL 具塞锥形瓶中,加入 80 mL 水,超声提取 30 min,每隔 5 min 振摇 1 次,保持固相完全分散。于 75 ℃ 水浴中放置 5 min,取出放置至室温,定量转移至 100 mL 容量瓶中,加水稀释至刻度,混匀。溶液经滤纸过滤后,取部分溶液于 10 000 r/min 离心 15 min,上清液备用。

5.2.4 乳:称取试样 10 g(精确至 0.01 g),置于 100 mL 具塞锥形瓶中,加水 80 mL,摇匀,超声30 min,加入 3‰乙酸溶液 2 mL,于 4 ℃ 放置 20 min,取出放置至室温,加水稀释至刻度。溶液经滤纸过滤,滤液备用。

5.2.5 乳粉及干酪:称取试样 2.5 g(精确至 0.01 g),置于 100 mL 具塞锥形瓶中,加水 80 mL,摇匀,超声 30 min,取出放置至室温,定量转移至 100 mL 容量瓶中,加入 3‰乙酸溶液 2 mL,加水稀释至刻度,混匀。于 4 ℃ 放置 20 min,取出放置至室温,溶液经滤纸过滤,滤液备用。

5.2.6 取上述备用溶液约 15 mL,通过 0.22 μm 水性滤膜针头滤器、C₁₈柱,弃去前面 3 mL(如果氯离子大于 100 mg/L,则需要依次通过针头滤器、C₁₈柱、Ag 柱和 Na 柱,弃去前面 7 mL),收集后面洗脱液待测。

固相萃取柱使用前需进行活化,C₁₈柱(1.0 mL)、Ag 柱(1.0 mL)和 Na 柱(1.0 mL),其活化过程为:C₁₈柱(1.0 mL)使用前依次用 10 mL 甲醇、15 mL 水通过,静置活化 30 min。Ag 柱(1.0 mL)和 Na 柱(1.0 mL)用 10 mL 水通过,静置活化 30 min。

5.3　仪器参考条件

5.3.1 色谱柱:氢氧化物选择性,可兼容梯度洗脱的二乙烯基苯-乙基苯乙烯共聚物基质,烷醇基季铵盐功能团的高容量阴离子交换柱,4 mm×250 mm(带保护柱 4 mm×50 mm),或性能相当的离子色谱柱。

5.3.2 淋洗液

5.3.2.1 氢氧化钾溶液,浓度为 6 mmol/L～70 mmol/L;洗脱梯度为 6 mmol/L 30 min,70 mmol/L 5 min,6 mmol/L 5 min;流速 1.0 mL/min。

5.3.2.2 粉状婴幼儿配方食品:氢氧化钾溶液,浓度为 5 mmol/L～50 mmol/L;洗脱梯度为 5 mmol/L 33 min,50 mmol/L 5 min,5 mmol/L 5 min;流速 1.3 mL/min。

5.3.3 抑制器。

5.3.4 检测器:电导检测器,检测池温度为 35 ℃;或紫外检测器,检测波长为 226 nm。

5.3.5 进样体积:50 μL(可根据试样中被测离子含量进行调整)。

5.4　测定

5.4.1　标准曲线的制作

将标准系列工作液分别注入离子色谱仪中,得到各浓度标准工作液色谱图,测定相应的峰高(μS)或峰面积,以标准工作液的浓度为横坐标,以峰高(μS)或峰面积为纵坐标,绘制标准曲线(亚硝酸盐和硝酸盐标准色谱图见图 A.1)。

5.4.2　试样溶液的测定

将空白和试样溶液注入离子色谱仪中,得到空白和试样溶液的峰高(μS)或峰面积,根据标准曲线得到待测液中亚硝酸根离子或硝酸根离子的浓度。

6 分析结果的表述

试样中亚硝酸离子或硝酸根离子的含量按式(1)计算:

$$X = \frac{(\rho - \rho_0) \times V \times f \times 1\,000}{m \times 1\,000} \quad \cdots\cdots\cdots\cdots\cdots\cdots\cdots (1)$$

式中:

X ——试样中亚硝酸根离子或硝酸根离子的含量,单位为毫克每千克(mg/kg);

ρ ——测定用试样溶液中的亚硝酸根离子或硝酸根离子浓度,单位为毫克每升(mg/L);

ρ_0 ——试剂空白液中亚硝酸根离子或硝酸根离子的浓度,单位为毫克每升(mg/L);

V ——试样溶液体积,单位为毫升(mL);

f ——试样溶液稀释倍数;

1 000——换算系数;

m ——试样取样量,单位为克(g)。

试样中测得的亚硝酸根离子含量乘以换算系数1.5,即得亚硝酸盐(按亚硝酸钠计)含量;试样中测得的硝酸根离子含量乘以换算系数1.37,即得硝酸盐(按硝酸钠计)含量。

结果保留2位有效数字。

7 精密度

在重复性条件下获得的两次独立测定结果的绝对差值不得超过算术平均值的10%。

8 其他

第一法中亚硝酸盐和硝酸盐检出限分别为0.2 mg/kg和0.4 mg/kg。

第二法 分光光度法

9 原理

亚硝酸盐采用盐酸萘乙二胺法测定,硝酸盐采用镉柱还原法测定。

试样经沉淀蛋白质、除去脂肪后,在弱酸条件下,亚硝酸盐与对氨基苯磺酸重氮化后,再与盐酸萘乙二胺偶合形成紫红色染料,外标法测得亚硝酸盐含量。采用镉柱将硝酸盐还原成亚硝酸盐,测得亚硝酸盐总量,由测得的亚硝酸盐总量减去试样中亚硝酸盐含量,即得试样中硝酸盐含量。

10 试剂和材料

除非另有说明,本方法所用试剂均为分析纯,水为GB/T 6682规定的一级水。

10.1 试剂

10.1.1 亚铁氰化钾[$K_4Fe(CN)_6 \cdot 3H_2O$]。

10.1.2 乙酸锌[$Zn(CH_3COO)_2 \cdot 2H_2O$]。

10.1.3 冰乙酸(CH_3COOH)。

10.1.4 硼酸钠($Na_2B_4O_7 \cdot 10H_2O$)。

10.1.5　盐酸(HCl,ρ＝1.19 g/mL)。

10.1.6　氨水(NH₃·H₂O,25％)。

10.1.7　对氨基苯磺酸($C_6H_7NO_3S$)。

10.1.8　盐酸萘乙二胺($C_{12}H_{14}N_2$·2HCl)。

10.1.9　锌皮或锌棒。

10.1.10　硫酸镉($CdSO_4$·8H₂O)。

10.1.11　硫酸铜($CuSO_4$·5H₂O)。

10.2　试剂配制

10.2.1　亚铁氰化钾溶液(106 g/L):称取 106.0 g 亚铁氰化钾,用水溶解,并稀释至 1 000 mL。

10.2.2　乙酸锌溶液(220 g/L):称取 220.0 g 乙酸锌,先加 30 mL 冰乙酸溶解,用水稀释至 1 000 mL。

10.2.3　饱和硼砂溶液(50 g/L):称取 5.0 g 硼酸钠,溶于 100 mL 热水中,冷却后备用。

10.2.4　氨缓冲溶液(pH 9.6～9.7):量取 30 mL 盐酸,加 100 mL 水,混匀后加 65 mL 氨水,再加水稀释至 1 000 mL,混匀。调节 pH 至 9.6～9.7。

10.2.5　氨缓冲液的稀释液:量取 50 mLpH 9.6～9.7 氨缓冲溶液,加水稀释至 500 mL,混匀。

10.2.6　盐酸(0.1 mol/L):量取 8.3 mL 盐酸,用水稀释至 1 000 mL。

10.2.7　盐酸(2 mol/L):量取 167 mL 盐酸,用水稀释至 1 000 mL。

10.2.8　盐酸(20％):量取 20 mL 盐酸,用水稀释至 100 mL。

10.2.9　对氨基苯磺酸溶液(4 g/L):称取 0.4 g 对氨基苯磺酸,溶于 100 mL 20％盐酸中,混匀,置棕色瓶中,避光保存。

10.2.10　盐酸萘乙二胺溶液(2 g/L):称取 0.2 g 盐酸萘乙二胺,溶于 100 mL 水中,混匀,置棕色瓶中,避光保存。

10.2.11　硫酸铜溶液(20 g/L):称取 20 g 硫酸铜,加水溶解,并稀释至 1 000 mL。

10.2.12　硫酸镉溶液(40 g/L):称取 40 g 硫酸镉,加水溶解,并稀释至 1 000 mL。

10.2.13　乙酸溶液(3％):量取冰乙酸 3 mL 于 100 mL 容量瓶中,以水稀释至刻度,混匀。

10.3　标准品

10.3.1　亚硝酸钠($NaNO_2$,CAS 号:7632-00-0):基准试剂,或采用具有标准物质证书的亚硝酸盐标准溶液。

10.3.2　硝酸钠($NaNO_3$,CAS 号:7631-99-4):基准试剂,或采用具有标准物质证书的硝酸盐标准溶液。

10.4　标准溶液配制

10.4.1　亚硝酸钠标准溶液(200 μg/mL,以亚硝酸钠计):准确称取 0.100 0 g 于 110 ℃～120 ℃干燥恒重的亚硝酸钠,加水溶解,移入 500 mL 容量瓶中,加水稀释至刻度,混匀。

10.4.2　硝酸钠标准溶液(200 μg/mL,以亚硝酸钠计):准确称取 0.123 2 g 于 110 ℃～120 ℃干燥恒重的硝酸钠,加水溶解,移入 500 mL 容量瓶中,并稀释至刻度。

10.4.3　亚硝酸钠标准使用液(5.0 μg/mL):临用前,吸取 2.50 mL 亚硝酸钠标准溶液,置于 100 mL 容量瓶中,加水稀释至刻度。

10.4.4　硝酸钠标准使用液(5.0 μg/mL,以亚硝酸钠计):临用前,吸取 2.50 mL 硝酸钠标准溶液,置于 100 mL 容量瓶中,加水稀释至刻度。

11 仪器和设备

11.1 天平:感量为 0.1 mg 和 1 mg。

11.2 组织捣碎机。

11.3 超声波清洗器。

11.4 恒温干燥箱。

11.5 分光光度计。

11.6 镉柱或镀铜镉柱。

11.6.1 海绵状镉的制备:镉粒直径 0.3 mm～0.8 mm。

将适量的锌棒放入烧杯中,用 40 g/L 硫酸镉溶液浸没锌棒。在 24 h 之内,不断将锌棒上的海绵状镉轻轻刮下。取出残余锌棒,使镉沉底,倾去上层溶液。用水冲洗海绵状镉 2 次～3 次后,将镉转移至搅拌器中,加 400 mL 盐酸(0.1 mol/L),搅拌数秒,以得到所需粒径的镉颗粒。将制得的海绵状镉倒回烧杯中,静置 3 h～4 h,期间搅拌数次,以除去气泡。倾去海绵状镉中的溶液,并可按下述方法进行镉粒镀铜。

11.6.2 镉粒镀铜:

将制得的镉粒置锥形瓶中(所用镉粒的量以达到要求的镉柱高度为准),加足量的盐酸(2 mol/L)浸没镉粒,振荡 5 min,静置分层,倾去上层溶液,用水多次冲洗镉粒。在镉粒中加入 20 g/L 硫酸铜溶液(每克镉粒约需 2.5 mL),振荡 1 min,静置分层,倾去上层溶液后,立即用水冲洗镀铜镉粒(注意镉粒要始终用水浸没),直至冲洗的水中不再有铜沉淀。

11.6.3 镉柱的装填:

如图 1 所示,用水装满镉柱玻璃柱,并装入约 2 cm 高的玻璃棉做垫,将玻璃棉压向柱底时,应将其中所包含的空气全部排出,在轻轻敲击下,加入海绵状镉至 8 cm～10 cm[见图 1 装置 a)]或 15 cm～20 cm[见图 1 装置 b)],上面用 1 cm 高的玻璃棉覆盖。若使用装置 b),则上置一贮液漏斗,末端要穿过橡皮塞与镉柱玻璃管紧密连接。

如无上述镉柱玻璃管时,可以 25 mL 酸式滴定管代用,但过柱时要注意始终保持液面在镉层之上。

当镉柱填装好后,先用 25 mL 盐酸(0.1 mol/L)洗涤,再以水洗 2 次,每次 25 mL,镉柱不用时用水封盖,随时都要保持水平面在镉层之上,不得使镉层夹有气泡。

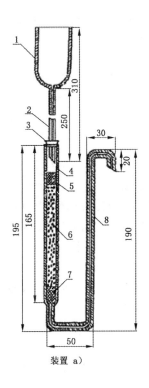
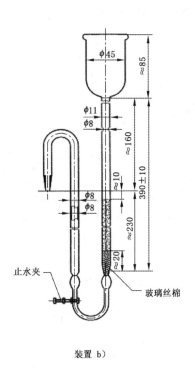

装置 a)　　　　　　　　装置 b)

说明：

1 ——贮液漏斗，内径 35 mm，外径 37 mm；

2 ——进液毛细管，内径 0.4 mm，外径 6 mm；

3 ——橡皮塞；

4 ——镉柱玻璃管，内径 12 mm，外径 16 mm；

5、7 ——玻璃棉；

6 ——海面状镉；

8 ——出液毛细管，内径 2 mm，外径 8 mm。

图 1　镉柱示意图

11.6.4　镉柱每次使用完毕后，应先以 25 mL 盐酸(0.1 mol/L)洗涤，再以水洗 2 次，每次 25 mL，最后用水覆盖镉柱。

11.6.5　镉柱还原效率的测定：吸取 20 mL 硝酸钠标准使用液，加入 5 mL 氨缓冲液的稀释液，混匀后注入贮液漏斗，使流经镉柱还原，用一个 100 mL 的容量瓶收集洗提液。洗提液的流量不应超过 6 mL/min，在贮液杯将要排空时，用约 15 mL 水冲洗杯壁。冲洗水流尽后，再用 15 mL 水重复冲洗，第 2 次冲洗水也流尽后，将贮液杯灌满水，并使其以最大流量流过柱子。当容量瓶中的洗提液接近 100 mL 时，从柱子下取出容量瓶，用水定容至刻度，混匀。取 10.0 mL 还原后的溶液(相当 10 μg 亚硝酸钠)于 50 mL 比色管中，以下按 12.3 自"吸取 0.00 mL、0.20 mL、0.40 mL、0.60 mL、0.80 mL、1.00 mL……"起操作，根据标准曲线计算测得结果，与加入量一致，还原效率应大于 95% 为符合要求。

11.6.6　还原效率计算按式(2)计算：

$$X = \frac{m_1}{10} \times 100\% \qquad\qquad\cdots\cdots\cdots\cdots\cdots\cdots\cdots\cdots(\ 2 \ )$$

式中：

X ——还原效率，%；

m_1 ——测得亚硝酸钠的含量，单位为微克(μg)；

10 ——测定用溶液相当亚硝酸钠的含量，单位为微克(μg)。

如果还原率小于95%时,将镉柱中的镉粒倒入锥形瓶中,加入足量的盐酸(2 moL/L)中,振荡数分钟,再用水反复冲洗。

12 分析步骤

12.1 试样的预处理

同5.1。

12.2 提取

12.2.1 干酪:称取试样 2.5 g(精确至 0.001 g),置于 150 mL 具塞锥形瓶中,加水 80 mL,摇匀,超声 30 min,取出放置至室温,定量转移至 100 mL 容量瓶中,加入 3%乙酸溶液 2 mL,加水稀释至刻度,混匀。于 4 ℃放置 20 min,取出放置至室温,溶液经滤纸过滤,滤液备用。

12.2.2 液体乳样品:称取试样 90 g(精确至 0.001 g),置于 250 mL 具塞锥形瓶中,加 12.5 mL 饱和硼砂溶液,加入 70 ℃左右的水约 60 mL,混匀,于沸水浴中加热 15 min,取出置冷水浴中冷却,并放置至室温。定量转移上述提取液至 200 mL 容量瓶中,加入 5 mL 106 g/L 亚铁氰化钾溶液,摇匀,再加入 5 mL 220 g/L 乙酸锌溶液,以沉淀蛋白质。加水至刻度,摇匀,放置 30 min,除去上层脂肪,上清液用滤纸过滤,滤液备用。

12.2.3 乳粉:称取试样 10 g(精确至 0.001 g),置于 150 mL 具塞锥形瓶中,加 12.5 mL 50 g/L 饱和硼砂溶液,加入 70 ℃左右的水约 150 mL,混匀,于沸水浴中加热 15 min,取出置冷水浴中冷却,并放置至室温。定量转移上述提取液至 200 mL 容量瓶中,加入 5 mL 106 g/L 亚铁氰化钾溶液,摇匀,再加入 5 mL 220 g/L 乙酸锌溶液,以沉淀蛋白质。加水至刻度,摇匀,放置 30 min,除去上层脂肪,上清液用滤纸过滤,弃去初滤液 30 mL,滤液备用。

12.2.4 其他样品:称取 5 g(精确至 0.001 g)匀浆试样(如制备过程中加水,应按加水量折算),置于 250 mL 具塞锥形瓶中,加 12.5 mL 50 g/L 饱和硼砂溶液,加入 70 ℃左右的水约 150 mL,混匀,于沸水浴中加热 15 min,取出置冷水浴中冷却,并放置至室温。定量转移上述提取液至 200 mL 容量瓶中,加入 5 mL 106 g/L 亚铁氰化钾溶液,摇匀,再加入 5 mL 220 g/L 乙酸锌溶液,以沉淀蛋白质。加水至刻度,摇匀,放置 30 min,除去上层脂肪,上清液用滤纸过滤,弃去初滤液 30 mL,滤液备用。

12.3 亚硝酸盐的测定

吸取 40.0 mL 上述滤液于 50 mL 带塞比色管中,另吸取 0.00 mL、0.20 mL、0.40 mL、0.60 mL、0.80 mL、1.00 mL、1.50 mL、2.00 mL、2.50 mL 亚硝酸钠标准使用液(相当于 0.0 μg、1.0 μg、2.0 μg、3.0 μg、4.0 μg、5.0 μg、7.5 μg、10.0 μg、12.5 μg 亚硝酸钠),分别置于 50 mL 带塞比色管中。于标准管与试样管中分别加入 2 mL 4 g/L 对氨基苯磺酸溶液,混匀,静置 3 min～5 min 后各加入 1 mL 2g/L 盐酸萘乙二胺溶液,加水至刻度,混匀,静置 15 min,用 1 cm 比色杯,以零管调节零点,于波长 538 nm 处测吸光度,绘制标准曲线比较。同时做试剂空白。

12.4 硝酸盐的测定

12.4.1 镉柱还原

12.4.1.1 先以 25 mL 氨缓冲液的稀释液冲洗镉柱,流速控制在 3 mL/min～5 mL/min(以滴定管代替的可控制在 2 mL/min～3 mL/min)。

12.4.1.2 吸取 20 mL 滤液于 50 mL 烧杯中,加 5 mLpH9.6～9.7 氨缓冲溶液,混合后注入贮液漏斗,使流经镉柱还原,当贮液杯中的样液流尽后,加 15 mL 水冲洗烧杯,再倒入贮液杯中。冲洗水流完后,再用 15 mL 水重复 1 次。当第 2 次冲洗水快流尽时,将贮液杯装满水,以最大流速过柱。当容量瓶中的洗提液接近 100 mL 时,取出容量瓶,用水定容刻度,混匀。

12.4.2 亚硝酸钠总量的测定

吸取 10 mL～20 mL 还原后的样液于 50 mL 比色管中。以下按 12.3 自"吸取 0.00 mL、0.20 mL、0.40 mL、0.60 mL、0.80 mL、1.00 mL……"起操作。

13 分析结果的表述

13.1 亚硝酸盐含量计算

亚硝酸盐(以亚硝酸钠计)的含量按式(3)计算:

$$X_1 = \frac{m_2 \times 1\,000}{m_3 \times \frac{V_1}{V_0} \times 1\,000} \qquad\cdots\cdots\cdots\cdots\cdots\cdots\cdots (3)$$

式中:

X_1 ——试样中亚硝酸钠的含量,单位为毫克每千克(mg/kg);

m_2 ——测定用样液中亚硝酸钠的质量,单位为微克(μg);

1 000——转换系数;

m_3 ——试样质量,单位为克(g);

V_1 ——测定用样液体积,单位为毫升(mL);

V_0 ——试样处理液总体积,单位为毫升(mL)。

结果保留 2 位有效数字。

13.2 硝酸盐含量的计算

硝酸盐(以硝酸钠计)的含量按式(4)计算:

$$X_2 = \left(\frac{m_4 \times 1\,000}{m_5 \times \frac{V_3}{V_2} \times \frac{V_5}{V_4} \times 1\,000} - X_1 \right) \times 1.232 \cdots\cdots\cdots\cdots\cdots\cdots (4)$$

式中:

X_2 ——试样中硝酸钠的含量,单位为毫克每千克(mg/kg);

m_4 ——经镉粉还原后测得总亚硝酸钠的质量,单位为微克(μg);

1 000——转换系数;

m_5 ——试样的质量,单位为克(g);

V_3 ——测总亚硝酸钠的测定用样液体积,单位为毫升(mL);

V_2 ——试样处理液总体积,单位为毫升(mL);

V_5 ——经镉柱还原后样液的测定用体积,单位为毫升(mL);

V_4 ——经镉柱还原后样液总体积,单位为毫升(mL);

X_1 ——由式(3)计算出的试样中亚硝酸钠的含量,单位为毫克每千克(mg/kg);

1.232——亚硝酸钠换算成硝酸钠的系数。

结果保留 2 位有效数字。

14 精密度

在重复性条件下获得的两次独立测定结果的绝对差值不得超过算术平均值的 10%。

15 其他

第二法中亚硝酸盐检出限：液体乳 0.06 mg/kg，乳粉 0.5 mg/kg，干酪及其他 1 mg/kg；硝酸盐检出限：液体乳 0.6 mg/kg，乳粉 5 mg/kg，干酪及其他 10 mg/kg。

第三法　蔬菜、水果中硝酸盐的测定　紫外分光光度法

16 原理

用 pH 9.6～9.7 的氨缓冲液提取样品中硝酸根离子，同时加活性炭去除色素类，加沉淀剂去除蛋白质及其他干扰物质，利用硝酸根离子和亚硝酸根离子在紫外区 219 nm 处具有等吸收波长的特性，测定提取液的吸光度，其测得结果为硝酸盐和亚硝酸盐吸光度的总和，鉴于新鲜蔬菜、水果中亚硝酸盐含量甚微，可忽略不计。测定结果为硝酸盐的吸光度，可从工作曲线上查得相应的质量浓度，计算样品中硝酸盐的含量。

17 试剂和材料

除非另有说明，本方法所用试剂均为分析纯。水为 GB/T 6682 规定的一级水。

17.1 试剂

17.1.1　盐酸（HCl，ρ＝1.19 g/mL）。

17.1.2　氨水（$NH_3 \cdot H_2O$，25%）。

17.1.3　亚铁氰化钾[$K_4Fe(CN)_6 \cdot 3H_2O$]。

17.1.4　硫酸锌（$ZnSO_4 \cdot 7H_2O$）。

17.1.5　正辛醇（$C_8H_{18}O$）。

17.1.6　活性炭（粉状）。

17.2 试剂配制

17.2.1　氨缓冲溶液（pH＝9.6～9.7）：量取 20 mL 盐酸，加入到 500 mL 水中，混合后加入 50 mL 氨水，用水定容至 1 000 mL。调 pH 至 9.6～9.7。

17.2.2　亚铁氰化钾溶液（150 g/L）：称取 150 g 亚铁氰化钾溶于水，定容至 1 000 mL。

17.2.3　硫酸锌溶液（300 g/L）：称取 300 g 硫酸锌溶于水，定容至 1 000 mL。

17.3 标准品

17.3.1　硝酸钾（KNO_3，CAS 号：7757-79-1）：基准试剂，或采用具有标准物质证书的硝酸盐标准溶液。

17.4 标准溶液配制

17.4.1　硝酸盐标准储备液（500 mg/L，以硝酸根计）：称取 0.203 9 g 于 110 ℃～120 ℃ 干燥至恒重的硝酸钾，用水溶解并转移至 250 mL 容量瓶中，加水稀释至刻度，混匀。此溶液硝酸根质量浓度为 500 mg/L，于冰箱内保存。

17.4.2　硝酸盐标准曲线工作液：分别吸取 0 mL、0.2 mL、0.4 mL、0.6 mL、0.8 mL、1.0 mL 和 1.2 mL 硝酸盐标准储备液于 50 mL 容量瓶中，加水定容至刻度，混匀。此标准系列溶液硝酸根质量浓度分别为 0 mg/L、2.0 mg/L、4.0 mg/L、6.0 mg/L、8.0 mg/L、10.0 mg/L 和 12.0 mg/L。

18 仪器和设备

18.1 紫外分光光度计。

18.2 分析天平:感量 0.01 g 和 0.000 1 g。

18.3 组织捣碎机。

18.4 可调式往返振荡机。

18.5 pH 计:精度为 0.01。

19 分析步骤

19.1 试样制备

选取一定数量有代表性的样品,先用自来水冲洗,再用水清洗干净,晾干表面水分,用四分法取样,切碎,充分混匀,于组织捣碎机中匀浆(部分少汁样品可按一定质量比例加入等量水),在匀浆中加 1 滴正辛醇消除泡沫。

19.2 提取

称取 10 g(精确至 0.01 g)匀浆试样(如制备过程中加水,应按加水量折算)于 250 mL 锥形瓶中,加水 100 mL,加入 5 mL 氨缓冲溶液(pH=9.6~9.7),2 g 粉末状活性炭。振荡(往复速度为 200 次/min)30 min。定量转移至 250 mL 容量瓶中,加入 2 mL 150 g/L 亚铁氰化钾溶液和 2 mL 300 g/L 硫酸锌溶液,充分混匀,加水定容至刻度,摇匀,放置 5 min,上清液用定量滤纸过滤,滤液备用。同时做空白实验。

19.3 测定

根据试样中硝酸盐含量的高低,吸取上述滤液 2 mL~10 mL 于 50 mL 容量瓶中,加水定容至刻度,混匀。用 1 cm 石英比色皿,于 219 nm 处测定吸光度。

19.4 标准曲线的制作

将标准曲线工作液用 1 cm 石英比色皿,于 219 nm 处测定吸光度。以标准溶液质量浓度为横坐标,吸光度为纵坐标绘制工作曲线。

20 结果计算

硝酸盐(以硝酸根计)的含量按式(5)计算:

$$X = \frac{\rho \times V_6 \times V_8}{m_6 \times V_7} \quad\quad\quad\quad\quad\quad (5)$$

式中:

X ——试样中硝酸盐的含量,单位为毫克每千克(mg/kg);

ρ ——由工作曲线获得的试样溶液中硝酸盐的质量浓度,单位为毫克每升(mg/L);

V_6 ——提取液定容体积,单位为毫升(mL);

V_8 ——待测液定容体积,单位为毫升(mL);

m_6 ——试样的质量,单位为克(g);

V_7——吸取的滤液体积,单位为毫升(mL)。

结果保留 2 位有效数字。

21 精密度

在重复性条件下获得的两次独立测定结果的绝对差值不得超过算术平均值的10%。

22 其他

第三法中硝酸盐检出限为 1.2 mg/kg。

附 录 A
亚硝酸盐和硝酸盐色谱图

亚硝酸盐和硝酸盐标准溶液的色谱图见图 A.1。

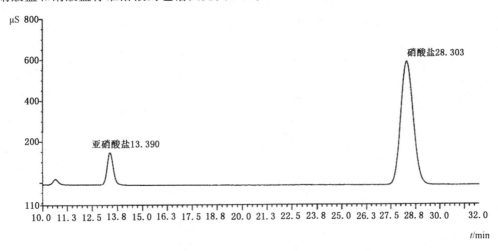

图 A.1 亚硝酸盐和硝酸盐标准色谱图

中华人民共和国国家标准

GB 5009.44—2016

食品安全国家标准

食品中氯化物的测定

2016-08-31 发布

2017-03-01 实施

中华人民共和国
国家卫生和计划生育委员会 发布

前　言

　　本标准代替 GB 5413.24—2010《食品安全国家标准　婴幼儿食品和乳品中氯的测定》、GB/T 12457—2008《食品中氯化钠的测定》、GB/T 15667—1995《水果、蔬菜及其制品　氯化物含量的测定》、GB/T 9695.8—2008《肉与肉制品　氯化物含量的测定》、GB/T 22427.12—2008《淀粉及其衍生物氯化物测定》,以及 GB/T 5009.44—2003《肉与肉制品卫生标准的分析方法》中"14.2 食盐"的测定。

　　本标准将对以上标准进行整合,主要修改如下:

　　——标准名称修改为"食品安全国家标准　食品中氯化物的测定";

　　——根据氯化物测定原理整合成三个方法:电位滴定法、佛尔哈德法(间接沉淀滴定法)、银量法(摩尔法或直接滴定法);

　　——删除原来按食品类别测定的各种方法;

　　——增加超声处理步骤。

食品安全国家标准

食品中氯化物的测定

1　范围

本标准规定了食品中氯化物含量的电位滴定法、佛尔哈德法(间接沉淀滴定法)、银量法(摩尔法或直接滴定法)测定方法。

本标准的电位滴定法适用于各类食品中氯化物的测定。

本标准的佛尔哈德法(间接沉淀滴定法)和银量法(摩尔法或直接滴定法)不适用于深颜色食品中氯化物的测定。

第一法　电位滴定法

2　原理

试样经酸化处理后,加入丙酮,以玻璃电极为参比电极,银电极为指示电极,用硝酸银标准滴定溶液滴定试液中的氯化物。根据电位的"突跃",确定滴定终点。以硝酸银标准滴定溶液的消耗量,计算食品中氯化物的含量。

3　试剂和材料

除非另有说明,本方法所用试剂均为分析纯,水为 GB/T 6682 规定的三级水。

3.1　试剂

3.1.1　亚铁氰化钾[$K_4Fe(CN)_6 \cdot 3H_2O$]。

3.1.2　乙酸锌[$Zn(CH_3CO_2)_2$]。

3.1.3　硝酸银($AgNO_3$)。

3.1.4　冰乙酸(CH_3COOH)。

3.1.5　硝酸(HNO_3)。

3.1.6　丙酮(CH_3COCH_3)。

3.2　标准品

基准氯化钠(NaCl),纯度≥99.8%。

3.3　试剂配制

3.3.1　沉淀剂Ⅰ:称取 106 g 亚铁氰化钾,加水溶解并定容到 1 L,混匀。

3.3.2　沉淀剂Ⅱ:称取 220 g 乙酸锌,溶于少量水中,加入 30 mL 冰乙酸,加水定容到 1 L,混匀。

3.3.3　硝酸溶液(1+3):将 1 体积的硝酸加入到 3 体积水中,混匀。

3.4 标准溶液配制及标定

3.4.1 氯化钠基准溶液(0.010 00 mol/L):称取 0.584 4 g(精确至 0.1 mg)经 500 ℃～600 ℃灼烧至恒重的基准试剂氯化钠,于小烧杯中,用少量水溶解,转移到 1 000 mL 容量瓶中,稀释至刻度,摇匀。

3.4.2 硝酸银标准滴定溶液(0.02 mol/L):称取 3.40 g 硝酸银(精确至 0.01 g)于小烧杯中,用少量硝酸溶解,转移到 1 000 mL 棕色容量瓶中,用水定容至刻度,摇匀,避光贮存,或转移到棕色瓶中。或购买经国家认证并授予标准物质证书的硝酸银标准滴定溶液。

3.4.3 标定(二级微商法):吸取 10.00 mL 0.010 00 mol/L 氯化钠基准溶液于 50 mL 烧杯中,加入 0.2 mL 硝酸溶液及 25 mL 丙酮。将玻璃电极和银电极浸入溶液中,启动电磁搅拌器。从酸式滴定管滴入 V' mL 硝酸银标准滴定溶液(所需量的 90%),测量溶液的电位值(E)。继续滴入硝酸银标准滴定溶液,每滴入 1 mL 立即测量溶液电位值(E)。接近终点和终点后,每滴入 0.1 mL,测量溶液的电位值(E)。继续滴入硝酸银标准滴定溶液,直至溶液电位数值不再明显改变。记录每次滴入硝酸银标准滴定溶液的体积和电位值。

3.4.4 滴定终点的确定:根据滴定记录(3.4.3),以硝酸银标准滴定溶液的体积(V')和电位值(E),按表 A.1 示例,以列表方式计算 ΔE、ΔV、一级微商和二级微商。或电位滴定仪自动滴定、记录硝酸银标准滴定溶液的体积和电位值。

当一级微商最大、二级微商等于零时,即为滴定终点,按式(1)计算滴定到终点时硝酸银标准滴定溶液的体积(V_1):

$$V_1 = V_a + \left(\frac{a}{a-b} \times \Delta V \right) \qquad \cdots\cdots\cdots\cdots\cdots\cdots\cdots\cdots\cdots (1)$$

式中:

V_1 ——滴定到终点时消耗硝酸银标准滴定溶液的体积,单位为毫升(mL);

V_a ——在 a 时消耗硝酸银标准滴定溶液的体积,单位为毫升(mL);

a ——二级微商为零前的二级微商值;

b ——二级微商为零后的二级微商值;

ΔV ——a 与 b 之间的体积差,单位为毫升(mL)。

3.4.5 硝酸银标准滴定溶液的浓度按式(2)计算:

$$c = \frac{10 \times c_1}{V_1} \qquad \cdots\cdots\cdots\cdots\cdots\cdots\cdots\cdots\cdots (2)$$

式中:

c ——硝酸银标准滴定溶液浓度,单位为摩尔每升(mol/L);

c_1 ——氯化钠基准溶液浓度,单位为摩尔每升(mol/L);

V_1 ——滴定终点时消耗硝酸银标准滴定溶液的体积,单位为毫升(mL)。

4 仪器设备

4.1 组织捣碎机。

4.2 粉碎机。

4.3 研钵。

4.4 涡旋振荡器。

4.5 超声波清洗器。

4.6 恒温水浴锅。

4.7 离心机:转速≥3 000 r/min。

4.8 pH 计:精度±0.1。

4.9 玻璃电极。

4.10 银电极,或复合电极。

4.11 电磁搅拌器。

4.12 电位滴定仪。

4.13 天平,感量 0.1 mg 和 1 mg。

5 分析步骤

5.1 试样制备

5.1.1 粉末状、糊状或液体样品

取有代表性的样品至少 200 g,充分混匀,置于密闭的玻璃容器内。

5.1.2 块状或颗粒状等固体样品

取有代表性的样品至少 200 g,用粉碎机粉碎或用研钵研细,置于密闭的玻璃容器内。

5.1.3 半固体或半液体样品

取有代表性的样品至少 200 g,用组织捣碎机捣碎,置于密闭的玻璃容器内。

5.2 试样溶液制备

5.2.1 婴幼儿食品、乳品

称取混合均匀的试样 10 g(精确至 1 mg)于 100 mL 具塞比色管中,加入 50 mL 约 70 ℃热水,振荡分散样品,水浴中沸腾 15 min,并不时摇动,取出,超声处理 20 min,冷却至室温,依次加入 2 mL 沉淀剂Ⅰ和 2 mL 沉淀剂Ⅱ,每次加后摇匀。用水稀释至刻度,摇匀,在室温静置 30 min。用滤纸过滤,弃去最初滤液,取部分滤液测定。必要时也可用离心机于 5 000 r/min 离心 10 min,取部分滤液测定。

5.2.2 蛋白质、淀粉含量较高的蔬菜制品、淀粉制品

称取约 5 g 试样(精确至 1 mg)于 100 mL 具塞比色管中,加适量水分散,振摇 5 min(或用涡旋振荡器振荡 5 min),超声处理 20 min,依次加入 2 mL 沉淀剂Ⅰ和 2 mL 沉淀剂Ⅱ,每次加后摇匀。用水稀释至刻度,摇匀,在室温静置 30 min。用滤纸过滤,弃去最初滤液,取部分滤液测定。

5.2.3 一般蔬菜制品、腌制品

称取约 10 g 试样(精确至 1 mg)于 100 mL 具塞比色管中,加入 50 mL 70 ℃热水,振摇 5 min(或用涡旋振荡器振荡 5 min),超声处理 20 min,冷却至室温,用水稀释至刻度,摇匀,用滤纸过滤,弃去最初滤液,取部分滤液测定。

5.2.4 调味品

称取约 5 g 试样(精确至 1 mg)于 100 mL 具塞比色管中,加入 50 mL 水,必要时,70 ℃热水浴中加热溶解 10 min,振摇分散,超声处理 20 min,冷却至室温,用水稀释至刻度,摇匀,用滤纸过滤,弃去最初滤液,取部分滤液测定。

5.2.5 肉禽及水产制品

称取约 10 g 试样(精确至 1 mg)于 100 mL 具塞比色管中,加入 50 mL 70 ℃热水,振荡分散样品,水浴中煮沸 15 min,并不断摇动,取出,超声处理 20 min,冷却至室温,依次加入 2 mL 沉淀剂Ⅰ和 2 mL 沉淀剂Ⅱ。每次加入沉淀剂充分摇匀,用水稀释至刻度,摇匀,在室温静置 30 min。用滤纸过滤,弃去最初滤液,取部分滤液测定。

5.2.6 鲜(冻)肉类、灌肠类、酱卤肉类、肴肉类、烧烤肉和火腿类

炭化浸出法:称取 5 g 试样(精确至 1 mg)于瓷坩埚中,小火炭化完全,炭化成分用玻璃棒轻轻研碎,然后加 25 mL～30 mL 水,小火煮沸,冷却,过滤于 100 mL 容量瓶中,并用热水少量多次洗涤残渣及滤器,洗液并入容量瓶中,冷至室温,加水至刻度,取部分滤液测定。

灰化浸出法:称取 5 g 试样(精确至 1 mg)于瓷坩埚中,先小火炭化,再移入高温炉中,于 500 ℃～550 ℃灰化,冷却,取出,残渣用 50 mL 热水分数次浸渍溶解,每次浸渍后过滤于 100 mL 容量瓶中,冷至室温,加水至刻度,取部分滤液测定。

5.3 测定

移取 10.00 mL 试液(5.2)(V_2),于 50 mL 烧杯中,加入 5 mL 硝酸溶液和 25 mL 丙酮。将玻璃电极和银电极浸入溶液中,启动电磁搅拌器。从酸式滴定管滴入 V' mL 硝酸银标准滴定溶液(所需量的90%),测量溶液的电位值(E)。继续滴入硝酸银标准滴定溶液,每滴入 1 mL 立即测量溶液电位值(E)。接近终点和终点后,每滴入 0.1 mL,测量溶液的电位值(E)。继续滴入硝酸银标准滴定溶液,直至溶液电位数值不再明显改变。记录每次滴入硝酸银标准滴定溶液的体积和电位值。以硝酸银标准滴定溶液的体积(V')和电位值(E),用列表方式计算 ΔE、ΔV、一级微商和二级微商。按式(1)计算滴定终点时消耗硝酸银标准滴定溶液的体积(V_3)。或电位滴定仪自动滴定,记录硝酸银标准滴定溶液的体积和电位值。同时做空白试验,记录消耗硝酸银标准滴定溶液的体积(V'_0)。

6 分析结果表述

食品中氯化物的含量按式(3)计算:

$$X_1 = \frac{0.035\,5 \times c \times (V_3 - V'_0) \times V}{m \times V_2} \times 100 \qquad \cdots\cdots\cdots\cdots (3)$$

式中:

X_1 ——试样中氯化物的含量(以 Cl^- 计),%;

0.035 5 ——与 1.00 mL 硝酸银标准滴定溶液[$c(AgNO_3) = 1.000$ mol/L]相当的氯的质量,单位为克(g);

c ——硝酸银标准滴定溶液浓度,单位为摩尔每升(mol/L);

V'_0 ——空白试验时消耗的硝酸银标准滴定溶液体积,单位为毫升(mL);

V_2 ——用于滴定的滤液体积,单位为毫升(mL);

V_3 ——滴定试液时消耗的硝酸银标准滴定溶液体积,单位为毫升(mL);

V ——样品定容体积,单位为毫升(mL);

m ——试样质量,单位为克(g)。

当氯化物含量≥1%时,结果保留三位有效数字;当氯化物含量<1%时,结果保留两位有效数字。

7 精密度

在重复性条件下获得的两次独立测试结果的绝对差值不得超过算术平均值的 5%。

8 其他

以称样量 10 g,定容至 100 mL 计算,方法定量限(LOQ)为0.008%(以 Cl⁻计)。

第二法 佛尔哈德法(间接沉淀滴定法)

9 原理

样品经水或热水溶解、沉淀蛋白质、酸化处理后,加入过量的硝酸银溶液,以硫酸铁铵为指示剂,用硫氰酸钾标准滴定溶液滴定过量的硝酸银。根据硫氰酸钾标准滴定溶液的消耗量,计算食品中氯化物的含量。

10 试剂和材料

除非另有规定,本方法所用试剂均为分析纯,水为 GB/T 6682 规定的三级水。

10.1 试剂

10.1.1 硫酸铁铵[NH₄Fe(SO₄)₂·12H₂O]。

10.1.2 硫氰酸钾(KSCN)。

10.1.3 硝酸(HNO₃)。

10.1.4 硝酸银(AgNO₃)。

10.1.5 乙醇(CH₃CH₂OH):纯度≥95%。

10.2 标准品

基准氯化钠(NaCl),纯度≥99.8%。

10.3 试剂配制

10.3.1 硫酸铁铵饱和溶液:称取 50 g 硫酸铁铵,溶于 100 mL 水中,如有沉淀物,用滤纸过滤。

10.3.2 硝酸溶液(1+3):将 1 体积的硝酸加入 3 体积水中,混匀。

10.3.3 乙醇溶液(80%):84 mL 95%乙醇与 15 mL 水混匀。

10.4 标准溶液配制及标定

10.4.1 硝酸银标准滴定溶液(0.1 mol/L):称取 17 g 硝酸银,溶于少量硝酸中,转移到 1 000 mL 棕色容量瓶中,用水稀释至刻度,摇匀,转移到棕色试剂瓶中储存。或购买有证书的硝酸银标准滴定溶液。

10.4.2 硫氰酸钾标准滴定溶液(0.1 mol/L):称取 9.7 g 硫氰酸钾,溶于水中,转移到 1 000 mL 容量瓶中,用水稀释至刻度,摇匀。或购买经国家认证并授予标准物质证书的硫氰酸钾标准滴定溶液。

10.4.3 硝酸银标准滴定溶液与硫氰酸钾标准滴定溶液体积比的确定:移取 0.1 mol/L 硝酸银标准滴定

溶液 20.00 mL(V_4)于 250 mL 锥形瓶中,加入 30 mL 水、5 mL 硝酸溶液和 2 mL 硫酸铁铵饱和溶液,边摇动边滴加硫氰酸钾标准滴定溶液,滴定至出现淡棕红色,保持 1 min 不褪色,记录消耗硫氰酸钾标准滴定溶液的体积(V_5)。

10.4.4　硝酸银标准滴定溶液(0.1 mol/L)和硫氰酸钾标准滴定溶液(0.1 mol/L)的标定:称取经 500 ℃～600 ℃灼烧至恒重的氯化钠 0.10 g(精确至 0.1 mg),于烧杯中,用约 40 mL 水溶解,并转移到 100 mL 容量瓶中。加入 5 mL 硝酸溶液,边剧烈摇动边加入 25.00 mL(V_6)0.1 mol/L 硝酸银标准滴定溶液,用水稀释至刻度,摇匀。在避光处放置 5 min,用快速滤纸过滤,弃去最初滤液 10 mL。准确移取滤液 50.00 mL 于 250 mL 锥形瓶中,加入 2 mL 硫酸铁铵饱和溶液,边摇动边滴加硫氰酸钾标准滴定溶液,滴定至出现淡棕红色,保持 1 min 不褪色。记录消耗硫氰酸钾标准滴定溶液的体积(V_7)。

按式(4)、式(5)、式(6)分别计算硫氰酸钾标准滴定溶液的准确浓度(c_2)和硝酸银标准滴定溶液的准确浓度(c_3)。

$$F = \frac{V_4}{V_5} = \frac{c_2}{c_3} \qquad \cdots\cdots\cdots\cdots\cdots\cdots\cdots\cdots (4)$$

式中:

F——硝酸银标准滴定溶液与硫氰酸钾标准滴定溶液的体积比;

V_4——确定体积比(F)时,硝酸银标准滴定溶液的体积,单位为毫升(mL);

V_5——确定体积比(F)时,硫氰酸钾标准滴定溶液的体积,单位为毫升(mL);

c_2——硫氰酸钾标准滴定溶液浓度,单位为摩尔每升(mol/L);

c_3——硝酸银标准滴定溶液浓度,单位为摩尔每升(mol/L)。

$$c_3 = \frac{\dfrac{m_0}{0.058\,44}}{V_6 - 2 \times V_7 \times F} \qquad \cdots\cdots\cdots\cdots\cdots\cdots\cdots\cdots (5)$$

式中:

c_3　　——硝酸银标准滴定溶液浓度,单位为摩尔每升(mol/L);

m_0　　——氯化钠的质量,单位为克(g);

V_6　　——沉淀氯化物时加入的硝酸银标准滴定溶液体积,单位为毫升(mL);

V_7　　——滴定过量的硝酸银消耗硫氰酸钾标准滴定溶液的体积,单位为毫升(mL);

F　　——硝酸银标准滴定溶液与硫氰酸钾标准滴定溶液的体积比;

0.058 44——与 1.00 mL 硝酸银标准滴定溶液[$c(AgNO_3) = 1.000$ mol/L]相当的氯化钠的质量,单位为克(g)。

$$c_2 = c_3 \times F \qquad \cdots\cdots\cdots\cdots\cdots\cdots\cdots\cdots (6)$$

式中:

c_2——硫氰酸钾标准滴定溶液浓度,单位为摩尔每升(mol/L);

c_3——硝酸银标准滴定溶液浓度,单位为摩尔每升(mol/L);

F——硝酸银标准滴定溶液与硫氰酸钾标准滴定溶液的体积比。

11　仪器设备

同 4.1～4.7、4.13。

12　分析步骤

12.1　试样制备

同 5.1。

12.2 试样溶液制备

同 5.2。其中,蛋白质、淀粉含量较高的蔬菜制品改为用乙醇溶液提取,其余步骤不变。

12.3 测定

12.3.1 试样氯化物的沉淀

移取 50.00 mL 试液(12.2)(V_8),氯化物含量较高的样品,可减少取样体积,于 100 mL 比色管中。加入 5 mL 硝酸溶液。在剧烈摇动下,用酸式滴定管滴加 20.00 mL～40.00 mL 硝酸银标准滴定溶液,用水稀释至刻度,在避光处静置 5 min。用快速滤纸过滤,弃去 10 mL 最初滤液。

加入硝酸银标准滴定溶液后,如不出现氯化银凝聚沉淀,而呈现胶体溶液时,应在定容、摇匀后,置沸水浴中加热数分钟,直至出现氯化银凝聚沉淀。取出,在冷水中迅速冷却至室温,用快速滤纸过滤,弃去 10 mL 最初滤液。

12.3.2 过量硝酸银的滴定

移取 50.00 mL 滤液(12.3.1)于 250 mL 锥形瓶中,加入 2 mL 硫酸铁铵饱和溶液。边剧烈摇动边用 0.1 mol/L 硫氰酸钾标准滴定溶液滴定,淡黄色溶液出现乳白色沉淀,终点时变为淡棕红色,保持 1 min 不褪色。记录消耗硫氰酸钾标准滴定溶液的体积(V_9)。同时做空白试验,记录消耗硝酸银标准滴定溶液的体积(V_0)。

13 分析结果表述

食品中氯化物的含量以质量分数 X_2 表示,按式(7)计算:

$$X_2 = \frac{0.035\,5 \times c_2 \times (V_0 - V_9) \times V}{m \times V_8} \times 100 \qquad\cdots\cdots\cdots\cdots\cdots\cdots (7)$$

式中:

X_2 ——试样中氯化物的含量(以氯计),%;

0.035 5 ——与 1.00 mL 硝酸银标准滴定溶液[$c(AgNO_3) = 1.000$ mol/L]相当的氯的质量,单位为克(g);

c_2 ——硫氰酸钾标准滴定溶液浓度,单位为摩尔每升(mol/L);

V_0 ——空白试验消耗的硫氰酸钾标准滴定溶液体积,单位为毫升(mL);

V_8 ——用于滴定的试样体积,单位为毫升(mL);

V_9 ——滴定试样时消耗 0.1 mol/L 硫氰酸钾标准滴定溶液的体积,单位为毫升(mL);

V ——样品定容体积,单位为毫升(mL);

m ——试样质量,单位为克(g)。

当氯化物含量≥1%时,结果保留三位有效数字;当氯化物含量<1%时,结果保留两位有效数字。

14 精密度

在重复性条件下获得的两次独立测试结果的绝对差值不得超过算术平均值的 5%。

15 其他

以称样量 10 g,定容至 100 mL 计算,方法定量限(LOQ)为 0.008%(以 Cl^- 计)。

第三法 银量法(摩尔法或直接滴定法)

16 原理

样品经处理后,以铬酸钾为指示剂,用硝酸银标准滴定溶液滴定试液中的氯化物。根据硝酸银标准滴定溶液的消耗量,计算食品中氯的含量。

17 试剂和材料

除非另有规定,本方法所用试剂均为分析纯,水为 GB/T 6682 规定的三级水。

17.1 试剂

17.1.1 铬酸钾(K_2CrO_4)。

17.1.2 氢氧化钠(NaOH)。

17.1.3 酚酞($C_2OH_{14}O_4$)。

17.1.4 硝酸(HNO_3)。

17.1.5 乙醇(CH_3CH_2OH):纯度≥95%。

17.2 标准品

基准氯化钠(NaCl),纯度≥99.8%。

17.3 试剂配制

17.3.1 铬酸钾溶液(5%):称取 5 g 铬酸钾,加水溶解,并定容到 100 mL。

17.3.2 铬酸钾溶液(10%):称取 10 g 铬酸钾,加水溶解,并定容到 100 mL。

17.3.3 氢氧化钠溶液(0.1%):称取 1 g 氢氧化钠,加水溶解,并定容到 100 mL。

17.3.4 硝酸溶液(1+3):将 1 体积的硝酸加入 3 体积水中,混匀。

17.3.5 酚酞乙醇溶液(1%):称取 1 g 酚酞,溶于 60 mL 乙醇中,用水稀释至 100 mL。

17.3.6 乙醇溶液(80%):84 mL 95%乙醇与 15 mL 水混匀。

17.4 标准溶液配制及标定

17.4.1 硝酸银标准滴定溶液(0.1 mol/L):称取 17 g 硝酸银,溶于少量硝酸溶液中,转移到 1 000 mL 棕色容量瓶中,用水稀释至刻度,摇匀,转移到棕色试剂瓶中储存。

17.4.2 硝酸银标准滴定溶液的标定(0.1 mol/L):称取经 500 ℃～600 ℃灼烧至恒重的基准试剂氯化钠 0.05 g～0.10 g(精确至 0.1 mg),于 250 mL 锥形瓶中。用约 70 mL 水溶解,加入 1 mL 5%铬酸钾溶液,边摇动边用硝酸银标准滴定溶液滴定,颜色由黄色变为橙黄色(保持 1 min 不褪色)。记录消耗硝酸银标准滴定溶液的体积(V_{10})。

硝酸银标准滴定溶液的浓度按式(8)计算:

$$c_4 = \frac{m_0}{0.058\,5 \times V_{10}} \qquad\qquad\cdots\cdots\cdots\cdots\cdots(8)$$

式中:

c_4 ——硝酸银标准滴定溶液的浓度,单位为摩尔每升(mol/L);

0.058 5——与 1.00 mL 硝酸银标准滴定溶液[$c(AgNO_3)=1.000$ mol/L]相当的氯化钠的质量,单位为克(g);

V_{10} ——滴定试液时消耗硝酸银标准滴定溶液的体积,单位为毫升(mL);

m_0 ——氯化钠的质量,单位为克(g)。

18 仪器和设备

同 4.1～4.8、4.13。

19 分析步骤

19.1 试样制备

同 5.1。

19.2 试样溶液制备

同 5.2。其中,蛋白质、淀粉含量较高的蔬菜制品改为用乙醇溶液提取,其余步骤不变。

19.3 测定

19.3.1 pH 6.5～10.5 的试液:移取 50.00 mL 试液(19.2)(V_{11}),于 250 mL 锥形瓶中,加入 50 mL 水和 1 mL 铬酸钾溶液(5%)。滴加 1 滴～2 滴硝酸银标准滴定溶液,此时,滴定液应变为棕红色,如不出现这一现象,应补加 1 mL 铬酸钾溶液(10%),再边摇动边滴加硝酸银标准滴定溶液,颜色由黄色变为橙黄色(保持 1 min 不褪色)。记录消耗硝酸银标准滴定溶液的体积(V_{12})。

19.3.2 pH 小于 6.5 的试液:移取 50.00 mL 试液(19.2)(V_{11}),于 250 mL 锥形瓶中,加 50 mL 水和 0.2 mL 酚酞乙醇溶液,用氢氧化钠溶液滴定至微红色,加 1 mL 铬酸钾溶液(10%),再边摇动边滴加硝酸银标准滴定溶液,颜色由黄色变为橙黄色(保持 1 min 不褪色),记录消耗硝酸银标准滴定溶液的体积(V_{12})。同时做空白试验,记录消耗硝酸银标准滴定溶液的体积(V''_0)。

20 分析结果表述

食品中氯化物含量以质量分数 X_3 表示,按式(9)计算:

$$X_3 = \frac{0.035\ 5 \times c_4 (V_{12} - V''_0) \times V}{m \times V_{11}} \times 100 \qquad\qquad (9)$$

式中:

X_3 ——食品中氯化物的含量(以氯计),%;

0.035 5——与 1.00 mL 硝酸银标准滴定溶液[$c(AgNO_3)=1.000$ mol/L]相当的氯的质量,单位为克(g);

c_4 ——硝酸银标准滴定溶液的浓度,单位为摩尔每升(mol/L);

V_{11} ——用于滴定的试样体积,单位为毫升(mL);

V_{12} ——滴定试液时消耗的硝酸银标准滴定溶液体积,单位为毫升(mL);

V''_0 ——空白试验消耗的硝酸银标准滴定溶液体积,单位为毫升(mL);

V ——样品定容体积,单位为毫升(mL);

m ——试样质量,单位为克(g)。

当氯化物含量≥1%时,结果保留三位有效数字;当氯化物含量<1%时,结果保留两位有效数字。

21 精密度

在重复性条件下获得的两次独立测试结果的绝对差值不得超过算术平均值的 5%。

22 其他

以称样量 10 g,定容至 100 mL 计算,方法定量限(LOQ)为0.008%(以 Cl^- 计)。

附　录　A

硝酸银标准滴定溶液滴定氯化钠标准溶液的体积计算表

硝酸银标准滴定溶液滴定氯化钠标准溶液的体积计算表参见表 A.1。

表 A.1　硝酸银标准滴定溶液滴定氯化钠标准溶液的体积计算表

V'	E	ΔE[a]	ΔV[b]	一级微商[c] ($\Delta E/\Delta V$)	二级微商[d]
0.00	400	—	—	—	—
4.00	470	70	4.00	18	—
4.50	490	20	0.50	40	22
4.60	500	10	0.10	100	60
4.70	515	15	0.10	150	50
4.80	535	20	0.10	200	50
4.90	620	85	0.10	850	650
5.00	670	50	0.10	500	−350
5.10	690	20	0.10	200	−300
5.20	700	10	0.10	100	−100

[a] 相对应的电位变化的数值。

[b] 连续滴入硝酸银标准滴定溶液的体积增加值。

[c] 单位体积硝酸银标准滴定溶液引起的电位变化值，即 ΔE 与 ΔV 的比值。

[d] 相当于相邻的一级微商的数值之差。

　　示例：从表中找出一级微商最大值为 850，则二级微商等于零时应在 650 与 −350 之间，所以 $a=650$，$b=-350$，$V_a=4.8$ mL，$\Delta V=0.10$ mL。

$$V_1 = V_a + \left(\frac{a}{a-b} \times \Delta V \right) = 4.8 + \left[\frac{650}{650-(-350)} \times 0.1 \right] = 4.8 + 0.065 = 4.87 (\text{mL})$$

　　即滴定到终点时，硝酸银标准滴定溶液的用量为 4.87 mL。

中华人民共和国国家标准

GB 5009.82—2016

食品安全国家标准

食品中维生素 A、D、E 的测定

2016-12-23 发布

2017-06-23 实施

中华人民共和国国家卫生和计划生育委员会
国家食品药品监督管理总局 发布

前　言

本标准代替 GB/T 5009.82—2003《食品中维生素 A 和维生素 E 的测定》、GB 5413.9—2010《食品安全国家标准　婴幼儿食品和乳品中维生素 A、D、E 的测定》、GB/T 9695.26—2008《肉与肉制品　维生素 A 含量测定》、GB/T 9695.30—2008《肉与肉制品　维生素 E 含量测定》、NY/T 1598—2008《食用植物油中维生素 E 组分和含量的测定　高效液相色谱法》。

本标准与 GB/T 5009.82—2003 相比,主要变化如下:

——标准名称修改为"食品安全国家标准　食品中维生素 A、D、E 的测定";

——增加了"食品中维生素 E 的测定　正相高效液相色谱法";

——增加了"食品中维生素 D 的测定　液相色谱-串联质谱法";

——增加了"食品中维生素 D 的测定　高效液相色谱法";

——修改了"食品中维生素 A 和维生素 E 的测定　反相高效液相色谱法";

——修改了维生素 E 异构体的反相色谱分离条件,可同时分离测定 4 种生育酚异构体;

——删除了苯并芘内标定量法,改用外标法定量;

——删除了"比色法"测定维生素 A。

食品安全国家标准

食品中维生素 A、D、E 的测定

1 范围

本标准规定了食品中维生素 A、维生素 E 和维生素 D 的测定方法。

本标准第一法适用于食品中维生素 A 和维生素 E 的测定。

本标准第二法适用于食用油、坚果、豆类和辣椒粉等食物中维生素 E 的测定。

本标准第三法适用于食品中维生素 D_2 和维生素 D_3 的测定。

本标准第四法适用于配方食品中维生素 D_2 或维生素 D_3 的测定。

第一法　食品中维生素 A 和维生素 E 的测定　反相高效液相色谱法

2 原理

试样中的维生素 A 及维生素 E 经皂化(含淀粉先用淀粉酶酶解)、提取、净化、浓缩后,C_{30} 或 PFP 反相液相色谱柱分离,紫外检测器或荧光检测器检测,外标法定量。

3 试剂和材料

除非另有说明,本方法所用试剂均为分析纯,水为 GB/T 6682 规定的一级水。

3.1 试剂

3.1.1 无水乙醇(C_2H_5OH):经检查不含醛类物质,检查方法参见 A.1。

3.1.2 抗坏血酸($C_6H_8O_6$)。

3.1.3 氢氧化钾(KOH)。

3.1.4 乙醚[$(CH_3CH_2)_2O$]:经检查不含过氧化物,检查方法参见 A.2。

3.1.5 石油醚($C_5H_{12}O_2$):沸程为 30℃～60℃。

3.1.6 无水硫酸钠(Na_2SO_4)。

3.1.7 pH 试纸(pH 范围 1～14)。

3.1.8 甲醇(CH_3OH):色谱纯。

3.1.9 淀粉酶:活力单位≥100 U/mg。

3.1.10 2,6-二叔丁基对甲酚($C_{15}H_{24}O$):简称 BHT。

3.2 试剂配制

3.2.1 氢氧化钾溶液(50 g/100 g):称取 50 g 氢氧化钾,加入 50 mL 水溶解,冷却后,储存于聚乙烯瓶中。

3.2.2 石油醚-乙醚溶液(1+1):量取 200 mL 石油醚,加入 200 mL 乙醚,混匀。

3.2.3 有机系过滤头(孔径为 0.22 μm)。

3.3 标准品

3.3.1 维生素 A 标准品

视黄醇($C_{20}H_{30}O$,CAS 号:68-26-8):纯度≥95%,或经国家认证并授予标准物质证书的标准物质。

3.3.2 维生素 E 标准品

3.3.2.1 α-生育酚($C_{29}H_{50}O_2$,CAS 号:10191-41-0):纯度≥95%,或经国家认证并授予标准物质证书的标准物质。

3.3.2.2 β-生育酚($C_{28}H_{48}O_2$,CAS 号:148-03-8):纯度≥95%,或经国家认证并授予标准物质证书的标准物质。

3.3.2.3 γ-生育酚($C_{28}H_{48}O_2$,CAS 号:54-28-4):纯度≥95%,或经国家认证并授予标准物质证书的标准物质。

3.3.2.4 δ-生育酚($C_{27}H_{46}O_2$,CAS 号:119-13-1):纯度≥95%,或经国家认证并授予标准物质证书的标准物质。

3.4 标准溶液配制

3.4.1 维生素 A 标准储备溶液(0.500 mg/mL):准确称取 25.0 mg 维生素 A 标准品,用无水乙醇溶解后,转移入 50 mL 容量瓶中,定容至刻度,此溶液浓度约为 0.500 mg/mL。将溶液转移至棕色试剂瓶中,密封后,在−20 ℃下避光保存,有效期 1 个月。临用前将溶液回温至 20 ℃,并进行浓度校正(校正方法参见附录 B)。

3.4.2 维生素 E 标准储备溶液(1.00 mg/mL):分别准确称取 α-生育酚、β-生育酚、γ-生育酚和 δ-生育酚各 50.0 mg,用无水乙醇溶解后,转移入 50 mL 容量瓶中,定容至刻度,此溶液浓度约为 1.00 mg/mL。将溶液转移至棕色试剂瓶中,密封后,在−20 ℃下避光保存,有效期 6 个月。临用前将溶液回温至 20 ℃,并进行浓度校正(校正方法参见附录 B)。

3.4.3 维生素 A 和维生素 E 混合标准溶液中间液:准确吸取维生素 A 标准储备溶液 1.00 mL 和维生素 E 标准储备溶液各 5.00 mL 于同一 50 mL 容量瓶中,用甲醇定容至刻度,此溶液中维生素 A 浓度为 10.0 μg/mL,维生素 E 各生育酚浓度为 100 μg/mL。在−20 ℃下避光保存,有效期半个月。

3.4.4 维生素 A 和维生素 E 标准系列工作溶液:分别准确吸取维生素 A 和维生素 E 混合标准溶液中间液 0.20 mL、0.50 mL、1.00 mL、2.00 mL、4.00 mL、6.00 mL 于 10 mL 棕色容量瓶中,用甲醇定容至刻度,该标准系列中维生素 A 浓度为 0.20 μg/mL、0.50 μg/mL、1.00 μg/mL、2.00 μg/mL、4.00 μg/mL、6.00 μg/mL,维生素 E 浓度为 2.00 μg/mL、5.00 μg/mL、10.0 μg/mL、20.0 μg/mL、40.0 μg/mL、60.0 μg/mL。临用前配制。

4 仪器和设备

4.1 分析天平:感量为 0.01 mg。

4.2 恒温水浴振荡器。

4.3 旋转蒸发仪。

4.4 氮吹仪。

4.5 紫外分光光度计。

4.6 分液漏斗萃取净化振荡器。

4.7 高效液相色谱仪:带紫外检测器或二极管阵列检测器或荧光检测器。

5 分析步骤

5.1 试样制备

将一定数量的样品按要求经过缩分、粉碎均质后,储存于样品瓶中,避光冷藏,尽快测定。

5.2 试样处理

警示:使用的所有器皿不得含有氧化性物质;分液漏斗活塞玻璃表面不得涂油;处理过程应避免紫外光照,尽可能避光操作;提取过程应在通风柜中操作。

5.2.1 皂化

5.2.1.1 不含淀粉样品

称取 2 g～5 g(精确至 0.01 g)经均质处理的固体试样或 50 g(精确至 0.01 g)液体试样于 150 mL 平底烧瓶中,固体试样需加入约 20 mL 温水,混匀,再加入 1.0 g 抗坏血酸和 0.1 g BHT,混匀,加入 30 mL 无水乙醇,加入 10 mL～20 mL 氢氧化钾溶液,边加边振摇,混匀后于 80 ℃ 恒温水浴震荡皂化 30 min,皂化后立即用冷水冷却至室温。

注:皂化时间一般为 30 min,如皂化液冷却后,液面有浮油,需要加入适量氢氧化钾溶液,并适当延长皂化时间。

5.2.1.2 含淀粉样品

称取 2 g～5 g(精确至 0.01 g)经均质处理的固体试样或 50 g(精确至 0.01 g)液体样品于 150 mL 平底烧瓶中,固体试样需用约 20 mL 温水混匀,加入 0.5 g～1 g 淀粉酶,放入 60 ℃ 水浴避光恒温振荡 30 min 后,取出,向酶解液中加入 1.0 g 抗坏血酸和 0.1 g BHT,混匀,加入 30 mL 无水乙醇,10 mL～20 mL 氢氧化钾溶液,边加边振摇,混匀后于 80 ℃ 恒温水浴振荡皂化 30 min,皂化后立即用冷水冷却至室温。

5.2.2 提取

将皂化液用 30 mL 水转入 250 mL 的分液漏斗中,加入 50 mL 石油醚-乙醚混合液,振荡萃取 5 min,将下层溶液转移至另一 250 mL 的分液漏斗中,加入 50 mL 的混合醚液再次萃取,合并醚层。

注:如只测维生素 A 与 α-生育酚,可用石油醚作提取剂。

5.2.3 洗涤

用约 100 mL 水洗涤醚层,约需重复 3 次,直至将醚层洗至中性(可用 pH 试纸检测下层溶液 pH 值),去除下层水相。

5.2.4 浓缩

将洗涤后的醚层经无水硫酸钠(约 3 g)滤入 250 mL 旋转蒸发瓶或氮气浓缩管中,用约 15 mL 石油醚冲洗分液漏斗及无水硫酸钠 2 次,并入蒸发瓶内,并将其接在旋转蒸发仪或气体浓缩仪上,于 40 ℃ 水浴中减压蒸馏或气流浓缩,待瓶中醚液剩下约 2 mL 时,取下蒸发瓶,立即用氮气吹至近干。用甲醇分次将蒸发瓶中残留物溶解并转移至 10 mL 容量瓶中,定容至刻度。溶液过 0.22 μm 有机系滤膜后供高效液相色谱测定。

5.3 色谱参考条件

色谱参考条件列出如下：

a) 色谱柱：C_{30}柱（柱长 250 mm，内径 4.6 mm，粒径 3 μm），或相当者；

b) 柱温：20 ℃；

c) 流动相：A：水；B：甲醇，洗脱梯度见表1；

d) 流速：0.8 mL/min；

e) 紫外检测波长：维生素 A 为 325 nm；维生素 E 为 294 nm；

f) 进样量：10 μL；

g) 标准色谱图和样品色谱图见 C.1。

注1：如难以将柱温控制在 20 ℃±2℃，可改用 PFP 柱分离异构体，流动相为水和甲醇梯度洗脱。

注2：如样品中只含 α-生育酚，不需分离 β-生育酚和 γ-生育酚，可选用 C_{18}柱，流动相为甲醇。

注3：如有荧光检测器，可选用荧光检测器检测，对生育酚的检测有更高的灵敏度和选择性，可按以下检测波长检测：维生素 A 激发波长 328 nm，发射波长 440 nm；维生素 E 激发波长 294 nm，发射波长 328 nm。

表 1　C_{30}色谱柱-反相高效液相色谱法洗脱梯度参考条件

时间 min	流动相 A %	流动相 B %	流速 mL/min
0.0	4	96	0.8
13.0	4	96	0.8
20.0	0	100	0.8
24.0	0	100	0.8
24.5	4	96	0.8
30.0	4	96	0.8

5.4 标准曲线的制作

本法采用外标法定量。将维生素 A 和维生素 E 标准系列工作溶液分别注入高效液相色谱仪中，测定相应的峰面积，以峰面积为纵坐标，以标准测定液浓度为横坐标绘制标准曲线，计算直线回归方程。

5.5 样品测定

试样液经高效液相色谱仪分析，测得峰面积，采用外标法通过上述标准曲线计算其浓度。在测定过程中，建议每测定 10 个样品用同一份标准溶液或标准物质检查仪器的稳定性。

6 分析结果的表述

试样中维生素 A 或维生素 E 的含量按式（1）计算：

$$X = \frac{\rho \times V \times f \times 100}{m} \qquad\qquad\cdots\cdots\cdots\cdots\cdots\cdots\cdots(1)$$

式中：

X ——试样中维生素 A 或维生素 E 的含量，维生素 A 单位为微克每百克（μg/100g），维生素 E 单位为毫克每百克（mg/100g）；

ρ ——根据标准曲线计算得到的试样中维生素 A 或维生素 E 的浓度，单位为微克每毫升（μg/mL）；

V ——定容体积,单位为毫升(mL);

f ——换算因子(维生素 A:$f=1$;维生素 E:$f=0.001$);

100 ——试样中量以每 100 克计算的换算系数;

m ——试样的称样量,单位为克(g)。

计算结果保留三位有效数字。

注:如维生素 E 的测定结果要用 α-生育酚当量(α-TE)表示,可按下式计算:维生素 E(mg α-TE/100 g)$=\alpha$-生育酚 (mg/100 g)$+\beta$-生育酚(mg/100 g)$\times0.5+\gamma$-生育酚(mg/100 g)$\times0.1+\delta$-生育酚(mg/100 g)$\times0.01$。

7 精密度

在重复性条件下获得的两次独立测定结果的绝对差值不得超过算术平均值的 10%。

8 其他

当取样量为 5 g,定容 10 mL 时,维生素 A 的紫外检出限为 10 μg/100 g,定量限为 30 μg/100 g;生育酚的紫外检出限为 40 μg/100 g,定量限为 120 μg/100 g。

第二法　食品中维生素 E 的测定　正相高效液相色谱法

9 原理

试样中的维生素 E 经有机溶剂提取、浓缩后,用高效液相色谱酰氨基柱或硅胶柱分离,经荧光检测器检测,外标法定量。

10 试剂和材料

除非另有说明,本方法所用试剂均为分析纯。水为 GB/T 6682 规定的一级水。

10.1 试剂

10.1.1 无水乙醇(C_2H_5OH):色谱纯,经检验不含醛类物质,检查方法参见 A.1。

10.1.2 乙醚[$(CH_3CH_2)_2O$]:分析纯,经检验不含氧化物,检查方法参见 A.2。

10.1.3 石油醚($C_5H_{12}O_2$):沸程为 30℃～60℃。

10.1.4 无水硫酸钠(Na_2SO_4)。

10.1.5 正己烷(n-C_6H_{14}):色谱纯。

10.1.6 异丙醇[$(CH_3)_2CHOH$]:色谱纯。

10.1.7 叔丁基甲基醚[$CH_3OC(CH_3)_3$]:色谱纯。

10.1.8 甲醇(CH_3OH):色谱纯。

10.1.9 四氢呋喃(C_4H_8O):色谱纯。

10.1.10 1,4-二氧六环($C_4H_8O_2$):色谱纯。

10.1.11 2,6-二叔丁基对甲酚($C_{15}H_{24}O$):简称 BHT。

10.1.12 有机系过滤头(孔径为 0.22 μm)。

10.2 试剂配制

10.2.1 石油醚-乙醚溶液(1+1):量取 200 mL 石油醚,加入 200 mL 乙醚,混匀,临用前配制。

10.2.2 流动相:正己烷+[叔丁基甲基醚-四氢呋喃-甲醇混合液(20+1+0.1)]=90+10,临用前配制。

10.3 标准品

10.3.1 α-生育酚($C_{29}H_{50}O_2$,CAS 号:10191-41-0):纯度≥95%,或经国家认证并授予标准物质证书的标准物质;

10.3.2 β-生育酚($C_{28}H_{48}O_2$,CAS 号:148-03-8):纯度≥95%,或经国家认证并授予标准物质证书的标准物质;

10.3.3 γ-生育酚($C_{28}H_{48}O_2$,CAS 号:54-28-4):纯度≥95%,或经国家认证并授予标准物质证书的标准物质;

10.3.4 δ-生育酚($C_{27}H_{46}O_2$,CAS 号:119-13-1):纯度≥95%,或经国家认证并授予标准物质证书的标准物质。

10.4 标准溶液配制

10.4.1 维生素 E 标准储备溶液(1.00 mg/mL):分别称取 4 种生育酚异构体标准品各 50.0 mg(准确至 0.1 mg),用无水乙醇溶解于 50 mL 容量瓶中,定容至刻度,此溶液浓度约为 1.00 mg/mL。将溶液转移至棕色试剂瓶中,密封后,在 -20℃下避光保存,有效期 6 个月。临用前将溶液回温至 20 ℃,并进行浓度校正(校正方法参见附录 B)。

10.4.2 维生素 E 标准溶液中间液:准确吸取维生素 E 标准储备溶液各 1.00 mL 于同一 100 mL 容量瓶中,用氮气吹除乙醇后,用流动相定容至刻度,此溶液中维生素 E 各生育酚浓度为 10.00 μg/mL。密封后,在 -20℃下避光保存,有效期半个月。

10.4.3 维生素 E 标准系列工作溶液:分别准确吸取维生素 E 混合标准溶液中间液 0.20 mL、0.50 mL、1.00 mL、2.00 mL、4.00 mL、6.00 mL 于 10 mL 棕色容量瓶中,用流动相定容至刻度,该标准系列中 4 种生育酚浓度分别为 0.20 μg/mL、0.50 μg/mL、1.00 μg/mL、2.00 μg/mL、4.00 μg/mL、6.00 μg/mL。

11 仪器和设备

11.1 分析天平:感量为 0.1 mg。

11.2 恒温水浴振荡器。

11.3 旋转蒸发仪。

11.4 氮吹仪。

11.5 紫外分光光度计。

11.6 索氏脂肪抽提仪或加速溶剂萃取仪。

11.7 高效液相色谱仪,带荧光检测器或紫外检测器。

12 分析步骤

12.1 试样制备

将一定数量的样品按要求经过缩分、粉碎、均质后,储存于样品瓶中,避光冷藏,尽快测定。

12.2　试样处理

警示：使用的所有器皿不得含有氧化性物质；分液漏斗活塞玻璃表面不得涂油；处理过程应避免紫外光照，尽可能避光操作。

12.2.1　植物油脂

称取 0.5 g～2 g 油样(准确至 0.01 g)于 25 mL 的棕色容量瓶中，加入 0.1 g BHT，加入 10 mL 流动相超声或涡旋振荡溶解后，用流动相定容至刻度，摇匀。过孔径为 0.22 μm 有机系滤头于棕色进样瓶中，待进样。

12.2.2　奶油、黄油

称取 2 g～5 g 样品(准确至 0.01 g)于 50 mL 的离心管中，加入 0.1 g BHT，45 ℃水浴融化，加入 5 g 无水硫酸钠，涡旋 1 min，混匀，加入 25 mL 流动相超声或涡旋振荡提取，离心，将上清液转移至浓缩瓶中，再用 20 mL 流动相重复提取 1 次，合并上清液至浓缩瓶，在旋转蒸发器或气体浓缩仪上，于 45 ℃水浴中减压蒸馏或气流浓缩，待瓶中醚剩下约 2 mL 时，取下蒸发瓶，立即用氮气吹干。用流动相将浓缩瓶中残留物溶解并转移至 10 mL 容量瓶中，定容至刻度，摇匀。溶液过 0.22 μm 有机系滤膜后供高效液相色谱测定。

12.2.3　坚果、豆类、辣椒粉等干基植物样品

称取 2 g～5 g 样品(准确至 0.01 g)，用索氏提取仪或加速溶剂萃取仪提取其中的植物油脂，将含油脂的提取溶剂转移至 250 mL 蒸发瓶内，于 40 ℃水浴中减压蒸馏或气流浓缩至干，取下蒸发瓶，用 10 mL 流动相将油脂转移至 25 mL 容量瓶中，加入 0.1 g BHT，超声或涡旋振荡溶解后，用流动相定容至刻度，摇匀。过孔径为 0.22 μm 有机系滤头于棕色进样瓶中，待进样。

12.3　色谱参考条件

色谱参考条件列出如下：
a)　色谱柱：酰氨基柱(柱长 150 mm，内径 3.0 mm，粒径 1.7 μm)或相当者；
b)　柱温：30 ℃；
c)　流动相：正己烷＋[叔丁基甲基醚-四氢呋喃-甲醇混合液(20＋1＋0.1)]＝90＋10；
d)　流速：0.8 mL/min；
e)　荧光检测波长：激发波长 294 nm，发射波长 328 nm；
f)　进样量：10 μL。
注：　可用 Si 60 硅胶柱(柱长 250 mm，内径 4.6 mm，粒径 5 μm)分离 4 种生育酚异构体，推荐流动相为正己烷与 1,4-二氧六环按(95＋5)的比例混合。

12.4　标准曲线的制作

本法采用外标法定量。将维生素 E 标准系列工作溶液从低浓度到高浓度分别注入高效液相色谱仪中，测定相应的峰面积。以峰面积为纵坐标，标准溶液浓度为横坐标绘制标准曲线，计算直线回归方程。

12.5　样品测定

试样液经高效液相色谱仪分析，测得峰面积，采用外标法通过上述标准曲线计算其浓度。在测定过程中，建议每测定 10 个样品用同一份标准溶液或标准物质检查仪器的稳定性。

13 分析结果的表述

试样中 α-生育酚、β-生育酚、γ-生育酚或 δ-生育酚的含量按式（2）计算：

$$X = \frac{\rho \times V \times f \times 100}{m} \qquad\qquad\qquad\qquad (2)$$

式中：

X ——试样中 α-生育酚、β-生育酚、γ-生育酚或 δ-生育酚的含量，单位为毫克每百克（mg/100 g）；

ρ ——根据标准曲线计算得到的试样中 α-生育酚、β-生育酚、γ-生育酚或 δ-生育酚的浓度，单位为微克每毫升（μg/mL）；

V ——定容体积，单位为毫升（mL）；

f ——换算因子（$f = 0.001$）；

100 ——试样中量以每百克计算的换算系数；

m ——试样的称样量，单位为克（g）。

计算结果保留三位有效数字。

注：如维生素 E 的测定结果要用 α-生育酚当量（α-TE）表示，可按下式计算：维生素 E（mg α-TE/100 g）＝α-生育酚（mg/100 g）＋β-生育酚（mg/100 g）×0.5＋γ-生育酚（mg/100 g）×0.1＋δ-生育酚（mg/100 g）×0.01。

14 精密度

在重复性条件下获得的两次独立测定结果的绝对差值不得超过算术平均值的 10%。

15 其他

当取样量为 2 g，定容 25 mL 时，各生育酚的检出限为 50 μg/100 g，定量限为 150 μg/100 g。

第三法　食品中维生素 D 的测定　液相色谱-串联质谱法

16 原理

试样中加入维生素 D_2 和维生素 D_3 的同位素内标后，经氢氧化钾乙醇溶液皂化（含淀粉试样先用淀粉酶酶解）、提取、硅胶固相萃取柱净化、浓缩后，反相高效液相色谱 C_{18} 柱分离，串联质谱法检测，内标法定量。

17 试剂和材料

除非另有说明，本方法所用试剂均为分析纯。水为 GB/T 6682 规定的一级水。

17.1 试剂

17.1.1 无水乙醇（C_2H_5OH）：色谱纯，经检验不含醛类物质，检查方法参见 A.1。

17.1.2 抗坏血酸（$C_6H_8O_6$）。

17.1.3 2,6-二叔丁基对甲酚（$C_{15}H_{24}O$）：简称 BHT。

17.1.4　淀粉酶:活力单位≥100 U/mg。

17.1.5　氢氧化钾(KOH)。

17.1.6　乙酸乙酯($C_4H_8O_2$):色谱纯。

17.1.7　正己烷(n-C_6H_{14}):色谱纯。

17.1.8　无水硫酸钠(Na_2SO_4)。

17.1.9　pH 试纸(pH 范围 1～14)。

17.1.10　固相萃取柱(硅胶):6 mL,500 mg。

17.1.11　甲醇(CH_3OH):色谱纯。

17.1.12　甲酸(HCOOH):色谱纯。

17.1.13　甲酸铵($HCOONH_4$):色谱纯。

17.2　试剂配制

17.2.1　氢氧化钾溶液(50 g/100 g):50 g 氢氧化钾,加入 50 mL 水溶解,冷却后储存于聚乙烯瓶中。

17.2.2　乙酸乙酯-正己烷溶液(5+95):量取 5 mL 乙酸乙酯加入到 95 mL 正己烷中,混匀。

17.2.3　乙酸乙酯-正己烷溶液(15+85):量取 15 mL 乙酸乙酯加入到 85 mL 正己烷中,混匀。

17.2.4　0.05%甲酸-5 mmol/L 甲酸铵溶液:称取 0.315 g 甲酸铵,加入 0.5 mL 甲酸、1 000 mL 水溶解,超声混匀。

17.2.5　0.05%甲酸-5 mmol/L 甲酸铵甲醇溶液:称取 0.315 g 甲酸铵,加入 0.5 mL 甲酸、1 000 mL 甲醇溶解,超声混匀。

17.3　标准品

17.3.1　维生素 D_2 标准品:钙化醇($C_{28}H_{44}O$,CAS 号:50-14-6),纯度>98%,或经国家认证并授予标准物质证书的标准物质。

17.3.2　维生素 D_3 标准品:胆钙化醇($C_{27}H_{44}O$,CAS 号:511-28-4),纯度>98%,或经国家认证并授予标准物质证书的标准物质。

17.3.3　维生素 D_2-d_3 内标溶液($C_{28}H_{44}O$-d_3):100 μg/mL。

17.3.4　维生素 D_3-d_3 内标溶液($C_{27}H_{44}O$-d_3):100 μg/mL。

17.4　标准溶液配制

17.4.1　维生素 D_2 标准储备溶液:准确称取维生素 D_2 标准品 10.0 mg,用色谱纯无水乙醇溶解并定容至 100 mL,使其浓度约为 100 μg/mL,转移至棕色试剂瓶中,于-20 ℃冰箱中密封保存,有效期 3 个月。临用前用紫外分光光度法校正其浓度(校正方法见附录 B)。

17.4.2　维生素 D_3 标准储备溶液:准确称取维生素 D_2 标准品 10.0 mg,用色谱纯无水乙醇溶解并定容至 10 mL,使其浓度约为 100 μg/mL,转移至 100 mL 的棕色试剂瓶中,于-20 ℃冰箱中密封保存,有效期 3 个月。临用前用紫外分光光度法校正其浓度(校正方法见附录 B)。

17.4.3　维生素 D_2 标准中间使用液:准确吸取维生素 D_2 标准储备溶液 10.00 mL,用流动相稀释并定容至 100 mL,浓度约为 10.0 μg/mL,有效期 1 个月。准确浓度按校正后的浓度折算。

17.4.4　维生素 D_3 标准中间使用液:准确吸取维生素 D_3 标准储备溶液 10.00 mL,用流动相稀释并定容至 100 mL 棕色容量瓶中,浓度约为 10.0 μg/mL,有效期 1 个月。准确浓度按校正后的浓度折算。

17.4.5　维生素 D_2 和维生素 D_3 混合标准使用液:准确吸取维生素 D_2 和维生素 D_3 标准中间使用液各 10.00 mL,用流动相稀释并定容至 100 mL,浓度为 1.00 μg/mL。有效期 1 个月。

17.4.6　维生素 D_2-d_3 和维生素 D_3-d_3 内标混合溶液:分别量取 100 μL 浓度为 100 μg/mL 的维生素 D_2-d_3 和维生素 D_3-d_3 标准储备液加入 10 mL 容量瓶中,用甲醇定容,配制成 1 μg/mL 混合内标。有效

期 1 个月。

17.5 标准系列溶液的配制

分别准确吸取维生素 D_2 和 D_3 混合标准使用液 0.10 mL、0.20 mL、0.50 mL、1.00 mL、1.50 mL、2.00 mL 于 10 mL 棕色容量瓶中,各加入维生素 D_2-d_3 和维生素 D_3-d_3 内标混合溶液 1.00 mL,用甲醇定容至刻度,混匀。此标准系列工作液浓度分别为 10.0 μg/L、20.0 μg/L、50.0 μg/L、100 μg/L、150 μg/L、200 μg/L。

18 仪器和设备

注:使用的所有器皿不得含有氧化性物质。分液漏斗活塞玻璃表面不得涂油。

18.1 分析天平:感量为 0.1 mg。
18.2 磁力搅拌器或恒温振荡水浴:带加热和控温功能。
18.3 旋转蒸发仪。
18.4 氮吹仪。
18.5 紫外分光光度计。
18.6 萃取净化振荡器。
18.7 多功能涡旋振荡器。
18.8 高速冷冻离心机:转速 ≥ 6 000 r/min。
18.9 高效液相色谱-串联质谱仪:带电喷雾离子源。

19 分析步骤

19.1 试样制备

将一定数量的样品按要求经过缩分、粉碎、均质后,储存于样品瓶中,避光冷藏,尽快测定。

19.2 试样处理

注:处理过程应避免紫外光照,尽可能避光操作。

19.2.1 皂化

19.2.1.1 不含淀粉样品

称取 2 g(准确至 0.01 g)经均质处理的试样于 50 mL 具塞离心管中,加入 100 μL 维生素 D_2-d_3 和维生素 D_3-d_3 混合内标溶液和 0.4 g 抗坏血酸,加入 6 mL 约 40 ℃温水,涡旋 1 min,加入 12 mL 乙醇,涡旋 30 s,再加入 6 mL 氢氧化钾溶液,涡旋 30 s 后放入恒温振荡器中,80 ℃避光恒温水浴振荡 30 min(如样品组织较为紧密,可每隔 5 min～10 min 取出涡旋 0.5 min),取出放入冷水浴降温。

注:一般皂化时间为 30 min,如皂化液冷却后,液面有浮油,需要加入适量氢氧化钾溶液,并适当延长皂化时间。

19.2.1.2 含淀粉样品

称取 2 g(准确至 0.01 g)经均质处理的试样于 50 mL 具塞离心管中,加入 100 μL 维生素 D_2-d_3 和维生素 D_3-d_3 混合内标溶液和 0.4 g 淀粉酶,加入 10 mL 约 40 ℃温水,放入恒温振荡器中,60 ℃避光恒温振荡 30 min 后,取出放入冷水浴降温,向冷却后的酶解液中加入 0.4 g 抗坏血酸、12 mL 乙醇,涡旋 30 s,再加入 6 mL 氢氧化钾溶液,涡旋 30 s 后放入恒温振荡器中,同 19.2.1.1 皂化 30 min。

19.2.2　提取

向冷却后的皂化液中加入 20 mL 正己烷,涡旋提取 3 min,6 000 r/min 条件下离心 3 min。转移上层清液到 50 mL 离心管,加入 25 mL 水,轻微晃动 30 次,在 6 000 r/min 条件下离心 3 min,取上层有机相备用。

19.2.3　净化

将硅胶固相萃取柱依次用 8 mL 乙酸乙酯活化,8 mL 正己烷平衡,取备用液全部过柱,再用 6 mL 乙酸乙酯-正己烷溶液(5+95)淋洗,用 6 mL 乙酸乙酯-正己烷溶液(15+85)洗脱。洗脱液在 40 ℃下氮气吹干,加入 1.00 mL 甲醇,涡旋 30 s,过 0.22 μm 有机系滤膜供仪器测定。

19.3　仪器测定条件

19.3.1　色谱参考条件

色谱参考条件列出如下:
a)　C_{18}柱(柱长 100 mm,柱内径 2.1 mm,填料粒径 1.8 μm),或相当者;
b)　柱温:40 ℃;
c)　流动相 A:0.05%甲酸-5 mmol/L 甲酸铵溶液;流动相 B:0.05%甲酸-5 mmol/L 甲酸铵甲醇溶液;流动相洗脱梯度见表 2;
d)　流速:0.4 mL/min;
e)　进样量:10 μL。

表 2　流动相洗脱梯度

时间 min	流动相 A %	流动相 B %	流速 (mL/min)
0.0	12	88	0.4
1.0	12	88	0.4
4.0	10	90	0.4
5.0	7	93	0.4
5.1	6	94	0.4
5.8	6	94	0.4
6.0	0	100	0.4
17.0	0	100	0.4
17.5	12	88	0.4
20.0	12	88	0.4

19.3.2　质谱参考条件

质谱参考条件列出如下:
a)　电离方式:ESI⁺;
b)　鞘气温度:375 ℃;
c)　鞘气流速:12 L/min;

d) 喷嘴电压:500 V;

e) 雾化器压力:172 kPa;

f) 毛细管电压:4 500 V;

g) 干燥气温度:325 ℃;

h) 干燥气流速:10 L/min;

i) 多反应监测(MRM)模式。

锥孔电压和碰撞能量见表3,质谱图见 C.5。

表 3　维生素 D_2 和维生素 D_3 质谱参考条件

维生素	保留时间 min	母离子 (m/z)	定性子离子 (m/z)	碰撞电压 eV	定量子离子 (m/z)	碰撞电压 eV
维生素 D_2	6.04	397	379 147	5 25	107	29
维生素 D_2-d_3	6.03	400	382 271	4 6	110	22
维生素 D_3	6.33	385	367 259	7 8	107	25
维生素 D_3-d_3	6.33	388	370 259	3 6	107	19

19.4　标准曲线的制作

分别将维生素 D_2 和维生素 D_3 标准系列工作液由低浓度到高浓度依次进样,以维生素 D_2、维生素 D_3 与相应同位素内标的峰面积比值为纵坐标,以维生素 D_2、维生素 D_3 标准系列工作液浓度为横坐标分别绘制维生素 D_2、维生素 D_3 标准曲线。

19.5　样品测定

将待测样液依次进样,得到待测物与内标物的峰面积比值,根据标准曲线得到测定液中维生素 D_2、维生素 D_3 的浓度。待测样液中的响应值应在标准曲线线性范围内,超过线性范围则应减少取样量重新按19.2进行处理后再进样分析。

20　分析结果的表述

试样中维生素 D_2、维生素 D_3 的含量按式(3)计算:

$$X = \frac{\rho \times V \times f \times 100}{m} \qquad\cdots\cdots\cdots\cdots\cdots(3)$$

式中:

X　——试样中维生素 D_2(或维生素 D_3)的含量,单位为微克每百克($\mu g/100\ g$);

ρ　——根据标准曲线计算得到的试样中维生素 D_2(或维生素 D_3)的浓度,单位为微克每毫升($\mu g/mL$);

V　——定容体积,单位为毫升(mL);

f　——稀释倍数;

100 ——试样中量以每100克计算的换算系数;

m ——试样的称样量,单位为克(g)。

计算结果保留三位有效数字。

注:如试样中同时含有维生素 D_2 和维生素 D_3,维生素 D 的测定结果以维生素 D_2 和维生素 D_3 含量之和计算。

21 精密度

在重复性条件下获得的两次独立测定结果的绝对差值不得超过算术平均值的15%。

22 其他

当取样量为 2 g 时,维生素 D_2 的检出限为 1 $\mu g/100$ g,定量限为 3 $\mu g/100$ g;维生素 D_3 的检出限为 0.2 $\mu g/100$ g;定量限为 0.6 $\mu g/100$ g。

第四法 食品中维生素 D 的测定 高效液相色谱法

23 原理

试样中的维生素 D_2 或维生素 D_3 经氢氧化钾乙醇溶液皂化(含淀粉试样先用淀粉酶酶解)、提取、净化、浓缩后,用正相高效液相色谱半制备,反相高效液相色谱 C_{18} 柱色谱分离,经紫外或二极管阵列检测器检测,内标法(或外标法)定量。如测定维生素 D_2,可用维生素 D_3 作内标;如测定维生素 D_3,可用维生素 D_2 作内标。

24 试剂和材料

除非另有说明,本方法所用试剂均为分析纯。水为 GB/T 6682 规定的一级水。

24.1 试剂

24.1.1 无水乙醇(C_2H_5OH):色谱纯,经检验不含醛类物质,检查方法见 A.1。

24.1.2 抗坏血酸($C_6H_8O_6$)。

24.1.3 2,6-二叔丁基对甲酚($C_{15}H_{24}O$):简称 BHT。

24.1.4 氢氧化钾(KOH)。

24.1.5 正己烷($C_4H_{10}O$)。

24.1.6 石油醚($C_5H_{12}O_2$):沸程为 30 ℃~60 ℃。

24.1.7 无水硫酸钠(Na_2SO_4)。

24.1.8 pH 试纸(pH 范围 1~14)。

24.1.9 甲醇:色谱纯。

24.1.10 淀粉酶:活力单位≥100 U/mg。

24.2 试剂配制

24.2.1 氢氧化钾溶液:50 g 氢氧化钾,加入 50 mL 水溶解,冷却后储存于聚乙烯瓶中,临用前配制。

24.2.2 正己烷-环己烷溶液(1+1):量取 8 mL 异丙醇加入到 992 mL 正己烷中,混匀,超声脱气,备用。

24.2.3 甲醇-水溶液(95+1):量取 50 mL 水加入到 950 mL 甲醇中,混匀,超声脱气,备用。

24.3 标准品

24.3.1 维生素 D_2 标准品：钙化醇（$C_{28}H_{44}O$，CAS 号：50-14-6），纯度＞98％，或经国家认证并授予标准物质证书的标准物质。

24.3.2 维生素 D_3 标准品：胆钙化醇（$C_{27}H_{44}O$，CAS 号：511-28-4），纯度＞98％，或经国家认证并授予标准物质证书的标准物质。

24.4 标准溶液配制

24.4.1 维生素 D_2 标准储备溶液：准确称取维生素 D_2 标准品 10.0 mg，用色谱纯无水乙醇溶解并定容至 100 mL，使其浓度约为 100 μg/mL，转移至棕色试剂瓶中，于 -20 ℃冰箱中密封保存，有效期 3 个月。临用前用紫外分光光度法校正其浓度（校正方法参见附录 B）。

24.4.2 维生素 D_3 标准储备溶液：准确称取维生素 D_3 标准品 10.0 mg，用色谱纯无水乙醇溶解并定容至 100 mL，使其浓度约为 100 μg/mL，转移至 100 mL 的棕色试剂瓶中，于 -20℃冰箱中密封保存，有效期 3 个月。临用前用紫外分光光度法校正其浓度（校正方法参见附录 B）。

24.4.3 维生素 D_2 标准中间使用液：准确吸取维生素 D_2 标准储备溶液 10.00 mL，用流动相稀释并定容至 100 mL，浓度约为 10.0 μg/mL，有效期 1 个月，准确浓度按校正后的浓度折算。

24.4.4 维生素 D_3 标准中间使用液：准确吸取维生素 D_3 标准储备溶液 10.00 mL，用流动相稀释并定容至 100 mL 的棕色容量瓶中，浓度约为 10.0 μg/mL，有效期 3 个月，准确浓度按校正后的浓度折算。

24.4.5 维生素 D_2 标准使用液：准确吸取维生素 D_2 标准中间使用液 10.00 mL，用流动相稀释并定容至 100 mL 的棕色容量瓶中，浓度约为 1.00 μg/mL，准确浓度按校正后的浓度折算。

24.4.6 维生素 D_3 标准使用液：准确吸取维生素 D_3 标准中间使用液 10.00 mL，用流动相稀释并定容至 100 mL 的棕色容量瓶中，浓度约为 1.00 μg/mL，准确浓度按校正后的浓度折算。

24.4.7 标准系列溶液的配制：

24.4.7.1 当用维生素 D_2 作内标测定维生素 D_3 时，分别准确吸取维生素 D_3 标准中间使用液 0.50 mL、1.00 mL、2.00 mL、4.00 mL、6.00 mL、10.00 mL 于 100 mL 棕色容量瓶中，各加入维生素 D_2 内标溶液 5.00 mL，用甲醇定容至刻度混匀。此标准系列工作液浓度分别为 0.05 μg/mL、0.10 μg/mL、0.20 μg/mL、0.40 μg/mL、0.60 μg/mL、1.00 μg/mL。

24.4.7.2 当用维生素 D_3 作内标测定维生素 D_2 时，分别准确吸取维生素 D_2 标准中间使用液 0.50 mL、1.00 mL、2.00 mL、4.00 mL、6.00 mL、10.00 mL 于 100 mL 棕色容量瓶中，各加入维生素 D_3 内标溶液 5.00 mL，用甲醇定容至刻度，混匀。此标准系列工作液浓度分别为 0.05 μg/mL、0.10 μg/mL、0.20 μg/mL、0.40 μg/mL、0.60 μg/mL、1.00 μg/mL。

25 仪器和设备

注：使用的所有器皿不得含有氧化性物质。分液漏斗活塞玻璃表面不得涂油。

25.1 分析天平：感量为 0.1 mg。

25.2 磁力搅拌器：带加热、控温功能。

25.3 旋转蒸发仪。

25.4 氮吹仪。

25.5 紫外分光光度计。

25.6 萃取净化振荡器。

25.7 半制备正相高效液相色谱仪：带紫外或二极管阵列检测器，进样器配 500 μL 定量环。

25.8 反相高效液相色谱分析仪：带紫外或二极管阵列检测器，进样器配 100 μL 定量环。

26 分析步骤

26.1 试样制备

将一定数量的样品按要求经过缩分、粉碎、均质后,储存于样品瓶中,避光冷藏,尽快测定。

26.2 试样处理

处理过程应避免紫外光照,尽可能避光操作。如样品中只含有维生素 D_3,可用维生素 D_2 做内标;如只含有维生素 D_2,可用维生素 D_3 做内标;否则,用外标法定量,但需要验证回收率能满足检测要求。

26.2.1 不含淀粉样品

称取 5 g～10 g(准确至 0.01 g)经均质处理的固体试样或 50 g(准确至 0.01 g)液体样品于 150 mL 平底烧瓶中,固体试样需加入 20 mL～30 mL 温水,加入 1.00 mL 内标使用溶液(如测定维生素 D_2,用维生素 D_3 作内标;如测定维生素 D_3,用维生素 D_2 作内标。),再加入 1.0 g 抗坏血酸和 0.1 g BHT,混匀。加入 30 mL 无水乙醇,加入 10 mL～20 mL 氢氧化钾溶液,边加边振摇,混匀后于恒温磁力搅拌器上 80 ℃回流皂化 30 min,皂化后立即用冷水冷却至室温。

注:一般皂化时间为 30 min,如皂化液冷却后,液面有浮油,需要加入适量氢氧化钾乙醇溶液,并适当延长皂化时间。

26.2.2 含淀粉样品

称取 5 g～10 g(准确至 0.01 g)经均质处理的固体试样或 50 g(精确至 0.01 g)液体样品于 150 mL 平底烧瓶中,固体试样需加入约 20 mL 温水,加入 1.00 mL 内标使用溶液(如测定维生素 D_2,用维生素 D_3 作内标;如测定维生素 D_3,用维生素 D_2 作内标)和 1 g 淀粉酶,放入 60 ℃恒温水浴振荡 30 min,向酶解液中加入 1.0 g 抗坏血酸和 0.1 g BHT,混匀。加入 30 mL 无水乙醇,10 mL～20 mL 氢氧化钾溶液,边加边振摇,混匀后于恒温磁力搅拌器上 80 ℃回流皂化 30 min,皂化后立即用冷水冷却至室温。

26.2.3 提取

将皂化液用 30 mL 水转入 250 mL 的分液漏斗中,加入 50 mL 石油醚,振荡萃取 5 min,将下层溶液转移至另一 250 mL 的分液漏斗中,加入 50 mL 的石油醚再次萃取,合并醚层。

26.2.4 洗涤

用约 150 mL 水洗涤醚层,约需重复 3 次,直至将醚层洗至中性(可用 pH 试纸检测下层溶液 pH 值),去除下层水相。

26.2.5 浓缩

将洗涤后的醚层经无水硫酸钠(约 3 g)滤入 250 mL 旋转蒸发瓶或氮气浓缩管中,用约 15 mL 石油醚冲洗分液漏斗及无水硫酸钠 2 次,并入蒸发瓶内,并将其接在旋转蒸发器或气体浓缩仪上,于 40 ℃水浴中减压蒸馏或气流浓缩,待瓶中醚剩下约 2 mL 时,取下蒸发瓶,氮吹至干,用正己烷定容至 2 mL,0.22 μm 有机系滤膜过滤供半制备正相高效液相色谱系统半制备,净化待测液。

26.3　测定条件

26.3.1　维生素 D 待测液的净化

26.3.1.1　半制备正相高效液相色谱参考条件

半制备正相高效液相色谱参考条件列出如下：

- a)　色谱柱:硅胶柱,柱长 250 mm,内径 4.6 mm,粒径 5 μm,或具同等性能的色谱柱;
- b)　流动相:环己烷+正己烷(1+1),并按体积分数 0.8% 加入异丙醇;
- c)　流速:1 mL/min;
- d)　波长:264 nm;
- e)　柱温:35 ℃ ±1 ℃;
- f)　进样体积:500 μL。

26.3.1.2　半制备正相高效液相色谱系统适用性试验

取约 1.00 mL 维生素 D_2 和 D_3 标准中间使用液于 10 mL 具塞试管中,在 40 ℃ ±2 ℃ 的氮吹仪上吹干。残渣用 10 mL 正己烷振荡溶解。取该溶液 100 μL 注入液相色谱仪中测定,确定维生素 D 保留时间。然后将 500 μL 待测液注入液相色谱仪中,根据维生素 D 标准溶液保留时间收集维生素 D 馏分于试管中。将试管置于 40 ℃ 水浴氮气吹干,取出准确加入 1.0 mL 甲醇,残渣振荡溶解,即为维生素 D 测定液。

26.3.2　反相液相色谱参考条件

反相液相色谱参考条件列出如下：

- a)　色谱柱:C_{18}柱,柱长 250 mm,柱内径 4.6 mm,粒径 5 μm,或具同等性能的色谱柱;
- b)　流动相:甲醇+水=95+5;
- c)　流速:1 mL/min;
- d)　检测波长:264 nm;
- e)　柱温:35 ℃ ±1 ℃;
- f)　进样量:100 μL。

26.4　标准曲线的制作

分别将维生素 D_2 或维生素 D_3 标准系列工作液注入反相液相色谱仪中,得到维生素 D_2 和维生素 D_3 峰面积。以两者峰面积比为纵坐标,以维生素 D_2 或维生素 D_3 标准工作液浓度为横坐标分别绘制维生素 D_2 或维生素 D_3 标准曲线。

26.5　样品测定

吸取维生素 D 测定液 100 μL 注入反相液相色谱仪中,得到待测物与内标物的峰面积比值,根据标准曲线得到待测液中维生素 D_2(或维生素 D_3)的浓度。

27　分析结果的表述

试样中维生素 D_2(或维生素 D_3)的含量按式(4)计算：

$$X = \frac{\rho \times V \times f \times 100}{m} \qquad\qquad\cdots\cdots\cdots\cdots\cdots (4)$$

式中：

X ——试样中维生素 D_2（或维生素 D_3）的含量，单位为微克每百克（$\mu g/100\ g$）；

ρ ——根据标准曲线计算得到的试样中维生素 D_2（或维生素 D_3）的浓度，单位为微克每毫升（$\mu g/mL$）；

V ——正己烷定容体积，单位为毫升（mL）；

f ——待测液稀释过程的稀释倍数；

100 ——试样中量以每 100 克计算的换算系数；

m ——试样的称样量，单位为克（g）。

计算结果保留三位有效数字。

28 精密度

在重复性条件下获得的两次独立测定结果的绝对差值不得超过算术平均值的 15%。

29 其他

当取样量为 10 g 时，维生素 D_2 或维生素 D_3 的检出限为 0.7 $\mu g/100\ g$，定量限为 2 $\mu g/100\ g$。

附　录　A

A.1　无水乙醇中醛类物质检查方法

A.1.1　试剂

A.1.1.1　硝酸银。

A.1.1.2　氢氧化钠。

A.1.1.3　氨水。

A.1.2　试剂配制

A.1.2.1　5％硝酸银溶液:称取 5.00 g 硝酸银,加入 100 mL 水溶解,储存于棕色试剂瓶中。

A.1.2.2　10％氢氧化钠溶液:称取 10.00 g 氢氧化钠,加入 100 mL 水溶解,储存于聚乙烯瓶中。

A.1.2.3　银氨溶液:加氨水至5％硝酸银中,直至生成的沉淀重新溶解,加入数滴10％氢氧化钠溶液,如发生沉淀,再加入氨水至沉淀溶解。

A.1.3　操作方法

取 2 mL 银氨溶液于试管中,加入少量乙醇,摇匀,再加入氢氧化钠溶液,加热,放置冷却后,若有银镜反应,则表示乙醇中有醛。

A.1.4　结果处理

换用色谱纯的无水乙醇或对现有乙醇进行脱醛处理:取 2 g 硝酸银溶于少量水中,取 4 g 氢氧化钠溶于温乙醇中,将两者倾入 1 L 乙醇中,振摇后,放置暗处 2 d,期间不时振摇,经过滤,置蒸馏瓶中蒸馏,弃去 150 mL 初馏液。

A.2　乙醚中过氧化物检查方法

A.2.1　试剂

A.2.1.1　碘化钾。

A.2.1.2　淀粉。

A.2.2　试剂配制

A.2.2.1　10％碘化钾溶液:称取 10.00 g 碘化钾,加入 100 mL 水溶解,储存于棕色试剂瓶中。

A.2.2.2　0.5％淀粉溶液:称取 0.50 g 可溶性淀粉,加入 100 mL 水溶解,储存于试剂瓶中。

A.2.3　操作方法

用 5 mL 乙醚加 1 mL10％碘化钾溶液,振摇 1 min,如水层呈黄色或加 4 滴 0.5％淀粉溶液,水层呈蓝色,表明含过氧化物。

A.2.4　结果处理

　　换用色谱纯的无水乙醚或对现有试剂进行重蒸,重蒸乙醚时需在蒸馏瓶中放入纯铁丝或纯铁粉,弃去10%初馏液和10%残留液。

维生素 A、D、E 标准溶液浓度校正方法

维生素 A、维生素 D、维生素 E 标准溶液配制后,在使用前需要对其浓度进行校正,具体操作如下:

a) 取视黄醇标准储备溶液 50 μL 于 10 mL 的棕色容量瓶中,用无水乙醇定容至刻度,混匀,用 1 cm 石英比色杯,以无水乙醇为空白参比,按表 B.1 的测定波长测定其吸光度;

b) 分别取维生素 D₂、维生素 D₃ 标准储备溶液 100 μL 于各 10 mL 的棕色容量瓶中,用无水乙醇定容至刻度,混匀,分别用 1 cm 石英比色杯,以无水乙醇为空白参比,按表 B.1 的测定波长测定其吸光度;

c) 分别取 α-生育酚、β-生育酚、γ-生育酚和 δ-生育酚标准储备溶液 500 μL 于各 10 mL 棕色容量瓶中,用无水乙醇定容至刻度,混匀,分别用 1 cm 石英比色杯,以无水乙醇为空白参比,按表 B.1 的测定波长测定其吸光度。

试液中维生素 A 或维生素 E 或维生素 D 的浓度按式(B.1)计算:

$$X = \frac{A \times 10^4}{E} \quad\quad\quad\quad\quad\quad (B.1)$$

式中:

X ——维生素标准稀释液浓度,单位为微克每毫升(μg/mL);

A ——维生素稀释液的平均紫外吸光值;

10^4 ——换算系数;

E ——维生素 1% 比色光系数(各维生素相应的比色吸光系数见表 B.1)。

表 B.1 测定波长及百分吸光系数

目标物	波长/nm	E(1% 比色光系数)
α-生育酚	292	76
β-生育酚	296	89
γ-生育酚	298	91
δ-生育酚	298	87
视黄醇	325	1 835
维生素 D₂	264	485
维生素 D₃	264	462

附 录 C
色谱图

C.1 维生素 E 标准溶液 C₃₀ 柱反相色谱图见图 C.1。

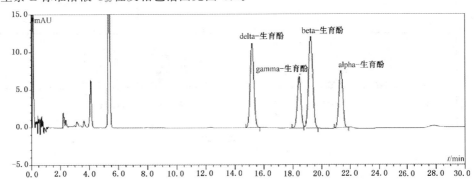

图 C.1 维生素 E 标准溶液 C₃₀ 柱反相色谱图

C.2 维生素 A 标准溶液 C₃₀ 柱反相色谱图(2.5 μg/mL)见图 C.2。

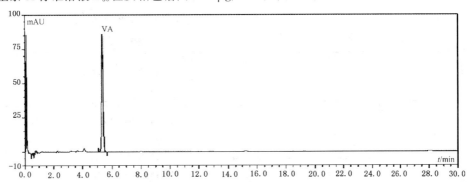

图 C.2 维生素 A 标准溶液 C₃₀ 柱反相色谱图(2.5 μg/mL)

C.3 维生素 E 标准溶液酰氨基柱色谱图见图 C.3。

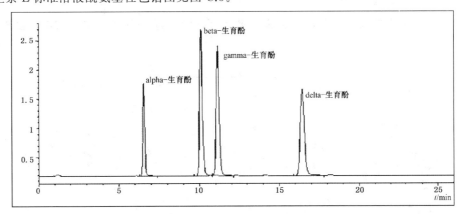

图 C.3 维生素 E 标准溶液酰氨基柱色谱图

C.4 为维生素 D 和维生素 D-d₃ 混合标准溶液 100 μg/L 的 MRM 质谱色谱图见图 C.4。

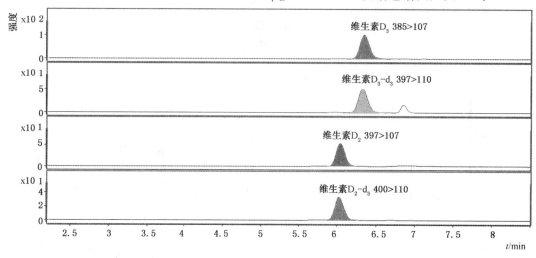

图 C.4　维生素 D 和维生素 D-d₃ 混合标准溶液 100 μg/L 的 MRM 质谱色谱图

C.5 奶粉中添加维生素 D 和维生素 D-d₃ 混合标准溶液 100 μg/L 的 MRM 质谱色谱图见图 C.5。

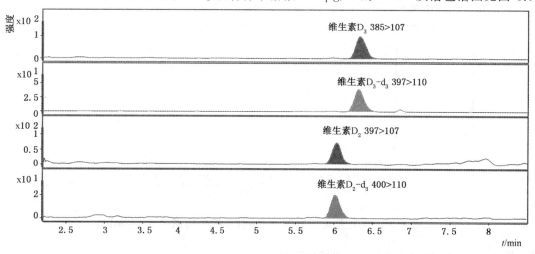

图 C.5　奶粉中添加维生素 D 和维生素 D-d₃ 混合标准溶液 100 μg/L 的 MRM 质谱色谱图

中华人民共和国国家标准

GB 5009.83—2016

食品安全国家标准

食品中胡萝卜素的测定

2016-12-23 发布

2017-06-23 实施

中华人民共和国国家卫生和计划生育委员会
国家食品药品监督管理总局　发布

前　言

本标准代替 GB 5413.35—2010《食品安全国家标准　婴幼儿食品和乳品中 β-胡萝卜素的测定》、GB/T 5009.83—2003《食品中胡萝卜素的测定》和 NY/T 82.15—1988《果汁测定方法　β-胡萝卜素的测定》。

本标准与 GB 5413.35—2010 相比,主要变化如下:
——标准名称修改为"食品安全国家标准　食品中胡萝卜素的测定";
——增加了普通食品的前处理方法;
——增加了需要区分 α-胡萝卜素、β-胡萝卜素的色谱条件;
——修改了胡萝卜素的结果表达。

食品安全国家标准

食品中胡萝卜素的测定

1 范围

本标准规定了食品中胡萝卜素的测定方法。

本标准色谱条件一适用于食品中 α-胡萝卜素、β-胡萝卜素及总胡萝卜素的测定,色谱条件二适用于食品中 β-胡萝卜素的测定。

2 原理

试样经皂化使胡萝卜素释放为游离态,用石油醚萃取二氯甲烷定容后,采用反相色谱法分离,外标法定量。

3 试剂和材料

除非另有说明,本方法所用试剂均为分析纯,水为 GB/T 6682 规定的一级水。

3.1 试剂

3.1.1 α-淀粉酶:酶活力≥1.5 U/mg。

3.1.2 木瓜蛋白酶:酶活力≥5 U/mg。

3.1.3 氢氧化钾(KOH)。

3.1.4 无水硫酸钠(Na₂SO₄)。

3.1.5 抗坏血酸(C₆H₈O₆)。

3.1.6 石油醚:沸程 30 ℃~60 ℃。

3.1.7 甲醇(CH₄O):色谱纯。

3.1.8 乙腈(C₂H₃N):色谱纯。

3.1.9 三氯甲烷(CHCl₃):色谱纯。

3.1.10 甲基叔丁基醚[CH₃OC(CH₃)₃]:色谱纯。

3.1.11 二氯甲烷(CH₂Cl₂):色谱纯。

3.1.12 无水乙醇(C₂H₆O):优级纯。

3.1.13 正己烷(C₆H₁₄):色谱纯。

3.1.14 2,6-二叔丁基-4-甲基苯酚(C₁₅H₂₄O,BHT)。

3.2 试剂配制

氢氧化钾溶液:称固体氢氧化钾 500 g,加入 500 mL 水溶解。临用前配制。

3.3 标准品

3.3.1 α-胡萝卜素(C₄₀H₅₆,CAS 号:7488-99-5):纯度≥95%,或经国家认证并授予标准物质证书的标准物质。

3.3.2 β-胡萝卜素($C_{40}H_{56}$,CAS 号:7235-40-7):纯度≥95%,或经国家认证并授予标准物质证书的标准物质。

3.4 标准溶液配制

3.4.1 α-胡萝卜素标准储备液(500 μg/mL):准确称取 α-胡萝卜素标准品 50 mg(精确到 0.1 mg),加入 0.25 g BHT,用二氯甲烷溶解,转移至 100 mL 棕色容量瓶中定容至刻度。于-20 ℃以下避光储存,使用期限不超过 3 个月。标准储备液用前需进行标定,具体操作见附录 A。

3.4.2 α-胡萝卜素标准中间液(100 μg/mL):由 α-胡萝卜素标准储备液中准确移取 10.0 mL 溶液于 50 mL 棕色容量瓶中,用二氯甲烷定容至刻度。

3.4.3 β-胡萝卜素标准储备液(500 μg/mL):准确称取 β-胡萝卜素标准品 50 mg(精确到 0.1 mg),加入 0.25 g BHT,用二氯甲烷溶解,转移至 100 mL 棕色容量瓶中定容至刻度。于-20 ℃以下避光储存,使用期限不超过 3 个月。标准储备液用前需进行标定,具体操作见附录 A。

> 注:β-胡萝卜素标准品主要为全反式(all-E)β-胡萝卜素,在储存过程中受到温度、氧化等因素的影响,会出现部分全反式 β-胡萝卜素异构化为顺式 β-胡萝卜素的现象,如 9-顺式(9Z)-β-胡萝卜素、13-顺式(13Z)-β-胡萝卜素、15-顺式(15Z)-β-胡萝卜素等。如果采用色谱条件一进行 β-胡萝卜素的测定,应按照附录 B 确认 β-胡萝卜素异构体保留时间,并计算全反式 β-胡萝卜素标准溶液色谱纯度。

3.4.4 β-胡萝卜素标准中间液(100 μg/mL):从 β-胡萝卜素标准储备液中准确移取 10.0 mL 溶液于 50 mL 棕色容量瓶中,用二氯甲烷定容至刻度。

3.4.5 α-胡萝卜素、β-胡萝卜素混合标准工作液(色谱条件一用):准确移取 α-胡萝卜素标准中间液 0.50 mL、1.00 mL、2.00 mL、3.00 mL、4.00 mL、10.00 mL 溶液至 6 个 100 mL 棕色容量瓶,分别加入 3.00 mLβ-胡萝卜素中间液,用二氯甲烷定容至刻度,得到 α-胡萝卜素浓度分别为 0.5 μg/mL、1.0 μg/mL、2.0 μg/mL、3.0 μg/mL、4.0 μg/mL、10.00 μg/mL,β-胡萝卜素浓度均为 3.0 μg/mL 的系列混合标准工作液。

3.4.6 β-胡萝卜素标准工作液(色谱条件二用):从 β-胡萝卜素标准中间液中分别准确移取 0.50 mL、1.00 mL、2.00 mL、3.00 mL、4.00 mL、10.00 mL 溶液至 6 个 100 mL 棕色容量瓶。用二氯甲烷定容至刻度,得到浓度为 0.5 μg/mL、1.0 μg/mL、2.0 μg/mL、3.0 μg/mL、4.0 μg/mL、10 μg/mL 的系列标准工作液。

4 仪器和设备

4.1 匀浆机。

4.2 高速粉碎机。

4.3 恒温振荡水浴箱:控温精度±1 ℃。

4.4 旋转蒸发器。

4.5 氮吹仪。

4.6 紫外-可见光分光光度计。

4.7 高效液相色谱仪(HPLC 仪):带紫外检测器。

5 分析步骤

> 注:整个实验操作过程应注意避光。

5.1 试样制备

谷物、豆类、坚果等试样需粉碎、研磨、过筛(筛板孔径 0.3 mm~0.5 mm);蔬菜、水果、蛋、藻类等试样用匀质器混匀;固体粉末状试样和液体试样用前振摇或搅拌混匀。4 ℃冰箱可保存 1 周。

5.2 试样处理

5.2.1 普通食品试样

5.2.1.1 预处理

蔬菜、水果、菌藻类、谷物、豆类、蛋类等普通食品试样准确称取混合均匀的试样 1 g~5 g(精确至 0.001 g),油类准确称取 0.2 g~2 g(精确至 0.001 g),转至 250 mL 锥形瓶中,加入 1 g 抗坏血酸、75 mL 无水乙醇,于 60 ℃±1 ℃水浴振荡 30 min。

如果试样中蛋白质、淀粉含量较高(>10%),先加入 1 g 抗坏血酸、15 mL 45 ℃~50 ℃温水、0.5 g 木瓜蛋白酶和 0.5 g α-淀粉酶,盖上瓶塞混匀后,置 55 ℃±1 ℃恒温水浴箱内振荡或超声处理 30 min 后,再加入 75 mL 无水乙醇,于 60 ℃±1 ℃水浴振荡 30 min。

5.2.1.2 皂化

加入 25 mL 氢氧化钾溶液,盖上瓶塞。置于已预热至 53 ℃±2 ℃恒温振荡水浴箱中,皂化30 min。取出,静置,冷却到室温。

5.2.2 添加 β-胡萝卜素的食品试样

5.2.2.1 预处理

固体试样:准确称取 1 g~5 g(精确至 0.001 g),置于 250 mL 锥形瓶中,加入 1 g 抗坏血酸,加 50 mL 45 ℃~50 ℃温水混匀。加入 0.5 g 木瓜蛋白酶和 0.5 g α-淀粉酶(无淀粉试样可以不加 α-淀粉酶),盖上瓶塞,置 55 ℃±1 ℃恒温水浴箱内振荡或超声处理 30 min。

液体试样:准确称取 5 g~10 g(精确至 0.001 g),置于 250 mL 锥形瓶中,加入 1 g 抗坏血酸。

5.2.2.2 皂化

取预处理后试样,加入 75 mL 无水乙醇,摇匀,再加入 25 mL 氢氧化钾溶液,盖上瓶塞。置于已预热至 53 ℃±2 ℃恒温振荡水浴箱中,皂化 30 min。取出,静置,冷却到室温。

注:如皂化不完全可适当延长皂化时间至 1 h。

5.3 试样萃取

将皂化液转入 500 mL 分液漏斗中,加入 100 mL 石油醚,轻轻摇动,排气,盖好瓶塞,室温下振荡 10 min 后静置分层,将水相转入另一分液漏斗中按上述方法进行第二次提取。合并有机相,用水洗至近中性。弃水相,有机相通过无水硫酸钠过滤脱水。滤液收入 500 mL 蒸发瓶中,于旋转蒸发器上 40 ℃±2 ℃减压浓缩,近干。用氮气吹干,用移液管准确加入 5.0 mL 二氯甲烷,盖上瓶塞,充分溶解提取物。经 0.45 μm 膜过滤后,弃出初始约 1 mL 滤液后收集至进样瓶中,备用。

注:必要时可根据待测样液中胡萝卜素含量水平进行浓缩或稀释,使待测样液中 α-胡萝卜素和/或 β-胡萝卜素浓度在 0.5 μg/mL~10 μg/mL 范围内。

5.4 色谱测定

5.4.1 色谱条件一(适用于食品中 α-胡萝卜素、β-胡萝卜素及总胡萝卜素的测定)

5.4.1.1 参考色谱条件

参考色谱条件列出如下:

a) 色谱柱:C_{30} 柱,柱长 150 mm,内径 4.6 mm,粒径 5 μm,或等效柱;

b) 流动相:A 相:甲醇:乙腈:水=73.5:24.5:2;

　　　　　B 相:甲基叔丁基醚;

表 1　梯度程序

时间/min	0	15	18	19	20	22
A%	100	59	20	20	0	100
B%	0	41	80	80	100	0

c) 流速:1.0 mL/min;

d) 检测波长:450 nm;

e) 柱温:30 ℃±1 ℃;

f) 进样体积:20 μL。

5.4.1.2 绘制 α-胡萝卜素标准曲线、计算全反式 β-胡萝卜素响应因子

将 α-胡萝卜素、β-胡萝卜素混合标准工作液注入 HPLC 仪中(色谱图见图 C.1),根据保留时间定性,测定 α-胡萝卜素、β-胡萝卜素各异构体峰面积。

α-胡萝卜素根据系列标准工作液浓度及峰面积,以浓度为横坐标,峰面积为纵坐标绘制标准曲线,计算回归方程。

β-胡萝卜素根据标准工作液标定浓度、全反式 β-胡萝卜素 6 次测定峰面积平均值、全反式 β-胡萝卜素色谱纯度(CP,计算方法见附录 B),按式(1)计算全反式 β-胡萝卜素响应因子。

$$RF = \frac{\overline{A}_{\text{all}-E}}{\rho \times CP} \qquad \cdots\cdots\cdots\cdots\cdots\cdots\cdots（1）$$

式中:

RF　——全反式 β-胡萝卜素响应因子,单位为峰面积毫升每微克(AU·mL/μg);

$\overline{A}_{\text{all}-E}$　——全反式 β-胡萝卜素标准工作液色谱峰峰面积平均值,单位为峰面积(AU);

ρ　——β-胡萝卜素标准工作液标定浓度,单位为微克每毫升(μg/mL);

CP　——全反式 β-胡萝卜素的色谱纯度,%。

5.4.1.3 试样测定

在相同色谱条件下,将待测液注入液相色谱仪中,以保留时间定性,根据峰面积采用外标法定量。α-胡萝卜素根据标准曲线回归方程计算待测液中 α-胡萝卜素浓度,β-胡萝卜素根据全反式 β-胡萝卜素响应因子进行计算。

5.4.2 色谱条件二(适用食品中 β-胡萝卜素的测定)

5.4.2.1 参考色谱条件

参考色谱条件列出如下:

a)　色谱柱：C_{18}柱，柱长 250 mm，内径 4.6 mm，粒径 5 μm，或等效柱；

b)　流动相：三氯甲烷：乙腈：甲醇＝3：12：85，含抗坏血酸 0.4 g/L，经 0.45 μm 膜过滤后备用；

c)　流速：2.0 mL/min；

d)　检测波长：450 nm；

e)　柱温：35 ℃±1 ℃；

f)　进样体积：20 μL。

5.4.2.2　标准曲线的制作

将 β-胡萝卜素标准工作液注入 HPLC 仪中（色谱图见图 C.2），以保留时间定性，测定峰面积。以标准系列工作液浓度为横坐标，峰面积为纵坐标绘制标准曲线，计算回归方程。

5.4.2.3　试样测定

在相同色谱条件下，将待测试样液分别注入液相色谱仪中，进行 HPLC 分析，以保留时间定性，根据峰面积外标法定量，根据标准曲线回归方程计算待测液中 β-胡萝卜素的浓度。

注：本色谱条件适用于 α-胡萝卜素含量较低（小于总胡萝卜素 10％）的食品试样中 β-胡萝卜素的测定。

6　分析结果的表述

6.1　色谱条件一

试样中 α-胡萝卜素含量按式（2）计算：

$$X_a = \frac{\rho_a \times V \times 100}{m} \quad\cdots\cdots\cdots\cdots\cdots\cdots\cdots(2)$$

式中：

X_a ——试样中 α-胡萝卜素的含量，单位为微克每百克（μg/100 g）；

ρ_a ——从标准曲线得到的待测液中 α-胡萝卜素浓度，单位为微克每毫升（μg/mL）；

V ——试样液定容体积，单位为毫升（mL）；

100——将结果表示为微克每百克（μg/100 g）的系数；

m ——试样质量，单位为克（g）。

试样中 β-胡萝卜素含量按式（3）计算：

$$X_\beta = \frac{(A_{\text{all-}E} + A_{9Z} + A_{13Z} \times 1.2 + A_{15Z} \times 1.4 + A_{xZ}) \times V \times 100}{RF \times m} \quad\cdots\cdots\cdots\cdots(3)$$

式中：

X_β ——试样中 β-胡萝卜素的含量，单位为微克每百克（μg/100 g）；

$A_{\text{all-}E}$ ——试样待测液中全反式 β-胡萝卜素峰面积，单位为峰面积（AU）；

A_{9Z} ——试样待测液中 9-顺式-β-胡萝卜素的峰面积，单位为峰面积（AU）；

A_{13Z} ——试样待测液中 13-顺式-β-胡萝卜素的峰面积，单位为峰面积（AU）；

1.2 ——13-顺式-β-胡萝卜素的相对校正因子；

A_{15Z} ——试样待测液中 15-顺式-β-胡萝卜素的峰面积，单位为峰面积（AU）；

1.4 ——15-顺式-β-胡萝卜素的相对校正因子；

A_{xZ} ——试样待测液中其他顺式 β-胡萝卜素的峰面积，单位为峰面积（AU）；

V ——试样液定容体积，单位为毫升（mL）；

100 ——将结果表示为微克每百克（μg/100 g）的系数；

RF ——全反式 β-胡萝卜素响应因子，单位为峰面积毫升每微克（AU·mL/μg）；

m ——试样质量,单位为克(g)。

注1：由于 β-胡萝卜素各异构体百分吸光系数不同(见附录D),所以在 β-胡萝卜素计算过程中,需采用相对校正因子对结果进行校正。

注2：如果试样中其他顺式 β-胡萝卜素含量较低,可不进行计算。

试样中总胡萝卜素含量按式(4)计算：

$$X_{总}=X_{\alpha}+X_{\beta} \quad\cdots\cdots(4)$$

式中：

$X_{总}$ ——试样中总胡萝卜素的含量,单位为微克每百克(μg/100 g)；

X_{α} ——试样中 α-胡萝卜素的含量,单位为微克每百克(μg/100 g)；

X_{β} ——试样中 β-胡萝卜素的含量,单位为微克每百克(μg/100 g)。

注：必要时, α-胡萝卜素, β-胡萝卜素可转化为微克视黄醇当量(μg RE)进行表示。

计算结果保留三位有效数字。

6.2　色谱条件二

试样中 β-胡萝卜素含量按式(5)计算：

$$X_{\beta}=\frac{\rho_{\beta}\times V\times100}{m} \quad\cdots\cdots(5)$$

式中：

X_{β} ——试样中 β-胡萝卜素的含量,单位为微克每百克(μg/100 g)；

ρ_{β} ——从标准曲线得到的待测液中 β-胡萝卜素浓度,单位为微克每毫升(μg/mL)；

V ——试样液定容体积,单位为毫升(mL)；

100——将结果表示为微克每百克(μg/100 g)的系数；

m ——试样质量,单位为克(g)。

注：结果中包含全反式 β-胡萝卜素、9-顺式- β-胡萝卜素、13-顺式- β-胡萝卜素、15-顺式- β-胡萝卜素、其他顺式异构体；不排除可能有部分 α-胡萝卜素。

计算结果保留三位有效数字。

7　精密度

在重复性条件下获得的两次独立测定结果的绝对差值不得超过算术平均值的10%。

8　其他

试样称样量为5 g时, α-胡萝卜素、 β-胡萝卜素检出限均为0.5 μg/100 g,定量限均为1.5 μg/100 g。

附　录　A

标准溶液浓度标定方法

A.1　α-胡萝卜素标准储备液的标定

α-胡萝卜素标准储备液(浓度约为 500 μg/mL)10 μL,注入含 3.0 mL 正己烷的比色皿中,混匀。比色杯厚度为 1 cm,以正己烷为空白,入射光波长为 444 nm,测定其吸光度值,平行测定3 次,取均值。

溶液浓度按式(A.1)计算:

$$X = \frac{A}{E} \times \frac{3.01}{0.01} \quad\quad\quad\quad\quad\quad (\text{A.1})$$

式中:

X ——α-胡萝卜素标准储备液的浓度,单位为微克每毫升(μg/mL);

A ——α-胡萝卜素标准储备液的紫外吸光值;

E ——α-胡萝卜素在正己烷中的比吸光系数为 0.272 5;

$\frac{3.01}{0.01}$ ——测定过程中稀释倍数的换算系数。

A.2　β-胡萝卜素标准储备液的标定

取 β-胡萝卜素标准储备液(浓度约为 500 μg/mL)10 μL,注入含 3.0 mL 正己烷的比色皿中,混匀。比色杯厚度为 1 cm,以正己烷为空白,入射光波长为 450 nm,测定其吸光度值,平行测定3 次,取均值。

溶液浓度按式(A.2)计算:

$$X = \frac{A}{E} \times \frac{3.01}{0.01} \quad\quad\quad\quad\quad\quad (\text{A.2})$$

式中:

X ——β-胡萝卜素标准储备液的浓度,单位为微克每毫升(μg/mL);

A ——β-胡萝卜素标准储备液的紫外吸光值;

E ——β-胡萝卜素在正己烷中的比吸光系数为 0.262 0;

$\frac{3.01}{0.01}$ ——测定过程中稀释倍数的换算系数。

附 录 B

β-胡萝卜素异构体保留时间的确认及全反式 β-胡萝卜素色谱纯度的计算

注：采用色谱条件一进行 β-胡萝卜素的测定，需要确定 β-胡萝卜素异构体保留时间，并对 β-胡萝卜素标准溶液色谱
纯度进行校正。

B.1 试剂

碘溶液(I_2)：0.5 mol/L。

B.2 试剂配制

B.2.1 碘乙醇溶液（0.05 mol/L）：吸取 5 mL 碘溶液，用乙醇稀释至 50 mL，混匀。

B.2.2 异构化 β-胡萝卜素溶液：取 10 mL β-胡萝卜素标准储备液于烧杯中，加入 20 μL 碘乙醇溶液，摇
匀后于日光下或距离 40 W 日光灯 30 cm 处照射 15 min，用二氯甲烷稀释至 50 mL。摇匀后过0.45 μm
滤膜，备 HPLC 色谱分析用。

B.3 β-胡萝卜素异构体保留时间的确认

分别取 β-胡萝卜素标准中间液（100 μg/mL）和异构化 β-胡萝卜素溶液，按照色谱条件一注入
HPLC 仪进行色谱分析。根据 β-胡萝卜素标准中间液的色谱图确认全反式 β-胡萝卜素的保留时间；对
比 β-胡萝卜素标准中间液和异构化 β-胡萝卜素溶液色谱图中各峰面积变化，以及与全反式 β-胡萝卜素
的位置关系确认顺式 β-胡萝卜素异构体的保留时间：全反式 β-胡萝卜素前较大的色谱峰为 13-顺式-β-
胡萝卜素，紧邻全反式 β-胡萝卜素后较大的色谱峰为 9-顺式-β-胡萝卜素，13-顺式-β-胡萝卜素前是 15-
顺式-β-胡萝卜素，另外可能还有其他较小的顺式结构色谱峰，色谱图见图 C.1。

B.4 全反式 β-胡萝卜素标准液色谱纯度的计算

取 β-胡萝卜素标准工作液（3 μg/mL），按照色谱条件一进行 HPLC 分析，重复进样 6 次。计算全
反式 β-胡萝卜素色谱峰的峰面积、全反式与上述各顺式结构的峰面积总和，全反式 β-胡萝卜素色谱纯
度按式(B.1)计算。

$$CP = \frac{\overline{A}_{\text{all-}E}}{\overline{A}_{\text{sum}}} \times 100\% \qquad \cdots\cdots\cdots\cdots\cdots\cdots\cdots (B.1)$$

式中：

CP ——全反式 β-胡萝卜素色谱纯度，%；

$\overline{A}_{\text{all-}E}$ ——全反式 β-胡萝卜素色谱峰峰面积平均值，单位为峰面积（AU）；

$\overline{A}_{\text{sum}}$ ——全反式 β-胡萝卜素及各顺式结构峰面积总和平均值，单位为峰面积（AU）。

附　录　C
胡萝卜素液相色谱图

C.1 α-胡萝卜素和β-胡萝卜素混合标准色谱图(C_{30}柱)

采用色谱条件一获得的α-胡萝卜素和β-胡萝卜素色谱图见图 C.1。

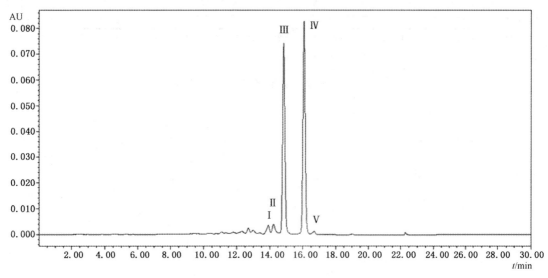

说明：

Ⅰ——15-顺式-β-胡萝卜素；

Ⅱ——13-顺式-β-胡萝卜素；

Ⅲ——全反式 α-胡萝卜素；

Ⅳ——全反式 β-胡萝卜素；

Ⅴ——9-顺式-β-胡萝卜素

图 C.1　α-胡萝卜素和β-胡萝卜素混合标准色谱图

C.2 β-胡萝卜素液相色谱图(C_{18}柱)

采用色谱条件二获得的β-胡萝卜素液相色谱图见图 C.2。

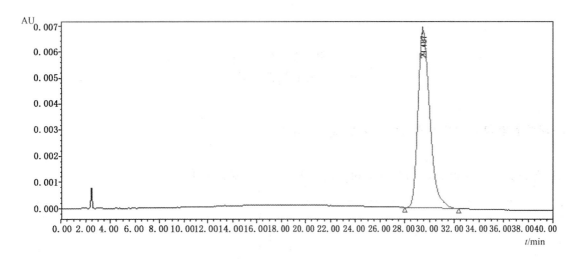

图 C.2　*β*-胡萝卜素标准品液相色谱图

附 录 D
胡萝卜素百分吸光系数

以正己烷为溶剂，α-胡萝卜素及 β-胡萝卜素异构体的百分吸光系数见表 D.1。

表 D.1 胡萝卜素百分吸光系数

组分	构型	λ_{max}/nm	$E_{1\,cm}^{1\%}$
α-胡萝卜素	全反式	446	2 725
β-胡萝卜素	全反式	450	2 620
	9-顺式	445	2 550
	13-顺式	443	2 090
	15-顺式	447	1 820

中华人民共和国国家标准

GB 5009.84—2016

食品安全国家标准

食品中维生素 B_1 的测定

2016-08-31 发布

2017-03-01 实施

中华人民共和国
国家卫生和计划生育委员会 发布

前　言

本标准代替 GB/T 5009.84—2003《食品中硫胺素（维生素 B_1）的测定》、GB 5413.11—2010《食品安全国家标准　婴幼儿食品和乳品中维生素 B_1 的测定》、GB/T 7628—2008《谷物中维生素 B_1 的测定》、GB/T 9695.27—2008《肉与肉制品　维生素 B_1 含量测定》。

本标准与 GB/T 5009.84—2003 相比，主要变化如下：

——标准名称修改为"食品安全国家标准　食品中维生素 B_1 的测定"；

——增加了高效液相色谱法，作为第一法，将荧光光度法作为第二法；

——修改了检出限的表达，增加了方法的定量限；

——增加了人造沸石预处理中氯离子的定性鉴别方法；

——增加了溴甲酚绿为指示剂时，溶液颜色的变化特征；

——删去了图 1（反应瓶）和图 2（盐基交换管）结构图；

——增加了人造沸石以湿重表示时的称取量。

食品安全国家标准

食品中维生素 B₁ 的测定

1 范围

本标准规定了高效液相色谱法、荧光光度法测定食品中维生素 B_1 的方法。

本标准适用于食品中维生素 B_1 含量的测定。

第一法 高效液相色谱法

2 原理

样品在稀盐酸介质中恒温水解、中和，再酶解，水解液用碱性铁氰化钾溶液衍生，正丁醇萃取后，经 C_{18} 反相色谱柱分离，用高效液相色谱-荧光检测器检测，外标法定量。

3 试剂和材料

除非另有说明，本方法所用试剂均为分析纯，水为 GB/T 6682 规定的一级水。

3.1 试剂

3.1.1 正丁醇($CH_3CH_2CH_2CH_2OH$)。

3.1.2 铁氰化钾$[K_3Fe(CN)_6]$。

3.1.3 氢氧化钠($NaOH$)。

3.1.4 盐酸(HCl)。

3.1.5 乙酸钠($CH_3COONa \cdot 3H_2O$)。

3.1.6 冰乙酸(CH_3COOH)。

3.1.7 甲醇(CH_3OH)：色谱纯。

3.1.8 五氧化二磷(P_2O_5)或者氯化钙($CaCl_2$)。

3.1.9 木瓜蛋白酶：应不含维生素 B_1，酶活力≥800 U(活力单位)/mg。

3.1.10 淀粉酶：应不含维生素 B_1，酶活力≥3 700 U/g。

3.2 试剂配制

3.2.1 铁氰化钾溶液(20 g/L)：称取 2 g 铁氰化钾，用水溶解并定容至 100 mL，摇匀。临用前配制。

3.2.2 氢氧化钠溶液(100 g/L)：称取 25 g 氢氧化钠，用水溶解并定容至 250 mL，摇匀。

3.2.3 碱性铁氰化钾溶液：将 5 mL 铁氰化钾溶液与 200 mL 氢氧化钠溶液混合，摇匀。临用前配制。

3.2.4 盐酸溶液(0.1 mol/L)：移取 8.5 mL 盐酸，加水稀释至 1 000 mL，摇匀。

3.2.5 盐酸溶液(0.01 mol/L)：量取 0.1 mol/L 盐酸溶液 50 mL，用水稀释并定容至 500 mL，摇匀。

3.2.6 乙酸钠溶液(0.05 mol/L)：称取 6.80 g 乙酸钠，加 900 mL 水溶解，用冰乙酸调 pH 为 4.0～5.0 之间，加水定容至 1 000 mL。经 0.45 μm 微孔滤膜过滤后使用。

3.2.7 乙酸钠溶液(2.0 mol/L):称取 27.2 g 乙酸钠,用水溶解并定容至 100 mL,摇匀。

3.2.8 混合酶溶液:称取 1.76 g 木瓜蛋白酶、1.27 g 淀粉酶,加水定容至 50 mL,涡旋,使呈混悬状液体,冷藏保存。临用前再次摇匀后使用。

3.3 标准品

维生素 B$_1$ 标准品:盐酸硫胺素(C$_{12}$H$_{17}$ClN$_4$OS·HCl)),CAS:67-03-8,纯度≥99.0%。

3.4 标准溶液配制

3.4.1 维生素 B$_1$ 标准储备液(500 μg/mL):准确称取经五氧化二磷或者氯化钙干燥 24 h 的盐酸硫胺素标准品 56.1 mg(精确至 0.1 mg),相当于 50 mg 硫胺素,用 0.01 mol/L 盐酸溶液溶解并定容至 100 mL,摇匀。置于 0 ℃~4 ℃冰箱中,保存期为 3 个月。

3.4.2 维生素 B$_1$ 标准中间液 (10.0 μg/mL):准确移取 2.00 mL 标准储备液,用水稀释并定容至 100 mL,摇匀。临用前配制。

3.4.3 维生素 B$_1$ 标准系列工作液:吸取维生素 B$_1$ 标准中间液 0 μL、50.0 μL、100 μL、200 μL、400 μL、800 μL、1 000 μL,用水定容至 10 mL,标准系列工作液中维生素 B$_1$ 的浓度分别为 0 μg/mL、0.050 0 μg/mL、0.100 μg/mL、0.200 μg/mL、0.400μg/mL、0.800 μg/mL、1.00 μg/mL。临用时配制。

4 仪器和设备

4.1 高效液相色谱仪,配置荧光检测器。

4.2 分析天平:感量为 0.01 g 和 0.1 mg。

4.3 离心机:转速≥4 000 r/min。

4.4 pH 计:精度 0.01。

4.5 组织捣碎机(最大转速不低于 10 000 r/min)。

4.6 电热恒温干燥箱或高压灭菌锅。

5 分析步骤

5.1 试样的制备

5.1.1 液体或固体粉末样品:将样品混合均匀后,立即测定或于冰箱中冷藏。

5.1.2 新鲜水果、蔬菜和肉类:取 500 g 左右样品(肉类取 250 g),用匀浆机或者粉碎机将样品均质后,制得均匀性一致的匀浆,立即测定或者于冰箱中冷冻保存。

5.1.3 其他含水量较低的固体样品:如含水量在 15% 左右的谷物,取 100 g 左右样品,用粉碎机将样品粉碎后,制得均匀性一致的粉末,立即测定或者于冰箱中冷藏保存。

5.2 试样溶液的制备

5.2.1 试液提取

称取 3 g~5 g(精确至 0.01 g)固体试样或者 10 g~20 g 液体试样于 100 mL 锥形瓶中(带有软质塞子),加 60 mL 0.1 mol/L 盐酸溶液,充分摇匀,塞上软质塞子,高压灭菌锅中 121 ℃保持 30 min。水解结束待冷却至 40 ℃以下取出,轻摇数次;用 pH 计指示,用 2.0 mol/L 乙酸钠溶液调节 pH 至 4.0 左右,加入 2.0 mL(可根据酶活力不同适当调整用量)混合酶溶液,摇匀后,置于培养箱中 37 ℃过夜(约 16 h);将酶解液全部转移至 100 mL 容量瓶中,用水定容至刻度,摇匀,离心或者过滤,取上清液备用。

5.2.2　试液衍生化

准确移取上述上清液或者滤液 2.0 mL 于 10 mL 试管中,加入 1.0 mL 碱性铁氰化钾溶液,涡旋混匀后,准确加入 2.0 mL 正丁醇,再次涡旋混匀 1.5 min 后静置约 10 min 或者离心,待充分分层后,吸取正丁醇相(上层)经 0.45 μm 有机微孔滤膜过滤,取滤液于 2 mL 棕色进样瓶中,供分析用。若试液中维生素 B_1 浓度超出线性范围的最高浓度值,应取上清液稀释适宜倍数后,重新衍生后进样。

另取 2.0 mL 标准系列工作液,与试液同步进行衍生化。

注 1:室温条件下衍生产物在 4 h 内稳定。

注 2:5.2.1 和 5.2.2 操作过程应在避免强光照射的环境下进行。

注 3:辣椒干等样品,提取液直接衍生后测定时,维生素 B_1 的回收率偏低。提取液经人造沸石净化后,再衍生时维生素 B_1 的回收率满足要求。故对于个别特殊样品,当回收率偏低时,样品提取液应净化后再衍生,具体操作步骤见第二法 12.1.3 部分。

5.3　仪器参考条件

5.3.1　色谱柱:C_{18} 反相色谱柱(粒径 5 μm,250 mm ×4.6 mm)或相当者。

5.3.2　流动相:0.05 mol/L 乙酸钠溶液-甲醇(65+35)。

5.3.3　流速:0.8 mL/min。

5.3.4　检测波长:激发波长 375 nm,发射波长 435 nm。

5.3.5　进样量:20 μL。

5.4　标准曲线的制作

将标准系列工作液衍生物注入高效液相色谱仪中,测定相应的维生素 B_1 峰面积,以标准工作液的浓度(μg/mL)为横坐标,以峰面积为纵坐标,绘制标准曲线。

5.5　试样溶液的测定

按照 5.3 的色谱条件,将试样衍生物溶液注入高效液相色谱仪中,得到维生素 B_1 的峰面积,根据标准曲线计算得到待测液中维生素 B_1 的浓度。

6　分析结果的表述

试样中维生素 B_1(以硫胺素计)含量按式(1)计算:

$$X = \frac{c \times V \times f}{m \times 1\ 000} \times 100 \quad\quad\quad\quad\quad\quad\quad (1)$$

式中:

X ——试样中维生素 B_1(以硫胺素计)的含量,单位为毫克每百克(mg/100 g);

c ——由标准曲线计算得到的试液(提取液)中维生素 B_1 的浓度,单位为微克每毫升(μg/mL);

V ——试液(提取液)的定容体积,单位为毫升(mL);

f ——试液(上清液)衍生前的稀释倍数;

m ——试样的质量,单位为克(g)。

计算结果以重复性条件下获得的两次独立测定结果的算术平均值表示,结果保留三位有效数字。

注:试样中测定的硫胺素含量乘以换算系数 1.121,即得盐酸硫胺素的含量。

7　精密度

在重复性条件下获得的两次独立测定结果的绝对差值不得超过算术平均值的 10%。

8 其他

当称样量为 10.0 g 时,按照本标准方法的定容体积,食品中维生素 B_1 的检出限为 0.03 mg/100 g,定量限为 0.10 mg/100 g。

第二法 荧光分光光度法

9 原理

硫胺素在碱性铁氰化钾溶液中被氧化成噻嘧色素,在紫外线照射下,噻嘧色素发出荧光。在给定的条件下,以及没有其他荧光物质干扰时,此荧光之强度与噻嘧色素量成正比,即与溶液中硫胺素量成正比。如试样中含杂质过多,应经过离子交换剂处理,使硫胺素与杂质分离,然后以所得溶液用于测定。

10 试剂和材料

除非另有说明,本方法所用试剂均为分析纯,水为 GB/T 6682 规定的二级水。

10.1 试剂

10.1.1 正丁醇($CH_3CH_2CH_2CH_2OH$)。

10.1.2 无水硫酸钠(Na_2SO_4):560 ℃烘烤 6 h 后使用。

10.1.3 铁氰化钾[$K_3Fe(CN)_6$]。

10.1.4 氢氧化钠(NaOH)。

10.1.5 盐酸(HCl)。

10.1.6 乙酸钠($CH_3COONa \cdot 3H_2O$)。

10.1.7 冰乙酸(CH_3COOH)。

10.1.8 人造沸石。

10.1.9 硝酸银($AgNO_3$)。

10.1.10 溴甲酚绿($C_{21}H_{14}Br_4O_5S$)。

10.1.11 五氧化二磷(P_2O_5)或者氯化钙($CaCl_2$)。

10.1.12 氯化钾(KCl)。

10.1.13 淀粉酶:不含维生素 B_1,酶活力≥3 700 U/g。

10.1.14 木瓜蛋白酶:不含维生素 B_1,酶活力≥800 U(活力单位)/mg。

10.2 试剂配制

10.2.1 0.1 mol/L 盐酸溶液:移取 8.5 mL 盐酸,用水稀释并定容至 1 000 mL,摇匀。

10.2.2 0.01 mol/L 盐酸溶液:量取 0.1 mol/L 盐酸溶液 50 mL,用水稀释并定容至 500 mL,摇匀。

10.2.3 2 mol/L 乙酸钠溶液:称取 272 g 乙酸钠,用水溶解并定容至 1 000 mL,摇匀。

10.2.4 混合酶液:配制同 3.2.8。

10.2.5 氯化钾溶液(250 g/L):称取 250 g 氯化钾,用水溶解并定容至 1 000 mL,摇匀。

10.2.6 酸性氯化钾(250 g/L):移取 8.5 mL 盐酸,用 250 g/L 氯化钾溶液稀释并定容至 1 000 mL,摇匀。

10.2.7　氢氧化钠溶液(150 g/L):称取 150 g 氢氧化钠,用水溶解并定容至 1 000 mL,摇匀。

10.2.8　铁氰化钾溶液(10 g/L):称取 1 g 铁氰化钾,用水溶解并定容至 100 mL,摇匀,于棕色瓶内保存。

10.2.9　碱性铁氰化钾溶液:移取 4 mL 10 g/L 铁氰化钾溶液(10.2.8),用 150 g/L 氢氧化钠溶液稀释至 60 mL,摇匀。用时现配,避光使用。

10.2.10　乙酸溶液:量取 30 mL 冰乙酸,用水稀释并定容至 1 000 mL,摇匀。

10.2.11　0.01 mol/L 硝酸银溶液:称取 0.17 g 硝酸银,用 100 mL 水溶解后,于棕色瓶中保存。

10.2.12　0.1 mol/L 氢氧化钠溶液:称取 0.4 g 氢氧化钠,用水溶解并定容至 100 mL,摇匀。

10.2.13　溴甲酚绿溶液(0.4 g/L):称取 0.1 g 溴甲酚绿,置于小研钵中,加入 1.4 mL 0.1 mol/L 氢氧化钠溶液研磨片刻,再加入少许水继续研磨至完全溶解,用水稀释至 250 mL。

10.2.14　活性人造沸石:称取 200 g 0.25 mm(40 目)～0.42 mm(60 目)的人造沸石于 2 000 mL 试剂瓶中,加入 10 倍于其体积的接近沸腾的热乙酸溶液,振荡 10 min,静置后,弃去上清液,再加入热乙酸溶液,重复一次;再加入 5 倍于其体积的接近沸腾的热 250 g/L 氯化钾溶液,振荡 15 min,倒出上清液;再加入乙酸溶液,振荡 10 min,倒出上清液;反复洗涤,最后用水洗直至不含氯离子。

　　氯离子的定性鉴别方法:取 1 mL 上述上清液(洗涤液)于 5 mL 试管中,加入几滴 0.01 mol/L 硝酸银溶液,振荡,观察是否有浑浊产生,如果有浑浊说明还含有氯离子,继续用水洗涤,直至不含氯离子为止。将此活性人造沸石于水中冷藏保存备用。使用时,倒入适量于铺有滤纸的漏斗中,沥干水后称取约 8.0 g 倒入充满水的层析柱中。

10.3　标准品

盐酸硫胺素($C_{12}H_{17}ClN_4OS \cdot HCl$),CAS:67-03-8,纯度≥99.0%。

10.4　标准溶液配制

10.4.1　维生素 B_1 标准储备液(100 μg/mL):准确称取经氯化钙或者五氧化二磷干燥 24 h 的盐酸硫胺素 112.1 mg(精确至 0.1 mg),相当于硫胺素为 100 mg,用 0.01 mol/L 盐酸溶液溶解,并稀释至 1 000 mL,摇匀。于 0 ℃～4 ℃冰箱避光保存,保存期为 3 个月。

10.4.2　维生素 B_1 标准中间液(10.0 μg/mL):将标准储备液用 0.01 mol/L 盐酸溶液稀释 10 倍,摇匀,在冰箱中避光保存。

10.4.3　维生素 B_1 标准使用液(0.100 μg/mL):准确移取维生素 B_1 标准中间液 1.00 mL,用水稀释、定容至 100 mL,摇匀。临用前配制。

11　仪器和设备

11.1　荧光分光光度计。

11.2　离心机:转速≥4 000 r/min。

11.3　pH 计:精度 0.01。

11.4　电热恒温箱。

11.5　盐基交换管或层析柱(60 mL,300 mm×10 mm 内径)。

11.6　天平:感量为 0.01 g 和 0.01 mg。

12 分析步骤

12.1 试样制备

12.1.1 试样预处理

用匀浆机将样品均质成匀浆,于冰箱中冷冻保存,用时将其解冻混匀使用。干燥试样取不少于150 g,将其全部充分粉碎后备用。

12.1.2 提取

准确称取适量试样(估计其硫胺素含量约为 10 μg~30 μg,一般称取 2 g~10 g 试样),置于 100 mL锥形瓶中,加入 50 mL 0.1 mol/L 盐酸溶液,使得样品分散开,将样品放入恒温箱中于 121 ℃ 水解30 min,结束后,凉至室温后取出。用 2 mol/L 乙酸钠溶液调 pH 为 4.0~5.0 或者用 0.4 g/L 溴甲酚绿溶液为指示剂,滴定至溶液由黄色转变为蓝绿色。

酶解:于水解液中加入 2 mL 混合酶液,于 45 ℃~50 ℃ 温箱中保温过夜(16 h)。待溶液凉至室温后,转移至 100 mL 容量瓶中,用水定容至刻度,混匀、过滤,即得提取液。

12.1.3 净化

装柱:根据待测样品的数量,取适量处理好的活性人造沸石,经滤纸过滤后,放在烧杯中。用少许脱脂棉铺于盐基交换管柱(或层析柱)的底部,加水将棉纤维中的气泡排出,关闭柱塞,加入约 20 mL 水,再加入约 8.0 g(以湿重计,相当于干重 1.0 g~1.2 g)经预先处理的活性人造沸石,要求保持盐基交换管中液面始终高过活性人造沸石。活性人造沸石柱床的高度对维生素 B1 测定结果有影响,高度不低于45 mm。

样品提取液的净化:准确加入 20 mL 上述提取液于上述盐基交换管柱(或层析柱)中,使通过活性人造沸石的硫胺素总量约为 2 μg~5 μg,流速约为 1 滴/s。加入 10 mL 近沸腾的热水冲洗盐基交换柱,流速约为 1 滴/s,弃去淋洗液,如此重复三次。于交换管下放置 25 mL 刻度试管用于收集洗脱液,分两次加入 20 mL 温度约为 90 ℃ 的酸性氯化钾溶液,每次 10 mL,流速为 1 滴/s。待洗脱液凉至室温后,用250 g/L 酸性氯化钾定容,摇匀,即为试样净化液。

标准溶液的处理:重复上述操作,取 20 mL 维生素 B1 标准使用液(0.1 μg/mL)代替试样提取液,同上用盐基交换管(或层析柱)净化,即得到标准净化液。

12.1.4 氧化

将 5 mL 试样净化液分别加入 A、B 两支已标记的 50 mL 离心管中。在避光条件下将 3 mL 150 g/L氢氧化钠溶液加入离心管 A,将 3 mL 碱性铁氰化钾溶液(10.2.9)加入离心管 B,涡旋 15 s;然后各加入10 mL 正丁醇,将 A、B 管同时涡旋 90 s。静置分层后吸取上层有机相于另一套离心管中,加入 2 g~3 g无水硫酸钠,涡旋 20 s,使溶液充分脱水,待测定。

用标准的净化液代替试样净化液重复 12.1.4 的操作。

12.2 测定

12.2.1 荧光测定条件

激发波长:365 nm;发射波长:435 nm;狭缝宽度:5 nm。

12.2.2 依次测定下列荧光强度

a) 试样空白荧光强度（试样反应管 A）；

b) 标准空白荧光强度（标准反应管 A）；

c) 试样荧光强度（试样反应管 B）；

d) 标准荧光强度（标准反应管 B）。

13 分析结果的表述

试样中维生素 B_1（以硫胺素计）的含量按式（2）计算：

$$X = \frac{(U - U_b) \times c \times V}{(S - S_b)} \times \frac{V_1 \times f}{V_2 \times m} \times \frac{100}{1\,000} \quad \cdots\cdots\cdots\cdots\cdots\cdots\cdots\cdots (2)$$

式中：

X ——试样中维生素 B_1（以硫胺素计）的含量，单位为毫克每 100 克（mg/100 g）。

U ——试样荧光强度；

U_b ——试样空白荧光强度；

S ——标准管荧光强度；

S_b ——标准管空白荧光强度；

c ——硫胺素标准使用液的浓度，单位为微克每毫升（μg/mL）；

V ——用于净化的硫胺素标准使用液体积，单位为毫升（mL）；

V_1 ——试样水解后定容得到的提取液之体积，单位为毫升（mL）；

V_2 ——试样用于净化的提取液体积，单位为毫升（mL）；

f ——试样提取液的稀释倍数；

m ——试样质量，单位为克（g）。

注：试样中测定的硫胺素含量乘以换算系数 1.121，即得盐酸硫胺素的含量。

维生素 B_1 标准在 0.2 μg～10 μg 之间呈线性关系，可以用单点法计算结果，否则用标准工作曲线法。以重复性条件下获得的两次独立测定结果的算术平均值表示，结果保留三位有效数字。

14 精密度

在重复性条件下获得的两次独立测定结果的绝对差值不得超过算术平均值的 10%。

15 其他

检出限为 0.04 mg/100 g，定量限为 0.12 mg/100 g。

附　录　A

维生素 B₁ 标准衍生物的高效液相色谱图

维生素 B₁ 标准衍生物的 HPLC 谱图见图 A.1。

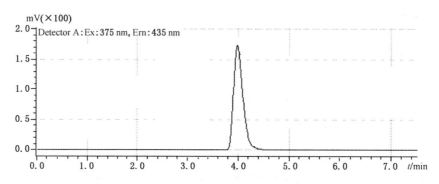

图 A.1　维生素 B₁ 标准衍生物的高效液相色谱图

中华人民共和国国家标准

GB 5009.85—2016

食品安全国家标准

食品中维生素 B_2 的测定

2016-12-23 发布

2017-06-23 实施

中华人民共和国国家卫生和计划生育委员会
国家食品药品监督管理总局　发布

前　言

本标准代替 GB/T 5009.85—2003《食品中核黄素的测定》、GB/T 9695.28—2008《肉与肉制品维生素 B$_2$ 含量测定》、GB/T 7629—2008《谷物中维生素 B$_2$ 测定》和 GB 5413.12—2010《食品安全国家标准　婴幼儿食品和乳品中维生素 B$_2$ 的测定》。

本标准与 GB/T 5009.85—2003 相比,主要变化如下:

——标准名称修改为"食品安全国家标准　食品中维生素 B$_2$ 的测定";

——增加了高效液相色谱法;

——删除了微生物法。

食品安全国家标准

食品中维生素 B_2 的测定

1 范围

本标准规定了食品中维生素 B_2 的测定方法。

本标准第一法为高效液相色谱法,第二法为荧光分光光度法,适用于各类食品中维生素 B_2 的测定。

第一法 高效液相色谱法

2 原理

试样在稀盐酸环境中恒温水解,调 pH 至 6.0～6.5,用木瓜蛋白酶和高峰淀粉酶酶解,定容过滤后,滤液经反相色谱柱分离,高效液相色谱荧光检测器检测,外标法定量。

3 试剂和材料

除非另有说明,本方法所用试剂均为分析纯,水为 GB/T 6682 规定的一级水。

3.1 试剂

3.1.1 盐酸(HCl)。

3.1.2 冰乙酸(CH_3COOH)。

3.1.3 氢氧化钠(NaOH)。

3.1.4 三水乙酸钠($CH_3COONa \cdot 3H_2O$)。

3.1.5 甲醇(CH_3OH):色谱纯。

3.1.6 木瓜蛋白酶:活力单位≥10 U/mg。

3.1.7 高峰淀粉酶:活力单位≥100 U/mg,或性能相当者。

3.2 试剂配制

3.2.1 盐酸溶液(0.1 mol/L):吸取 9 mL 盐酸,用水稀释并定容至 1 000 mL。

3.2.2 盐酸溶液(1+1):量取 100 mL 盐酸,缓慢倒入 100 mL 水中,混匀。

3.2.3 氢氧化钠溶液(1 mol/L):准确称取 4 g 氢氧化钠,加 90 mL 水溶解,冷却后定容至 100 mL。

3.2.4 乙酸钠溶液(0.1 mol/L):准确称取 13.60 g 三水乙酸钠,加 900 mL 水溶解,用水定容至 1 000 mL。

3.2.5 乙酸钠溶液(0.05 mol/L):准确称取 6.80 g 三水乙酸钠,加 900 mL 水溶解,用冰乙酸调 pH 至 4.0～5.0,用水定容至 1 000 mL。

3.2.6 混合酶溶液:准确称取 2.345 g 木瓜蛋白酶和 1.175 g 高峰淀粉酶,加水溶解后定容至 50 mL。临用前配制。

3.2.7 盐酸溶液(0.012 mol/L):吸取 1 mL 盐酸,用水稀释并定容至 1 000 mL。

3.3 标准品

维生素 B₂($C_{17}H_{20}N_4O_6$,CAS 号:83-88-5):纯度≥98%。

3.4 标准溶液配制

3.4.1 维生素 B₂ 标准储备液(100 μg/mL):将维生素 B₂ 标准品置于真空干燥器或装有五氧化二磷的干燥器中干燥处理 24 h 后,准确称取 10 mg(精确至 0.1 mg)维生素 B₂ 标准品,加入 2 mL 盐酸溶液 (1+1)超声溶解后,立即用水转移并定容至 100 mL。混匀后转移入棕色玻璃容器中,在 4 ℃冰箱中贮存,保存期 2 个月。标准储备液在使用前需要进行浓度校正,校正方法参见附录 A。

3.4.2 维生素 B₂ 标准中间液(2.00 μg/mL):准确吸取 2.00 mL 维生素 B₂ 标准储备液,用水稀释并定容至 100 mL。临用前配制。

3.4.3 维生素 B₂ 标准系列工作液:分别吸取维生素 B₂ 标准中间液 0.25 mL、0.50 mL、1.00 mL、2.50 mL、5.00 mL,用水定容至 10 mL,该标准系列浓度分别为 0.05 μg/mL、0.10 μg/mL、0.20 μg/mL、0.50 μg/mL、1.00 μg/mL。临用前配制。

4 仪器和设备

4.1 高效液相色谱仪:带荧光检测器。

4.2 天平:感量为 1 mg 和 0.01 mg。

4.3 高压灭菌锅。

4.4 pH 计:精度 0.01。

4.5 涡旋振荡器。

4.6 组织捣碎机。

4.7 恒温水浴锅。

4.8 干燥器。

4.9 分光光度计。

5 分析步骤

5.1 试样制备

取样品约 500 g,用组织捣碎机充分打匀均质,分装入洁净棕色磨口瓶中,密封,并做好标记,避光存放备用。

称取 2 g~10 g(精确至 0.01 g)均质后的试样(试样中维生素 B₂ 的含量大于 5 μg)于 100 mL 具塞锥形瓶中,加入 60 mL 的 0.1 mol/L 盐酸溶液,充分摇匀,塞好瓶塞。将锥形瓶放入高压灭菌锅内,在 121 ℃下保持 30 min,冷却至室温后取出。用 1 mol/L 氢氧化钠溶液调 pH 至 6.0~6.5,加入 2 mL 混合酶溶液,摇匀后,置于 37 ℃培养箱或恒温水浴锅中过夜酶解。将酶解液转移至 100 mL 容量瓶中,加水定容至刻度,用滤纸过滤或离心,取滤液或上清液,过 0.45 μm 水相滤膜作为待测液。

注:操作过程应避免强光照射。

不加试样,按同一操作方法做空白试验。

5.2 仪器参考条件

a) 色谱柱:C₁₈柱,柱长 150 mm,内径 4.6 mm,填料粒径 5 μm,或相当者;

b) 流动相:乙酸钠溶液(0.05 mol/L)—甲醇(65:35);

c) 流速:1 mL/min;

d) 柱温:30 ℃;

e) 检测波长:激发波长 462 nm,发射波长 522 nm;

f) 进样体积:20 μL。

5.3 标准曲线的制作

将标准系列工作液分别注入高效液相色谱仪中,测定相应的峰面积,以标准工作液的浓度为横坐标,以峰面积为纵坐标,绘制标准曲线。

5.4 试样溶液的测定

将试样溶液注入高效液相色谱仪中,得到相应的峰面积,根据标准曲线得到待测液中维生素 B_2 的浓度。

5.5 空白试验要求

空白试验溶液色谱图中应不含待测组分峰或其他干扰峰。

6 分析结果的表述

试样中维生素 B_2 的含量按式(1)计算:

$$X = \frac{\rho \times V}{m} \times \frac{100}{1\ 000} \quad\quad\quad\quad\quad\quad\quad (1)$$

式中:

X ——试样中维生素 B_2(以核黄素计)的含量,单位为毫克每百克(mg/100 g);

ρ ——根据标准曲线计算得到的试样中维生素 B_2 的浓度,单位为微克每毫升(μg/mL);

V ——试样溶液的最终定容体积,单位为毫升(mL);

m ——试样质量,单位为克(g);

100 ——换算为 100 克样品中含量的换算系数;

$1\ 000$ ——将浓度单位 μg/mL 换算为 mg/mL 的换算系数。

结果保留三位有效数字。

7 精密度

在重复性条件下获得的两次独立测定结果的绝对差值不得超过算术平均值的 10%。

8 其他

当取样量为 10.00 g 时,方法检出限为 0.02 mg/100 g,定量限为 0.05 mg/100 g。

第二法 荧光分光光度法

9 原理

维生素 B_2 在 440 nm～500 nm 波长光照射下发生黄绿色荧光。在稀溶液中其荧光强度与维生素 B_2 的浓度成正比。在波长 525 nm 下测定其荧光强度。试液再加入连二亚硫酸钠,将维生素 B_2 还原为无荧光的物质,然后再测定试液中残余荧光杂质的荧光强度,两者之差即为试样中维生素 B_2 所产生的荧光强度。

10 试剂和材料

除非另有说明,本方法所用试剂均为分析纯,水为 GB/T 6682 规定的一级水。

10.1 试剂

10.1.1 盐酸(HCl)。

10.1.2 冰乙酸(CH_3COOH)。

10.1.3 氢氧化钠(NaOH)。

10.1.4 三水乙酸钠($CH_3COONa \cdot 3H_2O$)。

10.1.5 木瓜蛋白酶:活力单位≥10 U/mg。

10.1.6 高峰淀粉酶:活力单位≥100 U/mg,或性能相当者。

10.1.7 硅镁吸附剂:50 μm～150 μm。

10.1.8 丙酮(CH_3COCH_3)。

10.1.9 高锰酸钾($KMnO_4$)。

10.1.10 过氧化氢(H_2O_2):30%。

10.1.11 连二亚硫酸钠($Na_2S_2O_4$)。

10.2 试剂配制

10.2.1 盐酸溶液(0.1 mol/L):吸取 9 mL 盐酸,用水稀释并定容至 1 000 mL。

10.2.2 盐酸溶液(1+1):量取 100 mL 盐酸,缓慢倒入 100 mL 水中,混匀。

10.2.3 乙酸钠溶液(0.1 mol/L):准确称取 13.60 g 三水乙酸钠,加 900 mL 水溶解,用水定容至 1 000 mL。

10.2.4 氢氧化钠溶液(1 mol/L):准确称取 4 g 氢氧化钠,加 90 mL 水溶解,冷却后定容至 100 mL。

10.2.5 混合酶溶液:准确称取 2.345 g 木瓜蛋白酶和 1.175 g 高峰淀粉酶,加水溶解后定容至 50 mL。临用前配制。

10.2.6 洗脱液:丙酮-冰乙酸-水(5+2+9,体积比)。

10.2.7 高锰酸钾溶液(30 g/L):准确称取 3 g 高锰酸钾,用水溶解后定容至 100 mL。

10.2.8 过氧化氢溶液(3%):吸取 10 mL 30%过氧化氢,用水稀释并定容至 100 mL。

10.2.9 连二亚硫酸钠溶液(200 g/L):准确称取 20 g 连二亚硫酸钠,用水溶解后定容至 100 mL。此溶液用前配制,保存在冰水浴中,4 h 内有效。

10.3 标准品

维生素 B_2($C_{17}H_{20}N_4O_6$, CAS 号: 83-88-5):纯度≥98%。

10.4 标准溶液配制

10.4.1 维生素 B_2 标准储备液(100 μg/mL):将维生素 B_2 标准品置于真空干燥器或装有五氧化二磷的干燥器中干燥处理 24 h 后,准确称取 10 mg(精确至 0.1 mg)维生素 B_2 标准品,加入 2 mL 盐酸溶液(1+1)超声溶解后,立即用水转移并定容至 100 mL。混匀后转移入棕色玻璃容器中,在 4 ℃冰箱中贮存,保存期 2 个月。标准储备液在使用前需要进行浓度校正,校正方法参见附录 A。

10.4.2 维生素 B_2 标准中间液(10 μg/mL):准确吸取 10 mL 维生素 B_2 标准储备液,用水稀释并定容至 100 mL。在 4 ℃冰箱中避光贮存,保存期 1 个月。

10.4.3 维生素 B_2 标准使用溶液(1 μg/mL):准确吸取 10 mL 维生素 B_2 标准中间液,用水定容至 100 mL。此溶液每毫升相当于 1.00 μg 维生素 B_2。在 4 ℃冰箱中避光贮存,保存期 1 周。

11 仪器和设备

11.1 荧光分光光度计。

11.2 天平:感量为 1 mg 和 0.01 mg。

11.3 高压灭菌锅。

11.4 pH 计:精度 0.01。

11.5 涡旋振荡器。

11.6 组织捣碎机。

11.7 恒温水浴锅。

11.8 干燥器。

11.9 维生素 B_2 吸附柱。

12 分析步骤

12.1 试样制备

12.1.1 试样的水解

取样品约 500 g,用组织捣碎机充分打匀均质,分装入洁净棕色磨口瓶中,密封,并做好标记,避光存放备用。

称取 2 g～10 g(精确至 0.01 g,约含 10 μg～200 μg 维生素 B_2)均质后的试样于 100 mL 具塞锥形瓶中,加入 60 mL 0.1 mol/L 的盐酸溶液,充分摇匀,塞好瓶塞。将锥形瓶放入高压灭菌锅内,在 121 ℃下保持 30 min,冷却至室温后取出。用氢氧化钠溶液调 pH 至 6.0～6.5。

12.1.2 试样的酶解

加入 2 mL 混合酶溶液,摇匀后,置于 37 ℃培养箱或恒温水浴锅中过夜酶解。

12.1.3 过滤

将上述酶解液转移至 100 mL 容量瓶中,加水定容至刻度,用干滤纸过滤备用。此提取液在 4 ℃冰箱中可保存一周。

注:操作过程应避免强光照射。

12.2 氧化去杂质

视试样中核黄素的含量取一定体积的试样提取液(约含 1 μg～10 μg 维生素 B_2)及维生素 B_2 标准

使用溶液分别置于 20 mL 的带盖刻度试管中,加水至 15 mL。各管加 0.5 mL 冰乙酸,混匀。加 0.5 mL 30 g/L 高锰酸钾溶液,摇匀,放置 2 min,使氧化去杂质。滴加 3% 过氧化氢溶液数滴,直至高锰酸钾的颜色褪去。剧烈振摇试管,使多余的氧气逸出。

12.3 维生素 B_2 的吸附和洗脱

12.3.1 维生素 B_2 吸附柱

硅镁吸附剂约 1 g 用湿法装入柱,占柱长 1/2～2/3(约 5 cm)为宜(吸附柱下端用一小团脱脂棉垫上),勿使柱内产生气泡,调节流速约为 60 滴/min。

注:可使用等效商品柱。

12.3.2 过柱与洗脱

将全部氧化后的样液及标准液通过吸附柱后,用约 20 mL 热水淋洗样液中的杂质。然后用 5 mL 洗脱液将试样中维生素 B_2 洗脱至 10 mL 容量瓶中,再用 3 mL～4 mL 水洗吸附柱,洗出液合并至容量瓶中,并用水定容至刻度,混匀后待测定。

12.4 标准曲线的制备

分别精确吸取维生素 B_2 标准使用液 0.3 mL、0.6 mL、0.9 mL、1.25 mL、2.5 mL、5.0 mL、10.0 mL、20.0 mL(相当于 0.3 μg、0.6 μg、0.9 μg、1.25 μg、2.5 μg、5.0 μg、10.0 μg、20.0 μg 维生素 B_2)或取与试样含量相近的单点标准按 12.2 和 12.3 操作。

12.5 试样溶液的测定

于激发光波长 440 nm,发射光波长 525 nm,测量试样管及标准管的荧光值。待试样管及标准管的荧光值测量后,在各管的剩余液(约 5 mL～7 mL)中加 0.1 mL 20% 连二亚硫酸钠溶液,立即混匀,在 20 s 内测出各管的荧光值,作各自的空白值。

13 分析结果的表述

试样中维生素 B_2 的含量按式(2)计算:

$$X = \frac{(A-B) \times S}{(C-D) \times m} \times f \times \frac{100}{1\,000} \qquad\cdots\cdots\cdots\cdots\cdots\cdots\cdots (2)$$

式中:

X ——试样中维生素 B_2(以核黄素计)的含量,单位为毫克每百克(mg/100 g);

A ——试样管的荧光值;

B ——试样管空白荧光值;

S ——标准管中维生素 B_2 的质量,单位为微克(μg);

C ——标准管的荧光值;

D ——标准管空白荧光值;

m ——试样质量,单位为克(g);

f ——稀释倍数;

100 ——换算为 100 克样品中含量的换算系数;

$1\,000$ ——将浓度单位 $\mu g/100$ g 换算为 mg/100 g 的换算系数。

计算结果保留至小数点后两位。

14　精密度

在重复性条件下获得的两次独立测定结果的绝对差值不得超过算术平均值的10%。

15　其他

当取样量为10.00 g时,方法检出限为0.006 mg/100 g,定量限为0.02 mg/100 g。

附　录　A

维生素 B₂ 标准溶液的浓度校正方法

A.1　标准校正溶液的配制

准确吸取 1.00 mL 维生素 B₂ 标准储备液,加 1.30 mL 0.1 mol/L 的乙酸钠溶液,用水定容到 10 mL,作为标准测试液。

A.2　对照溶液的配制

准确吸取 1.00 mL 0.012 mol/L 的盐酸溶液,加 1.30 mL 0.1 mol/L 的乙酸钠溶液,用水定容到 10 mL,作为对照溶液。

A.3　吸收值的测定

用 1 cm 比色杯于 444 nm 波长下,以对照溶液为空白对照,测定标准校正溶液的吸收值。

A.4　标准溶液的浓度计算

标准储备液的质量浓度按式(A.1)计算:

$$\rho = \frac{A_{444} \times 10^4 \times 10}{328} \qquad\qquad\cdots\cdots\cdots\cdots\cdots\cdots(\text{A.1})$$

式中:

ρ ——标准储备液的质量浓度,单位为微克每毫升(μg/mL);

A_{444}——标准测试液在 444 nm 波长下的吸光度值;

10^4——将 1% 的标准溶液浓度单位换算为测定溶液浓度单位(μg/mL)的换算系数;

10 ——标准储备液的稀释因子;

328——维生素 B₂ 在 444 nm 波长下的百分吸光系数 $E_{1\text{ cm}}^{1\%}$,即在 444 nm 波长下,液层厚度为 1 cm 时,浓度为 1% 的维生素 B₂ 溶液(盐酸-乙酸钠溶液,pH=3.8)的吸光度。

附　录　B

维生素 B₂ 的液相色谱图

维生素 B₂ 标准溶液的液相色谱图见图 B.1。

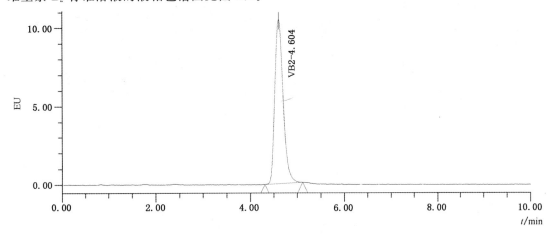

图 B.1　维生素 B₂ 标准溶液的液相色谱图

中华人民共和国国家标准

GB 5009.87—2016

食品安全国家标准

食品中磷的测定

2016-12-23 发布

2017-06-23 实施

中华人民共和国国家卫生和计划生育委员会
国家食品药品监督管理总局 发布

前　言

　　本标准代替 GB/T 5009.87—2003《食品中磷的测定》、GB 5413.22—2010《食品安全国家标准　婴幼儿食品和乳品中磷的测定》、GB/T 22427.11—2008《淀粉及其衍生物磷总含量测定》、GB/T 9695.4—2009《肉与肉制品　总磷含量测定》、GB/T 18932.11—2002《蜂蜜中钾、磷、铁、钙、锌、铝、钠、镁、硼、锰、铜、钡、钛、钒、镍、钴、铬含量的测定方法　电感耦合等离子体原子发射光谱（ICP-AES）法》、GB/T 23375—2009《蔬菜及其制品中铜、铁、锌、钙、镁、磷的测定》、NY/T 1018—2006《蔬菜及其制品中磷的测定》、NY/T 1738—2009《农作物及其产品中磷含量的测定　分光光度法》、SN/T 0446—1995《出口乳制品中磷的检验方法》、SN/T 0801.2—2011《进出口动植物油脂　第 2 部分：含磷量检测方法》中磷的测定方法。

　　本标准与 GB/T 5009.87—2003 相比，主要变化如下：

　　——标准名称修改为"食品安全国家标准　食品中磷的测定"；

　　——删除重量法。

食品安全国家标准

食品中磷的测定

1 范围

本标准规定了食品中磷含量测定的分光光度法和电感耦合等离子体发射光谱法。

本标准第一法、第三法适用于各类食品中磷的测定,第二法适用于婴幼儿食品和乳品中磷的测定。

第一法 钼蓝分光光度法

2 原理

试样经消解,磷在酸性条件下与钼酸铵结合生成磷钼酸铵,此化合物被对苯二酚、亚硫酸钠或氯化亚锡、硫酸肼还原成蓝色化合物钼蓝。钼蓝在 660 nm 处的吸光度值与磷的浓度成正比。用分光光度计测定试样溶液的吸光度,与标准系列比较定量。

3 试剂和材料

除非另有说明,本方法所用试剂均为分析纯,水为 GB/T 6682 规定的三级水。

3.1 试剂

3.1.1 硫酸(H_2SO_4):优级纯。

3.1.2 高氯酸($HClO_4$):优级纯。

3.1.3 硝酸(HNO_3):优级纯。

3.1.4 盐酸(HCl):优级纯。

3.1.5 对苯二酚($C_6H_6O_2$)。

3.1.6 无水亚硫酸钠(Na_2SO_3)。

3.1.7 钼酸铵$[(NH_4)_6Mo_7O_{24} \cdot 4H_2O]$。

3.1.8 氯化亚锡($SnCl_2 \cdot 2H_2O$)。

3.1.9 硫酸肼($NH_2NH_2 \cdot H_2SO_4$)。

3.2 试剂的配制

3.2.1 硫酸溶液(15%):量取 15 mL 硫酸,缓慢加入到 80 mL 水中,冷却后用水稀释至 100 mL,混匀。

3.2.2 硫酸溶液(5%):量取 5 mL 硫酸,缓慢加入到 90 mL 水中,冷却后用水稀释至 100 mL,混匀。

3.2.3 硫酸溶液(3%):量取 3 mL 硫酸,缓慢加入到 90 mL 水中,冷却后用水稀释至 100 mL,混匀。

3.2.4 盐酸溶液(1+1):量取 500 mL 盐酸,加入 500 mL 水,混匀。

3.2.5 钼酸铵溶液(50 g/L):称取 5 g 钼酸铵,加硫酸溶液(15%)溶解,并稀释至 100 mL,混匀。

3.2.6 对苯二酚溶液(5 g/L):称取 0.5 g 对苯二酚于 100 mL 水中,使其溶解,并加入一滴硫酸,混匀。

3.2.7 亚硫酸钠溶液(200 g/L):称取 20 g 无水亚硫酸钠溶解于 100 mL 水中,混匀。临用时配制。

3.2.8 氯化亚锡-硫酸肼溶液:称取 0.1 g 氯化亚锡,0.2 g 硫酸肼,加硫酸溶液(3%)并用其稀释至100 mL。此溶液置棕色瓶中,贮于 4 ℃可保存 1 个月。

3.3 标准品

磷酸二氢钾(KH$_2$PO$_4$,CAS 号 7778-77-0):纯度>99.99%。或经国家认证并授予标准物质证书的一定浓度的磷标准溶液。

3.4 标准溶液的制备

3.4.1 磷标准储备液(100.0 mg/L):准确称取在 105 ℃下干燥至恒重的磷酸二氢钾 0.439 4 g(精确至0.000 1 g)置于烧杯中,加入适量水溶解并转移至 1 000 mL 容量瓶中,加水定容至刻度,混匀。

3.4.2 磷标准使用液(10.0 mg/L):准确吸取 10 mL 磷标准储备液(100.0 mg/L),置于 100 mL 容量瓶中,加水稀释至刻度,混匀。

4 仪器和设备

4.1 分光光度计。

4.2 可调式电热板或可调式电热炉。

4.3 马弗炉。

4.4 分析天平:感量 0.1 mg 和 1 mg。

5 分析步骤

5.1 试样制备

在采样和试样制备过程中,应避免污染。

5.1.1 粮食、豆类

样品去除杂物后,粉碎,储于塑料瓶中。

5.1.2 蔬菜、水果、鱼类、肉类等样品

样品用水洗净,晾干,取可食部分,制成匀浆,储于塑料瓶中。

5.1.3 饮料、酒、醋、酱油、食用植物油、液态乳等液体样品

将样品摇匀。

5.2 试样前处理

5.2.1 湿法消解

称取试样 0.2 g～3 g(精确至 0.001 g)或准确吸取液体试样 0.500 mL～5.00 mL 于带刻度消化管中,加入 10 mL 硝酸,1 mL 高氯酸,2 mL 硫酸,在可调式电热炉上消解(参考条件:120 ℃/0.5 h～1 h、升至 180 ℃/2 h～4 h、升至 200 ℃～220 ℃)。若消化液呈棕褐色,再加硝酸,消解至冒白烟,消化液呈无色透明或略带黄色。消化液放冷,加 20 mL 水,赶酸。放冷后转移至 100 mL 容量瓶中,用水多次洗涤消化管,合并洗液于容量瓶中,加水至刻度,混匀。作为试样测定溶液。同时做试剂空白试验。亦可采用锥形瓶,于可调式电热板上,按上述操作方法进行湿法消解。

5.2.2 干法灰化

称取试样 0.5 g～5 g(精确至 0.001 g)或准确移取液体试样 0.500 mL～10.0 mL,在火上灼烧成炭分,再于 550 ℃下成灰分,直至灰分呈白色为止(必要时,可在加入浓硝酸润湿蒸干后再灰化),加 10 mL 盐酸溶液(1+1),在水浴上蒸干。再加 2 mL 盐酸溶液(1+1),用水分数次将残渣完全洗入 100 mL 容量瓶中,并用水稀释至刻度,摇匀。同时做试剂空白试验。

5.3 测定

注:可任选苯二酚、亚硫酸钠还原法或氯化亚锡、硫酸肼还原法。

5.3.1 对苯二酚、亚硫酸钠还原法

5.3.1.1 标准曲线的制作

准确吸取磷标准使用液 0 mL、0.500 mL、1.00 mL、2.00 mL、3.00 mL、4.00 mL、5.00 mL,相当于含磷量 0 μg、5.00 μg、10.0 μg、20.0 μg、30.0 μg、40.0 μg、50.0 μg,分别置于 25 mL 具塞试管中,依次加入 2 mL 钼酸铵溶液(50 g/L)摇匀,静置。加入 1 mL 亚硫酸钠溶液(200 g/L)、1 mL 对苯二酚溶液(5 g/L),摇。加水至刻度,混匀。静置 0.5 h 后,用 1 cm 比色杯,在 660 nm 波长处,以零管作参比,测定吸光度,以测出的吸光度对磷含量绘制标准曲线。

5.3.1.2 试样溶液的测定

准确吸取试样溶液 2.00 mL 及等量的空白溶液,分别置于 25 mL 具塞试管中,加入 2 mL 钼酸铵溶液(50 g/L)摇匀,静置。加入 1 mL 亚硫酸钠溶液(200 g/L)、1 mL 对苯二酚溶液(5 g/L),摇匀。加水至刻度,混匀。静置 0.5 h 后,用 1 cm 比色杯,在 660 nm 波长处,测定其吸光度,与标准系列比较定量。

5.3.2 氯化亚锡、硫酸肼还原法

5.3.2.1 标准曲线的制作

准确吸取磷标准使用液 0 mL、0.500 mL、1.00 mL、2.00 mL、3.00 mL、4.00 mL、5.00 mL,相当于含磷量 0 μg、5.00 μg、10.0 μg、20.0 μg、30.0 μg、40.0 μg、50.0 μg,分别置于 25 mL 具塞试管中,各加约 15 mL 水,2.5 mL 硫酸溶液(5%),2 mL 钼酸铵溶液(50 g/L),0.5 mL 氯化亚锡-硫酸肼溶液,各管均补加水至 25 mL,混匀。在室温放置 20 min 后,用 1 cm 比色杯,在 660 nm 波长处,以零管作参比,测定其吸光度,以吸光度对磷含量绘制标准曲线。

5.3.2.2 试样溶液的测定

准确吸取试样溶液 2.00 mL 及等量的空白溶液,分别置于 25 mL 比色管中,各加约 15 mL 水,2.5 mL 硫酸溶液(5%),2 mL 钼酸铵溶液(50 g/L),0.5 mL 氯化亚锡-硫酸肼溶液。各管均补加水至 25 mL,混匀。在室温放置 20 min 后,用 1 cm 比色杯,在 660 nm 波长处,分别测定其吸光度,与标准系列比较定量。

6 分析结果的表述

试样中磷的含量按式(1)计算:

$$X = \frac{(m_1 - m_0) \times V_1}{m \times V_2} \times \frac{100}{1\,000} \qquad\cdots\cdots\cdots\cdots\cdots\cdots(1)$$

式中:

X ——试样中磷含量,单位为毫克每百克或毫克每百毫升(mg/100 g 或 mg/100 mL);

m_1 ——测定用试样溶液中磷的质量,单位为微克(μg);

m_0 ——测定用空白溶液中磷的质量,单位为微克(μg);

V_1 ——试样消化液定容体积,单位为毫升(mL);

m ——试样称样量或移取体积,单位为克(g 或 mL);

V_2 ——测定用试样消化液的体积,单位为毫升(mL);

100 ——换算系数;

1 000——换算系数。

计算结果保留三位有效数字。

7 精密度

在重复性条件下获得的两次独立测定结果的绝对差值不得超过算术平均值的 5%。

8 其他

当取样量 0.5 g(或 0.5 mL),定容至 100 mL 时,检出限为 20 mg/100 g(或 20 mg/100 mL),定量限为 60 mg/100 g(或 60 mg/100 mL)。

第二法　钒钼黄分光光度法

9 原理

试样经消解,磷在酸性条件下与钒钼酸铵生成黄色络合物钒钼黄。钒钼黄的吸光度值与磷的浓度成正比。于 440 nm 测定试样溶液中钒钼黄的吸光度值,与标准系列比较定量。

10 试剂和材料

除非另有说明,本方法所用试剂均为分析纯,水为 GB/T 6682 规定的三级水。

10.1 试剂

10.1.1 高氯酸($HClO_4$):优级纯。

10.1.2 硝酸(HNO_3):优级纯。

10.1.3 硫酸(H_2SO_4):优级纯。

10.1.4 钼酸铵[$(NH_4)_6Mo_7O_{24} \cdot 4H_2O$]。

10.1.5 偏钒酸铵(NH_4VO_3)。

10.1.6 氢氧化钠(NaOH)。

10.1.7 2,6-二硝基酚或 2,4-二硝基酚[$C_6H_3OH(NO_2)_2$]。

10.2 试剂的配制

10.2.1 钒钼酸铵试剂:

A 液:称取 25 g 钼酸铵,溶于 400 mL 水中。

B 液:称取 1.25 g 偏钒酸铵溶于 300 mL 沸水中,冷却后加 250 mL 硝酸。将 A 液缓慢加至 B 液中,不断搅匀,并用水稀释至 1 L,混匀,贮于棕色瓶中。

10.2.2 氢氧化钠溶液(6 mol/L):称取 240 g 氢氧化钠,溶于 1 000 mL 水中,混匀。

10.2.3 氢氧化钠溶液(0.1 mol/L):称取 4 g 氢氧化钠,溶于 1 000 mL 水中,混匀。

10.2.4 硝酸溶液(0.2 mol/L):吸取 12.5 mL 硝酸,用水稀释至 1 000 mL,混匀。

10.2.5 二硝基酚指示剂(2 g/L):称取 0.2 g 2,6-二硝基酚或 2,4-二硝基酚溶于 100 mL 水中,混匀。

10.3 标准品

磷酸二氢钾(KH_2PO_4,CAS 号 7778-77-0):纯度>99.99%。或经国家认证并授予标准物质证书的一定浓度的磷标准溶液。

10.4 标准溶液的制备

磷标准储备液(50.00 mg/L):精确称取在 105 ℃下干燥至恒量的磷酸二氢钾 0.219 7 g(精确至 0.000 1 g),溶于 400 mL 水中,移入 1 L 容量瓶,并加水至刻度,混匀。置聚乙烯瓶贮于 4 ℃保存。

11 仪器和设备

同第 4 章。

12 分析步骤

12.1 试样制备

同 5.1。

12.2 试样前处理

同 5.2。

12.3 标准曲线的制作

准确吸取磷标准储备液 0 mL、2.50 mL、5.00 mL、7.50 mL、10.0 mL、15.0 mL 于 50 mL 容量瓶中,加入 10 mL 钒钼酸铵试剂,用水定容至刻度。该系列标准溶液中磷的质量浓度分别为 0 mg/L、2.50 mg/L、5.00 mg/L、7.50 mg/L、10.0 mg/L、15.0 mg/L。在 25 ℃～30 ℃下显色 15 min。用 1 cm 比色杯,以零管作参比,于 440 nm 测定吸光度值。以吸光度值为纵坐标,磷的质量浓度为横坐标,制作标准曲线。

12.4 试样溶液的测定

准确吸取试样溶液 10 mL 及等量的空白溶液于 50 mL 容量瓶中,加少量水后,加 2 滴二硝基酚指示剂(2 g/L),先用氢氧化钠溶液(6 mol/L)调至黄色,再用硝酸溶液(0.2 mol/L)调至无色,最后用氢氧化钠溶液(0.1 mol/L)调至微黄色。加入 10 mL 钒钼酸铵试剂,用水定容至刻度。于 440 nm 测定其吸光度值,与标准系列比较定量。

13 分析结果的表述

试样中磷的含量按式(2)计算:

$$X = \frac{(\rho - \rho_0) \times V \times V_2}{m \times V_1 \times 1\,000} \times 100 \qquad \cdots\cdots\cdots\cdots\cdots\cdots\cdots (2)$$

式中：

X ——试样中磷的含量，单位为毫克每百克或毫克每百毫升（mg/100 g 或 mg/100 mL）；

ρ ——测定用试样溶液中磷的质量浓度，单位为毫克每升（mg/L）；

ρ_0 ——测定用空白溶液中磷的质量浓度，单位为毫克每升（mg/L）；

V ——试样消化液定容体积，单位为毫升（mL）；

V_2 ——试样比色液定容体积，单位为毫升（mL）；

m ——试样称样量或移取体积，单位为克（g 或 mL）；

V_1 ——测定用试样消化液的体积，单位为毫升（mL）；

1 000——换算系数；

100 ——换算系数。

计算结果保留三位有效数字。

14 精密度

在重复性条件下获得的两次独立测定结果的绝对差值不得超过算术平均值的 5%。

15 其他

当取样量 0.5 g(或 0.5 mL)，定容至 100 mL 时，检出限为 20 mg/100 g（或 20 mg/100 mL），定量限为 60 mg/100 g(或 60 mg/100 mL)。

第三法　电感耦合等离子体发射光谱法

见 GB 5009.268。

———————————

中华人民共和国国家标准

GB 5009.88—2014

食品安全国家标准

食品中膳食纤维的测定

2015-09-21 发布

2016-03-21 实施

中 华 人 民 共 和 国
国家卫生和计划生育委员会 发 布

前　　言

　　本标准代替 GB/T 5009.88—2008《食品中膳食纤维的测定》,部分代替 GB/T 22224—2008《食品中膳食纤维的测定　酶重量法和酶重量法-液相色谱法》。

　　本标准与 GB/T 5009.88—2008 相比,主要变化如下:

　　——标准名称修改为"食品安全国家标准　食品中膳食纤维的测定";

　　——修改了方法适用范围;

　　——增加了膳食纤维、总膳食纤维、不溶性膳食纤维、可溶性膳食纤维的定义;

　　——删除了中性洗涤剂法;

　　——修改了总膳食纤维计算公式;

　　——添加了当食品中含有低分子质量可溶性膳食纤维时总膳食纤维计算方法的注释。

　　本标准与 GB/T 22224—2008 相比,主要变化如下:

　　——整合了第一法　酶重量法。

食品安全国家标准

食品中膳食纤维的测定

1 范围

本标准规定了食品中膳食纤维的测定方法(酶重量法)。

本标准适用于所有植物性食品及其制品中总的、可溶性和不溶性膳食纤维的测定,但不包括低聚果糖、低聚半乳糖、聚葡萄糖、抗性麦芽糊精、抗性淀粉等膳食纤维组分。

2 术语和定义

2.1 膳食纤维(DF)

不能被人体小肠消化吸收但具有健康意义的、植物中天然存在或通过提取/合成的、聚合度 DP≥3 的碳水化合物聚合物。包括纤维素、半纤维素、果胶及其他单体成分等。

2.2 可溶性膳食纤维(SDF)

能溶于水的膳食纤维部分,包括低聚糖和部分不能消化的多聚糖等。

2.3 不溶性膳食纤维(IDF)

不能溶于水的膳食纤维部分,包括木质素、纤维素、部分半纤维素等。

2.4 总膳食纤维(TDF)

可溶性膳食纤维与不溶性膳食纤维之和。

3 原理

干燥试样经热稳定 α-淀粉酶、蛋白酶和葡萄糖苷酶酶解消化去除蛋白质和淀粉后,经乙醇沉淀、抽滤,残渣用乙醇和丙酮洗涤,干燥称量,即为总膳食纤维残渣。另取试样同样酶解,直接抽滤并用热水洗涤,残渣干燥称量,即得不溶性膳食纤维残渣;滤液用 4 倍体积的乙醇沉淀、抽滤、干燥称量,得可溶性膳食纤维残渣。扣除各类膳食纤维残渣中相应的蛋白质、灰分和试剂空白含量,即可计算出试样中总的、不溶性和可溶性膳食纤维含量。

本标准测定的总膳食纤维为不能被 α-淀粉酶、蛋白酶和葡萄糖苷酶酶解的碳水化合物聚合物,包括不溶性膳食纤维和能被乙醇沉淀的高分子质量可溶性膳食纤维,如纤维素、半纤维素、木质素、果胶、部分回生淀粉,及其他非淀粉多糖和美拉德反应产物等;不包括低分子质量(聚合度 3~12)的可溶性膳食纤维,如低聚果糖、低聚半乳糖、聚葡萄糖、抗性麦芽糊精,以及抗性淀粉等。

4 试剂和材料

注:除非另有说明,本标准所用试剂均为分析纯,水为 GB/T 6682 规定的二级水。

4.1 试剂

4.1.1 95％乙醇(CH₃CH₂OH)。

4.1.2 丙酮(CH₃COCH₃)。

4.1.3 石油醚:沸程 30 ℃～60 ℃。

4.1.4 氢氧化钠(NaOH)。

4.1.5 重铬酸钾(K₂Cr₂O₇)。

4.1.6 三羟甲基氨基甲烷(C₄H₁₁NO₃,TRIS)。

4.1.7 2-(N-吗啉代)乙烷磺酸(C₆H₁₃NO₄S・H₂O,MES)。

4.1.8 冰乙酸(C₂H₄O₂)。

4.1.9 盐酸(HCl)。

4.1.10 硫酸(H₂SO₄)。

4.1.11 热稳定 α-淀粉酶液:CAS 9000-85-5,IUB 3.2.1.1,10 000 U/mL±1 000 U/mL,不得含丙三醇稳定剂,于 0 ℃～5 ℃冰箱储存,酶的活性测定及判定标准应符合附录 A 的要求。

4.1.12 蛋白酶液:CAS 9014-01-1,IUB 3.2.21.14,300 U/mL～400 U/mL,不得含丙三醇稳定剂,于 0 ℃～5 ℃冰箱储存,酶的活性测定及判定标准应符合附录 A 的要求。

4.1.13 淀粉葡萄糖苷酶液:CAS 9032-08-0,IUB 3.2.1.3,2 000 U/mL～3 300 U/mL,于 0 ℃～5 ℃储存,酶的活性测定及判定标准应符合附录 A 的要求。

4.1.14 硅藻土:CAS 688 55-54-9。

4.2 试剂配制

4.2.1 乙醇溶液(85％,体积分数):取 895 mL 95％乙醇,用水稀释并定容至 1 L,混匀。

4.2.2 乙醇溶液(78％,体积分数):取 821 mL 95％乙醇,用水稀释并定容至 1 L,混匀。

4.2.3 氢氧化钠溶液(6 mol/L):称取 24 g 氢氧化钠,用水溶解至 100 mL,混匀。

4.2.4 氢氧化钠溶液(1 mol/L):称取 4 g 氢氧化钠,用水溶解至 100 mL,混匀

4.2.5 盐酸溶液(1 mol/L):取 8.33 mL 盐酸,用水稀释至 100 mL,混匀。

4.2.6 盐酸溶液(2 mol/L):取 167 mL 盐酸,用水稀释至 1 L,混匀。

4.2.7 MES-TRIS 缓冲液(0.05 mol/L):称取 19.52 g 2-(N-吗啉代)乙烷磺酸和 12.2 g 三羟甲基氨基甲烷,用 1.7 L 水溶解,根据室温用 6 mol/L 氢氧化钠溶液调 pH,20 ℃时调 pH 为 8.3,24 ℃时调 pH 为 8.2,28 ℃时调 pH 为 8.1;20 ℃～28 ℃之间其他室温用插入法校正 pH。加水稀释至 2 L。

4.2.8 蛋白酶溶液:用 0.05 mol/L MES-TRIS 缓冲液配成浓度为 50 mg/mL 的蛋白酶溶液,使用前现配并于 0 ℃～5 ℃暂存。

4.2.9 酸洗硅藻土:取 200 g 硅藻土于 600 mL 的 2 mol/L 盐酸溶液中,浸泡过夜,过滤,用水洗至滤液为中性,置于 525 ℃±5 ℃马弗炉中灼烧灰分后备用。

4.2.10 重铬酸钾洗液:称取 100 g 重铬酸钾,用 200 mL 水溶解,加入 1 800 mL 浓硫酸混合。

4.2.11 乙酸溶液(3 mol/L):取 172 mL 乙酸,加入 700 mL 水,混匀后用水定容至 1 L。

5 仪器和设备

5.1 高型无导流口烧杯:400 mL 或 600 mL。

5.2 坩埚:具粗面烧结玻璃板,孔径 40 μm～60 μm。清洗后的坩埚在马弗炉中 525 ℃±5 ℃灰化 6 h,炉温降至 130 ℃以下取出,于重铬酸钾洗液中室温浸泡 2 h,用水冲洗干净,再用 15 mL 丙酮冲洗后风干。用前,加入约 1.0 g 硅藻土,130 ℃烘干,取出坩埚,在干燥器中冷却约 1 h,称量,记录处理后坩埚质

量(m_G),精确到 0.1 mg。

5.3　真空抽滤装置:真空泵或有调节装置的抽吸器。备 1 L 抽滤瓶,侧壁有抽滤口,带与抽滤瓶配套的橡胶塞,用于酶解液抽滤。

5.4　恒温振荡水浴箱:带自动计时器,控温范围室温 5 ℃～100 ℃,温度波动±1 ℃。

5.5　分析天平:感量 0.1 mg 和 1 mg。

5.6　马弗炉:525 ℃±5 ℃。

5.7　烘箱:130 ℃±3 ℃。

5.8　干燥器:二氧化硅或同等的干燥剂。干燥剂每两周 130 ℃±3 ℃烘干过夜一次。

5.9　pH 计:具有温度补偿功能,精度±0.1。用前用 pH 4.0、7.0 和 10.0 标准缓冲液校正。

5.10　真空干燥箱:70 ℃±1 ℃。

5.11　筛:筛板孔径 0.3 mm～0.5 mm。

6　分析步骤

6.1　试样制备

注:试样处理根据水分含量、脂肪含量和糖含量进行适当的处理及干燥,并粉碎、混匀过筛。

6.1.1　脂肪含量＜10％的试样

若试样水分含量较低(＜10％),取试样直接反复粉碎,至完全过筛。混匀,待用。

若试样水分含量较高(≥10％),试样混匀后,称取适量试样(m_C,不少于 50 g),置于 70 ℃±1 ℃真空干燥箱内干燥至恒重。将干燥后试样转至干燥器中,待试样温度降到室温后称量(m_D)。根据干燥前后试样质量,计算试样质量损失因子(f)。干燥后试样反复粉碎至完全过筛,置于干燥器中待用。

注:若试样不宜加热,也可采取冷冻干燥法。

6.1.2　脂肪含量≥10％的试样

试样需经脱脂处理。称取适量试样(m_C,不少于 50 g),置于漏斗中,按每克试样 25 mL 的比例加入石油醚进行冲洗,连续 3 次。脱脂后将试样混匀再按 6.1.1 进行干燥、称量(m_D),记录脱脂、干燥后试样质量损失因子(f)。试样反复粉碎至完全过筛,置于干燥器中待用。

注:若试样脂肪含量未知,按先脱脂再干燥粉碎方法处理。

6.1.3　糖含量≥5％的试样

试样需经脱糖处理。称取适量试样(m_C,不少于 50 g),置于漏斗中,按每克试样 10 mL 的比例用85％乙醇溶液冲洗,弃乙醇溶液,连续 3 次。脱糖后将试样置于 40 ℃烘箱内干燥过夜,称量(m_D),记录脱糖、干燥后试样质量损失因子(f)。干样反复粉碎至完全过筛,置于干燥器中待用。

6.2　酶解

6.2.1　准确称取双份试样(m),约 1 g(精确至 0.1 mg),双份试样质量差≤0.005 g。将试样转置于400 mL～600 mL 高脚烧杯中,加入 0.05 mol/L MES-TRIS 缓冲液 40 mL,用磁力搅拌直至试样完全分散在缓冲液中。同时制备两个空白样液与试样液进行同步操作,用于校正试剂对测定的影响。

注:搅拌均匀,避免试样结成团块,以防止试样酶解过程中不能与酶充分接触。

6.2.2　热稳定 α-淀粉酶酶解:向试样液中分别加入 50 μL 热稳定 α-淀粉酶液缓慢搅拌,加盖铝箔,置于95 ℃～100 ℃恒温振荡水浴箱中持续振摇,当温度升至 95 ℃开始计时,通常反应 35 min。将烧杯取出,冷却至 60 ℃,打开铝箔盖,用刮勺轻轻将附着于烧杯内壁的环状物以及烧杯底部的胶状物刮下,用

10 mL 水冲洗烧杯壁和刮勺。

> 注：如试样中抗性淀粉含量较高（>40%），可延长热稳定 α-淀粉酶酶解时间至 90 min，如必要也可另加入 10 mL 二甲基亚砜帮助淀粉分散。

6.2.3 蛋白酶酶解：将试样液置于 60 ℃±1 ℃ 水浴中，向每个烧杯加入 100 μL 蛋白酶溶液，盖上铝箔，开始计时，持续振摇，反应 30 min。打开铝箔盖，边搅拌边加入 5 mL 3 mol/L 乙酸溶液，控制试样温度保持在 60 ℃±1 ℃。用 1 mol/L 氢氧化钠溶液或 1 mol/L 盐酸溶液调节试样液 pH 至 4.5±0.2。

> 注：应在 60 ℃±1 ℃时调 pH，因为温度降低会使 pH 升高。同时注意进行空白样的 pH 测定，保证空白样和试样液的 pH 一致。

6.2.4 淀粉葡糖苷酶酶解：边搅拌边加入 100 μL 淀粉葡萄糖苷酶液，盖上铝箔，继续于 60 ℃±1 ℃ 水浴中持续振摇，反应 30 min。

6.3 测定

6.3.1 总膳食纤维（TDF）测定

6.3.1.1 沉淀：向每份试样酶解液中，按乙醇与试样液体积比 4∶1 的比例加入预热至 60 ℃±1 ℃ 的 95% 乙醇（预热后体积约为 225 mL），取出烧杯，盖上铝箔，于室温条件下沉淀 1 h。

6.3.1.2 抽滤：取已加入硅藻土并干燥称量的坩埚，用 15 mL 78% 乙醇润湿硅藻土并展平，接上真空抽滤装置，抽去乙醇使坩埚中硅藻土平铺于滤板上。将试样乙醇沉淀液转移入坩埚中抽滤，用刮勺和 78% 乙醇将高脚烧杯中所有残渣转至坩埚中。

6.3.1.3 洗涤：分别用 78% 乙醇 15 mL 洗涤残渣 2 次，用 95% 乙醇 15 mL 洗涤残渣 2 次，丙酮 15 mL 洗涤残渣 2 次，抽滤去除洗涤液后，将坩埚连同残渣在 105 ℃ 烘干过夜。将坩埚置干燥器中冷却 1 h，称量（m_{GR}，包括处理后坩埚质量及残渣质量），精确至 0.1 mg。减去处理后坩埚质量，计算试样残渣质量（m_R）。

6.3.1.4 蛋白质和灰分的测定：取 2 份试样残渣中的 1 份按 GB 5009.5 测定氮（N）含量，以 6.25 为换算系数，计算蛋白质质量（m_P）；另 1 份试样测定灰分，即在 525 ℃ 灰化 5 h，于干燥器中冷却，精确称量坩埚总质量（精确至 0.1 mg），减去处理后坩埚质量，计算灰分质量（m_A）。

6.3.2 不溶性膳食纤维（IDF）测定

6.3.2.1 按 6.1 称取试样，按 6.2 酶解。

6.3.2.2 抽滤洗涤：取已处理的坩埚，用 3 mL 水润湿硅藻土并展平，抽去水分使坩埚中的硅藻土平铺于滤板上。将试样酶解液全部转移至坩埚中抽滤，残渣用 70 ℃ 热水 10 mL 洗涤 2 次，收集并合并滤液，转移至另一 600 mL 高脚烧杯中，备测可溶性膳食纤维。残渣按 6.3.1.3 洗涤、干燥、称量，记录残渣重量。

6.3.2.3 按 6.3.1.4 测定蛋白质和灰分。

6.3.3 可溶性膳食纤维（SDF）测定

6.3.3.1 计算滤液体积：收集不溶性膳食纤维抽滤产生的滤液，至已预先称量的 600 mL 高脚烧杯中，通过称量"烧杯＋滤液"总质重，扣除烧杯质量的方法估算滤液体积。

6.3.3.2 沉淀：按滤液体积加入 4 倍量预热至 60 ℃ 的 95% 乙醇，室温下沉淀 1 h。以下测定按总膳食纤维测定步骤 6.3.1.2～6.3.1.4 进行。

6.4 分析结果的表述

TDF、IDF、SDF 均按式（1）～式（4）计算。

试剂空白质量按式（1）计算：

$$m_B = \overline{m}_{BR} - m_{BP} - m_{BA} \qquad \cdots\cdots\cdots\cdots\cdots\cdots(1)$$

式中:

m_B ——试剂空白质量,单位为克(g);

$\overline{m}_{BR}$ ——双份试剂空白残渣质量均值,单位为克(g);

m_{BP} ——试剂空白残渣中蛋白质质量,单位为克(g);

m_{BA} ——试剂空白残渣中灰分质量,单位为克(g)。

试样中膳食纤维的含量按式(2)～式(4)计算:

$$m_R = m_{GR} - m_G \qquad \cdots\cdots\cdots\cdots\cdots\cdots(2)$$

$$X = \frac{\overline{m}_R - m_P - m_A - m_B}{\overline{m} \times f} \qquad \cdots\cdots\cdots\cdots\cdots\cdots(3)$$

$$f = \frac{m_C}{m_D} \qquad \cdots\cdots\cdots\cdots\cdots\cdots(4)$$

式中:

m_R ——试样残渣质量,单位为克(g);

m_{GR} ——处理后坩埚质量及残渣质量,单位为克(g);

m_G ——处理后坩埚质量,单位为克(g);

X —— 试样中膳食纤维的含量,单位为克每百克(g/100 g);

$\overline{m}_R$ ——双份试样残渣质量均值,单位为克(g);

m_P ——试样残渣中蛋白质质量,单位为克(g);

m_A ——试样残渣中灰分质量,单位为克(g);

m_B ——试剂空白质量,单位为克(g);

$\overline{m}$ ——双份试样取样质量均值,单位为克(g);

f ——试样制备时因干燥、脱脂、脱糖导致质量变化的校正因子;

m_C ——试样制备前质量,单位为克(g);

m_D ——试样制备后质量,单位为克(g)。

注1:如果试样没有经过干燥、脱脂、脱糖等处理,$f=1$。

注2:TDF 的测定可以按照 6.3.1 进行独立检测,也可分别按照 6.3.2 和 6.3.3 测定 IDF 和 SDF,根据公式计算,TDF ＝IDF＋SDF。

注3:当试样中添加了抗性淀粉、抗性麦芽糊精、低聚果糖、低聚半乳糖、聚葡萄糖等符合膳食纤维定义却无法通过酶重量法检出的成分时,宜采用适宜方法测定相应的单体成分,总膳食纤维可采用如下公式计算:

总膳食纤维 ＝ TDF(酶重量法)＋单体成分

以重复性条件下获得的两次独立测定结果的算术平均值表示,结果保留三位有效数字。

6.5 精密度

在重复性条件下获得的两次独立测定结果的绝对差值不得超过算术平均值的 10％。

附 录 A

热稳定淀粉酶、蛋白酶、淀粉葡萄糖苷酶的活性要求及判定标准

A.1 酶活性要求

A.1.1 热稳定淀粉酶

A.1.1.1 以淀粉为底物用 *Nelson/Somogyi* 还原糖测试的淀粉酶活性:10 000 U/mL+1 000 U/mL。
1 U 表示在 40 ℃,pH 6.5 环境下,每分钟释放 1 μmol 还原糖所需要的酶量。

A.1.1.2 以对硝基苯基麦芽糖为底物测试的淀粉酶活性:3 000 Ceralpha U/mL+300 Ceralpha U/mL。
1 CeralphaU 表示在 40 ℃,pH 6.5 环境下,每分钟释放 1 μmol 对硝基苯基所需要的酶量。

A.1.2 蛋白酶

A.1.2.1 以酪蛋白为底物测试的蛋白酶活性:300 U/mL～400 U/mL。1 U 表示在 40 ℃,pH 8.0 环境下,每分钟从可溶性酪蛋白中水解出可溶于三氯乙酸的 1 μmol 酪氨酸所需要的酶量。

A.1.2.2 以酪蛋白为底物采用 Folin-Ciocalteau 显色法测试的蛋白酶活性:7 U/mg～15 U/mg。1 U 表示在 37 ℃,pH 7.5 环境下,每分钟从酪蛋白中水解得到相当于 1.0 μmol 酪氨酸在显色反应中所引起的颜色变化所需要的酶量。

A.1.2.3 以偶氮-酪蛋白测试的内肽酶活性:300 U/mL～400 U/mL。1 U 表示在 40 ℃,pH 8.0 环境下,每分钟从可溶性酪蛋白中水解出 1 μmol 酪氨酸所需要的酶量。

A.1.3 淀粉葡萄糖苷酶

A.1.3.1 以淀粉/葡萄糖氧化酶-过氧化物酶法测试的淀粉葡萄糖苷酶活性:2 000 U/mL～3 300 U/mL。
1 U 表示在 40 ℃,pH 4.5 环境下,每分钟释放 1 μmol 葡萄糖所需要的酶量。

A.1.3.2 以对-硝基苯基-β-麦芽糖苷(PNPBM)法测试的淀粉葡萄糖苷酶活性:130 PNP U/mL～200 PNP U/mL。1 PNP U 表示在 40 ℃且有过量 β-葡萄糖苷酶存在的环境下,每分钟从对-硝基苯基-β-麦芽糖苷释放 1 μmol 对-硝基苯基所需要的酶量。

A.2 酶干扰

市售热稳定 α-淀粉酶、蛋白酶一般不易受到其他酶的干扰,蛋白酶制备时可能会混入极低含量的 β-葡聚糖酶,但不会影响总膳食纤维测定。本方法中淀粉葡萄糖苷酶易受污染,是活性易受干扰的酶。淀粉葡萄糖苷酶的主要污染物为内纤维素酶,能够导致燕麦或大麦中 β-葡聚糖内部混合键解聚。淀粉葡萄糖苷酶是否受内纤维素酶的污染很容易检测。

A.3 判定标准

当酶的生产批次改变或最长使用间隔超过 6 个月时,应按表 A.1 所列标准物进行校准,以确保所使用的酶达到预期的活性,不受其他酶的干扰。

表 A.1　酶活性测定标准

底物标准	测试活性	标准质量 g	预期回收率 %
柑橘果胶	果胶酶	0.1～0.2	95～100
阿拉伯半乳聚糖	半纤维素酶	0.1～0.2	95～100
β-葡聚糖	β-葡聚糖酶	0.1～0.2	95～100
小麦淀粉	α-淀粉酶＋淀粉葡萄糖苷酶	1.0	＜1
玉米淀粉	α-淀粉酶＋淀粉葡萄糖苷酶	1.0	＜1
酪蛋白	蛋白酶	0.3	＜1

中华人民共和国国家标准

GB 5009.89—2016

食品安全国家标准

食品中烟酸和烟酰胺的测定

2016-12-23 发布　　　　　　　　　　　　2017-06-23 实施

中华人民共和国国家卫生和计划生育委员会
国家食品药品监督管理总局　发　布

前　言

本标准代替 GB/T 5009.89—2003《食品中烟酸的测定》、GB 5413.15—2010《食品安全国家标准 婴幼儿食品和乳品种烟酸和烟酰胺的测定》和 GB/T 9695.25—2008《肉与肉制品 维生素 PP 含量测定》。

本标准与 GB 5413.15—2010 相比，主要变化如下：

——标准名称修改为"食品安全国家标准　食品中烟酸和烟酰胺的测定"；

——调整了试剂顺序和格式；

——修改并细化了适用于不同食品种类的前处理方法（第一法）；

——增加了标准溶液浓度校正方法（第二法）；

——重新评估了检出限，增加了定量限。

食品安全国家标准

食品中烟酸和烟酰胺的测定

1 范围

本标准规定了食品中烟酸和烟酰胺的测定方法。

本标准第一法为微生物法,适用于各类食品包括以天然食品为基质的强化食品中烟酸和烟酰胺总量的测定;第二法为高效液相色谱法,适用于强化食品中烟酸和烟酰胺的测定。

第一法 微生物法

2 原理

烟酸(烟酰胺)是植物乳杆菌 *Lactobacillus plantarμm*(ATCC 8014)生长所必需的营养素,在一定控制条件下,利用植物乳杆菌对烟酸和烟酰胺的特异性,在含有烟酸和烟酰胺的样品中生长形成的光密度来测定烟酸和烟酰胺的含量。

3 试剂和材料

除非另有说明,本方法所用试剂均为分析纯,水为 GB/T 6682 规定的二级水。培养基可购买符合测试要求的商品化培养基。

3.1 菌种

植物乳杆菌 *Lactobacillus plantarμs*(ATCC 8014),或其他有效标准菌株。

3.2 试剂

3.2.1 盐酸(HCl)。

3.2.2 氢氧化钠(NaOH)。

3.2.3 氯化钠(NaCl)。

3.2.4 浓硫酸(H_2SO_4)。

3.2.5 乙醇(C_2H_5OH)。

3.3 试剂配制

3.3.1 盐酸溶液(1 mol/L):吸取 83 mL 盐酸,于 1 000 mL 烧杯中,加 917 mL 水,混匀。

3.3.2 盐酸溶液(0.1 mol/L):吸取盐酸溶液(3.3.1)10 mL,加水溶解至 100 mL。

3.3.3 氢氧化钠溶液(1 mol/L):称取 40 g 氢氧化钠于 1 000 mL 烧杯中,加水溶解并稀释至 1 000 mL,混匀。

3.3.4 氢氧化钠溶液(0.1 mol/L):吸取氢氧化钠溶液(3.3.3)10 mL,加水溶解至 100 mL。

3.3.5 生理盐水(0.9%):称取 9 g 氯化钠,溶解于 1 000 mL 水中,分装 10 mL 于试管中,121 ℃灭菌 15 min,备用。

3.3.6 乙醇溶液(25%):量取 200 mL 无水乙醇与 800 mL 水混匀。

3.3.7 硫酸溶液(1 mol/L):于 2 000 mL 烧杯中先注入 700 mL 水,吸取 56 mL 硫酸沿烧杯壁缓慢倒入水中,用水稀释到 1 000 mL。

3.4 培养基

3.4.1 乳酸杆菌琼脂培养基:可按 A.1 配制。

3.4.2 乳酸杆菌肉汤培养基:可按 A.2 配制。

3.4.3 烟酸测定用培养基:可按 A.3 配制。

注:一些商品化合成培养基效果良好,商品化合成培养基按标签说明进行配制。

3.5 标准品

烟酸($C_6H_5NO_2$):纯度≥99.5%,或经国家认证并授予标准物质证书的标准物质。

3.6 标准溶液配制

3.6.1 烟酸标准储备液(0.1 mg/mL):精确称取 50.0 mg 烟酸标准品,用乙醇溶液溶解并移至 500 mL 容量瓶中,定容,混匀于 2 ℃~4 ℃冷藏。此溶液每毫升相当于 100 μg 烟酸。

3.6.2 烟酸标准中间液(1 μg/mL):准确吸取 1.0 mL 烟酸标准储备液(3.6.1)置于 100 mL 棕色容量瓶中,用乙醇溶液稀释并定容至刻度,混匀于 2 ℃~4 ℃冷藏。此溶液每毫升相当于 1 μg 烟酸。

3.6.3 烟酸标准工作液(100 ng/mL):准确吸取 5.00 mL 烟酸标准中间液(3.6.2)置于 50 mL 容量瓶中,用水稀释定容至刻度,混匀于 2 ℃~4 ℃冷藏。此溶液每毫升相当于 100 ng 烟酸。

4 仪器和设备

4.1 天平:感量分别为 0.01 g 和 0.1 mg。

4.2 均质设备:用于试样的均质化。

4.3 恒温培养箱:36 ℃±1 ℃。

4.4 涡旋振荡器。

4.5 压力蒸汽消毒器:121 ℃(0.10 MPa~0.12 MPa)。

4.6 离心机:转速≥2 000 r/min。

4.7 pH 计:精度±0.01。

4.8 分光光度计。

4.9 超净工作台。

4.10 超声波振荡器。

注:玻璃仪器使用前,用活性剂(月桂磺酸钠或家用洗涤剂加入到洗涤用水中即可)对硬玻璃测定管及其他必要的
玻璃器皿进行清洗,清洗之后烘干,于 170 ℃干热 3 h 后使用。

5 分析步骤

5.1　储备菌种的制备

将菌种植物乳杆菌 *Lactobacillus plantarum*（ATCC 8014）转接至乳酸杆菌琼脂培养基中,在 36 ℃ ±1 ℃恒温培养箱中培养 20 h～24 h,取出后放入 2 ℃～4 ℃冰箱中保存。每月至少传种一次,作为储备菌株保存。

实验前将储备菌株接种至乳酸杆菌琼脂培养基中,在 36 ℃±1 ℃恒温培养箱中培养 20 h～24 h 以活化菌株,用于接种液的制备。保存数周以上的储备菌种,不能立即用作接种液制备,实验前宜连续传种 2 代～3 代以保证菌株活力。

5.2　接种液的制备

试验前一天,从乳酸杆菌琼脂培养基移取部分菌种于灭菌的 10 mL 乳酸杆菌肉汤培养基中,于 36 ℃±1 ℃恒温培养箱中培养 6 h～18 h。在无菌条件下离心该培养液 15 min,倾去上清液。加入 10 mL 已灭菌的生理盐水重新分散细胞,于旋涡混合器上快速混合均匀,离心 15 min,倾去上清液。重复离心和清洗步骤三次。以第三次细胞分散液中吸取 1 mL 加入 10 mL 已灭菌的生理盐水,使其充分混合均匀制成混悬液,备用。用 721 分光光度计,在 550 nm 波长下,以 0.9%生理盐水为参比,读取该菌悬液的透光值,用 0.9%生理盐水或第三次细胞分散液调整透光值,使其范围在 60%～80%之间。立即使用。

5.3　试样制备

谷薯类、豆类、坚果(去壳)等试样需粉碎、研磨、过筛(筛板孔径 0.3 mm～0.5 mm);乳粉、米粉等试样混匀;肉、蛋、鱼、动物内脏等用打碎机制成食糜;果蔬、半固体食品等试样需匀浆混匀;液体试样用前振摇混合。如不能马上检测,于 4 ℃冰箱保存。

5.4　试样提取

准确称取约烟酸试样,一般乳类、新鲜果蔬试样 2 g～5 g(精确至 0.01 g);谷类、豆类、坚果类、内脏、生肉、干制试样 0.2 g～1 g(精确至 0.01 g);液态试样 5 g;乳粉、米粉等准确称取适量试样 2 g(精确至 0.01 g);一般营养素补充剂、复合营养强化剂 0.1 g～0.5 g;食品 0.2 g～1 g;液体饮料或流质、半流质试样 5 g～10 g 于 100 mL 锥形瓶中,加入被检验物质干重 10 倍的硫酸溶液。在 121 ℃下,水解 30 min 后冷却至室温。用 0.1 mol/L 氢氧化钠溶液调 pH 至 6.0～6.5,再用 0.1 mol/L 盐酸调 pH 至 4.5±0.1,用水定容至 100 mL,用无灰滤纸过滤,滤液备用。

5.5　稀释

根据试样中烟酸含量用水对试样提取液进行适当稀释(*f*),使稀释后试样提取液中烟酸含量在 50.0 ng ～500.0 ng 范围内。

5.6　测定系列管制备

5.6.1　标准系列管

取试管分别加入烟酸标准工作液 0.00 mL、0.5 mL、1.0 mL、1.5 mL、2.0 mL、2.5 mL、3.0 mL、4.0 mL 和 5.00 mL,补水至 5.0 mL,相当于标准系列管中烟酸含量为 0.0 ng、50 ng、100 ng、150 ng、200 ng、250 ng、300 ng、400 ng、500 ng。加 5.0 mL 烟酸测定用培养基,见表1。混匀。每个标准点应制备 3 管。

表 1　标准曲线管的制作

试管号（No.）	1	2	3	4	5	6	7	8	9	10
蒸馏水/mL	5	5	4.5	4	3.5	3	2.5	2	1	0
标准溶液＊/mL	0	0	0.5	1	1.5	2	2.5	3	4	5
培养基/mL	5	5	5	5	5	5	5	5	5	5
＊试管No.1～2中不添加标准溶液；2中滴加菌液； 　　No.3～10中添加标准品溶液的浓度依次增高。3个重复。										

5.6.2　试样系列管

取 4 支试管，分别加入 1.0 mL、2.0 mL、3.0 mL、4.0 mL 试样提取液，补水至 5.0 mL，加入 5.0 mL 烟酸测定用培养液，见表 2。混匀，每个浓度做 3 个重复。

表 2　试样管的制作

试管号（No.）	1	2	3	4
蒸馏水/mL	4	3	2	1
样品/mL	1	2	3	4
培养基/mL	5	5	5	5

5.6.3　灭菌

将所有的标准系列管和试样系列管测定管塞好棉塞，于 121 ℃（0.10 MPa～0.12 MPa）高压灭菌 5 min。灭菌完成后，迅速冷却，备用。

5.7　培养

5.7.1　接种：在无菌操作条件下，将接种液转入无菌滴管，向每支测定管接种一滴。

5.7.2　培养：将加完菌液的试管置于 36 ℃±1 ℃恒温培养箱中培养 16 h～24 h，直至获得最大浊度，即再培养 2 h 浊度无明显变化。另准备一支标准 0 管（含 0.0 ng 烟酸）不接种作为 0 对照管。

5.8　测定

用厚度为 1 cm 比色杯，在波长 550 nm 条件下读取光密度值，将培养好的测定管用涡旋混匀器混匀。以未接种 0 对照管调节透光率为 100％，然后依次测定标准系列管、试样系列管的透光率。取出最高浓度标准曲线管振荡 5 s，测定光密度值，放回重新培养。2 h 后同等条件重新测该管的光密度，如果两次光密度的绝对差结果≤2％，则取出全部检验管测定标准溶液和试样的光密度。

5.9　标准曲线的制作

以标准系列管烟酸含量为横坐标，光密度值为纵坐标，绘制标准曲线，也可对各个标准点做拟合曲线。各个标准点 3 管之间的光密度值的相对标准偏差应小于 10％，如果某一标准点 3 支试样管中有 2 支烟酸含量落在 50 ng～500 ng 范围内，且该两管之间折合为每毫升试样提取液中烟酸含量的偏差小于 10％，则该结果可用，如果 3 支试样管中烟酸含量的相对标准偏差大于 10％，则该点舍去，不参与标准曲线的绘制。

6　分析结果的表述

试样结果计算:从标准曲线查得试样系列管中烟酸的相应含量(c),按式(1)进行结果计算。

测定液浓度按式(1)计算:

$$X = \frac{\bar{\rho} \times V_1 \times f}{m} \times \frac{100}{1\,000} \qquad\qquad\cdots\cdots\cdots\cdots\cdots\cdots(1)$$

式中:

X　——试样中烟酸含量,单位为毫克每百克(mg/100 g);

ρ　——试样系列管折合为试样提取液中烟酸浓度平均值,单位为纳克每毫升(ng/mL);

V_1　——试样提取液定容体积,单位为毫升(mL);

f　——试样提取液稀释倍数;

m　——试样质量,单位为克(g);

$\dfrac{100}{1\,000}$　——折算成每百克试样中烟酸毫克数的换算系数。

结果保留两位有效数字。

7　精密度

普通食品在重复性条件下获得的两次独立测定结果的绝对差值不得超过算术平均值的15%;强化食品在重复性条件下获得的两次独立测定结果的绝对差值不得超过算术平均值的5%。

8　其他

按样品种类将待测试样稀释到线性范围内再对样品进行测试。

本标准试管法线性范围50 ng/mL～500 ng/mL;天然类等含量较低的食品试样称样量为5 g时,检出限为0.05 mg/100 g,定量限为0.1 mg/100 g;强化食品等含量较高的食品试样称样量为1 g时,检出限为0.25 mg/100 g,定量限为0.5 mg/100 g。

第二法　高效液相色谱法

9　原理

高蛋白样品经沉淀蛋白质,高淀粉样品经淀粉酶酶解,在弱酸性环境下超声波振荡提取,以C_{18}色谱柱分离,在紫外检测器检测261 nm波长处检测,根据色谱峰的保留时间定性,外标法定量,计算试样中烟酸和烟酰胺含量。

10　试剂和材料

除非另有说明,本方法所用试剂均为分析纯,水为GB/T 6682规定的一级水。

10.1　试剂

10.1.1　盐酸(HCl):优级纯。

10.1.2 氢氧化钠(NaOH):优级纯。

10.1.3 高氯酸(HClO$_4$):体积分数为 60%,优级纯。

10.1.4 甲醇(CH$_3$OH):色谱纯。

10.1.5 异丙醇(C$_3$H$_8$O):色谱纯。

10.1.6 庚烷磺酸钠(C$_7$H$_{15}$NaO$_3$S):色谱纯。

10.1.7 淀粉酶:酶活力≥1.5 μ/mg。

10.2 试剂配制

10.2.1 盐酸(5.0 mol/L):用量筒量取 415 mL 盐酸,于 1 000 mL 烧杯中,加 585 mL 水,混匀。

10.2.2 盐酸(0.1 mol/L):用移液管吸取 8.3 mL 盐酸,于 1 000 mL 烧杯中,加 991.7 mL 水,混匀。

10.2.3 氢氧化钠(5.0 mol/L):称取 200 g 氢氧化钠(3.2.2)于烧杯中加水溶解并转移至 1 000 mL 容量瓶中,加水定容,混匀。

10.2.4 氢氧化钠(0.1 mol/L):称取 4.0 g 氢氧化钠(3.2.2)于烧杯中加水溶解并转移至 1 000 mL 容量瓶中,加水定容,混匀。

10.2.5 流动相:甲醇 70 mL、异丙醇 20 mL、庚烷磺酸钠 1 g,用 910 mL 水溶解并混匀后,用高氯酸调 pH 至 2.1±0.1,经 0.45 μm 膜过滤。

10.3 烟酸和烟酰胺标准溶液

烟酸(C$_6$H$_5$NO$_2$)和烟酰胺(C$_6$H$_6$N$_2$O):纯度>99%,或经国家认证并授予标准物质证书的标准物质。

10.3.1 烟酸和烟酰胺标准储备液(1.000 mg/mL):准确称取烟酸及烟酰胺标准品各 0.05 g(精确到 0.1 mg),分别置于 100 mL 容量瓶中,用 0.1 mol/L 盐酸溶解,定容至刻度,混匀(4 ℃冰箱中可保存 1 个月)。

注:标准储备液配制完以后,需要进行浓度校正,校正方法见附录 B。

10.3.2 烟酸和烟酰胺标准混合中间液(100.0 μg/mL):准确吸取烟酸和烟酰胺标准储备液(10.3.1)各 10.0 mL 于 100 mL 容量瓶中,加水定容至刻度,混匀。临用前配制。

10.3.3 烟酸和烟酰胺标准混合工作液:分别准确吸取标准混合中间液(10.3.2)1.0 mL、2.0 mL、5.0 mL、10.0 mL、20.0 mL 于 100 mL 容量瓶中,加水定容至刻度,混匀,得到浓度分别为 1.0 μg/mL、2.0 μg/mL、5.0 μg/mL、10.0 μg/mL、20.0 μg/mL 的标准混合工作液。临用前配制。

11 仪器和设备

11.1 天平:感量 0.1 mg。

11.2 恒箱培养箱:30 ℃～80 ℃。

11.3 超声波振荡器。

11.4 pH 计:精度±0.01。

11.5 高效液相色谱仪:带紫外检测器。

11.6 一次性微孔滤头:带 0.45 μm 微孔滤膜。

12 分析步骤

12.1 试样制备与处理

非粉状固态试样粉碎并混合均匀;液态试样摇匀。

12.1.1 淀粉类和含淀粉的食品(即食谷物、面包、饼干、面条、小麦粉和杂粮粉等制品)

称取混合均匀固体试样约 5.0 g(精确到 0.01 g),加入约 25 mL45 ℃~50 ℃的水,称取混合均匀液体试样约 20.0 g(精确到 0.01 g)于 150 mL 锥形瓶中,加入约 0.5 g 淀粉酶,摇匀后向锥形瓶中充氮,盖上塞,置于 50 ℃~60 ℃的培养箱内培养约 30 min,取出冷却至室温。

注:如果条件允许,建议酶解时采用 55 ℃±5 ℃水浴振摇。

12.1.2 不含淀粉的食品(调制乳、调制乳粉、饮料类、固体饮料类、豆粉和豆浆粉等制品)

称取混合均匀固体试样约 5.0 g(精确到 0.01 g),加入约 25 mL45 ℃~50 ℃的水,称取混合均匀液体试样约 20.0 g(精确到 0.01 g)于 150 mL 锥形瓶中,置于超声波振荡器中振荡约 10 min 以上充分溶解,静置 5 min~10 min,并冷却至室温。

12.1.3 提取

待试样溶液降至室温后,用 5.0 mol/L 盐酸溶液和 0.1 mol/L 盐酸溶液调节试样溶液的 pH 至 1.7±0.1,放置约 2 min 后,再用 5.0 mol/L 氢氧化钠溶液和 0.1 mol/L 氢氧化钠溶液调节试样溶液的 pH 至 4.5±0.1,置于 50 ℃水浴超声波振荡器中振荡 10 min 以上充分提取,冷却至室温后转至100 mL 容量瓶中,用水反复冲洗锥形瓶,洗液合并于 100 mL 容量瓶中,用水定容至刻度后混匀,经滤纸过滤。滤液再经 0.45 μm 微孔滤膜加压过滤,用样品瓶收集,即为试样测定液。

注:必要时,试样测定液用水进行适当的稀释(f),使试样测定液中烟酸和烟酰胺浓度在 1 μg/mL~20 μg/mL 范围内。

12.2 参考液相色谱条件

参考液相色谱条件列出如下:
a) 色谱柱:C_{18}(粒径 5 μm,250 mm×4.6 mm)或具有同等性能的色谱柱;
b) 柱温:25 ℃±0.5 ℃;
c) 紫外检测器:检测波长为 261 nm;
d) 流动相:甲醇 70 mL、异丙醇 20 mL、庚烷磺酸钠 1 g,用 910 mL 水溶解并混匀后,用高氯酸调 pH 至 2.1±0.1,经 0.45 μm 膜过滤;
e) 流速:1.0 mL/min;
f) 进样量:10 μL 或 20 μL。

12.3 测定

12.3.1 标准曲线测定

按照已经确立的色谱条件,将烟酸及烟酰胺混合标准系列测定液依次按上述推荐色谱条件进行测定(标准样品色谱图见 C.1)。记录各组分的色谱峰面积或峰高,以峰面积或峰高为纵坐标,以标准测定液的浓度为横坐标,绘制标准曲线。

12.3.2 试样溶液的测定

将试样测定液按上述推荐色谱条件进样测定。记录各组分色谱峰面积或峰高,根据标准曲线计算出试样测定液中烟酸及烟酰胺各组分的浓度 ρ。

13 分析结果的表述

13.1 试样烟酸和烟酰胺含量计算

试样中烟酸或烟酰胺的含量,按式(2)计算:

$$X_{1或2} = \frac{\rho_i \times V \times 100}{m} \qquad\qquad\cdots\cdots\cdots\cdots\cdots (2)$$

式中:

$X_{1或2}$——试样中烟酸或烟酰胺的含量,单位为微克每百克($\mu g/100\ g$);

ρ ——试样待测液中烟酸或烟酰胺的浓度,单位为微克每毫升($\mu g/mL$);

V ——试样溶液的体积,单位为毫升(mL);

m ——试样的质量,单位为克(g)。

注:液态试样中烟酸或烟酰胺含量也可以微克每百毫升($\mu g/100\ mL$)为单位。

13.2 试样中维生素 PP 的总含量

试样中维生素 PP 的总含量 X,按式(3)计算:

$$X = X_1 + X_2 \times 1.008 \qquad\qquad\cdots\cdots\cdots\cdots\cdots (3)$$

式中:

X ——试样中维生素 PP 的总含量,单位为微克每百克($\mu g/100\ g$);

X_1 ——试样中烟酸的含量,单位为微克每百克($\mu g/100\ g$);

X_2 ——试样中烟酰胺的含量,单位为微克每百克($\mu g/100\ g$);

1.008 ——烟酰胺转化成烟酸的系数。

13.3 结果表述

结果保留到整数。

14 精密度

在重复性条件下获得的两次独立测定结果的绝对差值不得超过算术平均值的10%。

15 其他

当称样量为 5 g 时,烟酸检出限为 30 $\mu g/100\ g$,定量限为 100 $\mu g/100\ g$,烟酰胺检出限为 40 $\mu g/100\ g$,定量限为 120 $\mu g/100\ g$。

附　录　A
培养基和试剂

A.1　乳酸杆菌琼脂培养基

A.1.1　成分

光解胨	15 g
葡萄糖	10 g
磷酸氢二钾	2 g
聚山梨糖单油酸酯	1 g
番茄汁	100 mL
琼脂	10 g
蒸馏水	1 000 mL

A.1.2　制法

先将除琼脂以外的其他成分溶解于蒸馏水中,调节 pH 6.8±0.2(20 ℃～25 ℃),再加入琼脂,加热煮沸,使琼脂融化。混合均匀后分装试管,每管 10 mL。121 ℃高压灭菌 15 min,备用。

A.2　乳酸杆菌肉汤培养基

A.2.1　成分

光解胨	15 g
葡萄糖	10 g
磷酸氢二钾	2 g
聚山梨糖单油酸酯	1 g
番茄汁	100 mL
蒸馏水	1 000 mL

A.2.2　制法

将上述成分溶解于水中,调节 pH 6.8±0.2(20 ℃～25 ℃),分装 10 mL 于试管中,121 ℃高压灭菌 15 min,备用。

A.3　烟酸测定用培养基

A.3.1　成分

酪蛋白氨基酸	12 g
葡萄糖	40 g

乙酸钠	20 g
L-胱氨酸	0.4 g
DL-色氨酸	0.2 g
盐酸腺嘌呤	20 mg
盐酸鸟嘌呤	20 mg
尿嘧啶	20 mg
盐酸硫胺素	200 μg
泛酸钙	200 μg
盐酸吡哆醇	400 μg
核黄素	400 μg
p-氨基苯甲酸	100 μg
生物素	0.8 μg
磷酸氢二钾	1 g
磷酸二氢钾	1 g
硫酸镁	0.4 g
氯化钠	20 mg
硫酸亚铁	20 mg
硫酸锰	20 mg
蒸馏水	1 000 mL

注：自行配制烟酸测定培养基时,所有试剂不得含有烟酸。

A.3.2 制法

将上述成分溶解于水中,调 pH 至 6.7±0.2(20 ℃～25 ℃),备用。

附 录 B
标准溶液浓度校正方法

烟酸或烟酰胺标准储备溶液配制后需要对浓度进行校正,具体操作如下:

烟酸或烟酰胺标准浓度的标定:准确吸取烟酸或烟酰胺标准储备液 1.0 mL 于 100 mL 容量瓶中,用 0.1 mol/L 盐酸定容至刻度混匀,按给定波长测定溶液的吸光值,用比吸光系数计算出该溶液中烟酸或烟酰胺的浓度。测定条件见表 B.1。

表 B.1　烟酸和烟酰胺吸光值的测定条件

标准	比吸光系数 $E_{cm}^{1\%}$	波长 λ/nm
烟酸	420	260
烟酰胺	410	260

浓度按式(B.1)计算:

$$c_1 = \frac{A}{E} \times \frac{1}{100} \quad\quad\quad (B.1)$$

式中:

c_1——溶液中烟酸或烟酰胺的浓度,单位为克每毫升(g/mL);

A——溶液中烟酸或烟酰胺的平均紫外吸光值;

E——烟酸或烟酰胺 1% 比吸光系数。

附　录　C

烟酸和烟酰胺标准溶液的液相色谱图

烟酸和烟酰胺标准溶液的液相色谱图见图C.1。

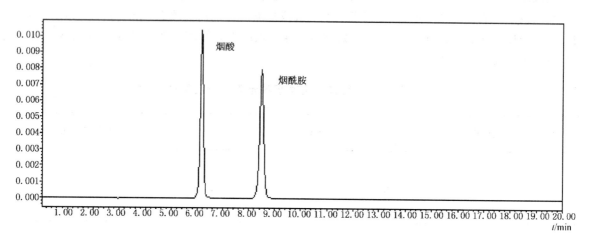

图 C.1　烟酸和烟酰胺标准溶液的液相色谱图

中华人民共和国国家标准

GB 5009.90—2016

食品安全国家标准

食品中铁的测定

2016-12-23 发布

2017-06-23 实施

中华人民共和国国家卫生和计划生育委员会
国家食品药品监督管理总局 发布

前　言

　　本标准代替 GB 5413.21—2010《食品安全国家标准　婴幼儿食品和乳品中钙、铁、锌、钠、钾、镁、铜和锰的测定》、GB/T 23375—2009《蔬菜及其制品中铜、铁、锌、钙、镁、磷的测定》、GB/T 5009.90—2003《食品中铁、镁、锰的测定》、GB/T 14609—2008《粮油检测　谷物及其制品中铜、铁、锰、锌、钙、镁的测定　火焰原子吸收光谱法》、GB/T 18932.12—2002《蜂蜜中钾、钠、钙、镁、锌、铁、铜、锰、铬、铅、镉含量的测定方法　原子吸收光谱法》、GB/T 9695.3—2009《肉与肉制品　铁含量测定》、NY/T 1201—2006《蔬菜及其制品中铜、铁、锌的测定》中铁含量测定方法。

　　本标准与 GB/T 5009.90—2003 相比，主要变化如下：

　　——标准名称改为"食品安全国家标准　食品中铁的测定"；

　　——增加了微波消解、压力罐消解和干法消解；

　　——增加了电感耦合等离子体发射光谱法；

　　——增加了电感耦合等离子体质谱法；

　　——删除分光光度法。

食品安全国家标准
食品中铁的测定

1 范围

本标准规定了食品中铁含量测定的火焰原子吸收光谱法、电感耦合等离子体发射光谱法和电感耦合等离子体质谱法。

本标准适用于食品中铁含量的测定。

第一法 火焰原子吸收光谱法

2 原理

试样消解后,经原子吸收火焰原子化,在 248.3 nm 处测定吸光度值。在一定浓度范围内铁的吸光度值与铁含量成正比,与标准系列比较定量。

3 试剂和材料

除非另有说明,本方法所用试剂均为优级纯,水为 GB/T 6682 规定的二级水。

3.1 试剂

3.1.1 硝酸(HNO_3)。

3.1.2 高氯酸($HClO_4$)。

3.1.3 硫酸(H_2SO_4)

3.2 试剂配制

3.2.1 硝酸溶液(5+95):量取 50 mL 硝酸,倒入 950 mL 水中,混匀。

3.2.2 硝酸溶液(1+1):量取 250 mL 硝酸,倒入 250 mL 水中,混匀。

3.2.3 硫酸溶液(1+3):量取 50 mL 硫酸,缓慢倒入 150 mL 水中,混匀。

3.3 标准品

硫酸铁铵[$NH_4Fe(SO_4)_2 \cdot 12H_2O$,CAS 号 7783-83-7]:纯度>99.99%。或一定浓度经国家认证并授予标准物质证书的铁标准溶液。

3.4 标准溶液配制

3.4.1 铁标准储备液(1 000 mg/L):准确称取 0.863 1 g(精确至 0.000 1 g)硫酸铁铵,加水溶解,加 1.00 mL 硫酸溶液(1+3),移入 100 mL 容量瓶,加水定容至刻度。混匀。此铁溶液质量浓度为 1 000 mg/L。

3.4.2 铁标准中间液(100 mg/L):准确吸取铁标准储备液(1 000 mg/L)10 mL 于 100 mL 容量瓶中,

加硝酸溶液(5+95)定容至刻度,混匀。此铁溶液质量浓度为 100 mg/L。

3.4.3 铁标准系列溶液:分别准确吸取铁标准中间液(100 mg/L)0 mL、0.500 mL、1.00 mL、2.00 mL、4.00 mL、6.00 mL 于 100 mL 容量瓶中,加硝酸溶液(5+95)定容至刻度,混匀。此铁标准系列溶液中铁的质量浓度分别为 0 mg/L、0.500 mg/L、1.00 mg/L、2.00 mg/L、4.00 mg/L、6.00 mg/L。

注:可根据仪器的灵敏度及样品中铁的实际含量确定标准溶液系列中铁的具体浓度。

4 仪器设备

注:所有玻璃器皿及聚四氟乙烯消解内罐均需硝酸溶液(1+5)浸泡过夜,用自来水反复冲洗,最后用水冲洗干净。

4.1 原子吸收光谱仪:配火焰原子化器,铁空心阴极灯。

4.2 分析天平:感量 0.1 mg 和 1 mg。

4.3 微波消解仪:配聚四氟乙烯消解内罐。

4.4 可调式电热炉。

4.5 可调式电热板。

4.6 压力消解罐:配聚四氟乙烯消解内罐。

4.7 恒温干燥箱。

4.8 马弗炉。

5 分析步骤

5.1 试样制备

注:在采样和制备过程中,应避免试样污染。

5.1.1 粮食、豆类样品

样品去除杂物后,粉碎,储于塑料瓶中。

5.1.2 蔬菜、水果、鱼类、肉类等样品

样品用水洗净,晾干,取可食部分,制成匀浆,储于塑料瓶中。

5.1.3 饮料、酒、醋、酱油、食用植物油、液态乳等液体样品将样品摇匀。

5.2 试样消解

5.2.1 湿法消解

准确称取固体试样 0.5 g~3 g(精确至 0.001 g)或准确移取液体试样 1.00 mL~5.00 mL 于带刻度消化管中,加入 10 mL 硝酸和 0.5 mL 高氯酸,在可调式电热炉上消解(参考条件:120 ℃/0.5 h~1 h,升至 180 ℃/2 h~4 h,升至 200 ℃~220 ℃)。若消化液呈棕褐色,再加硝酸,消解至冒白烟,消化液呈无色透明或略带黄色,取出消化管,冷却后将消化液转移至 25 mL 容量瓶中,用少量水洗涤 2~3 次,合并洗涤液于容量瓶中并用水定容至刻度,混匀备用。同时做试样空白试验。亦可采用锥形瓶,于可调式电热板上,按上述操作方法进行湿法消解。

5.2.2 微波消解

准确称取固体试样 0.2 g~0.8 g(精确至 0.001 g)或准确移取液体试样 1.00 mL~3.00 mL 于微波消解罐中,加入 5 mL 硝酸,按照微波消解的操作步骤消解试样,消解条件参考表 A.1。冷却后取出消解罐,在电热板上于 140 ℃~160 ℃ 赶酸至 1.0 mL 左右。冷却后将消化液转移至 25 mL 容量瓶中,用少量水洗涤内罐和内盖 2~3 次,合并洗涤液于容量瓶中并用水定容至刻度,混匀备用。同时做试样空白试验。

5.2.3 压力罐消解

准确称取固体试样 0.3 g～2 g(精确至 0.001 g)或准确移取液体试样 2.00 mL～5.00 mL 于消解内罐中,加入 5 mL 硝酸。盖好内盖,旋紧不锈钢外套,放入恒温干燥箱,于 140 ℃～160 ℃下保持 4 h～5 h。冷却后缓慢旋松外罐,取出消解内罐,放在可调式电热板上于 140 ℃～160 ℃赶酸至 1.0 mL 左右。冷却后将消化液转移至 25 mL 容量瓶中,用少量水洗涤内罐和内盖 2～3 次,合并洗涤液于容量瓶中并用水定容至刻度,混匀备用。同时做试样空白试验。

5.2.4 干法消解

准确称取固体试样 0.5 g～3 g(精确至 0.001 g)或准确移取液体试样 2.00 mL～5.00 mL 于坩埚中,小火加热,炭化至无烟,转移至马弗炉中,于 550 ℃灰化 3 h～4 h。冷却,取出,对于灰化不彻底的试样,加数滴硝酸,小火加热,小心蒸干,再转入 550 ℃马弗炉中,继续灰化 1 h～2 h,至试样呈白灰状,冷却,取出,用适量硝酸溶液(1+1)溶解,转移至 25 mL 容量瓶中,用少量水洗涤内罐和内盖 2～3 次,合并洗涤液于容量瓶中并用水定容至刻度。同时做试样空白试验。

5.3 测定

5.3.1 仪器测试条件

参考条件见表 B.1。

5.3.2 标准曲线的制作

将标准系列工作液按质量浓度由低到高的顺序分别导入火焰原子化器,测定其吸光度值。以铁标准系列溶液中铁的质量浓度为横坐标,以相应的吸光度值为纵坐标,制作标准曲线。

5.3.3 试样测定

在与测定标准溶液相同的实验条件下,将空白溶液和样品溶液分别导入原子化器,测定吸光度值,与标准系列比较定量。

6 分析结果的表述

试样中铁的含量按式(1)计算:

$$X = \frac{(\rho - \rho_0) \times V}{m} \qquad\qquad (1)$$

式中:

X ——试样中铁的含量,单位为毫克每千克或毫克每升(mg/kg 或 mg/L);

ρ ——测定样液中铁的质量浓度,单位为毫克每升(mg/L);

ρ_0 ——空白液中铁的质量浓度,单位为毫克每升(mg/L);

V ——试样消化液的定容体积,单位为毫升(mL);

m ——试样称样量或移取体积,单位为克或毫升(g 或 mL)。

当铁含量≥10.0 mg/kg 或 10.0 mg/L 时,计算结果保留三位有效数字;当铁含量<10.0 mg/kg 或 10.0 mg/L时,计算结果保留 2 位有效数字。

7 精密度

在重复性条件下获得的两次独立测定结果的绝对差值不得超过算术平均值的10%。

8 其他

当称样量为0.5 g(或0.5 mL),定容体积为25 mL时,方法检出限为0.75 mg/kg(或0.75 mg/L),定量限为2.5 mg/kg(或2.5 mg/L)。

第二法　电感耦合等离子体发射光谱法

见 GB 5009.268。

第三法　电感耦合等离子体质谱法

见 GB 50069.268。

附　录　A
微波消解升温程序

微波消解升温程序见表 A.1。

表 A.1　微波消解升温程序

步骤	设定温度 ℃	升温时间 min	恒温时间 min
1	120	5	5
2	160	5	10
3	180	5	10

附　录　B

火焰原子吸收光谱法参考条件

火焰原子吸收光谱法参考条件见表 B.1。

表 B.1　火焰原子吸收光谱法参考条件

元素	波长 nm	狭缝 nm	灯电流 mA	燃烧头高度 mm	空气流量 L/min	乙炔流量 L/min
铁	248.3	0.2	5～15	3	9	2

中华人民共和国国家标准

GB 5009.92—2016

食品安全国家标准

食品中钙的测定

2016-12-23 发布

2017-06-23 实施

中华人民共和国国家卫生和计划生育委员会
国家食品药品监督管理总局　发 布

前　言

　　本标准代替 GB/T 5009.92—2003《食品中钙的测定》、GB 5413.21—2010《食品安全国家标准　婴幼儿食品和乳品中钙、铁、锌、钠、钾、镁、铜和锰的测定》、GB/T 23375—2009《蔬菜及其制品中铜、铁、锌、钙、镁、磷的测定》、GB/T 14609—2008《粮油检验　谷物及其制品中铜、铁、锰、锌、钙、镁的测定　火焰原子吸收光谱法》、GB/T 14610—2008《粮油检验谷物及制品中钙的测定》、GB/T 9695.13—2009《肉与肉制品　钙含量测定》和 NY 82.19—1988《果汁测定方法　钙和镁的测定》中钙的测定方法。

　　本标准与 GB/T 5009.92—2003 相比,主要变化如下:

　　——标准名称修改为"食品安全国家标准　食品中钙的测定";

　　——增加了微波消解、压力罐消解;

　　——修改了火焰原子吸收光谱法和 EDTA 滴定法;

　　——增加了电感耦合等离子体发射光谱法;

　　——增加了电感耦合等离子体质谱法。

食品安全国家标准

食品中钙的测定

1　范围

本标准规定了食品中钙含量测定的火焰原子吸收光谱法、滴定法、电感耦合等离子体发射光谱法和电感耦合等离子体质谱法。

本标准适用于食品中钙含量的测定。

第一法　火焰原子吸收光谱法

2　原理

试样经消解处理后,加入镧溶液作为释放剂,经原子吸收火焰原子化,在 422.7 nm 处测定的吸光度值在一定浓度范围内与钙含量成正比,与标准系列比较定量。

3　试剂和材料

除非另有规定,本方法所用试剂均为优级纯,水为 GB/T 6682 规定的二级水。

3.1　试剂

3.1.1　硝酸(HNO_3)。

3.1.2　高氯酸($HClO_4$)。

3.1.3　盐酸(HCl)。

3.1.4　氧化镧(La_2O_3)。

3.2　试剂配制

3.2.1　硝酸溶液(5+95):量取 50 mL 硝酸,加入 950 mL 水,混匀。

3.2.2　硝酸溶液(1+1):量取 500 mL 硝酸,与 500 mL 水混合均匀。

3.2.3　盐酸溶液(1+1):量取 500 mL 盐酸,与 500 mL 水混合均匀。

3.2.4　镧溶液(20 g/L):称取 23.45 g 氧化镧,先用少量水湿润后再加入 75 mL 盐酸溶液(1+1)溶解,转入 1 000 mL 容量瓶中,加水定容至刻度,混匀。

3.3　标准品

碳酸钙($CaCO_3$,CAS 号 471-34-1):纯度>99.99%,或经国家认证并授予标准物质证书的一定浓度的钙标准溶液。

3.4　标准溶液的配制

3.4.1　钙标准储备液(1 000 mg/L):准确称取 2.496 3 g(精确至 0.000 1 g)碳酸钙,加盐酸溶液(1+1)

溶解,移入 1 000 mL 容量瓶中,加水定容至刻度,混匀。

3.4.2 钙标准中间液(100 mg/L):准确吸取钙标准储备液(1 000 mg/L)10 mL 于 100 mL 容量瓶中,加硝酸溶液(5+95)至刻度,混匀。

3.4.3 钙标准系列溶液:分别吸取钙标准中间液(100 mg/L)0 mL,0.500 mL,1.00 mL,2.00 mL,4.00 mL,6.00 mL 于 100 mL 容量瓶中,另在各容量瓶中加入 5 mL 镧溶液(20 g/L),最后加硝酸溶液(5+95)定容至刻度,混匀。此钙标准系列溶液中钙的质量浓度分别为 0 mg/L,0.500 mg/L,1.00 mg/L,2.00 mg/L,4.00 mg/L 和 6.00 mg/L。

注:可根据仪器的灵敏度及样品中钙的实际含量确定标准溶液系列中元素的具体浓度。

4 仪器设备

注:所有玻璃器皿及聚四氟乙烯消解内罐均需硝酸溶液(1+5)浸泡过夜,用自来水反复冲洗,最后用水冲洗干净。

4.1 原子吸收光谱仪:配火焰原子化器,钙空心阴极灯。

4.2 分析天平:感量为 1 mg 和 0.1 mg。

4.3 微波消解系统:配聚四氟乙烯消解内罐。

4.4 可调式电热炉。

4.5 可调式电热板。

4.6 压力消解罐:配聚四氟乙烯消解内罐。

4.7 恒温干燥箱。

4.8 马弗炉。

5 分析步骤

5.1 试样制备

注:在采样和试样制备过程中,应避免试样污染。

5.1.1 粮食、豆类样品

样品去除杂物后,粉碎,储于塑料瓶中。

5.1.2 蔬菜、水果、鱼类、肉类等样品

样品用水洗净,晾干,取可食部分,制成匀浆,储于塑料瓶中。

5.1.3 饮料、酒、醋、酱油、食用植物油、液态乳等液体样品

将样品摇匀。

5.2 试样消解

5.2.1 湿法消解

准确称取固体试样 0.2 g~3 g(精确至 0.001 g)或准确移取液体试样 0.500 mL~5.00 mL 于带刻度消化管中,加入 10 mL 硝酸、0.5 mL 高氯酸,在可调式电热炉上消解(参考条件:120 ℃/0.5 h~120 ℃/1 h、升至 180 ℃/2 h~180 ℃/4 h,升至 200 ℃~220 ℃)。若消化液呈棕褐色,再加硝酸,消解至冒白烟,消化液呈无色透明或略带黄色。取出消化管,冷却后用水定容至 25 mL,再根据实际测定需要稀释,并在稀释液中加入一定体积的镧溶液(20 g/L),使其在最终稀释液中的浓度为 1 g/L,混匀备用,此为试样

待测液。同时做试剂空白试验。亦可采用锥形瓶,于可调式电热板上,按上述操作方法进行湿法消解。

5.2.2 微波消解

准确称取固体试样 0.2 g～0.8 g(精确至 0.001 g)或准确移取液体试样 0.500 mL～3.00 mL 于微波消解罐中,加入 5 mL 硝酸,按照微波消解的操作步骤消解试样,消解条件参考附录 A。冷却后取出消解罐,在电热板上于 140 ℃～160 ℃赶酸至 1 mL 左右。消解罐放冷后,将消化液转移至 25 mL 容量瓶中,用少量水洗涤消解罐 2 次～3 次,合并洗涤液于容量瓶中并用水定容至刻度。根据实际测定需要稀释,并在稀释液中加入一定体积镧溶液(20 g/L)使其在最终稀释液中的浓度为 1 g/L,混匀备用,此为试样待测液。同时做试剂空白试验。

5.2.3 压力罐消解

准确称取固体试样 0.2 g～1 g(精确至 0.001 g)或准确移取液体试样 0.500 mL～5.00 mL 于消解内罐中,加入 5 mL 硝酸。盖好内盖,旋紧不锈钢外套,放入恒温干燥箱,于 140 ℃～160 ℃下保持 4 h～5 h。冷却后缓慢旋松外罐,取出消解内罐,放在可调式电热板上于 140 ℃～160 ℃赶酸至 1 mL 左右。冷却后将消化液转移至 25 mL 容量瓶中,用少量水洗涤内罐和内盖 2 次～3 次,合并洗涤液于容量瓶中并用水定容至刻度,混匀备用。根据实际测定需要稀释,并在稀释液中加入一定体积的镧溶液(20 g/L),使其在最终稀释液中的浓度为 1 g/L,混匀备用,此为试样待测液。同时做试剂空白试验。

5.2.4 干法灰化

准确称取固体试样 0.5 g～5 g(精确至 0.001 g)或准确移取液体试样 0.500 mL～10.0 mL 于坩埚中,小火加热,炭化至无烟,转移至马弗炉中,于 550 ℃灰化 3 h～4 h。冷却,取出。对于灰化不彻底的试样,加数滴硝酸,小火加热,小心蒸干,再转入 550 ℃马弗炉中,继续灰化 1 h～2 h,至试样呈白灰状,冷却,取出,用适量硝酸溶液(1+1)溶解转移至刻度管中,用水定容至 25 mL。根据实际测定需要稀释,并在稀释液中加入一定体积的镧溶液,使其在最终稀释液中的浓度为 1 g/L,混匀备用,此为试样待测液。同时做试剂空白试验。

5.3 仪器参考条件

参考条件见附录 B。

5.4 标准曲线的制作

将钙标准系列溶液按浓度由低到高的顺序分别导入火焰原子化器,测定吸光度值,以标准系列溶液中钙的质量浓度为横坐标,相应的吸光度值为纵坐标,制作标准曲线。

5.5 试样溶液的测定

在与测定标准溶液相同的实验条件下,将空白溶液和试样待测液分别导入原子化器,测定相应的吸光度值,与标准系列比较定量。

6 分析结果的表述

试样中钙的含量按式(1)计算:

$$X = \frac{(\rho - \rho_0) \times f \times V}{m} \qquad \cdots\cdots(1)$$

式中:

X ——试样中钙的含量，单位为毫克每千克或毫克每升(mg/kg 或 mg/L)；

ρ ——试样待测液中钙的质量浓度，单位为毫克每升(mg/L)；

ρ_0 ——空白溶液中钙的质量浓度，单位为毫克每升(mg/L)；

f ——试样消化液的稀释倍数；

V ——试样消化液的定容体积，单位为毫升(mL)；

m ——试样质量或移取体积，单位为克或毫升(g 或 mL)。

当钙含量≥10.0 mg/kg 或 10.0 mg/L 时，计算结果保留三位有效数字，当钙含量<10.0 mg/kg 或 10.0 mg/L 时，计算结果保留两位有效数字。

7 精密度

在重复性条件下获得的两次独立测定结果的绝对差值不得超过算术平均值的10％。

8 其他

以称样量 0.5 g(或 0.5 mL)，定容至 25 mL 计算，方法检出限为 0.5 mg/kg(或 0.5 mg/L)，定量限为 1.5 mg/kg(或 1.5 mg/L)。

第二法 EDTA 滴定法

9 原理

在适当的 pH 范围内，钙与 EDTA(乙二胺四乙酸二钠)形成金属络合物。以 EDTA 滴定，在达到当量点时，溶液呈现游离指示剂的颜色。根据 EDTA 用量，计算钙的含量。

10 试剂和材料

除非另有规定，本方法所用试剂均为分析纯，水为 GB/T 6682 规定的三级水。

10.1 试剂

10.1.1 氢氧化钾(KOH)。

10.1.2 硫化钠(Na_2S)。

10.1.3 柠檬酸钠($Na_3C_6H_5O_7 \cdot 2H_2O$)。

10.1.4 乙二胺四乙酸二钠(EDTA，$C_{10}H_{14}N_2O_8Na_2 \cdot 2H_2O$)。

10.1.5 盐酸(HCl)：优级纯。

10.1.6 钙红指示剂($C_{21}O_7N_2SH_{14}$)。

10.1.7 硝酸(HNO_3)：优级纯。

10.1.8 高氯酸($HClO_4$)：优级纯。

10.2 试剂配制

10.2.1 氢氧化钾溶液(1.25 mol/L)：称取 70.13 g 氢氧化钾，用水稀释至 1 000 mL，混匀。

10.2.2 硫化钠溶液(10 g/L)：称取 1 g 硫化钠，用水稀释至 100 mL，混匀。

10.2.3 柠檬酸钠溶液(0.05 mol/L):称取 14.7 g 柠檬酸钠,用水稀释至 1 000mL,混匀。

10.2.4 EDTA 溶液:称取 4.5 g EDTA,用水稀释至 1 000 mL,混匀,贮存于聚乙烯瓶中,4 ℃保存。使用时稀释 10 倍即可。

10.2.5 钙红指示剂:称取 0.1 g 钙红指示剂,用水稀释至 100 mL,混匀。

10.2.6 盐酸溶液(1+1):量取 500 mL 盐酸,与 500 mL 水混合均匀。

10.3 标准品

碳酸钙(CaCO$_3$,CAS 号 471-34-1):纯度>99.99%,或经国家认证并授予标准物质证书的一定浓度的钙标准溶液。

10.4 标准溶液配制

钙标准储备液(100.0 mg/L):准确称取 0.249 6 g(精确至 0.000 1 g)碳酸钙,加盐酸溶液(1+1)溶解,移入 1 000 mL 容量瓶中,加水定容至刻度,混匀。

11 仪器设备

注:所有玻璃器皿均需硝酸溶液(1+5)浸泡过夜,用自来水反复冲洗,最后用水冲洗干净。

11.1 分析天平:感量为 1 mg 和 0.1 mg。

11.2 可调式电热炉。

11.3 可调式电热板。

11.4 马弗炉。

12 分析步骤

12.1 试样制备

同 5.1。

12.2 试样消解

12.2.1 湿法消解

同 5.2.1。

12.2.2 干法灰化

同 5.2.4。

12.3 滴定度(T)的测定

吸取 0.500 mL 钙标准储备液(100.0 mg/L)于试管中,加 1 滴硫化钠溶液(10 g/L)和 0.1 mL 柠檬酸钠溶液(0.05 mol/L),加 1.5 mL 氢氧化钾溶液(1.25 mol/L),加 3 滴钙红指示剂,立即以稀释 10 倍的 EDTA 溶液滴定,至指示剂由紫红色变蓝色为止,记录所消耗的稀释 10 倍的 EDTA 溶液的体积。根据滴定结果计算出每毫升稀释 10 倍的 EDTA 溶液相当于钙的毫克数,即滴定度(T)。

12.4 试样及空白滴定

分别吸取 0.100 mL~1.00 mL(根据钙的含量而定)试样消化液及空白液于试管中,加 1 滴硫化钠溶液(10 g/L)和 0.1 mL 柠檬酸钠溶液(0.05 mol/L),加 1.5 mL 氢氧化钾溶液(1.25 mol/L),加 3 滴钙红指示剂,立即以稀释 10 倍的 EDTA 溶液滴定,至指示剂由紫红色变蓝色为止,记录所消耗的稀释 10 倍的 EDTA 溶液的体积。

13 分析结果的表述

试样中钙的含量按式(2)计算:

$$X = \frac{T \times (V_1 - V_0) \times V_2 \times 1\,000}{m \times V_3} \quad \cdots\cdots\cdots\cdots\cdots\cdots (2)$$

式中:

X ——试样中钙的含量,单位为毫克每千克或毫克每升(mg/kg 或 mg/L);

T ——EDTA 滴定度,单位为毫克每毫升(mg/mL);

V_1 ——滴定试样溶液时所消耗的稀释 10 倍的 EDTA 溶液的体积,单位为毫升(mL);

V_0 ——滴定空白溶液时所消耗的稀释 10 倍的 EDTA 溶液的体积,单位为毫升(mL);

V_2 ——试样消化液的定容体积,单位为毫升(mL);

1 000——换算系数;

m ——试样质量或移取体积,单位为克或毫升(g 或 mL);

V_3 ——滴定用试样待测液的体积,单位为毫升(mL)。

计算结果保留三位有效数字。

14 精密度

在重复性条件下获得的两次独立测定结果的绝对差值不得超过算术平均值的 10%。

15 其他

以称样量 4 g(或 4 mL),定容至 25 mL,吸取 1.00 mL 试样消化液测定时,方法的定量限为 100 mg/kg(或 100 mg/L)。

第三法　电感耦合等离子体发射光谱法

见 GB 5009.268。

第四法　电感耦合等离子体质谱法

见 GB 5009.268。

附 录 A

微波消解升温程序参考条件

微波消解升温程序参考条件见表 A.1。

表 A.1 微波消解升温程序参考条件

步骤	设定温度 ℃	升温时间 min	恒温时间 min
1	120	5	5
2	160	5	10
3	180	5	10

附　录　B

火焰原子吸收光谱法参考条件

火焰原子吸收光谱法参考条件见表 B.1。

表 B.1　火焰原子吸收光谱法参考条件

元素	波长 nm	狭缝 nm	灯电流 mA	燃烧头高度 mm	空气流量 L/min	乙炔流量 L/min
钙	422.7	1.3	5～15	3	9	2

GB 5009.93—2010

中华人民共和国国家标准

食品安全国家标准

食品中硒的测定

National food safety standard

Determination of selenium in foods

2010-03-26 发布　　　　　　　　　　　　　　2010-06-01 实施

中 华 人 民 共 和 国 卫 生 部　发布

前　言

本标准代替 GB/T 5009.93-2003《食品中硒的测定》。

本标准所代替标准的历次版本发布情况为：

——GB/T 5009.93-2003；

——GB/T 12399-1996；

——GB 13105-1991。

食品安全国家标准

食品中硒的测定

1 范围

本标准规定了用氢化物原子荧光光谱法和荧光法测定食品中硒的方法。

本标准适用于食品中硒的测定。

2 规范性引用文件

本标准中引用的文件对于本标准的应用是必不可少的。凡是注日期的引用文件,仅所注日期的版本适用于本标准。凡是不注日期的引用文件,其最新版本(包括所有的修改单)适用于本标准。

第一法 氢化物原子荧光光谱法

3 原理

试样经酸加热消化后,在 6 mol/L 盐酸介质中,将试样中的六价硒还原成四价硒,用硼氢化钠或硼氢化钾作还原剂,将四价硒在盐酸介质中还原成硒化氢(H_2Se),由载气(氩气)带入原子化器中进行原子化,在硒空心阴极灯照射下,基态硒原子被激发至高能态,在去活化回到基态时,发射出特征波长的荧光,其荧光强度与硒含量成正比。与标准系列比较定量。

4 试剂和材料

除非另有规定,本方法所使用试剂均为分析纯,水为 GB/T 6682 规定的三级水。

4.1 硝酸:优级纯。

4.2 高氯酸:优级纯。

4.3 盐酸:优级纯。

4.4 混合酸:将硝酸与高氯酸按 9:1 体积混合。

4.5 氢氧化钠:优级纯。

4.6 硼氢化钠溶液(8 g/L):称取 8.0 g 硼氢化钠($NaBH_4$),溶于氢氧化钠溶液(5 g/L)中,然后定容至 1000 mL,混匀。

4.7 铁氰化钾(100 g/L):称取 10.0 g 铁氰化钾$[(K_3Fe(CN)_6)]$,溶于 100 mL 水中,混匀。

4.8 硒标准储备液:精确称取 100.0 mg 硒(光谱纯),溶于少量硝酸中,加 2 mL 高氯酸,置沸水浴中加热 3 h～4 h,冷却后再加 8.4 mL 盐酸,再置沸水浴中煮 2 min,准确稀释至 1000 mL,其盐酸浓度为 0.1 mol/L,此储备液浓度为每毫升相当于 100 μg 硒。

4.9　硒标准应用液：取 100μg/mL 硒标准储备液 1.0 mL，定容至 100 mL，此应用液浓度为 1μg /mL。

注：也可购买该元素有证国家标准溶液。

4.10　盐酸（6 mol/L）：量取 50 mL 盐酸（4.3）缓慢加入 40 mL 水中，冷却后定容至 100 mL。

4.11　过氧化氢（30 %）。

5　仪器和设备

5.1　原子荧光光谱仪，带硒空心阴极灯。

5.2　电热板。

5.3　微波消解系统。

5.4　天平：感量为 1 mg。

5.5　粉碎机。

5.6　烘箱。

6　分析步骤

6.1　试样制备

6.1.1　粮食：试样用水洗三次，于 60 ℃烘干，粉碎，储于塑料瓶内，备用。

6.1.2　蔬菜及其他植物性食物：取可食部用水洗净后用纱布吸去水滴，打成匀浆后备用。

6.1.3　其它固体试样：粉碎，混匀，备用。

6.1.4　液体试样：混匀，备用。

6.1.5　试样消解

6.1.5.1　电热板加热消解：称取 0.5 g～2 g（精确至 0.001g）试样，液体试样吸取 1.00mL～10.00 mL，置于消化瓶中，加 10.0 mL 混合酸及几粒玻璃珠，盖上表面皿冷消化过夜。次日于电热板上加热，并及时补加硝酸。当溶液变为清亮无色并伴有白烟时，再继续加热至剩余体积 2 mL 左右，切不可蒸干。冷却，再加 5.0 mL 盐酸（4.10），继续加热至溶液变为清亮无色并伴有白烟出现，将六价硒还原成四价硒。冷却，转移至 50 mL 容量瓶中定容，混匀备用。同时做空白试验。

6.1.5.2　微波消解：称取 0.5 g～2 g（精确至 0.001g）试样于消化管中，加 10 mL 硝酸、2 mL 过氧化氢，振摇混合均匀，于微波消化仪中消化，其消化推荐条件见表1（可根据不同的仪器自行设定消解条件）：

表1　微波消化推荐条件

STAGE	POWER		RAMP	℃	HOLD
1	1600 W	100%	6:00	120 ℃	1:00
2	1600 W	100%	3:00	150 ℃	5:00
3	1600 W	100%	5:00	200 ℃	10:00

冷却后转入三角瓶中，加几粒玻璃珠，在电热板上继续加热至近干，切不可蒸干。再加 5.0 mL 盐酸（4.10），继续加热至溶液变为清亮无色并伴有白烟出现，将六价硒还原成四价硒。冷却，转移试样

消化液于 25 mL 容量瓶中定容，混匀备用。同时做空白试验。

吸取 10.0 mL 试样消化液于 15 mL 离心管中，加盐酸（4.3）2.0 mL，铁氰化钾溶液（4.7）1.0 mL，混匀待测。

6.2 标准曲线的配制

分别取 0.00 mL，0.10 mL，0.20 mL，0.30 mL，0.40 mL，0.50 mL 标准应用液于 15 mL 离心管中用去离子水定容至 10 mL，再分别加盐酸（4.3）2 mL，铁氰化钾溶液（4.7）1.0 mL，混匀，制成标准工作曲线。

6.3 测定

6.3.1 仪器参考条件：负高压：340 V；灯电流：100 mA；原子化温度：800 ℃；炉高：8 mm；载气流速：500 mL/min；屏蔽气流速：1000 mL/min；测量方式：标准曲线法；读数方式：峰面积；延迟时间：1 s；读数时间：15 s；加液时间：8 s；进样体积：2 mL。

6.3.2 测定：设定好仪器最佳条件，逐步将炉温升至所需温度后，稳定 10 min～20 min 后开始测量。连续用标准系列的零管进样，待读数稳定之后，转入标准系列测量，绘制标准曲线。转入试样测量，分别测定试样空白和试样消化液，每测不同的试样前都应清洗进样器。试样测定结果按 7 计算。

7 分析结果的表述

按式（1）计算试样中硒的含量：

$$X = \frac{(C - C_0) \times V \times 1000}{m \times 1000 \times 1000} \quad\cdots\cdots\cdots\cdots\cdots\cdots\cdots\cdots\cdots\cdots\cdots\cdots\cdots\cdots\cdots（1）$$

式中：

X——试样中硒的含量，单位为毫克每千克或毫克每升（mg/kg 或 mg/L）；

C——试样消化液测定浓度，单位为纳克每毫升（ng/mL）；

C_0——试样空白消化液测定浓度，单位为纳克每毫升（ng/mL）；

m——试样质量（体积），单位为克或毫升（g 或 mL）；

V——试样消化液总体积，单位为毫升（mL）。

以重复性条件下获得的两次独立测定结果的算术平均值表示，结果保留三位有效数字。

8 精密度

在重复性条件下获得的两次独立测定结果的绝对差值不得超过算术平均值的 10 %。

第二法　荧光法

9 原理

将试样用混合酸消化，使硒化合物氧化为无机硒 Se^{4+}，在酸性条件下 Se^{4+} 与 2,3–二氨基萘（2,3–Diaminonaphthalene，缩写为 DAN）反应生成 4,5–苯并苯硒脑（4,5–Benzo piaselenol），然后用环己烷萃取。在激发光波长为 376 nm，发射光波长为 520 nm 条件下测定荧光强度，从而计算出试样中硒的含量。

10 试剂和材料

除非另有规定，本方法所使用试剂均为分析纯，水为 GB/T 6682 规定的三级水。

10.1 硒标准溶液：准确称取元素硒（光谱纯）100.0 mg，溶于少量浓硝酸中，加入 2 mL 高氯酸（70 %~72 %），至沸水浴中加热 3 h~4 h，冷却后加入 8.4 mL HCl（盐酸浓度为 0.1 mol/L）。再置沸水浴中煮 2min。准确稀释至 1000 mL，此为储备液（Se 含量：100 μg/mL）。使用时用 0.1 mol/L 盐酸将储备液稀释至每毫升含 0.05 μg 硒。于冰箱内保存，两年内有效。

10.2 DAN 试剂（1.0g/L）：此试剂在暗室内配制。称取 DAN（纯度 95%~98%）200 mg 于一带盖锥形瓶中，加入 0.1 mol/L 盐酸 200 mL，振摇约 15 min 使其全部溶解。加入约 40 mL 环己烷，继续振荡 5 min。将此液倒入塞有玻璃棉（或脱脂棉）的分液漏斗中，待分层后滤去环己烷层，收集 DAN 溶液层，反复用环己烷纯化直至环己烷中荧光降至最低时为止（约纯化 5~6 次）。将纯化后的 DAN 溶液储于棕色瓶中，加入约 1 cm 厚的环己烷覆盖表层，至冰箱内保存。必要时在使用前再以环己烷纯化一次。

警告：此试剂有一定毒性，使用本试剂的人员应有正规实验室工作经验。使用者有责任采取适当的安全和健康措施，并保证符合国家有关规定的条例。

10.3 混合酸：将硝酸及高氯酸按 9+1 体积混合。

10.4 去硒硫酸：取浓硫酸 200 mL 缓慢倒入 200 mL 水中，再加入 48 %氢溴酸 30 mL，混匀，至沙浴上加热至出现白浓烟，此时体积应为 200 mL。

10.5 EDTA 混合液

10.5.1 EDTA 溶液（0.2 mol/L）：称取 EDTA 二钠盐 37 g，加水并加热至完全溶解，冷却后稀释至 500 mL；

10.5.2 盐酸羟胺溶液（100 g/L）：称取 10 g 盐酸羟胺溶于水中，稀释至 100 mL；

10.5.3 甲酚红指示剂（0.2 g/L）：称取甲酚红 50 mg 溶于少量水中，加氨水（1+1）1 滴，待完全溶解后加水稀释至 250 mL。

10.5.4 取 EDTA 溶液（10.5.1）及盐酸羟胺溶液（10.5.2）各 50 mL，加甲酚红指示剂（10.5.3）5 mL，用水稀释至 1 L，混匀。

10.6 氨水（1+1）。

10.7 盐酸。

10.8 环己烷：需先测试有无荧光杂质，否则重蒸后使用，用过的环己烷可回收，重蒸后再使用。

10.9 盐酸（1+9）。

11 仪器和设备

11.1 荧光分光光度计。

11.2 天平：感量为 1mg。

11.3 烘箱。

11.4 粉碎机。

11.5 电热板。

11.6 水浴锅。

12 分析步骤

12.1 试样处理

12.1.1 粮食

试样用水洗三次，至 60 ℃烤箱中烘去表面水分，用粉碎机粉碎，储于塑料瓶内，放一小包樟脑精，盖紧瓶塞保存，备用。

12.1.2 蔬菜及其他植物性食物

取可食部，用蒸馏水冲洗三次后，用纱布吸去水滴，不锈钢刀切碎，取一定量试样在烘箱中于 60 ℃烤干，称重，计算水分。粉碎，备用。

计算时应折合成鲜样重。

12.1.3 其它固体试样

粉碎、混匀试样，备用。

12.1.4 液体试样

混匀试样，备用。

12.2 试样的消化

称含硒量约为 0.01 μg～0.5 μg 的粮食或蔬菜及动物性试样 0.5 g～2 g（精确至 0.001g），液体试样吸取 1.00mL～10.00 mL 于磨口锥形瓶内，加 10 mL 5 %去硒硫酸，待试样湿润后，再加 20 mL 混合酸液放置过夜，次日置电热板上逐渐加热。当剧烈反应发生后，溶液呈无色，继续加热至白烟产生，此时溶液逐渐变成淡黄色，即达终点。某些蔬菜试样消化后出现浑浊，以致难以确定终点，这时可注意瓶内出现滚滚白烟，此刻立即取下，溶液冷却后又变为无色。有些含硒较高的蔬菜含有较多的 Se^{6+}，需要在消化完成后再加 10 mL 10%盐酸，继续加热，使再回终点，以完全还原 Se^{6+} 为 Se^{4+}，否则结果将偏低。

12.3 测定

上述消化后的试样溶液加入 20.0 mL EDTA 混合液，用氨水（10.6）及盐酸（10.9）调至淡红橙色（pH 1.5～2.0）。以下步骤在暗室操作：加 DAN 试剂（10.2）3.0 mL，混匀后，置沸水浴中加热 5 min，取出冷却后，加环己烷 3.0 mL，振摇 4 min，将全部溶液移入分液漏斗，待分层后弃去水层，小心将环己烷层由分液漏斗上口倾入带盖试管中，勿使环己烷中混入水滴，于荧光分光光度计上用激发光波长 376 nm、发射光波长 520 nm 测定 4,5–苯并苯硒脑的荧光强度。

12.4 硒标准曲线绘制

准确量取标准硒溶液（0.05 μg/mL）0.00 mL，0.20 mL，1.00 mL，2.00 mL 及 4.00 mL，相当于 0.00 μg，0.01 μg，0.05 μg，0.10 μg 及 0.20 μg 硒，加水至 5.0 mL 后，按试样测定步骤同时进行测定。

当硒含量在 0.5 μg 以下时荧光强度与硒含量呈线性关系，在常规测定试样时，每次只需做试剂空白与试样硒含量相近的标准管（双份）即可。

12.5 分析结果的表述

试样中硒含量按式（2）计算：

$$X = \frac{m_1}{F_1 - F_0} \times \frac{F_2 - F_0}{m} \quad\cdots\cdots\cdots\cdots\cdots\cdots\cdots\cdots\cdots\cdots\cdots\cdots\cdots\cdots\cdots \text{(2)}$$

式中：

X——试样中硒含量，单位为微克每克或微克每毫升(μg /g 或 μg /mL)；

m_1——试管中硒的质量，单位为微克（μg）；

F_1——标准硒荧光读数；

F_2——试样荧光读数；

F_0——空白管荧光读数；

m——试样质量，单位为克或毫升（g 或 mL）。

以重复性条件下获得的两次独立测定结果的算术平均值表示，结果保留三位有效数字。

13 精密度

在重复性条件下获得的两次独立测定结果的绝对差值不得超过算术平均值的 10 %。

中华人民共和国国家标准

GB 5009.123—2014

食品安全国家标准

食品中铬的测定

2015-01-28 发布

2015-07-28 实施

中华人民共和国
国家卫生和计划生育委员会 发布

前　言

本标准代替 GB/T 5009.123—2003《食品中铬的测定方法》。

本标准与 GB/T 5009.123—2003 相比，主要变化如下：

——标准名称修改为"食品安全国家标准　食品中铬的测定方法"；

——样品前处理增加了微波消解法和湿法消解法；

——增加了方法定量限(LOQ)；

——基体改进剂采用磷酸二氢铵代替磷酸铵；

——删除第二法示波极谱法。

食品安全国家标准

食品中铬的测定

1 范围

本标准规定了食品中铬的石墨炉原子吸收光谱测定方法。

本标准适用于各类食品中铬的含量测定。

2 原理

试样经消解处理后,采用石墨炉原子吸收光谱法,在357.9 nm处测定吸收值,在一定浓度范围内其吸收值与标准系列溶液比较定量。

3 试剂和材料

注:除非另有规定,本方法所用试剂均为优级纯,水为GB/T 6682规定的二级水。

3.1 试剂

3.1.1 硝酸(HNO_3)。

3.1.2 高氯酸($HClO_4$)。

3.1.3 磷酸二氢铵($NH_4H_2PO_4$)。

3.2 试剂配制

3.2.1 硝酸溶液(5+95):量取50 mL硝酸慢慢倒入950 mL水中,混匀。

3.2.2 硝酸溶液(1+1):量取250 mL硝酸慢慢倒入250 mL水中,混匀。

3.2.3 磷酸二氢铵溶液(20 g/L):称取2.0 g磷酸二氢铵,溶于水中,并定容至100 mL,混匀。

3.3 标准品

重铬酸钾($K_2Cr_2O_7$):纯度>99.5%或经国家认证并授予标准物质证书的标准物质。

3.4 标准溶液配制

3.4.1 铬标准储备液:准确称取基准物质重铬酸钾(110 ℃,烘2 h)1.431 5 g(精确至0.000 1 g),溶于水中,移入500 mL容量瓶中,用硝酸溶液(5+95)稀释至刻度,混匀。此溶液每毫升含1.000 mg铬。或购置经国家认证并授予标准物质证书的铬标准储备液。

3.4.2 铬标准使用液:将铬标准储备液用硝酸溶液(5+95)逐级稀释至每毫升含100 ng铬。

3.4.3 标准系列溶液的配制:分别吸取铬标准使用液(100 ng/mL)0 mL、0.500 mL、1.00 mL、2.00 mL、3.00 mL、4.00 mL于25 mL容量瓶中,用硝酸溶液(5+95)稀释至刻度,混匀。各容量瓶中每毫升分别含铬0 ng、2.00 ng、4.00 ng、8.00 ng、12.0 ng、16.0 ng。或采用石墨炉自动进样器自动配制。

4 仪器设备

注：所用玻璃仪器均需以硝酸溶液(1+4)浸泡 24 h 以上,用水反复冲洗,最后用去离子水冲洗干净。

4.1 原子吸收光谱仪,配石墨炉原子化器,附铬空心阴极灯。

4.2 微波消解系统,配有消解内罐。

4.3 可调式电热炉。

4.4 可调式电热板。

4.5 压力消解器:配有消解内罐。

4.6 马弗炉。

4.7 恒温干燥箱。

4.8 电子天平:感量为 0.1 mg 和 1 mg。

5 分析步骤

5.1 试样的预处理

5.1.1 粮食、豆类等去除杂物后,粉碎,装入洁净的容器内,作为试样。密封,并标明标记,试样应于室温下保存。

5.1.2 蔬菜、水果、鱼类、肉类及蛋类等水分含量高的鲜样,直接打成匀浆,装入洁净的容器内,作为试样。密封,并标明标记。试样应于冰箱冷藏室保存。

5.2 样品消解

5.2.1 微波消解

准确称取试样 0.2 g～0.6 g(精确至 0.001 g)于微波消解罐中,加入 5 mL 硝酸,按照微波消解的操作步骤消解试样(消解条件参见 A.1)。冷却后取出消解罐,在电热板上于 140 ℃～160 ℃赶酸至 0.5 mL～1.0 mL。消解罐放冷后,将消化液转移至 10 mL 容量瓶中,用少量水洗涤消解罐 2 次～3 次,合并洗涤液,用水定容至刻度。同时做试剂空白试验。

5.2.2 湿法消解

准确称取试样 0.5 g～3 g(精确至 0.001 g)于消化管中,加入 10 mL 硝酸、0.5 mL 高氯酸,在可调式电热炉上消解(参考条件:120 ℃保持 0.5 h～1 h,升温至 180 ℃ 2 h～4 h,升温至 200 ℃～220 ℃)。若消化液呈棕褐色,再加硝酸,消解至冒白烟,消化液呈无色透明或略带黄色,取出消化管,冷却后用水定容至 10 mL。同时做试剂空白试验。

5.2.3 高压消解

准确称取试样 0.3 g～1 g(精确至 0.001 g)于消解内罐中,加入 5 mL 硝酸。盖好内盖,旋紧不锈钢外套,放入恒温干燥箱,于 140 ℃～160 ℃下保持 4 h～5 h。在箱内自然冷却至室温,缓慢旋松外罐,取出消解内罐,放在可调式电热板上于 140 ℃～160 ℃赶酸至 0.5 mL～1.0 mL。冷却后将消化液转移至 10 mL 容量瓶中,用少量水洗涤内罐和内盖 2 次～3 次,合并洗涤液于容量瓶中并用水定容至刻度。同时做试剂空白试验。

5.2.4 干法灰化

准确称取试样 0.5 g～3 g(精确至 0.001 g)于坩埚中,小火加热,炭化至无烟,转移至马弗炉中,于

550 ℃恒温 3 h~4 h。取出冷却,对于灰化不彻底的试样,加数滴硝酸,小火加热,小心蒸干,再转入 550 ℃高温炉中,继续灰化 1 h~2 h,至试样呈白灰状,从高温炉取出冷却,用硝酸溶液(1+1)溶解并用水定容至 10 mL。同时做试剂空白试验。

5.3 测定

5.3.1 仪器测试条件

根据各自仪器性能调至最佳状态。参考条件见 A.2。

5.3.2 标准曲线的制作

将标准系列溶液工作液按浓度由低到高的顺序分别取 10 μL(可根据使用仪器选择最佳进样量),注入石墨管,原子化后测其吸光度值,以浓度为横坐标,吸光度值为纵坐标,绘制标准曲线。

5.3.3 试样测定

在与测定标准溶液相同的实验条件下,将空白溶液和样品溶液分别取 10 μL(可根据使用仪器选择最佳进样量),注入石墨管,原子化后测其吸光度值,与标准系列溶液比较定量。

对有干扰的试样应注入 5 μL(可根据使用仪器选择最佳进样量)的磷酸二氢铵溶液(20.0 g/L)(标准系列溶液的制作过程应按 5.3.3 操作)。

6 分析结果的表述

试样中铬含量的计算见式(1):

$$X = \frac{(c - c_0) \times V}{m \times 1\,000} \quad\quad\quad\quad\quad\quad\cdots\cdots\cdots\cdots\cdots\cdots\cdots（1）$$

式中:

X ——试样中铬的含量,单位为毫克每千克(mg/kg);

c ——测定样液中铬的含量,单位为纳克每毫升(ng/mL);

c_0 ——空白液中铬的含量,单位为纳克每毫升(ng/mL);

V ——样品消化液的定容总体积,单位为毫升(mL);

m ——样品称样量,单位为克(g);

$1\,000$ ——换算系数。

当分析结果≥1 mg/kg 时,保留三位有效数字;当分析结果<1 mg/kg 时,保留两位有效数字。

7 精密度

在重复性条件下获得的两次独立测定结果的绝对差值不得超过算术平均值的 20%。

8 其他

以称样量 0.5 g,定容至 10 mL 计算,方法检出限为 0.01 mg/kg,定量限为0.03 mg/kg。

附　录　A

样品测定参考条件

A.1　微波消解参考条件见表 A.1。

表 A.1　微波消解参考条件

步骤	功率(1 200 W)变化/%	设定温度/℃	升温时间/min	恒温时间/min
1	0～80	120	5	5
2	0～80	160	5	10
3	0～80	180	5	10

A.2　石墨炉原子吸收法参考条件见表 A.2。

表 A.2　石墨炉原子吸收法参考条件

元素	波长/nm	狭缝/nm	灯电流/mA	干燥/(℃/s)	灰化/(℃/s)	原子化/(℃/s)
铬	357.9	0.2	5～7	(85～120)/(40～50)	900/(20～30)	2 700/(4～5)

中华人民共和国国家标准

GB 5009.124—2016

食品安全国家标准

食品中氨基酸的测定

2016-12-23 发布

2017-06-23 实施

中华人民共和国国家卫生和计划生育委员会

国家食品药品监督管理总局　发布

前　言

本标准代替 GB/T 5009.124—2003《食品中氨基酸的测定》。

本标准与 GB/T 5009.124—2003 相比,主要变化如下:

——标准名称修改为"食品安全国家标准　食品中氨基酸的测定";

——扩大了适用范围;

——增加了方法的检出限和定量限;

——修改了结果计算的公式。

食品安全国家标准

食品中氨基酸的测定

1 范围

本标准规定了用氨基酸分析仪(茚三酮柱后衍生离子交换色谱仪)测定食品中氨基酸的方法。

本标准适用于食品中酸水解氨基酸的测定,包括天冬氨酸、苏氨酸、丝氨酸、谷氨酸、脯氨酸、甘氨酸、丙氨酸、缬氨酸、蛋氨酸、异亮氨酸、亮氨酸、酪氨酸、苯丙氨酸、组氨酸、赖氨酸和精氨酸共 16 种氨基酸。

2 原理

食品中的蛋白质经盐酸水解成为游离氨基酸,经离子交换柱分离后,与茚三酮溶液产生颜色反应,再通过可见光分光光度检测器测定氨基酸含量。

3 试剂和材料

除非另有说明,本方法所用试剂均为分析纯,水为 GB/T 6682 中规定的一级水。

3.1 试剂

3.1.1 盐酸(HCl):浓度$\geqslant 36\%$,优级纯。

3.1.2 苯酚(C_6H_5OH)。

3.1.3 氮气:纯度 99.9%。

3.1.4 柠檬酸钠($Na_3C_6H_5O_7 \cdot 2H_2O$):优级纯。

3.1.5 氢氧化钠($NaOH$):优级纯。

3.2 试剂配制

3.2.1 盐酸溶液(6 mol/L):取 500 mL 盐酸加水稀释至 1 000 mL,混匀。

3.2.2 冷冻剂:市售食盐与冰块按质量 1:3 混合。

3.2.3 氢氧化钠溶液(500 g/L):称取 50g 氢氧化钠,溶于 50 mL 水中,冷却至室温后,用水稀释至 100 mL,混匀。

3.2.4 柠檬酸钠缓冲溶液[$c(Na^+) = 0.2$ mol/L]:称取 19.6 g 柠檬酸钠加入 500 mL 水溶解,加入 16.5 mL盐酸,用水稀释至 1 000 mL,混匀,用 6 mol/L 盐酸溶液或 500 g/L 氢氧化钠溶液调节 pH 至 2.2。

3.2.5 不同 pH 和离子强度的洗脱用缓冲溶液:参照仪器说明书配制或购买。

3.2.6 茚三酮溶液:参照仪器说明书配制或购买。

3.3 标准品

3.3.1 混合氨基酸标准溶液:经国家认证并授予标准物质证书的标准溶液。

3.3.2 16 种单个氨基酸标准品:固体,纯度≥98%。

3.4 标准溶液配制

3.4.1 混合氨基酸标准储备液(1 μmol/mL):分别准确称取单个氨基酸标准品(精确至 0.000 01 g)于同一 50 mL 烧杯中,用 8.3 mL6 mol/L盐酸溶液溶解,精确转移至 250 mL 容量瓶中,用水稀释定容至刻度,混匀(各氨基酸标准品称量质量参考值见表1)。

3.4.2 混合氨基酸标准工作液(100 nmol/mL):准确吸取混合氨基酸标准储备液 1.0 mL 于 10 mL 容量瓶中,加 pH2.2 柠檬酸钠缓冲溶液定容至刻度,混匀,为标准上机液。

4 仪器和设备

4.1 实验室用组织粉碎机或研磨机。

4.2 匀浆机。

4.3 分析天平:感量分别为 0.000 1 g 和 0.000 01 g。

4.4 水解管:耐压螺盖玻璃试管或安瓿瓶,体积为 20 mL～30 mL。

4.5 真空泵:排气量≥40 L/min。

4.6 酒精喷灯。

4.7 电热鼓风恒温箱或水解炉。

4.8 试管浓缩仪或平行蒸发仪(附带配套 15 mL～25 mL 试管)。

4.9 氨基酸分析仪:茚三酮柱后衍生离子交换色谱仪。

5 分析步骤

5.1 试样制备

固体或半固体试样使用组织粉碎机或研磨机粉碎,液体试样用匀浆机打成匀浆密封冷冻保存,分析用时将其解冻后使用。

5.2 试样称量

均匀性好的样品,如奶粉等,准确称取一定量试样(精确至 0.000 1 g),使试样中蛋白质含量在 10 mg～20 mg 范围内。对于蛋白质含量未知的样品,可先测定样品中蛋白质含量。将称量好的样品置于水解管中。

很难获得高均匀性的试样,如鲜肉等,为减少误差可适当增大称样量,测定前再做稀释。

对于蛋白质含量低的样品,如蔬菜、水果、饮料和淀粉类食品等,固体或半固体试样称样量不大于 2 g,液体试样称样量不大于 5 g。

5.3 试样水解

根据试样的蛋白质含量,在水解管内加 10 mL～15 mL6 mol/L盐酸溶液。对于含水量高、蛋白质含量低的试样,如饮料、水果、蔬菜等,可先加入约相同体积的盐酸混匀后,再用 6 mol/L 盐酸溶液补充至大约 10 mL。继续向水解管内加入苯酚 3 滴～4 滴。

将水解管放入冷冻剂中,冷冻 3 min～5 min,接到真空泵的抽气管上,抽真空(接近 0 Pa),然后充入氮气,重复抽真空-充入氮气 3 次后,在充氮气状态下封口或拧紧螺丝盖。

将已封口的水解管放在 110 ℃±1 ℃的电热鼓风恒温箱或水解炉内,水解 22 h 后,取出,冷却至室温。

打开水解管,将水解液过滤至 50 mL 容量瓶内,用少量水多次冲洗水解管,水洗液移入同一 50 mL 容量瓶内,最后用水定容至刻度,振荡混匀。

准确吸取 1.0 mL 滤液移入到 15 mL 或 25 mL 试管内,用试管浓缩仪或平行蒸发仪在 40 ℃~ 50 ℃加热环境下减压干燥,干燥后残留物用 1 mL~2 mL 水溶解,再减压干燥,最后蒸干。

用 1.0 mL~2.0 mL pH2.2 柠檬酸钠缓冲溶液加入到干燥后试管内溶解,振荡混匀后,吸取溶液通过 0.22 μm 滤膜后,转移至仪器进样瓶,为样品测定液,供仪器测定用。

5.4 测定

5.4.1 仪器条件

使用混合氨基酸标准工作液注入氨基酸自动分析仪,参照 JJG 1064—2011 氨基酸分析仪检定规程及仪器说明书,适当调整仪器操作程序及参数和洗脱用缓冲溶液试剂配比,确认仪器操作条件。

5.4.2 色谱参考条件

a) 色谱柱:磺酸型阳离子树脂;
b) 检测波长:570 nm 和 440 nm。

5.4.3 试样的测定

混合氨基酸标准工作液和样品测定液分别以相同体积注入氨基酸分析仪,以外标法通过峰面积计算样品测定液中氨基酸的浓度。

6 分析结果的表述

6.1 混合氨基酸标准储备液中各氨基酸浓度的计算

各氨基酸标准品称量质量参考值见表1。

表 1 配制混合氨基酸标准储备液时氨基酸标准品的称量质量参考值及分子量

氨基酸 标准品名称	称量质量参考值 mg	摩尔质量 g/mol	氨基酸 标准品名称	称量质量参考值 mg	摩尔质量 g/mol
L-天门冬氨酸	33	133.1	L-蛋氨酸	37	149.2
L-苏氨酸	30	119.1	L-异亮氨酸	33	131.2
L-丝氨酸	26	105.1	L-亮氨酸	33	131.2
L-谷氨酸	37	147.1	L-酪氨酸	45	181.2
L-脯氨酸	29	115.1	L-苯丙氨酸	41	165.2
甘氨酸	19	75.07	L-组氨酸盐酸盐	52	209.7
L-丙氨酸	22	89.06	L-赖氨酸盐酸盐	46	182.7
L-缬氨酸	29	117.2	L-精氨酸盐酸盐	53	210.7

混合氨基酸标准储备液中各氨基酸的含量按式(1)计算:

$$c_j = \frac{m_j}{M_j \times 250} \times 1\,000 \qquad \cdots\cdots\cdots\cdots\cdots (1)$$

式中:

c_j ——混合氨基酸标准储备液中氨基酸 j 的浓度,单位为微摩尔每毫升(μmol/mL);

m_j ——称取氨基酸标准品 j 的质量,单位为毫克(mg);

M_j ——氨基酸标准品 j 的分子量;

250 ——定容体积,单位为毫升(mL);

1 000 ——换算系数。

结果保留 4 位有效数字。

6.2 样品中氨基酸含量的计算

样品测定液氨基酸的含量按式(2)计算:

$$c_i = \frac{c_s}{A_s} \times A_i \quad\quad\quad\quad (2)$$

式中:

c_i ——样品测定液氨基酸 i 的含量,单位为纳摩尔每毫升(nmol/mL);

A_i ——试样测定液氨基酸 i 的峰面积;

A_s ——氨基酸标准工作液氨基酸 s 的峰面积;

c_s ——氨基酸标准工作液氨基酸 s 的含量,单位为纳摩尔每毫升(nmol/mL)。

试样中各氨基酸的含量按式(3)计算:

$$X_i = \frac{c_i \times F \times V \times M}{m \times 10^9} \times 100 \quad\quad\quad\quad (3)$$

式中:

X_i ——试样中氨基酸 i 的含量,单位为克每百克(g/100 g);

c_i ——试样测定液中氨基酸 i 的含量,单位为纳摩尔每毫升(nmol/mL);

F ——稀释倍数;

V ——试样水解液转移定容的体积,单位为毫升(mL);

M ——氨基酸 i 的摩尔质量,单位为克每摩尔(g/mol),各氨基酸的名称及摩尔质量见表2;

m ——称样量,单位为克(g);

10^9 ——将试样含量由纳克(ng)折算成克(g)的系数;

100 ——换算系数。

表 2　16种氨基酸的名称和摩尔质量

氨基酸名称	摩尔质量/(g/mol)	氨基酸名称	摩尔质量/(g/mol)
天门冬氨酸	133.1	蛋氨酸	149.2
苏氨酸	119.1	异亮氨酸	131.2
丝氨酸	105.1	亮氨酸	131.2
谷氨酸	147.1	酪氨酸	181.2
脯氨酸	115.1	苯丙氨酸	165.2
甘氨酸	75.1	组氨酸	155.2
丙氨酸	89.1	赖氨酸	146.2
缬氨酸	117.2	精氨酸	174.2

试样氨基酸含量在 1.00 g/100 g 以下,保留 2 位有效数字;含量在 1.00 g/100 g 以上,保留 3 位有效数字。

7 精密度

在重复性条件下获得的两次独立测定结果的绝对差值不得超过算术平均值的12%。

8 其他

当试样为固体或半固体时,最大试样量为2 g,干燥后溶解体积为1 mL,各氨基酸的检出限和定量限见表3。

表 3　固体样品中各氨基酸的检出限和定量限

氨基酸名称	检出限/(g/100)	定量限/(g/100)	氨基酸名称	检出限/(g/100)	定量限/(g/100)
天门冬氨酸	0.000 13	0.000 36	异亮氨酸	0.000 43	0.001 3
苏氨酸	0.000 14	0.000 48	亮氨酸	0.001 1	0.003 6
丝氨酸	0.000 18	0.000 60	酪氨酸	0.002 8	0.009 5
谷氨酸	0.000 24	0.000 70	苯丙氨酸	0.002 5	0.008 3
甘氨酸	0.000 25	0.000 84	赖氨酸	0.000 13	0.000 44
丙氨酸	0.002 9	0.009 7	组氨酸	0.000 59	0.002 0
缬氨酸	0.000 12	0.000 32	精氨酸	0.002 0	0.006 5
蛋氨酸	0.002 3	0.007 5	脯氨酸	0.002 6	0.008 7

当试样为液体时,最大试样量为5 g,干燥后溶解体积为1 mL,各氨基酸的检出限和定量限见表4。

表 4　液体样品中各氨基酸的检出限和定量限

氨基酸名称	检出限/(g/100)	定量限/(g/100)	氨基酸名称	检出限/(g/100)	定量限/(g/100)
天门冬氨酸	0.000 050	0.000 14	异亮氨酸	0.000 15	0.000 50
苏氨酸	0.000 057	0.000 19	亮氨酸	0.000 43	0.001 4
丝氨酸	0.000 072	0.000 24	酪氨酸	0.001 1	0.003 8
谷氨酸	0.000 090	0.000 28	苯丙氨酸	0.000 99	0.003 3
甘氨酸	0.000 10	0.000 34	赖氨酸	0.000 053	0.000 18
丙氨酸	0.001 2	0.003 9	组氨酸	0.000 24	0.000 79
缬氨酸	0.000 050	0.000 13	精氨酸	0.000 78	0.002 6
蛋氨酸	0.000 90	0.003 0	脯氨酸	0.001 0	0.003 5

附　录　A

色　谱　图

混合氨基酸标准工作液色谱图见图 A.1。

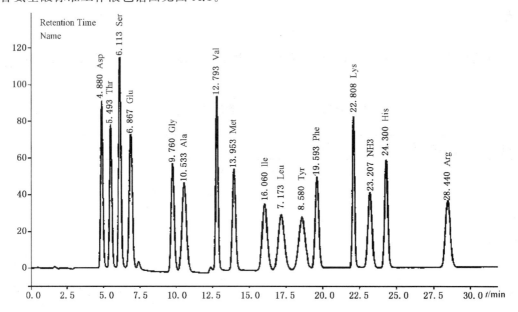

a）　vis1 检测波长 570 nm 时

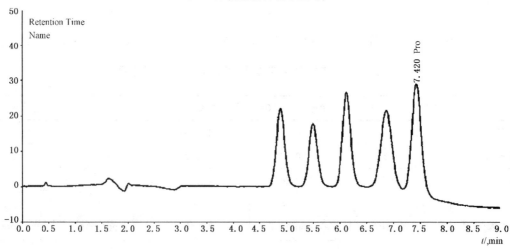

b）　vis2 检测波长 440 nm 时

图 A.1　混合氨基酸标准工作液色谱图

中华人民共和国国家标准

GB 5009.128—2016

食品安全国家标准

食品中胆固醇的测定

2016-12-23 发布

2017-06-23 实施

中华人民共和国国家卫生和计划生育委员会
国家食品药品监督管理总局 发布

前　言

本标准代替 GB/T 5009.128—2003《食品中胆固醇的测定》、GB/T 22220—2008《食品中胆固醇的测定　高效液相色谱法》和 GB/T 9695.24—2008《肉与肉制品　胆固醇含量测定》。

本标准与 GB/T 5009.128—2003 相比，主要变化如下：

——标准名称修改为"食品安全国家标准 食品中胆固醇的测定"；

——增加了气相色谱法作为第一法，高效液相色谱法作为第二法；比色法改为第三法；

——修改了 GB/T 9695.24—2008 气相色谱法的前处理方法中提取溶剂、无水乙醇的添加量和定容体积。

食品安全国家标准

食品中胆固醇的测定

1 范围

本标准规定了食品中胆固醇的测定方法。

本标准适用于食品中胆固醇的测定,第一法气相色谱法适用于肉及肉制品、蛋及蛋制品、乳及乳制品等各类动物性食品以及植物油脂中胆固醇的测定;第二法高效液相色谱法适用于肉及肉制品、蛋及蛋制品、乳及乳制品等各类动物性食品中胆固醇的测定;第三法比色法适用于肉及肉制品、蛋及蛋制品等动物性食品中胆固醇的测定。

第一法 气相色谱法

2 原理

样品经无水乙醇-氢氧化钾溶液皂化,石油醚和无水乙醚混合提取,提取液浓缩至干,无水乙醇溶解定容后,采用气相色谱法检测,外标法定量。

3 试剂和材料

除非另有说明,本方法所用试剂均为分析纯,水为 GB/T 6682 规定的一级水。

3.1 试剂

3.1.1 甲醇(CH_3OH):色谱纯。

3.1.2 无水乙醇(C_2H_5OH)。

3.1.3 石油醚:沸程 30 ℃～60 ℃。

3.1.4 无水乙醚($C_4H_{10}O$)。

3.1.5 无水硫酸钠(Na_2SO_4)。

3.1.6 氢氧化钾(KOH)。

3.2 试剂配制

3.2.1 60%氢氧化钾溶液:称取 60 g 氢氧化钾,缓慢加水溶解,并定容至 100 mL。

3.2.2 石油醚-无水乙醚混合液(1+1,体积比):将石油醚和无水乙醚等体积混合均匀。

3.3 标准品

胆固醇标准品($C_{27}H_{46}O$,CAS 号:57-88-5):纯度≥99%。

3.4 标准溶液配制

3.4.1 胆固醇标准储备液(1.0 mg/mL)

称取胆固醇标准品 0.05 g(精确至 0.1 mg),用无水乙醇溶解并定容至 50 mL,放置 0 ℃～4 ℃密封可贮藏半年。

3.4.2 胆固醇标准系列工作液

分别吸取标准储备液(1.0 mg/mL)25 μL、50 μL、100 μL、500 μL、2 000 μL,用无水乙醇定容至 10 mL,该标准系列工作液的浓度分别为 2.5 μg/mL、5 μg/mL、10 μg/mL、50 μg/mL、200 μg/mL。现用现配。

4 仪器和设备

4.1 气相色谱仪:配有氢火焰离子化检测器(FID)。

4.2 电子天平:感量为 1 mg 和 0.1 mg。

4.3 匀浆机。

4.4 皂化装置。

5 分析步骤

5.1 试样制备

5.1.1 肉及肉制品等各类固体试样

取样品的可食部分 200 g 进行均质。将试样装入密封的容器里,防止变质和成分变化。试样应在均质化 24 h 内尽快分析。

5.1.2 植物油脂、乳品等液体试样

取混匀后的均匀液体试样装入密封容器里待测。

5.2 样品处理

5.2.1 皂化

称取制备后的样品 0.25 g～10 g(准确至 0.001 g,胆固醇含量约为 0.5 mg～5 mg),于 250 mL 圆底烧瓶中,加入 30 mL 无水乙醇,10 mL 60%氢氧化钾溶液,混匀。将试样在 100 ℃磁力搅拌加热电热套皂化回流 1 h,不时振荡防止试样黏附在瓶壁上,皂化结束后,用 5 mL 无水乙醇自冷凝管顶端冲洗其内部,取下圆底烧瓶,用流水冷却至室温。

5.2.2 提取

定量转移全部皂化液于 250 mL 分液漏斗中,用 30 mL 水分 2 次～3 次冲洗圆底烧瓶,洗液并入分液漏斗,再用 40 mL 石油醚-无水乙醚混合液(1+1,体积比)分 2 次～3 次冲洗圆底烧瓶并入分液漏斗,振摇 2 min,静置,分层。转移水相,合并三次有机相,用水每次 100 mL 洗涤提取液至中性,初次水洗时轻轻旋摇,防止乳化,提取液通过约 10 g 无水硫酸钠脱水转移到 150 mL 平底烧瓶中。

5.2.3 浓缩

将上述平底烧瓶中的提取液在真空条件下蒸发至近干,用无水乙醇溶解并定容至 5 mL,待气相色谱仪测定。

不同试样的前处理需要同时做空白试验。

5.3　测定

5.3.1　仪器参考条件

a)　色谱柱:DB-5 弹性石英毛细管柱,柱长 30 m,内径 0.32 mm,粒径 0.25 μm,或同等性能的色谱柱;

b)　载气:高纯氮气,纯度≥99.999%;恒流 2.4 mL/min;

c)　柱温(程序升温):初始温度为 200 ℃,保持 1 min,以 30 ℃/min 速率升至 280 ℃,保持 10 min;

d)　进样口温度 280 ℃;

e)　检测器温度:290 ℃;

f)　进样量:1 μL;

g)　进样方式:不分流进样,进样 1 min 后开阀;

h)　空气流量:350 mL/min;

i)　氢气流量:30 mL/min。

5.3.2　标准曲线的制作

分别取胆固醇标准系列工作液注入气相色谱仪,在上述色谱条件下测定标准溶液的响应值(峰面积),以浓度为横坐标、峰面积为纵坐标,制作标准曲线。

5.3.3　测定

试样溶液注入气相色谱仪,测定峰面积,由标准曲线得到试样溶液中胆固醇的浓度。根据保留时间定性,外标法定量。胆固醇标准溶液的色谱图见图 A.1。

6　分析结果的表述

试样中胆固醇的含量按式(1)计算:

$$X = \frac{\rho \times V}{m \times 1\,000} \times 100 \qquad\qquad \cdots\cdots\cdots\cdots\cdots\cdots\cdots(1)$$

式中:

X　——试样中胆固醇含量,单位为毫克每百克(mg/100 g);

ρ　——试样溶液中胆固醇的浓度,单位为微克每毫升(μg/mL);

V　——试样溶液最终定容的体积,单位为毫升(mL);

m　——试样质量,单位为克(g);

1 000、100——换算系数。

计算结果应扣除空白。结果保留三位有效数字。

7　精密度

在重复性条件下获得的两次独立测定结果的绝对差值不得超过算术平均值的 10%。

8　其他

当称样量为 0.5 g,定容体积为 5.0 mL,方法的检出限为 0.3 mg/100 g,定量限为 1.0 mg/100 g。

第二法 高效液相色谱法

9 原理

样品经无水乙醇-氢氧化钾溶液皂化,石油醚和无水乙醚混合提取,提取液浓缩至干,无水乙醇溶解定容后,采用高效液相色谱仪检测,外标法定量。

10 试剂和材料

除非另有说明,本方法所用试剂均为分析纯,水为 GB/T 6682 规定的一级水。

10.1 试剂

10.1.1 甲醇(CH_3OH):色谱纯。

10.1.2 无水乙醇(C_2H_5OH)。

10.1.3 石油醚:沸程 30 ℃~60 ℃。

10.1.4 无水乙醚($C_4H_{10}O$)。

10.1.5 无水硫酸钠(Na_2SO_4)。

10.1.6 氢氧化钾(KOH)。

10.2 试剂配制

10.2.1 60%氢氧化钾溶液:称取 60 g 氢氧化钾,缓慢加水溶解,并定容至 100 mL。

10.2.2 石油醚-无水乙醚混合液(1+1,体积比):将石油醚和无水乙醚等体积混合均匀。

10.3 标准品

胆固醇标准品($C_{27}H_{46}O$,CAS 号:57-88-5):纯度≥99%。

10.4 标准溶液配制

10.4.1 胆固醇标准储备液(1.0 mg/mL):称取胆固醇标准品 0.05 g(精确至 0.1 mg),用无水乙醇溶解并定容至 50 mL,放置 0 ℃~4 ℃密封可贮藏半年。

10.4.2 胆固醇标准系列工作液:分别吸取标准储备液(1.0 mg/mL)25 μL、50 μL、100 μL、500 μL、2 000 μL,用无水乙醇定容至 10 mL,该标准系列工作液的浓度分别为 2.5 μg/mL、5 μg/mL、10 μg/mL、50 μg/mL、200 μg/mL。现用现配。

11 仪器和设备

11.1 匀浆机。

11.2 高效液相色谱仪:配有紫外检测器或相当的检测器。

11.3 电子天平:感量为 1 mg 和 0.1 mg。

12 分析步骤

12.1 试样制备

12.1.1 肉及肉制品等各类固体试样

样品取可食部分 200 g,使用绞肉机或匀浆机将试样均质。将试样装入密封的容器里,防止变质和成分变化。试样应在均质化 24 h 内尽快分析。

12.1.2 乳品等液体试样

取混匀后的均匀液体试样装入密封容器里待测。

12.2 样品处理

12.2.1 皂化

称取制备后的样品 0.25 g～10 g(精确至 0.001 g,胆固醇含量约为 0.5 mg～5 mg),于 250 mL 圆底烧瓶中,加入 30 mL 无水乙醇,10 mL 60%氢氧化钾溶液,混匀。将试样在 100 ℃磁力搅拌加热电热套皂化回流 1 h,不时振荡防止试样黏附在瓶壁上,皂化结束后,用 5 mL 无水乙醇自冷凝管顶端冲洗其内部,取下圆底烧瓶,用流水冷却至室温。

12.2.2 提取

定量转移全部皂化液于 250 mL 分液漏斗中,用 30 mL 水分 2 次～3 次冲洗圆底烧瓶,洗液并入分液漏斗,再用 40 mL 石油醚-无水乙醚混合液(1+1,体积比)分 2 次～3 次冲洗圆底烧瓶并入分液漏斗,振摇 2 min,静置,分层。转移水相,合并三次有机相,用水每次 100 mL 洗涤提取液至中性,初次水洗时轻轻旋摇,防止乳化,提取液通过约 10 g 无水硫酸钠脱水转移到 150 mL 平底烧瓶中。

12.2.3 浓缩

将上述平底烧瓶中的提取液在真空条件下蒸发至近干,用无水乙醇溶解并定容至 5 mL,溶液通过 0.45 μm 过滤膜,收集滤液于进样瓶中,待高效液相色谱仪测定。

不同试样的前处理需要同时做空白试验。

12.3 测定

12.3.1 仪器参考条件

a) 色谱柱:C_{18}反相色谱柱,柱长 4.6 mm,内径 150 mm,粒径 5 μm,或同等性能的色谱柱;

b) 柱温:38 ℃;

c) 流动相:甲醇;

d) 流速:1.0 mL/min;

e) 测定波长:205 nm;

f) 进样量:10 μL。

12.3.2 标准曲线的制作

分别取 10 μL 胆固醇标准工作液注入高效液相色谱仪,在上述色谱条件下测定标准溶液的响应值(峰面积),以浓度为横坐标、峰面积为纵坐标,制作标准曲线。

12.3.3 测定

将 10 μL 试样溶液注入高效液相色谱仪,测定峰面积,由标准曲线得到试样溶液中胆固醇的浓度。胆固醇标准溶液的色谱图见图 A.2。

13 分析结果的表述

试样中胆固醇的含量按式(2)计算:

$$X = \frac{\rho \times V}{m \times 1\,000} \times 100 \qquad\cdots\cdots\cdots\cdots\cdots\cdots\cdots (2)$$

式中:

X ——试样中胆固醇的含量,单位为毫克每百克(mg/100 g);

ρ ——试样溶液中胆固醇的浓度,单位为微克每毫升(μg/mL);

V ——试样溶液定容体积,单位为毫升(mL);

m ——试样质量,单位为克(g);

$1\,000$、100——换算系数。

计算结果应扣除空白。结果保留三位有效数字。

14 精密度

在重复性条件下获得的两次独立测定结果的绝对差值不得超过算术平均值的 10%。

15 其他

当称样量为 1 g,定容体积为 5 mL,方法的检出限为 0.64 mg/100 g,定量限为 2.1 mg/100 g。

第三法 比色法

16 原理

样品进行脂肪提取后的油脂,经无水乙醇-氢氧化钾溶液皂化,用石油醚提取,浓缩后加入冰乙酸,以硫酸铁铵试剂作为显色剂,采用分光光度计,在 560 nm~575 nm 波长下检测,外标法定量。

17 试剂和材料

除非另有说明,本方法所用试剂均为分析纯,水为 GB/T 6682 规定的三级水。

17.1 试剂

17.1.1 无水乙醇(C_2H_5OH)。

17.1.2 石油醚:沸程 30 ℃~60 ℃。

17.1.3 硫酸(H_2SO_4)。

17.1.4 冰乙酸($C_2H_4O_2$):优级纯。

17.1.5 磷酸(H_3PO_4)。

17.1.6 硫酸铁铵[$FeNH_4(SO_4)_2 \cdot H_2O$]。

17.1.7 钢瓶氮气(N_2):纯度 99.99%。

17.1.8 海砂。

17.1.9 氢氧化钾(KOH)。

17.1.10 氢氧化钠(NaOH)。

17.1.11 盐酸(HCl)。

17.1.12 乙醚(C_2H_5O)。

17.2 试剂配制

17.2.1 铁矾储备液:称取 4.463 g 硫酸铁铵[$FeNH_4(SO_4)_2 \cdot H_2O$]于 100 mL 磷酸中(如果不能充分溶解,超声后取上清液),贮藏于干燥器内,此液在室温中稳定。

17.2.2 铁矾显色液:吸取铁矾储备液 10 mL,用硫酸定容至 100 mL。贮藏于干燥器内,以防吸水。

17.2.3 50%氢氧化钾溶液:称取 50 g 氢氧化钾,用水溶解,并定容至 100 mL。

17.2.4 5%氯化钠溶液:称取 5 g 氯化钠,用水溶解,并定容至 100 mL。

17.2.5 盐酸溶液(1+1):将盐酸与水等体积混合均匀。

17.2.6 氢氧化钠溶液(240 g/L):称取 24 g 氢氧化钠,用水溶解并定容至 100 mL。

17.2.7 海砂:取用水洗去泥土的海砂或河砂,先用盐酸溶液(1+1)煮沸 0.5 h,用水洗至中性再用氢氧化钠溶液(240 g/L)煮沸 0.5 h,用水洗至中性,经 100 ℃±5 ℃干燥备用。

17.3 标准品

胆固醇标准品($C_{27}H_{46}O$,CAS 号:57-88-5):纯度≥99%。

17.4 标准溶液配制

17.4.1 胆固醇标准储备液(1.0 mg/mL):称取胆固醇标准品 0.10 g(精确至 0.1 mg),用冰乙酸溶解并定容至 100 mL。放置 4 ℃密封可贮藏半年。

17.4.2 胆固醇标准工作液(100 μg/mL):吸取胆固醇标准储备液(1.0 mg/mL)10 mL,用冰乙酸定容至 100 mL。现用现配。

18 仪器和设备

18.1 匀浆机。

18.2 分光光度计。

18.3 电子天平:感量为 1 mg 和 0.1 mg。

19 分析步骤

19.1 胆固醇标准曲线的制作

吸取胆固醇标准工作液 0.0 mL、0.5 mL、1.0 mL、1.5 mL、2.0 mL 分别置于 10 mL 试管中,在各管内加入冰乙酸使总体积均达 4 mL。沿管壁加入 2 mL 铁矾显色液,混匀,在 15 min～90 min 内,在 560 nm～575 nm 波长下比色。以胆固醇标准浓度为横坐标,吸光度为纵坐标制作标准曲线。

19.2 测定

19.2.1 食品中脂肪的提取与测定

根据食品种类分别用索氏脂肪提取法,研磨浸提法和罗高氏法提取脂肪。并计算出每 100 g 食品中的脂肪含量。

19.2.2 食品中胆固醇的测定

将提取的油脂 3 滴～4 滴(约含胆固醇 300 μg～500 μg),置于 25 mL 试管中,准确记录其质量。加入 4 mL 无水乙醇,0.5 mL 50% 氢氧化钾溶液,混匀,装上冷凝管,在 65 ℃ 恒温水浴锅中皂化 1 h。皂化时每隔 20 min～30 min 振摇一次使皂化完全。皂化完毕,取出试管,用流水冷却。加入 3 mL 5% 氯化钠溶液,10 mL 石油醚,盖紧玻璃塞,在电动振荡器上振摇 2 min,静置分层(一般约需 1 h 以上)。

取上层石油醚液 2 mL,置于 10 mL 具塞玻璃试管内,在 65 ℃ 水浴中用氮气吹干,加入 4 mL 冰乙酸,2 mL 铁矾显色液,混匀,放置 15 min 后在 560 nm～575 nm 波长下比色,测得吸光度,在标准曲线上查出相应的胆固醇含量。

不同试样的前处理需要同时做空白试验。

20 分析结果的表述

试样中胆固醇的含量按式(3)计算:

$$X = \frac{A \times C \times V_1}{V_2 \times m \times 1\,000} \qquad\cdots\cdots\cdots\cdots\cdots\cdots\cdots\cdots (3)$$

式中:

X ——试样中胆固醇含量,单位为毫克每百克(mg/100 g);

A ——测得的吸光度值在胆固醇标准曲线上的胆固醇含量,单位为微克(μg);

C ——试样中脂肪含量,单位为克每百克(g/100 g);

V_1 ——石油醚总体积,单位为毫升(mL);

V_2 ——取出的石油醚体积,单位为毫升(mL);

m ——称取食品油脂试样量,单位为克(g);

1 000 ——换算系数。

计算结果应扣除空白。结果保留三位有效数字。

21 精密度

在重复性条件下获得的两次独立测定结果的绝对差值不得超过算术平均值的 10%。

22 其他

方法的检出限为 2.4 mg/100 g,定量限为 7.2 mg/100 g。

附 录 A
胆固醇标准的色谱图

A.1 胆固醇标准溶液的气相色谱图见图 A.1。

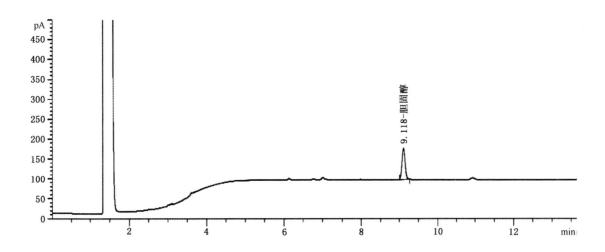

图 A.1 胆固醇标准溶液的气相色谱图

A.2 胆固醇标准溶液的高效液相色谱图见图 A.2。

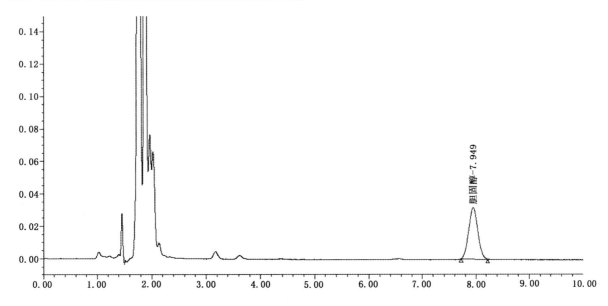

图 A.2 胆固醇标准溶液的高效液相色谱图

中华人民共和国国家标准

GB 5009.139—2014

食品安全国家标准

饮料中咖啡因的测定

2014-12-01 发布　　　　　　　　　　　2015-05-01 实施

中 华 人 民 共 和 国
国家卫生和计划生育委员会　发 布

前　言

本标准代替GB/T 5009.139-2003《饮料中咖啡因的测定》，GB/T19182-2003《咖啡 咖啡因含量的测定-液相色谱法》。

本标准与GB/T 5009.139-2003相比，主要变化如下：

——删除原标准GB/T 5009.139-2003中第一法 紫外分光光度法；

——增加样品分类；

——修改样品处理条件；

——修改检出限，增加定量限；

——修改色谱条件。

本标准所代替标准的历次版本发布情况为：

——GB/T 5009.139-2003；

——GB/T 19182-2003。

食品安全国家标准

饮料中咖啡因的测定

1 范围

本标准规定了可乐型饮料，咖啡、茶叶及其固体和液体饮料制品中咖啡因含量的测定方法—高效液相色谱法。

本标准适用于可乐型饮料，咖啡、茶叶及其固体和液体饮料制品中咖啡因含量的测定。

2 原理

可乐型饮料脱气后，用水提取、氧化镁净化；不含乳的咖啡及茶叶液体饮料制品用水提取、氧化镁净化；含乳的咖啡及茶叶液体饮料制品经三氯乙酸溶液沉降蛋白；咖啡、茶叶及其固体饮料制品用水提取、氧化镁净化；然后经C_{18}色谱柱分离，用紫外检测器检测，外标法定量。

3 试剂和材料

注：除非另有说明，本方法所用试剂均为分析纯，水为GB/T 6682规定的一级水。

3.1 试剂

3.1.1 氧化镁（MgO）。

3.1.2 三氯乙酸(CCl_3COOH)。

3.1.3 甲醇（CH_3OH）：色谱纯。

3.2 试剂配制

三氯乙酸溶液（10 g/L）：称取1g三氯乙酸（3.1.2）于100 mL容量瓶中，用水定容至刻度。

3.3 标准品

咖啡因标准品（$C_8H_{10}N_4O_2$）：纯度≥99%。

3.4 标准溶液配制

3.4.1 咖啡因标准储备液（2.0 mg/mL）：准确称取咖啡因标准品20 mg（精确至0.1 mg）于10 mL容量瓶中，用甲醇溶解定容。放置于4℃冰箱，有效期为六个月。

3.4.2 咖啡因标准中间液（200 μg/mL）：准确吸取5.0 mL咖啡因标准储备液（3.4.1）于50 mL容量瓶中，用水定容。放置于4℃冰箱，有效期为一个月。

3.4.3 咖啡因标准曲线工作液：分别吸取咖啡因标准中间液（3.4.2）0.5 mL、1.0 mL、2.0 mL、5.0 mL、10.0 mL至10 mL容量瓶中，用水定容。该标准系列浓度分别为10.0 μg/mL、20.0 μg/mL、40.0 μg/mL、100 μg/mL、200 μg/mL。临用时配制。

4 仪器和设备

4.1 高效液相色谱仪，带紫外检测器或二极管阵列检测器。

4.2 天平：感量为0.1 mg。

4.3 水浴锅。

4.4 超声波清洗器。

4.5 0.45 μm微孔水相滤膜。

5 分析步骤

5.1 试样制备

5.1.1 可乐型饮料：
    a) 脱气：样品用超声清洗器在40℃下超声5 min；
    b) 净化：称取5 g（精确至0.001 g）样品，加水定容至5 mL（使样品溶液中咖啡因含量在标准曲线范围内），摇匀，加入0.5g氧化镁，振摇，静置，取上清液经微孔滤膜过滤，备用。

5.1.2 不含乳的咖啡及茶叶液体制品：称取5 g（精确至0.001 g）样品，加水定容至5 mL（使样品溶液中咖啡因含量在标准曲线范围内），摇匀，加入0.5g氧化镁，振摇，静置，取上清液经微孔滤膜过滤，备用。

5.1.3 含乳的咖啡及茶叶液体制品：称取1 g（精确至0.001g）样品，加入三氯乙酸溶液定容至10 mL（使样品溶液中咖啡因含量在标准曲线范围内），摇匀，静置，沉降蛋白，取上清液经微孔滤膜过滤，备用。

5.1.4 咖啡、茶叶及其固体制品：称取1 g（精确至0.001g）经粉碎低于30目的均匀样品于250 mL锥形瓶中，加入约200 mL水，沸水浴30 min，不时振摇，取出流水冷却1 min，加入 5g氧化镁，振摇，再放入沸水浴20 min，取出锥形瓶，冷却至室温，转移至250 mL容量瓶中，加水定容至刻度（使样品溶液中咖啡因含量在标准曲线范围内），摇匀，静置，取上清液经微孔滤膜过滤，备用。

5.2 仪器参考条件

    色谱柱：C_{18}柱（粒径5μm，柱长150 mm×直径3.9 mm）或同等性能的色谱柱。
    流动相：甲醇+水=24+76。
    流速：1.0 mL/min。
    检测波长：272 nm。
    柱温：25℃。
    进样量：10 μL。

5.3 标准曲线的制作

    将标准系列工作液分别注入液相色谱仪中，测定相应的峰面积，以标准工作液的浓度为横坐标，以峰面积为纵坐标，绘制标准曲线（咖啡因标准色谱图见附录A中图A.1）。

5.4 试样溶液的测定

    将试样溶液注入液相色谱仪中，以保留时间定性，同时记录峰面积，根据标准曲线得到待测液中咖啡因的浓度，平行测定次数不少于两次。

6 分析结果的表述

试样中咖啡因含量按公式（1）计算：

$$X = \frac{c \times V}{m} \times \frac{1000}{1000} \quad \dots\dots\dots\dots\dots\dots\dots\dots\dots\dots\dots\dots\dots \quad (1)$$

式中：

X——试样中咖啡因的含量，单位为毫克每千克（mg/kg）；

c—— 试样溶液中咖啡因的质量浓度，单位为微克每毫升（μg/mL）；

V——被测试样总体积，单位为毫升（mL）；

m——称取试样的质量，单位为克（g）；

1000——换算系数。

计算结果以重复性条件下获得的两次独立测定结果的算术平均值表示，结果保留三位有效数字。

7 精密度

可乐型饮料：在重复性条件下获得的两次独立测定结果的绝对差值不得超过算术平均值的5 %；咖啡、茶叶及其固体液体饮料制品：在重复性条件下获得的两次独立测定结果的绝对差值不得超过算术平均值的10 %。

8 其他

本方法线性范围为220 ng/mL~439 μg/mL。检出限：以3倍基线噪音信号确定检出限0.7 ng；可乐、不含乳的咖啡及茶叶液体饮料制品检出限为0.07 mg/kg，定量限为0.2 mg/kg；以含乳咖啡及茶叶液体饮料制品取样量1 g，确定检出限为0.7mg/kg，定量限为2.0 mg/L；以咖啡、茶叶及其固体饮料制品取样量1g，确定检出限为18 mg/kg，定量限为54 mg/kg。

附录 A

咖啡因色谱图

图A.1为咖啡因标准溶液的色谱图。

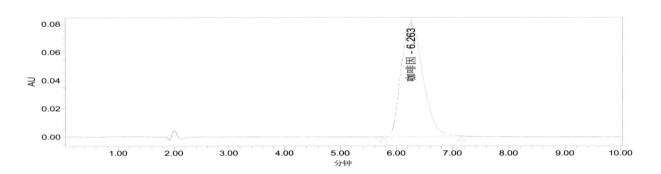

图A.1　咖啡因标准色谱图

中华人民共和国国家标准

GB 5009.154—2016

食品安全国家标准

食品中维生素 B_6 的测定

2016-12-23 发布

2017-06-23 实施

中华人民共和国国家卫生和计划生育委员会
国家食品药品监督管理总局　发布

前　言

本标准代替 GB/T 5009.154—2003《食品中维生素 B_6 的测定》、GB 5413.13—2010《食品安全国家标准　婴幼儿食品和乳品中维生素 B_6 的测定》。

本标准与 GB/T 5009.154—2003 相比，主要变化如下：

——标准名称修改为"食品安全国家标准　食品中维生素 B_6 的测定"；

——增加了高效液相色谱法。

食品安全国家标准

食品中维生素 B_6 的测定

1 范围

本标准规定了食品中维生素 B_6 的测定方法。

本标准第一法为高效液相色谱法,适用于添加了维生素 B_6 的食品测定;第二法为微生物法,适用于各类食品中维生素 B_6 的测定。

第一法 高效液相色谱法

2 原理

试样经提取等前处理后,经 C_{18} 色谱柱分离,高效液相色谱-荧光检测器检测,外标法定量测定维生素 B_6(吡哆醇、吡哆醛、吡哆胺)的含量。

3 试剂和材料

除非另有说明,本方法所用试剂均为分析纯,水为 GB/T 6682 规定的一级水。

3.1 试剂

3.1.1 辛烷磺酸钠($C_8H_{17}NaO_3S$)。

3.1.2 冰乙酸($C_2H_4O_2$)。

3.1.3 三乙胺($C_6H_{15}N$):色谱纯。

3.1.4 甲醇(CH_4O):色谱纯。

3.1.5 盐酸(HCl)。

3.1.6 氢氧化钠(NaOH)。

3.1.7 淀粉酶:酶活力 $\geqslant 1.5$ U/mg。

3.2 试剂配制

3.2.1 盐酸溶液(5.0 mol/L):量取 45 mL 盐酸,用水稀释并定容至 100 mL。

3.2.2 盐酸溶液(0.1 mol/L):吸取 9 mL 盐酸,用水稀释并定容至 1 000 mL。

3.2.3 氢氧化钠溶液(5.0 mol/L):称取 20 g 氢氧化钠,加 50 mL 水溶解,冷却后,用水定容至 100 mL。

3.2.4 氢氧化钠溶液(0.1 mol/L):称取 0.4 g 氢氧化钠,加 50 mL 水溶解,冷却后,用水定容至 100 mL。

3.3 标准品

3.3.1 盐酸吡哆醇($C_8H_{12}ClNO_3$,CAS 号:58-56-0):纯度 $\geqslant 98\%$,或经国家认证并授予标准物质证书

的标准物质。

3.3.2 盐酸吡哆醛（$C_8H_{10}ClNO_3$，CAS 号：65-22-5）：纯度≥99%，或经国家认证并授予标准物质证书的标准物质。

3.3.3 双盐酸吡哆胺（$C_8H_{14}Cl_2N_2O_3$，CAS 号：524-36-7）：纯度≥99%，或经国家认证并授予标准物质证书的标准物质。

3.4 标准溶液配制

3.4.1 吡哆醇标准储备液（1 mg/mL）：准确称取 60.8 mg 盐酸吡哆醇标准品，用 0.1 mol/L 盐酸溶液溶解后定容到 50 mL，在－20 ℃下避光保存，有效期 1 个月。

3.4.2 吡哆醛标准储备液（1 mg/mL）：准确称取 60.9 mg 盐酸吡哆醛标准品，用 0.1 mol/L 盐酸溶液溶解后定容到 50 mL，在－20 ℃下避光保存，有效期 1 个月。

3.4.3 吡哆胺标准储备液（1 mg/mL）：准确称取 71.7 mg 双盐酸吡哆胺标准品，用 0.1 mol/L 盐酸溶液溶解后定容到 50 mL，在－20 ℃下避光保存，有效期 1 个月。

3.4.4 维生素 B_6 混合标准中间液（20 μg/mL）：分别准确吸取吡哆醇、吡哆醛、吡哆胺的标准储备液各 1.00 mL，用 0.1 mol/L 盐酸溶液稀释并定容至 50 mL。临用前配制。

3.4.5 维生素 B_6 混合标准系列工作液：分别准确吸取维生素 B_6 混合标准中间液 0.5 mL、1.0 mL、2.0 mL、3.0 mL、5.0 mL，至 100 mL 容量瓶中，用水定容。该标准系列浓度分别为 0.10 μg/mL、0.20 μg/mL、0.40 μg/mL、0.60 μg/mL、1.00 μg/mL。临用前配制。

注：标准储备液在使用前需要进行浓度校正，校正方法参照附录 A。

4 仪器和设备

4.1 高效液相色谱仪：带荧光检测器。

4.2 天平：感量 1 mg 和 0.01 mg。

4.3 pH 计：精度 0.01。

4.4 涡旋混合器。

4.5 超声波振荡器。

4.6 分光光度计。

4.7 恒温培养箱，或性能相当者。

5 分析步骤

5.1 试样制备

5.1.1 含淀粉的试样

a) 固体试样：称取混合均匀的固体试样约 5 g（精确至 0.01 g），于 150 mL 锥形瓶中，加入约 25 mL 45 ℃～50 ℃的水，混匀。加入约 0.5 g 淀粉酶，混匀后向锥形瓶中充氮，盖上瓶塞，置 50 ℃～60 ℃培养箱内约 30 min。取出冷却至室温。

b) 液体试样：称取混合均匀的液体试样约 20 g（精确至 0.01 g）于 150 mL 锥形瓶中，混匀。加入约 0.5 g 淀粉酶，混匀后向锥形瓶中充氮，盖上瓶塞，置 50 ℃～60 ℃培养箱内约 30 min。取出冷却至室温。

5.1.2 不含淀粉的试样

a) 固体试样：称取混合均匀的固体试样约 5 g（精确至 0.01 g），于 150 mL 锥形瓶中，加入约 25

mL 45 ℃~50 ℃的水,混匀。静置 5 min~10 min,冷却至室温。

b) 液体试样:称取混合均匀的液体试样约 20 g(精确至 0.01 g)于 150 mL 锥形瓶中。静置 5 min ~10 min。

5.1.3 待测液的制备

用盐酸溶液,调节上述试样溶液的 pH 至 1.7±0.1,放置约 1 min。再用氢氧化钠溶液调节试样溶液的 pH 至 4.5±0.1。把上述锥形瓶放入超声波振荡器中,超声振荡约 10 min。将试样溶液转移至 50 mL 容量瓶中,用水冲洗锥形瓶。洗液合并于 50 mL 容量瓶中,用水定容至 50 mL。另取 50 mL 锥形瓶,上面放入漏斗和滤纸,把定容后的试样溶液倒入其中,自然过滤。滤液再经 0.45 μm 微孔滤膜过滤,用试管收集,转移 1 mL 滤液至进样瓶作为试样待测液。

注:操作过程应避免强光照射。

5.2 仪器参考条件

仪器参考条件列出如下:

a) 色谱柱:C_{18}柱,柱长 150 mm,柱内径 4.6 mm,柱填料粒径 5 μm,或相当者;

b) 流动相:甲醇 50 mL、辛烷磺酸钠 2.0 g、三乙胺 2.5 mL,用水溶解并定容到 1 000 mL 后,用冰乙酸调 pH 至 3.0±0.1,过 0.45 μm 微孔滤膜过滤;

c) 流速:1 mL/min;

d) 柱温:30 ℃;

e) 检测波长:激发波长 293 nm,发射波长 395 nm;

f) 进样体积:10 μL。

5.3 标准曲线的制作

将维生素 B_6 混合标准系列工作液分别注入高效液相色谱仪中,测定各组分的峰面积,以相应标准工作液的浓度为横坐标,以峰面积为纵坐标,绘制标准曲线。

5.4 试样溶液的测定

将试样溶液注入高效液相色谱仪中,得到各组分相应的峰面积,根据标准曲线得到待测试样溶液中维生素 B_6 各组分的浓度。

6 分析结果的表述

试样中维生素 B_6 各组分的含量按式(1)计算:

$$X_i = \frac{\rho \times V}{m} \times \frac{100}{1\ 000} \qquad \cdots\cdots\cdots\cdots(1)$$

式中:

X_i ——试样中维生素 B_6 各组分的含量,单位为毫克每百克(mg/100 g);

ρ ——根据标准曲线计算得到的试样中维生素 B_6 各组分的浓度,单位为微克每毫升(μg/mL);

V ——试样溶液的最终定容体积,单位为毫升(mL);

m ——试样质量,单位为克(g);

100 ——换算为 100 克样品中含量的换算系数;

1 000 ——将浓度单位 μg/mL 换算为 mg/mL 的换算系数。

试样中维生素 B_6 的含量按式(2)计算:

$$X = X_醇 + X_醛 \times 1.012 + X_胺 \times 1.006 \quad \cdots\cdots\cdots\cdots\cdots\cdots(2)$$

式中:

X ——试样中维生素 B_6(以吡哆醇计)的含量,单位为毫克每百克(mg/100 g);

$X_醇$ ——试样中吡哆醇的含量,单位为毫克每百克(mg/100 g);

$X_醛$ ——试样中吡哆醛的含量,单位为毫克每百克(mg/100 g);

1.012 ——吡哆醛的含量换算成吡哆醇的系数;

$X_胺$ ——试样中吡哆胺的含量,单位为毫克每百克(mg/100 g);

1.006 ——吡哆胺的含量换算成吡哆醇的系数。

结果保留三位有效数字。

7 精密度

在重复性条件下获得的两次独立测定结果的绝对差值不得超过算术平均值的15%。

8 其他

当取样量为5.00 g 时,方法检出限为:吡哆醇 0.02 mg/100 g,吡哆醛 0.02 mg/100 g,吡哆胺 0.02 mg/100 g;方法定量限为:吡哆醇 0.05 mg/100 g,吡哆醛 0.05 mg/100 g,吡哆胺 0.05 mg/100 g。

第二法 微生物法

9 原理

食品中某一种细菌的生长必须要有某一种维生素的存在,卡尔斯伯(Saccharomyces Carlsbrgensis)酵母菌在有维生素 B_6 存在的条件下才能生长,在一定条作下维生素 B_6 的量与其生长呈正比关系。用比浊法测定该菌在试样液中生长的浑浊度,与标准曲线相比较得出试样中维生素 B_6 的含量。

10 试剂和材料

除非另有说明,本方法所用试剂均为分析纯,水为 GB/T 6682规定的二级水。培养基可使用符合测试要求的商品化的培养基。

10.1 试剂

10.1.1 盐酸(HCl)。

10.1.2 硫酸(H_2SO_4)。

10.1.3 氢氧化钠(NaOH)。

10.1.4 吡哆醇 Y 培养基:不得含维生素 B_6 生长因子。

10.1.5 琼脂[$(C_{12}H_{18}O_9)_n$]。

10.1.6 氯化钠(NaCl)。

10.1.7 溴甲酚绿($C_{21}H_{14}Br_4O_5S$)。

10.2 试剂配制

10.2.1 盐酸溶液(0.01 mol/L):吸取 0.9 mL 盐酸,用水稀释并定容至 1 000 mL。

10.2.2 硫酸溶液(0.22 mol/L):于 2 000 mL 烧杯中加入 700 mL 水、12.32 mL 硫酸,用水稀释至 1 000 mL。

10.2.3 硫酸溶液(0.5 mol/L):于 2 000 mL 烧杯中加入 700 mL 水、28 mL 硫酸,用水稀释至 1 000 mL。

10.2.4 氢氧化钠溶液(10 mol/L):称取 40 g 氢氧化钠,加 40 mL 水溶解,冷却后,用水定容至 100 mL。

10.2.5 氢氧化钠溶液(0.1 mol/L):移取 10 mol/L 氢氧化钠溶液 1 mL,用水定容至 100 mL。

10.2.6 生理盐水(9 g/L):称取 9 g 氯化钠,用水溶解后定容至 1 000 mL,于 121 ℃下高压灭菌15 min, 冷却后备用。

10.2.7 溴甲酚绿溶液(0.4 g/L):准确称取 0.1 g 溴甲酚绿于研钵中,加 1.4 mL 0.1 mol/L 氢氧化钠溶液研磨,加少许水继续研磨,直至完全溶解,用水稀释到 250 mL。

10.3 培养基(培养基组分与配制方法参见附录 C)

10.3.1 吡哆醇 Y 培养基。

10.3.2 吡哆醇 Y 琼脂培养基。

10.3.3 麦芽浸粉琼脂培养基。

10.3.4 YM 肉汤培养基。

10.3.5 YM 肉汤琼脂培养基。

10.4 标准品

盐酸吡哆醇($C_8H_{12}ClNO_3$,CAS 号:58-56-0):纯度≥99%,或经国家认证并授予标准物质证书的标准物质。

10.5 标准溶液配制

10.5.1 吡哆醇标准储备液(100 μg/mL):准确称取 122 mg 盐酸吡哆醇标准品,用 0.01 mol/L 的盐酸溶液溶解并定容至 1 000 mL。于 4 ℃下避光保存,有效期 1 个月。

10.5.2 吡哆醇标准中间液(1 μg/mL):准确吸取 1 mL 吡哆醇标准储备液,用水稀释并定容至 100 mL。

10.5.3 吡哆醇标准工作液(50 ng/mL):准确吸取 5 mL 吡哆醇标准中间液,用水定容至 100 mL。

11 仪器和设备

11.1 光栅分光光度计。

11.2 天平:感量 1 mg 和 0.1 mg。

11.3 电热恒温培养箱,或性能相当者。

11.4 高压釜,或性能相当者。

11.5 涡旋混合器。

11.6 离心机。

11.7 超净工作台,或性能相当者。

12 分析步骤

注: 预包埋了菌种的商业化维生素 B_6 检测试剂盒,其检测原理相同,检测效果相当,实际使用时按试剂盒中的操作指南进行操作。

12.1 菌种的制备及保存(避光处理)

12.1.1 菌种复壮:卡尔斯伯酵母(Saccharomyces carlsbergensis),ATCC♯9080 菌种或等效菌种冻干品,加入约 0.5 mL YM 肉汤培养基或生理盐水复溶,取几滴复溶的菌液分别接种 2 支装有 10 mL YM 肉汤培养基的试管中,于 30 ℃水浴振荡培养 20 h～24 h。

12.1.2 月储备菌种制备:将菌种复壮培养液划线接种于 YM 肉汤琼脂培养基(传代培养基)斜面上,于 30 ℃培养 20 h～24 h,于 2 ℃～8 ℃冰箱内保存,此菌种为第一代月储备菌种;以后每月将上一代的月储备菌种划线接种于 YM 肉汤琼脂培养基(传代培养基)斜面,于 30 ℃培养 20 h～24 h,于 2 ℃～8 ℃冰箱内保存,有效期一个月,此菌种为当月储备菌种。

12.1.3 周储备菌种制备:每周从当月储备菌种接种于 YM 肉汤琼脂培养基(传代培养基)斜面,于 30 ℃培养 20 h～24 h,于 2 ℃～8 ℃冰箱内保存,有效期 7 d。保存数星期以上的菌种,不能立即用作制备接种液之用,一定要在使用前每天移种一次,连续 2 d～3 d,方可使用,否则生长不好。

12.1.4 接种菌悬液制备:在维生素 B_6 测定实验前一天,将周储备菌种转接于 10 mL YM 肉汤培养基(种子培养液)中,可同时制备 2 管,于 30 ℃振荡培养 20 h～24 h,得到测定用的种子培养液,从月储备菌种到种子培养液总代数不超过 5 代。将该种子培养液于 3 000 r/min 下离心 10 min,倾去上清液;用 10 mL 生理盐水洗涤,离心,倾去上清液,用生理盐水重复洗涤 2 次;再加 10 mL 消毒过的生理盐水,将离心管置于涡旋混匀器上充分混合,使菌种成为混悬液,将此菌悬液倒入已消毒的注射器内,立即使用。

12.2 试样处理

12.2.1 称取试样 0.5 g～10 g(精确至 0.01 g,其中维生素 B_6 含量不超过 10 ng)放入 100 mL 锥形瓶中,加 72 mL 0.22 mol/L 硫酸溶液。放入高压釜 121 ℃下水解 5 h,取出冷却,用 10.0 mol/L 氢氧化钠溶液和 0.5 mol/L 硫酸溶液调 pH 至 4.5,用溴甲酚绿做指示剂(指示剂由黄-黄绿色),将锥形瓶内的溶液转移到 100 mL 容量瓶中,用蒸馏水定容至 100 mL,滤纸过滤,保存滤液于冰箱内备用(有效期不超过 36 h)。

注: 整个试样处理过程需要注意避光操作。

12.2.2 标准曲线的制备:3 组试管各加 0.00 mL、0.02 mL、0.04 mL、0.08 mL、0.12 mL 和 0.16 mL 吡哆醇工作液,再加吡哆醇 Y 培养基补至 5.00 mL,混匀,加棉塞。

12.2.3 试样管的制备:在试管中分别加入 0.05 mL、0.10 mL、0.20 mL 样液,再加入吡哆醇 Y 培养基补至 5.00 mL,用棉塞塞住试管,将制备好的标准曲线和试样测定管放入高压釜 121 ℃下高压灭菌 10 min,冷至室温备用。

12.2.4 接种和培养:每管种一滴接种液,于 30 ℃±0.5 ℃恒温箱中培养 18 h～22 h。

12.3 测定

将培养后的标准管和试样管从恒温箱中取出后,用分光光度计于 550 nm 波长下,以标准管的零管调零,测定各管的吸光度值。以标准管维生素 B_6 所含的浓度为横坐标,吸光度值为纵坐标,绘制维生素 B_6 标准工作曲线,用试样得到的吸光度值,在标准曲线上查到试样管维生素 B_6 的含量。

13 分析结果的表述

试样提取液中维生素 B_6 的浓度按式(3)计算：

$$\rho = \frac{\rho_1 + \rho_2 + \rho_3}{3} \qquad \cdots\cdots\cdots\cdots\cdots\cdots (3)$$

式中：

ρ ——试样提取液中维生素 B_6 的浓度，单位为纳克每毫升(ng/mL)；

ρ_i ——各试样测定管中维生素 B_6 的浓度，单位为纳克每毫升(ng/mL)。

试样中维生素 B_6 的含量按式(4)计算：

$$X = \frac{\rho \times V \times 100}{m \times 10^6} \qquad \cdots\cdots\cdots\cdots\cdots\cdots (4)$$

式中：

X ——试样中维生素 B_6 (以吡哆醇计)的含量，单位为毫克每百克(mg/100 g)；

ρ ——试样提取液中维生素 B_6 的浓度，单位为纳克每毫升(ng/mL)；

V ——试样提取液的定容体积与稀释体积总和，单位为毫升(mL)；

m ——试样质量，单位为克(g)；

$\dfrac{100}{10^6}$ ——折算成每 100 g 试样中维生素 B_6 的毫克数。

计算结果保留到小数点后两位。

14 精密度

在重复性条件下获得的两次独立测定结果的绝对差值不得超过算术平均值的15％。

15 其他

当取样量为 1.00 g 时，定量限为 0.002 mg/100 g。

附 录 A
维生素 B$_6$ 各组分标准溶液的浓度校正方法

A.1 标准校正溶液的配制

分别准确吸取 1.00 mL 吡哆醇、吡哆醛、吡哆胺标准储备液,用 0.1 mol/L 盐酸溶液定容到 100 mL,作为标准校正液。

A.2 对照溶液的配制

以 0.1 mol/L 盐酸溶液作为对照溶液。

A.3 吸收值的测定

用 1 cm 比色杯于相应最大吸收波长下,以对照溶液为空白对照,测定各标准校正溶液的吸收值。

A.4 标准溶液的浓度计算

各标准储备液的质量浓度按式(A.1)计算:

$$\rho_i = \frac{A_i \times M_i}{\varepsilon_i} \times V \times F_i \quad\cdots\cdots\cdots\cdots\cdots\cdots(A.1)$$

式中:

ρ_i ——维生素 B$_6$ 各组分(吡哆醇、吡哆醛、吡哆胺)标准储备液的质量浓度,单位为微克每毫升 (μg/mL);

A_i ——维生素 B$_6$ 各组分(吡哆醇、吡哆醛、吡哆胺)标准测试液在各自最大吸收波长 λ_{max} 下的吸收值(见表 A.1);

M_i ——维生素 B$_6$ 各组分(吡哆醇、吡哆醛、吡哆胺)标准品的分子量(见表 A.1);

ε_i ——维生素 B$_6$ 各组分(吡哆醇、吡哆醛、吡哆胺)在 0.1 mol/L 盐酸溶液中的吸收系数(见表 A.1);

V ——稀释因子;

F_i ——无维生素 B$_6$ 各组分(吡哆醇、吡哆醛、吡哆胺)的对照溶液的换算因子(见表 A.1)。

表 A.1 维生素 B$_6$ 各组分标准溶液浓度校正的相关参数

化合物	溶剂	λ_{max}	M_i g/mol	ε_i mmol^{-1} · cm^{-1}	F_i
盐酸吡哆醇 (pyridoxine-hydrochloride)	0.1 mol/L HCl(pH≈1)	291	205.6	8.6	0.823
盐酸吡哆醛 (pyridoxal-hydrochloride)	0.1 mol/L HCl(pH≈1)	288	203.6	9.0	0.821
双盐酸吡哆胺 (pyridoxamine-dihydrochloride)	0.1 mol/L HCl(pH≈1)	292	241.1	8.2	0.698

附　录　B
维生素 B₆ 液相色谱图

维生素 B₆ 的液相色谱图见图 B.1。

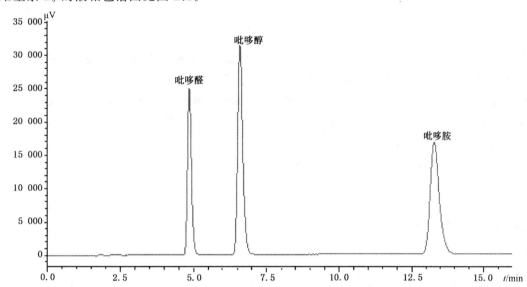

图 B.1　维生素 B₆ 标准溶液的液相色谱图

附　录　C
培养基组分与配制方法

C.1　吡哆醇Y培养基

每升溶液成分:葡萄糖 40.0 g,L-天冬酰胺 4.0 g,硫酸铵 4.0 g,磷酸二氢钾 3.0 g,硫酸镁 1.0 g,氯化钙 0.49 g,DL-蛋氨酸 40.0 mg,DL-色氨酸 40.0 mg,DL-异亮氨酸 40.0 mg,DL-缬氨酸 40.0 mg,盐酸组氨酸 20.0 mg,核黄素 20.0 mg,生物素 8.0 mg,肌醇 5.0 mg,硫酸亚铁 500.0 μg,盐酸硫胺素 400.0 μg,泛酸钙 400.0 μg,胆碱酸 400.0 μg,硼酸 200.0 μg,碘化钾 200.0 μg,钼酸铵 40.0 μg,硫酸锰 80.0 μg,硫酸铜 90.0 μg,硫酸锌 80.0 μg,蒸馏水 1 000 mL。

称量 5.3 g 上述吡哆醇Y培养基培养基,溶解于 100 mL 蒸馏水中,调 pH 至 4.1±0.05,121 ℃灭菌 15 min,备用。

C.2　吡哆醇Y琼脂培养基

称量 5.3 g 上述吡哆醇Y培养基,溶解于 100 mL 蒸馏水中,调 pH 至 4.1±0.05,加入 1.2 g 琼脂,加热煮沸使琼脂融化,混合均匀后分装于试管中,每管 10 mL,121 ℃灭菌 15 min,摆成斜面备用。

C.3　麦芽浸粉琼脂培养基

称取麦芽糖 12.75 g、糊精 2.75 g、丙三醇 2.35 g、蛋白胨 0.78 g,溶解于 1 000 mL 蒸馏水中,调 pH 至 4.7±0.2,加入 15.0 g 琼脂,加热煮沸使琼脂融化,混合均匀后分装于试管中,每管 10 mL,121 ℃灭菌 15 min,摆成斜面备用。用于制备卡尔斯伯酵母的每月和每周传代菌种培养基。

C.4　YM肉汤培养基

每升溶液成分:酵母浸膏 3.0 g,麦芽浸膏 3.0 g,蛋白胨 5.0 g,葡萄糖 10.0 g,蒸馏水 1 000 mL。按 2.1 g/100 mL 水的比例称量培养基,加入对应体积的蒸馏水,搅拌均匀,调 pH 至 6.2±0.2,分装于试管中,每管 10 mL,121 ℃灭菌 15 min,冷却后放入冰箱 4 ℃保存,有效期一个月,作为卡尔斯伯酵母菌种复苏培养液和日常检测用种子培养液培养基。

C.5　YM肉汤琼脂培养基

按 2.1 g/100 mL 水的比例称量上述 YM 肉汤培养基,并按 1.3 g/100 mL 的比例加入琼脂后,加入对应体积的蒸馏水,加热至沸腾,分装于试管中,每管 10 mL,121 ℃下灭菌 15 min,摆成斜面,放入冰箱 4 ℃保存,有效期一个月,用于制备卡尔斯伯酵母的每月和每周传代菌种培养基。

————————————

中华人民共和国国家标准

GB 5009.158—2016

食品安全国家标准

食品中维生素 K_1 的测定

2016-12-23 发布

2017-06-23 实施

中华人民共和国国家卫生和计划生育委员会
国家食品药品监督管理总局 发布

前　言

本标准代替 GB/T 5009.158—2003《蔬菜中维生素 K_1 的测定》和 GB 5413.10—2010《食品安全国家标准　婴幼儿食品和乳品中维生素 K_1 的测定》。

本标准与 GB/T 5009.158—2003 相比，主要变化如下：

——标准名称修改为"食品安全国家标准　食品中维生素 K_1 的测定"；

——增加了高效液相色谱-荧光检测法；

——增加了液相色谱-串联质谱法；

——删除了高效液相色谱-紫外检测法。

食品安全国家标准

食品中维生素 K_1 的测定

1 范围

本标准规定了食品中维生素 K_1 的测定方法。

本标准第一法为高效液相色谱-荧光检测法,第二法为液相色谱-串联质谱法,均适用于各类配方食品、植物油、水果和蔬菜中维生素 K_1 的测定。

第一法 高效液相色谱-荧光检测法

2 原理

婴幼儿食品和乳品、植物油等样品经脂肪酶和淀粉酶酶解,正己烷提取样品中的维生素 K_1 后,用 C_{18} 液相色谱柱将维生素 K_1 与其他杂质分离,锌柱柱后还原,荧光检测器检测,外标法定量。

水果、蔬菜等低脂性植物样品,用异丙醇和正己烷提取其中的维生素 K_1,经中性氧化铝柱净化,去除叶绿素等干扰物质。用 C_{18} 液相色谱柱将维生素 K_1 与其他杂质分离,锌柱柱后还原,荧光检测器检测,外标法定量。

3 试剂和材料

除非另有说明,本方法所用试剂均为分析纯,水为 GB/T 6682 规定的一级水。

3.1 试剂

3.1.1 无水乙醇(CH_3CH_2OH)。

3.1.2 碳酸钾(K_2CO_3)。

3.1.3 无水硫酸钠(Na_2SO_4)。

3.1.4 异丙醇(C_3H_8O)。

3.1.5 正己烷(C_6H_{14})。

3.1.6 甲醇(CH_3OH):色谱纯。

3.1.7 四氢呋喃(C_4H_8O):色谱纯。

3.1.8 乙酸乙酯($C_4H_8O_2$)。

3.1.9 冰乙酸(CH_3COOH):色谱纯。

3.1.10 氯化锌($ZnCl_2$):色谱纯。

3.1.11 无水乙酸钠(CH_3COONa)。

3.1.12 氢氧化钾(KOH)。

3.1.13 脂肪酶:酶活力$\geqslant$700 U/mg。

3.1.14 淀粉酶:酶活力$\geqslant$1.5 U/mg。

3.1.15 锌粉:粒径 50 μm～70 μm。

3.2 试剂配制

3.2.1 40%氢氧化钾溶液:称取 20 g 氢氧化钾于 100 mL 烧杯中,用 20 mL 水溶解,冷却后,加水至 50 mL,储存于聚乙烯瓶中。

3.2.2 磷酸盐缓冲液(pH8.0):溶解 54.0 g 磷酸二氢钾于 300 mL 水中,用 40%氢氧化钾溶液调节 pH 至 8.0,加水至 500 mL。

3.2.3 正己烷-乙酸乙酯混合液(90+10):量取 90 mL 正己烷,加入 10 mL 乙酸乙酯,混匀。

3.2.4 流动相:量取甲醇 900 mL,四氢呋喃 100 mL,冰乙酸 0.3 mL,混匀后,加入氯化锌 1.5 g,无水乙酸钠 0.5 g,超声溶解后,用 0.22 μm 有机系滤膜过滤。

3.3 标准品

维生素 K_1($C_{31}H_{46}O_2$,CAS 号:84-80-0):纯度≥99%,或经国家认证并授予标准物质证书的标准物质。

3.4 标准溶液配制

3.4.1 维生素 K_1 标准贮备溶液(1 mg/mL):准确称取 50 mg(精确至 0.1 mg)维生素 K_1 标准品于 50 mL 容量瓶中,用甲醇溶解并定容至刻度。将溶液转移至棕色玻璃容器中,在-20 ℃下避光保存,保存期 2 个月。标准储备液在使用前需要进行浓度校正,校正方法参照附录 A。

3.4.2 维生素 K_1 标准中间液(100 μg/mL):准确吸取标准贮备溶液 10.00 mL 于 100 mL 容量瓶中,加甲醇至刻度,摇匀。将溶液转移至棕色玻璃容器中,在-20 ℃下避光保存,保存期 2 个月。

3.4.3 维生素 K_1 标准使用液(1.00 μg/mL):准确吸取标准中间液 1.00 mL 于 100 mL 容量瓶中,加甲醇至刻度,摇匀。

3.4.4 标准系列工作溶液:分别准确吸取维生素 K_1 标准使用液 0.10 mL、0.20 mL、0.50 mL、1.00 mL、2.00 mL、4.00 mL 于 10mL 容量瓶中,加甲醇定容至刻度,维生素 K_1 标准系列工作溶液浓度分别为 10 ng/mL、20 ng/mL、50 ng/mL、100 ng/mL、200 ng/mL、400 ng/mL。

3.5 材料

3.5.1 中性氧化铝:粒径 50 μm～150 μm。

3.5.2 中性氧化铝柱:2 g/6 mL,填料中含 10%水,可直接购买商品柱,也可自行装填。

   注:中性氧化铝柱装填方法:
   a) 填料处理:取 200 g 中性氧化铝于 500 mL 的广口瓶中,于 150 ℃干燥箱中烘烤 2 h,加盖后于干燥器中冷却至室温,缓慢加入 20 mL 纯水,边加边摇,加完后加上瓶盖,放入 80 ℃烘箱中 3 min～5 min,取出后,剧烈振摇,直至瓶内氧化铝自由流动,无结块,置于干燥器中冷却 30 min,备用。
   b) 层析柱装填:取 6 mL 的针筒式柱套,加入筛板,称取 2.00 g 上述经脱活化处理的填料,再加入一块筛板,用装填工具压紧。

3.5.3 锌柱:柱长 50 mm,内径 4.6 mm,锌柱可直接购买商品柱,也可自行装填。

   注:
   a) 锌柱填装方法:将锌粉密集装入不锈钢材质的柱套(柱长 50 mm,内径 4.6mm)中。装柱时,应连续少量多次将锌粉装入柱中,边装边轻拍打,以使装入的锌粉紧密。
   b) 锌柱接入仪器前,须将液相色谱仪所用管路中的水排干。

3.5.4 微孔滤头:带 0.22 μm 有机系微孔滤膜。

4 仪器和设备

4.1 高效液相色谱仪:带荧光检测器。

4.2　匀浆机。

4.3　高速粉碎机。

4.4　组织捣碎机。

4.5　涡旋振荡器。

4.6　恒温水浴振荡器。

4.7　pH 计:精度 0.01。

4.8　天平:感量为 1 mg 和 0.1 mg。

4.9　离心机:转速≥6 000 r/min。

4.10　旋转蒸发仪。

4.11　氮吹仪。

4.12　超声波振荡器。

5　分析步骤

5.1　试样制备

米粉、奶粉等粉状样品经混匀后,直接取样;片状、颗粒状样品,经样本粉碎机磨成粉,储存于样品袋中备用;液态乳、植物油等液态样品摇匀后,直接取样;水果、蔬菜等取可食部分,水洗干净,用纱布擦去表面水分,经匀浆器匀浆,储存于样品瓶中备用。制样后,需尽快测定。

5.2　试样处理

警示:处理过程应避免紫外光直接照射,尽可能避光操作。

5.2.1　婴幼儿食品和乳品、植物油

5.2.1.1　酶解

准确称取经均质的试样 1 g～5 g(精确到 0.01 g,维生素 K_1 含量不低于 0.05 μg)于 50 mL 离心管中,加入 5 mL 温水溶解(液体样品直接吸取 5 mL,植物油不需加水稀释),加入磷酸盐缓冲液(pH8.0) 5 mL,混匀,加入 0.2 g 脂肪酶和 0.2 g 淀粉酶(不含淀粉的样品可以不加淀粉酶),加盖,涡旋 2 min～3 min,混匀后,置于 37 ℃±2 ℃恒温水浴振荡器中振荡 2 h 以上,使其充分酶解。

5.2.1.2　提取

取出酶解好的试样,分别加入 10 mL 乙醇及 1 g 碳酸钾,混匀后加入 10 mL 正己烷和 10 mL 水,涡旋或振荡提取 10 min,6 000 r/min 离心 5 min,或将酶解液转移至 150 mL 的分液漏斗中萃取提取,静置分层(如发生乳化现象,可适当增加正己烷或水的加入量,以排除乳化现象),转移上清液至 100 mL 旋蒸瓶中,向下层液再加入 10 mL 正己烷,重复操作 1 次,合并上清液至上述旋蒸瓶中。

5.2.1.3　浓缩

将上述正己烷提取液旋蒸至干(如有残液,可用氮气轻吹至干),用甲醇转移并定容至 5 mL 容量瓶中,摇匀,0.22 μm 滤膜过滤,滤液待进样。

不加试样,按同一操作方法做空白试验。

5.2.2　水果、蔬菜样品

5.2.2.1　提取

准确称取 1 g～5 g(精确到 0.01 g,维生素 K_1 含量不低于 0.05 μg)经均质匀浆的样品于 50 mL 离心管中,加入 5 mL 异丙醇,涡旋 1 min,超声 5 min,再加入 10 mL 正己烷,涡旋振荡提取 3 min,6 000 r/min 离心 5 min,移取上清液于 25 mL 棕色容量瓶中,向下层溶液中加入 10 mL 正己烷,重复提取 1 次,合并上清液于上述容量瓶中,正己烷定容至刻度,用移液管准确分取上清液 1 mL～5 mL(视样品中维生素 K_1 含量而定)至 10 mL 试管中,氮气轻吹至干,加入 1 mL 正己烷溶解,待净化。

5.2.2.2　净化、浓缩

将上述 1 mL 提取液用少量正己烷转移至预先用 5 mL 正己烷活化的中性氧化铝柱中,待提取液流至近干时,5 mL 正己烷淋洗,6 mL 正己烷-乙酸乙酯混合液洗脱至 10 mL 试管中,氮气吹干后,用甲醇定容至 5 mL,过 0.22 μm 滤膜,滤液供分析测定。

不加试样,按同一操作方法做空白试验。

5.3　色谱参考条件

a) 色谱柱:C_{18} 柱,柱长 250 mm,内径 4.6 mm,粒径 5 μm,或具同等性能的色谱柱;

b) 锌还原柱:柱长 50 mm,内径 4.6 mm;

c) 流动相:按 3.2.4 配制;

d) 流速:1 mL/min;

e) 检测波长:激发波长为 243 nm,发射波长为 430 nm;

f) 进样量:10 μL;

g) 标准溶液的色谱图见附录 B。

5.4　标准曲线的制作

采用外标标准曲线法进行定量。将维生素 K_1 标准系列工作液分别注入高效液相色谱仪中,测定相应的峰面积,以峰面积为纵坐标,以标准系列工作液浓度为横坐标绘制标准曲线,计算线性回归方程。

5.5　试样溶液的测定

在相同色谱条件下,将制备的空白溶液和试样溶液分别进样,进行高效液相色谱分析。以保留时间定性,峰面积外标法定量,根据线性回归方程计算出试样溶液中维生素 K_1 的浓度。

6　分析结果的表述

试样中维生素 K_1 的含量按式(1)计算:

$$X = \frac{\rho \times V_1 \times V_3 \times 100}{m \times V_2 \times 1\,000} \quad\cdots\cdots\cdots\cdots\cdots\cdots\cdots\cdots\cdots(1)$$

式中:

X　——试样中维生素 K_1 的含量,单位为微克每百克(μg/100 g);

ρ　——由标准曲线得到的试样溶液中维生素 K_1 的浓度,单位为纳克每毫升(ng/mL);

V_1　——提取液总体积,单位为毫升(mL);

V_3　——定容液的体积,单位为毫升(mL);

100 ——将结果单位由微克每克换算为微克每百克样品中含量的换算系数；

m ——试样的称样量，单位为克(g)；

V_2 ——分取的提取液体积(婴幼儿食品和乳品、植物油 $V_1=V_2$)，单位为毫升(mL)；

1 000——将浓度单位由 ng/mL 换算为 μg/mL 的换算系数。

计算结果保留三位有效数字。

7 精密度

在重复性条件下获得的两次独立测定结果的绝对差值不得超过算术平均值的10％。

8 其他

婴幼儿食品和乳品、植物油，当取样量为 1 g，定容 5 mL 时，检出限为 1.5 μg/100 g，定量限为 5 μg/100 g；果蔬样品当取样量为 5 g，提取液分取 5 mL，定容 5 mL 时，检出限为 1.5 μg/100 g，定量限为 5 μg/100 g。

第二法　液相色谱-串联质谱法

9 原理

婴幼儿食品和乳品、植物油等样品经脂肪酶和淀粉酶酶解，用正己烷提取样品中的维生素 K_1 后，用 C_{18} 液相色谱柱将维生素 K_1 与其他杂质分离，串联质谱检测，同位素内标法定量。

水果、蔬菜等低脂性植物样品，用异丙醇和正己烷提取其中的维生素 K_1 ，经中性氧化铝柱净化，去除叶绿素等干扰物质。用 C_{18} 液相色谱柱将维生素 K_1 与其他杂质分离，串联质谱检测，同位素内标法定量。

10 试剂和材料

除非另有说明，本方法所用试剂均为分析纯，水为 GB/T 6682 规定的一级水。

10.1 试剂

10.1.1 无水乙醇(CH_3CH_2OH)。

10.1.2 碳酸钾(K_2CO_3)。

10.1.3 氢氧化钾(KOH)。

10.1.4 甲酸(HCOOH)：色谱纯。

10.1.5 甲酸铵($HCOONH_4$)：色谱纯。

10.1.6 异丙醇[$(CH_3)_2CHOH$]。

10.1.7 正己烷[$CH_3(CH_2)_4CH_3$]。

10.1.8 甲醇(CH_3OH)：色谱纯。

10.1.9 乙酸乙酯($C_4H_8O_2$)。

10.1.10 脂肪酶：酶活力≥700 U/mg。

10.1.11 淀粉酶：酶活力≥1.5 U/mg。

10.2　试剂配制

10.2.1　40％氢氧化钾溶液：称取 20 g 氢氧化钾于 100 mL 烧杯中，用 20 mL 水溶解，冷却后，加水至 50 mL，储存于聚乙烯瓶中。

10.2.2　磷酸盐缓冲液（pH8.0）：溶解 54.0 g 磷酸二氢钾于 300 mL 水中，用 40％氢氧化钾溶液调节 pH 至 8.0，加水至 500 mL。

10.2.3　正己烷-乙酸乙酯混合液（90＋10）：量取 90 mL 正己烷，加入 10 mL 乙酸乙酯，混匀。

10.2.4　流动相：1 000 mL 甲醇中加入 0.25 mL 甲酸和 0.157 5 g 甲酸铵，超声溶解后，用 0.22 μm 有机系滤膜过滤。

10.3　标准品

10.3.1　维生素 K_1（$C_{31}H_{46}O_2$，CAS 号：84-80-0）：纯度≥99.3％。

10.3.2　维生素 K_1-D_7（$C_{31}H_{46}O_2$，CAS 号：1233937-39-7）：纯度≥99.5％。

10.4　标准溶液配制

10.4.1　维生素 K_1 标准贮备溶液（1 mg/mL）：准确称取 50 mg（精确至 0.1 mg）维生素 K_1 标准品于 50 mL 容量瓶中，用甲醇溶解并定容至刻度。将溶液转移至棕色玻璃容器中，在−20 ℃下避光保存，保存期 2 个月。标准储备液在使用前需要进行浓度校正，校正方法参照附录 A。

10.4.2　维生素 K_1 标准中间液（100 μg/mL）：准确吸取维生素 K_1 标准贮备溶液 10.00 mL 于 100 mL 容量瓶中，加甲醇至刻度，摇匀。将溶液转移至棕色玻璃容器中，在−20 ℃下避光保存，保存期 2 个月。

10.4.3　维生素 K_1 标准使用液（1 μg/mL）：准确吸取维生素 K_1 标准中间液 1.00 mL 于 100 mL 容量瓶中，加甲醇至刻度，摇匀。

10.4.4　维生素 K_1-D_7 同位素内标贮备溶液（100 μg/mL）：准确称取 1 mg（精确至 0.01 mg）维生素 K_1-D_7 同位素内标，用甲醇溶解并定容至 10 mL。

10.4.5　维生素 K_1-D_7 同位素内标使用液（1 μg/mL）：吸取维生素 K_1-D_7 同位素内标贮备溶液 1.00 mL 于 100 mL 容量瓶中，加甲醇至刻度，摇匀。

10.4.6　标准系列工作溶液：分别准确吸取维生素 K_1 标准使用液 0.10 mL、0.20 mL、0.50 mL、1.00 mL、2.00 mL、4.00 mL 于 10 mL 容量瓶中，各加入同位素内标使用液 0.50 mL，加甲醇定容至刻度，此标准系列工作液维生素 K_1 浓度分别为 10 ng/mL、20 ng/mL、50 ng/mL、100 ng/mL、200 ng/mL、400 ng/mL。

10.5　材料

10.5.1　中性氧化铝：粒径 50 μm～150 μm。

10.5.2　中性氧化铝柱：2 g/6 mL，填料中含 10％水，可直接购买商品柱，也可自行装填。

> 注：中性氧化铝柱装填方法：
> a)　填料处理：取 200 g 中性氧化铝于 500 mL 的广口瓶中，于 150 ℃干燥箱中烘烤 2 h，加盖后于干燥器中冷却至室温，缓慢加入 20 mL 纯水，边加边摇，加完后加上瓶盖，放入 80 ℃烘箱中 3 min～5 min，取出后，剧烈振摇，直至瓶内氧化铝自由流动，无结块，置于干燥器中冷却 30 min，备用。
> b)　层析柱装填：取 6 mL 的针筒式柱套，加入筛板，称取 2.00 g 上述经脱活化处理的填料，再加入一块筛板，用装填工具压紧。

10.5.3　微孔滤头：带 0.22 μm 微孔滤膜。

11　仪器和设备

11.1　液相色谱-质谱联用仪：带电喷雾离子源（ESI）。

11.2 匀浆机。

11.3 高速粉碎机。

11.4 组织捣碎机。

11.5 涡旋振荡器。

11.6 恒温水浴振荡器。

11.7 pH 计:精度 0.01。

11.8 天平:感量 1 mg 和 0.1 mg。

11.9 离心机:转速≥6 000 r/min。

11.10 旋转蒸发仪。

11.11 氮吹仪。

11.12 超声波振荡器。

12 分析步骤

12.1 试样制备

米粉、奶粉等粉状样品经混匀后,直接取样;片状、颗粒状样品,经本粉碎机磨成粉,储存于样品袋中备用;液态乳、植物油等液态样品摇匀后,直接取样;水果、蔬菜等取可食部分,水洗干净,用纱布擦去表面水分,经匀浆器匀浆,储存于样品瓶中备用。制样后,需尽快测定。

12.2 试样处理

警示:处理过程应避免紫外光照,尽可能避光操作。

12.2.1 婴幼儿食品和乳品、植物油

12.2.1.1 酶解

准确称取经均质的试样 1 g～5 g(精确到 0.01 g,维生素 K₁ 含量不低于 0.02 μg)于 50 mL 离心管中,加入同位素内标使用液(1 μg/mL)0.25 mL,加入 5 mL 温水溶解(液体样品直接吸取 5 mL,植物油不需加水稀释),加入磷酸盐缓冲液(pH8.0)5 mL,混匀,加入 0.2 g 脂肪酶和 0.2 g 淀粉酶(不含淀粉的样品可以不加淀粉酶),加盖,涡旋 2 min～3 min,混匀后,置于 37 ℃±2 ℃恒温水浴振荡器中振荡 2 h以上,使其充分酶解。

12.2.1.2 提取

取出酶解好的试样,分别加入 10 mL 乙醇及 1 g 碳酸钾,混匀后加入 10 mL 正己烷,涡旋提取10 min,6 000 r/min 离心 3 min,转移上清液至另一 50 mL 离心管中,向下层液再加入 10 mL 正己烷,涡旋 5 min,6 000 r/min 离心 3 min,合并上清液,正己烷定容至 25 mL,待净化。

12.2.1.3 净化

在上述提取液中加入 20 mL 水,振摇 0.5 min,静置分层后,分取 5 mL 上清液于 10 mL 的玻璃试管中,氮吹至干,加入 1 mL 甲醇溶解,用 0.22 μm 滤膜过滤,滤液待进样。

不加试样,按同一操作方法做空白试验。

12.2.2　水果、蔬菜样品

12.2.2.1　提取

准确称取 1 g～5 g(精确到 0.01 g,维生素 K₁ 含量不低于 0.02 μg)经均质匀浆的样品于 50 mL 离心管中,加入同位素内标使用液(1 μg/mL)0.25 mL,加入 5 mL 异丙醇,涡旋 1 min,超声 5 min,加入 10 mL 正己烷,涡旋振荡提取 3 min,6 000 r/min 离心 5 min,移取上清液于 25 mL 棕色容量瓶中,向下层溶液中再加入 10 mL 正己烷,重复提取 1 次,合并上清液于上述容量瓶中,正己烷定容至刻度,用移液管准确分取上清液 5 mL 至 10 mL 试管中,氮气轻吹至干,加入 1 mL 正己烷溶解,待净化。

12.2.2.2　净化

将上述 1 mL 提取液用少量正己烷转移至预先用 5 mL 正己烷活化的中性氧化铝柱中,待提取液流至近干时,5 mL 正己烷淋洗,6 mL 正己烷-乙酸乙酯混合液洗脱至 10 mL 试管中,氮气吹干后加入 1 mL 甲醇,过 0.22 μm 滤膜,滤液供分析测定。

不加试样,按同一操作方法做空白试验。

12.3　色谱参考条件

a)　色谱柱:C₁₈柱,柱长 50 mm,内径 2.1 mm,粒径 1.8 μm,或具同等性能的色谱柱;

b)　流动相:甲醇(含 0.025% 甲酸＋2.5 mmol/L 甲酸铵);

c)　流速:0.3 mL/min;

d)　柱温:30 ℃;

e)　进样量:5 μL。

12.4　质谱参考条件

a)　电离方式:ESI＋;

b)　鞘气温度:375 ℃;

c)　鞘气流速:12 L/min;

d)　喷嘴电压:500 V;

e)　雾化器压力:172 kPa;

f)　毛细管电压:4 500 V;

g)　干燥气温度:325 ℃;

h)　干燥气流速:10 L/min;

i)　多反应监测(MRM)模式。

锥孔电压和碰撞能量见表 1,质谱图见附录 C。

表 1　MRM 分析的质谱参数

化合物	母离子(m/z)	子离子(m/z)	碰撞能量/eV
维生素 K₁	451	187* 227	23 22
维生素 K₁-D₇	458	178 194*	30 23

* 为定量离子。

12.5 标准曲线的制作

将标准系列工作溶液按浓度由低到高注入液相色谱-质谱仪进行测定,测得相应色谱峰的峰面积,以标准系列工作溶液中维生素 K_1 的浓度为横坐标,维生素 K_1 的色谱峰的峰面积与同位素内标色谱峰的峰面积的比值为纵坐标,绘制标准曲线。

12.6 试样溶液的测定

将试样溶液注入液相色谱-质谱仪进行测定,测得相应色谱峰的峰面积,根据标准曲线得到试样溶液中维生素 K_1 的浓度。如试样溶液中维生素 K_1 的浓度超出线性范围,则需适当减少取样量按 12.2 处理试样后重新测定。

12.7 定性

试样中目标化合物色谱峰的保留时间与标准色谱峰的保留时间相比较,变化范围应在 $\pm2.5\%$ 之内。

待测化合物定性离子色谱峰的信噪比应 $\geqslant3$,定量离子色谱峰的信噪比应 $\geqslant10$。

每种化合物的质谱定性离子应出现,至少应包括一个母离子和两个子离子,而且同一检测批次,对同一化合物,样品中目标化合物的两个子离子的相对丰度比与浓度相当的标准溶液相比,其允许偏差不超过表 2 规定的范围。

表 2　定性时相对离子丰度的最大允许偏差

相对离子丰度	$>50\%$	$>20\%\sim50\%$	$>10\%\sim20\%$	$\leqslant10\%$
允许相对偏差	$\pm20\%$	$\pm25\%$	$\pm30\%$	$\pm50\%$

13　分析结果的表述

试样中维生素 K_1 的含量按式(2)计算:

$$X = \frac{\rho \times V_1 \times V_3 \times 100}{m \times V_2 \times 1\,000} \quad\quad\quad\cdots\cdots\cdots\cdots\cdots\cdots\cdots\cdots(2)$$

式中:

X　——试样中维生素 K_1 的含量,单位为微克每百克($\mu g/100\ g$);

ρ　——由标准曲线得到的试样溶液中维生素 K_1 的浓度,单位为纳克每毫升(ng/mL);

V_1　——提取液总体积,单位为毫升(mL);

V_3　——定容液的体积,单位为毫升(mL);

100　——将结果单位由 $\mu g/g$ 换算为 $\mu g/100\ g$ 样品中含量的换算系数;

m　——试样的称样量,单位为克(g);

V_2　——分取的提取液体积,单位为毫升(mL);

1 000——将浓度单位由 ng/mL 换算为 $\mu g/mL$ 的换算系数。

计算结果保留三位有效数字。

14　精密度

在重复性条件下获得的两次独立测定结果的绝对差值不得超过算术平均值的 10%。

15 其他

　　婴幼儿食品和乳品、植物油,当取样量为 1 g,提取液分取 5 mL,浓缩后定容 1 mL 时,检出限为 1.5 $\mu g/100$ g,定量限为 5 $\mu g/100$ g;果蔬样品当取样量为 5 g,提取液分取 5 mL,浓缩后定容 1 mL 时,检出限为 0.3 $\mu g/100g$,定量限为 1 $\mu g/100$ g。

附 录 A

维生素 K₁ 标准浓度校正方法

维生素 K₁ 标准溶液配制后需对其浓度进行校正,具体操作如下:取维生素 K₁ 标准储备溶液 1.00 mL,吹干甲醇后,用正己烷定容至 100 mL 容量瓶中,按给定波长测定吸光值,以正己烷为空白,用 1 cm 的石英比色杯在 248 nm 波长下测定吸收值,标准储备液的质量浓度按式(A.1)计算,测定条件见表 A.1。

表 A.1 维生素 K₁ 吸光值的测定条件

标准	比吸光系数	波长 λ/nm
维生素 K₁	419	248

$$\rho = \frac{A_{248} \times 10^4 \times 100}{419} \quad\quad\cdots\cdots\cdots\cdots\cdots\cdots(A.1)$$

式中:

ρ ——维生素 K₁ 标准储备液浓度,单位为微克每毫升(μg/mL);

A_{248} ——标准校正测试液在 248 nm 波长下的吸收值;

100 ——稀释因子;

419 ——在 248 nm 波长下的百分吸光系数 $E_{1\ cm}^{1\%}$,即在 248 nm 波长下,液层厚度为 1 cm 时,浓度为 1% 的维生素 K₁ 正己烷溶液的吸光度(系数"419"同 BS EN 14148—2003 和 AOAC Official Method 999.15)。

乳制品及特殊食品食品安全国家标准汇编

附　录　B

高效液相色谱图

标准溶液中维生素 K₁ 色谱图见图 B.1。

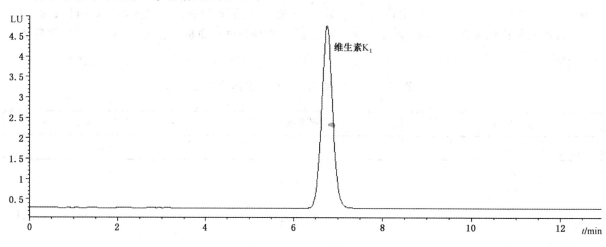

图 B.1　100 ng/mL 标准溶液中维生素 K₁ 色谱图

附 录 C
质谱参考图

C.1 维生素 K_1 和维生素 K_1-D_7 质谱扫描图见图 C.1。

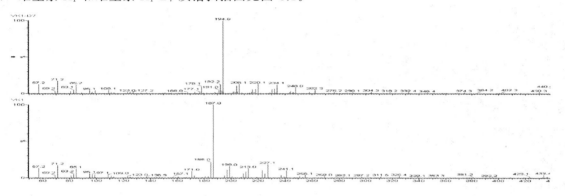

图 C.1 维生素 K_1 和维生素 K_1-D_7 质谱扫描图

C.2 标准溶液中维生素 K_1 和维生素 K_1-D_7 的 MRM 谱图见图 C.2。

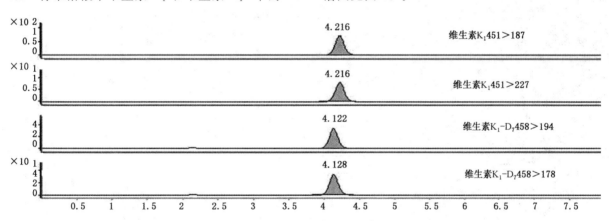

图 C.2 50 ng/mL 标准溶液中维生素 K_1 和维生素 K_1-D_7 的 MRM 谱图

中华人民共和国国家标准

GB 5009.168—2016

食品安全国家标准

食品中脂肪酸的测定

2016-12-23 发布

2017-06-23 实施

中华人民共和国国家卫生和计划生育委员会
国家食品药品监督管理总局 发布

前　言

本标准代替 GB/T 5009.168—2003《食品中二十碳五烯酸和二十二碳六烯酸的测定》、GB/T 22223—2008《食品中总脂肪、饱和脂肪(酸)、不饱和脂肪(酸)的测定　水解提取-气相色谱法》、GB 5413.27—2010《食品安全国家标准　婴幼儿食品和乳品中脂肪酸的测定》、GB/T 9695.2—2008《肉与肉制品　脂肪酸测定》、GB/T 17376—2008《动植物油脂　脂肪酸甲酯制备》、GB/T 17377—2008《动植物油脂　脂肪酸甲酯的气相色谱分析》、SN/T 2922—2011《出口食品中 EPA 和 DHA 的测定　气相色谱法》、NY/T 91—1988《油菜籽中油的芥酸的测定　气相色谱法》。

本标准与 GB/T 5009.168—2003 相比,主要变化如下:

——标准名称修改为"食品安全国家标准　食品中脂肪酸的测定";

——增加了内标法和归一化法;

——修改了原标准中的色谱柱,将玻璃柱改为毛细管色谱柱。

食品安全国家标准

食品中脂肪酸的测定

1 范围

本标准规定了食品中脂肪酸含量的测定方法。

本标准适用于食品中总脂肪、饱和脂肪(酸)、不饱和脂肪(酸)的测定。

本标准中水解-提取法适用于食品中脂肪酸含量的测定;酯交换法适用于游离脂肪酸含量不大于2%的油脂样品的脂肪酸含量测定;乙酰氯-甲醇法适用于含水量小于5%的乳粉和无水奶油样品的脂肪酸含量测定。

第一法 内标法

2 原理

2.1 水解-提取法:加入内标物的试样经水解-乙醚溶液提取其中的脂肪后,在碱性条件下皂化和甲酯化,生成脂肪酸甲酯,经毛细管柱气相色谱分析,内标法定量测定脂肪酸甲酯含量。依据各种脂肪酸甲酯含量和转换系数计算出总脂肪、饱和脂肪(酸)、单不饱和脂肪(酸)、多不饱和脂肪(酸)含量。

动植物油脂试样不经脂肪提取,加入内标物后直接进行皂化和脂肪酸甲酯化。

2.2 酯交换法(适用于游离脂肪酸含量不大于2%的油脂):将油脂溶解在异辛烷中,加入内标物后,加入氢氧化钾甲醇溶液通过酯交换甲酯化,反应完全后,用硫酸氢钠中和剩余氢氧化钾,以避免甲酯皂化。

3 试剂和材料

除非另有说明,本方法所用试剂均为分析纯,水为GB/T 6682规定的一级水。

3.1 试剂

3.1.1 盐酸(HCl)。

3.1.2 氨水(NH₃·H₂O)。

3.1.3 焦性没食子酸($C_6H_6O_3$)。

3.1.4 乙醚($C_4H_{10}O$)。

3.1.5 石油醚:沸程30 ℃～60 ℃。

3.1.6 乙醇(C_2H_6O)(95%)。

3.1.7 甲醇(CH_3OH):色谱纯。

3.1.8 氢氧化钠(NaOH)。

3.1.9 正庚烷[$CH_3(CH_2)_5CH_3$]:色谱纯。

3.1.10 三氟化硼甲醇溶液,浓度为15%。

3.1.11 无水硫酸钠(Na_2SO_4)。

3.1.12 氯化钠(NaCl)。

3.1.13 异辛烷$[(CH_3)_2CHCH_2C(CH_3)_3]$:色谱纯。

3.1.14 硫酸氢钠($NaHSO_4$)。

3.1.15 氢氧化钾(KOH)。

3.2 试剂配制

3.2.1 盐酸溶液(8.3 mol/L):量取 250 mL 盐酸,用 110 mL 水稀释,混匀,室温下可放置 2 个月。

3.2.2 乙醚-石油醚混合液(1+1):取等体积的乙醚和石油醚,混匀备用。

3.2.3 氢氧化钠甲醇溶液(2%):取 2 g 氢氧化钠溶解在 100 mL 甲醇中,混匀。

3.2.4 饱和氯化钠溶液:称取 360 g 氯化钠溶解于 1.0 L 水中,搅拌溶解,澄清备用。

3.2.5 氢氧化钾甲醇溶液(2 mol/L):将 13.1 g 氢氧化钾溶于 100 mL 无水甲醇中,可轻微加热,加入无水硫酸钠干燥,过滤,即得澄清溶液。

3.3 标准品

3.3.1 十一碳酸甘油三酯($C_{36}H_{68}O_6$,CAS 号:13552-80-2)。

3.3.2 混合脂肪酸甲酯标准品。

3.3.3 单个脂肪酸甲酯标准品:见附录 A。

3.4 标准溶液配制

3.4.1 十一碳酸甘油三酯内标溶液(5.00 mg/mL):准确称取 2.5 g(精确至 0.1 mg)十一碳酸甘油三酯至烧杯中,加入甲醇溶解,移入 500 mL 容量瓶后用甲醇定容,在冰箱中冷藏可保存 1 个月。

3.4.2 混合脂肪酸甲酯标准溶液:取出适量脂肪酸甲酯混合标准移至到 10 mL 容量瓶中,用正庚烷稀释定容,贮存于−10 ℃以下冰箱,有效期 3 个月。

3.4.3 单个脂肪酸甲酯标准溶液:将单个脂肪酸甲酯分别从安瓿瓶中取出转移到 10 mL 容量瓶中,用正庚烷冲洗安瓿瓶,再用正庚烷定容,分别得到不同脂肪酸甲酯的单标溶液,贮存于−10 ℃以下冰箱,有效期 3 个月。

4 仪器设备

4.1 匀浆机或实验室用组织粉碎机或研磨机。

4.2 气相色谱仪:具有氢火焰离子检测器(FID)。

4.3 毛细管色谱柱:聚二氰丙基硅氧烷强极性固定相,柱长 100 m,内径 0.25 mm,膜厚 0.2 μm。

4.4 恒温水浴:控温范围 40 ℃～100 ℃,控温±1 ℃。

4.5 分析天平:感量 0.1 mg。

4.6 旋转蒸发仪。

5 分析步骤

5.1 试样的制备

在采样和制备过程中,应避免试样污染。固体或半固体试样使用组织粉碎机或研磨机粉碎,液体试样用匀浆机打成匀浆于−18 ℃以下冷冻保存,分析用时将其解冻后使用。

5.2 试样前处理

5.2.1 水解-提取法

5.2.1.1 试样的称取

称取均匀试样 0.1 g ～10 g(精确至 0.1 mg,约含脂肪 100 mg～200 mg)移入到 250 mL 平底烧瓶中,准确加入 2.0 mL 十一碳酸甘油三酯内标溶液。加入约 100 mg 焦性没食子酸,加入几粒沸石,再加入 2 mL 95％乙醇和 4 mL 水,混匀。根据试样的类别选取相应的水解方法,乳制品采用碱水解法;乳酪采用酸碱水解法;动植物油脂直接进行步骤 5.2.1.4;其余食品采用酸水解法。

注：根据实际工作需要选择内标,对于组分不确定的试样,第一次检测时不应加内标物。观察在内标物峰位置处是否有干扰峰出现,如果存在,可依次选择十三碳酸甘油三酯或十九碳酸甘油三酯或二十三碳酸甘油三酯作为内标。

5.2.1.2 试样的水解

酸水解法:食品(除乳制品和乳酪):加入盐酸溶液 10 mL,混匀。将烧瓶放入 70 ℃～80 ℃水浴中水解 40 min。每隔 10 min 振荡一下烧瓶,使黏附在烧瓶壁上的颗粒物混入溶液中。水解完成后,取出烧瓶冷却至室温。

碱水解法:乳制品(乳粉及液态乳等试样):加入氨水 5 mL,混匀。将烧瓶放入 70 ℃～80 ℃水浴中水解 20 min。每 5 min 振荡一下烧瓶,使黏附在烧瓶壁上的颗粒物混入溶液中。水解完成后,取出烧瓶冷却至室温。

酸碱水解法:乳酪:加入氨水 5 mL,混匀。将烧瓶放入 70 ℃～80 ℃水浴中水解 20 min。每隔 10 min 振荡一下烧瓶,使黏附在烧瓶壁上的颗粒物混入溶液中。接着加入盐酸 10 mL,继续水解 20 min,每 10 min 振荡一下烧瓶,使黏附在烧瓶壁上的颗粒物混入溶液中。水解完成后,取出烧瓶冷却至室温。

5.2.1.3 脂肪提取

水解后的试样,加入 10 mL 95％乙醇,混匀。将烧瓶中的水解液转移到分液漏斗中,用 50 mL 乙醚石油醚混合液冲洗烧瓶和塞子,冲洗液并入分液漏斗中,加盖。振摇 5 min,静置 10 min。将醚层提取液收集到 250 mL 烧瓶中。按照以上步骤重复提取水解液 3 次,最后用乙醚石油醚混合液冲洗分液漏斗,并收集到 250 mL 烧瓶中。旋转蒸发仪浓缩至干,残留物为脂肪提取物。

5.2.1.4 脂肪的皂化和脂肪酸的甲酯化

在脂肪提取物中加入 2％氢氧化钠甲醇溶液 8 mL,连接回流冷凝器,80 ℃±1 ℃水浴上回流,直至油滴消失。从回流冷凝器上端加入 7 mL 15％三氟化硼甲醇溶液,在 80 ℃±1 ℃水浴中继续回流 2 min。用少量水冲洗回流冷凝器。停止加热,从水浴上取下烧瓶,迅速冷却至室温。

准确加入 10 mL～30 mL 正庚烷,振摇 2 min,再加入饱和氯化钠水溶液,静置分层。吸取上层正庚烷提取溶液大约 5 mL,至 25 mL 试管中,加入大约 3 g～5 g 无水硫酸钠,振摇 1 min,静置 5 min,吸取上层溶液到进样瓶中待测定。

5.2.2 酯交换法

适用于游离脂肪酸含量不大于 2％的油脂样品。

5.2.2.1 试样称取

称取试样 60.0 mg 至具塞试管中,精确至 0.1 mg,准确加入 2.0 mL 内标溶液。

5.2.2.2 甲酯制备

加入 4 mL 异辛烷溶解试样,必要时可以微热使试样溶解后加入 200 μL 氢氧化钾甲醇溶液,盖上玻璃塞猛烈振摇 30 s 后静置至澄清。加入约 1 g 硫酸氢钠,猛烈振摇,中和氢氧化钾。待盐沉淀后,将上层溶液移至上机瓶中,待测。

5.3 测定

5.3.1 色谱参考条件

取单个脂肪酸甲酯标准溶液和脂肪酸甲酯混合标准溶液分别注入气相色谱仪,对色谱峰进行定性。脂肪酸甲酯混合标准溶液气相色谱图,见附录 B。

a) 毛细管色谱柱:聚二氰丙基硅氧烷强极性固定相,柱长 100 m,内径 0.25 mm,膜厚 0.2 μm。
b) 进样器温度:270 ℃。
c) 检测器温度:280 ℃。
d) 程序升温:初始温度 100 ℃,持续 13 min;
   100 ℃～180 ℃,升温速率 10 ℃/min,保持 6 min;
   180 ℃～200 ℃,升温速率 1 ℃/min,保持 20 min;
   200 ℃～230 ℃,升温速率 4 ℃/min,保持 10.5 min。
e) 载气:氮气。
f) 分流比:100：1。
g) 进样体积:1.0 μL。
h) 检测条件应满足理论塔板数(n)至少 2 000/m,分离度(R)至少 1.25。

5.3.2 试样测定

5.3.2.1 试样溶液的测定

在上述色谱条件下将脂肪酸标准测定液及试样测定液分别注入气相色谱仪,以色谱峰峰面积定量。

6 分析结果的表述

6.1 试样中单个脂肪酸甲酯含量

试样中单个脂肪酸甲酯含量按式(1)计算:

$$X_i = F_i \times \frac{A_i}{A_{C11}} \times \frac{\rho_{C11} \times V_{C11} \times 1.006\,7}{m} \times 100 \quad \cdots\cdots\cdots\cdots\cdots\cdots (1)$$

式中:

X_i ——试样中脂肪酸甲酯 i 含量,单位为克每百克(g/100 g);

F_i ——脂肪酸甲酯 i 的响应因子;

A_i ——试样中脂肪酸甲酯 i 的峰面积;

A_{C11} ——试样中加入的内标物十一碳酸甲酯峰面积;

ρ_{C11} ——十一碳酸甘油三酯浓度,单位为毫克每毫升(mg/mL);

V_{C11} ——试样中加入十一碳酸甘油三酯体积,单位为毫升(mL);

1.006 7 ——十一碳酸甘油三酯转化成十一碳酸甲酯的转换系数;

m ——试样的质量,单位为毫克(mg);

100 ——将含量转换为每 100 g 试样中含量的系数。

脂肪酸甲酯 i 的响应因子 F_i 按式(2)计算：

$$F_i = \frac{\rho_{Si} \times A_{11}}{A_{Si} \times \rho_{11}}$$ ....(2)

式中：

F_i ——脂肪酸甲酯 i 的响应因子；

ρ_{Si} ——混标中各脂肪酸甲酯 i 的浓度，单位为毫克每毫升(mg/mL)；

A_{11} ——十一碳酸甲酯峰面积；

A_{Si} ——脂肪酸甲酯 i 的峰面积；

ρ_{11} ——混标中十一碳酸甲酯浓度，单位为毫克每毫升(mg/mL)。

6.2 试样中饱和脂肪(酸)含量

试样中饱和脂肪(酸)含量按式(3)计算，试样中单饱和脂肪酸含量按式(4)计算：

$$X_{\text{Saturated Fat}} = \sum X_{\text{SFA}_i}$$ ....(3)

$$X_{\text{SFA}_i} = X_{\text{FAME}_i} \times F_{\text{FAME}_i\text{-FA}_i}$$ ....(4)

式中：

$X_{\text{Saturated Fat}}$ ——饱和脂肪(酸)含量，单位为克每百克(g/100 g)；

X_{SFA_i} ——单饱和脂肪酸含量，单位为克每百克(g/100 g)；

X_{FAME_i} ——单饱和脂肪酸甲酯含量，单位为克每百克(g/100 g)；

$F_{\text{FAME}_i\text{-FA}_i}$ ——脂肪酸甲酯转化成脂肪酸的系数。

脂肪酸甲酯转换为脂肪酸的转换系数 $F_{\text{FAME}_i\text{-FA}_i}$ 参见附录 D。脂肪酸甲酯 i 转化成为脂肪酸的系数按照式(5)计算：

$$F_{\text{FAME}_i\text{-FA}_i} = \frac{M_{\text{FA}_i}}{M_{\text{FAME}_i}}$$ ....(5)

式中：

$F_{\text{FAME}_i\text{-FA}_i}$ ——脂肪酸甲酯转化成脂肪酸的转换系数；

M_{FA_i} ——脂肪酸 i 的分子质量；

M_{FAME_i} ——脂肪酸甲酯 i 的分子质量。

6.3 试样中单不饱和脂肪(酸)含量

试样中单不饱和脂肪(酸)含量($X_{\text{Mono-Unsaturated Fat}}$)按式(6)计算，试样中每种单不饱和脂肪酸甲酯含量按式(7)计算：

$$X_{\text{Mono-Unsaturated Fat}} = \sum X_{\text{MUFA}_i}$$ ....(6)

$$X_{\text{MUFA}_i} = X_{\text{FAME}_i} \times F_{\text{FAME}_i\text{-FA}_i}$$ ....(7)

式中：

$X_{\text{Mono-Unsaturated Fat}}$ ——试样中单不饱和脂肪(酸)含量，单位为克每百克(g/100 g)；

X_{MUFA_i} ——试样中每种单不饱和脂肪酸含量，单位为克每百克(g/100 g)；

X_{FAME_i} ——每种单不饱和脂肪酸甲酯含量，单位为克每百克(g/100 g)；

$F_{\text{FAME}_i\text{-FA}_i}$ ——脂肪酸甲酯 i 转化成脂肪酸的系数。

脂肪酸甲酯转化成脂肪酸的系数 $F_{\text{FAME}_i\text{-FA}_i}$ 参见附录 D。

6.4 试样中多不饱和脂肪(酸)含量

试样中多不饱和脂肪(酸)含量($X_{\text{Poly-Unsaturated Fat}}$)按式(8)计算，单个多不饱和脂肪酸含量按式(9)计算：

$$X_{\text{Poly-Unsaturated Fat}} = \sum X_{\text{PUFA}_i} \qquad \cdots\cdots\cdots\cdots\cdots\cdots\cdots\cdots (8)$$

$$X_{\text{PUFA}_i} = X_{\text{FAME}_i} \times F_{\text{FAME}_i\text{-FA}_i} \qquad \cdots\cdots\cdots\cdots\cdots\cdots (9)$$

式中：

$X_{\text{Poly-Unsaturated Fat}}$ ——试样中多不饱和脂肪（酸）含量，单位为克每百克（g/100 g）；

X_{PUFA_i} ——试样中单个多不饱和脂肪酸含量，单位为克每百克（g/100 g）；

X_{FAME_i} ——单个多不饱和脂肪酸甲酯含量，单位为克每百克（g/100 g）；

$F_{\text{FAME}_i\text{-FA}_i}$ ——脂肪酸甲酯转化成脂肪酸的系数。

脂肪酸甲酯转化成脂肪酸的系数 $F_{\text{FAME}_i\text{-FA}_i}$ 参见附录 D。

6.5 试样中总脂肪含量

试样中总脂肪含量按式（10）计算：

$$X_{\text{Total Fat}} = \sum X_i \times F_{\text{FAME}_i\text{-TG}_i} \qquad \cdots\cdots\cdots\cdots\cdots\cdots (10)$$

式中：

$X_{\text{Total Fat}}$ ——试样中总脂肪含量，单位为克每百克（g/100 g）；

X_i ——试样中单个脂肪酸甲酯 i 含量，单位为克每百克（g/100 g）；

$F_{\text{FAME}_i\text{-TG}_i}$ ——脂肪酸甲酯 i 转化成甘油三酯的系数。

各种脂肪酸甲酯转化成甘油三酯的系数参见附录 D。脂肪酸甲酯 i 转化成为脂肪酸甘油三酯的系数按式（11）计算：

$$F_{\text{FAME}_i\text{-TG}_i} = \frac{M_{\text{TG}_i} \times \dfrac{1}{3}}{M_{\text{FAME}_i}} \qquad \cdots\cdots\cdots\cdots\cdots\cdots (11)$$

式中：

$F_{\text{FAME}_i\text{-TG}_i}$ ——脂肪酸甲酯 i 转化成为脂肪酸甘油三酯的系数；

M_{TG_i} ——脂肪酸甘油三酯 i 的分子质量；

M_{FAME_i} ——脂肪酸甲酯 i 的分子质量。

结果保留 3 位有效数字。

第二法 外标法

7 原理

7.1 水解-提取法：试样经水解-乙醚溶液提取其中的脂肪后，在碱性条件下皂化和甲酯化，生成脂肪酸甲酯，经毛细管柱气相色谱分析，外标法定量测定脂肪酸的含量。

动植物纯油脂试样不经脂肪提取，直接进行皂化和脂肪酸甲酯化。

7.2 乙酰氯-甲醇法（适用于含水量小于 5% 的乳粉和无水奶油试样）：乙酰氯与甲醇反应得到的盐酸-甲醇使其中的脂肪和游离脂肪酸甲酯化，用甲苯提取后，经气相色谱仪分离检测，外标法定量。

7.3 酯交换法（适用于游离脂肪酸含量不大于 2% 的油脂）：将油脂溶解在异辛烷中，加入氢氧化钾甲醇溶液通过酯交换甲酯化，反应完全后，用硫酸氢钠中和剩余氢氧化钾，外标法定量测定脂肪酸的含量。

8 试剂和材料

除非另有说明，本方法所用试剂均为分析纯，水为 GB/T 6682 规定的一级水。

8.1 试剂

8.1.1 盐酸（HCl）。

8.1.2 氨水（$NH_3 \cdot H_2O$）。

8.1.3 焦性没食子酸（$C_6H_6O_3$）。

8.1.4 乙醚（$C_4H_{10}O$）。

8.1.5 石油醚：沸程 30 ℃～60 ℃。

8.1.6 乙醇（C_2H_6O）（95%）。

8.1.7 甲醇（CH_3OH）：色谱纯。

8.1.8 氢氧化钠（NaOH）。

8.1.9 正庚烷[$CH_3(CH_2)_5CH_3$]：色谱纯。

8.1.10 三氟化硼甲醇溶液：浓度为 15%。

8.1.11 无水硫酸钠（Na_2SO_4）。

8.1.12 氯化钠（NaCl）。

8.1.13 无水碳酸钠（Na_2CO_3）。

8.1.14 甲苯（C_7H_8）：色谱纯。

8.1.15 乙酰氯（C_2H_3ClO）。

8.1.16 异辛烷[$(CH_3)_2CHCH_2C(CH_3)_3$]：色谱纯。

8.1.17 硫酸氢钠（$NaHSO_4$）。

8.1.18 氢氧化钾（KOH）。

8.2 试剂配制

8.2.1 盐酸溶液（8.3 mol/L）：同 3.2.1。

8.2.2 乙醚-石油醚混合液（1+1）：同 3.2.2。

8.2.3 氢氧化钠甲醇溶液（2%）：同 3.2.3。

8.2.4 饱和氯化钠溶液：同 3.2.4。

8.2.5 乙酰氯甲醇溶液（体积分数为 10%）：量取 40 mL 甲醇于 100 mL 干燥的烧杯中，准确吸取 5.0 mL 乙酰氯逐滴缓慢加入，不断搅拌，冷却至室温后转移并定容至 50 mL 干燥的容量瓶中。临用前配制。

    注：乙酰氯为刺激性试剂，配制乙酰氯甲醇溶液时应不断搅拌防止喷溅，注意防护。

8.2.6 碳酸钠溶液（6%）：称取 6 g 无水碳酸钠于 100 mL 烧杯中，加水溶解，转移并用水定容至 100 mL 容量瓶中。

8.2.7 氢氧化钾甲醇溶液（2 mol/L）：同 3.2.5。

8.3 标准品

8.3.1 混合脂肪酸甲酯标准：同 3.3.2。

8.3.2 单个脂肪酸甲酯标准：同 3.3.3。

8.3.3 脂肪酸甘油三酯标准品：纯度≥99%。

8.4 标准溶液配制

8.4.1 单个脂肪酸甲酯标准溶液：同 3.4.3。

8.4.2 脂肪酸甘油三酯标准工作液：根据试样中所要分析脂肪酸的种类选择相应甘油三酯标准品，用甲苯配制适当浓度的标准工作液，于 -10 ℃ 以下的冰箱中保存，有效期 3 个月。

9 仪器设备

9.1 匀浆机或实验室用组织粉碎机或研磨机。

9.2 气相色谱仪:具有氢火焰离子检测器(FID)。

9.3 毛细管色谱柱:聚二氰丙基硅氧烷强极性固定相,柱长 100 m,内径 0.25 mm,膜厚 0.2 μm。

9.4 恒温水浴:控温范围 40 ℃~100 ℃,控温±1℃。

9.5 分析天平:感量 0.1 mg。

9.6 离心机:转速≥5 000 r/min。

9.7 旋转蒸发仪。

9.8 螺口玻璃管(带有聚四氟乙烯做内垫的螺口盖):15 mL。

9.9 离心管:50 mL。

10 分析步骤

10.1 试样的制备

操作步骤同 5.1。

10.2 试样前处理

10.2.1 水解-提取法

10.2.1.1 试样的称取

称取均匀试样 0.1 g~10 g(精确至 0.1 mg,约含脂肪 100 mg~200 mg)移入到 250 mL 平底烧瓶中,加入约 100 mg 焦性没食子酸,加入几粒沸石,再加入 2 mL 95％乙醇,混匀。根据试样的类别选取不同的水解方法。

10.2.1.2 试样的水解

操作步骤同 5.2.1.2。

10.2.1.3 脂肪提取

操作步骤同 5.2.1.3。

10.2.1.4 脂肪的皂化和脂肪酸的甲酯化

操作步骤同 5.2.1.4。
动植物油脂试样不经脂肪提取,直接进行皂化和脂肪酸甲酯化(同 5.2.1.4)。

10.2.2 乙酰氯-甲醇法

10.2.2.1 试样称取

准确称取乳粉试样 0.5 g 或无水奶油试样 0.2 g(均精确到 0.1 mg)于 15 mL 干燥螺口玻璃管中,加入 5.0 mL 甲苯。

10.2.2.2　试样测定液的制备

向试样中加入 10%乙酰氯甲醇溶液 6 mL,充氮气后,旋紧螺旋盖。振荡混合后于 80 ℃±1 ℃水浴中放置 2 h,期间每隔 20 min 取出振摇 1 次,水浴后取出冷却至室温。将反应后的样液转移至 50 mL 离心管中,分别用 3 mL 碳酸钠溶液清洗玻璃管 3 次,合并碳酸钠溶液于 50 mL 离心管中,混匀。5 000 r/min离心 5 min。取上清液作为试液,气相色谱仪测定。

10.2.3　酯交换法

10.2.3.1　试样称取

称取试样 60.0 mg 至具塞试管中,精确至 0.1 mg。

10.2.3.2　甲酯制备

同 5.2.2.2。

10.3　标准测定液的制备

准确吸取脂肪酸甘油三酯标准工作液 0.5 mL,按 5.2.2.2 相应步骤进行相同的前处理。

10.4　色谱测定

色谱参考条件同 5.3.1。

11　分析结果的表述

11.1　试样中各脂肪酸的含量

以色谱峰峰面积定量。试样中各脂肪酸的含量按式(12)计算:

$$X_i = \frac{A_i \times m_{S_i} \times F_{TGi\text{-}FA_i}}{A_{Si} \times m} \times 100 \qquad\qquad \cdots\cdots\cdots\cdots\cdots\cdots\cdots(12)$$

式中:

X_i　——试样中各脂肪酸的含量,单位为克每百克(g/100 g);

A_i　——试样测定液中各脂肪酸甲酯的峰面积;

m_{Si}　——在标准测定液的制备中吸取的脂肪酸甘油三酯标准工作液中所含有的标准品的质量, 单位为毫克(mg);

$F_{TGi\text{-}FA_i}$——各脂肪酸甘油三酯转化为脂肪酸的换算系数,参见附录 D;

A_{Si}　——标准测定液中各脂肪酸的峰面积;

m　——试样的称样质量,单位为毫克(mg);

100　——将含量转换为每100g试样中含量的系数。

11.2　试样中总脂肪酸的含量

试样中总脂肪酸的含量按式(13)计算:

$$X_{Total\ FA} = \sum X_i \qquad\qquad \cdots\cdots\cdots\cdots\cdots\cdots\cdots(13)$$

式中:

$X_{Total\ FA}$——试样中总脂肪酸的含量,单位为克每百克(g/100 g);

X_i　——试样中各脂肪酸的含量,单位为克每百克(g/100 g)。

结果保留 3 位有效数字。

第三法　归一化法

12　原理

12.1　水解-提取法:试样经水解-乙醚溶液提取其中的脂肪后,在碱性条件下皂化和甲酯化,生成脂肪酸甲酯,经毛细管柱气相色谱分析,面积归一化法定量测定脂肪酸百分含量。

动植物油脂试样不经脂肪提取,直接进行皂化和脂肪酸甲酯化。

12.2　酯交换法(适用于游离脂肪酸含量不大于2%的油脂):将油脂试样溶解在异辛烷中,加入氢氧化钾甲醇溶液通过酯交换甲酯化,反应完全后,用硫酸氢钠中和剩余氢氧化钾,面积归一化法定量测定脂肪酸百分含量。

13　试剂和材料

除非另有说明,本方法所用试剂均为分析纯,水为GB/T 6682规定的一级水。

13.1　试剂

同3.1。

13.2　试剂配制

同3.2。

13.3　标准品

13.3.1　混合脂肪酸甲酯标准溶液:同3.3.2。

13.3.2　单个脂肪酸甲酯标准:同3.3.3。

13.4　标准溶液配制

单个脂肪酸甲酯标准溶液:同3.4.3。

14　仪器设备

仪器设备同第4章。

15　分析步骤

15.1　试样的制备

操作步骤同5.1。

15.2　水解-提取法

15.2.1　试样的称取

称取均匀试样0.1 g～10 g(精确至0.1 mg,约含脂肪100 mg～200 mg)移入到250 mL平底烧瓶中,加入约100 mg焦性没食子酸,加入几粒沸石,再加入2 mL 95%乙醇,混匀。根据试样的类别选取不同的水解方法。

15.2.2　试样的水解

操作步骤同 5.2.1.2。

15.2.3　脂肪提取

操作步骤同 5.2.1.3。

15.2.4　脂肪的皂化和脂肪酸的甲酯化

操作步骤同 5.2.1.4。

15.2.5　色谱测定

色谱参考条件同 5.3.1。

15.3　酯交换法

15.3.1　试样称取

称取试样 60.0 mg 至具塞试管中，精确至 0.1 mg。

15.3.2　甲酯制备

同 5.2.2.2。

16　分析结果的表述

试样中某个脂肪酸占总脂肪酸的百分比 Y_i 按式（14）计算，通过测定相应峰面积对所有成分峰面积总和的百分数来计算给定组分 i 的含量：

$$Y_i = \frac{A_{Si} \times F_{\text{FAME}_i\text{-FA}_i}}{\sum A_{Si} \times F_{\text{FAME}_i\text{-FA}_i}} \quad \cdots\cdots\cdots\cdots\cdots\cdots（14）$$

式中：

Y_i ——试样中某个脂肪酸占总脂肪酸的百分比，%；

A_{Si} ——试样测定液中各脂肪酸甲酯的峰面积；

$F_{\text{FAME}_i\text{-FA}_i}$——脂肪酸甲酯 i 转化成脂肪酸的系数，参见附录 D；

$\sum A_{Si}$ ——试样测定液中各脂肪酸甲酯的峰面积之和。

结果保留 3 位有效数字。

17　精密度

在重复性条件下获得的两次独立测定结果的绝对差值不得超过算术平均值的 10%。

18　定量限

参见附录 E。

附　录　A

单个脂肪酸甲酯标准品的分子式及 CAS 号

单个脂肪酸甲酯标准品的分子式及 CAS 号见表 A.1。

表 A.1　单个脂肪酸甲酯标准品的分子式及 CAS 号

序号	脂肪酸甲酯	脂肪酸简称	分子式	CAS 号
1	丁酸甲酯	C4:0	$C_5H_{10}O_2$	623-42-7
2	己酸甲酯	C6:0	$C_7H_{14}O_2$	106-70-7
3	辛酸甲酯	C8:0	$C_9H_{18}O_2$	111-11-5
4	葵酸甲酯	C10:0	$C_{11}H_{22}O_2$	110-42-9
5	十一碳酸甲酯	C11:0	$C_{12}H_{24}O_2$	1731-86-8
6	十二碳酸甲酯	C12:0	$C_{13}H_{26}O_2$	111-82-0
7	十三碳酸甲酯	C13:0	$C_{14}H_{28}O_2$	1731-88-0
8	十四碳酸甲酯	C14:0	$C_{15}H_{30}O_2$	124-10-7
9	顺-9-十四碳一烯酸甲酯	C14:1	$C_{15}H_{28}O_2$	56219-06-8
10	十五碳酸甲酯	C15:0	$C_{16}H_{32}O_2$	7132-64-1
11	顺-10-十五碳一烯酸甲酯	C15:1	$C_{16}H_{30}O_2$	90176-52-6
12	十六碳酸甲酯	C16:0	$C_{17}H_{34}O_2$	112-39-0
13	顺-9-十六碳一烯酸甲酯	C16:1	$C_{17}H_{32}O_2$	1120-25-8
14	十七碳酸甲酯	C17:0	$C_{18}H_{36}O_2$	1731-92-6
15	顺-10-十七碳一烯酸甲酯	C17:1	$C_{18}H_{34}O_2$	75190-82-8
16	十八碳酸甲酯	C18:0	$C_{19}H_{38}O_2$	112-61-8
17	反-9-十八碳一烯酸甲酯	C18:1n9t	$C_{19}H_{36}O_2$	1937-62-8
18	顺-9-十八碳一烯酸甲酯	C18:1n9c	$C_{19}H_{36}O_2$	112-62-9
19	反,反-9,12-十八碳二烯酸甲酯	C18:2n6t	$C_{19}H_{34}O_2$	2566-97-4
20	顺,顺-9,12-十八碳二烯酸甲酯	C18:2n6c	$C_{19}H_{34}O_2$	112-63-0
21	二十碳酸甲酯	C20:0	$C_{21}H_{42}O_2$	1120-28-1
22	顺,顺,顺-6,9,12-十八碳三烯酸甲酯	C18:3n6	$C_{19}H_{32}O_2$	16326-32-2
23	顺-11-二十碳一烯酸甲酯	C20:1	$C_{21}H_{40}O_2$	2390-09-2
24	顺,顺,顺-9,12,15-十八碳三烯酸甲酯	C18:3n3	$C_{19}H_{32}O_2$	301-00-8
25	二十一碳酸甲酯	C21:0	$C_{22}H_{44}O_2$	6064-90-0
26	顺,顺-11,14-二十碳二烯酸甲酯	C20:2	$C_{21}H_{38}O_2$	61012-46-2
27	二十二碳酸甲酯	C22:0	$C_{23}H_{46}O_2$	929-77-1
28	顺,顺,顺-8,11,14-二十碳三烯酸甲酯	C20:3n6	$C_{21}H_{36}O_2$	21061-10-9
29	顺-13-二十二碳一烯酸甲酯	C22:1n9	$C_{23}H_{44}O_2$	1120-34-9

表 A.1（续）

序号	脂肪酸甲酯	脂肪酸简称	分子式	CAS 号
30	顺 11,14,17-二十碳三烯酸甲酯	C20:3n3	$C_{21}H_{36}O_2$	55682-88-7
31	顺-5,8,11,14-二十碳四烯酸甲酯	C20:4n6	$C_{21}H_{34}O_2$	2566-89-4
32	二十三碳酸甲酯	C23:0	$C_{24}H_{48}O_2$	2433-97-8
33	顺 13,16-二十二碳二烯酸甲酯	C22:2	$C_{23}H_{42}O_2$	61012-47-3
34	二十四碳酸甲酯	C24:0	$C_{25}H_{50}O_2$	2442-49-1
35	顺-5,8,11,14,17-二十碳五烯酸甲酯	C20:5n3	$C_{21}H_{32}O_2$	2734-47-6
36	顺-15-二十四碳一烯酸甲酯	C24:1	$C_{25}H_{48}O_2$	2733-88-2
37	顺-4,7,10,13,16,19-二十二碳六烯酸甲酯	C22:6n3	$C_{23}H_{34}O_2$	2566-90-7

附 录 B

37 种脂肪酸甲酯标准溶液型参考图谱

37 种脂肪酸甲酯标准溶液参考色谱图见图 B.1。

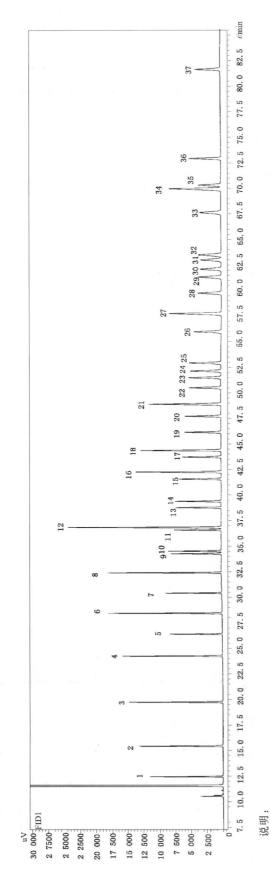

图 B.1 37 种脂肪酸甲酯标准溶液参考色谱图

说明：

图中 1～37 分别对应以下：1/C4:0，2/C6:0，3/C8:0，4/C10:0，5/C11:0，6/C12:0，7/C13:0，8/C14:0，9/C14:1，10/C15:0，11/C15:1，12/C16:0，13/C16:1，15/C17:1，16/C18:0，17/C18:1n9t，18/C18:1n9c，19/C18:2n6t，20/C18:2n6c，21/C20:0，22/C18:3n6，23/C20:1，24/C18:3n3，25/C21:0，26/C22:0，27/C22:1n9，28/C20:2，29/C20:3n6，30/C20:3n3，31/C20:4n6，32/C23:0，33/C22:2，34/C24:0，35/C20:5，36/C24:1，37/C22:6n3。

附 录 C

脂肪酸甲酯的保留时间和相对保留时间参考

脂肪酸甲酯的保留时间和相对保留时间参考见表 C.1。

表 C.1 脂肪酸甲酯的保留时间和相对保留时间参考

序号	脂肪酸甲酯	脂肪酸简称	保留时间/min	相对保留时间/(C11:0)
1	丁酸甲酯	C4:0	12.56	0.47
2	己酸甲酯	C6:0	15.54	0.59
3	辛酸甲酯	C8:0	19.83	0.75
4	葵酸甲酯	C10:0	24.32	0.92
5	十一碳酸甲酯	C11:0	26.46	1.00
6	十二碳酸甲酯	C12:0	28.49	1.08
7	十三碳酸甲酯	C13:0	30.46	1.15
8	十四碳酸甲酯	C14:0	32.45	1.23
9	顺-9-十四碳一烯酸甲酯	C14:1	34.31	1.30
10	十五碳酸甲酯	C15:0	34.56	1.31
11	顺-10-十五碳一烯酸甲酯	C15:1	36.62	1.38
12	十六碳酸甲酯	C16:0	36.87	1.39
13	顺-9-十六碳一烯酸甲酯	C16:1	38.81	1.47
14	十七碳酸甲酯	C17:0	39.42	1.49
15	顺-10-十七碳一烯酸甲酯	C17:1	41.59	1.57
16	十八碳酸甲酯	C18:0	42.27	1.60
17	反-9-十八碳一烯酸甲酯	C18:1n9t	43.73	1.65
18	顺-9-十八碳一烯酸甲酯	C18:1n9c	44.38	1.68
19	反,反-9,12-十八碳二烯酸甲酯	C18:2n6t	46.16	1.74
20	顺,顺-9,12-十八碳二烯酸甲酯	C18:2n6c	47.73	1.80
21	二十碳酸甲酯	C20:0	48.90	1.85
22	顺,顺,顺-6,9,12-十八碳三烯酸甲酯	C18:3n6	50.50	1.91
23	顺-11-二十碳一烯酸甲酯	C20:1	51.51	1.95
24	顺,顺,顺-9,12,15-十八碳三烯酸甲酯	C18:3n3	52.15	1.97
25	二十一碳酸甲酯	C21:0	52.95	2.00
26	顺,顺-11,14-二十碳二烯酸甲酯	C20:2	55.99	2.12
27	二十二碳酸甲酯	C22:0	57.75	2.18
28	顺,顺,顺-8,11,14-二十碳三烯酸甲酯	C20:3n6	59.78	2.26
29	顺-13-二十二碳一烯酸甲酯	C22:1n9	61.35	2.32
30	顺 11,14,17-二十碳三烯酸甲酯	C20:3n3	62.12	2.35

表 C.1（续）

序号	脂肪酸甲酯	脂肪酸简称	保留时间/min	相对保留时间/(C11:0)
31	顺-5,8,11,14-二十碳四烯酸甲酯	C20:4n6	63.04	2.38
32	二十三碳酸甲酯	C23:0	63.53	2.40
33	顺 13,16-二十二碳二烯酸甲酯	C22:2	67.68	2.56
34	二十四碳酸甲酯	C24:0	69.99	2.64
35	顺-5,8,11,14,17-二十碳五烯酸甲酯	C20:5n3	70.36	2.66
36	顺-15-二十四碳一烯酸甲酯	C24:1	72.98	2.76
37	顺-4,7,10,13,16,19-二十二碳六烯酸甲酯	C22:6n3	81.72	3.09

附 录 D
脂肪酸甲酯、脂肪酸和脂肪酸甘油三酯之间的转化系数

脂肪酸甲酯、脂肪酸和脂肪酸甘油三酯之间的转化系数见表 D.1。

表 D.1 脂肪酸甲酯、脂肪酸和脂肪酸甘油三酯之间的转化系数

序号	脂肪酸简称	$F_{FAME-FA}$	$F_{FAME-TG}$	F_{TG-FA}
1	C4:0	0.862 7	0.986 8	0.874 2
2	C6:0	0.892 3	0.989 7	0.901 6
3	C8:0	0.911 4	0.991 5	0.919 2
4	C10:0	0.924 7	0.992 8	0.931 4
5	C11:0	0.930 0	0.993 3	0.936 3
6	C12:0	0.934 6	0.993 7	0.940 5
7	C13:0	0.938 6	0.994 1	0.944 1
8	C14:0	0.942 1	0.994 5	0.947 4
9	C14:1n5	0.941 7	0.994 4	0.946 9
10	C15:0	0.945 3	0.994 7	0.950 3
11	C15:1n5	0.944 9	0.994 7	0.949 9
12	C16:0	0.948 1	0.995 0	0.952 9
13	C16:1n7	0.947 7	0.995 0	0.952 5
14	C17:0	0.950 7	0.995 3	0.955 2
15	C17:1n7	0.950 3	0.995 2	0.954 9
16	C18:0	0.953 0	0.995 5	0.957 3
17	C18:1n9t	0.952 7	0.995 5	0.957 0
18	C18:1n9c	0.952 7	0.995 5	0.957 0
19	C18:2n6t	0.952 4	0.995 4	0.956 7
20	C18:2n6c	0.952 4	0.995 4	0.956 7
21	C20:0	0.957 0	0.995 9	0.961 0
22	C18:3n6	0.952 0	0.995 4	0.956 4
23	C20:1	0.956 8	0.995 9	0.960 8
24	C18:3n3	0.952 0	0.995 4	0.956 4
25	C21:0	0.958 8	0.996 1	0.962 6
26	C20:2	0.956 5	0.995 8	0.960 5
27	C22:0	0.960 4	0.996 2	0.964 1
28	C20:3n6	0.956 2	0.995 8	0.960 3
29	C22:1n9	0.960 2	0.996 2	0.963 9
30	C20:3n3	0.956 2	0.995 8	0.960 3

表 D.1（续）

序号	脂肪酸简称	$F_{FAME-FA}$	$F_{FAME-TG}$	F_{TG-FA}
31	C20:4n6	0.956 0	0.995 8	0.960 0
32	C23:0	0.961 9	0.996 4	0.965 5
33	C22:2n6	0.960 0	0.996 2	0.963 7
34	C24:0	0.963 3	0.996 5	0.966 7
35	C20:5n3	0.955 7	0.995 8	0.959 8
36	C24:1n9	0.963 2	0.996 5	0.966 6
37	C22:6n3	0.959 0	0.996 1	0.962 8

注：$F_{FAME-FA}$——脂肪酸甲酯转换成脂肪酸的转换系数。

$F_{FAME-TG}$——脂肪酸甲酯转换成相当于单个脂肪酸甘油三酯(1/3)的转换系数。

F_{TG-FA}——脂肪酸甘油三酯转换为脂肪酸的转换系数。

乳制品及特殊食品食品安全国家标准汇编

附　录　E

脂肪酸的定量限

脂肪酸的定量限见表 E.1。

表 E.1　脂肪酸的定量限

序号	脂肪酸简称	定量限(固体类)/(g/100 g)	定量限(液体类)/(g/100 g)
1	C4:0	0.003 3	0.001 3
2	C6:0	0.003 3	0.001 3
3	C8:0	0.003 3	0.001 3
4	C10:0	0.006 6	0.002 6
5	C11:0	0.003 3	0.001 3
6	C12:0	0.006 6	0.002 6
7	C13:0	0.003 3	0.001 3
8	C14:0	0.003 3	0.001 3
9	C14:1n5	0.003 3	0.001 3
10	C15:0	0.003 3	0.001 3
11	C15:1n5	0.003 3	0.001 3
12	C16:0	0.006 6	0.002 6
13	C16:1n7	0.003 3	0.001 3
14	C17:0	0.006 6	0.002 6
15	C17:1n7	0.003 3	0.001 3
16	C18:0	0.006 6	0.002 6
17	C18:1n9t	0.003 3	0.001 3
18	C18:1n9c	0.006 6	0.002 6
19	C18:2n6t	0.003 3	0.001 3
20	C18:2n6c	0.003 3	0.001 3
21	C20:0	0.006 6	0.002 6
22	C18:3n6	0.006 6	0.002 6
23	C20:1	0.003 3	0.001 3
24	C18:3n3	0.003 3	0.001 3
25	C21:0	0.003 3	0.001 3
26	C20:2	0.003 3	0.001 3
27	C22:0	0.006 6	0.002 6
28	C20:3n6	0.003 3	0.001 3
29	C22:1n9	0.003 3	0.001 3
30	C20:3n3	0.003 3	0.001 3

表 E.1（续）

序号	脂肪酸简称	定量限（固体类）/(g/100 g)	定量限（液体类）/(g/100 g)
31	C20:4n6	0.003 3	0.001 3
32	C23:0	0.003 3	0.001 3
33	C22:2n6	0.003 3	0.001 3
34	C24:0	0.006 6	0.002 6
35	C20:5n3	0.003 3	0.001 3
36	C24:1n9	0.003 3	0.001 3
37	C22:6n3	0.003 3	0.001 3

GB 5009.169—2016

中华人民共和国国家标准

食品安全国家标准

食品中牛磺酸的测定

2016-08-31 发布

2017-03-01 实施

中 华 人 民 共 和 国
国家卫生和计划生育委员会 发 布

前　言

本标准代替 GB/T 5009.169—2003《食品中牛磺酸的测定》和 GB 5413.26—2010《食品安全国家标准婴幼儿食品和乳品中牛磺酸的测定》。

本标准与 GB/T 5009.169—2003 相比,主要变化如下:

——标准名称修改为"食品安全国家标准　食品中牛磺酸的测定";

——增加了 OPA 柱后衍生高效液相色谱法为第一法;增加了丹磺酰氯柱前衍生高效液相色谱法为第二法;

——删除了薄层色谱法。

食品安全国家标准

食品中牛磺酸的测定

1 范围

本标准规定了食品中牛磺酸测定的方法。

本标准适用于婴幼儿配方食品、乳粉、豆粉、豆浆、含乳饮料、特殊用途饮料、风味饮料、固体饮料、果冻中牛磺酸的测定。

第一法 邻苯二甲醛(OPA)柱后衍生高效液相色谱法

2 原理

试样用水溶解,用偏磷酸沉淀蛋白,经超声波震荡提取、离心、微孔膜过滤后,通过钠离子色谱柱分离,与邻苯二甲醛(OPA)衍生反应,用荧光检测器进行检测,外标法定量。

3 试剂和材料

除非另有说明,本方法所用试剂均为分析纯,水为 GB/T 6682 规定的一级水。

3.1 试剂

3.1.1 偏磷酸。

3.1.2 柠檬酸三钠。

3.1.3 苯酚。

3.1.4 硝酸。

3.1.5 甲醇:色谱纯。

3.1.6 硼酸。

3.1.7 氢氧化钾。

3.1.8 邻苯二甲醛(OPA)。

3.1.9 2-巯基乙醇。

3.1.10 聚氧乙烯月桂酸醚(Brij-35)。

3.1.11 亚铁氰化钾。

3.1.12 乙酸锌。

3.1.13 淀粉酶:活力≥1.5 U/mg。

3.2 试剂配制

3.2.1 偏磷酸溶液(30 g/L)

称取 30.0 g 偏磷酸(3.1.1),用水溶解并定容至 1 000 mL。

3.2.2 柠檬酸三钠溶液

称取 19.6 g 柠檬酸三钠(3.1.2),加 950 mL 水溶解,加入 1 mL 苯酚(3.1.3),用硝酸(3.1.4)调 pH 至 3.10～3.25,经 0.45 μm 微孔滤膜过滤。

3.2.3 柱后荧光衍生溶液(邻苯二甲醛溶液)

3.2.3.1 硼酸钾溶液(0.5 mol/L):称取 30.9 g 硼酸(3.1.6),26.3 g 氢氧化钾(3.1.7),用水溶解并定容至 1 000 mL。

3.2.3.2 邻苯二甲醛衍生溶液:称取 0.60 g 邻苯二甲醛(3.1.8),用 10 mL 甲醇(3.1.5)溶解后,加入 0.5 mL 2-巯基乙醇(3.1.9)和 0.35 g Brij-35(3.1.10),用 0.5 mol/L 硼酸钾溶液(3.2.3.1)定容至 1 000 mL,经 0.45 μm 微孔滤膜过滤。临用前现配。

3.2.4 沉淀剂

3.2.4.1 沉淀剂Ⅰ:称取 15.0 g 亚铁氰化钾(3.1.11),用水溶解并定容至 100 mL。该沉淀剂在室温下 3 个月内稳定。

3.2.4.2 沉淀剂Ⅱ:称取 30.0 g 乙酸锌(3.1.12),用水溶解并定容至 100 mL。该沉淀剂在室温下 3 个月内保持稳定。

3.3 标准品

纯度≥99%,CAS:107-35-7。

3.4 标准溶液配制

3.4.1 牛磺酸标准储备溶液(1 mg/mL)

准确称取 0.100 0 g 牛磺酸标准品(3.3),用水溶解并定容至 100 mL。

3.4.2 牛磺酸标准工作液

将牛磺酸标准储备溶液(3.4.1)用水稀释制备一系列标准溶液,标准系列浓度为:0 μg/mL、5.0 μg/mL、10.0 μg/mL、15.0 μg/mL、20.0 μg/mL、25.0 μg/mL,临用前现配。

4 仪器和设备

4.1 高效液相色谱仪:带有荧光检测器。

4.2 柱后反应器。

4.3 荧光衍生溶剂输液泵。

4.4 超声波震荡器。

4.5 pH 计:精度 0.01。

4.6 离心机:不低于 5 000 r/min。

4.7 微孔滤膜:0.45 μm。

4.8 天平:感量 0.000 1 g。

5 分析步骤

5.1 试样制备

准确称取固体试样 1 g～5 g(精确至 0.01 g)于锥形瓶中,加入 40 ℃左右温水 20 mL,摇匀使试样溶解,放入超声波振荡器中超声提取 10 min。再加 50 mL 偏磷酸溶液(3.2.1),充分摇匀。放入超声波振荡器中超声提取 10 min～15 min,取出冷却至室温后,移入 100 mL 容量瓶中,用水定容至刻度并摇匀;样液在 5 000 r/min 条件下离心 10 min,取上清液经 0.45 μm 微孔膜(4.7)过滤,接取中间滤液以备进样。

谷类制品,称取试样 5 g(精确至 0.01 g)于锥形瓶中,加入 40 ℃左右温水 40 mL,加入淀粉酶(酶活力≥1.5 U/mg)0.5 g,混匀后向锥形瓶中充入氮气,盖上瓶塞,置 50 ℃～60 ℃培养箱中 30 min,取出冷却至室温,再加 50 mL 偏磷酸溶液(3.2.1),充分摇匀。放入超声波振荡器中超声提取 10 min～15 min,取出冷却至室温后,移入 100 mL 容量瓶中,用水定容至刻度并摇匀;样液在 5 000 r/min 条件下离心 10 min,取上清液经 0.45 μm 微孔膜(4.7)过滤,接取中间滤液以备进样。

准确称取液体试样(乳饮料除外)5 g～30 g(精确至 0.01 g)于锥形瓶中,加 50 mL 偏磷酸溶液(3.2.1),充分摇匀。放入超声波振荡器中超声提取 10 min～15 min,取出冷却至室温后,移入 100 mL 容量瓶中,用水定容至刻度并摇匀;样液在 5 000 r/min 条件下离心 10 min,取上清液经 0.45 μm 微孔膜(4.7)过滤,接取中间滤液以备进样。

牛磺酸含量高的饮料类先用水稀释到适当浓度,最后一步稀释时,加入 50 mL 偏磷酸溶液(3.2.1)充分摇匀。放入超声波振荡器中超声提取 10 min～15 min,取出冷却至室温后,移入 100 mL 容量瓶中,用水定容至刻度并摇匀;样液在 5 000 r/min 条件下离心 10 min,取上清液经 0.45 μm 微孔膜(4.7)过滤,接取中间滤液以备进样。

果冻类试样,称取试样 5 g(精确至 0.01 g)于锥形瓶中,加入 20 mL 水,50 ℃～60 ℃水浴 20 min 使之溶解,冷却后,加 50 mL 偏磷酸溶液(3.2.1)充分摇匀。放入超声波振荡器中超声提取 10 min～15 min,取出冷却至室温后,移入 100 mL 容量瓶中,用水定容至刻度并摇匀;样液在 5 000 r/min 条件下离心 10 min,取上清液经 0.45 μm 微孔膜(4.7)过滤,接取中间滤液以备进样。

乳饮料试样,称取 5 g～30 g 试样(精确至 0.01 g)于锥形瓶中,加入 40 ℃左右温水 30 mL,充分混匀,置超声波振荡器上超声提取 10 min,冷却到室温。加 1.0 mL 沉淀剂Ⅰ(3.2.4.1),涡旋混合,1.0 mL 沉淀剂Ⅱ(3.2.4.2),涡旋混合,转入 100 mL 容量瓶中用水定容至刻度,充分混匀,样液于 5 000 r/min 下离心 10 min,取上清液经 0.45 μm 微孔膜(4.7)过滤,接取中间滤液以备进样。

5.2 仪器参考条件

5.2.1 色谱柱:钠离子氨基酸分析专用柱(25 cm×4.6 mm)或相当者。

5.2.2 流动相:柠檬酸三钠溶液(3.2.2)。

5.2.3 流动相流速:0.4 mL/min。

5.2.4 荧光衍生溶剂流速:0.3 mL/min。

5.2.5 柱温:55 ℃。

5.2.6 检测波长:激发波长:338 nm,发射波长:425 nm。

5.2.7 进样量:20 μL。

5.3 标准曲线的制作

将标准系列工作液分别注入高效液相色谱仪中,测定相应的色谱峰高或峰面积,以标准工作液的浓度为横坐标,以响应值(峰面积或峰高)为纵坐标,绘制标准曲线。

5.4 试样溶液的测定

将试样溶液注入高效液相色谱仪中,得到色谱峰高或峰面积,根据标准曲线得到待测液中牛磺酸的浓度。

6 分析结果的表述

试样中牛磺酸含量按式(1)计算:

$$A = \frac{c \times V}{m \times 1\,000} \times 100 \qquad\qquad\qquad (1)$$

式中:

A ——试样中牛磺酸的含量,单位为毫克每百克(mg/100 g);

c ——试样测定液中牛磺酸的浓度,单位为微克每毫升(μg/mL);

V ——试样定容体积,单位为毫升(mL);

m ——试样质量,单位为克(g)。

计算结果以重复性条件下获得的两次独立测定结果的算术平均值表示,结果保留三位有效数字。

7 精密度

在重复性条件下获得的两次独立测定结果的绝对差值不得超过算术平均值的 10 %。

8 其他

当取样量为 10.00 g 时,方法检出限为:0.2 mg/100 g;定量限为 0.5 mg/100 g。

第二法 丹磺酰氯柱前衍生法

9 原理

试样用水溶解,用亚铁氰化钾和乙酸锌沉淀蛋白质。取上清液用丹磺酰氯衍生反应,衍生物经 C_{18} 反相色谱柱分离。用紫外检测器(254 nm)或荧光检测器(激发波长:330 nm;发射波长:530 nm)检测,外标法定量。

10 试剂和材料

除非另有说明,本方法所用试剂均为分析纯,水为 GB/T 6682 规定的一级水。

10.1 试剂

10.1.1 乙腈:色谱纯。

10.1.2 冰乙酸。

10.1.3 盐酸。

10.1.4 无水碳酸钠。

10.1.5 乙酸钠。

10.1.6 盐酸甲胺(甲胺盐酸盐)。

10.1.7 丹磺酰氯(5-二甲氨基萘-1-磺酰氯):色谱纯。

注:丹磺酰氯对光和湿敏感不稳定,在干燥器中避光保存。

10.2 试剂配制

10.2.1 盐酸溶液(1 mol/L):吸取 9 mL 盐酸(10.1.3),用水稀释并定容到 100 mL。

10.2.2 碳酸钠缓冲液(pH 9.5)(80 mmol/L):称取 0.424 g 无水碳酸钠(10.1.4),加 40 mL 水溶解,用 1 mol/L 盐酸溶液(10.2.1)调 pH 至 9.5,用水定容至 50 mL。该溶液在室温下 3 个月内稳定。

10.2.3 丹磺酰氯溶液(1.5 mg/mL):称取 0.15 g 丹磺酰氯(10.1.7),用乙腈(10.1.1)溶解并定容至 100 mL。临使用前配制。

10.2.4 盐酸甲胺溶液(20 mg/L):称取 2.0 g 盐酸甲胺(10.1.6),用水溶解并定容至 100 mL。该溶液 保存在 4 ℃下 3 个月内稳定。

10.2.5 乙酸钠缓冲液(10 mmol/L,pH 4.2):称取 0.820 g 乙酸钠(10.1.5),加 800 mL 水溶解,用冰乙 酸(10.1.2)调节 pH 至 4.2,用水定容至 1 000 mL,经 0.45 μm 微孔滤膜过滤。

10.3 标准品

纯度≥99%,CAS:107-35-7。

10.4 标准溶液配制

10.4.1 牛磺酸标准储备溶液(1 mg/mL)

准确称取 0.100 0 g 牛磺酸标准品(3.3),用水溶解并定容至 100 mL。

10.4.2 牛磺酸标准工作液(紫外检测器用)

将牛磺酸标准储备溶液(10.4.1)用水稀释制备一系列标准溶液,标准系列浓度为:0 μg/mL、 5.0 μg/mL、10.0 μg/mL、15.0 μg/mL、20.0 μg/mL、25.0 μg/mL,临用前现配。

10.4.3 牛磺酸标准工作液(荧光检测器用)

将牛磺酸标准储备溶液(10.4.1)用水稀释制备一系列标准溶液,标准系列浓度为:0 μg/mL、 0.5 μg/mL、2.0 μg/mL、5.0 μg/mL、10.0 μg/mL、20.0 μg/mL,临用前现配。

11 仪器和设备

11.1 高效液相色谱仪:带有荧光检测器或紫外检测器或二极管阵列检测器。

11.2 涡旋混合器。

11.3 超声波震荡器。

11.4 pH 计:精度 0.01。

11.5 离心机:不低于 5 000 r/min。

11.6 微孔滤膜:0.45 μm。

11.7 天平:感量 0.000 1 g、0.001 g。

12 分析步骤

12.1 试样制备

12.1.1 试液提取

准确称取固体试样 1 g~5 g(精确至 0.01 g)于锥形瓶中,加入 40 ℃左右温水 40 mL,摇匀使试样溶解,放入超声波振荡器中超声提取 10 min。冷却到室温,加 1.0 mL 沉淀剂Ⅰ(3.2.4.1),涡旋混合,1.0 mL 沉淀剂Ⅱ(3.2.4.2),涡旋混合,转入 100 mL 容量瓶中,用水定容至刻度,充分混匀。样液于 5 000 r/min 下离心 10 min,取上清液备用。上清液在 4 ℃ 暗处保存放置 24 h 内稳定。

谷类制品,称取试样 5 g(精确至 0.01 g)于锥形瓶中,加入 40 ℃左右温水 40 mL,加入淀粉酶(酶活力≥1.5 U/mg)0.5 g,混匀后向三角瓶中充入氮气,盖上瓶塞,置 50 ℃~60 ℃培养箱中 30 min,取出冷却至室温。放入超声波振荡器中超声提取 10 min。冷却到室温,加 1.0 mL 沉淀剂Ⅰ(3.2.4.1),涡旋混合,1.0 mL 沉淀剂Ⅱ(3.2.4.2),涡旋混合,转入 100 mL 容量瓶中,用水定容至刻度,充分混匀。样液于 5 000 r/min 下离心 10 min,取上清液备用。上清液在 4 ℃ 暗处保存放置 24 h 内稳定。

准确称取液体试样(乳饮料试样除外)5 g~30 g(精确至 0.01 g)于锥形瓶中,加 20 mL 水,充分摇匀。加 1.0 mL 沉淀剂Ⅰ(3.2.4.1),涡旋混合,1.0 mL 沉淀剂Ⅱ(3.2.4.2),涡旋混合,转入 100 mL 容量瓶中,用水定容至刻度,充分混匀。样液于 5 000 r/min 下离心 10 min,取上清液备用。上清液在 4 ℃ 暗处保存放置 24 h 内稳定。

牛磺酸含量高的饮料类先用水稀释到适当浓度,最后一步稀释时,于锥形瓶中加 1.0 mL 沉淀剂Ⅰ(3.2.4.1),涡旋混合,1.0 mL 沉淀剂Ⅱ(3.2.4.2),涡旋混合,之后转入 100 mL 容量瓶中,用水定容至刻度,充分混匀,样液于 5 000 r/min 下离心 10 min,取上清液备用。上清液在 4 ℃ 暗处保存放置 24 h 内稳定。

果冻类试样,称取试样 5 g(精确至 0.01 g)于锥形瓶中,加入 20 mL 水,50 ℃~60 ℃水浴 20 min 使之溶解,冷却后,加入 50 mL 偏磷酸溶液(3.2.1)充分摇匀,放入超声波振荡器中超声提取 10 min~15 min,取出冷却至室温后,移入 100 mL 容量瓶中,用水定容至刻度并摇匀;样液在 5 000 r/min 条件下离心 10 min,取上清液备用。上清液在 4 ℃ 暗处保存放置 24 h 内稳定。

乳饮料试样,称取 5 g~40 g 试样(精确至 0.01 g)于锥形瓶中,加 40 ℃温水 20 mL,充分混匀,置超声波振荡器上超声提取 10 min,冷却到室温。加 1.0 mL 沉淀剂Ⅰ(3.2.4.1),涡旋混合,1.0 mL 沉淀剂Ⅱ(3.2.4.2),涡旋混合,转入 100 mL 容量瓶中,用水定容至刻度,充分混匀,样液于 5 000 r/min 下离心 10 min,取上清液备用。上清液在 4 ℃ 暗处保存放置 24 h 内稳定。

12.1.2 试液衍生化

准确吸取 1.00 mL 12.1.1 所得上清液到 10 mL 具塞玻璃试管中,加入 1.00 mL 碳酸钠缓冲液(10.2.2),1.00 mL 丹磺酰氯溶液(10.2.3),充分混合,室温避光衍生反应 2 h(1 h 后需摇晃 1 次),加入 0.10 mL 盐酸甲胺溶液(10.2.4)涡旋混合,以终止反应,避光静置至沉淀完全。取上清液经 0.45 μm 微孔滤膜(11.6)过滤,取滤液备用。衍生物在 4 ℃ 以下可避光保存 48 h。

另取 1.00 mL 标准工作液(10.4.2),与试液同步进行衍生。

12.2 仪器参考条件

12.2.1 色谱柱:C$_{18}$反相色谱柱(250 mm×4.6 mm,5 μm)或相当者。

12.2.2 流动相:乙酸钠缓冲液(10.2.5)+乙腈(10.1.1)=70+30(体积比)。

12.2.3 流动相流速:1.0 mL/min。

乳制品及特殊食品食品安全国家标准汇编

12.2.4 柱温:室温。

12.2.5 检测波长:荧光检测器:激发波长:330 nm,发射波长:530 nm。

紫外检测器或二极管阵列检测器:254 nm。

12.2.6 进样量:20 μL。

12.3 标准曲线的制作

将标准系列工作液的衍生液分别注入高效液相色谱仪中,测定相应的色谱峰高或峰面积,以标准工作液的浓度为横坐标,以响应值(峰面积或峰高)为纵坐标,绘制标准曲线。

12.4 试样溶液的测定

将试样溶液注入高效液相色谱仪中,得到色谱峰高或峰面积,根据标准曲线得到待测液中牛磺酸的浓度。

13 分析结果的表述

试样中牛磺酸含量按式(2)计算:

$$A = \frac{c \times V}{m \times 1\,000} \times 100 \qquad\qquad\cdots\cdots\cdots\cdots\cdots\cdots(2)$$

式中:

A ——试样中牛磺酸的含量,单位为毫克每百克(mg/100 g);

c ——试样测定液中牛磺酸的浓度,单位为微克每毫升(μg/mL);

V ——试样定容体积,单位为毫升(mL);

m ——试样质量,单位为克(g)。

计算结果以重复性条件下获得的两次独立测定结果的算术平均值表示,结果保留三位有效数字。

14 精密度

在重复性条件下获得的两次独立测定结果的绝对差值不得超过算术平均值的 10 %。

15 其他

当取样量为 10.00 g 时,荧光检测法检出限为 0.05 mg/100 g;定量限为:0.1 mg/100 g。紫外检测法检出限为 1.5 mg/100 g;定量限为:5 mg/100 g。

附 录 A

色谱图

A.1 邻苯二甲醛(OPA)柱后衍生法液相色谱图

邻苯二甲醛(OPA)柱后衍生法液相色谱图见图 A.1。

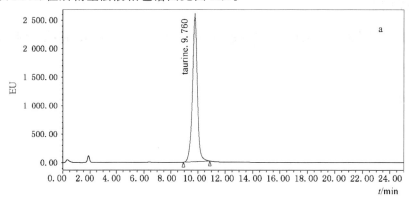

a) 标准溶液色谱图

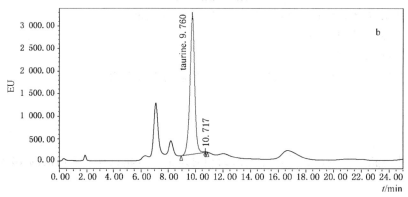

b) 试样色谱图

图 A.1 邻苯二甲醛(OPA)柱后衍生法液相色谱图

A.2 单磺酰氯柱前衍生法液相色谱图(紫外检测)

单磺酰氯柱前衍生法液相色谱图(紫外检测)见图 A.2。

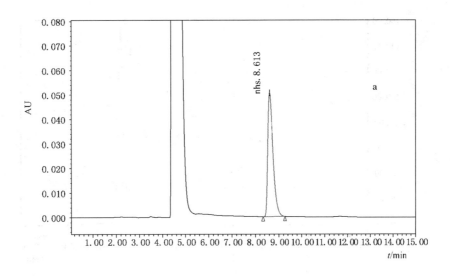

a) 标准溶液色谱图

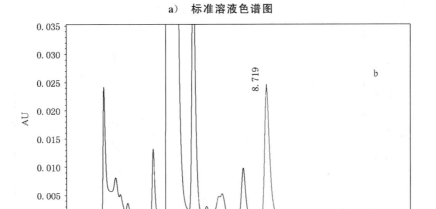

b) 试样色谱图

图 A.2 单磺酰氯柱前衍生法液相色谱图（紫外检测）

A.3 单磺酰氯柱前衍生法液相色谱图（荧光检测）

单磺酰氯柱前衍生法液相色谱图（荧光检测）见图 A.3。

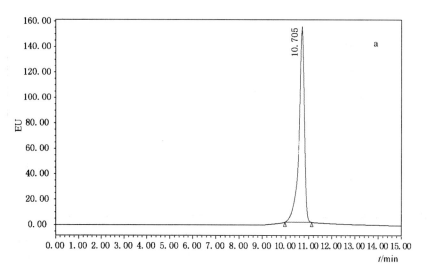

a）标准溶液色谱图

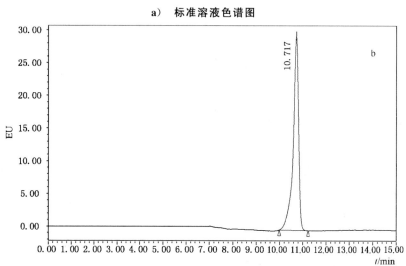

b）试样色谱图

图 A.3　单磺酰氯柱前衍生法液相色谱图（荧光检测）

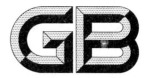

中华人民共和国国家标准

GB 5009.210—2016

食品安全国家标准

食品中泛酸的测定

2016-08-31 发布

2017-03-01 实施

中华人民共和国
国家卫生和计划生育委员会 发布

前　言

本标准代替 GB/T 5009.210—2008《食品中泛酸的测定》。

本标准与 GB/T 5009.210—2008 相比,主要变化如下:

——标准名称修改为"食品安全国家标准　食品中泛酸的测定";

——增加了高效液相色谱方法;

——修改了食品的前处理方法;

——增加了检出限和定量限。

食品安全国家标准

食品中泛酸的测定

1 范围

本标准规定了食品中泛酸和泛酸钙的测定方法。

本标准第一法适用于食品中泛酸的测定,第二法适用于营养素补充剂类保健食品和配方食品中泛酸(钙)的测定。

第一法 微生物法

2 原理

泛酸是植物乳杆菌 *Lactobacillus plantarum*(ATCC 8014)生长所必需的营养素,在一定控制条件下,将植物乳杆菌液接种至含有试样液的培养液中,培养一定时间后测定透光率(或吸光度值),根据泛酸含量与透光率(或吸光度值)的标准曲线计算出试样中泛酸的含量。

3 试剂和材料

除非另有说明,本方法所用试剂均为分析纯,水为 GB/T 6682 规定的二级水。

3.1 试剂

3.1.1 盐酸(HCl)。

3.1.2 冰乙酸($C_2H_4O_2$)。

3.1.3 氢氧化钠(NaOH)。

3.1.4 氯化钠(NaCl)。

3.1.5 碳酸钠(Na_2CO_3)。

3.1.6 碳酸氢钾($KHCO_3$)。

3.1.7 磷酸氢二钾(K_2HPO_4)。

3.1.8 三水合乙酸钠($C_2H_3O_2Na \cdot 3H_2O$)。

3.1.9 三水合磷酸二氢钾($KH_2PO_4 \cdot 3H_2O$)。

3.1.10 七水合硫酸镁($MgSO_4 \cdot 7H_2O$)。

3.1.11 七水合硫酸亚铁($FeSO_4 \cdot 7H_2O$)。

3.1.12 一水合硫酸锰($MnSO_4 \cdot H_2O$)。

3.1.13 三羟甲基氨基甲烷($C_4H_{11}NO_3$)。

3.1.14 葡萄糖($C_6H_{12}O_6$)。

3.1.15 甲苯(C_7H_8)。

3.1.16 无水乙醇(C_2H_6O)。

3.1.17 阴离子交换树脂 Dowex 1×8:粒度 $38~\mu m \sim 75~\mu m$。

3.1.18 碱性磷酸酶:酶活力≥23 U/g。

3.1.19 鸽子肝脏丙酮提取物干粉(liver acetone powder,from pigeon):酶活力≥0.1 U/g。

3.1.20 蛋白胨:含氮量≥10%。

3.1.21 酵母提取物:含氮量≥10%。

3.1.22 琼脂。

3.2 试剂配制

3.2.1 乙酸溶液(0.2 mol/L):吸取 11.8 mL 冰乙酸,用水稀释至 1 000 mL,混匀。

3.2.2 乙酸钠溶液(0.2 mol/L):称取 27.2 g 三水合乙酸钠,加水溶解并稀释至 1 000 mL,混匀。

3.2.3 盐酸溶液(1 mol/L):吸取 83 mL 盐酸,加水稀释至 1 000 mL,混匀。

3.2.4 盐酸浸泡液:吸取 100 mL 盐酸与 50 倍水混合。

3.2.5 氢氧化钠溶液(1 mol/L):称取 40 g 氢氧化钠,加水溶解并稀释至 1 000 mL,混匀。

3.2.6 氢氧化钠溶液(0.1 mol/L):称取 4 g 氢氧化钠,加水溶解并稀释至 1 000 mL,混匀。

3.2.7 Tris 缓冲液:称取 121.0 g 三羟甲基氨基甲烷溶于 500 mL 水中,用冰乙酸调 pH 至 8.1±0.1,加水至 1 000 mL,混匀。贮存 2 ℃～4 ℃冰箱中,可保存 2 周。

3.2.8 生理盐水:称取 9 g 氯化钠,加水溶解并稀释至 1 000 mL,混匀。临用前预先灭菌,于 121 ℃高压灭菌 10 min 后备用。

3.2.9 乙醇溶液(20%):量取 200 mL 无水乙醇与 800 mL 水混匀。

3.2.10 碳酸钠溶液(0.08 mol/L):称取 8.5 g 碳酸钠,加水溶解并稀释至 1 000 mL,混匀。

3.2.11 碳酸氢钾溶液(0.02 mol/L):称取 2 g 碳酸氢钾,加水溶解并稀释至 1 000 mL。混匀。

3.2.12 碱性磷酸酶溶液:称取 2 g 碱性磷酸酶,加水溶解并稀释至 100 mL。临用现配,2 ℃～4 ℃冰箱预冷。

3.2.13 鸽子肝脏提取液

3.2.13.1 活化 Dowex 1×8:称取 100 g Dowex 1×8 于锥形瓶中,加入 1 L 盐酸溶液,置于振荡器上充分振摇 10 min,用铺有滤纸的布氏漏斗过滤。Dowex 1×8 转回锥形瓶,再加入 1 L 盐酸溶液重复振摇、过滤。Dowex 1×8 加入 1 L 水振摇 10 min,过滤,重复用水洗涤 10 次。逐滴加入 Tris 缓冲液调节 Dowex 1×8 pH 至 8.0±0.1。2 ℃～4 ℃冰箱保存,2 天内用完。

3.2.13.2 鸽子肝脏提取液:配制此试剂前一天将所用容器放入 2 ℃～4 ℃冰箱中冷藏过夜。称取 30 g 鸽子肝脏丙酮提取物干粉,放入研钵中,冰浴条件下分两次加入 300 mL 碳酸氢钾溶液研磨至匀浆,转入具塞离心管中,盖好塞后充分振摇,−20 ℃冷冻 10 min 后以 3 000 r/min 离心 5 min,将上清液转至 500 mL 广口瓶中。加 150 g 活化 Dowex 1×8,放入冰浴中混匀 5 min,将混合液倒入离心管中,3 000 r/min 离心 5 min。将上清液移入另一 500 mL 预冷的广口瓶中,−20 ℃冷冻 10 min,再加 150 g 活化 Dowex 1×8,放入冰浴中混匀 5 min,将混合液倒入离心管中,3 000 r/min 离心,将上清液分装于具塞试管中(每管大约 3 mL),−20 ℃冷冻保存。用前于 2 ℃～4 ℃冰箱内化冻并保存至用时。

3.3 培养基

3.3.1 甲盐溶液:分别称取 25 g 磷酸氢二钾和 25 g 三水合磷酸二氢钾,加水溶解并稀释至 500 mL,混匀。加入 1 mL 甲苯,2 ℃～4 ℃冰箱可保存 1 年。

3.3.2 乙盐溶液:分别称取 10 g 七水合硫酸镁、0.5 g 氯化钠、0.5 g 七水合硫酸亚铁和 0.5 g 一水合硫酸锰,加水溶解并稀释至 500 mL。加 5 滴盐酸,2 ℃～4 ℃冰箱可保存 1 年。

3.3.3 琼脂培养基:按表 1 称取或吸取各试剂,加水至 100 mL,混合,沸水浴加热至琼脂完全溶化。趁热用 1 mol/L 盐酸溶液和/或 1 mol/L 氢氧化钠溶液调节 pH 至 6.8±0.1。尽快分装,根据试管内径粗细加入 3 mL～5 mL,液面高度不得低于 2 cm。塞上棉塞,121 ℃高压灭菌 15 min。取出后试管直立放置,待冷却后于冰箱内保存,备用。

表 1　菌种储备用琼脂培养基配制一览表

试剂	用量
葡萄糖	1.0 g
蛋白胨	0.8 g
酵母提取物干粉	0.2 g
三水合乙酸钠	1.7 g
甲盐溶液	0.2 mL
乙盐溶液	0.2 mL
琼脂	1.2 g

3.3.4　泛酸测定用培养液:可按附录 A 配制泛酸测定用培养液。也可直接由试剂公司购买效力相当的泛酸测定用培养基,用前按说明书配制。

3.4　标准品

D-泛酸钙($C_{18}H_{32}CaN_2O_{10}$):纯度≥99%。

3.5　标准溶液的配制

3.5.1　泛酸标准储备溶液(40.0 μg/mL):精确称取 43.5 mg 预干燥至恒重的 D-泛酸钙,加水溶解并转移至 1 000 mL 容量瓶中,加 10 mL 乙酸溶液,100 mL 乙酸钠溶液,用水定容至刻度。储存于棕色瓶中,加入 3 滴~5 滴甲苯,于 2 ℃~4 ℃冰箱中可保存 2 年。

3.5.2　泛酸标准中间液(1.00 μg/mL):准确吸取 25.0 mL 泛酸标准储备溶液置于 1 000 mL 容量瓶中,加入 10 mL 乙酸溶液,100 mL 乙酸钠溶液,用水定容至刻度。加入 3 滴~5 滴甲苯于 2 ℃~4 ℃冰箱中可保存 1 年。

3.5.3　泛酸标准工作溶液(20 ng/mL):准确吸取 2.00 mL 泛酸标准中间溶液置于 100 mL 容量瓶中,用水定容至刻度,混匀。临用前现配。

4　仪器和设备

4.1　天平:感量 0.1 mg。

4.2　恒温培养箱:37 ℃±1 ℃。

4.3　压力蒸汽消毒器:121 ℃。

4.4　漩涡振荡器。

4.5　离心机:转速≥3 000 r/min。

4.6　接种针和接种环。

4.7　pH 计:精度±0.01。

4.8　紫外-分光光度计。

4.9　超净工作台。

4.10　超声振荡器。

5 菌种的制备与保存

5.1 菌种

植物乳杆菌 *Lactobacillus plantarum*（ATCC 8014）。

5.2 储备菌种的制备

将菌种植物乳杆菌 *Lactobacillus plantarum*（ATCC 8014）转接至琼脂培养基中，在 37 ℃±1 ℃恒温箱中培养 20 h～24 h，连续传种 2 次～3 次。取出后放入 2 ℃～4 ℃冰箱作为储备菌株保存。每月至少传代一次，不宜超过 25 代。

试验前将储备菌株接种至琼脂培养基中，37 ℃±1 ℃恒温培养箱中培养 20 h～24 h 以活化菌株，用于接种液的制备。

注：保存数周以上的储备菌株，不能立即用作接种液制备，试验前宜连续传种 2 代～3 代以保证细菌活力。

5.3 接种液的制备

试验前一天，取 2 mL 泛酸标准工作溶液和 4 mL 泛酸测定用培养液混匀，分装于 2 支 5 mL 离心管中，塞好棉塞，于 121 ℃高压灭菌 15 min 后即为种子培养液。冷却后用接种环将活化的菌株转种至 2 支种子培养液中，于 37 ℃±1 ℃恒温培养箱中培养 20 h～24 h。取出后 3 000 r/min 离心 10 min，弃上清液，无菌操作下用已预先灭菌的生理盐水淋洗 2 次，3 000 r/min 离心 10 min，弃上清液。再加入 3 mL 灭菌生理盐水，振荡混匀，制成接种液，立即使用。

6 分析步骤

注：所有操作均需避光进行

6.1 试样制备

谷薯类、豆类、乳粉等试样需粉碎、研磨、过筛（筛板孔径 0.3 mm～0.5 mm）；肉、蛋、坚果等用匀质器制成食糜；果蔬、半固体食品等试样需匀浆混匀；液体试样用前振摇混合。4 ℃冰箱可保存 1 周。

6.2 试样提取

6.2.1 直接提取法

形态为颗粒、粉末、片剂、液体的营养素补充剂或强化剂、预混料，添加了泛酸钙的配方食品或保健食品可采用直接提取法。

准确称取适量试样（m），固体试样 0.2 g～2 g；液态试样 5 g～10 g，精确至 0.001 g，转入 100 mL 锥形瓶中，加入 80 mL 乙醇溶液，具塞，超声振摇提取 4 h 以上至试样完全溶解，用水定容至 100 mL（V_1）。

6.2.2 酶解法

一般谷薯类、肉蛋乳类、果蔬菌藻类、豆及坚果类等食品试样宜采用酶解提取法。

6.2.2.1 水解：准确称取适量试样（m，约含 0.02 mg～0.2 mg 泛酸），精确至 0.001 g。一般谷薯类、肉类、蛋类、豆类及其制品称取 1 g～5 g；新鲜果蔬、乳及其制品称取 5 g～10 g。转入至 100 mL 锥形瓶中，加 10 mL Tris 缓冲液、40 mL 水，振荡混匀。于 121 ℃高压条件下水解 15 min。冷却至室温，转移至 100 mL 容量瓶中,用水定容至刻度(V_1),过滤。

6.2.2.2 酶解:准确吸取适量试样滤液(1.0 mL～10.0 mL,V_2)至 25 mL 具塞刻度试管底部,补水至 10 mL,加 5 mL Tris 缓冲液。在冰浴条件下,依次小心加入预冷的 0.1 mL 碳酸氢钠溶液、0.4 mL 碱性 磷酸酶溶液、0.2 mL 鸽子肝脏提取液和 0.4 mL 水。小心混匀试管,避免混合物黏附于试管壁,加 1 滴 甲苯,37 ℃±1 ℃ 温箱中温育过夜(8 h 以上)。加水至 20 mL,用冰乙酸调节 pH 至 4.5±0.1,加水定容 至 25.0 mL(V_3),过滤。调节 pH:吸取适量的试样酶解液(2.0 mL～20.0 mL,V_4)于 25 mL 具塞刻度试 管中,加水至 20 mL,用 0.1 mol/L 氢氧化钠溶液调节 pH 至 6.8±0.1,用水定容至 25.0 mL(V_5)。

另取一试管加入 5 mL Tris 缓冲液和 10 mL 水,同法加入碳酸氢钠溶液、碱性磷酸酶溶液、鸽子肝 脏提取液酶液及温育过夜,并调节 pH 至 6.8±0.1,用水定容至 25.0 mL 作为酶空白液。

注:以谷物、乳粉等为基质的配方食品如需计量基质本底泛酸含量,可采用酶解法提取。

6.3 稀释

根据试样中泛酸含量用水对试样提取液进行适当稀释(F),使稀释后试样提取液中泛酸浓度约为 20 ng/mL。

6.4 测定系列管制备

所用试管使用前洗刷干净,用水煮沸 30 min,沥干后放入盐酸浸泡液中浸泡 2 h,经 170 ℃ 烘 3 h 后 使用。

6.4.1 试样和酶空白系列管

取 4 支试管,分别加入 1.0 mL、2.0 mL、3.0 mL、4.0 mL 试样提取液(V_x),补水至 5.0 mL,加入 5.0 mL 泛酸测定用培养液,混匀。另取 4 支试管分别加入 1.0 mL、2.0 mL、3.0 mL、4.0 mL 酶空白液。

6.4.2 标准系列管

取试管分别加入泛酸标准工作溶液 0.00 mL、0.50 mL、1.00 mL、1.50 mL、2.00 mL、2.50 mL、 3.00 mL、3.50 mL、4.00 mL、4.50 mL、5.00 mL 于试管中,补水至 5.0 mL,相当于标准系列管中泛酸含 量为 0 ng、10 ng、20 ng、30 ng、40 ng、50 ng、60 ng、70 ng、80 ng、90 ng、100 ng 泛酸,再加入 5.0 mL 泛 酸测定用培养液,混匀。为保证标准曲线的线性关系,应制备 2 套～3 套标准系列管,绘制标准曲线时, 以每个标准点的均值计算。

6.5 灭菌

将所有测定管塞好棉塞,于 121 ℃ 高压灭菌 15 min。

6.6 接种和培养

待测定系列管冷却至室温后,在无菌操作条件下向每支测定管滴加接种液 50 μL。塞好棉塞,置于 37 ℃±1 ℃ 恒温培养箱中培养 16 h～20 h,直至达到最大混浊度,即再培养 2 h 后透光率(或吸光度值) 无明显变化。另准备一支标准 0 管(含 0 ng 泛酸)不接种作为 0 对照管。

6.7 测定

将培养好的标准系列管、试样和酶空白系列管用漩涡混匀器混匀。用厚度为 1 cm 比色杯,于 550 nm 处,以未接种的 0 对照管调节透光率为 100%(或吸光度值为 0),依次测定标准系列管、试样和 酶空白系列管的透光率(或吸光度值)。如果 0 对照管有明显的细菌增长,或者与 0 对照管相比,标准 0 管透光率在 90% 以下(或吸光度值在 0.2 以上);或标准系列管透光率最大变化量<40%(或吸光度值变

化量<0.4),说明可能有杂菌或不明来源的泛酸混入,需重做试验。

> 注:泛酸测定适宜的光谱范围 540 nm～660 nm。

6.8 分析结果表述

6.8.1 标准曲线:以标准系列管泛酸含量为横坐标,每个标准点透光率(或吸光度值)均值为纵坐标,绘制标准曲线。

6.8.2 试样结果计算:从标准曲线查得试样和酶空白系列管中泛酸的相应含量(ρ_x),如果每个试样的 4 支试样系列管中有 3 支以上泛酸含量在 10 ng～80 ng 范围内,且按照式(1)计算每毫升试样稀释液中泛酸浓度(ρ),各管之间相对偏差小于 15%,则可继续按式(2)或式(3)～式(5)进行结果计算,否则需重新取样测定。

试样稀释液中泛酸浓度按式(1)计算:

$$\rho = \frac{\rho_x}{V_x} \quad\quad\quad\quad\quad\quad\quad\cdots\cdots\cdots\cdots\cdots\cdots\cdots(1)$$

式中:

ρ ——试样稀释液中泛酸浓度,单位为纳克每毫升(ng/mL);

ρ_x —— 从标准曲线上查得测定系列管中泛酸含量,单位为纳克(ng);

V_x —— 制备试样系列管时吸取的试样稀释液体积,单位为毫升(mL)。

采用直接提取法的试样中泛酸含量按式(2)计算:

$$X = \frac{\overline{\rho} \times V_1 \times F}{m} \times \frac{100}{10^6} \quad\quad\quad\quad\cdots\cdots\cdots\cdots\cdots\cdots(2)$$

式中:

X ——试样中泛酸含量,固态试样单位为毫克每百克(mg/100 g),液态试样为毫克每百毫升(mg/100 mL);

$\overline{\rho}$ ——试样稀释液泛酸浓度平均值,单位为纳克每毫升(ng/mL);

V_1 ——试样提取液的定容体积,单位为毫升(mL);

F ——试样提取液稀释倍数;

m ——试样质量,单位为克(g);

$\dfrac{100}{10^6}$ ——换算系数。

采用酶解法的试样中泛酸含量按式(3)～式(5)计算:

$$m_0 = \overline{\rho}_0 \times 25 \quad\quad\quad\quad\quad\quad\cdots\cdots\cdots\cdots\cdots\cdots(3)$$

$$m_x = \frac{\overline{\rho} \times V_5 \times V_3 \times F}{V_4} \quad\quad\quad\quad\cdots\cdots\cdots\cdots\cdots\cdots(4)$$

$$X = \frac{(m_x - m_0) \times V_1}{m \times V_2} \times \frac{100}{10^6} \quad\quad\quad\cdots\cdots\cdots\cdots\cdots\cdots(5)$$

式中:

m_0 ——酶空白液中泛酸含量,单位为纳克(ng);

$\overline{\rho}_0$ ——酶空白液中泛酸浓度平均值,单位为纳克每毫升(ng/mL);

25 ——酶空白液总体积,单位为毫升(mL);

m_x ——试样酶解液中泛酸含量,单位为纳克(ng);

$\overline{\rho}$ ——试样稀释液泛酸浓度平均值,单位为纳克每毫升(ng/mL);

V_5 ——试样调 pH 后的定容体积,单位为毫升(mL);

V_3 ——试样酶解液的定容体积,单位为毫升(mL);

F ——试样提取液稀释倍数；

V_4 ——试样调 pH 时吸取的酶解液体积，单位为毫升（mL）；

X ——试样中泛酸含量，固态试样单位为毫克每百克（mg/100 g），液态试样为毫克每百毫升（mg/100 mL）；

V_1 ——试样水解液的定容体积，单位为毫升（mL）；

m ——试样质量，单位为克（g）；

V_2 ——试样酶解时吸取的水解液体积，单位为毫升（mL）；

$\dfrac{100}{10^6}$ ——换算系数。

结果如以泛酸钙计量，应乘以 1.087。

计算结果以重复性条件下获得的两次独立测定结果的算术平均值表示，结果保留三位有效数字。

7 精密度

一般食品在重复性条件下获得的两次独立测定结果的绝对差值不得超过算术平均值的 15%；营养素补充剂和强化食品在重复性条件下获得的两次独立测定结果的绝对差值不得超过算术平均值的 5%。

8 其他

一般食品称样量为 5 g 时，检出限为 0.03 mg/100 g，定量限为 0.06 mg/100 g。营养强化剂类保健食品和配方食品称样量为 2 g 时，检出限为 0.025 mg/100 g，定量限 0.05 mg/100 g。

第二法　高效液相色谱法

9 原理

利用泛酸易溶于水，在弱酸性至中性条件下（pH 5.0～7.0）稳定的理化性质，试样用热水在超声波振荡下提取，经 C_{18} 反相色谱柱分离，在紫外检测器检测 200 nm 波长处检测，根据色谱峰的保留时间及紫外光谱图定性，外标法定量，计算试样中泛酸含量。

10 试剂和材料

除非另有说明，本方法所用试剂均为分析纯，水为 GB/T 6682 规定的一级水。

10.1 试剂

10.1.1 盐酸（HCl）。

10.1.2 磷酸（H_3PO_4）。

10.1.3 磷酸二氢钾（KH_2PO_4）：色谱纯。

10.1.4 七水合硫酸锌（$ZnSO_4 \cdot 7H_2O$）。

10.1.5 乙腈（CH_3CN）：色谱纯。

10.1.6 淀粉酶：酶活力≥1.5 U/mg。

10.2 试剂配制

10.2.1 盐酸(0.1 mol/L):吸取 8.3 mL 盐酸至 1 000 mL 容量瓶中,加水稀释定容至刻度,混匀。

10.2.2 硫酸锌溶液(0.5 mol/L):称取 14.4 g 七水合硫酸锌,加水溶解并定容至 100 mL。

10.2.3 磷酸二氢钾溶液(0.02 mol/L):称取 2.722 g 磷酸二氢钾,加 500 mL 水溶解,用磷酸调节 pH 至 3.0,用水定容至 1 000 mL,用 0.45 μm 滤膜过滤。

10.3 泛酸标准溶液

注:D-泛酸钙($C_{18}H_{32}CaN_2O_{10}$):纯度≥99 %。

10.3.1 泛酸标准储备溶液(1.000 mg/mL):准确称取泛酸钙 1.087 g,加水溶解并转入 1 000 mL 容量瓶中,定容至刻度,混匀(4 ℃冰箱中可保存 5 d)。

10.3.2 泛酸标准中间溶液(100.0 μg/mL):准确吸取标准储备溶液 10.0 mL 于 100 mL 容量瓶中,加水定容至刻度。临用前配制。

10.3.3 泛酸标准工作溶液:分别准确吸取泛酸标准中间液 1.0 mL,2.0 mL,4.0 mL,8.0 mL,16.0 mL,32.0 mL 于 100 mL 容量瓶中,加水定容至刻度,得到浓度分别为 1.0 μg/mL,2.0 μg/mL,4.0 μg/mL,8.0 μg/mL,16.0 μg/mL,32.0 μg/mL 的泛酸标准工作溶液,临用前配制。

11 仪器和设备

11.1 天平:感量 0.1 mg。

11.2 恒箱培养箱:55 ℃±5 ℃。

11.3 超声波振荡器。

11.4 pH 计:精度±0.01。

11.5 高效液相色谱仪:带紫外检测器或二极管阵列检测器。

12 分析步骤

12.1 试样制备

固态试样粉碎并混合均匀;碳酸饮料需超声波去除二氧化碳,其他液态试样摇匀。

12.2 试样测定液的制备

12.2.1 营养素补充剂类保健食品

准确称取或量取适量试样(m),精确至 0.001 g,一般固体试样 0.2 g~2 g,液态试样 10 g~20 g,置于 50 mL 锥形瓶中,加入约 30 mL 40 ℃~50 ℃温水超声提取 20 min,用水定容至刻度(V)。转入离心管 3 000 r/min 离心 5 min~10 min,取上清液过 0.45 μm 滤膜,滤液待上机测定。

12.2.2 配方食品

准确称取适量试样(m),精确至 0.001 g,一般固态试样约 5 g,液态试样约 20 g。置于 100 mL 锥形瓶中,加入 40 ℃~50 ℃温水至 30 mL。如果试样中含有淀粉,加入淀粉酶 0.2 g,振摇混匀,盖上瓶塞,在 55 ℃±5 ℃水浴条件下,振摇酶解 120 min~240 min。如果试样不含淀粉,直接超声提取 20 min。

取出试样液,冷却至室温,用 0.1 mol/L 盐酸调节 pH 至 5.0±0.1,加入 5 mL 0.5 mol/L 硫酸锌溶液,充分混合。转入 50 mL 容量瓶中,用水定容至刻度并充分混匀后,转入离心管 3 000 r/min 离心

5 min～10 min,取上清液过 0.45 μm 滤膜,滤液待上机测定。

12.3 稀释

必要时,试样测定液用水进行适当的稀释(F),使试样测定液中泛酸浓度在 1 μg/mL～32 μg/mL 范围内。

12.4 参考液相色谱条件

12.4.1 色谱柱:ODS-C$_{18}$(粒径 5 μm,250 mm×4.6 mm)或具有同等性能的色谱柱。

12.4.2 柱温:28 ℃±0.5 ℃。

12.4.3 紫外检测器:检测波长:210 nm。

12.4.4 流动相:0.02 mol/L 磷酸二氢钾溶液＋乙腈＝95＋5。

12.4.5 流速:1.0 mL/min。

12.4.6 进样量:10 μL 或 20 μL。

12.5 测定

12.5.1 标准曲线测定

按照已经确立的色谱条件,将泛酸标准工作液依次进行色谱分析(标准色谱图见附录 B),记录标准出峰时间、色谱峰高(或峰面积)。以标准工作液浓度为横坐标,峰高(或峰面积)为纵坐标,绘制标准曲线。

12.5.2 试样溶液的测定

取试样测定液按照色谱条件进行色谱分析,根据试样峰高(或峰面积)从标准曲线中查得相应的泛酸浓度(ρ)。

13 分析结果的表述

试样中泛酸的含量按式(6)计算:

$$X = \frac{\rho \times V \times F}{m} \times \frac{100}{1\,000} \qquad \cdots\cdots\cdots\cdots\cdots\cdots\cdots(6)$$

式中:

X ——试样中泛酸含量,固态试样单位为毫克每百克(mg/100 g),液态试样为毫克每百毫升(mg/100mL);

ρ ——从标准曲线上查得试样测定液中泛酸的浓度,单位为微克每毫升(μg/mL);

V ——试样测定液总体积,单位为毫升(mL);

F ——试样测定液稀释倍数;

m ——试样质量,单位为克(g);

$\frac{100}{1\,000}$ ——换算系数。

结果如以泛酸钙计量,应乘以 1.087。

计算结果以重复性条件下获得的两次独立测定结果的算术平均值表示,结果保留三位有效数字。

14 精密度

在重复性条件下获得的两次独立测定结果的绝对差值不得超过算术平均值的 5 %。

15 其他

当称样量为 5 g 时,检出限为 0.025 mg/100 g,定量限为 0.08 mg/100 g。

附 录 A
泛酸测定用培养液的配制方法

A.1 试剂

A.1.1 盐酸(HCl)。

A.1.2 氢氧化钠(NaOH)。

A.1.3 活性炭:粒度为 0.05 mm ~0.074 mm。

A.1.4 甲苯(C_7H_8)。

A.1.5 硫酸腺嘌呤($C_{10}H_{10}N_{10}\cdot H_2SO_4$)。

A.1.6 盐酸鸟嘌呤($C_5H_5N_5O_5\cdot HCl$)

A.1.7 尿嘧啶($C_4H_4N_2O_2$)。

A.1.8 L-胱氨酸($C_6H_{12}N_2O_4S_2$)。

A.1.9 L-色氨酸或 DL-色氨酸($C_{11}H_{12}N_2O_2$)。

A.1.10 核黄素($C_{17}H_{20}N_4O_6$)。

A.1.11 盐酸硫胺素($C_{12}H_{17}ClN_4OS\cdot HCl$)。

A.1.12 生物素($C_{10}H_{16}N_2O_3S$)。

A.1.13 乙酸($C_2H_4O_2$)溶液:0.02 mol/L。

A.1.14 对氨基苯甲酸($C_7H_7NO_2$)。

A.1.15 尼克酸($C_6H_5NO_2$)。

A.1.16 盐酸吡哆醇($C_8H_{11}NO_3\cdot HCl$)。

A.1.17 无水乙醇(C_2H_5OH)。

A.1.18 乙醇溶液(1+3)。

A.1.19 聚山梨酯-80(吐温-80)。

A.1.20 无水葡萄糖($C_6H_{12}O_6$)。

A.1.21 三水合乙酸钠($C_2H_3O_2Na\cdot 3H_2O$)。

A.1.22 无维生素酪蛋白(vitamin free casein)。

A.2 试剂配制

A.2.1 氢氧化钠溶液(10 mol/L):称取 40 g 氢氧化钠,用 100 mL 水溶解。

A.2.2 氢氧化钠溶液(1 mol/L):称取 4 g 氢氧化钠,用 100 mL 水溶解。

A.2.3 盐酸溶液(3 mol/L):吸取 250 mL 盐酸,用水稀释至 1 000 mL,混匀。

A.2.4 盐酸溶液(1 mol/L):按 3.2.3 配制。

A.2.5 酪蛋白液:称取 50 g 无维生素酪蛋白于 500 mL 烧杯中,加 200 mL 盐酸溶液(3 mol/L),于 121℃高压水解 6 h。将水解物转移至蒸发皿内,在沸水浴上蒸发至膏状。加 200 mL 水使之溶解后再蒸发至膏状,如此反复 3 次,以除去盐酸。用 10 mol/L 氢氧化钠溶液调节 pH 至 3.5±0.1。加 20 g 活性炭,振摇约 20 min,过滤。重复活性炭处理 2 次~4 次,直至滤液呈淡黄色或无色。滤液加水稀释至 1 000 mL,加 3 mL 甲苯,置 2 ℃~4℃冰箱中可保存 1 年。

> 注:每次蒸发时不可蒸干或焦糊,以避免所含营养素破坏。可直接由试剂公司购买效力相当的酸水解无维生素酪蛋白。

A.2.6 腺嘌呤-鸟嘌呤-尿嘧啶溶液:分别称取硫酸腺嘌呤、盐酸鸟嘌呤和尿嘧啶各 0.1 g 于 250 mL 烧杯中,加 75 mL 水和 2 mL 盐酸,加热使其完全溶解后冷却。若有沉淀产生,再加盐酸数滴,加热,如此反复直至冷却后无沉淀产生为止。用水稀释至 100 mL,加 3 滴～5 滴甲苯,贮存于棕色试剂瓶中,置 2 ℃～4 ℃冰箱中可保存 1 年。

A.2.7 胱氨酸-色氨酸溶液:分别称取 4 g L-胱氨酸和 1 g L-色氨酸或 2 g DL-色氨酸于 800 mL 水中,加热至 70 ℃～80 ℃,逐滴加入 3 mol/L 盐酸溶液,不断搅拌,直至完全溶解为止。冷却至室温后加水稀释至 1 000 mL。加 3 滴～5 滴甲苯,贮存于棕色试剂瓶中,于 2 ℃～4 ℃冰箱中可保存 1 年。

A.2.8 维生素液Ⅰ:分别称取 20 mg 核黄素和 10 mg 盐酸硫胺素,加入 1.0 mL 生物素溶液 (40 μg/mL),用 0.02 mol/L 乙酸溶液溶解并定容至 1 000 mL。加入 3 滴～5 滴甲苯,贮存于棕色试剂瓶中,2 ℃～4 ℃冰箱可保存 1 年。

A.2.9 维生素液Ⅱ:分别称取 10 mg 对氨基苯甲酸、50 mg 尼克酸和 40 mg 盐酸吡哆醇,溶于 1 000 mL 乙醇溶液中。加入 3 滴～5 滴甲苯,贮存于棕色试剂瓶中,2 ℃～4 ℃冰箱可保存 1 年。

A.2.10 聚山梨酯-80 溶液:将 25 g 聚山梨酯-80 用乙醇溶解并稀释至 250 mL。2 ℃～4 ℃冰箱可保存 1 年。

A.2.11 泛酸测定用培养液:配制 1 000 mL 培养液,按表 A.1 吸取液体试剂,混合后加水 300 mL,依次加入固体试剂,煮沸搅拌 2 min。用 1 mol/L 氢氧化钠溶液、1 mol/L 盐酸溶液调节基础培养液 pH 至 6.8±0.1。加入乙盐溶液 20 mL,用水补至 1 000 mL。配制时可根据培养液用量按比例增减。临用现配。

表 A.1　泛酸测定用培养液配制一览表

试剂		用量
液体试剂	酪蛋白液	100 mL
	腺嘌呤-鸟嘌呤-尿嘧啶溶液	20 mL
	维生素溶液Ⅰ	20 mL
	维生素溶液Ⅱ	20 mL
	胱氨酸-色氨酸溶液	100 mL
	聚山梨酯-80 溶液	1 mL
	甲盐溶液	20 mL
固体试剂	无水葡萄糖	40 g
	三水合乙酸钠	33 g

附　录　B
泛酸标准溶液的液相色谱图

泛酸标准溶液的液相色谱图见图 B.1。

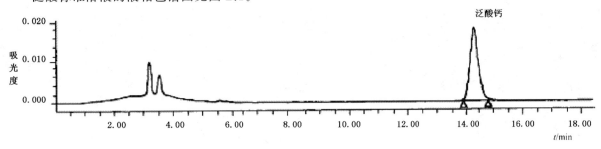

图 B.1　泛酸标准溶液的液相色谱图

中华人民共和国国家标准

GB 5009.211—2014

食品安全国家标准

食品中叶酸的测定

2015-09-21 发布

2016-03-21 实施

中 华 人 民 共 和 国
国家卫生和计划生育委员会 发 布

前　言

本标准代替 GB/T 5009.211—2008《食品中叶酸的测定》。

本标准与 GB/T 5009.211—2008 相比，主要变化如下：

——标准名称修改为"食品安全国家标准　食品中叶酸的测定"；

——修改了菌种名称，由干酪乳杆菌改为鼠李糖乳杆菌；

——删除了培养基和用于叶酸盐降解的鸡胰腺供货信息；

——删除了附录 B 中酶解酪蛋白液的制备方法；

——增加了检出限和定量限。

食品安全国家标准

食品中叶酸的测定

1　范围

本标准规定了食品中叶酸的测定方法。

本标准适用于食品中叶酸的测定。

2　原理

叶酸是鼠李糖乳杆菌 *Lactobacillus casei* spp. *rhamnosus*(ATCC 7469)生长所必需的营养素,在一定控制条件下,将鼠李糖乳杆菌液接种至含有试样液的培养液中,培养一段时间后测定透光率(或吸光度值),根据叶酸含量与透光率(或吸光度值)的标准曲线计算出试样中叶酸的含量。

3　试剂和材料

注:除非另有说明,本方法所用试剂均为分析纯,水为 GB/T 6682 规定的二级水。

3.1　试剂

3.1.1　盐酸(HCl)。

3.1.2　氢氧化钠(NaOH)。

3.1.3　氯化钠(NaCl)。

3.1.4　十二水合磷酸钠($Na_3PO_4 \cdot 12H_2O$)。

3.1.5　七水合磷酸氢二钠($Na_2HPO_4 \cdot 7H_2O$)。

3.1.6　磷酸氢二钾(K_2HPO_4)。

3.1.7　三水合磷酸二氢钾($KH_2PO_4 \cdot 3H_2O$)。

3.1.8　七水合硫酸镁($MgSO_4 \cdot 7H_2O$)。

3.1.9　七水合硫酸亚铁($FeSO_4 \cdot 7H_2O$)。

3.1.10　一水合硫酸锰($MnSO_4 \cdot H_2O$)。

3.1.11　三水合乙酸钠($CH_3CooNa \cdot 3H_2O$)。

3.1.12　葡萄糖($C_6H_{12}O_6$)。

3.1.13　抗坏血酸($C_6H_8O_6$)。

3.1.14　甲苯(C_7H_8)。

3.1.15　无水乙醇(C_2H_6O)。

3.1.16　鸡胰腺干粉:含 γ-谷胺酰基水解酶。

3.1.17　木瓜蛋白酶:酶活力≥5 U/mg。

3.1.18　α-淀粉酶:酶活力≥1.5 U/mg。

3.1.19　蛋白胨:含氮量≥10%。

3.1.20　酵母提取物(干粉):含氮量≥10%。

3.1.21　琼脂。

3.2 试剂配制

3.2.1 磷酸缓冲液(0.05 mol/L,pH6.8):分别称取 4.35 g 十二水合磷酸钠和 10.39 g 七水合磷酸氢二钠,用水溶解并稀释至 1 L,混匀。加入 2 mL 甲苯,室温保存。临用前按大约 5 mg/mL 的比例加入抗坏血酸作为叶酸保护剂,加入量以 pH 达到 6.8 为宜。

3.2.2 乙醇溶液(20%,体积分数):量取 200 mL 无水乙醇与 800 mL 水混匀。

3.2.3 氢氧化钠乙醇溶液(0.01 mol/L):称取 0.4 g 氢氧化钠,用乙醇溶液溶解并稀释至 1 L,混匀。

3.2.4 氢氧化钠溶液(1 mol/L):称取 40 g 氢氧化钠,加水溶解并稀释至 1 L,混匀。

3.2.5 盐酸溶液(1 mol/L):量取 83.3 mL 盐酸,用水稀释至 1 L,混匀。

3.2.6 盐酸浸泡液:量取 100 mL 盐酸与 50 倍水混合。

3.2.7 鸡胰腺溶液:称取 100 mg 鸡胰腺干粉,加入 20 mL 磷酸缓冲液,摇匀。现用现配。

3.2.8 蛋白酶-淀粉酶液:分别称取 200 mg 木瓜蛋白酶和 α-淀粉酶,加入 20 mL 磷酸缓冲液研磨至匀浆,3 000 r/min 离心 5 min。现用现配。

3.3 培养基

3.3.1 甲盐溶液:分别称取 25 g 磷酸氢二钾和 25 g 三水合磷酸二氢钾,加水溶解并稀释至 500 mL,混匀。加入 1 mL 甲苯,2 ℃~4 ℃冰箱可保存 1 年。

3.3.2 乙盐溶液:分别称取 10 g 七水合硫酸镁、0.5 g 氯化钠、0.5 g 七水合硫酸亚铁和 0.5 g 一水合硫酸锰,加水溶解并稀释至 500 mL。加 5 滴盐酸,于 2 ℃~4 ℃冰箱可保存 1 年。

3.3.3 琼脂培养基:按表 1 称量或吸取各试剂,加水至 100 mL,混合,沸水浴加热至琼脂完全溶化。趁热用 1 mol/L 盐酸溶液和 1 mol/L 氢氧化钠溶液调节 pH 至 6.8±0.1。尽快分装,根据试管内径粗细加入 3 mL~5 mL,液面高度不得低于 2 cm。塞上棉塞,121 ℃(0.10 MPa~0.12 MPa)高压灭菌 15 min。试管取出后直立放置,待冷却后于冰箱内保存,备用。

表 1 菌种储备用琼脂培养基配制一览表

试 剂	用 量
葡萄糖/g	1.0
蛋白胨/g	0.8
酵母提取物干粉/g	0.2
三水合乙酸钠/g	1.7
甲盐溶液/mL	0.2
乙盐溶液/mL	0.2
琼脂/g	1.2

3.3.4 叶酸测定用培养液:可按附录 A 配制叶酸测定用培养液,也可直接由试剂公司购买效力相当的叶酸测定用培养基,用前按说明书配制。

3.4 标准品

叶酸标准品($C_{19}H_{19}N_7O_6$):纯度≥99%。

3.5 标准溶液的配制

3.5.1 叶酸标准储备液(20.0 μg/mL):精确称取 20.0 mg 叶酸标准品,用氢氧化钠乙醇溶液溶解并转移至 1 000 mL 容量瓶中,定容至刻度。

叶酸标准储备液浓度标定:准确吸取 1.0 mL 标准储备液至 5 mL 容量瓶中,用氢氧化钠溶液定容至刻度。用紫外-可见分光光度计,于比色杯厚度 1 cm,波长 256 nm 条件下,以氢氧化钠乙醇溶液调零点,测定 3 次标准溶液吸光度值,取平均值按式(1)计算叶酸标准储备液浓度。

$$c_1 = \frac{\overline{A}}{E} \times M \times 5 \times 1\,000 \quad\quad\quad\quad\quad\quad\quad (1)$$

式中:

c_1 ——标准储备液中叶酸浓度,单位为微克每毫升($\mu g/mL$);

$\overline{A}$ ——平均吸光度值;

E ——摩尔消光系数,数值为 24 500;

M ——叶酸相对分子质量,数值为 441.42;

5 ——稀释倍数;

1 000——由克每升换算为微克每毫升的换算系数。

标定好的叶酸标准储备液储存于棕色瓶中,于 2 ℃~4 ℃冰箱可保存两年。

3.5.2 叶酸标准中间液(0.200 $\mu g/mL$):准确吸取 1.00 mL 叶酸标准储备液置于 100 mL 棕色容量瓶中,用氢氧化钠乙醇溶液稀释并定容至刻度,混匀后储存于瓶中 2 ℃~4 ℃冰箱可保存 1 年。

3.5.3 叶酸标准工作液(0.200 ng/mL):准确吸取 1.00 mL 叶酸标准中间液置于 1 000 mL 容量瓶中,用水稀释定容至刻度,混匀。现用现配。

4 仪器和设备

4.1 天平:感量为 0.1 mg 和 1 mg。

4.2 恒温培养箱:37 ℃±1 ℃。

4.3 压力蒸汽消毒器:121 ℃(0.10 MPa~0.12 MPa)。

4.4 涡旋振荡器。

4.5 离心机:转速≥3 000 r/min。

4.6 接种环。

4.7 pH 计:精度为±0.1。

4.8 紫外-可见分光光度计。

4.9 超净工作台。

4.10 超声波振荡器。

5 菌种的制备与保存

5.1 菌种

鼠李糖乳杆菌 *Lactobacillus casei* spp. *rhamnosus*(ATCC 7469)。

5.2 储备菌种的制备

将菌种鼠李糖乳杆菌转接至琼脂培养基中,在 37 ℃±1 ℃恒温培养箱中培养 20 h~24 h,连续传种 2 代~3 代。取出后放入 2 ℃~4 ℃冰箱作为储备菌株保存。每月至少传代 1 次,可传 30 代。

实验前将储备菌株接种至琼脂培养基中,在 37 ℃±1 ℃恒温培养箱中培养 20 h~24 h 以活化菌株,用于接种液的制备。

注:保存数周以上的储备菌种,不能立即用作接种液制备,实验前宜连续传种 2 代~3 代以保证细菌活力。

5.3 接种液的制备

试验前一天,取 2 mL 叶酸标准工作液与 4 mL 叶酸测定用培养液混匀,分装至 2 支 5 mL 离心管中,塞上棉塞,于 121 ℃(0.10 MPa～0.12 MPa)高压灭菌 15 min 后即为种子培养液。冷却后用接种环将活化的菌株转种至 2 支种子培养液中,于 37 ℃±1 ℃恒温培养箱中培养 20 h～24 h。取出后将种子培养液混悬,无菌操作下用无菌注射器吸取 0.5 mL 转种至另两支已消毒但不含叶酸的培养液中,于 37 ℃±1 ℃再培养 6 h。振荡混匀,制成接种液,立即使用。

6 分析步骤(所有操作均需避光进行)

6.1 试样制备

谷薯类、豆类、乳粉等试样需粉碎、研磨、过筛(筛板孔径 0.3 mm～0.5 mm);肉、蛋、坚果等用匀质器制成食糜;果蔬、半固体食品等试样需匀浆混匀;液体试样用前振摇混合。于 4 ℃冰箱可保存 1 周。

6.2 试样提取

6.2.1 直接提取法

形态为颗粒、粉末、片剂、液体的营养素补充剂或强化剂、预混料;以饮料为基质或叶酸添加量 >100 μg/100 g 的食品可采用直接提取法。

准确称取固体试样 0.1 g～0.5 g 或液体试样 0.5 g～2 g,精确至 0.001 g,转入 100 mL 锥形瓶中,加入 80 mL 氢氧化钠乙醇溶液,具塞,超声振荡 2 h～4 h 至试样完全溶解或分散,用水定容至刻度。

6.2.2 酶解提取法

谷薯类、肉蛋乳类、果蔬菌藻类、豆及坚果类等食品试样宜采用酶解提取法。

准确称取适量试样(约含 0.2 μg～2 μg 叶酸),精确至 0.001 g。一般谷薯类、肉类、乳类、新鲜果蔬、菌藻类试样 2 g～5 g;蛋类、豆、坚果类、内脏、干制试样 0.2 g～2 g;流质或半流质试样 5 g～10 g。转入 100 mL 锥形瓶中,加 30 mL 磷酸缓冲液,振摇 5 min 后,具塞,于 121 ℃(0.10 MPa～0.12 MPa)高压水解 15 min。

试样取出后冷却至室温,加入 1 mL 鸡胰腺溶液;含有蛋白质、淀粉的试样需另加入 1 mL 蛋白酶-淀粉酶液,混合。加入 3 滴～5 滴甲苯后,置于 37 ℃±1 ℃恒温培养箱内酶解 16 h～20 h。取出,转入 100 mL 容量瓶,加水定容至刻度,过滤。

另取一只锥形瓶,同试样操作,定容至 100 mL,过滤。作为酶空白液。

注:以谷物、乳粉等为基质的配方食品如需计量基质本底叶酸含量,可采用酶解法提取。

6.3 稀释

根据试样中叶酸含量用水对试样提取液进行适当稀释,使试样稀释液中叶酸含量在 0.2 ng/mL～0.6 ng/mL 范围内。

6.4 测定系列管制备

所用试管使用前洗刷干净,沸水浴 30 min,沥干后放入盐酸浸泡液中浸泡 2 h,经 170 ℃±2 ℃烘干 3 h 后使用。

6.4.1 试样和酶空白系列管

取 3 支试管,分别加入 0.5 mL、1.0 mL、2.0 mL 试样稀释液(V_x),补水至 5.0 mL。加入 5.0 mL 叶

酸测定用培养液,混匀。另取 3 支试管同法加入酶空白液。

6.4.2 标准系列管

取试管分别加入叶酸标准工作溶液 0.00 mL、0.25 mL、0.50 mL、1.00 mL、1.50 mL、2.00 mL、2.50 mL、3.00 mL、4.00 mL 和 5.00 mL,补水至 5.00 mL,相当于标准系列管中叶酸含量为 0.00 ng、0.05 ng、0.10 ng、0.20 ng、0.30 ng、0.40 ng、0.50 ng、0.60 ng、0.80 ng、1.00 ng,再加入 5.0 mL 叶酸测定用培养液,混匀。为保证标准曲线的线性关系,应制备 2 套～3 套标准系列管,绘制标准曲线时,以每个标准点平均值计算。

6.5 灭菌

将所有测定系列管塞好棉塞,于 121 ℃(0.10 MPa～0.12 MPa)高压灭菌 15 min。

6.6 接种和培养

待测定系列管冷却至室温后,在无菌操作条件下,用预先高压灭菌的移液管向每支测定管加接种液 20 μL,混匀。塞好棉塞,置于 37 ℃±1 ℃恒温培养箱中培养 20 h～40 h,直至获得最大混浊度,即再培养 2 h 透光率(或吸光度值)无明显变化。另准备一支标准 0 管(含 0.00 ng 叶酸)不接种作为 0 对照管。

6.7 测定

将培养好的标准系列管、试样和酶空白系列管用漩涡混匀器混匀。用厚度为 1 cm 比色杯,于 540 nm 处,以未接种 0 对照管调节透光率为 100%(或吸光度值为 0),依次测定标准系列管、试样和酶空白系列管的透光率(或吸光度值)。如果 0 对照管有明显的细菌增长;或与 0 对照管相比,标准 0 管透光率在 90%以下(或吸光度值在 0.1 以上),或标准系列管透光率最大变化量<40%(或吸光度值最大变化量<0.4),说明可能有杂菌或不明来源叶酸混入,需重做实验。

　　注:叶酸测定适宜的光谱范围 540 nm～610 nm。

6.8 分析结果表述

6.8.1 标准曲线:以标准系列管叶酸含量为横坐标,每个标准点透光率(或吸光度值)均值为纵坐标,绘制标准曲线。

6.8.2 试样结果计算:从标准曲线查得试样或酶空白系列管中叶酸的相应含量(c_x),如果 3 支试样系列管中有 2 支叶酸含量在 0.10 ng～0.80 ng 范围内,且各管之间折合为每毫升试样提取液中叶酸含量的偏差小于 10%,则可继续按式(2)、式(3)、式(4)进行结果计算,否则需重新取样测定。

试样稀释液叶酸浓度按式(2)计算:

$$c = \frac{c_x}{V_x} \qquad\qquad\qquad (2)$$

式中:

c ——试样稀释液中叶酸浓度,单位为纳克每毫升(ng/mL);

c_x ——从标准曲线上查得试样系列管中叶酸含量,单位为纳克(ng);

V_x ——制备试样系列管时吸取的试样稀释液体积,单位为毫升(mL)。

采用直接提取法的试样叶酸含量按式(3)计算:

$$X = \frac{\bar{c} \times V \times f}{m} \times \frac{100}{1\,000} \qquad\qquad\qquad (3)$$

式中:

X ——试样中叶酸含量,单位为微克每百克(μg/100 g);

$\bar{c}$　　——试样稀释液叶酸浓度平均值,单位为纳克每毫升(ng/mL);

V　　——试样提取液定容体积,单位为毫升(mL);

f　　——试样提取液稀释倍数;

m　　——试样质量,单位为克(g);

$\dfrac{100}{1\ 000}$　——由纳克每克(ng/g)换算为微克每百克(μg/100 g)的系数。

采用酶解提取法的试样叶酸含量按式(4)计算:

$$X = \frac{(\bar{c} \times f - \bar{c}_0) \times V}{m} \times \frac{100}{1\ 000} \quad\text{······························}(4)$$

式中:

X　　——试样中叶酸含量,单位为微克每百克(μg/100 g);

$\bar{c}$　　——试样稀释液中叶酸浓度平均值,单位为纳克每毫升(ng/mL);

f　　——试样提取液稀释倍数;

$\bar{c}_0$　　——酶空白液中叶酸浓度平均值,单位为纳克每毫升(ng/mL);

V　　——试样提取液定容体积,单位为毫升(mL);

m　　——试样质量,单位为克(g);

$\dfrac{100}{1\ 000}$　——由纳克每克(ng/g)换算为微克每百克(μg/100 g)的系数。

注1:液体试样叶酸含量也可以微克每百毫升(μg/100 mL)为单位。

注2:叶酸测定也可采用预包埋菌种的叶酸测定用试剂盒(微生物法),测定过程应参照试剂盒说明书,效果相当。

以重复性条件下获得的两次独立测定结果的算术平均值表示,结果保留三位有效数字。

7 精密度

一般食品在重复性条件下获得的两次独立测定结果的绝对差值不得超过算术平均值的15%;营养素补充剂和强化食品在重复性条件下获得的两次独立测定结果的绝对差值不得超过算术平均值的5%。

8 其他

果蔬类试样称样量为 5 g 时,检出限为 0.2 μg/100 g,定量限为 0.4 μg/100 g;蛋白质、淀粉含量高的试样称样量为 5 g 时,检出限为 1.0 μg/100 g,定量限为 2.0 μg/100 g;营养强化剂和强化食品称样量为 1 g 时,检出限为 0.5 μg/100 g,定量限为 1.0 μg/100 g。

附 录 A

叶酸测定用培养液的配制方法

A.1 试剂

A.1.1 无水乙醇(C_2H_6O)。

A.1.2 碳酸氢钠($NaHCO_3$)。

A.1.3 盐酸(HCl)。

A.1.4 氢氧化钠(NaOH)。

A.1.5 甲苯(C_7H_8)。

A.1.6 冰乙酸($C_2H_4O_2$)。

A.1.7 活性炭:粒度为 0.05 mm～0.074 mm。

A.1.8 硫酸腺嘌呤($C_{10}H_{10}N_{10} \cdot H_2SO_4$)。

A.1.9 盐酸鸟嘌呤($C_5H_5N_5O_5 \cdot HCl$)

A.1.10 尿嘧啶($C_4H_4N_2O_2$)。

A.1.11 黄嘌呤($C_5H_4N_4O_2$)。

A.1.12 氨水(NH_5O)。

A.1.13 三水合乙酸钠($C_2H_3O_2Na \cdot 3H_2O$)。

A.1.14 核黄素($C_{17}H_{20}N_4O_6$)。

A.1.15 生物素($C_{10}H_{16}N_2O_3S$)。

A.1.16 对氨基苯甲酸($C_7H_7NO_2$)。

A.1.17 盐酸吡哆醇($C_8H_{11}NO_3 \cdot HCl$)。

A.1.18 盐酸硫胺素($C_{12}H_{17}ClN_4OS \cdot HCl$)。

A.1.19 泛酸钙($C_{18}H_{32}CaN_2O_{10}$)。

A.1.20 尼克酸($C_6H_5NO_2$)。

A.1.21 聚山梨酯-80(吐温-80)。

A.1.22 还原型谷胱甘肽($C_{10}H_{17}N_3O_6S$)。

A.1.23 *L*-天冬氨酸($C_4H_7NO_4$)。

A.1.24 *L*-色氨酸($C_{11}H_{12}N_2O_2$)。

A.1.25 *L*-盐酸半胱氨酸($C_3H_7NO_2S \cdot HCl$)。

A.1.26 无水葡萄糖($C_6H_{12}O_6$)。

A.1.27 去维生素酪蛋白(vitamin free casein)。

A.2 试剂配制

A.2.1 氢氧化钠溶液(10 mol/L):称取 40 g 氢氧化钠,用 100 mL 水溶解。

A.2.2　氢氧化钠溶液(1 mol/L):称取 4 g 氢氧化钠,用 100 mL 水溶解。

A.2.3　酪蛋白液:称取 50 g 去维生素酪蛋白于 500 mL 烧杯中,加 200 mL 盐酸溶液,于 121 ℃ (0.10 MPa~0.12 MPa)高压水解 6 h。将水解物转移至蒸发皿内,在沸水浴上蒸发至膏状。加 200 mL 水使之溶解后再蒸发至膏状,如此反复 3 次,以除去盐酸。用 10 mol/L 氢氧化钠调节 pH 至 3.5±0.1。 加 20 g 活性炭,振摇约 20 min,过滤。重复活性炭处理直至滤液呈淡黄色或无色。滤液加水稀释至 1 000 mL,加 1 mL~3 mL 甲苯,于 2 ℃~4 ℃冰箱可保存 1 年。

注:每次蒸发时不可蒸干或焦糊,以避免所含营养素破坏。也可直接购买效力相当的酸水解无维生素酪蛋白。

A.2.4　腺嘌呤-鸟嘌呤-尿嘧啶溶液:分别称取硫酸腺嘌呤、盐酸鸟嘌呤以及尿嘧啶各 0.1 g 于 250 mL 烧杯中,加 75 mL 水和 2 mL 盐酸,加热使其完全溶解后冷却。若有沉淀产生,再加盐酸数滴,加热,如 此反复直至冷却后无沉淀产生为止,加水至 100 mL。加 3 滴~5 滴甲苯,贮存于棕色试剂瓶中,于 2 ℃ ~4 ℃冰箱可保存 1 年。

A.2.5　黄嘌呤($C_5H_4N_4O_2$)溶液:称取 0.4 g 黄嘌呤,加 10 mL 氨水,加热溶解,加水至 100 mL。加 3 滴~5 滴甲苯,贮存于棕色试剂瓶中,于 2 ℃~4 ℃冰箱可保存 1 年。

A.2.6　乙酸缓冲液(1.6 mol/L,pH4.5):称取 63 g 三水合乙酸钠,用 200 mL 水溶解,加大约 20 mL 冰 乙酸至 pH 4.5±0.1,混合后,用水稀释至 500 mL。

A.2.7　维生素液:称取 100 mg 核黄素用 400 mL 乙酸缓冲液溶解。取 25 mg 碳酸氢钠溶解于 500 mL 水中,加入 2 mg 生物素,200 mg 对氨基苯甲酸,400 mg 盐酸吡哆醇,40 mg 盐酸硫胺素,80 mg 泛酸 钙,80 mg 尼克酸溶解。将上述两种溶液混合,加水至 1 000 mL。加入 3 滴~5 滴甲苯,贮存于棕色试 剂瓶中,于 2 ℃~4 ℃冰箱可保存 1 年。

A.2.8　聚山梨酯-80 溶液(吐温-80):将 10 g 聚山梨酯-80 溶于无水乙醇中并稀释至 100 mL,于 2 ℃~ 4 ℃冰箱保存。

A.2.9　还原型谷胱甘肽($C_{10}H_{17}N_3O_6S$)溶液:称取 0.1 g 还原型谷胱甘肽,加 100 mL 水溶解,贮于棕色 瓶中,现用现配。

A.2.10　磷酸缓冲液(0.05 mol/L,pH6.8):按 3.2.1 配制。

A.2.11　盐酸溶液(1 mol/L):按 3.2.5 配制。

A.2.12　甲盐溶液:按 3.3.1 配制。

A.2.13　乙盐溶液:按 3.3.2 配制。

A.3　叶酸测定用培养液

　　配制 1 000 mL 叶酸测定用培养液,按表 A.1 吸取液体试剂,混合后加水 300 mL,依次加入固体试 剂,煮沸搅拌 2 min。用 1 mol/L 氢氧化钠溶液、1 mol/L 盐酸溶液调节 pH 至 6.8±0.1;加入乙盐溶液 20 mL,用磷酸缓冲液补至 1 000 mL。配制时可根据用量按比例增减,现用现配。

表 A.1　叶酸测定用培养液配制一览表

试　剂	用　量
液体试剂	
酪蛋白液/mL	200
腺嘌呤-鸟嘌呤-尿嘧啶溶液	20 mL
黄嘌呤溶液/(mol/L)	5
维生素液/mL	10
聚山梨酯-80 溶液/mL	1
甲盐溶液/mL	20
固体试剂	
还原型谷胱甘肽溶液/mL	5
L-天冬氨酸/g	0.6
L-盐酸半胱氨酸/g	0.4
L-色氨酸/g	0.4
无水葡萄糖/g	40
三水合乙酸钠/g	40

中华人民共和国国家标准

GB 5009.239—2016

食品安全国家标准

食品酸度的测定

2016-08-31 发布

2017-03-01 实施

中 华 人 民 共 和 国
国家卫生和计划生育委员会　发 布

前　言

本标准代替 GB 5413.34—2010《食品安全国家标准　乳和乳制品酸度的测定》、GB/T 22427.9—2008《淀粉及其衍生物酸度测定》和 GB/T 5517—2010《粮油检验　粮食及制品酸度测定》。

本标准与 GB 5413.34—2010、GB/T 22427.9—2008 和 GB/T 5517—2010 相比，主要变化如下：

——标准名称修改为"食品安全国家标准　食品酸度的测定"；

——本标准整合了 GB 5413.34—2010、GB/T 22427.9—2008、GB/T 5517—2010 中食品酸度的测定方法。

食品安全国家标准
食品酸度的测定

1 范围

本标准规定了生乳及乳制品、淀粉及其衍生物酸度和粮食及制品酸度的测定方法。

本标准第一法适用于生乳及乳制品、淀粉及其衍生物、粮食及制品酸度的测定；第二法适用乳粉酸度的测定；第三法适用于乳及其他乳制品中酸度的测定。

第一法 酚酞指示剂法

2 原理

试样经过处理后，以酚酞作为指示剂，用 0.100 0 mol/L 氢氧化钠标准溶液滴定至中性，消耗氢氧化钠溶液的体积数，经计算确定试样的酸度。

3 试剂和材料

除非另有说明，本方法所用试剂均为分析纯，水为 GB/T 6682 规定的三级水。

3.1 试剂

3.1.1 氢氧化钠（NaOH）。
3.1.2 七水硫酸钴（$CoSO_4 \cdot 7H_2O$）。
3.1.3 酚酞。
3.1.4 95 %乙醇。
3.1.5 乙醚。
3.1.6 氮气：纯度为 98%。
3.1.7 三氯甲烷（$CHCl_3$）。

3.2 试剂配制

3.2.1 氢氧化钠标准溶液（0.100 0 mol/L）

称取 0.75 g 于 105 ℃～110 ℃电烘箱中干燥至恒重的工作基准试剂邻苯二甲酸氢钾，加 50 mL 无二氧化碳的水溶解，加 2 滴酚酞指示液（10 g/L），用配制好的氢氧化钠溶液滴定至溶液呈粉红色，并保持 30 s。同时做空白试验。

注：把二氧化碳（CO_2）限制在洗涤瓶或者干燥管，避免滴管中 NaOH 因吸收 CO_2 而影响其浓度。可通过盛有 10% 氢氧化钠溶液洗涤瓶连接的装有氢氧化钠溶液的滴定管，或者通过连接装有新鲜氢氧化钠或氧化钙的滴定管末尾而形成一个封闭的体系，避免此溶液吸收二氧化碳（CO_2）。

3.2.2 参比溶液

将 3 g 七水硫酸钴溶解于水中，并定容至 100 mL。

3.2.3 酚酞指示液

称取 0.5 g 酚酞溶于 75 mL 体积分数为 95 ％的乙醇中,并加入 20 mL 水,然后滴加氢氧化钠溶液(3.2.1)至微粉色,再加入水定容至 100 mL。

3.2.4 中性乙醇-乙醚混合液

取等体积的乙醇、乙醚混合后加 3 滴酚酞指示液,以氢氧化钠溶液(0.1 mol/L)滴至微红色。

3.2.5 不含二氧化碳的蒸馏水

将水煮沸 15 min,逐出二氧化碳,冷却,密闭。

4 仪器和设备

4.1 分析天平:感量为 0.001 g。

4.2 碱式滴定管:容量 10 mL,最小刻度 0.05 mL。

4.3 碱式滴定管:容量 25 mL,最小刻度 0.1 mL。

4.4 水浴锅。

4.5 锥形瓶:100 mL、150 mL、250 mL。

4.6 具塞磨口锥形瓶:250 mL。

4.7 粉碎机:可使粉碎的样品 95 ％以上通过 CQ16 筛[相当于孔径 0.425 mm(40 目)],粉碎样品时磨膛不应发热。

4.8 振荡器:往返式,振荡频率为 100 次/min。

4.9 中速定性滤纸。

4.10 移液管:10 mL、20 mL。

4.11 量筒:50 mL、250 mL。

4.12 玻璃漏斗和漏斗架。

5 分析步骤

5.1 乳粉

5.1.1 试样制备

将样品全部移入到约两倍于样品体积的洁净干燥容器中(带密封盖),立即盖紧容器,反复旋转振荡,使样品彻底混合。在此操作过程中,应尽量避免样品暴露在空气中。

5.1.2 测定

称取 4 g 样品(精确到 0.01 g)于 250 mL 锥形瓶中。用量筒量取 96 mL 约 20 ℃的水(3.2.5),使样品复溶,搅拌,然后静置 20 min。

向一只装有 96 mL 约 20 ℃的水(3.2.5)的锥形瓶中加入 2.0 mL 参比溶液,轻轻转动,使之混合,得到标准参比颜色。如果要测定多个相似的产品,则此参比溶液可用于整个测定过程,但时间不得超过 2 h。

向另一只装有样品溶液的锥形瓶中加入 2.0 mL 酚酞指示液,轻轻转动,使之混合。用 25 mL 碱式滴定管向该锥形瓶中滴加氢氧化钠溶液,边滴加边转动烧瓶,直到颜色与参比溶液的颜色相似,且 5 s

内不消退,整个滴定过程应在 45 s 内完成。滴定过程中,向锥形瓶中吹氮气,防止溶液吸收空气中的二氧化碳。记录所用氢氧化钠溶液的毫升数(V_1),精确至 0.05 mL,代入式(1)计算。

5.1.3 空白滴定

用 96 mL 水(3.2.5)做空白实验,读取所消耗氢氧化钠标准溶液的毫升数(V_0)。空白所消耗的氢氧化钠的体积应不小于零,否则应重新制备和使用符合要求的蒸馏水。

5.2 乳及其他乳制品

5.2.1 制备参比溶液

向装有等体积相应溶液的锥形瓶中加入 2.0 mL 参比溶液,轻轻转动,使之混合,得到标准参比颜色。如果要测定多个相似的产品,则此参比溶液可用于整个测定过程,但时间不得超过 2 h。

5.2.2 巴氏杀菌乳、灭菌乳、生乳、发酵乳

称取 10 g(精确到 0.001 g)已混匀的试样,置于 150 mL 锥形瓶中,加 20 mL 新煮沸冷却至室温的水,混匀,加入 2.0 mL 酚酞指示液,混匀后用氢氧化钠标准溶液滴定,边滴加边转动烧瓶,直到颜色与参比溶液的颜色相似,且 5 s 内不消退,整个滴定过程应在 45 s 内完成。滴定过程中,向锥形瓶中吹氮气,防止溶液吸收空气中的二氧化碳。记录消耗的氢氧化钠标准滴定溶液毫升数(V_2),代入式(2)中进行计算。

5.2.3 奶油

称取 10 g(精确到 0.001 g)已混匀的试样,置于 250 mL 锥形瓶中,加 30 mL 中性乙醇-乙醚混合液,混匀,加入 2.0 mL 酚酞指示液,混匀后用氢氧化钠标准溶液滴定,边滴加边转动烧瓶,直到颜色与参比溶液的颜色相似,且 5 s 内不消退,整个滴定过程应在 45 s 内完成。滴定过程中,向锥形瓶中吹氮气,防止溶液吸收空气中的二氧化碳。记录消耗的氢氧化钠标准滴定溶液毫升数(V_2),代入式(2)中进行计算。

5.2.4 炼乳

称取 10 g(精确到 0.001 g)已混匀的试样,置于 250 mL 锥形瓶中,加 60 mL 新煮沸冷却至室温的水溶解,混匀,加入 2.0 mL 酚酞指示液,混匀后用氢氧化钠标准溶液滴定,边滴加边转动烧瓶,直到颜色与参比溶液的颜色相似,且 5 s 内不消退,整个滴定过程应在 45 s 内完成。滴定过程中,向锥形瓶中吹氮气,防止溶液吸收空气中的二氧化碳。记录消耗的氢氧化钠标准滴定溶液毫升数(V_2),代入式(2)中进行计算。

5.2.5 干酪素

称取 5 g(精确到 0.001 g)经研磨混匀的试样于锥形瓶中,加入 50 mL 水(3.2.5),于室温下(18 ℃~20 ℃)放置 4 h~5 h,或在水浴锅中加热到 45 ℃并在此温度下保持 30 min,再加 50 mL 水(3.2.5),混匀后,通过干燥的滤纸过滤。吸取滤液 50 mL 于锥形瓶中,加入 2.0 mL 酚酞指示液,混匀后用氢氧化钠标准溶液滴定,边滴加边转动烧瓶,直到颜色与参比溶液的颜色相似,且 5 s 内不消退,整个滴定过程应在 45 s 内完成。滴定过程中,向锥形瓶中吹氮气,防止溶液吸收空气中的二氧化碳。记录消耗的氢氧化钠标准滴定溶液毫升数(V_3),代入式(3)进行计算。

5.2.6 空白滴定

用等体积的水(3.2.5)做空白实验,读取耗用氢氧化钠标准溶液的毫升数(V_0)(适用于 5.2.2、5.2.4、

5.2.5)。用 30 mL 中性乙醇-乙醚混合液做空白实验,读取耗用氢氧化钠标准溶液的毫升数(V_0)(适用于 5.2.3)。

空白所消耗的氢氧化钠的体积应不小于零,否则应重新制备和使用符合要求的蒸馏水或中性乙醇-乙醚混合液。

5.3 淀粉及其衍生物

5.3.1 样品预处理

样品应充分混匀。

5.3.2 称样

称取样品 10 g(精确至 0.1 g),移入 250 mL 锥形瓶内,加入 100 mL 水,振荡并混合均匀。

5.3.3 滴定

向一只装有 100 mL 约 20 ℃的水的锥形瓶中加入 2.0 mL 参比溶液,轻轻转动,使之混合,得到标准参比颜色。如果要测定多个相似的产品,则此参比溶液可用于整个测定过程,但时间不得超过 2 h。

向装有样品的锥形瓶中加入 2 滴~3 滴酚酞指示剂,混匀后用氢氧化钠标准溶液滴定,边滴加边转动烧瓶,直到颜色与参比溶液的颜色相似,且 5 s 内不消退,整个滴定过程应在 45 s 内完成。滴定过程中,向锥形瓶中吹氮气,防止溶液吸收空气中的二氧化碳。读取耗用氢氧化钠标准溶液的毫升数(V_4),代入式(4)中进行计算。

5.3.4 空白滴定

用 100 mL 水(3.2.5)做空白实验,读取耗用氢氧化钠标准溶液的毫升数(V_0)。

空白所消耗的氢氧化钠的体积应不小于零,否则应重新制备和使用符合要求的蒸馏水。

5.4 粮食及制品

5.4.1 试样制备

取混合均匀的样品 80 g~100 g,用粉碎机粉碎,粉碎细度要求 95% 以上通过 CQ16 筛[孔径 0.425 mm(40 目)],粉碎后的全部筛分样品充分混合,装入磨口瓶中,制备好的样品应立即测定。

5.4.2 测定

称取试样(5.4.1)15 g,置入 250 mL 具塞磨口锥形瓶,加水(3.2.5)150 mL(V_{51})(先加少量水与试样混成稀糊状,再全部加入),滴入三氯甲烷 5 滴,加盖后摇匀,在室温下放置提取 2 h,每隔 15 min 摇动 1 次(或置于振荡器上振荡 70 min),浸提完毕后静置数分钟用中速定性滤纸过滤,用移液管吸取滤液 10 mL(V_{52}),注入 100 mL 锥形瓶中,再加水(3.2.5)20 mL 和酚酞指示剂 3 滴,混匀后用氢氧化钠标准溶液滴定,边滴加边转动烧瓶,直到颜色与参比溶液的颜色相似,且 5 s 内不消退,整个滴定过程应在 45 s 内完成。滴定过程中,向锥形瓶中吹氮气,防止溶液吸收空气中的二氧化碳。记下所消耗的氢氧化钠标准溶液毫升数(V_5),代入式(5)中进行计算。

5.4.3 空白滴定

用 30 mL 水(3.2.5)做空白试验,记下所消耗的氢氧化钠标准溶液毫升数(V_0)。

注:三氯甲烷有毒,操作时应在通风良好的通风橱内进行。

6　分析结果的表述

乳粉试样中的酸度数值以(°T)表示,按式(1)计算:

$$X_1 = \frac{c_1 \times (V_1 - V_0) \times 12}{m_1 \times (1-w) \times 0.1}$$ ....(1)

式中:

X_1 ——试样的酸度,单位为度(°T)[以 100 g 干物质为 12 %的复原乳所消耗的 0.1 mol/L 氢氧化钠毫升数计,单位为毫升每 100 克(mL/100 g)];

c_1 ——氢氧化钠标准溶液的浓度,单位为摩尔每升(mol/L);

V_1 ——滴定时所消耗氢氧化钠标准溶液的体积,单位为毫升(mL);

V_0 ——空白实验所消耗氢氧化钠标准溶液的体积,单位为毫升(mL);

12 ——12 g 乳粉相当 100 mL 复原乳(脱脂乳粉应为 9,脱脂乳清粉应为 7);

m_1 ——称取样品的质量,单位为克(g);

w ——试样中水分的质量分数,单位为克每百克(g/100 g);

$1-w$ ——试样中乳粉的质量分数,单位为克每百克(g/100 g);

0.1 ——酸度理论定义氢氧化钠的摩尔浓度,单位为摩尔每升(mol/L)。

以重复性条件下获得的两次独立测定结果的算术平均值表示,结果保留三位有效数字。

注:若以乳酸含量表示样品的酸度,那么样品的乳酸含量(g/100 g)=$T \times 0.009$。T 为样品的滴定酸度(0.009 为乳酸的换算系数,即 1 mL0.1 mol/L 的氢氧化钠标准溶液相当于 0.009 g 乳酸)。

巴氏杀菌乳、灭菌乳、生乳、发酵乳、奶油和炼乳试样中的酸度数值以(°T)表示,按式(2)计算:

$$X_2 = \frac{c_2 \times (V_2 - V_0) \times 100}{m_2 \times 0.1}$$ ....(2)

式中:

X_2 ——试样的酸度,单位为度(°T)[以 100 g 样品所消耗的 0.1 mol/L 氢氧化钠毫升数计,单位为毫升每 100 克(mL/100 g)];

c_2 ——氢氧化钠标准溶液的摩尔浓度,单位为摩尔每升(mol/L);

V_2 ——滴定时所消耗氢氧化钠标准溶液的体积,单位为毫升(mL);

V_0 ——空白实验所消耗氢氧化钠标准溶液的体积,单位为毫升(mL);

100 ——100 g 试样;

m_2 ——试样的质量,单位为克(g);

0.1 ——酸度理论定义氢氧化钠的摩尔浓度,单位为摩尔每升(mol/L)。

以重复性条件下获得的两次独立测定结果的算术平均值表示,结果保留三位有效数字。

干酪素试样中的酸度数值以(°T)表示,按式(3)计算:

$$X_3 = \frac{c_3 \times (V_3 - V_0) \times 100 \times 2}{m_3 \times 0.1}$$ ....(3)

式中:

X_3 ——试样的酸度,单位为度(°T)[以 100 g 样品所消耗的 0.1 mol/L 氢氧化钠毫升数计,单位为毫升每 100 克(mL/100 g)];

c_3 ——氢氧化钠标准溶液的摩尔浓度,单位为摩尔每升(mol/L);

V_3 ——滴定时所消耗氢氧化钠标准溶液的体积,单位为毫升(mL);

V_0 ——空白实验所消耗氢氧化钠标准溶液的体积,单位为毫升(mL);

100 ——100 g 试样;

2 ——试样的稀释倍数；

m_3 ——试样的质量，单位为克(g)；

0.1 ——酸度理论定义氢氧化钠的摩尔浓度，单位为摩尔每升(mol/L)。

以重复性条件下获得的两次独立测定结果的算术平均值表示，结果保留三位有效数字。

淀粉及其衍生物试样中的酸度数值以(°T)表示，按式(4)计算：

$$X_4 = \frac{c_4 \times (V_4 - V_0) \times 10}{m_4 \times 0.100\ 0}$$ ....(4)

式中：

X_4 ——试样的酸度，单位为度(°T)[以 10 g 试样所消耗的 0.1 mol/L 氢氧化钠毫升数计，单位为毫升每 10 克(mL/10 g)]；

c_4 ——氢氧化钠标准溶液的摩尔浓度，单位为摩尔每升(mol/L)；

V_4 ——滴定时所消耗氢氧化钠标准溶液的体积，单位为毫升(mL)；

V_0 ——空白实验所消耗氢氧化钠标准溶液的体积，单位为毫升(mL)；

10 ——10 g 试样；

m_4 ——试样的质量，单位为克(g)；

0.100 0 ——酸度理论定义氢氧化钠的摩尔浓度，单位为摩尔每升(mol/L)。

以重复性条件下获得的两次独立测定结果的算术平均值表示，结果保留三位有效数字。

粮食及制品试样中的酸度数值以(°T)表示，按式(5)计算：

$$X_5 = (V_5 - V_0) \times \frac{V_{51}}{V_{52}} \times \frac{c_5}{0.1\ 000} \times \frac{10}{m_5}$$ ....(5)

式中：

X_5 ——试样的酸度，单位为度(°T)[以 10 g 样品所消耗的 0.1 mol/L 氢氧化钠毫升数计，单位为毫升每 10 克(mL/10 g)]；

V_5 ——试样滤液消耗的氢氧化钾标准溶液体积，单位为毫升(mL)；

V_0 ——空白试验消耗的氢氧化钾标准溶液体积，单位为毫升(mL)；

V_{51} ——浸提试样的水体积，单位为毫升(mL)；

V_{52} ——用于滴定的试样滤液体积，单位为毫升(mL)；

c_5 ——氢氧化钾标准溶液的浓度，单位为摩尔每升(mol/L)；

0.1 000 ——酸度理论定义氢氧化钠的摩尔浓度，单位为摩尔每升(mol/L)；

10 ——10 g 试样；

m_5 ——试样的质量，单位为克(g)。

以重复性条件下获得的两次独立测定结果的算术平均值表示，结果保留三位有效数字。

7 精密度

在重复性条件下获得的两次独立测定结果的绝对差值不得超过算术平均值的 10%。

第二法 pH 计法

8 原理

中和试样溶液至 pH 为 8.30 所消耗的 0.100 0 mol/L 氢氧化钠体积，经计算确定其酸度。

9　试剂和材料

除非另有说明,本方法所用试剂均为分析纯,水为GB/T 6682规定的三级水。

9.1　氢氧化钠标准溶液:同3.2.1。

9.2　氮气:纯度为98%。

9.3　不含二氧化碳的蒸馏水:同3.2.5。

10　仪器和设备

10.1　分析天平:感量为0.001 g。

10.2　碱式滴定管:分刻度0.1 mL,可准确至0.05 mL。或者自动滴定管满足同样的使用要求。

　　注:可以进行手工滴定,也可以使用自动电位滴定仪。

10.3　pH计:带玻璃电极和适当的参比电极。

10.4　磁力搅拌器。

10.5　高速搅拌器,如均质器。

10.6　恒温水浴锅。

11　分析步骤

11.1　试样制备

将样品全部移入到约两倍于样品体积的洁净干燥容器中(带密封盖),立即盖紧容器,反复旋转振荡,使样品彻底混合。在此操作过程中,应尽量避免样品暴露在空气中。

11.2　测定

称取4 g样品(精确到0.01 g)于250 mL锥形瓶中。用量筒量取96 mL约20 ℃的水(9.3),使样品复溶,搅拌,然后静置20 min。

用滴定管向锥形瓶中滴加氢氧化钠标准溶液(9.1),直到pH稳定在8.30±0.01处4 s~5 s。滴定过程中,始终用磁力搅拌器进行搅拌,同时向锥形瓶中吹氮气(9.2),防止溶液吸收空气中的二氧化碳。整个滴定过程应在1 min内完成。记录所用氢氧化钠溶液的毫升数(V_6),精确至0.05 mL,代入式(6)计算。

11.3　空白滴定

用100 mL蒸馏水(9.3)做空白实验,读取所消耗氢氧化钠标准溶液的毫升数(V_0)。

　　注:空白所消耗的氢氧化钠的体积应不小于零,否则应重新制备和使用符合要求的蒸馏水。

12　分析结果的表述

乳粉试样中的酸度数值以(°T)表示,按式(6)计算:

$$X_6 = \frac{c_6 \times (V_6 - V_0) \times 12}{m_6 \times (1-w) \times 0.1} \quad\quad\quad\cdots\cdots\cdots\cdots\cdots\cdots（6）$$

式中:

X_6 ——试样的酸度,单位为度(°T);

c_6 ——氢氧化钠标准溶液的浓度,单位为摩尔每升(mol/L);

V_6 ——滴定时所消耗氢氧化钠标准溶液的体积,单位为毫升(mL);

V_0 ——空白实验所消耗氢氧化钠标准溶液的体积,单位为毫升(mL);

12 ——12 g 乳粉相当 100 mL 复原乳(脱脂乳粉应为9,脱脂乳清粉应为7);

m_6 ——称取样品的质量,单位为克(g);

w ——试样中水分的质量分数,单位为克每百克(g/100 g);

$1-w$ ——试样中乳粉质量分数,单位为克每百克(g/100 g);

0.1 ——酸度理论定义氢氧化钠的摩尔浓度,单位为摩尔每升(mol/L)。

以重复性条件下获得的两次独立测定结果的算术平均值表示,结果保留三位有效数字。

注:若以乳酸含量表示样品的酸度,那么样品的乳酸含量(g/100 g)=T×0.009。T 为样品的滴定酸度(0.009 为乳酸的换算系数,即 1 mL 0.1 mol/L 的氢氧化钠标准溶液相当于 0.009 g 乳酸)。

13 精密度

在重复性条件下获得的两次独立测定结果的绝对差值不得超过算术平均值的10%。

第三法 电位滴定仪法

14 原理

中和 100 g 试样至 pH 为 8.3 所消耗的 0.100 0 mol/L 氢氧化钠体积,经计算确定其酸度。

15 试剂和材料

除非另有说明,本方法所用试剂均为分析纯,水为 GB/T 6682 规定的三级水。

15.1 氢氧化钠标准溶液:同 3.2.1。

15.2 氮气:纯度为 98%。

15.3 中性乙醇-乙醚混合液:同 3.2.4。

15.4 不含二氧化碳的蒸馏水:同 3.2.5。

16 仪器和设备

16.1 分析天平:感量为 0.001 g。

16.2 电位滴定仪。

16.3 碱式滴定管:分刻度为 0.1 mL。

16.4 水浴锅。

17 分析步骤

17.1 巴氏杀菌乳、灭菌乳、生乳、发酵乳

称取 10 g(精确到 0.001 g)已混匀的试样,置于 150 mL 锥形瓶中,加 20 mL 新煮沸冷却至室温的水,混匀,用氢氧化钠标准溶液电位滴定至 pH 8.3 为终点。滴定过程中,向锥形瓶中吹氮气,防止溶液吸收空气中的二氧化碳。记录消耗的氢氧化钠标准滴定溶液毫升数(V_7),代入式(7)中进行计算。

17.2　奶油

称取 10 g(精确到 0.001 g)已混匀的试样,置于 250 mL 锥形瓶中,加 30 mL 中性乙醇-乙醚混合液,混匀,用氢氧化钠标准溶液电位滴定至 pH 8.3 为终点。滴定过程中,向锥形瓶中吹氮气,防止溶液吸收空气中的二氧化碳。记录消耗的氢氧化钠标准滴定溶液毫升数(V_7),代入式(7)中进行计算。

17.3　炼乳

称取 10 g(精确到 0.001 g)已混匀的试样,置于 250 mL 锥形瓶中,加 60 mL 新煮沸冷却至室温的水溶解,混匀,用氢氧化钠标准溶液电位滴定至 pH 8.3 为终点。滴定过程中,向锥形瓶中吹氮气,防止溶液吸收空气中的二氧化碳。记录消耗的氢氧化钠标准滴定溶液毫升数(V_7),代入式(7)中进行计算。

17.4　干酪素

称取 5 g(精确到 0.001 g)经研磨混匀的试样于锥形瓶中,加入 50 mL 水(15.4),于室温下(18 ℃～20 ℃)放置 4 h～5 h,或在水浴锅中加热到 45 ℃并在此温度下保持 30 min,再加 50 mL 水(15.4),混匀后,通过干燥的滤纸过滤。吸取滤液 50 mL 于锥形瓶中,用氢氧化钠标准溶液电位滴定至 pH 8.3 为终点。滴定过程中,向锥形瓶中吹氮气,防止溶液吸收空气中的二氧化碳。记录消耗的氢氧化钠标准滴定溶液毫升数(V_8),代入式(8)进行计算。

17.5　空白滴定

用相应体积的蒸馏水(15.4)做空白实验,读取耗用氢氧化钠标准溶液的毫升数(V_0)(适用于 17.1、17.3、17.4)。用 30 mL 中性乙醇-乙醚混合液做空白实验,读取耗用氢氧化钠标准溶液的毫升数(V_0)(适用于 17.2)。

注:空白所消耗的氢氧化钠的体积应不小于零,否则应重新制备和使用符合要求的蒸馏水或中性乙醇-乙醚混合液。

18　分析结果的表述

巴氏杀菌乳、灭菌乳、生乳、发酵乳、奶油和炼乳试样中的酸度数值以(°T)表示,按式(7)计算:

$$X_7 = \frac{c_7 \times (V_7 - V_0) \times 100}{m_7 \times 0.1} \quad\cdots\cdots\cdots\cdots\cdots\cdots\cdots (7)$$

式中:

X_7 ——试样的酸度,单位为度(°T);

c_7 ——氢氧化钠标准溶液的摩尔浓度,单位为摩尔每升(mol/L);

V_7 ——滴定时所消耗氢氧化钠标准溶液的体积,单位为毫升(mL);

V_0 ——空白实验所消耗氢氧化钠标准溶液的体积,单位为毫升(mL);

100 ——100 g 试样;

m_7 ——试样的质量,单位为克(g);

0.1 ——酸度理论定义氢氧化钠的摩尔浓度,单位为摩尔每升(mol/L)。

以重复性条件下获得的两次独立测定结果的算术平均值表示,结果保留三位有效数字。

干酪素试样中的酸度数值以(°T)表示,按式(8)计算:

$$X_8 = \frac{c_8 \times (V_8 - V_0) \times 100 \times 2}{m_8 \times 0.1} \quad\cdots\cdots\cdots\cdots\cdots\cdots\cdots (8)$$

式中:

X_8 ——试样的酸度,单位为度(°T);

c_8 ——氢氧化钠标准溶液的摩尔浓度,单位为摩尔每升(mol/L);

V_8 ——滴定时所消耗氢氧化钠标准溶液的体积,单位为毫升(mL);

V_0 ——空白实验所消耗氢氧化钠标准溶液的体积,单位为毫升(mL);

100 ——100 g试样;

2 ——试样的稀释倍数;

m_8 ——试样的质量,单位为克(g);

0.1 ——酸度理论定义氢氧化钠的摩尔浓度,单位为摩尔每升(mol/L)。

以重复性条件下获得的两次独立测定结果的算术平均值表示,结果保留三位有效数字。

19 精密度

在重复性条件下获得的两次独立测定结果的绝对差值不得超过算术平均值的10%。

————————

GB 5009.248—2016

中华人民共和国国家标准

GB 5009.248—2016

食品安全国家标准
食品中叶黄素的测定

2016-08-31 发布　　　　　　　　　　　　　　　　　2017-03-01 实施

中华人民共和国
国家卫生和计划生育委员会　发布

乳制品及特殊食品食品安全国家标准汇编

前　言

本标准代替 GB/T 23209—2008《奶粉中叶黄素的测定　液相色谱-紫外检测法》。

本标准与 GB/T 23209—2008 相比,主要变化如下:

——标准名称修改为"食品安全国家标准　食品中叶黄素的测定";

——扩大适用范围,增加在冷冻饮品、米面制品、焙烤食品、果酱、果冻和饮料中叶黄素的液相色谱测定方法;

——对原标准的原理进行了修改,把原用丙酮为溶剂提取改为用乙醚-正己烷-环己烷溶剂体系进行提取;

——增加操作过程的注意点;

——增加了对包括奶粉在内的脂肪含量高的样品的皂化步骤,并提供了不同前处理方法以适应各种样品基质分析需要;

——增加了对叶黄素标准溶液浓度的校正要求;

——对于在试验操作过程中叶黄素可能产生异构化的现象,增加了对因异构化生成的顺式叶黄素的定性与定量要求。

食品安全国家标准

食品中叶黄素的测定

1 范围

本标准规定了食品中叶黄素的液相色谱测定方法。

本标准适用于婴幼儿配方奶粉、乳品、冷冻饮品、米面制品、焙烤食品、果酱、果冻和饮料中叶黄素的液相色谱测定。

2 原理

脂肪含量高(脂肪含量以干基计不低于 3%)的食品经氢氧化钾溶液室温皂化使叶黄素游离后,再以乙醚-正己烷-环己烷(40+40+20,体积比)提取,液相色谱法分离,紫外检测器或二极管阵列检测器检测,外标法定量。

其他食品直接以乙醚-正己烷-环己烷(40+40+20,体积比)提取样品中叶黄素。提取液经中性氧化铝固相萃取小柱净化后,液相色谱法分离,紫外检测器或二极管阵列检测器检测,外标法定量。

样品在提取与分析过程中,反式结构的叶黄素可能发生异构化,转化为顺式叶黄素。对于转化产生的顺式叶黄素,可通过保留时间定性、峰面积加合定量。

3 试剂和材料

除非另有说明,本方法所用试剂均为分析纯,水为 GB/T 6682 规定的一级水。

3.1 试剂

3.1.1 环己烷(C_6H_{12}):色谱纯。

3.1.2 乙醚$[(C_2H_5)_2O]$:色谱纯。

3.1.3 正己烷(C_6H_{10}):色谱纯。

3.1.4 无水乙醇(C_2H_5OH):色谱纯。

3.1.5 甲基叔丁基醚$[CH_3OCC(CH_3)_3,MTBE]$:色谱纯。

3.1.6 二丁基羟基甲苯($C_{15}H_{24}O$,BHT)。

3.1.7 氢氧化钾(KOH)。

3.1.8 碘(I_2)。

3.2 试剂配制

3.2.1 10%氢氧化钾溶液:称取 10 g 氢氧化钾(3.1.7),加水溶解稀释至 100 mL。

3.2.2 20%氢氧化钾溶液:称取 20 g 氢氧化钾(3.1.7),加水溶解稀释至 100 mL。

3.2.3 萃取溶剂:称取 1 g BHT(3.1.6),以 200 mL 环己烷(3.1.1)溶解,加入 400 mL 乙醚(3.1.2)和 400 mL 正己烷(3.1.3),混匀。

3.2.4 0.1% BHT 乙醇溶液:称取 0.1 g BHT(3.1.6),以 100 mL 乙醇(3.1.4)溶解,混匀。

3.2.5 碘的乙醇溶液:称取 1 mg 碘(3.1.8),加乙醇(3.1.4)溶解稀释至 1 L。

3.3 标准品

叶黄素(CAS 号:127-40-2),纯度不低于 98.0％。

3.4 标准溶液配制

3.4.1 标准储备液(50 μg/mL):准确称取 5 mg(精确至 0.01 mg)叶黄素(3.1.3),以 0.1％ BHT 乙醇溶液(3.2.4)溶解并定容至 100 mL。该标准储备液充氮避光置于－20 ℃或以下的冰箱中可保存六个月。

注:叶黄素标准储备液使用前需校正,具体操作见附录 A。

3.4.2 标准工作液:从叶黄素标准贮备液(3.4.1)中准确移取 0.050 mL、0.100 mL、0.200 mL、0.400 mL、1.00 mL 溶液入 5 个 25 mL 棕色容量瓶中,用 0.1％ BHT 乙醇溶液(3.2.4)定容至刻度,得到浓度为 0.100 μg/mL、0.200 μg/mL、0.400 μg/mL、0.800 μg/mL、2.00 μg/mL 的系列标准工作液。标准工作液充氮避光置于－20 ℃或以下的冰箱中可保存一个月。

3.5 中性氧化铝固相萃取小柱,500 mg/3 mL,使用前以 5 mL 萃取溶剂(3.2.3)淋洗,保持柱体湿润。

3.6 0.45 μm 滤膜,有机系。

4 仪器和设备

4.1 液相色谱仪,带二极管阵列检测器或紫外检测器。

4.2 紫外可见分光光度计。

4.3 分析天平:感量 0.01 mg 和 0.01 g。

4.4 组织捣碎机。

4.5 旋涡振荡器。

4.6 振荡器。

4.7 减压浓缩装置。

4.8 固相萃取装置。

4.9 离心机:转速不低于 4 500 r/min。

5 分析步骤

注:由于叶黄素对光敏感,除非另行说明,所有试验操作应在无 500 nm 以下紫外光的黄色光源或红色光源环境中进行。

5.1 试样制备

将一定数量的样品按要求经过粉碎、均质、缩分后,储存于样品瓶中。制备好的试样应充氮密封后置于－20 ℃或以下的冰箱中保存。

5.2 提取

5.2.1 脂肪含量高的食品(如婴幼儿配方奶粉、乳粉、冰淇淋、焙烤坚果类食品等)

准确称取 2 g(精确至 0.01 g)均匀试样于 50 mL 聚丙烯离心管中,加入约 0.2 g BHT(3.1.6)和 10 mL 乙醇(3.1.4),混匀,加入 10 mL 10％氢氧化钾溶液(3.2.1),涡旋振荡 1 min 混匀,室温避光振荡皂化 30 min,以 10 mL 萃取溶剂(3.2.3)避光涡旋振荡提取 3 min,4 500 r/min 离心 3 min,重复提取 2 次,合并提取液,以 10 mL 水洗涤,4 500 r/min 离心 3 min 分层,重复洗涤 1 次,合并有机相于室温减压浓缩至近干,以 0.1％ BHT 乙醇溶液(3.2.4)涡旋振荡溶解残渣并定容至 5 mL,过 0.45 μm 滤膜

(3.6),供液相色谱测定。

液态奶:准确称取 10 g(精确至 0.01 g)样品于 50 mL 聚丙烯离心管中,加入约 0.2 g BHT(3.1.6)和 10 mL 乙醇(3.1.4),混匀,加入 2 mL 20%的氢氧化钾溶液(3.2.2),涡动 1 min 混匀,室温避光振荡皂化 30 min,以 10 mL 萃取溶剂(3.2.3)避光涡旋振荡提取 3 min,4 500 r/min 离心 3 min,重复提取 2 次,合并提取液,以 10 mL 水洗涤,4 500 r/min 离心 3 min 分层,重复洗涤 1 次,合并有机相于室温减压浓缩至近干,以 0.1%BHT 乙醇溶液(3.2.4)涡旋振荡溶解残渣并定容至 25 mL,过 0.45 μm 滤膜(3.6),供液相色谱测定。

5.2.2 其他食品(如米、面制品、果酱等)

准确称取 5 g(精确至 0.01 g)均匀样品置于 50 mL 聚丙烯离心管中,以 10 mL 萃取溶剂(3.2.3)避光涡旋振荡提取 3 min,4 500 r/min 离心 3 min,重复提取 2 次,合并提取液,于室温减压浓缩至近干,以 3 mL 萃取溶剂(3.2.3)涡旋振荡溶解,重复操作 1 次,合并萃取溶剂,混匀,待净化。

将上述溶液以约 1 mL/min 的流速过已活化的中性氧化铝固相萃取小柱(3.5),用 3 mL 萃取溶剂(3.2.3)洗脱,合并流出液与洗脱液,于室温减压浓缩至近干,以 0.1%BHT 乙醇溶液(3.2.4)涡旋振荡溶解残渣并定容至 10 mL,过 0.45 μm 滤膜(3.6),供液相色谱测定。

5.3 仪器参考条件

5.3.1 色谱柱:C30 色谱柱,5 μm,250 mm×4.6 mm(内径)或相当者;

5.3.2 柱温:30 ℃;

5.3.3 流动相:甲醇/水(88+12,体积比,含 0.1% BHT)-甲基叔丁基醚(含 0.1% BHT),梯度洗脱,0 min～18 min,甲醇/水由 100%变换至 10%;18.1 min,甲醇/水由 10%变换至 100%,保留 10 min。

5.3.4 流速:1.0 mL/min;

5.3.5 检测波长:445 nm;

5.3.6 进样量:50 μL。

5.4 标准曲线的制作

将标准系列工作液分别注入液相色谱中,测定相应的峰面积,以标准工作液的浓度为横坐标,以峰面积为纵坐标,绘制标准曲线。

5.5 试样溶液的测定

待测样液中叶黄素的响应值应在仪器线性响应范围内,否则应适当稀释或浓缩。标准工作液与待测样液等体积进样。根据标准溶液色谱峰的保留时间和峰面积,对试样溶液的色谱峰根据保留时间进行定性(待测样品中化合物色谱峰的保留时间与标准溶液相比变化范围应在±2.5%之内),外标法定量。平行测定次数不少于两次。叶黄素标准溶液液相色谱图参见附录 B 图 B.1。

注:由于在样品的提取与分析过程中,温度、光照等原因均可使反式结构的叶黄素发生异构化,转化为顺式叶黄素。可按以下步骤获得顺式叶黄素:以乙醇为溶剂,配制 800 μg/L 的叶黄素标准溶液 50 mL,加入 2 mL 碘的乙醇溶液(3.2.5),摇匀,混合液在日光或日光灯下放置 30 min。可获得顺式结构的叶黄素。由此制备的含顺式结构的叶黄素在检测时可作为对照品。经光碘异构化的反式叶黄素标准溶液色谱图参见附录 B 图 B.2。

6 分析结果的表述

试样中叶黄素含量按式(1)计算:

$$X = \frac{c \times V}{m} \times \frac{1}{F} \times 100 \qquad \cdots\cdots\cdots\cdots\cdots\cdots\cdots\cdots\cdots (1)$$

式中：

X ——试样中叶黄素的含量，单位为微克每百克（$\mu g/100\ g$）；

c ——由标准曲线而得的样液中标准品的含量，单位为微克每毫升（$\mu g/mL$）；

V ——样品最终定容体积，单位为毫升（mL）；

m ——称样量，单位为克（g）；

F ——校正系数。可通过以下方式获得：用液相色谱分析试样溶液，将顺式与反式叶黄素色谱峰
面积加合作为总峰面积，其中反式叶黄素峰面积除以总峰面积所得值为校正系数。

以重复性条件下获得的两次独立测定结果的算术平均值表示，计算结果保留三位有效数字。

7 精密度

在重复性条件下获得的两次独立测定结果的绝对差值不得超过算术平均值的 15％。

8 其他

本方法的检出限：婴幼儿配方奶粉、乳粉、冰淇淋、焙烤坚果类等食品，当取样量为 2 g、定容体积为
5 mL 时，检出限为 3 $\mu g/100\ g$；液态奶等，当取样量为 10 g、定容体积为 25 mL 时，检出限为 3 $\mu g/100\ g$；
米、面制品、果酱等食品，当取样量为 5 g、定容体积为 10 mL 时，检出限为 3 $\mu g/100\ g$。

本方法的定量限：婴幼儿配方奶粉、乳粉、冰淇淋、焙烤坚果类等食品，当取样量为 2 g、定容体积为
5 mL 时，定量限为 10 $\mu g/100\ g$；液态奶等当取样量为 10 g、定容体积为 25 mL 时，定量限为 10 $\mu g/100\ g$；
米、面制品、果酱等食品，当取样量为 5 g、定容体积为 10 mL 时，定量限为 10 $\mu g/100\ g$。

附　录　A
标准溶液浓度校正方法

叶黄素标准溶液配制后需要校准。取 1 mL 标准贮备液，以乙醇定容至 25 mL。移取该溶液至 1 cm 的石英比色皿中，以乙醇为空白，以分光光度计在 445 nm 波长下测定吸光值 A。按式（A.1）计算标准溶液浓度：

$$c = \frac{A}{E_{1\,cm}^{1\%}} \times 2\,500 \times F \qquad\qquad\cdots\cdots\cdots\cdots\cdots\cdots\cdots（A.1）$$

式中：

c　　——标准溶液浓度，$\mu g/mL$；

A　　——标准溶液的吸光值；

$2\,500$——转换系数；

$E_{1\,cm}^{1\%}$——乙醇中叶黄素的吸光系数，为 2 550；

F　　——校正系数，可按下述方式获得：用液相色谱分析校准后的标准溶液，将顺式与反式叶黄素色谱峰面积加合作为总峰面积，其中反式叶黄素峰面积除以总峰面积所得值为校正系数。

附　录　B

标准溶液液相色谱图

B.1　叶黄素(反式)标准溶液液相色谱图

叶黄素(反式)标准溶液液相色谱图见图 B.1。

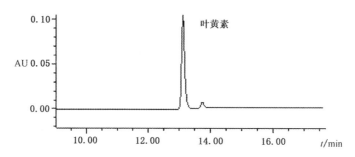

图 B.1　叶黄素(反式)标准溶液液相色谱图

B.2　经光碘异构化的叶黄素(反式)标准溶液液相色谱图

经光碘异构化的叶黄素(反式)标准溶液液相色谱图见图 B.2。

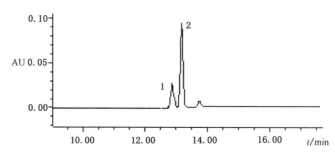

说明:

1——顺式结构的叶黄素;

2——反式结构的叶黄素。

图 B.2　经光碘异构化的叶黄素(反式)标准溶液液相色谱图

中华人民共和国国家标准

GB 5009.259—2016

食品安全国家标准

食品中生物素的测定

2016-08-31 发布

2017-03-01 实施

中 华 人 民 共 和 国
国家卫生和计划生育委员会 发 布

前　言

本标准代替 GB 5413.19—2010《婴幼儿食品和乳品中游离生物素的测定》。

本标准与 GB 5413.19—2010 相比,主要变化如下:

——标准名称修改为"食品安全国家标准　食品中生物素的测定";

——修改了标准曲线管和待测液管制备的表述方式;

——修改了测定步骤表达方式;

——增加了谷薯类、肉类、新鲜果蔬、藻类试样、蛋类、豆类、坚果类、内脏、强化生物素的食品处理过程;

——删除了仪器和设备中通用玻璃器皿的描述。

食品安全国家标准

食品中生物素的测定

1 范围

本标准规定了食品中生物素的测定方法。

本标准适用于食品中生物素的测定。

2 原理

生物素是植物乳杆菌（*Lactobacillus plantarum*）生长所必需的营养素。在生物素测定培养基中，植物乳杆菌的生长与待测试样中生物素含量呈线性关系，根据透光率与标准工作曲线进行比较，即可计算出试样中待测物质的含量。

3 试剂和材料

除非另有说明，本方法所用试剂均为分析纯，水为 GB/T 6682 规定的二级水。

3.1 试剂

3.1.1 无水乙醇（C_2H_6O）。

3.1.2 氢氧化钠（NaOH）。

3.1.3 盐酸（HCl）。

3.1.4 柠檬酸盐。

3.1.5 α-淀粉酶：≥1.5 U/mg。

3.1.6 木瓜蛋白酶：≥5 U/mg。

3.1.7 硫酸（H_2SO_4）。

3.2 试剂配制

3.2.1 乙醇溶液（50%）：量取 500 mL 无水乙醇与 500 mL 水混匀。

3.2.2 氢氧化钠溶液（0.5 mol/L）：称取 20 g 氢氧化钠，溶于 1 000 mL 水中，混匀。

3.2.3 氯化钠溶液（0.85%）：称取 8.5 g 氯化钠，加水溶解并稀释至 1 000 mL，混匀。

3.2.4 盐酸溶液（1 mol/L）：吸取 83 mL 盐酸，用水稀释至 1 000 mL，混匀。

3.2.5 柠檬酸盐缓冲液（pH 4.5）：称取 1.5 g 柠檬酸至一个 100 mL 带磁力搅拌器的烧杯中，加入约 50 mL 蒸馏水至溶解，再加入 12 mL 的 NaOH（1 mol/L），调节 pH 至 4.5（用 0.1 mol/L HCl），将溶液转入 100 mL 容量瓶中，并用蒸馏水定容。该缓冲液可在 2 ℃～8 ℃储存 3 d。

3.2.6 蛋白酶-淀粉酶液：分别称取 200 mg 木瓜蛋白酶和 α-淀粉酶，加入 20 mL 水研磨至匀浆，3 000 r/min 离心 5 min～10 min。现用现配。

3.2.7 硫酸溶液（3%）：量取 30 mL 硫酸加入到 1 000 mL 水混匀。

3.3 标准品

生物素(d-Biotin 或 Vitamin H)标准品(C₁₀H₁₆N₂O₃S):纯度≥99%。

3.4 标准溶液配制

3.4.1 生物素标准储备液(100 μg/mL):精确称取 100 mg 生物素标准品,用乙醇溶液(50%)溶解并转移至 1 000 mL 容量瓶中,定容至刻度。储存于棕色瓶中,于 2 ℃~4 ℃冰箱保存 12 个月。

3.4.2 生物素标准中间液(1.0 μg/mL):准确吸取 1.00 mL 生物素标准储备液置于 100 mL 棕色容量瓶中,用乙醇溶液(50%)稀释并定容至刻度,混匀后储存于瓶中 2 ℃~4 ℃冰箱保存 6 个月。

3.4.3 生物素标准工作液(10 ng/mL):准确吸取 1.00 mL 生物素标准中间液置于 100 mL 容量瓶中,用水稀释定容至刻度,混匀。临用前现配。

3.4.4 标准使用工作液(10 ng/mL):分两个浓度,高浓度溶液的浓度为 0.2 ng/mL;低浓度溶液的浓度为 0.1 ng/mL。从工作液中吸取两次各 5 mL,用水分别定容到 250 mL 和 500 mL。

3.5 培养基

3.5.1 乳酸杆菌琼脂培养基:可按附录 A 配制。

3.5.2 乳酸杆菌肉汤培养基:可按附录 A 配制。

3.5.3 生物素测定用培养基:可按附录 A 配制。

> 注:一些商品化合成培养基效果良好,商品化合成培养基按标签说明进行配制。

4 仪器和设备

4.1 天平:感量 0.1 mg。

4.2 恒温培养箱:37 ℃±1 ℃。

4.3 压力蒸汽消毒器:121 ℃(0.10 mPa~0.12 mPa)。

4.4 漩涡振荡器。

4.5 离心机:转速≥2 000 r/min。

4.6 分液器:0 mL~10 mL。

4.7 可调式电炉。

4.8 pH 计:精度±0.01。

4.9 分光光度计。

4.10 超净工作台。

> 注:玻璃仪器使用前,用活性剂(月桂磺酸钠或家用洗涤剂加入到洗涤用水中即可)对硬玻璃测定管及其他必要的玻璃器皿进行清洗,清洗之后 200 ℃干热 2 h。

5 菌种的制备与保存

5.1 菌种

植物乳杆菌 *Lactobacillus plantarum*(ATCC 8014)。

5.2 储备菌种的制备

5.2.1 将菌种植物乳杆菌 *Lactobacillus plantarum*(ATCC 8014)转接至乳酸杆菌琼脂培养基中,在

37 ℃±1 ℃恒温培养箱中培养 20 h～24 h,取出后放入 2 ℃～4 ℃冰箱中保存。每月至少传种一次,作为储备菌株保存。

5.2.2 将储备菌株接种至乳酸杆菌琼脂培养基中,在 37 ℃±1 ℃恒温培养箱中培养 20 h～24 h 以活化菌株,用于接种液的制备。保存数周以上的储备菌种,不能立即用作接种液制备,试验前应连续传种 2 代～3 代以保证细菌活力。

5.3 接种液的制备

用接种环将活化的菌株转种至已灭菌的乳酸杆菌肉汤中,于 37 ℃±1 ℃恒温培养箱中培养 16 h～20 h。取出后将菌悬液离心弃去上清液,再用氯化钠溶液(0.85%)振匀并离心弃去上清液,如此三次。最后用氯化钠溶液(0.85%)稀释至透光率 80%。

6 分析步骤

6.1 试样制备

谷薯类、豆类、乳粉等试样需粉碎、研磨、过筛(筛板孔径 0.3 mm～0.5 mm);肉、蛋、鱼、坚果等用打碎机制成食糜;果蔬、半固体食品等试样需匀浆混匀;液体试样用前振摇混合。4 ℃冰箱保存,1 周内测定。

6.2 试样提取

6.2.1 薯类、肉类、乳类、新鲜果蔬、藻类试样、蛋类、豆类、坚果类、动物内脏等天然食品。准确称取适量均质样品(m)(约含 0.2 μg～0.5 μg 生物素),精确至 0.001 g,至一个 50 mL 锥形瓶中,加入 30 mL 柠檬酸缓冲液振摇后于 121 ℃高压水解 15 min。样品取出后迅速冷却至室温,加入 1 mL 蛋白酶-淀粉酶溶液置于 36 ℃±1 ℃恒温培养箱内温育酶解 16 h～20 h,95 ℃水浴中加热 30 min,然后迅速冷却至室温,转至 100 mL 容量瓶中,用水定容至刻度(V_1)。

6.2.2 婴幼儿配方食品、谷物类等制品(包括原生和添加的生物素):准确称取适量样品(m)(约含 0.2 μg～0.5 μg 生物素),精确至 0.001 g,至一个 250 mL 锥形瓶中加入硫酸溶液 100 mL,121 ℃水解 30 min,冷却后用氢氧化钠溶液调节 pH 至 4.5±0.2,转到 250 mL 容量瓶中,用水定容,充分混合。用滤纸过滤,弃去最初的几毫升。吸取滤液 5 mL,加入约 20 mL 水,用氢氧化钠溶液调 pH 为 6.8±0.2,转至 100 mL 容量瓶中,用水定容至刻度(V_1)。

6.2.3 强化生物素的饮料或维生素预混料等样品:液体饮料加 5 mL～10 mL 样品至 100 mL 锥形瓶中,加 50 mL 水,混匀,转入 100 mL 容量瓶中,用水定容至刻度(V_1);维生素预混料:准确称取适量样品(m),精确至 0.001 g,到 500 mL 锥形瓶中,加入约 300 mL 水,混匀。调整 pH 到 8.0±0.2,转入 1 000 mL 容量瓶中,用水定容至刻度(V_1)。

6.3 稀释

根据试样中生物素含量用水对试样提取液进行适当稀释,使稀释后试样提取液中生物素含量在 0.01 ng/mL～0.1 ng/mL 范围内。

6.4 测定系列管制备

6.4.1 试样系列管

取 4 支试管,分别加入 1.0 mL、2.0 mL、3.0 mL、4.0 mL 试样提取液,补水至 5.0 mL,加入 5.0 mL 生物素测定用培养液,混匀。每个梯度做 3 个平行。

6.4.2 标准系列管

取试管分别加入标准使用工作液低浓度 0.0 mL（未接种空白）、0.0 mL（接种空白）、1.0 mL、2.0 mL、3.0 mL、4.0 mL、5.00 mL，和高浓度 3.0 mL、4.0 mL、5.0 mL，补水至 5.00 mL，相当于标准系列管中生物素含量为 0.00 ng 、0.00 ng、0.1 ng、0.2 ng、0.3 ng、0.4 ng、0.5 ng、0.6 ng、0.8 ng、1.00 ng。加 5.0 mL 生物素测定用培养液，混匀。每个梯度做 3 个平行，绘制标准曲线时，以每点均值计算。

6.5 培养

6.5.1 灭菌：所有的试管盖上试管帽，放入灭菌釜内，121 ℃（0.10 mPa～0.12 mPa）灭菌 5 min。

6.5.2 接种和培养：试管快速冷却至室温，在无菌操作条件下，将接种液转入无菌针管，向每支测定管接种一滴（约 50 μL）其中标准曲线管中未接种空白和样品空白除外。置于 37 ℃±1 ℃恒温培养箱中培养 19 h～20 h，直至获得最大混浊度，即再培养 2 h 透光率无明显变化。

6.6 测定

将培养好的测定管用漩涡混匀器混匀。用厚度为 1 cm 比色杯，于 550 nm 处，以接种空白管调节透光率为 100%，然后依次测定标准系列管、试样系列管吸光值。如果未接种空白对照管有明显的细菌增长，说明可能有杂菌混入，需重做试验。

注：试样提取液也可采用预先包埋了菌种的微生物法生物素试剂盒测定，效果相当。

6.7 分析结果表述

6.7.1 标准曲线：以标准系列管生物素含量为横坐标，吸光值为纵坐标，绘制标准曲线。

6.7.2 结果计算：从标准曲线查得样液相应含量（c_x），如果每个试样的 3 个测试管中有 2 个值落在 0.01 ng～0.10 ng 范围内，且每个测试管之间吸光值偏差小于 10%，则按下式进行结果计算。

测定液浓度按式（1）计算：

$$c = \frac{c_x}{V_x} \qquad\qquad \cdots\cdots\cdots\cdots\cdots\cdots\cdots\cdots（1）$$

式中：

c ——样液生物素浓度，单位为纳克每毫升（ng/mL）；

c_x——从标准曲线上查得待测样液生物素含量，单位为纳克（ng）；

V_x——制备系列管时吸取的试样提取液体积，单位为毫升（mL）。

样品中生物素含量按式（2）计算：

$$X = \frac{\bar{c} \times f}{m} \times \frac{100}{1\,000} \qquad\qquad \cdots\cdots\cdots\cdots\cdots\cdots（2）$$

式中：

X ——样品中生物素含量，单位为微克每百克或毫升（μg/100 g 或 mL）；

$\bar{c}$ ——有效测试管试样中生物素浓度平均值，单位为纳克每毫升（ng/mL）；

f ——样液稀释倍数；

m ——样品质量，单位为克（g）；

100 ——换算系数；

1 000 ——换算系数。

计算结果以重复性条件下获得的两次独立测定结果的算术平均值表示，结果保留三位有效数字。

7 精密度

在重复性条件下获得的两次独立测定结果的绝对差值不得超过算术平均值的 10%。

8 其他

本方法线性范围为 0.01 $\mu g/mL$～0.1 $\mu g/mL$，检出限为 2.0 $\mu g/100\ g$，定量限为 4.0 $\mu g/100\ g$。

附　录　A
培养基和试剂

A.1　乳酸杆菌琼脂培养基

A.1.1　成分

胨化乳 15.0 g,酵母浸膏 5.0 g,葡萄糖 10.0 g,番茄汁 100 mL,磷酸二氢钾 2.0 g,聚山梨糖单油酸酯 1.0 g,加水至 1 000 mL,调节 pH 至 6.8±0.2(25 ℃±5 ℃)。

A.1.2　制法

在 A.1.1 中加入 10.0 g 琼脂,加热煮沸,使琼脂溶化。混合均匀后分装试管,每管 10 mL。121 ℃高压灭菌 15 min,备用。

A.2　乳酸杆菌肉汤培养基

A.2.1　成分

胨化乳 15.0 g,酵母浸膏 5.0 g,葡萄糖 10.0 g,番茄汁 100 mL,磷酸二氢钾 2.0 g,聚山梨糖单油酸酯 1.0 g,加水至 1 000 mL,调节 pH 至 6.8±0.2(25 ℃±5 ℃)。

A.2.2　制法

将 A.2.1 成分加热煮沸,混合均匀后分装试管,每管 10 mL。121 ℃高压灭菌 15 min。

A.3　生物素测定用培养基

A.3.1　成分

维生素测定用酪蛋白氨基酸 12.0 g,葡萄糖 40.0 g,乙酸钠 20.0 g,L-胱氨酸 0.2 g,DL-色氨酸 0.2 g,硫酸腺嘌呤 20.0 mg,盐酸鸟嘌呤 20.0 mg,尿嘧啶 20.0 mg,盐酸硫胺素 2.0 mg,核黄素 2.0 mg,烟酸 2.0 mg,泛酸钙 2.0 mg,盐酸吡哆醇 4.0 mg,p-氨基苯甲酸 200.0 μg,磷酸氢二钾 1.0 g,磷酸二氢钾 1.0 g,硫酸镁 0.4 g,氯化钠 20.0 mg,硫酸亚铁 20.0 mg,硫酸锰 20.0 mg,加水至 1 000 mL,pH 6.8±0.2(25 ℃±5 ℃)。

A.3.2　制法

将 A.3.1 的成分溶解于水中,调节 pH,备用。

————————————

中华人民共和国国家标准

GB 5009.267—2016

食品安全国家标准

食品中碘的测定

2016-12-23 发布

2017-06-23 实施

中华人民共和国国家卫生和计划生育委员会
国家食品药品监督管理总局   发布

前　言

本标准代替 GB 5413.23—2010《食品安全国家标准　婴幼儿食品和乳品中碘的测定》、SC/T 3010—2001《海带中碘含量的测定》、WS 302—2008《食物中碘的测定　砷铈催化分光光度法》。

本标准与以上标准相比，主要变化如下：

——标准名称修改为"食品安全国家标准　食品中碘的测定"；

——修改了氧化还原滴定法的试样制备和前处理方法；

——增加了氧化还原滴定法的检出限。

食品安全国家标准

食品中碘的测定

1 范围

本标准规定了食品中碘含量的测定方法。

第一法氧化还原滴定法适用于海带、紫菜、裙带菜等藻类及其制品中碘的测定。

第二法砷铈催化分光光度法适用于粮食、蔬菜、水果、豆类及其制品、乳及其制品、肉类、鱼类、蛋类等食品中碘的测定。

第三法气相色谱法适用于婴幼儿食品和乳品中碘的测定。

第一法 氧化还原滴定法

2 原理

样品经炭化、灰化后,将有机碘转化为无机碘离子,在酸性介质中,用溴水将碘离子氧化成碘酸根离子,生成的碘酸根离子在碘化钾的酸性溶液中被还原析出碘,用硫代硫酸钠溶液滴定反应中析出的碘。

$$I^- + 3Br_2 + 3H_2O \rightarrow IO_3^- + 6H^+ + 6Br^-$$

$$IO_3^- + 5I^- + 6H^+ \rightarrow 3I_2 + 3H_2O$$

$$I_2 + 2S_2O_3^{2-} \rightarrow 2I^- + S_4O_6^{2-}$$

3 试剂和材料

除非另有说明,本方法所用试剂均为分析纯,水为 GB/T 6682 规定的三级水。

3.1 试剂

3.1.1 无水碳酸钠(Na_2CO_3)。

3.1.2 液溴(Br_2)。

3.1.3 硫酸(H_2SO_4)。

3.1.4 甲酸钠($CHNaO_2$)。

3.1.5 硫代硫酸钠($Na_2S_2O_3$)。

3.1.6 碘化钾(KI)。

3.1.7 甲基橙($C_{14}H_{14}N_3SO_3Na$)。

3.1.8 可溶性淀粉。

3.2 试剂配制

3.2.1 碳酸钠溶液(50 g/L):称取 5 g 无水碳酸钠,溶于 100 mL 水中。

3.2.2 饱和溴水:量取 5 mL 液溴置于涂有凡士林的塞子的棕色玻璃瓶中,加水 100 mL,充分振荡,使其成为饱和溶液(溶液底部留有少量溴液,操作应在通风橱内进行)。

3.2.3　硫酸溶液(3 mol/L):量取 180 mL 硫酸,缓缓注入盛有 700 mL 水的烧杯中,并不断搅拌,冷却至室温,用水稀释至 1 000 mL,混匀。

3.2.4　硫酸溶液(1 mol/L):量取 57 mL 硫酸,按 3.2.3 方法配制。

3.2.5　碘化钾溶液(150 g/L):称取 15.0 g 碘化钾,用水溶解并稀释至 100 mL,贮存于棕色瓶中,现用现配。

3.2.6　甲酸钠溶液(200 g/L):称取 20.0 g 甲酸钠,用水溶解并稀释至 100 mL。

3.2.7　硫代硫酸钠标准溶液(0.01 mol/L):按 GB/T 601 中的规定配制及标定。

3.2.8　甲基橙溶液(1 g/L):称取 0.1 g 甲基橙粉末,溶于 100 mL 水中。

3.2.9　淀粉溶液(5 g/L):称取 0.5 g 淀粉于 200 mL 烧杯中,加入 5 mL 水调成糊状,再倒入 100 mL 沸水,搅拌后再煮沸 0.5 min,冷却备用,现用现配。

4　仪器和设备

4.1　组织捣碎机。

4.2　高速粉碎机。

4.3　分析天平:感量为 0.1 mg。

4.4　电热恒温干燥箱。

4.5　马弗炉:≥600 ℃。

4.6　瓷坩埚:50 mL。

4.7　可调电炉:1 000 W。

4.8　碘量瓶:250 mL。

4.9　棕色酸式滴定管:25 mL,最小刻度为 0.1 mL。

4.10　微量酸式滴定管:1 mL,最小刻度为 0.01 mL。

5　分析步骤

5.1　试样制备

5.1.1　干样品经高速粉碎机粉碎,通过孔径为 425 μm 的标准筛,避光密闭保存或低温冷藏。

5.1.2　鲜、冻样品取可食部分匀浆后,密闭冷藏或冷冻保存。

5.1.3　海藻浓缩汁或海藻饮料等液态样品,混匀后取样。

5.2　试样分析

5.2.1　称取试样 2 g～5 g(精确至 0.1 mg),置于 50 mL 瓷坩埚中,加入 5 mL～10 mL 碳酸钠溶液,使充分浸润试样,静置 5 min,置于 101 ℃～105 ℃电热恒温干燥箱中干燥 3 h,将样品烘干,取出。

5.2.2　在通风橱内用电炉加热,使试样充分炭化至无烟,置于 550 ℃±25 ℃马弗炉中灼烧 40 min,冷却至 200 ℃左右,取出。在坩埚中加入少量水研磨,将溶液及残渣全部转入 250 mL 烧杯中,坩埚用水冲洗数次并入烧杯中,烧杯中溶液总量约为 150 mL～200 mL,煮沸 5 min。

5.2.3　对于碘含量较高的样品(海带及其制品等),将 5.2.2 得到的溶液及残渣趁热用滤纸过滤至 250 mL容量瓶中,烧杯及漏斗内残渣用热水反复冲洗,冷却,定容。然后准确移取适量滤液于 250 mL 碘量瓶中,备用。

5.2.4　对于其他样品,将 5.2.2 得到的溶液及残渣趁热用滤纸过滤至 250 mL 碘量瓶中,备用。

5.2.5　在碘量瓶中加入 2 滴～3 滴甲基橙溶液,用 1 mol/L 硫酸溶液调至红色,在通风橱内加入 5 mL

饱和溴水,加热煮沸至黄色消失。稍冷后加入 5 mL 甲酸钠溶液,在电炉上加热煮沸 2 min,取下,用水浴冷却至 30 ℃ 以下,再加入 5mL 3 mol/L 硫酸溶液,5mL 碘化钾溶液,盖上瓶盖,放置 10 min,用硫代硫酸钠标准溶液滴定至溶液呈浅黄色,加入 1 mL 淀粉溶液,继续滴定至蓝色恰好消失。同时做空白试验,分别记录消耗的硫代硫酸钠标准溶液体积 V、V_0。

6 分析结果表述

试样中碘的含量按公式(1)计算:

$$X_1 = \frac{(V - V_0) \times c \times 21.15 \times V_1}{V_2 \times m_1} \times 1\,000 \quad \cdots\cdots\cdots\cdots\cdots\cdots\cdots\cdots (1)$$

式中:

X_1 ——试样中碘的含量,单位为毫克每千克(mg/kg);

V ——滴定样液消耗硫代硫酸钠标准溶液的体积,单位为毫升(mL);

V_0 ——滴定试剂空白消耗硫代硫酸钠标准溶液的体积,单位为毫升(mL);

c ——硫代硫酸钠标准溶液的浓度,单位为摩尔每升(mol/L);

21.15——与 1.00 mL 硫代硫酸钠标准滴定溶液 $[c(\mathrm{Na_2S_2O_3}) = 1.000\ \mathrm{mol/L}]$ 相当的碘的质量,单位为毫克(mg);

V_1 ——碘含量较高样液的定容体积,单位为毫升(mL);

V_2 ——移取碘含量较高滤液的体积,单位为毫升(mL);

m_1 ——样品的质量,单位为克(g);

1 000——单位换算系数。

结果保留至小数点后一位。

7 精密度

在重复性条件下获得的两次独立测定结果的绝对差值不得超过算术平均值的 10%。

8 其他

方法检出限为 1.4 mg/kg。

第二法 砷铈催化分光光度法

9 原理

采用碱灰化处理试样,使用碘催化砷铈反应,反应速度与碘含量成定量关系。

$$\mathrm{H_3AsO_3 + 2Ce^{4+} + H_2O \rightarrow H_3AsO_4 + 2Ce^{3+} + 2H^+}$$

反应体系中,Ce^{4+} 为黄色,Ce^{3+} 为无色,用分光光度计测定剩余 Ce^{4+} 的吸光度值,碘含量与吸光度值的对数成线性关系,计算试样中碘的含量。

10 试剂和材料

除非另有说明,本方法所用试剂均为分析纯,水为 GB/T 6682 规定的二级水。

10.1 试剂

10.1.1 无水碳酸钾（K_2CO_3）。

10.1.2 硫酸锌（$ZnSO_4 \cdot 7H_2O$）。

10.1.3 氯酸钾（$KClO_3$）。

10.1.4 硫酸（H_2SO_4）：优级纯。

10.1.5 氢氧化钠（NaOH）。

10.1.6 三氧化二砷（As_2O_3）。

10.1.7 氯化钠（NaCl）：优级纯。

10.1.8 硫酸铈铵[$(Ce(NH_4)_4(SO_4)_4 \cdot 2H_2O$）或[$Ce(NH_4)_4(SO_4)_4 \cdot 4H_2O$）]。

10.2 试剂配制

10.2.1 碳酸钾-氯化钠混合溶液：称取 30 g 无水碳酸钾和 5 g 氯化钠,溶于 100 mL 水中,常温下可保存 6 个月。

10.2.2 硫酸锌-氯酸钾混合溶液：称取 5 g 氯酸钾于烧杯中,加入 100 mL 水,加热溶解,加入 10 g 硫酸锌,搅拌溶解。常温下可保存 6 个月。

10.2.3 硫酸溶液（2.5 mol/L）：量取 140 mL 硫酸缓缓注入盛有 700 mL 水的烧杯中,并不断搅拌,冷却至室温,用水稀释至 1 000 mL,混匀。

10.2.4 亚砷酸溶液（0.054 mol/L）：称取 5.3 g 三氧化二砷、12.5 g 氯化钠和 2.0 g 氢氧化钠置于 1 L 烧杯中,加水约 500 mL,加热至完全溶解后冷却至室温,再缓慢加入 400 mL 2.5 mol/L 硫酸溶液,冷却至室温后用水稀释至 1 L,贮存于棕色瓶中。常温下可保存 6 个月。（三氧化二砷以及配制的亚砷酸溶液均为剧毒品,应遵守有关剧毒品的操作规程。）

10.2.5 硫酸铈铵溶液（0.015 mol/L）：称取 9.5 g 硫酸铈铵[$Ce(NH_4)_4(SO_4)_4 \cdot 2H_2O$]或 10.0 g [$Ce(NH_4)_4(SO_4)_4 \cdot 4H_2O$],溶于 500 mL 2.5 mol/L 硫酸溶液中,用水稀释至 1 L,贮存于棕色瓶中。常温下可避光保存 3 个月。

10.2.6 氢氧化钠溶液（2 g/L）：称取 4.0 g 氢氧化钠溶于 2 000 mL 水中。

10.3 标准品

碘化钾（KI）：优级纯。

10.4 碘标准溶液配制

10.4.1 碘标准储备液（100 μg/mL）：准确称取 0.130 8 g 碘化钾（经硅胶干燥器干燥 24 h）于 500 mL 烧杯中,用氢氧化钠溶液溶解后全量移入 1 000 mL 容量瓶中,用氢氧化钠溶液定容。置于 4 ℃冰箱内可保存 6 个月。

10.4.2 碘标准中间溶液（10 μg/mL）：准确吸取 10.00 mL 碘标准储备液置于 100 mL 容量瓶中,用氢氧化钠溶液定容。置于 4 ℃冰箱内可保存 3 个月。

10.4.3 碘标准系列工作液：准确吸取碘标准中间溶液 0 mL、0.5 mL、1.0 mL、2.0 mL、3.0 mL、4.0 mL、5.0 mL 分别置于 100 mL 容量瓶中,用氢氧化钠溶液定容,碘含量分别为 0 μg/L、50 μg/L、100 μg/L、200 μg/L、300 μg/L、400 μg/L、500 μg/L。置于 4 ℃冰箱内可保存 1 个月。

11 仪器

11.1 马弗炉：≥600 ℃。

11.2 恒温水浴箱:30 ℃±0.2 ℃。

11.3 分光光度计:配有 1 cm 比色杯。

11.4 瓷坩埚:30 mL。

11.5 电热恒温干燥箱。

11.6 可调电炉:1 000 W。

11.7 涡旋混合器。

11.8 分析天平:感量为 0.1 mg。

12 分析步骤

12.1 试样制备

12.1.1 粮食试样:稻谷去壳,其他粮食除去可见杂质,取有代表性试样 20 g～50 g,粉碎,通过孔径为 425 μm 的标准筛。

12.1.2 蔬菜、水果:取可食部分,洗净、晾干、切碎、混匀,称取 100 g～200 g 试样,制备成匀浆或经 105 ℃ 干燥 5 h,粉碎,通过孔径为 425 μm 的标准筛。

12.1.3 奶粉、牛奶:直接称样。

12.1.4 肉、鱼、禽和蛋类:制备成匀浆。

12.1.5 如需将湿样的碘含量换算成干样的碘含量,应按照 GB 5009.3 的规定测定食品中水分含量。

12.2 试样前处理

分别移取 0.5 mL 碘标准系列工作液(含碘量分别为 0 ng、25 ng、50 ng、100 ng、150 ng、200 ng 和 250 ng)和称取 0.3 g～1.0 g(精确至 0.1 mg)试样于瓷坩埚中,固体试样加 1 mL～2 mL 水(液体样、匀浆样和标准溶液不需加水),各加入 1 mL 碳酸钾-氯化钠混合溶液,1 mL 硫酸锌-氯酸钾混合溶液,充分搅拌均匀。将碘标准系列和试样置于 105 ℃ 电热恒温干燥箱中干燥 3 h。在通风橱中将干燥后的试样在可调电炉上炭化约 30 min,炭化时瓷坩埚加盖留缝,直到试样不再冒烟为止。碘标准系列不需炭化。将碘标准系列和炭化后的试样加盖置于马弗炉中,调节温度至 600 ℃ 灰化 4 h,待炉温降至 200 ℃ 后取出。灰化好的试样应呈现均匀的白色或浅灰白色。

12.3 标准曲线的制作及试样溶液的测定

向灰化后的坩埚中各加入 8 mL 水,静置 1 h,使烧结在坩埚上的灰分充分浸润,搅拌溶解盐类物质,再静置至少 1 h 使灰分沉淀完全(静置时间不得超过 4 h)。小心吸取上清液 2.0 mL 于试管中(注意不要吸入沉淀物)。碘标准系列溶液按照从高浓度到低浓度的顺序排列,向各管加入 1.5 mL 亚砷酸溶液,用涡旋混合器充分混匀,使气体放出,然后置于 30 ℃±0.2 ℃ 恒温水浴箱中温浴 15 min。

使用秒表计时,每管间隔时间相同(一般为 30 s 或 20 s),依顺序向各管准确加入 0.5 mL 硫酸铈铵溶液,立即用涡旋混合器混匀,放回水浴中。自第一管加入硫酸铈铵溶液后准确反应 30 min 时,依顺序每管间隔相同时间(一般为 30 s 或 20 s),用 1 cm 比色杯于 405 nm 波长处,用水作参比,测定各管的吸光度值。以吸光度值的对数值为横坐标,以碘质量为纵坐标,绘制标准曲线。根据标准曲线计算试样中碘的质量 m_2。

13 分析结果的表述

试样中碘的含量按式(2)计算:

745

$$X_2 = \frac{m_2}{m_3} \quad \cdots\cdots\cdots\cdots\cdots\cdots\cdots\cdots\cdots\cdots (2)$$

式中：

X_2——试样中碘的含量，单位为微克每千克（µg/kg）；

m_2——从标准曲线中查得试样中碘的质量，单位为纳克(ng)；

m_3——试样质量，单位为克(g)。

结果保留至小数点后一位。

14 精密度

在重复性条件下获得的两次独立测定结果的绝对差值不超过算术平均值的10％。

15 其他

方法检出限为 3 µg/kg。

第三法 气相色谱法

16 原理

试样中的碘在硫酸条件下与丁酮反应生成丁酮与碘的衍生物，经气相色谱分离，电子捕获检测器检测，外标法定量。

17 试剂和材料

除非另有说明，本方法所有试剂均为分析纯。水为 GB/T 6682 规定的一级水。

17.1 试剂

17.1.1 淀粉酶:酶活力≥1.5 U/mg。

17.1.2 过氧化氢(H_2O_2):体积分数为30％。

17.1.3 亚铁氰化钾[$K_4Fe(CN)_6 \cdot 3H_2O$]。

17.1.4 乙酸锌[$Zn(CH_3COO)_2$]。

17.1.5 丁酮(C_4H_8O):色谱纯。

17.1.6 硫酸(H_2SO_4):优级纯。

17.1.7 正己烷(C_6H_{14}):色谱纯。

17.1.8 无水硫酸钠(Na_2SO_4)。

17.2 试剂配制

17.2.1 过氧化氢(3.5％):量取 11.7 mL 过氧化氢用水稀释至 100 mL。

17.2.2 亚铁氰化钾溶液(109 g/L):称取 109 g 亚铁氰化钾,用水溶解并定容至 1 000 mL 容量瓶中。

17.2.3 乙酸锌溶液(219 g/L):称取 219 g 乙酸锌,用水溶解并定容至 1 000 mL 容量瓶中。

17.3 标准品

碘化钾(KI)或碘酸钾(KIO_3):优级纯。

17.4 标准溶液配制

17.4.1 碘标准储备液(1.0 mg/mL):称取 131.0 mg 碘化钾(精确至 0.1 mg)或 168.5 mg 碘酸钾(精确至 0.1 mg),用水溶解并定容至 100 mL,5 ℃±1 ℃冷藏可保存 1 周。

17.4.2 碘标准工作液(1.0 μg/mL):准确移取 10.0 mL 碘标准储备液,用水定容至 100 mL 混匀,再移取 1.0 mL 浓度为 100 μg/mL 的碘溶液,用水定容至 100 mL 混匀,临用前配制。

18 仪器和设备

18.1 气相色谱仪:带电子捕获检测器(ECD)。

18.2 分析天平:感量为 0.1 mg。

18.3 恒温箱。

19 分析步骤

19.1 试样预处理

19.1.1 不含淀粉的试样

称取混合均匀的固体试样 5 g,液体试样 20 g(精确至 0.1 mg)于 150 mL 锥形瓶中,固体试样用 25 mL 约 40 ℃的热水溶解。

19.1.2 含淀粉的试样

称取混合均匀的固体试样 5 g,液体试样 20 g(精确至 0.1 mg)于 150 mL 锥形瓶中,加入 0.2 g 淀粉酶,固体试样用 25 mL 约 40 ℃的热水充分溶解,置于 60 ℃恒温箱中酶解 30 min,取出冷却。

19.2 试样测定液的制备

19.2.1 沉淀

将上述处理过的试样溶液转入 100 mL 容量瓶中,加入 5 mL 亚铁氰化钾溶液和 5 mL 乙酸锌溶液,用水定容,充分振摇后静置 10 min,过滤,吸取滤液 10 mL 于 100 mL 分液漏斗中,加入 10 mL 水。

19.2.2 衍生与提取

向分液漏斗中加入 0.7 mL 硫酸、0.5 mL 丁酮、2.0 mL 过氧化氢(3.5%),充分混匀,室温下保持 20 min,加入 20 mL 正己烷,振荡萃取 2 min。静置分层后,将水相移入另一分液漏斗中,再进行第二次萃取。合并有机相,用水洗涤 2~3 次。通过无水硫酸钠过滤脱水后移入 50 mL 容量瓶中,用正己烷定容,此为试样测定液。

19.3 碘标准系列溶液的制备

分别移取 1.0 mL、2.0 mL、4.0 mL、8.0 mL、12.0 mL 碘标准工作液,相当于 1.0 μg、2.0 μg、4.0 μg、8.0 μg、12.0 μg 的碘,其他分析步骤同 19.2。

19.4 仪器参考条件

a) 色谱柱:DB-5 石英毛细管柱(柱长 30 m,内径 0.32 mm,膜厚 0.25 μm),或具同等性能的色谱柱。

b) 进样口温度:260 ℃。

c) ECD 检测器温度:300 ℃。

d) 分流比:1∶1。

e) 进样量:1.0 μL。

f) 参考程序升温:见表1。

表 1　程序升温

升温速率 ℃/min	温度 ℃	持续时间 min
—	50	9
30	220	3

19.5　标准曲线的制作

将碘标准系列溶液分别注入气相色谱仪中得到相应的峰面积(或峰高),色谱图参见图 A.1。以碘标准系列溶液中碘的质量为横坐标,以相应的峰面积(或峰高)为纵坐标,制作标准曲线。

19.6　试样溶液的测定

将试样测定液注入气相色谱仪中得到峰面积(或峰高),从标准曲线中获得试样中碘的质量 m_4。

20　分析结果的表述

试样中碘含量按式(3)计算:

$$X_3 = \frac{m_4}{m_5} \times f \qquad\qquad\qquad (3)$$

式中:

X_3——试样中碘的含量,单位为毫克每千克(mg/kg);

m_4——从标准曲线中得到试样中碘的质量,单位为微克(μg);

m_5——试样质量,单位为克(g);

f　——稀释倍数。

结果保留至小数点后两位。

21　精密度

在重复性条件下获得的两次独立测定结果的绝对差值不超过算术平均值的10%。

22　其他

方法检出限为0.02 mg/kg,定量限为0.07 mg/kg。

附　录　A

碘标准衍生物气相色谱图

碘标准衍生物气相色谱图见图 A.1。

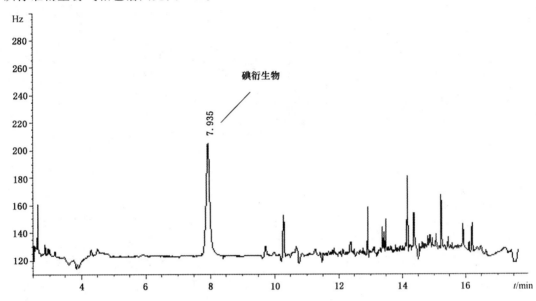

图 A.1　碘标准衍生物气相色谱图

中华人民共和国国家标准

GB 5009.268—2016

食品安全国家标准

食品中多元素的测定

2016-12-23 发布

2017-06-23 实施

中华人民共和国国家卫生和计划生育委员会
国家食品药品监督管理总局 发布

前　言

本标准代替 GB 5413.21—2010《食品安全国家标准　婴幼儿食品和乳品中钙、铁、锌、钠、钾、镁、铜和锰的测定》的第二法、GB/T 23545—2009《白酒中锰的测定　电感耦合等离子体原子发射光谱法》、GB/T 23374—2009《食品中铝的测定　电感耦合等离子体质谱法》、GB/T 18932.11—2002《蜂蜜中钾、磷、铁、钙、锌、铝、钠、镁、硼、锰、铜、钡、钛、钒、镍、钴、铬含量的测定方法　电感耦合等离子体原子发射光谱(ICP-AES)法》、SN/T 0856—2011《进出口罐头食品中锡的检测方法》的第二法、SN/T 2208—2008《水产品中钠、镁、铝、钙、铬、铁、镍、铜、锌、砷、锶、钼、镉、铅、汞、硒的测定　微波消解-电感耦合等离子体-质谱法》、SN/T 2056—2008《进出口茶叶中铅、砷、镉、铜、铁含量的测定　电感耦合等离子体原子发射光谱法》、SN/T 2049—2008《进出口食品级磷酸中铜、镍、铅、锰、镉、钛的测定　电感耦合等离子体原子发射光谱法》、SN/T 2207—2008《进出口食品添加剂 DL-酒石酸中砷、钙、铅含量的测定　电感耦合等离子体原子发射光谱法》、NY/T 1653—2008《蔬菜、水果及制品中矿质元素的测定　电感耦合等离子体发射光谱法》。

本标准与 GB 5413.21—2010 的第二法相比，主要变化如下：

——标准名称修改为"食品安全国家标准　食品中多元素的测定"；

——增加了电感耦合等离子体质谱法作为第一法；

——修改电感耦合等离子体发射光谱法作为第二法；

——修改了适用范围；

——修改了试样制备部分内容；

——修改了试样消解部分内容；

——增加了方法检出限及定量限。

食品安全国家标准

食品中多元素的测定

1 范围

本标准规定了食品中多元素测定的电感耦合等离子体质谱法(ICP-MS)和电感耦合等离子体发射光谱法(ICP-OES)。

第一法适用于食品中硼、钠、镁、铝、钾、钙、钛、钒、铬、锰、铁、钴、镍、铜、锌、砷、硒、锶、钼、镉、锡、锑、钡、汞、铊、铅的测定;第二法适用于食品中铝、硼、钡、钙、铜、铁、钾、镁、锰、钠、镍、磷、锶、钛、钒、锌的测定。

第一法 电感耦合等离子体质谱法(ICP-MS)

2 原理

试样经消解后,由电感耦合等离子体质谱仪测定,以元素特定质量数(质荷比,m/z)定性,采用外标法,以待测元素质谱信号与内标元素质谱信号的强度比与待测元素的浓度成正比进行定量分析。

3 试剂和材料

除非另有说明,本方法所用试剂均为优级纯,水为 GB/T 6682 规定的一级水。

3.1 试剂

3.1.1 硝酸(HNO_3):优级纯或更高纯度。

3.1.2 氩气(Ar):氩气(≥99.995%)或液氩。

3.1.3 氦气(He):氦气(≥99.995%)。

3.1.4 金元素(Au)溶液(1 000 mg/L)。

3.2 试剂配制

3.2.1 硝酸溶液(5+95):取 50 mL 硝酸,缓慢加入 950 mL 水中,混匀。

3.2.2 汞标准稳定剂:取 2 mL 金元素(Au)溶液,用硝酸溶液(5+95)稀释至 1 000 mL,用于汞标准溶液的配制。

注:汞标准稳定剂亦可采用 2 g/L 半胱氨酸盐酸盐+硝酸(5+95)混合溶液,或其他等效稳定剂。

3.3 标准品

3.3.1 元素贮备液(1 000 mg/L 或 100 mg/L):铅、镉、砷、汞、硒、铬、锡、铜、铁、锰、锌、镍、铝、锑、钾、钠、钙、镁、硼、钡、锶、钼、铊、钛、钒和钴,采用经国家认证并授予标准物质证书的单元素或多元素标准贮备液。

3.3.2 内标元素贮备液(1 000 mg/L):钪、锗、铟、铑、铼、铋等采用经国家认证并授予标准物质证书的单元素或多元素内标标准贮备液。

3.4 标准溶液配制

3.4.1 混合标准工作溶液:吸取适量单元素标准贮备液或多元素混合标准贮备液,用硝酸溶液(5+95)逐级稀释配成混合标准工作溶液系列,各元素质量浓度见表 A.1。

注:依据样品消解溶液中元素质量浓度水平,适当调整标准系列中各元素质量浓度范围。

3.4.2 汞标准工作溶液:取适量汞贮备液,用汞标准稳定剂逐级稀释配成标准工作溶液系列,浓度范围见表 A.1。

3.4.3 内标使用液:取适量内标单元素贮备液或内标多元素标准贮备液,用硝酸溶液(5+95)配制合适浓度的内标使用液,内标使用液浓度见 A.2。

注:内标溶液既可在配制混合标准工作溶液和样品消化液中手动定量加入,亦可由仪器在线加入。

4 仪器和设备

4.1 电感耦合等离子体质谱仪(ICP-MS)。

4.2 天平:感量为 0.1 mg 和 1 mg。

4.3 微波消解仪:配有聚四氟乙烯消解内罐。

4.4 压力消解罐:配有聚四氟乙烯消解内罐。

4.5 恒温干燥箱。

4.6 控温电热板。

4.7 超声水浴箱。

4.8 样品粉碎设备:匀浆机、高速粉碎机。

5 分析步骤

5.1 试样制备

5.1.1 固态样品

5.1.1.1 干样

豆类、谷物、菌类、茶叶、干制水果、焙烤食品等低含水量样品,取可食部分,必要时经高速粉碎机粉碎均匀;对于固体乳制品、蛋白粉、面粉等呈均匀状的粉状样品,摇匀。

5.1.1.2 鲜样

蔬菜、水果、水产品等高含水量样品必要时洗净,晾干,取可食部分匀浆均匀;对于肉类、蛋类等样品取可食部分匀浆均匀。

5.1.1.3 速冻及罐头食品

经解冻的速冻食品及罐头样品,取可食部分匀浆均匀。

5.1.2 液态样品

软饮料、调味品等样品摇匀。

5.1.3 半固态样品

搅拌均匀。

5.2 试样消解

注：可根据试样中待测元素的含量水平和检测水平要求选择相应的消解方法及消解容器。

5.2.1 微波消解法

称取固体样品 0.2 g～0.5 g(精确至 0.001 g,含水分较多的样品可适当增加取样量至 1 g)或准确移取液体试样 1.00 mL～3.00 mL 于微波消解内罐中,含乙醇或二氧化碳的样品先在电热板上低温加热除去乙醇或二氧化碳,加入 5 mL～10 mL 硝酸,加盖放置 1 h 或过夜,旋紧罐盖,按照微波消解仪标准操作步骤进行消解(消解参考条件见表 B.1)。冷却后取出,缓慢打开罐盖排气,用少量水冲洗内盖,将消解罐放在控温电热板上或超声水浴箱中,于 100 ℃加热 30 min 或超声脱气 2 min～5 min,用水定容至 25 mL 或 50 mL,混匀备用,同时做空白试验。

5.2.2 压力罐消解法

称取固体干样 0.2 g～1 g(精确至 0.001 g,含水分较多的样品可适当增加取样量至 2 g)或准确移取液体试样 1.00 mL～5.00 mL 于消解内罐中,含乙醇或二氧化碳的样品先在电热板上低温加热除去乙醇或二氧化碳,加入 5 mL 硝酸,放置 1 h 或过夜,旋紧不锈钢外套,放入恒温干燥箱消解(消解参考条件见表 B.1),于 150 ℃～170 ℃消解 4 h,冷却后,缓慢旋松不锈钢外套,将消解内罐取出,在控温电热板上或超声水浴箱中,于 100 ℃加热 30 min 或超声脱气 2 min～5 min,用水定容至 25 mL 或 50 mL,混匀备用,同时做空白试验。

5.3 仪器参考条件

5.3.1 仪器操作条件:仪器操作条件见表 B.2;元素分析模式见表 B.3。

注：对没有合适消除干扰模式的仪器,需采用干扰校正方程对测定结果进行校正,铅、镉、砷、钼、硒、钒等元素干扰校正方程见表 B.4。

5.3.2 测定参考条件:在调谐仪器达到测定要求后,编辑测定方法,根据待测元素的性质选择相应的内标元素,待测元素和内标元素的 m/z 见表 B.5。

5.4 标准曲线的制作

将混合标准溶液注入电感耦合等离子体质谱仪中,测定待测元素和内标元素的信号响应值,以待测元素的浓度为横坐标,待测元素与所选内标元素响应信号值的比值为纵坐标,绘制标准曲线。

5.5 试样溶液的测定

将空白溶液和试样溶液分别注入电感耦合等离子体质谱仪中,测定待测元素和内标元素的信号响应值,根据标准曲线得到消解液中待测元素的浓度。

6 分析结果的表述

6.1 低含量待测元素的计算

试样中低含量待测元素的含量按式(1)计算：

$$X = \frac{(\rho - \rho_0) \times V \times f}{m \times 1\ 000} \quad \cdots\cdots\cdots\cdots\cdots\cdots\cdots(1)$$

式中：

X ——试样中待测元素含量,单位为毫克每千克或毫克每升(mg/kg 或 mg/L);

ρ ——试样溶液中被测元素质量浓度,单位为微克每升(μg/L);

ρ_0 ——试样空白液中被测元素质量浓度,单位为微克每升(μg/L);

V ——试样消化液定容体积,单位为毫升(mL);

f ——试样稀释倍数;

m ——试样称取质量或移取体积,单位为克或毫升(g 或 mL);

1 000 ——换算系数。

计算结果保留三位有效数字。

6.2 高含量待测元素的计算

试样中高含量待测元素的含量按式(2)计算:

$$X = \frac{(\rho - \rho_0) \times V \times f}{m} \quad\cdots\cdots\cdots\cdots\cdots\cdots\cdots\cdots\cdots(2)$$

式中:

X ——试样中待测元素含量,单位为毫克每千克或毫克每升(mg/kg 或 mg/L);

ρ ——试样溶液中被测元素质量浓度,单位为毫克每升(mg/L);

ρ_0 ——试样空白液中被测元素质量浓度,单位为毫克每升(mg/L);

V ——试样消化液定容体积,单位为毫升(mL);

f ——试样稀释倍数;

m ——试样称取质量或移取体积,单位为克或毫升(g 或 mL)。

计算结果保留三位有效数字。

7 精密度

样品中各元素含量大于 1 mg/kg 时,在重复性条件下获得的两次独立测定结果的绝对差值不得超过算术平均值的 10%;小于或等于 1 mg/kg 且大于 0.1 mg/kg 时,在重复性条件下获得的两次独立测定结果的绝对差值不得超过算术平均值的 15%;小于或等于 0.1 mg/kg 时,在重复性条件下获得的两次独立测定结果的绝对差值不得超过算术平均值的 20%。

8 其他

固体样品以 0.5 g 定容体积至 50 mL,液体样品以 2 mL 定容体积至 50 mL 计算,本方法各元素的检出限和定量限见表 1。

表 1　电感耦合等离子体质谱法(ICP-MS)检出限及定量限

序号	元素名称	元素符号	检出限 1 mg/kg	检出限 2 mg/L	定量限 1 mg/kg	定量限 2 mg/L
1	硼	B	0.1	0.03	0.3	0.1
2	钠	Na	1	0.3	3	1
3	镁	Mg	1	0.3	3	1
4	铝	Al	0.5	0.2	2	0.5
5	钾	K	1	0.3	3	1
6	钙	Ca	1	0.3	3	1

表1（续）

序号	元素名称	元素符号	检出限1 mg/kg	检出限2 mg/L	定量限1 mg/kg	定量限2 mg/L
7	钛	Ti	0.02	0.005	0.05	0.02
8	钒	V	0.002	0.000 5	0.005	0.002
9	铬	Cr	0.05	0.02	0.2	0.05
10	锰	Mn	0.1	0.03	0.3	0.1
11	铁	Fe	1	0.3	3	1
12	钴	Co	0.001	0.000 3	0.003	0.001
13	镍	Ni	0.2	0.05	0.5	0.2
14	铜	Cu	0.05	0.02	0.2	0.05
15	锌	Zn	0.5	0.2	2	0.5
16	砷	As	0.002	0.000 5	0.005	0.002
17	硒	Se	0.01	0.003	0.03	0.01
18	锶	Sr	0.2	0.05	0.5	0.2
19	钼	Mo	0.01	0.003	0.03	0.01
20	镉	Cd	0.002	0.000 5	0.005	0.002
21	锡	Sn	0.01	0.003	0.03	0.01
22	锑	Sb	0.01	0.003	0.03	0.01
23	钡	Ba	0.02	0.05	0.5	0.02
24	汞	Hg	0.001	0.000 3	0.003	0.001
25	铊	Tl	0.000 1	0.000 03	0.000 3	0.000 1
26	铅	Pb	0.02	0.005	0.05	0.02

第二法　电感耦合等离子体发射光谱法（ICP-OES）

9　原理

样品消解后，由电感耦合等离子体发射光谱仪测定，以元素的特征谱线波长定性；待测元素谱线信号强度与元素浓度成正比进行定量分析。

10　试剂和材料

除非另有说明，本方法所用试剂均为优级纯，水为 GB/T 6682 规定的一级水。

10.1　试剂

10.1.1　硝酸（HNO_3）：优级纯或更高纯度。

10.1.2　高氯酸（$HClO_4$）：优级纯或更高纯度。

10.1.3 氩气(Ar):氩气(≥99.995%)或液氩。

10.2 试剂配制

10.2.1 硝酸溶液(5+95):取 50 mL 硝酸,缓慢加入 950 mL 水中,混匀。

10.2.2 硝酸-高氯酸(10+1):取 10 mL 高氯酸,缓慢加入 100 mL 硝酸中,混匀。

10.3 标准品

10.3.1 元素贮备液(1 000 mg/L 或 10 000 mg/L):钾、钠、钙、镁、铁、锰、镍、铜、锌、磷、硼、钡、铝、锶、钒和钛,采用经国家认证并授予标准物质证书的单元素或多元素标准贮备液。

10.3.2 标准溶液配制:精确吸取适量单元素标准贮备液或多元素混合标准贮备液,用硝酸溶液(5+95)逐级稀释配成混合标准溶液系列,各元素质量浓度见表 A.2。

注:依据样品溶液中元素质量浓度水平,可适当调整标准系列各元素质量浓度范围。

11 仪器和设备

11.1 电感耦合等离子体发射光谱仪。

11.2 天平:感量为 0.1 mg 和 1 mg。

11.3 微波消解仪:配有聚四氟乙烯消解内罐。

11.4 压力消解器:配有聚四氟乙烯消解内罐。

11.5 恒温干燥箱。

11.6 可调式控温电热板。

11.7 马弗炉。

11.8 可调式控温电热炉。

11.9 样品粉碎设备:匀浆机、高速粉碎机。

12 分析步骤

12.1 试样制备

同 5.1。

12.2 试样消解

注:可根据试样中目标元素的含量水平和检测水平要求选择相应的消解方法及消解容器。

12.2.1 微波消解法

同 5.2.1。

12.2.2 压力罐消解法

同 5.2.2。

12.2.3 湿式消解法

准确称取 0.5 g～5 g(精确至 0.001 g)或准确移取 2.00 mL～10.0 mL 试样于玻璃或聚四氟乙烯消解器皿中,含乙醇或二氧化碳的样品先在电热板上低温加热除去乙醇或二氧化碳,加 10 mL 硝酸-高氯酸(10+1)混合溶液,于电热板上或石墨消解装置上消解,消解过程中消解液若变棕黑色,可适当补加少量混合酸,直至冒白烟,消化液呈无色透明或略带黄色,冷却,用水定容至 25 mL 或 50 mL,混匀备用;同时做空白试验。

12.2.4　干式消解法

准确称取 1 g~5 g(精确至 0.01 g)或准确移取 10.0 mL~15.0 mL 试样于坩埚中,置于 500 ℃~550 ℃的马弗炉中灰化 5 h~8 h,冷却。若灰化不彻底有黑色炭粒,则冷却后滴加少许硝酸湿润,在电热板上干燥后,移入马弗炉中继续灰化成白色灰烬,冷却取出,加入 10 mL 硝酸溶液溶解,并用水定容至 25 mL 或 50 mL,混匀备用;同时做空白试验。

12.3　仪器参考条件

优化仪器操作条件,使待测元素的灵敏度等指标达到分析要求,编辑测定方法、选择各待测元素合适分析谱线,仪器操作参考条件见 B.3.1,待测元素推荐分析谱线见表 B.6。

12.4　标准曲线的制作

将标准系列工作溶液注入电感耦合等离子体发射光谱仪中,测定待测元素分析谱线的强度信号响应值,以待测元素的浓度为横坐标,其分析谱线强度响应值为纵坐标,绘制标准曲线。

12.5　试样溶液的测定

将空白溶液和试样溶液分别注入电感耦合等离子体发射光谱仪中,测定待测元素分析谱线强度的信号响应值,根据标准曲线得到消解液中待测元素的浓度。

13　分析结果的表述

试样中待测元素的含量按式(3)计算:

$$X = \frac{(\rho - \rho_0) \times V \times f}{m} \quad\quad\quad\cdots\cdots\cdots\cdots\cdots\cdots(3)$$

式中:

X ——试样中待测元素含量,单位为毫克每千克或毫克每升(mg/kg 或 mg/L);

ρ ——试样溶液中被测元素质量浓度,单位为毫克每升(mg/L);

ρ_0 ——试样空白液中被测元素质量浓度,单位为毫克每升(mg/L);

V ——试样消化液定容体积,单位为毫升(mL);

f ——试样稀释倍数;

m ——试样称取质量或移取体积,单位为克或毫升(g 或 mL)。

计算结果保留三位有效数字。

14　精密度

同第 7 章。

15　其他

固体样品以 0.5 g 定容体积至 50 mL,液体样品以 2 mL 定容体积至 50 mL 计算,本方法各元素的检出限和定量限见表 2。

表 2　电感耦合等离子体发射光谱法（ICP-OES）检出限及定量限

序号	元素名称	元素符号	检出限 1 mg/kg	检出限 2 mg/L	定量限 1 mg/kg	定量限 2 mg/L
1	铝	Al	0.5	0.2	2	0.5
2	硼	B	0.2	0.05	0.5	0.2
3	钡	Ba	0.1	0.03	0.3	0.1
4	钙	Ca	5	2	20	5
5	铜	Cu	0.2	0.05	0.5	0.2
6	铁	Fe	1	0.3	3	1
7	钾	K	7	3	30	7
8	镁	Mg	5	2	20	5
9	锰	Mn	0.1	0.03	0.3	0.1
10	钠	Na	3	1	10	3
11	镍	Ni	0.5	0.2	2	0.5
12	磷	P	1	0.3	3	1
13	锶	Sr	0.2	0.05	0.5	0.2
14	钛	Ti	0.2	0.05	0.5	0.2
15	钒	V	0.2	0.05	0.5	0.2
16	锌	Zn	0.5	0.2	2	0.5

注：样品前处理方法为微波消解法及压力罐消解法。

附 录 A
标准溶液系列质量浓度

A.1 ICP-MS 方法中元素标准溶液系列质量浓度参见表 A.1。

表 A.1 ICP-MS 方法中元素的标准溶液系列质量浓度

序号	元素	单位	标准系列质量浓度					
			系列 1	系列 2	系列 3	系列 4	系列 5	系列 6
1	B	μg/L	0	10.0	50.0	100	300	500
2	Na	mg/L	0	0.400	2.00	4.00	12.0	20.0
3	Mg	mg/L	0	0.400	2.00	4.00	12.0	20.0
4	Al	mg/L	0	0.100	0.500	1.00	3.00	5.00
5	K	mg/L	0	0.400	2.00	4.00	12.0	20.0
6	Ca	mg/L	0	0.400	2.00	4.00	12.0	20.0
7	Ti	μg/L	0	10.0	50.0	100	300	500
8	V	μg/L	0	1.00	5.00	10.0	30.0	50.0
9	Cr	μg/L	0	1.00	5.00	10.0	30.0	50.0
10	Mn	μg/L	0	10.0	50.0	100	300	500
11	Fe	mg/L	0	0.100	0.500	1.00	3.00	5.00
12	Co	μg/L	0	1.00	5.00	10.0	30.0	50.0
13	Ni	μg/L	0	1.00	5.00	10.0	30.0	50.0
14	Cu	μg/L	0	10.0	50.0	100	300	500
15	Zn	μg/L	0	10.0	50.0	100	300	500
16	As	μg/L	0	1.00	5.00	10.0	30.0	50.0
17	Se	μg/L	0	1.00	5.00	10.0	30.0	50.0
18	Sr	μg/L	0	20.0	100	200	600	1 000
19	Mo	μg/L	0	0.100	0.500	1.00	3.00	5.00
20	Cd	μg/L	0	1.00	5.00	10.0	30.0	50.0
21	Sn	μg/L	0	0.100	0.500	1.00	3.00	5.00
22	Sb	μg/L	0	0.100	0.500	1.00	3.00	5.00
23	Ba	μg/L	0	10.0	50.0	100	300	500
24	Hg	μg/L	0	0.100	0.500	1.00	1.50	2.00
25	Tl	μg/L	0	1.00	5.00	10.0	30.0	50.0
26	Pb	μg/L	0	1.00	5.00	10.0	30.0	50.0

A.2 ICP-MS 方法中内标元素使用液参考浓度。

由于不同仪器采用的蠕动泵管内径有所不同,当在线加入内标时,需考虑使内标元素在样液中的浓度,样液混合后的内标元素参考浓度范围为 25 μg/L～100 μg/L,低质量数元素可以适当提高使用液浓度。

A.3 ICP-OES 方法中元素标准溶液系列质量浓度见表 A.2。

表 A.2　ICP-OES 方法中元素的标准溶液系列质量浓度

序号	元素	单位	标准系列质量浓度					
			系列 1	系列 2	系列 3	系列 4	系列 5	系列 6
1	Al	mg/L	0	0.500	2.00	5.00	8.00	10.00
2	B	mg/L	0	0.050 0	0.200	0.500	0.800	1.00
3	Ba	mg/L	0	0.050 0	0.200	0.500	0.800	1.00
4	Ca	mg/L	0	5.00	20.0	50.0	80.0	100
5	Cu	mg/L	0	0.025 0	0.100	0.250	0.400	0.500
6	Fe	mg/L	0	0.250	1.00	2.50	4.00	5.00
7	K	mg/L	0	5.00	20.0	50.0	80.0	100
8	Mg	mg/L	0	5.00	20.0	50.0	80.0	100
9	Mn	mg/L	0	0.025 0	0.100	0.250	0.400	0.500
10	Na	mg/L	0	5.00	20.0	50.0	80.0	100
11	Ni	mg/L	0	0.250	1.00	2.50	4.00	5.00
12	P	mg/L	0	5.00	20.0	50.0	80.0	100
13	Sr	mg/L	0	0.050 0	0.200	0.500	0.800	1.00
14	Ti	mg/L	0	0.050 0	0.200	0.500	0.800	1.00
15	V	mg/L	0	0.025 0	0.100	0.250	0.400	0.500
16	Zn	mg/L	0	0.250	1.00	2.50	4.00	5.00

附　录　B
仪器参考条件

B.1　消解仪操作参考条件

消解仪操作参考条件参考表 B.1。

表 B.1　样品消解仪参考条件

消解方式	步骤	控制温度 ℃	升温时间 min	恒温时间
微波消解	1	120	5	5 min
	2	150	5	10 min
	3	190	5	20 min
压力罐消解	1	80	—	2 h
	2	120	—	2 h
	3	160～170	—	4 h

B.2　电感耦合等离子体质谱仪（ICP-MS）

B.2.1　仪器操作参考条件见表 B.2。

表 B.2　电感耦合等离子体质谱仪操作参考条件

参数名称	参数	参数名称	参数
射频功率	1 500 W	雾化器	高盐/同心雾化器
等离子体气流量	15 L/min	采样锥/截取锥	镍/铂锥
载气流量	0.80 L/min	采样深度	8 mm～10 mm
辅助气流量	0.40 L/min	采集模式	跳峰（Spectrum）
氦气流量	4 mL/min～5 mL/min	检测方式	自动
雾化室温度	2 ℃	每峰测定点数	1～3
样品提升速率	0.3 r/s	重复次数	2～3

B.2.2　元素分析模式参考表 B.3。

表 B.3　电感耦合等离子体质谱仪元素分析模式

序号	元素名称	元素符号	分析模式	序号	元素名称	元素符号	分析模式
1	硼	B	普通/碰撞反应池	5	钾	K	普通/碰撞反应池
2	钠	Na	普通/碰撞反应池	6	钙	Ca	碰撞反应池
3	镁	Mg	碰撞反应池	7	钛	Ti	碰撞反应池
4	铝	Al	普通/碰撞反应池	8	钒	V	碰撞反应池

表 B.3（续）

序号	元素名称	元素符号	分析模式	序号	元素名称	元素符号	分析模式
9	铬	Cr	碰撞反应池	18	锶	Sr	普通/碰撞反应池
10	锰	Mn	碰撞反应池	19	钼	Mo	碰撞反应池
11	铁	Fe	碰撞反应池	20	镉	Cd	碰撞反应池
12	钴	Co	碰撞反应池	21	锡	Sn	碰撞反应池
13	镍	Ni	碰撞反应池	22	锑	Sb	碰撞反应池
14	铜	Cu	碰撞反应池	23	钡	Ba	普通/碰撞反应池
15	锌	Zn	碰撞反应池	24	汞	Hg	普通/碰撞反应池
16	砷	As	碰撞反应池	25	铊	Tl	普通/碰撞反应池
17	硒	Se	碰撞反应池	26	铅	Pb	普通/碰撞反应池

B.2.3 元素干扰校正方程参考表 B.4。

表 B.4 元素干扰校正方程

同位素	推荐的校正方程
^{51}V	$[^{51}\text{V}]=[51]+0.352\ 4\times[52]-3.108\times[53]$
^{75}As	$[^{75}\text{As}]=[75]-3.127\ 8\times[77]+1.017\ 7\times[78]$
^{78}Se	$[^{78}\text{Se}]=[78]-0.186\ 9\times[76]$
^{98}Mo	$[^{98}\text{Mo}]=[98]-0.146\times[99]$
^{114}Cd	$[^{114}\text{Cd}]=[114]-1.628\ 5\times[108]-0.014\ 9\times[118]$
^{208}Pb	$[^{208}\text{Pb}]=[206]+[207]+[208]$

注 1：[X]为质量数 X 处的质谱信号强度——离子每秒计数值（CPS）。

注 2：对于同量异位素干扰能够通过仪器的碰撞/反应模式得以消除的情况下，除铅元素外，可不采用干扰校正方程。

注 3：低含量铬元素的测定需采用碰撞/反应模式。

B.2.4 待测元素和内标元素同位素（m/z）的选择参考表 B.5。

表 B.5 待测元素推荐选择的同位素和内标元素

序号	元素	m/z	内标	序号	元素	m/z	内标
1	B	11	^{45}Sc/^{72}Ge	6	Ca	43	^{45}Sc/^{72}Ge
2	Na	23	^{45}Sc/^{72}Ge	7	Ti	48	^{45}Sc/^{72}Ge
3	Mg	24	^{45}Sc/^{72}Ge	8	V	51	^{45}Sc/^{72}Ge
4	Al	27	^{45}Sc/^{72}Ge	9	Cr	52/53	^{45}Sc/^{72}Ge
5	K	39	^{45}Sc/^{72}Ge	10	Mn	55	^{45}Sc/^{72}Ge

表 B.5（续）

序号	元素	m/z	内标	序号	元素	m/z	内标
11	Fe	56/57	^{45}Sc/^{72}Ge	19	Mo	95	^{103}Rh/^{115}In
12	Co	59	^{72}Ge/^{103}Rh/^{115}In	20	Cd	111	^{103}Rh/^{115}In
13	Ni	60	^{72}Ge/^{103}Rh/^{115}In	21	Sn	118	^{103}Rh/^{115}In
14	Cu	63/65	^{72}Ge/^{103}Rh/^{115}In	22	Sb	123	^{103}Rh/^{115}In
15	Zn	66	^{72}Ge/^{103}Rh/^{115}In	23	Ba	137	^{103}Rh/^{115}In
16	As	75	^{72}Ge/^{103}Rh/^{115}In	24	Hg	200/202	^{185}Re/^{209}Bi
17	Se	78	^{72}Ge/^{103}Rh/^{115}In	25	Tl	205	^{185}Re/^{209}Bi
18	Sr	88	^{103}Rh/^{115}In	26	Pb	206/207/208	^{185}Re/^{209}Bi

B.3 电感耦合等离子体发射光谱仪

B.3.1 仪器操作参考条件

B.3.1.1 观测方式:垂直观测,若仪器具有双向观测方式,高浓度元素,如钾、钠、钙、镁等元素采用垂直观测方式,其余采用水平观测方式。

B.3.1.2 功率:1 150 W。

B.3.1.3 等离子气流量:15 L/min。

B.3.1.4 辅助气流量:0.5 L/min。

B.3.1.5 雾化气气体流量:0.65 L/min。

B.3.1.6 分析泵速:50 r/min。

B.3.2 待测元素推荐的分析谱线

待测元素推荐的分析谱线参考表 B.6。

表 B.6　待测元素推荐的分析谱线

序号	元素名称	元素符号	分析谱线波长 nm
1	铝	Al	396.15
2	硼	B	249.6/249.7
3	钡	Ba	455.4
4	钙	Ca	315.8/317.9
5	铜	Cu	324.75
6	铁	Fe	239.5/259.9
7	钾	K	766.49
8	镁	Mg	279.079

表 **B.6**（续）

序号	元素名称	元素符号	分析谱线波长 nm
9	锰	Mn	257.6/259.3
10	钠	Na	589.59
11	镍	Ni	231.6
12	磷	P	213.6
13	锶	Sr	407.7/421.5
14	钛	Ti	323.4
15	钒	V	292.4
16	锌	Zn	206.2/213.8

中华人民共和国国家标准

GB 5009.270—2016

食品安全国家标准

食品中肌醇的测定

2016-12-23 发布

2017-06-23 实施

中华人民共和国国家卫生和计划生育委员会
国家食品药品监督管理总局 发布

前　言

本标准代替 GB 5413.25—2010《食品安全国家标准　婴幼儿食品和乳品中肌醇的测定》。

本标准与 GB 5413.25—2010 相比,主要变化如下:

——标准名称修改为"食品安全国家标准　食品中肌醇的测定";

——增加了食品的检出限和定量限;

——修改了方法的适用范围;

——修改了试样制备和样品前处理方法;

——修改了精密度。

食品安全国家标准

食品中肌醇的测定

1 范围

本标准规定了食品中肌醇的测定方法。

本标准第一法适用于食品中肌醇的测定,本标准第二法适用于调制乳品、饮料中肌醇的测定。

第一法 微生物法

2 原理

利用葡萄汁酵母菌(*Saccharomyces uvarum*)对肌醇的特异性和灵敏性,定量测定试样中待测物质的含量。在含有除待测物质以外所有营养成分的培养基中,微生物的生长与待测物质含量呈线性关系,根据透光率与标准工作曲线进行比较,即可计算出试样中待测物质的含量。

3 试剂和材料

除非另有说明,本方法所用试剂均为分析纯,水为 GB/T 6682 规定的二级水。

3.1 试剂

3.1.1 氯化钠(NaCl)。

3.1.2 氢氧化钠(NaOH)。

3.1.3 盐酸(HCl)。

3.1.4 五氧化二磷(P_2O_5)。

3.1.5 葡萄汁酵母菌(*Saccharomyces uvarum*),ATCC 9080,或其他等效标准菌株。

3.2 试剂配制

3.2.1 氯化钠溶液(9 g/L):称取 9.0 g 氯化钠溶解于 1 000 mL 水中,分装试管,每管 10 mL。121 ℃灭菌 15 min。

3.2.2 盐酸溶液(1 mol/L):量取 82 mL 盐酸,冷却后定容至 1 000 mL。

3.2.3 盐酸溶液(0.44 mol/L):量取 36.6 mL 盐酸,冷却后定容至 1 000 mL。

3.2.4 氢氧化钠溶液(600 g/L):称取 300 g 氢氧化钠溶解于水中,冷却后定容至 500 mL。

3.2.5 氢氧化钠溶液(1 mol/L):称取 40 g 氢氧化钠溶解于水中,冷却后定容至 1 000 mL。

3.3 标准品

肌醇标准品($C_6H_{12}O_6$):纯度≥99%,或经国家认证并授予标准物质证书的标准物质。

3.4 标准溶液配制

3.4.1 肌醇标准储备液(0.2 mg/mL):肌醇标准品置于五氧化二磷的干燥器中干燥 24 h 以上,称取 50 mg肌醇标准品(精确到 0.1 mg),用水充分溶解,定容至 250 mL 棕色容量瓶中,贮存在 4 ℃冰箱中。

3.4.2 肌醇标准中间液(10 μg/mL):吸取 5.00 mL 肌醇标准储备液,用水定容到 100 mL 棕色容量瓶中,贮存在 4 ℃冰箱中。

3.4.3 肌醇标准工作液(1 μg/mL 和 2 μg/mL):吸取 10 mL 肌醇标准中间液两次,分别用水定容到 100 mL 容量瓶和 50 mL 容量瓶中。该工作液需每次临用前配制。

3.5 材料

3.5.1 培养基

3.5.1.1 麦芽浸粉琼脂培养基(Malt Extract Agar):可按附录 A 配制。

3.5.1.2 肌醇测定培养基:可按附录 A 配制。

注:一些商品化合成培养基效果良好,商品化合成培养基按标签说明进行配制。

3.5.2 玻璃珠

直径约 5 mm。

4 仪器和设备

注:除微生物常规灭菌及培养设备外,其他设备和材料如下:

4.1 天平:感量为 0.1 mg。

4.2 pH 计:精度±0.01。

4.3 分光光度计。

4.4 涡旋振荡器。

4.5 离心机:转速≥2 000 r/min。

4.6 恒温培养箱:30 ℃±1 ℃。

4.7 振荡培养箱:30 ℃±1 ℃,振荡速度 140 次/min～160 次/min。

4.8 压力蒸汽消毒器:121 ℃(0.10 MPa～0.12 MPa)。

注:玻璃仪器使用前,用活性剂(月桂磺酸钠或家用洗涤剂加入到洗涤用水中即可)对硬玻璃测定管及其他必要的玻璃器皿进行清洗,清洗之后 200 ℃干热 2 h。

5 分析步骤

5.1 接种菌悬液的制备

5.1.1 菌种复苏

将菌株活化后接种到麦芽浸粉琼脂斜面培养基上,30 ℃±1 ℃ 培养 16 h～24 h后,再转接 2 代～3 代来增强活力,制成贮备菌种,贮于 4 ℃冰箱中,保存期不要超过 2 周。临用前接种到新的麦芽浸粉琼脂斜面培养基上。

5.1.2 接种菌悬液的制备

在使用的前一天将贮备菌种转接到新配制的麦芽浸粉琼脂斜面培养基上,于 30 ℃±1 ℃ 培养

20 h～24 h。用接种环刮取菌苔到装有氯化钠溶液（9 g/L）的试管中。以 2 000 r/min 离心 15 min，如此清洗 3 次～4 次。吸取一定量的该菌液移入装有 10 mL 氯化钠溶液（9 g/L）的试管中，制成接种菌悬液。

用分光光度计，以氯化钠溶液作空白，550 nm 波长下测定该接种菌悬液的透光率，调整加入的菌液量或者加入一定量的氯化钠溶液使该菌悬液透光率在 60％～80％。

5.2　试样制备

谷物类、乳粉等试样需粉碎、研磨、过筛（筛板孔径 0.3 mm～0.5 mm）；肉及肉制品等用打碎机制成食糜；果蔬等试样需匀浆混匀；液体试样用前振摇混合。4 ℃冰箱保存，1 周内测定。

5.3　试样提取

准确称取肌醇 0.5 mg～2.0 mg 的试样，一般乳粉、新鲜果蔬、内脏、生肉试样 1 g（精确至 0.01 g）；谷类、豆类、含量较低的天然食品试样 5 g（精确至 0.01 g），一般营养素补充剂、复合营养强化剂 0.1 g～0.5 g；液体饮料或流质、半流质试样 5 g～10 g 于 250 mL 锥形瓶中，对于干粉试样加入 80 mL 盐酸溶液（0.44 mol/L），对于液体试样加入 100 mL 盐酸溶液（0.44 mol/L），混匀。

将锥形瓶以铝箔纸覆盖，在灭菌釜中 125 ℃水解 1 h。取出，冷却至室温，加入约 2 mL 氢氧化钠溶液（600 g/L），冷却。用氢氧化钠溶液（1 mol/L）或盐酸溶液（1 mol/L）调 pH 至 5.2，转入 250 mL 容量瓶中，定容至刻度。混匀，过滤，收集滤液，该滤液为待测液。调整稀释度，使待测液肌醇的浓度在 1 μg/mL～10 μg/mL 范围内。

5.4　标准曲线的制作

按表 1 顺序加入水、肌醇标准工作液和肌醇测定培养基于培养管中，一式三份。

表 1　标准曲线的制作

试管号	S1	S2	S3	S4	S5	S6	S7	S8	S9	S10
水/mL	5	5	4	3	2	1	0	2	1	0
肌醇标准工作液（1 μg/mL ）/mL	0	0	1	2	3	4	5	0	0	0
肌醇标准工作液（2 μg/mL ）/mL	0	0	0	0	0	0	0	3	4	5
培养基/mL	5	5	5	5	5	5	5	5	5	5

5.5　待测液的制作

按表 2 加入水、待测液和肌醇测定培养基于培养管中，一式三份。

表 2　待测液的制作

试管号	1	2	3	4
水/mL	4	3	2	1
试样提取液/mL	1	2	3	4
培养基/mL	5	5	5	5

5.6　灭菌

每支试管内加入一粒玻璃珠，盖上试管帽，121 ℃灭菌 5 min（商品培养基按标签说明进行灭菌）。

5.7 接种

将试管固定在振荡培养箱内,用约 140 次/min～160 次/min 的振荡速度,在 30 ℃±1 ℃振荡培养 22 h～24 h。

5.8 测定

注:对每支试管进行视觉检查,接种空白试管 S1 内培养液应是澄清的,如果出现浑浊,则结果无效。

5.8.1 从振荡培养箱内取出试管,放入灭菌釜内,100 ℃保持 5 min,使微生物停止生长。

5.8.2 用接种空白试管 S1 作空白,将分光光度计透光率调到 100%(或吸光度为 0),读出接种空白试管 S2 的读数。再以接种空白试管 S2 作空白,调节透光率为 100%(或吸光度为 0),依次读出其他每支试管的透光率(或吸光度)。

5.8.3 用涡旋振荡器充分混合每一只试管(也可以加一滴消泡剂)后,立即将培养液移入比色皿内进行测定,波长为 540 nm～660 nm,待读数稳定 30 s 后,读出透光率,每支试管稳定时间要相同。以肌醇标准系列的浓度为横坐标,透光率为纵坐标作标准曲线。

5.8.4 根据待测液的透光率,由标准曲线中得到该待测液中肌醇的浓度,再根据稀释因子和称样量计算出试样中肌醇的含量。透光率超出标准曲线管 S3～S10 范围的试样管要舍去。

5.8.5 对每个编号的待测液的试管,用每支试管的透光率计算每毫升该编号待测液肌醇的浓度,并计算该编号待测液的肌醇浓度平均值,每支试管测得的浓度不超过其平均值的±15%,超过者要舍去。如果有 1 管的测定结果不符合上述要求,则舍弃该管的测定结果,重新计算平均值;如果有 2 管的测定结果不符合上述要求,则需重新检验。

注:绘制标准曲线,既可读取透光率,也可读取吸光度。

6 分析结果表述

试样中肌醇的含量按式(1)计算:

$$X = \frac{C_x}{m} \times \frac{f}{1\ 000} \times 100 \qquad\qquad\cdots\cdots\cdots\cdots\cdots\cdots\cdots\cdots(1)$$

式中:

X —— 试样中肌醇的含量,单位为毫克每百克(mg/100 g);

C_x —— 5.8.5 中计算所得的平均值,单位为微克(μg);

m —— 样品质量,单位为克(g);

f —— 样液稀释倍数;

1 000 —— 换算系数;

100 —— 换算系数。

计算结果保留三位有效数字。

7 精密度

天然食品:在重复性条件下获得的两次独立测定结果的绝对差值不得超过算术平均值的 15%。

强化食品:在重复性条件下获得的两次独立测定结果的绝对差值不得超过算术平均值的 8%。

8 其他

天然食品,称样量为 5 g 时,本方法的检出限为 2.5 mg/100 g,定量限为 5 mg/100 g;强化食品,称样量为 1 g 时,本方法的检出限为 12.5 mg/100 g,定量限为 25 mg/100 g。

第二法 气相色谱法

9 原理

试样中的肌醇用水和乙醇提取后,与硅烷化试剂衍生,正己烷提取,经气相色谱分离,外标法定量。

10 试剂和材料

除非另有说明,本方法所用试剂均为分析纯,水为 GB/T 6682 规定的一级水。

10.1 试剂

10.1.1 无水乙醇(C_2H_6O)。

10.1.2 正己烷(C_6H_{14})。

10.1.3 95%乙醇(C_2H_6O)。

10.1.4 三甲基氯硅烷(C_3H_9ClSi)。

10.1.5 六甲基二硅胺烷($C_6H_{19}NSi_2$)。

10.1.6 N,N-二甲基甲酰胺(C_3H_7NO)。

10.2 试剂配制

硅烷化试剂:分别吸取体积比为 1:2 的三甲基氯硅烷和六甲基二硅胺烷,超声混匀。现用现配。

注:N,N-二甲基甲酰胺、三甲基氯硅烷和六甲基二硅胺烷必须保证当三者混合后无白色浑浊现象时方可使用。

10.3 标准品

10.3.1 肌醇标准品($C_6H_{12}O_6$,CAS 号:87-89-8):纯度≥99%,或经国家认证并授予标准物质证书的标准物质。

10.3.2 肌醇标准溶液(0.010 mg/mL):称取 100 mg(精确到 0.1 mg)经过 105 ℃±1 ℃烘干 2 h 的肌醇标准物质于 100 mL 容量瓶中,用 25 mL 水溶解完全。用 95%的乙醇定容至刻度,混匀。取 1 mL 此溶液于 100 mL 容量瓶中,用 70%的乙醇定容至刻度,混匀。

11 仪器和设备

11.1 气相色谱仪:配氢火焰离子化检测器。

11.2 分析天平:感量为 0.1 mg。

11.3 离心机:转速≥5 000 r/min。

11.4 旋转蒸发仪。

11.5 超声波仪。

11.6 恒温热水浴槽。

11.7 烘箱。

12 分析步骤

12.1 试样处理与衍生

12.1.1 试样处理:固态和粉状试样研磨混合均匀后称取 1 g(精确到 0.1 mg),于 50 mL 容量瓶中,加入 12 mL 40 ℃温水溶解试样;液态试样直接称取 12 g(精确到 0.1 mg)于 50 mL 容量瓶中。上述试样超声提取 10 min,用 95 %乙醇定容至刻度,混匀。静置 20 min 后,取 10 mL 于 15 mL 离心管中,以不低于 4 000 r/min 离心 5 min。取上清液 5 mL 于旋转蒸发浓缩瓶中。

12.1.2 干燥与衍生:向浓缩瓶中加入 10 mL 无水乙醇,在 80 ℃ ±5 ℃下旋转浓缩至近干时再加入 5 mL 无水乙醇继续浓缩至干燥,转移浓缩瓶至烘箱中 100 ℃ ±5 ℃烘干 1 h。加入 10.0 mL N,N-二甲基甲酰胺,超声溶解 5 min 并转移至 25 mL 有螺纹盖的离心管中,加入硅烷化试剂 3.0 mL 并放于 80 ℃±5 ℃水浴中衍生反应 75 min。其间每隔 20 min 取出振荡一次,然后取出冷却至室温。加入 5 mL 正己烷,振荡混合后静置分层。取上层液 3 mL 于预先加少许无水硫酸钠的带螺纹盖离心管中,振荡后以不低于 4 000 r/min 离心,此为试样测定液。

12.2 肌醇标准测定液的制备

分别吸取 0.0 mL、2.0 mL、4.0 mL、6.0 mL、8.0 mL、10.0 mL 肌醇标准溶液于浓缩瓶中,按 12.1.2 步骤操作。

12.3 测定

12.3.1 参考色谱条件

参考色谱条件列出如下:
a) 色谱柱:填料为 50%氰丙基-甲基聚硅氧烷的毛细管柱,柱长 60 m,内径 0.25 mm,膜厚 0.25 μm;或同等性能的色谱柱;
b) 进样口温度:280 ℃;
c) 检测器温度:300 ℃;
d) 分流比:10∶1;
e) 进样量:1.0 μL。
程序升温见表 3。

表 3　程序升温

升温速率 ℃/min	目标温度 ℃	保持时间 min
初始温度	120	0
10	190	50
10	220	3

12.3.2 标准曲线制作

分别将标准溶液测定液注入到气相色谱仪中(色谱图见图 B.1),以测得的峰面积(或峰高)为纵坐标,以肌醇标准测定液中肌醇的含量(mg)为横坐标制作标准曲线。

12.3.3 试样溶液的测定

分别将试样测定液注入到气相色谱仪中得到峰面积(或峰高),从标准曲线中获得试样测定液中肌醇的含量(mg)。

13 分析结果的表述

试样中肌醇含量按式(2)计算:

$$X = \frac{C_s \times f_i}{m_i} \times 100 \qquad\qquad\cdots\cdots\cdots\cdots\cdots\cdots\cdots(2)$$

式中:

X ——试样中肌醇含量,单位为毫克每百克(mg/100 g);

C_s ——从标准曲线中获得试样测定液肌醇的含量,单位为毫克(mg);

f_i ——试样测定液所含肌醇换算成试样中所含肌醇的系数为10;

m_i ——试样的质量,单位为克(g);

100 ——换算系数。

计算结果保留小数点后一位。

14 精密度

在重复性条件下获得的两次独立测定结果的绝对差值不得超过算术平均值的10%。

15 其他

固体或粉末样品检出限为 1.0 mg/100 g,定量限为 3.0 mg/100 g。

液体样品检出限为 0.2 mg/100 g,定量限为 0.5 mg/100 g。

附　录　A
培养基和试剂

A.1　麦芽浸粉琼脂培养基（Malt Extract Agar）

A.1.1　成分

麦芽糖	12.75 g
糊精	2.75 g
丙三醇	2.35 g
蛋白胨	0.78 g
琼脂	15.0 g
水	1 000 mL

A.1.2　制法

先将除琼脂以外的其他成分溶解于蒸馏水中，调节 pH 4.7±0.2，再加入琼脂，加热煮沸，使琼脂融化。混合均匀后分装试管，每管 10 mL。121 ℃高压灭菌 15 min，摆成斜面备用。

A.2　肌醇测定的培养基

A.2.1　成分

葡萄糖	100 g
柠檬酸钾	10 g
柠檬酸	2 g
磷酸二氢钾	1.1 g
氯化钾	0.85 g
硫酸镁	0.25 g
氯化钙	0.25 g
硫酸锰	50 mg
DL-色氨酸	0.1 g
L-胱氨酸	0.1 g
L-异亮氨酸	0.5 g
L-亮氨酸	0.5 g
L-赖氨酸	0.5 g
L-蛋氨酸	0.2 g
DL-苯基丙氨酸	0.2 g
L-酪氨酸	0.2 g
L-天门冬氨酸	0.8 g
DL-天门冬氨酸	0.2 g
DL-丙氨酸	0.4 g

L-谷氨酸	0.6 g
L-精氨酸	0.48 g
盐酸硫胺素	500 μg
生物素	16 μg
泛酸钙	5 mg
盐酸吡哆醇	1 mg
水	1 000 mL

A.2.2 制法

将上述成分溶解于水中,调节 pH 5.2±0.2,备用。

附　录　B

肌醇标准衍生物气相色谱图

肌醇标准衍生物气相色谱图见图 B.1。

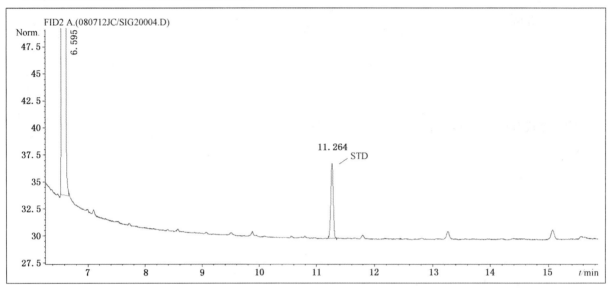

图 B.1　肌醇标准衍生物气相色谱图

中华人民共和国国家标准

GB 5413.5—2010

食品安全国家标准
婴幼儿食品和乳品中乳糖、蔗糖的测定

National food safety standard

Determination of lactose and sucrose in foods for infants and young children,

milk and milk products

2010-03-26 发布　　　　　　　　　　　　　2010-06-01 实施

中华人民共和国卫生部　发布

前　言

本标准代替GB/T 5413.5-1997《婴幼儿配方食品和乳粉　乳糖、蔗糖和总糖的测定》。

本标准与GB/T 5413.5-1997相比，主要变化如下：

——增加了蒸发光散射检测器。

本标准所代替标准的历次版本发布情况为：

——GB 5413-1985、GB/T 5413.5-1997。

食品安全国家标准

婴幼儿食品和乳品中乳糖、蔗糖的测定

1 范围

本标准规定了婴幼儿食品和乳品中乳糖、蔗糖的测定方法。

本标准适用于婴幼儿食品和乳品中乳糖、蔗糖的测定。

2 规范性引用文件

本标准中引用的文件对于本标准的应用是必不可少的。凡是注日期的引用文件，仅所注日期的版本适用于本标准。凡是不注日期的引用文件，其最新版本（包括所有的修改单）适用于本标准。

第一法 高效液相色谱法

3 原理

试样中的乳糖、蔗糖经提取后，利用高效液相色谱柱分离，用示差折光检测器或蒸发光散射检测器检测，外标法进行定量。

4 试剂和材料

除非另有规定，本方法所用试剂均为分析纯，水为 GB/T 6682 规定的一级水。

4.1 乙腈。

4.2 乙腈：色谱纯。

4.3 标准溶液

4.3.1 乳糖标准贮备液（20 mg/mL）：称取在 94 ℃ ±2 ℃烘箱中干燥 2 h 的乳糖标样 2 g（精确至 0.1 mg），溶于水中，用水稀释至 100 mL 容量瓶中。放置 4 ℃冰箱中。

4.3.2 乳糖标准工作液：分别吸取乳糖标准贮备液（4.3.1）0 mL，1 mL，2 mL，3 mL，4 mL，5 mL 于 10 mL 容量瓶中，用乙腈(4.1)定容至刻度。配成乳糖标准系列工作液，浓度分别为 0 mg/mL，2 mg/mL，4 mg/mL，6 mg/mL，8 mg/mL，10 mg/mL。

4.3.3 蔗糖标准溶液（10 mg/mL）：称取在 105 ℃ ±2 ℃烘箱中干燥 2 h 的蔗糖标样 1 g（精确到 0.1 mg），溶于水中，用水稀释至 100mL 容量瓶中。放置 4 ℃冰箱中。

4.3.4 蔗糖标准工作液：分别吸取蔗糖标准溶液（4.3.3）0 mL，1 mL，2 mL，3 mL，4 mL，5 mL 于 10 mL 容量瓶中，用乙腈(4.1)定容至刻度。配成蔗糖标准系列工作液，浓度分别为 0 mg/mL，1 mg/mL，2 mg/mL，3 mg/mL，4 mg/mL，5 mg/mL。

5 仪器和设备

5.1 天平：感量为 0.1 mg。

5.2 高效液相色谱仪，带示差折光检测器或蒸发光散射检测器。

5.3 超声波振荡器。

6 分析步骤

6.1 试样处理

称取固态试样 1 g 或液态试样称取 2.5 g（精确到 0.1 mg）于 50 mL 容量瓶中，加 15 mL 50 ℃～60 ℃水溶解，于超声波振荡器中振荡 10 min，用乙腈（4.1）定容至刻度，静置数分钟，过滤。取 5.0 mL 过滤液于 10 mL 容量瓶中，用乙腈（4.1）定容，通过 0.45 μm 滤膜过滤，滤液供色谱分析。可根据具体试样进行稀释。

6.2 测定

6.2.1 参考色谱条件

色谱柱：氨基柱 4.6 mm ×250 mm，5 μm，或具有同等性能的色谱柱；

流动相：乙腈（4.2）—水=70+30；

流速：1 mL/min；

柱温：35 ℃；

进样量：10 μL；

示差折光检测器条件：温度 33 ℃～37 ℃；

蒸发光散射检测器条件：飘移管温度：85 ℃～90 ℃；

气流量：2.5 L/min；

撞击器：关。

6.2.2 标准曲线的制作

将标准系列工作液分别注入高效液相色谱仪中，测定相应的峰面积或峰高，以峰面积或峰高为纵坐标，以标准工作液的浓度为横坐标绘制标准曲线。

6.2.3 试样溶液的测定

将试样溶液（6.1）注入高效液相色谱仪中，测定峰面积或峰高，从标准曲线中查得试样溶液中糖的浓度。

7 分析结果的表述

试样中糖的含量按式（1）计算：

$$X = \frac{c \times V \times 100 \times n}{m \times 1000} \cdots\cdots\cdots\cdots\cdots\cdots\cdots\cdots\cdots\cdots\cdots\cdots (1)$$

式中：

X——试样中糖的含量，单位为克每百克（g/100 g）；

c——样液中糖的浓度，单位为毫克每毫升（mg/mL）；

V——试样定容体积，单位为毫升（mL）；

n——样液稀释倍数；

m——试样的质量，单位为克（g）。

以重复性条件下获得的两次独立测定结果的算术平均值表示，结果保留三位有效数字。

8 精密度

在重复条件下获得的两次独立测定结果的绝对差值不得超过算术平均值的 5 %。

第二法 莱因—埃农氏法

9 原理

乳糖：试样经除去蛋白质后，在加热条件下，以次甲基蓝为指示剂，直接滴定已标定过的费林氏液，根据样液消耗的体积，计算乳糖含量。

蔗糖：试样经除去蛋白质后，其中蔗糖经盐酸水解为还原糖，再按还原糖测定。水解前后的差值乘以相应的系数即为蔗糖含量。

10 试剂和材料

除非另有规定，本方法所用试剂均为分析纯，水为 GB/T 6682 规定的三级水。

10.1 乙酸铅。

10.2 草酸钾。

10.3 磷酸氢二钠。

10.4 盐酸。

10.5 硫酸铜。

10.6 浓硫酸。

10.7 酒石酸钾钠。

10.8 氢氧化钠。

10.9 酚酞。

10.10 乙醇。

10.11 次甲基蓝。

10.12 乙酸铅溶液（200 g/L）：称取 200 g 乙酸铅，溶于水并稀释至 1000 mL。

10.13 草酸钾—磷酸氢二钠溶液：称取草酸钾 30 g，磷酸氢二钠 70 g，溶于水并稀释至 1000 mL。

10.14 盐酸（1+1）：1 体积盐酸与 1 体积的水混合。

10.15 氢氧化钠溶液（300 g/L）：称取 300 g 氢氧化钠，溶于水并稀释至 1000 mL。

10.16 费林氏液（甲液和乙液）

10.16.1 甲液：称取 34.639 g 硫酸铜，溶于水中，加入 0.5 mL 浓硫酸，加水至 500 mL。

10.16.2 乙液：称取 173 g 酒石酸钾钠及 50 g 氢氧化钠溶解于水中，稀释至 500 mL，静置两天后过滤。

10.17 酚酞溶液（5 g/L）：称取 0.5 g 酚酞溶于 100 mL 体积分数为 95 % 的乙醇中。

10.18 次甲基蓝溶液（10 g/L）：称取 1 g 次甲基蓝于 100 mL 水中。

11 仪器和设备

11.1 天平：感量为 0.1 mg。

11.2 水浴锅：温度可控制在 75 ℃ ±2 ℃。

12 分析步骤

12.1 费林氏液的标定

12.1.1 用乳糖标定

12.1.1.1 称取预先在 94 ℃ ±2 ℃烘箱中干燥 2 h 的乳糖标样约 0.75 g（精确到 0.1 mg），用水溶解并定容至 250 mL。将此乳糖溶液注入一个 50 mL 滴定管中，待滴定。

12.1.1.2 预滴定：吸取 10 mL 费林氏液（甲、乙液各 5 mL）于 250 mL 三角烧瓶中。加入 20 mL 蒸馏水，放入几粒玻璃珠，从滴定管中放出 15 mL 样液于三角瓶中，置于电炉上加热，使其在 2 min 内沸腾，保持沸腾状态 15 s，加入 3 滴次甲基蓝溶液（10.18），继续滴入至溶液蓝色完全褪尽为止，读取所用样液的体积。

12.1.1.3 精确滴定：另取 10 mL 费林氏液（甲、乙液各 5 mL）于 250 mL 三角烧瓶中，再加入 20 mL 蒸馏水，放入几粒玻璃珠，加入比预滴定量少 0.5 mL～1.0 mL 的样液，置于电炉上，使其在 2 min 内沸腾，维持沸腾状态 2 min，加入 3 滴次甲基蓝溶液（10.18），以每两秒一滴的速度徐徐滴入，溶液蓝色完全褪尽即为终点，记录消耗的体积。

12.1.1.4 按式（2）、（3）计算费林氏液的乳糖校正值（f_1）：

$$A_1 = \frac{V_1 \times m_1 \times 1000}{250} = 4 \times V_1 \times m_1 \cdots\cdots\cdots\cdots\cdots\cdots\cdots\cdots\cdots\cdots\cdots (2)$$

$$f_1 = \frac{4 \times V_1 \times m_1}{AL_1} \cdots\cdots\cdots\cdots\cdots\cdots\cdots\cdots\cdots\cdots\cdots\cdots\cdots\cdots\cdots (3)$$

式中：

A_1——实测乳糖数，单位为毫克（mg）；

V_1——滴定时消耗乳糖溶液的体积，单位为毫升（mL）；

m_1——称取乳糖的质量，单位为克（g）；

f_1——费林氏液的乳糖校正值；

AL_1——由乳糖液滴定毫升数查表 1 所得的乳糖数，单位为毫克（mg）。

表 1　乳糖及转化糖因数表（10 mL 费林氏液）

滴定量（mL）	乳糖（mg）	转化糖（mg）	滴定量（mL）	乳糖（mg）	转化糖（mg）
15	68.3	50.5	33	67.8	51.7
16	68.2	50.6	34	67.9	51.7
17	68.2	50.7	35	67.9	51.8
18	68.1	50.8	36	67.9	51.8
19	68.1	50.8	37	67.9	51.9
20	68.0	50.9	38	67.9	51.9
21	68.0	51.0	39	67.9	52.0
22	68.0	51.0	40	67.9	52.0

表1（续）

滴定量（mL）	乳糖（mg）	转化糖（mg）	滴定量（mL）	乳糖（mg）	转化糖（mg）
23	67.9	51.1	41	68.0	52.1
24	67.9	51.2	42	68.0	52.1
25	67.9	51.2	43	68.0	52.2
26	67.9	51.3	44	68.0	52.2
27	67.8	51.4	45	68.1	52.3
28	67.8	51.4	46	68.1	52.3
29	67.8	51.5	47	68.2	52.4
30	67.8	51.5	48	68.2	52.4
31	67.8	51.6	49	68.2	52.5
32	67.8	51.6	50	68.3	52.5

注："因数"系指与滴定量相对应的数目，可自表1中查得。若蔗糖含量与乳糖含量的比超过3:1时，则在滴定量中加表2中的校正值后计算。

表2　乳糖滴定量校正值数

滴定终点时所用的糖液量（mL）	用10 mL费林氏液、蔗糖及乳糖量的比	
	3:1	6:1
15	0.15	0.30
20	0.25	0.50
25	0.30	0.60
30	0.35	0.70
35	0.40	0.80
40	0.45	0.90
45	0.50	0.95
50	0.55	1.05

12.1.2　用蔗糖标定

12.1.2.1　称取在105 ℃±2 ℃烘箱中干燥2 h的蔗糖约0.2 g（精确到0.1 mg），用50 mL水溶解并洗入100 mL容量瓶中，加水10 mL，再加入10 mL盐酸（10.14），置于75 ℃水浴锅中，时时摇动，使溶液温度在67.0 ℃～69.5 ℃，保温5 min，冷却后，加2滴酚酞溶液（10.17），用氢氧化钠溶液（10.15）调至微粉色，用水定容至刻度。再按12.1.1.2和12.1.1.3操作。

12.1.2.2　按式（4）、（5）计算费林氏液的蔗糖校正值（f_2）：

$$A_2 = \frac{V_2 \times m_2 \times 1000}{100 \times 0.95} = 10.5263 \times V_2 \times m_2 \quad \cdots\cdots\cdots\cdots\cdots（4）$$

$$f_2 = \frac{10.5263 \times V_2 \times m_2}{AL_2} \quad \cdots\cdots\cdots\cdots\cdots\cdots\cdots\cdots\cdots（5）$$

式中：

A_2——实测转化糖数，单位为毫克（mg）；

V_2——滴定时消耗蔗糖溶液的体积，单位为毫升（mL）；

m_2——称取蔗糖的质量，单位为克（g）；

0.95——果糖分子质量和葡萄糖分子质量之和与蔗糖分子质量的比值；

f_2——费林氏液的蔗糖校正值；

AL_2——由蔗糖溶液滴定的毫升数查表 1 所得的转化糖数，单位为毫克（mg）。

12.2 乳糖的测定

12.2.1 试样处理

12.2.1.1 称取婴儿食品或脱脂粉 2 g，全脂加糖粉或全脂粉 2.5 g，乳清粉 1 g，精确到 0.1 mg，用 100 mL 水分数次溶解并洗入 250 mL 容量瓶中。

12.2.1.2 徐徐加入 4 mL 乙酸铅溶液（10.12）、4 mL 草酸钾—磷酸氢二钠溶液（10.13），并振荡容量瓶，用水稀释至刻度。静置数分钟，用干燥滤纸过滤，弃去最初 25 mL 滤液后，所得滤液作滴定用。

12.2.2 滴定

12.2.2.1 预滴定：操作同 12.1.1.2。

12.2.2.2 精确滴定：操作同 12.1.1.3。

12.3 蔗糖的测定

12.3.1 样液的转化与滴定

取 50 mL 样液（12.2.1.2）于 100 mL 容量瓶中，以下按 12.1.2.1 自"加 10 mL 水"起依法操作。

13 分析结果的表述

13.1 乳糖

试样中乳糖的含量 X 按式（6）计算

$$X = \frac{F_1 \times f_1 \times 0.25 \times 100}{V_1 \times m} \quad\cdots\cdots (6)$$

式中：

X——试样中乳糖的质量分数，单位为克每百克（g/100 g）；

F_1——由消耗样液的毫升数查表 1 所得乳糖数，单位为毫克（mg）；

f_1——费林氏液乳糖校正值；

V_1——滴定消耗滤液量，单位为毫升（mL）；

m——试样的质量，单位为克（g）。

以重复性条件下获得的两次独立测定结果的算术平均值表示，结果保留三位有效数字。

13.2 蔗糖

利用测定乳糖时的滴定量，按式（7）计算出相对应的转化前转化糖数 X_1。

$$X_1 = \frac{F_2 \times f_2 \times 0.25 \times 100}{V_1 \times m} \quad\cdots\cdots (7)$$

式中：

X_1——转化前转化糖的质量分数，单位为克每百克（g/100 g）；

F_2——由测定乳糖时消耗样液的毫升数查表 1 所得转化糖数，单位为毫克（mg）；

f_2——费林氏液蔗糖校正值；

V_1——滴定消耗滤液量，单位为毫升（mL）；

m——样品的质量，单位为克（g）。

用测定蔗糖时的滴定量，按式（8）计算出相对应的转化后转化糖 X_2。

$$X_2 = \frac{F_3 \times f_2 \times 0.50 \times 100}{V_2 \times m} \quad\cdots\cdots\cdots\cdots\cdots\cdots\cdots\cdots\cdots\cdots\cdots\cdots\cdots\cdots\cdots\cdots\cdots\cdots\cdots\cdots \quad (8)$$

式中：

X_2——转化后转化糖的质量分数，单位为克每百克（g/100 g）；

F_3——由 V_2 查得转化糖数，单位为毫克（mg）；

f_2——费林氏液蔗糖校正值；

m——样品的质量，单位为克（g）；

V_2——滴定消耗的转化液量，单位为毫升（mL）。

试样中蔗糖的含量 X 按式（9）计算

$$X = (X_2 - X_1) \times 0.95 \quad\cdots\cdots\cdots\cdots\cdots\cdots\cdots\cdots\cdots\cdots\cdots\cdots\cdots\cdots\cdots\cdots\cdots\cdots\cdots \quad (9)$$

式中：

X——试样中蔗糖的质量分数，单位为克每百克（g/100 g）；

X_1——转化前转化糖的质量分数，单位为克每百克（g/100 g）；

X_2——转化后转化糖的质量分数，单位为克每百克（g/100 g）。

以重复性条件下获得的两次独立测定结果的算术平均值表示，结果保留三位有效数字。

13.3 若试样中蔗糖与乳糖之比超过 3:1 时，则计算乳糖时应在滴定量中加上表 2 中的校正值数后再查表1。

14 精密度

在重复性条件下获得的两次独立测定结果的绝对差值不得超过算术平均值的 1.5 %。

15 其它

本标准第一法的检出限为 0.3 g/100 g，第二法的检出限为 0.4 g/100 g。

中华人民共和国国家标准

GB 5413.6—2010

食品安全国家标准

婴幼儿食品和乳品中不溶性膳食纤维的

测定

National food safety standard

Determination of insoluble dietary fiber in foods for infants and young children,

milk and milk products

2010-03-26 发布   2010-06-01 实施

中华人民共和国卫生部 发布

前　言

本标准代替GB/T 5413.6-1997《婴幼儿配方食品和乳粉　不溶性膳食纤维的测定》。

本标准所代替标准的历次版本发布情况为：

——GB 5413-1985、GB/T 5413.6-1997。

食品安全国家标准

婴幼儿食品和乳品中不溶性膳食纤维的测定

1 范围

本标准规定了婴幼儿食品和乳品中不溶性膳食纤维的测定方法。

本标准适用于婴幼儿食品和乳品中不溶性膳食纤维的测定。

2 规范性引用文件

本标准中引用的文件对于本标准的应用是必不可少的。凡是注日期的引用文件，仅所注日期的版本适用于本标准。凡是不注日期的引用文件，其最新版本（包括所有的修改单）适用于本标准。

3 原理

使用中性洗涤剂将试样中的糖、淀粉、蛋白质、果胶等物质溶解除去，不能溶解的残渣为不溶性膳食纤维，主要包括纤维素、半纤维素、木质素、角质和二氧化硅等，并包括不溶性灰分。

4 试剂和材料

4.1 无水亚硫酸钠。

4.2 石油醚：沸程 30 ℃～60 ℃。

4.3 丙酮。

4.4 甲苯。

4.5 EDTA 二钠盐。

4.6 四硼酸钠（含 10 个结晶水）。

4.7 月桂基硫酸钠。

4.8 乙二醇独乙醚。

4.9 无水磷酸氢二钠。

4.10 磷酸。

4.11 磷酸二氢钠。

4.12 α-淀粉酶。

4.13 中性洗涤剂溶液：将 18.61 g EDTA 二钠盐和 6.81 g 四硼酸钠（含 10 个结晶水）置于烧杯中，加水约 100 mL，加热使之溶解，将 30.00 g 月桂基硫酸钠和 10 mL 乙二醇独乙醚溶于约 650 mL 热水中，合并上述两种溶液，再将 4.56 g 无水磷酸氢二钠溶于 150 mL 热水中，并入上述溶液中，用磷酸调节上述混合液至 pH 6.9～7.1，最后加水至 1000 mL。

4.14　磷酸盐缓冲液：由 38.7 mL 0.1 mol/L 磷酸氢二钠和 61.3 mL 0.1 mol/L 磷酸二氢钠混合而成，pH 为 7.0 ±0.2。

4.15　2.5 % α-淀粉酶溶液：称取 2.5 g α-淀粉酶溶于 100 mL 磷酸盐缓冲溶液中，离心、过滤，滤过的酶液备用。

4.16　耐热玻璃棉（耐热 130 ℃，需耐热并不易折断的玻璃棉）。

5　仪器和设备

5.1　天平：感量为 0.1 mg。

5.2　烘箱：110 ℃～130 ℃。

5.3　恒温箱：37 ℃ ±2 ℃。

5.4　纤维测定仪。

5.5　如没有纤维测定仪，可由下列部件组成：

 a)　电热板：带控温装置。

 b)　高型无嘴烧杯：600 mL。

 c)　坩埚式耐酸玻璃滤器：容量 60 mL，孔径 40 μm～60 μm。

 d)　回流冷凝装置。

 e)　抽滤装置：由抽滤瓶、抽滤垫及水泵组成。

 f)　pH 计：精度为 0.01。

6　分析步骤

6.1　称取固体试样 0.5 g～1.0 g 或液体试样 8.0 g（精确到 0.1 mg），置于高型无嘴烧杯中，如试样脂肪含量超过 10 %，需先去除脂肪，例如 1.00 g 试样，用石油醚 30 ℃～60 ℃（4.2）提取 3 次，每次 10 mL。

6.2　加 100 mL 中性洗涤剂溶液（4.13），再加 0.5 g 无水亚硫酸钠（4.1）。

6.3　电炉加热，5 min～10 min 内使其煮沸，移至电热板上，保持微沸 1 h。

6.4　于耐酸玻璃滤器中，铺 1 g～3 g 玻璃棉，移至烘箱内，110 ℃烘 4 h，取出置干燥器中冷至室温，称量，得 m_1（精确到 0.0001 g）。

6.5　将煮沸后试样趁热倒入滤器中，用水泵抽滤。用 500 mL 热水（90 ℃～100 ℃），分数次洗烧杯及滤器，抽滤至干。洗净滤器下部的液体和泡沫，塞上橡皮塞。

6.6　于滤器中加酶液（4.15），液面需覆盖纤维，用细针挤压掉其中气泡，加数滴甲苯（4.4），盖上表面皿，37 ℃恒温箱中过夜。

6.7 取出滤器，除去底部塞子，抽滤去酶液，并用 300 mL 热水分数次洗去残留酶液，用碘液检查是否有淀粉残留，如有残留，继续加酶水解，如淀粉已除尽，抽干，再以丙酮（4.3）洗 2 次。

6.8 将滤器置烘箱中，110 ℃烘 4 h，取出，置干燥器中，冷至室温，称量，得 m₂（精确到 0.0001 g）。

7 分析结果的表述

试样中不溶性膳食纤维的含量按式（1）计算：

$$X = \frac{m_2 - m_1}{m} \times 100 \quad\cdots\cdots\cdots\cdots\cdots\cdots\cdots\cdots\cdots\cdots\cdots\cdots\cdots\cdots\cdots\cdots\cdots\cdots\cdots\cdots\cdots\cdots \quad (1)$$

式中：

X——试样中不溶性膳食纤维的含量，单位为克每百克（g/100 g）；

m_1——滤器加玻璃棉的质量，单位为克（g）；

m_2——滤器加玻璃棉及试样中纤维的质量，单位为克（g）；

m——试样质量，单位为克（g）。

以重复性条件下获得的两次独立测定结果的算术平均值表示，结果保留三位有效数字。

8 精密度

在重复性条件下获得的两次独立测定结果的绝对差值不得超过算术平均值的10％。

———————————————

中华人民共和国国家标准

GB 5413.14—2010

食品安全国家标准

婴幼儿食品和乳品中维生素 B_{12} 的测定

National food safety standard

Determination of vitamin B_{12} in foods for infants and young children,

milk and milk products

2010-03-26 发布 2010-06-01 实施

中华人民共和国卫生部 发布

前　言

本标准代替GB/T 5413.14-1997《婴幼儿食品和乳粉 维生素B$_{12}$的测定》。

本标准与GB/T 5413.14-1997相比，主要变化如下：

——标准名称改为《婴幼儿食品和乳品中维生素B$_{12}$的测定》。

本标准附录A为规范性附录。

本标准所代替标准的历次版本发布情况为：

——GB 5413-1985、GB/T 5413.14-1997。

食品安全国家标准
婴幼儿食品和乳品中维生素 B_{12} 的测定

1 范围

本标准规定了婴幼儿食品和乳品中维生素 B_{12} 的测定方法。

本标准适用于婴幼儿食品和乳品中维生素 B_{12} 的测定。

2 规范性引用文件

本标准中引用的文件对于本标准的应用是必不可少的。凡是注日期的引用文件，仅所注日期的版本适用于本标准。凡是不注日期的引用文件，其最新版本（包括所有的修改单）适用于本标准。

3 原理

利用莱士曼氏乳酸杆菌（*Lactobacillus leichmannii*）对维生素 B_{12} 的特异性和灵敏性，定量测定出试样中维生素 B_{12} 的含量。在测定用培养基中供给除维生素 B_{12} 以外的所有营养成分，这样微生物生长产生的透光率就会同标准曲线工作液及未知待测溶液中维生素 B_{12} 的含量相对应。以不同浓度标准溶液的透光率相对于各浓度水平标准物质的浓度绘制标准曲线，根据标准曲线即可计算出试样中维生素 B_{12} 的含量。

4 试剂和材料

除非另有规定，本方法所用试剂均为分析纯，水为 GB/T 6682 规定的二级水。

4.1　菌株：莱士曼氏乳酸杆菌（*Lactobacillus leichmannii*）ATCC 7830。

4.2　维生素 B_{12}（Vitamin B_{12} 或 Cyanocobalamin）标准品：分子式 $C_{63}H_{88}CoN_{14}O_{14}P$，纯度≥99%。

4.3　培养基

4.3.1　乳酸杆菌琼脂培养基：见附录 A。

4.3.2　乳酸杆菌肉汤培养基：见附录 A。

4.3.3　维生素 B_{12} 测定用培养基：见附录 A。
　注：一些商品化合成培养基效果良好，商品化合成培养基按标签说明进行配制。

4.4　9 g/L 氯化钠溶液（生理盐水）

称取 9.0 g 氯化钠溶解于 1000 mL 水中，分装于具塞试管，每管 10 mL。121 ℃灭菌 15 min。

4.5　乙醇溶液：体积分数为 25%。

4.6　无水磷酸氢二钠（Na_2HPO_4）。

4.7　无水偏重亚硫酸钠（$Na_2S_2O_5$）。

4.8　柠檬酸（含一个结晶水）（$C_6H_8O_7 \cdot H_2O$）。

4.9　标准溶液的制备

4.9.1　维生素 B_{12} 贮备液（10 μg/mL）：精确称取维生素 B_{12} 标准品（4.2），用乙醇溶液（4.5）定容至维生素 B_{12} 浓度为 10 μg/mL。

4.9.2 维生素 B$_{12}$ 中间液（100 ng/mL）：用乙醇溶液（4.5）将 5.0 mL 维生素 B$_{12}$ 贮备液（4.9.1）定容至 500 mL。

4.9.3 维生素 B$_{12}$ 工作液（1 ng/mL）：用乙醇溶液（4.5）将 5.0 mL 维生素 B$_{12}$ 中间液（4.9.2）定容至 500 mL。

4.9.4 标准曲线工作液：分别吸取两个 5 mL 维生素 B$_{12}$ 工作液（4.9.3）于 250mL 和 500mL 容量瓶中，用水定容至刻度。高浓度溶液的浓度为 0.02 ng/mL；低浓度溶液的浓度为 0.01 ng/mL。

注：所有标准溶液要储存于冰箱内。4.9.1、4.9.2 和 4.9.3 保存期三个月，4.9.4 临用前配制。

5 仪器和设备

除微生物实验室常规灭菌及培养设备外，其他设备和材料如下：

5.1 天平：感量为 0.1 mg。

5.2 pH 计：精度≤0.01。

5.3 分光光度计。

5.4 涡旋混合器。

5.5 离心机：转速≥2000 转/分钟。

5.6 恒温培养箱：36 ℃±1 ℃。

5.7 冰箱：2 ℃～5 ℃。

5.8 无菌吸管：10 mL（具 0.1 mL 刻度）或微量移液器和吸头。

5.9 瓶口分液器：0 mL～10 mL。

5.10 锥形瓶：200 mL。

5.11 容量瓶（A 类）：100 mL，250 mL，500 mL。

5.12 单刻度移液管（A 类）：容量 5 mL。

5.13 漏斗：直径 90 mm。

5.14 定量滤纸：直径 90 mm。

5.15 试管：18 mm×180 mm。

注：准备玻璃仪器时，使用活性剂对硬玻璃测定管及其他必要的玻璃器皿进行清洗，清洗之后要求在 200 ℃干热 2 h。

6 分析步骤

6.1 测试菌液的制备

6.1.1 将莱士曼氏乳酸杆菌（ATCC 7830）的冻干菌株（4.1）活化后，接种到乳酸杆菌琼脂培养基（4.3.1）上，36 ℃±1 ℃培养 24 h。再转种 2 代～3 代来增强活力。置 2 ℃～5 ℃冰箱保存备用。每 15 d 转种一次。

6.1.2 将活化后的菌株接种到乳酸杆菌肉汤培养基（4.3.2）中，36 ℃±1 ℃培养 18 h～24 h，以 2000 转/分钟离心 2 min～3 min，弃去上清液，加入 10 mL 生理盐水（4.4），混匀，再离心 2 min～3 min，弃去上清液，再加入 10 mL 生理盐水（4.4），混匀。如前离心操作，弃去上清液。再加 10 mL 生理盐水（4.4），混匀。吸适量该菌悬液于 10 mL 生理盐水（4.4）中，混匀制成测试菌液。

6.1.3 用分光光度计（5.3），以生理盐水（4.4）做空白，于 550 nm 波长下测测试菌液（6.1.2）的透光率，使其透光率在 60 %～80 %之间。

6.2 试样的处理

6.2.1 称取无水磷酸氢二钠（4.6）1.3 g，无水偏重亚硫酸钠（4.7）1.0 g，柠檬酸（含一个结晶水）（4.8）1.2 g，用 100 mL 水溶解。

6.2.2 称一定量的样品（精确到 0.0001 g），含维生素 B_{12} 约 50 ng~100 ng，用 10 mL 的上述溶液（6.2.1）混合后，再加 150 mL 水，于 121 ℃水解 10 min，冷却后调 pH 至 4.5±0.2，再用水定容至 250 mL，过滤。移取滤液 5 mL，加入水 20 mL～30 mL，调 pH 至 6.8±0.2，用水定容至 100 mL。最终溶液中维生素 B_{12} 的质量浓度约在 0.01 ng/mL～0.02 ng/mL，偏重亚硫酸钠的质量浓度小于 0.03 mg/mL。

6.3 标准曲线的制作

按表 1 顺序加入水、标准曲线工作液（4.9.4）和维生素 B_{12} 测定用培养基（4.3.3）于培养管中，一式三份。

表1 标准曲线的制作

试管号	S1	S2	S3	S4	S5	S6	S7	S8	S9	S10
水（mL）	5	5	4	3	2	1	0	2	1	0
0.01 ng/mL标准曲线工作液（mL）	0	0	1	2	3	4	5	0	0	0
0.02 ng/mL标准曲线工作液（mL）	0	0	0	0	0	0	0	3	4	5
培养基（mL）	5	5	5	5	5	5	5	5	5	5

6.4 待测液的制作

按表 2 顺序加水、样品溶液（6.2.2）和维生素 B_{12} 测定用培养基（4.3.3）于培养管内，一式三份。

表2 待测液的制作

试管号	1	2	3	4
水（mL）	4	3	2	1
待测液（mL）	1	2	3	4
培养基（mL）	5	5	5	5

6.5 灭菌

将 6.3 和 6.4 中所有的试管盖上试管帽，121 ℃灭菌 5 min（商品培养基按标签说明进行灭菌）。

6.6 接种

将上述试管迅速冷却至 30 ℃以下。用滴管或移液器向上述试管中各滴加 1 滴（约 50 μL）测试菌液（6.1.2）（其中标准曲线管中空白 S1 除外）。

6.7 培养

将试管放入恒温培养箱内，36 ℃±1 ℃培养 19 h～20 h。

6.8 测定

培养结束后，对每支试管进行目测检查，未接种试管 S1 内培养液应是澄清的，如果出现浑浊，则测定无效。

6.8.1 以接种空白管做对照，测定最高浓度标准曲线试管的透光率，2 h 后重新测定。两次结果透光率差值若小于 2 %，则取出全部检验管测其透光率。

6.8.2 用未接种空白试管（S1）作空白，将分光光度计透光率调到 100 %（或吸光度为 0），读出接种空白试管（S2）的读数。再以接种空白试管（S2）为空白，调节透光率为 100 %（或吸光度为 0），依次读出其他每支试管的透光率（或吸光度）。

6.8.3 用涡旋混合器（5.4）充分混合每一支试管（也可以加一滴消泡剂）后，立即将培养液移入比色皿内进行测定，波长为 550 nm，待读数稳定 30 s 后，读出透光率，每支试管稳定时间要相同。以维生素 B_{12} 标准品的含量为横坐标，透光率为纵坐标作标准曲线。

6.8.4 根据待测液的透光率，从标准曲线中查得该待测液中维生素 B_{12} 的浓度，再根据稀释因子和称样量计算出试样中维生素 B_{12} 的含量。透光率超出标准曲线管 S 3～S 10 范围的试样管要舍去。

6.8.5 对每个编号的待测液的试管，用每支试管的透光率计算每毫升该编号待测液维生素 B_{12} 的浓度，并计算该编号待测液的维生素 B_{12} 浓度平均值，每支试管测得的该浓度不得超过该平均值的±15 %，超过者要舍去。如果符合该要求的管数少于所有的四个编号的待测液的总管数的 2/3，用于计算试样含量的数据是不充分的，需要重新检验。如果符合要求的管数超过原来管数的 2/3，重新计算每一编号的有效试样管中每毫升测定液中维生素 B_{12} 含量的平均值，以此平均值计算全部编号试样管的总平均值为 C_x。用于计算试样中的维生素 B_{12} 含量。

注：绘制标准曲线，既可读取透光率（T %），也可读取吸光度（A）。

7 分析结果的表述

试样中维生素 B_{12} 的含量按公式（1）计算：

$$X = \frac{C_x}{m} \times \frac{f}{1000} \times 100 \quad\cdots\cdots\cdots\cdots\cdots\cdots\cdots\cdots\cdots\cdots\cdots\cdots\cdots\cdots\cdots\cdots \quad (1)$$

式中：

X——试样中维生素 B_{12} 的含量，单位为微克每百克表示（μg/100 g）；

C_x——6.8.5 中计算所得的总平均值，单位为纳克（ng）；

m——试样的质量，单位为克（g）；

f——稀释倍数。

以重复性条件下获得的两次独立测定结果的算术平均值表示，结果保留两位有效数字。

8 精密度

在重复性条件下获得的两次独立测定结果的绝对差值不得超过算术平均值的 10 %。

9 其他

本标准检出限为 0.1 μg/100g。

附录 A
（规范性附录）
培养基和试剂

A.1 乳酸杆菌琼脂培养基

A.1.1 成分

番茄汁 100 mL，三号蛋白胨 7.5 g，酵母浸膏 7.5 g，葡萄糖 10.0 g，磷酸二氢钾 2.0 g，聚山梨糖单油酸酯 1.0 g，琼脂 14.0 g，水 1000 mL，pH 6.8 ±0.1（25 ℃ ±5 ℃）。

A.1.2 制法

先将除琼脂以外的其他成分溶解于蒸馏水中，调节 pH，再加入琼脂，加热煮沸至完全溶解。混合均匀后分装试管，每管 10 mL。121 ℃高压灭菌 15 min，备用。

A.2 乳酸杆菌肉汤培养基

A.2.1 成分

番茄汁 100 mL，三号蛋白胨 7.5 g，酵母浸膏 7.5 g，葡萄糖 10.0 g，磷酸二氢钾 2.0 g，聚山梨糖单油酸酯 1.0 g，水 1000 mL，pH 6.8 ± 0.1 （25 ℃ ± 5 ℃）。

A.2.2 制法

先将上述成分（A.2.1）溶解于水中，调节 pH，加热煮沸，混合均匀后分装试管，每管 10 mL。121 ℃高压灭菌 15 min，备用。

A.3 维生素 B_{12} 测定用培养基

A.3.1 成分

无维生素酸水解酪蛋白 15.0 g，葡萄糖 40.0 g，天门冬酰胺 0.2 g，醋酸钠 20.0 g，抗坏血酸 4.0 g，L-胱氨酸 0.4 g，DL-色氨酸 0.4 g，硫酸腺嘌呤 20.0 mg，盐酸鸟嘌呤 20.0 mg，尿嘧啶 20.0 mg，黄嘌呤 20.0 mg，核黄素 1.0 mg，盐酸硫胺素 1.0 mg，生物素 10.0 μg，烟酸 2.0 mg，p-氨基苯甲酸 2.0 mg，泛酸钙 1.0 mg，盐酸吡哆醇 4.0 mg，盐酸吡哆醛 4.0 mg，盐酸吡哆胺 800.0 μg，叶酸 200.0 μg，磷酸二氢钾 1.0 g，磷酸氢二钾 1.0 g，硫酸镁 0.4 g，氯化钠 20.0 mg，硫酸亚铁 20.0 mg，硫酸锰 20.0 mg，聚山梨糖单油酸酯（吐温 80）2.0 g，水 1000 mL，pH 6.0 ± 0.1（25 ℃ ± 5 ℃）。

A.3.2 制法

将上述成分溶解于水中，调节 pH，备用。

中华人民共和国国家标准

GB 5413.16—2010

食品安全国家标准

婴幼儿食品和乳品中叶酸（叶酸盐活性）

的测定

National food safety standard

Determination of folic acid (folate activity) in foods for infants and young children,

milk and milk products

2010-03-26 发布   2010-06-01 实施

中华人民共和国卫生部   发布

前　言

本标准代替 GB/T 5413.16-1997《婴幼儿配方食品和乳粉 叶酸（叶酸盐活性）测定》。

本标准与GB/T 5413.16-1997相比，主要变化如下：

——对磷酸盐缓冲液作了调整；

——增加了米粉的处理方法；

——增加了光密度法测定步骤。

本标准所代替标准的历次版本发布情况为：

——GB 5413-1985、GB/T 5413.16-1997。

食品安全国家标准
婴幼儿食品和乳品中叶酸（叶酸盐活性）的测定

1 范围

本标准规定了婴幼儿食品和乳品中叶酸（叶酸盐活性）的测定方法。

本标准适用于婴幼儿食品和乳品中叶酸（叶酸盐活性）的测定。

2 规范性引用文件

本标准中引用的文件对于本标准的应用是必不可少的。凡是注日期的引用文件，仅所注日期的版本适用于本标准。凡是不注日期的引用文件，其最新版本（包括所有的修改单）适用于本标准。

3 原理

利用干酪乳杆菌（*Lactobacillus casei*）ATCC 7469 对叶酸的特异性，在含有叶酸的样品中生长产生的酸度和形成的光密度来测定叶酸的含量。

4 试剂和材料

除非另有规定，本方法所用试剂均为分析纯，水为 GB/T 6682 规定的二级水。

4.1 鸡胰腺：称取 100 mg 干燥的鸡胰腺，加 20 mL 蒸馏水，搅拌 15 min，离心 10 min（3000 转/分钟），取上清液，临用前配制。

4.2 0.9 %生理盐水：称取 9.0 g 氯化钠溶解于 1000 mL 水中，分装于具塞试管中，每管 10 mL，121℃灭菌 15 min。每周准备一次。

4.3 磷酸盐缓冲液

4.3.1 磷酸盐缓冲液 I（0.05 mol/L）：称取 5.85 g 磷酸二氢钾，1.22 g 磷酸氢二钾，用 1000 mL 水溶解。临用前按 0.5 g/100 mL 加入抗坏血酸。

4.3.2 磷酸盐缓冲液 II（用于谷物及谷物制品前处理）：称取 14.2 g 磷酸氢二钠，用 1000 mL 水溶解。临用前按 1.0 g/100 mL 加入抗坏血酸，用氢氧化钠溶液 A（4.16）调 pH 至 7.8±0.1。

4.3.3 磷酸盐缓冲液 III（用于谷物及谷物制品测试）：称取 14.2 g 磷酸氢二钠，用 1000 mL 水溶解。临用前按 1.0 g/100 mL 加入抗坏血酸，用氢氧化钠溶液 A（4.16）调 pH 至 6.8±0.1。

4.3.4 磷酸盐缓冲液 IV（0.1 mol/L）（用于谷物及谷物制品标准溶液制备）：溶解 13.61 g 磷酸二氢钾于水中稀释到 1000 mL。用氢氧化钾溶液（4.10）调 pH 至 7.0±0.1。

4.4 叶酸标准品。

4.5 氨水（10.8 %）。

4.6 甲苯（C_7H_8）。

4.7 抗坏血酸（$C_6H_8O_6$）。

4.8 菌株：干酪乳杆菌（*Lactobacillus casei*）ATCC 7469。

4.9 培养基

4.9.1 乳酸杆菌琼脂培养基：胨化乳 15 g，酵母浸膏 5 g，葡萄糖 10 g，番茄汁 100 mL，磷酸二氢钾 2 g，聚山梨糖单油酸酯 1 g，琼脂 10 g，加蒸馏水至 1000 mL，调 pH 至 6.8 ± 0.2（20 ℃～25 ℃）。121℃高压灭菌 15min，备用。

4.9.2 乳酸杆菌肉汤培养基：胨化乳 15 g，酵母浸膏 5 g，葡萄糖 10 g，番茄汁 100 mL，磷酸二氢钾 2 g，聚山梨糖单油酸酯 1 g，加蒸馏水至 1000 mL，调 pH 至 6.8 ± 0.2（20 ℃～25 ℃）。121℃高压灭菌 15min，备用。

4.9.3 叶酸测定用培养基：酪蛋白胨 10 g，葡萄糖 40 g，乙酸钠 40 g，磷酸氢二钾 1 g，磷酸二氢钾 1 g，DL-色氨酸 0.2 g，L-天门冬氨酸 0.6 g，L-半胱氨酸盐酸盐 0.5 g，硫酸腺嘌呤 10 mg，盐酸鸟嘌呤 10 mg，尿嘧啶 10 mg，黄嘌呤 20 mg，聚山梨糖 0.1 g，谷光甘肽 5 mg，硫酸镁 0.4 g，氯化钠 20 mg，硫酸亚铁 20 mg，硫酸锰 15 mg，核黄素 1 mg，p-氨基苯甲酸 2 mg，维生素 B_6 4mg，盐酸硫胺素 400 μg，泛酸钙 800 μg，烟酸 800 μg，生物素 20 μg，加蒸馏水至 1000 mL，调 pH 至 6.7 ± 0.1（20 ℃～25 ℃）。

> 注：市售商业化合成培养基效果更稳定。

4.10 氢氧化钾溶液（4 mol/L）：称取 224 g 氢氧化钾于 1000 mL 烧杯中，用 400 mL 水溶解，冷却至室温后，转移至 1000 mL 容量瓶中，用水定容。

4.11 木瓜蛋白酶溶液：1 g 蛋白酶（活力≥6000 U/mg，pH 6.0 ± 0.1，40 ℃）溶于 100 mL 磷酸盐缓冲液Ⅰ（4.3.1）中。临用前配制。

4.12 α-淀粉酶溶液：1 g α-淀粉酶（1.5 U/mg）溶于 100 mL 磷酸盐缓冲液Ⅰ（4.3.1）中。临用前配制。

4.13 0.22 μm 灭菌滤膜。

4.14 标准溶液的制备

4.14.1 叶酸标准贮备液（500 μg/mL）：称取 55 mg～56 mg（精确至 0.1 mg）叶酸标准品（4.4），用 50 mL 蒸馏水转入 100 mL 容量瓶中，加 2 mL 氨水（4.5）。溶液制备后，按式（1）计算溶液的体积，要求贮备液中叶酸盐的浓度为 500 μg/mL：

$$贮备液体积（mL）= \frac{m \times 1000 \times c}{100 \times 500}$$

或简化为： $$贮备液体积（mL）= \frac{m \times c}{50} \quad\cdots\cdots\cdots\cdots\cdots\cdots\cdots\cdots\cdots\cdots\cdots\cdots\cdots \quad (1)$$

式中：

m——叶酸标准品的质量，单位为毫克（mg）；

c——叶酸标准品的纯度，单位为克每百克（g/100 g）。

用水稀释溶液至刻度，用吸管加水至计算要求的体积，充分混合，放入棕色试剂瓶中 2 ℃～4 ℃冰箱冷藏，保存期为 4 个月。

4.14.2 叶酸标准中间液（50 μg/mL）：吸取 10 mL 叶酸标准贮备液（4.14.1）于 100 mL 棕色容量瓶中，用水定容至刻度，充分混匀，2 ℃～4 ℃冰箱冷藏，保存期为 1 个月。

4.14.3 叶酸标准工作液（0.05 ng/mL，0.1 ng/mL）：吸取 1 mL 叶酸标准中间液（4.14.2）于 100 mL 棕色容量瓶中，用水定容至刻度，混合。再吸该液 1 mL 于 100 mL 棕色容量瓶中，定容，混合。 从上液中分别吸取 5 mL 于 250 mL 和 500 mL 棕色容量瓶中，用磷酸盐缓冲液Ⅰ（4.3.1）定容到刻度，混匀，即为高浓度标准工作液（0.1 ng/mL）和低浓度标准工作液（0.05 ng/mL）。临用前配制。

4.15 盐酸（1 mol/L）：量取 83.0 mL 盐酸溶于水中，冷却后定容至 1000 mL。

4.16 氢氧化钠溶液 A（4 mol/L）：称取 160 g 氢氧化钠于 1000 mL 烧杯中，用 400 mL 水溶解，冷却至室温后，转移至 1000 mL 容量瓶中，用水定容。

4.17 氢氧化钠溶液 B（0.1 mol/L）：吸取 2.5 mL 氢氧化钠溶液 A（4.16）转移至 100 mL 容量瓶中用水定容。

4.18 氢氧化钠标准滴定溶液（0.1 mol/L ± 0.0002 mol/L）：称取 4 g（精确至 0.0001 g）氢氧化钠用水稀释至 1000 mL，用邻苯二甲酸氢钾标定。保存此溶液的容器要密封，以防二氧化碳渗入。

4.18.1 氢氧化钠标准溶液的标定：称取约 0.18 g（精确至 0.0001 g）于 105 ℃～110 ℃烘至恒重的邻苯二甲酸氢钾，用 50 mL 除二氧化碳的水溶于锥形瓶中，加两滴 5 g/L 的酚酞指示剂，用配好的氢氧化钠溶液滴定至粉红色，同时作空白实验。按式（2）计算氢氧化钠标准溶液的浓度：

$$c = \frac{m}{(V_1 - V_2) \times 0.2042} \quad \cdots\cdots (2)$$

式中：

c——氢氧化钠的浓度，单位为摩尔每升（mol/L）；

m——称取的邻苯二甲酸氢钾的质量，单位为克（g）；

V_1——氢氧化钠溶液的用量，单位为毫升（mL）；

V_2——空白试验氢氧化钠溶液的用量，单位为毫升（mL）。

4.18.2 酚酞溶液：取 0.5 g 酚酞溶于 75 mL 体积分数为 95 %的乙醇中，加入 20 mL 水，再加入氢氧化钠溶液（4.18），直至加入一滴立即变成粉红色，再用水定容至 100 mL。

4.19 溴麝香草酚蓝指示剂：称取 0.1 g 溴麝香草酚蓝于研钵中，加入 1.6 mL 氢氧化钠溶液 B（4.17）研磨，加少许水至完全溶解，转移至 250 mL 容量瓶中用水定容。

5 仪器和设备

5.1 pH 计：精度为 0.01。

5.2 离心机：转速≥2000 转/分钟。

5.3 分光光度仪。

5.4 天平：感量为 0.1 mg。

5.5 生化培养箱：36 ℃±1 ℃

5.6 滴定管：分刻度值为 0.1 mL。

5.7 涡旋振荡器。

6 分析步骤

6.1 测试菌液的制备

6.1.1 干酪乳杆菌（*Lactobacillus casei*）ATCC 7469 冻干菌粉转入乳酸杆菌肉汤培养基（4.9.2）中，36 ℃±1 ℃培养 24 h 后，转接至乳酸杆菌琼脂培养基（4.9.1）试管中，再 36 ℃ ±1 ℃培养 24 h。培养好的乳酸杆菌琼脂培养基（4.9.1）试管的培养物作为贮备菌种。

6.1.2 从贮备菌种培养基上分别转接到三个乳酸杆菌琼脂培养基(4.9.1)试管中,放入培养箱中 36 ℃±1 ℃培养 24 h。每月转接一次,作为月接种管贮于冰箱中。每月定期从月接种管中重新接种 3 个转接管保存新菌株。

6.1.3 从月接种的培养管中的一支再接种一支乳酸杆菌琼脂培养基(4.9.1)试管,36 ℃±1 ℃培养 24 h,作为日接种管每日测定用。

6.1.4 从日接种管中接种一管乳酸杆菌肉汤培养基(4.9.2),36 ℃±1 ℃培养 24 h。在无菌条件下离心该培养液 10 min(2000 转/分钟),弃去上清液。用 10 mL 生理盐水(4.2)振荡洗涤菌体,离心 10 min (2000 转/分钟),弃去上清液,用 10 mL 生理盐水(4.2)振荡清洗。如前离心操作,弃去上清液。再加 10 mL 生理盐水(4.2),混匀。吸 1 mL 该菌悬液于 10 mL 生理盐水(4.2)中,混匀制成测试菌液。

6.1.5 以生理盐水(4.2)做对照,用分光光度计,于 550 nm 波长下,测测试菌液(6.1.4)的光密度值,此值应在 60 %～80 %之间。

6.2 试样的制备

6.2.1 乳制品

　　称取 2 g(精确至 0.0001 g)试样(约含叶酸 5 μg)于 100 mL 烧杯中,用 25 mL～30 mL 水复原样品,转入 100 mL 容量瓶中,用水定容至刻度,溶液中叶酸的质量浓度大约为 0.05 μg/mL。吸取 1 mL 该样液和 1 mL 鸡胰腺(4.1)于一个 180 mm×15 mm 的带螺旋盖的试管中,充分混合。加 18 mL 含抗坏血酸的磷酸缓冲液 I (4.3.1),再加 1 mL 甲苯(4.6)。同时制备±空白对照管,吸 1 mL 蒸馏水和 1 mL 鸡胰腺(4.1)于空白管中,加 18 mL 含抗坏血酸的磷酸缓冲液 I (4.3.1)及 1 mL 甲苯(4.6)。在 37 ℃ 下,样品管和空白管保温 16 h 后,于 100 ℃水浴加热 5 min。用磷酸盐缓冲液 I (4.3.1)作适当稀释,得到浓度约为 0.1 ng/mL 的叶酸盐溶液。

　　若确定样品中强化叶酸与原生叶酸相比所占比例很大,则可以用 1 mL 样液加 19 mL 含抗坏血酸的磷酸缓冲液 I (4.3.1)于 100 ℃水浴加热 5 min,再用磷酸盐缓冲液 I (4.3.1)稀释,得到浓度约为 0.1 ng/mL 的叶酸盐溶液。

6.2.2 谷物及谷物制品

　　称取大约含 1 μg 叶酸的试样于 150 mL 三角烧瓶中。加 20 mL pH 7.8 磷酸缓冲溶液 II (4.3.2),混匀后加 50 mL 水和 1.0 mL 甲苯(4.6)。加盖后 121 ℃ 15 min 灭菌,然后迅速冷却。加 1 mL 木瓜蛋白酶溶液(4.11),于 36 ℃±1 ℃保温 3h 后 100 ℃加热 3 min,冷却。加 1 mL α-淀粉酶溶液(4.12),36 ℃±1 ℃保温 2 h 后加 4 mL 鸡胰腺(4.1),加盖,36 ℃±1℃保温 16 h 后 100 ℃加热 3 min,冷却。用 1 mol/L 盐酸(4.15)调 pH 至 4.5,用水稀释定容到 100 mL。过滤得到澄清滤液,然后吸取 1 mL 澄清滤液用磷酸盐缓冲液 III (4.3.3)定容至 100 mL,得到浓度约为 0.1 ng/mL 的叶酸盐溶液。

　　若确定样品中强化叶酸与原生叶酸相比所占比例很大则可以直接在样品中加 20 mL 0.05 mol/L 含抗坏血酸的磷酸缓冲液 II (4.3.2)和 50 mL 水,于 121 ℃灭菌 15 min,然后吸取 1mL 澄清滤液,再用 0.05 mol/L 磷酸盐缓冲液 III (4.3.3)稀释,得到浓度约为 0.1 ng/mL 的叶酸盐溶液。

6.3 标准曲线管的制作

　　按表 1 顺序加入蒸馏水、标准工作液(4.14.3)(测定谷物及谷物制品的标准溶液用磷酸盐缓冲液 IV (4.3.4)代替磷酸盐缓冲液 I (4.3.1))和叶酸测定用培养基(4.9.3)于培养管中。表 1 中每一编号需制作 3 管。试管 S2 至 S10 中,相当叶酸含量为 0.00 ng、0.05 ng、0.10 ng、0.15 ng 、0.20 ng、0.25 ng、0.30 ng、0.40 ng、0.50 ng。

表1 标准曲线管的制作

试管号	S1	S2	S3	S4	S5	S6	S7	S8	S9	S10
蒸馏水（mL）	5	5	4	3	2	1	0	2	1	0
标准溶液（mL）	0	0	1	2	3	4	5	3	4	5
培养基（mL）	5	5	5	5	5	5	5	5	5	5
注1：试管 S3～S7 中加低浓度标准工作液。										
注2：试管 S8～S10 中加高浓度标准工作液。										

6.4 试样管的制作

按表2顺序加入蒸馏水、试样和叶酸测定用培养基于试管中，表中每一编号需制作3管。

表2 试样管的制作

试管号	1	2	3	4
蒸馏水（mL）	4	3	2	1
样 品（mL）	1	2	3	4
培养基（mL）	5	5	5	5

6.5 灭菌

将标准曲线管和试样管 121 ℃灭菌 5 min，迅速冷却到室温（商品化培养基按标签说明进行灭菌）。

注：保证加热和冷却过程中条件均匀，灭菌管数过多或距离太近，在灭菌锅中都可产生不良影响。

6.6 接种

无菌条件下每管中均加入一滴（约 50 μL）菌悬液（6.1.4），加盖，充分振荡混匀所有试管（标准曲线未接种空白管 S1 除外）。

6.7 培养

6.7.1 酸度法：36 ℃±1 ℃培养 72 h。对每支试管进行目测检查，未接种管内培养液应是澄清的，标准曲线管和试样管中培养液的浊度应有梯度。未接种管中若出现混浊，则测定无效。

6.7.2 光密度法：在 36 ℃±1 ℃，培养 16 h～24 h。其他同6.7.1。

6.8 测定

6.8.1 酸度法

6.8.1.1 用 10 mL 水将未接种空白管 S1 和接种空白管 S2 的培养物转至三角烧瓶中，以溴麝香草酚蓝（4.19）作指示剂，或用 pH 计以 pH 6.8±0.2 为滴定终点用氢氧化钠标准滴定溶液（4.18）滴定标准曲线未接种空白管 S1 和接种空白管 S2。记录下消耗的氢氧化钠标准滴定溶液体积。

注：如果接种空白滴定反应消耗的氢氧化钠标准滴定溶液体积数等于或高于未接种空白水平的 1.5 mL，则测定结果无效。

6.8.1.2 用 10 mL 水将标准曲线管和试样管中的培养物转至三角烧瓶中，以溴麝香草酚蓝（4.19）作指示剂，或用 pH 计以 pH 6.8±0.2 为滴定终点用氢氧化钠标准滴定溶液（4.18.1）滴定标准曲线管和试样管的培养物。记录下消耗的氢氧化钠标准滴定溶液体积。

注：通常标准曲线管 S7 消耗的 0.1 mol/L 的氢氧化钠标准滴定溶液体积数在 8 mL～12 mL 之间。

6.8.2 光密度法

以接种空白管（表 1 中试管号 S 2）作对照，取出最高浓度标准曲线管 S7，振荡 5 s，在波长 550 nm 下读取光密度值，放回重新培养。2 h 后同等条件重新测该管的光密度，如果两次光密度的绝对差结果 ≤2 %，则取出全部检验管测定标准溶液和试样的光密度。

6.9 标准曲线的绘制

以标准曲线管叶酸含量作横坐标，以消耗氢氧化钠标准滴定溶液的毫升数或光密度值为纵坐标绘制标准曲线。

6.10 试样管中叶酸含量的计算

按照 13.8 每个试样管测定的消耗氢氧化钠标准滴定溶液的毫升数或光密度值，从标准曲线中查得对应的叶酸含量。每一编号的三个试样管应计算管中每毫升测定液叶酸的含量，并与其平均值相比较。相对偏差小于 15 % 的试管为有效试管，无效试样管应舍去，有效试样管总数应大于所有试样管总数的 2/3。重新计算每一编号的有效试样管中每毫升测定液叶酸含量的平均值，以此平均值计算全部编号试样管的总平均值 C_x。

注：样品管中叶酸含量低于 0.05 ng，高于 0.5 ng 的值应舍去。

7 分析结果的表述

试样中叶酸含量按式（3）计算：

$$X = [(C_x \times D) - EB] \times \frac{100}{1000m} \quad\cdots\cdots\cdots\cdots\cdots\cdots\cdots\cdots\cdots\cdots\cdots\cdots \text{（3）}$$

式中：

X——试样中叶酸含量，单位为微克每百克（μg/100 g）；

C_x——6.10 中计算所得的总平均值，单位为纳克（ng）；

D——样品在处理后的稀释因子；

EB——鸡胰腺空白管中叶酸含量，单位为纳克每毫升（ng/mL）；

m——样品的质量或体积，单位为克（g）。

以重复性条件下获得的两次独立测定结果的算术平均值表示，结果保留三位有效数字。

8 精密度

在重复性条件下获得的两次独立测试结果的绝对差值不超过算术平均值的 10 %。

9 其他

本标准检出限为 2 μg/100g。

中华人民共和国国家标准

GB 5413. 17—2010

食品安全国家标准

婴幼儿食品和乳品中泛酸的测定

National food safety standard

Determination of pantothenic acid in foods for infants and young children,

milk and milk products

2010-03-26 发布　　　　　　　　　　　　2010-06-01 实施

中华人民共和国卫生部　发布

前　言

本标准第一法为等同采用国际分析家学会（AOAC）945.74 Pantothenic Acid in Vitamin Preparations。

本标准代替GB/T 5413.17-1997《婴幼儿配方食品和乳粉　泛酸的测定》。

本标准与GB/T 5413.17-1997相比，第一法主要变化如下：

——增加了 tris 缓冲液配制方法；

——确定了测定波长；

——增加了标准曲线绘制的文字描述。

第二法主要变化如下：

——更换了色谱柱；

——改变了流动相；

——增加了含淀粉类试样进行酶解的处理方法。

本标准的附录A为资料性附录。

本标准所代替标准的历次版本发布情况为：

——GB 5413-1985、GB/T 5413.17-1997。

食品安全国家标准
婴幼儿食品和乳品中泛酸的测定

1 范围

本标准规定了婴幼儿食品和乳品中泛酸的测定方法。

本标准适用于婴幼儿食品和乳品中泛酸的测定。

2 规范性引用文件

本标准中引用的文件对于本标准的应用是必不可少的。凡是注日期的引用文件，仅所注日期的版本适用于本标准。凡是不注日期的引用文件，其最新版本（包括所有的修改单）适用于本标准。

第一法 微生物法

3 原理

利用植物乳杆菌（*Lactobacillus plantarum*）ATCC 8014 对泛酸的特异性，在含有泛酸样品中生长产生的酸度和形成的光密度来测定泛酸的含量。

4 试剂和材料

除非另有规定，本方法所用试剂均为分析纯试剂，水为 GB/T 6682 规定的二级水。

4.1　0.9 %生理盐水：9.0 g 氯化钠溶解于 1000 mL 水中，分装于具塞试管中，每管 10 mL，121 ℃灭菌 15 min。每周准备一次。

4.2　泛酸钙标准品。

4.3　乙酸溶液（0.2 mol/L）：吸取 12 mL 冰乙酸用水稀释至 1000 mL。

4.4　甲苯（C_7H_8）。

4.5　乙酸钠溶液（0.2 mol/L）：溶解 16.4 g 无水乙酸钠于水中，稀释至 1000 mL。

4.6　菌株：植物乳杆菌（*Lactobacillus plantarum*）ATCC 8014。

4.7　培养基

4.7.1　乳酸杆菌琼脂培养基：光解胨 15 g，酵母浸膏 5 g，葡萄糖 10 g，番茄汁 100 mL，磷酸二氢钾 2 g，聚山梨糖单油酸酯 1 g，琼脂 10 g，加蒸馏水至 1000 mL，调 pH 至 6.8 ± 0.2（20 ℃～25 ℃）。

4.7.2　乳酸杆菌肉汤培养基：光解胨 15 g，酵母浸膏 5 g，葡萄糖 10 g，番茄汁 100 mL，磷酸二氢钾 2 g，聚山梨糖单油酸酯 1 g，加蒸馏水至 1000 mL，调 pH 至 6.8 ±0.2（20 ℃～25 ℃）。

4.7.3　泛酸测定用培养基：葡萄糖 40 g，乙酸钠 20 g，无维生素酸水解酪蛋白 10 g，磷酸氢二钾 1 g，磷酸二氢钾 1 g，L-胱氨酸 0.4 g，L-色氨酸 0.1 g，硫酸镁 0.4 g，氯化钠 20 mg，硫酸亚铁 20 mg，硫酸锰 20 mg，硫酸腺嘌呤 20 mg，盐酸鸟嘌呤 20 mg，尿嘧啶 20 mg，胡萝卜素 400 μg，盐酸硫胺素 200 μg，生物素 0.8 μg，p-氨基苯甲酸 200 μg，烟酸 1 mg，盐酸吡哆醇 800 μg，聚山梨糖单油酸酯 0.1 g，加蒸馏水至 1000 mL，调 pH 至 6.7±0.1（20 ℃～25 ℃）。

4.8 Tris 缓冲液：称取 24.2 g Trizma Base 于烧杯中，加 200 mL 水溶解。

4.9 盐酸（0.1 mol/L）：吸取 8.3 mL 盐酸，用水稀释至 1000 mL。

4.10 标准溶液

4.10.1 泛酸标准贮备液（40 μg/mL）：精确称取 45 mg～55 mg 泛酸钙标准品（4.2），溶入 500 mL 蒸馏水中，加 10 mL 乙酸溶液（4.3），加 100 mL 乙酸钠溶液（4.5），用水稀释至泛酸钙精确浓度为 43.47 μg/mL（即泛酸浓度为 40 μg/mL），加 0.5 mL 甲苯（4.4）贮于 2 ℃～4 ℃冰箱中，保存期为 4 个月。

4.10.2 泛酸中间贮备液（1 μg/mL）：取 25 mL 标准贮备液（4.10.1），加入蒸馏水 500 mL，乙酸溶液 10 mL（4.3），乙酸钠溶液 100 mL（4.5），再用水稀释至 1 L。加 0.5 mL 甲苯（4.4）贮于冰箱中（2 ℃～4 ℃），保存期为 1 个月。

4.10.3 泛酸标准工作液（10 ng/mL，5 ng/mL）：吸两次 5.0 mL 中间贮备液（4.10.2），分别用水定容至 500 mL 和 1000 mL，临用前配制。

5 仪器和设备

5.1 分光光度仪。

5.2 pH 计：精度为 0.01。

5.3 涡旋振荡器。

5.4 天平：感量 0.1 mg。

5.5 生化培养箱：36 ℃±0.5 ℃。

5.6 离心机：转速≥2000 转/分钟。

6 分析步骤

6.1 测试菌液的制备

6.1.1 把植物乳杆菌（*Lactobacillus plantarum*）ATCC 8014 冻干菌粉转入乳酸杆菌肉汤培养基（4.7.2）试管中，36 ℃±1 ℃培养 24 h。再转接至乳酸杆菌琼脂培养基（4.7.1）试管中，36 ℃±1 ℃培养 24 h。培养好的乳酸杆菌琼脂培养基（4.7.1）试管的培养物作为贮备菌种。

6.1.2 从贮备菌种培养基上分别转接到三个乳酸杆菌琼脂培养基（4.7.1）试管中，放入培养箱中 36 ℃±1 ℃培养 24 h。每月转接一次，作为月接种管贮于冰箱中。每月定期从月接种管中重新接种 3 个转接管保存新菌株。

6.1.3 从月接种的培养管中的一支再接种一支乳酸杆菌琼脂培养基（4.7.1）试管，36 ℃±1 ℃培养 24 h，作为日接种管每日测定用。

6.1.4 从日接种管中接种一管乳酸杆菌肉汤培养基（4.7.2），36 ℃±1 ℃培养 24 h。在无菌条件下离心该培养液 10 min（2000 转/分钟），弃去上清液。用 10 mL 生理盐水（4.1）振荡洗涤菌体，离心 10 min（2000 转/分钟），弃去上清液，用 10 mL 生理盐水（4.1）振荡清洗。如前离心操作，弃去上清液。再加 10 mL 生理盐水（4.1），混匀。吸 1 mL 该菌悬液于 10 mL 生理盐水（4.1）中，混匀制成测试菌液。

6.1.5 以生理盐水（4.1）做对照，在分光光度计 550 nm 波长下，测测试菌液（6.1.4）的光密度值，此值应在 60 %～80 %之间。

6.2 试样的处理

称取 2 g（精确至 0.0001 g）固态试样或 5 g（精确至 0.0001 g）液态试样（约含泛酸 0.1 mg）于 250 mL 三角烧杯中。加入 10 mL Tris 缓冲液（4.8），再加入少量水，121 ℃水解 15 min，冷却。用盐酸（4.9）调 pH 至 4.5 ± 0.2，转入 250 mL 容量瓶中用水定容。过滤，吸 4 mL 滤液，稀释至泛酸的浓度约为 5 ng/mL。

6.3 标准曲线的制作

按表 1 顺序加入蒸馏水、标准溶液和培养基于试管中，表 1 中每一编号需制作 3 管。试管 S2 至 S10 中，相当泛酸含量为 0 ng、5 ng、10 ng、15 ng、20 ng、25 ng、30 ng、40 ng、50 ng。

表 1 标准曲线管制作

试管号	S1	S2	S3	S4	S5	S6	S7	S8	S9	S10
蒸馏水（mL）	5	5	4	3	2	1	0	2	1	0
标准溶液（mL）	0	0	1	2	3	4	5	3	4	5
培养基（mL）	5	5	5	5	5	5	5	5	5	5

注 1：试管 S3～S7 中加低浓度的为标准溶液。

注 2：试管 S8～S10 中加高浓度的为标准溶液。

6.4 试样管的制作

按表 2 顺序加入蒸馏水、试样和培养基于试管中，一式三份。

表 2 试样管的制作

试管号	1	2	3	4
蒸馏水（mL）	4	3	2	1
试 样（mL）	1	2	3	4
培养基（mL）	5	5	5	5

6.5 灭菌

将标准曲线管和试样管 121 ℃灭菌 5 min，迅速冷却到室温（商品化培养基按标签说明进行灭菌）。

注：保证加热和冷却过程中条件均匀，灭菌管数过多或距离太近，在灭菌锅中都可产生不良影响。

6.6 接种

在无菌条件下每管中均加入一滴（约 50 μL）测试菌液（6.1.4），加盖，充分振荡混匀所有试管（标准曲线未接种空白管 S1 除外）。

6.7 培养

36 ℃ ± 0.5 ℃培养 16 h～24 h。对每个试管进行目测检查，未接种管中培养液应是澄清的，标准曲线管和试样管中培养液的浊度应有梯度。未接种管中若出现混浊，则测定无效。

6.8 测定

以接种空白管（表1中试管号S2）做对照，取出最高浓度标准曲线管S7，振荡5 s，在波长550 nm条件下读取光密度值，放回重新培养。2 h后同等条件重新测该管的光密度，如果两次光密度的绝对差结果≤2 %，则取出全部检验管测定标准溶液和试样的光密度。

6.9 标准曲线的绘制

以标准曲线管泛酸含量作横坐标，以光密度值为纵坐标绘制标准曲线。

6.10 试样管中泛酸含量的计算

按照6.8每个试样管测定的光密度值，从标准曲线中查得对应的泛酸含量。每一编号的三个试样管应计算管中每毫升测定液泛酸的含量，并与三者平均值相比较。相对偏差小于15 %的试管为有效试管，无效试样管应舍去。有效试样管总数应大于所有试样管总数的2/3。重新计算每一编号的有效试样管中每毫升测定液泛酸含量的平均值，以此平均值计算全部编号试样管的总平均值 C_x。

注：样品管中泛酸含量低于5 ng，高于50 ng 的值应舍去。

7 分析结果的表述

试样中泛酸含量按式（1）计算：

$$X = \frac{C_x}{m} \times \frac{f}{1000} \times 100 \quad\cdots\cdots\cdots\cdots\cdots\cdots\cdots\cdots\cdots\cdots\cdots\cdots\cdots\cdots\cdots\cdots\cdots\cdots \quad (1)$$

式中：

X——试样中泛酸含量，单位为微克每百克（μg/100 g）；

C_x——6.10 中计算所得的总平均值，单位为微克（μg）；

f——稀释倍数；

m——试样的质量，单位为克（g）。

以重复性条件下获得的两次独立测定结果的算术平均值表示，结果保留三位有效数字。

8 精密度

在重复性条件下获得的两次独立测定结果的绝对差值不得超过算术平均值的10 %。

第二法　　高效液相色谱法

9 原理

试样经热水提取等前处理后，经 C_{18} 色谱柱分离，紫外检测器检测，外标法定量泛酸的含量。

10 试剂和材料

除非另有规定，本方法所用试剂均为分析纯，水为GB/T 6682规定的一级水。

10.1 淀粉酶：酶活力≥1.5 U/mg。

10.2 甲醇(CH_4O)：色谱纯。

10.3 盐酸。

10.4 硫酸锌($ZnSO_4$)。

10.5 盐酸（0.1 mol/L）：移取 8.3 mL 盐酸（10.3）于 1000 mL 容量瓶中，用水定容。

10.6 硫酸锌溶液（15 g/100mL）：称取 15 g 硫酸锌（10.4）用水溶解并定容至 100 mL。

10.7 磷酸二氢钾溶液（0.05 mol/L）：称取 6.8 g 磷酸二氢钾，用水溶解并定容至 1000 mL。用磷酸调节 pH 至 3.0，用 0.45 μm 滤膜过滤。

10.8 泛酸标准溶液

10.8.1 泛酸标准储备液（1 mg/mL）：准确称取泛酸钙 1.087 g，加水溶解并定容至 1000 mL。
泛酸浓度=泛酸钙浓度×0.920

10.8.2 泛酸标准中间液（0.1 mg/mL）：吸取标准储备液（10.8.1）10 mL 于 100 mL 容量瓶中，加水定容。临用前配制。

11 仪器和设备

11.1 天平：感量为 0.1 mg。

11.2 高效液相色谱仪，带紫外检测器。

11.3 超声波。

11.4 pH 计：精度为 0.01。

11.5 培养箱：55 ℃±2 ℃。

12 分析步骤

12.1 试样处理

12.1.1 不含淀粉类试样处理
称取混合均匀的固态试样约5 g（精确至0.0001 g）或液态试样约20 g（精确至0.0001 g）于150 mL三角瓶中，固体试样加入约30 mL 40 ℃～50 ℃温水，振摇溶解后超声萃取20 min。

12.1.2 含淀粉类试样处理
如果试样中含有淀粉，称取混合均匀的固态试样约5 g（精确到0.0001 g）或液态试样约20 g（精确到0.0001 g）于150mL三角瓶中，加入淀粉酶（10.1）约0.2 g，固体试样加入约30 mL 40 ℃～50 ℃温水振摇溶解，盖上瓶塞，在50 ℃～60 ℃条件下酶解30 min。

12.2 测定液的制备

试样溶液降至室温后，用盐酸（10.5）调节 pH 至 4.5±0.1，加入 5 mL 硫酸锌溶液（10.6），充分混合。转入 50 mL 容量瓶中，用水定容至刻度并充分混匀后，用滤纸过滤。滤液经 0.45 μm 滤膜过滤后，即为试样待测液。

12.3 参考色谱条件

色谱柱：ODS-C$_{18}$（粒径 5 μm， 250 mm×4.6 mm ）或具有同等性能的色谱柱。
流动相：取磷酸二氢钾溶液（10.7）900 mL，取甲醇（10.2）100 mL，混匀后经0.45 μm微孔滤膜加压过滤。
流速：1.0 mL/min。
检测波长：200 nm。

柱温：30 ℃ ± 1 ℃。

进样量：10 μL。

12.4 测定

12.4.1 标准曲线测定

分别准确吸取泛酸标准中间液（10.8.2）1.0 mL，2.0 mL，4.0 mL，8.0 mL，12.0 mL于100 mL容量瓶中，加水定容至刻度，得到浓度分别为1.0 μg/mL，2.0 μg/mL，4.0 μg/mL，8.0 μg/mL，12.0 μg/mL的泛酸标准工作液，临用前配制。

将上述泛酸标准工作依次进行色谱测定（其标准样品色谱图见附录A中图A.1），记录色谱峰高（或峰面积）。以峰高（或峰面积）为纵坐标，以标准工作液浓度为横坐标绘制标准曲线。

12.4.2 试样溶液的测定

吸取试样待测液（12.2）10 μL，将试样待测液进行色谱测定，从标准曲线中查得试液中泛酸的浓度。

13 分析结果的表述

试样中泛酸的含量按式（2）计算：

$$X = \frac{V \times C \times K}{m} \times 100 \quad\cdots\cdots\cdots\cdots\cdots\cdots\cdots\cdots\cdots\cdots\cdots\cdots\cdots\cdots\cdots\cdots\cdots\cdots\cdots\cdots (2)$$

式中：

X——试样中泛酸含量，单位为微克每百克（μg/100 g）

C——试样溶液中泛酸的质量浓度，单位为微克毫升（μg/mL）；

m——称取试样的质量，单位为克（g）；

V——被测样液总体积，单位为毫升（mL）；

K——样液稀释倍数。

以重复性条件下获得的两次独立测定结果的算术平均值表示，结果保留三位有效数字。

14 精密度

在重复性条件下获得的两次独立测定结果的绝对差值不得超过算术平均值的10 %。

15 其他

本标准第二法检出限为 100 μg/100 g。

附录 A

（资料性附录）

泛酸标准溶液的液相色谱图

A.1 泛酸标准溶液的液相色谱图

泛酸标准溶液的液相色谱图见图 A.1。

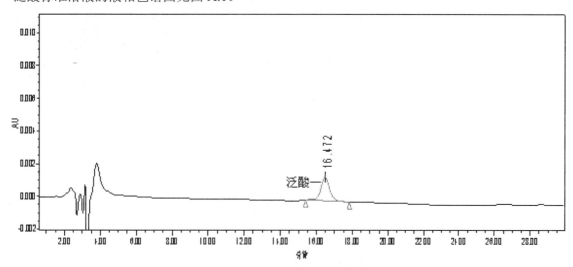

图 A.1　泛酸标准溶液的液相色谱图

中华人民共和国国家标准

GB 5413. 18—2010

食品安全国家标准

婴幼儿食品和乳品中维生素 C 的测定

National food safety standard

Determination of vitamin C in foods for infants and young children,

milk and milk products

2010-03-26 发布　　　　　　　　　　　　　　2010-06-01 实施

中华人民共和国卫生部　发布

前　言

本标准代替GB/T 5413.18-1997《婴幼儿配方食品和乳粉 维生素C的测定》。

本标准与GB/T 5413.18-1997相比，主要变化如下：

——明确了酶的活力单位；

——改变了邻苯二胺溶液浓度；

——含淀粉试样处理进行了改变；

——增加了加入硼酸—乙酸钠溶液后的反应时间；

——增加了加入邻苯二胺溶液后的反应时间。

本标准所代替标准的历次版本发布情况为：

——GB 5413-1985、GB/T 5413.18-1997。

食品安全国家标准

婴幼儿食品和乳品中维生素 C 的测定

1 范围

本标准规定了婴幼儿食品和乳品中维生素 C 的测定方法。

本标准适用于婴幼儿食品和乳品中维生素 C 的测定。本标准测定的是还原型维生素 C 和氧化型维生素 C 的总量。

2 规范性引用文件

本标准中引用的文件对于本标准的应用是必不可少的。凡是注日期的引用文件，仅所注日期的版本适用于本标准。凡是不注日期的引用文件，其最新版本（包括所有的修改单）适用于本标准。

3 原理

维生素 C（抗坏血酸）在活性炭存在下氧化成脱氢抗坏血酸，它与邻苯二胺反应生成荧光物质，用荧光分光光度计测定其荧光强度，其荧光强度与维生素 C 的浓度成正比，以外标法定量。

4 试剂和材料

除非另有规定，本方法所用试剂均为分析纯，水为 GB/T 6682 规定的三级水。

4.1　淀粉酶：酶活力 1.5 U/mg，根据活力单位大小调整用量。

4.2　偏磷酸—乙酸溶液 A：称取 15 g 偏磷酸及 40 mL 乙酸（36 %）于 200 mL 水中，溶解后稀释至 500 mL 备用。

4.3　偏磷酸—乙酸溶液 B：称取 15 g 偏磷酸及 40 mL 乙酸（36 %）于 100 mL 水中，溶解后稀释至 250 mL 备用。

4.4　酸性活性炭：称取粉状活性炭（化学纯，80 目～200 目）约 200 g，加入 1 L 体积分数为 10 % 的盐酸，加热至沸腾，真空过滤，取下结块于一个大烧杯中，用水清洗至滤液中无铁离子为止，在 110 ℃～120 ℃ 烘箱（5.3）中干燥约 10 h 后使用。

检验铁离子的方法：普鲁士蓝反应。将20 g/L亚铁氰化钾与体积分数为1 %的盐酸等量混合，将上述洗出滤液滴入，如有铁离子则产生蓝色沉淀。

4.5　乙酸钠溶液：用水溶解 500 g 三水乙酸钠，并稀释至 1 L。

4.6　硼酸—乙酸钠溶液：称取 3.0 g 硼酸，用乙酸钠溶液（4.5）溶解并稀释至 100 mL，临用前配制。

4.7　邻苯二胺溶液（400 mg/L）：称取 40 mg 邻苯二胺，用水溶解并稀释至 100 mL，临用前配制。

4.8 维生素 C 标准溶液（100 μg/mL）：称取 0.050 g 维生素 C 标准品，用偏磷酸—乙酸溶液 A（4.2）
溶解并定容至 50 mL，再准确吸取 10.0 mL 该溶液用偏磷酸—乙酸溶液 A（4.2）稀释并定容至 100 mL，
临用前配制。

5 仪器和设备

5.1 荧光分光光度计。

5.2 天平：感量为 0.1 mg。

5.3 烘箱：温度可调。

5.4 培养箱：45 ℃ ±1 ℃。

6 分析步骤

6.1 试样处理

6.1.1 含淀粉的试样：称取约 5 g（精确至 0.0001 g）混合均匀的固体试样或约 20 g（精确至 0.0001 g）
液体试样（含维生素 C 约 2 mg）于 150 mL 三角瓶中，加入 0.1 g 淀粉酶（4.1），固体试样加入 50 mL
45 ℃～50 ℃的蒸馏水，液体试样加入 30mL 45 ℃～50 ℃的蒸馏水，混合均匀后，用氮气排除瓶中空气，
盖上瓶塞，置于 45 ℃ ± 1 ℃培养箱（5.4）内 30 min，取出冷却至室温，用偏磷酸—乙酸溶液 B（4.3）
转至 100 mL 容量瓶中定容。

6.1.2 不含淀粉的试样：称取混合均匀的固体试样约 5 g（精确至 0.0001 g），用偏磷酸—乙酸溶液 A
（4.2）溶解，定容至 100 mL。或称取混合均匀的液体试样约 50 g（精确至 0.0001 g），用偏磷酸—乙
酸溶液 B（4.3）溶解，定容至 100 mL。

6.2 待测液的制备

6.2.1 将上述试样（6.1.1，6.1.2）及维生素 C 标准溶液（4.8）转至放有约 2 g 酸性活性炭（4.4）的
250 mL 三角瓶中，剧烈振动，过滤（弃去约 5 mL 最初滤液），即为试样及标准溶液的滤液。然后准确
吸取 5.0 mL 试样及标准溶液的滤液分别置于 25 mL 及 50 mL 放有 5.0 mL 硼酸—乙酸钠溶液（4.6）的
容量瓶中，静置 30 min 后，用蒸馏水定容。以此作为试样及标准溶液的空白溶液。

6.2.2 在此 30 min 内，再准确吸取 5.0 mL 试样及标准溶液的滤液于另外的 25 mL 及 50 mL 放有 5.0 mL
乙酸钠溶液（4.5）和约 15 mL 水的容量瓶中，用水稀释至刻度。以此作为试样溶液及标准溶液。

6.2.3 试样待测液：分别准确吸取 2.0 mL 试样溶液（6.2.2）及试样的空白溶液（6.2.1）于 10.0 mL 试管
中，向每支试管中准确加入 5.0 mL 邻苯二胺溶液（4.7），摇匀，在避光条件下放置 60 min 后待测。

6.2.4 标准系列待测液：准确吸取上述标准溶液（6.2.2）0.5 mL、1.0 mL、1.5 mL 和 2.0 mL，分别置
于 10 mL 试管中，再用水补充至 2.0 mL。同时准确吸取标准溶液的空白溶液（6.2.1）2.0 mL 于 10 mL
试管中。向每支试管中准确加入 5.0 mL 邻苯二胺溶液（4.7），摇匀，在避光条件下放置 60 min 后待测。

6.3 测定

6.3.1 标准曲线的绘制

将标准系列待测液（6.2.4）立刻移入荧光分光光度计的石英杯中，于激发波长 350 nm，发射波长
430 nm 条件下测定其荧光值。以标准系列荧光值分别减去标准空白荧光值为纵坐标，对应的维生素 C
质量浓度为横坐标，绘制标准曲线。

6.3.2 试样待测液的测定

将试样待测液（6.2.3）按 6.3.1 的方法分别测其荧光值，试样溶液荧光值减去试样空白溶液荧光值后在标准曲线上查得对应的维生素 C 质量浓度。

7 分析结果的表述

试样中维生素 C 的含量按式(1)计算：

$$X = \frac{c \times V \times f}{m} \times \frac{100}{1000} \quad\text{……………………………………………………………}(1)$$

式中：

X——试样中维生素 C 的含量，单位为毫克每百克（mg/100 g）；

V——试样的定容体积，单位为毫升（mL）；

c——由标准曲线查得的试样测定液中维生素 C 的质量浓度，单位为微克每毫升（μg/mL）；

m——试样的质量，单位为克（g）；

f——试样稀释倍数。

以重复性条件下获得的两次独立测定结果的算术平均值表示，结果保留至小数点后一位。

8 精密度

在重复性条件下获得两次独立测定结果的绝对差值不得超过算术平均值的 10%。

9 其他

本标准检出限为 0.1 mg/100 g。

中华人民共和国国家标准

GB 5413.20—2013

食品安全国家标准

婴幼儿食品和乳品中胆碱的测定

2013-11-29 发布

2014-06-01 实施

中华人民共和国
国家卫生和计划生育委员会 发布

前　言

本标准代替GB/T 5413.20—1997《婴幼儿配方食品和乳粉　胆碱的测定》。

本标准与GB/T 5413.20—1997相比，主要变化如下：

——修改了标准的名称；

——修改了用于酶反应的显色剂成分；

——增加了第二法雷氏盐分光光度法。

食品安全国家标准

婴幼儿食品和乳品中胆碱的测定

1 范围

本标准规定了婴幼儿食品和乳品中胆碱的测定方法。

本标准适用于婴幼儿食品和乳品中胆碱的测定。

第一法 酶比色法

2 原理

试样中的胆碱经酸水解后变成游离态的胆碱,再经酶氧化后与显色剂反应生成有色物质,其颜色的深浅在一定浓度范围内与胆碱含量成正比。

3 试剂和材料

注:除非另有说明,本方法所用试剂均为分析纯,水为GB/T6682规定的三级水。

3.1 试剂

3.1.1 三羟甲基氨基甲烷[(CH₂OH)₃CNH₂]。

3.1.2 苯酚(C₆H₅OH)。

3.1.3 浓盐酸 (HCl)。

3.1.4 氢氧化钠(NaOH)。

3.1.5 胆碱氧化酶:置于-20 ℃保存。

3.1.6 过氧化物酶:置于2 ℃~8 ℃保存。

3.1.7 4-氨基安替比林(C₁₁H₁₃N₃O)。

3.1.8 磷脂酶 D:置于-20 ℃保存。

3.2 试剂配制

3.2.1 盐酸(1 mol/L):量取85 mL 浓盐酸加水稀释至1000 mL。

3.2.2 盐酸(3 mol/L):量取125 mL 浓盐酸加水稀释至500 mL。

3.2.3 Tris 缓冲溶液（0.05 mol/L）:pH=8.0±0.2。

称取6.057 g三羟甲基氨基甲烷溶入500 mL蒸馏水中,用1 mol/L盐酸调pH至8.0±0.2,用蒸馏水定容至1000 mL。此溶液在4℃冰箱中可保存一个月。

3.2.4 用于酶反应的显色剂:取100~120 活力单位的胆碱氧化酶、250~280 活力单位的过氧化物酶、75 个~100 个活力单位的磷脂酶 D、15 mg 4-氨基安替比林,50 mg 苯酚置于100 mL 的容量瓶中,用 0.05 mol/L Tris 缓冲溶液稀释至刻度。临用时配制。

3.2.5 氢氧化钠溶液(500 g/L):称取500 g 氢氧化钠,溶于水并稀释至1000 mL。

3.3 标准品

胆碱酒石酸氢盐标准品（$C_9H_{19}NO_7$）：纯度≥99%。

3.4 标准溶液配制

3.4.1 胆碱氢氧化物标准贮备溶液（2.5 mg/mL）：称取在102℃±2℃烘至恒重的胆碱酒石酸氢盐523 mg置于100 mL容量瓶中，用蒸馏水稀释至刻度。冷藏于4℃±2℃冰箱中，保存不超过1周。

3.4.2 胆碱氢氧化物标准工作溶液（250 µg/mL）：吸取10.0 mL标准贮备溶液于100 mL容量瓶中，用水稀释至刻度。临用时配制。

4 仪器和设备

4.1 天平：感量为0.01 g和0.1 mg。
4.2 恒温水浴锅：温度可控制在70℃±2℃和37℃±2℃。
4.3 pH计：精度0.01。
4.4 分光光度计。

5 分析步骤

5.1 试样制备

5.1.1 固体试样

称取5 g（精确到0.01 g）混合均匀的试样，于100 mL的锥形瓶中，加入30 mL盐酸溶液（3.2.1）。

5.1.2 液体试样

称取20 g（精确到0.01 g）混合均匀的试样，于100 mL的锥形瓶中，加入10 mL盐酸溶液（3.2.2）。

5.1.3 水解

将装有试样的容器放在70℃水浴中，加塞混匀，水解3 h（每隔30 min振摇一次），冷却。用氢氧化钠溶液调pH为3.5～4.0，转入50 mL容量瓶中，用蒸馏水定容至刻度。

5.1.4 过滤

过滤水解液（5.1.3）。滤液应是澄清的，否则，用0.45 µm的滤膜再次过滤。滤液放在4℃的冰箱中可以保存3 d。

5.2 测定

5.2.1 标准曲线的制作

分别吸取2 mL、4 mL、6 mL、8 mL胆碱氢氧化物标准工作溶液于10 mL的容量瓶中，用蒸馏水稀释至刻度。准备6支试管，一个试管用作试剂空白（A），另五支试管由1至5编号，分别用于标准溶液和标准溶液的四个稀释度。按表1加入试剂。

表1 制作标准曲线时的试剂添加量

单位为毫升

试剂	管A	管1	管2	管3	管4	管5
稀释度1/（50μg/mL）	—	0.100	—	—	—	—
稀释度2/（100μg/mL）	—	—	0.100	—	—	—
稀释度3/（150μg/mL）	—	—	—	0.100	—	—
稀释度4/（200μg/mL）	—	—	—	—	0.100	—
标准溶液/（250μg/mL）	—	—	—	—	—	0.100
蒸馏水	0.100	—	—	—	—	—
发色剂	3.00	3.00	3.00	3.00	3.00	3.00

用密封保护膜盖住试管，混匀，把试管置于37℃水浴中保温反应15 min。

5.2.2 试样的测定

将每个试样准备2支试管（B，C），按表2加入试剂。

表2 测定试样时的试剂添加量

单位为毫升

试剂	试管B 滤液空白	试管C 试样
待分析滤液	0.100	0.100
蒸馏水	3.00	—
发色剂	—	3.00

用密封保护膜盖住试管，混匀。把试管置于37℃水浴中保温反应15 min。

5.2.3 比色测定

将试样及标准系列溶液从水浴中取出，冷却至室温。在波长505 nm处，用蒸馏水作空白，测定吸光值。以胆碱标准溶液的浓度为横坐标，以标准溶液的吸光值减去试剂空白的吸光值为纵坐标，制作标准曲线。

6 分析结果的表述

6.1 净吸光值的计算

通常新鲜配制的试剂会产生轻微颜色，且由于水解作用滤液也不是无色的，为了除去这些干扰因素，应该从总吸光值中减去各自的空白值（管A和管B）。

试样净吸光值计算如公式（1）所示：

$$A = A_{tot} - A_{bl} - A_{ex} \cdots\cdots （1）$$

式中：

A ——试样净吸光值；

A_{tot}——总吸光值（管C）；

A_{bl}——试剂吸光值（管A）；

A_{ex}——滤液吸光值（管B）。

A_{bl}和A_{ex}不应大于总吸光值的20%，对于标准曲线，$A_{ex} = 0$。

6.2 胆碱含量的计算

在标准曲线上查出净吸光值的位置，并记下相应的浓度 c，以每100 g试样中胆碱氢氧化物的毫克数表示胆碱的含量（X），单位为（mg/100 g），试样中的胆碱氢氧化物含量按公式（2）计算：

$$X = \frac{c \times V \times 100}{m \times 1000} \quad\cdots\cdots\cdots\cdots\cdots\cdots\cdots\cdots\cdots\cdots\cdots\cdots\quad（2）$$

式中：

X——试样中的胆碱氢氧化物含量，单位为毫克每百克（mg/100 g）；

c——自标准曲线上查得的胆碱氢氧化物的浓度，微克每毫升（μg/mL）；

V——水解液被稀释的体积（通常为50 mL），单位为毫升（mL）；

m——试样的质量，单位为克（g）；

1000——换算系数。

计算结果以重复性条件下获得的两次独立测定结果的算术平均值表示，结果保留整数位。

7 精密度

在重复性条件下获得的两次独立测定结果的绝对差值不得超过算术平均值的8%。

8 其他

方法检出限为1 mg/100g，定量限为3 mg/100g。

第二法 雷氏盐分光光度法

9 原理

试样中的胆碱用氢氧化钡-甲醇-三氯甲烷混合溶液水解抽提，经弗罗里硅土层析净化，与雷纳克铵盐溶液形成粉红色的胆碱雷纳克铵盐，用丙酮溶解洗脱，于526 nm测定吸收值。在一定浓度范围内，胆碱雷纳克铵盐颜色的深浅与其含量成正比。

10 试剂和材料

注：除非另有说明，本方法所用试剂均为分析纯，水为GB/T 6682规定的三级水。

10.1 试剂

10.1.1 弗罗里硅土：100目～200目，650℃活化。

10.1.2 甲醇（CH_3OH）。

10.1.3 三氯甲烷（$CHCl_3$）。

10.1.4 氢氧化钡[$Ba（OH）_2 \cdot 8H_2O$]。

10.1.5 冰乙酸（CH_3COOH）。

10.1.6 乙酸甲酯（$C_3H_6O_2$）。

10.1.7 丙酮(CH_3COCH_3)。

10.1.8 雷纳克铵盐($C_4H_{10}CrN_7S_4$)。

10.2 试剂配制

10.2.1 饱和氢氧化钡-甲醇-三氯甲烷溶液：称取 6 g 氢氧化钡溶于 100 mL 甲醇中， 放入超声波中溶解后，加入 10 mL 三氯甲烷，混匀。

10.2.2 冰乙酸-甲醇溶液(1+10)：1 体积冰乙酸与 10 体积甲醇混合。

10.2.3 雷纳克铵盐溶液：称取 0.25 g 雷纳克铵盐，加入 10 mL 水中，放入超声波中溶解后过滤，临用时配制。

10.3 标准品

胆碱酒石酸氢盐($C_9H_{19}NO_7$)：纯度≥99%。

10.4 标准溶液配制

胆碱酒石酸氢盐标准溶液(1 g/L)：准确称取在 102℃±2℃烘至恒重的胆碱酒石酸氢盐 0.1000 g，用蒸馏水定容至 100 mL 容量瓶中。冷藏于 4℃±2℃冰箱中，保存不超过一周。

11 仪器和设备

11.1 天平：感量为 0.01 g 和 0.1 mg。

11.2 回流装置：250 mL 磨口锥形瓶及回流装置。

11.3 恒温水浴锅：温度可控制在 79℃±2℃。

11.4 层析柱：长约 10 cm、内径 1 cm 的带 50 mL 杯口的玻璃柱。

11.5 分光光度计。

12 分析步骤

12.1 试样制备

称取固体试样 10 g(精确到 0.01 g)，称取液体试样 20 g(精确到 0.01 g)于磨口锥形瓶中，加入 50 mL 氢氧化钡-甲醇-三氯甲烷提取液。混合均匀后接入回流装置，于 79±2℃的水浴锅内水解抽提 4 h。每隔 1 h 震荡一次，以避免试样结块。水解抽提结束后，取出锥形瓶冷却至室温，过滤。滤渣用冰乙酸-甲醇混合液洗涤 3 次～4 次，洗液一并收集于 100 mL 容量瓶中。用甲醇定容至刻度，混匀。

12.2 标准曲线的绘制

12.2.1 层析柱制备

用乳胶管连接层析柱与滴头，用少量脱脂棉堵住层析柱底部，倒入约 5 cm 左右高的弗罗里硅土，用甲醇浸湿，备用。

12.2.2 层析

分别吸取胆碱标准溶液 0 mL、1.0 mL、2.0 mL、3.0 mL、4.0 mL、5.0 mL 注入层析柱中，当溶液完全进入柱床后，依次用 5 mL 和 10 mL 甲醇，20 mL 乙酸甲酯洗涤层析柱。再加入 5 mL 雷纳克铵盐溶液，用适量的冰乙酸洗去过量的雷纳克铵盐，直至层析柱上无雷纳克铵盐附着处呈现硅土原有的白色。用丙酮洗脱粉红色的胆碱雷纳克铵盐，收集于 10 mL 的容量瓶中，用丙酮定容(如果洗脱液混浊需过 0.45 μm 的滤膜)。在波长 526 nm 处测定溶液的吸光值，以胆碱酒石酸氢盐含量为横坐标(m_x)，吸光值为纵坐标绘制标准曲线。

12.3 试样的测定

吸取10 mL试样水解液（12.1）于层析柱中，其余操作按照 12.2.2进行。自标准曲线上查得10 mL 试样水解液中胆碱酒石酸氢盐的含量。

13 分析结果的表述

试样中的胆碱以胆碱氢氧化物计，以毫克每百克（mg/100g）表示，按公式（3）计算：

$$X = \frac{m_x}{\dfrac{m}{100} \times V} \times 100 \times 0.474 \quad\cdots\cdots\cdots\cdots\cdots\cdots\cdots\cdots\cdots\cdots\cdots\cdots\cdots \text{（3）}$$

式中：

X——试样中胆碱氢氧化物的含量，单位为毫克每百克（mg/100g）；

m——试样的质量，单位为克（g）；

V——层析时吸取试样水解液的体积，单位为毫升（mL）；

m_x——从标准曲线上查得胆碱酒石酸氢盐的含量，单位为毫克（mg）；

0.474——胆碱酒石酸氢盐转化为胆碱氢氧化物的系数。

计算结果以重复性条件下获得的两次独立测定结果的算术平均值表示，结果保留整数位。

14 精密度

在重复性条件下获得的两次独立测定结果的绝对差值不得超过算术平均值的 10%。

15 其他

方法检出限为 2 mg/100g，定量限为 5 mg/100g。

中华人民共和国国家标准

GB 5413.21—2010

食品安全国家标准

婴幼儿食品和乳品中钙、铁、锌、钠、钾、
镁、铜和锰的测定

National food safety standard

Determination of calcium，iron，zinc，sodium，potassium，magnesium，copper and

manganese in foods for infants and young children，milk and milk products

2010-03-26 发布   2010-06-01 实施

中华人民共和国卫生部 发布

前　言

本标准代替GB/T 5413.21-1997《婴幼儿配方食品和乳粉　钙、铁、锌、钠、钾、　镁、铜、和锰的测定》。

本标准与GB/T 5413.21-1997相比，主要变化如下：

——第一法中增加了可以直接购买有证标准溶液；

——第一法中修改了标准储备液及标准工作液的配制浓度；

——第一法中修改了试样处理稀释步骤；

——增加了第二法电感耦合等离子体原子发射光谱测定方法。

本标准所代替标准的历次版本发布情况为：

——GB 5413-1985、GB/T 5413.21-1997。

食品安全国家标准
婴幼儿食品和乳品中钙、铁、锌、钠、钾、镁、铜和锰的测定

1 范围

本标准规定了婴幼儿食品和乳品中钾、钠、钙、镁、锌、铁、铜和锰的测定方法。

本标准适用于婴幼儿食品和乳品中钾、钠、钙、镁、锌、铁、铜和锰的测定。

2 规范性引用文件

本标准中引用的文件对于本标准的应用是必不可少的。凡是注日期的引用文件，仅所注日期的版本适用于本标准。凡是不注日期的引用文件，其最新版本（包括所有的修改单）适用于本标准。

第一法 火焰原子吸收分光光度法

3 原理

试样经干法灰化，分解有机质后，加酸使灰分中的无机离子全部溶解，直接吸入空气—乙炔火焰中原子化，并在光路中分别测定钙、铁、锌、钠、钾、镁、铜和锰原子对特定波长谱线的吸收。测定钙、镁时，需用镧作释放剂，以消除磷酸干扰。

4 试剂和材料

除非另有规定，本方法所用试剂均为优级纯，水为 GB/T 6682 规定的二级水。

4.1 盐酸。

4.2 硝酸（HNO_3）。

4.3 氧化镧（La_2O_3）。

4.4 氯化钾：分子量74.55，光谱纯。

4.5 氯化钠：分子量58.44，光谱纯。

4.6 碳酸钙：分子量100.05，光谱纯。

4.7 纯镁：光谱纯。

4.8 纯锌：光谱纯。

4.9 铁粉：光谱纯。

4.10 金属铜：光谱纯。

4.11 金属锰：光谱纯。

4.12 盐酸 A（2 %）：取 2mL 盐酸（4.1），用水稀释至 100 mL。

4.13 盐酸 B（20%）：取 20 mL 盐酸（4.1），用水稀释至 100 mL。

4.14 硝酸溶液（50%）：取 50 mL 硝酸（4.2），用水稀释至 100 mL。

4.15 镧溶液（50 g/L）：称取 29.32 g 氧化镧（4.3），用 25 mL 去离子水湿润后，缓慢添加 125 mL 盐酸（4.1）使氧化镧溶解后，用去离子水稀释至 500 mL。

4.16 钾标准溶液（1000 μg/mL）：称取干燥的氯化钾（4.4）1.9067 g，用盐酸 A（4.12）溶解，并定容于 1000 mL 容量瓶中。

可以直接购买该元素的有证国家标准物质作为标准溶液。

4.17 钠标准溶液（1000 μg/mL）：称取干燥的氯化钠（4.5）2.5420 g，用盐酸 A（4.12）溶解，并定容于 1000 mL 容量瓶中。

可以直接购买该元素的有证国家标准物质作为标准溶液。

4.18 钙标准溶液（1000 μg/mL）：称取干燥的碳酸钙（4.6）2.4963 g，用盐酸 B（4.13）100 mL 溶解，并用水定容于 1000 mL 容量瓶中。

可以直接购买该元素的有证国家标准物质作为标准溶液。

4.19 镁标准溶液（1000 μg/mL）：称取纯镁（4.7）1.0000 g，用硝酸（4.14）40 mL 溶解，并用水定容于 1000 mL 容量瓶中。

可以直接购买该元素的有证国家标准物质作为标准溶液。

4.20 锌标准溶液（1000 μg/mL）：称取金属锌（4.8）1.0000 g，用硝酸（4.14）40 mL 溶解，并用水定容于 1000 mL 容量瓶中。

可以直接购买该元素的有证国家标准物质作为标准溶液。

4.21 铁标准溶液（1000 μg/mL）：称取金属铁粉（4.9）1.0000 g，用硝酸（4.14）40 mL 溶解，并用水定容于 1000 mL 容量瓶中。

可以直接购买该元素的有证国家标准物质作为标准溶液。

4.22 铜标准溶液（1000 μg/mL）：称取金属铜（4.10）1.0000 g，用硝酸（4.14）40 mL 溶解，并用水定容于 1000 mL 容量瓶中。

可以直接购买该元素的有证国家标准物质作为标准溶液。

4.23 锰标准溶液（1000 μg/mL）：称取金属锰（4.11）1.0000 g，用硝酸（4.14）40 mL 溶解，并用水定容于 1000 mL 容量瓶中。

可以直接购买该元素的有证国家标准物质作为标准溶液。

4.24 各元素的标准储备液

钙、铁、锌、钠、钾、镁标准储备液：分别准确吸取钙标准溶液（4.18）10.0 mL、铁标准溶液（4.21）10.0 mL、锌标准溶液（4.20）10.0 mL、钠标准溶液（4.17）5.0 mL、钾标准溶液（4.16）10.0 mL、镁标准溶液（4.19）1.0 mL，用盐酸 A（4.12）分别定容到 100 mL 石英容量瓶中，得到上述各元素的标准储备液。质量浓度分别为：钙、铁、锌、钾：100.0 μg/mL；钠：50.0 μg/mL；镁：10.0 μg/mL。

锰、铜标准储备液：准确吸取锰标准溶液（4.23）10.0 mL，用盐酸 A（4.12）定容到 100 mL，再从定容后溶液中准确吸取 4.0 mL，用盐酸 A（4.12）定容到 100 mL，得到锰标准储备液。准确吸取铜标准溶液（4.22）10.0 mL，用盐酸 A（4.12）定容到 100 mL，再从定容后溶液中准确吸取 6.0 mL，用盐酸 A（4.12）定容到 100 mL，得到铜标准储备液。质量浓度分别为：锰：4.0 μg/mL；铜：6.0 μg/mL。

5 仪器和设备

5.1 原子吸收分光光度计。

5.2 钙、铁、锌、钠、钾、镁、铜、锰空心阴极灯。

5.3 分析用钢瓶乙炔气和空气压缩机。

5.4 石英坩埚或瓷坩埚。

5.5 马弗炉。

5.6 天平：感量为 0.1 mg。

6 分析步骤

6.1 试样处理

称取混合均匀的固体试样约 5 g 或液体试样约 15 g（精确到 0.0001 g）于坩埚（5.4）中，在电炉上微火炭化至不再冒烟，再移入马弗炉（5.5）中，490 ℃±5 ℃灰化约 5 h。如果有黑色炭粒，冷却后，则滴加少许硝酸溶液（4.14）湿润。在电炉上小火蒸干后，再移入 490 ℃高温炉中继续灰化成白色灰烬。冷却至室温后取出，加入 5 mL 盐酸 B（4.13），在电炉上加热使灰烬充分溶解。冷却至室温后，移入 50 mL 容量瓶中，用水定容，同时处理至少两个空白试样。

6.2 试样待测液的制备

6.2.1 钙、镁待测液

从 50 mL 的试液（6.1）中准确吸取 1.0 mL 到 100 mL 容量瓶中，加 2.0 mL 镧溶液（4.15），用水定容。同样方法处理空白试液。

6.2.2 钠待测液

从 50 mL 的试液（6.1）中准确吸取 1.0 mL 到 100 mL 容量瓶中，用盐酸 A（4.12）定容。同样方法处理空白试液。

6.2.3 钾待测液

从 50 mL 的试液（6.1）中准确吸取 0.5 mL 到 100 mL 容量瓶中，用盐酸 A（4.12）定容。同样方法处理空白试液。

6.2.4 铁、锌、锰、铜待测液

用 50 mL 的试液（6.1）直接上机测定。同时测定空白试液（6.1）。

6.2.5 为保证试样待测试液浓度在标准曲线线性范围内，可以适当调整试液定容体积和稀释倍数。

6.3 测定

6.3.1 标准曲线的制备

6.3.1.1 标准系列使用液的配制

按表 1 给出的体积分别准确吸取各元素的标准储备液于 100 mL 容量瓶中，配制铁、锌、钠、钾、

锰、铜使用液，用盐酸 A（4.12）定容。配制钙镁使用液时，在准确吸取标准储备液的同时吸取 2.0 mL 镧溶液（4.15）于各容量瓶，用水定容。此为各元素不同浓度的标准使用液，其质量浓度见表 2。

表 1 配制标准系列使用液所吸取各元素标准储备液的体积

序号	K（mL）	Ca（mL）	Na（mL）	Mg（mL）	Zn（mL）	Fe（mL）	Cu（mL）	Mn（mL）
1	1.0	2.0	2.0	2.0	2.0	2.0	2.0	2.0
2	2.0	4.0	4.0	4.0	4.0	4.0	4.0	4.0
3	3.0	6.0	6.0	6.0	6.0	6.0	6.0	6.0
4	4.0	8.0	8.0	8.0	8.0	8.0	8.0	8.0
5	5.0	10.0	10.0	10.0	10.0	10.0	10.0	10.0

表 2 各元素标准系列使用液浓度

序号	K（μg/mL）	Ca（μg/mL）	Na（μg/mL）	Mg（μg/mL）	Zn（μg/mL）	Fe（μg/mL）	Cu（μg/mL）	Mn（μg/mL）
1	1.0	2.0	1.0	0.2	2.0	2.0	0.12	0.08
2	2.0	4.0	2.0	0.4	4.0	4.0	0.24	0.16
3	3.0	6.0	3.0	0.6	6.0	6.0	0.36	0.24
4	4.0	8.0	4.0	0.8	8.0	8.0	0.48	0.32
5	5.0	10.0	5.0	1.0	10.0	10.0	0.60	0.40

6.3.1.2 标准曲线的绘制

按照仪器说明书将仪器工作条件调整到测定各元素的最佳状态，选用灵敏吸收线 K 766.5 nm、Ca 422.7 nm、Na 589.0 nm、Mg 285.2 nm、Fe 248.3 nm、Cu 324.8 nm、Mn 279.5 nm、Zn 213.9 nm 将仪器调整好预热后，测定铁、锌、钠、钾、铜、锰时用毛细管吸喷盐酸 A（4.12）调零。测定钙镁时先吸取镧溶液（4.15）2.0 mL，用水定容到 100 mL，并用毛细管吸喷该溶液调零。分别测定各元素标准工作液的吸光度。以标准系列使用液浓度为横坐标，对应的吸光度为纵坐标绘制标准曲线。

6.3.2 试样待测液的测定

调整好仪器最佳状态，测铁、锌、钠、钾、铜、锰用盐酸 A（4.12）调零，测钙、镁先时，先吸取镧溶液（4.15）2.0 mL，用水定容到 100 mL，并用该溶液调零。分别吸喷试样待测液的吸光度及空白试液的吸光度。查标准曲线得对应的质量浓度。

7 分析结果的表述

试样中钙、镁、钠、钾、铁、锌的含量按式（1）计算：

$$X = \frac{(c_1 - c_2) \times V \times f}{m \times 1000} \times 100 \quad\cdots\cdots\cdots\cdots\cdots\cdots\cdots\cdots\cdots\cdots\cdots\cdots \quad (1)$$

式中：

X——试样中各元素的含量，单位为毫克每百克（mg/100 g）；

c_1——测定液中元素的浓度，单位为微克每毫升（μg/mL）；

c_2——测定空白液中元素的浓度，单位为微克每毫升（μg/mL）；

V——样液体积，单位为毫升（mL）；

f——样液稀释倍数；

m——试样的质量，单位为克（g）。

试样中锰、铜的含量按式（2）计算：

$$X = \frac{(c_1 - c_2) \times V \times f}{m} \times 100 \quad\cdots\cdots\cdots\cdots\cdots\cdots\cdots\cdots\cdots\cdots\cdots\cdots\cdots\cdots\cdots\cdots\cdots\cdots \text{（2）}$$

式中：

X——试样中各元素的含量，单位为微克每百克（μg/100 g）；

c_1——测定液中元素的浓度，单位为微克每毫升（μg/mL）；

c_2——测定空白液中元素的浓度，单位为微克每毫升（μg/mL）；

V——样液体积，单位为毫升（mL）；

f——样液稀释倍数；

m——试样的质量，单位为克（g）。

以重复性条件下获得的两次独立测定结果的算术平均值表示，钙、镁、钠、钾、锰、铜、铁、锌结果保留三位有效数字。

8 精密度

在重复性条件下获得两次独立测定结果的绝对差值，钙、镁、钠、钾、铁、锌不得超过算术平均值的 10 %；铜和锰不得超过算术平均值的 15 %。

第二法 电感耦合等离子体原子发射光谱测定方法

9 原理

试样经干法灰化消解，稀释至合适体积后用电感耦合等离子体原子发射光谱仪测定，外标法定量。

10 试剂和材料

除非另有规定，本方法所用试剂均为优级纯，水为GB/T 6682规定的一级水。

10.1 盐酸。

10.2 硝酸(HNO_3)。

10.3 硝酸溶液（50%）：取 50 mL 硝酸（10.2），用水稀释至 100 mL。

10.4 盐酸 A（4%）：取 4 mL 盐酸（10.1），用水稀释至 100 mL。

10.5 盐酸 B（40%）：取 40 mL 盐酸（10.1），用水稀释至 100 mL。

10.6 8 种元素标准储备溶液：单元素标准储备溶液可按 GB/T 602 方法配制，也可使用有证国家标准物质，其质量浓度为 1.0 mg/mL(或 0.5 mg/mL)。

11 仪器和设备

11.1 电感耦合等离子体原子发射光谱仪。

11.2 天平：感量为 1 mg。

11.3 马弗炉。

11.4 电炉：1 kW～2 kW。

11.5 瓷坩埚。

12 分析步骤

12.1 试样制备

试样为粉末状样品，分析前应将试样充分混匀；试样为较大颗粒样品，应分取适量样品粉碎后测定。

12.2 试样处理

称取5 g试样（精确至0.001 g）于瓷坩埚中，在电炉上微火炭化至不冒烟，移入马弗炉中550 ℃加热2 h，如有黑色炭粒，冷却后加少许硝酸溶液（10.3）湿润，小火蒸干后再移入马弗炉中550 ℃加热半小时，取出冷却，加盐酸B（10.5）5 mL，在电炉上小心加热使灰分充分溶解，冷却后转移至25 mL容量瓶中，用水定容至刻度，若有沉淀需过滤。待测。

12.3 平行试验

按以上步骤，对同一试样进行平行试验测定。

12.4 空白试验

除不加试样外，其它均按试样处理和测定步骤进行。

12.5 仪器参考操作条件

功率：1.20 kW，等离子气流量：15 L/min，雾化器压力：200 kPa，辅助气流量：1.50 L/min，仪器稳定延时：15 s，进样延时：20 s，读数次数：3次，各元素推荐使用分析谱线见表3。

表3 元素推荐使用分析谱线

元素名称	分析谱线波长（nm）
Ca	315.887，317.933
Mg	279.553，280.270
Fe	234.350，238.204，259.940
Mn	257.610
Cu	324.754，327.395
Zn	202.548，206.200
K	766.491
Na	588.995，589.592

12.6 混合标准溶液的配制

由储备液用盐酸A（10.4）逐级稀释配成如表4浓度系列的混合标准溶液。

表4 混合标准溶液各元素的浓度

序号	Ca (μg/mL)	Mg (μg/mL)	Fe (μg/mL)	Mn (μg/mL)	Cu (μg/mL)	Zn (μg/mL)	K (μg/mL)	Na (μg/mL)
1	0	0	0	0	0	0	0	0
2	10.0	0.5	5.0	0.1	0.2	5.0	10.0	1.0
3	15.0	1.0	10.0	0.2	0.4	10.0	20.0	3.0
4	20.0	1.5	15.0	0.3	0.6	15.0	30.0	5.0
5	25.0	2.0	20.0	0.4	0.8	20.0	40.0	7.0

12.7 测定

参考12.5的条件对仪器进行优化后，依次测定标准溶液、空白溶液和试样溶液。若试样溶液中某元素浓度超出工作曲线范围，可用盐酸A（10.4）对试样溶液进行适当稀释后再测定。

13 分析结果的表述

按式（3）计算各元素的含量：

$$X = \frac{100 \times (c_1 - c_2) \times V \times f}{1000 \times m} \quad\text{.....................................}\quad (3)$$

式中：

X——被测元素含量，单位为毫克每百克（mg/100 g）；

c_1——试样溶液中元素的浓度，单位为微克每毫升（μg/mL）；

c_2——空白溶液中元素的浓度，单位为微克每毫升（μg/mL）；

V——试样溶液体积，单位为毫升（mL）；

f——试样溶液稀释倍数；

m——试样的质量，单位为克（g）。

以重复性条件下获得的两次独立测定结果的算术平均值表示，结果保留三位有效数字。

14 精密度

在重复性条件下获得两次独立测定结果的绝对差值不得超过算术平均值的10 %。

15 其他

本标准第一法检出限：钙 1.0 mg/100 g，镁 0.3 mg/100 g，铁 0.020 mg/100 g，锰 0.001 mg/100 g，铜 0.0045 mg/100 g，锌 0.02 mg/100 g，钾 0.2 mg/100 g，钠 1.5 mg/ 100 g。

本标准第二法检出限：钙 0.7 mg/100 g，镁 0.2 mg/100 g，铁 0.003 mg/100 g，锰 0.005 mg/100 g，铜 0.002 mg/100 g，锌 0.002 mg/100 g，钾0.7 mg/100 g，钠 1.6 mg/100 g。

中华人民共和国国家标准

GB 5413.29—2010

食品安全国家标准

婴幼儿食品和乳品溶解性的测定

National food safety standard

Determination of solubility in foods for infants and young children,

milk and milk products

2010-03-26 发布

2010-06-01 实施

中华人民共和国卫生部　发布

前　言

　　本标准给出了两种方法。第一法为不溶度指数法，等同采用国际乳品联合会标准
IDF129A:1988《乳粉和乳粉制品-不溶度指数的测定》；第二法为溶解度法。

　　本标准代替 GB/T 5413.29-1997《婴幼儿配方食品和乳粉 溶解性的测定》。

　　本标准所代替的历次版本发布情况为：

　　——GB 5413-1985、GB/T 5413.29-1997。

食品安全国家标准

婴幼儿食品和乳品溶解性的测定

1 范围

本标准规定了不溶度指数和溶解度的测定方法。

本标准第一法适用于不含大豆成分的乳粉的不溶度指数的测定,第二法适用于婴幼儿食品和乳粉的溶解度的测定。

第一法 不溶度指数的测定

2 术语和定义

不溶度指数 insolubility index

在本标准规定的条件下,将乳粉或乳粉制品复原,并进行离心,所得到沉淀物的体积的毫升数。

3 原理

将样品加入到24 ℃的水中或50 ℃的水中,然后用特殊的搅拌器使之复原,静置一段时间后(有规定),使一定体积的复原乳在刻度离心管中离心,去除上层液体,加入与复原温度相同的水,使沉淀物重新悬浮,再次离心后,记录所得沉淀物的体积。

注:喷雾干燥产品复原时使用温度为24 ℃的水,部分滚筒干燥产品复原时使用温度为50 ℃的水。

4 试剂和材料

除非另有规定,本方法所用试剂均为分析纯,水为GB/T 6682规定的三级水。

4.1 硅酮消泡剂:硅酮乳化液的质量分数为30 %。

按6.4.5所述步骤(不加样品),检验硅酮消泡剂的适用性。试验结束后,离心管底部可见硅酮液体不应大于0.01 mL。

5 仪器和设备

5.1 水浴锅:工作温度为24.0 ℃±0.2 ℃或50.0 ℃±0.2 ℃。

5.2 温度计:可测定温度为24 ℃或50 ℃,误差不超过±0.2 ℃。

注:由于复原温度是影响不溶度指数的重要因素,所以在6.2、6.4.1和6.4.8中所用温度计的准确度应符合规定。

5.3 称样容器:表面光滑的勺,或干净且光滑的取样纸。

5.4 天平:感量为0.01g。

5.5 塑料量筒:容量为100 mL±0.5 mL(20 ℃)。

注：与玻璃量筒相比，塑料量筒热容较低，所以在量筒中加入水后，温度变化最小。

5.6 刷子：可刷去勺或称样纸（5.3）上的残留样品。

5.7 电动搅拌器，具有以下特性：

a) 搅拌器轴上有 16 个叶片（不锈钢），形状和尺寸如图 1 所示。叶片平的一面位于下方，对于按顺时针方向旋转的搅拌器，叶片从右向左向上倾斜。

注：有些搅拌器，其叶轮可能是逆时针旋转的见 a)。这些搅拌器的叶片要从左向右朝上倾斜，因此搅拌杯中液体运动方向产生的效果就与顺时针转动的叶轮一样。在其他方面，如轴的固定方式及与杯底部的距离，逆时针旋转叶轮与顺时针旋转叶轮的要求相同。

b) 叶片之间成 30º 角，水平齿间距（叶轮的圆周）为 8.73 mm（11/32 英寸），使用一段时间后这些尺寸可能会变化，因此应周期性检查和维护。

c) 当搅拌杯固定在搅拌器上后，搅拌器轴的高度（即从叶片最低处到杯底的距离）应为 10 mm±2 mm，也就是说杯的深度为 132 mm，由杯的顶部到叶片最低处是 122 mm±2 mm，杯顶部到叶片最高处为 115 mm±2 mm。叶轮应位于杯中央。

d) 当向搅拌杯中加入 100 mL 24 ℃的水进行混合时，搅拌器接通后，叶轮的固定转速为 3600 转/分钟±100 转/分钟（在 5 s 之内达到）。叶轮的旋转方向应为顺时针（由图 1 可看出）。应使用电动测速仪定期检查在负载情况下叶轮的转速（如上所述），这对旧型的搅拌器尤其重要。对于非同步电动机，转速可以用调速器或速度指示器调整到 3600 转/分钟±100 转/分钟（适用于不能保证转速准确度的搅拌器）。

5.8 玻璃搅拌杯：容量为 500 mL。可与搅拌器（5.7）配套使用。搅拌杯（四叶型），形状如图 1 所示，尺寸大致如图。

5.9 计时器：可显示 0 s～60 s 和 0 min～60 min。

5.10 平勺：长度约 210 mm。

5.11 电动离心机：有速度显示器，垂直负载，有适合于离心管（5.12）并可向外转动的套管，管底加速度为 160 g_n，并且在离心机盖合时，温度保持在 20 ℃～25 ℃。

注：在离心过程中产生的加速度等于 $1.12rn^2 \times 10^6$；r 为水平旋转的有效半径，mm；n 为转速，转/分钟。

5.12 玻璃离心管，锥形，尺寸、刻度、标注、无光泽处的斑纹等如图 2 所示，带橡胶塞。刻度数和标注"mL（20 ℃）"应持久不退，刻度线应清晰干净。20 ℃时，其容量最大误差如下：

——在 0.1 mL 处：±0.05 mL；

——0.1 mL～1mL：±0.1mL；

——1 mL～2 mL：±0.2 mL；

——2 mL～5 mL：±0.3 mL；

——5 mL～10 mL：±0.5 mL；

——在 10 mL 处：±1 mL。

注：作为日常生产控制，可以使用其他形状的离心管，但容量误差必须符合上面所列出的要求。如果是有争议的或需要确定的结果，则应使用 5.12 中规定的离心管。

5.13 虹吸管或与水泵相连的吸管：可除去离心管（5.12）中的上层液体，管由玻璃制成，并且带朝上的 U 型管，适于虹吸（见图 2）。

5.14 玻璃搅拌棒：长 250 mm，直径为 3.5 mm。

5.15　放大镜：读取沉淀物体积数。

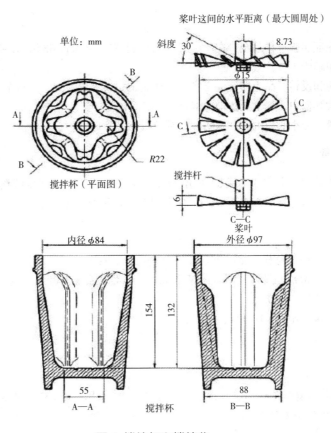

图1　搅拌杯和搅拌桨

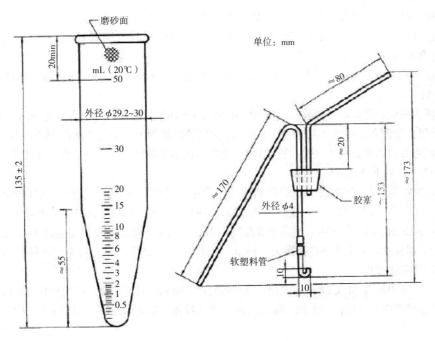

图2　离心管和相配的虹吸管

6 分析步骤

6.1 样品的制备

测定前，应保证实验室样品至少在室温（20 ℃～25 ℃）下保持 48 h，以便使影响不溶度指数的因素，在各个样品中趋于一致。

然后反复振荡和反转样品容器，混合实验室样品。如果容器太满，则将全部样品移入清洁、干燥、密闭、不透明的大容器中，如上所述彻底混合。

对于速溶乳粉，应小心地混合，以防样品颗粒减小。

6.2 搅拌杯的准备

根据不溶度指数的测定（24 ℃或 50 ℃），分别将搅拌杯（5.8）的温度调整到 24.0 ℃±0.2 ℃或 50.0 ℃±0.2 ℃。方法是将搅拌杯放入水浴（5.1）中一段时间，水位接近杯顶。

6.3 样品部分

用勺或称样纸（5.3）称样，精确至 0.01 g，取样量如下：

a) 全脂乳粉、部分脱脂乳粉、全脂加糖乳粉、乳基婴儿食品及其他以全脂乳粉和部分脱脂乳粉为原料生产的乳粉类产品：13.00 g；

b) 脱脂乳粉和酪乳粉：10.00 g；

c) 乳清粉：7.00 g。

6.4 测定

6.4.1 从水浴中取出搅拌杯（见 6.2），迅速擦干杯外部的水，用量筒（5.5）向杯中加入 100 mL±0.5 mL、24 ℃±0.2 ℃或 50.0 ℃±0.2 ℃的水。

6.4.2 向搅拌杯中加入 3 滴硅酮消泡剂（4.1），然后加入样品（6.3），必要时，可使用刷子（5.6），以便使全部样品均落入水表面。

6.4.3 将搅拌杯放到搅拌器（5.7）上固定好，接通搅拌器开关，混合 90 s 后，断开开关。如果搅拌器为非同步电动机，带有调速器或速度指示器，则将叶轮在最初 5 s 内的转速调到 3600 转/分钟±100 转/分钟，并混合 90 s。

6.4.4 从搅拌器上取下搅拌杯（停留几秒，使叶片上的液体流入杯中），将杯在室温下静置 5 min 以上，但不超过 15 min。

6.4.5 向杯内的混合物加入 3 滴硅酮消泡剂，用平勺（5.10）彻底混合杯中内容物 10 s（不要过度），然后立即将混合物倒入离心管（5.12）中至 50 mL 刻度处，即顶部液位与 50 mL 刻度线相吻合。

6.4.6 将离心管放入离心机中（要对称放置），使离心机迅速旋转，并在管底部产生 160 g_n 的加速度，然后在 20 ℃～25 ℃下使之旋转 5 min。

6.4.7 取出离心管，用平勺（5.10）去除和倾倒掉管内上层脂肪类物质。竖直握住离心管，用虹吸管或吸管（5.13）去除上层液体，若为滚筒干燥产品，则吸到顶部液体与 15 mL 刻度处重合，若为喷雾干燥乳粉，则与 10 mL 刻度处重合，注意不要搅动不溶物。如果沉淀物体积明显超过 15 mL 或 10 mL，则不再进行下部操作，记录不溶度指数为"15 mL"或"＞10 mL"，并如第 7 章所述标明复原温度，反之应按 6.4.8 所述操作。

6.4.8 向离心管中加入 24 ℃或 50 ℃的水，直到液位与 30 mL 刻度重合，用搅拌棒（5.14）充分搅拌沉淀物，将搅拌棒抵靠管壁，加入相同温度的水，将搅拌棒上的液体冲下，直到液位与 50 mL 刻度处重合。

6.4.9 用橡胶塞塞上离心管，缓慢翻转离心管 5 次，彻底混合内容物，打开塞子（将塞底部靠在离心管边缘，以收集附着在上面的液体），然后如6.4.6所述，在规定的转速和温度下离心5 min。

> 注：建议将离心管放入离心机中时，使离心管的刻度线的方向与离心机旋转的方向一致。这样即使使沉淀物顶部倾斜，沉淀物体积也很容易估算。

6.4.10 取出离心管，竖直握住离心管，以适当背景为对照（见注），使眼睛与沉淀顶部平齐，借助放大镜（5.15）读取沉淀物体积数。如果沉淀物体积小于0.5 mL，则精确至0.05 mL。如果沉淀物体积大于0.5 mL，则精确至0.1 mL。如果沉淀物顶部倾斜，则估算其体积数。如果沉淀物顶部不齐，则使离心管垂直放置几分钟。通常沉淀物的顶部会变平些，因此比较容易读数。记录复原水温度。

> 注：以灯光或暗背景为对照观察离心管，沉淀物的顶部会更醒目、易读。

7 分析结果的表述

样品的不溶度指数等于6.4.10中所记录的沉淀物体积的毫升数，同时应报告复原时所用水的温度。例如：

0.10 mL（24 ℃）

4.1 mL（50 ℃）

8 其他

8.1 重复性

由同一分析人员，用相同仪器，在短时间间隔内，对同一样品所做的两次单独试验的结果之差不得超过0.138 M，M是两次测定结果的平均值。

8.2 重现性

由不同实验室的两个分析人员，对同一样品所做的两次单独试验结果之差不得超过0.328M，M为两次测定结果的平均值。

8.3 注意事项

8.3.1 实验一旦开始，就应连续进行。必须严格遵守所有关于温度和时间的规定。

8.3.2 由于不溶度指数的测定可能受环境温度的影响，所以建议检验过程应在温度为20 ℃~25 ℃的实验室内进行。

8.3.3 该检验中允许有5 min~15 min的放置时间（6.4.4）。在10 min之内如果事先将几个搅拌杯的温度都已调好（见6.2），且将样品（6.3）同时称好，则可将这几个样品作为一批同时测定。这样，可以发现修正后的6.2和6.4.1操作步骤有一定的优越性，即向放在水浴中的搅拌杯内加入100 mL±0.5 mL水（温度适当）。当杯内水温度稳定在正确值后，由水浴中取出一个搅拌杯，然后再按6.4.1~6.4.4步骤操作，同样，依次准备其他搅拌杯，这样则可同时离心成批样品。

8.3.4 各试样量等于：混合时，100 mL水中样品的总固体含量（用混合物的质量分数表示）大约为原始液体中的总固体含量。

8.3.5 在6.4.5中加入3滴硅酮消泡剂（4.1），对在混合过程中不大可能起泡的产品则是不必要的。但是为了使所有样品的操作步骤一致，应均加入3滴消泡剂。

第二法 溶解度的测定

9 定义

溶解度 solubility

每百克样品经规定的溶解过程后，全部溶解的质量。

10　仪器和设备

10.1　离心管：50 mL，厚壁、硬质。

10.2　烧杯：50 mL。

10.3　离心机：转速同 5.11。

10.4　称量皿：直径 50 mm～70 mm 的铝皿或玻璃皿。

11　分析步骤

11.1　称取样品 5 g（准确至 0.01 g）于 50 mL 烧杯中，用 38 mL25 ℃～30 ℃的水分数次将乳粉溶解于 50 mL 离心管中，加塞。

11.2　将离心管置于 30 ℃水中保温 5 min，取出，振摇 3 min。

11.3　置离心机中，以适当的转速离心 10 min，使不溶物沉淀。倾去上清液，并用棉栓擦净管壁。

11.4　再加入 25 ℃～30 ℃的水 38 mL，加塞，上下振荡，使沉淀悬浮。

11.5　再置离心机中离心 10 min，倾去上清液，用棉栓仔细擦净管壁。

11.6　用少量水将沉淀冲洗入已知质量的称量皿中，先在沸水浴上将皿中水分蒸干，再移入 100 ℃烘箱中干燥至恒重（最后两次质量差不超过 2 mg）。

12　分析结果的表述

样品溶解度按式（1）计算：

$$X = 100 - \frac{(m_2 - m_1) \times 100}{(1 - B) \times m} \quad\cdots\cdots\cdots\cdots\cdots\cdots(1)$$

式中：

X——样品的溶解度，单位为克每百克（g/100g）；

m——样品的质量，单位为克（g）；

m_1——称量皿质量，单位为克（g）；

m_2——称量皿和不溶物干燥后质量，单位为克（g）；

B——样品水分，单位为克每百克（g/100g）。

注：加糖乳计算时要扣除加糖量。

13　精密度

在重复性条件下获得的两次独立测定结果的绝对差值不得超过算术平均值的 2 %。

中华人民共和国国家标准

GB 5413.30—2016

食品安全国家标准

乳和乳制品杂质度的测定

2016-12-23 发布　　　　　　　　　　　　2017-06-23 实施

中华人民共和国国家卫生和计划生育委员会
国家食品药品监督管理总局　发布

前　言

本标准代替 GB 5413.30—2010《食品安全国家标准　乳和乳制品杂质度的测定》。

本标准与 GB 5413.30—2010 相比,主要变化如下:

——增加了杂质度过滤板技术要求;

——简化了附录 A 的检验步骤,并将附录中测量杂质损失量修改为测量杂质残留量;

——将附录 B 中的杂质度参考标准板制作修改为液体乳和乳粉类两种标准板制作方法;

——重新确定了杂质组成成分及颗粒度的大小。

食品安全国家标准

乳和乳制品杂质度的测定

1 范围

本标准规定了乳和乳制品杂质度的测定方法。

本标准适用于生鲜乳、巴氏杀菌乳、灭菌乳、炼乳及乳粉杂质度的测定,不适用于添加影响过滤的物质及不溶性有色物质的乳和乳制品。

2 原理

生鲜乳、液体乳、用水复原的乳粉类样品经杂质度过滤板过滤,根据残留于杂质度过滤板上直观可见非白色杂质与杂质度参考标准板比对确定样品杂质的限量。

3 试剂和材料

除非另有说明,本方法所用试剂均为分析纯,水为 GB/T 6682 规定的三级水。

3.1 杂质度过滤板:直径 32 mm、质量 135 mg±15 mg、厚度 0.8 mm～1.0 mm 的白色棉质板,应符合附录 A 的要求。杂质度过滤板按附录 A 进行检验。

3.2 杂质度参考标准板:杂质度参考标准板的制作方法见附录 B。

4 仪器和设备

4.1 天平:感量为 0.1 g。

4.2 过滤设备:杂质度过滤机或抽滤瓶,可采用正压或负压的方式实现快速过滤(每升水的过滤时间为10 s～15 s)。安放杂质度过滤板后的有效过滤直径为 28.6 mm±0.1 mm。

5 分析步骤

5.1 样品溶液的制备

5.1.1 液体乳样品充分混匀后,用量筒量取 500 mL 立即测定。

5.1.2 准确称取 62.5 g±0.1 g 乳粉样品于 1 000 mL 烧杯中,加入 500 mL 40 ℃±2 ℃的水,充分搅拌溶解后,立即测定。

5.2 测定

将杂质度过滤板放置在过滤设备上,将制备的样品溶液倒入过滤设备的漏斗中,但不得溢出漏斗,过滤。用水多次洗净烧杯,并将洗液转入漏斗过滤。分次用洗瓶洗净漏斗过滤,滤干后取出杂质度过滤板,与杂质度标准板比对即得样品杂质度。

6 分析结果的表述

过滤后的杂质度过滤板与杂质度参考标准板比对得出的结果,即为该样品的杂质度。

当杂质度过滤板上的杂质量介于两个级别之间时,应判定为杂质量较多的级别。如出现纤维等外来异物,判定杂质度超过最大值。

7 精密度

按本标准所述方法对同一样品做两次测定,其结果应一致。

附　录　A
杂质度过滤板的检验

A.1　试剂和材料

A.1.1　试剂

A.1.1.1　无水乙醇(C_2H_5OH)。

A.1.1.2　甲醛($HCHO$)。

A.1.1.3　角豆胶:生化试剂。

A.1.1.4　蔗糖。

A.1.2　试剂配制

A.1.2.1　甲醛溶液(40％):量取 40 mL 甲醛到 100 mL 容量瓶中,用水定容至 100 mL,过滤备用。

A.1.2.2　角豆胶溶液:称取 0.75 g±0.01 g 角豆胶至 250 mL 烧杯中,加 2 mL 无水乙醇润湿,再加 50 mL 水,充分混合。缓慢加热排除气泡后,煮沸,使角豆胶充分溶解后,冷却。加 2 mL 已过滤的 40％ 甲醛溶液,混匀后转入 100 mL 容量瓶,用水定容。

A.1.2.3　蔗糖溶液:称取 750 g±0.1 g 蔗糖于 1 000 mL 烧杯中,加水 750 mL 充分溶解,过滤备用。

A.1.3　材料

杂质:用地面灰土经过恒温干燥箱(100 ℃±1 ℃)烘干,用标准筛收集颗粒大小为 75 μm～106 μm 的灰土成分,然后烘干至恒重。

A.2　仪器和设备

A.2.1　天平:感量分别为 0.1 g 和 0.1 mg。

A.2.2　标准筛。

A.2.3　干燥器:含有效干燥剂。

A.2.4　恒温干燥箱;精度为±1 ℃。

A.2.5　过滤设备:同 4.2。

A.3　检验步骤

A.3.1　杂质溶液制备:称取 2.00 g±0.001 g 杂质加入 250 mL 烧杯中,用 5 mL 无水乙醇润湿。加入 46 mL 角豆胶溶液,再加 40 mL 蔗糖溶液,充分混合后,转入 100 mL 容量瓶加蔗糖溶液定容,充分混匀。移取 10 mL(相当于 200 mg 杂质)于 1 000 mL 容量瓶中,用水定容,充分混匀。

A.3.2　将杂质度过滤板,放入 100 ℃±1 ℃恒温干燥箱中烘干至恒重,记录质量 N_1。

A.3.3　将杂质度过滤板放置在过滤设备上,准确移取 60 mL(相当于 12 mg 杂质)经过充分混匀的杂质溶液,过滤,用水洗净移液器,洗液一并过滤,用 200 mL 40 ℃±2 ℃的水分多次清洗过滤板,滤干后取下杂质度过滤板,在 100 ℃±1 ℃恒温干燥箱中烘干至恒重,记录质量 N_2。

A.4 评价

A.4.1 $M = N_2 - N_1$，M 应≥10 mg。并且用锋利的刀片将杂质度过滤板上表层切下，查看余下部分不应出现杂质。

A.4.2 每千片检验 10 片，不足 1 000 片按 1 000 片计。

附　录　B
杂质度参考标准板的制作

B.1　试剂和材料

B.1.1　试剂

B.1.1.1　阿拉伯胶:生化试剂。

B.1.1.2　蔗糖。

B.1.1.3　牛粪和焦粉:分别收集牛粪和焦粉,粉碎后 100 ℃±1 ℃恒温干燥箱中烘干。

B.1.2　试剂配制

B.1.2.1　阿拉伯胶溶液(0.75%):称取 1.875 g 阿拉伯胶于 100 mL 烧杯中,加入 20 mL 水并加热溶解后,冷却。用水转移至 250 mL 容量瓶并定容,过滤。

B.1.2.2　蔗糖溶液(50%):称取 1 000 g 蔗糖于 1 000 mL 烧杯中,加入 500 mL 水溶解,用水转移至 2 000 mL 容量瓶并定容,过滤。

B.1.3　材料制备

B.1.3.1　牛粪

B.1.3.1.1　A:用标准筛收集颗粒大小为 0.150 mm~0.200 mm 的牛粪,备用。

B.1.3.1.2　B:用标准筛收集颗粒大小为 0.125 mm~0.150 mm 的牛粪,备用。

B.1.3.1.3　C:用标准筛收集颗粒大小为 0.106 mm~0.125 mm 的牛粪,备用。

B.1.3.2　焦粉

B.1.3.2.1　D:用标准筛收集颗粒大小为 0.300 mm~0.450 mm 的焦粉,备用。

B.1.3.2.2　E:用标准筛收集颗粒大小为 0.200 mm~0.300 mm 的焦粉,备用。

B.1.3.2.3　F:用标准筛收集颗粒大小为 0.150 mm~0.200 mm 的焦粉,备用。

B.2　仪器和设备

B.2.1　天平:感量分别为 0.1 g 和 0.1 mg。

B.2.2　标准筛。

B.2.3　过滤设备:同 4.2。

B.3　液体乳参考标准杂质板制作步骤

B.3.1　液体乳杂质参考标准液的配制

B.3.1.1　分别准确称取 500.0 mg 牛粪 A、B、C 于 3 个 100 mL 烧杯中。加水 2 mL,加阿拉伯胶溶液 23 mL,充分混匀后,用蔗糖溶液转入 500 mL 容量瓶中并定容,充分混匀直到杂质均匀分布,得到浓度为 1.0 mg/mL 的牛粪杂质参考标准液 a_0、b_0、c_0。

B.3.1.2　分别吸取牛粪杂质参考标准液 a_0、b_0、c_0 各 100 mL 于 500 mL 容量瓶中,用蔗糖溶液稀释并定容,得浓度为 0.2 mg/mL 的牛粪杂质参考标准中间液 a_1、b_1、c_1。

B.3.1.3 分别吸取牛粪杂质参考标准中间液 a_1、b_1、c_1 各 10 mL 于 100 mL 容量瓶中,用蔗糖溶液稀释并定容,得浓度为 0.02 mg/mL 的牛粪杂质参考标准工作液 a_2、b_2、c_2。

B.3.2 液体乳参考标准杂质板的制作

B.3.2.1 量取 100 mL 蔗糖溶液,在已放置好杂质过滤板的过滤设备上过滤,用 100 mL 40 ℃±2 ℃ 的水分多次清洗过滤板,晾干,此杂质板为液体乳中杂质相对含量 0 mg/kg 的杂质度参考标准板 A_1。

B.3.2.2 准确吸取 6.25 mL 牛粪杂质参考标准工作液 c_2 于 100 mL 容量瓶中,用蔗糖溶液稀释并定容,混匀后并在已放置好杂质过滤板的过滤设备上过滤,用水洗净容量瓶,洗液一并过滤。再用 100 mL 40 ℃±2 ℃ 的水分多次清洗过滤板,晾干,此杂质板为液体乳中杂质相对含量 2 mg/8 L 的杂质度参考标准板 A_2。

B.3.2.3 准确吸取 12.5 mL 牛粪杂质参考标准工作液 b_2 于 100 mL 容量瓶中,用蔗糖溶液稀释并定容,混匀后并在已放置好杂质过滤板的过滤设备上过滤,用水洗净容量瓶,洗液一并过滤。再用 100 mL 40 ℃±2 ℃ 的水分多次清洗过滤板,晾干,此杂质板为液体乳中杂质相对含量 4 mg/8 L 的杂质度参考标准板 A_3。

B.3.2.4 准确吸取 18.75 mL 牛粪杂质参考标准工作液 a_2 于 100 mL 容量瓶中,用蔗糖溶液稀释并定容,混匀后并在已放置好杂质过滤板的过滤设备上过滤,用水洗净容量瓶,洗液一并过滤。再用 100 mL 40 ℃±2 ℃ 的水分多次清洗过滤板,晾干,此杂质板为液体乳中杂质相对含量 6 mg/8 L 的杂质度参考标准板 A_4。

B.3.3 以 500 mL 液体乳为取样量,按表 B.1 液体乳杂质度参考标准板比对表中制得的液体乳杂质度参考标准板见图 B.1。

表 B.1 液体乳杂质度参考标准板比对表

参考标准板号	A_1	A_2	A_3	A_4
杂质液浓度/(mg/mL)	0	0.02	0.02	0.02
取杂质液体积/mL	0	6.25	12.5	18.75
杂质绝对含量/(mg/500 mL)	0	0.125	0.250	0.375
杂质相对含量/(mg/8 L)	0	2	4	6

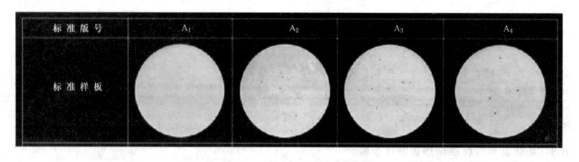

图 B.1 液体乳杂质度参考标准板

B.4 乳粉杂质度参考标准板制作步骤

B.4.1 乳粉杂质参考标准液的配制

B.4.1.1 分别准确称取 500.0 mg 焦粉 D、E、F 于 3 个 100 mL 烧杯中。加水 2 mL,加阿拉伯胶溶液

23 mL,充分混匀后,用蔗糖溶液转入 500 mL 容量瓶中并定容,充分混匀直到杂质均匀分布,得到浓度为 1.0 mg/mL 的焦粉杂质参考标准液 d_0、e_0、f_0。

B.4.1.2 分别吸取焦粉杂质参考标准液 d_0、e_0、f_0 各 100 mL 于 500 mL 容量瓶中,用蔗糖溶液稀释并定容,得到浓度为 0.2 mg/mL 的焦粉杂质参考标准工作液 d_1、e_1、f_1。

B.4.2 乳粉参考标准杂质板的制作

B.4.2.1 准确吸取 2.5 mL 焦粉杂质参考标准工作液 f_1 于 100 mL 容量瓶中,用蔗糖溶液稀释并定容,混匀后并在已放置好杂质度过滤板的过滤设备上过滤,用水洗净容量瓶,洗液一并过滤。再用 100 mL 40 ℃±2 ℃的水分多次清洗过滤板,晾干,此杂质板为乳粉中杂质相对含量 8 mg/kg 的杂质度参考标准板 B_1。

B.4.2.2 准确吸取 3.75 mL 焦粉杂质参考标准工作液 e_1 于 100 mL 容量瓶中,用蔗糖溶液稀释并定容,混匀后并在已放置好杂质度过滤板的过滤设备上过滤,用水洗净容量瓶,洗液一并过滤。再用 100 mL 40 ℃±2 ℃的水分多次清洗过滤板,晾干,此杂质板为乳粉中杂质相对含量 12 mg/kg 的杂质度参考标准板 B_2。

B.4.2.3 准确吸取 5 mL 焦粉杂质参考标准工作液 d_1 于 100 mL 容量瓶中,用蔗糖溶液稀释并定容,混匀后并在已放置好杂质度过滤板的过滤设备上过滤,用水洗净容量瓶,洗液一并过滤。再用 100 mL 40 ℃±2 ℃的水分多次清洗过滤板,晾干,此杂质板为乳粉中杂质相对含量 16 mg/kg 的杂质度参考标准板 B_3。

B.4.2.4 准确吸取 3.75 mL 焦粉杂质参考标准工作液 d_1 和 2.5 mL 焦粉杂质参考标准工作液 e_1 于 100 mL 容量瓶中,用蔗糖溶液稀释并定容,混匀后并在已放置好杂质度过滤板的过滤设备上过滤,用水洗净容量瓶,洗液一并过滤。再用 100 mL 40 ℃±2 ℃的水分多次清洗过滤板,晾干,此杂质板为乳粉中杂质相对含量 20 mg/kg 的杂质度参考标准板 B_4。

B.4.3 以 62.5 g 乳粉为取样量,按表 B.2 乳粉杂质度参考标准板比对表中制得的乳粉杂质度参考标准板见图 B.2。

表 B.2 乳粉杂质度参考标准板比对表

参考标准板号	B_1	B_2	B_3	B_4
杂质液浓度/(mg/mL)	0.2	0.2	0.2	0.2
取杂质液体积/mL	2.5	3.75	5.0	6.25
杂质绝对含量/(mg/62.5 g)	0.500	0.750	1.000	1.250
杂质相对含量/(mg/kg)	8	12	16	20

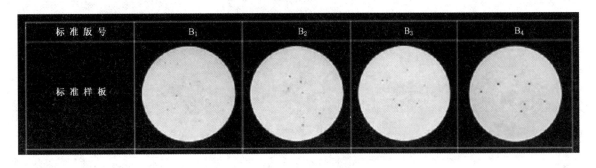

图 B.2 乳粉杂质度参考标准板

中华人民共和国国家标准

GB 5413.31—2013

食品安全国家标准

婴幼儿食品和乳品中脲酶的测定

2013-11-29 发布

2014-06-01 实施

中 华 人 民 共 和 国
国家卫生和计划生育委员会 发 布

前　言

本标准代替 GB/T 5413.31—1997《婴幼儿配方食品和乳粉 脲酶的定性检验》。

本标准与 GB/T 5413.31—1997 相比，主要变化如下：

——修改了标准的名称；

——增加了尿素溶液的贮存条件；

——增加了纳氏试剂的贮存条件；

——增加了判定结果的时限规定。

食品安全国家标准

婴幼儿食品和乳品中脲酶的测定

1 范围

本标准规定了婴幼儿食品和乳品中脲酶的测定方法。

本标准适用于婴幼儿食品和乳品中脲酶的定性检验。

2 原理

脲酶在适当酸碱度和温度条件下，催化尿素转化成碳酸铵。碳酸铵在碱性条件下生成氢氧化铵，与纳氏试剂中的碘化钾汞复盐作用生成棕色的碘化双汞铵。

3 试剂和材料

注：除非另有说明，本方法所用试剂均为分析纯，水为 GB/T 6682 规定的三级水。

3.1 试剂

3.1.1 尿素（H_2NCONH_2）。

3.1.2 钨酸钠（$Na_2WO_4 \cdot 2H_2O$）。

3.1.3 酒石酸钾钠（$C_4H_4O_6KNa \cdot 4H_2O$）。

3.1.4 硫酸（H_2SO_4）。

3.1.5 磷酸氢二钠（Na_2HPO_4）。

3.1.6 磷酸二氢钾（KH_2PO_4）。

3.1.7 碘化汞（HgI_2）。

3.1.8 碘化钾（KI）。

3.1.9 氢氧化钠（NaOH）。

3.2 试剂配制

3.2.1 尿素溶液（10 g/L）：称取尿素 5 g，溶解于 500 mL 水中。保存于棕色试剂瓶中，冰箱中冷藏，有效期为 1 个月。

3.2.2 钨酸钠溶液（100 g/L）：称取钨酸钠 50 g，溶解于 500 mL 水中。

3.2.3 酒石酸钾钠溶液（20 g/L）：称取酒石酸钾钠 10 g，溶解于 500 mL 水中。

3.2.4 硫酸溶液（50 mL/L）：吸取硫酸 25 mL，溶解于 500 mL 水中。

3.2.5 磷酸氢二钠溶液：称取无水磷酸氢二钠 9.47 g，溶于 1000 mL 水中。

3.2.6 磷酸二氢钾溶液：称取磷酸二氢钾 9.07 g，溶于 1000 mL 水中。

3.2.7 中性缓冲溶液：取磷酸氢二钠溶液 611 mL，磷酸二氢钾溶液 389 mL，两种溶液混合均匀。

3.2.8 碘化汞-碘化钾混合溶液：称取红色碘化汞 55 g，碘化钾 41.25 g，溶于 250 mL 水中。

3.2.9　纳氏试剂：称取氢氧化钠144 g溶于500 mL水中，充分溶解并冷却后，再缓慢地移入1000 mL的容量瓶中，加入碘化汞-碘化钾混合溶液250 mL，加水稀释至刻度，摇匀，转入试剂瓶内，静置后，用上清液。此试剂需棕色瓶保存，冰箱中冷藏，有效期为1个月。

4　仪器和设备

4.1　电子天平：感量为0.01 g。
4.2　旋涡振荡器。
4.3　恒温水浴锅：40℃±1℃。

5　分析步骤

取试管甲、乙两支，各称入0.10 g试样，再吸入1 mL水，振摇0.5 min（约100次）。然后分别吸入1 mL中性缓冲溶液。向甲管（样品管）吸入1 mL尿素溶液，再向乙管（空白对照管）吸入1 mL水。两管摇匀后，置于40℃±1℃水浴中保温20 min。从水浴中取出两管后，各吸入4 mL水，摇匀，再吸入1 mL钨酸钠溶液，摇匀，吸入1 mL硫酸溶液，摇匀，过滤，收集滤液备用。取上述滤液2 mL，分别吸入到二支25 mL具塞的比色管中。再各吸入15 mL水，1 mL酒石酸钾钠溶液，和2 mL纳氏试剂，最后用水定容至25 mL，摇匀。5 min内观察结果。

6　分析结果的表述

分析结果按表1进行判断。

表1　结果的判断

脲酶定性	表示符号	显示情况
强阳性	++++	砖红色混浊或澄清液
次强阳性	+++	桔红色澄清液
阳性	++	深金黄色或黄色澄清液
弱阳性	+	淡黄色或微黄色澄清液
阴性	—	样品管与空白对照管同色或更淡

7　检出限

该方法为定性法，检出限为0.7 U。

中华人民共和国国家标准

GB 5413.36—2010

食品安全国家标准

婴幼儿食品和乳品中反式脂肪酸的测定

National food safety standard

Determination of trans fatty acids in foods for infants and young children,

milk and milk products

2010-03-26 发布

2010-06-01 实施

中华人民共和国卫生部 发布

前　言

本标准附录 A 为资料性附录。

本标准系首次发布。

食品安全国家标准

婴幼儿食品和乳品中反式脂肪酸的测定

1 范围

本标准规定了婴幼儿食品和乳品中反式脂肪酸的测定方法。

本标准适用于婴幼儿食品和乳品中反式脂肪酸的测定。

2 规范性引用文件

本标准中引用的文件对于本标准的应用是必不可少的。凡是注日期的引用文件，仅所注日期的版本适用于本标准。凡是不注日期的引用文件，其最新版本（包括所有的修改单）适用于本标准。

3 原理

试样中的脂肪用溶剂提取。提取物在碱性条件下与甲醇反应生成脂肪酸甲酯，用配有氢火焰离子化检测器的气相色谱仪分离顺式脂肪酸甲酯和反式脂肪酸甲酯，外标法定量。

4 试剂和材料

除非另有规定，本方法所用试剂均为分析纯，水为GB/T 6682规定的一级水。

4.1 石油醚：沸程30 ℃～60 ℃。

4.2 乙醚（$C_4H_{10}O$）。

4.3 乙醇（C_2H_6O）：体积分数为95 %。

4.4 正己烷（C_6H_{14}）：色谱纯。

4.5 氨水（$NH_3·H_2O$）：25 %～28 %。

4.6 氢氧化钾（KOH）。

4.7 甲醇（CH_4O）。

4.8 淀粉酶：活力单位：1.5 U/mg，根据活力单位大小调整用量。

4.9 无水硫酸钠（Na_2SO_4）。

4.10 氢氧化钾-甲醇溶液（4 mol/L）：称取26.4 g氢氧化钾，溶于约80 mL甲醇中。冷却至室温，用甲醇定容至100 mL，加入约5g无水硫酸钠（4.9），充分搅拌后过滤，保留滤液。

4.11 脂肪酸甲酯标准品：十八酸甲酯（C18:0）、反-9-十八碳一烯酸甲酯（C18:1-9t）、顺-9-十八碳一烯酸甲酯（C18:1-9c）、反-9，12-十八碳二烯酸甲酯（C18:2-9t，12t）、顺-9，12-十八碳二烯酸甲酯（C18:2-9c，12c），放入冰箱在-15 ℃以下保存。

4.12 反式脂肪酸甲酯标准贮备液：浓度分别为 10.0 mg/mL。称取 500 mg（精确到 0.1 mg）反-9-十八碳一烯酸甲酯标准品和反-9，12-十八碳二烯酸甲酯标准品，分别用正己烷溶解并定容至 50.0 mL。放入冰箱在-15 ℃以下保存。

4.13 反式脂肪酸甲酯标准中间液：浓度分别为 1.0 mg/mL。分别吸取两种反式脂肪酸甲酯标准储备液（4.12）10.0 mL 入同一 100 mL 容量瓶中并用正己烷（4.4）定容。临用前配制。亦作为标准曲线最高浓度。

4.14 反式脂肪酸甲酯标准工作液：临用前配制。分别吸取反式脂肪酸甲酯标准中间液（4.13），0、2.0、4.0、6.0、8.0、10.0 mL 于 10 mL 容量瓶中，用正己烷定容，此浓度即为 0、0.2、0.4、0.6、0.8 、1.0 mg/mL 的标准工作液。

4.15 脂肪酸甲酯标准混合液：将脂肪酸甲酯标准品（4.11），用正己烷配制成脂肪酸甲酯标准混合溶液，其中每种成分的浓度约为 0.05 mg/mL 至 0.5 mg/mL。用于进行顺反脂肪酸甲酯分离程度及定性的鉴定。

4.16 刚果红溶液：称取 1 g 刚果红溶解稀释至 100 mL。

5 仪器和设备

5.1 气相色谱仪，带氢火焰离子化检测器。

5.2 旋转蒸发器。

5.3 恒温水浴：40 ℃～80 ℃。

5.4 涡旋振荡器。

5.5 离心机：转速≥4000 转/分钟。

5.6 毛氏抽脂瓶。

5.7 毛氏抽脂瓶摇混器。

5.8 脂肪收集瓶：圆底烧瓶，与旋转蒸发仪配套。

5.9 天平：感量为 0.1 mg。

6 分析步骤

6.1 试样处理

6.1.1 含淀粉的试样：称取混合均匀的固体试样约 1.5 g，液体试样约 5 g（精确到 0.1 mg）于毛氏抽脂瓶中，加入约 0.1 g 淀粉酶（酶活力 1.5 U/mg），混合均匀后，加入 8 mL～10 mL 45 ℃±2 ℃的水，摇匀。盖上瓶塞置于 55 ℃±2 ℃水浴（5.3）中 2 h，每隔 10min 摇混一次。加入两滴约 0.1 mol/L 的碘溶液，检验淀粉是否水解完全。若无蓝色出现，则水解完全，否则将毛氏抽脂瓶重新置于水浴中，直至蓝色消失，取出冷却至室温。

6.1.2 不含淀粉的试样：称取混合均匀的固体试样约 1.5 g，液体试样约 10g（精确到 0.1 mg）于毛氏抽脂瓶（5.6）中，加入 10 mL 45 ℃±2 ℃的水，将试样洗入毛氏抽脂瓶（5.6）的小球中，充分混合，直到试样完全散开，冷却至室温。

6.1.3 脂肪的提取：向毛氏抽脂瓶（5.6）中加入 3.0 mL 氨水（4.5），混匀。置于 60 ℃±2 ℃水浴（5.3）中 15 min～20 min，冷却至室温。加入 10 mL 乙醇（4.3）和 1 滴刚果红溶液（4.16），混匀。再加入 25mL 乙醚（4.2），塞上软木塞，放到毛氏抽脂瓶（5.6）摇混器上震荡 1 min，也可采用手动振摇方式，再加入 25mL 石油醚（4.1），震荡 1 min，不低于 4000 转/分钟离心分层。倾出上清液于脂肪收集瓶（5.8）中，为第一次提取。在剩余试样液中再加入 5 mL 乙醇，25 mL 乙醚，25 mL 石油醚按上述操作步骤进行第二次提取。用离心机（5.5）离心分层后倾出上清液与第一次的上清液合并。将脂肪收集瓶（5.8）置于旋转蒸发器（5.2）上，在 60 ℃±2 ℃通入氮气条件下旋转蒸发除去溶剂，保留残渣，即为脂肪。

6.1.4 脂肪酸甲酯的制备：将上述脂肪用正己烷（4.4）溶解并定容至 10.0 mL，取出 3.0 mL 于 10 mL 具塞试管中，加入 0.3 mL 氢氧化钾-甲醇溶液（4.10）。盖紧瓶盖，涡旋振荡器（5.4）上剧烈振摇 2 min，4000 转/分钟离心 5 min 后将上清液转入气相色谱试样瓶中，此为试样测定液。

6.2 测定

6.2.1 参考色谱条件

色谱柱：填料为氰丙基芳基聚硅氧烷的毛细管柱，柱长100 m，内径0.25 mm，膜厚0.2 μm；或同等性能的色谱柱。

进样口温度：250 ℃；载气（N_2）。

检测器温度：300 ℃。

分流比：10：1。

进样量：1.0 μL。

程序升温：如表 1 所示。

表 1 程序升温条件

升温速率（℃/ min）	温度（℃）	保持时间（min）
	120	0
10	175	10
5	210	5
5	230	5

6.2.2 标准曲线的制备

在仪器最佳工作条件下，对系列标准工作液（4.14）分别进样，以峰面积为纵坐标，标准工作液浓度为横坐标绘制标准工作曲线。

6.2.3 反式脂肪酸甲酯色谱峰的鉴别

对脂肪酸甲酯标准混合溶液（4.15）进样，进行顺反脂肪酸甲酯分离程度及定性的鉴定。反十八碳一烯酸甲酯和反十八碳二烯酸甲酯色谱峰的位置参见附录A中的图A.1。

6.2.4 试样液的测定

将试样测定液注入气相色谱仪，试样测定液中反式脂肪酸甲酯峰位置参见附录A图A.1。分别测定区域C18：1t和区域C18：2t的峰面积，查标准曲线得到试样测定液中反十八碳一烯酸甲酯和反十八碳二烯酸甲酯的质量浓度。

7 分析结果的表述

试样中反十八碳一烯酸和反十八碳二烯酸含量分别计为 X_1 和 X_2，按式（1）分别计算：

$$X_{(1或2)} = \frac{c_i \times V \times M_{ai}}{m \times M_{bi}} \times 100 \cdots\cdots\cdots\cdots\cdots\cdots\cdots\cdots\cdots\cdots\cdots\cdots\cdots （1）$$

式中：

$X_{(1或2)}$——试样中反十八碳一烯酸或反十八碳二烯酸含量，单位为毫克每百克（mg/100g）；

V——试样的定容体积，单位毫升（mL）；

m——试样质量，单位为克（g）；

c_i——试样测定液中反十八碳一烯酸甲酯或反十八碳二烯酸甲酯的质量浓度，单位为毫克每毫升（mg/mL）；

M_{ai}——反十八碳一烯酸或反十八碳二烯酸的分子量；

M_{bi}——反十八碳一烯酸甲酯或反十八碳二烯酸甲酯的分子量。

试样中反式脂肪酸的总含量 X，按式（2）计算：

$$X = X_1 + X_2 \cdots\cdots\cdots\cdots\cdots\cdots\cdots\cdots\cdots\cdots\cdots\cdots\cdots\cdots\cdots（2）$$

式中：

X——反式脂肪酸的总含量，单位为毫克每百克（mg/100g）；

X_1——试样中反十八碳一烯酸的含量，单位为毫克每百克（mg/100g）；

X_2——试样中反十八碳二烯酸的含量，单位为毫克每百克（mg/100g）。

以重复性条件下获得的两次独立测定结果的算术平均值表示，结果保留三位有效数字。

8 精密度

在重复性条件下获得两次独立测定结果的绝对差值不得超过算术平均值的 10 %。

9 其他

本标准检出限为：反式脂肪酸总含量 30 mg/kg。

附录 A

（资料性附录）

反式脂肪酸混合标准溶液气相色谱图

A.1 反式脂肪酸混合标准溶液气相色谱图

反式脂肪酸混合标准溶液气相色谱图见图 A.1。

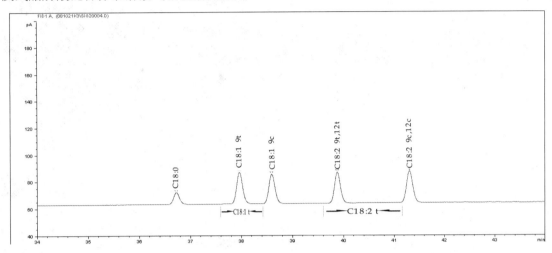

图 A.1 反式脂肪酸混合标准溶液气相色谱图

中华人民共和国国家标准

GB 5413.38—2016

食品安全国家标准

生乳冰点的测定

2016-08-31 发布

2017-03-01 实施

中华人民共和国
国家卫生和计划生育委员会 发布

前　言

本标准代替 GB 5413.38—2010《食品安全国家标准　生乳冰点的测定》。

本标准与 GB 5413.38—2010 相比，主要变化如下：

——修改了原理；

——修改了"试剂和材料"；

——在"试剂和材料"的"氯化钠标准溶液"中增加"标准溶液 C"；

——在"分析步骤"的"仪器校准"中增加"C 校准"和"质控校准"。

食品安全国家标准
生乳冰点的测定

1 范围

本标准规定了热敏电阻冰点仪测定生乳冰点的方法。
本标准适用于生乳冰点的测定。

2 原理

生乳样品过冷至适当温度,当被测乳样冷却到 -3 ℃时,通过瞬时释放热量使样品产生结晶,待样品温度达到平衡状态,并在 20 s 内温度回升不超过 0.5 m℃,此时的温度即为样品的冰点。

3 试剂和材料

除非另有说明,本方法所用试剂均为分析纯或以上等级,水为 GB/T 6682 规定的二级水。

3.1 试剂

3.1.1 乙二醇($C_2H_6O_2$)。
3.1.2 氯化钠(NaCl)。

3.2 试剂配制

3.2.1 氯化钠(NaCl):氯化钠磨细后置于干燥箱中,130 ℃±2 ℃干燥 24 h 以上,于干燥器中冷却至室温。
3.2.2 冷却液:量取 330 mL 乙二醇(3.1.1)于 1 000 mL 容量瓶中,用水定容至刻度并摇匀,其体积分数为 33%。

3.3 氯化钠标准溶液

3.3.1 标准溶液 A:称取 6.731 g 氯化钠(3.2.1),溶于 1 000 g±0.1 g 水中。将标准溶液分装贮存于容量不超过 250 mL 的聚乙烯塑料瓶中,并置于 5 ℃左右冰箱冷藏,保存期限为两个月。其冰点值为 -400 m℃。
3.3.2 标准溶液 B:称取 9.422 g 氯化钠(3.2.1),溶于 1 000 g±0.1 g 水中。将标准溶液分装贮存于容量不超过 250 mL 的聚乙烯塑料瓶中,并置于 5 ℃左右冰箱冷藏,保存期限为两个月。其冰点值为 -557 m℃。
3.3.3 标准溶液 C:称取 10.161 g 氯化钠(3.2.1),溶于 1 000 g±0.1 g 水中。将标准溶液分装贮存于容量不超过 250 mL 的聚乙烯塑料瓶中,并置于 5 ℃左右冰箱冷藏,保存期限为两个月。其冰点值为 -600 m℃。

4 仪器和设备

4.1 分析天平:感量 0.000 1 g。

4.2 热敏电阻冰点仪:检测装置、冷却装置、搅拌金属棒、结晶装置(见图1)及温度显示仪。

a) 检测装置及冷却装置

温度传感器为直径为1.60 mm±0.4 mm的玻璃探头,在0 ℃时的电阻在3 Ω～30 kΩ之间。传感器转轴的材质和直径应保证向样品的热传递值控制在2.5×10⁻³J/s以内。当探头在测量位置时,热敏电阻的顶部应位于样品管的中轴线,且顶部离内壁与管底保持相等距离(见图1)。温度传感器和相应的电子线路在−600 m℃～400 m℃之间测量分辨率为1 m℃。冷却装置应保持冷却液体的温度恒定在−7 ℃±0.5 ℃。

单位:毫米

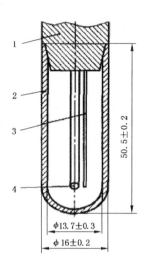

说明:

1——顶杆;

2——样品管;

3——搅拌金属棒;

4——热敏探头。

图 1　热敏电阻冰点仪检测装置

仪器正常工作时,此循环系统在−600 m℃～−400 m℃范围之间任何一个点的线性误差应不超过1 m℃。

b) 搅拌金属棒

耐腐蚀,在冷却过程中搅拌测试样品。

搅拌金属棒应根据相应仪器的安放位置来调整振幅。正常搅拌时金属棒不得碰撞玻璃传感器或样品管壁。

c) 结晶装置

当测试样品达到−3.0 ℃时,启动结晶的机械振动装置,在结晶时使搅拌金属棒在1 s～2 s内加大振幅,使其碰撞样品管壁。

4.3 干燥箱:温度可控制在130 ℃±2 ℃。

4.4 样品管:硼硅玻璃,长度50.5 mm±0.2 mm,外部直径为16.0 mm±0.2 mm,内部直径为13.7 mm±0.3 mm。

4.5 称量瓶。

4.6 容量瓶:1 000 mL,符合GB/T 12806—2011等级A的要求。

4.7 干燥器:内有硅胶湿度计。

4.8 移液器:1 mL～5 mL。

4.9 聚乙烯瓶:容量不超过250 mL。

5 分析步骤

5.1 试样制备

测试样品要保存在 0 ℃～6 ℃的冰箱中并于 48 h 内完成测定。测试前样品应放至室温,且测试样品和氯化钠标准溶液测试时的温度应保持一致。

5.2 仪器预冷

开启热敏电阻冰点仪(4.2),等待热敏电阻冰点仪传感探头升起后,打开冷阱盖,按生产商规定加入相应体积冷却液(3.2.2),盖上盖子,冰点仪进行预冷。预冷 30 min 后,开始测量。

5.3 校准

5.3.1 原则

校准前应按表 1 配制不同冰点值的氯化钠标准溶液。可选择表 1 中两个不同冰点值的氯化钠标准溶液进行仪器校准,两个氯化钠标准溶液冰点差值不应少于 100 m℃,且覆盖到被测样品相近冰点值范围。

表 1　氯化钠标准溶液的冰点

氯化钠溶液 g/kg	氯化钠溶液[a](20 ℃) g/L	冰点 m℃
6.763	6.731	−400.0
6.901	6.868	−408.0
7.625	7.587	−450.0
8.489	8.444	−500.0
8.662	8.615	−510.0
8.697	8.650	−512.0
8.835	8.787	−520.0
9.008	8.959	−530.0
9.181	9.130	−540.0
9.354	9.302	−550.0
9.475	9.422	−557.0
10.220	10.161	−600.0
[a]　当称取此列中氯化钠的量配制标准溶液时,应将水煮沸,冷却保持至 20 ℃±2 ℃,并定容至 1 000 mL。		

5.3.2 仪器校准

5.3.2.1　A 校准:分别取 2.5 mL 标准溶液 A(3.3.1),依次放入三个样品管中,在启动后的冷阱中插入装有校准液 A 的样品管。当重复测量值在−400 m℃±2 m℃校准值时,完成校准。

5.3.2.2 B 校准:分别取 2.5 mL 标准溶液 B(3.3.2),依次放入三个样品管中,在启动后的冷阱中插入装有校准液 B 的样品管。当重复测量值在−557 m℃±2 m℃校准值时,完成校准。

5.3.2.3 C 校准:测定生羊乳时,还应使用 C 校准。分别取 2.5 mL 标准溶液 C(3.3.3),依次放入三个样品管中,在启动后的冷阱中插入装有校准溶液 C 的样品管。当重复测量值在−600 m℃±2 m℃校准值时,完成校准。

5.3.3 质控校准

在每次开始测试前应使用质控校准。连续测定乳样时,冰点仪每小时至少进行一次质控校准。如两次测量的算术平均值与氯化钠标准溶液(−512 m℃)差值大于 2 m℃时,应重新开展仪器校准(5.3.2)。

5.4 样品测定

5.4.1 轻轻摇匀待测试样(5.1),应避免混入空气产生气泡。移取 2.5 mL 试样至一个干燥清洁的样品管中,将样品管放到已校准过的热敏电阻冰点仪(4.2)的测量孔中。开启冰点仪冷却试样,当温度达到−3.0 ℃±0.1 ℃时试样开始冻结,当温度达到平衡(在 20 s 内温度回升不超过 0.5 m℃)时,冰点仪停止测量,传感头升起,显示温度即为样品冰点值。测试结束后,应保证探头和搅拌金属棒清洁、干燥。

5.4.2 如果试样在温度达到−3.0 ℃±0.1 ℃前已开始冻结,需重新取样测试(5.4.1)。如果第二次测试的冻结仍然太早发生,那么将剩余的样品于 40 ℃±2 ℃加热 5 min,以融化结晶脂肪,再重复样品测定步骤(5.4.1)。

5.4.3 测定结束后,移走样品管,并用水冲洗温度传感器和搅拌金属棒并擦拭干净。

5.4.4 记录试样的冰点测定值。

6 分析结果的表述

生乳样品的冰点测定值取两次测定结果的平均值,单位以 m℃计,保留三位有效数字。

7 精密度

在重复性条件下获得的两次独立测定结果的绝对差值不超过 4 m℃。

8 其他

方法检出限为 2 m℃。

中华人民共和国国家标准

GB 5413.39—2010

食品安全国家标准

乳和乳制品中非脂乳固体的测定

National food safety standard

Determination of nonfat total milk solids in milk and milk products

2010-03-26 发布

2010-06-01 实施

中华人民共和国卫生部 发布

前　　言

本标准代替 GB 5409-85《牛乳检验方法》、GB/T 5416-85《奶油检验方法》。

本标准所代替标准的历次版本发布情况为：

——GB/T 5409-85；

——GB/T 5416-85。

食品安全国家标准
乳和乳制品中非脂乳固体的测定

1　范围

本标准规定了生乳、巴氏杀菌乳、灭菌乳、调制乳、发酵乳中非脂乳固体的测定方法。

本标准适用于生乳、巴氏杀菌乳、灭菌乳、调制乳、发酵乳中非脂乳固体的测定。

2　规范性引用文件

本标准中引用的文件对于本标准的应用是必不可少的。凡是注日期的引用文件，仅所注日期的版本适用于本标准。凡是不注日期的引用文件，其最新版本（包括所有的修改单）适用于本标准。

3　原理

先分别测定出乳及乳制品中的总固体含量、脂肪含量（如添加了蔗糖等非乳成分含量，也应扣除），再用总固体减去脂肪和蔗糖等非乳成分含量，即为非脂乳固体。

4　试剂和材料

除非另有规定，本方法所用试剂均为分析纯，水为 GB/T 6682 规定的三级水。

4.1　平底皿盒：高 20 mm～25 mm，直径 50 mm～70 mm 的带盖不锈钢或铝皿盒，或玻璃称量皿。

4.2　短玻璃棒：适合于皿盒的直径，可斜放在皿盒内，不影响盖盖。

4.3　石英砂或海砂：可通过 500 μm 孔径的筛子，不能通过 180 μm 孔径的筛子，并通过下列适用性测试：将约 20 g 的海砂同短玻棒一起放于一皿盒中，然后敞盖在 100 ℃±2 ℃的干燥箱中至少烘 2 h。把皿盒盖盖后放入干燥器中冷却至室温后称量，准确至 0.1 mg。用 5 mL 水将海砂润湿，用短玻棒混合海砂和水，将其再次放入干燥箱中干燥 4 h。把皿盒盖盖后放入干燥器中冷却至室温后称量，精确至 0.1 mg，两次称量的差不应超过 0.5 mg。如果两次称量的质量差超过了 0.5 mg，则需对海砂进行下面的处理后，才能使用：

将海砂在体积分数为 25 % 的盐酸溶液中浸泡 3d，经常搅拌。尽可能地倾出上清液，用水洗涤海砂，直到中性。在 160 ℃条件下加热海砂 4 h。然后重复进行适用性测试。

5　仪器和设备

5.1　天平：感量为 0.1 mg。

5.2　干燥箱。

5.3　水浴锅。

6　分析步骤

6.1　总固体的测定

在平底皿盒（4.1）中加入 20 g 石英砂或海砂（4.3），在 100 ℃±2 ℃的干燥箱中干燥 2 h，于干燥器冷却 0.5 h，称量，并反复干燥至恒重。称取 5.0 g（精确至 0.0001 g）试样于恒重的皿内，置水浴上蒸干，擦去皿外的水渍，于 100 ℃±2 ℃干燥箱中干燥 3 h，取出放入干燥器中冷却 0.5 h，称量，再于 100 ℃±2 ℃干燥箱中干燥 1 h，取出冷却后称量，至前后两次质量相差不超过 1.0 mg。试样中总固体的含量按式（1）计算：

$$X = \frac{m_1 - m_2}{m} \times 100 \quad\cdots\cdots\cdots(1)$$

式中：

X——试样中总固体的含量，单位为克每百克（g/100g）；

m_1——皿盒、海砂加试样干燥后质量，单位为克（g）；

m_2——皿盒、海砂的质量，单位为克（g）；

m——试样的质量，单位为克（g）。

6.2 脂肪的测定（按 GB 5413.3 中规定的方法测定）。

6.3 蔗糖的测定（按 GB 5413.5 中规定的方法测定）。

7 分析结果的表述

$$X_{NFT} = X - X_1 - X_2 \quad\cdots\cdots\cdots(2)$$

式中：

X_{NFT}——试样中非脂乳固体的含量，单位为克每百克（g/100g）；

X——试样中总固体的含量，单位为克每百克（g/100g）；

X_1——试样中脂肪的含量，单位为克每百克（g/100g）；

X_2——试样中蔗糖的含量，单位为克每百克（g/100g）。

以重复性条件下获得的两次独立测定结果的算术平均值表示，结果保留三位有效数字。

中华人民共和国国家标准

GB 5413.40—2016

食品安全国家标准
婴幼儿食品和乳品中核苷酸的测定

2016-08-31 发布

2017-03-01 实施

中 华 人 民 共 和 国
国家卫生和计划生育委员会 发 布

食品安全国家标准

婴幼儿食品和乳品中核苷酸的测定

1 范围

本标准规定了液相色谱法测定游离核苷酸总量的方法。

本标准适用于婴幼儿食品和乳品中游离核苷酸总量(包括胞嘧啶核苷酸、尿嘧啶核苷酸、次黄嘌呤核苷酸、鸟嘌呤核苷酸、腺嘌呤核苷酸)的测定。

2 原理

试样经过水提取,用沉淀剂沉淀蛋白质后,通过高效液相色谱分离,用紫外检测器外标法测定试样中核苷酸的含量。

3 试剂与材料

除非另有说明,本方法所用试剂均为分析纯,水为 GB/T 6682 规定的三级水,液相色谱流动相用水为 GB/T 6682 规定的一级水。

3.1 试剂

3.1.1 淀粉酶:酶活力≥1.5 U/mg。

3.1.2 冰乙酸(CH_3COOH)。

3.1.3 四丁基硫酸氢铵$[(C_4H_9)_4NHSO_4]$。

3.1.4 甲醇(CH_3OH)。

3.1.5 磷酸氢二钾(K_2HPO_4)。

3.1.6 磷酸二氢钾(KH_2PO_4)。

3.1.7 磷酸(H_3PO_4)。

3.2 试剂配制

3.2.1 乙酸溶液(100 mL/L):吸取 10 mL 冰乙酸,加水定容到 100 mL。

3.2.2 磷酸氢二钾溶液(0.1 mol/L):称取 2.28 g 磷酸氢二钾,用超纯水溶解并定容到 100 mL。

3.2.3 磷酸盐缓冲液(1.40 mmol/L 四丁基硫酸氢铵,0.01 mol/L 磷酸二氢钾):称取 1.360 g 磷酸二氢钾,加 0.475 3 g 四丁基硫酸氢铵,加 900 mL 水溶解,用磷酸氢二钾溶液调 pH 至 3.2,用水定容到 1 000 mL。一周内使用。

3.3 核苷酸标准品

3.3.1 胞嘧啶核苷酸(CMP)($C_9H_{14}N_3O_8P$):纯度≥99%。

3.3.2 腺嘌呤核苷酸(AMP)($C_{10}H_{14}N_5O_7P$):纯度≥99%。

3.3.3 尿嘧啶核苷酸(UMP)($C_9H_{13}N_2O_9P$):纯度≥99%。

3.3.4 鸟嘌呤核苷酸(GMP)($C_{10}H_{14}N_5O_8P$):纯度≥99%。

3.3.5 次黄嘌呤核苷酸(IMP)($C_{10}H_{13}N_4O_8P$):纯度≥99%。

3.4 标准溶液配制

核苷酸标准混合液(应当天配置):分别称取核苷酸标准品 CMP、AMP、UMP 各 10 mg、GMP 和 IMP 各 5 mg(准确至 0.1 mg),用超纯水溶解转移至同一个 100 mL 容量瓶中,用水定容至 100 mL。此标准溶液浓度为:CMP、AMP、UMP 各 100 μg/mL;GMP、IMP 各 50 μg/mL。每个组分称取的质量都要校正水分和钠盐含量,以酸型计。

4 仪器与设备

4.1 高效液相色谱仪:配有紫外检测器或二极管阵列检测器。

4.2 天平:感量 0.1 mg。

4.3 pH 计:精度 0.01。

4.4 恒温培养箱:±2 ℃。

5 分析步骤

5.1 试样制备

5.1.1 样品预处理

5.1.1.1 含淀粉的试样

称取混合均匀的固体试样约 5 g(精确至 0.1 mg),于 100 mL 锥形瓶中,加入约 0.2 g 淀粉酶,加入 20 mL 热水(30 ℃~40 ℃)充分溶解试样,或称取混合均匀的液体试样约 20 g(精确至 1 mg)于 100 mL 锥形瓶中,加入约 0.2 g 淀粉酶摇匀,于 37 ℃±2 ℃ 培养箱内酶解 30 min。取出冷却至室温。

5.1.1.2 不含淀粉的试样

称取混合均匀的固体试样约 5 g(精确至 0.1 mg),于 100 mL 锥形瓶中,加入 20 mL 热水(50 ℃~60 ℃)充分溶解试样,冷却至室温,或称取混合均匀的液体试样约 20 g(精确至 1 mg)于 100 mL 锥形瓶中。

5.1.2 待测液的制备

用醋酸溶液调试样溶液 pH 4.1,移入 50 mL 容量瓶中,定容,滤纸过滤,所得滤液用 0.45 μm 微膜过滤备用。

5.2 参考色谱条件

5.2.1 流动相:磷酸盐缓冲液+甲醇=1 000+40。

5.2.2 色谱柱:C_{18}-T 反相色谱柱(250 mm×4.6 mm,5 μm)或具同等性能的色谱柱。

5.2.3 流速:1 mL/min。

5.2.4 波长:254 nm。

5.2.5 柱温:25 ℃。

5.2.6 进样体积:10 μL。

注:必要时可以用磷酸或磷酸氢二钾溶液适当调流动相的 pH 至分离情况最佳。

5.3 标准曲线绘制

分别吸取标准混合溶液 2 mL、4 mL、6 mL、8 mL、10 mL,加超纯水定容至 50 mL,配成核苷酸系列标准工作液,见表 1。

表 1 核苷酸系列标准工作液各组分浓度 单位为微克每毫升

序号	CMP	AMP	UMP	GMP	IMP
1	4	4	4	2	2
2	8	8	8	4	4
3	12	12	12	6	6
4	16	16	16	8	8
5	20	20	20	10	10

将上核苷酸系列标准工作液分别注入高效液相色谱仪中,测定相应的峰面积或峰高。以峰面积或峰高为纵坐标,以标准测定液浓度为横坐标绘制标准曲线。

5.4 试样溶液的测定

将制备好的试样溶液注入高效液相色谱仪中,测定相应的峰面积或峰高。根据标准曲线得到待测液中核苷酸的浓度(μg/mL)。

6 分析结果的表述

6.1 结果计算

试样中游离核苷酸各组分的含量 X_i(CMP、UMP、GMP、IMP、AMP)按式(1)计算:

$$X_i = \frac{C_i \times V_i \times n}{m_i \times 1\,000} \times 100 \qquad\cdots\cdots\cdots\cdots\cdots\cdots(1)$$

式中:

X_i ——试样中核苷酸各组分的含量(分别是:X_{CMP}、X_{UMP}、X_{GMP}、X_{IMP}、X_{AMP}),单位为毫克每百克(mg/100 g);

C_i ——试样溶液中核苷酸各组分的浓度,单位为微克每毫升(μg/mL);

V_i ——试样溶液的体积,单位为毫升(mL);

n ——样液稀释倍数;

m_i ——试样的质量,单位为克(g)。

试样中游离核苷酸的总量按式(2)计算:

$$X_{总} = \Sigma X_i = X_{CMP} + X_{AMP} + X_{UMP} + X_{GMP} + X_{IMP} \qquad\cdots\cdots\cdots\cdots\cdots\cdots(2)$$

式中:

$X_{总}$ ——试样中游离核苷酸的总量,单位为毫克每百克(mg/100 g);

X_{CMP} ——按式(1)计算出的游离胞嘧啶核苷酸含量,单位为毫克每百克(mg/100 g);

X_{AMP} ——按式(1)计算出的游离腺嘌呤核苷酸含量,单位为毫克每百克(mg/100 g);

X_{UMP} ——按式(1)计算出的游离尿嘧啶核苷酸含量,单位为毫克每百克(mg/100 g);

X_{GMP} ——按式(1)计算出的游离鸟嘌呤核苷酸含量,单位为毫克每百克(mg/100 g);

X_{IMP} ——按式(1)计算出的游离次黄嘌呤核苷酸含量,单位为毫克每百克(mg/100 g)。

6.2 结果表示

计算结果以重复性条件下获得的两次独立测定结果的算术平均值表示,结果保留到小数点后两位。

7 精密度

在重复性条件下获得的两次独立测定结果的绝对差值不得超过算术平均值的10%。

8 其他

高效液相色谱紫外法标准和试样核苷酸色谱图见附录 A。
本标核苷酸各组分定量限分别为:

CMP	定量限为	3.3 mg/kg。
AMP	定量限为	5.0 mg/kg。
UMP	定量限为	5.0 mg/kg。
GMP	定量限为	5.0 mg/kg。
IMP	定量限为	6.7 mg/kg。

附 录 A

核苷酸标准品和试样高效液相色谱图

A.1 核苷酸标准品色谱图

核苷酸标准品色谱图见图 A.1。

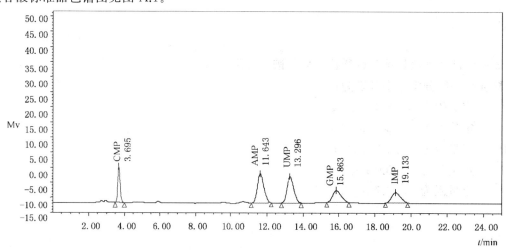

图 A.1 核苷酸标准品色谱图

A.2 样品色谱图

样品色谱图见图 A.2。

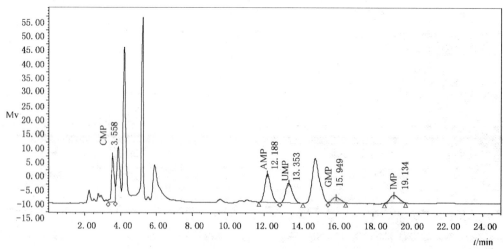

图 A.2 样品色谱图

中华人民共和国国家标准

GB 21703—2010

食品安全国家标准

乳和乳制品中苯甲酸和山梨酸的测定

National food safety standard

Determination of benzoic acid and sorbic acid in milk and milk products

2010-03-26 发布 　　　　　　　　　　 2010-06-01 实施

中华人民共和国卫生部 　发布

前　言

本标准修改采用国际乳业联合会标准IDF 139：1987 Milk，dried milk，yogurt and other fermented milks-Determination of benzoic and sorbic acid。

本标准中附录A为资料性附录。

本标准所代替标准的历次版本发布情况为：

——GB/T 21703-2008。

食品安全国家标准

乳和乳制品中苯甲酸和山梨酸的测定

1 范围

本标准规定了乳与乳制品中苯甲酸和山梨酸含量的测定方法。

本标准适用于乳与乳制品中苯甲酸和山梨酸含量的测定。

2 规范性引用文件

本标准中引用的文件对于本标准的应用是必不可少的。凡是注日期的引用文件，仅所注日期的版本适用于本标准。凡是不注日期的引用文件，其最新版本（包括所有的修改单）适用于本标准。

3 原理

去除试样中的脂肪和蛋白质，甲醇稀释，过滤后，采用反相液相色谱法分离测定。

4 试剂和材料

除非另有规定，本方法所使用试剂均为分析纯，水为 GB/T 6682 规定的一级水。

4.1 甲醇（CH_3OH）：色谱纯。

4.2 亚铁氰化钾溶液（92 g/L）：称取亚铁氰化钾[$K_4Fe(CN)_6\cdot3H_2O$] 106 g，用水溶解于 1000 mL 容量瓶中，定容到刻度后混匀。

4.3 乙酸锌溶液（183 g/L）：称取乙酸锌[$Zn(CH_3COO)_2\cdot2H_2O$] 219 g，加入 32 mL 乙酸，用水溶解于 1000 mL 容量瓶中，定容到刻度后混匀。

4.4 磷酸盐缓冲液(pH=6.7)：分别称取 2.5 g 磷酸二氢钾（KH_2PO_4)和 2.5 g 磷酸氢二钾（$K_2HPO_4\cdot3H_2O$）于 1000 mL 容量瓶中，用水定容到刻度后混匀，用滤膜（4.9）过滤后备用。

4.5 氢氧化钠溶液（0.1 mol/L）：称量 4 g 氢氧化钠（NaOH），用水溶解于 1000 mL 容量瓶中，定容到刻度后混匀。

4.6 硫酸溶液（0.5 mol/L）：移取 30 mL 的浓硫酸（H_2SO_4）到 500 mL 水中，边搅拌边缓慢加入，冷却到室温后转移到 1000 mL 容量瓶，定容到刻度后混匀。

4.7 甲醇水溶液：体积分数为 50 %。

4.8 标准溶液

4.8.1 苯甲酸和山梨酸标准贮备液：每毫升含苯甲酸、山梨酸各 500 μg。

准确称取苯甲酸、山梨酸标准品各50.0 mg，分别置于100 mL容量瓶中，用甲醇（4.1）溶解，并稀释至刻度。摇匀后，冷藏于冰箱中，有效期2个月。

4.8.2 苯甲酸和山梨酸的混合标准工作液：每毫升含苯甲酸、山梨酸各 10 μg。

分别吸取苯甲酸和山梨酸的标准贮备液（4.8.1）各5 mL，至250 mL的容量瓶中，用甲醇水溶液（4.7）定容至刻度后混匀。冷藏于冰箱中，有效期5 d。

4.9 滤膜：0.45 μm。

5 仪器和设备

5.1 高效液相色谱仪，配有紫外检测器。

5.2 天平：感量为 0.1 mg，0.01 g。

6 分析步骤

6.1 试样制备

6.1.1 液态试样

贮藏在冰箱中的乳与乳制品，应在试验前预先取出，并达室温，称量20 g（精确至0.01g）样品于100 mL容量瓶中。

6.1.2 固态试样

称量3 g（精确至0.01g）样品于100 mL容量瓶中，加10 mL水，用玻璃棒搅拌至完全溶解。

6.2 萃取和净化

向盛有试样（6.1）的容量瓶中加入25 mL氢氧化钠溶液（4.5），混合后置于超声波水浴或70 ℃水浴中处理15 min。冷却后，用硫酸溶液（4.6）将pH调节到8（用pH计或pH试纸均可），然后加入2 mL亚铁氰化钾溶液（4.2）和2 mL乙酸锌溶液（4.3）。剧烈振摇，静置15 min，混合后冷却到室温，再用甲醇（4.1）定容，静置15 min，上清液经过滤膜（4.9）过滤。收集滤液作为试样溶液，用于高效液相色谱仪（5.1）测定。

6.3 色谱参考条件

色谱柱：C_{18}，250 mm×4.6mm ，5μm。
流动相：甲醇（4.1）—磷酸盐缓冲溶液（4.4）=1＋9。
流速：1.2 mL/min。
检测波长：227 nm。
柱温：室温。
进样量：10 μL。

6.4 测定

准确吸取各不少于2份的10 μL试样溶液（6.2）和苯甲酸和山梨酸的混合标准工作液（4.8.2），以色谱峰面积定量。在上述色谱条件下，出峰顺序依次为苯甲酸、山梨酸，标准溶液的液相色谱图参见附录A中图A.1。

7 分析结果的表述

试样中苯甲酸、山梨酸的含量按式(1)进行计算：

$$X = \frac{A \times c_s \times V}{A_s \times m} \quad \cdots\cdots\cdots\cdots\cdots\cdots\cdots\cdots\cdots\cdots\cdots\cdots\cdots\cdots（1）$$

式中：

X——试样中苯甲酸、山梨酸含量，单位为毫克每千克（mg/kg）；

A——试样溶液中苯甲酸、山梨酸的峰面积；

A_s——标准溶液中苯甲酸、山梨酸的峰面积；

c_s——标准溶液的浓度，单位为微克每毫升（μg/mL）；

V——试样最终定容体积，单位为毫升(mL)；

m——取样质量，单位为克（g）。

以重复性条件下获得的两次独立测定结果的算术平均值表示，结果保留三位有效数字。

8 精密度

在重复性条件下获得的两次独立测定结果的绝对差值不得超过算术平均值的10 %。

9 其他

本方法苯甲酸、山梨酸的检出限均为 1 mg/kg。

附 录 A

（资料性附录）

苯甲酸、山梨酸典型色谱图

A.1 高效液相色谱法测定苯甲酸、山梨酸的典型色谱图

高效液相色谱法测定苯甲酸、山梨酸的典型色谱图见图A.1。

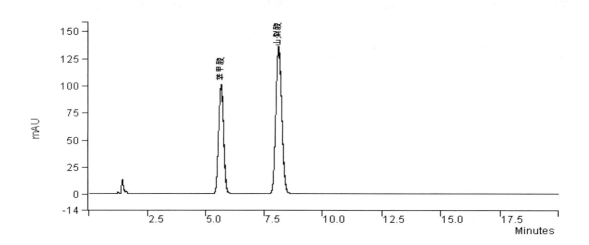

图 A.1 苯甲酸、山梨酸典型色谱图

GB 22031—2010

中华人民共和国国家标准

食品安全国家标准

干酪及加工干酪制品中添加的柠檬酸盐的
测定

National food safety standard

Determination of added citrate content in cheese and processed cheese products

2010-03-26 发布

2010-06-01 实施

中华人民共和国卫生部　发布

前　言

本标准代替GB/T 22031-2008《干酪及加工干酪制品中添加的柠檬酸盐含量的测定 酶-比色法》。

本标准附录A、附录B为规范性附录。

本标准所代替标准的历次版本发布情况为：

——GB/T 22031-2008。

食品安全国家标准
干酪及加工干酪制品中添加的柠檬酸盐的测定

1　范围

本标准规定了干酪及加工干酪制品中添加的柠檬酸盐含量（以柠檬酸计）的测定方法。

本标准适用于干酪及加工干酪制品中添加的柠檬酸盐含量的测定。

2　规范性引用文件

本标准中引用的文件对于本标准的应用是必不可少的。凡是注日期的引用文件，仅所注日期的版本适用于本标准。凡是不注日期的引用文件，其最新版本（包括所有的修改单）适用于本标准。

3　原理

测定样品中总柠檬酸盐的含量，扣除原料带入样品中的柠檬酸盐的量（以0.04倍乳糖换算），即为样品中添加的柠檬酸盐含量。柠檬酸盐以柠檬酸计。

4　分析步骤

样品中的总柠檬酸盐的测定和含量计算按附录A的规定执行。

样品中的乳糖的测定和含量计算按附录B的规定执行。

5　分析结果的表述

样品中添加的柠檬酸盐含量按（1）式计算：

$$w_a = w_c - rw_i \quad\quad\quad (1)$$

式中：

w_a——样品中添加的柠檬酸盐含量，以柠檬酸计，以质量分数（%）表示；

w_c——样品中总柠檬酸含量，单位为质量分数（%）；

w_i——样品中乳糖含量，单位为质量分数（%）；

r——原料乳清粉或乳粉中柠檬酸含量与乳糖含量的比率（柠檬酸/乳糖）（$r = 0.04$）。

以重复性条件下获得的两次独立测定结果的算术平均值表示，结果保留至小数点后两位。

6　精密度

在重复性条件下获得的两次独立测定结果的绝对差值不得超过算术平均值的10%。

附 录 A

（规范性附录）

干酪及加工干酪制品中柠檬酸盐含量的酶法测定

A.1 范围

本标准适用于酶法测定干酪及加工干酪制品中的柠檬酸盐含量。

A.2 原理

柠檬酸盐裂解酶（CL）将柠檬酸盐转化为草酰乙酸盐和乙酸盐，苹果酸脱氢酶（MDH）和乳酸脱氢酶（LDH）在还原型烟酰胺腺嘌呤二核苷酸（NADH）的存在下催化脱羧草酰乙酸盐以及脱羧产物丙酮酸盐，分别转化成L-苹果酸和L-乳酸。NADH在反应中被氧化成了NAD^+。在340 nm处测定样品溶液中NADH的吸光度差值，计算样品中柠檬酸盐的含量。

A.3 试剂和材料

除非另有规定，本方法所用试剂均为分析纯，水为GB/T 6682规定的二级水。

A.3.1 三氯乙酸溶液（200 g/L）：称取20 g三氯乙酸（CCl_3COOH）溶于水中，混匀，并定容至100 mL。

A.3.2 氢氧化钠溶液（200 g/L）：称取20 g氢氧化钠（NaOH），用水溶解后转移至100 mL容量瓶中，定容。充分混合。

A.3.3 氢氧化钠溶液（40 g/L）：称取4 g氢氧化钠（NaOH），用水溶解后转移至100 mL容量瓶中，定容。充分混合。

A.3.4 氢氧化钠溶液（4 g/L）：称取0.4 g氢氧化钠（NaOH），用水溶解后转移至100 mL容量瓶中，定容。充分混合。

A.3.5 氯化锌溶液（0.8 g/L）：称取0.8 g氯化锌（$ZnCl_2$），用水溶解后转移至1000 mL容量瓶中，定容。充分混合。

A.3.6 缓冲液（pH 7.8）：称取7.13 g双甘氨肽($H_2NCH_2CONHCH_2CO_2H$)，溶解于70 mL水中，转移至100 mL容量瓶中。用氢氧化钠溶液（A.3.2）调节pH至7.8，加入10 mL氯化锌溶液（A.3.5）并定容至100 mL。充分混合。储存在0 ℃～4 ℃的冰箱中，此溶液可以保存四周。

A.3.7 碳酸氢钠溶液（4.0 g/L）：称取4.0 g碳酸氢钠（$NaHCO_3$），用水溶解后转移至1000 mL容量瓶中，定容。充分混合。

A.3.8 烟酰胺腺嘌呤二核苷酸（NADH）溶液：称取50 mg烟酰胺腺嘌呤二核苷酸二钠盐（$C_{21}H_{27}N_7O_{14}P_2Na_2$）和100 mg碳酸氢钠（$NaHCO_3$），溶解于10 mL水中。

A.3.9 硫酸铵溶液（422 g/L）：称取42.2 g硫酸铵[$(NH_4)_2SO_4$]，用水溶解后转移至100 mL容量瓶中，定容。充分混合。

A.3.10 苹果酸脱氢酶（MDH）和乳酸脱氢酶（LDH）悬浊液：用硫酸铵溶液（A.3.9）分别溶解苹果酸脱氢酶（猪心，EC 1.1.1.37）和乳酸脱氢酶（兔肉，EC 1.1.1.27），使苹果酸脱氢酶（MDH）的活性不低于600 IU/mL和乳酸脱氢酶的活性不低于1400 IU/mL。缓慢搅匀成悬浊液后，储存在0 ℃～4 ℃冰箱中，此溶液可以保存一年。

A.3.11 柠檬酸盐裂解酶（CL）溶液：用0 ℃水溶解柠檬酸盐裂解酶（产气肠杆菌，EC 4.1.3.6），使柠檬酸盐裂解酶的活性不低于40 IU/mL。缓慢搅匀成悬浊液后，储存在0 ℃～4 ℃冰箱中，此溶液可以保存一周；在-20 ℃冰箱中，可以保存四周。

A.3.12 柠檬酸标准溶液（160 μg/mL）：称取175 mg一水柠檬酸（$C_6H_8O_7·H_2O$），用水溶解后转移至1000 mL容量瓶中，定容。充分混合。

A.4　仪器和设备

A.4.1　天平：感量为0.1 mg。

A.4.2　pH计：精度为0.1。

A.4.3　粉碎机。

A.4.4　具塞刻度比色管：10 mL，分度值0.1 mL。

A.4.5　中速滤纸。

A.4.6　紫外可见分光光度计：340 nm，1 cm比色皿。

A.4.7　水浴锅。

A.5　试样制备

A.5.1　干酪

除去干酪的外壳或发霉的表层，使试样具代表性。用粉碎机（A.4.3）将试样粉碎，混匀。

A.5.2　干酪制品

选择具有代表性的试样，用粉碎机（A.4.3）粉碎，混匀。

A.6　分析步骤

A.6.1　试液制备

称取1 g（精确至0.0001 g）试样（A.5），溶于50 mL的温水（40 ℃～50 ℃）中，全部转移入100 mL容量瓶中，冷却至20 ℃。再加入10 mL三氯乙酸溶液（A.3.1），用水定容，混合均匀后静置30 min。用滤纸（A.4.5）过滤，弃去初滤液约10 mL。吸取25 mL滤液于烧杯中，用氢氧化钠溶液（A.3.3）调节滤液pH至4后，再用氢氧化钠溶液（A.3.4）调节pH至8。将烧杯中的溶液转移入100 mL容量瓶中，用水定容。同时做空白试验。

A.6.2　测定

A.6.2.1　标准曲线的绘制

试剂在使用前恢复至室温。准确吸取0.00 mL、0.50 mL、1.00 mL、1.50 mL、2.00 mL(相当于0、80、160、200、320μg柠檬酸)两组柠檬酸标准溶液（A.3.12），分别置于10 mL比色管（A.4.4）中，各加入1.00 mL缓冲液（A.3.6）、0.10 mL NADH溶液（A.3.8）、0.02 mL苹果酸脱氢酶（MDH）和乳酸脱氢酶（LDH）悬浊液（A.3.10），摇匀。在20 ℃～25 ℃水浴锅（A.4.7）中保持5 min，用水定容至5.00 mL。其中一组用1 cm比色皿（A.4.6），以空气作参比，在波长340 nm处测定各比色管内溶液的吸光度A_0。另一组各加入0.02 mL的柠檬酸盐裂解酶（A.3.11），混匀，在20 ℃～25 ℃水浴锅（A.4.7）中保持10 min，用1 cm比色皿（A.4.6），以空气作参比，在波长340 nm处测定各比色管内溶液的吸光度A_{10}。根据（2）式计算吸光度A，以柠檬酸含量为纵坐标，吸光度A为横坐标，绘制标准曲线。

$$A=A_0-A_{10} \quad\cdots\cdots\cdots\cdots\cdots\cdots\cdots\cdots\cdots\cdots\cdots\cdots\cdots\cdots\cdots\cdots\cdots\cdots\quad（2）$$

式中：

A_0——柠檬酸盐裂解酶添加前的吸光度；

A_{10}——柠檬酸盐裂解酶添加后水浴10 min的吸光度。

注：如果吸光度降低超过0.800，用水溶液稀释样品和空白测试，重复A.6.2.1步骤。

A.6.2.2　试液吸光度的测定

用移液管吸取两份2.00 mL试液（A.6.1），置于10 mL比色管(A.4.4)中。以下步骤同A.6.2.1中"各加入1.00 mL缓冲液（A.3.6）……绘制标准曲线"操作，在标准曲线上查出对应的柠檬酸含量。同时做空白试验。

A.7　分析结果的表述

样品中柠檬酸的含量按式（A.2）计算。

$$X = \frac{c \times V_1 \times V_3}{10000 \times m \times V_2 \times V_4} \quad\text{……………………………………………}（3）$$

式中：

X——样品中柠檬酸的含量，单位为克每百克（g/100g）；

c——标准曲线上查出的试液中柠檬酸的含量，单位为微克（μg）；

m——试样的质量，单位为克（g）；

V_1——试样经脱蛋白处理后的定容体积，单位为毫升（mL）；

V_2——吸取滤液体积，单位为毫升（mL）；

V_3——滤液定容体积，单位为毫升（mL）；

V_4——吸取试液体积，单位为毫升（mL）。

以重复性条件下获得的两次独立测定结果的算术平均值表示，结果保留三位有效数字。

A.8　精密度

在重复性条件下获得的两次独立测定结果的绝对差值不得超过算术平均值的10 %。

附 录 B
（规范性附录）
干酪及加工干酪中乳糖含量的酶法测定

B.1 范围

本标准适用于酶法测定干酪及加工干酪制品中的乳糖含量。

B.2 原理

在β-半乳糖苷酶（β-GLS）催化下，乳糖被酶解为D-葡萄糖（G）和D-半乳糖（GL）。己糖激酶（HK）将D-葡萄糖磷酸化生成6-磷酸葡萄糖（G6P），同时将三磷酸腺苷（ATP）转化为二磷酸腺苷（ADP）。受6-磷酸葡萄糖脱氢酶（G6PDH）催化，6-磷酸葡萄糖氧化为6-磷酸葡萄糖酸（GA6P），同时烟酰胺腺嘌呤二核苷酸磷酸（NADP$^+$）被还原成还原型烟酰胺腺嘌呤二核苷酸磷酸（NADPH）。在波长340 nm处NADPH的吸光度值与乳糖含量成正比，与标准系列比较定量。

$$C_{12}H_{22}O_{11}（L）+ H_2O \xrightarrow{\ \beta\text{-GLS}\ } D\text{-}C_6H_{12}O_6（G）+ D\text{-}C_6H_{12}O_6（GL）$$

$$D\text{-}C_6H_{12}O_6（G）+ ATP \xrightarrow{\ HK\ } G6P + ADP$$

$$G6P + NADP^+ + H_2O \xrightarrow{\ G6PDH\ } GA6P + NADPH + H^+$$

B.3 试剂和材料

除非另有规定，本方法中所用试剂均为分析纯，水为GB/T 6682规定的二级水。

B.3.1 乳糖标准物质（$C_{12}H_{22}O_{11} \cdot H_2O$），纯度≥99%。

B.3.2 亚铁氰化钾溶液(36 g/L)：称取3.6 g亚铁氰化钾{$K_4[Fe(CN)_6] \cdot 3H_2O$}，用水溶解，定容至100 mL，混匀。

B.3.3 硫酸锌溶液（72 g/L）：称取7.2 g硫酸锌（$ZnSO_4 \cdot 7H_2O$），用水溶解，定容至100 mL，混匀。

B.3.4 硫酸溶液（2 mol/L）：量取60 mL硫酸，缓缓注入适量水中，冷却至室温后用水稀释至1000 L，混匀。

警告：稀释浓硫酸时应当将硫酸缓慢加入水中，且不断搅动。否则会引起爆炸。

B.3.5 氢氧化钠溶液（200 g/L）：称取20.0 g氢氧化钠（NaOH），用水溶解，定容至100 mL，混匀。

B.3.6 氢氧化钠溶液（4 g/L）：称取4.0 g氢氧化钠（NaOH），用水溶解，定容至1000 mL，混匀。

B.3.7 硫酸铵溶液(422 g/L)：称取42.2 g硫酸铵[$(NH_4)_2SO_4$]，用水溶解，定容至100 mL，混匀。

B.3.8 柠檬酸盐缓冲液（pH 6.6）：分别称取2.8 g柠檬酸钠（$C_6H_5O_7Na_3 \cdot 2H_2O$），0.042 g柠檬酸（$C_6H_8O_7 \cdot H_2O$）和0.635 g七水硫酸镁（$MgSO_4 \cdot 7H_2O$）溶于40 mL水中，用硫酸溶液（B.3.4）或者氢氧化钠溶液（B.3.6）调节pH至6.6±0.1后，用水定容至50 mL，混匀后放置0 ℃～4 ℃冰箱中贮藏，可保存三个月，使用前放置至室温。

B.3.9 三乙醇胺（TEA）缓冲液（pH 7.6）：分别称取14.0 g盐酸三乙醇胺（$C_6H_{15}NO_3 \cdot HCl$），0.25 g七水硫酸镁（$MgSO_4 \cdot 7H_2O$），用 80 mL水溶解，用氢氧化钠溶液（B.3.5）调节pH至7.6±0.1后，定容至100 mL，混匀后放置0 ℃～4 ℃冰箱中贮藏，可保持两个月。

B.3.10 NADP$^+$－ATP－TEA缓冲悬浊液：分别准确称取65 mg烟酰胺腺嘌呤二核苷酸磷酸二钠（$C_{21}H_{26}N_7O_{17}P_3Na_2$）和170 mg 5-三磷酸腺苷二钠盐（$C_{10}H_{14}N_5O_{13}P_3Na_2$），溶于 30 mL的三乙醇胺缓冲液（B.3.9）中，混匀后放置0 ℃～4 ℃冰箱中贮藏可保持两周，使用前放置至室温。

B.3.11 β-半乳糖苷酶-硫酸铵[β-GLS-(NH₄)₂SO₄]悬浊液(pH约为7.6)：将β-半乳糖苷酶 (β-GLS，埃希氏大肠杆菌，EC 3.2.1.23)溶于硫酸铵溶液（B.3.7）中，使β-半乳糖苷酶的活性不低于60 IU/mL。缓慢搅匀成悬浊液后放置0 ℃～4 ℃冰箱中，可保存12个月。使用时该悬浊液的容器应浸入冰水中。

B.3.12 己糖激酶-6-磷酸葡萄糖脱氢酶－硫酸铵[HK-G6PDH-(NH₄)₂SO₄]悬浊液：将己糖激酶（HK，酵母，EC 2.7.1.1)和6-磷酸葡萄糖脱氢酶（G6PDH，酵母，EC 1.1.1.49)溶于硫酸铵溶液（B.3.7）中，使己糖激酶活性不低于280 IU/mL（25 ℃），6-磷酸葡萄糖脱氢酶活性不低于140 IU/mL（25 ℃）。缓慢搅匀成悬浊液后放置0 ℃～4 ℃冰箱中，可保存12个月。使用时该悬浊液的容器应浸入冰水中。

B.3.13 乳糖标准溶液（80 μg/mL）：精确称取经87 ℃烘烤2 h至恒重的乳糖标准物质（B.3.1）0.842 g，溶于水中，定容至100 mL，摇匀。准确吸取1.00 mL上述溶液，用水稀释到100 mL，即得浓度为80 μg/mL乳糖标准工作溶液。该溶液放置0 ℃～4 ℃冰箱中，临用前配制。

B.4 仪器和设备

B.4.1 天平：感量为0.1 mg。

B.4.2 定量滤纸：中速，直径15 cm。

B.4.3 比色管：10 mL，带盖。

B.4.4 分光光度计：340 nm，1 cm比色皿。

B.4.5 水浴锅：能在20 ℃～36 ℃保温。

B.5 分析步骤

B.5.1 试样制备

取有代表性的样品至少200 g，充分混匀，置于密闭的玻璃容器内。

B.5.2 试液的制备

准确称取1 g样品于烧杯。用温水（40 ℃～50 ℃）溶解，玻璃棒搅拌，将烧杯中样品完全转移至100 mL容量瓶，用水定容，混匀。加入5 mL亚铁氰化钾溶液（B.3.2）、5 mL硫酸锌溶液（B.3.3）和10 mL NaOH溶液（B.3.6），每次添加后充分混合溶液，用水定容至100 mL，混合均匀后静置30 min。过滤，弃去开始的部分滤液。吸取5.00 mL滤液于100 mL容量瓶中，用水定容至100 mL，即为试液。

B.5.3 标准曲线的绘制

用微量移液管吸取0.00，0.20，0.40，0.60，0.80，1.00 mL(相当于0, 16, 32, 48, 64, 80μg乳糖)乳糖标准溶液（B.3.13），分别置于比色管（B.4.3）中，各加入0.20 mL柠檬酸盐缓冲溶液（B.3.8）、0.05 mLβ-半乳糖苷酶-硫酸铵悬浊液(B.3.11)，摇匀，于水浴锅（B.4.5）中恒温15 min。取出后加入1.00 mL NADP⁺－ATP－TEA缓冲溶液（B.3.10），0.05 mL己糖激酶-6-磷酸葡萄糖脱氢酶－硫酸铵悬浊液(B.3.12)，摇匀，于水浴锅（B.4.5）中恒温60 min。取出后，冷却至室温，用水定容至5.00 mL，摇匀，放置5 min。用1 cm比色皿（B.4.4），以乳糖标准溶液含量为零的试剂溶液作参比，在波长340 nm处测定各比色管内溶液的吸光度。以乳糖含量为纵坐标，吸光度为横坐标，绘制标准曲线。

B.5.4 试液吸光度的测定

准确吸取 1.00 mL 试液（B.5.2）于比色管（B.4.3）中，加入 0.20 mL 柠檬酸盐缓冲溶液（B.3.8），1.00 mL NADP⁺-ATP-TEA 缓冲溶液（B.3.10），0.05 mL 己糖激酶-6-磷酸葡萄糖脱氢酶－硫酸铵悬浊液（B.3.12），摇匀，于水浴锅（B.4.5）中恒温 60 min。取出后，冷却至室温，用水定容至 5.00 mL，摇匀，放置 5 min，作为试液参比溶液。

准确吸取 1.00 mL 试液（B.5.2）于比色管（B.4.3）中。以下按 B.5.3 "各加入 0.20 mL 柠檬酸缓冲溶液（B.3.8）……放置 5 min" 操作，用 1 cm 比色皿（B.4.4），在波长 340 nm 处测定各比色管内溶液的吸光度，在标准曲线上查出对应的乳糖含量。

B.6 分析结果的表述

试样中乳糖的含量按式（4）计算。

$$X = \frac{c \times V_1 \times V_3}{10000 \times m \times V_2 \times V_4} \quad \cdots\cdots\cdots\cdots\cdots\cdots\cdots\cdots\cdots\cdots\cdots\cdots\cdots\cdots\cdots\cdots\cdots\cdots\cdots\cdots \quad (4)$$

式中：

X——试样中乳糖的含量，单位为克每百克（g/100g）；

c——标准曲线上查出的试液中乳糖的含量，单位为微克（μg）；

m——试料的质量，单位为克（g）；

V_1——试料经脱蛋白处理后的定容体积，单位为毫升（mL）；

V_2——吸取滤液体积，单位为毫升（mL）；

V_3——滤液定容体积，单位为毫升（mL）；

V_4——吸取试液体积，单位为毫升（mL）。

以重复性条件下获得的两次独立测定结果的算术平均值表示，结果保留三位有效数字。

B. 7　精密度

在重复性条件下获得的两次独立测定结果的绝对差值不得超过算术平均值的10 %。

中华人民共和国国家标准

GB 28404—2012

食品安全国家标准

保健食品中α-亚麻酸、二十碳五烯酸、二十二碳

五烯酸和二十二碳六烯酸的测定

2012-05-17 发布　　　　　　　　　　　　　　　　2012-07-17 实施

中华人民共和国卫生部　　发布

食品安全国家标准

保健食品中 α-亚麻酸、二十碳五烯酸、二十二碳五烯酸

和二十二碳六烯酸的测定

1 范围

本标准规定了保健食品中α-亚麻酸、二十碳五烯酸（简称 EPA，下同）、二十二碳五烯酸（简称 DPA，下同）和二十二碳六烯酸（简称 DHA，下同）的气相色谱测定方法。

本标准适用于保健品食品中α-亚麻酸、EPA、DPA、DHA 的测定，不适用于以脂肪酸乙酯为有效成分的保健食品中α-亚麻酸、EPA、DPA、DHA 的测定。

2 原理

试样经酸水解后提取脂肪，其中α-亚麻酸、二十碳五烯酸（EPA）、二十二碳五烯酸（DPA）、二十二碳六烯酸（DHA）经酯交换生成甲酯后，通过气相色谱分离检测，以保留时间定性，外标法定量。

3 试剂和材料

注：除非另有说明，本方法所用试剂均为分析纯，水为 GB/T6682 规定的一级水。

3.1 试剂

3.1.1 氢氧化钾（KOH）。

3.1.2 盐酸（HCl）。

3.1.3 无水乙醚（$C_2H_5OC_2H_5$）。

3.1.4 乙醇（CH_3CH_2OH）：体积分数≥95%。

3.1.5 石油醚：沸程30℃～60℃。

3.1.6 正己烷（$CH_3(CH_2)_4CH_3$）：色谱纯。

3.1.7 甲醇（CH_3OH）：色谱纯。

3.1.8 无水硫酸钠（Na_2SO_4）。

3.2 试剂配制

氢氧化钾甲醇溶液（0.5 mol/L）：称取2.8 g氢氧化钾，用甲醇溶解并定容至100 mL，混匀。

3.3 标准品

3.3.1 α-亚麻酸甲酯（$C_{19}H_{32}O_2$）：纯度≥99.0%。

3.3.2 EPA 甲酯（$C_{21}H_{32}O_2$）：纯度≥98.5%。

3.3.3 DPA 甲酯（$C_{23}H_{36}O_2$）：纯度≥98.0%。

3.3.4 DHA 甲酯（$C_{23}H_{34}O_2$）：纯度≥98.5%。

3.4 标准溶液的配制

3.4.1 单个脂肪酸甲酯标准储备液(4.0 mg/mL)：称取 100.0 mg α-亚麻酸甲酯、EPA 甲酯、DPA 甲酯、DHA 甲酯标准物质于 25.0 mL 容量瓶中，分别用正己烷溶解并定容至刻度，摇匀。此溶液应贮存于-18℃冰箱中。

3.4.2 脂肪酸甲酯混合标准中间液(1.0 mg/mL)：分别吸取脂肪酸甲酯标准储备液 2.50 mL 于 10.0 mL 容量瓶中，摇匀，亦为标准曲线最高浓度，临用时配制。

3.4.3 脂肪酸甲酯标准工作液：分别吸取脂肪酸甲酯中间液 0.40 mL、0.80 mL、1.0 mL、2.0 mL、4.0 mL 于 10.0 mL 容量瓶中，用正己烷定容，此浓度即为 0.040 mg/mL、0.080 mg/mL、0.10 mg/mL、0.20 mg/mL、0.40 mg/mL 的标准工作液，临用时配制。

4 仪器与设备

4.1 气相色谱仪：配有氢火焰离子化检测器（FID）。

4.2 天平：感量为 1 mg 和 0.1 mg。

4.3 旋转蒸发仪。

4.4 离心机：转速≥4000 r/min。

4.5 涡旋混合器。

4.6 恒温水浴锅。

5 分析步骤

5.1 试样制备

5.1.1 试样处理

5.1.1.1 固体试样

称取已粉碎混合均匀的待测试样 0.5 g～2 g（精确到 0.001 g）（含待测组分约 5 mg/g～10 mg/g）加入 50 mL 比色管中，加 8 mL 水，混匀后再加 10 mL 盐酸。将比色管放入 70℃～80℃水浴中，每隔 5 min～10 min 以涡旋混合器混合一次，至试样水解完全为止，约需 40 min～50 min。取出比色管，加入 10 mL 乙醇，混合。冷却至室温后将混合物移入 100 mL 具塞量筒中，以 25 mL 无水乙醚分次洗比色管，一并倒入量筒中。密塞振摇 1 min。加入 25 mL 石油醚，密塞振摇 1 min，静置 30min，分层，将吸出的有机层过无水硫酸钠（约 5 g）滤入浓缩瓶中。再加入 25 mL 无水乙醚密塞振摇 1 min，25 mL 石油醚，密塞振摇 1 min，静置、分层，将吸出的有机层经过无水硫酸钠（约 5g）滤入浓缩瓶中，按"再加入 25 mL 无水乙醚……，静置、分层、过无水硫酸钠"重复操作一次，将全部提取液用旋转蒸发仪于 45℃减压浓缩近干。用正己烷少量多次溶解浓缩物，转移至 25 mL 容量瓶并定容，摇匀。按 5.1.2 步骤甲酯化处理。

5.1.1.2 油类制品

称取混合均匀的油类制品 0.2 g～1 g（精确到 0.001 g）（含待测组分约 10 mg/g～20 mg/g。）至 25 mL 容量瓶中，加入 5 mL 正己烷轻摇溶解，并用正己烷定容至刻度，摇匀。按 5.1.2 步骤甲酯化处理，脂肪酸乙酯型油类制品的物理鉴别参见附录 A。

5.1.2 甲酯化

吸取待测液（5.1.1.1，5.1.1.2）2.0 mL 至 10 mL 具塞刻度试管中，加入 2.0 mL 氢氧化钾甲醇溶液，立即移至涡旋混合器上振荡混合 5 min，静置 5 min，加入 6 mL 蒸馏水，上下振摇 0.5 min，静置分层后，吸取下层液体，弃去后再反复用少量蒸馏水进行洗涤，并用吸管弃去水层，直至洗至中性（若有机相有乳化现象，以 4000 r/min 离心 10 min），吸取正己烷层待上机测试用。

注：如使用塑料离心管或塑料刻度试管进行试样处理须同步进行空白对照试验。

5.2 气相色谱参考条件

5.2.1 色谱柱：键合交联聚乙二醇固定相，柱长 30 m，内径 0.32 mm，膜厚 0.5 μm 或同等性能的色谱柱。

5.2.2 柱温箱温度：起始温度 180 ℃，10 ℃/min 升温至 220 ℃，再以 8 ℃/min 升温至 250 ℃，保持 13 min。

5.2.3 进样口温度：250 ℃；进样量 1 μL，分流比 20∶1。

5.2.4 FID 检测器温度：270℃。

5.2.5 载气：高纯氮气，流量 1.0 mL/min，尾吹 25 mL/min。

5.2.6 氢气：40 mL/min；空气 450 mL/min。

5.3 标准曲线的制作

将 1 μL 的标准系列各浓度溶液（3.4.2、3.4.3），注入气相色谱仪中，测得相应的峰面积或峰高，以标准工作液的浓度为横坐标，以峰面积或峰高为纵坐标，绘制标准曲线（标准溶液气相色谱图见附录 B 中图 B.1）。

5.4 试验溶液的测定

将 1 μL 的试样待测液（5.1.2）注入气相色谱仪中，以保留时间定性，测得峰面积或峰高，根据标准曲线得到待测液中各脂肪酸甲酯的组分浓度（样品溶液气相色谱图见附录 B 中图 B.2）。

6 分析结果的表述

试样中α-亚麻酸、EPA、DPA、DHA 含量按式（1）计算：

$$X_i = \frac{C_i \times V \times F \times 100}{m \times 1000} \qquad\qquad\qquad\qquad (1)$$

式中：

X_i——试样中α-亚麻酸、EPA、DPA、DHA 的含量，单位为克每百克（g/100g）；

C_i——由标准曲线查得测定样液中各脂肪酸甲酯的浓度，单位为毫克每毫升（mg/mL）；

V——被测定样液的最终定容体积，单位为毫升（mL）；

m——试样的称样质量，单位为克（g）；

F——各脂肪酸甲酯转化为脂肪酸的换算系数，其中：α-亚麻酸甲酯转化为α-亚麻酸的转换系数为 0.9520；EPA 甲酯转化为 EPA 脂肪酸的转换系数为 0.9557；DPA 甲酯转化为 DPA 脂肪酸的转换系数为 0.9592；DHA 甲酯转化为 DHA 脂肪酸的转换系数为 0.9590；

100——单位转换；

1000——单位转换。

计算结果以重复条件下获得的两次独立测定结果的算术平均值表示，保留两位有效数字。

7 精密度

在重复性条件下获得的两次独立测定结果的绝对差值不超过算术平均值的 10%。

8 其他

当试样量为 0.5 g，定容体积为 25 mL，各脂肪酸的定量限分别为α-亚麻酸 0.010 g/100g， EPA 0.018 g/100g，DPA 0.024 g/100g，DHA 0.018 g/100g。

附录 A

脂肪酸乙酯型油类制品的物理鉴别

称取 1 g 样品，加入 1.0 mL 无水乙醇，于涡旋混合器（2000 r/min）混匀 30 s，静置，观察油在乙醇中的溶解情况。如果油样不溶于乙醇，出现明显的油和乙醇分层的现象，则判断此产品为脂肪酸甘油酯型油类制品，可采用本标准进行分析；若静置后，看不见油状液滴，溶解完全且溶液清澈透明，可判断此产品为脂肪酸乙酯型油类制品，不能使用本标准进行分析。

附录 B

标准溶液和试样溶液典型气相色谱图

B.1 α-亚麻酸甲酯、EPA 甲酯、DPA 甲酯、DHA 甲酯的标准溶液色谱图，见图 B.1。

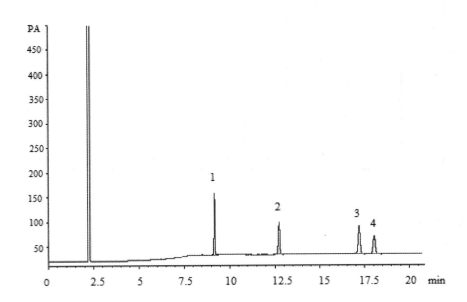

1——α-亚麻酸甲酯；

2——EPA 甲酯；

3——DPA 甲酯；

4——DHA 甲酯。

图 B.1 α-亚麻酸甲酯、EPA 甲酯、DPA 甲酯、DHA 甲酯标准溶液色谱图

B.2 含有α-亚麻酸甲酯、EPA 甲酯、DPA 甲酯、DHA 甲酯的试样溶液色谱图，见图 B.2。

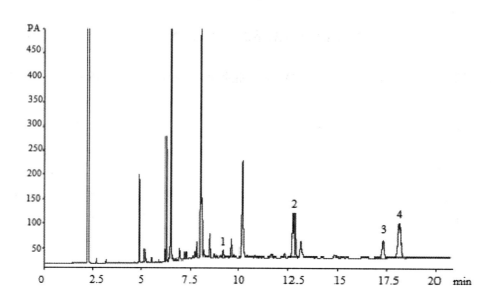

1——α-亚麻酸甲酯；
2——EPA 甲酯；
3——DPA 甲酯；
4——DHA 甲酯。

图 B.2　含有α-亚麻酸甲酯、EPA 甲酯、DPA 甲酯、DHA 甲酯的试样溶液色谱图

ICS
G

中华人民共和国国家标准

GB 29681—2013

食品安全国家标准

牛奶中左旋咪唑残留量的测定

高效液相色谱法

Determination of Livamisole residues in milk by High Performance

Liquid Chromatographic method

2013-09-16 发布   2014-01-01 实施

中华人民共和国农业部   发布
中华人民共和国国家卫生和计划生育委员会

前　言

本标准的附录 A 为资料性附录。

本标准系国内首次发布的国家标准。

牛奶中左旋咪唑残留量的测定

高效液相色谱法

1 范围

本标准规定了牛奶中左旋咪唑残留量检测的制样和高效液相色谱测定方法。

本标准适用于牛奶中左旋咪唑残留量检测。

2 规范性引用文件

下列文件中的条款通过本标准的引用而成为本标准的条款。凡是注日期的引用文件，其随后所有的修改单（不包括勘误的内容）或修订版均不适用于本标准，然而，鼓励根据本标准达成协议的各方研究是否可使用这些文件的最新版本。凡是不注日期的引用文件，其最新版本适用于本标准。

GB/T 1.1-2000 标准化工作导则 第 1 部分：标准的结构和编写规则

GB/T 6682 分析实验室用水规格和试验方法

3 原理

试料中残留的左旋咪唑，用碳酸盐缓冲液和乙酸乙酯溶液提取，C_{18} 柱净化，甲醇洗脱，高效液相色谱测定，外标法定量。

4 试剂与材料

以下所用的试剂，除特别注明外均为分析纯试剂；水为符合 GB/T 6682 规定的一级水。

4.1 **盐酸左旋咪唑标准品**，含量≥99.0%。

4.2 **甲醇**

4.3 **无水碳酸氢钠**：优级纯。

4.4 **碳酸钠**

4.5 **磷酸二氢钠**

4.6 **浓氨水**

4.7 **二乙胺**：优级纯。

4.8 **乙腈**

4.9 磷酸

4.10 盐酸

4.11 C$_{18}$固相萃取柱：500 mg/3 mL。

4.12 10%磷酸溶液：取磷酸70 mL，用水溶解并稀释至1 000 mL。

4.13 3 mol/L盐酸溶液：取盐酸250 mL，用水溶解并稀释至1 000 mL。

4.14 碳酸氢钠饱和水溶液：取水1 000 mL，加无水碳酸氢钠至不溶解为止，现用现配。

4.15 碳酸钠饱和水溶液：取水500 mL，加碳酸钠至不溶解为止，现用现配。

4.16 碳酸盐缓冲液（约 pH＝9）：取碳酸氢钠饱和水溶液 900 mL，加碳酸钠饱和水溶液 100 mL，混匀。

4.17 0.02 mol/L 磷酸二氢钠二乙胺缓冲溶液：取磷酸二氢钠2.44 g，加水850 mL溶解，加二乙胺3 mL混合，用10%磷酸调pH至7.5，用水稀释至1 000 mL。

4.18 1 mg/mL 左旋咪唑标准贮备液：精密称取盐酸左旋咪唑标准品 10 mg，于 10 mL 量瓶中，用甲醇溶解并稀释至刻度，配制成浓度为 1 mg/mL 的左旋咪唑标准贮备液。2~4℃保存，有效期 3 个月。

4.19 10 μg/mL左旋咪唑标准工作液：精密量取1 mg/mL左旋咪唑标准贮备液1.0 mL，于100 mL量瓶中，用甲醇稀释至刻度，配制成浓度为10 μg/L的左旋咪唑标准工作液。2~4℃保存，有效期3 个月。

5 仪器和设备

5.1 高效液相色谱仪：配紫外检测器。

5.2 分析天平：感量 0.000 01 g。

5.3 电子天平：感量 0.01 g。

5.4 均质机。

5.5 冷冻高速离心机。

5.6 电热恒温水浴锅。

5.7 旋涡混合器。

5.8 茄形瓶：50 mL。

5.9 离心管

5.10 滤膜：0.45 μm。

6　试料的制备与保存

6.1　试料的制备

取适量新鲜或冷藏的空白或供试牛奶，混合均质。

——取均质后的供试样品，作为供试试料。

——取均质后的空白样品，作为空白试料。

——取均质后的空白样品，添加适宜浓度的标准工作液，作为空白添加试料。

6.2　试料的保存

-20℃以下保存。

7　测定步骤

7.1　提取

称取试料（5±0.05）g，于离心管中，加碳酸盐缓冲液5 mL，加乙酸乙酯10 mL，混匀，6 000 r/min离心10 min，取上清液于茄形瓶中，再加乙酸乙酯10 mL萃取一次，合并两次上清液，于50℃水浴旋转蒸发至干，加碳酸盐缓冲液5 mL溶解残余物，备用。

7.2　净化

C_{18}柱依次用水3 mL、甲醇3 mL和碳酸盐缓冲液3 mL活化，取备用液过柱，用水3 mL淋洗，用甲醇5 mL洗脱，收集洗脱液，于50℃水浴氮气吹干，用流动相1.0 mL溶解残余物，滤膜过滤，供高效液相色谱测定。

7.3　标准曲线的制备

准确量取10 μg/mL左旋咪唑标准工作液适量，用流动相稀释，配制成浓度为10、20、50、100、200、400和800 μg/L的系列标准工作液，供高效液相色谱测定。以测得峰面积为纵坐标，对应的标准溶液浓度为横坐标，绘制标准曲线。求回归方程和相关系数。

7.4　测定

7.4.1　液相色谱条件

色谱柱：C_{18}（150 mm×4.6 mm，粒径5 μm），或相当者；

流动相：0.02 mol/L 磷酸二氢钠二乙胺缓冲溶液+甲醇(70+30，v/v)；

流速：1 mL/min；

检测波长：220 nm；

进样量：50 μL；

柱温：30 ℃。

7.4.2 测定法

取试样溶液和相应的标准溶液，作单点或多点校准，按外标法，以峰面积计算。标准溶液及试样溶液中左旋咪唑响应值应在仪器检测的线性范围之内。在上述色谱条件下，标准溶液和空白添加试样溶液的高效液相色谱图见附录 A。

7.5 空白试验

除不加试料外，采用完全相同的步骤进行平行操作。

8 结果计算与表述

试料中左旋咪唑类的残留量（μg/kg）：按下式计算

$$X = \frac{A \times C_S \times V}{A_S \times m}$$

式中：

X—供试试料中左旋咪唑残留量，μg/kg；

A—试样溶液中左旋咪唑的峰面积；

A_S—标准工作液中左旋咪唑的峰面积；

C_S—标准工作液中左旋咪唑的浓度，μg/L；

V—溶解残余物所用流动相体积，mL；

m—供试试料质量，g。

注：计算结果需扣除空白值，测定结果用平行测定的算术平均值表示，保留三位有效数字。

9 检测方法灵敏度、准确度、精密度

9.1 灵敏度

本方法的检测限为 2.5 μg/kg，定量限为 5 μg/kg。

9.2 准确度

本方法在 5~20 μg/kg 添加浓度水平上的回收率为 70%~110%。

9.3 精密度

本方法的批内相对标准偏差≤20%，批间相对标准偏差≤20%。

附 录 A

（资料性附录）

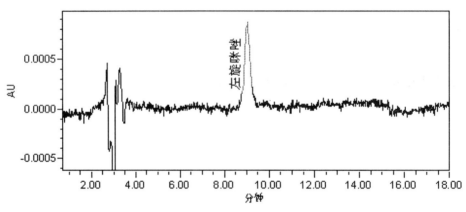

A1 左旋咪唑标准溶液色谱图（20 μg/L）

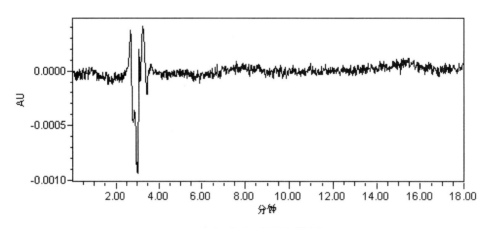

A2 牛奶空白试样色谱图

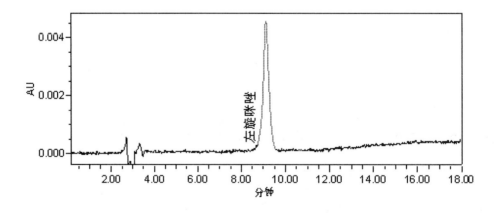

A3 牛奶空白添加左旋咪唑试样色谱图（20 μg/kg）

ICS
G

中华人民共和国国家标准

GB 29688—2013

食品安全国家标准

牛奶中氯霉素残留量的测定

液相色谱-串联质谱法

Determination of Chloramphenicol residues in milk by Liquid

Chromatography-tandem Mass Spectrometric method

2013-09-16 发布　　　　　　　　　　　　　　2014-01-01 实施

中华人民共和国农业部

发布

中华人民共和国国家卫生和计划生育委员会

前　言

本标准的附录 A 为资料性附录。

本标准系国内首次发布的国家标准。

牛奶中氯霉素残留量的测定

液相色谱-串联质谱法

1　范围

本标准规定了牛奶中氯霉素残留量检测的制样和液相色谱-串联质谱测定方法。

本标准适用于牛奶中氯霉素残留量的检测。

2　规范性引用文件

下列文件中的条款通过本标准的引用而成为本标准的条款。凡是注日期的引用文件，其随后所有的修改单（不包括勘误的内容）或修订版均不适用于本标准，然而，鼓励根据本标准达成协议的各方研究是否可使用这些文件的最新版本。凡是不注日期的引用文件，其最新版本适用于本标准。

GB/T 1.1-2000 标准化工作导则　第 1 部分：标准的结构和编写规则

GB/T 6682-1992　分析实验室用水规则和试验方法

3　原理

试料中残留的氯霉素，用乙酸乙酯提取，正己烷除脂，C_{18} 柱净化，液相色谱-串联质谱测定，内标法定量。

4　试剂和材料

以下所用的试剂，除特别注明者外均为分析纯试剂；水为符合GB/T 6682规定的一级水。

4.1　**氯霉素标准品**：含量≥97%。

4.2　**内标物：氘代氯霉素标准品**：含量为 $100\mu g/mL$（作为内标物标准贮备液）。

4.3　**甲醇**：色谱纯。

4.4　**乙腈**：色谱纯。

4.5　**乙酸乙酯**

4.6　**氯化钠**

4.7　**正己烷**

4.8　C₁₈固相萃取柱：500 mg/3 mL，或相当者。

4.9　4%氯化钠溶液：取氯化钠4g，用水溶解并稀释至100 mL。

4.10　100 μg/mL 氯霉素标准贮备液：精密称取氯霉素标准品10 mg，于100 mL 量瓶中，用甲醇溶解并稀释至刻度，配制成浓度为100 μg/mL 的氯霉素标准贮备液。 -20℃以下保存，有效期1年。

4.11　100 μg/L 氯霉素标准工作溶液　精密量取100 μg/mL 氯霉素标准贮备溶液100 μL，于100 mL 量瓶中，用50%乙腈溶解并稀释至刻度，配制成浓度为100 μg/L 的标准工作液。2～8℃保存，有效期1个月。

4.12　20 μg/L 氘代氯霉素标准工作溶液　精密量取氘代氯霉素标准品20 μL，于1000 mL 量瓶中，用50%乙腈溶解并稀释至刻度，配制成浓度为20 μg/L 的氘代氯霉素标准工作液。2～8℃保存，有效期3个月。

5　仪器和设备

5.1　**液相色谱-串联质谱仪**：配电喷雾离子源。

5.2　**分析天平**：感量0.000 01 g。

5.3　**天平**：感量0.01 g。

5.4　**漩涡振荡器**

5.5　**振荡器**

5.6　**组织匀浆机**

5.7　**冷冻离心机**

5.8　**旋转蒸发仪**

5.9　**离心管**：50 mL。

5.10　**鸡心瓶**：50 mL

5.11　**固相萃取装置**

5.12　**氮吹仪**

5.13　**滤膜**：0.22 μm。

6　试料的制备与保存

6.1　试料的制备

取适量新鲜或冷藏的空白或供试牛奶，混合，并使均质。

——取均质后的供试样品，作为供试试料。

——取均质后的空白样品，作为空白试料。

——取均质后的空白样品，添加适宜浓度的标准工作液，作为空白添加试料。

6.2 试料的保存

-20℃以下保存。

7 测定步骤

7.1 提取

取试料（10±0.05）g，于50 mL离心管中，加氘代氯霉素内标工作液250 μL，再加乙酸乙酯20 mL，振荡15 min，6 000 r/min离心10 min，取乙酸乙酯层液于鸡心瓶中。再加乙酸乙酯20 mL重复提取一次，合并两次提取液于鸡心瓶中，于45℃水浴旋转蒸发至干。用4%氯化钠溶液5 mL溶解残留物，加正己烷5 mL振荡混合1 min，静置分层，弃正己烷液。再加正己烷5 mL，重复提取一次。取下层液备用。

7.2 净化

C_{18}柱依次用甲醇5 mL和水5 mL活化，取备用液过柱，控制流速1滴/3~4s，用水5 mL淋洗，抽干，用甲醇5 mL洗脱，收集洗脱液，于50℃氮气吹干。用50%乙腈1.0 mL溶解残余物，涡旋混匀，滤膜过滤，供液相色谱-串联质谱测定。

7.3 标准曲线的制备

精密量取100 μg/L氯霉素标准工作溶液和20 μg/L氘代氯霉素内标工作溶液适量，用流动相稀释，配制成氯霉素浓度为0.10、0.25、0.50、1.0、2.0、5.0 μg/L，氘代氯霉素浓度为5μg/L的系列标准溶液，供液相色谱-串联质谱仪测定。以特征离子质量色谱峰面积为纵坐标，标准溶液浓度为横坐标，绘制标准曲线。求回归方程和相关系数。

7.4 测定

7.4.1 液相色谱条件

色谱柱：C_{18}（150 mm×2.1 mm，粒径5 μm），或相当者；

柱温：30℃；

流速：0.2 mL/min；

进样量：20 μL；

运行时间：8 min；

流动相：乙腈+水（50+50，v/v）；

7.4.2 质谱条件

电离模式： ESI；

扫描方式：负离子扫描；

检测方式：多反应检测；

电离电压：2.8 kV；

源温：120℃；

雾化温度：350℃；

锥孔气流速：50 L/h；

雾化气流速：450 L/h；

数据采集窗口：8 min；

驻留时间：0.3s；

定性、定量离子及对应的锥孔电压和碰撞电压见表1

表1 氯霉素定性、定量离子对和锥孔电压及碰撞电压

药物	定性离子对 m/z	定量离子对 m/z	锥孔电压 V	碰撞电压 V
氯霉素（CAP）	321/151.6	321/151.6	30	15
	321/256.8			13
氘代氯霉素（D$_5$-CAP）	325.8/156.6	325.8/156.6	30	15

7.4.3 测定法

取试样溶液和相应的标准溶液，作单点或多点校准，按内标法以峰面积比计算。对照溶液及试样溶液中氯霉素和氘代氯霉素的响应值均应在仪器检测的线性范围之内。试样溶液中的离子相对丰度与标准溶液的离子相对丰度比符合表2的要求。标准溶液和空白组织添加试样溶液的总离子流和选择离子流图见附录A。

表2 试样溶液中离子相对丰度的允许偏差范围

相对丰度（%）	允许偏差（%）
>50	±20
>20~50	±25
>10~20	±30
≤10	±50

7.5 空白试验

除不加试料外，采用完全相同的测定步骤进行平行操作。

8 结果计算和表述

计算$A_{321/151.6}/A_{325.8/156.6}$峰面积比值，标准曲线校准。

由标准曲线方程： $A_s/A'_{is}=a×c_s/c'_{is} + b$

求得a和b，则

$$c=\frac{c'_{is}}{a}\left(\frac{A}{A_{is}} - b\right)$$

试料中氯霉素残留量（μg/kg）：按下式计算：

$$X = \frac{C \times V}{m}$$

式中：

X——供试试料中氯霉素的残留量，μg/kg；

A_s——对照溶液中氯霉素的峰面积；

A'_{iS}——对照溶液中内标氘代氯霉素的峰面积；

c_s——对照溶液中内标氘代氯霉素的浓度，ng/mL；

c'_{is}——对照溶液中氯霉素的浓度，ng/mL；

c——供试溶液中氯霉素的浓度，ng/mL；

c_{is}——试样中氘代氯霉素的浓度，ng/mL；

A——试样中氯霉素的峰面积；

A_{iS}——试样中内标氘代氯霉素的峰面积；

V——溶解残余物的体积，mL；

m——供试试料质量，g。

注：计算结果需扣除空白值，测定结果用平行测定的算术平均值表示，保留三位有效数字。

9 检测方法灵敏度、准确度、精密度

9.1 灵敏度

本方法检测限为0.01 μg/kg，定量限为0.1 μg/kg。

9.2　准确度

本方法在0.02～0.10 μg/kg添加浓度水平上的回收率为50%～120%。

9.3　精密度

本方法的批内相对标准偏差≤17%，批间相对标准偏差≤20%。

附录 A

（资料性附录）

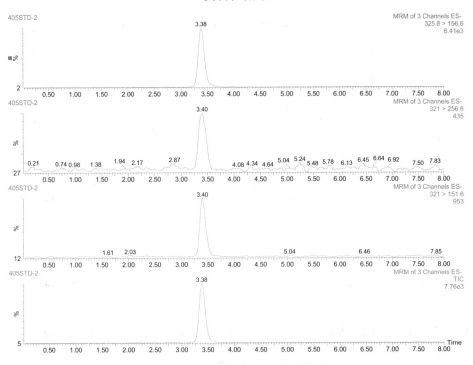

图 A1 氯霉素标准溶液总离子和特征离子质量色谱图（0.25 μg/L）

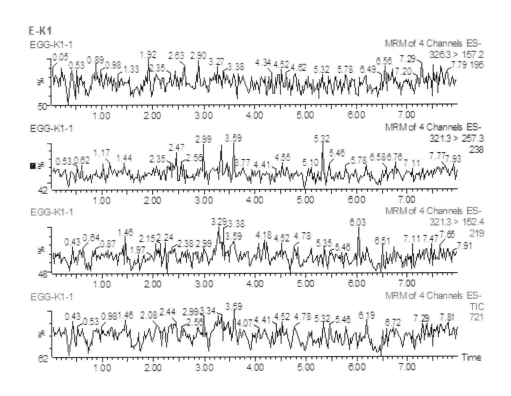

图A2 牛奶空白试样特征离子质量色谱图

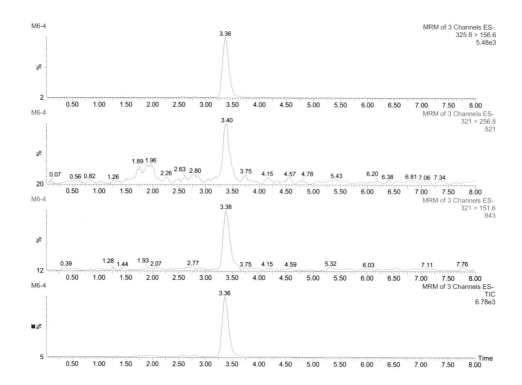

图 A3　牛奶空白添加氯霉素试样总离子和特征离子质量色谱图（0.02 μg/kg）

ICS
G

中华人民共和国国家标准

GB 29689—2013

食品安全国家标准

牛奶中甲砜霉素残留量的测定

高效液相色谱法

Determination of Thiamphenicol residues in milk by High Performance

Liquid Chromatographic method

2013-09-16 发布   2014-01-01 实施

中华人民共和国农业部   发布
中华人民共和国国家卫生和计划生育委员会

前 言

本标准的附录 A 为资料性附录。

本标准系国内首次发布的国家标准。

牛奶中甲砜霉素残留量的测定

高效液相色谱法

1 范围

本标准规定了牛奶中甲砜霉素残留量检测的制样和高效液相色谱测定方法。

本标准适用于牛奶中甲砜霉素残留量的检测。

2 规范性引用文件

下列文件中的条款通过本标准的引用而成为本标准的条款。凡是注日期的引用文件，其随后所有的修改单（不包括勘误的内容)或修订版均不适用于本标准。然而，鼓励根据本标准达成协议的各方研究是否可使用这些文件的最新版本。凡是不注日期的引用文件，其最新版本适用于本标准。

GB/T 1.1-2000 标准化工作导则 第 1 部分：标准的结构和编写规则

GB/T 6682 分析实验室用水规格和试验方法

3 原理

试料中残留的甲砜霉素，用乙酸乙酯提取，正己烷除脂，C_{18} 柱净化，高效液相色谱-紫外测定，外标法定量。

4 试剂和材料

以下所用的试剂，除特别注明外均为分析纯，水为符合 GB/T 6682 规定的一级水。

4.1 **甲砜霉素对照品**：含量≥99.0％。

4.2 **乙酸乙酯**

4.3 **正己烷**

4.4 **乙腈**：色谱纯。

4.5 **C_{18} 固相萃取柱**：200 mg/3 mL，或相当者。

4.6 **1 mg/mL 甲砜霉素标准贮备液**：精密称取甲砜霉素对照品 10 mg，于 10 mL 量瓶中，用乙腈溶解并稀释至刻度，配制成浓度为 1 mg/mL 的标准贮备液。2～8℃保存，有效期 1 个月。

4.7 **10 μg/mL 甲砜霉素标准工作液**：精密量取 1 mg/mL 甲砜霉素标准贮备液 1.0 mL，于 100 mL 量瓶中，用流动相稀释，配制成浓度为 10 μg/mL 的甲砜霉素标准工作液。现配现用。

5 仪器和设备

5.1 高效液相色谱仪：配紫外检测器。

5.2 分析天平：感量 0.000 01 g。

5.3 天平：感量 0.01 g。

5.4 离心机

5.5 固相萃取装置。

5.6 氮气吹干仪。

5.7 振荡混合器。

5.8 鸡心瓶：150 ml。

5.9 旋转蒸发仪。

5.10 具塞塑料离心管：50 mL。

5.11 滤膜：0.45 μm。

6 试料的制备与保存

6.1 试料的制备

取适量新鲜或冷藏的空白或供试牛奶，混合均匀。
——取均质后的供试样品，作为供试试料。
——取均质后的空白样品，作为空白试料。
——取均质后的空白样品，添加适宜浓度的标准溶液，作为空白添加试料。

6.2 试料的保存

-20℃以下保存。

7 测定步骤

7.1 提取

称取试料（5±0.05）g，于 50 mL 离心管中，加乙酸乙酯 20 mL，振荡 10 min，4 000 r/min 离心 5 min，取上清液于鸡心瓶中，残渣中加乙酸乙酯 20 mL，重复提取一次，合并两次提取液，于 45℃旋转蒸发至近干，加水 5 mL 于鸡心瓶中，超声 5 min 使充分溶解，转至 50 mL 离心管中。再加水 5 mL 于鸡心瓶中重复溶解后转至同一离心管中。加 20 mL 正己烷，振荡 5 min，4 000 r/min 离心 2 min，取下层液备用。

7.2 净化

C$_{18}$柱依次用乙腈 5 mL 和水 5 mL 活化。取备用液过柱，控制流速 1 mL/min，挤干。用乙腈 5 mL 洗脱，收集洗脱液，于 45℃氮气吹干，用流动相 1.0 mL 溶解残余物，滤膜过滤，供高效液相色谱测定。

7.3.标准曲线的制备

精密量取 10 μg/mL 甲砜霉素标准工作液适量，用流动相稀释，配制成浓度为 20、50、125、250 和 500 μg/L 的系列标准溶液，供高效液相色谱测定。以测得峰面积为纵坐标，对应的标准溶液浓度为横坐标，绘制标准曲线。求回归方程和相关系数。

7.4 高效液相色谱测定

7.4.1 色谱条件

色谱柱：C$_{18}$（250 mm×4.6 mm，粒径 5 μm），或相当者；

流动相：乙腈+水（20+80，v/v），使用前经滤膜过滤，超声；

流速：1.0 mL/min；

检测波长：225 nm；

柱温：30℃；

进样量：20 μL。

7.4.2 测定法

取试样溶液和相应的标准溶液，作单点或多点校准，按外标法，以峰面积计算。标准溶液及试样溶液中甲砜霉素响应值应在仪器检测的线性范围之内。在上述色谱条件下，标准溶液和空白组织添加试样溶液的高效液相色谱图分别见附录 A。

7.5 空白试验

除不加试料外，采用完全相同的步骤进行平行操作。

8 结果计算和表述

试料中甲砜霉素的残留量（μg/kg）：按下式计算：

$$X = \frac{C \times V}{m}$$

式中：

X -------- 供试试料中甲砜霉素的残留量，μg/kg；

C -------- 试样溶液中甲砜霉素的浓度，ng/mL；

V -------- 溶解残余物流动相体积，mL；

m -------- 供试试料质量，g。

注：计算结果需扣除空白值，测定结果用平行测定的算术平均值表示，保留三位有效数字。

9 检测方法灵敏度、准确度、精密度

9.1 灵敏度

本方法的检测限为 10 μg/kg，定量限为 10 μg/kg。

9.2 准确度

本方法在 10～100 μg/kg 添加浓度水平上的回收率为 70％～110％。

9.3 精密度

本方法的批内相对标准偏差≤15％，批间相对标准偏差≤15％。

附录 A

（资料性附录）

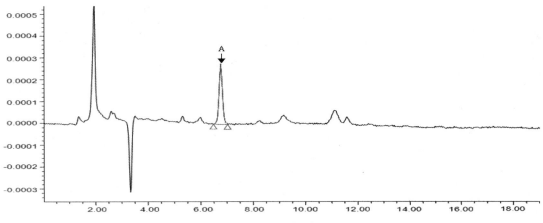

图 A1　甲砜霉素标准溶液色谱图（50 μg/L）

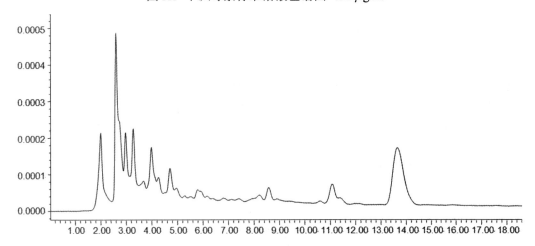

图 A2　牛奶空白试样色谱图

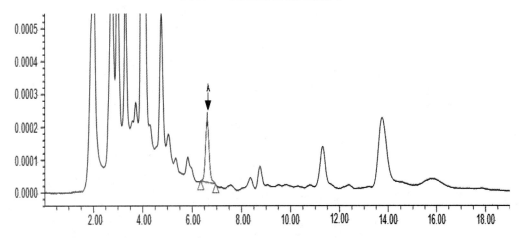

图 A3　牛奶空白添加甲砜霉素试样色谱图（10 μg/kg）

ICS
G

中华人民共和国国家标准

GB 29692—2013

食品安全国家标准

牛奶中喹诺酮类药物多残留的测定

高效液相色谱法

Determination of Quinolones residues in milk by High Performance

Liquid Chromatographic method

2013-09-16 发布　　　　　　　　　　　　　　2014-01-01 实施

中华人民共和国农业部
　　　　　　　　　　　　　　　　　　　　　　发布
中华人民共和国国家卫生和计划生育委员会

前　言

本标准的附录 A 为资料性附录。

本标准系国内首次发布的国家标准。

牛奶中喹诺酮类药物多残留的测定

高效液相色谱法

方法一

1 范围

本标准规定了牛奶中喹诺酮类药物残留量检测的制样和高效液相色谱测定方法。

本标准适用于牛奶中环丙沙星、达氟沙星、恩诺沙星、沙拉沙星和二氟沙星单个或多个药物残留量检测。

2 规范性引用文件

下列文件中的条款通过本标准的引用而成为本标准的条款。凡是注日期的引用文件，其随后所有的修改单（不包括勘误的内容）或修订版均不适用于本标准，然而，鼓励根据本标准达成协议的各方研究是否可使用这些文件的最新版本。凡是不注日期的引用文件，其最新版本适用于本标准。

GB/T 1.1-2000标准化工作导则 第1部分：标准的结构和编写规则

GB/T6682 分析实验室用水规则和试验方法

3 原理

试料中残留的喹诺酮类药物，用乙腈提取，旋转蒸发至近干，流动相溶解。高效液相色谱-荧光测定，外标法定量。

4 试剂与材料

以下所用的试剂，除特别注明者外均为分析纯试剂；水为符合GB/T 6682规定的一级水。

4.1 达氟沙星、恩诺沙星、盐酸环丙沙星、盐酸沙拉沙星和盐酸二氟沙星对照品　含量≥99.0%。

4.2 磷酸

4.3 氢氧化钠

4.4 乙腈：色谱纯。

4.5 三乙胺

4.6 氢氧化钠饱和溶液：取氢氧化钠适量，加水振摇使成饱和溶液，冷却后，置聚乙烯塑料瓶中，静置，澄清。

4.7 5 mol/L 氢氧化钠溶液：取氢氧化钠饱和溶液 28 mL，用水溶解并稀释至 100 mL。

4.8　0.03 mol/L 氢氧化钠溶液：取 5 mol/L 氢氧化钠溶液 0.6 mL，用水溶解并稀释至 100 mL。

4.9　0.05 mol/L 磷酸三乙胺溶液：取磷酸 3.4 mL，用水溶解并稀释至 1 000 mL。用三乙胺调 pH 至 2.4。

4.10　喹诺酮类药物混合标准贮备液：精密称取达氟沙星对照品 10 mg，恩诺沙星、环丙沙星、沙拉沙星和二氟沙星对照品各 50 mg，于 50 mL 量瓶中，用 0.03 mol/L 氢氧化钠溶液溶解并稀释至刻度，配制成达氟沙星浓度为 0.2 mg/mL，环丙沙星、恩诺沙星、沙拉沙星和二氟沙星浓度为 1 mg/mL 的喹诺酮类药物混合标准贮备液。2～8℃保存，有效期 3 个月。

4.11　喹诺酮类药物混合标准工作液：精密量取喹诺酮类药物混合标准贮备液 1.0 mL，于 100 mL 量瓶中，用流动相稀释，配制成达氟沙星浓度为 2 μg/mL，环丙沙星、恩诺沙星、沙拉沙星和二氟沙星浓度为 10 μg/mL 的喹诺酮类药物混合标准工作液。2～8℃保存，有效期 1 周。

5　仪器设备

5.1　高效液相色谱仪：配荧光检测器。

5.2　分析天平：感量 0.000 01 g。

5.3　天平：感量 0.01 g。

5.4　振荡器

5.5　离心机

5.6　聚四氟乙烯离心管：50 mL。

5.7　鸡心瓶：25 mL

5.8　滤膜：0.45 μm

6　试料的制备与保存

6.1　试料的制备

取适量新鲜或冷藏的空白或供试牛奶，混合均匀。

——取均质后的供试样品，作为供试试料。

——取均质后的空白样品，作为空白试料。

——取均质后的空白样品，添加适宜浓度的标准工作液，作为空白添加试料。

6.2　试料的保存

-20℃以下保存。

7 测定步骤

7.1 提取

称取试料 (2±0.05) g，于 50 mL 离心管中，加磷酸 100 μL，乙腈 4 mL，涡旋混匀，中速振荡 5 min，10 000 r/min 离心 10 min，取上清液于另一离心管中，加正己烷 5 mL，涡旋 1 min，静置，取下层清液于 25 mL 鸡心瓶中。残渣中加乙腈 4 mL，重复提取一次，上清液经同一份正己烷分配，合并两次提取液，于 50℃ 旋转蒸发至仅剩余不易蒸干的黄色油滴。用流动相 1.0 mL 溶解残余物，滤膜过滤，供高效液相色谱法测定。

7.2 标准曲线制备

精密量取喹诺酮类药物混合标准工作液适量，用流动相稀释，配制成浓度环丙沙星、恩诺沙星、沙拉沙星和二氟沙星为 5、10、50、100、300 和 500 μg/L，达氟沙星浓度为 1、2、10、20、60 和 100 μg/L 的系列标准溶液，供高效液相色谱测定。以测得峰面积为纵坐标，对应的标准溶液浓度为横坐标，绘制标准曲线。求回归方程和相关系数。

7.3 测定

7.3.1 色谱条件

色谱柱：C$_{18}$（250 mm×4.6 mm，粒径 5 μm），或相当者；

流动相：0.05 mol/L 磷酸溶液-三乙胺+乙腈（90+10，v/v），滤膜过滤；

流速：1.8 mL/min；

检测波长：激发波长 280 nm；发射波长 450 nm；

柱温：30℃；

进样量：20 μL。

7.3.2 测定法

取试样溶液和相应的标准溶液，作单点或多点校准，按外标法，以峰面积计算。标准溶液及试样溶液中环丙沙星、达氟沙星、恩诺沙星、沙拉沙星和二氟沙星响应值应在仪器检测的线性范围之内。在上述色谱条件下，标准溶液和空白组织添加试样溶液的高效液相色谱图见附录A。

7.4 空白试验

除不加试料外，采用完全相同的测定步骤进行平行操作。

8 结果计算和表述

试料中喹诺酮类药物残留量（μg/kg），按下式计算：

$$X = \frac{C \times V}{m}$$

式中：

X——供试试料中相应的喹诺酮类药物残留量，μg/kg；

C——试样溶液中相应的喹诺酮类药物浓度，ng/mL；

V——溶解残渣所用流动相体积，mL；

m——供试试料质量，g。

注：计算结果需扣除空白值，测定结果用平行测定的算术平均值表示，保留三位有效数字。

9 检测方法灵敏度、准确度、精密度

9.1 灵敏度

本方法环丙沙星、恩诺沙星、沙拉沙星和二氟沙星的检测限为5 μg/kg，定量限为10 μg/kg；达氟沙星的检测限为1 μg/kg，定量限为2 μg/kg。

9.2 准确度

本方法在10～100 μg/kg添加浓度水平上的回收率为60%～100%。

9.3 精密度

本方法的批内相对标准偏差≤15%，批间相对标准偏差≤20%。

附录 A

（资料性附录）

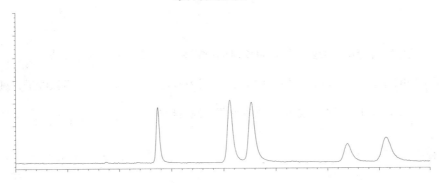

图 A1　喹诺酮类药物对照溶液色谱图（20 μg/L）

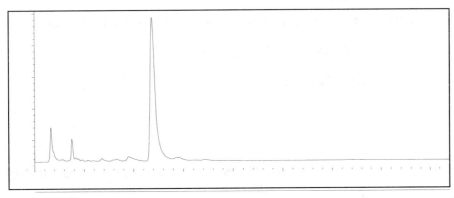

图 A2　牛奶空白试样色谱图

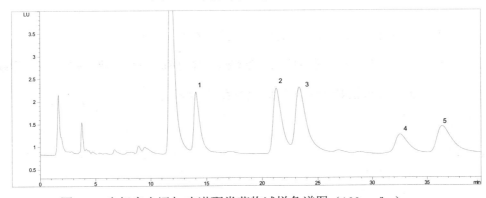

图 A3　牛奶空白添加喹诺酮类药物试样色谱图（100 μg/kg）

注：1-环丙沙星；

2-达氟沙星；

3-恩诺沙星；

4-沙拉沙星；

5-二氟沙星。

方法二

1 范围

本标准规定了牛奶中11种喹诺酮类药物残留量检测的制样和高效液相色谱测定方法。

本标准适用于牛奶中恩诺沙星、环丙沙星、达氟沙星、沙拉沙星、二氟沙星、诺氟沙星、氧氟沙星、培氟沙星、洛美沙星、氟甲喹和噁喹酸单个或多个药物残留检测。

2 规范性引用文件

下列文件中的条款通过本标准的引用而成为本标准的条款。凡是注日期的引用文件，其随后所有的修改单（不包括勘误的内容）或修订版均不适用于本标准，然而，鼓励根据本标准达成协议的各方研究是否可使用这些文件的最新版本。凡是不注日期的引用文件，其最新版本适用于本标准。

GB/T 1.1-2000标准化工作导则 第1部分：标准的结构和编写规则

GB/T 6682 分析实验室用水规格和实验方法

3 原理

试料中残留的喹诺酮类药物，用10%三氯乙酸-乙腈提取，反相聚合物SPE柱净化，流动相溶解，高效液相-荧光法测定，外标法定量。

4 试剂和材料

以下所有试剂，除特别注明者外均为分析纯试剂；水为符合GB/T 6682规定的一级水。

4.1 恩诺沙星、盐酸环丙沙星、甲磺酸达氟沙星、沙拉沙星、二氟沙星、诺氟沙星、氧氟沙星、甲磺酸培氟沙星、盐酸洛美沙星、氟甲喹和噁喹酸对照品：含量≥98.0%。

4.2 乙腈：色谱纯。

4.3 甲醇：色谱纯。

4.4 无水乙醇

4.5 乙酸

4.6 柠檬酸

4.7 乙酸铵

4.8 三乙胺

4.9 氢氧化钠

4.10 三氯乙酸

4.10 SPE反相聚合物柱 ：Strata-X填料，60 mg/3 mL，或相当者。

4.11 10%乙酸溶液：取乙酸 10 mL，用水溶解并稀释至 100 mL。

4.12 0.5 mol/L 氢氧化钠溶液：取氢氧化钠 2 g，用水溶解并稀释至 100 mL。

4.13 10%三氯乙酸溶液：取三氯乙酸 100 g，用水溶解并稀释至 1 000 mL。

4.14 乙腈-10%三氯乙酸溶液：取乙腈 10 mL，用 10%三氯乙酸溶液溶解并稀释至 100 mL。

4.15 10%甲醇水溶液：取甲醇 10 mL，用水溶解并稀释至 100 mL。

4.16 柠檬酸/乙酸铵缓冲液：取柠檬酸 10.56 g、乙酸铵 7.87 g，用水溶解并稀释至 1 000 mL，用三乙胺调 pH 至 4.0，滤膜过滤。

4.17 乙腈－柠檬酸/乙酸铵缓冲液：取乙腈 8 mL，用柠檬酸/乙酸铵缓冲液溶解并稀释至 100 mL。

4.18 1 mg/mL 诺氟沙星、氧氟沙星、恩诺沙星、沙拉沙星和二氟沙星标准贮备液：精密称取诺氟沙星、氧氟沙星、恩诺沙星、沙拉沙星和二氟沙星对照品各适量，分别于 10 mL 量瓶中，用乙酸溶液 200 μL 溶解，用甲醇稀释至刻度，配制成浓度为 1 mg/mL 的喹诺酮类药物标准贮备液。-20℃以下保存，有效期 6 个月。

4.19 1 mg/mL 环丙沙星、洛美沙星、培氟沙星和达氟沙星标准贮备液：精密称取盐酸环丙沙星、盐酸洛美沙星、甲磺酸培氟沙星和甲磺酸达氟沙星对照品各适量，分别于 10 mL 量瓶中，用水 200 μL 溶解，用甲醇稀释至刻度，配制成浓度为 1 mg/mL 的喹诺酮类药物标准贮备液。-20℃以下保存，有效期 6 个月。

4.20 1 mg/mL 噁喹酸和氟甲喹标准贮备液：精密称取噁喹酸和氟甲喹对照品适量，分别于 10 mL 量瓶中，用氢氧化钠溶液 400 μL 溶解，用甲醇稀释至刻度，配制成浓度为 1 mg/mL 的喹诺酮类药物标准贮备液。-20℃以下保存，有效期 6 个月。

4.21 喹诺酮类药物混合标准工作液：精密量取喹诺酮类药物标准贮备液各适量，于量瓶中，用水溶解并稀释至刻度，配制成诺氟沙星、环丙沙星、氧氟沙星、培氟沙星、洛美沙星、恩诺沙星、沙拉沙星、二氟沙星和噁喹酸浓度为 8 μg/mL，氟甲喹浓度为 4 μg/mL，达氟沙星浓度为 2.4 μg/mL 的混合标准工作液。2～8℃保存，有效期 1 个月。

5 仪器和设备

5.1 高效液相色谱仪：配荧光检测器。

5.2 分析天平：感量 0.000 01 g。

5.3 天平：感量 0.01 g。

5.4 均质机

5.5 旋涡混合仪

5.6 超声波水浴

5.7 高速冷冻离心机

5.8 氮气吹干浓缩仪。

5.9 固相萃取装置

5.10 滤膜：0.45 μm。

5.11 聚丙烯离心管

6 试样的制备与保存

6.1 试样的制备

取适量新鲜或冷藏的空白或供试牛奶，混合均匀。

——取均质后的供试样品，作为供试试料。

——取均质后的空白样品，作为空白试料。

——取均质后的空白样品，添加适宜浓度的标准溶液，作为空白添加试料。

6.2 试料的保存

-20℃以下保存。

7 测定步骤

7.1 标准曲线的制备

精密量取混合标准工作液适量，用水稀释，漩涡混匀，使达氟沙星浓度为15、30、60、120、240和480 μg/L，氟甲喹浓度为25、50、100、200、400和800 μg/L，其他喹诺酮类药物浓度为50、100、200、400、800和1600 μg/L的系列标准溶液，供高效液相色谱测定。以峰面积为纵坐标，对应的标准溶液浓度为横坐标，绘制标准曲线。求回归方程和相关系数。

7.2 提取

称取试料（1±0.02）g，于15 mL聚丙烯离心管中，加乙腈-10%三氯乙酸溶液5 mL，漩涡混匀，超声5 min，于4℃ 8 000 r/min离心6 min，取上清液，备用。

7.3 净化

SPE柱依次用甲醇3 mL和水3 mL活化，取备用液过柱，控制流速1 mL/min，用10%甲醇水溶液3 mL淋洗，抽干，用甲醇3 mL洗脱，抽干。收集洗脱液，于60～70℃氮气吹干，用乙腈－柠檬酸/乙酸铵缓冲液500 μL溶解残余物，涡旋混匀，于4℃以下12 000 r/min离心6 min，取上清液，供高效液相色谱测定。

7.4 测定

7.4.1 色谱条件

色谱柱：C$_{18}$（250 mm×4.6 mm，粒径5 μm），或相当者。

流动相：乙腈-柠檬酸/乙酸铵缓冲液，梯度洗脱见表1。

柱温：50℃。

进样量：20 μL。

荧光检测器：程序波长变化设置见表2。

延迟5 min后进下一试样。

表1 流动相梯度洗脱变化设置

时间 min	流量 mL/min	乙腈 %	柠檬酸/乙酸铵缓冲液 %	曲线
0.01	2.0	8	92	-
30.0	2.0	55	45	9
32.0	2.0	8	92	-
35.0	2.0	8	92	-

表2 荧光波长程序变化设置

时间 min	激发波长 Ex nm	发射波长 Em nm
0	278	465
23.4	312	366
32.0	278	465

7.4.2 测定法

取试样溶液和相应的标准溶液，作单点或多点校准，按外标法，以峰面积计算。标准溶液及试样溶液中喹诺酮类药物响应值应在仪器检测的线性范围之内。在上述色谱条件下，标准溶液和空白组织添加试样溶液的高效液相色谱图分别见附录A。

7.5 空白试验

除不加试料外，采用完全相同的测定步骤进行平行操作。

8 结果计算和表述

8.1 标准曲线校准

将标准曲线的浓度和对应峰面积进行回归分析，然后按下式计算：

$$X = \frac{A - b}{a}$$

式中：

X——供试试料中相应的喹诺酮类药物残留量，$\mu g/kg$；

A——供试试料中相应的喹诺酮药物处理后试样溶液中被测喹诺酮类药物的色谱峰面积；

b——标准曲线回归方程中截距；

a——标准曲线回归方程中斜率。

注：计算结果需扣除空白值，测定结果用平行测定的算术平均值表示，保留三位有效数字。

8.2 单点校准

试料中喹诺酮药物残留量（$\mu g/kg$）：按下式计算

$$X_i = C_S \times \frac{A_i}{A_s} \times \frac{V}{m}$$

式中：

X_i——供试试料中相应的喹诺酮类药物的残留量，$\mu g/kg$；

C_s——标准溶液中相应的喹诺酮类药物的浓度，ng/mL；

A_i——试样溶液中相应的喹诺酮类药物的色谱峰面积；

A_s——标准溶液中相应的喹诺酮类药物的色谱峰面积；

V——溶解残余物所用乙腈—柠檬酸/乙酸铵缓冲液体积，mL。

m——供试试料质量，g；

9 检测方法灵敏度、准确度与精密度

9.1 灵敏度

本方法诺氟沙星、氧氟沙星、环丙沙星、培氟沙星、洛美沙星、恩诺沙星、沙拉沙星、二氟沙星和噁喹酸检测限为25 μg/kg，定量限为50 μg/kg；达氟沙星的检测限为7.5 μg/kg，定量限为15 μg/kg；氟甲喹检测限为12.5 μg/kg，定量限为25 μg/kg。

9.2 准确度

本方法诺氟沙星、氧氟沙星、环丙沙星、培氟沙星、洛美沙星、恩诺沙星、沙拉沙星、二氟沙星、噁喹酸在50～200 μg/kg，达氟沙星在15～60 μg/kg，氟甲喹在25～100μg/kg添加浓度水平上的回收率为60%～110%。

9.3 精密度

本方法的批内相对标准偏差≤15%，批间相对准标准偏差≤20%。

附　录　A

（资料性附录）

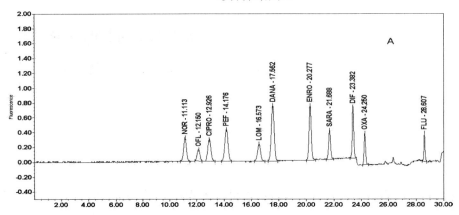

图A1　喹诺酮类药物基质匹配标准溶液色谱图

（诺氟沙星NOR，氧氟沙星OFL，环丙沙星CIPRO，培氟沙星PEF，洛美沙星LOME，恩诺沙星ENRO，沙拉沙星SARA，
二氟沙星DIF和噁喹酸OXA的浓度为100 μg/L，达氟沙星DANO为30 μg/L，氟甲喹FLU 为50 μg/L）

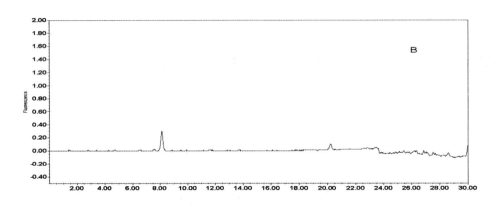

图A2牛奶空白试样色谱图

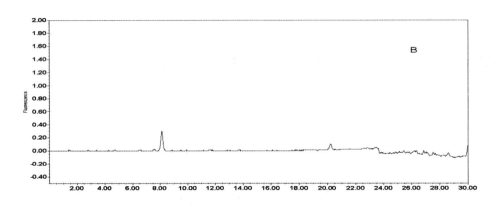

图 A3 牛奶空白添加喹诺酮类药物试样色谱图

（NOR，OFL，CIPRO，PEF，LOME，ENRO，SARA，DIF和OXA为25 μg/kg，DANO为7.5 μg/kg，FLU 为12.5 μg/kg）

ICS
G

中华人民共和国国家标准

GB 29696—2013

食品安全国家标准

牛奶中阿维菌素类药物多残留的测定

高效液相色谱法

Determination of Avermectins residues in milk by High Performance
Liquid Chromatographic method

2013-09-16 发布   2014-01-01 实施

中华人民共和国农业部   发布
中华人民共和国国家卫生和计划生育委员会

前　言

本标准的附录 A 为资料性附录。

本标准系国内首次发布的国家标准。

牛奶中阿维菌素类药物残留检测

高效液相色谱法

1　范围

本标准规定了牛奶中阿维菌素类药物残留量检测的制样和高效液相色谱测定方法。

本标准适用于牛奶中伊维菌素、阿维菌素、多拉菌素和埃普利诺菌素单个或多个药物残留量的检测。

2　规范性引用文件

下列文件中的条款通过本标准的引用而成为本标准的条款。凡是注日期的引用文件，其随后所有的修改单（不包括勘误的内容）或修订版均不适用于本标准，然而，鼓励根据本标准达成协议的各方研究是否可使用这些文件的最新版本。凡是不注日期的引用文件，其最新版本适用于本标准。

GB/T 1.1-2000 标准化工作导则 第1部分：标准的结构和编写规则

GB/T 6682　分析实验室用水规则和试验方法

3　原理

试料中残留的阿维菌素类药物，用乙腈提取，C_{18} 柱净化，三氟乙酸酐和 N-甲基咪唑衍生化，高效液相色谱-荧光法测定，外标法定量。

4　试剂和材料

以下所用试剂，除特别注明外均为分析纯试剂，水为符合 GB/T 6682 规定的一级水。

4.1　**埃普利诺菌素、阿维菌素、伊维菌素标准品**：含量≥98%；**多拉菌素标准品**：含量≥94.3%。

4.2　**甲醇**：色谱纯。

4.3　**乙腈**：色谱纯。

4.4　**三氟乙酸酐**

4.5　**三乙胺**

4.6　**异辛烷**

4.7　**N-甲基咪唑**

4.8　C₁₈固相萃取柱：500 mg/6 mL，或相当者。

4.9　洗涤液：取乙腈 30 mL、水 70 mL 和三乙胺 20 μL，混匀。

4.10　衍生化试剂 A 液：取 N-甲基咪唑 1 mL、乙腈 1 mL，混匀，现配现用。

4.11　衍生化试剂 B 液：取三氟乙酸酐 1 mL、乙腈 2 mL，混匀，现配现用。

4.12　200 μg/mL 阿维菌素类药物混合标准贮备液：精密称取埃普利诺菌素、阿维菌素、多拉菌素和伊维菌素标准品各 10 mg 于 50 mL 量瓶中，用乙腈溶解并稀释至刻度，配制成浓度为 200 μg/mL 的阿维菌素类药物混合标准贮备液。2~8℃以下保存，有效期 6 个月。

4.13　10 μg/mL 阿维菌素类药物混合标准工作液：精密量取 200 μg/mL 阿维菌素类药物混合标准贮备液 0.5 mL，于 10 mL 量瓶中，用乙腈溶解并稀释至刻度，配制成浓度为 10 μg/mL 的阿维菌素类药物标准工作液。2~8℃以下保存，有效期 6 个月。

5　仪器和设备

5.1　高效液相色谱仪：配荧光检测器。

5.2　分析天平：感量 0.000 01 g。

5.3　天平：感量 0.01 g。

5.4　涡旋混合仪

5.5　离心机

5.6　固相萃取装置

5.7　氮吹仪

5.8　微孔滤膜：0.45 μm。

6　试料的制备与保存

6.1　试料的制备

取适量新鲜或解冻的空白或供试牛奶，混合均匀。

——取均质后的供试样品，作为供试试料。

——取均质后的空白样品，作为空白试料。

——取均质后的空白样品，添加适宜浓度的标准工作，作为空白添加试料。

6.2 试料的保存

-20℃以下保存。

7 测定步骤

7.1 标准曲线的制备

精密量取 10 μg/mL 阿维菌素类药物混合标准贮备液适量，用乙腈稀释，配制成浓度为 2、5、10、50、100、500 和 1 000 ng/mL 的系列标准溶液，各取 1.0 mL 于 5 mL 试管中，于 60℃水浴氮气吹干，依次加衍生化试剂 A 液 100 μL 和衍生化试剂 B 液 150 μL，密闭，涡动 10 s，依次加冰醋酸和三乙胺各 50 μL，涡动 10 s，与样品溶液同步密闭反应 30 min，加 650 μL 甲醇混匀，供高效液相色谱测定。以测得峰面积为纵坐标，对应的标准溶液浓度为横坐标，绘制标准曲线。求回归方程和相关系数。

7.2 提取

称取试料（5±0.05）g 于 50 mL 离心管中，加乙腈 8 mL，涡动 1 min，4 500 r/ min 离心 10 min，取上清液。残渣中加乙腈 8 mL，重复提取一次，合并两次上清液，加水 20 mL、三乙胺 50 μL，混匀，备用。

7.3 净化

C$_{18}$ 柱依次用乙腈 5 mL 和洗涤液 5 mL 活化，取备用液过柱，自然流干，抽干 5 min，加异辛烷 3 mL 洗涤，抽干 5 min，乙腈 5 mL 洗脱，收集洗脱液于 10 mL 试管中，于 60℃水浴氮气吹干，备用。

7.4 衍生化

于备用试管中依次加衍生化试剂 A 液 100 μL、衍生化试剂 B 液 150 μL，密闭，涡动 10 s，依次加冰醋酸 50 μL 和三乙胺 50 μL，涡动 10 s，于室温密闭反应 30 min，加甲醇 650 μL 混匀。过滤，供高效液相色谱法测定。

7.5 测定

7.5.1 液相色谱参考条件

色谱柱：Symmetry C$_{18}$（250 mm×4.6 mm，粒径5 μm），或相当者；

流动相：乙腈+水（90+10，v/v）；

流速：1 mL/min；

柱温：30 ℃；

激发波长：365 nm；

发射波长：475 nm；

进样量：20 μL。

7.5.2 测定法

取试样溶液和相应的标准溶液，作单点或多点校准，按外标法，以峰面积计算。标准溶液及试样溶液中阿维菌素类药物响应值应在仪器检测的线性范围之内。在上述色谱条件下，标准溶液和空白添加试样溶液的高效液相色谱图见附录A。

7.6 空白试验

除不加试料外，采用完全相同的步骤进行平行操作。

8 结果计算和表述

试料中阿维菌素类药物的残留量(μg/kg)：按下式计算

$$X = \frac{C \times V}{m}$$

式中：

X——供试试料中相应的阿维菌素类药物的残留量，μg/kg；

C——试样溶液中相应的阿维菌素类药物的浓度，μg/mL；

V——试样液总体积，mL；

m——供试试料质量，g。

注：计算结果需扣除空白值，测定结果用平行测定的算术平均值表示，保留三位有效数字。

9 检测方法灵敏度、准确度和精密度

9.1 灵敏度

本方法的检测限为1 μg/kg，定量限为2 μg/kg。

9.2 准确度

本方法在2～100 μg/kg添加浓度水平上的回收率为70%～120%。

9.3 精密度

本方法的批内相对标准偏差≤15%，批间相对标准偏差≤20%。

附录 A

（资料性附录）

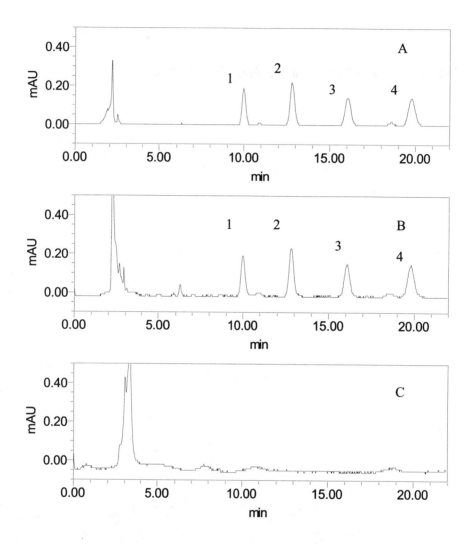

图 A　阿维菌素类药物标准溶液色谱图（10 ng/mL）
图 B　牛奶空白添加阿维菌素类药物试样色谱图（2 μg/kg）
图 C　牛奶空白试样色谱图

注：1—埃普利诺菌素；
　　2—阿维菌素；
　　3—多拉菌素；
　　4—伊维菌素。

ICS
G

中华人民共和国国家标准

GB 29698—2013

食品安全国家标准

奶及奶制品中 17β－雌二醇、雌三醇、炔雌醇多残留的测定 气相色谱-质谱法

Determination of 17β-estradiol, Estriol and Ethinylestradiol Residues in Milk and Milk

Products by Gas Chromatography-Mass Spectrometric method

2013-09-16 发布 2014-01-01 实施

中华人民共和国农业部

中华人民共和国国家卫生和计划生育委员会

发布

前　言

本标准的附录 A 为资料性附录。

本标准系国内首次发布的国家标准。

奶及奶制品中 17β－雌二醇、雌三醇、炔雌醇多残留的测定

气相色谱-质谱法

1 范围

本标准规定了奶及奶制品中雌激素类药物残留量检测的制样和气相色谱－质谱测定方法。

本标准适用于鲜奶和奶粉样品中 17β－雌二醇、雌三醇、炔雌醇单个或多个药物残留量的检测。

2 规范性引用文件

下列文件中的条款通过本标准的引用而成为本标准的条款。凡是注日期的引用文件，其随后所有的修改单(不包括勘误的内容)或修订版均不适用于本标准，然而，鼓励根据本标准达成协议的各方研究是否可使用这些文件的最新版本。凡是不注日期的引用文件，其最新版本适用于本标准。

GB/T 1.1-2000 标准化工作导则 第 1 部分：标准的结构和编写规则

GB/T 6682 分析实验室用水规格和试验方法

3 原理

试料中残留的雌激素，用乙酸乙酯和乙腈混合溶剂提取，固相萃取柱净化，硅烷化试剂衍生，离子模式气相色谱-质谱测定，外标法定量。

4 试剂和材料

以下所用试剂，除特殊注明外均为分析纯试剂，水为符合 GB/T 6682 规定的一级水。

4.1 17β－雌二醇、雌三醇、炔雌醇：含量≥98.0%。

4.2 二硫赤藓糖醇

4.3 N-甲基三甲基硅基三氟乙酰氨

4.4 三甲基硅烷

4.5 乙腈

4.6 乙酸乙酯

4.7 甲醇

4.8 甲苯

4.9　正己烷

4.10　盐酸

4.11　氢氧化钠

4.12　C_{18}固相萃取柱：LC- C_{18}，500 mg/3 mL，或相当者。

4.13　硅胶固相萃取柱：LC- Si，500 mg/3 mL，或相当者。

4.14　95%正己烷乙酸乙酯溶液：取正己烷 95 mL，用乙酸乙酯溶解并稀释至 100 mL。

4.15　70%正己烷乙酸乙酯溶液：取正己烷 70 mL，用乙酸乙酯溶解并稀释至 100 mL。

4.16　1mol/L 氢氧化钠溶液：取氢氧化钠 40 g，用水溶解并稀释至 1 000 mL。

4.17　5mol/L 盐酸溶液：取浓盐酸 48 mL，用水溶解并稀释至 100 mL。

4.18　衍生化试剂：取二硫赤藓糖醇 0.01 g，用 N-甲基三甲基硅基三氟乙酰氨（MSTFA）5 mL 溶解，于液面下加三甲基硅烷 10 μL，混匀，2～8℃放置过夜，避光防潮密封保存。衍生化试剂应无色，如果发生棕红色等颜色变化，表明试剂失效。

4.19　1 mg/mL17β－雌二醇、雌三醇、炔雌醇标准贮备液：精确称取 17β－雌二醇、雌三醇、炔雌醇标准品各 10 mg，分别于 10 mL 量瓶中，用甲醇溶解并稀释至刻度，配成浓度为 1 mg/mL 的标准贮备液。 －20℃以下保存，有效期 6 个月。

4.20　10 mg/L17β－雌二醇、雌三醇、炔雌醇混合标准工作液：精密量取 1 mg/mL 17β－雌二醇、雌三醇和炔雌醇标准贮备液各 1.0mL，于 100 mL 量瓶中，用甲醇稀释至刻度，配制成浓度为 10 mg/L 的混合标准工作液，2～8℃保存，有效期 1 个月。

5　仪器和设备

5.1　气相色谱-质谱联用仪：EI 源。

5.2　分析天平：感量 0.000 01 g。

5.3　天平：感量 0.01 g。

5.4　氮吹仪

5.5　固相萃取装置

5.8　均质器

5.9　旋涡混合器

5.10　离心机

5.11　烘箱

5.12　pH 计

5.13　旋转浓缩仪。

5.14　滤膜：0.22 μm。

6　试样制备与保存

6.1　试料的制备

取适量新鲜或冷藏的空白或供试样品，混合，并使均质。

——取均质后的供试样品，作为供试试料。

——取均质后的空白样品，作为空白试料。

——取均质后的空白样品，添加适宜浓度的标准工作液，作为空白添加试料。

6.2　试料的保存

2～8℃保存。

7　测定步骤

7.1　标准工作曲线制备

精密量取 10 mg/L 混合标工作液适量，用甲醇稀释，配制成浓度为 10、50、100、200、500 和 1000 μg/L 系列标准工作液，于 40℃水浴氮气吹干，按衍生化步骤处理，供气相色谱法-质谱测定。以测得峰面积为纵坐标，对应的标准溶液浓度为横坐标，绘制标准曲线。求回归方程和相关系数。

7.2　提取

7.2.1　液态试料

称取试料（10±0.05）g，于50 mL离心管中，加乙腈5 mL、乙酸乙酯15 mL，旋涡振荡3 min，8 000 r/min离心5 min，收集上清液于另一50 mL离心管中，残渣重复提取一次，合并两次上清液，于40℃水浴旋转蒸发至近干，用1 mol/L氢氧化钠溶液6 mL分三次溶解，转至另一50 mL离心管中，加正己烷20 mL旋涡振荡1 min，8 000 r/min离心3 min，收集下层提取液，用5 mol/L盐酸溶液调pH至5.0～5.2，备用。

7.2.2　固态试料

称取试料（10±0.05）g，于50 mL离心管中，加乙酸乙酯15 mL，旋涡振荡3 min，8 000 r/min离心5

min，收集上清液于另一50 mL离心管中，残渣重复提取一次，合并两次上清液，40℃水浴旋转蒸发至近干，用1 mol/L氢氧化钠溶液6 mL分三次溶解，转至另一50 mL离心管中，加正己烷20 mL旋涡振荡1 min，8 000 r/min离心3 min，收集下层提取液，用5 mol/L盐酸溶液调pH至5.0～5.2，备用。

7.3 净化

C$_{18}$柱依次用甲醇5 mL和水5 mL活化，取备用液过柱，用水5 mL淋洗，抽干，用甲醇5 mL洗脱，收集洗脱液，于40℃水浴氮气吹干。用95%正己烷乙酸乙酯溶液5 mL溶解残余物，过经正己烷5 mL活化后的硅胶柱，加正己烷5 mL淋洗，抽干，再用70%正己烷乙酸乙酯溶液5 mL洗脱，收集洗脱液，于40℃水浴氮气吹干。

7.4 衍生化

残余物加甲苯和衍生化试剂各100 μL溶解，混匀，封口，在80℃烘箱中衍生60 min，冷却，供气相色谱-质谱测定。

7.5 测定

7.5.1 色谱条件

色谱柱　HP-5 MS 石英毛细管色谱柱（30 m×0.25 mm， 膜厚0.25 μm），或相当者。

载气为高纯氦气，恒流1.0 mL/min；

进样口温度220℃；

进样体积：1 μL，不分流；

色谱柱起始温度100℃(保持1 min)，以20℃/min的升温速率升至200℃（保持3 min），再以20℃/min的升温速率升至260℃（保持5 min），再以20℃/min的升温速率升至280℃（保持5 min）；

7.5.2 质谱条件

离子源(EI)温度：200℃；

EM电压：高于调谐电压200 V；

电子能量：70eV；

GC/MS 传输线温度：280℃；

四极杆温度：160℃；

选择离子监测(SIM)：(m/z)232，285，326，416（17β－雌二醇）；311，345，414，504（雌三醇）；

285，300，425，440（炔雌醇）。

7.5.3 测定法

7.5.3.1 定性测定

通过试样色谱图的保留时间与相应标准品的保留时间、各色谱峰的特征离子与相应浓度标准溶液各色谱峰的特征离子相对照定性。试样与标准品保留时间的相对偏差不大于 5%；试样特征离子的相对丰度与浓度相当混合标准溶液的相对丰度一致，相对丰度偏差不超过表 1 的规定，则可判断试样中存在相应的被测物。

表 1 定性确诊时相对离子丰度的最大允许误差

相对丰度，%	>50	>20～50	>10～20	≤10
允许偏差，%	±10	±15	±20	±50

7.5.3.2 定量测定

取适量试样溶液和相应的标准溶液，做单点或多点校准，按外标法，以峰面积定量，标准溶液及试样液中 17β－雌二醇、雌三醇和炔雌醇的响应值均应在仪器检测的线性范围之内。在上述色谱条件下，标准溶液、空白试样和空白添加试样的色谱图及质谱图见附录 A。

7.6 空白试验

除不加试样外，采用完全相同的测定步骤进行平行操作。

8 结果计算和表述

试料中17β－雌二醇、雌三醇、炔雌醇的残留量（$\mu g/kg$）： 按下式计算。

$$X = \frac{A \times Cs \times V}{As \times m}$$

式中：

X——供试试料中相应的 17β－雌二醇、雌三醇、炔雌醇残留量，$\mu g/kg$；

Cs——标准溶液中相应的 17β－雌二醇、雌三醇和炔雌醇浓度，$\mu g/L$；

A——试样中相应的 17β－雌二醇、雌三醇和炔雌醇的峰面积；

As——标准溶液中相应的 17β－雌二醇、雌三醇和炔雌醇的峰面积；

V——溶解残余物体积，mL；

m——供试试料质量，g。

注：计算结果需扣除空白值，测定结果用平行测定的算术平均值表示，保留三位有效数字。

9 检测方法灵敏度、准确度和精密度

9.1 灵敏度

本方法检测限为 0.5 μg/kg，定量限为 1.0 μg/kg。

9.2 准确度

本方法在 1～10μg/kg 添加浓度水平上的回收率为 60%～120%。

9.3 精密度

本方法的批内相对标准偏差≤15%，批间相对标准偏差≤20%。

附录 A

（资料性附录）

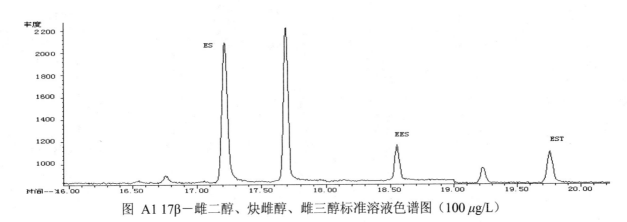

图 A1 17β－雌二醇、炔雌醇、雌三醇标准溶液色谱图（100 μg/L）

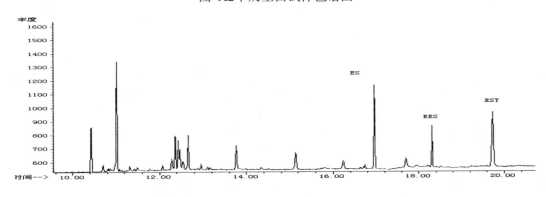

图 A2牛奶空白试样色谱图

图 A3 牛奶空白添加17β－雌二醇、炔雌醇和雌三醇试样色谱图（1 μg/kg）

注：ES—17β-雌二醇衍生物；
　　EES—炔雌醇衍生物；
　　EST—雌三醇衍生物；

ICS
G

中华人民共和国国家标准

GB 29700—2013

食品安全国家标准

牛奶中氯羟吡啶残留量的测定

气相色谱-质谱法

Determination of Clopidol residues in milk by

Gas Chromatography-mass Spectrometric method

2013-09-16 发布   2014-01-01 实施

中华人民共和国农业部   发布
中华人民共和国国家卫生和计划生育委员会

前　言

本标准的附录 A 为资料性附录。

本标准系国内首次发布的国家标准。

牛奶中氯羟吡啶残留量的测定

气相色谱-质谱法

1 范围

本标准规定了牛奶中氯羟吡啶残留量检测的制样和气相色谱-质谱的测定方法。

本标准适用于牛奶中氯羟吡啶残留量的检测。

2 规范性引用文件

下列文件中的条款通过本标准的引用而成为本标准的条款。凡是注日期的引用文件，其随后所有的修改单（不包括勘误的内容）或修订版均不适用于本标准，然而，鼓励根据本标准达成协议的各方研究是否可使用这些文件的最新版本。凡是不注日期的引用文件，其最新版本适用于本标准。

GB/T 1.1-2000 标准化工作导则 第1部分：标准的结构和编写规则

GB/T 6682 分析实验室用水规格和试验方法

3 原理

试料中残留的氯羟吡啶，用乙腈提取，碱性氧化铝柱净化，N,O-双三甲基硅基三氟乙酰胺与三甲基氯硅烷衍生，气相色谱-质谱测定，外标法定量。

4 试剂与材料

以下所用试剂，除特殊注明外均为分析纯试剂，水为符合GB/T 6682规定的一级水。

4.1 **氯羟吡啶对照品**：含量≥99％。

4.2 **无水硫酸钠**：使用前在马弗炉内500℃煅烧5 h，冷却后，过100目筛，备用。

4.3 **碱性氧化铝**：使用前在马弗炉内300℃煅烧3 h，冷却后按每100 g 加水5 mL，混匀，干燥器中过夜，备用。

4.4 **N,O-双三甲基硅基三氟乙酰胺**

4.5 **三甲基氯硅烷**

4.6 **乙腈**

4.7 **甲苯**：色谱纯。

4.8 **氦气**：纯度≥99.999％。

4.9　衍生剂：取 N,O-双三甲基硅基三氟乙酰胺 99 mL，加三甲基氯硅烷 1 mL，混匀。

4.10　氧化铝层析柱：氧化铝柱用30 mm × 15 mm 具塞玻璃层析柱，下配G₃砂芯板，先装入适量的乙腈，然后装填1 cm高的无水硫酸钠，中间装4 cm高的碱性氧化铝，顶端再装1 cm高的硫酸钠，轻轻敲实填匀，备用。

4.11　100 μg/mL氯羟吡啶标准贮备液：精明称取氯羟吡啶对照品适量，于100 mL量瓶中，用甲醇溶解并稀释至刻度，配制成浓度为100 μg/mL的氯羟吡啶标准贮备液。-20℃以下保存,有效期6个月。

4.12　1 μg/mL氯羟吡啶标准工作液：精密量取100 μg/mL氯羟吡啶标准贮备液1.0 mL，于100 mL量瓶中，用甲醇稀释至刻度，配制成浓度为1 μg/mL的氯羟吡啶标准工作液，2～8℃保存，有效期1周。

5　仪器与设备

5.1　气相色谱-质谱联用仪：配电子轰击离子源（EI）。

5.2　分析天平：感量0.000 01 g。

5.3　天平：感量 0.01 g。

5.4　高速冷冻离心机

5.5　旋转蒸发仪

5.6　摇床

5.7　聚丙烯离心管：50 mL。

6　试料的制备与保存

6.1 试料的制备

取适量新鲜或冷藏的空白或供试牛奶，混合均匀。

——取均质后的供试样品，作为供试试料。

——取均质后的空白样品，作为空白试料。

——取均质后的空白样品，添加适宜浓度的标准工作液，作为空白添加试料。

6.2 试料的保存

-20℃以下保存。

7　测定步骤

7.1　基质匹配标准曲线的制备

精密量取 1 μg/mL 氯羟吡啶标准工作液适量，分别添加至经提取、净化步骤处理的 6 份空白试料洗脱液中，经衍生处理，制得浓度分别为 5、10、20、100、250 和 500 μg/L 的系列基质匹配标准溶液，供气相色谱法-质谱测定。以测得峰面积为纵坐标，对应的标准溶液浓度为横坐标，绘制标准曲线。求回归方程和相关系数。

7.2　提取

称取试料（2±0.02）g，于 50 mL 聚丙烯离心管中，加乙腈 5 mL 振荡 30 min。于 4℃ 6000 r/min 离心 10 min，取上清液，残渣中加乙腈 5 mL，重复提取一次。合并两次上清液，加异丙醇 2 mL，于 50℃旋转蒸发至近干，用乙腈 5 mL 溶解残余物，备用。

7.3　净化

碱性氧化铝柱用乙腈 15 mL 活化，取备用液过柱，自然流干，加乙腈 10 mL 洗脱，收集洗脱液，于 50℃氮气吹干。

7.4　衍生

用甲苯 100 μL 溶解残余物，加衍生剂 100 μL，密封，80℃衍生反应 1 h。冷却，加甲苯 800 μL，供气相色谱-质谱测定。

7.5　测定

7.5.1　气相色谱条件

色谱柱：苯基甲基聚硅氧烷弹性石英毛细管柱(30 m×0.25 mm×0.25 μm)，或相当者；

流量：0.7 mL/min；

程序升温：90℃保持 1 min，以 30℃/min 的速率升温至 200℃，再以 5℃/min 升温至 205℃，保持 1 min，然后以 30℃/min 升温至 280℃，保持 1 min；

接口温度：280℃；

进样口温度：210℃；

进样方式：不分流进样；

进样量：1 μL。

7.5.2 质谱条件

电离方式：电子轰击电离（EI）；

离子源温度：230℃；

扫描方式：选择离子监测，定性离子 m/z 212、214、248 和 263，定量离子 m/z 248。

7.5.3 测定法

7.5.3.1 定性测定

样品与标准品峰保留时间差不大于 2 s；

至少检测 4 个特征离子，即 212，214，248 和 263，其中：

选择离子 248 是基峰；

选择离子 214，263 的相对强度（与基峰的比例）不超过标准相应选择离子相对强度平均值的 30%；

选择离子 212 的相对强度（与基峰的比例）不超过标准相应选择离子相对强度平均值的 25%；

氯羟吡啶三甲基硅醚衍生物质谱图和提取离子流色谱图，牛奶添加氯羟吡啶及牛奶空白提取离子流色谱图见附录 A。

7.5.3.2 定量测定

取试料溶液和空白基质标准溶液等体积参插进样测定，以基峰（m/z 248）的峰面积（峰高）作单点或多点校准，外标法定量。试料溶液及空白基质标准溶液中氯羟吡啶的响应值应在仪器检测的线性范围内。

7.6 空白试验

除不加试料外，采用完全相同的步骤进行平行操作。

8 结果计算与表述

试料中氯羟吡啶的残留量（μg/kg）：按下式计算

$$X = \frac{A \times Cs \times V}{A_s \times m}$$

式中：

X——供试试料中氯羟吡啶的含量，μg/kg；

A——试样溶液中氯羟吡啶的峰面积；

A_S——空白基质标准工作液中氯羟吡啶的峰面积；

C_S——空白基质标准工作液中氯羟吡啶的质量浓度，μg/L；

V——最终试样体积，mL；

m——供试试料质量，g。

注：计算结果需扣除空白值，测定结果用平行测定的算术平均值表示，保留三位有效数字。

9　检测方法灵敏度、准确度和精密度

9.1　灵敏度

本方法的检测限为2 μg/kg，定量限为5 μg/kg。

9.2　准确度

本方法在5～100 μg/kg添加浓度水平上的回收率为60％～110％。

9.3　精密度

本方法的批内相对标准偏差≤20％，批间相对标准偏差≤20％。

附　录　A

（资料性附录）

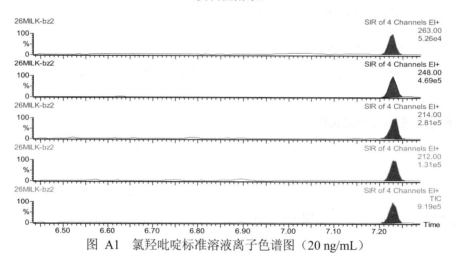

图 A1　氯羟吡啶标准溶液离子色谱图（20 ng/mL）

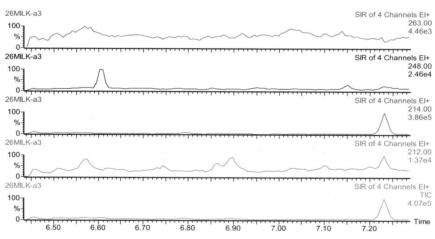

图 A2　牛奶空白试样离子色谱图

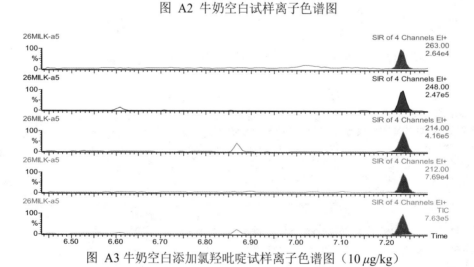

图 A3　牛奶空白添加氯羟吡啶试样离子色谱图（10 μg/kg）

6

ICS

G

中华人民共和国国家标准

GB 29707—2013

食品安全国家标准

牛奶中双甲脒残留标志物残留量的测定

气相色谱法

Determination of marker residues of Amitraz in milk by

Gas Chromatographic method

2013-09-16 发布
2014-01-01 实施

中华人民共和国农业部

发布

中华人民共和国国家卫生和计划生育委员会

前　言

本标准的附录 A 为资料性附录。

本标准系国内首次发布的国家标准。

牛奶中双甲脒残留标志物残留量的测定

气相色谱法

1 范围

本标准规定了牛奶中双甲脒残留标志物残留检测的制样和气相色谱测定方法。

本标准适用于牛奶中双甲脒残留标志物 2，4-二甲基苯胺残留量的检测。

2 规范性引用文件

下列文件中的条款通过本标准的引用而成为本标准的条款。凡是注日期的引用文件，其随后所有的修改单（不包括勘误的内容）或修定版均不适用于本标准，然而，鼓励根据本标准达成协议的各方研究是否可使用这些文件的最新版本。凡是不注日期的引用文件，其最新版本适用于本标准。

GB/T 1.1-2000 标准化工作导则 第 1 部分：标准的结构和编写规则

GB/T 6682 分析实验室用水规则和试验方法

3 原理

试料中残留的双甲脒，用氢氧化钠水溶液提取，水解，萃取，七氟丁酸酐衍生，气相色谱-电子捕获检测法检测，外标法定量。

4 试剂和材料

以下所用的试剂，除特别注明外均为分析纯试剂；水为符合 GB/T 6682 规定的一级水。

4.1 **双甲脒对照品**：含量≥99％；2，4-二甲基苯胺对照品：含量≥95％。

4.2 **氢氧化钠**：优级纯。

4.3 **碳酸氢钠**：优级纯。

4.4 **无水硫酸钠**：优级纯。

4.5 **七氟丁酸酐**：色谱纯。

4.6 **正己烷**：色谱纯。

4.7 **1 mol/L 氢氧化钠溶液**：取氢氧化钠 40 g，用水溶解并稀释至 1 000 mL。

4.8 **碱性水溶液**：取水 1 000 mL，用 1 mol/L 的氢氧化钠溶液调 pH 至 9.0。

4.9 **饱和碳酸氢钠溶液**：取碳酸氢钠 10.35 g，用水溶解并稀释至 1 000 mL。

4.10 **1 mg/mL 双甲脒和 2，4-二甲基苯胺标准贮备液**：精密称取双甲脒和 2，4-二甲基苯胺对照品各

10 mg，分别于 10 mL 量瓶中，用正己烷溶解并稀释至刻度，配制成浓度为 1 mg/mL 的双甲脒标准贮备液和 2，4-二甲基苯胺标准贮备液。2～8℃保存，有效期 3 个月。

4.11　10 μg/mL 混合标准工作液：精密量取 1 mg/mL 双甲脒标准贮备液和 2，4-二甲基苯胺标准贮备液适量各 1.0 mL，于 100 mL 量瓶中，用正己烷稀释至刻度，配制成浓度为 10 μg/mL 的混合标准工作液。2～8℃避光保存，有效期 1 周。

5 仪器和设备

5.1　气相色谱仪：配电子捕获检测器。

5.2　分析天平：感量 0.000 01 g。

5.3　天平：感量 0.01 g。

5.4　离心机

5.5　旋涡混合器

5.6　均质机

5.7　恒温干燥箱

5.8　聚丙烯离心管

5.9　具塞离心管

5.10　圆底烧瓶

6 试料的制备与保存

6.1 试料的制备

取适量新鲜或冷藏的空白或供试牛奶，混合均匀。

——取均质后的供试样品，作为供试试料。

——取均质后的空白样品，作为空白试料。

——取均质后的空白样品，添加适宜浓度的标准工作液，作为空白添加试料。

6.2 试料的保存

-20℃以下保存。

7 测定步骤

7.1 标准曲线的制备

精密量取 2,4-二甲基苯胺标准贮备液适量,用正己烷稀释,配制成浓度为 10、20、50、100、200 和 400 ng/mL 的系列标准溶液,各取 2.0 mL,按衍生化步骤处理,供气相色谱测定。以测得峰面积为纵坐标,对应的标准溶液浓度为横坐标,绘制标准曲线。求回归方程和相关系数。

7.2 提取和水解

称取试料(5±0.05)g,于聚丙烯离心管中,加碱性水溶液 10 mL,漩涡混匀,4 200 r/min 离心 10 min,取上清液于另一聚丙烯离心管中,残渣中加碱性水溶液 10 mL,重复提取一次,合并两次上清液。于 70℃ 恒温干燥箱中静置 50 min,冷却,加正己烷 10 mL,漩涡混匀,静置 5 min,4 200 r/min 离心 10 min,取上层正己烷液于圆底烧瓶中,下层液加正己烷 5 mL 重复萃取一次,合并两次正己烷层液,于 45℃ 转蒸发至干,用正己烷 2.0 mL 溶解残余物,备用。

7.3 衍生和净化

取备用液于具塞离心管中,加七氟丁酸酐 10 μL,混匀,于 60℃ 恒温 90 min,其间每隔 30 min 取出超声 5 min。衍生后静置 10 min,加饱和碳酸氢钠溶液 2 mL,混匀,取有机相层,加无水硫酸钠 2 g 去水,供气相色谱测定。

7.4 测定

7.4.1 色谱条件
色谱柱:Rtx-1 毛细管柱(30 m×0.25 mm),或相当者;

柱温:程序升温;

表 1 程序升温表

升温速率 ℃/ min	初始温度 ℃	停留时间 min
	50	0
7	220	5

柱流速:1 mL/min,分析时间:27 min;

进样口温度:250℃;

进样量:1 μL;

载气：氮气（纯度 ≥ 99.999%），30 mL/min；

分流模式：分流，分流比 50:1；

检测器温度：300℃。

7.4.2 测定法

取试样溶液和相应的标准溶液，作单点或多点校准，按外标法，以峰面积计算。标准溶液及试样溶液中双甲脒和 2，4-二甲基苯胺响应值应在仪器检测的线性范围之内。在上述色谱条件下，标准溶液和空白添加试样溶液的高效液相色谱图见附录 A。

7.5 空白试验

除不加试料外，采用完全相同的步骤进行平行操作。

8 结果计算与表述

试料中双甲脒的残留量（μg/ kg）：按下式计算

$$X = \frac{A \times Cs \times V \times 1.21}{As \times m}$$

式中：

X—供试试料中双甲脒残留量，$μg/ kg$；

A—试样溶液中 2，4-二甲基苯七氟丁酰胺的峰面积；

A_S—标准工作液中 2，4-二甲基苯七氟丁酰胺的峰面积；

C_S—标准工作液中 2，4-二甲基苯胺的浓度，ng/mL；

V—萃取用正己烷的体积，mL；

m—供试试料质量，g。

1.21—2，4-二甲基苯胺计算成双甲脒的校正系数。

注：计算结果需扣除空白值，测定结果用平行测定的算术平均值表示，保留三位有效数字。

9 检验方法灵敏度、准确度、精密度

9.1 灵敏度

本方法的检测限为 2 $μg/kg$，定量限为 5 $μg/kg$。

9.2 准确度

本方法在 5～20 µg/kg 添加浓度水平上的回收率为 70%～110%。

9.3 精密度

本方法的批内相对标准偏差≤15%，批间相对标准偏差≤20%。

附录 A

（资料性附录）

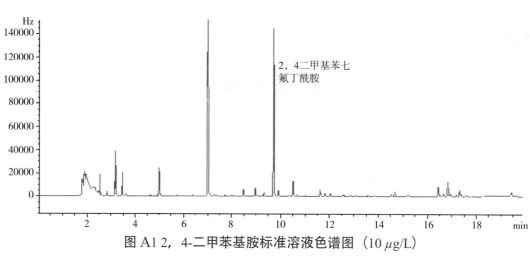

图 A1 2，4-二甲苯基胺标准溶液色谱图（10 μg/L）

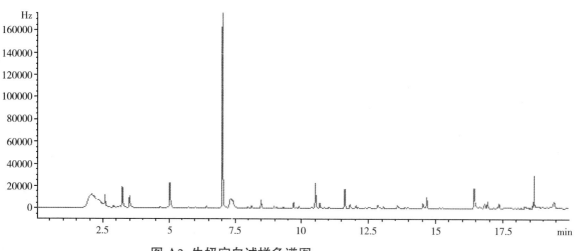

图 A2 牛奶空白试样色谱图

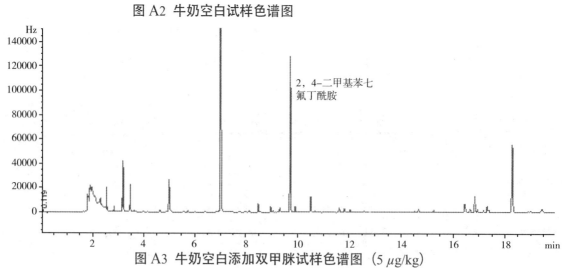

图 A3 牛奶空白添加双甲脒试样色谱图（5 μg/kg）

中华人民共和国国家标准

GB 29989—2013

食品安全国家标准

婴幼儿食品和乳品中左旋肉碱的测定

2013-11-29 发布

2014-06-01 实施

中华人民共和国
国家卫生和计划生育委员会 发 布

食品安全国家标准

婴幼儿食品和乳品中左旋肉碱的测定

1 范围

本标准规定了婴幼儿食品和乳品中左旋肉碱的测定方法。

本标准适用于婴幼儿食品和乳品中左旋肉碱的测定。

2 原理

试样经过水提取，用高氯酸沉淀蛋白质后过滤。滤液经碱皂化后使溶液中结合态的左旋肉碱游离出来。左旋肉碱与乙酰辅酶 A 在乙酰肉碱转移酶的催化下反应生成乙酰肉碱和游离的辅酶 A。游离的辅酶 A 和 2-硝基苯甲酸反应生成黄色物质，其颜色深浅与游离的辅酶 A 含量成正比。因游离的辅酶 A 与左旋肉碱是等摩尔反应关系，可间接求出试样中左旋肉碱含量。

3 试剂和材料

注：除非另有说明，本方法所用试剂均为分析纯，水为 GB/T6682 规定的三级水。

3.1 试剂

3.1.1 高氯酸($HClO_4$)。

3.1.2 氢氧化钠(NaOH)。

3.1.3 氢氧化钾(KOH)。

3.1.4 2-硝基苯甲酸($C_{14}H_8N_2O_8S_2$)。

3.1.5 N-2-羟乙基哌嗪-N-2-乙烷磺酸($C_8H_{18}N_2O_4S$)。

3.1.6 乙二胺四乙酸二钠（$C_{10}H_{14}N_2Na_2 \cdot 2H_2O$）。

3.1.7 乙酰辅酶 A（AcetylCoA）：在 2℃~8℃保存。

3.1.8 乙酰肉碱转移酶(CAT)：在 2℃~8℃保存。

3.2 试剂配制

3.2.1 高氯酸溶液（13%）：13 mL 高氯酸稀释至 100 mL。

3.2.2 氢氧化钠溶液（10 mol/L）：称取 40 g 氢氧化钠用水溶解，冷却后稀释至 100 mL。

3.2.3 氢氧化钾溶液（4.0 mol/L）：称取 22.4 g 氢氧化钾用水溶解，冷却后稀释至 100 mL。

3.2.4 显色储备液：分别称取 50 mg 2-硝基苯甲酸、5.96 g N-2-羟乙基哌嗪-N-2-乙烷磺酸、185 mg 乙二胺四乙酸二钠溶于 30 mL 去离子水中，用 10 mol/L NaOH 溶液调 pH 至 7.4~7.6，然后用水定容至 50 mL。此液置于 4℃冰箱中可保存 3 个月。

3.2.5 显色工作液：吸取 5.0 mL 显色储备液用水定容至 25 mL。

3.2.6 乙酰辅酶 A（AcetylCoA）溶液：称取 20.0 mg 乙酰辅酶 A 溶于 2.0 mL 水中。临用时配制。

3.2.7 乙酰肉碱转移酶(CAT)溶液：吸取 100 μL 乙酰肉碱转移酶悬浮液，经 1500 r/min 离心 10 min，弃去上层清液，沉淀用 2 mL 水溶解。临用时配制。

3.3 标准品

左旋肉碱标准品（$C_7H_{15}NO_3$）：纯度≥98%。

3.4 标准溶液配制

3.4.1 左旋肉碱标准储备液（80 μg/mL）：准确称取 20 mg（精确 0.0001g）于 102℃±2℃烘箱中烘 2 h 的左旋肉碱，用水定容至 250 mL 容量瓶中。此液置于 4℃冰箱中可保存 1 个月。

3.4.2 左旋肉碱标准工作液：分别吸取左旋肉碱标准储备液 0.5 mL、1 mL、2 mL、3 mL、5 mL 于 25 mL 容量瓶中，用水定容至刻度，混匀。此溶液仅限于当天使用。

4 仪器和设备

4.1 分析天平：感量 0.1 mg。
4.2 pH 计：精度 0.01。
4.3 离心机：转速≥1500 r/min。
4.4 恒温水浴锅：温度可控制在 40℃±2℃。
4.5 分光光度计。

5 分析步骤

5.1 试样处理

准确称取 5 g（精确 0.0001g）混合均匀的试样于烧杯中，用 30 mL 40℃温水溶解，转入 100 mL 容量瓶中。加入 10 mL 13%高氯酸溶液，混合均匀后静止 20 min。用蒸馏水定容至刻度，混匀，用定量滤纸过滤。

取滤液 20 mL，用 4 mol/L 氢氧化钾溶液调 pH 为 12.5～13.0 后，置于 40℃ 水浴 60 min。冷却后用 13%高氯酸调 pH 为 7.0～7.5。将样液转入 50 mL 容量瓶中，用蒸馏水定容。混匀后置于 4℃冰箱中过夜。将试样处理液从冰箱中取出放置至室温，取上清液用 0.45 μm 滤膜过滤后备用。

5.2 标准曲线的绘制

吸取左旋肉碱标准工作液 2.0 mL 于 1 cm 比色皿中，加入 0.8 mL 显色工作液和 100 μL 乙酰辅酶 A 溶液，盖上比色皿盖，混合均匀后放入分光光度计中，分光光度计的波长调为 412 nm，5 min 后归零。迅速加入 100 μL 乙酰肉碱转移酶溶液，混合均匀后放入分光光度计中，反应 10 min 后记录吸光值。以左旋肉碱标准工作液的浓度为横坐标，以吸光值为纵坐标，制作标准曲线。

5.3 试样测定

取 2.0 mL 试样处理液按 5.2 的步骤测定其吸光值。在标准曲线上查得试样待测液的浓度。

6 分析结果的表述

试样中的左旋肉碱的含量 X，以质量分数 mg/100g 表示，按式（1）计算：

$$X = \frac{c \times 50}{m \times V \times 10} \times 100 \quad\text{..(1)}$$

式中：

X——样品中左旋肉碱含量，单位为毫克每百克（mg/100 g）；

c——从标准曲线上查得的试样处理液浓度，单位为微克每毫升（μg/mL）；

V——滤液的体积，单位为毫升（mL）；

m——试样的质量，单位为克（g）。

计算结果以重复性条件下获得的两次独立测定结果的算术平均值表示，结果保留小数点后一位。

7 精密度

在重复性条件下获得的两次独立测定结果的绝对差值不应超过算术平均值的 10%。

8 其他

方法检出限 0.6 mg/100g，定量限为 2 mg/100g。

第三篇

生产经营规范标准

中华人民共和国国家标准

GB 12693—2010

食品安全国家标准

乳制品良好生产规范

National food safety standard

Good manufacturing practice for milk products

2010-03-26 发布
2010-12-01 实施

中华人民共和国卫生部 发布

前　言

本标准代替GB 12693–2003《乳制品企业良好生产规范》和GB/T 21692–2008《乳粉卫生操作规范》。

本标准对应于国际食品法典委员会（CAC）CAC/RCP 1–1969，Rev.4–2003 Recommended International Code of Practice General Principles of Food Hygiene及CAC/RCP 57–2004 Code of Hygienic Practice for Milk and Milk Products，本标准与CAC/RCP 1–1969，Rev.4–2003、CAC/RCP 57–2004的一致性程度为非等效；同时参考了欧盟法规（EC）No. 852/2004 On the hygiene of foodstuffs及（EC）No. 853/2004 Laying down specific hygiene rules for food of animal origin。

本标准与GB 12693–2003和GB/T 21692–2008相比，主要变化如下：

——标准名称改为《乳制品良好生产规范》；

——对适用范围进行了调整，强调了适用于各类乳制品企业；

——修改了标准条款框架；

——强调了在原料进厂、生产过程的食品安全控制、产品的运输和贮存整个生产过程中防止污染的要求；

——对生产设备进行了调整，从防止微生物、化学、物理污染的角度对生产设备提出了布局、材质和设计要求；

——取消了实验室建设中的硬件要求；

——增加了原料采购、验收、运输和贮存的相关要求；

——强调了生产过程的食品安全控制，并制定了控制微生物、化学、物理污染的主要措施；

——增加了包装材料及其使用要求；

——增加了关键控制点的控制指标、监测以及记录要求；

——增加了产品追溯与召回的具体要求；

——增加了记录和文件的管理要求。

本标准的附录A为资料性附录。

本标准所代替标准的历次版本发布情况为：

——GB 12693–1990、GB 12693–2003；

——GB/T 21692–2008。

食品安全国家标准

乳制品良好生产规范

1 范围

本标准适用于以牛乳（或羊乳）及其加工制品等为主要原料加工各类乳制品的生产企业。

2 规范性引用文件

本标准中引用的文件对于本标准的应用是必不可少的。凡是注日期的引用文件，仅所注日期的版本适用于本标准。凡是不注日期的引用文件，其最新版本（包括所有的修改单）适用于本标准。

3 术语和定义

3.1 清洁作业区 cleaning work area

清洁度要求高的作业区域，如裸露待包装的半成品贮存、充填及内包装车间等。

3.2 准清洁作业区 quasi-cleaning work area

清洁度要求低于清洁作业区的作业区域，如原料预处理车间等。

3.3 一般作业区 commonly work area

清洁度要求低于准清洁作业区的作业区域，如收乳间、原料仓库、包装材料仓库、外包装车间及成品仓库等。

4 选址及厂区环境

按照 GB 14881 有关规定执行。

5 厂房和车间

5.1 设计和布局

5.1.1 凡新建、扩建、改建的工程项目均应按照国家相关规定进行设计和施工。

5.1.2 厂房和车间的布局应能防止乳制品加工过程中的交叉污染，避免接触有毒物、不洁物。

5.1.3 车间内清洁作业区、准清洁作业区与一般作业区之间应采取适当措施，防止交叉污染。

5.2 内部建筑结构

5.2.1 屋顶

5.2.1.1 加工、包装、贮存等场所的室内屋顶和顶角应易于清扫，防止灰尘积聚，避免结露、长霉或脱落等情形发生。清洁作业区、准清洁作业区及其他食品暴露场所（收乳间除外）屋顶若为易于藏污纳垢的结构，宜加设平滑易清扫的天花板；若为钢筋混凝土结构，其室内屋顶应平坦无缝隙。

5.2.1.2 车间内平顶式屋顶或天花板应使用无毒、无异味的白色或浅色防水材料建造，若喷涂涂料，应使用防霉、不易脱落且易于清洗的涂料。

5.2.1.3 蒸汽、水、电等配管不应设置于食品暴露的正上方，否则应安装防止灰尘及凝结水掉落的设施。

5.2.2 墙壁

5.2.2.1 应使用无毒、无味、平滑、不透水、易清洗的浅色防腐材料构造。

5.2.2.2 清洁作业区与准清洁作业区的墙角及柱角应结构合理，易于清洗和消毒。

5.2.3 门窗

5.2.3.1 应使用光滑、防吸附的材料，并且易于清洗和消毒。

5.2.3.2 生产车间和贮存场所的门、窗应装配严密，应配备防尘、防动物及其他虫害的设施，并便于清洁。

5.2.3.3 清洁作业区、准清洁作业区的对外出入口应装设能自动关闭（如安装自动感应器或闭门器等）的门和（或）空气幕。

5.2.4 地面

5.2.4.1 地面应使用无毒、无味、不透水的材料建造，且须平坦防滑、无裂缝并易于清洗和消毒。

5.2.4.2 作业中有排水或废水流经的地面，以及作业环境经常潮湿或以水洗方式清洗作业等区域的地面宜耐酸耐碱，并应有一定的排水坡度及排水系统。

5.3 设施

5.3.1 供水设施

5.3.1.1 应能保证生产用水的水质、压力、水量等符合生产需要。

5.3.1.2 供水设备及用具应取得省级以上卫生行政部门的涉及饮用水卫生安全产品卫生许可批件。

5.3.1.3 供水设施出入口应增设安全卫生设施，防止动物及其他物质进入导致食品污染。

5.3.1.4 使用二次供水的，应符合 GB 17051 的规定。

5.3.1.5 使用自备水源的供水过程应符合国家卫生行政管理部门关于生活饮用水集中式供水单位的相关卫生要求。

5.3.1.6 不与食品接触的非饮用水（如冷却水、污水或废水等）的管道系统与生产用水的管道系统应明显区分，并以完全分离的管路输送，不应有逆流或相互交接现象。

5.3.1.7 生产用水的水质应符合 GB 5749 的规定。

5.3.2 排水系统

5.3.2.1 应配备适当的排水系统，且在设计和建造时应避免产品或生产用水受到污染。

5.3.2.2 排水系统应有坡度、保持通畅、便于清洗，排水沟的侧面和底面接合处应有一定弧度。

5.3.2.3 排水系统入口应安装带水封的地漏，以防止固体废弃物进入及浊气逸出。

5.3.2.4 排水系统内及其下方不应有生产用水的供水管路。

5.3.2.5 排水系统出口应有防止动物侵入的装置。

5.3.2.6 室内排水的流向应由清洁度要求高的区域流向清洁度要求低的区域，并有防止废水逆流的设计。

5.3.2.7 废水应排至废水处理系统或经其他适当方式处理。

5.3.3 清洁设施

应配备适当的专门用于食品、器具和设备清洁处理的设施，以及存放废弃物的设施等。

5.3.4 个人卫生设施

5.3.4.1 个人卫生设施应符合 GB 14881 的规定。

5.3.4.2 进入清洁作业区前应设置消毒设施，必要时设置二次更衣室。

5.3.5 通风设施

5.3.5.1 应具有自然通风或人工通风措施，减少空气来源的污染、控制异味，以保证食品的安全和产品特性。乳粉生产时清洁作业区还应控制环境温度，必要时控制空气湿度。

5.3.5.2 清洁作业区应安装空气调节设施，以防止蒸汽凝结并保持室内空气新鲜；一般作业区应安装通风设施，及时排除潮湿和污浊的空气。厂房内进行空气调节、进排气或使用风扇时，其空气应由清洁度要求高的区域流向清洁度要求低的区域，防止食品、生产设备及内包装材料遭受污染。

5.3.5.3 在有臭味及气体（蒸汽及有毒有害气体）或粉尘产生而有可能污染食品的区域，应有适当的排除、收集或控制装置。

5.3.5.4 进气口应距地面或屋面 2m 以上，远离污染源和排气口，并设有空气过滤设备。排气口应装有易清洗、耐腐蚀的网罩，防止动物侵入；通风排气装置应易于拆卸清洗、维修或更换。

5.3.5.5 用于食品、清洁食品接触面或设备的压缩空气或其他气体应经过滤净化处理，以防止造成间接污染。

5.3.6 照明设施

5.3.6.1 厂房内应有充足的自然采光或人工照明，车间采光系数不应低于标准Ⅳ级。质量监控场所工作面的混合照度不宜低于 540 lx，加工场所工作面不宜低于 220 lx，其他场所不宜低于 110 lx，对光敏感测试区域除外。光源不应改变食品的颜色。

5.3.6.2 照明设施不应安装在食品暴露的正上方，否则应使用安全型照明设施，以防止破裂污染食品。

5.3.7 仓储设施

5.3.7.1 企业应具有与生产经营的乳制品品种、数量相适应的仓储设施。

5.3.7.2 应依据原料、半成品、成品、包装材料等性质的不同分设贮存场所，必要时应设有冷藏（冻）库。同一仓库贮存性质不同物品时，应适当隔离（如分类、分架、分区存放），并有明显的标识。

5.3.7.3 仓库以无毒、坚固的材料建成，地面平整，便于通风换气，并应有防止动物侵入的装置（如仓库门口应设防鼠板或防鼠沟）。

5.3.7.4 仓库应设置数量足够的栈板（物品存放架），并使物品与墙壁、地面保持适当距离，以利空气流通及物品的搬运。

5.3.7.5 冷藏（冻）库，应装设可正确指示库内温度的温度计、温度测定器或温度自动记录仪，且对温度进行适时监控，并记录。

6　设备

6.1　生产设备

6.1.1　一般要求

6.1.1.1 应具有与生产经营的乳制品品种、数量相适应的生产设备，且各个设备的能力应能相互匹配。

6.1.1.2 所有生产设备应按工艺流程有序排列，避免引起交叉污染。

6.1.1.3 应制定生产过程中使用的特种设备（如压力容器、压力管道等）的操作规程。

6.1.2　材质

6.1.2.1 与原料、半成品、成品直接或间接接触的所有设备与用具，应使用安全、无毒、无臭味或异味、防吸收、耐腐蚀且可承受反复清洗和消毒的材料制造。

6.1.2.2 产品接触面的材质应符合食品相关产品的有关标准，应使用表面光滑、易于清洗和消毒、不吸水、不易脱落的材料。

6.1.3　设计

6.1.3.1 所有生产设备的设计和构造应易于清洗和消毒，并容易检查。应有可避免润滑油、金属碎屑、污水或其他可能引起污染的物质混入食品的构造，并应符合相应的要求。

6.1.3.2 食品接触面应平滑、无凹陷或裂缝，以减少食品碎屑、污垢及有机物的聚积。

6.1.3.3 贮存、运输及加工系统（包括重力、气动、密闭及自动系统）的设计与制造应易于维持其良好的卫生状况。物料的贮存设备应能密封。

6.1.3.4 应有专门的区域贮存设备备件，以便设备维修时能及时获得必要的备件；应保持备件贮存区域清洁干燥。

6.2 监控设备

6.2.1 用于测定、控制、记录的监控设备，如压力表、温度计等，应定期校准、维护，确保准确有效。

6.2.2 当采用计算机系统及其网络技术进行关键控制点监测数据的采集和对各项记录的管理时，计算机系统及其网络技术的有关功能可参考本标准附录A的规定。

6.3 设备的保养和维修

6.3.1 应建立设备保养和维修程序，并严格执行。

6.3.2 应建立设备的日常维护和保养计划，定期检修，并做好记录。

6.3.3 每次生产前应检查设备是否处于正常状态，防止影响产品卫生质量的情形发生；出现故障应及时排除并记录故障发生时间、原因及可能受影响的产品批次。

7 卫生管理

7.1 卫生管理制度

7.1.1 应制定卫生管理制度及考核标准，并实行岗位责任制。

7.1.2 应制定卫生检查计划，并对计划的执行情况进行记录并存档。

7.2 厂房及设施卫生管理

7.2.1 厂房内各项设施应保持清洁，及时维修或更新；厂房屋顶、天花板及墙壁有破损时，应立即修补，地面不应有破损或积水。

7.2.2 用于加工、包装、贮存和运输等的设备及工器具、生产用管道、食品接触面，应定期清洗和消毒。清洗和消毒作业时应注意防止污染食品、食品接触面及内包装材料。

7.2.3 已清洗和消毒过的可移动设备和用具，应放在能防止其食品接触面再受污染的适当场所，并保持适用状态。

7.3 清洁和消毒

7.3.1 应制定有效的清洁和消毒计划和程序，以保证食品加工场所、设备和设施等的清洁卫生，防止食品污染。

7.3.2 可根据产品和工艺特点选择清洁和消毒的方法。

7.3.3 用于清洁和消毒的设备、用具应放置在专用场所妥善保管。

7.3.4 应对清洁和消毒程序进行记录，如洗涤剂和消毒剂的品种、作用时间、浓度、对象、温度等。

7.4 人员健康与卫生要求

7.4.1 人员健康

7.4.1.1 企业应建立并执行从业人员健康管理制度。

7.4.1.2 乳制品加工人员每年应进行健康检查，取得健康证明后方可参加工作。

7.4.1.3 患有痢疾、伤寒、甲型病毒性肝炎、戊型病毒性肝炎等消化道传染病的人员，以及患有活动性肺结核、化脓性或者渗出性皮肤病等有碍食品安全疾病的人员，以及皮肤有未愈伤口的人员，企业应将其调整到其他不影响食品安全的工作岗位。

7.4.2 个人卫生

7.4.2.1 乳制品加工人员应保持良好的个人卫生。

7.4.2.2 进入生产车间前，应穿戴好整洁的工作服、工作帽、工作鞋（靴）。工作服应盖住外衣，头发不应露出帽外，必要时需戴口罩；不应穿清洁作业区、准清洁作业区的工作服、工作鞋（靴）进入厕所，离开生产加工场所或跨区域作业。

7.4.2.3 上岗前、如厕后、接触可能污染食品的物品后或从事与生产无关的其他活动后，应洗手消毒。生产加工、操作过程中应保持手部清洁。

7.4.2.4 乳制品加工人员不应涂指甲油，不应使用香水，不应佩戴手表及饰物。

7.4.2.5 工作场所严禁吸烟、吃食物或进行其他有碍食品卫生的活动。

7.4.2.6 个人衣物应贮存在更衣室个人专用的更衣柜内，个人用其他物品不应带入生产车间。

7.4.3 来访者

来访者进入食品生产加工、操作场所应符合现场操作人员卫生要求。

7.5 虫害控制

7.5.1 应制定虫害控制措施，保持建筑物完好、环境整洁，防止虫害侵入及孳生。

7.5.2 在生产车间和贮存场所的入口处应设捕虫灯（器），窗户等与外界直接相连的地方应当安装纱窗或采取其他措施，防止或消除虫害。

7.5.3 应定期监测和检查厂区环境和生产场所中是否有虫害迹象，若发现虫害存在时，应追查其来源，并杜绝再次发生。

7.5.4 可采用物理、化学或生物制剂进行处理，其灭除方法应不影响食品的安全和产品特性，不污染食品接触面及包装材料（如尽量避免使用杀虫剂等）。

7.6 废弃物处理

7.6.1 应制定废弃物存放和清除制度。

7.6.2 盛装废弃物、加工副产品以及不可食用物或危险物质的容器应有特别标识且要构造合理、不透水，必要时容器可封闭，以防止污染食品。

7.6.3 应在适当地点设置废弃物临时存放设施，并依废弃物特性分类存放，易腐败的废弃物应定期清除。

7.6.4 废弃物放置场所不应有不良气味或有害、有毒气体溢出，应防止虫害的孳生，防止污染食品、食品接触面、水源及地面。

7.7 有毒有害物管理

按照 GB 14881 有关规定执行。

7.8 污水、污物管理

7.8.1 污水排放应符合 GB 8978 的要求，不符合标准时应采取净化措施，达标后方可排放。

7.8.2 污物管理按照 GB 14881 有关规定执行。

7.9 工作服管理

按照 GB 14881 有关规定执行。

8 原料和包装材料的要求

8.1 一般要求

8.1.1 企业应建立与原料和包装材料的采购、验收、运输和贮存相关的管理制度，确保所使用的原料和包装材料符合法律法规的要求。不得使用任何危害人体健康和生命安全的物质。

8.1.2 企业自行建设的生乳收购站应符合国家和地方相关规定。

8.2 原料和包装材料的采购和验收要求

8.2.1 企业应建立供应商管理制度，规定供应商的选择、审核、评估程序。

8.2.2 企业应建立原料和包装材料进货查验制度。

8.2.2.1 使用生乳的企业应按照相关食品安全标准逐批检验收购的生乳，如实记录质量检测情况、供货方的名称以及联系方式、进货日期等内容，并查验运输车辆生乳交接单。企业不应从未取得生乳收购许可证的单位和个人购进生乳。

8.2.2.2 其他原料和包装材料验收时，应查验该批原料和包装材料的合格证明文件（企业自检报告或第三方出具的检验报告）；无法提供有效的合格证明文件的，应按照相应的食品安全标准或企业验收标准对所购原料和包装材料进行检验，合格后方可接收与使用。应如实记录原料和包装材料的相关信息。

8.2.3 经判定拒收的原料和包装材料应予以标识，单独存放，并通知供货方做进一步处理。

8.2.4 如发现原料和包装材料存在食品安全问题时应向本企业所在辖区的食品安全监管部门报告。

8.3 原料和包装材料的运输和贮存要求

8.3.1 企业应按照保证质量安全的要求运输和贮存原料和包装材料。

8.3.2 生乳的运输和贮存

8.3.2.1 运输和贮存生乳的容器，应符合相关国家安全标准。

8.3.2.2 生乳在挤奶后 2 小时内应降温至 0℃～4℃。采用保温奶罐车运输。运输车辆应具备完善的证明和记录。

8.3.2.3 生乳到厂后应及时进行加工，如果不能及时处理，应有冷藏贮存设施，并进行温度及相关指标的监测，做好记录。

8.3.3 其他原料和包装材料的运输和贮存

8.3.3.1 原料和包装材料在运输和贮存过程应避免太阳直射、雨淋、强烈的温度、湿度变化与撞击等；不应与有毒、有害物品混装、混运。

8.3.3.2 在运输和贮存过程中，应避免原料和包装材料受到污染及损坏，并将品质的劣化降到最低程度；对有温度、湿度及其他特殊要求的原料和包装材料应按规定条件运输和贮存。

8.3.3.3 在贮存期间应按照不同原料和包装材料的特点分区存放，并建立标识，标明相关信息和质量状态。

8.3.3.4 应定期检查库存原料和包装材料，对贮存时间较长，品质有可能发生变化的原料和包装材料，应定期抽样确认品质；及时清理变质或者超过保质期的原料和包装材料。

8.3.4 合格原料和包装材料使用时应遵照"先进先出"或"效期先出"的原则，合理安排使用。

8.4 保存原料和包装材料采购、验收、贮存和运输记录。

9 生产过程的食品安全控制

9.1 微生物污染的控制

9.1.1 温度和时间

9.1.1.1 应根据产品的特点，规定用于杀灭微生物或抑制微生物生长繁殖的方法，如热处理，冷冻或冷藏保存等，并实施有效的监控。

9.1.1.2 应建立温度、时间控制措施和纠偏措施，并进行定期验证。

9.1.1.3 对严格控制温度和时间的加工环节，应建立实时监控措施，并保持监控记录。

9.1.2 湿度

9.1.2.1 应根据产品和工艺特点，对需要进行湿度控制区域的空气湿度进行控制，以减少有害微生物的繁殖；制定空气湿度关键限值，并有效实施。

9.1.2.2 建立实时空气湿度控制和监控措施，定期进行验证，并进行记录。

9.1.3 生产区域空气洁净度

9.1.3.1 生产车间应保持空气的清洁，防止污染食品。

9.1.3.2 按GB/T 18204.1中的自然沉降法测定,清洁作业区空气中的菌落总数应控制在30CFU/皿以下。

9.1.4 防止微生物污染

9.1.4.1 应对从原料和包装材料进厂到成品出厂的全过程采取必要的措施，防止微生物的污染。

9.1.4.2 用于输送、装载或贮存原料、半成品、成品的设备、容器及用具，其操作、使用与维护应避免对加工或贮存中的食品造成污染。

9.1.4.3 加工中与食品直接接触的冰块和蒸汽，其用水应符合 GB 5749 的规定。

9.1.4.4 食品加工中蒸发或干燥工序中的回收水、以及循环使用的水可以再次使用，但应确保其对食品的安全和产品特性不造成危害，必要时应进行水处理，并应有效监控。

9.2 化学污染的控制

9.2.1 应建立防止化学污染的管理制度，分析可能的污染源和污染途径，并提出控制措施。

9.2.2 应选择符合要求的洗涤剂、消毒剂、杀虫剂、润滑油，并按照产品说明书的要求使用；对其使用应做登记，并保存好使用记录，避免污染食品的危害发生。

9.2.3 化学物质应与食品分开贮存，明确标识，并应有专人对其保管。

9.3 物理污染的控制

9.3.1 应通过采取设备维护、卫生管理、现场管理、外来人员管理及加工过程监督等措施，确保产品免受外来物(如玻璃或金属碎片、尘土等)的污染。

9.3.2 应采取有效措施（如设置筛网、捕集器、磁铁、电子金属检查器等）防止金属或其他外来杂物混入产品中。

9.3.3 不应在生产过程中进行电焊、切割、打磨等工作，以免产生异味、碎屑。

9.4 食品添加剂和食品营养强化剂

9.4.1 应依照食品安全标准规定的品种、范围、用量合理使用食品添加剂和食品营养强化剂。

9.4.2 在使用时对食品添加剂和食品营养强化剂准确称量，并做好记录。

9.5 包装材料

9.5.1 包装材料应清洁、无毒且符合国家相关规定。

9.5.2 包装材料或包装用气体应无毒，并且在特定贮存和使用条件下不影响食品的安全和产品特性。

9.5.3 内包装材料应能在正常贮存、运输、销售中充分保护食品免受污染，防止损坏。

9.5.4 可重复使用的包装材料如玻璃瓶、不锈钢容器等在使用前应彻底清洗，并进行必要的消毒。

9.5.5 在包装操作前，应对即将投入使用的包装材料标识进行检查，避免包装材料的误用，并予以记录，内容包括包装材料对应的产品名称、数量、操作人及日期等。

9.6 产品信息和标签

产品标签应符合 GB 7718、相应产品国家标准及国家其它相关规定。

10 检验

10.1 企业可对原料和产品自行检验，也可委托获得食品检验机构资质的检验机构进行检验。自行检验的企业应具备相应的检验能力。

10.2 应按相关标准对每批产品进行检验，并保留样品。

10.3 应加强实验室质量管理，确保检验结果的准确性和真实性。

10.4 应完整保存各项检验记录和检验报告。

11 产品的贮存和运输

11.1 应根据产品的种类和性质选择贮存和运输的方式，并符合产品标签所标识的贮存条件。

11.2 贮存和运输过程中应避免日光直射、雨淋、剧烈的温度、湿度变化和撞击等，以防止乳制品的成分、品质等受到不良的影响；不应将产品与有异味、有毒、有害物品一同贮存和运输。

11.3 用于贮存、运输和装卸的容器、工具和设备应清洁、安全，处于良好状态，防止产品受到污染。

11.4 仓库中的产品应定期检查，必要时应有温度记录和（或）湿度记录，如有异常应及时处理。

11.5 经检验后的产品应标识其质量状态。

11.6 产品的贮存和运输应有相应的记录，产品出厂有出货记录，以便发现问题时，可迅速召回。

12 产品追溯和召回

12.1 应建立产品追溯制度，确保对产品从原料采购到产品销售的所有环节都可进行有效追溯。

12.2 应建立产品召回制度。当发现某一批次或类别的产品含有或可能含有对消费者健康造成危害的因素时，应按照国家相关规定启动产品召回程序，及时向相关部门通告，并作好相关记录。

12.3 应对召回的食品采取无害化处理、销毁等措施，并将食品召回和处理情况向相关部门报告。

12.4 应建立客户投诉处理机制。对客户提出的书面或口头意见、投诉，企业相关管理部门应作记录并查找原因，妥善处理。

13 培训

13.1 应建立培训制度，对本企业所有从业人员进行食品安全知识培训。

13.2 应根据岗位的不同需求制定年度培训计划，进行相应培训，特殊工种应持证上岗。

13.3 应定期审核和修订培训计划，评估培训效果，并进行常规检查，以确保计划的有效实施。

13.4 应保持培训记录。

14 管理机构和人员

14.1 应建立健全本单位的食品安全管理制度，采取相应管理措施，对乳制品生产实施从原料进厂到成品出厂全过程的安全质量控制，保证产品符合法律法规和相关标准的要求。

14.2 应建立食品安全管理机构，负责企业的食品安全管理。

14.3 食品安全管理机构负责人应是企业法人代表或企业法人授权的负责人。

14.4 机构中的各部门应有明确的管理职责，并确保与质量、安全相关的管理职责落实到位。各部门应有效分工，避免职责交叉、重复或缺位。对厂区内外环境、厂房设施和设备的维护和管理、生产过程质量安全管理、卫生管理、品质追踪等制定相应管理制度，并明确管理负责人与职责。

14.5 食品安全管理机构中各部门应配备经专业培训的专职或兼职的食品安全管理人员，宣传贯彻食品安全法规及有关规章制度，负责督查执行的情况并做好有关记录。

15 记录和文件的管理

15.1 记录管理

15.1.1 应建立相应的记录管理制度，对乳制品加工中原料和包装材料等的采购、生产、贮存、检验、销售等环节详细记录，以增加食品安全管理体系的可信性和有效性。

15.1.1.1 应如实记录食品原料、食品添加剂、食品相关产品的名称、规格、数量、供货者名称及联系方式、进货日期等内容。

15.1.1.2 应如实记录产品的加工过程（包括工艺参数、环境监测等）、产品贮存情况及产品的检验批号、检验日期、检验人员、检验方法、检验结果等内容。

15.1.1.3 应如实记录出厂产品的名称、规格、数量、生产日期、生产批号、发货地点、收货人名称及联系方式、发货日期等内容。

15.1.1.4 应如实记录发生召回的食品名称、批次、规格、数量、发生召回的原因及后续整改方案等内容。

15.1.2 各项记录均应由执行人员和有关督导人员复核签名或签章，记录内容如有修改，不能将原文涂掉以致无法辨认，且修改后应由修改人在修改文字附近签名或签章。

15.1.3 所有生产和品质管理记录应由相关部门审核，以确定所有处理均符合规定，如发现异常现象，应立即处理。

15.1.4 对本规范所规定的有关记录，保存期不应少于二年。

15.2 文件管理

15.2.1 应建立文件的管理制度，并建立完整的质量管理档案，文件应分类归档、保存。分发、使用的文件应为批准的现行文本。已废除或失效的文件除留档备查外，不应在工作现场出现。

15.2.2 鼓励企业采用先进技术手段（如电子计算机信息系统），进行文件和记录的管理。

附录 A

（资料性附录）

乳制品和婴幼儿配方食品生产企业计算机系统应用的有关要求

乳制品和婴幼儿配方食品生产企业的计算机系统应能满足《食品安全法》及其相关法律法规与标准对食品安全的监管要求，应形成从原料进厂到产品出厂在内各环节有助于食品安全问题溯源、追踪、定位的完整信息链，应能按照监管部门的要求提交或远程报送相关数据。该计算机系统应符合（但不限于）以下要求：

A.1 系统应包括原料采购与验收、原料贮存与使用、生产加工关键控制环节监控、产品出厂检验、产品贮存与运输、销售等各环节与食品安全相关的数据采集和记录保管功能。

A.2 系统应能对本企业相关原料、加工工艺以及产品的食品安全风险进行评估和预警。

A.3 系统和与之配套的数据库应建立并使用完善的权限管理机制，保证工作人员帐号/密码的强制使用，在安全架构上确保系统及数据库不存在允许非授权访问的漏洞。

A.4 在权限管理机制的基础上，系统应实现完善的安全策略，针对不同工作人员设定相应策略组，以确定特定角色用户仅拥有相应权限。系统所接触和产生的所有数据应保存在对应的数据库中，不应以文件形式存储，确定所有的数据访问都要受系统和数据库的权限管理控制。

A.5 对机密信息采用特殊安全策略确保仅信息拥有者有权进行读、写及删除操所。如机密信息确需脱离系统和数据库的安全控制范围进行存储和传输，应确保：

A.5.1 对机密信息进行加密存储，防止无权限者读取信息。

A.5.2 在机密信息传输前产生校验码，校验码与信息（加密后）分别传输，在接收端利用校验码确认信息未被篡改。

A.6 如果系统需要采集自动化检测仪器产生的数据，系统应提供安全、可靠的数据接口，确保接口部分的准确和高可用性，保证仪器产生的数据能够及时准确地被系统所采集。

A.7 应实现完善详尽的系统和数据库日志管理功能，包括：

A.7.1 系统日志记录系统和数据库每一次用户登录情况（用户、时间、登录计算机地址等）。

A.7.2 操作日志记录数据的每一次修改情况（包括修改用户、修改时间、修改内容、原内容等）。

A.7.3 系统日志和操作日志应有保存策略，在设定的时限内任何用户（不包括系统管理员）不能够删除或修改，以确保一定时效的溯源能力。

A.8 详尽制定系统的使用和管理制度，要求至少包含以下内容：

A.8.1 对工作流程中的原始数据、中间数据、产生数据以及处理流程的实时记录制度，确保整个工作过程能够再现。

A.8.2 详尽的备份管理制度，确保故障灾难发生后能够尽快完整恢复整个系统以及相应数据。

A.8.3 机房应配备智能 UPS 不间断电源并与工作系统连接，确保外电断电情况下 UPS 接替供电并通知工作系统做数据保存和日志操作（UPS 应能提供保证系统紧急存盘操作时间的电力）。

A.8.4 健全的数据存取管理制度，保密数据严禁存放在共享设备上；部门内部的数据共享也应采用权限管理制度，实现授权访问。

A.8.5 配套的系统维护制度，包括定期的存储整理和系统检测，确保系统的长期稳定运行。

A.8.6 安全管理制度，需要定期更换系统各部分用户的密码，限定部分用户的登录地点，及时删除不再需要的帐户。

A.8.7　规定外网登录的用户不应开启和使用外部计算机上操作系统提供的用户/密码记忆功能，防止信息被盗用。

A.9　当关键控制点实时监测数据与设定的标准值不符时，系统能记录发生偏差的日期、批次以及纠正偏差的具体方法、操作者姓名等。

A.10　系统内的数据和有关记录应能够被复制，以供监管部门进行检查分析。

———————————————

中华人民共和国国家标准

GB 14881—2013

食品安全国家标准

食品生产通用卫生规范

2013-05-24 发布

2014-06-01 实施

中 华 人 民 共 和 国
国家卫生和计划生育委员会 发 布

前　言

本标准代替GB 14881-1994《食品企业通用卫生规范》。

本标准与GB 14881-1994相比，主要变化如下：

——修改了标准名称；

——修改了标准结构；

——增加了术语和定义；

——强调了对原料、加工、产品贮存和运输等食品生产全过程的食品安全控制要求，并制定了控制生物、化学、物理污染的主要措施；

——修改了生产设备有关内容，从防止生物、化学、物理污染的角度对生产设备布局、材质和设计提出了要求；

——增加了原料采购、验收、运输和贮存的相关要求；

——增加了产品追溯与召回的具体要求；

——增加了记录和文件的管理要求。

——增加了附录A"食品加工环境微生物监控程序指南"。

食品安全国家标准
食品生产通用卫生规范

1 范围

本标准规定了食品生产过程中原料采购、加工、包装、贮存和运输等环节的场所、设施、人员的基本要求和管理准则。

本标准适用于各类食品的生产，如确有必要制定某类食品生产的专项卫生规范，应当以本标准作为基础。

2 术语和定义

2.1 污染

在食品生产过程中发生的生物、化学、物理污染因素传入的过程。

2.2 虫害

由昆虫、鸟类、啮齿类动物等生物（包括苍蝇、蟑螂、麻雀、老鼠等）造成的不良影响。

2.3 食品加工人员

直接接触包装或未包装的食品、食品设备和器具、食品接触面的操作人员。

2.4 接触表面

设备、工器具、人体等可被接触到的表面。

2.5 分离

通过在物品、设施、区域之间留有一定空间，而非通过设置物理阻断的方式进行隔离。

2.6 分隔

通过设置物理阻断如墙壁、卫生屏障、遮罩或独立房间等进行隔离。

2.7 食品加工场所

用于食品加工处理的建筑物和场地，以及按照相同方式管理的其他建筑物、场地和周围环境等。

2.8 监控

按照预设的方式和参数进行观察或测定，以评估控制环节是否处于受控状态。

2.9 工作服

根据不同生产区域的要求，为降低食品加工人员对食品的污染风险而配备的专用服装。

3 选址及厂区环境

3.1 选址

3.1.1 厂区不应选择对食品有显著污染的区域。如某地对食品安全和食品宜食用性存在明显的不利影响，且无法通过采取措施加以改善，应避免在该地址建厂。

3.1.2 厂区不应选择有害废弃物以及粉尘、有害气体、放射性物质和其他扩散性污染源不能有效清除的地址。

3.1.3 厂区不宜择易发生洪涝灾害的地区，难以避开时应设计必要的防范措施。

3.1.4 厂区周围不宜有虫害大量孳生的潜在场所，难以避开时应设计必要的防范措施。

3.2 厂区环境

3.2.1 应考虑环境给食品生产带来的潜在污染风险，并采取适当的措施将其降至最低水平。

3.2.2 厂区应合理布局，各功能区域划分明显，并有适当的分离或分隔措施，防止交叉污染。

3.2.3 厂区内的道路应铺设混凝土、沥青、或者其他硬质材料；空地应采取必要措施，如铺设水泥、地砖或铺设草坪等方式，保持环境清洁，防止正常天气下扬尘和积水等现象的发生。

3.2.4 厂区绿化应与生产车间保持适当距离，植被应定期维护，以防止虫害的孳生。

3.2.5 厂区应有适当的排水系统。

3.2.6 宿舍、食堂、职工娱乐设施等生活区应与生产区保持适当距离或分隔。

4 厂房和车间

4.1 设计和布局

4.1.1 厂房和车间的内部设计和布局应满足食品卫生操作要求，避免食品生产中发生交叉污染。

4.1.2 厂房和车间的设计应根据生产工艺合理布局，预防和降低产品受污染的风险。

4.1.3 厂房和车间应根据产品特点、生产工艺、生产特性以及生产过程对清洁程度的要求合理划分作业区，并采取有效分离或分隔。如：通常可划分为清洁作业区、准清洁作业区和一般作业区；或清洁作业区和一般作业区等。一般作业区应与其他作业区域分隔。

4.1.4 厂房内设置的检验室应与生产区域分隔。

4.1.5 厂房的面积和空间应与生产能力相适应，便于设备安置、清洁消毒、物料存储及人员操作。

4.2 建筑内部结构与材料

4.2.1 内部结构

建筑内部结构应易于维护、清洁或消毒。应采用适当的耐用材料建造。

4.2.2 顶棚

4.2.2.1 顶棚应使用无毒、无味、与生产需求相适应、易于观察清洁状况的材料建造；若直接在屋顶内层喷涂涂料作为顶棚，应使用无毒、无味、防霉、不易脱落、易于清洁的涂料。

4.2.2.2 顶棚应易于清洁、消毒，在结构上不利于冷凝水垂直滴下，防止虫害和霉菌孳生。

4.2.2.3 蒸汽、水、电等配件管路应避免设置于暴露食品的上方；如确需设置，应有能防止灰尘散落及水滴掉落的装置或措施。

4.2.3 墙壁

4.2.3.1 墙面、隔断应使用无毒、无味的防渗透材料建造，在操作高度范围内的墙面应光滑、不易积累污垢且易于清洁；若使用涂料，应无毒、无味、防霉、不易脱落、易于清洁。

4.2.3.2 墙壁、隔断和地面交界处应结构合理、易于清洁，能有效避免污垢积存。例如设置漫弯形交界面等。

4.2.4 门窗

4.2.4.1 门窗应闭合严密。门的表面应平滑、防吸附、不渗透，并易于清洁、消毒。应使用不透水、坚固、不变形的材料制成。

4.2.4.2 清洁作业区和准清洁作业区与其他区域之间的门应能及时关闭。

4.2.4.3 窗户玻璃应使用不易碎材料。若使用普通玻璃，应采取必要的措施防止玻璃破碎后对原料、包装材料及食品造成污染。

4.2.4.4 窗户如设置窗台，其结构应能避免灰尘积存且易于清洁。可开启的窗户应装有易于清洁的防虫害窗纱。

4.2.5 地面

4.2.5.1 地面应使用无毒、无味、不渗透、耐腐蚀的材料建造。地面的结构应有利于排污和清洗的需要。

4.2.5.2 地面应平坦防滑、无裂缝、并易于清洁、消毒，并有适当的措施防止积水。

5 设施与设备

5.1 设施

5.1.1 供水设施

5.1.1.1 应能保证水质、水压、水量及其他要求符合生产需要。

5.1.1.2 食品加工用水的水质应符合 GB 5749 的规定，对加工用水水质有特殊要求的食品应符合相应规定。间接冷却水、锅炉用水等食品生产用水的水质应符合生产需要。

5.1.1.3 食品加工用水与其他不与食品接触的用水（如间接冷却水、污水或废水等）应以完全分离的管路输送，避免交叉污染。各管路系统应明确标识以便区分。

5.1.1.4 自备水源及供水设施应符合有关规定。供水设施中使用的涉及饮用水卫生安全产品还应符合国家相关规定。

5.1.2 排水设施

5.1.2.1 排水系统的设计和建造应保证排水畅通、便于清洁维护；应适应食品生产的需要，保证食品及生产、清洁用水不受污染。

5.1.2.2 排水系统入口应安装带水封的地漏等装置，以防止固体废弃物进入及浊气逸出。

5.1.2.3 排水系统出口应有适当措施以降低虫害风险。

5.1.2.4 室内排水的流向应由清洁程度要求高的区域流向清洁程度要求低的区域，且应有防止逆流的设计。

5.1.2.5 污水在排放前应经适当方式处理，以符合国家污水排放的相关规定。

5.1.3 清洁消毒设施

应配备足够的食品、工器具和设备的专用清洁设施，必要时应配备适宜的消毒设施。应采取措施避免清洁、消毒工器具带来的交叉污染。

5.1.4 废弃物存放设施

应配备设计合理、防止渗漏、易于清洁的存放废弃物的专用设施；车间内存放废弃物的设施和容器应标识清晰。必要时应在适当地点设置废弃物临时存放设施，并依废弃物特性分类存放。

5.1.5 个人卫生设施

5.1.5.1 生产场所或生产车间入口处应设置更衣室；必要时特定的作业区入口处可按需要设置更衣室。更衣室应保证工作服与个人服装及其他物品分开放置。

5.1.5.2 生产车间入口及车间内必要处，应按需设置换鞋（穿戴鞋套）设施或工作鞋靴消毒设施。如设置工作鞋靴消毒设施，其规格尺寸应能满足消毒需要。

5.1.5.3 应根据需要设置卫生间，卫生间的结构、设施与内部材质应易于保持清洁；卫生间内的适当位置应设置洗手设施。卫生间不得与食品生产、包装或贮存等区域直接连通。

5.1.5.4 应在清洁作业区入口设置洗手、干手和消毒设施；如有需要，应在作业区内适当位置加设洗手和（或）消毒设施；与消毒设施配套的水龙头其开关应为非手动式。

5.1.5.5 洗手设施的水龙头数量应与同班次食品加工人员数量相匹配，必要时应设置冷热水混合器。洗手池应采用光滑、不透水、易清洁的材质制成，其设计及构造应易于清洁消毒。应在临近洗手设施的显著位置标示简明易懂的洗手方法。

5.1.5.6 根据对食品加工人员清洁程度的要求，必要时应可设置风淋室、淋浴室等设施。

5.1.6 通风设施

5.1.6.1 应具有适宜的自然通风或人工通风措施；必要时应通过自然通风或机械设施有效控制生产环境的温度和湿度。通风设施应避免空气从清洁度要求低的作业区域流向清洁度要求高的作业区域。

5.1.6.2 应合理设置进气口位置，进气口与排气口和户外垃圾存放装置等污染源保持适宜的距离和角度。进、排气口应装有防止虫害侵入的网罩等设施。通风排气设施应易于清洁、维修或更换。

5.1.6.3 若生产过程需要对空气进行过滤净化处理，应加装空气过滤装置并定期清洁。

5.1.6.4 根据生产需要，必要时应安装除尘设施。

5.1.7 照明设施

5.1.7.1 厂房内应有充足的自然采光或人工照明，光泽和亮度应能满足生产和操作需要；光源应使食品呈现真实的颜色。

5.1.7.2 如需在暴露食品和原料的正上方安装照明设施，应使用安全型照明设施或采取防护措施。

5.1.8 仓储设施

5.1.8.1 应具有与所生产产品的数量、贮存要求相适应的仓储设施。

5.1.8.2 仓库应以无毒、坚固的材料建成；仓库地面应平整，便于通风换气。仓库的设计应能易于维护和清洁，防止虫害藏匿，并应有防止虫害侵入的装置。

5.1.8.3 原料、半成品、成品、包装材料等应依据性质的不同分设贮存场所、或分区域码放，并有明确标识，防止交叉污染。必要时仓库应设有温、湿度控制设施。

5.1.8.4 贮存物品应与墙壁、地面保持适当距离，以利于空气流通及物品搬运。

5.1.8.5 清洁剂、消毒剂、杀虫剂、润滑剂、燃料等物质应分别安全包装，明确标识，并应与原料、半成品、成品、包装材料等分隔放置。

5.1.9 温控设施

5.1.9.1 应根据食品生产的特点，配备适宜的加热、冷却、冷冻等设施，以及用于监测温度的设施。

5.1.9.2 根据生产需要，可设置控制室温的设施。

5.2 设备

5.2.1 生产设备

5.2.1.1 一般要求

应配备与生产能力相适应的生产设备，并按工艺流程有序排列，避免引起交叉污染。

5.2.1.2 材质

5.2.1.2.1 与原料、半成品、成品接触的设备与用具，应使用无毒、无味、抗腐蚀、不易脱落的材料制作，并应易于清洁和保养。

5.2.1.2.2 设备、工器具等与食品接触的表面应使用光滑、无吸收性、易于清洁保养和消毒的材料制成，在正常生产条件下不会与食品、清洁剂和消毒剂发生反应，并应保持完好无损。

5.2.1.3 设计

5.2.1.3.1 所有生产设备应从设计和结构上避免零件、金属碎屑、润滑油、或其他污染因素混入食品，并应易于清洁消毒、易于检查和维护。

5.2.1.3.2 设备应不留空隙地固定在墙壁或地板上，或在安装时与地面和墙壁间保留足够空间，以便清洁和维护。

5.2.2 监控设备

用于监测、控制、记录的设备，如压力表、温度计、记录仪等，应定期校准、维护。

5.2.3 设备的保养和维修

应建立设备保养和维修制度，加强设备的日常维护和保养，定期检修，及时记录。

6　卫生管理

6.1　卫生管理制度

6.1.1　应制定食品加工人员和食品生产卫生管理制度以及相应的考核标准，明确岗位职责，实行岗位责任制。

6.1.2　应根据食品的特点以及生产、贮存过程的卫生要求，建立对保证食品安全具有显著意义的关键控制环节的监控制度，良好实施并定期检查，发现问题及时纠正。

6.1.3　应制定针对生产环境、食品加工人员、设备及设施等的卫生监控制度，确立内部监控的范围、对象和频率。记录并存档监控结果，定期对执行情况和效果进行检查，发现问题及时整改。

6.1.4　应建立清洁消毒制度和清洁消毒用具管理制度。清洁消毒前后的设备和工器具应分开放置妥善保管，避免交叉污染。

6.2　厂房及设施卫生管理

6.2.1　厂房内各项设施应保持清洁，出现问题及时维修或更新；厂房地面、屋顶、天花板及墙壁有破损时，应及时修补。

6.2.2　生产、包装、贮存等设备及工器具、生产用管道、裸露食品接触表面等应定期清洁消毒。

6.3　食品加工人员健康管理与卫生要求

6.3.1　食品加工人员健康管理

6.3.1.1　应建立并执行食品加工人员健康管理制度。

6.3.1.2　食品加工人员每年应进行健康检查，取得健康证明；上岗前应接受卫生培训。

6.3.1.3　食品加工人员如患有痢疾、伤寒、甲型病毒性肝炎、戊型病毒性肝炎等消化道传染病，以及患有活动性肺结核、化脓性或者渗出性皮肤病等有碍食品安全的疾病，或有明显皮肤损伤未愈合的，应当调整到其他不影响食品安全的工作岗位。

6.3.2　食品加工人员卫生要求

6.3.2.1　进入食品生产场所前应整理个人卫生，防止污染食品。

6.3.2.2　进入作业区域应规范穿着洁净的工作服，并按要求洗手、消毒；头发应藏于工作帽内或使用发网约束。

6.3.2.3　进入作业区域不应配戴饰物、手表，不应化妆、染指甲、喷洒香水；不得携带或存放与食品生产无关的个人用品。

6.3.2.4　使用卫生间、接触可能污染食品的物品、或从事与食品生产无关的其他活动后，再次从事接触食品、食品工器具、食品设备等与食品生产相关的活动前应洗手消毒。

6.3.3　来访者

非食品加工人员不得进入食品生产场所，特殊情况下进入时应遵守和食品加工人员同样的卫生要求。

6.4　虫害控制

6.4.1　应保持建筑物完好、环境整洁，防止虫害侵入及孳生。

6.4.2　应制定和执行虫害控制措施，并定期检查。生产车间及仓库应采取有效措施（如纱帘、纱网、防鼠板、防蝇灯、风幕等），防止鼠类昆虫等侵入。若发现有虫鼠害痕迹时，应追查来源，消除隐患。

6.4.3　应准确绘制虫害控制平面图，标明捕鼠器、粘鼠板、灭蝇灯、室外诱饵投放点、生化信息素捕杀装置等放置的位置。

6.4.4　厂区应定期进行除虫灭害工作。

6.4.5　采用物理、化学或生物制剂进行处理时，不应影响食品安全和食品应有的品质、不应污染食品接触表面、设备、工器具及包装材料。除虫灭害工作应有相应的记录。

6.4.6 使用各类杀虫剂或其他药剂前，应做好预防措施避免对人身、食品、设备工具造成污染；不慎污染时，应及时将被污染的设备、工具彻底清洁，消除污染。

6.5 废弃物处理

6.5.1 应制定废弃物存放和清除制度，有特殊要求的废弃物其处理方式应符合有关规定。废弃物应定期清除；易腐败的废弃物应尽快清除；必要时应及时清除废弃物。

6.5.2 车间外废弃物放置场所应与食品加工场所隔离防止污染；应防止不良气味或有害有毒气体溢出；应防止虫害孳生。

6.6 工作服管理

6.6.1 进入作业区域应穿着工作服。

6.6.2 应根据食品的特点及生产工艺的要求配备专用工作服，如衣、裤、鞋靴、帽和发网等，必要时还可配备口罩、围裙、套袖、手套等。

6.6.3 应制定工作服的清洗保洁制度，必要时应及时更换；生产中应注意保持工作服干净完好。

6.6.4 工作服的设计、选材和制作应适应不同作业区的要求，降低交叉污染食品的风险；应合理选择工作服口袋的位置、使用的连接扣件等，降低内容物或扣件掉落污染食品的风险。

7 食品原料、食品添加剂和食品相关产品

7.1 一般要求

应建立食品原料、食品添加剂和食品相关产品的采购、验收、运输和贮存管理制度，确保所使用的食品原料、食品添加剂和食品相关产品符合国家有关要求。不得将任何危害人体健康和生命安全的物质添加到食品中。

7.2 食品原料

7.2.1 采购的食品原料应当查验供货者的许可证和产品合格证明文件；对无法提供合格证明文件的食品原料，应当依照食品安全标准进行检验。

7.2.2 食品原料必须经过验收合格后方可使用。经验收不合格的食品原料应在指定区域与合格品分开放置并明显标记，并应及时进行退、换货等处理。

7.2.3 加工前宜进行感官检验，必要时应进行实验室检验；检验发现涉及食品安全项目指标异常的，不得使用；只应使用确定适用的食品原料。

7.2.4 食品原料运输及贮存中应避免日光直射、备有防雨防尘设施；根据食品原料的特点和卫生需要，必要时还应具备保温、冷藏、保鲜等设施。

7.2.5 食品原料运输工具和容器应保持清洁、维护良好，必要时应进行消毒。食品原料不得与有毒、有害物品同时装运，避免污染食品原料。

7.2.6 食品原料仓库应设专人管理，建立管理制度，定期检查质量和卫生情况，及时清理变质或超过保质期的食品原料。仓库出货顺序应遵循先进先出的原则，必要时应根据不同食品原料的特性确定出货顺序。

7.3 食品添加剂

7.3.1 采购食品添加剂应当查验供货者的许可证和产品合格证明文件。食品添加剂必须经过验收合格后方可使用。

7.3.2 运输食品添加剂的工具和容器应保持清洁、维护良好，并能提供必要的保护，避免污染食品添加

剂。

7.3.3 食品添加剂的贮藏应有专人管理，定期检查质量和卫生情况，及时清理变质或超过保质期的食品添加剂。仓库出货顺序应遵循先进先出的原则，必要时应根据食品添加剂的特性确定出货顺序。

7.4 食品相关产品

7.4.1 采购食品包装材料、容器、洗涤剂、消毒剂等食品相关产品应当查验产品的合格证明文件，实行许可管理的食品相关产品还应查验供货者的许可证。食品包装材料等食品相关产品必须经过验收合格后方可使用。

7.4.2 运输食品相关产品的工具和容器应保持清洁、维护良好，并能提供必要的保护，避免污染食品原料和交叉污染。

7.4.3 食品相关产品的贮藏应有专人管理，定期检查质量和卫生情况，及时清理变质或超过保质期的食品相关产品。仓库出货顺序应遵循先进先出的原则。

7.5 其他

盛装食品原料、食品添加剂、直接接触食品的包装材料的包装或容器，其材质应稳定、无毒无害，不易受污染，符合卫生要求。

食品原料、食品添加剂和食品包装材料等进入生产区域时应有一定的缓冲区域或外包装清洁措施，以降低污染风险。

8　生产过程的食品安全控制

8.1 产品污染风险控制

8.1.1 应通过危害分析方法明确生产过程中的食品安全关键环节，并设立食品安全关键环节的控制措施。在关键环节所在区域，应配备相关的文件以落实控制措施，如配料（投料）表、岗位操作规程等。

8.1.2 鼓励采用危害分析与关键控制点体系（HACCP）对生产过程进行食品安全控制。

8.2 生物污染的控制

8.2.1 清洁和消毒

8.2.1.1 应根据原料、产品和工艺的特点，针对生产设备和环境制定有效的清洁消毒制度，降低微生物污染的风险。

8.2.1.2 清洁消毒制度应包括以下内容：清洁消毒的区域、设备或器具名称；清洁消毒工作的职责；使用的洗涤、消毒剂；清洁消毒方法和频率；清洁消毒效果的验证及不符合的处理；清洁消毒工作及监控记录。

8.2.1.3 应确保实施清洁消毒制度，如实记录；及时验证消毒效果，发现问题及时纠正。

8.2.2　食品加工过程的微生物监控

8.2.2.1 根据产品特点确定关键控制环节进行微生物监控；必要时应建立食品加工过程的微生物监控程序，包括生产环境的微生物监控和过程产品的微生物监控。

8.2.2.2 食品加工过程的微生物监控程序应包括：微生物监控指标、取样点、监控频率、取样和检测方法、评判原则和整改措施等，具体可参照附录 A 的要求，结合生产工艺及产品特点制定。

8.2.2.3 微生物监控应包括致病菌监控和指示菌监控，食品加工过程的微生物监控结果应能反映食品加工过程中对微生物污染的控制水平。

8.3 化学污染的控制

8.3.1 应建立防止化学污染的管理制度，分析可能的污染源和污染途径，制定适当的控制计划和控制程序。

8.3.2 应当建立食品添加剂和食品工业用加工助剂的使用制度，按照 GB 2760 的要求使用食品添加剂。

8.3.3 不得在食品加工中添加食品添加剂以外的非食用化学物质和其他可能危害人体健康的物质。

8.3.4 生产设备上可能直接或间接接触食品的活动部件若需润滑，应当使用食用油脂或能保证食品安全要求的其他油脂。

8.3.5 建立清洁剂、消毒剂等化学品的使用制度。除清洁消毒必需和工艺需要，不应在生产场所使用和存放可能污染食品的化学制剂。

8.3.6 食品添加剂、清洁剂、消毒剂等均应采用适宜的容器妥善保存，且应明显标示、分类贮存；领用时应准确计量、作好使用记录。

8.3.7 应当关注食品在加工过程中可能产生有害物质的情况，鼓励采取有效措施减低其风险。

8.4 物理污染的控制

8.4.1 应建立防止异物污染的管理制度，分析可能的污染源和污染途径，并制定相应的控制计划和控制程序。

8.4.2 应通过采取设备维护、卫生管理、现场管理、外来人员管理及加工过程监督等措施，最大程度地降低食品受到玻璃、金属、塑胶等异物污染的风险。

8.4.3 应采取设置筛网、捕集器、磁铁、金属检查器等有效措施降低金属或其他异物污染食品的风险。

8.4.4 当进行现场维修、维护及施工等工作时，应采取适当措施避免异物、异味、碎屑等污染食品。

8.5 包装

8.5.1 食品包装应能在正常的贮存、运输、销售条件下最大限度地保护食品的安全性和食品品质。

8.5.2 使用包装材料时应核对标识，避免误用；应如实记录包装材料的使用情况。

9 检验

9.1 应通过自行检验或委托具备相应资质的食品检验机构对原料和产品进行检验，建立食品出厂检验记录制度。

9.2 自行检验应具备与所检项目适应的检验室和检验能力；由具有相应资质的检验人员按规定的检验方法检验；检验仪器设备应按期检定。

9.3 检验室应有完善的管理制度，妥善保存各项检验的原始记录和检验报告。应建立产品留样制度，及时保留样品。

9.4 应综合考虑产品特性、工艺特点、原料控制情况等因素合理确定检验项目和检验频次以有效验证生产过程中的控制措施。净含量、感官要求以及其他容易受生产过程影响而变化的检验项目的检验频次应大于其他检验项目。

9.5 同一品种不同包装的产品，不受包装规格和包装形式影响的检验项目可以一并检验。

10 食品的贮存和运输

10.1 根据食品的特点和卫生需要选择适宜的贮存和运输条件，必要时应配备保温、冷藏、保鲜等设施。不得将食品与有毒、有害、或有异味的物品一同贮存运输。

10.2 应建立和执行适当的仓储制度，发现异常应及时处理。

10.3 贮存、运输和装卸食品的容器、工器具和设备应当安全、无害，保持清洁，降低食品污染的风险。

10.4 贮存和运输过程中应避免日光直射、雨淋、显著的温湿度变化和剧烈撞击等，防止食品受到不良影响。

11 产品召回管理

11.1 应根据国家有关规定建立产品召回制度。

11.2 当发现生产的食品不符合食品安全标准或存在其他不适于食用的情况时，应当立即停止生产，召回已经上市销售的食品，通知相关生产经营者和消费者，并记录召回和通知情况。

11.3 对被召回的食品，应当进行无害化处理或者予以销毁，防止其再次流入市场。对因标签、标识或者说明书不符合食品安全标准而被召回的食品，应采取能保证食品安全、且便于重新销售时向消费者明示的补救措施。

11.4 应合理划分记录生产批次，采用产品批号等方式进行标识，便于产品追溯。

12 培训

12.1 应建立食品生产相关岗位的培训制度，对食品加工人员以及相关岗位的从业人员进行相应的食品安全知识培训。

12.2 应通过培训促进各岗位从业人员遵守食品安全相关法律法规标准和执行各项食品安全管理制度的意识和责任，提高相应的知识水平。

12.3 应根据食品生产不同岗位的实际需求，制定和实施食品安全年度培训计划并进行考核，做好培训记录。

12.4 当食品安全相关的法律法规标准更新时，应及时开展培训。

12.5 应定期审核和修订培训计划，评估培训效果，并进行常规检查，以确保培训计划的有效实施。

13 管理制度和人员

13.1 应配备食品安全专业技术人员、管理人员，并建立保障食品安全的管理制度。

13.2 食品安全管理制度应与生产规模、工艺技术水平和食品的种类特性相适应，应根据生产实际和实施经验不断完善食品安全管理制度。

13.3 管理人员应了解食品安全的基本原则和操作规范，能够判断潜在的危险，采取适当的预防和纠正措施，确保有效管理。

14 记录和文件管理

14.1 记录管理

14.1.1 应建立记录制度，对食品生产中采购、加工、贮存、检验、销售等环节详细记录。记录内容应完整、真实，确保对产品从原料采购到产品销售的所有环节都可进行有效追溯。

14.1.1.1 应如实记录食品原料、食品添加剂和食品包装材料等食品相关产品的名称、规格、数量、供货者名称及联系方式、进货日期等内容。

14.1.1.2 应如实记录食品的加工过程（包括工艺参数、环境监测等）、产品贮存情况及产品的检验批号、检验日期、检验人员、检验方法、检验结果等内容。

14.1.1.3 应如实记录出厂产品的名称、规格、数量、生产日期、生产批号、购货者名称及联系方式、检验合格单、销售日期等内容。

14.1.1.4 应如实记录发生召回的食品名称、批次、规格、数量、发生召回的原因及后续整改方案等内容。

14.1.2 食品原料、食品添加剂和食品包装材料等食品相关产品进货查验记录、食品出厂检验记录应由记录和审核人员复核签名，记录内容应完整。保存期限不得少于2年。

14.1.3 应建立客户投诉处理机制。对客户提出的书面或口头意见、投诉，企业相关管理部门应作记录并查找原因，妥善处理。

14.2 应建立文件的管理制度，对文件进行有效管理，确保各相关场所使用的文件均为有效版本。

14.3 鼓励采用先进技术手段（如电子计算机信息系统），进行记录和文件管理。

附录A

食品加工过程的微生物监控程序指南

注：本附录给出了制定食品加工过程环境微生物监控程序时应当考虑的要点，实际生产中可根据产品特性和生产工艺技术水平等因素参照执行。

A.1 食品加工过程中的微生物监控是确保食品安全的重要手段，是验证或评估目标微生物控制程序的有效性、确保整个食品质量和安全体系持续改进的工具。

A.2 本附录提出了制定食品加工过程微生物监控程序时应考虑的要点。

A.3 食品加工过程的微生物监控，主要包括环境微生物监控和过程产品的微生物监控。环境微生物监控主要用于评判加工过程的卫生控制状况，以及找出可能存在的污染源。通常环境监控对象包括食品接触表面、与食品或食品接触表面邻近的接触表面、以及环境空气。过程产品的微生物监控主要用于评估加工过程卫生控制能力和产品卫生状况。

A.4 食品加工过程的微生物监控涵盖了加工过程各个环节的微生物学评估、清洁消毒效果以及微生物控制效果的评价。在制定时应考虑以下内容：

  a) 加工过程的微生物监控应包括微生物监控指标、取样点、监控频率、取样和检测方法、评判原则以及不符合情况的处理等；

  b) 加工过程的微生物监控指标：应以能够评估加工环境卫生状况和过程控制能力的指示微生物（如菌落总数、大肠菌群、酵母霉菌或其他指示菌）为主。必要时也可采用致病菌作为监控指标；

  c) 加工过程微生物监控的取样点：环境监控的取样点应为微生物可能存在或进入而导致污染的地方。可根据相关文献资料确定取样点，也可以根据经验或者积累的历史数据确定取样点。过程产品监控计划的取样点应覆盖整个加工环节中微生物水平可能发生变化且会影响产品安全性和/或食品品质的过程产品，例如微生物控制的关键控制点之后的过程产品。具体可参考表 A.1 中示例；

  d) 加工过程微生物监控的监控频率：应基于污染可能发生的风险来制定监控频率。可根据相关文献资料，相关经验和专业知识或者积累的历史数据，确定合理的监控频率。具体可参考表 A.1 中示例。加工过程的微生物监控应是动态的，应根据数据变化和加工过程污染风险的高低而有所调整和定期评估。例如：当指示微生物监控结果偏高或者终产品检测出致病菌、或者重大维护施工活动后、或者卫生状况出现下降趋势时等，需要增加取样点和监控频率；当监控结果一直满足要求，可适当减少取样点或者放宽监控频率；

  e) 取样和检测方法：环境监控通常以涂抹取样为主，过程产品监控通常直接取样。检测方法的选择应基于监控指标进行选择；

  f) 评判原则：应依据一定的监控指标限值进行评判，监控指标限值可基于微生物控制的效果以及对产品质量和食品安全性的影响来确定；

  g) 微生物监控的不符合情况处理要求：各监控点的监控结果应当符合监控指标的限值并保持稳定，当出现轻微不符合时，可通过增加取样频次等措施加强监控；当出现严重不符合时，应当立即纠正，同时查找问题原因，以确定是否需要对微生物控制程序采取相应的纠正措施。

表A.1 食品加工过程微生物监控示例

	监控项目	建议取样点[a]	建议监控微生物[b]	建议监控频率[c]	建议监控指标限值
环境的微生物监控	食品接触表面	食品加工人员的手部、工作服、手套传送皮带、工器具及其他直接接触食品的设备表面	菌落总数 大肠菌群等	验证清洁效果应在清洁消毒之后,其他可每周、每两周或每月	结合生产实际情况确定监控指标限值
	与食品或食品接触表面邻近的接触表面	设备外表面、支架表面、控制面板、零件车等接触表面	菌落总数、大肠菌群等卫生状况指示微生物,必要时监控致病菌	每两周或每月	结合生产实际情况确定监控指标限值
	加工区域内的环境空气	靠近裸露产品的位置	菌落总数 酵母霉菌等	每周、每两周或每月	结合生产实际情况确定监控指标限值
过程产品的微生物监控		加工环节中微生物水平可能发生变化且会影响食品安全性和(或)食品品质的过程产品	卫生状况指示微生物(如菌落总数、大肠菌群、酵母霉菌或其他指示菌)	开班第一时间生产的产品及之后连续生产过程中每周(或每两周或每月)	结合生产实际情况确定监控指标限值

[a] 可根据食品特性以及加工过程实际情况选择取样点。
[b] 可根据需要选择一个或多个卫生指示微生物实施监控。
[c] 可根据具体取样点的风险确定监控频率。

中华人民共和国国家标准

GB 23790—2010

食品安全国家标准

粉状婴幼儿配方食品良好生产规范

National food safety standard

Good manufacturing practice for powdered formulae for

infants and young children

2010-03-26 发布

2010-12-01 实施

中华人民共和国卫生部 发布

前　言

本标准代替GB/T 23790-2009《婴幼儿配方粉企业良好生产规范》。

本标准参考了国际标准CAC/RCP 66-2008 Code of Hygienic Practice for Powdered Formulae for Infants and Young Children。

本标准与 GB/T 23790-2009 相比，主要变化如下：

——标准名称改为《粉状婴幼儿配方食品良好生产规范》；

——由推荐性标准改为强制性标准；

——修改了标准条款框架；

——增加了原料采购、验收、运输和贮存相关的要求；

——修改了生产过程的食品安全控制措施，增加了安全控制的特定处理步骤，制定了对热处理、中间贮存、冷却、干混合、内包装等重要工序的控制要求；对微生物、化学、物理污染的重点控制措施参照GB 12693-2010的规定；

——增加了对大豆原料安全性控制的要求；

——增加了食品安全控制措施有效性的监控与评价方法；

——增加附录 A，规定了对清洁作业区环境中主要污染源——沙门氏菌、阪崎肠杆菌和其他肠杆菌进行监控的要求。

本标准的附录A为规范性附录。

本标准所代替标准的历次版本发布情况为：

——GB/T 23790-2009。

食品安全国家标准

粉状婴幼儿配方食品良好生产规范

1　范围

本标准适用于以乳类或大豆及其加工制品为主要原料的粉状婴幼儿配方食品(包括粉状婴儿配方食品、粉状较大婴儿和幼儿配方食品)的生产企业。

2　规范性引用文件

本标准中引用的文件对于本标准的应用是必不可少的。凡是注日期的引用文件，仅所注日期的版本适用于本标准。凡是不注日期的引用文件，其最新版本（包括所有的修改单）适用于本标准。

3　术语和定义

3.1　清洁作业区 cleaning work area

清洁度要求高的作业区域，如裸露待包装的半成品贮存、充填及内包装车间等。

3.2　准清洁作业区 quasi-cleaning work area

清洁度要求低于清洁作业区的作业区域，如原辅料预处理车间等。

3.3　一般作业区 commonly work area

清洁度要求低于准清洁作业区的作业区域，如收乳间、原料仓库、包装材料仓库、外包装车间及成品仓库等。

3.4　湿法（生产）工艺　wet-mix process

将粉状婴幼儿配方食品的配料成分在液体状态下进行处理与混合的生产工艺，该工艺通常包括配料、热处理、浓缩、干燥等工序。

3.5　干法（生产）工艺　dry-mix process

将粉状婴幼儿配方食品的配料成分在干燥状态下进行处理与混合而制成最终产品的生产工艺。

3.6　干湿法复合（生产）工艺　combined process

将粉状婴幼儿配方食品的部分配料成分在液体状态下进行处理与混合，干燥后再采用干法工艺添加另一部分干燥配料成分而制成最终产品的生产工艺。

4　选址及厂区环境

应符合GB 12693的相关规定。应远离禽畜养殖场，厂区内不应饲养动物。

5　厂房和车间

5.1 设计和布局

5.1.1 应符合GB 12693的相关规定。

5.1.2 厂房和车间应合理设计、建造和规划与生产相适应的相关设施和设备，以防止微生物孳生及污染的侵害，特别是应防止沙门氏菌和阪崎肠杆菌（Cronobacter属）的污染，同时避免或尽量减少这些细菌在藏匿地的存在或繁殖。设计中应考虑如下避免微生物孳生的因素：

5.1.2.1 设计时潮湿区域和干燥区域应隔离、分开；应有效控制人员、设备和物料流动造成的污染，防止沙门氏菌和阪崎肠杆菌进入清洁作业区。

5.1.2.2 设计合理的排水设施，地面应平整、保持适当的坡度、防止积水，清洁作业区还应防止凝结水的产生。

5.1.2.3 应防止加工材料的不当堆积，避免因此产生不利于清洁的场所。

5.1.2.4 湿式清洁流程应设计合理,在干燥区域应防止不当的湿式清洁流程致使沙门氏菌和阪崎肠杆菌的产生与传播。

5.1.2.5 应做好穿越建筑物楼板、天花板和墙面的各类管道、电缆与穿孔间隙间的围封和密封。

5.1.3 粉状婴幼儿配方食品生产场所的内部设计和布局，应按生产工艺以及卫生清洁要求进行合理布局。

5.1.4 对于无后续灭菌操作的干加工区域的操作，应在清洁作业区进行，如从干燥（或干燥后）工序至充填和密封包装的操作。

5.1.5 应按照生产工艺和卫生、质量要求，划分作业区洁净级别，原则上分为一般作业区、准清洁作业区和清洁作业区。清洁作业区应安装具有过滤装置的独立的空气净化系统，并保持正压。

5.1.6 不同洁净级别的作业区域之间应设置有效的物理隔离。清洁作业区应保持对其他区域的正压，防止未净化的空气进入清洁作业区而造成交叉污染。

5.1.7 对于清洁作业区出入应有合理的限制和控制措施，以避免或减少致病菌污染。进出清洁作业区的人员、原料、包装材料、废物、设备等，应有防止交叉污染的措施，如设置人员更衣室更换工作服、工作鞋或鞋套，专用物流通道以及废物通道等。对于通过管道运输的原料或产品进入清洁作业区，需要设计和安装适当的空气过滤系统。

5.1.8 各作业区净化级别应满足粉状婴幼儿配方食品加工对空气净化的需要。清洁作业区和准清洁作业区的空气洁净度应符合表 1 的要求，并应定期进行检测。

表 1 清洁作业区和准清洁作业区的空气洁净度控制要求

区域		细菌总数（cfu/皿）	检验方法
清洁作业区	≤	30	按GB/T 18204.1 中自然沉降法测定
准清洁作业区	≤	50	

5.1.9 清洁作业区应保持干燥，尽量减少供水设施及系统；如无法避免，则应有防护措施，且不应穿越主要生产作业面的上部空间，防止二次污染的发生。

5.1.10 厂房、车间、仓库应有防止昆虫和老鼠等动物进入的设施。

5.2 内部建筑结构

应符合 GB 12693 的相关规定。

5.3 设施

5.3.1 供水设施

应符合GB 12693的相关规定。

5.3.2　排水系统

应符合GB 12693的相关规定。在清洁作业区内，应设置适当的设施或采用适当措施保持干燥，以避免水残余物的产生而导致相关微生物的增长和扩散。

5.3.3　清洁设施

5.3.3.1　应符合GB 12693的相关规定。

5.3.3.2　对需保持干燥的清洁作业区应采用如下措施：

　　a）采用适用于场所和设备的干式清洁流程；

　　b）如果无法采用干式清洁措施，可在受控条件下采用湿式清洁，但应确保能够及时彻底的恢复设备和环境的干燥，使该区域不被污染。

5.3.4　个人卫生设施

5.3.4.1　应符合GB 12693的相关规定。

5.3.4.2　更衣室及洗手消毒室应设置在员工进入加工车间入口附近或适当处。洗手消毒室内应配置足够数量的非手动式水龙头、消毒和自动感应式干手设施。

5.3.4.3　车间入口处应设置保洁措施，以防止鞋靴对车间的污染。

5.3.4.4　清洁作业区的入口应设置二次更衣室，进入清洁作业区前设置手消毒设施。

5.3.5　通风设施

应符合GB 12693的相关规定。

5.3.6　照明设施

应符合GB 12693的相关规定。

5.3.7　仓储设施

应符合GB 12693的相关规定。

6　设备

6.1　生产设备

6.1.1　一般要求

应符合 GB 12693 的相关规定。

6.1.2　材质

应符合 GB 12693 的相关规定。

6.1.3　设计

6.1.3.1　生产设备应符合GB 12693的相关规定。

6.1.3.2　粉状婴幼儿配方食品的生产分干法工艺和湿法工艺（包括干湿法复合工艺），应按工艺需要配备相应的生产设备。

6.1.3.3　生产设备应有明显的运行状态标识，并定期维修、保养和验证。设备安装、维修、保养的操作不应影响产品的质量。维修后的设备应进行验证或确认，确保各项性能满足工艺要求。不合格的设备应搬出生产区，未搬出前应有明显标志。

6.1.3.4　用于食品、清洁食品接触面或设备的压缩空气或其它惰性气体应进行过滤净化处理，以防止造成间接污染。

6.2　监控设备

应符合 GB 12693 的相关规定。

6.3　设备的保养和维修

应符合 GB 12693 的相关规定。

7 卫生管理

7.1 卫生管理制度

应符合 GB 12693 的相关规定。

7.2 厂房及设施卫生管理

应符合 GB 12693 的相关规定。

7.3 清洁和消毒

7.3.1 应符合 GB 12693 的相关规定。

7.3.2 在需干式作业的清洁作业区（如干混、充填包装等），对生产设备和加工环境实施有效的干式清洁流程是防止微生物繁殖的最有效方法，应尽量避免湿式清洁。湿式清洁应仅限于可以搬运到专门房间的设备零件或者在湿式清洁后可以立即采取干燥措施的情况。

7.3.3 应制定有效的监督流程，以确保关键流程（如人工清洁、就地清洗操作（CIP）以及设备维护）符合相关规定和标准要求，尤其要确保清洁和消毒方案的适用性，清洁剂和消毒剂的浓度适当，CIP 系统符合相关温度和时间要求，且设备在必要时应进行合理的冲洗。

7.3.4 所有生产车间应制定清洗（或清洁）和消毒的周期表，保证所有区域均被清洁，对重要区域、设备和器具应进行特殊的清洁。

7.3.5 应保证清洁人员的数量并根据需要明确每个人的责任；所有的清洁人员均应接受良好的培训，清楚污染的危害性和防止污染的重要性；应对清洗和消毒做好记录。

7.4 人员健康与卫生要求

7.4.1 应符合 GB 12693 的相关规定。

7.4.2 清洁作业区的员工应穿着符合该区域卫生要求的工作服（或一次性工作服），并配备帽子、口罩和工作鞋。准清洁作业区及一般作业区的员工应穿着符合相应区域卫生要求的工作服，并配备帽子和工作鞋。清洁作业区及准清洁作业区使用的工作服和工作鞋不能在指定区域以外的地方穿着。

7.5 虫害控制

应符合 GB 12693 的相关规定。

7.6 废弃物处理

应符合 GB 12693 的相关规定。

7.7 有毒有害物管理

应符合 GB 12693 的相关规定。

7.8 污水、污物管理

应符合 GB 12693 的相关规定。

7.9 工作服管理

应符合 GB 12693 的相关规定。

8　原料和包装材料的要求

8.1　一般要求

应符合 GB 12693 的相关规定。使用的原料应符合相应的国家标准和（或）相关法规的要求，应保证婴幼儿的安全，满足营养需要，不应使用或添加危害婴幼儿营养与健康的物质及非食用物质。

8.2 原料和包装材料的采购和验收要求

8.2.1 应符合 GB 12693 的相关规定。

8.2.2 对直接进入干混合工序的原料，企业应采取措施确保原料微生物指标符合产品标准要求，对大豆原料应确保脲酶活性为阴性。应对供应商采用的流程和安全措施进行评估，必要时应进行定期现场评审或对流程进行监控。

8.3 原料和包装材料的运输和贮存要求

8.3.1 应符合 GB 12693 的相关规定。

8.3.2 食品添加剂及食品营养强化剂应由专人负责管理，设置专库或专区存放，并使用专用登记册（或仓库管理软件）记录添加剂及营养强化剂的名称、进货时间、进货量和使用量等，还应注意其有效期限。

8.3.3 对贮存期间质量容易发生变化的维生素和微量元素等营养强化剂应进行原料合格验证，必要时进行检验，以确保其符合原料规定的要求。

8.4 保存原料和包装材料采购、验收、贮存和运输记录

9　生产过程的食品安全控制

9.1 微生物污染的控制

9.1.1　应符合 GB 12693 的相关规定。

9.1.2　当对控制措施的监控结果表明有偏离时，应采取适当的纠正措施。

9.2 化学污染的控制

应符合 GB 12693 的相关规定。

9.3 物理污染的控制

应符合 GB 12693 的相关规定。

9.4 食品添加剂和食品营养强化剂

应符合 GB 12693 的相关规定。

9.5 包装材料

应符合 GB 12693 的相关规定。

9.6 特定处理步骤

粉状婴幼儿配方食品的生产工艺中各处理工序应分别符合相应的干法工艺或湿法工艺特定处理步骤的要求，并应符合如下规定：

9.6.1 热处理　（湿法和干湿法复合生产工艺）

热处理工序应作为确保粉状婴幼儿配方食品安全的关键控制点。热处理温度和时间应考虑产品属性等因素（如脂肪含量、总固形物含量等）对杀菌目标微生物耐热性的影响。因此应制定相关流程检查温度和时间是否偏离，并采取恰当的纠正措施。

如购进的大豆原料没有经过加热灭酶处理（或灭酶不彻底），此类豆基产品应通过热处理同时达到杀灭致病菌和彻底灭酶的效果（脲酶为阴性），并作为关键控制点进行监控。

热处理中时间、温度、灭酶时间等关键工艺参数应有记录。

9.6.2 中间贮存

在湿法和干湿法复合工艺中，对液态半成品中间贮存应采取相应的措施防止微生物的生长。干法生产中裸露的原料粉或湿法生产中裸露的粉状半成品应保持在清洁作业区。

9.6.3 从热处理到干燥的工艺步骤

从热处理到干燥前的所有输送管道和设备应保持密闭，并定期进行彻底的清洗消毒。

9.6.4 冷却

在湿法和干湿法复合工艺生产中，干燥后的裸露半成品粉末应在清洁作业区内冷却。

9.6.5 干混合

在干法工艺和干湿法复合工艺中，干混合时应对如下关键因素进行控制：

9.6.5.1 与空气环境接触的裸粉工序（如预混及分装、配料、投料）需在清洁作业区内进行。清洁作业区的温度和相对湿度应与粉状婴幼儿配方食品的生产工艺相适应。无特殊要求时，温度应不高于25℃，相对湿度应在65%以下。

9.6.5.2 配料应计量准确。

9.6.5.3 与混合均匀性有关的关键工艺参数（如混合时间等）应予以验证；对混合的均匀性应进行确认。

9.6.5.4 与物料接触的设备内壁应光滑、平整、无死角，易于清洗、耐腐蚀，且其内表层应采用不与物料反应、不释放出微粒及不吸附物料的材料。

9.6.5.5 正压输送物料所需的压缩空气，需经过除油、除水、洁净过滤及除菌处理后方可使用。

9.6.5.6 原料、包装材料、人员应制定严格的卫生控制要求。原料应经必要的保洁程序和物料通道进入作业区，应遵循去除外包装，或经过外包装消毒的处理程序。作业人员应经二次更衣和手的清洁与消毒等处理程序进入清洁作业区，确保相关人员手的卫生，穿工作服，戴上头罩，换鞋或穿上鞋罩。

9.6.6 内包装工序

应对如下关键因素进行控制：

9.6.6.1 内包装工序应在清洁作业区内进行。

9.6.6.2 应只允许相关工作人员进入包装室，原料和包装材料、人员的要求参照9.6.5.6的规定。

9.6.6.3 使用前应检查包装材料的外包装是否完好，以确保包装材料未被污染。

9.6.6.4 生产企业应采用有效的异物控制措施，预防和检查异物，如设置筛网、强磁铁、金属探测器等，对这些措施应实施过程监控或有效性验证。

9.6.6.5 不同品种的产品在同一条生产线上生产时，应有效清洁并保存清场记录，确保产品切换不对下一批产品产生影响。

9.6.7 生产用水的控制

与食品直接接触的生产用水、设备清洗用水等应符合GB 5749的相关规定。循环水、冰和蒸汽等其他用水应符合GB 12693的相关规定。

9.7 产品信息和标签

9.7.1 产品标签应符合GB 13432和相应产品国家标准及国家其它相关法规的规定。

9.7.2 标签中应标示产品的冲调方法、冲调用水及贮存方法等信息，应指导消费者在冲调和处理产品以及喂养过程中避免可能因使用产品不当而引起食源性疾病的做法。

10 检验

10.1 应符合 GB 12693 的相关规定。

10.2 应逐批抽取代表性成品样品，包括每天包装后的第一个成品及其他抽样成品，按国家相关法规和标准的规定进行检验。

11 产品的贮存和运输

应符合 GB 12693 的相关规定。

12 产品追溯和召回

应符合 GB 12693 的相关规定。

13 培训

应符合 GB 12693 的相关规定。

14 管理机构和人员

应符合 GB 12693 的相关规定。

15 记录与文件的管理

15.1 记录管理

应符合 GB 12693 的相关规定。

15.2 文件管理

应符合 GB 12693 的相关规定。

16 食品安全控制措施有效性的监控与评价

采用附录 A 的监控与评价措施，确保食品安全控制措施的有效性。

附录 A

（规范性附录）

粉状婴幼儿配方食品清洁作业区沙门氏菌、阪崎肠杆菌和其他肠杆菌的环境监控指南

A.1 由于在卫生条件良好的生产环境中也有可能存在少量的肠杆菌（Enterobacteriaece，简称EB），包括阪崎肠杆菌（*Cronobacter*属），使经巴氏杀菌后的产品有可能被环境污染，导致终产品中存在微量的肠杆菌。因此应监控生产环境中的肠杆菌，以便确认卫生控制程序是否有效，出现偏差时生产企业应及时采取纠正措施。通过持续监控，获得卫生情况的基础数据，并跟踪趋势的变化。据有关工厂实践表明，降低环境中肠杆菌数量可以减少终产品中肠杆菌（包括阪崎肠杆菌和沙门氏菌）的数量。

为防止污染事件的发生，避免抽样检测终产品中微生物的局限性，应制定环境监控计划。监控计划可作为一种食品安全管理工具，用来对清洁作业区（干燥区域）卫生状况实施评估，并作为HACCP的基础程序。

在制定监控计划时应考虑以下沙门氏菌、阪崎肠杆菌及其他肠杆菌的生态学特征等因素：

A.1.1 沙门氏菌在干燥环境中极少发现，但还应制定监控计划来预防沙门氏菌的进入，评估生产环境中卫生控制措施的有效性，指导有关人员在检出沙门氏菌的情况下，防止其进一步扩散。

A.1.2 阪崎肠杆菌比沙门氏菌更容易在干燥环境中发现。如果采用适当的取样和测试方法，阪崎肠杆菌更易被检出。应制定监控计划来评估阪崎肠杆菌数量是否增长，并采取有效措施防止其增长。

A.1.3 肠杆菌散布广泛，是干燥环境的常见菌群，且容易检测。肠杆菌可作为生产过程及环境卫生状况的指标菌。

A.2 在设计取样方案时应考虑的因素

A.2.1 产品种类和工艺过程

应根据产品特点、消费者年龄和健康状况来确定取样方案的需求和范围。本标准中各类产品都将沙门氏菌规定为致病菌，部分产品将阪崎肠杆菌规定为致病菌。

监控的重点应放在微生物容易藏匿孳生的区域，如干燥环境的清洁作业区。应特别关注该区域与相邻较低卫生级别区域的交界处及靠近生产线和设备且容易发生污染的地方，如封闭设备上用于偶尔检查的开口。应优先监控已知或可能存在污染的区域。

A.2.2 样本的种类

监控计划应包括如下两种样本：

A.2.2.1 从不接触食品的表面采样，如设备外部、生产线周围的地面、管道和平台。在这些情况下，污染风险程度和污染物含量将取决于生产线和设备的位置和设计。

A.2.2.2 从直接接触食品的表面采样，如从喷粉塔到包装前之间可能直接污染产品的设备，如筛尾的结团配方粉因吸收水分，微生物容易孳生。如果食品接触表面存在指标菌、阪崎肠杆菌或沙门氏菌，表明产品受污染的风险很高

A.2.3 目标微生物

沙门氏菌和阪崎肠杆菌是主要的目标微生物，但可将肠杆菌作为卫生指标。肠杆菌的含量显示了沙门氏菌存在的可能性，以及沙门氏菌和阪崎肠杆菌生长的条件。

A.2.4 取样点和样本数量

样本数量应随着工艺和生产线的复杂程度而变化。

取样点应为微生物可能藏匿或进入而导致污染的地方。可以根据有关文献资料确定取样点，也可以根据经验和专业知识或者工厂污染调查中收集的历史数据确定取样点。应定期评估取样点，并根据特殊情况，如重大维护、施工活动、或者卫生状况变差时，在监控计划中增加必要的取样点。

取样计划应全面，且具有代表性，应考虑不同类型生产班次以及这些班次内的不同时间段进行科学合理取样。为验证清洁措施的效果，应在开机生产前取样。

A.2.5　取样频率

应根据A.2.1的因素决定取样的频率，按照在监控计划中现有各区域微生物存在的数据来确定。如果没有此类数据，应收集充分的资料，以确定合理的取样频率，包括长期收集沙门氏菌或阪崎肠杆菌的发生情况。

应根据检测结果和污染风险严重程度来调整环境监控计划实施的频率。当终产品中检出致病菌或指标菌数量增加时，应加强环境取样和调查取样，以确定污染源。当污染风险增加时（比如进行维护、施工、或湿清洁之后），也应适当增加取样频率。

A.2.6　取样工具和方法

应根据表面类型和取样地点来选择取样工具和方法，如刮取表面残留物或吸尘器里的粉尘直接作为样本，对于较大的表面，采用海绵（或棉签）进行擦拭取样。

A.2.7　分析方法

分析方法应能够有效检出目标微生物，具有可接受的灵敏度，并有相关记录。在确保灵敏度的前提下，可以将多个样品混在一起检测。如果检出阳性结果，应进一步确定阳性样本的位置。如果需要，可以用基因技术分析阪崎肠杆菌来源以及粉状婴幼儿配方食品污染路径的有关信息。

A.2.8　数据管理

监控计划应包括数据记录和评估系统，如趋势分析。一定要对数据进行持续的评估，以便对监控计划进行适当修改和调整。对肠杆菌和阪崎肠杆菌数据实施有效管理，有可能发现被忽视的轻度或间断性污染。

A.2.9　阳性结果纠偏措施

监控计划的目的是发现环境中是否存在目标微生物。在制定监控计划前，应制定接受标准和应对措施。监控计划应规定具体的行动措施并阐明相应原因。相关措施包括：不采取行动（没有污染风险）、加强清洁、污染源追踪（增加环境测试）、评估卫生措施、扣留和测试产品。

生产企业应制定检出肠杆菌和阪崎肠杆菌后的行动措施，以便在出现超标时准确应对。对卫生程序和控制措施应进行评估。当检出沙门氏菌时应立即采取纠偏行动，并且评估阪崎肠杆菌趋势和肠杆菌数量的变化，具体采取哪种行动取决于产品被沙门氏菌和阪崎肠杆菌污染的可能性。

GB 29923—2013

中华人民共和国国家标准

食品安全国家标准
特殊医学用途配方食品良好生产规范

2013-12-26 发布

2015-01-01 实施

中华人民共和国
国家卫生和计划生育委员会　发 布

食品安全国家标准
特殊医学用途配方食品良好生产规范

1 范围

本标准规定了特殊医学用途配方食品生产过程中原料采购、加工、包装、贮存和运输等环节的场所、设施、人员的基本要求和管理准则。

本标准适用于特殊医学用途配方食品（包括特殊医学用途婴儿配方食品）的生产企业。

2 术语和定义

GB 14881《食品安全国家标准 食品生产通用卫生规范》规定的以及下列术语和定义适用于本标准。

2.1 特殊医学用途配方食品

为了满足进食受限、消化吸收障碍、代谢紊乱或特定疾病状态人群对营养素或膳食的特殊需要，专门加工配制而成的配方食品。该类产品应在医生或临床营养师指导下，单独食用或与其他食品配合食用。特殊医学用途配方食品的配方应以医学和（或）营养学的研究结果为依据，其安全性及临床应用（效果）均应经过科学证实。

2.2 清洁作业区

清洁度要求高的作业区域，如液态产品的与空气环境接触的工序（如称量、配料）、灌装间等，粉状产品的裸露待包装的半成品贮存、充填及内包装车间等。

2.3 准清洁作业区

清洁度要求低于清洁作业区的作业区域，如原辅料预处理车间等。

2.4 一般作业区

清洁度要求低于准清洁作业区的作业区域，如收乳间、原料仓库、包装材料仓库、外包装车间及成品仓库等。

2.5 商业无菌

产品经过适度的杀菌后，不含有致病性微生物，也不含有在常温下能在其中繁殖的非致病性微生物的状态。

2.6 无菌灌装

在无菌环境中将经过杀菌达到商业无菌的食品装入预杀菌的容器（含盖）后封口的过程。

3 选址及厂区环境

应符合GB 14881的相关规定。

4 厂房和车间

4.1　设计和布局

4.1.1　应符合GB 14881的相关规定。

4.1.2　厂房和车间应合理设计，建造和规划与生产相适应的相关设施和设备，以防止微生物孳生及污染，特别是应防止沙门氏菌的污染，对于适用于婴幼儿的产品，还应特别防止阪崎肠杆菌（*Cronobacter*属）的污染，同时避免或尽量减少这些细菌在藏匿地的存在或繁殖，设计中应考虑：

　　a) 湿区域和干燥区域应分隔，应有效控制人员、设备和物料流动造成的交叉污染；

　　b) 加工材料应合理堆放，避免因不当堆积产生不利于清洁的场所；

　　c) 应做好穿越建筑物楼板、天花板和墙面的各类管道、电缆与穿孔间隙间的围封和密封；

　　d) 湿式清洁流程应设计合理，在干燥区域应防止不当的湿式清洁流程致使微生物的产生与传播；

　　e) 应设置适当的设施或采用适当措施保持干燥，避免产生和及时清除水残余物，以防止相关微生物的增长和扩散。

4.1.3　应按照生产工艺和卫生、质量要求，划分作业区洁净级别，原则上分为一般作业区、准清洁作业区和清洁作业区。

4.1.4　对于无后续灭菌操作的干加工区域的操作，应在清洁作业区进行，如从干燥（或干燥后）工序至充填和密封包装的操作。

4.1.5　不同洁净级别的作业区域之间应设置有效的分隔。清洁作业区应安装具有过滤装置的独立的空气净化系统，并保持正压，防止未净化的空气进入清洁作业区而造成交叉污染。

4.1.6　对于出入清洁作业区应有合理的限制和控制措施，以避免或减少微生物污染。进出清洁作业区的人员、原料、包装材料、废物、设备等，应有防止交叉污染的措施，如设置人员更衣室更换工作服、工作鞋或鞋套，专用物流通道以及废物通道等。对于通过管道输送的粉状原料或产品进入清洁作业区，需要设计和安装适当的空气过滤系统。

4.1.7　各作业区净化级别应满足特殊医学用途食品加工对空气净化的需要。固态产品和液态产品清洁作业区和准清洁作业区的空气洁净度应分别符合表1、表2的要求，并应定期进行检测。

表1　固态产品清洁作业区和准清洁作业区的空气洁净度控制要求

项目		要求		检验方法
		准清洁作业区	清洁作业区	
尘埃数/m³	≥0.5μm	—	≤7,000,000	按GB/T 16292 测定，测定状态为静态
	≥5μm	—	≤60,000	
换气次数ᵃ（每小时）		—	10～15	—
细菌总数（CFU/皿）		≤30	≤15	按GB/T 18204.1中自然沉降法测定
ᵃ换气次数适用于层高小于4.0m的清洁作业区。				

表2　液态产品清洁作业区的空气洁净度控制要求

项目		要求	检验方法
		清洁作业区	
尘埃数/m³	≥0.5μm	≤3,500,000	按GB/T 16292 测定，测定状态为静态
	≥5μm	≤20,000	
换气次数ᵃ（每小时）		10～15	—
细菌总数（CFU/皿）		≤10	按GB/T 18204.1中自然沉降法测定
ᵃ换气次数适用于层高小于4.0m的清洁作业区。			

4.1.8　清洁作业区需保持干燥，应尽量减少供水设施及系统；如无法避免，则应有防护措施，且不应穿越主要生产作业面的上部空间，防止二次污染的发生。

4.1.9　厂房、车间、仓库应有防止昆虫和老鼠等动物进入的设施。

4.2　建筑内部结构与材料

4.2.1　顶棚

4.2.1.1 应符合GB 14881的相关规定。

4.2.1.2 车间等场所的室内顶棚和顶角应易于清扫，防止灰尘积聚、避免结露、长霉或脱落等情形发生。清洁作业区、准清洁作业区及其他食品暴露场所顶棚若为易于藏污纳垢的结构，宜加设平滑易清扫的天花板；若为钢筋混凝土结构，其室内顶棚应平坦无缝隙。

4.2.1.3 车间内平顶式顶棚或天花板应使用无毒、无异味的白色或浅色防水材料建造，若喷涂涂料，应使用防霉、不易脱落且易于清洁的涂料。

4.2.2 墙壁

应符合GB 14881的相关规定。

4.2.3 门窗

应符合GB 14881的相关规定。清洁作业区、准清洁作业区的对外出入口应装设能自动关闭（如安装自动感应器或闭门器等）的门和（或）空气幕。

4.2.4 地面

应符合GB 14881的相关规定。作业中有排水或废水流经的地面，以及作业环境经常潮湿或以水洗方式清洗作业等区域的地面宜耐酸耐碱，并应有一定的排水坡度。

4.3 设施

4.3.1 供水设施

4.3.1.1 应符合GB 14881的相关规定。

4.3.1.2 供水设备及用具应符合国家相关管理规定。

4.3.1.3 供水设施出入口应增设安全卫生设施，防止动物及其他物质进入导致食品污染。

4.3.1.4 使用二次供水的，应符合GB 17051《二次供水设施卫生规范》的规定。

4.3.2 排水设施

4.3.2.1 应符合GB 14881的相关规定。

4.3.2.2 排水系统应有坡度、保持通畅、便于清洁维护，排水沟的侧面和底面接合处应有一定弧度。

4.3.2.3 排水系统内及其下方不应有生产用水的供水管路。

4.3.3 清洁消毒设施

应符合GB 14881的相关规定。

4.3.4 个人卫生设施

4.3.4.1 应符合GB 14881的规定。

4.3.4.2 清洁作业区的入口应设置二次更衣室，进入清洁作业区前设置手消毒设施。

4.3.5 通风设施

4.3.5.1 应符合GB 14881的相关规定。粉状产品生产时清洁作业区还应控制环境温度，必要时控制空气湿度。

4.3.5.2 清洁作业区应安装空气调节设施，以防止蒸汽凝结并保持室内空气新鲜；在有臭味及气体（蒸汽及有毒有害气体）或粉尘产生而有可能污染食品的区域，应有适当的排除、收集或控制装置。

4.3.5.3 进气口应距地面或屋面2m以上，远离污染源和排气口，并设有空气过滤设备。

4.3.5.4 用于食品输送或包装、清洁食品接触面或设备的压缩空气或其他惰性气体应进行过滤净化处理。

4.3.6 照明设施

应符合GB 14881的相关规定。车间采光系数不应低于标准Ⅳ级。质量监控场所工作面的混合照度不宜低于540 lx，加工场所工作面不宜低于220 lx，其他场所不宜低于110 lx，对光敏感测试区域除外。

4.3.7 仓储设施

4.3.7.1 应符合GB 14881的相关规定。

4.3.7.2 应依据原料、半成品、成品、包装材料等性质的不同分设贮存场所，必要时应设有冷藏（冻）库。同一仓库贮存性质不同物品时，应适当分离或分隔（如分类、分架、分区存放等），并有明显的标识。

4.3.7.3 冷藏（冻）库，应装设可正确指示库内温度的温度计、温度测定器或温度自动记录仪等监测温度的设施，对温度进行适时监控，并记录。

5 设备

5.1 生产设备

5.1.1 一般要求

5.1.1.1 应符合GB 14881的相关规定。

5.1.1.2 应制定生产过程中使用的特种设备（如压力容器、压力管道等）的操作规程。

5.1.2 材质

生产设备材质应符合GB 14881的相关规定。

5.1.3 设计

5.1.3.1 应符合GB 14881的相关规定。

5.1.3.2 食品接触面应平滑、无凹陷或裂缝，以减少食品碎屑、污垢及有机物的聚积。

5.1.3.3 与物料接触的设备内壁应光滑、平整、无死角，易于清洗、耐腐蚀，且其内表层应采用不与物料反应、不释放出微粒及不吸附物料的材料。

5.1.3.4 贮存、运输及加工系统（包括重力、气动、密闭及自动系统等）的设计与制造应易于维持其良好的卫生状况。

5.1.3.5 应有专门的区域贮存设备备件，以便设备维修时能及时获得必要的备件；应保持备件贮存区域清洁干燥。

5.1.3.6 生产设备应有明显的运行状态标识，并定期维护、保养和验证。设备安装、维修、保养的操作不应影响产品的质量。设备应进行验证或确认，确保各项性能满足工艺要求。不合格的设备应搬出生产区，未搬出前应有明显标志。

5.1.3.7 用于生产的计量器具和关键仪表应定期进行校验。用于干混合的设备应能保证产品混合均匀。

5.2 监控设备

5.2.1 应符合GB 14881的相关规定。

5.2.2 当采用计算机系统及其网络技术进行关键控制点监测数据的采集和对各项记录的管理时，计算机系统及其网络技术的有关功能可参考附录A的规定。

5.3 设备的保养和维修

5.3.1 应符合GB 14881的相关规定。

5.3.2 每次生产前应检查设备是否处于正常状态，防止影响产品卫生质量的情形发生；出现故障应及时排除并记录故障发生时间、原因及可能受影响的产品批次。

6 卫生管理

6.1 卫生管理制度

应符合GB 14881的相关规定。

6.2 厂房及设施卫生管理

6.2.1 应符合GB 14881的相关规定。

6.2.2 已清洁和消毒过的可移动设备和用具，应放在能防止其食品接触面再受污染的适当场所，并保持适用状态。

6.3 清洁和消毒

6.3.1 应制定有效的清洁和消毒计划和程序，以保证食品加工场所、设备和设施等的清洁卫生，防止食品污染。

6.3.2 在需干式作业的清洁作业区（如干混、粉状产品充填等），对生产设备和加工环境实施有效的干式清洁流程是防止微生物繁殖的最有效方法，应尽量避免湿式清洁。湿式清洁应仅限于可以搬运到专门房间的设备零件或者无法采用干式清洁措施的情况。如果无法采用干式清洁措施，应在受控条件下采用湿式清洁，但应确保能够及时彻底的恢复设备和环境的干燥，使该区域不被污染。

6.3.3 应制定有效的监督流程，以确保关键流程[如人工清洁、就地清洗操作（CIP）以及设备维护等]符合相关规定和标准要求，尤其要确保清洁和消毒方案的适用性，清洁剂和消毒剂的浓度适当，CIP系统符合相关温度和时间要求，且设备在必要时应进行合理的冲洗。

6.3.4 所有生产车间应制定清洁和消毒的周期表，保证所有区域均被清洁，对重要区域、设备和器具应进行特殊的清洁。设备清洁周期和有效性应经验证或合理理由确定。

6.3.5 应保证清洁人员的数量并根据需要明确每个人的责任；所有的清洁人员均应接受良好的培训，清楚污染的危害性和防止污染的重要性；应对清洁和消毒做好记录。

6.3.6 用于不同清洁区内的清洁工具应有明确标识，不得混用。

6.4 人员健康与卫生要求

6.4.1 一般要求

食品加工人员健康管理应符合GB 14881的相关规定。

6.4.2 食品加工人员卫生要求

6.4.2.1 应符合GB14881的相关规定。

6.4.2.2 准清洁作业区及一般作业区的员工应穿着符合相应区域卫生要求的工作服，并配备帽子和工作鞋。清洁作业区的员工应穿着符合该区域卫生要求的工作服（或一次性工作服），并配备帽子（或头罩）、口罩和工作鞋（或鞋罩）。

6.4.2.3 作业人员应经二次更衣和手的清洁与消毒等处理程序方可进入清洁作业区，确保相关人员手的卫生，穿工作服，戴上头罩或帽子，换鞋或穿上鞋罩。清洁作业区及准清洁作业区使用的工作服和工作鞋不能在指定区域以外的地方穿着。

6.4.3 来访者

应符合GB 14881的相关规定。

6.5 虫害控制

应符合GB 14881的相关规定。

6.6 废弃物处理

6.6.1 应符合GB 14881的相关规定。

6.6.2 盛装废弃物、加工副产品以及不可食用物或危险物质的容器应有特别标识且构造合理、不透水，必要时容器应封闭，以防止污染食品。

6.6.3 应在适当地点设置废弃物临时存放设施，并依废弃物特性分类存放，易腐败的废弃物应及时清除。

6.7 有毒有害物管理

清洗剂、消毒剂、杀虫剂以及其他有毒有害物品的管理应符合GB 14881的相关规定。

6.8 污水管理

污水在排放前应经适当方式处理，以符合国家污水排放的相关规定。

6.9 工作服管理

应符合GB 14881的相关规定。

7 原料和包装材料的要求

7.1 一般要求

应符合GB 14881的相关规定。

7.2 原料和包装材料的采购和验收要求

7.2.1 原料和包装材料的采购按照GB 14881的相关规定执行。

7.2.2 企业应建立供应商管理制度，规定供应商的选择、审核、评估程序。

7.2.3 如发现原料和包装材料存在食品安全问题时应向本企业所在辖区的食品安全监管部门报告。

7.2.4 对直接进入干混合工序的原料，应保证外包装的完整性及无虫害及其他污染的痕迹。

7.2.5 对直接进入干混合工序的原料，企业应采取措施确保微生物指标达到终产品标准的要求。对大豆原料应确保脲酶活性为阴性。

7.2.6 应对供应商采用的流程和安全措施进行评估，必要时应进行定期现场评审或对流程进行监控。

7.3 原料和包装材料的运输和贮存要求

7.3.1 企业应按照保证质量安全的要求运输和贮存原料和包装材料。

7.3.2 原料和包装材料在运输和贮存过程应避免太阳直射、雨淋、强烈的温度、湿度变化与撞击等；不应与有毒、有害物品混装、混运。

7.3.3 在运输和贮存过程中，应避免原料和包装材料受到污染及损坏，并将品质的劣化降到最低程度；对有温度、湿度及其他特殊要求的原料和包装材料应按规定条件运输和贮存。

7.3.4 在贮存期间应按照不同原料和包装材料的特点分区存放，并建立标识，标明相关信息和质量状态。

7.3.5 应定期检查库存原料和包装材料，对贮存时间较长，品质有可能发生变化的原料和包装材料，应定期抽样确认品质；及时清理变质或者超过保质期的原料和包装材料。

7.3.6 合格原料和包装材料使用时应遵照"先进先出"或"效期先出"的原则，合理安排使用。

7.3.7 食品添加剂及食品营养强化剂应由专人负责管理，设置专库或专区存放，并使用专用登记册（或仓库管理软件）记录添加剂及营养强化剂的名称、进货时间、进货量和使用量等，还应注意其有效期限。

7.3.8 对贮存期间质量容易发生变化的维生素和矿物质等营养强化剂应进行原料合格验证，必要时进行检验，以确保其符合原料规定的要求。

7.3.9 对于含有过敏原的原材料应分区摆放，并做好标识标记，以避免交叉污染。

7.4 其他

应保存原料和包装材料采购、验收、贮存和运输的相关记录。

8 生产过程的食品安全控制

8.1 产品污染风险控制

应符合GB 14881的相关规定。

8.2 微生物污染的控制

8.2.1 温度和时间

8.2.1.1 应根据产品的特点，规定用于杀灭微生物或抑制微生物生长繁殖的方法，如热处理，冷冻或冷藏保存等，并实施有效的监控。

8.2.1.2 应建立温度、时间控制措施和纠偏措施，并进行定期验证。

8.2.1.3 对严格控制温度和时间的加工环节，应建立实时监控措施，并保持监控记录。

8.2.2 湿度

8.2.2.1 应根据产品和工艺特点，对需要进行湿度控制区域的空气湿度进行控制，以减少有害微生物的繁殖；制定空气湿度关键限值，并有效实施。

8.2.2.2 建立实时空气湿度控制和监控措施，定期进行验证，并进行记录。

8.2.3 防止微生物污染

8.2.3.1 应对从原料和包装材料进厂到成品出厂的全过程采取必要的措施，防止微生物的污染。

8.2.3.2 用于输送、装载或贮存原料、半成品、成品的设备、容器及用具，其操作、使用与维护应避免对加工或贮存中的食品造成污染。

8.2.4 加工过程的微生物监控

8.2.4.1 应符合GB14881的相关规定。

8.2.4.2 应参照GB 14881-2013附录A，结合生产工艺及《食品安全国家标准 特殊医学用途配方食品通则》和GB 25596《食品安全国家标准 特殊医学用途婴儿配方食品通则》等相关产品标准的要求，对生产过程制定微生物监控计划，并实施有效监控，以细菌总数及大肠菌群作为卫生水平的指示微生物，当监控结果表明有偏离时，应对控制措施采取适当的纠正措施。

8.2.4.3 粉状特殊医学用途配方食品应采用附录B，对清洁作业区环境中沙门氏菌、阪崎肠杆菌和其他肠杆菌制定环境监控计划，并实施有效监控，当监控结果表明有偏离时，应对控制措施采取适当的纠偏措施。

8.3 化学污染的控制

8.3.1 应符合GB 14881的相关规定。

8.3.2 化学物质应与食品分开贮存，明确标识，并应有专人对其保管。

8.4 物理污染的控制

8.4.1 应符合GB 14881的相关规定。

8.4.2 不应在生产过程中进行电焊、切割、打磨等工作，以免产生异味、碎屑。

8.5 食品添加剂和食品营养强化剂

8.5.1 应依照食品安全国家标准规定的品种、范围、用量合理使用食品添加剂和食品营养强化剂。

8.5.2 在使用时对食品添加剂和食品营养强化剂准确称量，并做好记录。

8.6　包装

8.6.1　应符合GB 14881的相关规定。

8.6.2　包装材料应清洁、无毒且符合国家相关规定。

8.6.3　包装材料或包装用气体应无毒，并且在特定贮存和使用条件下不影响食品的安全和产品特性。

8.6.4　可重复使用的包装材料如玻璃瓶、不锈钢容器等在使用前应彻底清洗，并进行必要的消毒。

8.7　特定处理步骤

8.7.1　一般要求

特殊医学用途配方食品的生产工艺中各处理工序应分别符合相应的工艺特定处理步骤的要求，并应符合8.7.2～8.7.9的规定：

8.7.2　热处理

热处理工序应作为确保特殊医学用途配方食品安全的关键控制点。热处理温度和时间应考虑产品属性等因素（如脂肪含量、总固形物含量等）对杀菌目标微生物耐热性的影响。因此应制定相关流程检查温度和时间是否偏离，并采取恰当的纠正措施。

如购进的大豆原料没有经过加热灭酶处理（或灭酶不彻底），此类豆基产品应通过热处理同时达到杀灭致病菌和彻底灭酶的效果（脲酶为阴性），并作为关键控制点进行监控。

热处理中时间、温度、灭酶时间等关键工艺参数应有记录。

8.7.3　中间贮存

在特殊医学用途配方食品的生产过程中，对液态半成品中间贮存应采取相应的措施防止微生物的生长。粉状特殊医学用途配方食品干法生产中裸露的原料粉或湿法生产中裸露的粉状半成品应保存在清洁作业区。

8.7.4　液态特殊医学用途配方食品商业无菌操作

应采用附录C的操作指南进行。

8.7.5　粉状特殊医学用途配方食品从热处理到干燥的工艺步骤

生产粉状特殊医学用途配方食品过程中，从热处理到干燥前的输送管道和设备应保持密闭，并定期进行彻底的清洁、消毒。

8.7.6　冷却

干燥后的裸露粉状半成品应在清洁作业区内冷却。

8.7.7　粉状特殊医学用途食品干法工艺和干湿法复合工艺中干混合的关键因素控制

8.7.7.1　与空气环境接触的裸粉工序（如预混及分装、配料、投料）需在清洁作业区内进行。清洁作业区的温度和相对湿度应与粉状特殊医学用途食品的生产工艺相适应。无特殊要求时，温度应不高于25℃，相对湿度应在65%以下。

8.7.7.2　配料应计量准确，食品添加剂和食品营养强化剂计量应有复核过程。

8.7.7.3　与混合均匀性有关的关键工艺参数（如混合时间等）应予以验证；对混合的均匀性应进行确认。

8.7.7.4　正压输送物料所需的压缩空气，需经过除油、除水、洁净过滤及除菌处理后方可使用。

8.7.7.5　原料、包装材料、人员应制定严格的卫生控制要求。原料应经必要的保洁程序和物料通道进入作业区，应遵循去除外包装，或经过外包装消毒的处理程序。

8.7.8　粉状特殊医学用途配方食品内包装工序的关键因素控制

8.7.8.1　内包装工序应在清洁作业区内进行。

8.7.8.2　应只允许相关工作人员进入包装室，原料和包装材料、人员的要求参照8.7.7.5和6.4.2的规定。

8.7.8.3　使用前应检查包装材料的外包装是否完好，以确保包装材料未被污染。

8.7.8.4　生产企业应采用有效的异物控制措施，预防和检查异物，如设置筛网、强磁铁、金属探测器等，对这些措施应实施过程监控或有效性验证。

8.7.8.5　不同品种的产品在同一条生产线上生产时，应有效清洁并保存清场记录，确保产品切换不对下一批产品产生影响。

8.7.9　生产用水的控制

8.7.9.1　与食品直接接触的生产用水、设备清洗用水、冰和蒸汽等应符合GB 5749《生活饮用水卫生标准》的相关规定。

8.7.9.2　食品加工中蒸发或干燥工序中的回收水、循环使用的水可以再次使用，但应确保其对食品的安全和产品特性不造成危害，必要时应进行水处理，并应有效监控。

8.7.9.3　生产液体产品时，与产品直接接触的生产用水应根据产品的特点，采用去离子法或离子交换法、反渗透法或其他适当的加工方法制得，以确保满足产品质量和工艺的要求。

9　验证

9.1　需对生产过程进行验证以确保整个工艺的重现性及产品质量的可控性。生产验证应包括厂房、设施及设备安装确认、运行确认、性能确认和产品验证。

9.2　应根据验证对象提出验证项目、制定验证方案，并组织实施。

9.3　产品的生产工艺及关键设施、设备应按验证方案进行验证。当影响产品质量（包括营养成分）的主要因素，如工艺、质量控制方法、主要原辅料、主要生产设备等发生改变时，以及生产一定周期后，应进行再验证。

9.4　验证工作完成后应写出验证报告，由验证工作负责人审核、批准。验证过程中的数据和分析内容应以文件形式归档保存。验证文件应包括验证方案、验证报告、评价和建议、批准人等。

10　检验

10.1　应符合GB 14881的相关规定。

10.2　应逐批抽取代表性成品样品，按国家相关法规和标准的规定进行检验并保留样品。

10.3　应加强实验室质量管理，确保检验结果的准确性和真实性。

11　产品的贮存和运输

11.1　应符合GB 14881的相关规定。

11.2　产品的贮存和运输应符合产品标签所标识的贮存条件。

11.3　仓库中的产品应定期检查，必要时应有温度记录和（或）湿度记录，如有异常应及时处理。

11.4　经检验后的产品应标识其质量状态。

11.5　产品的贮存和运输应有相应的记录，产品出厂有出货记录，以便发现问题时，可迅速召回。

12　产品追溯和召回

12.1　应建立产品追溯制度，确保对产品从原料采购到产品销售的所有环节都可进行有效追溯。

12.2　应建立产品召回制度。当发现某一批次或类别的产品含有或可能含有对消费者健康造成危害的因素时，应按照国家相关规定启动产品召回程序，及时向相关部门通告，并作好相关记录。

12.3 应对召回的食品采取无害化处理、销毁等措施，并将食品召回和处理情况向相关部门报告。

12.4 应建立客户投诉处理机制。对客户提出的书面或口头意见、投诉，企业相关管理部门应作记录并查找原因，妥善处理。

13 培训

13.1 应符合GB 14881的相关规定。

13.2 应根据岗位的不同需求制定年度培训计划，进行相应培训，特殊工种应持证上岗。

14 管理制度和人员

14.1 应符合GB 14881的相关规定。

14.2 应建立健全企业的食品安全管理制度，采取相应管理措施，对特殊医学用途配方食品的生产实施从原料进厂到成品出厂全过程的安全质量控制，保证产品符合法律法规和相关标准的要求。

14.3 应建立食品安全管理机构，负责企业的食品安全管理。

14.4 食品安全管理机构负责人应是企业法人代表或企业法人授权的负责人。

14.5 机构中的各部门应有明确的管理职责，并确保与质量、安全相关的管理职责落实到位。各部门应有效分工，避免职责交叉、重复或缺位。对厂区内外环境、厂房设施和设备的维护和管理、生产过程质量安全管理、卫生管理、品质追踪等制定相应管理制度，并明确管理负责人与职责。

14.6 食品安全管理机构中各部门应配备经专业培训的食品安全管理人员，宣传贯彻食品安全法规及有关规章制度，负责督查执行的情况并做好有关记录。

15 记录和文件管理

15.1 记录管理

15.1.1 应符合GB 14881的相关规定。

15.1.2 各项记录均应由执行人员和有关督导人员复核签名或签章，记录内容如有修改，应保证可以清楚辨认原文内容，并由修改人在修改文字附近签名或签章。

15.1.3 所有生产和品质管理记录应由相关部门审核，以确定所有处理均符合规定，如发现异常现象，应立即处理。

15.2 文件管理

应按GB 14881的相关要求建立文件的管理制度，建立完整的质量管理档案，文件应分类归档、保存。分发、使用的文件应为批准的现行文本。已废除或失效的文件除留档备查外，不应在工作现场出现。

16 食品安全控制措施有效性的监控与评价

采用附录C 的监控与评价措施，确保粉状特殊医学用途配方食品安全控制措施的有效性。

附录A

特殊医学用途配方食品生产企业计算机系统应用指南

A.1 特殊医学用途配方食品生产企业的计算机系统应能满足《食品安全法》及其相关法律法规与标准对食品安全的监管要求，应形成从原料进厂到产品出厂在内各环节有助于食品安全问题溯源、追踪、定位的完整信息链，应能按照监管部门的要求提交或远程报送相关数据。该计算机系统应符合（但不限于）A.2～A.11的要求。

A.2 系统应包括原料采购与验收、原料贮存与使用、生产加工关键控制环节监控、产品出厂检验、产品贮存与运输、销售等各环节与食品安全相关的数据采集和记录保管功能。

A.3 系统应能对本企业相关原料、加工工艺以及产品的食品安全风险进行评估和预警。

A.4 系统和与之配套的数据库应建立并使用完善的权限管理机制，保证工作人员帐号/密码的强制使用，在安全架构上确保系统及数据库不存在允许非授权访问的漏洞。

A.5 在权限管理机制的基础上，系统应实现完善的安全策略，针对不同工作人员设定相应策略组，以确定特定角色用户仅拥有相应权限。系统所接触和产生的所有数据应保存在对应的数据库中，不应以文件形式存储，确定所有的数据访问都要受系统和数据库的权限管理控制。

A.6 对机密信息采用特殊安全策略确保仅信息拥有者有权进行读、写及删除操所。如机密信息确需脱离系统和数据库的安全控制范围进行存储和传输，应确保：

    a) 对机密信息进行加密存储，防止无权限者读取信息；

    b) 在机密信息传输前产生校验码，校验码与信息（加密后）分别传输，在接收端利用校验码确认信息未被篡改。

A.7 如果系统需要采集自动化检测仪器产生的数据，系统应提供安全、可靠的数据接口，确保接口部分的准确和高可用性，保证仪器产生的数据能够及时准确地被系统所采集。

A.8 应实现完善详尽的系统和数据库日志管理功能，包括：

    a) 系统日志记录系统和数据库每一次用户登录情况（用户、时间、登录计算机地址等）；

    b) 操作日志记录数据的每一次修改情况（包括修改用户、修改时间、修改内容、原内容等）；

    c) 系统日志和操作日志应有保存策略，在设定的时限内任何用户（不包括系统管理员）不能够删除或修改，以确保一定时效的溯源能力。

A.9 详尽制定系统的使用和管理制度，要求至少包含以下内容：

    a) 对工作流程中的原始数据、中间数据、产生数据以及处理流程的实时记录制度，确保整个工作过程能够再现；

    b) 详尽的备份管理制度，确保故障灾难发生后能够尽快完整恢复整个系统以及相应数据；

    c) 机房应配备智能不间断电源（UPS）并与工作系统连接，确保外电断电情况下UPS接替供电并通知工作系统做数据保存和日志操作（UPS应能提供保证系统紧急存盘操作时间的电力）；

    d) 健全的数据存取管理制度，保密数据严禁存放在共享设备上；部门内部的数据共享也应采用权限管理制度，实现授权访问；

    e) 配套的系统维护制度，包括定期的存储整理和系统检测，确保系统的长期稳定运行；

    f) 安全管理制度，需要定期更换系统各部分用户的密码，限定部分用户的登录地点，及时删除不再需要的帐户；

    g) 规定外网登录的用户不应开启和使用外部计算机上操作系统提供的用户/密码记忆功能，防止信息被盗用。

A.10 当关键控制点实时监测数据与设定的标准值不符时，系统能记录发生偏差的日期、批次以及纠正偏差的具体方法、操作者姓名等。

A.11 系统内的数据和有关记录应能够被复制，以供监管部门进行检查分析。

附录B

粉状特殊医学用途配方食品清洁作业区沙门氏菌、阪崎肠杆菌和其他肠杆菌的环境监控指南

B.1 监控目的

B.1.1 由于在卫生条件良好的生产环境中也有可能存在少量的肠杆菌（*Enterobacteriaece*，简称EB），包括阪崎肠杆菌（*Cronobacter*属），使经巴氏杀菌后的产品有可能被环境污染，导致终产品中存在微量的肠杆菌。因此应监控生产环境中的肠杆菌，以便确认卫生控制程序是否有效，出现偏差时生产企业应及时采取纠正措施。通过持续监控，获得卫生情况的基础数据，并跟踪趋势的变化。据有关工厂实践表明，降低环境中肠杆菌数量可以减少终产品中肠杆菌（包括阪崎肠杆菌和沙门氏菌）的数量。

为防止污染事件的发生，避免终产品中微生物抽样检测的局限性，应制定环境监控计划。监控计划可作为一种食品安全管理工具，用来对清洁作业区（干燥区域）卫生状况实施评估，并作为危害分析与关键控制点（HACCP）的基础程序。

B.1.2 在制定监控计划时应考虑以下沙门氏菌、阪崎肠杆菌及其他肠杆菌的生态学特征等因素，阪崎肠杆菌的监控仅适用于特殊医学用途婴幼儿配方产品。

沙门氏菌在干燥环境中极少发现，但还应制定监控计划来预防沙门氏菌的进入，评估生产环境中卫生控制措施的有效性，指导有关人员在检出沙门氏菌的情况下，防止其进一步扩散。

阪崎肠杆菌比沙门氏菌更容易在干燥环境中发现。如果采用适当的取样和测试方法，阪崎肠杆菌更易被检出。应制定监控计划来评估阪崎肠杆菌数量是否增长，并采取有效措施防止其增长。

肠杆菌散布广泛，是干燥环境的常见菌群，且容易检测。肠杆菌可作为生产过程及环境卫生状况的指标菌。

B.2 设计取样方案应考虑的因素

B.2.1 产品种类和工艺过程

应根据产品特点、消费者年龄和健康状况来确定取样方案的需求和范围。本标准中将沙门氏菌和阪崎肠杆菌规定为致病菌。

监控的重点应放在微生物容易藏匿孳生的区域，如干燥环境的清洁作业区。应特别关注该区域与相邻较低卫生级别区域的交界处及靠近生产线和设备且容易发生污染的地方，如封闭设备上用于偶尔检查的开口。应优先监控已知或可能存在污染的区域。

B.2.2 监控计划的两种样本

B.2.2.1 从不接触食品的表面采样，如设备外部、生产线周围的地面、管道和平台。在这些情况下，污染风险程度和污染物含量将取决于生产线和设备的位置和设计。

B.2.2.2 从直接接触食品的表面采样，如从喷粉塔到包装前之间可能直接污染产品的设备，如筛尾的结团配方粉因吸收水分，微生物容易孳生。如果食品接触表面存在指标菌、阪崎肠杆菌或沙门氏菌，表明产品受污染的风险很高。

B.2.3 目标微生物

沙门氏菌和阪崎肠杆菌是主要的目标微生物，但可将肠杆菌作为卫生指标菌。肠杆菌的含量可显示沙门氏菌存在的可能性，以及沙门氏菌和阪崎肠杆菌生长的条件。

B.2.4 取样点和样本数量

样本数量应随着工艺和生产线的复杂程度而加以调整。

取样点应为微生物可能藏匿或进入而导致污染的地方。可以根据有关文献资料确定取样点，也可以根据经验和专业知识或者工厂污染调查中收集的历史数据确定取样点。应定期评估取样点，并根据特殊情况，如重大维护、施工活动、或者卫生状况变差时，在监控计划中增加必要的取样点。

取样计划应全面，且具有代表性，应考虑不同类型生产班次以及这些班次内的不同时间段进行科学合理取样。为验证清洁措施的效果，应在开机生产前取样。

B.2.5 取样频率

根据B.2.1的因素决定取样的频率，按照在监控计划中现有各区域微生物存在的数据来确定。如果没有此类数据，应充分收集资料，以确定合理的取样频率，包括长期收集沙门氏菌或阪崎肠杆菌的发生情况。

根据检测结果和污染风险严重程度来调整环境监控计划实施的频率。当终产品中检出致病菌或指标菌数量增加时，应加强环境取样和调查取样，以确定污染源。当污染风险增加时（比如进行维护、施工、或湿清洁之后），也应适当增加取样频率。

B.2.6 取样工具和方法

根据表面类型和取样地点来选择取样工具和方法，如刮取表面残留物或吸尘器里的粉尘直接作为样本，对于较大的表面，采用海绵（或棉签）进行擦拭取样。

B.2.7 分析方法

分析方法应能够有效检出目标微生物，具有可接受的灵敏度，并有相关记录。在确保灵敏度的前提下，可以将多个样品混在一起检测。如果检出阳性结果，应进一步确定阳性样本的位置。如果需要，可以用基因技术分析阪崎肠杆菌来源以及粉状特殊医学用途配方食品污染路径的有关信息。

B.2.8 数据管理

监控计划应包括数据记录和评估系统，如趋势分析。一定要对数据进行持续的评估，以便对监控计划进行适当修改和调整。对肠杆菌和阪崎肠杆菌数据实施有效管理，有可能发现被忽视的轻度或间断性污染。

B.2.9 阳性结果纠偏措施

监控计划的目的是发现环境中是否存在目标微生物。在制定监控计划前，应制定接受标准和应对措施。监控计划应规定具体的行动措施并阐明相应原因。相关措施包括：不需采取行动（没有污染风险）、加强清洁、污染源追踪（增加环境测试）、评估卫生措施、扣留和检测产品。

生产企业应制定检出肠杆菌和阪崎肠杆菌后的行动措施，以便在出现异常时准确应对。对卫生程序和控制措施应进行评估。当检出沙门氏菌时应立即采取纠偏行动，并且评估阪崎肠杆菌趋势和肠杆菌数量的变化，具体采取何种行动取决于产品被沙门氏菌和阪崎肠杆菌污染的可能性。

附录C

液态特殊医学用途配方食品商业无菌操作指南

C.1　总体要求

除了在本标准中适用于液态特殊医学用途配方食品的规定外,对于液态产品的商业无菌操作应符合C.2～C.6的规定。

C.2　产品工艺

C.2.1　各项工艺操作应在符合工艺要求的良好状态下进行。

C.2.2　与空气环境接触的工序（如称量、配料）、灌装间以及有特殊清洁要求的辅助区域需满足液态产品清洁作业区的要求。

C.2.3　产品的所有输送管道和设备应保持密闭。

C.2.4　液体产品生产过程需要过滤的,应注意选用无纤维脱落且符合卫生要求的滤材,禁止使用石棉作滤材。

C.2.5　生产过程中应制定防止异物进入产品的控制措施。

C.3　包装容器的洗涤、灭菌和保洁

C.3.1　应使用符合食品安全国家标准和卫生行政部门许可使用的食品容器、包装材料、洗涤剂、消毒剂。

C.3.2　最终清洗后的包装材料、容器和设备的处理应避免被再次污染。

C.3.3　在无菌灌装系统中使用的包装材料应采取适当方法进行灭菌,需要时还应进行清洗及干燥。灭菌后应置于清洁作业区内冷却备用。贮存时间超过规定期限应重新灭菌。

C.4　无菌灌装工艺的产品加工设备的洗涤、灭菌和保洁

C.4.1　生产前应使用高温加压的水、过滤蒸汽、新鲜蒸馏水或其他适合的处理剂,用于产品高温保持灭菌部位或管路下游所有的管路、阀门、泵、缓冲罐、喂料斗以及其他产品接触表面的清洁消毒。应确保所有与产品直接接触的表面达到无菌灌装的要求,并保持该状态直到生产结束。

C.4.2　灌装及包装设备的无菌仓应清洁灭菌,并在产品开始灌装前达到无菌灌装的要求,且保持该状态直到生产结束。当灭菌失败时无菌仓应重新灭菌。在灭菌时,时间、温度、消毒剂浓度等关键指标需要进行监控和记录。

C.5　产品的灌装

C.5.1　产品的灌装应使用自动机械装置,不得使用手工操作。

C.5.2　凡需要灌装后灭菌的产品,从灌封到灭菌的时间应控制在工艺规程要求的时间限度内。

C.5.3　对于最终灭菌产品,应根据所用灭菌方法的效果确定灭菌前产品微生物污染水平的监控标准,并定期监控。

C.6　产品的热处理

C.6.1　需根据产品加热的特性以及特定目标微生物的致死动力学建立适合的热处理过程。产品加热至灭菌温度,并应在该温度保持一定时间以确保达到商业无菌。所有的热处理工艺都应经过验证,以确保

工艺的重现性及可靠性。

C.6.2 液态产品应尽可能采用热力灭菌法，热力灭菌通常分为湿热灭菌和干热灭菌。应通过验证确认灭菌设备腔室内待灭菌产品和物品的装载方式。每次灭菌均应记录灭菌过程的时间-温度曲线。应有明确区分已灭菌产品和待灭菌产品的方法。应把灭菌记录作为该批产品放行的依据之一。

C.6.3 采用无菌灌装工艺的持续流动产品，应在高温保持灭菌部位或管路流动的时间内保持灭菌温度以达到商业无菌。因而，要准确地确认产品类型，每种产品的流动速率、管线长度、高温保留灭菌部位的尺寸及设计。如果使用蒸汽注入或者蒸汽灌输方式，还需要考虑由蒸汽冷凝带入的水引起的产品体积增加。

中华人民共和国国家标准

GB 31621—2014

食品安全国家标准

食品经营过程卫生规范

2014-12-24 发布　　　　　　　　　2015-05-24 实施

中 华 人 民 共 和 国
国家卫生和计划生育委员会 发布

食品安全国家标准

食品经营过程卫生规范

1 范围

本标准规定了食品采购、运输、验收、贮存、分装与包装、销售等经营过程中的食品安全要求。

本标准适用于各种类型的食品经营活动。

本标准不适用于网络食品交易、餐饮服务、现制现售的食品经营活动。

2 采购

2.1 采购食品应依据国家相关规定查验供货者的许可证和食品合格证明文件，并建立合格供应商档案。

2.2 实行统一配送经营方式的食品经营企业，可以由企业总部统一查验供货者的许可证和食品合格证明文件，进行食品进货查验记录。

2.3 采购散装食品所使用的容器和包装材料应符合国家相关法律法规及标准的要求。

3 运输

3.1 运输食品应使用专用运输工具，并具备防雨、防尘设施。

3.2 根据食品安全相关要求，运输工具应具备相应的冷藏、冷冻设施或预防机械性损伤的保护性设施等，并保持正常运行。

3.3 运输工具和装卸食品的容器、工具和设备应保持清洁和定期消毒。

3.4 食品运输工具不得运输有毒有害物质，防止食品污染。

3.5 运输过程操作应轻拿轻放，避免食品受到机械性损伤。

3.6 食品在运输过程中应符合保证食品安全所需的温度等特殊要求。

3.7 应严格控制冷藏、冷冻食品装卸货时间，装卸货期间食品温度升高幅度不超过 3 ℃。

3.8 同一运输工具运输不同食品时，应做好分装、分离或分隔，防止交叉污染。

3.9 散装食品应采用符合国家相关法律法规及标准的食品容器或包装材料进行密封包装后运输，防止运输过程中受到污染。

4 验收

4.1 应依据国家相关法律法规及标准，对食品进行符合性验证和感官抽查，对有温度控制要求的食品应进行运输温度测定。

4.2 应查验食品合格证明文件，并留存相关证明。食品相关文件应属实且与食品有直接对应关系。具有特殊验收要求的食品，需按照相关规定执行。

4.3 应如实记录食品的名称、规格、数量、生产日期、保质期、进货日期以及供货者的名称、地址及联系方式等信息。记录、票据等文件应真实,保存期限不得少于食品保质期满后 6 个月;没有明确保质期的,保存期限不得少于两年。

4.4　食品验收合格后方可入库。不符合验收标准的食品不得接收,应单独存放,做好标记并尽快处理。

5　贮存

5.1　贮存场所应保持完好、环境整洁,与有毒、有害污染源有效分隔。

5.2　贮存场所地面应做到硬化,平坦防滑并易于清洁、消毒,并有适当的措施防止积水。

5.3　应有良好的通风、排气装置,保持空气清新无异味,避免日光直接照射。

5.4　对温度、湿度有特殊要求的食品,应确保贮存设备、设施满足相应的食品安全要求,冷藏库或冷冻库外部具备便于监测和控制的设备仪器,并定期校准、维护,确保准确有效。

5.5　贮存的物品应与墙壁、地面保持适当距离,防止虫害藏匿并利于空气流通。

5.6　生食与熟食等容易交叉污染的食品应采取适当的分隔措施,固定存放位置并明确标识。

5.7　贮存散装食品时,应在贮存位置标明食品的名称、生产日期、保质期、生产者名称及联系方式等内容。

5.8　应遵循先进先出的原则,定期检查库存食品,及时处理变质或超过保质期的食品。

5.9　贮存设备、工具、容器等应保持卫生清洁,并采取有效措施(如纱帘、纱网、防鼠板、防蝇灯、风幕等)防止鼠类昆虫等侵入,若发现有鼠类昆虫等痕迹时,应追查来源,消除隐患。

5.10　采用物理、化学或生物制剂进行虫害消杀处理时,不应影响食品安全,不应污染食品接触表面、设备、工具、容器及包装材料;不慎污染时,应及时彻底清洁,消除污染。

5.11　清洁剂、消毒剂、杀虫剂等物质应分别包装,明确标识,并与食品及包装材料分隔放置。

5.12　应记录食品进库、出库时间和贮存温度及其变化。

6　销售

6.1　应具有与经营食品品种、规模相适应的销售场所。销售场所应布局合理,食品经营区域与非食品经营区域分开设置,生食区域与熟食区域分开,待加工食品区域与直接入口食品区域分开,经营水产品的区域应与其他食品经营区域分开,防止交叉污染。

6.2　应具有与经营食品品种、规模相适应的销售设施和设备。与食品表面接触的设备、工具和容器,应使用安全、无毒、无异味、防吸收、耐腐蚀且可承受反复清洗和消毒的材料制作,易于清洁和保养。

6.3　销售场所的建筑设施、温度湿度控制、虫害控制的要求应参照 5.1~5.5、5.9、5.10 的相关规定。

6.4　销售有温度控制要求的食品,应配备相应的冷藏、冷冻设备,并保持正常运转。

6.5　应配备设计合理、防止渗漏、易于清洁的废弃物存放专用设施,必要时应在适当地点设置废弃物临时存放设施,废弃物存放设施和容器应标识清晰并及时处理。

6.6　如需在裸露食品的正上方安装照明设施,应使用安全型照明设施或采取防护措施。

6.7　肉、蛋、奶、速冻食品等容易腐败变质的食品应建立相应的温度控制等食品安全控制措施并确保落实执行。

6.8　销售散装食品,应在散装食品的容器、外包装上标明食品的名称、成分或者配料表、生产日期、保质期、生产经营者名称及联系方式等内容,确保消费者能够得到明确和易于理解的信息。散装食品标注的生产日期应与生产者在出厂时标注的生产日期一致。

6.9　在经营过程中包装或分装的食品,不得更改原有的生产日期和延长保质期。包装或分装食品的包装材料和容器应无毒、无害、无异味,应符合国家相关法律法规及标准的要求。

6.10 从事食品批发业务的经营企业销售食品,应如实记录批发食品的名称、规格、数量、生产日期或者生产批号、保质期、销售日期以及购货者名称、地址、联系方式等内容,并保存相关票据。记录和凭证保存期限不得少于食品保质期满后 6 个月;没有明确保质期的,保存期限不得少于两年。

7 产品追溯和召回

7.1 当发现经营的食品不符合食品安全标准时,应立即停止经营,并有效、准确地通知相关生产经营者和消费者,并记录停止经营和通知情况。

7.2 应配合相关食品生产经营者和食品安全主管部门进行相关追溯和召回工作,避免或减轻危害。

7.3 针对所发现的问题,食品经营者应查找各环节记录、分析问题原因并及时改进。

8 卫生管理

8.1 食品经营企业应根据食品的特点以及经营过程的卫生要求,建立对保证食品安全具有显著意义的关键控制环节的监控制度,确保有效实施并定期检查,发现问题及时纠正。

8.2 食品经营企业应制定针对经营环境、食品经营人员、设备及设施等的卫生监控制度,确立内部监控的范围、对象和频率。记录并存档监控结果,定期对执行情况和效果进行检查,发现问题及时纠正。

8.3 食品经营人员应符合国家相关规定对人员健康的要求,进入经营场所应保持个人卫生和衣帽整洁,防止污染食品。

8.4 使用卫生间、接触可能污染食品的物品后,再次从事接触食品、食品工具、容器、食品设备、包装材料等与食品经营相关的活动前,应洗手消毒。

8.5 在食品经营过程中,不应饮食、吸烟、随地吐痰、乱扔废弃物等。

8.6 接触直接入口或不需清洗即可加工的散装食品时应戴口罩、手套和帽子,头发不应外露。

9 培训

9.1 食品经营企业应建立相关岗位的培训制度,对从业人员进行相应的食品安全知识培训。

9.2 食品经营企业应通过培训促进各岗位从业人员遵守国家相关法律法规及标准,增强执行各项食品安全管理制度的意识和责任,提高相应的知识水平。

9.3 食品经营企业应根据不同岗位的实际需求,制定和实施食品安全年度培训计划并进行考核,做好培训记录。当食品安全相关的法规及标准更新时,应及时开展培训。

9.4 应定期审核和修订培训计划,评估培训效果,并进行常规检查,以确保培训计划的有效实施。

10 管理制度和人员

10.1 食品经营企业应配备食品安全专业技术人员、管理人员,并建立保障食品安全的管理制度。

10.2 食品安全管理制度应与经营规模、设备设施水平和食品的种类特性相适应,应根据经营实际和实施经验不断完善食品安全管理制度。

10.3 各岗位人员应熟悉食品安全的基本原则和操作规范,并有明确职责和权限报告经营过程中出现的食品安全问题。

10.4 管理人员应具有必备的知识、技能和经验,能够判断潜在的危险,采取适当的预防和纠正措施,确保有效管理。

11　记录和文件管理

11.1　应对食品经营过程中采购、验收、贮存、销售等环节详细记录。记录内容应完整、真实、清晰、易于识别和检索,确保所有环节都可进行有效追溯。

11.2　应如实记录发生召回的食品名称、批次、规格、数量、发生召回的原因及后续整改方案等内容。

11.3　应对文件进行有效管理,确保各相关场所使用的文件均为有效版本。

11.4　鼓励采用先进技术手段(如电子计算机信息系统),进行记录和文件管理。